[第3版]
半導体材料・デバイスの評価
― パラメータ測定と解析評価の実際 ―

アリゾナ州立大学　ディーター・K・シュロゥダー 著
嶋田恭博 訳

シーエムシー出版

SEMICONDUCTOR MATERIAL AND DEVICE CHARACTERIZATION
(THIRD EDITION)

by

DIETER K. SCHRODER

Copyright © 2006 by John Wiley & Sons, Inc. All rights reserved.
Japanese translation rights arranged with
John Wiley & Sons International Rights, Inc.
through Japan UNI Agency, Inc., Tokyo.

目　　次

第3版への序文 ……… VI

1. 抵抗率

1.1　序論 …………………………………… 1
1.2　2点プローブ法と4点プローブ法 …… 1
　　1.2.1　補正因子 ……………………… 5
　　1.2.2　任意形状サンプルの抵抗率 … 11
　　1.2.3　測定回路 …………………… 14
　　1.2.4　測定誤差と対策 …………… 15
1.3　ウェハマッピング ………………… 17
　　1.3.1　二重打込み ………………… 17
　　1.3.2　変調光反射率測定法 ……… 19
　　1.3.3　キャリア照明法 …………… 20
　　1.3.4　光学濃度測定 ……………… 20
1.4　抵抗率のプロファイル …………… 21
　　1.4.1　差分ホール効果法 ………… 21
　　1.4.2　分散抵抗プロファイル法 … 24
1.5　非接触法 …………………………… 28
　　1.5.1　渦電流 ……………………… 28
1.6　伝導性の型 ………………………… 31
1.7　強みと弱み ………………………… 33
　　補遺1.1　抵抗率のドーピング密度依存性 ………………… 34
　　補遺1.2　真性キャリア密度 … 36
　　文献 ……………………………… 37
　　おさらい ………………………… 41

2. キャリア密度とドーピング密度

2.1　序論 ………………………………… 43
2.2　容量—電圧法（$C-V$） ……………… 43
　　2.2.1　微分容量法 ………………… 43
　　2.2.2　バンドオフセット ………… 49
　　2.2.3　最大—最小MOSキャパシタ容量法 ………………………………… 51
　　2.2.4　積分容量法 ………………… 55
　　2.2.5　水銀プローブコンタクト … 55
　　2.2.6　電気化学的$C-V$プロファイラ … 56
2.3　電流—電圧特性（$I-V$） …………… 59
　　2.3.1　MOSFETの基板電圧—ゲート電圧法 ………………………………… 59
　　2.3.2　MOSFETのしきい値電圧法 … 60
　　2.3.3　分散抵抗法 ………………… 61
2.4　測定誤差と対策 …………………… 61
　　2.4.1　デバイスの長さと電圧破壊 … 61
　　2.4.2　直列抵抗 …………………… 62
　　2.4.3　少数キャリアと界面トラップ … 67
　　2.4.4　ダイオードのエッジと浮遊容量 … 68
　　2.4.5　過大なリーク電流 ………… 69
　　2.4.6　深い準位にあるドーパントおよびトラップ ……………………… 69
　　2.4.7　半絶縁性基板 ……………… 71
　　2.4.8　機器の制約 ………………… 71
2.5　ホール効果 ………………………… 72
2.6　光学的方法 ………………………… 74
　　2.6.1　プラズマ共鳴 ……………… 74
　　2.6.2　自由キャリアによる吸収 … 75
　　2.6.3　赤外分光法 ………………… 76
　　2.6.4　フォトルミネセンス法 …… 78
2.7　二次イオン質量分析法 …………… 78
2.8　ラザフォード後方散乱法 ………… 79
2.9　横方向のプロファイル …………… 80
2.10　強みと弱み ………………………… 81
　　補遺2.1　並列接続か直列接続か … 82
　　補遺2.2　回路の変換 …………… 83
　　文献 ……………………………… 84
　　おさらい ………………………… 89

3. 接触抵抗とショットキー障壁

- 3.1 序論 ……………………………………… 91
- 3.2 金属―半導体コンタクト ……………… 91
- 3.3 接触抵抗 ………………………………… 94
- 3.4 測定テクニック ………………………… 97
  - 3.4.1 2点コンタクト2端子法 ………… 98
  - 3.4.2 マルチコンタクト2端子法 …… 101
  - 3.4.3 4端子接触抵抗法 ……………… 111
  - 3.4.4 6端子接触抵抗法 ……………… 116
  - 3.4.5 非平面コンタクト ……………… 117
- 3.5 ショットキー障壁の高さ ……………… 118
  - 3.5.1 電流―電圧法（$I-V$） ………… 119
  - 3.5.2 電流―温度法（$I-T$） ………… 119
  - 3.5.3 容量―電圧法（$C-V$） ………… 121
  - 3.5.4 光電流法 ………………………… 122
  - 3.5.5 弾道電子放出顕微鏡法 ………… 123
- 3.6 方法の比較 ……………………………… 123
- 3.7 強みと弱み ……………………………… 124
  - 補遺3.1 寄生抵抗の効果 ……………… 125
  - 補遺3.2 半導体とのコンタクト合金 … 126
- 文献 …………………………………………… 127
- おさらい ……………………………………… 131

4. 直列抵抗，チャネルの長さと幅，しきい値電圧

- 4.1 序論 ……………………………………… 133
- 4.2 pn接合ダイオード …………………… 133
  - 4.2.1 電流―電圧特性（$I-V$） ……… 133
  - 4.2.2 開放回路電圧減衰法 …………… 136
  - 4.2.3 容量―電圧法（$C-V$） ………… 137
- 4.3 ショットキー障壁ダイオード ………… 137
  - 4.3.1 直列抵抗 ………………………… 137
- 4.4 太陽電池 ………………………………… 139
  - 4.4.1 直列抵抗―多重光強度法 ……… 141
  - 4.4.2 直列抵抗―照明強度一定 ……… 143
  - 4.4.3 並列抵抗 ………………………… 144
- 4.5 バイポーラ接合トランジスタ ………… 144
  - 4.5.1 エミッタ抵抗 …………………… 147
  - 4.5.2 コレクタ抵抗 …………………… 148
  - 4.5.3 ベース抵抗 ……………………… 149
- 4.6 MOSFET ………………………………… 152
  - 4.6.1 直列抵抗とチャネル長：電流―電圧法 ……………………………… 152
  - 4.6.2 チャネル長：容量―電圧法 …… 161
  - 4.6.3 チャネル幅 ……………………… 163
- 4.7 MESFETとMODFET …………………… 164
- 4.8 しきい値電圧 …………………………… 166
  - 4.8.1 線形外挿法 ……………………… 167
  - 4.8.2 定ドレイン電流法 ……………… 171
  - 4.8.3 サブスレッショルドドレイン電流法 ……………………………… 171
  - 4.8.4 相互コンダクタンス法 ………… 172
  - 4.8.5 相互コンダクタンス導関数法 … 172
  - 4.8.6 ドレイン電流比 ………………… 173
- 4.9 擬似MOSFET …………………………… 174
- 4.10 強みと弱み …………………………… 175
  - 補遺4.1 ショットキー・ダイオードの電流―電圧の式 ……………… 175
- 文献 …………………………………………… 176
- おさらい ……………………………………… 180

5. 欠陥の密度と準位

- 5.1 序論 ……………………………………… 181
- 5.2 生成―再結合の統計 …………………… 183
  - 5.2.1 視覚的描写 ……………………… 183
  - 5.2.2 数学的記述 ……………………… 184
- 5.3 容量測定 ………………………………… 187
  - 5.3.1 定常状態での測定 ……………… 187
  - 5.3.2 過渡測定 ………………………… 188
- 5.4 電流の測定 ……………………………… 195
- 5.5 電荷の測定 ……………………………… 197
- 5.6 深い準位の過渡スペクトル分析 ……… 197
  - 5.6.1 従来のDLTS ……………………… 197
  - 5.6.2 界面トラップ電荷DLTS ………… 206
  - 5.6.3 光および走査DLTS ……………… 209
  - 5.6.4 諸注意 …………………………… 210
- 5.7 熱誘起容量法および熱誘起電流法 …… 213
- 5.8 陽電子消滅スペクトル分析法 ………… 214

5.9 強みと弱み ……………………… 217
　　補遺5.1　活性化エネルギーと捕
　　　　　　 獲断面積 ……………… 217
　　補遺5.2　時定数の抽出 ……… 219
　　補遺5.3　SiとGaAsのデータ … 220
　　文献 ……………………………… 225
　　おさらい ………………………… 229

6. 酸化膜および界面にトラップされた電荷，酸化膜の厚さ

6.1　序論 …………………………… 231
6.2　固定電荷，酸化膜中のトラップ電荷，酸化膜中の可動電荷 ……………… 232
　　6.2.1　容量—電圧曲線 ……… 232
　　6.2.2　フラットバンド電圧 …… 238
　　6.2.3　容量測定 ……………… 241
　　6.2.4　固定電荷 ……………… 244
　　6.2.5　ゲートと半導体の仕事関数差 … 245
　　6.2.6　酸化膜中にトラップされた電荷 … 246
　　6.2.7　可動電荷 ……………… 248
6.3　界面にトラップされた電荷 …… 251
　　6.3.1　低周波（準静的）方法 … 251
　　6.3.2　コンダクタンス法 ……… 255
　　6.3.3　高周波法 ……………… 259
　　6.3.4　チャージポンピング法 … 260
　　6.3.5　MOSFETのサブスレッショルド電流 …………………………… 266
　　6.3.6　DC $I-V$ 法 …………… 268
　　6.3.7　その他の方法 ………… 270
6.4　酸化膜の厚さ ………………… 271
　　6.4.1　容量—電圧法 ………… 271
　　6.4.2　電流—電圧法 ………… 275
　　6.4.3　その他の方法 ………… 276
6.5　強みと弱み …………………… 276
　　補遺6.1　容量測定のテクニック …………………………………… 277
　　補遺6.2　チャックの容量とリーク電流の影響 ……… 278
　　文献 ……………………………… 280
　　おさらい ………………………… 284

7. キャリアの寿命

7.1　序論 …………………………… 285
7.2　再結合寿命と表面再結合速度 … 286
7.3　生成寿命と表面生成速度 …… 289
7.4　再結合寿命：光学的測定 …… 290
　　7.4.1　光伝導減衰法 ………… 294
　　7.4.2　準定常状態の光伝導 … 296
　　7.4.3　短絡回路電流，開放回路電圧の減衰 ………………… 297
　　7.4.4　フォトルミネセンス減衰法 … 298
　　7.4.5　表面光起電圧法 ……… 299
　　7.4.6　定常状態の短絡回路電流 … 305
　　7.4.7　自由キャリアによる光吸収 … 307
　　7.4.8　電子線誘起電流法 …… 309
7.5　再結合寿命：電気的測定 …… 311
　　7.5.1　ダイオードの電流—電圧法 … 311
　　7.5.2　逆方向回復法 ………… 313
　　7.5.3　開放回路電圧減衰法 … 315
　　7.5.4　パルス印加MOSキャパシタ法 · 318
　　7.5.5　その他の方法 ………… 321
7.6　生成寿命：電気的測定 ……… 321
　　7.6.1　ゲート制御ダイオード … 321
　　7.6.2　パルス印加MOSキャパシタ法 · 324
7.7　強みと弱み …………………… 332
　　補遺7.1　光励起 …………… 332
　　補遺7.2　電気的励起 ……… 339
　　文献 ……………………………… 339
　　おさらい ………………………… 345

8. 移動度

8.1　序論 …………………………… 347
8.2　伝導率移動度 ………………… 347
8.3　ホール効果と移動度 ………… 347
　　8.3.1　均一な層またはウェハに対する基礎方程式 ………… 347
　　8.3.2　均一でない層 ………… 353

8.3.3	多層構造	355
8.3.4	サンプル形状と測定回路	356
8.4	磁気抵抗移動度	360
8.5	飛行時間によるドリフト移動度	362
8.6	MOSFETの移動度	367
8.6.1	有効移動度	368
8.6.2	電界効果移動度	379
8.6.3	飽和移動度	380
8.7	移動度の非接触測定	380
8.8	強みと弱み	380
補遺8.1	半導体バルクの移動度	381
補遺8.2	半導体表面の移動度	384
補遺8.3	チャネル周波数応答の効果	384
補遺8.4	界面トラップ電荷の効果	385
文献		386
おさらい		390

9. 電荷のプローブ測定

9.1	序論	391
9.2	背景	392
9.3	表面への電荷の着電	392
9.4	ケルビン・プローブ	393
9.5	応用	400
9.5.1	表面光起電圧	400
9.5.2	キャリア寿命	400
9.5.3	表面修飾	403
9.5.4	表面近傍のドーピング密度	404
9.5.5	酸化膜中の可動電荷	405
9.5.6	酸化膜の厚さと界面トラップ密度	407
9.5.7	酸化膜のリーク電流	407
9.6	走査プローブ顕微鏡法	408
9.6.1	走査トンネル顕微鏡法	408
9.6.2	原子間力顕微鏡法	410
9.6.3	走査容量顕微鏡法	413
9.6.4	走査ケルビン・プローブ顕微鏡法	415
9.6.5	走査分散抵抗顕微鏡法	418
9.6.6	弾道電子放出顕微鏡法	419
9.7	強みと弱み	420
文献		421
おさらい		423

10. 光学的評価法

10.1	序論	425
10.2	光学顕微鏡	425
10.2.1	分解能,倍率,コントラスト	426
10.2.2	暗視野顕微鏡,位相差顕微鏡,干渉コントラスト顕微鏡	429
10.2.3	共焦点光学顕微鏡法	430
10.2.4	干渉顕微鏡法	432
10.2.5	欠陥のエッチング	435
10.2.6	近接場光学顕微鏡法	436
10.3	エリプソメトリ	438
10.3.1	理論	438
10.3.2	消光型エリプソメトリ	440
10.3.3	回転検光子エリプソメトリ	441
10.3.4	分光エリプソメトリ	441
10.3.5	用途	442
10.4	透過法	443
10.4.1	理論	443
10.4.2	機器	445
10.4.3	用途	448
10.5	反射法	449
10.5.1	理論	449
10.5.2	用途	451
10.5.3	内部反射赤外分光法	454
10.6	光散乱法	455
10.7	変調分光法	456
10.8	線幅	457
10.8.1	光学的測定法と物理的測定法	457
10.8.2	電気的方法	459
10.9	フォトルミネセンス	460
10.10	ラマン分光法	464
10.11	強みと弱み	465
補遺10.1	透過の式	466
補遺10.2	興味ある半導体の吸	

収係数と屈折率 ‥‥ 468
文献 ‥‥‥‥‥‥‥‥‥‥ 469
おさらい ‥‥‥‥‥‥‥‥‥‥‥ 474

11. 化学的および物理的な評価方法

11.1 序論 ‥‥‥‥‥‥‥‥‥‥‥‥ 475
11.2 電子線による方法 ‥‥‥‥‥ 476
 11.2.1 走査電子顕微鏡法 ‥‥ 477
 11.2.2 オージェ電子分光法 ‥‥ 481
 11.2.3 電子マイクロプローブ法 ‥‥ 485
 11.2.4 透過型電子顕微鏡法 ‥‥ 491
 11.2.5 電子線誘起電流法 ‥‥‥ 494
 11.2.6 カソードルミネセンス ‥‥ 496
 11.2.7 低速・高速電子線回折 ‥‥ 497
11.3 イオンビームによる手法 ‥‥ 498
 11.3.1 二次イオン質量分析法 ‥‥ 498
 11.3.2 ラザフォード後方散乱分析法 ‥‥‥‥‥‥‥‥‥‥‥ 503
11.4 X線とガンマ線による方法 ‥‥ 508
 11.4.1 蛍光X線法 ‥‥‥‥‥ 508
 11.4.2 X線光電子分光法 ‥‥ 511
 11.4.3 X線トポグラフィ ‥‥ 513
 11.4.4 中性子放射化分析法 ‥‥ 516
11.5 強みと弱み ‥‥‥‥‥‥‥‥ 518
 補遺11.1 いくつかの分析手法の特筆すべき特徴 ‥‥‥‥‥‥‥‥‥‥ 519
 文献 ‥‥‥‥‥‥‥‥‥‥‥ 519
 おさらい ‥‥‥‥‥‥‥‥‥ 525

12. 信頼性と故障解析

12.1 序論 ‥‥‥‥‥‥‥‥‥‥‥‥ 527
12.2 故障時間と加速係数 ‥‥‥‥ 527
 12.2.1 故障時間 ‥‥‥‥‥‥ 527
 12.2.2 加速係数 ‥‥‥‥‥‥ 528
12.3 分布関数 ‥‥‥‥‥‥‥‥‥ 529
12.4 信頼性項目 ‥‥‥‥‥‥‥‥ 532
 12.4.1 エレクトロマイグレーション ‥‥‥‥‥‥‥‥‥‥‥ 532
 12.4.2 ホットキャリア ‥‥‥‥ 538
 12.4.3 ゲート酸化膜の完全性 ‥‥ 539
 12.4.4 負バイアス温度不安定性 ‥‥ 547
 12.4.5 ストレス誘起リーク電流 ‥‥ 548
 12.4.6 静電放電 ‥‥‥‥‥‥ 548
12.5 故障解析評価技術 ‥‥‥‥‥ 550
 12.5.1 休止ドレイン電流法 ‥‥ 550
 12.5.2 プローブ法 ‥‥‥‥‥ 551
 12.5.3 放射顕微鏡法 ‥‥‥‥ 551
 12.5.4 蛍光マイクロサーモグラフィ ‥‥‥‥‥‥‥‥‥‥ 553
 12.5.5 赤外線サーモグラフィ ‥‥ 553
 12.5.6 電圧コントラスト法 ‥‥ 554
 12.5.7 レーザー電圧プローブ法 ‥‥ 555
 12.5.8 液晶解析法 ‥‥‥‥‥ 555
 12.5.9 光ビーム誘起抵抗変化法 ‥‥ 556
 12.5.10 集束イオンビーム ‥‥ 557
 12.5.11 ノイズ法 ‥‥‥‥‥‥ 557
12.6 強みと弱み ‥‥‥‥‥‥‥‥ 560
 補遺12.1 ゲート電流 ‥‥‥‥ 561
 文献 ‥‥‥‥‥‥‥‥‥‥‥ 564
 おさらい ‥‥‥‥‥‥‥‥‥ 568

索　　引 ‥‥‥‥ 569

第3版への序文

　半導体の評価技術は1998年の第2版上梓後もたゆまず発展している．新しい評価テクニックの開発に加え，既存のテクニックにも磨きがかけられている．第2版の序文で，走査プローブ法，全反射蛍光X線法，およびキャリアの寿命と拡散長の非接触測定法は誰でもつかえる技術になったと述べた．それから数年でプローブ法は長足の進歩を遂げ，集束イオンビームでサンプルを作製し，透過型電子顕微鏡で観察するといった電荷をつかった手法も日常的につかわれるようになった．配線が細くなるにつれ，線幅の測定はきわめて難しくなり，走査電子顕微鏡や電気的な測定方法を，光散乱計測や分光エリプソメトリのような光学的手法で補っている．新しいテクニックの台頭ばかりでなく，既存の手法の解釈にも変化がみられる．たとえば，薄い酸化膜の大きなリーク電流の解釈をめぐり，MOSにかかわる多くの方法や理論が修正を余儀なくされている．

　この第3版では，各章を部分的に書き直し，新たに2つの章を追加した．陳腐化した内容は削除し，これまで不明瞭あるいはまぎらわしいとご指摘いただいた部分を書き改めた．図のほとんどをつくり直し，古くなったものは削除するか，最新のデータと差し替えた．おさらい問題を新設し，随所で具体例を引用するなど，教科書としてさらに魅力あるものにしたつもりである[注]．また，260編の参照文献を追加し，本書の刷新を図った．シート抵抗の記号もρ_sから，より広くつかわれているR_{sh}に改めた．

　以下章毎に，加筆あるいは追加した主な内容を示す．これらの他にも，随所で細かな修正を施している．

第1章
　シート抵抗の表記の更新．4点プローブの新しい導出法の追加．浅い接合および高抵抗サンプルへの4点プローブ法の適用．**キャリア照明法**の追加．

第2章
　非接触$C-V$法を追加．積分容量法の補強．直列容量法を追加して補強．自由キャリアによる吸収の補強．横方向プロファイルの節を追加．補遺2（等価回路の導出）を追加．

第3章
　環状のテストストラクチャによる接触抵抗の節の補強．TLM法に寄生抵抗の考察を追加．障壁高さの節にBEEM法を加えて拡張．寄生抵抗の効果を扱った補遺を追加．

第4章
　シリコン・オン・インシュレータを評価する擬似MOSFETの節を追加．MOSFETの有効チャネル長の測定方法をいくつか追加し，古い方法をいくつか削除．

第5章
　ラプラスDLTS法を追加．時定数の抽出の節として補遺5.2を追加．

第6章
　酸化膜の厚さの測定の節を拡張．酸化膜のリーク電流がコンダクタンスにおよぼす効果とチャージポンピングについての考察を追加．DC$I-V$法を追加．ゲート酸化膜のリーク電流の節を発展させ，ウェハチャックの寄生容量とリーク電流の効果を考察した補遺6.2を追加．

第7章
　光によるキャリア寿命測定の節として，**準定常態光伝導**を追加し，自由キャリア吸収とダイオードの電流によるキャリア寿命測定法を補強．また，パルス印加MOSキャパシタ法に酸化膜のリーク電

注　（訳注）原書第3版では各章末問題の充実が図られているが，日本語版では紙数の都合で章末問題をすべて割愛した．また，本文中の脚注はすべて訳者による補遺であることをお断りしておく．

流の考察を追加して明確にした。
第8章
有効移動度の抽出におけるゲートの空乏化，チャネル位置，界面トラップ，および反転電荷の周波数応答の効果を追加．移動度の非接触測定法の節も追加．
第9章
この新設の章では，電荷による測定法とケルビンプローブ法を解説している．また走査容量法，走査ケルビン・プローブ顕微鏡法，走査分散抵抗顕微鏡法，弾道電子放出顕微鏡法など，プローブによる方法もここでとり入れ，内容を充実．
第10章
共焦点光学顕微鏡，フォトルミネセンス，および線幅測定を拡張．
第11章
一部細かいところを修正．
第12章
この新設した章では**故障解析と信頼性**を扱う．いくつかの節は第2版の他の章からもってきて発展させたものである．ここでは故障時間と分布関数を導入し，デバイスの信頼性で問題となるエレクトロマイグレーション，ホットキャリア，ゲート酸化膜の完全性，負バイアス温度不安定性，ストレス誘起リーク電流，静電放電を議論する．そのあと，休止ドレイン電流法，機械的プローブ法，放射顕微鏡法，蛍光マイクロサーモグラフィ，赤外線サーモグラフィ，電圧コントラスト法，レーザー電圧プローブ法，液晶解析法，光ビーム誘起抵抗変化法およびノイズ法などの一般的な故障解析手法を扱う．

これまで多くの人々に実験データを提供いただいただけでなく，半導体業界のエキスパートの方々との議論を通じ，いくつもの概念を明瞭にすることができた．彼らの協力に対し，図説に謝意を込めておいた．国立標準技術研究所（National Institute of Standards and Technology）のTom Shaffnerは，私の知識を豊かにしてくれる卓越した人物の1人であり，長年のよき友人でもある．エレクトロマイグレーションの概念についてはフリースケールセミコンダクタのSteve Kilgoreから助言をいただいた．本書で扱っていない半導体の測定法についてはAlain Diebold編集の*Handbook of Silicon Semiconductor Metrology*に多くの実用的な方法が詳細に述べられており，優れた参考書といえる．本版を出版に漕ぎつけてくれたJohn Wiley & Sonsの編集役員G. Telecki，R. Witmer，およびM. Tanuzziに感謝する．

DIETER K. SCHRODER

1. 抵抗率

1.1 序論

　半導体の**抵抗率**ρは，半導体デバイスにとっても材料選定においても重要である．注意深く結晶成長を制御しても，成長過程のゆらぎに加え，ドーパント原子の偏析係数[注1]が1より小さいことから，成長したインゴットの抵抗率は一様でない．ただし，エピタキシャル成長した層の抵抗率はほぼ一様になる．抵抗率は，デバイスの直列抵抗，容量，しきい値電圧，ホットキャリアによるMOSデバイスの劣化，CMOS回路のラッチアップなどのデバイス特性に直接関係する重要なパラメータである．デバイスのプロセスでは，拡散やイオン注入などの手段で，ウェハの抵抗率を局所的に制御する．

　抵抗率は

$$\rho = \frac{1}{q(n\mu_n + p\mu_p)} \tag{1.1}$$

の関係によって動ける電子と正孔の密度nおよびpと，電子と正孔の移動度μ_nおよびμ_pに依存する．このようにρはキャリアの密度および移動度の測定値から計算できる．多数キャリア密度が少数キャリア密度より十分に大きい外因性の半導体では，多数キャリアの密度と移動度がわかれば十分であるが，これらが既知であることは希である．そこで，これらを非接触で測定するか，暫定的なコンタクトをつくったり，恒久的なコンタクトをつくるなどして測定する手法を幅広く検討する必要がある．

1.2　2点プローブ法と4点プローブ法

　4点プローブ法（four-point probe）は半導体の抵抗率を測定する一般的な方法である．較正済みの標準サンプルに頼ることなく絶対測定ができ，他の抵抗率測定法の基準としてもつかわれる．2点プローブ法（two-point）は扱うプローブが2本だけなので簡単なようだが，測定データの解釈はそれほどやさしくない．図1.1(a)の構成の2点プローブ法を考えよう．プローブは電流プローブにも電圧プローブにもなる．この被験デバイス（device under test; DUT）の抵抗を決定しよう．全抵抗R_Tは

$$R_T = V/I = 2R_W + 2R_C + R_{DUT} \tag{1.2}$$

で与えられる．ここでR_Wは導線またはプローブの抵抗，R_Cは接触抵抗，R_{DUT}は被験デバイスの抵抗である．この構成だと明らかにR_{DUT}は決まらない．その対策が図1.1(b)の構成の4点プローブ法あるいは

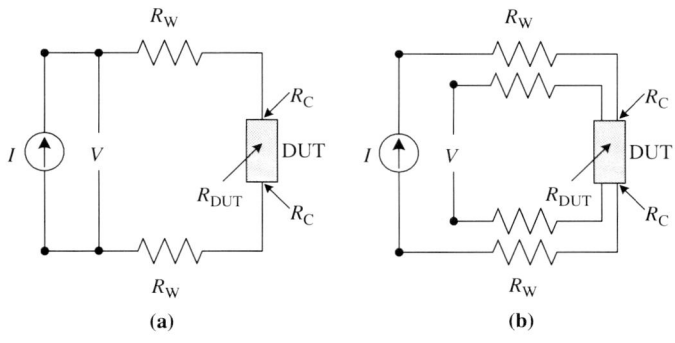

図1.1　2端子および4端子抵抗測定の配置．

注1　溶液中の不純物が結晶にとり込まれる割合．

4点コンタクト法である．電流経路は図1.1(a)と同じであるが，電圧は追加した2つのコンタクトで測る．電圧測定の経路にもR_WとR_Cがあるが，電圧計の入力インピーダンスがきわめて高いので（およそ$10^{12}\Omega$以上），電圧測定経路を流れる電流はほとんどない．よってR_WおよびR_Cでの電圧降下は無視できるほど小さく，測定した電圧は基本的にDUTでの電圧降下である．2点プローブ法から4点プローブ法にすれば，電流プローブと同じコンタクトパッドに電圧プローブをあてることで，寄生電圧降下を除去できる．4点コンタクト法のような測定法はLoad Kelvinに因んで，ケルビン測定といわれる．

2点コンタクトと4点コンタクトの効果を対比した例を図1.2に示す．金属―酸化物―半導体電界効果トランジスタ（metal-oxide-semiconductor field-effect transistor; MOSFET）のドレイン電流―ゲート電圧特性を，ソースとドレインにそれぞれコンタクト1つ（ケルビン・コンタクトなし），ソースにコンタクト1つとドレインにコンタクトが2つ（ケルビン・ドレイン配置），ソースにコンタクト2つとドレインにコンタクトが1つ（ケルビン・ソース配置），ソースとドレインにそれぞれコンタクト2つ（フルケルビン配置）で測定したものである．接触抵抗およびプローブ抵抗を除いたフルケルビン配置の測定電流は明らかに他と大きく異なる．2点プローブ法で半導体を測定するときのプローブ抵抗，接触抵抗および分散抵抗を図1.3に示す．

4点プローブ法は地球の抵抗率を測定する目的で1916年にWenner[1)]によって提案されたので，地球

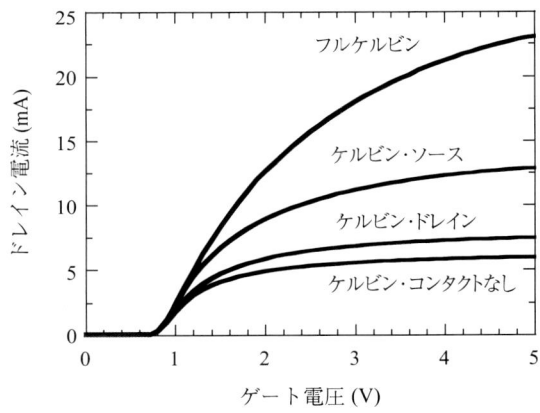

図1.2 接触抵抗のMOSFETドレイン電流への影響．データはJ. Wang（Arizona State University）の厚意による．

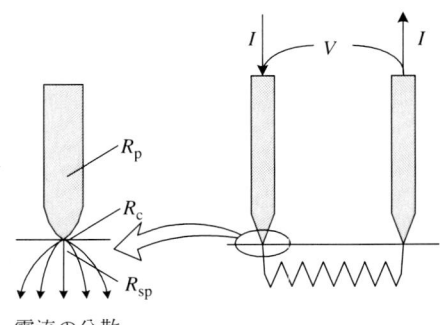

図1.3 2点プローブ法の配置．プローブ抵抗R_p，接触抵抗R_c，および分散抵抗R_{sp}を示している．

物理学では**Wennerの方法**といわれる。半導体ウェハの抵抗率測定に適用したのはValdesで，1954年のことである[2]。プローブの先はふつう共線，つまり同一の直線上に等間隔に配置するが，この配置でなくてもよい[3]。

演習1.1
問題：データの表現の問題。半導体材料や半導体デバイスのデータを表示すると，非線形になることがよくある。これはあるパラメータが他のパラメータのベキに比例，たとえば$y = Kx^b$となっているためかもしれない。ここで係数Kと指数bは定数である。また，あるパラメータは他のパラメータに対して，たとえば$I = I_0 \exp(\beta V)$のように指数的に変化してもよい。bやβを抽出するのに最も適したデータの表現方法は何か。
解：$y = Kx^b = 8x^5$という関係を考えよう。$y - x$を線形目盛りでプロットすると，**図E1.1**(a)および(b)の

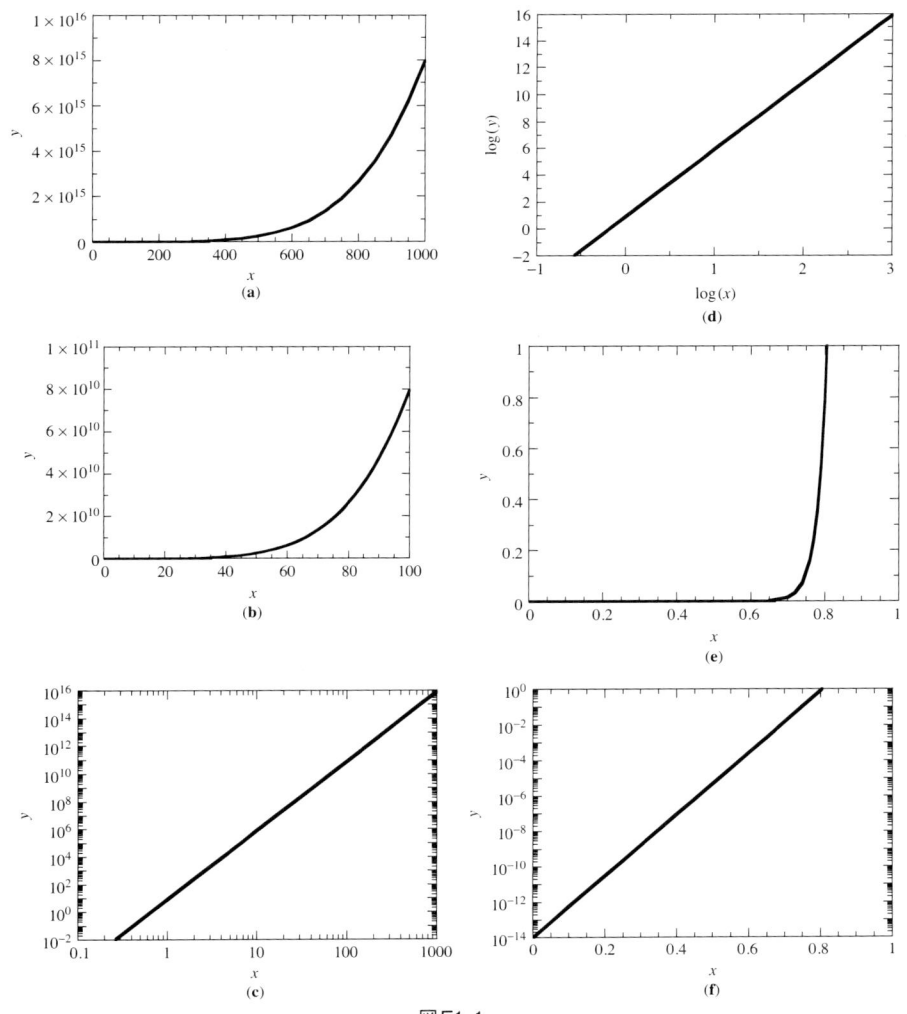

図E1.1

ようになり，縮尺をどのようにとっても非線形な曲線の b は求まらない．しかし，同じデータを(c)のように対数プロットすると，b はそのプロットでの傾きになる．

$$\log(y) = \log(Kx^b) = \log(K) + \log(x^b) = \log(K) + b\log(x)$$

であるから，この場合の傾きは 5 で，傾きを m とすると，

$$m = \frac{d[\log(y)]}{d[\log(x)]} = b = 5$$

である．(d)のようにデータをプロットすればこれも対数プロットではあるが，傾きを求める前にデータ x を $\log(x)$ に変換しなければならない．そうすれば，やはり傾きは $m = 5$ である．

$y = y_0 \exp(\beta x) = 10^{-14} \exp(40x)$ という関係を考えよう．(e)に示すように線形目盛りのプロットでは y_0 も β も抽出できないことは明らかである．しかしこれを(f)のように片対数プロットすると，

$$\ln(y) = \ln(y_0) + \beta x \Rightarrow \log(y) = \log(y_0) + \beta x / \ln(10)$$

となるから，傾き m は

$$m = \frac{d[\log(y)]}{dx} = \frac{\beta}{\ln(10)} = \frac{\beta}{2.3036} = \frac{14}{2.3036 \times 0.8}$$

で，$x = 0$ における切片は $y_0 = 10^{-14}$ になる．

4点プローブ法による抵抗率の式を導出する前に，サンプルの形状を図1.4(a)に示す．電場 $\mathscr{E}$ は

$$\mathscr{E} = J\rho = -\frac{dV}{dr}, \quad J = \frac{I}{2\pi r^2} \tag{1.3}$$

の関係によって電流密度 J，抵抗率 ρ，および電圧 V と結ばれている[2]．プローブから距離 r の点 P での電圧は

$$\int_0^V dV = -\frac{I\rho}{2\pi} \int_0^r \frac{dr}{r^2} \quad \Rightarrow \quad V = \frac{I\rho}{2\pi r} \tag{1.4}$$

となる．図1.4(b)の構成のときの電圧は

$$V = \frac{I\rho}{2\pi\,r_1} - \frac{I\rho}{2\pi\,r_2} = \frac{I\rho}{2\pi}\left(\frac{1}{r_1} - \frac{1}{r_2}\right) \tag{1.5}$$

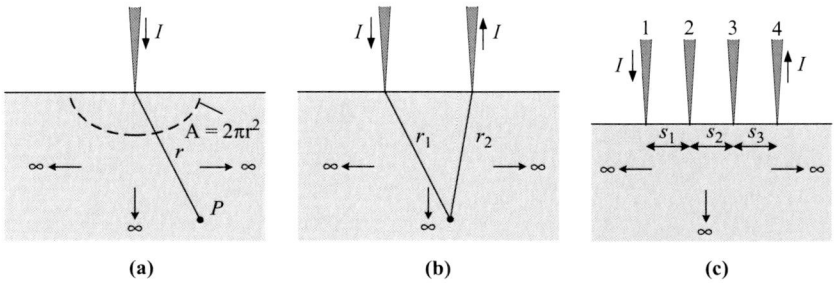

図1.4　(a)1点プローブ法，(b)2点プローブ法，(c)共線4点プローブ法での電流の流れと電圧測定の関係．

である。ここでr_1とr_2とはそれぞれプローブ1および2からの距離である。負の符号はプローブ2から流れ出る電流を表している。図1.4(c)のように，プローブの間隔がs_1, s_2, およびs_3のときのプローブ2の電圧は

$$V_2 = \frac{I\rho}{2\pi}\left(\frac{1}{s_1} - \frac{1}{s_2+s_3}\right) \tag{1.6}$$

プローブ3の電圧は

$$V_3 = \frac{I\rho}{2\pi}\left(\frac{1}{s_1+s_2} - \frac{1}{s_3}\right) \tag{1.7}$$

になる。測定される電圧の合計$V = V_{23} = V_2 - V_3$は

$$V = \frac{I\rho}{2\pi}\left(\frac{1}{s_1} - \frac{1}{s_2+s_3} - \frac{1}{s_1+s_2} + \frac{1}{s_3}\right) \tag{1.8}$$

となり，抵抗率ρは

$$\rho = \frac{2\pi}{1/s_1 - 1/(s_2+s_3) - 1/(s_1+s_2) + 1/s_3}\frac{V}{I} \tag{1.9}$$

で与えられ，ふつう$\Omega \cdot cm$の単位で表し，VはV，IはAの単位で，sはcmの単位で表される。電流測定は電圧がおよそ10 mVになるようにして測定する。ほとんどの4点プローブ法ではプローブを等間隔にしているので，式(1.9)で$s = s_1 = s_2 = s_3$とすれば，

$$\rho = 2\pi s \frac{V}{I} \tag{1.10}$$

のように簡単になる。

　標準的なプローブの半径は30から500 μm，プローブの間隔は0.5から1.5 mm程度である。サンプルの直径や厚さで間隔を変える[4]。$s = 0.1588$ cmにしておくと$2\pi s$は1 cmとなり，ρは単純に$\rho = V/I$になる。プローブの間隔を小さくしておくとウェハの周辺まで測定でき，ウェハマップをつかって考察できる点は重要である。金属薄膜を測定するプローブを，半導体を測定するプローブと混用してはならない。磁気トンネル接合，ポリマー薄膜，半導体欠陥などには間隔1.5 μmの4点プローブ法がつかわれている[5]。

　半導体ウェハは上下にも水平にも有限なので，式(1.10)も有限な形状に補正しなければならない。任意の形状をしたサンプルの抵抗率は

$$\rho = 2\pi sF\frac{V}{I} \tag{1.11}$$

で与えられる。プローブがサンプルの周辺に近い位置にあるとき，サンプルの厚さ，サンプルの直径，プローブの位置，および温度をFで補正する。Fはふつう独立したいくつもの補正因子の積になる。

1.2.1　補正因子

　4点プローブ法の補正因子は鏡像法[2,6]，複素変数論[7]，Corbino電流源の方法[8]，ポアソン方程式[9]，グリーン関数[10]，および等角写像[11,12]をつかって計算されている。ここでは最も適切な因子を扱い，他の因子は必要に応じて示すことにする。

　以下は間隔sの**共線プローブ**あるいは**整列プローブ**（collinear or in-line probe）の補正因子である。Fを3つの独立した補正因子の積

$$F = F_1 F_2 F_3 \tag{1.12}$$

で表す．それぞれの因子はさらに分割できる．F_1はサンプルの厚さを，F_2は水平方向の大きさを，さらにF_3はプローブのサンプル周囲からの相対位置を補正する．この他の補正因子は本章の後半で議論する．

　半導体ウェハの厚さは有限なので，ほとんどの測定でサンプルの厚さの補正が必要になる．厚さの補正因子はWellerが詳細に導出している[13]．底面が**絶縁性**のウェハに補正因子

$$F_{11} = \frac{t/s}{2\ln\{[\sinh(t/s)]/[\sinh(t/2s)]\}} \tag{1.13}$$

を導入し[14]，サンプルの厚さをプローブの間隔かそれ以下のオーダーにする．ここでtはウェハまたは半導体層の厚さである．半導体基板の上に目的の半導体層があるなら，上層を基板から電気的に絶縁しなければならない．その最も簡単な方法は，互いに伝導の型が異なるように，p型基板の上にはn型層，n型基板の上にはp型層とすればよい．こうすれば，空間電荷領域が絶縁体として効果的に電流を上層に閉じ込めてくれる．

　底面が**導電性**の場合の補正因子は

$$F_{12} = \frac{t/s}{2\ln\{[\cosh(t/s)]/[\cosh(t/2s)]\}} \tag{1.14}$$

である．F_{11}とF_{12}を図1.5にプロットする．底面を導電性の界面にするのはかなり難しい．ウェハの裏面への金属蒸着も導電性のコンタクトを確約するものではない．どんなものにも接触抵抗があるからである．このためほとんどの4点プローブ測定では絶縁性の底面をつかっている．

　サンプルが薄ければ，式（1.13）は$x \ll 1$のとき$\sinh(x) \approx x$だから

$$F_{11} = \frac{t/s}{2\ln(2)} \tag{1.15}$$

となる．$t \leq s/2$であれば式（1.15）がつかえる．薄いサンプルが極端に薄いときはF_2とF_3を1と置いてよく，式（1.11），（1.12），および（1.15）から

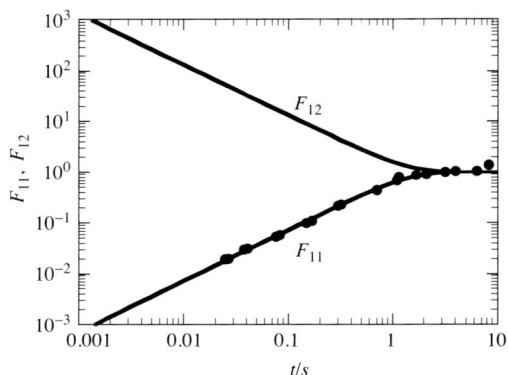

図1.5　規格化したウェハの厚さに対するウェハの厚さの補正因子．tはウェハの厚さ，sはプローブ間隔．データは文献15から引用．

$$\rho = \frac{\pi}{\ln(2)} t \frac{V}{I} = 4.532 \, t \frac{V}{I} \quad (1.16)$$

となる。薄い層は $\Omega/\square$ の単位で表されるシート抵抗 R_{sh} で評価することが多い。均一にドープした $t \leq s/2$ の条件のサンプルのシート抵抗は

$$R_{sh} = \frac{\rho}{t} = \frac{\pi}{\ln(2)} \frac{V}{I} = 4.532 \frac{V}{I} \quad (1.17)$$

で与えられる。拡散あるいはイオン注入層，エピタキシャル層，多結晶層，および金属導体のような薄い膜あるいは層はシート抵抗で評価できる。

シート抵抗は厚さで平均したサンプルの抵抗率の目安になる。シート抵抗はシートコンダクタンス G_{sh} の逆数である。**均一にドープしたサンプル**なら

$$R_{sh} = \frac{1}{G_{sh}} = \frac{1}{\sigma t} \quad (1.18)$$

ここで σ は電気伝導率，t はサンプルの厚さである。**ドープが不均一な**サンプルでは

$$R_{sh} = \frac{1}{\int_0^t [1/\rho(x)]\,dx} = \frac{1}{\int_0^t \sigma(x)dx} = \frac{1}{q\int_0^t [n(x)\mu_n(x) + p(x)\mu_p(x)]\,dx} \quad (1.19)$$

となる。

演習1.2
問題：シート抵抗の式を別の方法で導出せよ。
解：厚さ t，抵抗率 ρ のサンプルを考えよう。4つのプローブが**図E1.2**のように配置されている。電流 I はプローブ I^+ から注入され，円筒対称に拡がっていく。対称性と電流の保存から，プローブから距離 r の位置での電流密度は

$$J = \frac{I}{2\pi\, rt}$$

となる。その電場は

$$\mathscr{E} = J\rho = \frac{I\rho}{2\pi\, rt} = -\frac{dV}{dr}$$

この式を積分すると，I^+ から距離 s_1 と s_2 にあるプローブ V^+ と V^- との間の電圧降下は

$$\int_{V_{s1}}^{V_{s2}} dV = -\frac{I\rho}{2\pi t}\int_{s_1}^{s_2} \frac{dr}{r} \quad \Rightarrow \quad V_{s1} - V_{s2} = V_{12} = \frac{I\rho}{2\pi t}\ln\left(\frac{s_2}{s_1}\right)$$

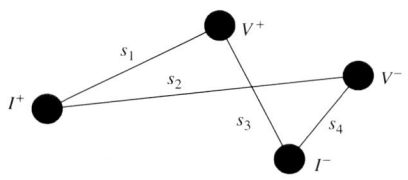

図E1.2

のようになる。重ね合わせの原理により，注入された電流I^-による電圧降下は，

$$V_{34} = -\frac{I\rho}{2\pi t}\ln\left(\frac{s_3}{s_4}\right)$$

であるから，

$$V = V_{12} - V_{34} = \frac{I\rho}{2\pi t}\ln\left(\frac{s_2 s_3}{s_1 s_4}\right)$$

となる。共線配置で$s_1 = s_4 = s$と$s_2 = s_3 = 2s$のときは

$$\rho = \frac{\pi}{\ln(2)}t\frac{V}{I} \ , \qquad R_{sh} = \frac{\pi}{\ln(2)}\frac{V}{I}$$

になる。

演習1.3
問題：シート抵抗は何を意味するのか。シート抵抗の単位がふつうでないのはなぜか。
解：シート抵抗の概念を理解するために，図E1.3のサンプルを考察しよう。この両端の間の抵抗は

$$R = \rho\frac{L}{A} = \rho\frac{L}{Wt} = \frac{\rho}{t}\frac{L}{W} \quad [\Omega]$$

で与えられる。L/Wは無次元であるが，ρ/tはΩの単位をもつ。しかしρ/tはサンプルの抵抗ではない。Rとρ/tを区別するには，比ρ/tに$\Omega/\square$の単位を付与し，これをシート抵抗R_{sh}と呼ぶ。これによりサンプルの抵抗は

$$R = R_{sh}\frac{L}{W} \quad [\Omega]$$

と書ける。サンプルは図E1.4のように正方形に分割できることが多い。その抵抗は

$$R = R_{sh}(\Omega/\square) \times \square の数 = 5R_{sh} \quad [\Omega]$$

で与えられる。このようにみると□と□は相殺することがわかる。

半導体サンプルのシート抵抗はイオン注入や拡散層，金属薄膜の評価に広くつかわれている。式(1.19)から明らかなように，ドーパント原子の深さ方向の変化を知る必要はない。垂直方向にドーピング密度が変化していても，サンプルのドーパント原子を深さ方向に積分したものがシート抵抗であると考えることができる。図E1.5に抵抗率の異なるサンプルのシート抵抗をサンプルの厚さの関数で示す。Al，Cu，および高濃度ドープSiの代表的な値を示しておく。

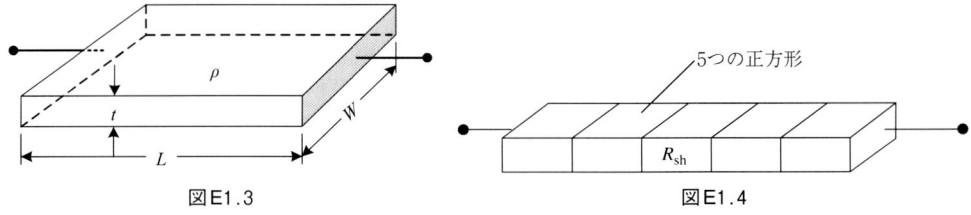

図E1.3　　　　　　　　　　　　　　図E1.4

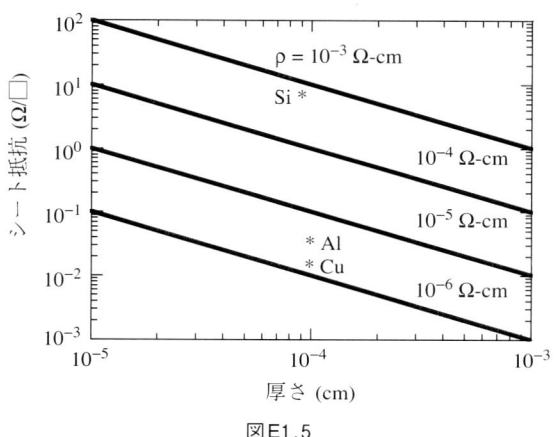

図E1.5

演習1.4

問題:図E1.6のようにキャリア密度に(a),(b),および(c)の3種類の分布があるとき,各層のシート抵抗に差はあるか。

解:式(1.19)により,シート抵抗は電気伝導率と厚さの積に反比例する。移動度一定であれば,R_{sh}は図E1.6の曲線の下(左側)の面積に反比例する。3つの面積は等しいので,R_{sh}はどれも同じになる。いい換えれば,キャリアの分布ではなくその積分でR_{sh}が決まる。

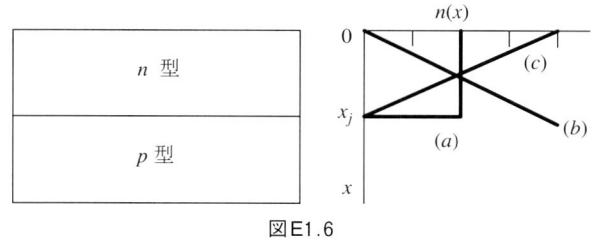

図E1.6

4点プローブ測定はサンプルの大きさの補正因子にも制限される。直径Dの丸いウェハであれば,式(1.12)の補正因子F_2は

$$F_2 = \frac{\ln(2)}{\ln(2) + \ln\{[(D/s)^2 + 3]/[(D/s)^2 - 3]\}} \tag{1.20}$$

で与えられる[16]。丸いウェハのF_2を図1.6に示す。F_2が1になるには直径が$D \geq 40\ s$でなければならない。プローブ間隔が0.1588 cmなら,少なくとも6.5 cmのウェハ直径が必要である。四角いサンプルの補正因子も図1.6に示してある[6]。

共線プローブでプローブ1から電流を入れ,プローブ4から電流を出し,プローブ2と3との間の電圧を検知する場合の補正因子が,式(1.17)の4.532である。電流を流すプローブと電圧を検知するプローブの順序を替えると補正因子は異なる[17]。絶縁境界から距離dだけ離して垂直にプローブをあてたときの補正因子,および厚さが無限大のサンプルの補正因子を図1.7に示してある[2]。この図から

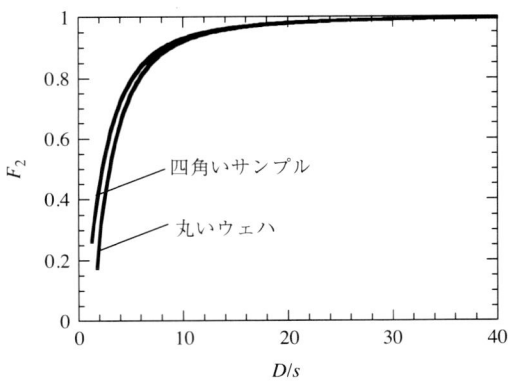

図1.6 規格化したウェハ直径に対するウェハ直径の補正因子．丸いウェハでは$D=$ウェハの直径，四角いサンプルでは$D=$サンプルの幅，$s=$プローブ間隔．

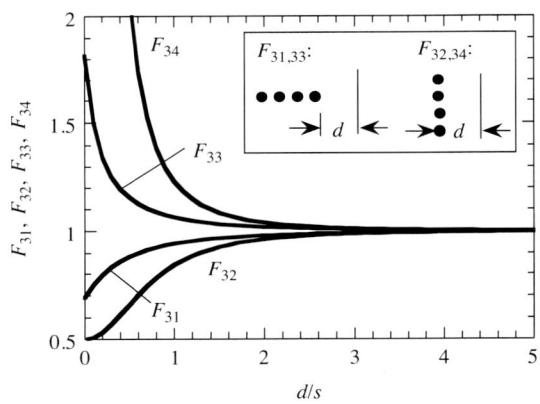

図1.7 規格化したエッジからの距離d（$s=$プローブ間隔）に対する境界近傍の補正因子．F_{31}とF_{32}は非導電性境界，F_{33}とF_{34}は導電性境界．

 明らかなように，ウェハの境界からプローブまでの距離がプローブ間隔の少なくとも3倍から4倍あれば，F_{31}からF_{34}までの補正因子は1である．この条件はほとんどの4点プローブ測定で容易に満たされる．F_{31}からF_{34}までの補正因子が効いてくるのは，小さなサンプルで必然的にプローブがサンプルの境界に近づくときである．
 ウェハ内であっても，プローブがウェハの中心にないときは，なんらかの補正が必要になる[16]．四角いサンプルでも中心から10%以内にプローブを置けば，幾何学的補正因子の位置のずれに対する感度を最小にできることがわかっている[11]．正方配置プローブアレイでも，プローブアレイを各辺から等距離になる中心点に置けば，誤差は最小になる．四角いサンプルに正方プローブアレイを置く角度にも依存する[9,11]．プローブ間隔が均等でないときも，わずかな補正が必要である[18]．
 精度の高い4点プローブ測定には，絶縁境界にプローブが近いときの幾何学的効果を回避し，プローブの位置はそのままで測定の配置を入れ替えて2回測定すればよい[19~21]．この方法は"二重配置法（dual configuration method）"または"配置交換法（configuration switched method）"として知られる．まず，はじめの配置では通常どおり電流をプローブ1から入れ，プローブ4から出し，プローブ2と3との間の電圧を検知する．次の測定では，プローブ1と3との間に電流を流し，プローブ2と4と

の間の電圧を測定する。この方法では(1)プローブの高い対称性を保つ必要（たとえば，丸いウェハの動径方向に垂直または平行にプローブを置いたり，四角いサンプルの縦横にそってプローブを置くなど）がなくなる，(2)幾何学的誤差は2つの測定で直接補正されるので，サンプルの大きさを知らなくてもよい，さらに，(3) 2つの測定でプローブ間隔が自己補正される，という利点がある。

二重配置法でのシート抵抗は

$$R_{sh} = -14.696 + 25.173(R_a/R_b) - 7.872(R_a/R_b)^2 \tag{1.21}$$

で与えられる。ここで，

$$R_a = \frac{V_{f23}/I_{f14} + V_{r23}/I_{r14}}{2} \ , \quad R_b = \frac{V_{f24}/I_{f13} + V_{r24}/I_{r13}}{2} \tag{1.22}$$

である。V_{f23}/I_{f14}は端子2，3と1，4に順方向電流を流したときの電圧／電流比で，V_{r23}/I_{r14}なら逆方向電流のときの比である。

4点プローブ法で測定するときの半導体インゴットの抵抗率はインゴットの直径Dが$D \geq 10s$の場合に限り[10,22,23]，

$$\rho = 2\pi s \frac{V}{I} \tag{1.23}$$

で与えられる。

1.2.2 任意形状サンプルの抵抗率

4点プローブ法の構成としては共線プローブの配置が最も一般的である。共線プローブ配置では両端のプローブの間隔が$3s$になるが，プローブを正方に配置すると2点の間隔は$2^{1/2}s$にすぎないので，占有面積を小さくできる。正方配置プローブは，4点プローブとしてつかうより，四角い半導体サンプルへのコンタクトをとるためにつかわれることが多い。

不規則な形状をしたサンプルの測定理論は，等角写像に基づいてvan der Pauwが開発した[24,26]。彼は(1)コンタクトがサンプルの周囲に配置されている，(2)コンタクトが十分に小さい，(3)サンプルの厚さが均一，(4)サンプルは一体もの，すなわちサンプルに孤立した穴などがないこと，という条件が満たされていれば，電流のパターンがわからなくても任意形状の平坦なサンプルの抵抗率を測定できることを示した。

上の条件を満たすよう周辺にコンタクト1，2，3，4を配置した図1.8の任意形状の導電性材料からなる平坦なサンプルを考えよう。この抵抗$R_{12,34}$は

$$R_{12,34} = \frac{V_{34}}{I_{12}} \tag{1.24}$$

で定義される。ここで電流I_{12}はコンタクト1からサンプルに流入し，コンタクト2から出ていく電流で，$V_{34} = V_3 - V_4$はコンタクト3と4の電位差である。$R_{23,41}$の定義も同様である。

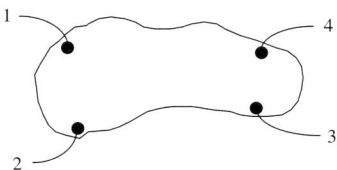

図1.8　4つのコンタクトを備えた任意形状のサンプル．

この抵抗率は

$$\rho = \frac{\pi}{\ln(2)} t \frac{(R_{12,34} + R_{23,41})}{2} F \tag{1.25}$$

で与えられる[24]。ここでFは

$$\frac{R_r - 1}{R_r + 1} = \frac{F}{\ln(2)} \mathrm{arcosh}\left(\frac{\exp[\ln(2)/F]}{2}\right) \tag{1.26}$$

の関係を満たす比$R_r = R_{12,34}/R_{23,41}$だけの関数である。$F$の$R_r$依存性を図1.9に示す。

図1.10にある円形や正方形のような**対称な**サンプルでは，$R_r = 1$かつ$F = 1$である。これから式（1.25）は

$$\rho = \frac{\pi}{\ln(2)} t\, R_{12,34} = 4.532 t\, R_{12,34} \tag{1.27}$$

に簡略化できる。このとき，シート抵抗は4点プローブの表式（1.17）と同じように

$$R_{sh} = \frac{\pi R_{12,34}}{\ln(2)} = 4.532 R_{12,34} \tag{1.28}$$

となる。

van der Pauwの式はサンプル周囲に配置したコンタクトが無視できるほど小さいという仮定に基づいている。しかし実際のコンタクトの大きさは有限であり，厳密にはサンプルの周囲にあるわけでも

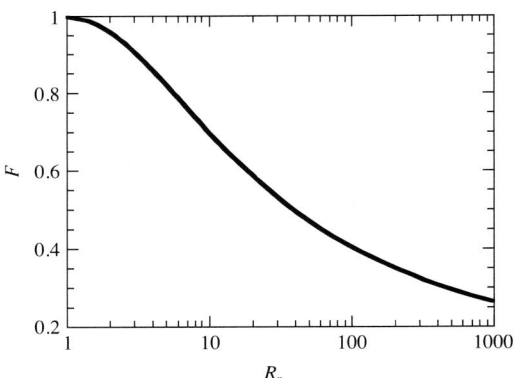

図1.9　R_rに対するvan der Pauwの補正因子．

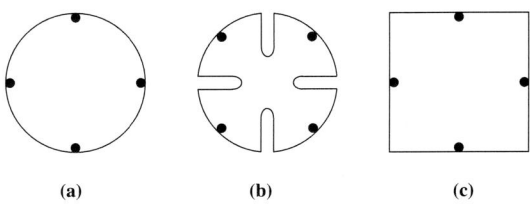

図1.10　円および正方形の対称形状サンプル．

ない．このような理想的ではない周辺コンタクトの影響を**図1.11**に示す．補正因子Cをコンタクトの大きさとサンプルの辺の長さとの比d/lの関数としてプロットしてある．Cは

$$\rho = Ct R_{12.34}, \quad R_{sh} = CR_{12.34} \quad (1.29)$$

のように定義される．図1.11から，辺の中央にコンタクトをとるより角にとった方が誤差が少ないことがわかる．ただし，コンタクトの長さが辺の長さの10%以下になると，どちらのコンタクト配置でも補正はほとんどいらなくなる．

理想的でないコンタクトに付随する誤差は図1.10(b)のクローバ葉の配置によって排除できる．しかし，こういう構成のサンプルをつくるのは手間がかかるので，ふつうは四角いサンプルにする．van der Pauwの構成は4点プローブ法に比べてサンプルの大きさが小さくてよいのも利点の1つである．図1.10にある円形や正方形のサンプル形状にすれば，プロセスをシンプルにできる．こういうテストストラクチャ[注2]でも，コンタクトの厳密な位置合わせがいつも可能なわけではない．

図1.10にあるもの以外のテストストラクチャもつかわれる．その1つが**図1.12**の**ギリシャ十字**である．フォトリソグラフィをつかってこのような構造を小さくしてウェハ上に多数配置し，抵抗率の均一性を評価できる．このような方法で**斜線の領域**のシート抵抗がわかる．$L = W$のときは，コンタクトを十字のエッジから$d \leq L/6$の範囲に置かねばならない[27]．ここでdはエッジからコンタクトまでの

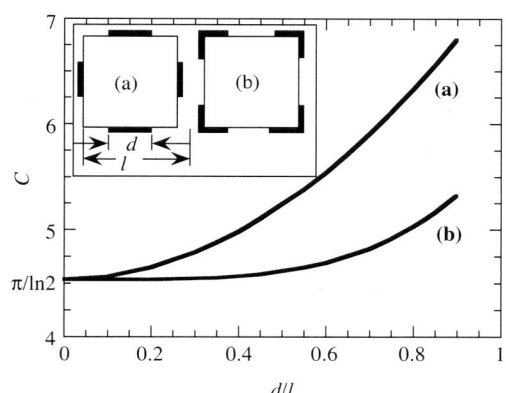

図1.11　正方形サンプルのそれぞれの辺の中央およびそれぞれの角に配置したコンタクトの補正因子Cをd/lに対してプロット．データは文献25による．

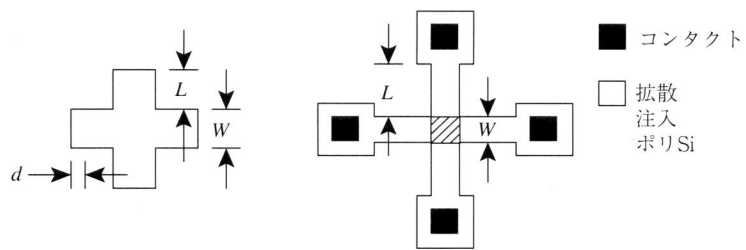

図1.12　シート抵抗測定用ギリシャ十字型テストストラクチャ．$d=$エッジからコンタクトまでの距離．

注2　test structure: TEG（test element group）とも呼ばれ，試験評価専用に設計されたデバイスをいう．

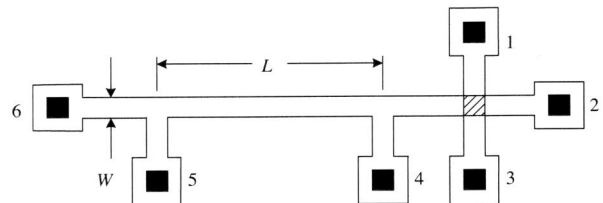

図1.13　シート抵抗および線幅測定用十字ブリッジ・テストストラクチャ.

距離である。Lが長すぎると表面リークによる誤差が発生する[28]。いろいろな十字ストラクチャのシート抵抗が調べられ，従来のブリッジ型のストラクチャの性能とも十分に比較されている[29]。十字ストラクチャやvan der Pauwストラクチャで測った電圧は，従来のブリッジストラクチャでの電圧より低い。

十字ストラクチャとvan der Pauwストラクチャを一緒にしたのが**図1.13**の十字ブリッジ・ストラクチャで，**シート抵抗**と**線幅**とを決定できる。**斜線の交差部**のシート抵抗は

$$R_{sh} = \frac{\pi}{\ln(2)} \frac{V_{34}}{I_{12}} \tag{1.30}$$

ただし$V_{34} = V_3 - V_4$で，I_{12}はコンタクト1から入り，コンタクト2から出ていく電流である。

図1.13の左側は線幅Wを決めるブリッジ抵抗である。ここでは線幅測定の特徴に少し触れる。詳しくは第10章で議論する。ブリッジ抵抗にそった電圧は

$$V_{45} = \frac{R_{sh} L I_{26}}{W} \tag{1.31}$$

ただし$V_{45} = V_4 - V_5$で，I_{26}はコンタクト2からコンタクト6に流れる電流である。線幅は式（1.31）と，十字の構造と式（1.30）から求められるR_{sh}をつかって

$$W = \frac{R_{sh} L I_{26}}{V_{45}} \tag{1.32}$$

となる。このテストストラクチャではシート抵抗がどこでも同じという前提がこの測定方法のポイントである。

図1.13のブリッジ・ストラクチャは抵抗測定に適しており，半導体ウェハの化学機械研磨（chemical-mechanical polishing; CMP）によるディッシング[注3]の評価につかえる。CMPでは配線が軟らかだとウェハ周囲より中央の方が薄くなる傾向にあり，厚さが不均一になる。特に銅のような軟らかな金属で問題になる。抵抗は金属の厚さに反比例するので，抵抗測定はディッシングの定量化につかえる[30]。

1.2.3　測定回路

4点プローブ測定回路にはいろいろなASTM規格がある[注4]。たとえばASTM F84[18]とF76[31]には詳細な回路図が与えられている。最近の装置はウェハマップをとるためにプローブステーションを駆動するだけでなく，コンピュータが電流の供給と電圧の測定，および適当な補正もしてくれる。

注3　皿状にへこむ現象。
注4　試験計測方法に関する国際標準化団体：ASTM International（米国試験材料協会）。2001年にAmerican Society for Testing and Materialsから現名称に変更した。http://www.astm.org/

1.2.4　測定誤差と対策

4点プローブ測定に成功するには，いくつもの配慮と適切な測定データの補正が必要である。

サンプルの大きさ：以前述べたとおり，サンプルの厚さや大きさだけでなくプローブの位置によってもいろいろと補正をしなければならない。水平面内のドープが均一であり，ウェハの直径がプローブ間隔に比べ十分に大きいときは，ウェハの厚さが主な補正になる。測定するウェハや層の厚さがプローブ間隔より明らかに小さいときは，抵抗率の計算結果はその厚さで変わる。したがって，抵抗率を決定するには厚さを精度よく求めることが重要である。ただし，シート抵抗の測定では厚さを知る必要はない。

少数キャリアと多数キャリアの注入：金属―半導体のコンタクトでは少数キャリアの注入はないとされるが，厳密には正しくない。金属―半導体コンタクトでも少数キャリアは注入されるが，注入効率が低いだけである。しかし大電流になると少数キャリア注入も無視できなくなる。少数キャリアが注入されるとその密度の増加分だけ（電荷の中性則により）多数キャリア密度も増加し，電気伝導率が上がってしまう（**電気伝導率変調**）。少数キャリア注入を減らすには，少数キャリアの再結合レートが高い表面が必要である。これには表面研磨が最もよい。ただし，高品位に研磨すると必要な表面再結合レートにならないこともある。注入された少数キャリアは再結合によって消滅するので，電圧プローブを電流注入プローブから拡散長[注5]の3倍から4倍離しておけば，電圧の誤差はほとんどない。しかし再結合寿命の長い材料では拡散長がプローブ間隔より長くなり，抵抗率の測定値に誤差が含まれる。他にも，**プローブの圧力**に誘起されたバンドギャップの狭さく化によって少数キャリア注入が増えると誤差要因となる。

高抵抗率材料では少数キャリア注入が問題となることがある。$\rho \geq 100\,\Omega\cdot\mathrm{cm}$のシリコンがこれに相当する。表面研磨したサンプルで，間隔1 mmの電圧検出プローブの間の電圧を100 mV以下にしておけば，少数キャリア注入による誤差は2%以下になる。$n \approx N_D$のn型サンプルでvを熱速度として，電流密度が$J = qnv$を超えると，**多数**キャリアの過剰注入で抵抗率が変わる。4点プローブ法の電圧が10 mVを超えなければ，多数キャリアの注入の心配はない。

プローブ間隔：4点プローブ法のプローブ間隔には，不規則で小さなばらつきがある。このようなばらつきは抵抗率やシート抵抗，特にウェハ・ドーピングの均一性評価の誤差要因となる。このような測定では，不均一性がウェハによるのか，プロセスのばらつきによるのか，測定誤差によるのかを明らかにすることが重要である。イオン注入層の評価もそういう例である。イオン注入層のシート抵抗の均一性は1%以下になることが知られている。プローブ間隔のばらつきが小さいときは，補正因子

$$F_s \approx 1 + 1.082(1 - s_2/s_m) \tag{1.33}$$

を適用できる[18]。ここでs_2は内側の2つのプローブの間隔，s_mはプローブ間隔の平均値である。プローブのぶれによる誤差を小さくするには，くり返し測定した読み値を平均すればよい。

電流：電流の大きさと表面リーク電流も誤差をまねく。電流は抵抗率の測定値に2つの影響を与える。1つはウェハの発熱によって見かけの抵抗率が上がり，一方で少数および多数キャリアの注入により，見かけの抵抗率が下がる。図1.14に，シリコンウェハの4点プローブ測定に推奨される電流を抵抗率とシート抵抗の関数で示す[18]。このデータは，与えられたサンプルの4点プローブ法による抵抗率を電流の関数として測定したものである。このような抵抗率―電流曲線は，ふつう電流の小さい領域と大きい領域で非線形になり，その間の領域は平坦になる。測定は平坦な領域が適している。表

注5　拡散長（または拡散距離）L_nは注入された過剰な少数キャリアΔnが多数キャリアと再結合しながら拡散していくときの到達距離の目安を与え，平衡状態での少数キャリア密度をn_0とすると，注入点からxの距離での非平衡少数キャリア密度は$n(x) = n_0 + \Delta n e^{-x/L_n}$で与えられる。$L_n = (D\tau)^{1/2}$で$D = \mu kT/q$であるから，$L_n$は$\mu$と$\tau$の関数である。

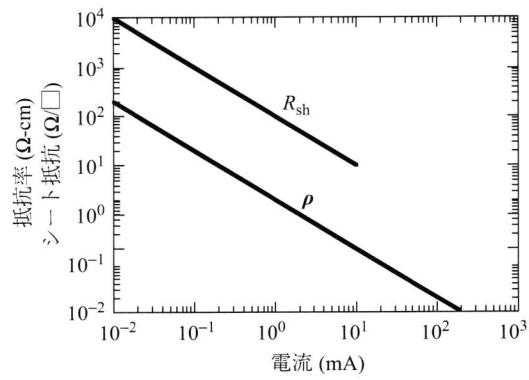

図1.14 Siのシート抵抗および抵抗率を4点プローブで測定するときの推奨プローブ電流.

面リークは内側のプローブと同電位のシールドでプローブ全体を覆うと低減または除去できる。

温度：熱起電力が生じないようサンプルの温度は一様にしなければならない。温度勾配は周囲の影響よりプローブ電流による発熱の影響の方が大きい。電流による発熱は，測定可能な電圧を得るために大きな電流を必要とする低抵抗率のサンプルで生じやすい。

測定装置の温度ばらつきや温度勾配がなくても，測定室の温度ゆらぎで抵抗率が変わることもある。半導体の抵抗率の温度係数は比較的大きいので，このような温度ゆらぎも補償しておかないとすぐに誤差となる（n型およびp型Si[18]とn型およびp型Ge）[32]。抵抗率が10Ω・cmかそれ以上のときのSiの温度係数は1％/℃のオーダーである。温度補正には補正因子

$$F_T = 1 - C_T(T - 23) \tag{1.34}$$

をつかう[18]。ここでC_Tは抵抗率の温度係数，Tは℃単位の温度である。

表面処理：シート抵抗の高いSiを測定するには適切な表面処理が必要である。たとえば，n型ウェハ上のp型層の表面に正の電荷があると，空間電荷層が表面電荷に誘起され，電荷中性領域がほとんどなくなる。これはもちろん厚さに依存するシート抵抗の増加になる。同様に，n型イオン注入層の正の表面電荷は表面蓄積層を形成してシート抵抗を下げる。この例を図1.15に示す。沸騰水あるいはH_2SO_4やH_2O_2に浸けるとウェハの表面は安定化するが，HFでエッチングした表面は時間とともにシート抵抗が変わる[33]。

高抵抗率，高シート抵抗の材料：抵抗率のきわめて高い材料は4点プローブ法やvan der Pauw法では測定できない。ふつうの濃度にドープしたウェハも低温では高抵抗となり，やはり測定が難しく，測定に特別な策を講じなければならない。半導体薄膜もふつうはシート抵抗が高く，低濃度ドープ層，多結晶Si薄膜，アモルファスSi薄膜，SOI（silicon-on-insulator）などがこれに相当する。4点プローブ法では$10^{10} \sim 10^{11} \Omega/\square$までのシート抵抗を測るので，ピコアンペアまでの低電流を測る必要がある。また，イオン注入層が浅いときはプローブで突き破らないよう注意する。この場合，金属の針の代わりに水銀プローブをつかって4点測定を行う手もある。

高抵抗率のバルクウェハを測定するには，片面に大きなコンタクトを，他面に小さなコンタクトを形成する。コンタクト間に電流を流し，電圧を測る。この配置では自身の表面リーク電流も測ることになるが，小さい方のコンタクトをガードリングで囲み，その電位を小さいコンタクトと同電位にすれば，表面電流を基本的に抑えることができる[34]。接触抵抗を無視してバルクの抵抗率を測るので，コンタクトは当然オーミックかできるだけオーミックに近くなければならない。

2端子測定法はコンタクトの効果が入って複雑になり，式（1.2）で示したようにサンプルの真の抵抗率の決定は難しい。中程度から低い抵抗率の材料に適した従来のvan der Pauw測定法でも，高抵抗

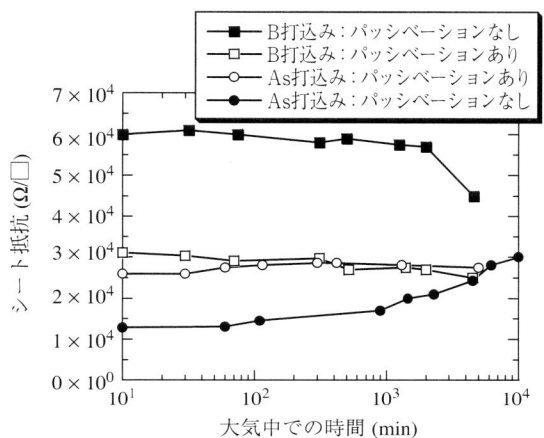

図1.15 室温大気中でのシート抵抗の時間変化. 59 nmの酸化膜つきn型Si基板にB打込み：$8×10^{11}$ cm^{-2}, 70 keV. 1050℃で15 sアニール. むき出しのp型Si基板にAs打込み：$8×10^{11}$ cm^{-2}, 70 keV. 1000℃で30 minアニール. いずれも沸騰水で10 minパッシベーション. 文献33による.

率材料では電流のリーク経路をとり除いて，電圧計の負荷を考慮した測定を行うべきである[注6]. この問題へのアプローチの1つが"ガード"法で，サンプル上の各プローブと外部回路との間に利得1の高入力インピーダンスの増幅器を入れる[35]. 利得1の増幅器で増幅器とサンプルとの間のリード線のシールドを駆動し，リード線の浮遊容量を効果的に抑えることができる. これでリーク電流も測定系の時定数も小さくなる. そういう測定系で10^{12} Ωまでの抵抗を測っている. "ガード"法も自動化できる[36].

1.3 ウェハマッピング

もともとイオン注入の均一性を評価するために開発されたウェハマッピング法は，プロセスモニタとして強力なツールとなっている. ウェハマッピングは1970年代に手動ではじまった[37]. 今日では高度に自動化されたシステムになっている. ウェハマッピングではシート抵抗やイオン注入のドーズ量に比例するパラメータをサンプル上の多数の点で測定する. データは二次元あるいは三次元の計数マップに変換される. 計数マップは同じデータを表で示すより格段にわかりやすく，プロセスの均一性をよく表現してくれる. よくできた計数マップなら，イオン注入の均一性，拡散の流動パターン，エピタキシャル反応容器の不均一性などの情報を即座に与えてくれる. 必要ならサンプル上の任意の線にそった均一性も表示できる.

4点プローブ法によるシート抵抗測定，変調光反射率測定，および光学濃度測定が，シート抵抗のウェハマッピングに最もよくつかわれている[38]. もちろん配置交換4点プローブ法もよくつかわれる. これはサンプル間を即座に比較できるので，イオン注入，拡散，多結晶Si薄膜，および金属の均一性評価につかわれている[39]. ウェハマッピングの例を図1.16に示す.

1.3.1 二重打込み

低ドーズの注入層は，(1)プローブで半導体にコンタクトをとることが難しい，(2)低ドーズのキャリア密度は低く，電気伝導率が低い，(3)表面リーク電流が測定電流と同程度になる，という理由でシート抵抗を測定するには工夫がいる. まず，高抵抗率のウェハの表面抵抗を打込み前の酸化で安定化す

注6 サンプルの抵抗が電圧計の入力インピーダンス（通常1 MΩ以上）に近づくと，入力抵抗への分流によって測定される抵抗値が変わってしまう.

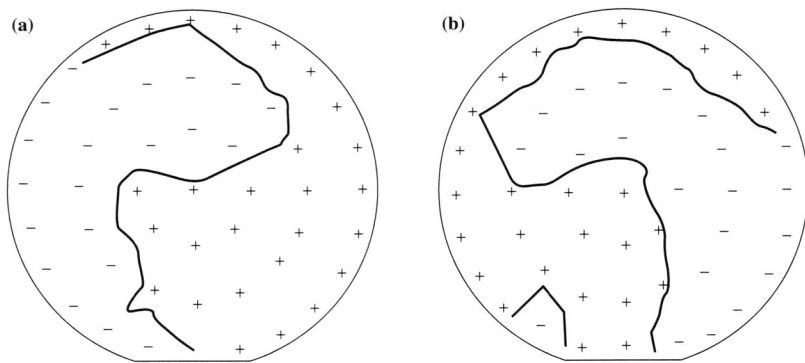

図1.16 4点プローブ計数マップ．(a)ホウ素$10^{15}\,\mathrm{cm}^{-2}$，40 keV，$R_{sh}$(平均)＝98.5 Ω/□．(b)ヒ素$10^{15}\,\mathrm{cm}^{-2}$，80 keV，$R_{sh}$(平均)＝98.7 Ω/□．200 mm径Siウェハ．等高線の計数間隔は1％．データはMarylou Meloni（Varian Ion Implant Systems）の厚意による[注7]．

るとともに，イオンのチャネリングも防止しておく．打込みをしたウェハはアニール後に酸化膜を除去し，熱硫酸と過酸化水素水（ピラニアエッチ）で表面を安定化させる．こうしたウェハには従来の4点プローブ法がつかえる．

このような低ドーズ注入層のシート抵抗測定には**二重打込み法**という4点プローブ法の改良版がつかわれることがある[20, 40]．手順は次のようになる．n型（p型）基板にドーズ量Φ_1，エネルギーE_1でp型（n型）不純物を打ち込む．たとえば，ドーズ量$\Phi_1 = 10^{14}\,\mathrm{cm}^{-2}$，エネルギー$E_1 = 120\,\mathrm{keV}$でホウ素を打ち込んだとする．打ち込んだイオンを電気的に活性化するため，ウェハをアニールする．ここでシート抵抗R_{sh1}を測定し，データを保存する．次に目的の低ドーズ不純物をドーズ量Φ_2（$\Phi_2 < \Phi_1$），エネルギーE_2で打ち込む．はじめに打ち込んだ層への侵入を防ぐため，E_2はE_1より低くしておく．はじめの打込みは2回目の打込みに比べ，エネルギーを少なくとも10〜20％高く，ドーズ量を少なくとも2桁は高くしておく．したがって，2回目の打込み条件は$\Phi_1 = 10^{11}\,\mathrm{cm}^{-2}$，$E_1 = 100\,\mathrm{keV}$などになる．2回目の打込み後のシート抵抗$R_{sh2}$はアニールせずに測定し，$R_{sh1}$と比較する．

2回目のシート抵抗測定は，2回目の打込みドーズ量に比例するダメージを測っている．打込みが低ドーズであればこれは正しい．打ち込まれても活性化していないイオンは電気伝導に寄与しない．さらに打込みダメージによって移動度が下がり，$R_{sh2} > R_{sh1}$となっている．はじめに打ち込んだ不純物の原子質量は2回目に打ち込んだものとほぼ同じにしておく．また，（100）方位のSiウェハより（111）方位のウェハの方がチャネリング効果[注8]が少ないことがわかっている．二重打込み法なら2回目の打込みのあと直ちに測定でき，しかも$10^{10}\,\mathrm{cm}^{-2}$の低ドーズまで感度がある．測定したウェハは不純物分布が変化しない低温で活性化アニールし，再利用される．この方法は電気的に不活性な酸素，アルゴン，窒素などの打込みにも有効である．より詳細についてはSmithらが議論している[40]．

二重打込み法はいくつもの問題がある．1回目の打込みや低ドーズ測定のあとの活性化によってシート抵抗が不均一になる．さらに，この方法は打込みによる**ダメージ**から低ドーズの感度を得ているので，打込み後数時間から数日かけて打込みダメージが回復していく緩和に影響されやすい．低ドーズで打込み後数時間から数日後に測定した抵抗は，ダメージ緩和によって10〜20％減少する可能性がある．測定前にドライ窒素200℃で45分アニールすれば，より安定した測定ができる[40]．

注7 マップ中の曲線が平均値を表し，＋と－はそれぞれ平均値より上および下の領域になる．測定値が平均値から計数間隔以上はずれると，計数間隔を超えた地点に新たな等高線が現れる．
注8 ある結晶軸にそって，イオンが基板深くまで打ち込まれる現象．

1.3.2 変調光反射率測定法

変調光反射率測定法（modulated photoreflectance）は，半導体サンプルに周期的な熱刺激を与えたときの応答を光学的反射率の変調としてとらえるものである．変調光反射率法あるいは熱波動法では，半導体サンプルに照射するAr⁺イオンレーザービームを0.1から10 MHzの周波数で変調すると，表面近傍に過渡的な熱の波が発生する．この波は，ダメージを受けた領域と結晶領域とを異なる速度で伝播していく．ダメージの程度によってそれぞれの領域からの信号が異なるので，結晶ダメージの指標となる．変調周波数1 MHzでの熱の波の拡散長は2ないし3 μmである[41]．このわずかな温度の変化がウェハ表面近傍の体積をわずかに変え，表面がやや膨張する[42]．これが熱弾性効果および光学的効果をもたらし[43]，これらを第2のレーザー（プローブビーム）の反射率の変化として検出する．その装置構成を図1.17に示す．励起レーザーとプローブレーザーのビームはどちらも直径およそ1 μmのスポットに集光し，均一に打ち込んだウェハだけでなく，パターンつきのウェハも測定できるようになっている．

変調光反射率測定法で熱波動の信号を打込みドーズ量に変換するには，既知の打込みドーズ量で較正した標準サンプルが必要である．イオン注入のドーズ量は，熱波動をつかって，単結晶基板がイオン注入工程で部分的に無秩序な層に変換された割合から求められる．熱波動に誘起された熱弾性効果と光学的効果は打ち込まれたイオンの数に比例して変化する．変調光反射率法による注入評価法も，打込み後のダメージ緩和の影響を受けるが，プローブレーザーによる検出がダメージの緩和過程を加速し，数分でサンプルが安定化する．

この方法は非接触かつ非破壊であり，10^{11}から10^{15} cm^{-2}の打込みドーズ測定につかわれている[44]．ウェハは新品でも酸化膜つきでもよい．つまり，酸化膜越しでも打込みの測定ができるという利点がある．結晶格子のダメージは打込み原子の大きさとともに増え，熱波動信号はダメージに依存するので，この方法から打ち込んだイオンの種類を区別できる．イオン注入のモニタの他に，ウェハ研磨のダメージや反応性プラズマエッチングでのダメージの研究にもつかわれている．この方法の強みは低ドーズ注入を非接触で検出でき，結果を計数マップに表示できることにある．計数マップの例を図1.18に示す．

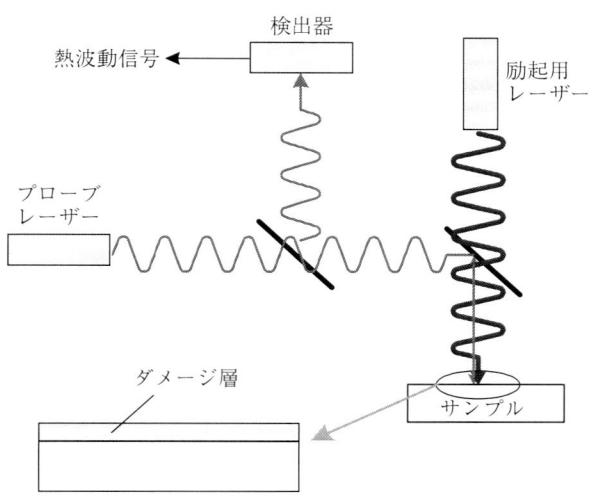

図1.17　変調光反射率の測定装置構成．

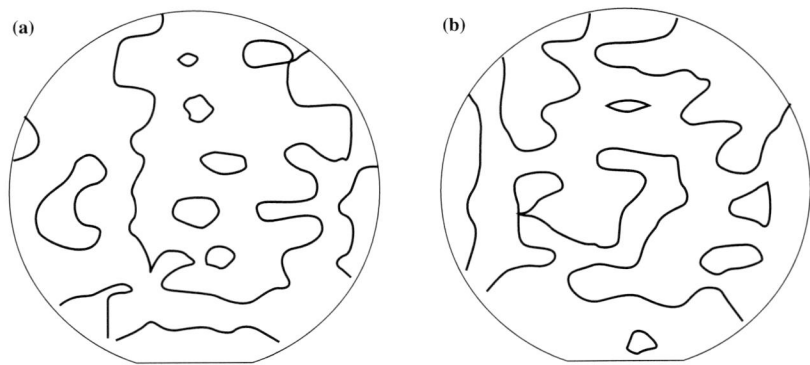

図1.18 変調光反射率の計数マップ．(a)ホウ素6.5×10^{12} cm^{-2}, 70 keV, 648 TW単位．(b)ホウ素5×10^{12} cm^{-2}, 30 keV, 600 TW単位．計数間隔0.5％．200 mm径Siウェハ．データはMarylou Meloni（Varian Ion Implant Systems）の厚意による．

1.3.3 キャリア照明法

キャリア照明法（carrier illumination; CI）は接合の深さを決定するもので，変調光反射率測定法にやや似ている．活性化した浅い接合を光学的に評価するには，活性化しているイオン注入層とその下の層との間に高いコントラストを必要とする．ドープした層は電気伝導率が高いので，下層のシリコンより屈折率がやや大きい．しかし従来の測定方法では十分なコントラストは得られない．キャリア照明法では集光したレーザー（λ=830 nm）で半導体に過剰キャリアを注入して直流の過剰キャリア分布をつくり，λ=980 nmのプローブビームで反射率を測定する[45]．キャリアの分布は反射信号から導出する．基板のキャリア密度は平坦で，接合の端部にかかると急激に落ち込む．ここはドーピングプロファイルの境界で，屈折率の勾配が急になっている．屈折率の変化Δnと過剰キャリア密度ΔNとは

$$\Delta n = \frac{q^2 \Delta N}{2 K_s \varepsilon_0 m^* \omega^2} \tag{1.35}$$

の関係がある．ここでωはプローブ光の周波数である．キャリア密度の分布の変化点からの反射光を参照光と干渉させると，接合の深さに直結する干渉信号が得られる．過剰キャリアを発生させるレーザーをゆっくりと変調し，ほぼ定常的な分布状態を維持すれば，高感度位相ロック法をつかって直流測定に比べなん桁も利得の高い反射信号を得ることができる．

この方法は活性層のドーピング密度を10^{19} cm^{-3}以上にして活性化された打込み領域が高レベル注入の条件にならないようにすると最も効果的である[注9]．こうしておけば半導体の屈折率が大きくなり，深さ方向の分解能が向上する．シリコン中のプローブ波長はおよそ270 nmで，厚さ135 nmを往復すると位相が完全に2πずれる．ノイズで決まる位相分解能は0.5°以上あるので，深さの分解能はおよそ0.2 nmになる．キャリア照明法は接合の深さの測定はもちろん，活性なドーパントの密度およびそのプロファイルの変化にも敏感で，アモルファス化前の打込みのあと，アモルファスの深さを測ることができ，打込み直後の低ドーズイオン注入をキャリア照明法で感度よくモニタできる[46]．

1.3.4 光学濃度測定

光学濃度測定（optical densitometry）によるドーピング密度の決定法は，本章で議論したどの方法

注9 高レベル注入になると，過剰キャリア密度がドーパント密度を超え，ドーパント密度のプロファイルにしたがわなくなる．T. Claryse *et al.*, *J. Vac. Sci. Technol.*, **B22**(1), 439 (2004)

表1.1 イオン打込みの均一性測定におけるマッピング法.

	4点プローブ法	二重打込み法	分散抵抗法	変調光反射率法	光学濃度測定
手法	電気的	電気的	電気的	光学的	光学的
測定内容	シート抵抗	結晶のダメージ	分散抵抗	結晶のダメージ	ポリマーのダメージ
分解能（μm）	3000	3000	5	1	3000
イオンの状態	活性	活性 不活性	活性	不活性	不活性
ドーズ量 (cm^{-2})	$10^{12}〜10^{15}$	$10^{11}〜10^{14}$	$10^{11}〜10^{15}$	$10^{11}〜10^{15}$	$10^{11}〜10^{13}$
結果	直接	較正	較正	較正	較正
緩和	小	大	小	大	大
要件	アニール	事前打込み	アニール		打込み前後で測定

とも異なる。この方法はイオン注入の均一性とドーズ量のモニタのために開発されたが，半導体ウェハはつかわない。ポリマーにイオン注入で感光する色素を混ぜた薄膜をガラスのような透明基板にコートする。これにイオン注入すると色素分子が不規則に分裂し，波長600 nmに光吸収のピークをもつ陽イオンができる[47]。このポリマーをコートしたガラスにイオンを打ち込むと，薄膜が暗くなる。この暗さは打込みのエネルギー，ドーズ量，およびイオン種によって変わる。

マイクロ濃度計をつかった光学濃度測定器で基板全体の透過率をイオン注入の前後で測定し，その差を較正表をつかって比較する。これを計数マップに表示する。光学濃度の較正曲線は，10^{11}から$10^{13} cm^{-2}$の打込みドーズ範囲で打込みドーズ量の関数として確立されている。

この方法は打込み活性化アニールが不要で，注入後数分で結果が表示される。光学濃度測定の分解能はおよそ1 mmで，これからドーズ量の下限は$10^{11} cm^{-2}$となる。本章のはじめに議論したように，低ドーズ注入のドーピング密度は電気的な測定が難しく，この光学的方法が不可欠であり，かつ安定でもある。**表1.1**に3つのマッピング法を比較しておく[38]。

1.4 抵抗率のプロファイル

4点プローブ法で測定するのはシート抵抗である。抵抗率を求めるには，均一にドープした確かな抵抗率をもつ基板でシート抵抗を測定し，これにサンプルの厚さを掛ける。ドーピングが不均一なウェハのシート抵抗は，式（1.19）により，サンプルの抵抗率を厚さ方向に平均したものになる。不均一ドープ層の抵抗率のプロファイルは1回のシート抵抗測定では求まらない。また，ほとんどの場合，欲しいのは抵抗率のプロファイルではなく，ドーパント密度のプロファイルである。

ドーパント密度を求めるには，差分ホール効果法，分散抵抗法，容量―電圧法，MOSFETしきい値電圧法，および二次イオン質量分析法が適している。本章ではまず，はじめの2つの方法を議論し，残りの3つは第2章にまわす。

1.4.1 差分ホール効果法

抵抗率あるいはドーパント密度の深さプロファイルを決定するには，深さ方向の情報が必要である。不均一にドープしたサンプルの抵抗率のプロファイルを求めるには，抵抗率を測定し，サンプルを薄く削り，抵抗率を測り，削って測り，とくり返せばよい。差分ホール効果法（differential Hall effect; DHE）はそういう測定手順になる。厚さが（$t-x$）の層のシート抵抗は

$$R_{sh} = \frac{1}{q\int_x^t [n(x)\mu_n(x) + p(x)\mu_p(x)]dx} \tag{1.36}$$

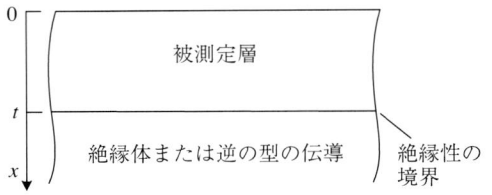

図1.19 シート抵抗を測定するサンプルの構造.

で与えられる。ここでxは図1.19のようにサンプルの表面から内部に向う座標である。測定する層が薄いときはこれを絶縁層で基板から分離し、4点プローブの電流をその層に閉じ込めなければならない。たとえばpn接合の空間電荷領域は絶縁性の境界となるので、p型基板にn型をイオン注入するとよい。n型基板にn型を打ち込んでもn型層に測定電流を閉じ込めきれないからである。

キャリア密度と移動度が一定で、均一なドープ層のシート抵抗は

$$R_{sh} = \frac{1}{q(n\mu_n + p\mu_p)\,t} \tag{1.37}$$

になる。シート抵抗は均一にドープした層だけでなく、キャリア密度と移動度がいずれも深さ方向に変化しているような不均一なドープ層にも適用できる。式 (1.36) のR_{sh}は、サンプルの厚さ $(t-x)$ で平均した抵抗である。当然$x=0$でのシート抵抗は式 (1.19) になる。

ホール効果または4点プローブ法で測ったシート抵抗は、層をくり返し剥がした深さ方向の関数である。$1/R_{sh}(x) - x$プロットから、式

$$\frac{d[1/R_{sh}(x)]}{dx} = -q[n(x)\mu_n(x) + p(x)\mu_p(x)] = -\sigma(x) \tag{1.38}$$

によってサンプルの電気伝導率σが求まる[48]。式 (1.38) はライプニッツの定理

$$\frac{d}{dc}\int_{a(c)}^{b(c)} f(x,c)\,dx = \int_{a(c)}^{b(c)} \frac{\partial}{\partial c}[f(x,c)]\,dx + f(b,c)\frac{\partial b}{\partial c} - f(a,c)\frac{\partial a}{\partial c} \tag{1.39}$$

をつかって式 (1.36) から導ける。抵抗率は、式 (1.38) と$\rho(x) = 1/\sigma(x)$ から

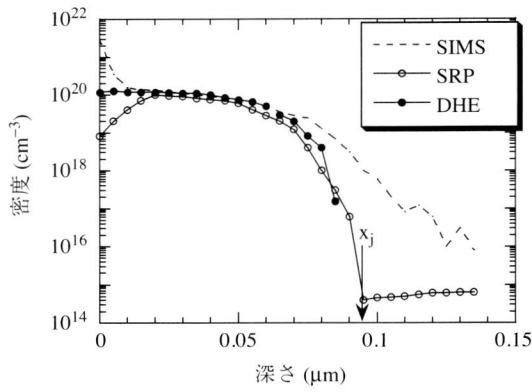

図1.20 差分ホール効果法、分散抵抗プロファイル法、およびSIMSで求めたドーパント密度のプロファイル. 文献49の*Solid State Technology*, Jan. (1993) からのデータ.

$$\rho(x) = -\frac{1}{d[1/R_{sh}(x)]/dx} = \frac{R_{sh}^2(x)}{dR_{sh}(x)/dx} = \frac{R_{sh}(x)}{d[\ln(R_{sh}(x))]/dx} \qquad (1.40)$$

となる。これから求めたドーパント密度を演習1.5に示す。図1.20に差分ホール効果法，分散抵抗法，および二次イオン質量分析法で求めたドーパント密度のプロファイルを示す。

演習1.5

問題：p型Si基板上のn型Si層のシート抵抗対深さが図E1.7(a)のように与えられたとき，抵抗率とドーピング密度を深さの関数として求めよ。

解：まず，xの関数になっている図E1.7(a)のプロットの傾きを求める。次に式（1.40）をつかって$\rho(x)-x$を求める。これまで"log"で与えられた図の問題のように"$\ln(x) = \ln(10)\cdot\log(x)$"の変換が必要である。その結果抵抗率とドーピング密度は図E1.7(b)および(c)のようになる。"ρからN_Dへの変換"には800 cm^2/V・sの移動度を用いた。

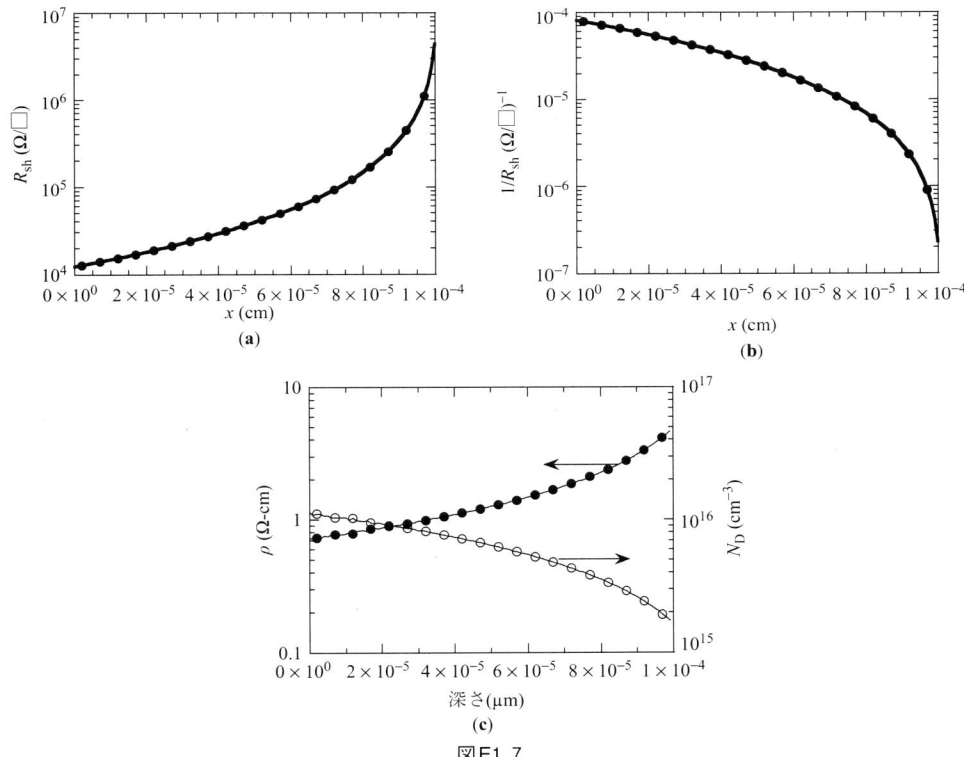

図E1.7

電極から電解液を通して半導体サンプルへ電流を流すと,半導体の酸化物が室温で成長する.酸化物は半導体の一部をとり込みながら成長するので,成長した酸化物をエッチングすれば陽極酸化に消費された半導体も除去される.この方法の再現性はよい.

陽極酸化には2つの方法がある.**定電圧法**では,酸化電流が初期値からある決められた値に小さくなるまで流す.**定電流法**では,電圧がある値に上昇するまで続ける.定電流法での酸化物の厚さは,終わりの電極間電圧から初期の電極間電圧を引いた正味の形成電圧に比例する.

陽極酸化溶液は多岐にわたる.シリコンにはN-メチルアセトアミド,テトラヒドロフルフリル・アルコールやエチレングリコールなどの無水溶液がよい[52].0.04 N[注10]のKNO$_3$と1〜5％の水を含むエチレングリコールで,2から10 mA/cm^{2}の電流密度にすると,再現よく酸化物ができる.この方法で1V当り2.2 ÅのSiを除去でき[52],形成電圧が100 Vなら220 ÅのSiを除去できる.Ge[53],InSn[54],およびGaAs[55]も陽極酸化できる.

差分電気伝導率からプロファイルを求める方法をすべて手作業でやると大変な労力になり,用途が限られてくる.したがって自動化による測定時間の短縮が不可欠である.コンピュータ制御でサンプルを陽極酸化し,エッチングして抵抗率と移動度を$in\text{-}situ$で測定する方法が開発されている[49,56,57].

1.4.2 分散抵抗プロファイル法

分散抵抗プロファイル法(spread resistance profiling; SRP)は1960年代からつかわれている.もともと水平方向の抵抗率の変化を測定するものであったが,現在では抵抗率とドーパント密度の**深さプロファイル**作成が主な用途である.このダイナミックレンジは大変広く(10^{12}〜10^{21} cm^{-3}),ナノメートルの領域のきわめて浅い接合のプロファイルをとることができる.データ収集とそのとり扱いも大きく進歩している.データの処理では,サンプルの準備とプローブの位置合わせ手法の改善,強制立方スプライン平滑化法,Schumann-Gardnerによる妥当半径較正法をつかった普遍補正因子法,およびキャリア拡散(流出)を物理に基づいて補正するポアソン法などが開発されている.分散抵抗プロファイル法の再現性が問題視されることがあるが,厳密に検収した分散抵抗プロファイルシステムでは,常時10%以内の再現性が得られている[58].

分散抵抗法の概念を図1.21に示す.斜めに削った半導体の表面にそって慎重に並べた2本のプローブをもつ測定器である.プローブ間の抵抗は

$$R = 2R_p + 2R_c + 2R_{sp} \tag{1.41}$$

で与えられる.ここでR_pはプローブの抵抗,R_cは接触抵抗,R_{sp}は分散抵抗である.それぞれの位置で抵抗を測定していく[59].

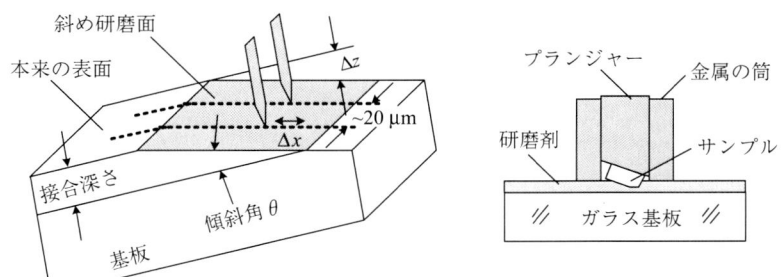

図1.21 分散抵抗用斜め研磨機と,そのサンプルの斜面にプローブとその経路(破線).

注10 N:規定度のことで,溶液1lに含まれる溶質のグラム当量をいい,溶液1lに1グラム当量の溶質が溶けているときの規定度を1Nと記す.

まず，斜めになったブロックにろうを溶かしてサンプルをとりつける．1°以下の傾斜角の作製も容易である．斜めになったブロック円筒に埋め込み，ダイヤモンドペーストなどの研磨剤で研磨すればよい．分散抵抗測定の成否はサンプルの準備にかかっている[60,61]．削ったサンプル斜面のエッジをプローブの動く方向に対して垂直になるよう測定装置にとりつけ，位置決めする．サンプルを（酸化膜や窒化膜の）絶縁体でコーティングしておくと便利である．絶縁体の分散抵抗はとても高いので，斜面のはじまる位置がはっきりする．分散抵抗法は主にシリコンの測定につかわれ，光伝導効果のない暗所で測定する．

サンプルの準備についてはClarysseの議論がよい[58]．傾斜角はきちんと較正した段差計で測定する．酸化膜のコーティングがないときは，斜面のエッジより少なくとも10〜20点前から測定を開始する．現物のスタート地点は顕微鏡（暗視野照明で倍率500×）で決定する．スタート地点の誤差は数点以内（最大3点）に収める．生の抵抗プロファイルをみれば，ふつうはスタート地点の変化がわかる．プローブの点はその数を数えてスタート地点が決められるよう，識別できるきざみをつけておく．斜面のエッジがはっきりしていればスタート地点の誤差は小さい．0.1から0.05μmの高品質ダイヤモンドペーストならよい斜面ができる．斜面の研磨につかう回転ガラス板の粗さはピーク間で0.13μm以下である．プローブ間隔は30〜40μm以下にする．サブミクロンイオン注入やエピタキシャル層のデータは100〜150点になる．100 nm以下の構造でも20〜25点は欲しい．

分散抵抗を理解するために，半導体表面に金属プローブをあてた図1.22を考えよう．直径$2r$のプローブから抵抗率ρの半導体へ電流Iが流れ込んでいる．プローブの尖端に集中していた電流は尖端からすばやく**分散する**．このため**分散抵抗**と呼ばれる．円筒状の高導電性プローブが，半無限大のサンプルに侵襲することなく，界面で平坦に接触しているときの分散抵抗は

$$R_{sh} = \frac{\rho}{4r} \quad [\Omega] \tag{1.42a}$$

である[62]．半径rの半球状の尖端が侵襲するプローブでの分散抵抗は

$$R_{sh} = \frac{\rho}{2\pi r} \quad [\Omega] \tag{1.42b}$$

である．式（1.42a）は分散抵抗と4点プローブ法との比較で検証されている．分散抵抗は

$$R_{meas} = R_{cont} + R_{spread} = R_{cont} + \frac{\rho}{2r}C \tag{1.43}$$

のようにも表される[63]．ここでCはサンプルの抵抗率，プローブ半径，電流の分布，およびプローブ間隔で決まる補正因子である．半径rは必ずしも物理的な大きさでなくてもよい．接触抵抗はウェハ

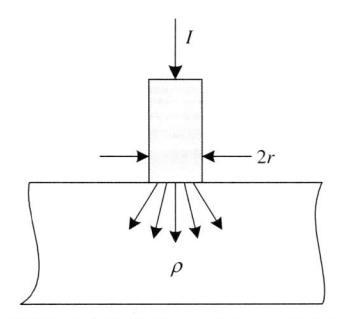

図1.22 半導体に接触した直径$2r$の円筒状のコンタクト．矢印は電流の流れを表している．

の抵抗率とプローブの加重，ならびに表面状態密度にも左右される．この表面状態はプローブ—半導体コンタクトのショットキー障壁の高さを支配している．表面状態密度とエネルギー分布は研磨した傾斜面によって違っているであろう．表面状態密度が高いとフェルミ準位のピンニングが起きる[64]．分散抵抗プロファイルを測定する斜面のコンタクト部は，p型半導体なら空乏領域で囲まれ，n型半導体なら表面近傍に反転層ができるであろう．

斜面の表層の自然酸化膜を破るにはおよそ5gのプローブ加重が必要とされており，これがマイクロコンタクトの領域を形成する条件になっている．ただし加重が小さくても，局所的な圧力は高くなることがある．半径を1μmとすると，コンタクト面積で単純に割ればおよそ16GPaの接触圧力になる．

接触半径の5倍ほど離れると，電流の拡がりによって電位のおよそ80%が降下してしまう．10から20gのプローブ加重のときのプローブの侵襲はおよそ10nmである[65]．分散抵抗プロファイル法で測った抵抗とSiの抵抗率との関係を図1.23に示す[63]．接触半径1μmのときは，式(1.42a)から$R_{sp} \approx 2500\rho$になる．分散抵抗はρよりおよそ10^4倍大きいので，式(1.41)ではR_pとR_cよりもR_{sp}が支配的になる．しかしGaAsのように半導体—金属の障壁が高いと，測定値に占める接触抵抗は無視できなくなる．

重力加重式のプローブアームには，タングステン—オスミウム合金のプローブがとりつけられている．プローブの尖端は，間隔を20μm以下まで近づけられる形状になっている．プローブアームは5点支持のベアリング・システムで支持され，アームは水平軸のまわりにだけ自由に回転できる．これによってプローブがサンプルに接触したときのプローブの水平方向の動きが事実上なくなり，半導体の磨耗やダメージを最小にしている．プローブは半導体に接触するとわずかに弾性変形し，接触部の再現性がよくなる．プローブの接触部分には，"Gorey-Schneider法[63]"といわれるシリコン表面の薄い酸化膜を侵襲するための無数の微細な突起が設けられている．分散抵抗プロファイルのプロットとそれから求めたドーパント密度のプロファイルの例を図1.24に示す．

分散抵抗のデータをキャリア密度プロファイルへ変換し，さらにこれをドーピング密度プロファイルへ変換するには，測定ノイズを減らすデータの平滑化，デコンボリューション，およびコンタクトのモデルの補正を含む複雑な作業が必要である[67]．分散抵抗プロファイル法の重要な側面は**傾斜した表面にそったキャリアの分布を測定できる**という事実である．この結果は垂直方向のキャリアのプロファイルと等価とされてきた．さらに垂直方向の**キャリア**のプロファイルは垂直方向の**ドーピングプ**ロファイルと同等ともされてきた．しかし接合が浅いときはこの仮定は正しくない．動けるキャリアの再配置（キャリアの流出（spilling）という）によって分散抵抗のプロファイルが変わってしまうからである．たとえばpn^+接合では高濃度にドープされたn^+層の電子が低濃度のpドープ基板へ流出する．したがって，キャリアがほとんどない空間電荷領域からなる接合部で分散抵抗プロファイルのプ

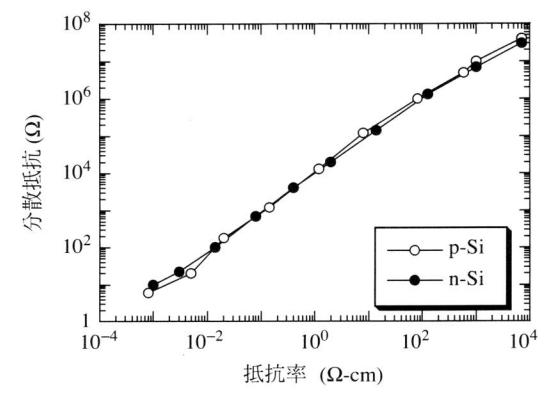

図1.23 従来の分散抵抗プロファイル測定でつかう較正曲線．文献63による．

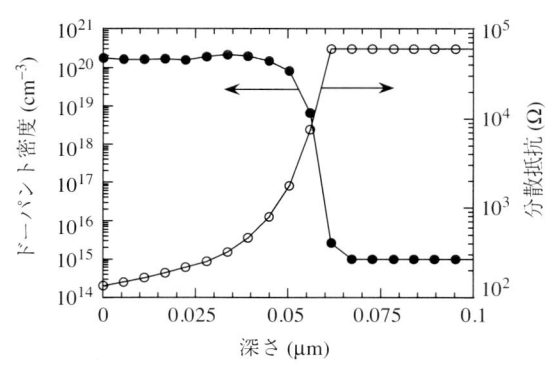

図1.24 高分解能分散抵抗プロファイルおよびドーパント密度プロファイル. S. Weinzierl (Solid State Measurements, Inc.) の厚意による.

ロットの抵抗が最大になると期待しても，いま説明した理由でそのような最大値は現れない[67]．実際のプロットからも接合はみえず，nn^+接合のようにみえてしまう．分散抵抗プロファイルで決定した接合の深さがSIMSで測定したものより常に小さいこともキャリアの流出で説明される[68]．

測定時のプローブ間の電圧は接触抵抗の効果を抑えるために5 mVほどに保つ．電圧Vが$kT/q \approx 25$ mVより十分小さければ，プローブ—半導体の接触面は

$$I = I_0(e^{qV/kT} - 1) \approx I_0 qV/kT \tag{1.44}$$

の非線形電流—電圧特性をもつ金属—半導体コンタクトになる．

分散抵抗プロファイルの方法は比較法である．抵抗率が既知のサンプルをつかって定期的に決められた組合せのプローブの較正曲線を作成する．シリコンの較正用サンプルは市販されている．均一にドープしたサンプルなら，分散抵抗データを較正サンプルと比較すれば十分である．pnあるいは高濃度—低濃度接合をもつサンプルには補正が必要である．このような多層の補正法は古くから開発されており，昨今では洗練された補正法がつかわれている[67~72]．ドーピングプロファイルを仮定して分散抵抗のプロファイルを計算するというアプローチもある[73]．この計算したプロファイルを測定したプロファイルと比較し，一致するまで修正し，計算をくり返す．

傾斜角θは深さ$1 \sim 2$ μmの接合なら$1 \sim 5°$，0.5 μm以下の接合なら$\theta \leq 0.5°$とする．傾斜角θの面にそってΔxきざみで測定するときの等価深さΔzは

$$\Delta z = \Delta x \sin\theta \tag{1.45}$$

であるから，きざみが5 μm，角度が1°のときの深さ方向のきざみ，つまり測定分解能は0.87 nmである．差分ホール効果法，分散抵抗プロファイル法，および二次イオン質量分析法（SIMS）で求めたドーパント密度のプロファイルを図1.20に示してある．この例では差分ホール効果と分散抵抗のプロファイルはよく一致している．SIMSのプロファイルは第2章で議論する．サンプルの傾斜角は，斜面および天面からの反射光がスリットを通して2つの像にみえるようにしておき，スリットを回転させたとき2つの像が回転する角度から算出する[74]．角度の決定には表面段差計もつかわれる[61]．

きわめて浅い接合では必要なきざみをとるために斜面が広くなり，大きなサンプルが必要になること，またそのために補正因子が2000にもなることからの限界がある．さらにキャリアの流出，表面のダメージ，マイクロコンタクトの分布，および三次元的な電流の流れを補正する因子が必要になることがわかっている．しかも，浅い接合とそれに対応したプローブ半径およびプローブ間隔になると，これらの補正はますます重要になる．プローブの侵襲や斜面の粗さも深さ方向の分解能に影響する．それでも薄い層には傾斜角を浅くして対応するしかない[75]．

ほとんどの分散抵抗法は2本のプローブで測定するが，3点プローブの配置もつかわれたことがある[69]．3点プローブ配置では電圧回路と電流回路の共通点のプローブだけしか抵抗値に影響しないが，3点の位置合わせが難しい．深さ方向のプロファイルでは斜面と天面との境にプローブを平行に揃えなくてはならないので，3点分散抵抗プローブ法はほとんどつかわれない．**走査分散抵抗顕微鏡法**ともいう**マイクロ分散抵抗法**は第9章で議論する．

1.5 非接触法

半導体の非接触測定化の流れによって，抵抗率の非接触測定のテクニックも普及してきた．非接触抵抗率測定法には大まかに電気的測定と非電気的測定の2つのグループがあり，いずれも市販の装置がある．電気的な非接触測定法には(1)サンプルをマイクロ波回路に挿入し，導波路または空洞の透過特性あるいは反射特性に摂動を与える[76]，(2)サンプルを測定機器と容量結合させる[77]，(3)サンプルを測定機器と誘導結合させる[78,79]，などいくつかの種類がある．

1.5.1 渦電流

実用的な商用機器なら，シンプルで，特殊なサンプルを必要としない装置がよい．これにしたがえば，マイクロ波空洞にあわせた特殊なサンプル配置は除外され，誘導結合のアプローチがよいことになる．渦電流（eddy current）測定法は**図1.25**の平行共鳴タンク回路をつかっている．導電性材料をこのような回路のコイルに近づけると，材料が電力を吸収し，回路のQ値が下がる．この概念を図1.25(a)に描いてある．高透磁率フェライトコアに一次コイルと二次コイルを重ねて巻いたLC回路になっており，フェライトコアにはウェハを回路と結合させるギャップが設けてある．磁場を振動させると渦電流によって半導体にジュール熱が発生する．材料に吸収される電力P_aは

$$P_a = K(V_T/n)^2 \int_0^t \sigma(x)dx \tag{1.46}$$

である[80]．ここでKはコアの結合パラメータを含む定数，V_Tは一次rf電圧の根2乗平均，nは一次コイルの巻き線数，σは半導体の電気伝導率，tはその厚さである．I_Tを同相の駆動電流として，電力が$P_a = V_T I_T$で与えられるなら

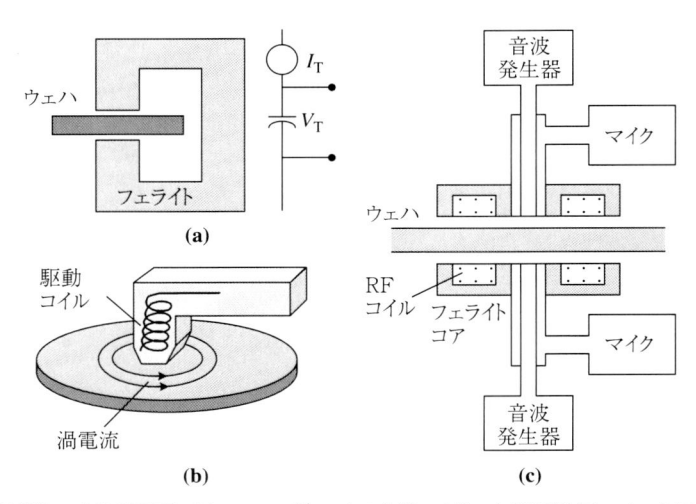

図1.25 (a)渦電流法の実験配置図，(b)Johnson[81]による実際の方法，(c)渦電流用コイルと厚さ測定用音波発生器を示す図．

$$I_T = \frac{KV_T}{n^2}\int_0^t \sigma(x)dx = \frac{KV_T}{n^2}\frac{1}{R_{sh}} \tag{1.47}$$

であるから，フィードバック回路のV_Tを一定にすれば，電流はサンプルの電気伝導率と厚さの積に比例し，サンプルのシート抵抗に反比例することになる．最近の装置は図1.25(b)のようになっている[81]．渦電流およびその他の非接触テクニックについては，キャリア寿命測定に関連して第7章でさらに議論する．

導体に交流電流を流すと，電流は一様に分布せず表面に偏ってくる．高周波になると電流のほとんどは**表皮深さ**（skin depth）として知られる表面近傍に集中する．サンプルの厚さが

$$\delta = \sqrt{\rho/\pi f \mu_0} = 5.03\times 10^3 \sqrt{\rho/f} \quad [\text{cm}] \tag{1.48}$$

で与えられる表皮深さδより薄ければ，式（1.46）がつかえる．ここでρは抵抗率（$\Omega\cdot$cm），fは周波数（Hz），μ_0は真空の透磁率（$4\pi\times 10^{-9}$H/cm）である．図1.26に式（1.48）を周波数の関数でプロットしておく．図1.27でAl層とTi層について，それぞれ4点プローブ法と渦電流法によるウェハマップを比較する．等高線も平均シート抵抗もよく一致している．

ウェハの抵抗率を求めるにはウェハの厚さが必要である．非接触測定であるから，ウェハの厚さも非接触で測る．これには差分容量プローブ法（differential capacitance probe）と超音波法（ultrasound）の2つがある[82]．超音波法では図1.25(c)に示す2本のプローブのギャップに置いたウェハの上面と下面からの音波の反射を利用する．ギャップのインピーダンスの変化による反射音波の位相のずれをマイクで検知する．位相のずれはプローブとサンプル表面の距離に比例する．プローブ間隔がわかっていればウェハの厚さを決定できる．

容量測定からサンプルの厚さを決定する一例を図1.28に示す[83]．面積Aの容量プローブ2本を距離sだけ離してある．半導体ウェハは2つの容量プローブの間に保持してある．プローブはそれぞれ容量プレートの一方として作用し，ウェハがそれぞれの相手のプレートになる．上のプローブとウェハとの間の容量は$C_1=\varepsilon_0 A/d_1$，下のプローブとウェハとの間の容量は$C_2=\varepsilon_0 A/d_2$である．図1.28から厚さtは

$$t = s - (d_1 + d_2) = s - \varepsilon_0 A(C_1^{-1} + C_2^{-1}) \tag{1.49}$$

となり，プローブ間隔sと容量C_1とC_2の測定値がわかればtを決定できる．

この厚さの測定はギャップ内のウェハの垂直方向の位置によらない．ウェハが垂直方向に動くとd_1

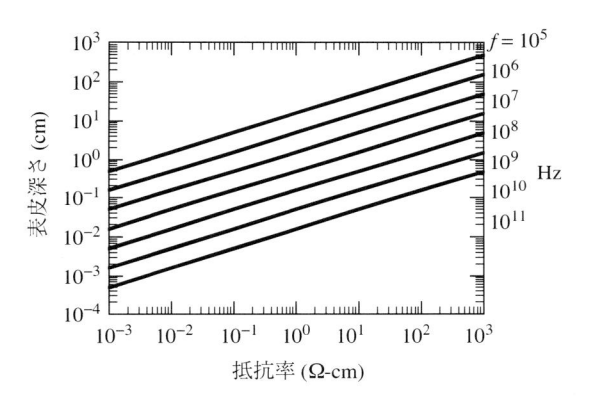

図1.26　抵抗率に対する表皮深さを周波数別に示した図．

と d_2 は同じだけ増減するが，ウェハの厚さの読みは変わらない．$d_1 + d_2$ で厚さの中央値を決定し，ウェハ面内を多数測定すると厚さとそのウェハ全体の形状が決定できる．ウェハ内の歪によるたわみや反りも中央値の読みから決定でき，歪を計算できる[84]．この容量による方法での平坦性はウェハ自身によるもので，測定器の機械的な保持方法とは無関係である．

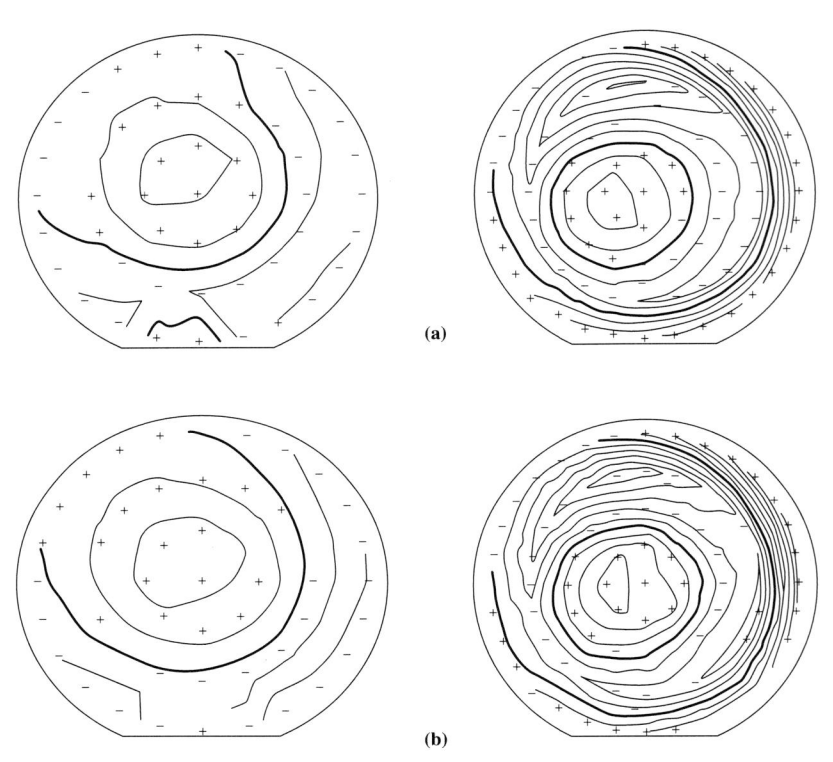

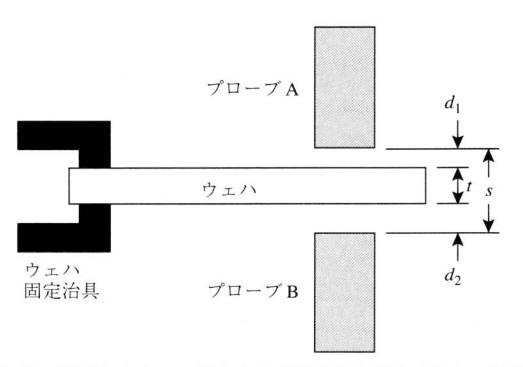

図1.27 (a) 4点プローブ法と，(b) 渦電流法による計数マップ．左：1 μm アルミ層．$R_{sh,av}$ (4点プローブ) $= 3.013 \times 10^{-2} \Omega/\square$，$R_{sh,av}$ (渦電流) $= 3.023 \times 10^{-2} \Omega/\square$．右：20 nm チタン層．$R_{sh,av}$ (4点プローブ) $= 62.90 \Omega/\square$，$R_{sh,av}$ (渦電流) $= 62.56 \Omega/\square$．データは W.J. Johnson (KLA-Tencor) の厚意による．

図1.28 容量からウェハ厚さおよび平坦性を測定するシステム．

均一にドープしたウェハであれば，渦電流法で抵抗率の測定ができる。導電性の低い基板上の電気伝導率の高い層の測定にもつかえる。ただし，上層の抵抗率だけを測るには，上層のシート抵抗が基板のシート抵抗の少なくとも100分の1以下でなくてはならない。したがって導電性基板上の拡散層やイオン注入層にはつかえない。たとえば，拡散層やイオン注入層のシート抵抗はおよそ10から100 Ω/□であるが，抵抗率10 Ω·cmで厚さ650 μmのSiウェハのシート抵抗は154 Ω/□になるからである。ただし，（たとえばGaAsのように）半絶縁性の基板上のイオン注入層あるいはエピタキシャル層，あるいは半導体基板上の金属層のシート抵抗なら測定可能である。厚さ5000 ÅのAlの層のシート抵抗はだいたい0.06から0.1 Ω/□で，シリコン基板のシート抵抗のおよそ2000分の1である。この層の厚さは

$$t = R_{sh}/\rho \tag{1.50}$$

にしたがい，シート抵抗測定から求められる。この抵抗率は別の独立した測定から求めたものでなければならない。導電性の層のシート抵抗および厚さの決定にも非接触抵抗測定がつかわれている。

渦電流測定には較正済みの標準サンプルが必要である。動径方向の抵抗率のばらつきや容量プローブ面内のρの不均一性は平均化されるので，他の測定法によるρやR_{sh}のばらつきや不均一性とは一致しない。測定周波数は表皮深さが測定するサンプルの厚さの5倍以上になるようにしておく。

1.6 伝導性の型

半導体の**伝導性の型**（conductivity type）は，ウェハフラットの位置，熱起電力，整流作用，光学特性，およびホール効果からわかる。ホール効果については第2章で議論する。標準パターンに準拠したウェハフラットの形状で型を見分けるのが最も簡便である。シリコンウェハは円盤形であるが，アライメントおよび識別のために**図1.29**に示すようにそれぞれ特有のウェハフラットを備えている。一次フラット（通常〈110〉方向にそっている）と二次フラットで導電性の型と基板の方位を表す。直径が150 mm以下のウェハは図1.29の標準フラットがついていることが多い。これ以上の大きなウェハにはフラットはなく，ノッチをつけてあるだけで導電性の型についての情報はない。

ホットプローブあるいは**熱電プローブ法**では，温度勾配によって発生した熱起電力あるいはゼーベック（Seebeck）電圧の符号で導電性の型を決める。**図1.30**(a)のように2本のプローブのうち1本はサ

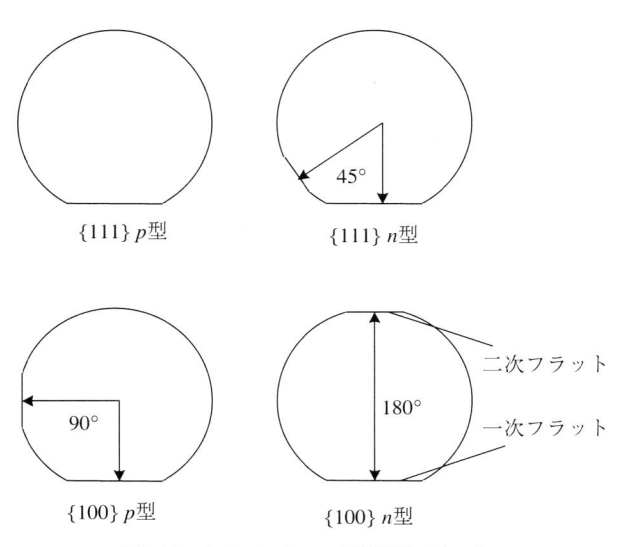

図1.29　シリコンウェハの識別用フラット．

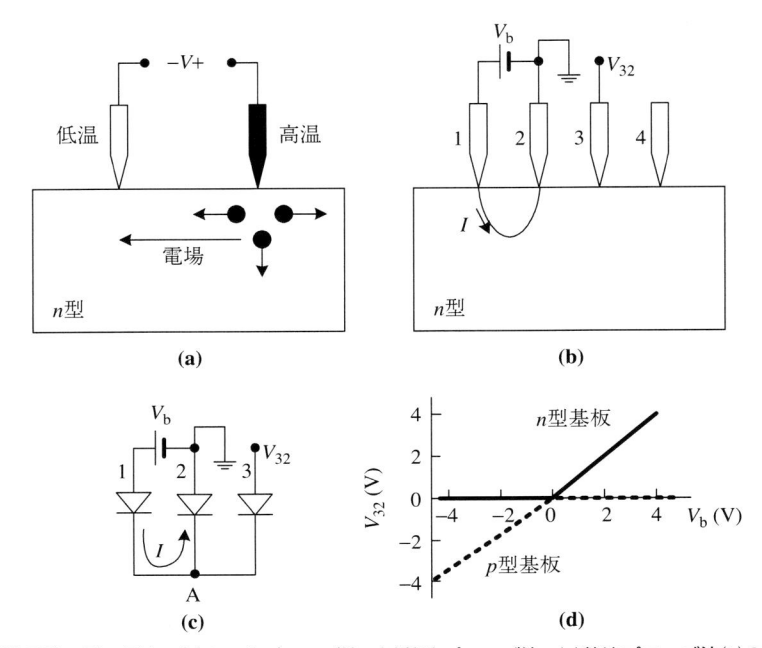

図1.30 導電性の型の測定. (a)ホットプローブ法, (b)整流プローブ法, (c)整流プローブ法(b)の等価回路, (d)文献88の許可を得た実験データ.

ンプル表面の熱いところに,もう1本は冷たいところにあてる.温度勾配は半導体に電流を引き起こすが,n型およびp型半導体の多数キャリアによる電流は,それぞれ

$$J_n = -qn\mu_n \mathcal{P}_n dT/dx\ ;\quad J_p = -qp\mu_p \mathcal{P}_p dT/dx \tag{1.51}$$

で,$\mathcal{P}_n < 0$ および $\mathcal{P}_p > 0$ は**微分熱起電力**[注11]（differential thermoelectric power）である[85]．

図1.30(a)の実験の配置を考えよう．右のプローブは熱く，左のプローブは冷たい．熱起電力は電流源と考えてよい．この電流の一部は電圧計を通して流れ，冷たいプローブに対し熱いプローブに正の電位が生じる[86,87]．これを別の見方で考えると，熱い方から冷たい方に電子が拡散し，これを阻止する方向に電場が発生する．この電場は電圧計で検出可能な電位を形成し，冷たいプローブに対し熱いプローブが正となる．同様にp型のサンプルでは逆の電位が形成される．

ホットプローブ法は抵抗率が10^{-3}から$10^3\,\Omega\cdot$cmの範囲で有効である．この方法で実際にわかるのは積$n\mu_n$あるいは$p\mu_p$なので，高抵抗率の半導体では弱いp型であっても電圧計がn型を示す傾向がある．これは，真性あるいは低キャリア濃度半導体では$n \approx p$となり，$\mu_n > \mu_p$の場合，n型伝導が支配的になるためである．室温で$n_i > n$あるいは$n_i > p$となる（たとえば，バンドギャップの狭い）半導体では，一方のプローブを室温以下に冷却し，もう一方の室温プローブを"ホット"プローブとすればよい．

整流法では，半導体へのコンタクトで整流された交流信号の極性から電導性の符号を決める[86,87]．2本のプローブの一方を整流性，他方をオーミックコンタクトにする．整流性のコンタクトを通してn型材料に電流が流れ込むのはコンタクトが正のときで，p型材料に流れ込むときはコンタクトが負のときである．2つのコンタクトを整流性コンタクトとオーミックコンタクトにつくり分けるのは難しい．しかし，4点プローブなら適切な結線によってこれが可能になる．図1.30(b)のプローブ1と2の

注11 $\mathcal{P} = dV/dT$で，ゼーベック係数ともいう．

間に直流電圧をかけて電流を流し，これによるプローブ3と2の間の電位を測る．n型基板で正のV_bとすれば，プローブ1による金属—半導体ダイオードは順バイアス，プローブ2のダイオードは逆バイアスになる．このループの電流Iは図1.30(c)の逆バイアスダイオード2のリーク電流であり，ダイオード1にかかる順バイアスは相対的に小さくなる．したがって点Aの電圧は

$$V_A = V_b + V_{D1} \approx V_b \tag{1.52}$$

となる．点Aと点3との間の電流を大変小さくして高入力インピーダンスの電圧計でこの電圧を測定する．こうすればダイオード3での電圧降下は無視でき，$V_{32} \approx V_A$となるから，

$$V_{32} \approx V_A \approx V_b \tag{1.53}$$

となる．

p型基板に対して図1.30(c)と同じバイアスに配置すると，ダイオード1は逆バイアス，ダイオード2は順バイアスになり，その結果

$$V_{32} \approx V_A \approx 0 \tag{1.54}$$

となる．式（1.53）と（1.54）から，このプローブ配置で半導体の**型**がどう決まるのかがわかる．図1.30(d)にその電圧依存性を示す．SOIやポリシリコン薄膜のような半導体薄膜には，金属性の針でなく水銀プローブをつかう[88)]．市販の4点プローブ測定器には，こうして導電性の型を測定する方法が組み込まれているものもある．

光学的方法では，変調したレーザービームをサンプルに照射し，時間変化表面光起電圧（time-varying surface photovoltage）を発生させ，これをサンプル表面から数cm離して保持してある透明な無振動ケルビン・プローブで検出する[注12]．7.4.5節で議論する表面光起電圧法がその原理である．p型半導体の表面光起電圧は正に，n型のそれは負になる．

1.7　強みと弱み

4点プローブ法：4点プローブ法の弱みは，測定によってサンプルがダメージを受けること，および金属がサンプルに付着することである．致命的なダメージがなくても，製品となるウェハを測定することはほとんどない．ウェハの大部分をプローブで測定していくので，分解能の高い測定に不向きである．しかし，確立された手法であること，また較正した標準サンプルを必要としない絶対測定であるという事実は強みである．半導体業界では長年つかわれており，熟知されてもいる．ウェハマッピングの登場で4点プローブ法はプロセス・モニタの強力なツールとなっている．これが現在の強みといえる．

差分ホール効果：この方法の弱みはその冗長さにある．陽極酸化によって各層を精度よく，しかもゆっくりと剥離していかねばならない．したがって，手作業によるなら，数点のプロファイル・データしかとれない．自動化すれば，この制約は多少緩和される．シート抵抗は4点プローブ法かホール効果で測定できる．同じサンプルで4点プローブ測定をくり返すとダメージによって測定の信頼度が低下する．ホール効果測定ではこの問題はないが，破壊的な手法である．この方法の強みは安価な"手づくり"の装置でよいところにある．容量—電圧測定では得られないようなドーパントのプロファイルを与える手法は，これと二次イオン質量分析法および分散抵抗法しかない．

分散抵抗法：分散抵抗プロファイル法の弱みは，熟練したオペレータでないと信頼できるプロファイルが得られないことである．測定システムは既知の標準サンプルで定期的に較正し，プローブも定期的に条件出ししなければならない．SiとGe以外の半導体ではあまりうまくいかない．サンプルの作製も大変で測定は破壊的である．測定した分散抵抗データからドーピング密度プロファイルへの変換

注12　9.4節参照．

は，ほとんどアルゴリズム頼みである．いくつかのアルゴリズムがあり，他にも開発中である．分散抵抗プロファイル法の強みは，事実上どのような組合せの層でも高い分解能でプロファイルが得られ，深さやドーピング密度に制限がないことにある．抵抗率が非常に高い材料の測定と解釈には慎重を期すこと．市販の装置があり，精力的につかわれている．この膨大な知識の裏づけから，この方法は過去40年にわたってつかわれている．

非接触法：渦電流法の弱みは薄い拡散層あるいは薄いイオン注入層のシート抵抗が不安定になることにある．そのようなシート抵抗を測るには，その層のシート抵抗が基板のシート抵抗の少なくとも100分の1以下のオーダーでなくてはならない．これが可能なのは半導体上の金属層か，絶縁基板上の高濃度ドープ層に限られる．渦電流法は半導体基板上の金属層のシート抵抗を測定して厚さを求めるのによくつかわれる．渦電流法の強みは非接触で，装置が市販されているところにある．これは半導体ウェハの抵抗率とその層の厚さを測定するのに理想的である．

光学的テクニック：光学的テクニックの弱点は，較正された標準サンプルをつかう定量的ドーピング測定に対し，この測定が定性的である点である．わかるのは平均値だけで，プロファイルは得られない．光学濃度測定法および変調光反射率測定法が市販装置でつかえる．この強みは小さなスポット領域のイオン注入量を非破壊で，即座に測定でき，結果を色つきプロットで表示してくれる点である．変調光反射率測定法は酸化膜越しに測定でき，イオン注入のモニタとして日常的につかわれている．レーザーの安定性とイオン注入後のダメージの緩和が課題である．光学濃度測定法の弱点は，イオン注入前にウェハの裏面につけたAlの裏面プレートを光学測定時に除去しなければならない場合がある点，および感光性コートに紫外線への感度がある点である．裏面プレートがないと注入機の機種によっては光センサが誤認識し，搬送エラーとなることがある．

補遺1.1 抵抗率のドーピング密度依存性

図A1.1(a)および(b)はホウ素およびリンをドープしたSiの抵抗率を示している．ホウ素をドープしたSiでは，ホウ素の密度は

$$N_B = \frac{1.33 \times 10^{16}}{\rho} + \frac{1.082 \times 10^{17}}{\rho[1 + (54.56\rho)^{1.105}]} \quad [\text{cm}^{-3}]$$

$$\rho = \frac{1.305 \times 10^{16}}{N_B} + \frac{1.133 \times 10^{17}}{N_B[1 + (2.58 \times 10^{-19} N_B)^{-0.737}]} \quad [\Omega \cdot \text{cm}] \tag{A1.1}$$

によって抵抗率に関係づけられている[89]．リンをドープしたSiでは，リンの密度は

$$N_P = \frac{6.242 \times 10^{18} 10^Z}{\rho} \quad [\text{cm}^{-3}]$$

ただし

$$Z = \frac{A_0 + A_1 x + A_2 x^2 + A_3 x^3}{1 + B_1 x + B_2 x^2 + B_3 x^3} \tag{A1.2a}$$

によって抵抗率に関係づけられている[89]．ここで$x = \log_{10}(\rho)$，$A_0 = -3.1083$，$A_1 = -3.2626$，$A_2 = -0.13923$，$B_1 = 1.0265$，$B_2 = 0.38755$，$B_3 = 0.041833$である．この抵抗率は

$$\rho = \frac{6.242 \times 10^{18} 10^Z}{N_P} \quad [\Omega \cdot \text{cm}]$$

ただし

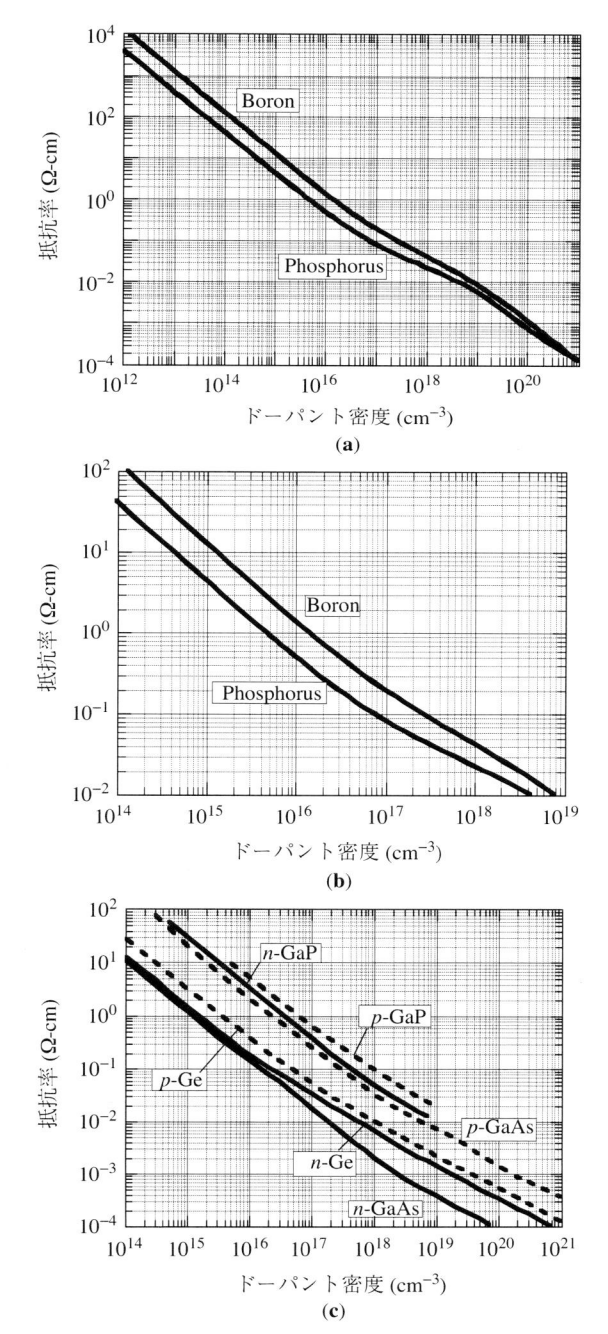

図A1.1 (a)および(b)ともp型（ホウ素ドープ）およびn型（リンドープ）シリコンのドーピング密度に対する23℃での抵抗率．ASTM F723からのデータ．(c)Ge, GaAs, およびGaPのドーピング密度に対する23℃での抵抗率．文献95からのデータ．

$$Z = \frac{C_0 + C_1 y + C_2 y^2 + C_3 y^3}{1 + D_1 y + D_2 y^2 + D_3 y^3} \tag{A1.2b}$$

で，$y = \log_{10}(N_P) - 16$，$C_0 = -3.0769$，$C_1 = 2.2108$，$C_2 = -0.62272$，$C_3 = 0.057501$，$D_1 = -0.68157$，$D_2 = 0.19833$，$D_3 = -0.018376$である．

Ge，GaAs，およびGaPの抵抗率のプロットを図A1.1(c)に示す．

補遺1.2　真性キャリア密度

Siの真性キャリア密度n_iは過去いろいろな式で記述されてきた．最新の最も正確な表式は[90,91]

$$n_i = 5.29 \times 10^{19} (T/300)^{2.54} \exp(-6276/T) \tag{A1.3a}$$

$$n_i = 2.91 \times 10^{15} T^{1.6} \exp(-E_G(T)/2kT) \tag{A1.3b}$$

で，温度に依存したバンドギャップは

$$E_G(T) = 1.17 + 1.059 \times 10^{-5} T - 6.05 \times 10^{-7} T^2 \quad (0 \leq T \leq 190 \text{ K}) \tag{A1.4a}$$

$$E_G(T) = 1.1785 - 9.025 \times 10^{-5} T - 3.05 \times 10^{-7} T^2 \quad (150 \leq T \leq 300 \text{ K}) \tag{A1.4b}$$

で与えられる[92]．TはK単位，n_iとE_Gは図A1.2と図A1.3にプロットしてある．式（A1.3a）は温度範囲78～340 Kでの実験によるものである．式（A1.3a）はTrupkeらによって式（A1.3b）に書き改められた[91]．$T=300$ Kで$n_i=9.7\times10^9$ cm^{-3}になり，この値はSproul and Greenがバンドギャップの狭さく化から計算した値[93]よりやや小さい．バンドギャップの狭さく化は

$$n_{i,\text{eff}} = n_i \exp(\Delta E_G/kT) \tag{A1.5}$$

で表される．バンドギャップの狭さくエネルギーΔE_Gは図A1.4のようになる[94]．

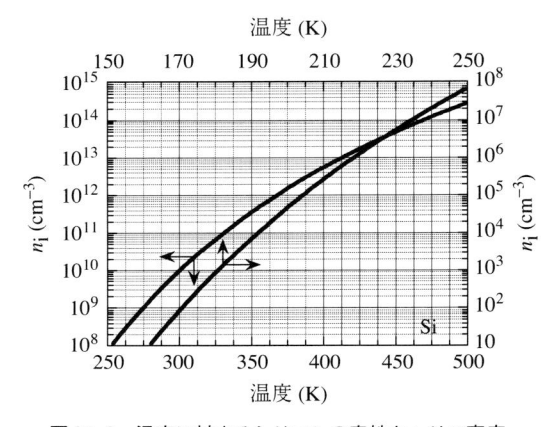

図A1.2　温度に対するシリコンの真性キャリア密度．

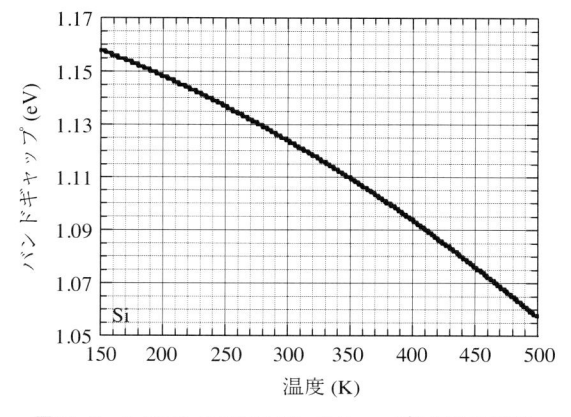

図A1.3 シリコンにおけるバンドギャップと温度の関係.

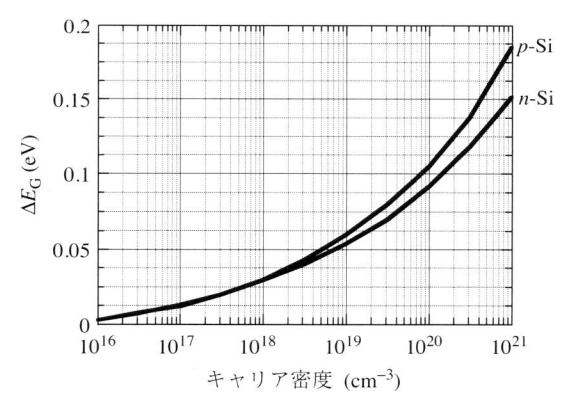

図A1.4 シリコンにおけるバンドギャップ狭さく化とキャリア密度との関係.

文　　献

1) F. Wenner, *Bulletin of the Bureau of Standards*, **12**, 469-478 (1915)
2) L.B. Valdes, *Proc. IRE*, **42**, 420-427, Feb. (1954)
3) H.H. Wieder, in Nondestructive Evaluation of Semiconductor Materials and Devices (J.N. Zemel, ed.), 67-104, Plenum Press, New York (1979)
4) R. Hall, *J. Sci. Instrum.*, **44**, 53-54, Jan. (1967)
5) D.C. Worledge, *Appl. Phys. Lett.*, **84**, 1695-1697, March (2004)
6) A. Uhlir, Jr., *Bell Syst. Tech. J.*, **34**, 105-128, Jan. (1955); F.M. Smits, *Bell Syst. Tech. J.*, **37**, 711-718, May (1958)
7) M.G. Buehler, *Solid-State Electron.*, **10**, 801-812, Aug. (1967)
8) M.G. Buehler, *Solid-State Electron.*, **20**, 403-406, May (1977)
9) M. Yamashita, *Japan. J. Appl. Phys.*, **25**, 563-567, April (1986)

10) S. Murashima and F. Ishibashi, *Japan J. Appl. Phys.*, **9**, 1340-1346, Nov. (1970)
11) D.S. Perloff, *J. Electrochem. Soc.*, **123**, 1745-1750, Nov. (1976); D.S. Perloff, *Solid-State Electron.*, **20**, 681-687, Aug. (1977)
12) M. Yamashita and M. Agu, *Japan. J. Appl. Phys.*, **23**, 1499-1504, Nov. (1984)
13) R.A. Weller, *Rev. Sci. Instrum.*, **72**, 3580-3586, Sept. (2001)
14) J. Albers and H.L. Berkowitz, *J. Electrochem. Soc.*, **132**, 2453-2456, Oct. (1985)
15) J.J. Kopanski, J. Albers, G.P. Carver and J.R. Ehrstein, *J. Electrochem. Soc.*, **137**, 3935-3941, Dec. (1990)
16) M.P. Albert and J.F. Combs, *IEEE Trans. Electron Dev.*, **ED-11**, 148-151, April (1964)
17) R. Rymaszewski, *J. Sci. Instrum.*, **2**, 170-174, Feb. (1969)
18) ASTM Standard F84-93, *1996 Annual Book of ASTM Standards*, Am. Soc. Test. Mat., West Conshohocken, PA (1996)
19) D.S. Perloff, J.N. Gan and F.E. Wahl, *Solid State Technol.*, **24**, 112-120, Feb. (1981)
20) A.K. Smith, D.S. Perloff, R. Edwards, R. Kleppinger and M.D. Rigik, *Nucl. Instrum. and Meth.*, **B6**, 382-388, Jan. (1985)
21) ASTM Standard F1529-94, *1996 Annual Book of ASTM Standards*, Am. Soc. Test. Mat., West Conshohocken, PA (1996)
22) H.H. Gegenwarth, *Solid-State Electron.*, **11**, 787-789, Aug. (1968)
23) S. Murashima, H. Kanamori and F. Ishibashi, *Japan. J. Appl. Phys.*, **9**, 58-67, Jan. (1970)
24) L.J. van der Pauw, *Phil. Res. Rep.*, **13**, 1-9, Feb. (1958)
25) W. Versnel, *Solid-State Electron.*, **21**, 1261-1268, Oct. (1978)
26) L.J. van der Pauw, *Phil. Tech. Rev.*, **20**, 220-224, Aug. (1958); R. Chwang, B.J. Smith and C.R. Crowell, *Solid-State Electron.*, **17**, 1217-1227, Dec. (1974)
27) Y. Sun, J. Shi and Q. Meng, *Semic. Sci. Technol.*, **11**, 805-811, May (1996)
28) M.G. Buehler and W.R. Thurber, *J. Electrochem. Soc.*, **125**, 645-650, April (1978)
29) M.G. Buehler, S.D. Grant and W.R. Thurber, *J. Electrochem. Soc.*, **125**, 650-654, April (1978)
30) R. Chang, Y. Cao, and C.J. Spanos, *IEEE Trans. Electron Dev.*, **51**, 1577-1583, Oct. (2004)
31) ASTM Standard F76-02, *1996 Annual Book of ASTM Standards*, Am. Soc. Test. Mat., West Conshohocken, PA (1996)
32) DIN Standard 50430-1980, *1995 Annual Book of ASTM Standards*, Am. Soc. Test. Mat., Philadelphia (1995)
33) J.T.C. Chen, *Nucl. Instrum. and Meth.*, **B21**, 526-528 (1987)
34) T. Matsumara, T. Obokata and T. Fukuda, *J. Appl. Phys.*, **57**, 1182-1185, Feb. (1985)
35) P.M. Hemenger, *Rev. Sci. Instrum.*, **44**, 698-700, June (1973)
36) L. Forbes, J. Tillinghast, B. Hughes and C. Li, *Rev. Sci. Instrum.*, **52**, 1047-1050, July (1981)
37) P.A. Crossley and W.E. Ham, *J. Electron. Mat.*, **2**, 465-483, Aug. (1973); D.S. Perloff, F.E. Wahl and J. Conragan, *J. Electrochem. Soc.*, **124**, 582-590, April (1977)
38) C.B. Yarling, W.H. Johnson, W.A. Keenan, and L.A. Larson, *Solid State Technol.*, **34/35**, 57-62, Dec. (1991); 29-32, March (1992)
39) J.N. Gan and D.S. Perloff, *Nucl. Instrum. and Meth.*, **189**, 265-274, Nov. (1981); M.I. Current, N.L. Turner, T.C. Smith and D. Crane, *Nucl. Instrum. and Meth.*, **B6**, 336-348, Jan. (1985)
40) A.K. Smith, W.H. Johnson, W.A. Keenan, M. Rigik and R. Kleppinger, *Nucl. Instrum. and Meth.*, **B21**, 529-536, March (1987); S.L. Sundaram and A.C. Carlson, *IEEE Trans. Semicond. Manuf.*, **4**, 146-150, Nov. (1989)
41) A. Rosencwaig, *Science*, **218**, 223-228, Oct. (1982)

42) N.M. Amer and M.A. Olmstead, *Surf. Sci.*, **132**, 68-72, Sept. (1983); N.M. Amer, A. Skumanich, and D. Ripple, *Appl. Phys. Lett.*, **49**, 137-139, July (1986)

43) A. Rosencwaig, J. Opsal, W.L. Smith and D.L. Willenborg, *Appl. Phys. Lett.*, **46**, 1013-1015, June (1985)

44) W.L. Smith, A. Rosencwaig and D.L. Willenborg, *Appl. Phys. Lett.*, **47**, 584-586, Sept. (1985); W.L. Smith, A. Rosencwaig, D.L. Willenborg, J. Opsal and M.W. Taylor, *Solid State Technol.*, **29**, 85-92, Jan. (1986)

45) P. Borden, in *Characterization and Metrology For ULSI Technology 2000* (D.G. Seiler, A.C. Diebold, T.J. Shaffner, R. McDonald, W.M. Bullis, P.J. Smith, and E.M. Sekula, eds.) *Am. Inst. Phys.*, **550**, 175-180 (2001); P. Borden, L. Bechtler, K. Lingel, and R. Nijmeijer, in Handbook of Silicon Semiconductor Metrology (A.C. Diebold, ed.), Ch. 5, Marcel Dekker, New York (2001)

46) W. Vandervorst, T. Clarysse, B. Brijs, R. Loo, Y. Peytier, B.J. Pawlak, E. Budiarto, and P. Borden, in *Characterization and Metrology for ULSI Technology 2003* (D.G. Seiler, A.C. Diebold, T.J. Shaffner, R. McDonald, S. Zollner, R.P. Khosla, and E.M. Sekula, eds.) *Am. Inst. Phys.*, **683**, 758-763 (2003)

47) J.P. Esteves and M.J. Rendon, in *Characterization and Metrology for ULSI Technology 1998* (D.G. Seiler, A.C. Diebold, W.M. Bullis, T.J. Shaffner, R. McDonald, and E.J. Walters, eds.) *Am. Inst. Phys.*, **449**, 369-373 (1998)

48) R.A. Evans and R.P. Donovan, *Solid-State Electron.*, **10**, 155-157, Feb. (1967)

49) S.B. Felch, R. Brennan, S.F. Corcoran, and G. Webster, *Solid State Technol.*, **36**, 45-51, Jan. (1993)

50) R.S. Huang and P.H. Ladbrooke, *Solid-State Electron.*, **21**, 1123-1128, Sept. (1978)

51) D.C. Look, *J. Appl. Phys.*, **66**, 2420-2424, Sept. (1989)

52) H.D. Barber, H.B. Lo and J.E. Jones, *J. Electrochem. Soc.*, **123**, 1404-1409, Sept. (1976) と，その参照文献

53) S. Zwerdling and S. Sheff, *J. Electrochem. Soc.*, **107**, 338-342, April (1960)

54) J.F. Dewald, *J. Electrochem. Soc.*, **104**, 244-251, April (1957)

55) B. Bayraktaroglu and H.L. Hartnagel, *Int. J. Electron.*, **45**, 337-352, Oct. (1978); *Int. J. Electron.*, **45**, 449-463, Nov. (1978); *Int. J. Electron.*, **45**, 561-571, Dec. (1978); *Int. J. Electron.*, **46**, 1-11, Jan. (1979); H. Müller, F.H. Eisen and J.W. Mayer, *J. Electrochem. Soc.*, **122**, 651-655, May (1975)

56) R. Galloni and A. Sardo, *Rev. Sci. Instrum.*, **54**, 369-373, March (1983)

57) L. Bouro and D. Tsoukalas, *J. Phys. E: Sci. Instrum.*, **204**, 541-544, May (1987)

58) T. Clarysse, W. Vandervorst, E.J.H. Collart, and A.J. Murrell, *J. Electrochem. Soc.*, **147**, 3569-3574, Sept. (2000)

59) R.G. Mazur and D.H. Dickey, *J. Electrochem. Soc.*, **113**, 255-259, March (1966); T. Clarysse, D. Vanhaeren, I. Hoflijk, and W. Vandervorst, *Mat. Sci. Engineer.*, **R47**, 123-206 (2004)

60) M. Pawlik, *J. Vac. Sci. Technol.*, **B10**, 388-396, Jan./Feb. (1992)

61) ASTM Standard F672-88, *1996 Annual Book of ASTM Standards*, Am. Soc. Test. Mat., West Conshohocken, PA (1996)

62) R. Holm, Electric Contacts Theory and Application, Springer Verlag, New York (1967)

63) T. Clarysse, M. Caymax, P. De Wolf, T. Trenkler, W. Vandervorst, J.S. McMurray, J. Kim, and C.C. Williams, J.G. Clark and G. Neubauer, *J. Vac. Sci. Technol.*, **B16**, 394-400, Jan./Feb. (1998)

64) T. Clarysse, P. De Wolf, H. Bender, and W. Vandervorst, *J. Vac. Sci. Technol.*, **B14**, 358-368, Jan./Feb. (1996)

65) W.B. Vandervorst and H.E. Mats, *J. Appl. Phys.*, **56**, 1583-1590, Sept. (1984)

66) J.R. Ehrstein, in Nondestructive Evaluation of Semiconductor Materials and Devices (J.N. Zemel,

67) R.G. Mazur and G.A. Gruber, *Solid State Technol.*, **24**, 64–70, Nov. (1981)
68) W. Vandervorst and T. Clarysse, *J. Electrochem. Soc.*, **137**, 679–683, Feb. (1990); W. Vandervorst and T. Clarysse, *J. Vac. Sci. Technol.*, **B10**, 302–315, Jan./Feb. (1992)
69) P.A. Schumann, Jr. and E.E. Gardner, *J. Electrochem. Soc.*, **116**, 87–91, Jan. (1969)
70) S.C. Choo, M.S. Leong, H.L. Hong, L. Li and L.S. Tan, *Solid-State Electron.*, **21**, 769–774, May (1978)
71) H.L. Berkowitz and R.A. Lux, *J. Electrochem. Soc.*, **128**, 1137–1141, May (1981)
72) R. Piessens, W.B. Vandervorst and H.E. Maes, *J. Electrochem. Soc.*, **130**, 468–474, Feb. (1983)
73) R.G. Mazur, *J. Vac. Sci. Technol.*, **B10**, 397–407, Jan./Feb. (1992)
74) A.H. Tong, E.F. Gorey and C.P. Schneider, *Rev. Sci. Instrum.*, **43**, 320–323, Feb. (1972)
75) W. Vandervorst, T. Clarysse and P. Eyben, *J. Vac. Sci. Technol.*, **B20**, 451–458, Jan./Feb. (2002)
76) J.A. Naber and D.P. Snowden, *Rev. Sci. Instrum.*, **40**, 1137–1141, Sept. (1969); G.P. Srivastava and A.K. Jain, *Rev. Sci. Instrum.*, **42**, 1793–1796, Dec. (1971)
77) C.A. Bryant and J.B. Gunn, *Rev. Sci. Instrum.*, **36**, 1614–1617, Nov. (1965); N. Miyamoto and J.I. Nishizawa, *Rev. Sci. Instrum.*, **38**, 360–367, March (1967)
78) H.K. Henisch and J. Zucker, *Rev. Sci. Instrum.*, **27**, 409–410, June (1956)
79) J.C. Brice and P. Moore, *J. Sci. Instrum.*, **38**, 307, July (1961)
80) G.L. Miller, D.A.H. Robinson and J.D. Wiley, *Rev. Sci. Instrum.*, **47**, 799–805, July (1976)
81) W.H. Johnson, in Handbook of Silicon Semiconductor Metrology (A.C. Diebold, ed.), Ch. 11, Marcel Dekker, New York (2001)
82) P.S. Burggraaf, *Semicond. Int.*, **3**, 37–44, June (1980)
83) J.L. Kawski and J. Flood, *IEEE/SEMI Adv. Man. Conf.*, 106 (1993); ASTM Standard F1530–94, *1996 Annual Book of ASTM Standards*, Am. Soc. Test. Mat., West Conshohocken, PA (1996)
84) ADE Flatness Stations Semiconductor Systems Manual
85) S.M. Sze, Physics of Semiconductor Devices, 2nd ed., Wiley, New York (1981)
86) W.A. Keenan, C.P. Schneider and C.A. Pillus, *Solid State Technol.*, **14**, 51–56, March (1971)
87) ASTM Standard F42–93, *1996 Annual Book of ASTM Standards*, Am. Soc. Test. Mat., West Conshohocken, PA (1996)
88) S. Henaux, F. Mondon, F. Gusella, I. Kling, and G. Reimbold, *J. Electrochem. Soc.*, **146**, 2737–2743, July (1999)
89) ASTM Standard F723–88, *1996 Annual Book of ASTM Standards*, Am. Soc. Test. Mat., West Conshohocken, PA (1996)
90) K. Misiakos and D. Tsamakis, *J. Appl. Phys.*, **74**, 3293–3297, Sept. (1993)
91) T. Trupke, M.A. Green, P. Würfel, P.P. Altermatt, A. Wang, J. Zhao, and R. Corkish, *J. Appl. Phys.*, **94**, 4930–4937, Oct. (2003)
92) W. Bludau, A. Onton, and W. Heinke, *J. Appl. Phys.*, **45**, 1846–1848, April (1974)
93) A.B. Sproul and M.A. Green, *J. Appl. Phys.*, **70**, 846–854, July (1991)
94) A. Schenk, *J. Appl. Phys.*, **84**, 3684–3695, Oct. (1998); P.P. Altermatt, A. Schenk, F. Geelhaar, and G. Heiser, *J. Appl. Phys.*, **93**, 1598–1604, Feb. (2003)
95) D.B. Cuttriss, *Bell Syst. Tech. J.*, **40**, 509–521, March (1961)

おさらい

- ベキ乗則にしたがうデータはどうプロットするのが最適か。
- 指数関数的データはどうプロットするのが最適か。
- ４点プローブ法は２点プローブ法に比べて何がよいのか。
- 抵抗率がドーピング密度に反比例するのはなぜか。
- ウェハマッピングの重要な用途は何か。
- シート抵抗とは何か。なぜ奇妙な単位になっているのか。
- シート抵抗が薄膜でよくつかわれるのはなぜか。
- van der Pauw測定とは何か。
- 渦電流測定法の主な利点は何か。
- **変調光反射率**（熱波動）法の長所と短所は？
- **キャリア照明法**とは何か，またこれから材料のどのようなパラメータが得られるか。
- **分散抵抗プロファイル法**はどのように行うのか。
- **伝導の型**はどのようにして決定するか。

2. キャリア密度とドーピング密度

2.1 序論

　第1章でみたように，キャリア密度は抵抗率に直結しているが，キャリア密度は抵抗率の測定からではなく，たいていは抵抗率とは別に測定する．キャリア密度とドーピング密度は等しいとみなすことが多く，均一にドープした材料ならこれでよい．しかし，ドーピングが不均一材料では本質的な違いがある．

　本章ではキャリア密度およびドーピング密度を決定する方法を議論する．電気的手法としては容量―電圧法，分散抵抗法，およびホール効果が最もよくつかわれる．これらの方法では電流―電圧特性あるいは容量―電圧特性から**キャリア**密度を決定する．イオンビーム法の1つである二次イオン質量分析法は**ドーピング**密度の測定に広く応用されはじめている．自由キャリア吸収法，赤外分光法，およびフォトルミネセンス法などの光学的手法も堅実に導入されつつある．赤外分光分析やフォトルミネセンスは感度が高く，ドーピング不純物の**同定**能力に優れている．

2.2 容量―電圧法 (C-V)
2.2.1 微分容量法

　容量―電圧法（capacitance-voltage; CV）は半導体接合デバイスの逆バイアス空間電荷領域（space-charge region; scr）の幅が印加電圧に依存するという事実を利用している．この空間電荷領域の幅の電圧依存性がC-V法の核心である．金属薄膜，水銀，あるいは液体電解質でコンタクトしたショットキー障壁ダイオード，pn接合，MOSキャパシタ，MOSFET，および金属―空隙―半導体構造ではC-Vプロファイル法がつかわれてきた．

　ここでは**図2.1**(a)のショットキー障壁ダイオードを考えよう．ドーピング密度N_Aのp型半導体では，直流バイアスVによって幅Wの空間電荷領域が生じる．このときの微分容量（differential capacitance）あるいは小信号容量は

$$C = \frac{dQ_m}{dV} = -\frac{dQ_s}{dV} \tag{2.1}$$

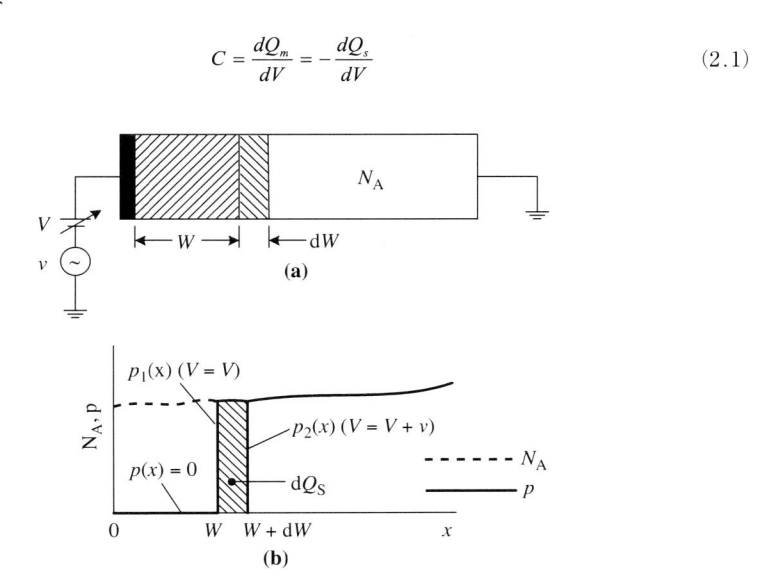

図2.1　(a)逆バイアスのショットキー・ダイオードと，(b)空乏近似によるドーピング密度プロファイルおよびキャリア密度プロファイル．

で定義される。ここでQ_mとQ_sはそれぞれ金属および半導体の電荷である。負の符号は金属に正の電圧を与えて逆バイアスにしたとき、半導体の空間電荷領域の（イオン化したアクセプタの）負の電荷を表している。この容量は直流電圧Vに微小振幅の交流電圧vを重ね合わせて測定する。交流電圧の周波数はだいたい10 kHzから1 MHz、振幅は10から20 mVであるが、これらに限らない。

ダイオードを直流電圧Vでバイアスしておき、これに正弦波の交流電圧vを重ねたとき、この交流電圧がゼロから正の電圧に上昇し、金属コンタクトの電荷がdQ_mだけ増加するとしよう。この電荷の増分dQ_mは、総電荷の中性によって半導体の電荷の増分dQ_sと同じ量でつり合わねばならない。

このとき半導体の電荷は

$$Q_s = qA\int_0^W (p - n + N_D^+ - N_A^-)\,dx \approx -qA\int_0^W N_A dx \qquad (2.2)$$

で与えられる。ここでp型半導体では$N_D = 0$かつ空乏層では$p \approx n \approx 0$と近似している。また、アクセプタはすべてイオン化していると仮定している。アクセプタやドナーがバンドギャップの深い準位にあると、真のドーパント密度は測定できない。このことは2.4.6節でさらに議論する。

図2.1(b)の電荷の増分dQ_sは空間電荷領域の幅のわずかな増加による。式（2.1）と（2.2）から、

$$C = -\frac{dQ_s}{dV} = -qA\frac{d}{dV}\int_0^W N_A dx = qAN_A(W)\frac{dW}{dV} \qquad (2.3)$$

式（2.2）から（2.3）を導く際、距離dWの間のN_Aは変化しない、もしくはdWの間のN_Aの変化はC-V法では感知できないと仮定した。これらの式での容量の単位はF/cm^{2}ではなくFである。

逆バイアスの接合を平行平板キャパシタとして考えると、その容量は

$$C = \frac{K_s \varepsilon_0 A}{W} \qquad (2.4)$$

この式（2.4）を電圧で微分し、dW/dVを式（2.3）に代入して恒等式$d(1/C^2)/dV = -(2/C^3)dC/dV$をつかうと

$$N_A(W) = -\frac{C^3}{qK_s\varepsilon_0 A^2 dC/dV} = \frac{2}{qK_s\varepsilon_0 A^2 d(1/C^2)/dV} \qquad (2.5)$$

となる。面積はA^2で寄与するので、正確なドーピングのプロファイルを得るにはデバイスの面積を精度よく求めねばならない。式（2.4）から空間電荷領域の幅は容量によって

$$W = \frac{K_s \varepsilon_0 A}{C} \qquad (2.6)$$

のように変わることがわかる。

式（2.5）と（2.6）がドーピングプロファイルの鍵である[1,2]。C-V曲線の傾きdC/dV、$1/C^2$-V曲線の傾き$d(1/C^2)/dV$からドーピング密度が得られる。求めたドーピング密度の深さは式（2.6）からわかる。ショットキー障壁ダイオードなら、空間電荷領域の金属側への拡がりを無視でき、基板側の拡がりだけになるので、その幅は一意に決まる。ドーピング密度プロファイルの式は非対称pn接合、すなわち接合の一方が他方より高濃度にドープされたp^+n接合やn^+p接合にも適用できる。高濃度側のドーピング密度が低濃度側のドーピング密度の100倍以上であれば、高濃度側の空間電荷領域の拡がりを無視しても式（2.5）と（2.6）が成り立つ。この条件が満たされない場合は、ドーピング密度および深さの式に補正が必要になるが[3]、これはまず無理である。このため、高濃度側の空間電荷領域の拡がりが無視できないような条件では、C-V測定からドーピング密度プロファイルを一意に決めることはできないとされている[4]。接合の一方のドーピング密度プロファイルがわかっていれば、測定か

ら他方のプロファイルも求めることができる[5]。幸いドーピング密度プロファイルが必要なpn接合のほとんどはp^+nかn^+pになっていて，ドーピングの非対称性の補正は必要ない。

MOSキャパシタおよびMOSFETでもドーピング密度プロファイルを得ることができる[6]。MOSキャパシタは瞬時に立ち上がる直流電圧かゲートパルス電圧を与えてデバイスを深い空乏状態にしておかねばならないので，測定はやや複雑になる。後者の場合，ゲートに$V_G = 0$から$V_G = V_{G1}$のパルス電圧を与え，つづいて$V_G = 0$から$V_G = V_{G2}$（$V_{G2} > V_{G1}$）などとする。少数キャリアが発生していないパルス直後に容量を測定する。MOSキャパシタのドーピング密度プロファイルは界面のトラップや少数キャリアの生成に影響されるが，詳細は2.4.3節で議論する。界面状態と少数キャリアがともに無視できるときは式（2.5）をそのままMOSキャパシタに適用できるが，空間電荷領域の幅は

$$W = K_s \varepsilon_0 A \left(\frac{1}{C} - \frac{1}{C_{ox}} \right) \tag{2.7}$$

になる[7, 8]。

ゲート電圧の一部は酸化膜で降下するので，式（2.7）は式（2.6）と酸化膜の容量C_{ox}だけ異なる。MOSキャパシタのプロファイルは，深い空乏状態のデバイスの容量からだけでなく，電流を測ることでも得られる[9, 10]。微分容量プロファイル測定で発生する少数キャリアの影響は，逆バイアスしたpn接合のような少数キャリアの排出口をMOSキャパシタに付加すれば回避できる。MOSFETはそのような少数キャリアを捕集する接合を備えている。MOSFETのソース／ドレイン電圧をゲート電圧と同じかそれ以上にすれば，少数キャリアはチャネル領域から排出される。これで少数キャリアがなくなり，定常状態で測定できるので，ゲートにパルス電圧を与える必要はなくなる。

半導体ウェハに**非接触**でコンタクトを近接させ，容量とドーピングのプロファイルを得る方法がある。高誘電率薄膜をコートした直径1 mmの検知電極を，これとは独立にバイアスしたガード電極で囲む。この検知電極は多孔質セラミックのエア軸によってウェハ上に保持され，**図2.2**に示すように，エア軸への負荷が一定ならウェハからの距離は一定である。負荷はベローズの圧力で制御する。多孔質面から漏れる空気はウェハ面上に空気のクッションをつくり，多孔質面がウェハに接触しないようスプリングの役割をする。検知電極がウェハ表面からおよそ0.5 μm浮上するように孔隙率と空気圧を調整している。圧縮空気を閉じ込めたステンレスのベローズは，空気圧が下がると検知電極を浮上させる。したがって空気の供給が止まると検知電極は上昇し，ウェハの破損を回避している[11]。

準備するウェハが特にn型Siのときは，およそ450℃の低濃度オゾンに入れ，ウェハの表面電荷を除去する。こうして表面生成速度が下がり，より深い空乏化が可能になる[12]。非接触で測定したエピタキシャル層の抵抗率プロファイルは，HgプローブによるC-V測定と比較して良好である[13]。エアギャップの容量は半導体表面を蓄積状態にバイアスして測定する。検知電極を下ろして静電力によるエアギャップの変化を求めるときは，光を当てて表面電荷による空間電荷領域を消去し，直列の空間電荷

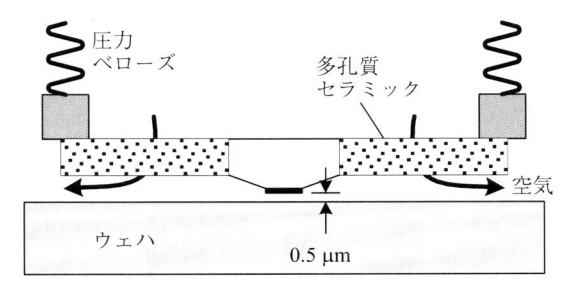

図2.2 非接触でドーピング密度プロファイルを測定する機構．圧縮空気によって電極をサンプルの表面からおよそ0.5 μm上で保持する．

容量をとり除いている．電極の電圧が変化してもエアギャップは動かないと仮定すると，エアギャップの容量が測定される最大値の容量になる．こうしてドーピング密度プロファイルは式（2.7）の C_{ox} を C_{air} に置き換え，式（2.5）と式（2.7）から求められる．

式（2.5）の導出では図2.1(b)の図のように少数キャリアを無視し，空間電荷領域の多数キャリアを深さ W まで空乏化し，W を超えた領域は完全に電荷中性になっているという**空乏近似**をつかった．この近似は空間電荷領域が逆バイアスで，基板が均一にドープされていれば妥当である．さらに，電荷の増分には空間電荷領域の終端部のアクセプタ密度をつかった．図2.1にみるように，交流のプローブ電圧によって空間電荷領域の終端部でなにがしかのアクセプタがイオン化する．しかし電圧に応じて実際に動く電荷はアクセプタ・イオンではなく，動くことができる正孔であるから，微分容量—電圧プロファイル法でわかるのは**ドーピング密度**ではなく**キャリア密度**である．ただし実際に測定されるのは**見かけのあるいは実効的なキャリア密度**であって，真のキャリア密度でもドーピング密度でもない．しかし見かけのキャリア密度は近似的に多数キャリアの密度としてよく，これに付随する式は

$$p(W) = -\frac{C^3}{qK_s\varepsilon_0 A^2 dC/dV} = \frac{2}{qK_s\varepsilon_0 A^2 d(1/C^2)/dV} \tag{2.8}$$

$$W = \frac{K_s\varepsilon_0 A}{C} \tag{2.9}$$

$$W = K_s\varepsilon_0 A\left(\frac{1}{C} - \frac{1}{C_{ox}}\right) \tag{2.10}$$

である．この**多数キャリア密度**の式はダイオードの多数キャリア電流[14]，あるいはMOSキャパシタの表面電位[15]から導かれる．

式（2.8）の C-V の解釈について少し説明しておく．キャリア密度のプロファイルには dC/dV 法および $d(1/C^2)/dV$ 法のいずれもつかえるが，$d(1/C^2)/dV$ 法の方がよい．これを**図2.3**で説明する．Siの pp^+ 接合の C-V および $1/C^2$-V 曲線を図2.3(a)に示してある．C-V 曲線からはこのサンプルのドーピング密度が一定かそうでないかはわからないが，これを $1/C^2$-V 曲線に変換すると，3 V あたりでの折れ曲がりからキャリア密度が均一でないことがすぐにわかる．これに式（2.8）と（2.9）をつかって求めたキャリア密度のプロファイルを図2.3(b)に示す．

プロファイルの式でドーピング密度ではなく多数キャリア密度をつかうことがポイントだが，これが議論の的にもなってきた[16〜28]．**図2.4**(a)の太い線で表された**アクセプタの不均一なドーピング密度**プロファイルの考え方を示そう．多数キャリアである正孔のプロファイルが細い線で示してあり，熱平衡においてもドーピング密度プロファイルとくい違っている．正孔の一部は高濃度ドープ領域から低濃度ドープ領域へ拡散し，拡散とドリフトによって平衡状態のプロファイルが形成される．ドーピングの傾斜が大きいほど，p と N_A の開きは大きくなる．多数キャリア密度とドーピング密度との乖離は外因性デバイ長 L_D，つまり一般にはデバイの長さ

$$L_D = \sqrt{\frac{kTK_s\varepsilon_0}{q^2(p+n)}} \tag{2.11}$$

に支配される．L_D は定常状態あるいは平衡状態で電荷の過不足を多数キャリアで中和できる距離の目安である．

たとえばショットキー・ダイオードを逆バイアスして空間電荷領域をつくると，キャリアの分布は図2.4(b)のようになる．ここでは2つの逆バイアス電圧に対応する空間電荷領域の幅 W_1 および W_2 について，空乏近似から予測される多数キャリアの分布を実際の多数キャリアの分布とともに示している．2つのバイアスでは明らかにプロファイルが大きく異なり，このことから微分容量プロファイル法で測ったプロファイルはドーピング密度プロファイルではないことが明らかである．しかも，測定した

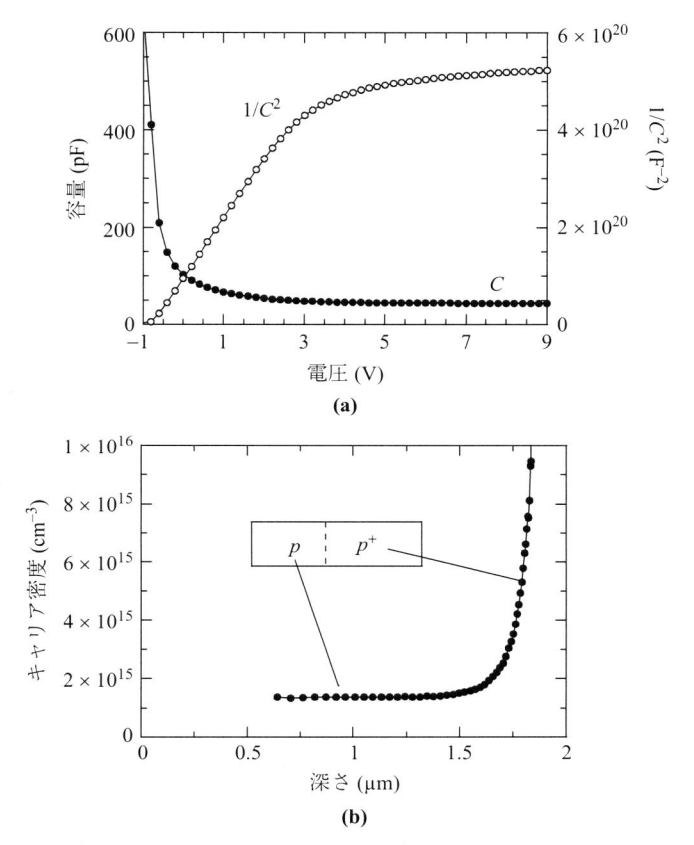

図2.3 (a)n^+pのSiダイオードのC-V曲線と$1/C^2$-V曲線, (b)$p(x)$-Wプロファイル.

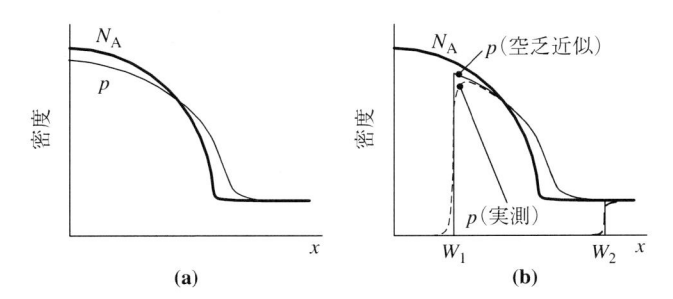

図2.4 不均一なドープ層のドーピング密度とキャリア密度のプロファイルの模式図. 空乏近似での(a)ゼロバイアスの接合, および(b)逆バイアスの接合のドーピング密度プロファイルとキャリア密度プロファイル. (b)では2つの逆バイアス電圧 (W_1までとW_2まで) での多数キャリア密度プロファイルの空乏近似値と実測値を示している.

分布が多数キャリアの分布であるかどうかもはっきりしない。実際に測定されるのは**実効的**または**見かけの多数キャリア密度プロファイル**であることが計算機による詳細な計算によって示されたが[18]，これはドーピング密度プロファイルよりも多数キャリア密度プロファイルに近い。このようにドーピング密度プロファイル，多数キャリア密度プロファイルおよび実効多数キャリア密度プロファイルは，均一にドープした基板では同一だが，ドーピング密度が変化する基板では異なる。

測定したプロファイルの**空間分解能**はデバイの長さで決まる[注1]。容量は多数キャリアの移動で決まるが，多数キャリアの分布がドーピング密度プロファイルの急激な空間的変化に追随できないとき，デバイの長さが問題になる。詳しい計算によれば，ドーピング密度が1デバイ長内で段差状になっていると，多数キャリア密度と見かけの多数キャリア密度はよく一致するが，いずれもドーピング密度プロファイルからはかなり外れている[18]。ドーピング密度の変化がゆるやかだと，低濃度ドープ側からか高濃度ドープ側からはじまる空乏化につれて多数キャリア密度は見かけの多数キャリア密度とよく一致するが，もちろんドーピング密度プロファイルともある程度の一致をみる。

測定される多数キャリア密度とドーピング密度には

$$N_A(W) = p(x) - \frac{kTK_s\varepsilon_0}{q^2}\frac{d}{dx}\left(\frac{1}{p(x)}\frac{dp(x)}{dx}\right) \quad (2.12)$$

の関係がある[16]。しかし大規模計算機シミュレーションによれば，式（2.12）は単純すぎるということになっている[17,18,26]。たとえばp-p^+接合のような低濃度—高濃度接合に式（2.12）を適用すると，p側から測定するか，p^+側から測定するかでプロファイルが異なる。シミュレーションによれば，接合の高濃度ドープ側のキャリア密度で決めたデバイの長さをL_Dとすると，$2L_D \sim 3L_D$の範囲内の段差状プロファイルは抽出できないことがわかっている。たとえば，ドーピング密度が急激に変化するプロファイルでも，段差がデバイの長さより十分長い範囲で変化していなければ正確に識別できない。

式（2.4）から（2.9）は空間電荷領域で動けるキャリアの密度がゼロと仮定する空乏近似によって導き出したものである。逆バイアスにはこの近似は妥当だが，ゼロバイアスあるいは順バイアスのショットキー接合およびpn接合ではこの近似は効かなくなり，多数キャリアのプロファイルの精度は落ちる。順バイアスでは，準中性領域に過剰少数キャリアが蓄積することによる容量を付加しても，なお精度は低い。ゼロバイアス接合もしくは順バイアス接合の考え方はMOSキャパシタに適用できないが，接合デバイスと同じく，動けるキャリアの役割が重要であることは明らかである。

パルスをかけてMOSキャパシタのドーピング密度プロファイルを決めるとき，**多数キャリアを無視**すると，SiO_2-Si界面からおよそ$2L_D$から$3L_D$の距離に相当する0.1Vの表面電位以下ではプロファイルの誤差が大きくなることがわかっている[7,19,27]。この限界以下でプロファイルを得るには多数キャリアを考慮すればよい[28]。この補正の式は複雑で，しかも均一にドープした基板にしか適用できない。それでも役に立つので，そういう改良をして解析した結果を**図2.5**に示す。ここで点破線はデバイの長さで制限されたプロファイルで，表面までの全域で補正した実験データを表示している。プロファイル測定で想定される他の注意点についてはASTM規格F419で議論されている[29]。ASTMの方法すべてにいえるが，ASTMは実用的な情報源であり，測定にあたっての諸注意が与えられている。もう1つ，化学エッチによって水素終端したSiに金属—半導体コンタクトを形成する一般的な方法を注意しておこう。水素は室温でSi中を数ミクロン拡散でき[30]，アクセプタのボロンを補償するので，キャリア密度プロファイルが変わってしまう。B-H複合体は$T \geq 180℃$のアニールで解離する。

注1　半導体の電荷は動けないイオン（ドーパント）と動ける電荷（キャリア）とがつり合い，巨視的にまとめてみれば電気的に中性である。この半導体中のイオンの1つに着目すると，このイオンはクーロン・ポテンシャルの中心であるが，周囲のキャリアに遮蔽され，クーロン・ポテンシャルの到達距離は限定される。この微視的な到達距離の限界をデバイの長さといい，この距離L_Dの範囲内ではイオンの電荷がむき出しになっている。たとえば，本論のようにイオンの密度がデバイの長さ内で急峻に変化していると，変化点付近のイオンの電荷はむき出しになって，キャリア密度とは一致しない。

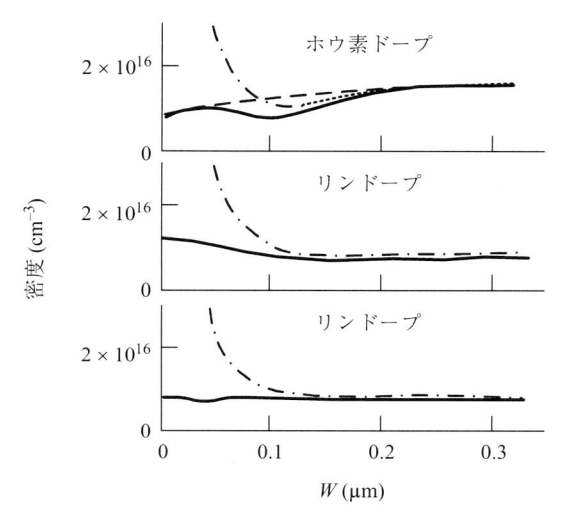

図2.5 3つのサンプルのドーピング密度プロファイル．太線は実験データ．点線は界面状態のないときのプロファイル．破線は空乏近似のプロファイル．承諾により文献28より再掲．

2.2.2 バンドオフセット

バンドギャップの異なる2つの半導体をつなぐと，図2.6のように伝導帯も価電子帯も不連続になり，伝導帯にΔE_c，価電子帯にΔE_vのバンドオフセット（band offset）が現れる．バンドオフセットは様々な方法で決定できる．赤外吸収法はその草分けの1つである[31]．最もよくつかわれるのは，サンプルに入射した光が電子をはじき出す光電子放出分光法（photoemission spectroscopy）である[32]．電子のエネルギーはバンドギャップとバンドオフセットに関係しており，この方法でバンドオフセットを直接測定できる．

電気的な方法としてはC-V測定がある．最も求めやすいのはn-Nやp-Pの同型ヘテロ接合のバンドオフセットである．ここで小文字のn, pはバンドギャップの狭い半導体，大文字のN, Pはバンドギャップの広い半導体を表している．図2.6(a)のようなショットキー障壁ダイオードがあるときのC-Vお

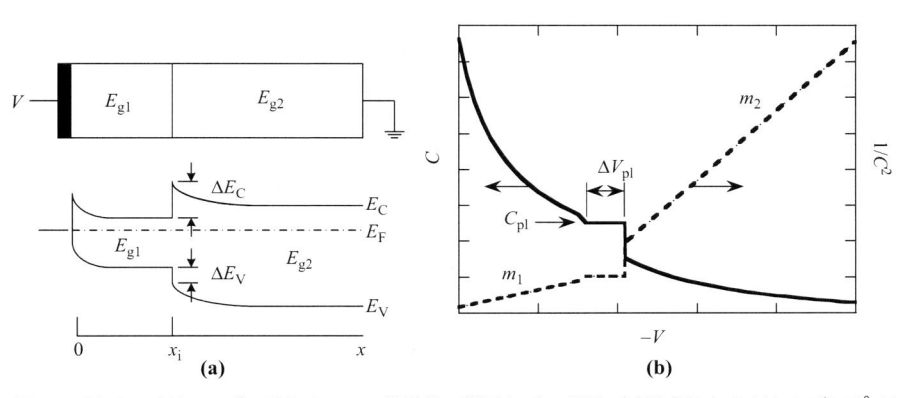

図2.6 (a)バンドギャップの異なる2つの半導体の断面とバンド図．(b)模式的なC-Vおよび$1/C^2$-Vプロット．実際のプロットはぼやけて，このようなはっきりとした特徴は現れない．

および$1/C^2-V$曲線を図2.6(b)に示す。この2つの材料のドーピング密度プロファイルは傾きm_1およびm_2から求められる。容量が平坦なC_{pl}はバンドギャップの狭い半導体の厚さに関係しており、それに対応する電圧ΔV_{pl}はバンドオフセットに関係している。C-V曲線からわかるのは、見かけの、あるいは実効的な電子密度n^*で、これは真の電子密度でもドーピング密度でもない。

Kroemerらの理論を紹介しよう[33]。この方法はもともと急峻な接合につかうものであったが、のちに傾斜接合にもつかえることがわかった[34]。ヘテロ界面に

$$Q_i = -q\int_0^\infty [N_D(x) - n^*(x)]dx \tag{2.13}$$

で与えられる界面電荷Q_iがあるとする。ここで$N_D(x)$はドーピング密度である。伝導帯の不連続性は

$$\Delta E_c = \frac{q^2}{K_s\varepsilon_0}\int_0^\infty [N_D(x) - n^*(x)](x - x_i)dx - kT\ln\left[\frac{n_2/N_{c2}}{n_1/N_{c1}}\right] \tag{2.14}$$

となる。ここでn_1, n_2は上層と基板の自由に動ける電子密度、N_{c1}, N_{c2}は上層と基板の伝導帯の有効状態密度、x_iはヘテロ界面の位置である。このx_iの位置は重要で、これを誤るとそのままバンドオフセットの誤差になるが、x_iの誤差は測定した見かけのキャリア密度と、計算によるキャリア密度を比較すれば自己完結的に決定できる[35]。n-GaAs/N-AlGaAsヘテロ接合の見かけのキャリア密度を図2.7に示す。実験データは点で示してある。このプロットから$Q_i/q = 2.74\times10^{10}\,\text{cm}^{-2}$と$\Delta E_c = 0.248\,\text{eV}$を得る。

MOSキャパシタの測定からもバンドオフセットを決定できる。これらの測定は酸化膜／半導体の界面が良好であることが前提なので、Si系のデバイスに向いている。この方法はバンドオフセットが完全に価電子帯にあるSiGe/Siヘテロ接合につかわれた[36]。この低周波C-V曲線にはSiO_2/Si界面とヘテロ接合界面に関係した2つのしきい値電圧がある。また、バンドオフセットによって幅が変わる平坦部もみえる。例としてSi/SiCとSi/SiGeのMOSキャパシタのC-V_G曲線を図2.8に示す[36,37]。いずれもバンドオフセットによる平坦部があり、図2.8(a)ではSi/SiCヘテロ接合の高周波C-V_G曲線のオフセットがみえる。

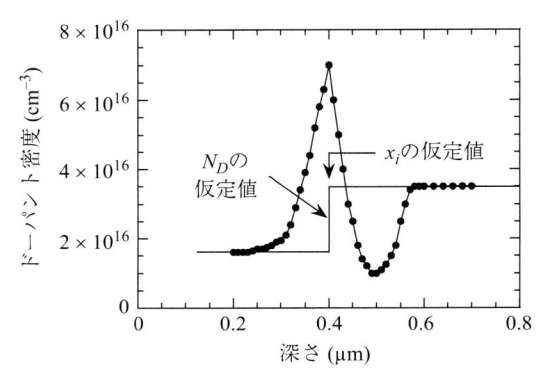

図2.8(b)のヘテロ構造の価電子帯と伝導帯を比べると、蓄積状態では正孔が閉じ込められ、反転状態では電子が閉じ込められることがわかる[38]。このキャリアの閉じ込めによって低周波C-V_G特性に蓄積状態と反転状態の平坦部がみられる。ここでは蓄積状態と反転状態にそれぞれ2つのしきい値電圧V_{T1}とV_{TS1}およびV_{T2}とV_{TS2}がみえる。ここでV_{T1}が歪SiとSiGeのヘテロ接合界面での正孔の蓄積に対応し、V_{TS1}はSi/SiO_2界面に関係している。同様に、V_{T2}とV_{TS2}はそれぞれ反転状態にあるSiGeと（埋め込み）

図2.7 n-GaAs/N-$Al_{0.3}Ga_{0.7}$Asヘテロ接合のドーピング密度のプロット。点が実験値。ドナー密度は直線の値に仮定。文献33から引用。

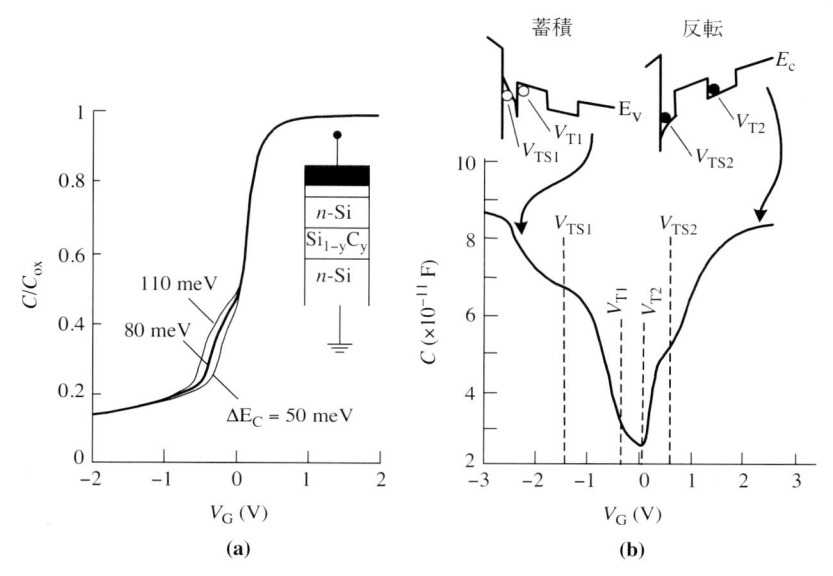

図2.8 (a)Si/Si$_{0.98}$C$_{0.013}$ MOSキャパシタのC_{hf}-V_G特性の測定値（太い線）とシミュレーション（細い線）．(b)Si/Si$_{0.7}$Ge$_{0.3}$ MOSキャパシタの蓄積状態および反転状態のしきい値電圧とキャリアの閉じ込めを示すC_{hf}-V_G特性と，蓄積状態と反転状態のバンド図．データは文献37と38から採用．

歪Siのヘテロ接合，およびSi/SiO$_2$界面での電子の増加に対応している．

電流—電圧測定から求めたバンドオフセットは一般にあてにならない．ふつうはpnヘテロ接合の整流性でバンドオフセットを決めるが，n-Nやp-Pヘテロ接合でも原理的には整流性があるはずである．しかし，それがみえないとバンドオフセットはないという誤った解釈をしてしまうことになる．バンドオフセットの決定にはDLTS（deep-level transient spectroscopy）もつかわれている[39]．バンドオフセットの測定についてはKroemerによるすばらしい議論と評価がある[40]．

内部光電子放出分光法（internal photoemission spectroscopy）およびX線光電子分光法（X-ray photoemission spectroscopy）をつかえば，より直接的にバンドギャップのオフセットがわかる．内部光電子放出分光（3.5.4節でより完全な議論をする）では，バンドギャップの狭い半導体の価電子帯および（または）伝導帯からバンドギャップの広い半導体へ電子が励起される[41]．伝導帯の界面に電子が蓄積していると，伝導帯の不連続性を表す光電子放出のしきい値エネルギーΔE_cが低くなる．バンドギャップが狭い方の半導体がp型なら，価電子帯のオフセットΔE_vがわかる．より信頼のおける価電子帯のバンドオフセットは，2つの半導体がつながったバルク状のサンプルからX線光電子分光スペクトルを記録し，殻の準位のエネルギーの位置から決定する[42]．光電子が脱出できる深さは2nmのオーダーなので，2つの半導体の一方は十分に薄くなければならない．

2.2.3 最大—最小MOSキャパシタ容量法

式（2.8）と（2.10）は，平衡にあるMOSキャパシタのC-V_G曲線の空乏化した部分および非平衡MOSキャパシタのC-V_G曲線の深く空乏化した部分では成り立つが，強反転部では成り立たない．深く空乏化したC-V_G曲線C_{dd}を図2.9に示す．平衡にあるMOSキャパシタのドーピング密度を簡単に決定するには，強い蓄積状態にあるMOSキャパシタの高周波最大容量C_{ox}と，強い反転状態での高周波最小容量C_{inv}を測定すればよい[43]．ゲート電圧を十分に高くしてデバイスを強反転にしておけば，測定への界面トラップの影響はない．デバイスが平衡なら少数キャリアの発生もない．最大—最小容量法

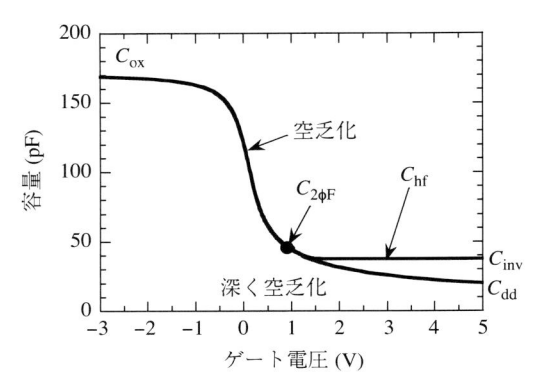

図2.9 SiO$_2$/Si MOSキャパシタのC-V$_G$曲線. $N_A=10^{17}$cm^{-3}, $t_{ox}=10$ nm, $A=5\times10^{-4}$cm^2.

では強反転にあるデバイスの空間電荷領域の平均ドーピング密度がわかる。

均一にドープした基板ならこの測定で十分だが，ドーピング密度が不均一な基板にはつかえない。均一ドープの基板上に不均一ドープ層を線形傾斜させると，**平衡にある**MOSキャパシタのC-V曲線から不均一にドープした基板の情報が得られる[44]。この測定には基板のドーピング密度がわかっていなければならないが，C-V測定をくり返せば表面状態密度および不均一層の深さがわかる。

最大―最小容量法は，強く反転したMOSキャパシタの空間電荷領域の幅が基板のドーピング密度に依存することを利用している。一般的なMOSキャパシタの容量は

$$C = \frac{C_{ox}C_s}{C_{ox}+C_s} \tag{2.15}$$

で，$C_s = K_s\varepsilon_0 A/W$ は半導体の容量である。容量C_{inv}は空間電荷領域の幅が

$$W = W_{inv} = \sqrt{\frac{2K_s\varepsilon_0\phi_{s,inv}}{qN_A}} \tag{2.16a}$$

のときの強反転容量あるいは**最小容量**である。ここで$\phi_{s,inv}$は反転状態の表面電位である。表面電位$\phi_{s,inv}$はよく$\phi_{s,inv} \approx 2\phi_F$で近似されるが[45]，実際は$2\phi_F$よりやや高く，$\phi_{s,inv} \approx 2\phi_F + 4kT/q$である[46]。$\phi_{s,inv} \approx 2\phi_F = 2(kT/q)\ln(N_A/n_i)$ と近似すると，

$$W = W_{2\phi F} = \sqrt{\frac{2K_s\varepsilon_0 2\phi_F}{qN_A}} \tag{2.16b}$$

になる。式（2.15）および（2.16b）から，

$$N_A = \frac{4\phi_F}{qK_s\varepsilon_0 A^2} \frac{C_{2\phi F}^2}{(1-C_{2\phi F}/C_{ox})^2} \tag{2.17}$$

となる。図2.9には$C_{2\phi F}$が示してあるが，もちろんC-V$_G$曲線が与えられても$C_{2\phi F}$はわからない。結局，式（2.17）は

$$N_A = \frac{4\phi_F}{qK_s\varepsilon_0 A^2} \frac{C_{inv}^2}{(1-C_{inv}/C_{ox})^2} = \frac{4\phi_F}{qK_s\varepsilon_0 A^2} \frac{R^2C_{ox}^2}{(1-R)^2} \tag{2.18}$$

のようになる。ここで$R=C_{inv}/C_{ox}$である。C_{inv}とC_{ox}が図2.9に示してある。式（2.18）では$C_{inv}=C_{2\phi F}$

および$\phi_{s,inv} = 2\phi_F$としたので多少のずれはある。本来$\phi_{s,inv} \approx 2\phi_F + 4kT/q$とすべきところだが、わずかな差にすぎない。

室温でのシリコンのC_{inv}とN_Aとの関係の経験式は

$$\log(N_A) = 30.38759 + 1.68278\log(C_1) - 0.03177[\log(C_1)]^2 \quad (2.19)$$

である[47]。ここでlogは10を底とする対数、$C_1 = RC_{ox}/[A(1-R)]$、容量の単位はF、面積の単位はcm^2、N_Aの単位はcm^{-3}である。n型基板についての式は、N_AをN_Dとしたものと同じである。

図2.10に、式（2.18）から計算したドーピング密度の曲線をC_{inv}/C_{ox}の関数として示す。これらの曲線は桁の精度でドーピング密度を推定するのに便利であるが、空間的にドーピング密度が変化するような深さにかかわる特徴はわからない。深さ方向のドーピング密度プロファイルは、ウェハをエッチ槽にゆっくりと浸していくことで表面にわずかな傾斜をつけ、不純物濃度の変化がわかるようにすれば測定できる。エッチ面に酸化膜をつけて複数個のMOSキャパシタをつくり、それぞれのC_{inv}/C_{ox}比を決定すればドーピング密度を求めることができる[48]。

ポリSiゲートのドーピング密度は図2.11(a)の結線をつかってC_{inv}/C_{max}法で求めることができる[49]。ソース、ドレイン、基板を1つに結び、ゲート電圧をしきい値電圧以上にすると、ソース―ドレイン―基板は連続した1つのn型層となり、MOSキャパシタのゲートとして働く。つまり図2.11(a)で空乏化しているポリSiゲートが基板ということになる。そのC-V_G曲線は図2.11(b)のような形になる。C_{inv}はC_{ox}からそれほど下がっていないが、それでも図2.10からドーピング密度を決定することはできる。しかしポリSiゲートを反転させるほど高いゲート電圧をかけると、反転する前にゲート酸化膜が破壊す

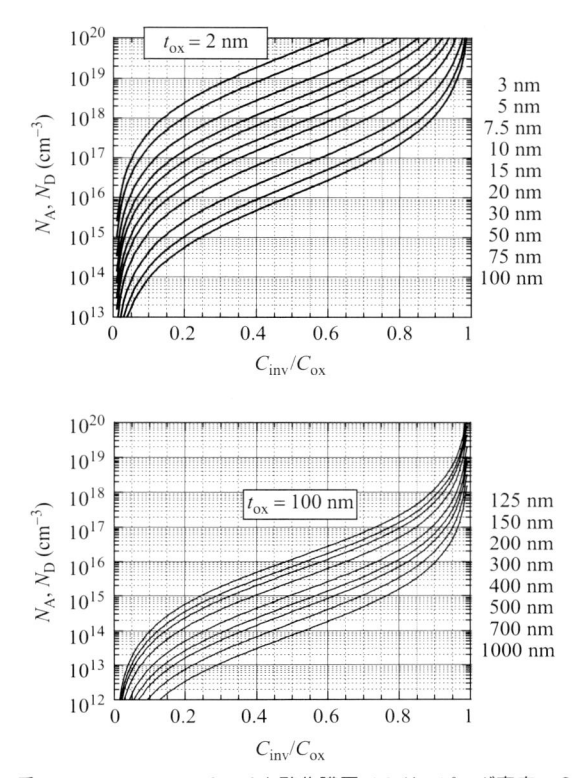

図2.10　SiO$_2$/Si系のT=300Kでのいろいろな酸化膜厚でのドーピング密度―C_{inv}/C_{ox}プロット.

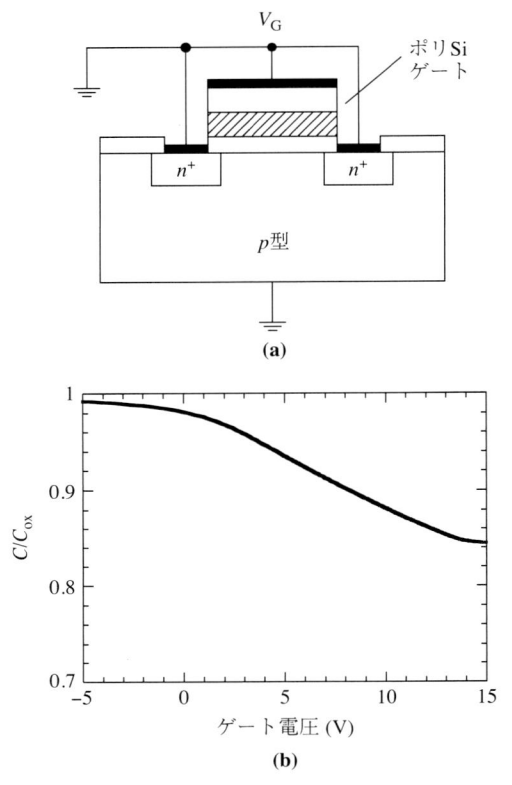

図2.11 (a)MOSFETゲート下のドーピング密度測定の結線と，(b)$N_D = 5 \times 10^{19} \text{cm}^{-3}$，$t_{ox} = 10 \text{nm}$ として計算した C-V 特性．

るかもしれない．そのときは C-V_G 曲線の空乏化部分を理論に合わせて N_D を決めればよい．

演習2.1
問題：$C_{inv}/C_{ox} = 0.22$ で $t_{ox} = 15 \text{nm}$ の p 型 Si MOS キャパシタで，
(a) $K_{ox} = 3.9$，$K_s = 11.7$，$n_i = 10^{10} \text{cm}^{-3}$，$A = 5 \times 10^{-4} \text{cm}^2$，$T = 27$℃ をつかってこのデバイスのドーピング密度を求めよ．
(b) $N_A = 5 \times 10^{15} \text{cm}^{-3}$ のとき，C_{inv}/C_{ox} を求めよ．ここでは式 (2.18) をつかえ．
(c) 式 (2.18) ではなく，式 (2.19) をつかって N_A を求めよ．

解：
$$N_A = \frac{4\phi_F}{qK_s\varepsilon_0 A^2} \frac{C_{inv}^2}{(1-C_{inv}/C_{ox})^2} = \frac{4\phi_F}{qK_s\varepsilon_0 A^2} \frac{R^2 C_{ox}^2}{(1-R)^2}$$

(a) $R = 0.22$，$K_{ox} = 3.9$，$t_{ox} = 15 \text{nm}$ から $C_{ox} = 1.15 \times 10^{-10} \text{F}$ と $C_{inv} = 2.53 \times 10^{-11} \text{F}$ を得る．上の式を解いて $N_A = 4 \times 10^{16} \text{cm}^{-3}$．
(b) $N_A = 5 \times 10^{15} \text{cm}^{-3}$ のとき，$C_{inv}/C_{ox} = 0.097$．
(c) 式 (2.19) から $N_A = 4.48 \times 10^{16} \text{cm}^{-3}$．
  式 (2.18) と (2.19) で求めた N_A には10％の差があることに注意せよ．

2.2.4 積分容量法

微分容量の方法はプロファイルがギザギザになる特徴があり，精度や測定時間が重視されるプロセスのモニタとしては限界がある[50]。積分容量の方法（integral capacitance）では，ある部分のドーズ量が注入ドーズに比例すると仮定してパルス法によるMOSキャパシタのC-V曲線の一部を**積分**し，その部分の注入ドーズ量P_ϕを求める。得られるドーズ量は$x = x_1$から$x = x_2$までのドーピング密度が対象で，イオン注入層のほとんどを含むが，ドーピング密度がドーピング密度の均一な基板と同等になる深部や表面から2から3デバイ長の領域までは含まない。この部分のドーズ量は

$$P_\phi = \int_{x_1}^{x_2} N_A(x)dx = \frac{1}{qA}\int_{V_1}^{V_2} CdV \tag{2.20}$$

で与えられる[50]。C-V法ではデバイス面積が2乗で効いていたが，ここでは一次であることに注意しよう。密度が最大になる射影距離Rあるいは打込み深さも測定できるもう1つのパラメータである。これは

$$R = t_{ox} + \frac{1}{P_\phi}\int_{x_1}^{x_2} xN_A(x)dx = \frac{K_s\varepsilon_0}{qP_\phi}(V_2 - V_1) + (1 - K_s/K_{ox})t_{ox} \tag{2.21}$$

で定義される[50]。このRの式にはP_ϕと積分が1つだけである。この積分容量法は，あるデバイスで0.1%の精度で再現しており，部分ドーズの測定再現性は10倍以上よくなるとしている[50]。

この他のMOSキャパシタ積分容量法でも，注入ドーズ量がわかる[51]。いろいろなドーズ量に対するC-V_G曲線の例を図2.12(a)に示す。図2.12(b)のドーピング密度プロファイル（○）は，深く空乏化したC-V曲線から図2.5の微分容量法をつかって得たものである。太い線は注入後のドーピング密度のシミュレーション結果である。シミュレーションとの不一致から，C-V_Gプロファイルを単純に積分しても真のドーピング密度にはならないことがわかる。積分容量法は深く空乏化したMOSキャパシタのC-V_G曲線の測定を前提にしている。ある空間電荷領域の幅に空乏化するときに移動する多数キャリアの電荷は，強い蓄積状態にあった多数キャリアの電荷と，MOSキャパシタが深く空乏化したときの多数キャリアの電荷の変化ΔQであるが，深く空乏化したC-V_G曲線を積分して求まるのはΔQだけである[注2]。別のやり方として，イオン注入したサンプルとリファレンスの空乏化C-V_G曲線を測る方法がある。同じ蓄積状態の容量からはじまって同じ空乏化容量で終わる2つのC-V_G曲線をそれぞれ積分した電荷の差ΔQから注入ドーズ量を決定できる。

2.2.5 水銀プローブコンタクト

容量プロファイルの方法には接合デバイスが必要である。なかにはこの接合を低温で形成しなければならないこともある。ショットキー障壁デバイスなら室温近くでつくれるが，ウェハに金属を堆積しなければならない。たとえばエピタキシャル層の評価のように暫定的にコンタクトをとるときは，精巧なオリフィスを通した水銀でサンプルへコンタクトをとる水銀プローブがよくつかわれる。サンプルの底面か上面にコンタクトをとる。プロファイル測定では接触面積をできるだけ正確に調整する。プローブ径を7μmまで小さくした水銀プローブをC-V測定につかい，ウェハ面を連続的に引きまわしながら水平方向の容量プロファイルを測定する[52]。

水銀でコンタクトをとればウェハが犠牲にならず，表面に水銀が残ることもない[53]。測定の再現性をよくするには，水銀の接触する表面を前処理しておかねばならない。水銀ショットキー接合のエッジ部でよく起きるリーク電流や破壊は，正確なドーピングプロファイルの最大の阻害要因である。最小のリーク電流で接合破壊電圧を最大にするには，n型Siのウェハを熱硝酸か熱硫酸に浸けて表面に

注2
$$\Delta Q = \int_{accum}^{depl} dQ = \int_{accum}^{depl} C(V)dV$$

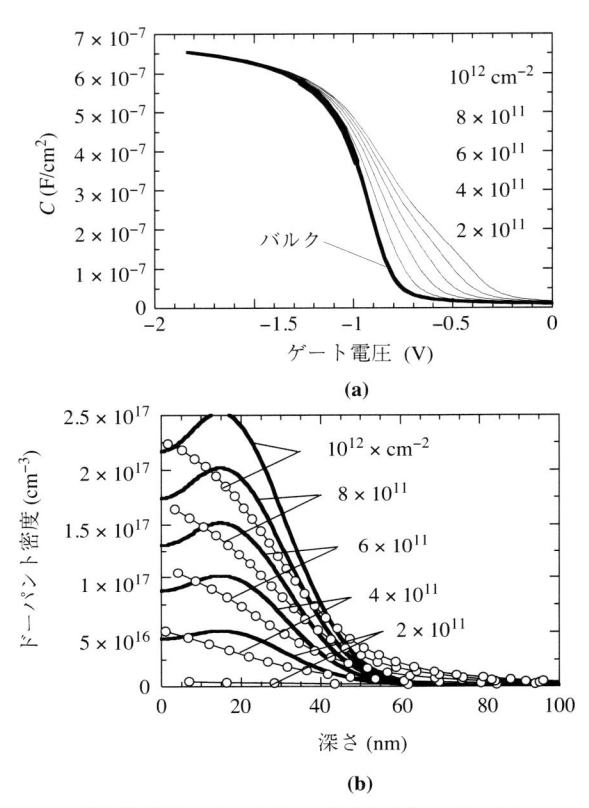

図2.12 (a)t_{ox}=4.1 nmのp型Si基板に，40 keVでホウ素を打ち込んだときのいろいろなドーズ量に対する深く空乏化したC-V_G曲線．(b)従来のC-V法（○）とシミュレーション（線）で求めたドーピング密度プロファイル．(a)のバルクの特性は打込みなしの基板のデータ．文献51による．

薄い酸化膜を成長させる．酸化膜の厚さはおよそ3 nmである．p型SiをHFに30 sほど浸け，イオン除去した流水（DI水）で洗浄し，乾燥させると酸化膜のない再現性のよい表面ができる[53]．水銀は定期的に交換し，純度を保つようにする．水銀でコンタクトをとる前にKodak Photo-Floのような湿潤剤をつかって表面へ湿気がはりつくのを防ぐと，接合リークを減らすことができる．

2.2.6 電気化学的C-Vプロファイラ

一定の直流バイアス電圧をかけた電解液―半導体ショットキー接合の容量を測定するのが**電気化学的容量―電圧**プロファイル法（electrochemical C-V profiler; ECV）である．半導体の電解エッチの前後での容量測定から深さ方向のプロファイルを求めるもので，深さに制限はないが，サンプルに穴をあけるので破壊的方法である．初期の測定手法は測定とエッチプロセスを分けていたが，のちに同一作業に統合された[54]．現在の統合プロセスではエッチングと測定を同じ装置で行う．Bloodによる優れた解説がある[55]．

電気化学的方法を**図2.13**に示す．電解液を入れた電気化学槽のシール用リングに半導体ウェハを押しつけている．裏面に接触したばねがウェハをシール用リングに押しつけ，リングの大きさが接触面積を決めている．半導体と，過剰電位を維持するためのカロメル電極基準の炭素電極との間に直流電流を流し，電解槽にかける電位でエッチング条件と測定条件を制御する．直列抵抗が減るように，サ

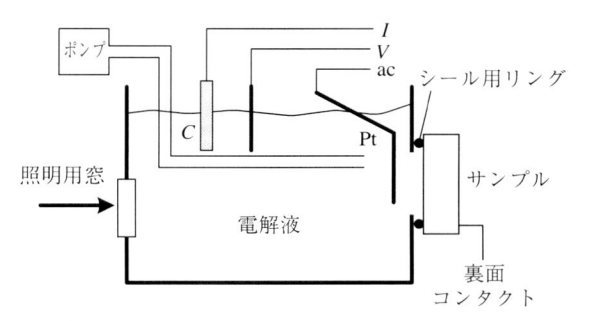

図2.13 電気化学槽．Pt電極，飽和カロメル電極，および炭素電極と，電解質を攪拌し半導体表面から気泡を分散させるポンプを示している．Bloodの文献より承諾を得て再掲[55]．

ンプルの近くに配置した白金電極で交流電圧を測る．

電解液と半導体の間に小さな直流逆バイアスをかけておいて，周波数の異なる低電圧信号を電解液に与える．キャリア密度は式（2.8）あるいは

$$p(W) = \frac{2K_s\varepsilon_0}{q}\frac{\Delta V}{\Delta(W)^2} \qquad (2.22)$$

の関係で決まる．ここでΔVは与えた交流電圧の変調成分（30〜40Hzでおよそ100〜300mV），$\Delta(W)^2$はこの交流電圧による空間電荷領域の変調幅である．Wは，1〜5kHzでおよそ50mVの信号を与え，位相感応アンプ（phase-sensitive amplifier）で測った電流の虚部と，式（2.9）とから求める．Wと$p(W)$は適当な電子回路でも求めることができる[54]．従来の微分容量プロファイル法ではr_sC時定数を下げるために0.1〜1MHzの周波数をつかっていたが，1〜5kHzの周波数はこれより十分に低い．ここでr_sは電解液と装置の容量Cとの直列抵抗である．**直列抵抗**について2.4.2節で議論するように，測定が有効であるには抵抗と容量の積がある基準を満たさねばならない．低周波で測定する電気化学的C-Vプロファイル法は深いトラップに敏感であるが，これはほとんどの材料で問題にならない．

式（2.9）と（2.22）から深さWでの密度がわかる．深さ方向のプロファイルを得るために半導体を電解液で溶解するが，溶解は正孔の有無に左右される．p型の半導体は正孔が潤沢で，電解液と半導体の接合を順バイアスすれば容易に溶解する．n型なら光を当てて正孔を発生させ，接合を逆バイアスにする．このとき深さW_Rは

$$W_R = \frac{M}{zF\rho A}\int_0^t I_{dis}dt \qquad (2.23)$$

の関係の溶解電流I_{dis}依存性をもつ[54]．ここでMは半導体のモル重量，zは溶解の価数（半導体1原子を解離するのに必要な電荷のキャリアの数），Fはファラデー定数（9.64×10^4C），ρは半導体の密度，Aはコンタクト面積である．W_Rは溶解電流を電子的に積分して決める．このとき測定しているキャリア密度は深さ

$$x = W + W_R \qquad (2.24)$$

でのものである．

電気化学的C-Vプロファイル法では半導体を任意の深さまでエッチできるので，プロファイルの深さに制限がないという点で従来のC-Vプロファイル法より優れている．電解液の選択は，溶解する半導体に対して適切でなければならない．InPにはH_2Oに0.5MのHClを添加したもの[56]，Pearエッチ（37% HCl：70% HNO_3：メタノール（36：24：1000））[57]，FAP（48% HF：99% CH_3COOH：30% H_2O_2：

H_2O（5：1：0.5：100））、あるいはUNIEL A：B：C（1：4：1）、ただしA：48% HF：99% CH_3COOH：85% o-H_3PO_4：H_2O（5：1：2：100）、B：0.1 M 塩化N-n-ブチルピリジニウム（$C_9H_{14}ClN$）、C：1 M NH_3F_2をつかう。GaAsにはTiron（1,2-ジヒドロキシベンゼン-3,5-ジスルホン酸二ナトリウム塩 $C_6H_2(OH)_2(SO_3Na)_2 \cdot H_2O)$[58]、EDTA（エチレンジアミンでpH 9.1までアルカリ性化したNa$_2$・EDTA（0.1 M）[55, 59]、UNIEL、あるいは酒石酸アンモニウム（NH_4OHでpH 11.5以上までアルカリ性化した（$NH_4)_2C_4O_6$, FW184.15）がある。SiにはNaF/H_2SO_4か0.1 M NH_4HF_2がよい[60〜62]。GaAs：AlGaAsやInPをベースにした合金にはエチレンジアミンでpH 9〜10にアルカリ性化したNa$_2$・EDTA（0.1 M）が最もうまくいく電解液の1つである[63]。エッチングされた穴の出来や薄膜の生成を妨げる傾向は電解液の化学的性質で決まり、これらがキャリア密度に影響する。

溶解の価数が$z = 6$に確定しているIII-V族材料は電解液でのエッチングが制御可能なので、電気化学的C-Vプロファイル法に適している。Siの溶解価数は電解液の濃度、ドーパントの種類と密度、電極の電位、および照射光の強度によって2から5の間の値をとる。さらに溶解の過程で発生する水素の気泡でエッチングの均一性が悪くなり、深さの分解能が低下する。パルスジェットの電解液をつかえば水素の気泡の問題は解決できる[61, 62]。Siの電気化学的C-Vプロファイル法はかつて薄いSi層に限られていたが、100 mlの0.1 M NH_4HF_2電解液にTriton X-100を1滴落とせば、$z = 3.7 \pm 0.1$となってSiでも好成績を得ている。密度プロファイルの例を図2.14に示す。III-V族材料ならエッチレートはおよそ数μm/hなので、容易に20 μmの深さになる。Siのエッチレートは1 μm/hのオーダーである。

電気化学的C-Vプロファイル法の精度と再現性は詳しく議論されている[65]。電気化学槽とサンプルの作製が誤差の最大の原因で、シール用リングの状態が変わったり、サンプルの装着の仕方が違ったり、サンプル表面に付着した気泡を除去する方法が違ったりすることになる。リングの面積は少なくとも週に3回は測定すべきである。理想的には、作業が終わる毎にエッチングした井戸の面積を測り、シール用リングの消耗や損傷はないか、気泡によって不均一なエッチングになっていないかなどを確認する。シール用リングの電解液に触れる面積はしだいに大きくなるが、およそ150回はつかえる。

表面が高濃度ドープ層になっていたり、接触抵抗が高かったり、エッチレートが低いと問題になることがある。特にn型材料で表面が高濃度ドープ層になっていると、液がリングの縁から侵入し、下

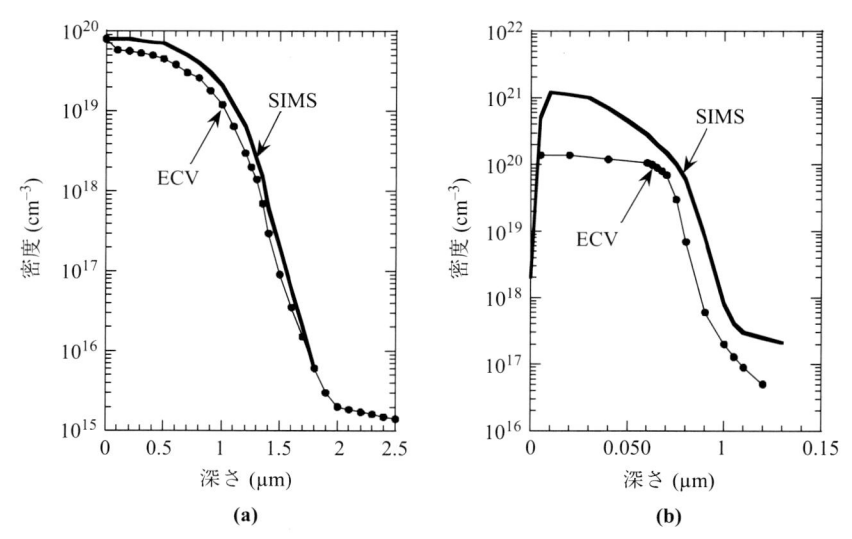

図2.14 電気化学的C-Vプロファイル装置とSIMSで測ったプロファイル．(a)p^+(B)/p(B)Siと(b)n^+(As)/p(B)Si．出版元のElectrochemical Society, Inc.の承諾によりPeinerらの文献64から引用．

層の低濃度ドープ層の測定が困難になる．複数の要因が重なると複雑になって単純な2素子直列モデルあるいは並列モデルではモデル化できなくなる．サンプルに結晶欠陥があってもエッチングは不均等になる．

2.3 電流―電圧特性（*I-V*）
2.3.1 MOSFETの基板電圧―ゲート電圧法

微分容量プロファイルでは，デバイスの浮遊容量を抑え，S/N比を上げるために，径の大きなデバイスを0.1～1MHzの周波数で測定する．したがって容量が極端に小さいMOSFETは測定が難しい．この限界を克服してMOSFETの電流―電圧測定からドーピング密度プロファイルを得る方法がいろいろと開発されてきた．

MOSFETの基板電圧―ゲート電圧法では，ドレイン―ソース間電圧V_{DS}を下げ，適当なゲート―ソース電圧V_{GS}を与えてMOSFETを**線形**な領域にバイアスする．ソース―基板間電位V_{SB}を与えると，ゲート下の空間電荷領域が基板へ拡がっていくので，ドーピング密度プロファイルがわかる．V_{SB}を変えてもドレイン電流がほぼ一定になるようV_{GS}を調整して，反転電荷密度を一定に保つ．これに対応する式は

$$p(W) = \frac{K_{ox}\varepsilon_0}{qK_s t_{ox}^2} \frac{d^2 V_{SB}}{dV_{GS}^2} \tag{2.25}$$

$$W = \frac{K_s\varepsilon_0}{C_{ox}} \frac{dV_{SB}}{dV_{GS}} \tag{2.26}$$

である[66,67]．この方法をつかったフィードバック回路を**図2.15**(a)に示す．V_{DS}を一定にしたままV_{GS}を変化させ，ソース（S）と接地との間につないだ演算増幅器の入力端子間に定電流I_1を流す．演算増幅器の差動入力電圧と入力電流をほぼゼロにしておくと，MOSFETの電流がI_1だけになるので，ドレイン電流は$I_D = I_1$となる．V_{GS}が変わるとオペアンプの出力電圧，すなわちソースと基板（B）の間の電圧V_{SB}が変わって$I_D = I_1$が維持される[68]．この方法の改良版として，ドーピング密度プロファイルがゆっくりと変化する場合，基板のドーピング密度を簡単な解析関数で近似するという方法も提案されている[69]．

ドレイン電流を一定にしておけば反転電荷は一定であるという仮定は第1近似においてのみ正しい．実際のMOSFETでは有効移動度がゲート電圧で変わるので（第8章，式（8.61）参照）補正が必要になる[67,70]．しかし，よくつかわれる移動度の式$\mu_{eff} = \mu_0/[1 + \theta(V_{GS} - V_T)]$では，移動度のゲート電圧依存性はプロファイルに影響しない[71]．ドレイン―ソース電圧を100mV以下にしてMOSFETが線形動作

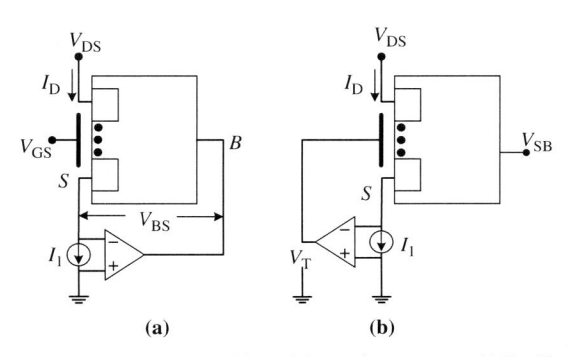

図2.15 (a)MOSFETの基板／ゲート電圧法と，(b)MOSFETのしきい値電圧法の演算増幅回路．

するようにしておけば，プロファイルが受ける影響は短チャネル効果だけになる[67, 72]。

2.3.2 MOSFETのしきい値電圧法

MOSFETしきい値電圧プロファイル法では，**しきい値電圧**を基板バイアスの関数として測定する[73~75]。MOSFETのしきい値電圧は

$$V_T = V_{FB} + 2\phi_F + \frac{\sqrt{2qK_s\varepsilon_0 N_A(2\phi_F + V_{SB})}}{C_{ox}} = V_{FB} + 2\phi_F + \gamma\sqrt{2\phi_F + V_{SB}} \quad (2.27)$$

ここで$\gamma = (2qK_s\varepsilon_0 N_A)^{1/2}/C_{ox}$．基板へのバイアス$V_{SB} = V_S - V_B$は$n$チャネルデバイスなら正である。ドーピング密度プロファイルはV_{SB}の関数として測定したV_Tを$(2\phi_F + V_{SB})^{1/2}$に対してプロットし，その傾き$\gamma = dV_T/d(2\phi_F + V_{SB})^{1/2}$から求める。式 (2.27) で$dV_T/d(2\phi_F + V_{SB})^{1/2}$は変化しないと仮定すれば，ドーピング密度は

$$N_A = \frac{\gamma^2 C_{ox}^2}{2qK_s\varepsilon_0} \quad (2.28)$$

となる。このときのプロファイルの深さは

$$W = \sqrt{\frac{2qK_s\varepsilon_0(2\phi_F + V_{SB})}{qN_A}} \quad (2.29)$$

である。式 (2.28) のϕ_FはN_Aに依存する $(\phi_F = (kT/q)\ln(N_A/n_i))$ が，N_Aは**まだわかってはいない**。そこでとりあえず$2\phi_F = 0.6$ Vとして，V_Tを$(2\phi_F + V_{SB})^{1/2}$に対してプロットすると傾きがわかり，N_Aがわかる。このN_Aの値から改めてϕ_Fを求め，$V_T - (2\phi_F + V_{SB})^{1/2}$を再プロットする。これをプロファイルが決まるまでくり返す。ふつうは1，2回で十分である。MOSFETのしきい値電圧法，分散抵抗法，およびMOSキャパシタのC-V_Gパルス測定で求めたドーピング密度プロファイルを**図2.16**に示す。MOSキャパシタのパルス測定では，MOSFETの製造プロセスと同等のプロセスで作製したMOSキャパシタをテストストラクチャとして用いた。これらのデータとSUPREM3で計算したプロファイルとの比較から，しきい値電圧法が空乏モードで動作するデバイスにもつかえることがわかっている[74, 75]。

しきい値電圧は基板バイアスの関数として図2.15(b)の回路で測定する。この方法は4.8.2節で**定ドレイン電流法**としてさらに詳しく議論する。電流I_1はおよそ$I_1 \approx 1$ μAにしておく。このときオペアンプの出力が直接しきい値電圧になっている。

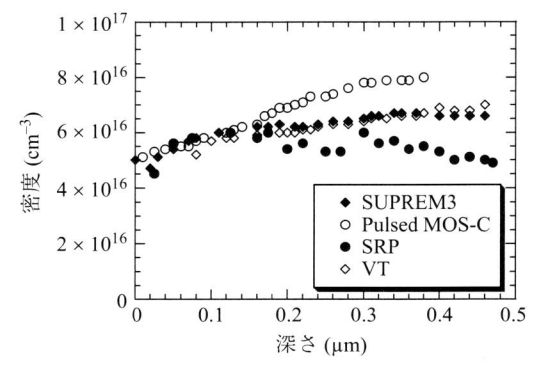

図2.16 MOSFETしきい値電圧法，分散抵抗法，パルスC-V法，およびSUPREM3で求めたドーパント密度プロファイル．IEEEの許諾（©1991，IEEE）により，文献73より引用．

2.3.3 分散抵抗法

分散抵抗プロファイル法はSiでよくつかわれる。サンプルを斜めに削って2本の分散抵抗プローブを傾斜面にそってとびとびに動かす。サンプルの深さの関数として分散抵抗を測定し，測定した抵抗のプロファイルからドーピング密度プロファイルを計算する。この方法は1.4.2節で議論している。傾斜角を浅くすると，分解能の高いプロファイルが得られる。分散抵抗プロファイル法を極薄のMBE Siに用いた例をJorke and Herzogが報告しており，キャリアの流出や低濃度—高濃度および高濃度—低濃度変化点も議論している[76]。

2.4 測定誤差と対策

ドーピング密度プロファイルは補正をしても測定値とほとんど変わらないので，C-V測定の多くは補正をしない。しかし，補正が可能であるのに実験者が注意を怠ったり，補正そのものが難しいために補正できないこともある。そういうこともあるので，起こりうる測定誤差やその補正方法は知っておくべきである。

2.4.1 デバイの長さと電圧破壊

デバイの長さによる限界は2.2.1節や数多くの論文で議論されている[14~28, 77]。簡単にいうと，ドーパント密度プロファイルの空間的な変化がデバイの長さより小さくなると，動ける多数キャリアはドーパント密度プロファイルの形に追従できないのである。多数キャリアの方がドーパント原子より染み出しやすく，(急峻な高濃度—低濃度接合やイオン注入の傾斜が急峻なサンプルで) 測定したドーパントプロファイルの傾斜が急峻であっても，それはドーピング密度プロファイルでも多数キャリアの密度プロファイルでもない。これは実効的な見かけのキャリア密度プロファイルで，ドーピング密度プロファイルよりも多数キャリアの密度プロファイルに近い。反復計算によって測定したプロファイルを補正できるが[23]，数学的に煩雑でほとんど実行されることはない。

デバイの長さの限界についてのもう1つの結論によれば，MOSデバイスの表面から$3L_D$以内の領域のプロファイルは測れない。計算によって表面までプロファイルを補正することはできるが，あまり行われない。デバイの長さの限界を考えると，ショットキー障壁ダイオードやpn接合よりもMOSキャパシタやMOSFETの方が表面近くまでプロファイルをとれることがわかる。つまり，MOSデバイスは$3L_D$，ショットキー・ダイオードならゼロバイアスでの空間電荷領域の幅W_{0V}，pn接合なら接合の深さにゼロバイアスでの空間電荷領域の幅を加えたものがプロファイルの限界になる。プロファイルの深さの限界を示す**図2.17**の一番下が$3L_D$で決まる限界である。

縮退するまでドープした半導体では，デバイの長さよりもトーマス—フェルミ遮蔽長L_{TF}で分解能の限界が決まる[78]。L_{TF}は

$$L_{TF} = \left(\frac{\pi}{3(p+n)}\right)^{1/6}\sqrt{\frac{\pi K_s \varepsilon_0 \hbar^2}{q^2 m^*}} \tag{2.30}$$

で与えられる[注3]。ここで$\hbar$はプランク定数，m^*はキャリアの有効質量である。組成変調した量子井戸はもとより，δドープ半導体のような量子閉じ込め半導体では，

$$L_\delta = 2\sqrt{\frac{7}{5}}\left(\frac{4K_s\varepsilon_0\hbar^2}{9q^2 N^{2D} m^*}\right)^{1/3} \tag{2.31}$$

で与えられる基底状態の波動関数の空間的な拡がりL_δによって分解能が決まる。ここでN^{2D}はたとえばcm^{-2}の単位をもつ二次元のドーピング密度である。この式から，キャリアの有効質量m^*が小さな材料

注3 多電子原子の核のクーロン引力は，核をとりまく束縛電子によって遮蔽され，自由電子への到達距離が短くなる。

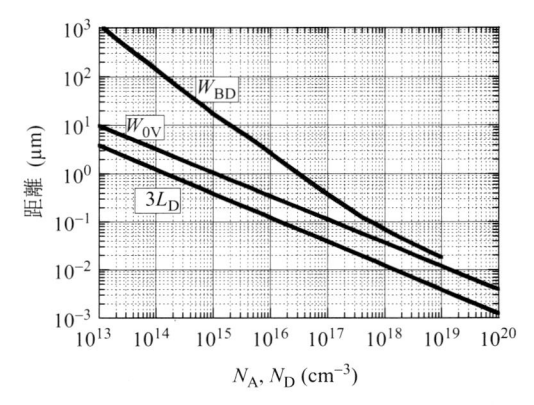

図2.17 空間的なプロファイルの限界. $3L_D$は従来のMOSキャパシタのプロファイル手法の限界, ゼロバイアスのW_{0V}はpnダイオードとショットキー・ダイオードのプロファイル手法の下限, W_{BD}はバルクの絶縁破壊による上限.

より, 大きな半導体の方が分解能が高いことがわかる. たとえば, p-GaAsはn-GaAsより分解能がよい[注4].
　逆バイアス電圧を掃引してプロファイルを作成するときは, 半導体の破壊電圧でプロファイルの深さの限界が決まる. 破壊すると空間電荷領域の拡がりはそこで止まるからである. 破壊による限界もW_{BD}で図2.17に示してある. 電気化学的プロファイル法では破壊の心配がない. 急峻なプロファイルの傾斜部で拡散する多数キャリアに, デバイスの長さと破壊電圧による限界をとり入れた理論から, SiおよびGaAsのイオン注入層の注入ドーズ量と打込みエネルギーの限界がわかり, これらのプロファイルを微分容量法で確かめることができる[26].

2.4.2 直列抵抗

　図2.18(a)に示すような接合容量C, 接合コンダクタンスG, および直列抵抗r_sからなるpn接合あるいはショットキー・ダイオードがあるとする. コンダクタンスは接合リーク電流を支配しており, プロセス条件によって変わる. 直列抵抗はウェハのバルク抵抗と接触抵抗である. 容量計が想定しているデバイスの等価回路は, 図2.18(b)の並列回路か図2.18(c)の直列回路である. この2つの回路をはじめの図2.18(a)の回路と比べると, C_P, G_P, C_SおよびR_Sを

$$C_P = \frac{C}{(1+r_s G)^2 + (\omega r_s C)^2} \quad ; \quad G_P = \frac{G(1+r_s G) + r_s(\omega C)^2}{(1+r_s G)^2 + (\omega r_s C)^2} \quad (2.32)$$

$$C_S = C[1+(G/\omega C)^2] \quad ; \quad R_S = r_s + \frac{1}{G[1+(\omega C/G)^2]} \quad (2.33)$$

のように表すことができる (補遺2.2参照)[79]. ここで$\omega = 2\pi f$である. 直列接続からCを決定するには, 2つの異なる周波数で測定した容量をつかって式 (2.33) のC_Sを

$$C = \frac{\omega_2^2 C_{S2} - \omega_1^2 C_{S1}}{\omega_2^2 - \omega_1^2} \quad (2.34)$$

のように書く. ここでC_{S1}とC_{S2}はそれぞれ周波数ω_1およびω_2で測定した容量である.
　容量C_PおよびC_Sを図2.19にプロットする. C_Sは直列抵抗r_sによらないが, C_Pはr_sに強く依存してい

注4　GaAsの電子の有効質量比は$m^*/m_0 = 0.067$, 正孔は0.082である.

る。またGが大きくなるといずれもCからの乖離が大きい。並列回路を$Q = \omega C/G$で定義されるQ-因子でみれば，真の容量が測定できるのは$Q \geq 5$の範囲であることがわかる。図2.19から明らかなように，$Q \geq 5$の接合デバイスの容量を測定するとき，直列抵抗r_sがはっきりしないなら直列等価回路で試してみるとよい。

実際のデバイスでは図2.20のような直列抵抗と直列容量が寄生素子になっていることがある。これは裏面のコンタクトが金属蒸着コンタクトでオーミックコンタクトになっているような場合である。たとえば図2.20(a)のようにウェハの表面に金属を蒸着してC-V測定のためのショットキー・ダイオードをつくり，同じ金属をウェハ裏面にも蒸着するとやはりショットキー・ダイオードになってしまう。ただし，裏面のコンタクトの面積はふつう表面のコンタクト面積より大きいため大きな容量となり，表面のショットキー・ダイオードが逆バイアスのときは裏面のショットキー・ダイオードは順バイアスになる。背中合わせの2つのダイオードを流れる電流は表面のダイオードを逆バイアスしたときのリーク電流になる。図2.20(b)のように裏面のコンタクトに絶縁層があるときは，表面のショットキー・ダイオードあるいはpnダイオードに直流電流は流れないので[注5]，ダイオードは常にゼロバイアスである。したがってこの構成では直流ドーピングプロファイルは得られない。一方，図2.20(c)のように表面と裏面にMOSでコンタクトをとる構成なら，MOSのC-V測定には直流電流は必要はないので，ドーピングプロファイルを得ることができる。

図2.20(a)の配置での問題の1つは，表面コンタクトから裏面までの電圧の分布である。印加電圧の

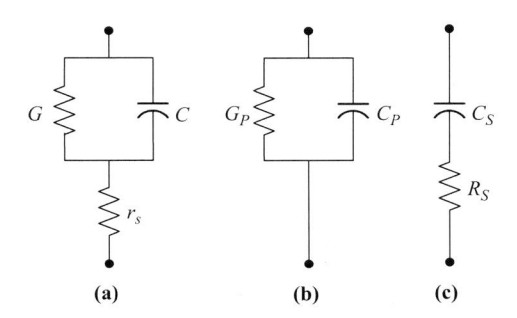

図2.18 pnまたはショットキー・ダイオードの(a)実際の回路，(b)並列等価回路，および(c)直列等価回路．

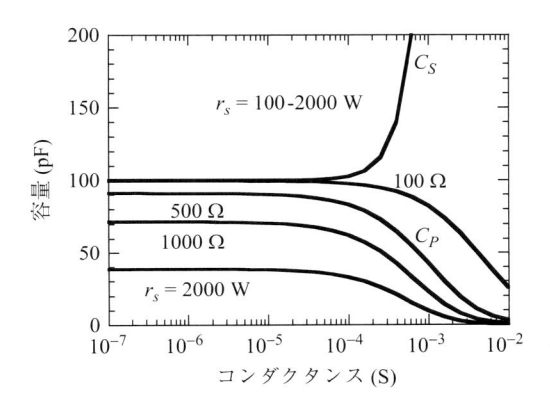

図2.19 いろいろなr_sについて，Gに対するC_SとC_P．$C = 100$ pF，$f = 1$ MHz．

注5 電流がゼロなら，ダイオードのフェルミ準位は全領域で一定．

ほとんどは逆バイアスになる表面側の接合での電圧降下であるが，一部は裏面の順バイアスの接合でも降圧する．測定される電圧はもちろんこれらの合計である．この効果は，n型Siウェハの表面と裏面にショットキー・コンタクトをつけたものと，表面をショットキー，裏面をオーミックにしたものの$1/C^2$-Vプロットを比較した図2.21からわかる[80]．表面および裏面ともダイオードであれば，電圧の切片が負になることに注意しよう．$1/C^2$-V測定は接合のビルトイン電位V_{bi}を求めるときにもつかう

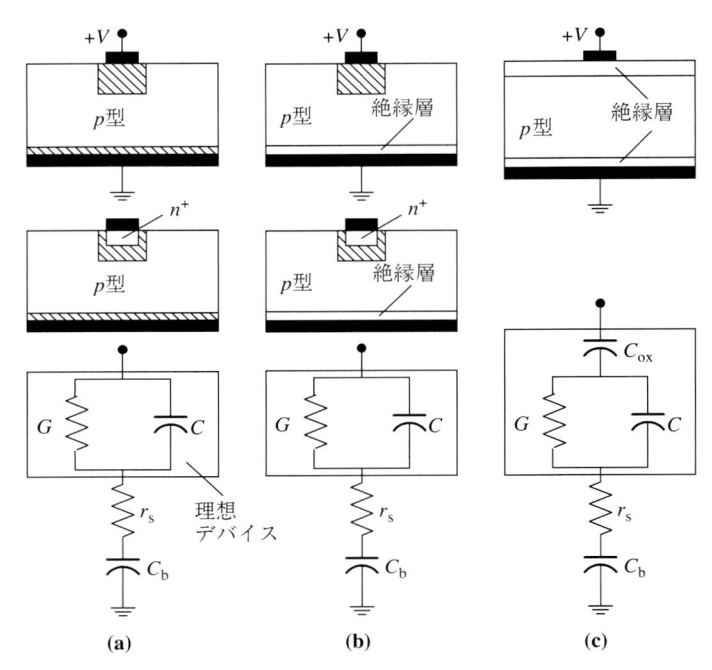

図2.20 直列の寄生抵抗と寄生容量の等価回路．(a)表面，裏面ともショットキー・コンタクトのとき．(b)表面がショットキー・コンタクト，裏面が酸化膜コンタクトのとき．(c)表面，裏面とも酸化膜コンタクトのとき．四角で囲った素子は実際のデバイスを表している．

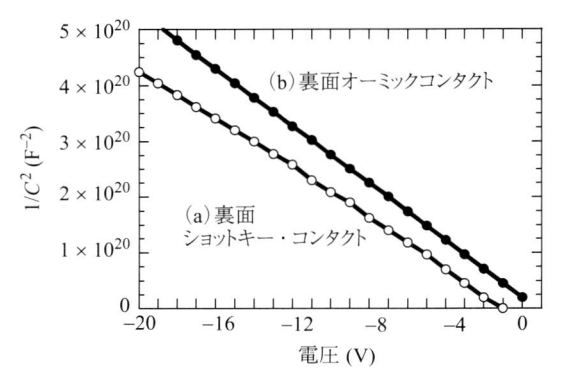

図2.21 $A=3.14\times10^{-2}$ cm^2，$t=640$ μm，$N_D\sim5\times10^{14}$ cm^{-3}のn型Siウェハの$1/C^2$—電圧プロット．曲線(a)：表面と裏面がAlのショットキー・コンタクトのとき，(b)：表面がAu/Pdショットキー・コンタクト，裏面がAu/Sbオーミックコンタクトのとき．Mallikらの文献80による．

が，背中合わせの2つのダイオードの曲線から求めたV_{bi}は明らかに誤っている。正しいビルトイン電位を求めるにはこの曲線を右へずらさねばならない。裏面のAu/Sbショットキー・コンタクトを熱処理すれば，オーミックコンタクトになり，"正常な"$1/C^2$-V曲線が得られる。

サンプルをウェハステージやプローバーに載せて容量を測定するときは，サンプル準備に注意を怠ってはならない。ウェハの抵抗率そのものが直列抵抗にほとんど寄与しないなら，金属で裏面のコンタクトをとればほとんど問題はない。しかし裏面に金属コンタクトのないウェハを直接プローバーに置くと，接触抵抗が無視できなくなる。そうなっているかどうかは測定周波数を下げてみればわかる。周波数を下げてC_Pが増加するなら，まず直列抵抗に問題がある。C_Sの測定ではこの問題は生じない。プローブで容量を測定するには，真空引きによってウェハとプローブチャックを密着させ，接触抵抗を下げることが重要である。MOSキャパシタやMOSFETのようなMOSデバイスを測定する場合，裏面の接触抵抗が問題なら，裏面に酸化膜をつけてプローバーにウェハを載せ，**大容量の裏面コンタクト**（図2.20(c)）を形成するとよい。このコンタクト容量C_bはサンプルの裏面全体になるので，デバイスの容量よりはるかに大きく，交流的には短絡とみなせる。

直列抵抗もドーパント密度プロファイルの測定に影響する。**コンダクタンス**の測定でウェハの直列抵抗が無視できるときは，デバイスに印加する高周波電圧とウェハを流れる電流とは位相差がゼロである。**容量**測定では90°の位相差があり，これが位相感応容量測定の原理になっている。直列抵抗が無視できないときは，測定に位相差ϕを加えねばならない。これを考慮しないと，式（2.5）と（2.6）から求めたドーパント密度プロファイルの測定値に誤差が現れる[81]。

式（2.5），（2.6）および（2.32）で$r_sG \ll 1$とする直列抵抗の近似法がある。これによれば，測定した密度$N_{A,meas}(W)$と深さW_{meas}は

$$N_{A,meas} = \frac{N_A}{1-(\omega r_s C)^4} \tag{2.35}$$

$$W_{meas} = W[1 + (\omega r_s C)^2] \tag{2.36}$$

の関係でN_AとWに結びつけられることが示せる。明らかに密度および深さは直列抵抗とともに増加する。

演習2.2

問題：n^+p接合の並列回路（図2.18(b)）を1 MHzの周波数で測ったC_P-V曲線を**図E2.1**に示してある。このデバイスの直列抵抗は無視できない可能性がある。$f = 10$ kHzおよび低周波数領域で追加の測定を行った結果，電圧ゼロで$C(10\,\text{kHz}) = 200$ pFであったので，直列抵抗は無視できないことが確認できた。10 kHzでは直列抵抗の効果は無視できる。$A = 4.25 \times 10^{-3}\,\text{cm}^2$。

このときの直列抵抗r_sとキャリア密度プロファイルを求めよ。このデバイスのコンダクタンスGは無視できるほど小さいとする。

解：式（2.32）でr_sGの項を無視してr_sについて解くと，$r_s = (1/\omega C)\sqrt{C/C_P - 1}$。

$C_P = 94$ pF，$C = 200$ pFから，$r_s = 845\,\Omega$。

ここで式（2.32）をCについて解くと，$C = \dfrac{1 - \sqrt{1 - 4(\omega r_s C_P)^2}}{2C_P(\omega r_s)^2}$。

$r_s = 845\,\Omega$と図E2.1のC_Pを代入すると**図E2.2**(a)のプロットを得る。$1/C^2$での再プロットとその傾き$d(1/C^2)/dV$を図E2.2(b)に示す。式（2.5）から$N_A = 6.7 \times 10^{37}/[d(1/C^2)/dV]$。この傾き$d(1/C^2)/dV$と式（2.6）からキャリア密度プロファイルは図E2.2(c)となる。

別の解法として，式（2.32）のC_Pを

$$\frac{1}{C} = \frac{(1 + r_s G)^2 + (2\pi f r_s C)^2}{C} \approx \frac{1 + (2\pi f r_s C)^2}{C}$$

図E2.1

図E2.2

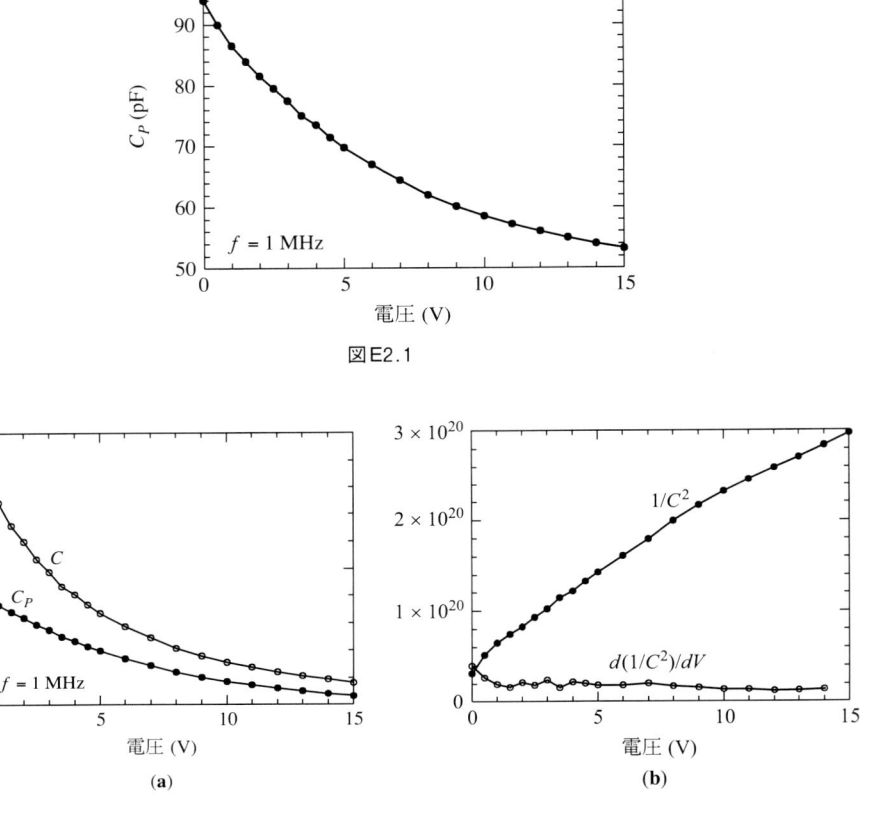

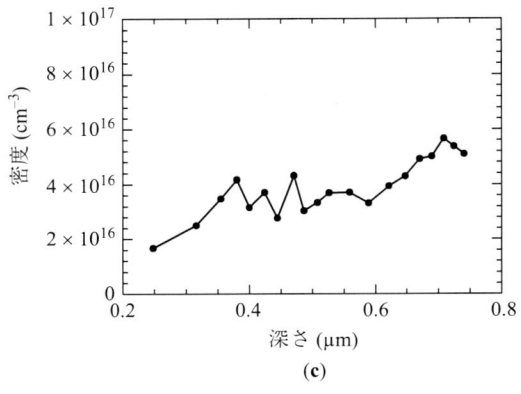

と書いて，$1/C_p - f^2$をプロットする。この傾きは$(2\pi r_s)^2 C$，切片は$1/C$であるから，r_sおよびCが求まる。

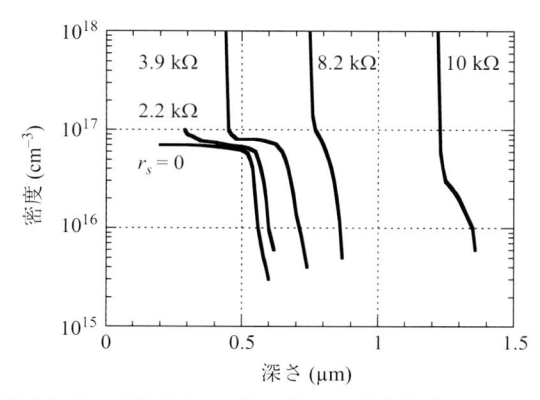

図2.22 半絶縁性基板上のGaAsエピタキシャル層のドーパント密度プロファイル．直列抵抗はデバイスに直列につないだ抵抗値である．IEEEの許諾（©1975，IEEE）により，文献81より再掲．

半絶縁基板上にエピタキシャル成長したGaAs層のドーパントプロファイルに与える直列抵抗の影響を図2.22に示す．正しいプロファイルは$r_s = 0$と表示したものである．他の曲線はデバイスの外部に抵抗をつけてその効果をみたものである．絶縁基板あるいは半絶縁基板上の半導体層では2つの電極を表面層にとるので横方向の直列抵抗を避けられず，直列抵抗の影響が出やすい[82]．接合にリークがあるとき，ウェハチャックに寄生容量があるとき，その他の影響があるときの容量測定の詳細は補遺6.2を参照．

2.4.3 少数キャリアと界面トラップ

逆バイアスされたショットキー障壁ダイオードあるいはpn接合ダイオードでは，空間電荷領域で熱生成された電子—正孔対がオーミックコンタクトへと掃き出されるので，時間に対して空間電荷領域の幅は変化しない．一方，深く空乏化したMOSキャパシタで熱生成された少数キャリアはSiO_2/Si界面へとドリフトして反転層を形成するので深い空乏化は維持できなくなる．その結果測定されるドーピング密度プロファイルも変わってくる．非平衡または深く空乏化した状態にあるMOSキャパシタの挙動については7.6.2節でより完全な議論をする．少数キャリアの寄与をなくすには，急峻に立ち上がるゲート電圧でMOSキャパシタを瞬時に深く空乏化するか，高いゲート電圧のパルス列をMOSキャパシタに与え，蓄積状態と深い空乏状態を交互に入れ替える．

少数キャリアの効果は図2.23からわかる．急速にゲート電圧を立ち上げてMOSキャパシタを深く空乏化すると，図2.23(a)の(i)の曲線になる．このとき少数キャリアの生成は無視できるので，ゲート電圧を矢印の向きに左から右へ，あるいは右から左へ掃引しても同じ曲線になる．この曲線から得たドーピング密度プロファイルが図2.23(b)の(i)である．電圧をゆっくり掃引すると，平衡状態の高周波曲線になる．これとの中間の掃引レートにすると図2.23(a)の(ii)の曲線になる．この曲線は(i)の曲線の上にあり，dC/dVが(i)のそれより小さいため，(ii)から求まるドーピング密度プロファイルは図2.23(b)のように(i)から乖離している．これを右から掃引すると(iii)の曲線になるが，dC/dVが(i)のそれより大きいため，これから求まるドーピング密度プロファイルは図2.23(b)の(iii)のように(i)より下になる．これらの誤差は補正することもできるが，掃引レートが速ければその必要はない[83]．

N_Aの決定に最大—最小MOSキャパシタ容量法をつかうと，平衡状態で$C_{min}/C_{ox} = 0.19$, $t_{ox} = 120$ nmのとき，$N_A \approx 3.5 \times 10^{14}$ cm^{-3}となる．この値は図2.23(b)の曲線(i)に近い．もとよりC_{min}/C_{ox}法ではドーピング密度のプロファイルは得られないが，微分容量法から求めたドーピング密度の値と遜色ない平均的なドーピング密度を簡便に得ることができる．

キャリアの生成寿命が短く，生成レートが高いデバイスでは，**少数キャリア**生成の効果が顕著にな

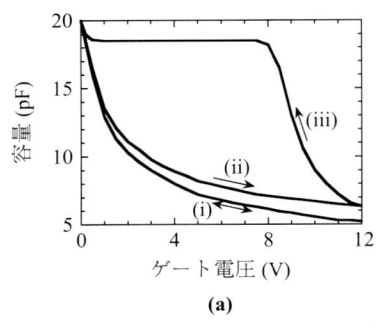

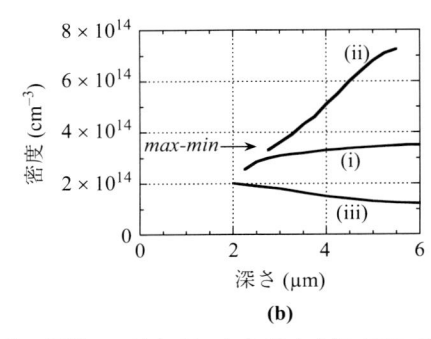

図2.23 (a)平衡状態のMOSキャパシタのC-V_G曲線. 掃引レート(ⅰ)5 V/sおよび(ⅱ), (ⅲ)0.1 V/sで深く空乏化している. (b)(a)から求めたキャリア密度プロファイル. C_{ox}=98 pF, t_{ox}=120 nm. J.S. Kang (Arizona State University) の厚意による.

る。この条件ではMOSキャパシタを深く空乏化させるのが難しくなる。液体窒素温度まで冷却すれば少数キャリアの生成を抑えることができる[81]。少数キャリアを捕集する接合を設ける方法もある。ソースとドレインを逆バイアスにしたMOSFETや制御ゲートつきダイオードでは，逆バイアス接合で，発生した少数キャリアをただちに捕集できる。

どのようなMOSキャパシタにも存在する界面トラップを考慮すると，さらに複雑になる。適切にアニールした高品位SiO_2/Si界面であれば，ふつうは界面トラップ密度を無視してよい。界面状態はC-V曲線を引き伸ばす作用がある。この影響を受けたドーピング密度プロファイルは，高周波容量C_{hf}と低周波容量C_{lf}を測定し，

$$N_{A,補正} = \frac{1-C_{lf}/C_{ox}}{1-C_{hf}/C_{ox}} N_{A,未補正} \tag{2.37}$$

によって補正する[85]。パルスMOSキャパシタドーピング密度プロファイル法では，変調周波数を上げれば界面トラップの効果を劇的に抑えることができる。30 MHzの変調周波数が推奨されているが[19]，実際の測定のほとんどは1 MHzかそれ以下である。デバイスを冷却しても界面トラップの効果を抑えることができる。界面トラップや界面層は，ショットキー障壁容量プロファイル法の誤差の原因となる。ダイオードの理想因子nが1.1より大きいとプロファイルの誤差が大きくなることがわかっている[86]。適正なプロファイルを得るには$n \leq 1.1$の理想因子が必要である。

2.4.4 ダイオードのエッジと浮遊容量

C-Vプロファイル法では容量とデバイスの面積が正確にわかっていなければならない。容量は正確に測定できるが，面積は必ずしも正確に決まるとは限らない。また，容量には浮遊容量の成分が含まれていることもある。デバイスのコンタクト面積は測れても，空間電荷領域が横方向に拡がるため，コンタクト面積は実効面積と異なる。実効容量は

$$C_{eff} = C(1 + bW/r) \tag{2.38}$$

である[87]。ここで$C = K_s\varepsilon_0 A/W$, $A = \pi r^2$, rはコンタクトの半径，SiおよびGaAsなら$b \approx 1.5$, Geなら$b \approx 1.46$である。式(2.38)では空間電荷領域の横方向の拡がりと縦方向の伸びを同じにしている。コンタクトの半径が大きくなれば横方向の空間電荷領域の効果は小さくなり，$r \geq 100 bW$であれば括弧内の第2項の実効容量への寄与は1％以下になる。たとえば$W = 1\,\mu m$なら$r \geq 150\,\mu m$であるが，$W = 10\,\mu m$なら$r \geq 1500\,\mu m$になる。この程度は実際に可能であるが，実効ドーピング密度は真のドーピング密度と

$$N_{A,eff} = (1 + bW/r)^3 N_A \tag{2.39}$$

の関係があることを指摘しておく。

式（2.38）ではエッジの容量を一定としているので，微分容量プロファイルの測定前に適当な値のダミーキャパシタをつかって相殺しておくこともできる。水銀プローブプロファイル法ではエッジの容量を無視できるような大きなコンタクトをとる方法が提案されている。推奨できる最小のコンタクト半径は基板のドーピング密度Nに応じて

$$r_{min} = 0.037(N/10^{16})^{-0.35} \quad [\text{cm}] \tag{2.40}$$

となる[53]。式（2.40）は10^{13}から10^{16} cm^{-3}のドーピング密度に対して有効である。$N = 10^{15}$ cm^{-3}のときの最小半径はおよそ8.3×10^{-2} cmとなる。

ダイオードの接合容量は真の容量C，周辺の容量C_{per}および角の容量C_{cor}からなる。このとき実効容量は

$$C_{eff} = AC + PC_{per} + NC_{cor} \tag{2.41}$$

で近似される[88]。ここでAは面積，Pは周辺長，Nは角の数である。いろいろな面積や周辺長のダイオードを測定すれば，これらの成分を分離して真のダイオード容量を抽出できる[88]。

浮遊容量になるとさらに決定が難しい。ケーブルとプローブの容量の他に，MOSFETのボンディングパッド，ゲート保護ダイオードが浮遊容量に含まれる。ケーブルとプローブの容量は容量計をダイオードに接続していない状態で測定して消すことができる。ボンディングパッドの容量はふつう計算で求める。ボンディングパッドはダイオード，MOSキャパシタ，MOSFETよりはるかに大きいので，ボンディングパッドの容量を正確に見積もることは重要である。

2.4.5 過大なリーク電流

接合デバイス，特にショットキー障壁デバイスでは，逆バイアスリーク電流が過度に大きいと，ドーピング密度プロファイルが変わることがある。既存のプロファイルの式では，逆バイアスされた空間電荷領域の電圧のみの測定を仮定している。逆バイアスされた空間電荷領域の抵抗は準中性な半導体領域の抵抗よりはるかに高いので，これはほとんどのデバイスでよい近似である。しかしリーク電流が過大になると，準中性な半導体領域にも電位差が発生する。この電圧が測定電圧に自動的にとり込まれ，プロファイルに誤差が生じるのである[89]。

2.4.6 深い準位にあるドーパントおよびトラップ

容量測定では，印加電圧の時間変化に対する電荷の応答をみるので，印加電圧に応答する電荷はすべて検知される。界面トラップが容量に与える影響についてはすでにみたが，半導体の深い準位にある不純物やトラップも容量プロファイルの誤差要因になる[90~92]。トラップの影響は，サンプルの温度や交流電圧の周波数の他，トラップの密度やエネルギー準位の複雑な関数になっている。交流電圧はトラップが追従できないような十分に高い周波数にすることが多いが，直流逆バイアスではトラップが応答してゆっくりと変化する可能性がある。この場合，時間およびトラップの深さに依存してプロファイルがずれていく。幸いトラップの密度はドーピング密度の1％かそれ以下なので，ふつうはトラップの影響を無視できる。トラップを容量で測定する方法は第5章で議論する。

深い準位にあるドーパント原子は室温では完全にイオン化しないことがある。ふつうのドーパント，たとえばSi中のP，As，およびBやGaAs中のSiではそういうことはない。しかし，SiCなどではバンドギャップの中で深い準位をとるドーパントもある。図2.24のようにp型基板のショットキー・コンタクトを逆バイアスした場合を考えよう。ドーパント不純物のエネルギー準位は$E_A = E_v + \Delta E$である。準中性領域では不純物の一部がイオン化している。イオン化していない中性な原子はN_A^0で示してい

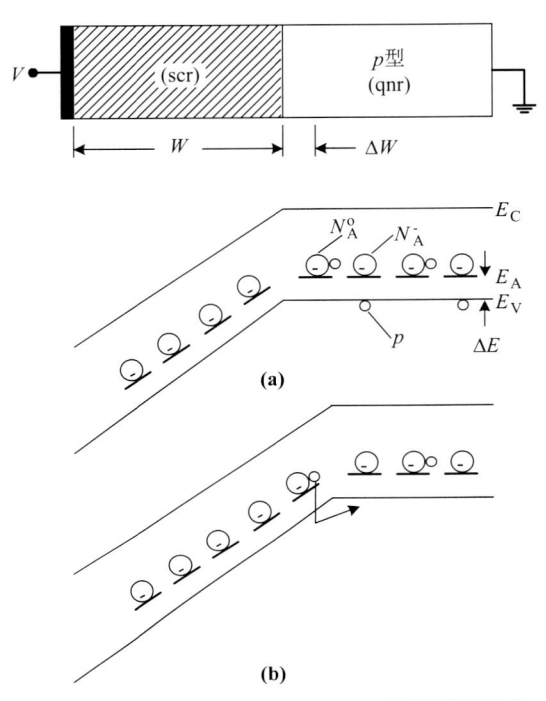

図2.24 逆バイアスのショットキー・ダイオードのバンド図．空間電荷領域（scr）は完全にイオン化しており，準中性領域（qnr）は一部がイオン化している．(a) $V = V_1$, (b) $V = V_1 + \Delta V$.

る。準中性領域では明らかに $p \neq N_A$ であり，$\rho \sim 1/p$ であるから，抵抗率 ρ は N_A だけからは決まらない。イオン化の割合は ΔE, N_A, および温度で決まる。しかし，空間電荷領域では事情が異なる。この領域の中性のアクセプタすべてが正孔を放出するまで，十分長い時間逆バイアス V_1 を与えたとしよう。この放出時定数は第5章で議論するように

$$\tau_e = \frac{\exp(\Delta E/kT)}{\sigma_p v_{th} N_v} \tag{2.42}$$

になる。ここで σ_p は捕獲断面積，v_{th} は熱速度，N_v は価電子帯の有効状態密度である。

さて，この直流電圧に交流電圧を重ね，交流電圧が正に振れると空間電荷領域の幅が W から $W + \Delta W$ へ増加するとしよう。すると，もともと準中性領域にあった中性のアクセプタのいくつかが空間電荷領域にとり込まれる。$\omega = 2\pi f$ として $\tau_e < 1/\omega$ であれば，これらのアクセプタに拘束されていた正孔は交流の半周期の間に放出され，アクセプタ準位の浅いふつうのデバイスのように応答するであろう。しかし $\tau_e > 1/\omega$ ならば正孔を放出する暇がないので，デバイスの応答も異なる。こうなると均一にドープしたサンプルでは空乏近似で p または N_A が測定できるという前提が崩れる。測定しているのはドーピング密度となんらかの関係にある見かけのキャリア密度である。交流電圧が負に振れると，正孔が捕獲されて空間電荷領域が狭くなる。捕獲過程の多くは速やかで，これが測定の制限になることはない。放出過程では τ_e が ΔE に指数関数的に依存し，これが制限となる。したがって真のキャリア密度プロファイルあるいはドーパント密度プロファイルを求められるかどうかはドーパントのエネルギー準位，温度，および測定周波数にかかっている。Siに In をドーピングした場合（このエネルギー準位

は$E_v+0.16\,\text{eV}$）をSchroderらが議論している[90]．浅い準位のドーパントを含む半導体のトラップについての，より一般的なとり扱いも報告されている[91]．

2.4.7 半絶縁性基板

半絶縁性あるいは絶縁性基板上のエピタキシャル層あるいはイオン注入層のプロファイルでは特有の問題が生じる．シリコン・オン・インシュレータ（SOI）や半絶縁性基板に打ち込んだGaAs層などがその例である．基板の抵抗が高いので2つのコンタクトを両方とも図2.25のように片面に形成しなければならないが，このうち逆バイアス側の空間電荷領域が基板近くまで拡がると直列抵抗として顕在化する．厚さtだけ残った中性の層はきわめて薄くなり，直列抵抗r_sとなる．p型（n型）基板上に形成したn型（p型）層でも同じことが起きる．これらの密度プロファイルはその界面で最大になることがあるが，本当にそうなっているのではなく，サンプルの形状などによってそうみえていることが多い[93]．

注意点を1つ挙げれば，図2.25のコンタクト1は整流性，コンタクト2はオーミックとすべきである．しかし導電層のドープが薄いと，オーミックコンタクトはほぼ不可能である．そういうときは，コンタクト1が逆バイアスならコンタクト2を順バイアスにし，コンタクト2をコンタクト1より十分に大きくしておく．こうすれば$A_2 \gg A_1$かつコンタクト2は順バイアスであるからC_2はC_1より十分に大きく，第1近似としてC_2は交流的に短絡とみなせ，C_1だけを測定できる．

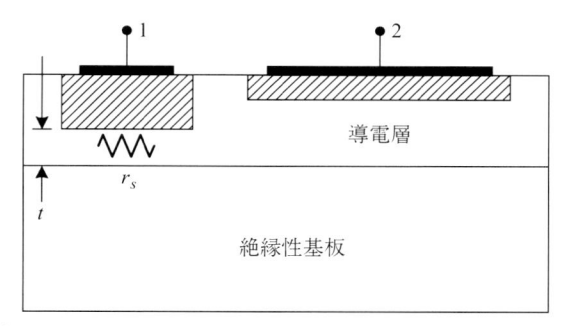

図2.25 絶縁性基板上の導電層．コンタクト1への逆バイアスが大きくなると直列抵抗が増加する．

2.4.8 機器の制約

測定する$p(x)$およびWの精度は容量計で決まる．深さの分解能は機器よりもデバイスの長さで決まるべきであるが，ΔCを測定する機器の精度が$p(x)$に与える影響は避けられない[94]．ΔCを大きくとりたいところだが，C-V曲線が線形でないので，$\Delta C/\Delta V$の局所的な値に誤差が生じる．Wの変調幅を大きくしても深さの分解能が低下する．アナログのプロファイラでは一定振幅の変調電圧でΔVを一定にするのが一般的である．式（2.9）と（2.19）から

$$\Delta V = \frac{qWp(W)\Delta W}{K_s \varepsilon_0} \quad \text{および} \quad \frac{\Delta W}{W} = -\frac{\Delta C}{C} \tag{2.43}$$

であるから

$$\Delta C = -\frac{K_s \varepsilon_0 C \Delta V}{qW^2 p(W)} \tag{2.44}$$

となる．$p(W)$とΔVが一定としてサンプルのプロファイルをとっていくと，Wは増加しCは減少するから，ΔCは減少する．その結果サンプルのプロファイルを深く測るほどプロファイルのノイズが増え

る。定電場加算帰還プロファイラ（constant electric field increment profiler）ではこの問題を少し緩和している。機器の限界についてはBloodの優れた議論がある[55]。

2.5　ホール効果

ここではキャリア密度の測定に関連した**ホール効果**の側面を議論する。ホール効果に関連した式の導出を含め，より完全な議論は第8章に譲る。ホール測定は**キャリア密度，キャリアの型，**および**移動度**を決定できるのが特徴である。

ホールの理論によればホール係数R_Hは[95]

$$R_H = \frac{r(p - b^2 n)}{q(p + bn)^2} \tag{2.45}$$

で，$b = \mu_n/\mu_p$，rは散乱因子で半導体内での散乱のメカニズムによって1から2の値をとる[95]。散乱因子は磁場および温度の関数でもある。強磁場の極限で$r \to 1$である。散乱因子は強磁場の極限でのR_Hを測定して決定できる。すなわちBを磁場として$r = R_H(B)/R_H(B = \infty)$。n型のGaAsの散乱因子は$B = 0.1$ kGの1.17から$B = 83$ kGの1.006まで変化することがわかっている[96]。rが1に近づくのに必要な強磁場はふつうの実験室では得られない。0.5から10 kGのふつうの磁場でのホール測定では$r > 1$になる。rは未知の場合が多く，1と仮定することが多い。

実験的に求められるホール係数は

$$R_H = \frac{tV_H}{BI} \tag{2.46}$$

である。ここでtはサンプルの厚さ，V_Hはホール電圧，Bは磁場，Iは電流である。均一にドープしたウェハであれば正確な厚さが求まる。しかし，伝導の型が異なる基板や半絶縁性基板上に形成したエピタキシャル層またはイオン注入層では，その厚さが必ずしも活性層の厚さとはいえない。ホール係数から求めた半導体のパラメータには，表面でのフェルミ準位のピンニングによるバンドの曲がりや活性層と基板との界面でのバンドの曲がりによる空乏効果などの誤差が含まれる[97]。精密な測定には表面および界面の空間電荷領域の温度依存性も考慮する必要がある[98]。

$p \gg n$の外因性p型半導体では，式（2.45）は

$$R_H = \frac{r}{qp}, \tag{2.47}$$

n型に対しても同様に

$$R_H = -\frac{r}{qn} \tag{2.48}$$

のように簡単になる。

ホール係数がわかれば式（2.47）と（2.48）から**キャリアの型**と**キャリア密度**を決定できる。ほとんどの場合rを1と仮定しても誤差が30％を超えることはない[99]。

ホール係数をある一定温度で測れば，キャリア密度，抵抗率，および移動度がわかるが，キャリア密度を温度の関数として測れば新たな情報が得られる。ドーピング密度N_Aのp型半導体を密度N_Dのドナーで補填したときの正孔密度は，式

$$\frac{p(p + N_D) - n_i^2}{N_A - N_D - p + n_i^2/p} = \frac{N_v}{g} \exp(-E_A/kT) \tag{2.49}$$

から求められる[100]。ここでN_vは価電子帯の有効状態密度，gはアクセプタの縮退因子（たいていは4

にする), E_A は価電子帯の上端を基準としたときのアクセプタのエネルギー準位である。式 (2.49) は特定の条件下で単純化できる。

1. $p \ll N_D$, $p \ll (N_A - N_D)$ となる低温で, $n_i^2/p \approx 0$ のとき,

$$p \approx \frac{(N_A - N_D)N_v}{gN_D}\exp(-E_A/kT) \tag{2.50}$$

2. N_D が無視できるほど小さいとき,

$$p \approx \sqrt{\frac{(N_A - N_D)N_v}{g}}\exp(-E_A/2kT) \tag{2.51}$$

3. $p \gg n_i$ となる高温で

$$p \approx N_A - N_D \tag{2.52}$$

4. $n_i \gg p$ となるさらに高い温度で

$$p \approx n_i \tag{2.53}$$

式 (2.50) と (2.51) によると, $\log(p) - 1/T$ プロットの傾きから補填するドナーの有無によって活性化エネルギー E_A または $E_A/2$ がわかる。高温（室温がこれに相当する）では正味の多数キャリアが存在し，活性化エネルギーはゼロである。これより温度が上がると，n_i の活性化エネルギーがみえてくる。

実験による $\log(p) - 1/T$ のデータを適切なモデルでフィッティングすると豊富な情報が得られる。**図2.26** はインジウムをドープしたシリコンの，ホール測定によるキャリア密度のデータである[101]。サンプルはInの他にAl，B，Pも含んでいる。このデータから，アクセプタ（B，Al，In）の密度とエネルギー準位の両方が得られた。この図からホール測定がいかに強力であるかがわかるであろう。

一般に，ホール測定からわかるのはサンプルの平均キャリア密度である。したがって均一にドープしたサンプルなら真のキャリア密度になるが，不均一にドープしたサンプルならその平均値になる。また，空間的に変化するキャリア密度のプロファイルが欲しいこともある。これには差分ホール効果法（differential Hall effect measurement; DHE）が適している。陽極酸化と酸化膜のエッチングをくり返して層毎に正確に剥ぎとっていくこともできる。半導体の陽極酸化された部位はエッチングで除去

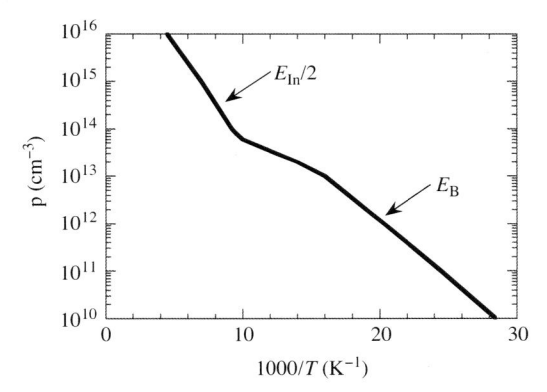

図2.26 AlとBに汚染されたSi:Inの温度の逆数に対するキャリア密度。$N_{In} = 4.5 \times 10^{16}\,\mathrm{cm^{-3}}$, $E_{In} = 0.164\,\mathrm{eV}$, $N_{Al} = 6.4 \times 10^{13}\,\mathrm{cm^{-3}}$, $E_{Al} = 0.07\,\mathrm{eV}$, $N_B = 1.6 \times 10^{13}\,\mathrm{cm^{-3}}$, $N_D = 2 \times 10^{13}\,\mathrm{cm^{-3}}$. IEEEの許諾（©1975, IEEE）により，文献101より引用。

でき，除去可能な層の厚さは2.5 nmまで薄くできる[102]。差分ホール効果法の詳しい議論は1.4.1節を参照。

差分ホール効果測定のデータは測定を重ねるほど分析が複雑になる。キャリア密度のプロファイルを作成するには，$R_{Hsh} = V_H/BI$で与えられるシートホール係数R_{Hsh}と，シートコンダクタンスG_{Hsh}とをくり返し測定しなければならない。キャリア密度プロファイルは，深さに対するホール係数の曲線と，深さに対するシートコンダクタンスの曲線から

$$p(x) = \frac{r(dG_{Hsh}/dx)^2}{qd(R_{Hsh}G_{Hsh}^2)/dx} \tag{2.54}$$

の関係をつかって求める[103]。ここで$G_{Hsh} = 1/R_{Hsh}$である。

また，サンプルがp型基板上のn型層あるいはn型基板上のp型層であることもある。上層と基板の伝導の型が異なるときは，その間のpn接合を絶縁性の境界とみなすことが多い。そうできないならホール測定データの補正が必要である[104]。上の層が基板の伝導型と異なり，接合が絶縁境界として機能していても，サンプルへのオーミックコンタクトが上層と合金化して基板に突き抜けていると，やはり補正が必要になる。たとえばHgCdTeでみられるように，上層が意図しない型に変わる場合がある[105]。厚さt_1，電気伝導率σ_1の上層と厚さt_2，電気伝導率σ_2の基板からなる単純な2層構造のホール係数は

$$R_H = R_{H1}\frac{t_1}{t}\left(\frac{\sigma_1}{\sigma}\right)^2 + R_{H2}\frac{t_2}{t}\left(\frac{\sigma_2}{\sigma}\right)^2 \tag{2.55}$$

である[105,106]。ここでR_{H1}は層1のホール係数，R_{H2}は層2のホール係数，$t = t_1 + t_2$，σは

$$\sigma = \frac{t_1\sigma_1}{t} + \frac{t_2\sigma_2}{t} \tag{2.56}$$

である。$t_1 = 0$のときは$t = t_2$，$\sigma = \sigma_2$，$R_H = R_{H2}$となって基板そのものの評価になる。上層が基板よりも十分に濃くドープされるか表面電荷などによって反転層となっていたり，$\sigma_2 \ll \sigma_1$であるなら

$$\sigma \approx \frac{t_1\sigma_1}{t} \quad ; \quad R_H \approx \frac{tR_{H1}}{t_1} \tag{2.57}$$

となって，ホール測定は表面層を評価していることになる。このような上層がまぎれもなく存在するときは，この評価が重要になる[105]。

2.6 光学的方法
2.6.1 プラズマ共鳴
半導体による光の反射率は

$$R = \frac{(n-1)^2 + k^2}{(n+1)^2 + k^2} \tag{2.58}$$

で与えられる。ここでnは半導体の屈折率，$k = \alpha\lambda/4\pi$は消衰係数，αは吸収係数，λは光子の波長である。半導体の反射率は短波長で高く，ほぼ一定で，波長が長くなるにつれて異常が現れる。まず最小値に向かって減少したあと，1に向かって急激に立ち上がる。波長と$\nu = c/\lambda$の関係で結ばれる光子の周波数νが**プラズマ共鳴周波数**ν_pに近づくにつれてRは1に近づく。**プラズマ共鳴波長**λ_pは

$$\lambda_p = \frac{2\pi c}{q}\sqrt{\frac{K_s\varepsilon_0 m^*}{p}} \tag{2.59}$$

で与えられる[107]。ここでpは半導体の自由キャリアの密度，m^*は有効質量である。これで原理的には

λ_p から p が求まる。

プラズマ共鳴波長は定義が曖昧なため，この決定は難しい。そこでキャリア密度をプラズマ共鳴波長ではなく**反射率が最小となる波長** λ_{min} から求める。ここで $\lambda_{min} < \lambda_p$ である。反射率が最小となる波長は経験式

$$p = (A\lambda_{min} + C)^B \tag{2.60}$$

によってキャリア密度と結ばれている。定数 A, B, および C は文献108の表に与えられている。この手法はキャリア密度が 10^{18} から 10^{19} cm^{-3} より濃い場合のみ有効である。

この方法でキャリア密度を求めるには，均一にドープした基板であれ不均一にドープした基板であれ $1/\alpha$ 以上の厚さのドープ層が必要である。キャリア密度プロファイルが変化する拡散層やイオン注入層では，プロファイルの形状や接合の深さがわかっていなければ表面の密度はわからない[109]。薄いエピタキシャル層になるとエピタキシャル層と基板との界面での位相のずれによって R-λ 曲線に振動成分が加わり，λ_{min} の抽出はさらに難しくなる[110]。

2.6.2 自由キャリアによる吸収

半導体に吸収されたエネルギー $h\nu > E_G$ の光子は電子—正孔対を生成する。$h\nu < E_G$ の光子は2.6.3節で議論するように，浅い不純物準位の基底状態にトラップされた電子を励起することができる。また，$h\nu < E_G$ の光子は伝導帯の動ける電子（価電子帯の動ける正孔）をより高いエネルギー状態へ励起できる。つまり，光子は自由キャリアに吸収される。これが**自由キャリア吸収法**の原理である。

正孔による自由キャリア吸収係数は

$$\alpha_{fc} = \frac{q^3 \lambda^2 p}{4\pi^2 \varepsilon_0 c^3 n m^{*2} \mu_p} = 5.27 \times 10^{-17} \frac{\lambda^2 p}{n(m^*/m)^2 \mu_p} \tag{2.61}$$

で与えられる[95]。ここで λ は波長，c は光速，n は屈折率，m^* は正孔の有効質量，m は自由電子の質量，μ_p は正孔の移動度である。ただし，測定波長が不純物や格子振動の吸収線と重ならないよう注意しなければならない。たとえば，シリコンでは格子間の酸素による吸収線が $\lambda = 9.05$ μm に，またシリコンと置き換えられた炭素による吸収線が $\lambda = 16.47$ μm に存在する。格子振動による吸収線は $\lambda = 16$ μm 付近にある。実験データへのフィッティングによれば，Siでは

$$\alpha_{fc,n} \approx 10^{-18} \lambda^2 n; \quad \alpha_{fc,p} \approx 2.7 \times 10^{-18} \lambda^2 p \tag{2.62}$$

がよく一致する[111]。ここで n と p はそれぞれ n 型 Si および p 型 Si の cm^{-3} 単位の自由キャリアの密度で，波長は μm の単位である。キャリア密度が 10^{17} cm^{-3} 以上ならこの方法で測定できる。キャリア密度が低くなると，吸収係数が小さすぎて測定できなくなる。最近改良された式をつかった自由キャリア吸収測定は，シート抵抗測定とよく一致するようになっている[112]。n-GaAs に対する表式は，

$$\alpha_{fc}(\lambda=1.5 \ \mu m) = 0.81 + 4 \times 10^{-18} n;$$

$$\alpha_{fc}(\lambda=0.9 \ \mu m) = 61 - 6.5 \times 10^{-18} n \tag{2.63}$$

である[113]。

自由キャリア吸収は次の式でシート抵抗と結びついている。T を透過率とし，

$$T \approx (1-R)^2 \exp(-k\lambda^2 / R_{sh}) \tag{2.64}$$

をつかって，n 型 Si 層で $k = 0.15$，p 型 Si 層で $k = 0.3375$ とすると実験とよく一致する[111]。ここで λ は μm，R_{sh} は Ω/□ の単位である。赤外線のビームを走査すれば自由キャリアの密度マップをつくることができる。$\lambda = 10.6$ μm をつかい，1 mm の分解能で 10^{16} cm^{-3} までの低い自由キャリア密度が測定されて

いる[114]。

2.6.3 赤外分光法

赤外分光法はドナー（アクセプタ）から電子（正孔）を光で励起する過程を利用する。図2.27(a)のn型半導体を考えよう。低温ではほとんどの電子がドナーに凍結されており，伝導帯の自由キャリア密度はとても低い。電子は主に図2.27(b)に示す最低のエネルギー準位，つまりドナーの基底状態にある。エネルギーが$h\nu \leq (E_C - E_D)$の光子がサンプルに入射すると，2つの光吸収過程が起こりえる。基底状態から伝導帯への電子の励起は拡がった連続吸収スペクトルになるが，基底状態から浅い不純物準位にあるいくつかの励起状態へ励起されると，それに応じて透過スペクトルに鋭い吸収線が現れる[115,116]。リンとヒ素を含むシリコンの透過スペクトルを図2.28(a)に示す[117]。磁場によってエネルギー準位を分裂させれば，さらに詳しい情報を得ることができる[118]。

フーリエ変換（フーリエ変換赤外分光については第10章で議論する）をつかえば高い感度が得られ，測定下限を大幅に下げることができる。Siのドーピング密度が$5 \times 10^{11} cm^{-3}$まで低くても測定できている[117]。このように低いキャリア密度はホール測定でも決定できるが，低温を必要としても非接触な光学的方法の方がより便利である。

電気的に測定されるキャリア密度はほぼ正味のキャリア密度で，n型のサンプルであれば$n = N_D - N_A$である。これまで議論してきた赤外分光法でも低温でドナーに凍結されている電子は$n = N_D - N_A$だけであるから，$N_D - N_A$を測ればよい。打ち消しにつかうアクセプタは電子で補償されており，凍結された正孔は存在しない。N_DおよびN_Aを測定するにはエネルギー$h\nu > E_G$の背景光をサンプルに照射する[117,119,120]。この背景光で生成した過剰な電子—正孔対の一部はイオン化したドナーおよびアクセプタに捕獲される。その結果図2.27(c)のようにすべてのドナーとアクセプタが中性になったとしよう。すると，これより波長の長い赤外光が電子をドナーの励起状態へ，正孔をアクセプタの励起状態へ励起できるようになる。

背景光がないときとあるときのSiサンプルのスペクトルを図2.28に示す。上が背景光なし，下があ りである。図2.28(b)は(a)と2つの相違点がある。すなわち，背景光があるとPとAsの信号が強くなり，ドナーの打ち消しのためのBとAlが不純物として現れている。不純物にはそれぞれ固有の吸収ピークがあるので，不純物の同定とその密度を決定することができる。Siでみられる強い吸収線はBaberが同定している[117]。

赤外分光法は定量的に不純物種を同定できるが，不純物密度の決定は定性的になる。吸収ピークの高さと不純物密度との関係をとるには，ドーピング密度が既知のサンプルで較正データを確立しなければならない。これは打ち消しドープのない半導体ならほぼ確実にできる。打ち消しドープをした半導体では較正作業が複雑になる[117]。

厚さtの半導体ウェハの光の透過率は近似的に

$$T \approx (1-R)^2 \exp(-\alpha t) \tag{2.65}$$

になる。ある程度測定感度をとるには，αtが1のオーダーあるいは$t \approx 1/\alpha$が必要である。ドーピング密度が低く不純物吸収が少なくて，αが1から$10 cm^{-1}$のようなときは，1から10 mmの厚さのサンプルが必要である。この程度の厚さはバルクのウェハにはちょうどよいが，エピタキシャル層のような薄い層には赤外分光法は不向きである。

類似の方法に，光熱イオン化分光法（photothermal ionization spectroscopy; PTIS）あるいは光電分光法（photoelectric spectroscopy）がある。ドナーに束縛された電子は，基底状態から励起状態の1つへ光で励起できる。この励起状態にある電子をさらに熱的に伝導帯へ移行させるに十分なフォノンが$T \approx 5 \sim 10 K$で存在すれば，サンプルの電気伝導率が変化する。この光熱電気伝導率の変化を波長の関数として検出するのである[121〜123]。この方法でGe中のホウ素やガリウムといったアクセプタを$10^9 cm^{-3}$という低密度まで測定している[124]。オーミックコンタクトを必要とすることが光熱イオン化分光法の

難点であるが,薄膜にも感度があるところが優れている.光熱イオン化分光法に磁場を併用すれば,GaAsやInPの不純物の同定が容易になる[121]。

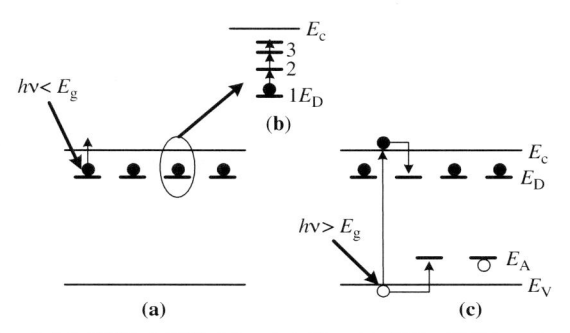

図2.27 (a)ドナーを含む半導体の低温でのエネルギーバンド図. (b)ドナーのエネルギー準位を示すエネルギーバンド図. (c)ドナーとアクセプタが共存するときのバンド図. バンドギャップより高いエネルギーの光でドナーとアクセプタにキャリアが詰まる.

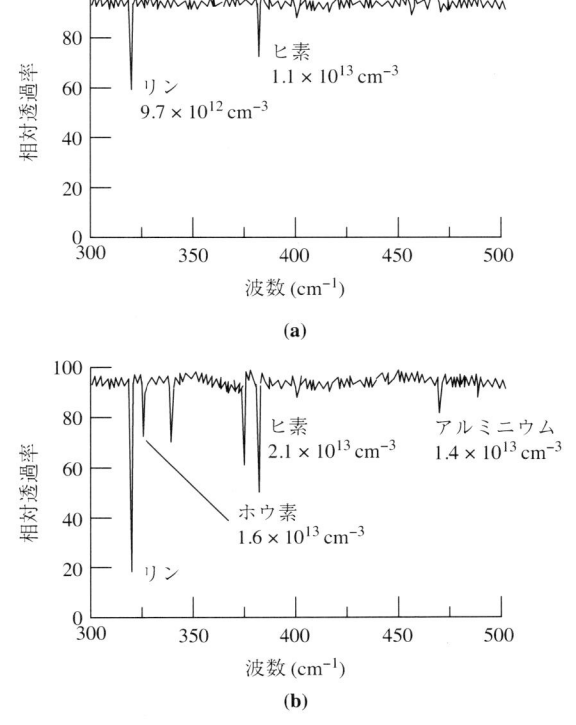

図2.28 (a) 265 Ω·cmのn型Siの$T \approx 12$ Kでのドナー不純物のスペクトル. (b)(a)のサンプルに,バンドギャップより高いエネルギーの背景光を照射したときのスペクトル. 承諾を得て文献117より再掲.

2.6.4 フォトルミネセンス法

フォトルミネセンス法（photoluminescence; PL）は半導体の不純物を検出・同定する手法の１つで，第10章で扱う。フォトルミネセンスでは光の照射によって生成された電子―正孔対が**放射**再結合によって光子を放出する過程を利用している。この放射強度が不純物密度に比例する。ここでは半導体のドーピング密度の測定へのフォトルミネセンスの応用を手短に議論する。

フォトルミネセンスのエネルギー分解能は非常に高いのできわめて正確に不純物を同定できる。密度の測定では，深い準位の再結合中心や表面再結合中心を介した非放射再結合過程が関与するので，与えられた不純物スペクトル線の強度と密度との相関をとるのは容易でない[125]。再結合中心の密度が一定の浅い準位でも，サンプルによってフォトルミネセンス信号が大きく変わってしまう。

この問題には真性と外因性のピークの比をとって対処する。$X_{TO}(BE)/I_{TO}(FE)$ がドーピング密度に比例することがわかっている[126]。$X_{TO}(BE)$ は元素 $X = B$ または P に束縛されたエキシトンの横波光学フォノン・フォトルミネセンス強度のピークで，$I_{TO}(FE)$ は束縛されていない自由なエキシトンの横波光学フォノン真性フォトルミネセンス強度のピークである。ドーピング密度の関数として**図2.29**のフォトルミネセンス強度比をもつSiでは，フォトルミネセンスから求めた抵抗率が電気的に測定した抵抗率とよく一致している。InPではドナー密度だけでなく補償比も求められている[127]。

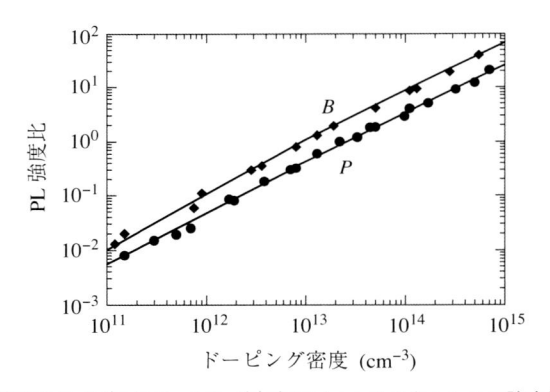

図2.29 Si中のBおよびPのドーピング密度とフォトルミネセンスの強度比との関係. 承諾により文献128より再掲.

2.7 二次イオン質量分析法

二次イオン質量分析法（secondary ion mass spectroscopy; SIMS）は固体の不純物分析の強力な手法である。SIMSの詳細は第11章で議論する。この節ではSIMSを半導体ドーパントのプロファイルに応用する場合を簡単に議論する。この方法では，固体からスパッタリングで材料をとり出し，イオン化して分析する。スパッタされた材料のほとんどは中性の原子で分析にかからない。イオン化した原子だけがエネルギー・フィルタと質量分析器を通して分別される。これですべての元素を検知できる。

SIMSでの検出感度は多くの元素に対して良好であるが，電気的あるいは光学的な方法ほど優れているわけではない。しかし，ビームを利用した方法の中では最も感度が高く，$10^{14} \mathrm{cm}^{-3}$ までの低密度ドーパントを検出できる。また，深さ方向に１から５nmの分解能で異なる元素を同時に検出もでき，数ミクロンの範囲なら表面を水平方向にも分析できる。スパッタリングで材料を削るとサンプルに穴が残るので，破壊的手法である。

SIMSでは，サンプルをスパッタしながら目的の元素の二次イオン信号を時間の関数としてプロットする。この"時間に対するイオン信号"のプロットからドーパント密度プロファイルを作成する。測定終了後に穴の深さを測り，スパッタレートを一定と仮定して**時間軸**を**深さ軸**に変換する。スパッタ

レートはフォーカスの大きさやイオン電流によって変わるので，この変換作業はサンプル毎に必要である[129]。これをドーパント密度プロファイルが既知の標準サンプルの**二次イオン信号**と比較し，**不純物密度**に変換する。母材に含まれる不純物が均一なときに限り，二次イオン信号と密度の比例関係が保証される。目的の元素のイオン収率は母材に強く左右される。たとえば，あるエネルギーとドーズ量でホウ素をSiに打ち込み，標準サンプルを作製したとする。このサンプル中のホウ素の総量は打ち込まれたホウ素に等しいと仮定して二次イオン信号を較正する。この標準サンプルを，Bを未知の量打ち込んだSiサンプルと比較する。

SIMSでわかるのは，**電気的に活性な**不純物の密度ではなく，**全不純物密度**である。たとえば，打ち込んだだけで活性化アニールをしていないサンプルではSIMSプロファイルはガウス分布で予測される形状に近い。イオンを電気的に活性化していないと，プロファイルは電気的測定によるものと大きく異なる。電気的に活性化されたサンプルであれば，図1.20および2.14のようにSIMSと電気的測定の結果はよく一致する。

SIMSによるドーパント密度プロファイルを分散抵抗法によるものと比べると，ドープが薄くなるところで差があり，SIMSの結果は他の方法より深い接合になってしまう（図1.20参照）[130, 131]。このSIMSの裾引きは，スパッタビームによるドーパント原子のカスケード混合や玉突きによって接合が深い方へ押しやられているか，あるいはSIMS装置のダイナミックレンジの限界によることが多い。表面に近い高濃度ドープ領域から低濃度の深い領域へスパッタしていくと，穴の側壁はドーピング密度プロファイルがむき出しになる。低濃度ドープの深い部分をスパッタしている中心部からの信号に穴の側壁からの寄生信号が重なると，見かけ上深い部分のドーパント密度は高くなり，プロファイルも深くなる。電気的あるいは光学的な弁別でこの信号を抑えることができるが，最終的には穴の縁から穴の底へ降りつもる材料が穴の底からの信号にどれだけ重なるかで決まる。もう1つの理由として，測定対象の違いがある。分散抵抗法では電流を測定するが，電子および正孔の密度は打ち込まれたイオンの電気的活性度に左右される。一方，SIMSでは活性度にかかわらず，全ドーパント密度を測定する。シリコンに打ち込まれたホウ素の電気的活性度の，打込みドーズ量および活性化アニール温度依存性を**図2.30**に示す[132]。

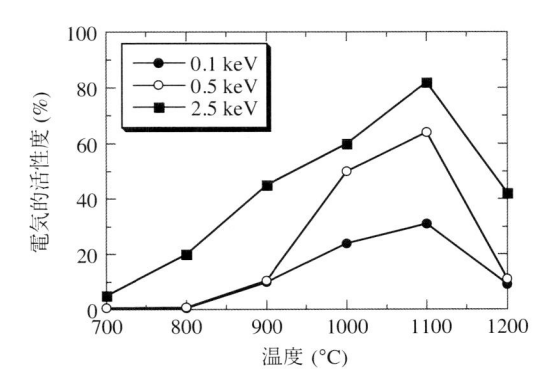

図2.30 100 eVから5 keVまでのエネルギーで打ち込んだ $5 \times 10^{14} cm^{-2}$ のホウ素を異なる温度で10 sのRTA処理をしたあとの電気的活性度．文献132から採用．

2.8 ラザフォード後方散乱法

第11章で議論するラザフォード後方散乱（Rutherford backscattering; RBS）は，非破壊で，標準サンプルを必要としない定量的方法である。軽いイオンをプローブとして後方散乱させる。ふつうは1～3 MeVの単一エネルギーのHeイオンをサンプルに入射，散乱させ，表面障壁型半導体荷電粒子検

出器（surface barrier detector）で検出する．軽い母材の中の重い元素にはほぼラザフォード後方散乱がつかえる．軽いイオン（たとえばHe）が重いイオン（たとえばAs）と相互作用しても，軽いイオン（たとえばB）と相互作用したときほどはエネルギーを失うことはないので，たとえばSi中のAsやGaAs中のTeには適しているが，Si中のBやGaAs中のSiの定量化は難しくなる．なお，プローブイオンより軽いイオンからの後方散乱はない．

ラザフォード後方散乱は，分散抵抗法やSIMSより感度が低い．最低の検出限界は$10^{14}cm^{-2}$原子のオーダーである．したがって，厚さが$10^{-5}cm$の層なら$10^{14}/10^{-5} = 10^{19}cm^{-3}$が限界になる．炭素などHeより重いイオンをつかえば感度は向上するが，深さの分解能が犠牲になる．深さの分解能はターゲットを傾けると改善できる．2〜5nmの分解能が達成されている[133]．ラザフォード後方散乱では，入射イオンが結晶方向に揃う**イオンチャネリング**をつかってイオン注入半導体の活性度を求めることもできる．開いたチャネルにそって侵入したイオンはほとんど後方散乱されない．しかし活性化されていない打込み不純物は格子間のサイトにあり，これによって後方散乱が増える．したがって，後方散乱データを解析すれば電気的活性度を求めることができる．このような情報が得られる手法は他にない．ラザフォード後方散乱はシリサイドの成長と，これが半導体の不純物の分布に与える影響を調べるのにもつかわれている．これは他の方法ではできない理想的な用途である．シリサイドの形成後，ラザフォード後方散乱によってシリサイドの下のSi中のAsの分布を測ると，シリサイド面の前方にAsがかき出されているのがわかる[134]．

2.9　横方向のプロファイル

半導体デバイスの大きさが縮小すると，**縦方向**はもちろん水平方向あるいは**横方向**のドーパント密度プロファイルを知ることも重要になる．横方向のプロファイル（lateral profiling）はCADのモデルに必要であるが，デバイスの寸法が縮小すると接合の深さも浅くなる．その結果，接合の横方向への拡がり（縦方向のおよそ0.6〜0.7倍）はとても小さくなる．デバイス特性の予測には，$2 \times 10^{17}cm^{-3}$までのドーピング密度を10％の感度かつ10nm以下の分解能で測定したプロファイルが必要とされている[135]．この寸法領域でのプロファイル測定には，どのような方法が適しているであろうか．

中性原子のプロファイルと電気的に活性なドーパントのプロファイルの区別は重要である．これまでいろいろな方法が試されてきたが，定量的な結果が得られるものはほとんどない．ここではこれらの方法を手短にまとめておく．より詳しい議論は文献136, 137を参照願いたい．走査トンネル顕微鏡法（scanning tunneling microscopy; STM：第9章で議論する）では，プローブを接合の水平方向に動かす．半導体表面ではプローブチップに誘起されてバンドが曲がるが，ドーピング密度によってトンネル電流が変化する．トンネル電流をプローブと半導体表面との距離の関数として測定し，この障壁の高さを求める．障壁の高さの変化がドーパント密度の変化に対応している．STMのチップは大変鋭く，1から5nmの空間分解能がある．ただし，表面の作製にはいろいろと問題がある．

走査顕微鏡法あるいは原子間力顕微鏡法（scanning or atomic force microscopy; AFM）ではエッチングが必要である[138]．まずデバイスを慎重に研磨して断面を用意する．この断面を適当な方法でエッチングし，その表面構造をたとえばAFM，走査電子顕微鏡，あるいは透過型電子顕微鏡などで高分解能に視覚化する．この方法はエッチレートがドーパント密度によることを利用している．濃くドープされた領域は薄くドープされた領域よりも早くエッチングされる．エッチング後の表面の物理的形状がドーパント密度プロファイルに結びつけられる．エッチレートを較正するにはドーパント密度が既知のリファレンスサンプルが必要である．エッチング液としては，p型Siなら強い光を照射しながら$HF:HNO_3:CH_3COOH$（1：3：8）で数秒間，n型Siなら$HF:HNO_3:H_2O$（1：100：25）がよい[139]．この方法の感度下限はp型Siおよびn型Siとも〜$5 \times 10^{17}cm^{-3}$である．

横方向のドーピング密度プロファイルには，**走査容量顕微鏡法**（scanning capacitance microscopy; SCM）[140]と**走査分散抵抗顕微鏡法**（scanning spreading resistance microscopy; SSRM）[141]が発展してきている．走査容量顕微鏡法では，本章のはじめに述べた方法と同じように，微小面積の容量プローブ

で金属—半導体コンタクトあるいはMOSのコンタクトの容量を測定する[142]。容量測定回路の感度が十分であればこのようなプローブの微小容量も測定できる。コンタクトが平坦でないところが課題である。走査容量顕微鏡法は第9章で議論する。

走査分散抵抗顕微鏡法は（第9章で議論する）原子間力顕微鏡が基礎になっており，鋭い導体チップと広い裏面コンタクトとの間の局所的な分散抵抗を測定する。サンプルの上をチップで走査するときは原子間力を精密に制御しなければならない。走査分散抵抗顕微鏡法の感度とダイナミックレンジは従来の分散抵抗法のそれとほぼ同じである（第1章の分散抵抗プロファイル法を参照）。コンタクトの寸法もきざみの幅も小さいので，プローブの調整なしにデバイスの断面を測定できる。特別なテストストラクチャを用意しなくても，高分解能な二次元のナノ分散抵抗プロファイル測定が可能である。

2.10 強みと弱み

微分容量法：微分容量プロファイル法の主な弱みはプロファイルの深さに限界があることで，これは表面でのゼロバイアスの空間電荷領域の幅と，電圧破壊する深さで決まる。特に後者は高濃度ドープ領域で深刻である。デバイの長さによる限界もあるが，これはどのようなキャリアのプロファイル法にもいえることである。あえていえば，データを微分するので，プロファイルにノイズが多い。

この方法の強みはほとんどデータ処理なしでキャリア密度プロファイルがわかることにある。C-Vデータを単に微分すればよいからである。標準的なドーピング密度の半導体に理想的な方法で，水銀プローブをつかえば非破壊にもなる。市販の装置もあって，十分に確立された方法となっている。この深さ方向のプロファイルをとる方法は，電気化学的プロファイル法にも拡張されている。

最大—最小MOSキャパシタ容量法：この方法は密度プロファイルが得られないことが弱みである。この方法でわかるのは平衡にあるMOSキャパシタの空間電荷領域の平均のドーピング密度だけである。しかし，その簡便さが強みになっている。高周波でC-V測定をするだけでよい。

積分容量法：積分容量法もプロファイルはわからないので，用途が限られる。しかし，打込みドーズ量と深さがわかり，その精度が強みである。1%の均一性を必要とするイオン注入のモニタにつかわれる。

MOSFET電流—電圧法：基板—ゲート電圧法は2回微分するので用途が限られる。しきい値電圧法ではしきい値電圧を適切に定義してデータを解釈しなければならない。この2つの方法の利点はMOSFETを直接測定するところにある。特別な大面積のテストストラクチャはいらない。そういうテストストラクチャをつくれないときは大変有用であるが，短チャネル効果および狭チャネル効果の影響を受ける。

分散抵抗法：分散抵抗法の弱みはサンプルの準備および測定した分散抵抗プロファイルの解釈が複雑な点にある。移動度がわかっているか較正用サンプルがあれば，測定データをデコンボリューションしてドーパント密度プロファイルを求めることができる。半導体業界でSiのプロファイルにルーチン的につかわれているよく知られた方法であることが強みである。深さに制限はなく，任意の数のpn接合にわたるプロファイルがとれる。ドーピング密度のレンジも10^{13}から$10^{21}\mathrm{cm}^{-3}$と大変広い。

ホール効果法：ホール効果法は次々と層を剥ぎとる煩雑さがプロファイルをとる制約になっている。市販の装置ではこれらを簡易化している。プロファイルはとれるが，ルーチン的な方法ではない。この方法の長所はキャリア密度と移動度の平均値がわかることである。そのため，第8章で議論するように，よくつかわれている。

光学的方法：光学的方法でドーピング密度を定量的に測定するには，特殊な装置と既知の標準サンプルが必要になる。一般に得られるのは平均値だけであって，プロファイルは得られない。不純物の同定では他にない感度と精度があり，光学的方法の主な利点になっている。さらに，光学的方法は基本的に非接触であることが主な長所である。

二次イオン質量分析法：SIMSの欠点は装置の複雑さにある。また，電気的あるいは光学的な方法ほどの感度もない。SiではBの感度が最も高く，他の不純物の感度はどれも低い。ドーパントが化学量

論比になっている半導体にはつかえない。生のSIMSデータを定量的に解釈するにはリファレンスとなる標準サンプルが必要で，母材によって測定結果の解釈が変わることもある。SIMSといえばドーパント密度プロファイルとされている点が強みで，この方法が最も広くつかわれている。測るのはキャリア密度プロファイルではなくドーパント密度プロファイルであって，活性化アニール前のイオン注入済みサンプルにもつかえる。電気的な方法との併用はできない。空間分解能が高く，半導体の種類を選ばない。

ラザフォード後方散乱法：ラザフォード後方散乱法の弱みは感度の低さと，ほとんどの実験室にはない特殊な装置が必要な点にある。軽い元素の測定も苦手である。強みは非破壊であること，および標準サンプルに頼らずに定量測定ができる点である。イオンチャネリングを活用して打込みイオンの活性度も検出できる。

横方向のプロファイル：横方向のプロファイルをとる方法は本質的に重要であるにもかかわらず，いまだルーチンとして精度のよいレベルに達していない。いろいろな方法が評価されているが，現時点で主流となっているものはない。しかし，容量プロファイル法と分散抵抗プロファイル法は有望と思われる。

補遺2.1　並列接続か直列接続か

容量計には並列測定用あるいは直列測定用となっているものがある。つまり，測定するデバイスを図A2.1(a)のように並列接続にするか，図A2.1(b)のように直列接続にするかである。並列回路のアドミタンス Y_P と直列回路のインピーダンス Z_S は

$$Y_P = G_P + j\omega C_P ; \qquad Z_S = R_S + 1/j\omega C \tag{A2.1}$$

である。ここで $\omega = 2\pi f$。この2つの式を $Y_P = 1/Z_S$ のように等しいとすると，

$$C_P = \frac{1}{1+D_S^2}C_S ; \qquad G_P = \frac{D_S^2}{1+D_S^2}\frac{1}{R_S} \tag{A2.2}$$

を得る。ここで D_S は

$$D_S = \omega C_S R_S \tag{A2.3}$$

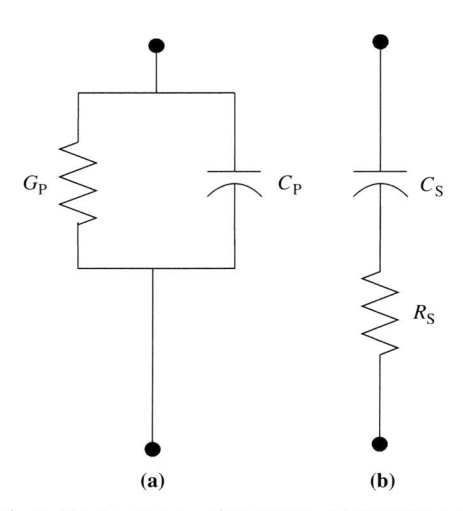

図A2.1　(a) 並列コンダクタンスをもつ容量の回路，(b) 直列抵抗をもつ容量の回路．

で与えられる**損失因子**である。同様にして

$$C_S = (1 + D_P^2)C_P \quad ; \quad R_S = \frac{D_P^2}{1 + D_P^2}\frac{1}{G_P} \tag{A2.4}$$

ただし，**損失因子** D_P は

$$D_P = \frac{G_P}{\omega C_P} \tag{A2.5}$$

である。

損失因子はしばしば Q 値で表される。直列および並列回路についての Q は

$$Q_S = \frac{1}{D_S} = \frac{1}{\omega C_S R_S} \quad ; \quad Q_P = \frac{1}{D_P} = \frac{\omega C_P}{G_P} \tag{A2.6}$$

で与えられる。理想的なキャパシタでは $G_P = 0$ かつ $R_S = 0$ であるから，$C_S = C_P$ となるが，ふつう は $G_P \neq 0$ かつ $R_S \neq 0$ である。残念ながら適切な測定回路を選択する画一的な基準はない。ただし，低インピーダンスのサンプルには直列測定回路を，高インピーダンスのサンプルには並列測定回路がよくつかわれる。損失が大きいときは機器の誤差を近似的に

$$誤差 = 0.1\sqrt{1 + D^2} \quad \% \tag{A2.7}$$

で表す。

この損失は

$$\tan\delta = \frac{\sigma}{K_s \varepsilon_0 \omega} = \frac{1}{K_s \varepsilon_0 \omega \rho} \tag{A2.8}$$

で定義される**損失角** $\tan\delta$ で表されることがある。

補遺2.2　回路の変換

図A2.2(a)および(b)の回路を考えよう。(a)から(b)に変換するには，それぞれの回路のアドミタンスを考え，それらを等しいとおくのが最も簡単である。(a)のアドミタンス Y は

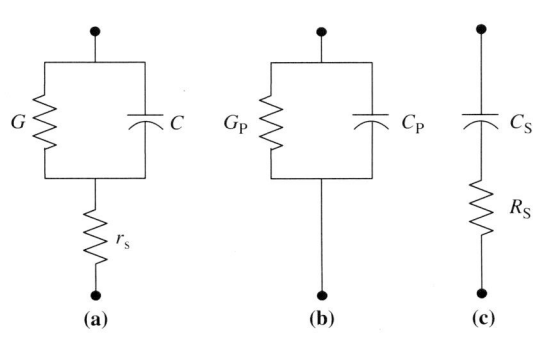

図A2.2　(a) 実際の回路，(b) 並列等価回路，(c) 直列等価回路.

$$Y(a) = \frac{1}{Z(a)} = \frac{1}{r_s + 1/(G+j\omega C)} = \frac{G+j\omega C}{1+r_s(G+j\omega C)}$$
$$= \frac{(G+j\omega C)(1+r_sG-j\omega C)}{(1+r_sG+j\omega r_sC)(1+r_sG-j\omega r_sC)} \tag{A2.9}$$

である。ここで，Zはインピーダンスである。$Y(a)$は

$$Y(a) = \frac{G+r_sG^2+r_s(\omega C)^2}{(1+r_sG)^2+(\omega r_sC)^2} + \frac{j\omega C}{(1+r_sG)^2+(\omega r_sC)^2} \tag{A2.10}$$

のように書ける。(b)のアドミタンスは簡単で，

$$Y(b) = G_P + j\omega C_P \tag{A2.11}$$

である。式（A2.10）と（A2.11）の実部と虚部をそれぞれ等しいとおいて，

$$C_P = \frac{C}{(1+r_sG)^2+(\omega r_sC)^2} \quad ; \quad G_P = \frac{G(1+r_sG)+r_s(\omega C)^2}{(1+r_sG)^2+(\omega r_sC)^2} \tag{A2.12}$$

となる。

　図A2.2(a)と(c)の回路については，それぞれの回路のインピーダンスを考え，それらを等しいとおく。(a)のインピーダンスは

$$Z(a) = r_s + \frac{1}{G+j\omega C} = \frac{[r_s(G+j\omega C)+1](G-j\omega C)}{(G+j\omega C)(G-j\omega C)}$$
$$= \frac{r_s[G^2+(\omega C)^2]+G}{G^2+(\omega C)^2} - \frac{j\omega rC}{G^2+(\omega C)^2} \tag{A2.13}$$

で，(c)のインピーダンスは

$$Z(c) = R_S + \frac{1}{j\omega C_S} = R_S - \frac{j\omega C_S}{(\omega C_S)^2} \tag{A2.14}$$

である。式（A2.13）と（A2.14）の実部と虚部をそれぞれ等しいとおいて，

$$C_S = C[1+(G/\omega C)^2] \; ;$$
$$R_S = \frac{r_s[G^2+(\omega C)^2]+G}{G^2+(\omega C)^2} = r_s + \frac{1}{G[1+(\omega C/G)^2]} \tag{A2.15}$$

を得る。

文　　献

1) W. Schottky, *Z. Phys.*, **118**, 539-592, Feb. (1942)
2) J. Hilibrand and R.D. Gold, *RCA Rev.*, **21**, 245-252, June (1960)
3) R. Decker, *J. Electrochem. Soc.*, **115**, 1085-1089, Oct. (1968)

4) L.E. Coerver, *IEEE Trans. Electron Dev.*, **ED-17**, 436, May (1970)
5) H.J.J. DeMan, *IEEE Trans. Electron Dev.*, **ED-17**, 1087-1088, Dec. (1970)
6) W. van Gelder and E.H. Nicollian, *J. Electrochem. Soc.*, **118**, 138-141, Jan. (1971)
7) Y. Zohta, *Solid-State Electron.*, **16**, 124-126, Jan. (1973)
8) D.K. Schroder, Advanced MOS Devices, 64-71, Addison-Wesley, Reading, MA (1987)
9) C.D. Bulucea, *Electron. Lett.*, **6**, 479-481, July (1970)
10) G. Baccarani, S. Solmi and G. Soncini, *Alta Frequ.*, **16**, 113-115, Feb. (1972)
11) G.G. Barna, B. Van Eck, and J.W. Hosch, in Handbook of Silicon Semiconductor Technology, (A.C. Diebold, ed.), Dekker, New York (2001)
12) M. Rommel, Semitest Inc., 私信
13) K. Woolford, L. Newfield, and C. Panczyk, *Micro*, July/Aug. (2002) (www. micromagazine. com)
14) D.P. Kennedy, P.C. Murley and W. Kleinfelder, *IBM J. Res. Develop.*, **12**, 399-409, Sept. (1968)
15) J.R. Brews, *IEEE Trans. Electron Dev.*, **ED-26**, 1696-1710, Nov. (1979)
16) D.P. Kennedy and R.R. O'Brien, *IBM J. Res. Develop.*, **13**, 212-214, March (1969)
17) W.E. Carter, H.K. Gummel and B.R. Chawla, *Solid-State Electron.*, **15**, 195-201, Feb. (1972)
18) W.C. Johnson and P.T. Panousis, *IEEE Trans. Electron Dev.*, **ED-18**, 965-973, Oct. (1971)
19) E.H. Nicollian, M.H. Hanes and J.R. Brews, *IEEE Trans. Electron Dev.*, **ED-20**, 380-389, April (1973)
20) C.P. Wu, E.C. Douglas and C.W. Mueller, *IEEE Trans. Electron Dev.*, **ED-22**, 319-329, June (1975)
21) M. Nishida, *IEEE Trans. Electron Dev.*, **ED-26**, 1081-1085, July (1979)
22) G. Baccarani, M. Rudan, G. Spadini, H. Maes, W. Vandervorst and R. Van Overstraeten, *Solid-State Electron.*, **23**, 65-71, Jan. (1980)
23) C.L. Wilson, *IEEE Trans. Electron Dev.*, **ED-27**, 2262-2267, Dec. (1980)
24) D.J. Bartelink, *Appl. Phys. Lett.*, **38**, 461-463, March (1981)
25) H. Kroemer and W.Y. Chien, *Solid-State Electron.*, **24**, 655-660, July (1981)
26) J. Voves, V. Rybka and V. Trestikova, *Appl. Phys.*, **A37**, 225-229, Aug. (1985)
27) A.R. LeBlanc, D.D. Kleppinger and J.P. Walsh, *J. Electrochem. Soc.*, **119**, 1068-1071, Aug. (1972)
28) K. Ziegler, E. Klausmann and S. Kar, *Solid-State Electron.*, **18**, 189-198, Feb. (1975)
29) ASTM Standard F19-94, *1996 Annual Book of ASTM Standards*, Am. Soc. Test. Mat., West Conshohocken, PA (1996)
30) J.P. Sullivan, W.R. Graham, R.T. Tung, and F. Schrey, *Appl. Phys. Lett.*, **62**, 2804-2806, May (1993); A.S. Vercaemst, R.L. Van Meirhaeghe, W.H. Laflere, and F. Cardon, *Solid-State Electron.*, **38**, 983-987, May (1995)
31) R. Dingle, in *Festkörperprobleme/Advanced Solid State Physics* (H.J. Queisser, ed.), **15**, 21-48, Vieweg, Braunschweig Germany (1975)
32) E.A. Kraut, R.W. Grant, J.R. Waldrop, and S.P Kowalczyk, *Phys. Rev. Lett.*, **44**, 1620-1623, June (1980)
33) H. Kroemer, W.Y. Chien, J.S. Harris, Jr., and D.D. Edwall, *Appl. Phys. Lett.*, **36**, 295-297, Feb. (1980); M.A. Rao, E.J. Caine, H. Kroemer, S.I. Long, and D.I. Babic, *J. Appl. Phys.*, **61**, 643-649, Jan. (1987); D.N. Bychkovskii, O.V. Konstantinov, and M.M. Panakhov, *Sov. Phys. SemiCond.*, **26**, 368-376, April (1992)
34) H. Kroemer, *Appl. Phys. Lett.*, **46**, 504-505, March (1985)
35) A. Morii, H. Okagawa, K. Hara, J. Yoshino, and H. Kukimoto, *Japan. J. Appl. Phys.*, **31**, L1161-L1163, Aug. (1992)
36) S.P. Voinigescu, K. Iniewski, R. Lisak, C.A.T. Salama, J.P. Noel, and D.C. Houghton, *Solid-State*

Electron., **37**, 1491-1501, Aug. (1994)

37) D.V. Singh, K. Rim, T.O. Mitchell, J.L. Hoyt, and J.F. Gibbons, *J. Appl. Phys.*, **85**, 985-993, Jan. (1999)
38) S. Chattopadhyay, K.S.K. Kwa, S.H. Olsen, L.S. Driscoll and A.G. O'Neill, *Semicond. Sci. Technol.*, **18**, 738-744, Aug. (2003)
39) D.V. Lang, in Heterojunctions and Band Discontinuities (F. Capasso and G. Margaritondo, eds.), Ch. 9, North Holland, Amsterdam (1987)
40) H. Kroemer, *Surf. Sci.*, **132**, 543-576, Sept. (1983)
41) W. Mönch, Electronic Properties of Semiconductor Interfaces, 79-82, Springer, Berlin (2004)
42) E.A. Kraut, R.W. Grant, J.R. Waldrop, and S.P. Kowalczyk, *Phys. Rev. Lett.*, **44**, 1620-1623, June (1980)
43) B.E. Deal, A.S. Grove, E.H. Snow and C.T. Sah, *J. Electrochem. Soc.*, **112**, 308-314, March (1965)
44) K. Iniewski and A. Jakubowski, *Solid-State Electron.*, **30**, 295-298, March (1987)
45) A.S. Grove, Physics and Technology of Semiconductor Devices, Wiley, New York (1967)
46) E.H. Nicollian and J.R. Brews, MOS Physics and Technology, Wiley, New York (1982)
47) W.E. Beadle, J.C.C. Tsai and R.D. Plummer, Quick Reference Manual for Silicon Integrated Circuit Technology, Ch. 14, Wiley-Interscience, New York (1985)
48) J. Shappir, A. Kolodny and Y. Shacham-Diamand, *IEEE Trans. Electron Dev.*, **ED-27**, 993-995, May (1980)
49) W.W. Lin, *IEEE Electron Dev. Lett.*, **15**, 51-53, Feb. (1994)
50) R.O. Deming and W.A. Keenan, *Nucl. Instrum. and Meth.*, **B6**, 349-356, Jan. (1985); Solid State Technol., **28**, 163-167, Sept. (1985)
51) R. Sorge, *Microelectron. Rel.*, **43**, 167-171, Jan. (2003)
52) R.S. Nakhmanson and S.B. Sevastianov, *Solid-State Electron.*, **27**, 881-891, Oct. (1984)
53) J.T.C. Chen, Four Dimensions, private communication; P.S. Schaffer and T.R. Lally, Solid State Technol., **26**, 229-233, April (1983)
54) T. Ambridge and M.M. Faktor, *J. Appl. Electrochem.*, **5**, 319-328, Nov. (1975)
55) P. Blood, *Semicond. Sci. Technol.*, **1**, 7-27 (1986)
56) T. Ambridge and D.J. Ashen, *Electron. Lett.*, **15**, 647-648, Sept. (1979)
57) R.T. Green, D.K. Walker, and C.M. Wolfe, *J. Electrochem. Soc.*, **133**, 2278-2283, Nov. (1986)
58) M.M. Faktor and J.L. Stevenson, *J. Electrochem. Soc.*, **125**, 621-629, April (1978)
59) T. Ambridge, J.L. Stevenson and R.M. Redstall, *J. Electrochem. Soc.*, **127**, 222-228, Jan. (1980); A.C. Seabaugh, W.R. Frensley, R.J. Matyi and G.E. Cabaniss, *IEEE Trans. Electron Dev.*, **ED-36**, 309-313, Feb. (1989)
60) C.D. Shape and P. Lilley, *J. Electrochem. Soc.*, **127**, 1918-1922, Sept. (1980)
61) W.Y. Leong, R.A.A. Kubiak and E.H.C. Parker, in Proc. First Int. Symp. on Silicon MBE, 140-148, Electrochem. Soc., Pennington, NJ (1985)
62) M. Pawlik, R.D. Groves, R.A. Kublak, W.Y. Leong and E.H.C. Parker, in *Emerging Semiconductor Technology* (D.C. Gupta and R.P. Langer, eds.), **STP 960**, 558-572, Am. Soc. Test. Mat., Philadelphia (1987)
63) A.C. Seabaugh, W.R. Frensley, R.J. Matyi, G.E. Cabaniss, *IEEE Trans. Electron Dev.*, **36**, 309-313, Feb. (1989)
64) E. Peiner, A. Schlachetzki, and D. Krüger, *J. Electrochem. Soc.*, **142**, 576-580, Feb. (1995)
65) I. Mayes, *Mat. Sci. Eng.*, **B80**, 160-163, March (2001)
66) J.M. Shannon, *Solid-State Electron.*, **14**, 1099-1106, Nov. (1971)

67) M.G. Buehler, *J. Electrochem. Soc.*, **127**, 701-704, March (1980); M.G. Buehler, *IEEE Trans. Electron Dev.*, **ED-27**, 2273-2277, Dec. (1980)
68) H.G. Lee, S.Y. Oh, and G. Fuller, *IEEE Trans. Electron Dev.*, **ED-29**, 346-348, Feb. (1982)
69) H.J. Mattausch, M. Suetake, D. Kitamaru, M. Miura-Mattausch, S. Kumashiro, N. Shigyo, S. Odanaka, and N. Nakayama, *Appl. Phys. Lett.*, **80**, 2994-2996, April (2002)
70) M. Chi and C. Hu, *Solid-State Electron.*, **24**, 313-316, April (1981)
71) G.S. Gildenblat, *IEEE Trans. Electron Dev.*, **36**, 1857-1858, Sept. (1989)
72) G.P. Carver, *IEEE Trans. Electron Dev.*, **ED-30**, 948-954, Aug. (1983)
73) D.W. Feldbaumer and D.K. Schroder, *IEEE Trans. Electron Dev.*, **38**, 135-140, Jan. (1991)
74) D.S. Wu, *IEEE Trans. Electron Dev.*, **ED-27**, 995-997, May (1980)
75) R.A. Burghard and Y.A. El-Mansy, *IEEE Trans. Electron Dev.*, **ED-34**, 940-942, April (1987)
76) H. Jorke and H.J. Herzog, *J. Appl. Phys.*, **60**, 1735-1739, Sept. (1986)
77) H. Maes, W. Vandervorst and R. Van Overstraeten, in Impurity Doping Processes in Silicon (F.F.Y. Wang, ed.), 443-638, North-Holland, Amsterdam (1981)
78) E.F. Schubert, J.M. Kuo, and R.F. Kopf, *J. Electron. Mat.*, **19**, 521-531, June (1990)
79) A.M. Goodman, *J. Appl. Phys.*, **34**, 329-338, Feb. (1963)
80) K. Mallik, R.J. Falster, and P.R. Wilshaw, *Solid-State Electron.*, **48**, 231-238, Feb. (2004)
81) J.D. Wiley and G.L. Miller, *IEEE Trans. Electron Dev.*, **ED-22**, 265-272, May (1975)
82) J.D. Wiley, *IEEE Trans. Electron Dev.*, **ED-25**, 1317-1324, Nov. (1978)
83) S.T. Lin and J. Reuter, *Solid-State Electron.*, **26**, 343-351, April (1983)
84) D.K. Schroder and P. Rai Choudhury, *Appl. Phys. Lett.*, **22**, 455-457, May (1973)
85) J.R. Brews, *J. Appl. Phys.*, **44**, 3228-3231, July (1973); Y. Zohta, *Solid-State Electron.*, **17**, 1299-1309, Dec. (1974)
86) B.L. Smith and E.H. Rhoderick, *Brit. J. Appl. Phys.*, **D2**, 465-467, March (1969)
87) J.A. Copeland, *IEEE Trans. Electron Dev.*, **ED-17**, 404-407, May (1970); W. Tantrapom and G.H. Glover, *IEEE Trans. Electron Dev.*, **ED-35**, 525-529, April (1988)
88) E. Simoen, C. Claeys, A. Czerwinski, and J. Katcki, *Appl. Phys. Lett.*, **72**, 1054-1056, March (1998)
89) P. Kramer, C. deVries and L.J. van Ruyven, *J. Electrochem. Soc.*, **122**, 314-316, Feb. (1975)
90) D.K. Schroder, T.T. Braggins, and H.M. Hobgood, *J. Appl. Phys.*, **49**, 5256-5259, Oct. (1978)
91) L.C. Kimerling, *J. Appl. Phys.*, **45**, 1839-1845, April (1974)
92) G. Goto, S. Yanagisawa, O. Wada and H. Takanashi, *Japan. J. Appl. Phys.*, **13**, 1127-1133, July (1974)
93) K. Lehovec, *Appl. Phys. Lett.*, **26**, 82-84, Feb. (1975)
94) I. Amron, *Electrochem. Technol.*, **5**, 94-97, March/April (1967)
95) R.A. Smith, Semiconductors, Ch. 5, Cambridge University Press, Cambridge (1959)
96) D.L. Rode, C.M. Wolfe and G.E. Stillman, in GaAs and Related Compounds (G.E. Stillman, ed.), 569-572, Conf. Ser. No.65, Inst. Phys., Bristol (1983)
97) A. Chandra, C.E.C. Wood, D.W. Woodard and L.F. Eastman, *Solid-State Electron.*, **22**, 645-650, July (1979)
98) T.R. Lepkowski, R.Y. DeJule, N.C. Tien, M.H. Kim and G.E. Stillman, *J. Appl. Phys.*, **61**, 4808-4811, May (1987)
99) E.H. Putley, The Hall Effect and Related Phenomena, 106, Butterworths, London (1960)
100) G.E. Stillman and C.M. Wolfe, *Thin Solid Films*, **31**, 69-88, Jan. (1976)
101) T.T. Braggins, H.M. Hobgood, J.C. Swartz and R.N. Thomas, *IEEE Trans. Electron Dev.*, **ED-27**, 2-10, Jan. (1980)

102) N.D. Young and M.J. Hight, *Electron. Lett.*, **21**, 1044–1046, Oct.（1985）
103) R. Baron, G.A. Shifrin, O.J. Marsh, and J.W. Mayer, *J. Appl. Phys.*, **40**, 3702–3719, Aug.（1969）
104) R.D. Larrabee and W.R. Thurber, *IEEE Trans. Electron Dev.*, **ED-27**, 32–36, Jan.（1980）
105) L.F. Lou and W.H. Frye, *J. Appl. Phys.*, **56**, 2253–2267, Oct.（1984）
106) R.L. Petritz, *Phys. Rev.*, **110**, 1254–1262, June（1958）
107) T.S. Moss, G.J. Burrell and B. Ellis, Semiconductor Opto-Electronics, 42–46, Wiley, New York（1973）
108) ASTM Standard F398-82, *1996 Annual Book of ASTM Standards*, Am. Soc. Test. Mat., West Conshohocken, PA（1996）
109) T. Abe and Y. Nishi, *Japan. J. Appl. Phys.*, **7**, 397–403, April（1968）
110) A.H. Tong, P.A. Schumann, Jr. and W.A. Keenan, *J. Electrochem. Soc.*, **119**, 1381–1384, Oct.（1972）
111) P.A. Schumann, Jr., W.A. Keenan, A.H. Tong, H.H. Gegenwarth and C.P. Schneider, *J. Electrochem. Soc.*, **118**, 145–148, Jan.（1971）と，その引用文献；D.K. Schroder, R.N. Thomas and J.C. Swartz, *IEEE Trans. Electron Dev.*, **ED-25**, 254–261, Feb.（1978）
112) J. Isenberg and W. Warta, *Appl. Phys. Lett.*, **84**, 2265–2267, March（2004）
113) D.C. Look, D.C. Walters, M.G. Mier, and J.R. Sizelove, *Appl. Phys. Lett.*, **65**, 2188–2190, Oct.（1994）
114) J.L. Boone, M.D. Shaw, G. Cantwell and W.C. Harsh, *Rev. Sci. Instrum.*, **59**, 591–595, April（1988）
115) E. Burstein, G. Picus, B. Henvis and R. Wallis, *J. Phys. Chem. Solids*, **1**, 65–74, Sept./Oct.（1956）; G. Picus, E. Burstein and B. Henvis, *J. Phys. Chem. Solids*, **1**, 75–81, Sept./Oct.（1956）
116) H.J. Hrostowski and R.H. Kaiser, *J. Phys. Chem. Solids*, **4**, 148–153（1958）
117) S.C. Baber, *Thin Solid Films*, **72**, 201–210, Sept.（1980）; ASTM Standard F1630-95, *1996 Annual Book of ASTM Standards*, Am. Soc. Test. Mat., West Conshohocken, PA（1996）
118) T.S. Low, M.H. Kim, B. Lee, B.J. Skromme, T.R. Lepkowski and G.E. Stillman, *J. Electron. Mat.*, **14**, 477–511, Sept.（1985）
119) J.J. White, *Can. J. Phys.*, **45**, 2695–2718, Aug.（1967）; *Can. J. Phys.*, **45**, 2797–2804, Aug.（1967）
120) B.O. Kolbesen, *Appl. Phys. Lett.*, **27**, 353–355, Sept.（1975）
121) G.E. Stillman, C.M. Wolfe and J.O. Dimmock, in *Semiconductors and Semimetals*（R.K. Willardson and A.C. Beer, eds.）, **12**, 169–290, Academic Press, New York（1977）
122) M.J.H. van de Steeg, H.W.H.M. Jongbloets, J.W. Gerritsen and P. Wyder, *J. Appl. Phys.*, **54**, 3464–3474, June（1983）
123) E.E. Haller, in *Festkörperprobleme*, **26**（P. Grosse, ed.）, 203–229, Vieweg, Braunschweig（1986）
124) S.M. Kogan and T.M. Lifshits, *Phys. Stat. Sol.*,（a）**39**, 11–39, Jan.（1977）
125) K.K. Smith, *Thin Solid Films*, **84**, 171–182, Oct.（1981）
126) M. Tajima, *Appl. Phys. Lett.*, **32**, 719–721, June（1978）
127) G. Pickering, P.R. Tapster, P.J. Dean and D.J. Ashen, in GaAs and Related Compounds（G.E. Stillman, ed.）, 469–476, Conf. Ser. No.65, Inst. Phys., Bristol（1983）
128) M. Tajima, T. Masui, T. Abe and T. Iizuka, in Semiconductor Silicon 1981（H.R. Huff, R.J. Kriegler and Y. Takeishi, eds.）, 72–89, Electrochem. Soc., Pennington, NJ（1981）
129) M. Pawlik, in *Semiconductor Processing*, ASTM **STP 850**（D.C. Gupta, ed.）, 391–408, Am. Soc. Test. Mat., Philadelphia, PA（1984）
130) S.B. Fetch, R. Brennan, S.F. Corcoran, and G. Webster, *Solid State Technol.*, **36**, 45–51, Jan.（1993）
131) E. Ishida and S.B. Felch, *J. Vac. Sci. Technol.*, **B14**, 397–403, Jan./Feb.（1996）; S.B. Felch, D.L. Chapek, S.M. Malik, P. Maillot, E. Ishida, and C.W. Magee, *J. Vac. Sci. Technol.*, **B14**, 336–340, Jan./Feb.（1996）

132) E.J.H. Collart, K. Weemers, D.J. Gravesteijn, and J.G.M. van Berkum, *J. Vac. Sci. Technol.*, **B16**, 280-285, Jan./Feb.（1998）
133) W. Vandervorst and T. Clarysse, *J. Vac. Sci. Technol.*, **B10**, 302-315, Jan./Feb.（1992）
134) H. Norström, K. Maex, J. Vanhellemont, G. Brijs, W. Vandervorst, and U. Smith, *Appl. Phys.*, **A51**, 459-466, Dec.（1990）
135) R. Subrahmanyan and M. Duane, in Diagnostic Techniques for Semiconductor Materials and Devices 1994（D.K. Schroder, J.L. Benton, and P. Rai-Choudhury, eds.）, 65-77, Electrochem. Soc., Pennington, NJ（1994）
136) R. Subrahmanyan, *J. Vac. Sci. Technol.*, **B10**, 358-368, Jan./Feb.（1992）
137) A.C. Diebold, M.R. Kump, J.J. Kopanski, and D.G. Seiler, *J. Vac. Sci. Technol.*, **B14**, 196-201, Jan./Feb.（1996）
138) M. Barrett, M. Dennis, D. Tiffin, Y. Li, and C.K. Shih, *J. Vac. Sci. Technol.*, **B14**, 447-451, Jan./Feb.（1996）
139) W. Vandervorst, T. Clarysse, P. De Wolf, L. Hellemans, J. Snauwaert, V. Privitera, and V. Raineri, *Nucl. Instrum. Meth.*, **B96**, 123-132, March（1995）
140) C.C. Williams, *Annu. Rev. Mater. Sci.*, **29**, 471-504（1999）
141) W. Vandervorst, P. Eyben, S. Callewaert, T. Hantschel, N. Duhayon, M. Xu, T. Trenkler and T. Clarysse, in *Characterization and Metrology for ULSI Technology*,（D.G. Seiler, A.C. Diebold, T.J. Shaffner, R. McDonald, W.M. Bullis, P.J. Smith, and E.M. Secula, eds.）, **550**, 613-619, Am. Inst. Phys.（2000）
142) G. Neubauer, A. Erickson, C.C. Williams, J.J. Kopanski, M. Rodgers, and D. Adderton, *J. Vac. Sci. Technol.*, **B14**, 426-432, Jan./Feb.（1996）; J.S. McMurray, J. Kim, and C.C. Williams, *J. Vac. Sci. Technol.*, **B15**, 1011-1014, July/Aug.（1997）

おさらい
- **容量**はどのようにして測るか。
- $C\text{-}V$測定と$1/C^2\text{-}V$測定はどちらが好ましいか。
- 非接触$C\text{-}V$測定はなぜ重要なのか。
- プロファイル法で測定するものは何か。つまり，ドーピング密度か，それとも多数キャリア密度か。
- **デバイの長さ**とは何か。
- $C\text{-}V_G$法をつかって**平衡状態**のMOSキャパシタの何が測れるか。
- 容量測定において，直列抵抗はどのような役割を果たすか。
- 電気化学的プロファイル法の利点は何か。
- しきい値電圧法とはどういうものか。
- プロファイルの限界は何で決まるか。
- ホール効果とは何か。またどう振舞うのか。
- **二次イオン質量分析法**とは何か。
- **分散抵抗**プロファイル法とはどういうものか。

3. 接触抵抗とショットキー障壁

3.1 序論

　半導体デバイスにはコンタクトがあり，コンタクトには必ず抵抗がある。したがって，その評価の重要性は論を待たない。コンタクトとは一般に金属と半導体のコンタクトをいうが，単結晶，多結晶，あるいはアモルファスの半導体と半導体とのコンタクトもある。オーミックコンタクトと接触抵抗の概念の説明では，ふつうの金属と半導体のコンタクトを扱う。測定テクニックの部分では，コンタクトのとり方よりもコンタクト材料の抵抗の方が重要である。

　1874年にBraunによって発見された金属と半導体のコンタクトは，半導体デバイスの基礎の1つをなしている[1]。最初の理論は1930年代にSchottkyが発展させた[2]。彼の功績をたたえ，金属—半導体デバイスは**ショットキー障壁デバイス**と呼ばれることが多い。金属—半導体デバイスを非線形電流—電圧特性をもつ整流素子としてつかうときに，このように呼ぶ。金属—半導体デバイスの歴史についてはHenisch[3]の優れた議論が，また最近ではTung[4]による解説がある。

　オーミックコンタクトは線形あるいは線形に近い電流—電圧特性をもつが，必ずしも線形なI–V特性である必要はない。コンタクトはデバイスに必要な電流を供給でき，コンタクトでの電圧降下がデバイスの活性領域での電圧降下より十分小さくなければならない。オーミックコンタクトがデバイスを大きく劣化させることがあってはならないし，少数キャリアを注入してはならない。補遺3.2にいろいろな金属—半導体コンタクトのリストを挙げておく。

　最初の包括的な成書は，オーミックコンタクトをトピックとした会議の成果をまとめたものである[5]。オーミックコンタクトに重点をおいた金属—半導体コンタクトの理論はRideoutが発表している[6]。III-Vデバイスへのオーミックコンタクトは Braslau[7]とPiotrowskaら[8]による解説があり，太陽電池へのオーミックコンタクトはSchroder and Meier[9]が議論している。また，YuとCohenはコンタクトの抵抗を議論している[10,11]。さらに詳しい情報はMilnes and Feucht[12]，Sharma and Purohit[13]，およびRhoderick[14]の本を参照されたい。Cohen and Gildenblatによる優れた議論もある[15]。

3.2 金属—半導体コンタクト

　金属—半導体障壁のショットキー・モデルを図3.1に示す。上段はコンタクト形成前，下段はコンタクト形成後のエネルギーバンド図である。ここでは金属と半導体の間に界面層はなく，密着したコンタクトを想定している。固体の仕事関数は真空準位とフェルミ準位とのエネルギー差で定義される。たとえば図3.1(a)では，金属の仕事関数$\varPhi_M$は半導体の仕事関数$\varPhi_S$より小さい。エネルギー$\varPhi_M$で与えられる仕事関数は，電位ϕ_Mと$\phi_M = \varPhi_M/q$の関係にある。

　図3.1(b)では$\phi_M = \phi_S$，図3.1(c)では$\phi_M > \phi_S$である。このモデルによれば，コンタクト形成後の理想的な障壁の高さは

$$\phi_B = \phi_M - \chi \tag{3.1}$$

で与えられる[2,16]。ここでχは半導体表面での伝導帯の底と真空準位との電位差で定義される半導体の電子親和力である。このショットキー理論によれば，障壁の高さは金属の仕事関数と半導体の電子親和力だけに依存し，半導体のドーピング密度にはよらない。したがって，図3.1の3つの種類の障壁のどれかをつくるなら，適当な仕事関数の金属をつかって障壁の高さを変えるだけでよい。ここでは中性な基板の多数キャリア密度に比べて，コンタクト近傍の多数キャリアが蓄積しているか，不変（中性）か，空乏化しているかによって，**蓄積コンタクト**，**中性コンタクト**，および**空乏コンタクト**と呼ぶことにする。

　図3.1から明らかなように，オーミックコンタクトには蓄積型のコンタクトが好ましい。金属から半導体に出入りするキャリアの流れに対して，障壁が最も低いからである。しかし実際には，金属の仕

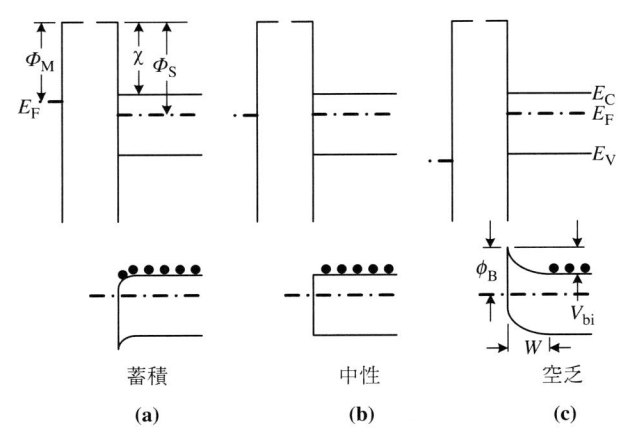

図3.1　金属―半導体コンタクトのショットキー・モデル．上の図は金属―半導体の系の接触前，下の図は接触後を表している．

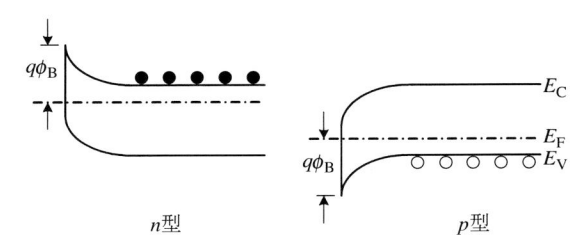

図3.2　n型およびp型基板の空乏型コンタクト．

事関数の違いで障壁の高さを変えるのは難しい．実験によれば，Ge, Si, GaAs, および他のIII-V半導体では，障壁の高さは金属の仕事関数によらないことがわかっている[17]．一般に**空乏**コンタクトは，**図3.2**のようにn型基板でもp型基板でも形成できる．n型基板では$\phi_B \approx 2E_G/3$，p型基板では$\phi_B \approx E_G/3$となる[18]．

　金属の仕事関数が異なっても障壁の高さがほぼ一定であることを，フェルミ準位のピンニングで説明することがある．半導体のフェルミ準位がバンドギャップ中のあるエネルギー準位にピンニングされ，空乏型のコンタクトになるのである[注1]．ショットキー障壁の形成については詳細まで完全にわかってはいない．ただし，半導体表面の不完全性がコンタクト形成の過程で重要な役割を果たしているようである．Bardeenは障壁の高さには表面準位が重要な役割を果たすと指摘している[19]．表面準位としては，表面のダングリングボンドやその他の欠陥が考えられる[17, 20]．フェルミ準位のピンニングを引き起こすメカニズムはこれまでいろいろ提案されているが[21~23]，互いに相違がある．

　障壁の高さが金属の仕事関数によらないというメカニズムがどうであれ，蓄積型のコンタクトはなかなかつくれない．つまり障壁の高さを制御してオーミックコンタクトをつくるのは現実的でないので，別の方法を探さねばならない．オーミックコンタクトはよく再結合レートの高い領域と定義される．ならば，ダメージの大きい領域は良好なオーミックコンタクトとなりえることになる．しかし，ダメージは半導体デバイスで最も疎まれるものであるから，製造方法としては非現実的であるばかり

注1　n型基板では，金属との仕事関数の差によらず，障壁の高さがほぼ$2E_G/3$になるという事実から，コンタクト界面ではフェルミ準位がほぼ$2E_G/3$に固定（ピンニング）されていると考えることができる．

でなく，ダメージに誘起されたオーミックコンタクトは再現性も悪い．となると，オーミックコンタクトをつくる選択肢は半導体のドーピング密度だけになる[24]．前にも述べたように**障壁の高さは**ドーピング密度にはよらないが，**障壁の幅**はドーピング密度に直接左右される．その結果**鏡像力による障壁の低下**（image force barrier lowering）が起こり，障壁の高さもドーピング密度に多少依存することになる．

濃くドープした半導体の空間電荷領域の幅Wは狭い（$W \sim N_D^{-1/2}$）．金属—半導体コンタクトの空間電荷領域の幅が狭いと，電子は金属から半導体へ，また半導体から金属へ**トンネル**（tunnel）できる．p型半導体では正孔がトンネルする．金属から半導体へ正孔がトンネルするという概念に違和感を覚えるかもしれないが，半導体の価電子帯の電子が金属へトンネルすると考えればよい．

金属とn型半導体の伝導メカニズムを**図3.3**に示す．薄くドープした半導体では図3.3(a)のように，熱励起された電子が障壁を越える**熱電子放出**（thermionic emission; TE）によって電流が流れる[25]．ドープを濃くするとキャリアの熱励起エネルギーがトンネルできる障壁の幅になる高さに達し，**熱電子電界放出**（thermionic-field emission; TFE）が支配的になる[26,27]．高濃度ドープになると伝導帯の底近くでも障壁の幅が十分に狭いので電子が直接トンネルでき，これは**電界放出**（field emission; FE）といわれる．これらは

$$E_{00} = \frac{qh}{4\pi}\sqrt{\frac{N}{K_s \varepsilon_0 m_{tun}^*}} = 1.86 \times 10^{-11}\sqrt{\frac{N(\mathrm{cm}^{-3})}{K_s (m_{tun}^*/m)}} \quad [\mathrm{eV}] \quad (3.2)$$

で定義される特性エネルギーE_{00}で区別できる．ここでNはドーピング密度，m_{tun}^*はトンネル有効質量，mは自由電子の質量である．式（3.2）を**図3.4**にプロットする．E_{00}と熱エネルギーkTを比較して，

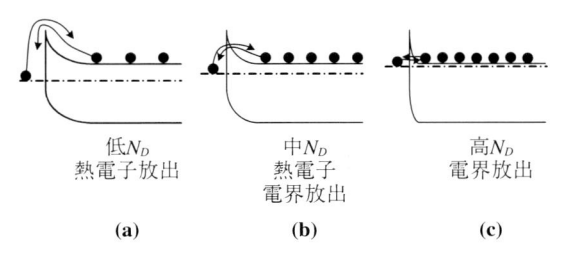

(a) 低N_D 熱電子放出
(b) 中N_D 熱電子電界放出
(c) 高N_D 電界放出

図3.3 n型基板のドーピング密度を増したときの空乏型コンタクト．電子の流れを矢印で示している．

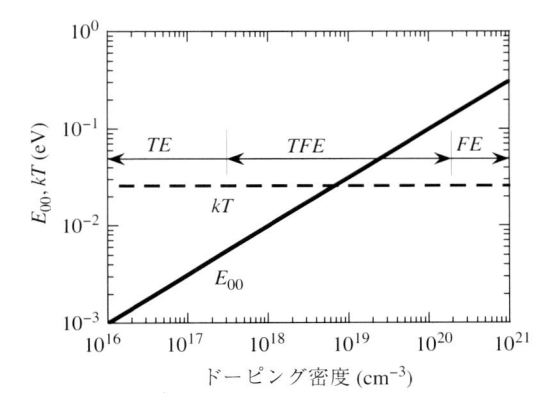

図3.4 $m_{tun}^*/m = 0.3$，$T = 300\,\mathrm{K}$のSiについて，ドーピング密度の関数で表したE_{00}とkT．

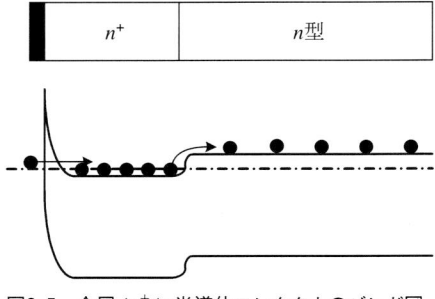

図3.5　金属/n^+/n半導体コンタクトのバンド図.

$kT \gg E_{00}$なら熱電子放出が，$kT \approx E_{00}$なら熱電子電界放出が，$kT \ll E_{00}$なら電界放出が支配的である．わかりやすいように図3.3に$E_{00} \leq 0.5\,kT$は熱電子放出，$0.5\,kT < E_{00} < 5\,kT$は熱電子電界放出，$E_{00} \geq 5\,kT$は電界放出という境界線を設けた．トンネル有効質量が$0.3\,m$のSiでは[28]，$N < 3 \times 10^{17}\,\mathrm{cm}^{-3}$のとき熱電子放出，$3 \times 10^{17} < N < 2 \times 10^{20}\,\mathrm{cm}^{-3}$のとき熱電子電界放出，$N > 2 \times 10^{20}\,\mathrm{cm}^{-3}$のとき電界放出になる．トンネル有効質量は$n$型Siか$p$型Siかによって違い，ドーピング密度によっても異なる．

実際のコンタクトは図3.3(c)の構造ではなく，一般には**図3.5**のようにコンタクト直下の半導体だけが高濃度にドープされ，コンタクトから離れた領域は高濃度ではない．接触抵抗は金属―半導体コンタクトの抵抗と，n^+n接合の抵抗との和になる．この構造で金属―半導体コンタクトの抵抗が支配的であれば，接触抵抗は均一にドープした基板への接触抵抗のようになる[29]．しかし金属―半導体コンタクトよりn^+n接合の方が支配的なら，接触抵抗のドーピング密度依存性は違ってくる．接触抵抗がドーピング密度に逆比例するときは，高濃度／低濃度（n^+n）接合での抵抗で説明される[30,31]．

3.3　接触抵抗

金属と半導体のコンタクトは，**図3.6**のように2つの基本的なカテゴリに分けられる．すなわちコンタクトを**垂直**に流れる電流と**水平**に流れる電流である．垂直方向と水平または横方向では実効コンタクト面積が実際のコンタクトの面積と異なるので，まったく違った挙動を示す．**図3.7**の絶縁層上の金属コンタクトからp型基板中のn型層へオーミックコンタクトをとったサンプルで，点Aと点Bの間の抵抗を考えよう．まず点Aと点Bの間の全抵抗R_Tを(1)金属導体の抵抗R_m, (2)接触抵抗R_c, および(3)半導体の抵抗R_{semi}の3つの成分に分けよう．すると全抵抗は

$$R_T = 2R_m + 2R_c + R_{semi} \tag{3.3}$$

である．半導体の抵抗はn型層のシート抵抗から求められる．接触抵抗というものは，あまり明確に定義されていない．金属―半導体コンタクトの抵抗が含まれることは確かで，接触抵抗は**界面比抵抗**（specific interfacial resistivity）ρ_iと呼ばれることもある[10]．しかしこれには金属―半導体界面より上の金属部分，界面下の半導体の部分，電流狭さく効果，および界面に存在する可能性のある酸化物やその他層も含まれている．そこで接触抵抗をどのように定義するかが問題になる．

金属―半導体コンタクトの電流密度Jの印加電圧V, 障壁の高さϕ_B, およびドーピング密度N_Dへの依存性は，図3.3の3つの伝導メカニズムそれぞれで異なる．この依存性を

$$J = f(V, \phi_B, N_D) \tag{3.4}$$

と書くことができる．接触抵抗は次の2つの量で特徴づけられる．すなわち，**接触抵抗R_c**（contact resistance; Ω）と**コンタクト比抵抗ρ_c**（specific contact resistivity, contact resistivity あるいは specific

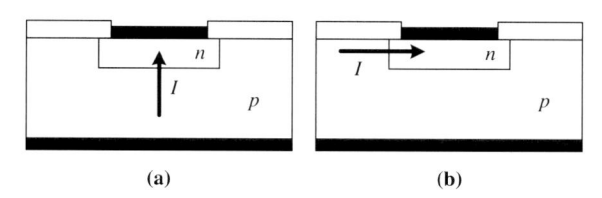

図3.6 (a) "垂直" コンタクト，(b) "水平" コンタクト．

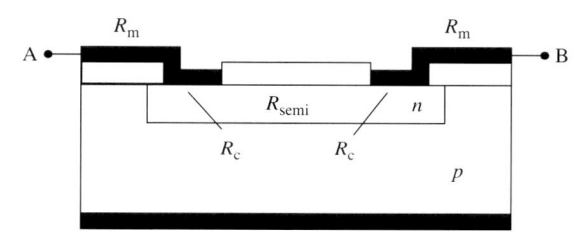

図3.7 金属の抵抗R_m, 接触抵抗R_c, 半導体の抵抗R_{semi}があるときの半導体拡散層への2つのコンタクトを表した図.

contact resistanceと呼ぶこともある；$\Omega \cdot cm^2$) である．このコンタクト比抵抗は実際の界面だけでなく界面直上および直下の領域も含んでいる．

ここで界面比抵抗ρ_i（$\Omega \cdot cm^2$）を

$$\rho_i = \left.\frac{\partial V}{\partial J}\right|_{V=0} \tag{3.5a}$$

で定義する．あとでみるように，コンタクト面積もコンタクトの挙動に一役買っている．このときはAをコンタクトの面積として，ρ_iを

$$\rho_i = \left.\frac{\partial V}{\partial J}\right|_{A \to 0} \tag{3.5b}$$

のようにも定義できる．この界面比抵抗ρ_iは金属—半導体界面だけを考えた理論的な量である．実際には上に述べたような効果のために測定はできない．測定した接触抵抗から求めることができるパラメータは**コンタクト比抵抗**ρ_cである．これはコンタクト面積によらないので，いろいろな大きさのコンタクトを比較するには便利なパラメータで，オーミックコンタクトには都合のよい量である．よって界面比抵抗ρ_iは金属—半導体コンタクトの理論式を導くときだけつかうこととし，今後実際のコンタクトとその測定，および測定結果の解釈の議論にはρ_cをつかうことにする．

熱電子放出に支配された金属—半導体コンタクトの電流密度は

$$J = A^* T^2 e^{-q\phi_B/kT}(e^{qV/kT} - 1) \tag{3.6}$$

という簡単な形で与えられる[14]．ここで$A^* = 4\pi q k^2 m^*/h^3 = 120(m^*/m)$はリチャードソン定数，$m$は自由電子質量，$m^*$は電子の有効質量，$T$は絶対温度である．これと式(3.5a)から，**熱電子放出**についての界面比抵抗ρ_iは

$$\rho_i(\text{TE}) = \rho_1 e^{q\phi_B/kT} \quad ; \quad \rho_1 = \frac{k}{qA^*T} \tag{3.7}$$

となることがわかる。**熱電子電界放出**についてのρ_iは

$$\rho_i(\text{TFE}) = C_1\rho_1 e^{q\phi_B/E_0} \tag{3.8}$$

で与えられ，**電界放出**についてのρ_iは

$$\rho_i(\text{FE}) = C_2\rho_1 e^{q\phi_B/E_{00}} \tag{3.9}$$

で与えられる[9]。C_1とC_2はN_D，T，およびϕ_Bの関数である。式（3.8）のE_0はE_{00}と

$$E_0 = E_{00}\coth(E_{00}/kT) \tag{3.10}$$

の関係にある[26]。これを式（3.9）のE_{00}に代入すれば

$$\rho_i(\text{FE}) \sim \exp(C_3/\sqrt{N}) \tag{3.11}$$

となる。ここでC_3は定数，Nはコンタクト下のドーピング密度である。実際の電界放出の界面比抵抗$\rho_i(\text{FE})$の式はもっと複雑であるが[28]，ここではρ_iのドーピング密度および障壁の高さへの依存性を表すだけの簡単な式を提示するだけにしておく。式（3.11）が示すように，電界放出の$\rho_i(\text{FE})$はコンタクト下のドーピング密度にきわめて敏感である。$\rho_i(\text{FE})$を最小にするには，Nをできるだけ高くしなければならない。

議論の要点を見失わないよう，界面比抵抗をこれらの簡単な式で表した。興味があれば，より複雑な関係にあたることもできる[28, 32~34]。その他の伝導メカニズムの詳細な式はもっと複雑で，以上の3つのメカニズムそれぞれの界面比抵抗の計算は大変やっかいである。そこでいろいろな近似法が提案され，N_AやN_Dに対するρ_iの理論曲線が計算されている[28, 32~34]。これらの曲線は有効質量，障壁の高さ，その他のパラメータに左右される。障壁の高さはコンタクトの金属にもよるので，"普遍的"なρ_i－N_Aあるいはρ_i－N_D曲線は導き出せない。また，理論曲線が必ずしも実験データと一致するとは限らない。Siについてのρ_c－N_Aおよびρ_c－N_Dの実験結果を**図3.8**に示す。ばらつきは大きいものの，式（3.11）から予想されるとおり，ドーピング密度が上がるとコンタクト比抵抗が下がる傾向がみられる。GaAsのデータは文献37と38にある。

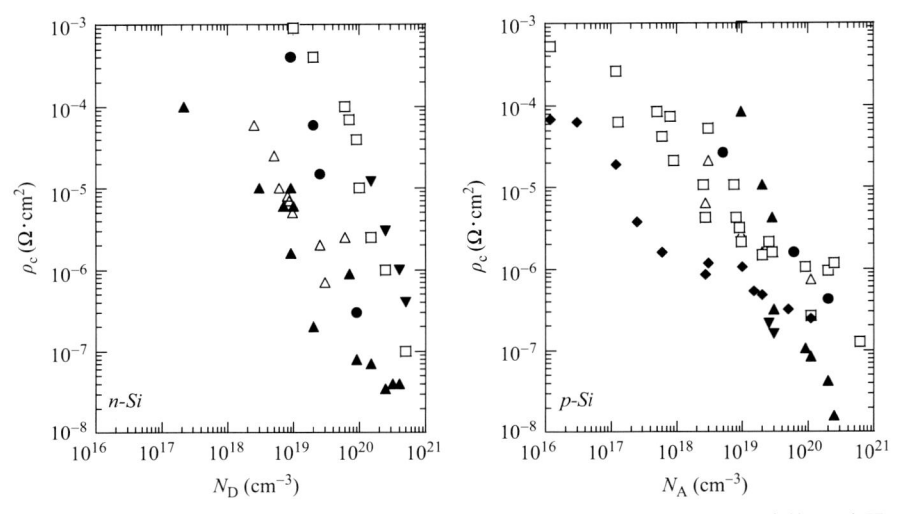

図3.8 Siのコンタクト比抵抗のドーピング密度依存性．n型Siは文献35を，p型Siは文献36を参照．

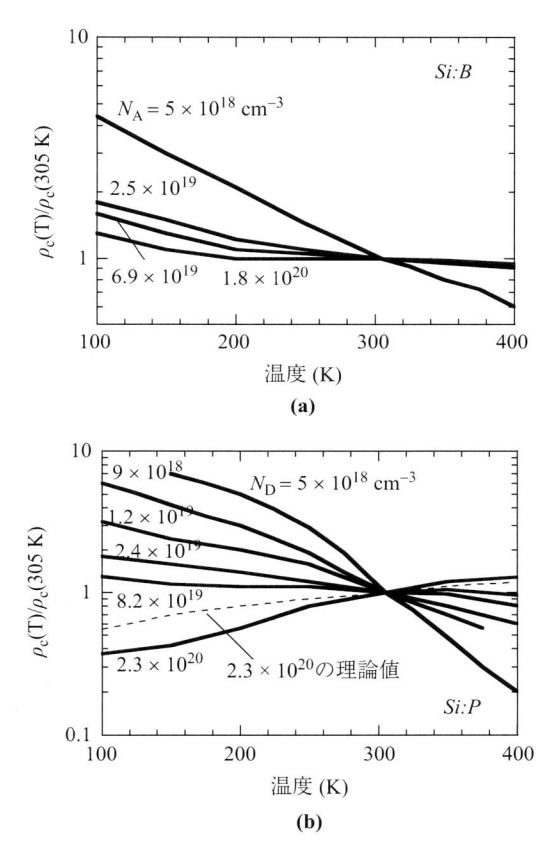

図3.9 $T=305\,\mathrm{K}$で規格化したコンタクト比抵抗の温度依存性．(a) p型Si, (b) n型Si. $N_D=2\times10^{18}\,\mathrm{cm}^{-3}$のデータは$T=305$から$400\,\mathrm{K}$の間だけ外挿．金属はタングステンである．IEEE（©1986, IEEE）の承諾により文献39から再掲．

n型Siとp型Siへのタングステンコンタクトのコンタクト比抵抗の温度依存性を図3.9に示す．$T=305\,\mathrm{K}$で規格化したρ_c-T曲線は，単純な関係にないことがわかる[39]．しかもρ_cの温度依存性はドーピング密度で大きく異なる．表面のドーピング密度がおよそ$10^{20}\,\mathrm{cm}^{-3}$のときはほとんど温度によらないが，この値を超えるか下回ると，ρ_cは温度によって大きく変化する．

3.4 測定テクニック

接触抵抗の測定方法は主に2コンタクト2端子法，マルチコンタクト2端子法，4端子法，および6端子法の4つのカテゴリに分かれる．これらで界面比抵抗ρ_iの測定はできないが，コンタクト比抵抗ρ_cは測定できる．ρ_cは金属と半導体の界面の抵抗だけでは決まらないが，実在のコンタクトを記述する実用的な量である．理論はρ_cを正確に予測できないし，実験ではρ_iを正確に測れないので，理論と実験の比較はできない．ときにはρ_cさえ正確に測ることが難しい場合がある．ここでは測定テクニックの議論に限定する．コンタクトの形成および接触抵抗がデバイス特性に及ぼすインパクトについては数多くの文献があり，少ないが7，12，14，および40を挙げておく．

3.4.1　2点コンタクト2端子法

2点コンタクト2端子法は最初に確立された測定方法である[41]。正確さを損なわないよう適切に測定する必要がある。最も簡単な例を**図3.10**に示す。図3.10(a)では抵抗率ρおよび厚さtの均一な半導体にコンタクトが2つあり，この間に電流Iを流してコンタクト間の電圧Vを測ったときの全抵抗$R_T = V/I$は

$$R_T = R_c + R_{sp} + R_{cb} + R_p \tag{3.12a}$$

になる。

コンタクトが2つとも上面にある図3.10(b)では

$$R_T = 2R_c + 2R_{sp} + 2R_p \tag{3.12b}$$

である。ここでR_cは上面のコンタクトの抵抗，R_{sp}はコンタクト直下の半導体の分散抵抗，R_{cb}は裏面の接触抵抗，R_pはプローブあるいは導線の抵抗である。通常裏面コンタクトの面積は大きいので抵抗は低く，R_{cb}は無視することが多い。

大面積の裏面コンタクトをもつ抵抗率ρ，厚さtの半導体の表面に，半径rの円形で平坦なコンタクトを基板に侵襲しないよう形成したときの分散抵抗は

$$R_{sp} = \frac{\rho}{2\pi r}\arctan(2t/r) \tag{3.13}$$

で近似される[42]。より厳密な分散抵抗の式も導出されている[43]。$2t \gg r$なら，式（3.13）は

$$R_{sp} = C\frac{\rho}{4r} \tag{3.14}$$

と表すことができる。ここでCはρとrおよび電流の分布に依存する補正因子である。均一にドープしたほぼ無限に広がる半導体で，図3.10(b)の構造のコンタクトの間隔を広くとると，補正因子は$C = 1$になる。図3.10(a)のように上面のコンタクトから垂直に電流が流れ込むときの接触抵抗は

$$R_c = \frac{\rho_c}{A_c} = \frac{\rho_c}{\pi r^2} \tag{3.15}$$

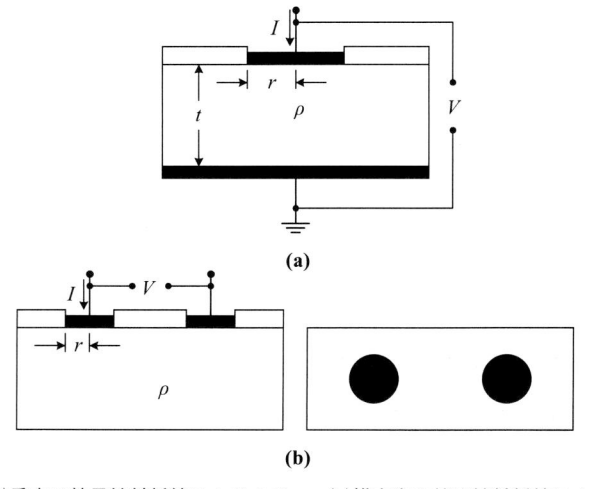

図3.10　(a)垂直2端子接触抵抗ストラクチャ，(b)横方向2端子接触抵抗ストラクチャ．

である.

 式 (3.12) で裏面の接触抵抗 R_{cb} が小さいときは,全抵抗 R_T と分散抵抗 R_{sp} の差が接触抵抗 R_c になる.分散抵抗を独立に測定することはできず,また R_{sp} の小さな誤差が R_c の大きな誤差になる.したがって半径の小さなコンタクトをつかって $R_{sp} \ll R_c$ と近似できるなら,2端子法が一番うまくいく[42, 44~47]。2端子接触抵抗測定で上コンタクトの径をいろいろと変えてみるのもよい。R_T の測定データから式 (3.12) をつかって計算した R_c を $1/A_c$ の関数としてプロットし,この傾きから ρ_c を決定する[48]。あるいは,全抵抗を $1/r^2$ に対してプロットし,この曲線に式 (3.12) をフィットさせる[46]。半径をいろいろ変えると,曲線の形からデータが正しいかどうかがわかる.

 2端子法は図3.11の横方向の構造に適用されることの方が多い.図3.10(b)のテストストラクチャとの違いは,電流が n 型の島に閉じ込められていることである.2つのコンタクトの間隔は d である.コンタクトを形成した領域に電流を閉じ込めるために,プレーナ技術をつかうか島周辺をエッチングして島をメサとして残すかして,(図3.11では p 型基板上の n 型,あるいは n 型上の p 型の) イオン注入領域または拡散領域を基板から絶縁している.ここの例では n 型の島の幅が W で,コンタクトの幅も W が理想的である.しかし実際には難しく,一般にコンタクトの幅 Z は W より小さい.このときは横方向の電流,コンタクトでの電流狭さく,サンプルの形状のために解析も難しくなる[49]。図3.11の形状の全抵抗は

$$R_T = R_{sh}d/W + R_d + R_w + 2R_c \tag{3.16}$$

である.ここで R_{sh} は n 型層のシート抵抗,R_d はコンタクト直下の電流狭さくによる抵抗,R_w は $Z < W$ のときのコンタクト幅の補正抵抗,R_c は接触抵抗で,2つのコンタクトの接触抵抗は等しいと仮定している.これらの抵抗の表式は文献6に与えられている.

 図3.12のコンタクトチェーンもしくは**コンタクトストリング**はプロセス管理によくつかわれており,図3.11のようなタイプのコンタクトを(百,千,あるいは百万くらいまで)多数つないだものである.どの2つのコンタクトをとっても,全抵抗は半導体の抵抗,接触抵抗,金属配線の抵抗の総和になる.半導体の抵抗はシート抵抗とチェーンの寸法がわかれば計算できる.全抵抗から半導体の抵抗を差し引くと,全接触抵抗になる.全接触抵抗をコンタクトの島の数の2倍で割れば,各コンタクトの接触抵抗になる.中間パッドでチェーンをいくつかに分割したコンタクトチェーンもある[50]。

 N 個の島に,幅が W のコンタクトを間隔 d で $2N$ 個連ねたコンタクトチェーンの全抵抗は,金属配線の抵抗を無視すれば

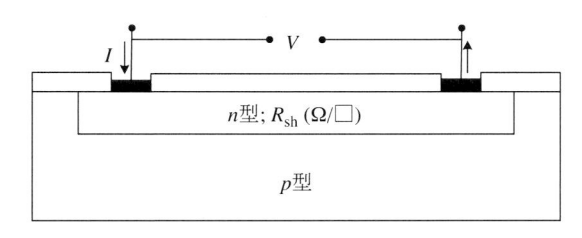

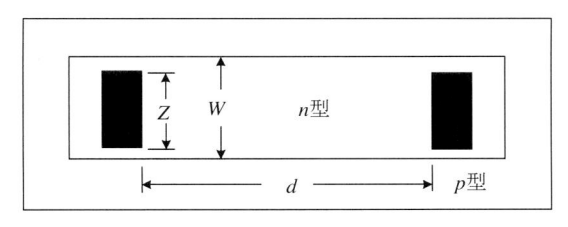

図3.11 横方向2端子接触抵抗ストラクチャの断面と上面.

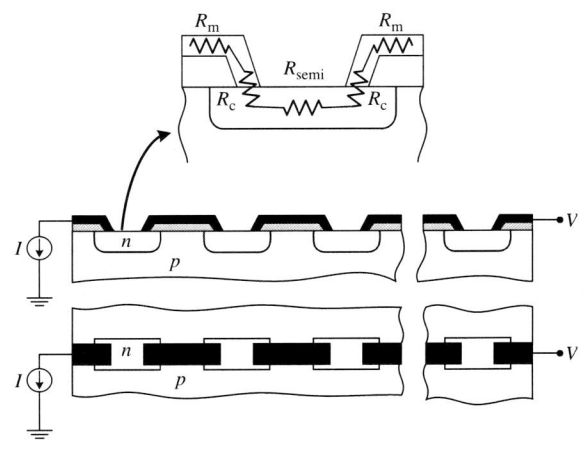

図3.12 コンタクトチェーン・テストストラクチャの断面と上面.

$$R_T = \frac{NR_{sh}d}{W} + 2NR_c \tag{3.17}$$

で与えられる．コンタクトチェーンは粗い測定方法であり，接触抵抗の詳細な評価には向いていない．しかしプロセス管理には広く普及している．測定した抵抗が正常値より高くても，コンタクト全体の抵抗が高いのか，どこか特定のコンタクトが異常なのかは中間のパッドにプローブをあてないとわからない．それでも，ふつうのコンタクトチェーンは両端にパッドがあるだけで，中間パッドはない．

演習3.1
問題：コンタクトチェーンの島がpn接合になっていると，測定結果にどのように影響するか．
解：図3.12のコンタクトチェーンは図E3.1のように表すことができる．ここで基板は接地されているとし，$R = R_m + 2R_c + R_{semi} = 50\,\Omega$および$I = 1\,\mathrm{mA}$の場合を考えよう．この島が250個あるとすれば$V = 12.5\,\mathrm{V}$になる．接合の破壊電圧を15 Vとすれば，$R$の測定になんの問題もないことは明らかである．では，あるプロセスによってR_cが増加し，$R = 75\,\Omega$になったとすればどうなるだろうか．今度は$V = IR = 18.8\,\mathrm{V}$であるが，接合は15 Vまでしか耐えられない．全電圧が15 Vを超えると最終段のpn接合が破壊するので，抵抗値の測定結果が変わってしまう．こういうときは基板を接地しない方がよ

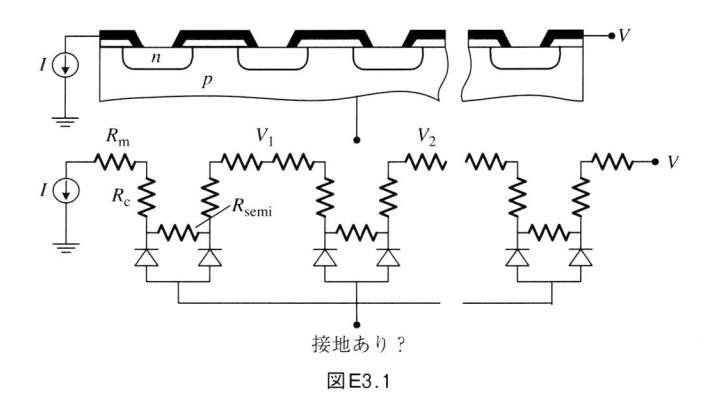

図E3.1

い．こうすれば，電圧は多数のpn接合に分配される．このように，コンタクトチェーンを測定するときの配置と結線には注意が必要である．

3.4.2 マルチコンタクト2端子法

図3.13のマルチコンタクト2端子法による接触抵抗の測定手法は，2点コンタクト2端子法の欠点を補うために開発された．半導体の上にd_1とd_2の間隔で同じコンタクトを3つつくる．それぞれの接触抵抗を同じと仮定すると，全抵抗は

$$R_{Ti} = \frac{R_{sh}d_i}{W} + 2R_c \tag{3.18}$$

と書ける．ここで$i = 1$または2である．R_cについて解いて，

$$R_c = \frac{(R_{T2}d_1 - R_{T1}d_2)}{2(d_1 - d_2)} \tag{3.19}$$

となる．この構造ではバルクの抵抗も層のシート抵抗も知る必要がないので，2端子法の構造のようなあいまいさがない．3つのコンタクトがすべて同じ接触抵抗をもつという仮定は少し疑わしいが，サンプルが大きすぎなければ妥当である．2つの大きな数の差をとって接触抵抗を求めているので，特に抵抗の低いコンタクトではこれが問題になることがある．d_1とd_2の長さの測定も誤差の原因となる．このため，この方法では接触抵抗が負の値になってしまうこともある．

図3.13の構造で求められるのは**接触抵抗**だけである．これまでの2つの抵抗測定方法では，コンタクト比抵抗を直接得ることはできない．ρ_cを求めるには，さらに横方向に配置したコンタクトを出入りする電流の流れを詳しく解析しなければならない．Kennedy and Murleyによる半導体の拡散抵抗を流れる電流の二次元解析から，コンタクトでの電流狭さくが初めて明らかになった[51]．この解析では接触抵抗をゼロとしているが，金属から半導体へ，また半導体から金属へ電流が伝送される過程で，コンタクトの長さの一部しか機能していないことがわかった．その割合は半導体の拡散層の厚さとほぼ同じであることもわかっている．

電流狭さくを考慮したコンタクト比抵抗を抽出するために，詳細な理論的研究が進められた．Murrmann and Widmannは半導体のシート抵抗と接触抵抗の両方をとり入れた簡単な**伝送線モデル**

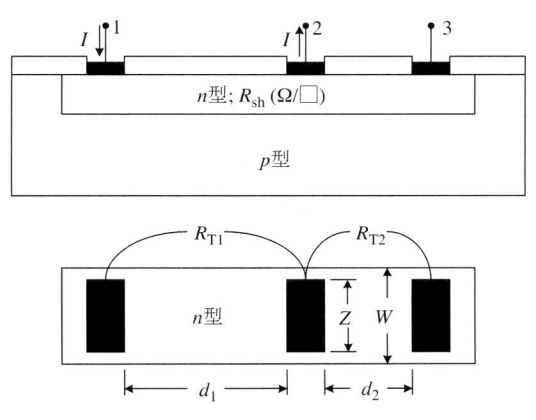

図3.13 マルチコンタクト2端子接触抵抗のテストストラクチャ．Zはコンタクトの幅，Lはコンタクトの長さ，Wは拡散層の幅．

(transmission line model; TLM) をつかった[52]。また，彼らは直線的に並べたコンタクトと同心円状のコンタクトの接触抵抗を求めた[53]。Bergerは伝送線モデルを発展させている[54]。接触抵抗をゼロと仮定するKennedy-Murleyモデルに対し，伝送線モデルでは接触抵抗は有限である。しかし，伝送線モデルでは半導体層のシート抵抗R_{sh}はそのままにして層の厚さをゼロとしている。こう仮定すると，電流の流れは一次元になる。層の厚さがゼロという制約はBergerの拡張伝送線モデルで外されたが，電流の流れはなお一次元に限られていた[54]。のちに，電流がコンタクト面に垂直な方向にも流れることができる二重伝送線モデルによって伝送線モデルは二次元に拡張された。単純な伝送線モデルと改良モデルでは接触抵抗で最大12%のずれがある[55]。

図3.14のρ_cとR_{sh}があるとき，電流は半導体から金属へ抵抗が最も低い経路を選んで流れる。コンタクト下の電位分布は

$$V(x) = \frac{I\sqrt{R_{sh}\rho_c}}{Z} \frac{\cosh[(L-x)/L_T]}{\sinh(L/L_T)} \tag{3.20}$$

にしたがい，ρ_cとR_{sh}で決まる[54]。ここでLはコンタクトの長さ，Zはコンタクトの幅，Iはコンタクトに流れ込む電流である。電極直下の電位を$x=0$で1に規格化した式（3.20）を**図3.15**に示す。電位はコンタクトのエッジ$x=0$で最大で，距離とともにほぼ指数関数的に小さくなる。電位が$1/e$となる距離は**伝送長**（transfer length）

$$L_T = \sqrt{\rho_c/R_{sh}} \tag{3.21}$$

で定義される。

伝送長は，半導体から金属へ，または金属から半導体へ伝送される電流のほとんどがその距離に収まるコンタクトの長さ，と考えることができる。**図3.16**にコンタクト比抵抗に対するL_Tを，いろいろなシート抵抗についてプロットしてある。良好なコンタクトのコンタクト比抵抗は$\rho_c \leq 10^{-6}\Omega\cdot cm^2$である。このようなコンタクトの伝送長は1μmかそれ以下のオーダーである。接触抵抗を測定するためのコンタクトは1μm以上がほとんどであるから，これらのコンタクトには電流の伝送に寄与していない部分があることになる。

では，**図3.17**の3つのコンタクト配置で，電流をコンタクト1から2へ流したときを考えよう。図3.17(a)の伝送線モデルのためのテストストラクチャは，**コンタクト前方エッジ抵抗**（contact front resistance; CFR）テストストラクチャとも呼ばれ，電流を流すコンタクトの間の電圧を測る。図3.17(b)

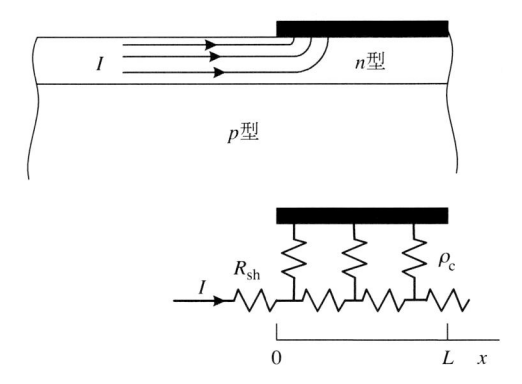

図3.14　半導体から金属への電流の伝送を矢印で示している．半導体／金属コンタクトを電流が流れるとき，抵抗が最も小さい経路をρ_cとR_{sh}の等価回路で表している．

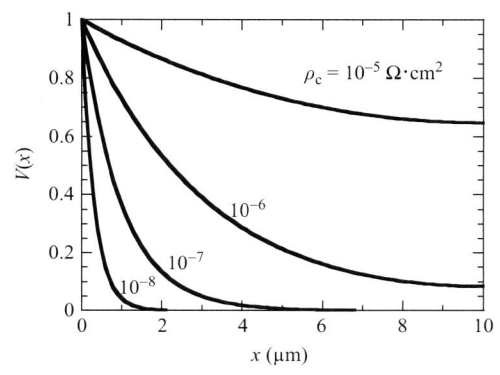

図3.15 いろいろなρ_cについて，xに対するコンタクト直下の規格化した電位．ここで$x=0$がコンタクトのエッジになる．$L=10\,\mu m$，$Z=50\,\mu m$，$R_{sh}=10\,\Omega/\square$．

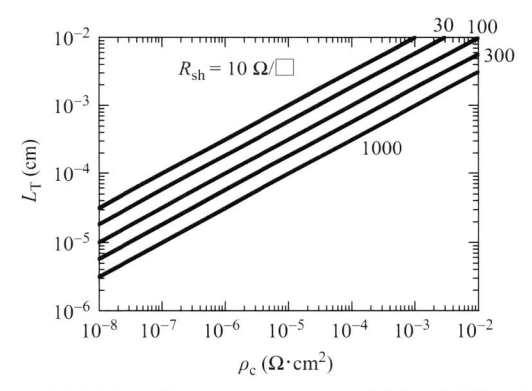

図3.16 コンタクト比抵抗の関数として表したいろいろなシート抵抗に対する伝送長．

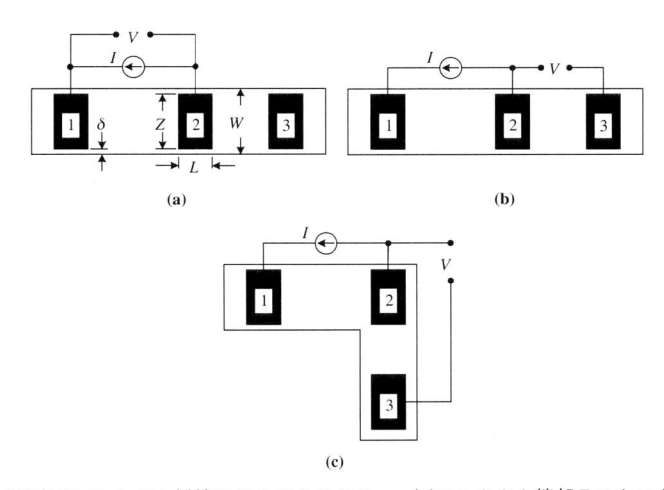

図3.17 (a)従来のコンタクト抵抗テストストラクチャ，(b)コンタクト端部テストストラクチャ，(c)十字ブリッジ・ケルビン抵抗テストストラクチャ．

のコンタクト端抵抗（contact end resistance; CER）テストストラクチャではコンタクト2と3の間の電圧を測定する[注2]。図3.17(c)の十字ブリッジ・ケルビン抵抗（cross bridge Kelvin resistance; CBKR）テストストラクチャでは，電流に対して直角方向の電圧を測る。

コンタクト1と2の間のVを$x = 0$（エッジの前方）で測るとして，$Z = W$なら，式（3.20）からコンタクト前方エッジ抵抗として

$$R_{cf} = \frac{V}{I} = \frac{\sqrt{R_{sh}\rho_c}}{Z}\coth(L/L_T) = \frac{\rho_c}{L_T Z}\coth(L/L_T) \qquad (3.22)$$

を得る。式（3.22）はコンタクトの周りの電流の流れは考慮していないので，サンプルの幅がZより大きいときだけこのように近似する。

R_{cf}の式は単に接触抵抗R_cともいわれる。ここからはこれにしたがう。式（3.22）は次の2つの場合簡単になる：$L \leq 0.5L_T$のときは$\coth(L/L_T) \approx L_T/L$なので

$$R_c \approx \frac{\rho_c}{LZ} \qquad (3.23a)$$

$L \geq 1.5L_T$のときは$\coth(L/L_T) \approx 1$なので

$$R_c \approx \frac{\rho_c}{L_T Z} \qquad (3.23b)$$

前者では有効コンタクト面積が実際のコンタクト面積$A_c = LZ$になる。しかし後者の有効コンタクト面積は$A_{c,\text{eff}} = L_T Z$である。つまり，有効コンタクト面積は実際のコンタクト面積より小さいことがある。これは重大な結果をもたらす。たとえば$R_{sh} = 20\,\Omega/\square$かつ$\rho_c = 10^{-7}\,\Omega\cdot\text{cm}^2$の構造を考えよう。伝送長は$L_T = 0.7\,\mu\text{m}$である。長さ$L = 10\,\mu\text{m}$，幅$Z = 50\,\mu\text{m}$のコンタクトの実際のコンタクト面積は$LZ = 5 \times 10^{-6}\,\text{cm}^2$である。しかし，有効コンタクト面積は$L_T Z = 3.5 \times 10^{-7}\,\text{cm}^2$しかない。したがってコンタクトを流れる電流の密度はコンタクトの全面を流れるときの$5 \times 10^{-6}/3.5 \times 10^{-7} = 14$倍ほど高い。この高い電流密度がコンタクトを劣化させ，信頼性の問題を引き起こす可能性がある。有効コンタクト面積が極端に小さくなると，コンタクトのエッジが焼き切れ，コンタクト全面が破壊するまで有効領域がコンタクト面にそって移動していく。

接触抵抗に対するコンタクトの長さの影響を図3.18に示す。ここでは規格化のために式（3.22）で与えられるコンタクト前方エッジ抵抗にコンタクトの幅Zを掛け，これをコンタクトの長さに対していろいろなコンタクト比抵抗でプロットしている。コンタクトの長さが短いと，コンタクトの長さが増すにつれてR_cが減少するが，$L \approx L_T$のあたりで最小になり，それ以上はコンタクトをいくら長くしても変わらない。

コンタクトによっては図3.14の金属―半導体の描像は単純すぎるかもしれない。たとえば，よくGaAs上に形成される合金コンタクトは，金属，合金領域，および半導体からなっている。同じように，バンドギャップの広い半導体の上にバンドギャップの狭い半導体を薄く形成し，金属を堆積して形成したコンタクトもこの部類になる。こうなると三重伝送線モデルのようなより複雑な伝送線モデルが必要になる。この式は伝送線モデルの式に似てはいるが，とても複雑になる[56]。

コンタクト1から2へ電流を流してコンタクト2と3の間の電圧を測る図3.17(b)のような構造はコンタクト端抵抗として知られている。ここでは$x = L$での電圧を測ることになるから，式（3.20）からコンタクト端抵抗は

$$R_{ce} = \frac{V}{I} = \frac{\sqrt{R_{sh}\rho_c}}{Z}\frac{1}{\sinh(L/L_T)} = \frac{\rho_c}{L_T Z}\frac{1}{\sinh(L/L_T)} \qquad (3.24)$$

注2　コンタクトの等価回路は図A3.1参照。

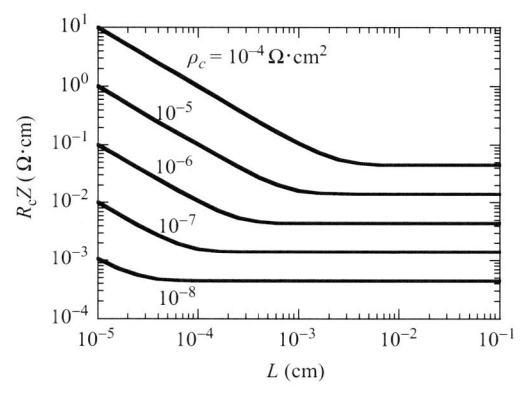

図3.18 $R_{sh}=20\,\Omega/\square$ と $R_{sm}=0$ のときのいろいろなコンタクト比抵抗についての前方エッジ抵抗とコンタクト幅の積をコンタクトの長さの関数で表したもの.

になる．コンタクト端抵抗測定では R_{ce} を測定し，式（3.24）を逐次代入して ρ_c を求める[57]．コンタクトの長さ L が短い場合は，求めた L の誤差が L に対してどれだけ変化するかで ρ_c の正確さが決まる．逆に L が長いと，次式の比からわかるように R_{ce} は大変小さくなるので，これを装置でいかに正確に測れるかによる．

$$\frac{R_{ce}}{R_{cf}} = \frac{1}{\cosh(L/L_T)} \tag{3.25}$$

$L \gg L_T$ では明らかにこの比は大変小さい．

図3.17(c)の十字ブリッジ・ケルビン抵抗テストストラクチャでは，電圧用コンタクト3がコンタクト2の横に配置されている．したがって測定される電圧はコンタクトの長さ L にわたっての電位の積算平均であるから，式（3.20）を積分して

$$V = \frac{1}{L}\int_0^L V(x)dx \tag{3.26}$$

である．これより接触抵抗は

$$R_c = \frac{V}{I} = \frac{\rho_c}{LZ} \tag{3.27}$$

となる．式（3.24）ではコンタクトの幅 Z が層の幅 W と一致すると仮定している．しかし，こういうことは実際にほとんどなく，たいていは $Z < W$ である．$Z = 5\,\mu m$，W を10から60 μm の範囲にしたコンタクト端抵抗の実験では，ρ_c は高めにずれた．ρ_c が低くなるか R_{sh} が高くなると，この誤差はさらに増加した[58]．この誤差は，電流がコンタクトのエッジ周囲を流れることで前方のエッジと後方のエッジの間に発生した電位差によるものである．抵抗の測定値はシート抵抗に比例するが，$\delta(=(W-Z)/2)$ が大きいと接触抵抗の寄与が小さくなる．テストストラクチャで単純な一次元理論が成り立つには，$L \leq L_T$，$Z \gg L$，$\delta \ll Z$ という条件を満たさねばならない．これらの条件に合わなければ一次元の解析は役に立たない．ただし，数値シミュレーションを測定データにフィットさせれば，正確な ρ_c を抽出することができる．

$W \neq Z$ という問題を回避するには，半径 L の内側の導電性の円の周りに，幅 d のギャップを隔てて外側に導電性の領域を設けた**環状**テストストラクチャをつかう[59]．導電性の領域はだいたい金属で，ギャップは数ミクロンから数十ミクロンである．金属の下およびギャップのシート抵抗は同じであると

し，環状の接触抵抗テストストラクチャが**図3.19**(a)の寸法のとき，内側と外側のコンタクト間の全抵抗は

$$R_T = \frac{R_{sh}}{2\pi}\left[\frac{L_T}{L}\frac{I_0(L/L_T)}{I_1(L/L_T)} + \frac{L_T}{L+d}\frac{K_0(L/L_T)}{K_1(L/L_T)} + \ln\left(1+\frac{d}{L}\right)\right] \tag{3.28}$$

である[60]。ここで，I_αとK_αはそれぞれα次の第1種および第2種変形ベッセル関数である。ベッセル関数の比I_0/I_1およびK_0/K_1は$L \gg 4L_T$で1に近づく傾向にあるので，R_Tは

$$R_T = \frac{R_{sh}}{2\pi}\left[\frac{L_T}{L} + \frac{L_T}{L+d} + \ln\left(1+\frac{d}{L}\right)\right] \tag{3.29}$$

となる。図3.19(b)の環状伝送線テストストラクチャでは，$L \gg d$のとき式（3.29）が

$$R_T = \frac{R_{sh}}{2\pi L}(d + 2L_T)C \tag{3.30}$$

のように簡単になる。ここでCは

$$C = \frac{L}{d}\ln\left(1+\frac{d}{L}\right) \tag{3.31}$$

で表される補正因子で，**図3.20**(a)のようになる[61]。$d/L \ll 1$なら，式（3.30）は

$$R_T = \frac{R_{sh}}{2\pi L}(d + 2L_T) \tag{3.32}$$

となる。

およそ200 μmまでの現実的な半径で，ギャップの間隔が5〜50 μmのとき，電極間隔に対する全抵抗の実験データへ線形にフィットさせるには，直線伝送長の方法と環状伝送線モデルとの差を埋める補正因子Cをつけた式（3.30）をつかう。補正因子がなければコンタクト比抵抗は低めになる。データ補正前後の全抵抗を間隔dの関数として図3.20(b)に示す。直線伝送線モデル（3.16）と同じように，補正された環状伝送線モデルのデータも線形で，これから接触抵抗R_cと伝送長L_Tがわかり，コンタクト比抵抗ρ_cを求めることができる。

環状テストストラクチャでは電流は中央のコンタクトから外周のコンタクトへ流れるだけなので，測定する層を絶縁分離する必要はない。直線伝送線モデルのためのテストストラクチャでは，その周辺を絶縁分離しておかないと，コンタクトからコンタクトへの電流がストラクチャの領域周辺に拡がってしまう。金属コンタクトが4つある環状テストストラクチャは3.4.3節で議論する十字ブリッジ・ケルビン抵抗によく似ている[62]。

式（3.22）と（3.24）は，層の厚さをtとして$\rho_c > 0.2 R_{sh}t^2$と仮定して導いた。$R_{sh} = 20\,\Omega/\square$で$t = 1$ μmなら，$\rho_c > 4 \times 10^{-8}\,\Omega\cdot cm^2$となる。この条件が満足されないときは，伝送線モデルによる方法を

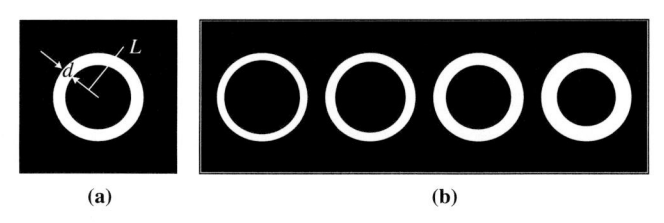

図3.19 環状の接触抵抗テストストラクチャ．暗い部分は金属領域．(a)に間隔dと半径Lを示している．

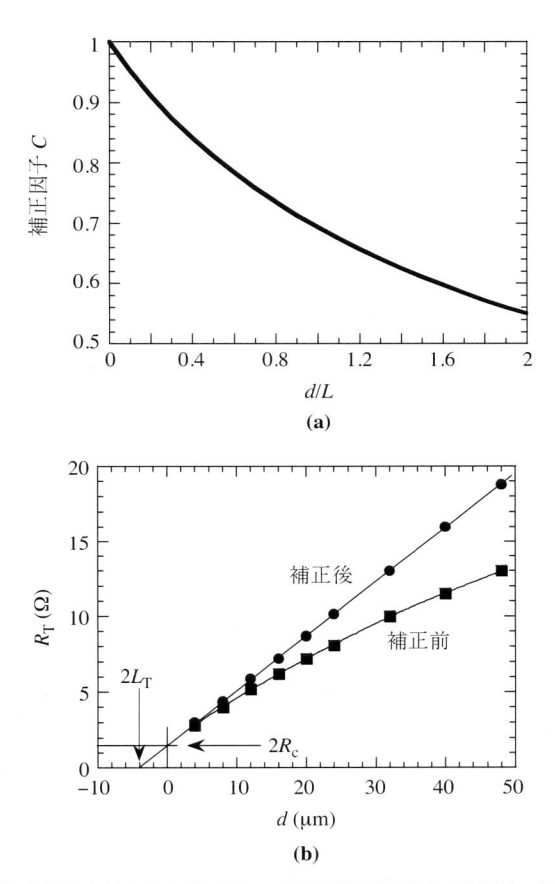

図3.20 (a)環状伝送線法のテストストラクチャについての補正因子 C と d/L の比，(b)環状伝送線モデル・テストストラクチャの全抵抗データの補正前後を示す．$R_c=0.75\,\Omega$，$L_T=2\,\mu\text{m}$，$\rho_c=4\times10^{-6}\,\Omega\cdot\text{cm}^2$，$R_{sh}=110\,\text{W}/\square$．データは Philips Research Labs. の J.H. Klootwijk と C.E. Timmering の厚意による．

実験とモデリングによって検証できるように改良しなければならない[63]．しかしコンタクト比抵抗のほとんどは $4\times10^{-8}\,\Omega\cdot\text{cm}^2$ 以上であり，伝送線モデルによる方法が有効とされている．

図3.17の配置では電圧を測定すべき位置を決めかねるので，**図3.21**(a)のテストストラクチャが導入された．この測定方法はもともとはShockleyが提案したもので，**伝送長による方法**（transfer length method）として知られている[64]．やっかいなことに，この略称もTLMである．このテストストラクチャは図3.13のそれによく似ているが，コンタクトが3つ以上ある．オリジナルはこの両端の2つのコンタクトが**梯子**構造を流れる電流の出入り口で，この大きなコンタクトのいずれかと，細い電極それぞれとの間の電圧を順次測定する．その他，コンタクト間の間隔が図3.21(b)のように不均等になっていて，となりあうコンタクト間の電圧を測定するものもある．

図3.21(b)のテストストラクチャは図3.21(a)の構造より有利な点がある．たとえば梯子構造のコンタクト1と4との間の電圧を測るとき，コンタクト2と3によって電流の流れが乱される可能性がある．コンタクト2と3の影響はこれらの伝送長 L_T および長さ L で決まる．$L \ll L_T$ のときは中間コンタクトの金属内への電流の浸透はそれほどなく，第1近似でコンタクト2と3は測定に影響しない．$L \gg L_T$

(a)

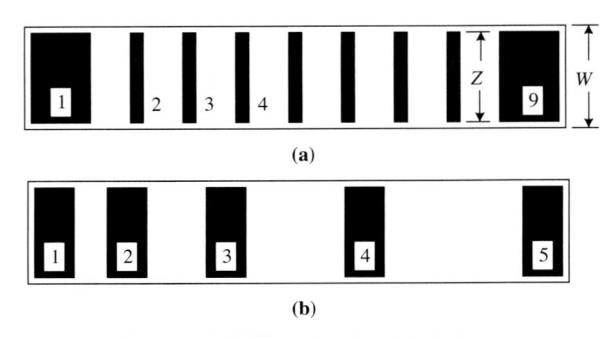

(b)

図3.21 伝送長法のテストストラクチャ.

のときは，中間コンタクトをそれぞれ長さ L_T の2つのコンタクトを金属導体でつないだものとみなすことができ，これに電流が流れる[65]。金属の引き回しによる分流電流は明らかに電圧や抵抗の測定に影響する。このため，2つのコンタクトの間に半導体だけが露出した図3.21(b)の構造が好ましい。

$L \geq 1.5 L_T$ のコンタクトで，図3.21(b)のコンタクト前方エッジ抵抗を測定するとき，任意の2つのコンタクト間の全抵抗は

$$R_T = \frac{R_{sh}d}{Z} + 2R_c \approx \frac{R_{sh}}{Z}(d + 2L_T) \qquad (3.33)$$

になる。ここでは式（3.22）から（3.23b）を導いた近似をつかった。式（3.33）は式（3.32）のコンタクト周辺長 $2\pi L$ をコンタクトの幅 Z で置き換えたものになる。

コンタクト間の間隔 d をいろいろと変えて全抵抗を測定し，これを d の関数として**図3.22**のようにプロットする。このプロットから3つのパラメータを抽出できる。傾き $\Delta(R_T)/\Delta(d) = R_{sh}/Z$ と，別途測定したコンタクトの幅 Z とから**シート抵抗**が求まる。$d=0$ での切片は $R_T = 2R_c$ で，**接触抵抗**を与える。$R_T = 0$ での切片の $-d = 2L_T$ と[注3]，プロットの傾きからわかる R_{sh} をつかって，式（3.23）から**コンタクト比抵抗**が導かれる。伝送長の方法ではシート抵抗，接触抵抗，コンタクト比抵抗がわかり，

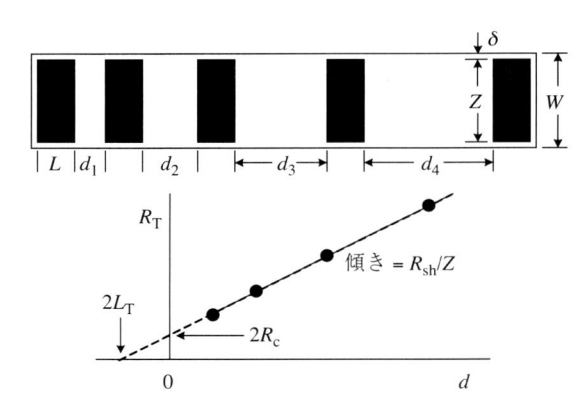

図3.22 伝送長法のテストストラクチャと，全抵抗をコンタクトの間隔 d の関数でプロットしたもの．$L = 50\,\mu m$，$W=100\,\mu m$，$Z-W = 5\,\mu m$（できるだけ小さく），$d \approx 5$ から $50\,\mu m$ が標準的な値である。

注3 式（3.33）の前半で $R_T = 0$ のとき $d = -2R_c Z/R_{sh}$。一方，式（3.33）の後半で，$R_T = 0$ での切片 $-d = 2L_T$ から L_T がわかる。

コンタクトを完全に評価できる。

伝送長の方法は広くつかわれているが，特有の問題もある。L_Tを与える$R_T = 0$での切片がはっきりしないことがあり，ρ_cの値があいまいになる。しかし，コンタクト下のシート抵抗の不確かさの方がより深刻であろう。式（3.33）ではコンタクト直下もコンタクト間もシート抵抗は同じであると仮定している。しかし，コンタクトを形成したことでそれらは互いに異なるかもしれない。実際，合金コンタクトやシリサイドコンタクトではコンタクトの形成によってコンタクト下の領域が改質され，コンタクト直下とコンタクト間のシート抵抗は異なる。このときの前方エッジ抵抗と全抵抗の表式は

$$R_{cf} = \frac{\rho_c}{L_{Tk}Z} \coth(L/L_{Tk}) \tag{3.34}$$

および

$$R_T = \frac{R_{sh}d}{Z} + 2R_c \approx \frac{R_{sh}d}{Z} + \frac{2R_{sk}L_{Tk}}{Z} = \frac{R_{sh}}{Z}[d + 2(R_{sk}/R_{sh})L_{Tk}] \tag{3.35}$$

のように修正しなければならない[66]。ここでR_{sk}はコンタクト下のシート抵抗で，$L_{Tk} = (\rho_c/R_{sk})^{1/2}$である。$R_T - d$プロットの傾きはやはり$R_{sh}/Z$で，$d = 0$での切片は$2R_c$を与える。しかし$R_T = 0$での切片は$-d = 2L_{Tk}(R_{sk}/R_{sh})$で，$R_{sk}$は未知だから，もはや$\rho_c$を求めることはできない。それでも伝送長の方法で$R_{cf}$を測定し，コンタクト端抵抗法で$R_{ce}$を測定すれば，

$$R_{ce} = \frac{\sqrt{R_{sk}\rho_c}}{Z\sinh(L/L_{Tk})} = \frac{\rho_c}{ZL_{Tk}\sinh(L/L_{Tk})} \quad ; \quad \frac{R_{ce}}{R_{cf}} = \frac{1}{\cosh(L/L_{Tk})} \tag{3.36}$$

からL_{Tk}とρ_cを求めることができる。こうしてコンタクト間とコンタクト下のシート抵抗だけでなく，接触抵抗とコンタクト比抵抗もわかるのである。コンタクト間の半導体をエッチングすればR_{sk}とR_{sh}を切り分けることもできる。

伝送長による方法では，サンプル全体にわたって電気的および寸法的パラメータが一定であると仮定してコンタクトのパラメータを抽出している。しかしそのようなパラメータはウェハの面内でばらつくのがふつうである。統計的モデルによれば，電気的および寸法的なパラメータの測定に誤差がなくても，コンタクトのパラメータをふつうの手順で抽出すると誤差が現れることになる[67]。長さの短い（$L < L_T$）コンタクトでは，他のパラメータのばらつきによらずρ_cを正確に求めることができるが，ρ_cがウェハ面内でばらついていると，R_{sh}とR_{sk}に誤差が生じる。コンタクトの長さが長いときは，R_{sk}または抵抗の測定に誤差がなければ，抽出したρ_cとR_{sk}は正確である。$L \geq 2L_T$であれば申し分ない。電気的パラメータの不均一性がウェハ面内で10～30%あると，ρ_cとR_{sk}の誤差は10～1000%にまでなることがある。テストストラクチャを複数個冗長につくっておけば誤差を減らせる。

これまで金属の抵抗は無視して半導体のコンタクト比抵抗とシート抵抗を考えてきた。一般に金属の抵抗が経年によって増え，もはや無視できなくなっても，ほとんど誤差は生じない。また，シリサイドの抵抗は純金属のそれより高く，いつも無視できるとは限らない。金属の代わりにポリシリコンを導体としてつかうと，より深刻な制約が出てくる。ポリシリコンの抵抗は金属のそれよりはるかに高く，実験結果を適切に解釈するにはポリシリコンの抵抗を考慮しなければならない。金属の抵抗が無視できないとき，式（3.22）の接触抵抗は

$$R_{cf} = \frac{\rho_c}{L_{Tm}Z(1+\alpha)^2}\left[(1+\alpha)^2\coth(L/L_{Tm}) + \alpha\left(\frac{2}{\sinh(L/L_{Tm})} + \frac{L}{L_{Tm}}\right)\right] \tag{3.37}$$

になる[68, 69]。ここで$\alpha = R_{sm}/R_{sk}$，R_{sm}は金属のシート抵抗，$L_{Tm} = [\rho_c/(R_{sm} + R_{sk})]^{1/2} = L_{Tk}/(1+\alpha)^{1/2}$である。式（3.37）は$R_{sm} = 0$のとき式（3.34）になり，$R_{sk} = R_{sh}$かつ$R_{sm} = 0$のとき式（3.22）になる。いろいろなコンタクト比抵抗について式（3.37）から計算したコンタクト前方エッジ抵抗にZを

掛けて規格化し，これをコンタクトの長さに対してプロットしたものが図3.23である．図3.18と違い，図3.23には最小値があるが，この最小値は$R_{sm}=0$とすれば消える．ρ_c, R_{sm}, およびR_{sk}をどう組み合わせても，接触抵抗を最小にする最適なコンタクトの長さがある．コンタクトの長さがこの最適値より短くても長くても，接触抵抗は増加する．有限の抵抗をもつ金属導体の効果についてのさらなる議論は，文献70を参照されたい．

　補正方法をもう1つ考えておこう．これまで図3.22のギャップδはゼロと仮定してきた．しかし実際は$\delta \neq 0$であるから，$\delta=0$としたR_T-dプロットの切片は正しくない．この補正はいろいろと提案されている[49, 71]．ここではコンタクト間のδ領域を並列抵抗として表す文献72の提案にしたがうことにする．補遺3.1に示すように，R_T-dではなく，$R'-d$をプロットする．ここで

$$R' = 2R_{ce} + \frac{(R_T(\delta \neq 0) - 2R_{ce})R_p}{R_p - R_T(\delta \neq 0) - 2R_{ce}} \tag{3.38}$$

R_{ce}はコンタクト端抵抗，R_Tは測定した抵抗，R_pは並列の"細長い"抵抗である．式(3.38)の導出とR_pの求め方は補遺3.1に与えてある．図3.24は，ある特定のコンタクト面積について，伝送長による方法に補正を入れた曲線と補正のない曲線を示している．補正のない線（実線）の切片は明らかにばら

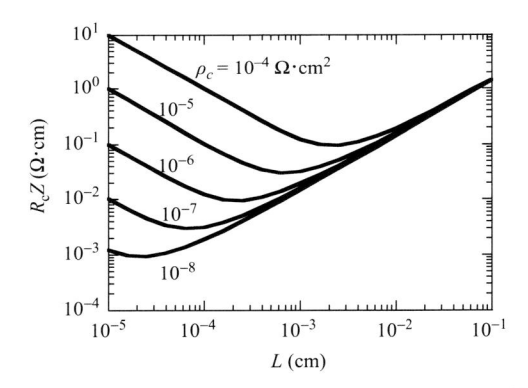

図3.23　$R_{sk}=20\,\Omega/\square$と$R_{sm}=50\,\Omega/\square$のとき，いろいろなコンタクト比抵抗について，接触抵抗とコンタクトの幅との積をコンタクトの長さの関数で表したもの．

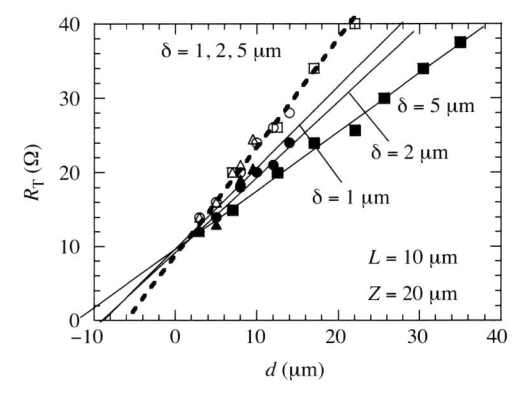

図3.24　Au/Ni/AuGe/n-GaAsコンタクトを400℃で20sアニールしたときの，全抵抗と間隔dの関係．黒丸と実線は補正あり．白丸と破線は補正なし．IEEE（©2002, IEEE）の承諾により文献72から再掲．

ばらで，これでは正しい接触抵抗，伝送長，コンタクト比抵抗は得られない．一方，補正したデータ（破線）では共通の切片が1つのみである．

3.4.3　4端子接触抵抗法

これまで議論してきたコンタクト比抵抗の測定技術では，半導体のバルクの抵抗率かシート抵抗がわかっていなければならなかった．しかし，できるならバルクの抵抗やシート抵抗の助けを借りずにR_cとρ_cを測定できることが望ましい．この目標に近い測定方法が十字ブリッジ・ケルビン抵抗（cross-bridge Kelvin resistance; CBKR）として知られる4端子ケルビン・テストストラクチャである．1972年に金属—半導体コンタクトの評価にこれを適用したのが最初のようだが[73]，本格的に評価されたのは1980年代の前半である[74~76]．この方法では原理的に下地の半導体や接触している金属導体の影響を受けることなく，コンタクト比抵抗を測定できる．

その原理を図3.25に示す．コンタクト1と2の間に電流を流し，コンタクト3と4との間の電圧を測る．パッド1とパッド2の間の3ヶ所で電圧降下が起きる．1つはパッド1と半導体のn型層との間，次は半導体のn型層にそって，最後にn型層とパッド2（3）との間である．電圧$V_{34} = V_3 - V_4$を測るとき，電圧計を高入力インピーダンスにしておけば，パッド3と4の間に電流はほとんど流れない．こうするとパッド4からコンタクト2（3）直下のn領域までは電位降下はないから，図3.25(a)のコンタクトの下に4をつないでいるように，パッド4の電位はコンタクト2（3）直下のn領域の電位と基本的に同じになる．したがってV_{34}はコンタクトの金属と半導体との界面での電位降下だけに支配される．ケルビン・テストストラクチャという呼び名は4点プローブ抵抗測定法のように電圧測定では電流がほとんど流れないという事実にならっている．

その接触抵抗は，

$$R_c = \frac{V_{34}}{I} \tag{3.39}$$

で，電流に対する電圧の単純な比である．コンタクト比抵抗は

$$\rho_c = R_c A_c \tag{3.40}$$

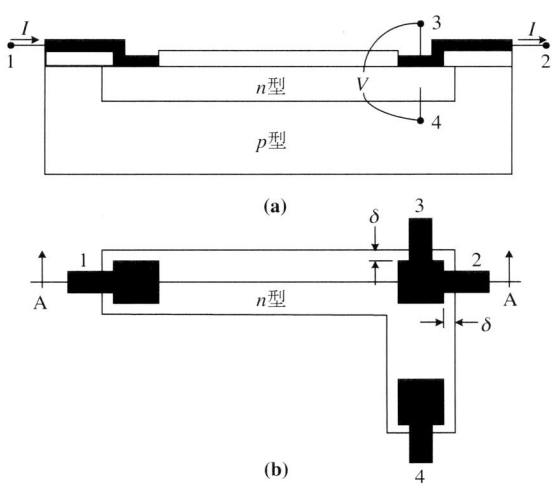

図3.25　4端子またはケルビン接触抵抗テストストラクチャ．(a)A-Aの断面，(b)テストストラクチャの上面図．

で，A_cはコンタクト2(3)の面積である．

式(3.40)は常に実験データと一致するとは限らない．コンタクト窓が拡散領域より小さく，図3.25で$\delta > 0$となるときは，横方向の電流狭さくにより，式(3.40)で計算したコンタクト比抵抗は真の値とは異なる**見かけの**コンタクト比抵抗になる[77]．理想的には**図3.26**(a)のように$\delta = 0$である．実際のコンタクトでは図3.26(b)の矢印で示すように，電流の一部は金属コンタクトの**周り**を流れる．$\delta = 0$の理想的な場合の電圧降下は$V_{34} = IR_c$である．$\delta > 0$では，横方向に流れる電流による電圧降下が加わり，V_{34}が上昇する．すると式(3.39)によってR_cは高くなるので，これをR_kとすることが多い．式(3.40)のA_cを実際のコンタクト面積にすればρ_cも大きくなる．こうして得たρ_cが**有効**あるいは**見かけの**コンタクト比抵抗である．寸法的な要因によって生じる誤差は，ρ_cが小さいかR_{sh}が高い，あるいはその両方のとき大きくなり，ρ_cが大きいかR_{sh}が低い，あるいはその両方のときは小さくなる[78]．コンタクト面に垂直な方向の半導体中の電圧降下はふつう無視するが，これも補正の対象になる[79]．

コンタクトの合わせずれの影響を**図3.27**に示す[80]．δが大きくなると，抵抗の測定値が高くなる．合わせずれが大きいと，測定した抵抗値の誤差は明らかに深刻である．$\delta = 0$に近づくにつれて真の抵抗に収束する．非対称な合わせずれの効果も**図3.28**に示してある．ここでは合わせずれL_1およびL_2に対して，見かけの接触抵抗をプロットしている．この図では一方のR_kは増加し，他方は減少しており，寄生電流経路の効果は明らかである．$\delta = 0$のテストストラクチャをつくるのは難しいが，これに対しては**図3.29**(a)のようにすればよい．ここでは半導体に独立した"細い線"を引き出して電圧タップ

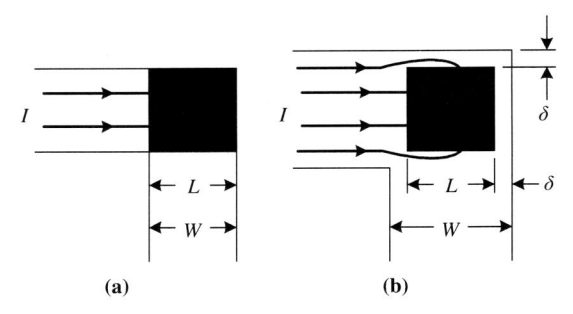

図3.26　4端子接触抵抗テストストラクチャ．(a)横方向の電流しかない理想の流れ，(b)コンタクトへまわり込む電流．黒い部分がコンタクトの領域．

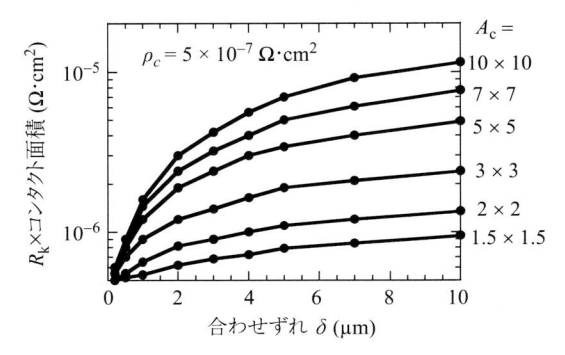

図3.27　合わせずれδに対する見かけの接触抵抗にコンタクト面積を掛けた値．コンタクトの面積は図の右側に示している．コンタクト直下は50 keVでヒ素を2×10^{15} cm^{-2}打ち込み，1000℃で30 sアニール．コンタクトの金属はTi/TiN/Al/Si/Cu．文献80より．

を設けている[80]。この3つのタップで測った電圧から求めた抵抗を図3.29(b)に示す。このデータをコンタクト端から電圧タップまでの距離がゼロになるところへ外挿すれば，真の抵抗が得られる。

二次元の簡単な解析によれば，図3.28の各寸法に対する接触抵抗R_kは

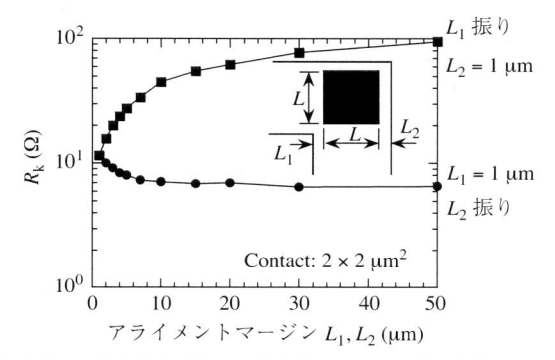

図3.28 接触抵抗の合わせずれ寸法L_1およびL_2への依存性．コンタクト直下は50 keVでヒ素を$2 \times 10^{15} cm^{-2}$打ち込み，1000℃で30sアニール．コンタクトの金属はTi/TiN/Al/Si/Cu．文献80より．

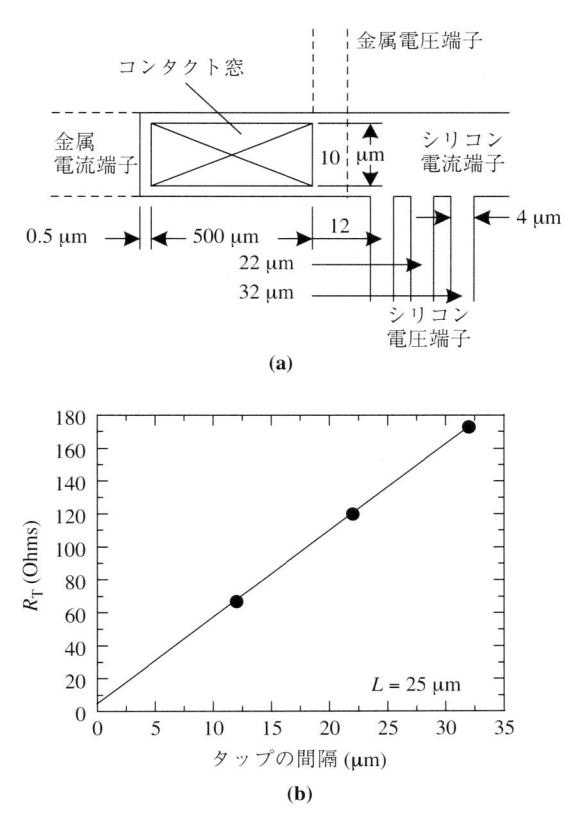

図3.29 (a)電圧タップを設けて改良したケルビン接触抵抗テストストラクチャ，(b)全抵抗とタップの間隔．

$$R_k = \frac{\rho_c + \sqrt{\rho_c R_{sh}} L_1 \coth(L/L_T) + 0.5 R_{sh} L_1^2 + \sqrt{\rho_c R_{sh}} L_2 / \sinh(L/L_T)}{(L + L_1 + L_2)W} \tag{3.41}$$

のようになる[80]．式（3.41）で計算した曲線は図3.27のデータと定性的には一致する．コンタクトをまわり込む横方向の電流によって抵抗が増える．抵抗の増加はコンタクト比抵抗が小さいほど大きくなり，シート抵抗が高いとさらに大きくなる．残念ながら今日の高密度集積回路技術では，接合が浅くなるにつれてρ_cは小さく，R_{sh}は高くなる傾向にある．いずれも4端子接触抵抗のテストストラクチャによる測定結果の解釈が複雑になる方向である．単純な一次元解析の結果を解釈するときは，その確かさを慎重に評価しておく必要がある．

　図3.31の構造のコンタクト比抵抗の**見かけの値**と**真の値**を計算した結果が**図3.30**である[79]．$L/W = 1$または$\delta = 0$の理想的な場合，二次元の計算では45°傾いた直線でわかるように，上の2つの値は一致する．しかし，より現実的な三次元計算では，$\delta = 0$でも2つの値は一致しない．接触抵抗による電圧が無視でき，$\rho_{c,apparent}$が真のρ_cによらなくなるまでは，ρ_cの減少とともに接触抵抗による電圧が減少し，横方向の電圧が増大していく．半導体の有限の深さも対象にした**三次元**モデルから得た普遍的誤差補正曲線を図3.31に示す．これらの計算では，コンタクト下の半導体のシート抵抗はそれ以外の部分と同じと仮定している．ここでR_kは寄生電流を含む接触抵抗である．

　二次元の伝送線モデルすなわちコンタクト端抵抗法と，十字ブリッジ・ケルビン抵抗のテストストラクチャをつかって，シート抵抗で規格化した接触抵抗をδで規格化したコンタクトの長さに対して計算したプロットがある[81]．3つの例について，単純な一次元解析からのずれを報告している．伝送線モデルの構造では，コンタクトの前方の電位を問題にするのでコンタクトをまわり込む周辺電流の影響はほとんど受けない．したがって伝送線モデルはδに鈍感である．しかし，伝送線モデルは実験データを外挿してρ_cを決定するので，データの点が直線にのっていなければ誤差を招きやすい．コンタクト端抵抗および十字ブリッジ・ケルビン抵抗の構造はコンタクト周辺の電流による差が大きい．一般に，コンタクト端抵抗法で測った接触抵抗R_{ce}はケルビン抵抗法で測った接触抵抗R_cより低く，R_{ce}（コンタクト端）$< R_c$（ケルビン）なので，測定がさらに難しくなる．これにコンタクトの合わせずれが加わると，一次元解析結果からさらに乖離する[82]．セルフアラインのコンタクトにすればこの問題は解決できるが，これはこれで横方向への拡散が問題となる[83]．これら以外の接触抵抗を計算するモデルは文献84と85にある．

　図3.32のように3つのn^+領域と2つのゲートからなるMOSFETをつかって接触抵抗のテストストラ

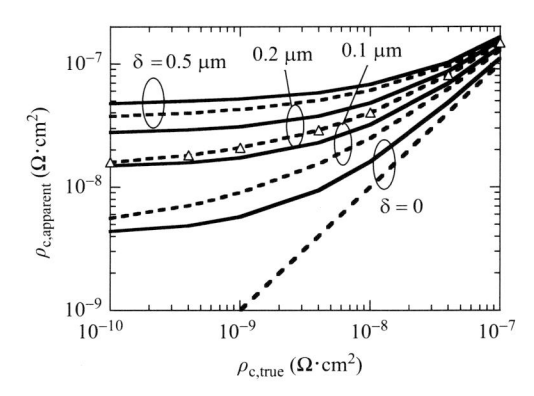

図3.30　いろいろなタップ間隔δについて，真のコンタクト比抵抗に対する見かけのコンタクト比抵抗の二次元（破線）および三次元（実線）シミュレーション結果．IEEE（©2004, IEEE）の承諾により文献79から再掲．

クチャをつくることができる[86]。コンタクト1と2,および2と3との間の"シート"は,MOSFETをバイアスしてチャネルを形成すると導通状態になる。この構造は標準のシリサイドプロセスと互換性があり,コンタクト前方エッジ抵抗,コンタクト端抵抗,十字ブリッジ・ケルビン抵抗のいずれの配置も可能である。

図3.33の**垂直**ケルビン・テストストラクチャは,従来のケルビン構造における横方向の電流の問題を解決するために開発された[87]。このデバイスをつくるには従来のケルビン構造にマスクを1枚追加する必要がある。金属—半導体コンタクトは拡散またはイオン注入層(図3.33ではn^+層)に形成する。酸化膜の窓と分離用pn接合によってコンタクト面の内側に集めた電流Iを,コンタクト5と基板コンタクト6との間に流し,コンタクト2と4の間の電圧V_{24}を測る。V_1はコンタクト5の金属の電圧,V_2はコンタクト5から少し離れているが,コンタクト5直下のn^+層の電圧である。従来のケルビン構造と同じく電圧測定中は基本的に電流は流れないので,n^+層にそった横方向の電圧降下はほとんどない。

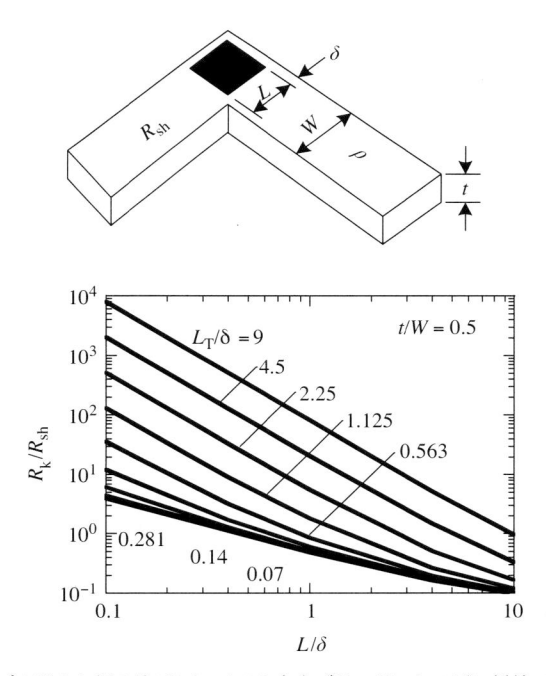

図3.31 タップの深さと幅の比が$t/L=0.5$の十字ブリッジ・ケルビン抵抗ストラクチャのいろいろなL_T/dについて$R_k/R_{sh}-L/\delta$特性を補正する三次元普遍補正曲線.IEEE(©2004, IEEE)の承諾により文献79から再掲.

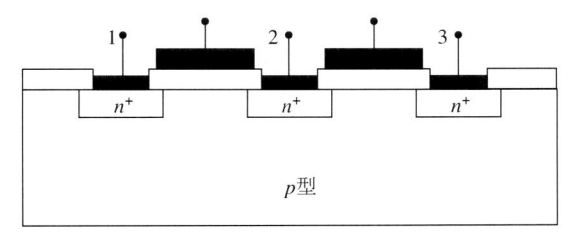

図3.32 MOSFET接触抵抗テストストラクチャ.

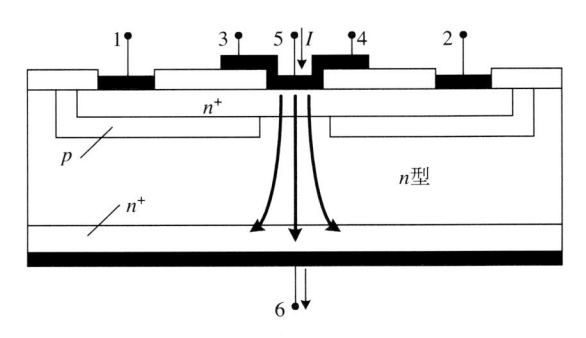

図3.33 垂直接触抵抗ケルビン・テストストラクチャ.

このとき，接触抵抗とコンタクト比抵抗はそれぞれ，$R_c = V_{24}/I$ および $\rho_c = R_c A_c$ である．

　横方向に電流を流す方法では横方向の効果がきわめて重要であるが，垂直方向に電流を流す構造においても横方向の効果は無視できない。これは横方向に電流が流れるのではなく，拡がってコレクタ電極に到達するためである。つまり厳密には電流は垂直でなく図3.33のように拡がることで，小さな横方向の成分をもつ。したがって，厳密には電圧検出用のコンタクト2の電圧はコンタクト5直下の電圧と異なる。このように抵抗の分散によって接触抵抗の測定値は真の接触抵抗より高めになる[88]。接触面がコンタクトの開口よりも小さいと，別の問題が生じる。このときのコンタクト比抵抗は近似的に

$$\rho_{c,eff} \approx \rho_c + R_{sh} x_j / 2 \tag{3.42}$$

で与えられる[87]。ここで R_{sh} と x_j はそれぞれ図3.33の上部の n^+ 層のシート抵抗および接合の深さである。式（3.42）がつかえるのは $L \geq 10\, x_j$ の場合である。垂直構造のテストストラクチャはコンタクト面積が小さいほど，また上層の n^+ 層が薄いほど真価を発揮する。

　図3.33では，他にもコンタクトを設けている。V_{13} と V_{24} の電圧の読みを平均すれば，誤差を小さくできる。さらに，従来の6端子測定法で端部抵抗 R_{ce}，前方エッジ抵抗 R_{cf}，およびシート抵抗 R_{sh} を求めることができる。垂直構造のテストストラクチャの弱点を詳しく研究した結果，電流の分散は，横方向のケルビン・テストストラクチャでの横方向電流狭さくほどの効果はないことがわかっている[89]。分離用の接合と金属コンタクトとの合わせずれの方がより深刻な誤差となるが，V_{13} と V_{24} の電圧の読みを平均すれば最小に抑えられる。

3.4.4　6端子接触抵抗法

　図3.34に示す6端子接触抵抗用のテストストラクチャは，従来の4端子ケルビン構造では測定できなかった項目を付加するために，コンタクトを2つつけ足したものである[75]。この構造によって**接触抵抗 R_c，コンタクト比抵抗 ρ_c，コンタクト端抵抗 R_{ce}，前方エッジ抵抗 R_{cf}，およびコンタクト直下のシート抵抗 R_{sk}** を求めることができる。従来のケルビン構造で接触抵抗を測るには，図3.34のコンタクト1と3の間に電流を流し，コンタクト2と4の間の電圧を測定する。これを一次元の式（3.39）$R_c = V_{24}/I$ と（3.40）$\rho_c = R_c A_c$ で解析する。式（3.39）および（3.40）には反映されないが，二次元解析の複雑さは6端子構造になっても変わらない。

　コンタクト端抵抗 $R_{ce} = V_{54}/I$ を測るには，コンタクト1と3の間に電流を流し，コンタクト5と4の間の電圧を測定する。この構造のケルビン部分から求めた接触抵抗 R_c およびコンタクト比抵抗 ρ_c と式（3.36）のコンタクト端抵抗 R_{ce} から，コンタクト下のシート抵抗 R_{sk} を求めることができ，式（3.22）と（3.36）の R_{cf} で与えられるコンタクト前方エッジ抵抗を，式（3.36）から計算できる。

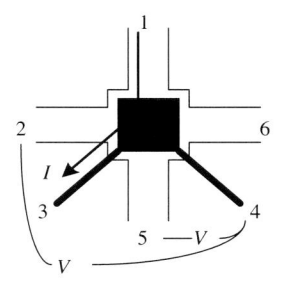

図3.34 R_c, R_{ce}, R_{cf}, R_{sk} を求めるための6端子ケルビン・テストストラクチャ.

3.4.5 非平面コンタクト

これまで単純な理論に対して二次元の電流によるずれだけを考えてきた.このとき金属と半導体は滑らかに密着していると仮定した.しかし実際のコンタクトはこのように完全ではなく,もっと複雑である.Si集積回路でのコンタクトの発展を**図3.35**に示す.最初はSiに直接Alを堆積していた(図3.35(a)).アルミニウム／シリコンのコンタクトではシリコンがアルミニウムへ移動する傾向があり,シリコンにボイドができる[90].するとこれらのボイドに向けてアルミニウムが移動して**スパイキング**を起こす.これが接合部を突き抜けると,接合部は短絡する.スパイキングはAlに1～3wt%のSiを添加すると激減するが,別の問題が生じる.たとえば,Si基板上にSiが先に積もってAlとの間にエピタキシャル成長層ができることがある(図3.35(b)).このエピタキシャル成長層はSiのp型ドーパントであるアルミニウムを高濃度含むのでp^+型になり,エピタキシャル層／n^+界面にpn接合が形成される.観測によれば,このようなエピタキシャル層は(111)配向より(100)配向基板で形成されやすいことがわかっている[91].コンタクトの面積が小さくなると,(111)面上のコンタクトより(100)面上のコンタクトの方が接触抵抗が高くなり,深刻な問題となる[91].

この問題はシリサイド(図3.35(c))で解決できる.シリサイドはSi上に金属を堆積したあと加熱して形成される.Ti,Co,およびNiがよくつかわれる金属であるが,他にも多くの金属がシリサイドになる.シリサイドはSiを侵食する.シリサイドの上にAlを形成すると,シリサイドの粒界にそってAlが移動し,Al/Siコンタクトになってしまう可能性もある.そこで最近のコンタクトは図3.35(d)のようにシリサイドとバリア層(たとえばWプラグなど)の上にAlまたはCuを配線している.こうすれば接触抵抗が下がり,化学的にも安定になる.半導体のクリーニングが不十分だと,金属と半導体の間に界面層が形成されることがある.これらは金属を堆積する前に形成された酸化膜であることが多

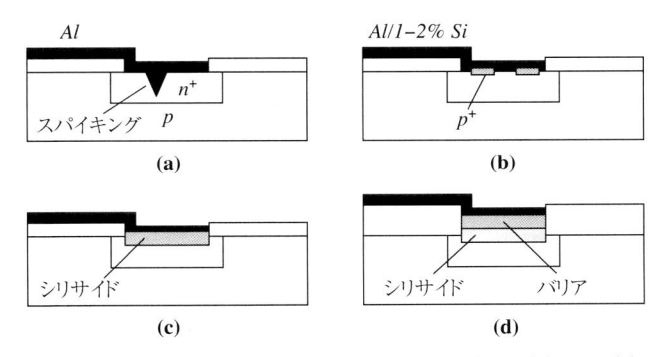

図3.35 Siテクノロジーにおけるオーミックコンタクトの歴史的進展.(a)Al/Si,(b)Al/1～2% Si,(c)Al/シリサイド/Si,(d)Al/バリア層/シリサイド/Si.

く，基板のクリーニングや金属堆積での真空度が不十分なときに起きる[92]。

GaAsのコンタクトには合金を形成する．Geを含有した合金をデバイスに堆積させ，合金化が起きるまで加熱する．コンタクト形成後の金属—半導体界面はがたがたである．このように合金化したコンタクトでは，電流がGeリッチな島を流れるので，Geリッチな島の下の領域の分散抵抗で接触抵抗がほぼ決まる[93]。このモデルでの有効コンタクト面積は実際のコンタクト面積とはずいぶん違うことが多い．Ge，Au，およびCrを順に蒸着してAuGeの共晶点より低い温度でアニールすれば，滑らかな金属／GaAs界面を形成できる[94]。このような"技術的"な完成度の低さにより，接触抵抗測定の解釈がより難しくなっている．

3.5　ショットキー障壁の高さ

n型基板上のショットキー障壁ダイオードのバンド図を**図3.36**に示す．このダイオードを順方向に強くバイアスすると，この障壁の高さϕ_{B0}は理想の値に近づく．実際の障壁の高さϕ_Bは鏡像力による障壁の低下やその他の要因によりϕ_{B0}より小さい．V_{bi}はビルトイン電位，V_0は伝導帯を基準にした半導体のフェルミ準位である．直列抵抗および並列抵抗を無視したショットキー障壁ダイオードの熱電子放出による電流—電圧特性は，

$$I = AA^*T^2 e^{-q\phi_B/kT}(e^{qV/nkT} - 1) = I_{s1}e^{-q\phi_B/kT}(e^{qV/nkT} - 1) = I_s(e^{qV/nkT} - 1) \tag{3.43}$$

で与えられる．ここでI_sは飽和電流，Aはダイオードの面積，$A^* = 4\pi q k^2 m^*/h^3 = 120(m^*/m)$ A/cm^2·K^{2}はリチャードソン定数，ϕ_Bは有効障壁高さ，nは理想因子である．A^*の文献値を**表3.1**に示す．文献97は，超高真空の分子線エピタキシーでAlをエピタキシャル堆積したほぼ理想的なAl/n-GaAsデバイスの測定値である．

理想因子nにはデバイスを非理想化するあらゆる不測の効果をとり入れている．ショットキー・ダイオードの界面が全体にわたって均一であることは少ない．障壁高さの不均一性によって$n > 1$となり，温度上昇あるいは逆バイアスにするとnが減少することも説明できる[99]。式（3.43）は

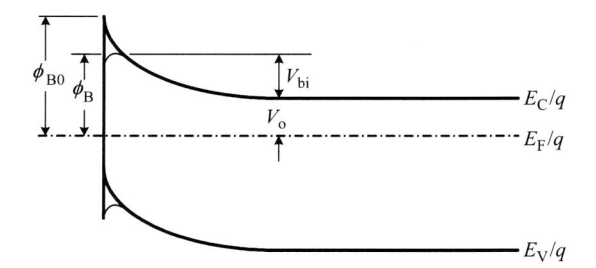

図3.36　ショットキー障壁のバンド図．

表3.1　A^*の実験値．

半導体	A^*（A/cm^2·K^2）	文献
n型Si	112(± 6)	95
p型Si	32(± 62)	95
n型GaAs	4～8	96
n型GaAs	0.41(± 0.15)	97
p型GaAs	7(± 1.5)	97
n型InP	10.7	109

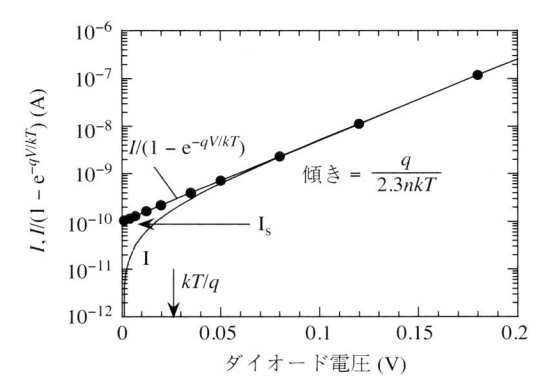

図3.37 ショットキー・ダイオードの電流—電圧特性の2つのプロットの仕方. *J. Appl. Phys.*, 69, 7142-7145, May（1991）から許諾により再掲. 著作権はAmerican Institute of Physics.

$$I = I_s e^{qV/nkT}(1 - e^{-qV/kT}) \tag{3.44}$$

と表されることもある（補遺4.1参照）．式（3.43）にしたがう$\log I$–Vプロットのデータは，**図3.37**に示すように$V \gg kT/q$で直線になる．式（3.44）をつかった$\log[I/(1-\exp(-qV/kT)]$–Vプロットでは，$V = 0$までの全領域でデータが直線になる．

3.5.1 電流—電圧法（I–V）

障壁の高さは，$\log I$–Vの特性を$V = 0$まで外挿して求めたI_sから計算でき，電流—電圧法ではこれが最もよくつかわれる．式（3.43）よりI_sから求まる障壁高さϕ_Bは

$$\phi_B = \frac{kT}{q} \ln\left(\frac{AA^*T^2}{I_s}\right) \tag{3.45}$$

である．したがってこの障壁高さはゼロバイアスでのϕ_Bになる．式（3.45）で最も不確定なパラメータはA^*で，この方法はA^*をどれだけ正確に求められるかにかかっている．幸いA^*は$\ln$の項にあり，誤差が2倍になってもϕ_Bへの寄与は$kT/q\ln 2 = 0.7\,kT/q$にすぎないが，それでも無視はできない．

Cr/n型Siダイオードの実験値の$\log I$–Vプロットを**図3.38**(a)に示す．（4.2および4.3節で議論する）直列抵抗のために，電流は$V > 0.2\,\mathrm{V}$の領域で直線から外れている．このショットキー障壁ダイオードは面積が$3.1 \times 10^{-3}\,\mathrm{cm}^2$で，$n$型Si上に作製したものである[98]．電極エッジからのリーク電流を低減するためのp^+ガードリングでショットキー接合の周りを囲み，ショットキー・コンタクトにクロム（Cr），拡散障壁金属にチタン・タングステン（TiW），上層配線にニッケル・バナジウム（NiV）／金（Au），そして裏面のオーミックコンタクトにクロム／ニッケル／金をつかっている．上層金属はスパッタ，裏面金属は蒸着である．このデバイスを$T = 460\,°\mathrm{C}$でアニールすると，障壁の高さは増加し，電流は減少した．図3.38(b)の拡張I–V曲線の傾きから$n = 1.05$となり，$V = 0$での切片$I_s = 5 \times 10^{-6}\,\mathrm{A}$から式（3.45）をつかって障壁の高さを計算すると，n型Siの$A^* = 110\,\mathrm{A/cm^2 \cdot K^2}$をつかって，$\phi_B(I$–$V) = 0.58\,\mathrm{eV}$となる．

3.5.2 電流—温度法（I–T）

$V \gg kT/q$のとき，式（3.43）は

$$\ln(I/T^2) = \ln(AA^*) - q(\phi_B - V/n)/kT \tag{3.46}$$

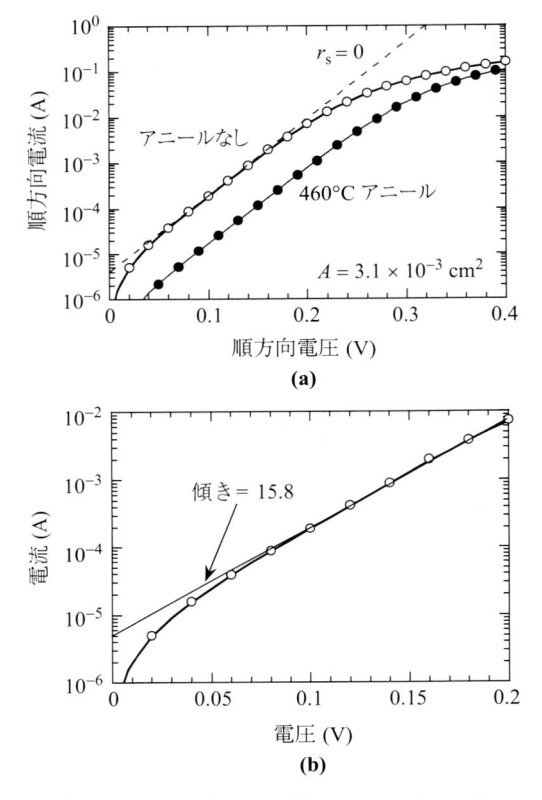

図3.38 (a)形成後と460℃でのアニール後のCr/n型Siダイオードの，室温での電流—電圧特性，(b)(a)の一部を拡大．Arizona State UniversityのF. Hossainの厚意による．

となる．順方向バイアスを$V = V_1$の一定値としたときの$\ln(I/T^2) - 1/T$プロットを**リチャードソン・プロット**と呼ぶことがあり，傾きは$-q(\phi_B - V_1/n)/k$，縦軸との切片は$\ln(AA^*)$になる．図3.38のダイオードのリチャードソン・プロットを**図3.39**に示す．傾きははっきりわかることが多いが，切片から求めたA^*には誤差が生じやすい．一般に$1000/T$軸上のデータの範囲は狭く，この例では2.6からおよそ3.4までである．この範囲のデータを$1/T = 0$まで外挿すると，外挿距離が長すぎ，データの誤差は小さくてもA^*の誤差は大きくなる．図3.39では，切片$\log(AA^*)$から$A^* = 114 \, \mathrm{A/cm^2 \cdot K^2}$になる．

この障壁の高さは

$$\phi_B = \frac{V_1}{n} - \frac{k}{q}\frac{d[\ln(I/T^2)]}{d(1/T)} = \frac{V_1}{n} - \frac{2.3k}{q}\frac{d[\log(I/T^2)]}{d(1/T)} \tag{3.47}$$

で与えられる．障壁の高さは既知の順方向バイアスV_1での傾きとnとから得られるが，nは別途求めなければならない．図3.38から求めた$n = 1.05$と図3.39のデータ$V_1 = 0.2\,\mathrm{V}$，および傾き$d[\log(I/T^2)]/d(1000/T) = -1.97$から，$\phi_B(I-1/T) = 0.59\,\mathrm{eV}$を得るが，これは$\log I - V$プロットから求めた$\phi_B(I-V) = 0.58\,\mathrm{eV}$にきわめて近い．$\log I - V$プロットの切片から求めた$I_s$をつかって$1/T$に対する$\ln(I_s/T^2)$のプロットから障壁の高さを求めることもある．これには式（3.47）の電流IをI_sに置き換え，$V_1 = 0$とすればよい．

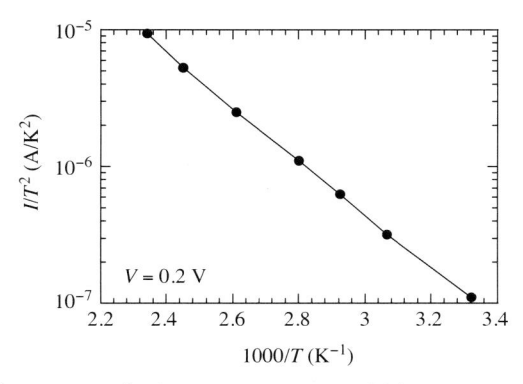

図3.39　図3.38の"アニールなし"ダイオードを$V=0.2$ Vで測定したリチャードソン・プロット.

リチャードソン・プロットから障壁の高さを求めるときは，障壁の高さが温度に依存すると暗黙に仮定している。そうであるなら，ϕ_Bを

$$\phi_B(T) = \phi_B(0) - \xi T \tag{3.48}$$

とも書ける。この温度依存性により，式（3.46）は

$$\ln(I/T^*) = \ln(AA^*) + q\xi/k - q(\phi_B(0) - V/n)/kT \tag{3.49}$$

となる。このリチャードソン・プロットは"0 Kでの"障壁の高さ$\phi_B(0)$を与え，切片は$\ln(AA^*) + q\xi/k$となる。こうなるともはやA^*を求めることはできない。リチャードソン・プロットは低温域で非直線性が現れることがある。これは熱電子放出電流以外のメカニズムによるもので，およそ$n > 1.1$で顕在化してくる。障壁の高さと理想因子とに温度依存性があると，リチャードソン・プロットにも非直線性が現れる。$n\ln(I/T^2)$を$1/T$に対してプロットすれば直線性は保たれるが，ϕ_BとA^*の確かさは低下する[100]。

3.5.3　容量―電圧法（C-V）

ショットキー・ダイオードの単位面積当りの容量は，

$$\frac{C}{A} = \sqrt{\frac{\pm qK_s\varepsilon_0(N_A - N_D)}{2(\pm V_{bi} \pm V - kT/q)}} \tag{3.50}$$

で与えられる[101]。ここで"+"の符号はp型基板（$N_A > N_D$），"−"の符号はn型基板（$N_D > N_A$）に適用し，Vは逆バイアス電圧である。$N_D > N_A$のn型基板では$V_{bi} < 0$かつ$V < 0$。一方，$N_A > N_D$のp型基板では$V_{bi} > 0$かつ$V > 0$である。分母のkT/qは空間電荷領域にかかる多数キャリアの裾で，空乏近似では省略されている。このビルトイン電位は図3.36でわかるように

$$\phi_B = V_{bi} + V_0 \tag{3.51}$$

の関係で障壁の高さと結びついている。$V_0 = (kT/q)\ln(N_c/N_D)$，ただしN_cは伝導帯の有効状態密度である。$1/(C/A)^2$-Vプロットは，傾きが$2/[qK_s\varepsilon_0(N_A - N_D)]$，$V$軸の切片が$V_i = -V_{bi} + kT/q$の直線になる。

障壁の高さは，この切片の電圧V_iから

$$\phi_B = -V_i + V_0 + kT/q \tag{3.52}$$

のように求められる．ドーピング密度は第2章で議論したように傾きから求める．$\phi_B(C-V)$ は $1/C^2-V$ の直線で $1/C^2 \to 0$ あるいは $C \to \infty$ として求めるが，これは半導体のフラットバンド条件を満たすに十分な順バイアス電圧がかかっているということであるから，$\phi_B(C-V)$ はフラットバンドでの障壁の高さになる．図3.38のダイオードの $(C/A)^{-2}-V$ プロットを，**図3.40**に示す．この傾きから $N_A = 2 \times 10^{16} \mathrm{cm}^{-3}$ がわかり，式 (3.52) に切片の電圧 $V_i = -0.53\,\mathrm{V}$ とSiの室温での真性キャリア密度 $n_i = 10^{10}\,\mathrm{cm}^{-3}$ をつかって，$\phi_B(C-V) = 0.74\,\mathrm{V}$ を得る．

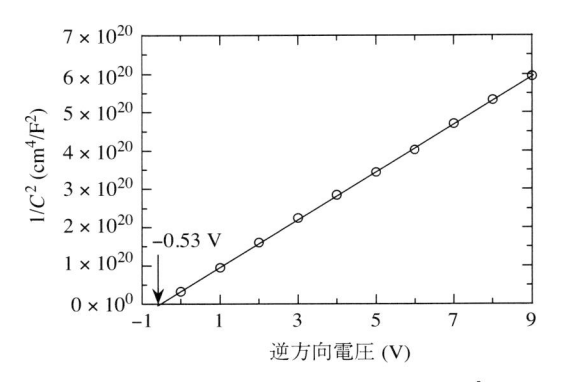

図3.40 図3.38の"アニールなし"ダイオードを室温で測定した $1/C^2$ ー逆バイアス電圧特性．

3.5.4 光電流法

ショットキー・ダイオードにバンドギャップ以下のエネルギー ($h\nu < E_G$) の光子が入射すると，図3.41(a)のように金属から半導体へキャリアを励起できる．$h\nu > \phi_B$ のときは，金属の障壁を越えて半導体に達した電子が，光電流 (photocurrent) I_{ph} として検出される．バンドギャップ以下のエネルギーの光子に対して半導体は透明であるから，光は金属側からだけでなく，半導体側からも入射する．金属は光が透過できるほど薄くなければならない．吸収された光子の流れに対する光電流の比で定義される収率 Y は

$$Y = B(h\nu - q\phi_B)^2 \tag{3.53}$$

で与えられる[102]．ここで B は定数である．$h\nu$ に対して $Y^{1/2}$ をプロットしたものは，**ファウラー・プロット**とも呼ばれ，この曲線の直線部分を $Y^{1/2} = 0$ まで外挿すると，障壁の高さを求めることができる．収率は

$$Y = C \frac{(h\nu - q\phi_B)^2}{h\nu} \tag{3.54}$$

によっても与えられる[103]．ここで C は定数である．プロットの例を図3.41(b)に示す．0.29 eV以下の平坦部は光アシスト熱電子放出によるものである．

ファウラー・プロットは理論で予測されるような直線になるとは限らない．直線的でなければ ϕ_B を求めることは難しい．障壁の高さに近づくにつれて広がるプロットの裾は，式 (3.53) を微分すればなくなり，通常のファウラー・プロットに比べ直線からのずれが小さくなる[105]．また，微分したプロットはコンタクトの不均一性に敏感であることから，コンタクトの不均一性の評価にもつかわれている[105]．光電流は光で励起されたキャリアの流れであるから，障壁の高さより十分高いエネルギーのキャリアだけが流れる $h\nu \gg \phi_B$ の領域から外挿して ϕ_B を求めれば，トンネル電流の影響はほとんど受けない．

(a)

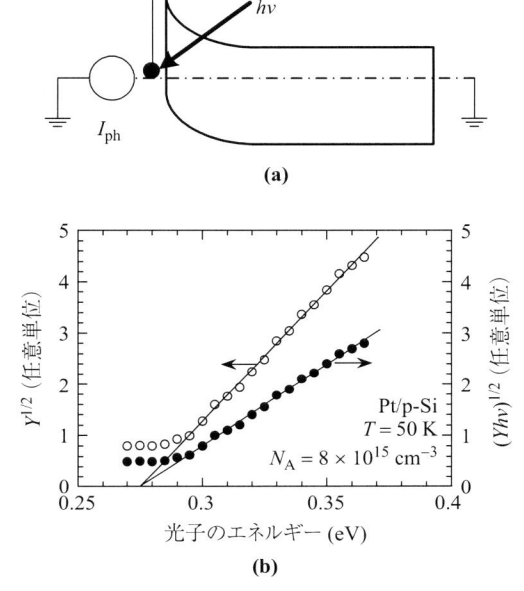

(b)

図3.41 Pt/p型Siダイオードの光電子放出の収率．文献107のデータ．

3.5.5 弾道電子放出顕微鏡法

走査トンネル顕微鏡をもとにした弾道電子放出顕微鏡法（ballistic electron emission microscopy; BEEM）は，ショットキー・ダイオードのような半導体ヘテロ構造を非破壊で局所的に評価できる強力な低エネルギー手法で，第9章でより詳しく議論する．これにより，界面の電子構造の均一性に関する横方向の情報がきわめて高い分解能で得られ，金属薄膜内，界面，および半導体内でのホットエレクトロンの輸送エネルギーに関する情報が得られる[106]．

3.6 方法の比較

数多くの研究によって，電流—電圧（$I-V$），電流—温度（$I-T$），容量—電圧（$C-V$），および光電流（PC）の方法で求めた障壁の高さが比較されている．ある研究では，GaAs基板にPt薄膜を蒸着した障壁の高さが$\phi_B(I-V) = 0.81\,\mathrm{V}$，$\phi_B(C-V) = 0.98\,\mathrm{V}$，および$\phi_B(PC) = 0.905\,\mathrm{V}$となった[107]．どの値が一番信頼できるだろうか．界面の欠陥は再結合中心となったりトラップアシスト・トンネル電流を介する中間準位となるので，界面のダメージは$I-V$の挙動に影響する．再結合中心と中間準位はともにnを上げ，ϕ_Bを下げる．$C-V$測定ではこのような欠陥に対する感度は鈍いが，空間電荷領域の幅が変わって切片の電圧がずれる可能性がある．光電流測定はこのような欠陥に対してさらに感度がないので，この方法が最も信頼できると考えられる．しかしファウラー・プロットがいつも直線的であるとは限らない．そういうときは，一次導関数のプロットをとれば直線部分が現れ，より信憑性の高いϕ_Bを抽出できる．

n型GaAsおよびp型GaAsに堆積した様々な金属で$\phi_B(I-V) < \phi_B(PC) < \phi_B(C-V)$という順が観測されている[108]．$p$型InPのショットキー障壁の高さの測定では$\phi_B(I-T) < \phi_B(C-V)$である[109]．これらの差は，コンタクトの障壁の高さが一様でないことによる．障壁の高さが異なるショットキー・ダイオードが並列になっていると，$I-V$の挙動は**障壁の低いところで決まる**が，$C-V$の挙動はコンタクトの面積が大きい方で決まる[110]．この並列伝導モデルでは，局所的に障壁の高さが異なる領域が互い

に電気的に独立であると仮定し，全電流はそれぞれの領域を流れる電流の総和であるとする．この概念を面積比一定で大きさを変えた混相合金コンタクトの理論へ拡張し，一般に $\phi_B(I-V) < \phi_B(C-V)$ の関係になると予想している[111]．コンタクト領域が広いときは，文献110と同様の結果が得られている．しかし，コンタクトの領域が狭くなると，障壁の低い領域が障壁の高い領域によって狭められることがわかっている．

障壁の高さが変わるとリチャードソン定数が変わることも，障壁高さの不均一性で説明される．アニールのようなプロセスの条件で A^* が変わることもよくある．アニールによって障壁高さの均一性が変わり，A^* も変わると考えられる．したがって，ϕ_B の決定に A^* が必要な $I-V$ や $I-T$ の方法より，$C-V$ や光電流による方法の方が好ましいといえる．$C-V$ 法では，$1/C^2-V$ プロットが直線的で周波数によらないことが重要である．光電流法では半導体の外部からデバイスを探る．つまり金属から半導体へ光電子が放出される．$I-V$ 法と $C-V$ 法は半導体の内部からデバイスを探る．したがって後者2つの方法は空間的な不均一性，金属と半導体の界面の絶縁層，ドーピングの不均一性，表面のダメージ，およびトンネリングに敏感である．光電流の方法はこれらのパラメータによる影響が最も小さく，障壁の高さの値として最も信頼できる．このような要因がほとんどないコンタクトなら，どの方法でも互いによく一致した値になる．

3.7　強みと弱み

2端子法：2点コンタクト—2端子接触抵抗測定法は簡単ではあるが，得られる情報が最も少ない．接触抵抗は半導体のバルク抵抗あるいはシート抵抗に隠れてしまう．この方法は今ではほとんどつかわない．2端子の**コンタクトチェーン**は主にプロセスのモニタにつかわれる．これから接触抵抗の詳細を知ることはできず，コンタクト比抵抗もよくわからない．マルチコンタクト2端子法は伝送長による方法でつかわれ，半導体のシート抵抗が接触抵抗から切り分けられ，接触抵抗とコンタクト比抵抗も求めることができる．この方法でコンタクト前方エッジ抵抗およびコンタクト端抵抗の測定が可能になる．この実験データは (1)切片を求めるときのデータの外挿，(2)コンタクト周りの横方向電流，および(3)コンタクト直下とコンタクト窓の外側とのシート抵抗の違いが解釈を複雑にする．コンタクト窓が拡散領域より狭いと，コンタクトの周りに横方向の電流が流れ，実験データを従来の一次元の理論で解析すると，誤った接触抵抗になる．最も信頼できる測定をするには，図3.22に示すようにテストストラクチャが次の条件を満たす必要がある：$L > L_T$, $Z \gg L$, $\delta = W - Z \ll W$．

4端子法：4端子ストラクチャあるいはケルビン・テストストラクチャは多くの理由で2端子ストラクチャや3端子ストラクチャより優れている．(1)金属—半導体コンタクトは1つだけで，電流に対する電圧の比として直接接触抵抗を測定できる．したがって R_c は小さくてもかまわない．(2)金属のシート抵抗も，半導体のシート抵抗も，R_c の決定に関与しない．したがって，測定可能な R_c の値に構造や材料による制限がない．(3)コンタクト面積を高集積ICのコンタクト面積と同等にすることができるので，この方法は簡便で魅力的である．しかし，横方向の電流成分が解釈の妨げになる．コンタクト窓から拡散領域の縁までのギャップが無視できないときは，二次元あるいは三次元の効果が重要であることがモデリングからわかっている．

6端子法：6端子法は4端子法によく似ている．ケルビン・テストストラクチャを含み，コンタクト前方エッジ抵抗およびコンタクト端抵抗とコンタクト下のシート抵抗も測定できる．4端子ストラクチャよりやや複雑であるが，マスクを追加する必要はない．

コンタクト比抵抗 ρ_c の絶対値を求めることは，どの接触抵抗測定法でも難しい．実験データを単純な一次元で解釈した ρ_c の値は往々にして正しくない．実験データを適切に解釈するには，より正しいモデリングが必要である．すると，過去に単純な一次元の解釈で求めたデータの多くが疑わしくなる．それでも ρ_c を性能指数（figure of merit）としてつかっているが，その値を得た実験条件は明確にしておくべきである．**接触抵抗**を直接測ったとしても，測定した抵抗値が真の接触抵抗であるとは限らない．

ショットキー障壁の高さ：ショットキー障壁の高さの測定の強みと弱みは3.6節で議論している．

補遺3.1　寄生抵抗の効果

ここの議論は文献72にしたがう。式 (3.22) と (3.24) は図A3.1の単純な等価回路で表せる。図のように電流Iが流れるとき，Aと接地との間の抵抗はR_{cf}，Bと接地との間の抵抗はR_{ce}である。図A3.2の配置の等価回路が図A3.3である。コンタクト端抵抗R_{ce}は図A3.1と同じとみてよい。残りの抵抗は$R_{cf} - R_{ce}$であるから，接触抵抗R_{cf}がわかる。コンタクト間の幅がZの半導体領域は$R_{sh}d/Z$の抵抗をもつ。ここでR_{sh}は長さd, 幅δの並列抵抗R_Pの領域を除くシート抵抗である。すると，コンタクト間の全抵抗は

$$R_T(\delta \neq 0) = 2R_{ce} + [2(R_{cf} - R_{ce}) + R_{sh}d/Z]//R_P/2 \tag{A3.1}$$

で，//は抵抗の並列接続を表している。$\delta = 0$とすると，

$$R_T(\delta = 0) = 2R_{cf} + R_{sh}d/Z \tag{A3.2}$$

となる。式 (A3.1) の項の掛け算を実行して$2R_{cf} + R_{sh}d/Z$について解けば，

$$2R_{cf} + R_{sh}d/Z = 2R_{ce} + \frac{(R_T(\delta \neq 0) - 2R_{ce})R_P}{R_P/2 - R_T(\delta \neq 0) + 2R_{ce}} = R' \tag{A3.3}$$

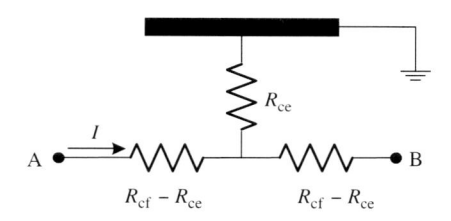

図A3.1　コンタクト前方エッジ抵抗とコンタクト端抵抗を示す単一コンタクトの等価回路.

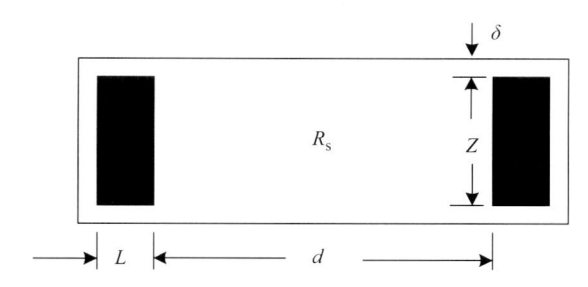

図A3.2　伝送長の方法につかうコンタクト・テストストラクチャ.

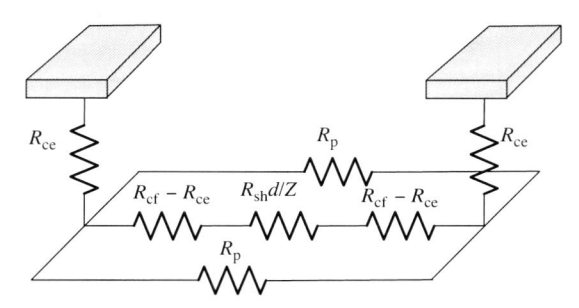

図A3.3　並列抵抗R_pを含む図A3.2のテストストラクチャの等価回路.

となる。$R_T(\delta \neq 0)$ は2つのコンタクト間の全抵抗の測定値，R' は2つの並列抵抗を含めて補正した抵抗である．

式（A3.1）の並列抵抗は

$$R_p = 2FR_{sh} \tag{A3.4}$$

で与えられる。ここでFは補正因子

$$F = K(k_0)/K(k_1) \tag{A3.5}$$

Kは完全楕円積分

$$K(k) = \int_0^\pi \frac{d\phi}{\sqrt{1-(k\sin\phi)^2}} \tag{A3.6}$$

で，k_0とk_1は

$$k_0 = \frac{\tanh(\pi d/4\delta)}{\tanh(\pi(d+4L)/4\delta)} \quad ; \quad k_1 = \sqrt{1-k_0^2} \tag{A3.7}$$

で与えられる。図A3.2のようにLはコンタクトの長さ，dはコンタクト間の距離，δはギャップである．コンタクト間の距離dに対する補正因子Fを，ギャップδを変えて**図A3.4**にプロットする．

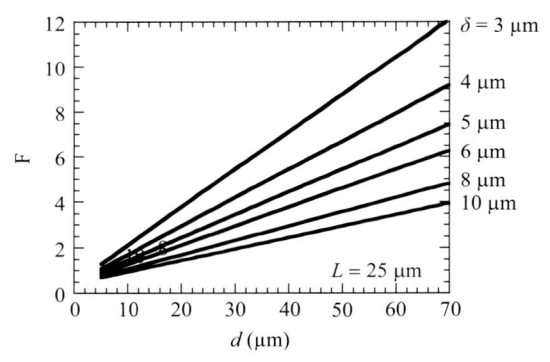

図A3.4　$L=25\,\mu m$のときのいろいろなギャップ間隔δに対する補正因子—dプロット．IEEE（©2002, IEEE）の承諾により文献72から再掲．

補遺3.2　半導体とのコンタクト合金

材料	合金	コンタクトの種類
n型 Si	Au–Sb	オーミック
p型 Si	Au–Ga	オーミック
n型 Si	Al	オーミック
p型 Si	Al	ショットキー
n型 GaAs	Au–Ge	オーミック
n型 GaAs	Sn	オーミック
p型 GaAs	Au–Zn	オーミック
p型 GaAs	In	オーミック
n型 GaInP	Au–Sn	オーミック
n型 InP	Ni/Au–Ge/Ni	オーミック
n型 InP	Au–Sn	オーミック
p型 InP	Au–Zn	オーミック

n型 AlGaAs*	Ni/Au-Ge/Ni	オーミック
p型 AlGaAs*	In-Sn	オーミック
GaAs(nまたはp型)	Ni	ショットキー
GaAs(nまたはp型)	Al	ショットキー
GaAs(nまたはp型)	Au-Ti	ショットキー
InP(nまたはp型)	Au	ショットキー
InP(nまたはp型)	Au-Ti	ショットキー

出典：Bio-Rad. 文献112. *GaAsキャップ層つき.

文　　献

1) F. Braun, *Annal. Phys. Chem.*, **153**, 556-563 (1874)
2) W. Schottky, *Naturwissenschaften*, **26**, 843, Dec. (1938); *Z. Phys.*, **113**, 367-414, July (1939); *Z. Phys.*, **118**, 539-592, Feb. (1942)
3) H.K. Henisch, Rectifying Semiconductor Contacts, Clarendon Press, Oxford (1957)
4) R.T. Tung, *Mat. Sci. Eng.*, **R35**, 1-138 (2001)
5) B. Schwartz (ed.), Ohmic Contacts to Semiconductors, Electrochem. Soc., New York (1969)
6) V.L. Rideout, *Solid-State Electron.*, **18**, 541-550, June (1975)
7) N. Braslau, *J. Vac. Sci. Technol.*, **19**, 803-807, Sept./Oct. (1981)
8) A. Piotrowska, A. Guivarch, and G. Pelous, *Solid-State Electron.*, **26**, 179-197, March (1983)
9) D.K. Schroder and D.L. Meier, *IEEE Trans. Electron Dev.*, **ED-31**, 637-647, May (1984)
10) A.Y.C. Yu, *Solid-State Electron.*, **13**, 239-247, Feb. (1970)
11) S.S. Cohen, *Thin Solid Films*, **104**, 361-379, June (1983)
12) A.G. Milnes and D.L. Feucht, Heterojunction and Metal-Semiconductor Junctions, Academic Press, New York (1972)
13) B.L. Sharma and R.K. Purohit, Semiconductor Heterojunctions, Pergamon, London (1974); B.L. Sharma, in *Semiconductors and Semimetals* (R.K. Willardson and A.C. Beer, eds.), **15**, 1-38, Academic Press, New York (1981)
14) E.H. Rhoderick and R.H. Williams, Metal-Semiconductor Contacts, 2nd ed., Clarendon, Oxford (1988)
15) S.S. Cohen and G.S. Gildenblat, Metal-Semiconductor Contacts and Devices, Academic Press, Orlando, FL (1986)
16) N.F. Mott, *Proc. Camb. Phil. Soc.*, **34**, 568-572 (1938)
17) W.E. Spicer, I. Lindau, P.R. Skeath and C.Y. Su, *Appl. Surf. Sci.*, **9**, 83-91, Sept. (1981); W. Mönch, *Rep. Progr. Phys.*, **53**, 221-278, March (1990); L.J. Brillson, *J. Phys. Chem. Solids*, **44**, 703-733 (1983)
18) C.A. Mead, in Ohmic Contacts to Semiconductors (B. Schwartz, ed.), 3-16, Electrochem. Soc., New York (1969)
19) J. Bardeen, *Phys. Rev.*, **71**, 717-727, May (1947)
20) R.H. Williams, *Contemp. Phys.*, **23**, 329-351, July/Aug. (1982)
21) L.J. Brillson, *Thin Solid Films*, **89**, L27-L33, March (1982)
22) J. Tersoff, *J. Vac. Sci. Technol.*, **B3**, 1157-1161, July/Aug. (1985)
23) I. Lindau and T. Kendelewicz, *CRC Crit. Rev. in Solid State and Mat. Sci.*, **13**, 27-55, Jan. (1986)
24) F.A. Kroger, G. Diemer and H.A. Klasens, *Phys. Rev.*, **103**, 279, July (1956)

25) S.M. Sze, Physics of Semiconductor Devices, 2nd ed., 255-258, Wiley, New York (1981)
26) F.A. Padovani and R. Stratton, Solid-State Electron., **9**, 695-707, July (1966); F.A. Padovani, in Semiconductors and Semimetals (R.K. Willardson and A.C. Beer, eds.), **7A**, 75-146, Academic Press, New York (1971)
27) C.R. Crowell and V.L. Rideout, Solid-State Electron., **12**, 89-105, Feb. (1969); Appl. Phys. Lett., **14**, 85-88, Feb. (1969)
28) K.K. Ng and R. Liu, IEEE Trans. Electron Dev., **37**, 1535-1537, June (1990)
29) R.S. Popovic, Solid-State Electron., **21**, 1133-1138, Sept. (1978)
30) D.F. Wu, D. Wang and K. Heime, Solid-State Electron., **29**, 489-494, May (1986)
31) G. Brezeanu, C. Cabuz, D. Dascalu and P.A. Dan, Solid-State Electron., **30**, 527-532, May (1987)
32) C.Y. Chang and S.M. Sze, Solid-State Electron., **13**, 727-740, June (1970)
33) C.Y. Chang, Y.K. Fang and S.M. Sze, Solid-State Electron., **14**, 541-550, July (1971)
34) W.J. Boudville and T.C. McGill, Appl. Phys. Lett., **48**, 791-793, March (1986)
35) n型Siのデータは文献9, 32, 39, 43, 44, 45, 49, 55, 58, 69, S.S. Cohen, P.A. Piacente, G. Gildenblat and D.M. Brown, J. Appl. Phys., **53**, 8856-8862, Dec. (1982); S. Swirhun, K.C. Saraswat and R.M. Swanson, IEEE Electron Dev. Lett., **EDL-5**, 209-211, June (1984); S.S. Cohen and G.S. Gildenblat, IEEE Trans. Electron Dev., **ED-34**, 746-752, April (1987) より採用
36) p型Siのデータは文献39, 43, 44, 49, 55, 69, S.S. Cohen, P.A. Piacente, G. Gildenblat and D.M. Brown, J. Appl. Phys., **53**, 8856-8862, Dec. (1982); S. Swirhun, K.C. Saraswat and R.M. Swanson, IEEE Electron Dev. Lett., **EDL-5**, 209-211, June (1984); S.S. Cohen and G.S. Gildenblat, IEEE Trans. Electron Dev., **ED-34**, 746-752, April (1987); G.P. Carver, J.J. Kopanski, D.B. Novotny and R.A. Forman, IEEE Trans. Electron Dev., **ED-35**, 489-497, April (1988) より採用
37) n型GaAsのデータは文献6およびその引用文献にある
38) p型GaAsのデータは文献6, C.J. Nuese and J.J. Gannon, J. Electrochem. Soc., **115**, 327-328, March (1968); K.L. Klohn and L. Wandinger, J. Electrochem. Soc., **116**, 507-508, April (1969); H. Matino and M. Tokunaga, J. Electrochem. Soc., **116**, 709-711, May (1969); H.J. Gopen and A.Y.C. Yu, Solid-State Electron., **14**, 515-517, June (1971); O. Ishihara, K.Nishitani, H. Sawano and S. Mitsue, Japan. J. Appl. Phys., **15**, 1411-1412, July (1976); C.Y. Su and C. Stolte, Electron. Lett., **19**, 891-892, Oct. (1983); R.C. Brooks, C.L. Chen, A. Chu, L.J. Mahoney, J.G. Mavroides, M.J. Manfra and M.C. Finn, IEEE Electron Dev. Lett., **EDL-6**, 525-527, Oct. (1985)
39) S.E. Swirhun and R.M. Swanson, IEEE Electron Dev. Lett., **EDL-7**, 155-157, March (1986)
40) D.M. Brown, M. Ghezzo and J.M. Pimbley, Proc. IEEE, **74**, 1678-1702, Dec. (1986)
41) M.V. Sullivan and J.H. Eigler, J. Electrochem. Soc., **103**, 218-220, April (1956)
42) R.H. Cox and H. Strack, Solid-State Electron., **10**, 1213-1218, Dec. (1967)
43) R.D. Brookes and H.G. Mathes, Bell Syst. Tech. J., **50**, 775-784, March (1971)
44) H. Muta, Japan. J. Appl. Phys., **17**, 1089-1098, June (1978)
45) A.K. Sinha, J. Electrochem. Soc., **120**, 1767-1771, Dec. (1973)
46) G.Y. Robinson, Solid-State Electron., **18**, 331-342, April (1975)
47) G.P. Carver, J.J. Kopanski, D.B. Novotny, and R.A. Forman, IEEE Trans. Electron Dev., **35**, 489-497, April (1988)
48) A. Shepela, Solid-State Electron., **16**, 477-481, April (1973)
49) C.Y. Ting and C.Y. Chen, Solid-State Electron., **14**, 433-438, June (1971)
50) J.M. Andrews, Bell Syst. Tech. J., **62**, 1107-1160, April (1983)
51) D.P. Kennedy and P.C. Murley, IBM J. Res. Dev., **12**, 242-250, May (1968)

52) H. Murrmann and D. Widmann, *IEEE Trans. Electron Dev.*, **ED-16**, 1022-1024, Dec.（1969）
53) H. Murrmann and D. Widmann, *Solid-State Electron.*, **12**, 879-886, Dec.（1969）
54) H.H. Berger, *Solid-State Electron.*, **15**, 145-158, Feb.（1972）; H.H. Berger, *J. Electrochem. Soc.*, **119**, 507-514, April（1972）
55) J.M. Pimbley, *IEEE Trans. Electron Dev.*, **ED-33**, 1795-1800, Nov.（1986）
56) G.K. Reeves, P.W. Leech, and H.B. Harrison, *Solid-State Electron.*, **38**, 745-751, April（1995）; G.K. Reeves and H.B. Harrison, *IEEE Trans. Electron Dev.*, **42**, 1536-1547, Aug.（1995）
57) J.G.J. Chern and W.G. Oldham, *IEEE Electron Dev. Lett.*, **EDL-54**, 178-180, May（1984）この論文に対するコメント：J.A. Mazer and L.W. Linholm, *IEEE Electron Dev. Lett.*, **EDL-5**, 347-348, Sept.（1984）; J. Chern and W.G. Oldham, *IEEE Electron Dev. Lett.*, **EDL-5**, 349, Sept.（1984）; M. Finetti, A. Scorzoni and G. Soncini, *IEEE Electron Dev. Lett.*, **EDL-6**, 184-185, April（1985）
58) S.E. Swirhun, W.M. Loh, R.M. Swanson and K.C. Saraswat, *IEEE Electron Dev. Lett.*, **EDL-6**, 639-641, Dec.（1985）
59) G.K. Reeves, *Solid-State Electron.*, **23**, 487-490, May（1980）; A.J. Willis and A.P. Botha, *Thin Solid Films*, **146**, 15-20, Jan.（1987）
60) S.S. Cohen and G.Sh. Gildenblat, *VLSI Electronics*, **13**, Metal-Semiconductor Contacts and Devices, Academic Press, Orlando, FL, 115（1986）; G.S. Marlow and M.B. Das, *Solid-State Electron.*, **25**, 91-94, Feb.（1982）; M. Ahmad and B.M. Arora, *Solid-State Electron.*, **35**, 1441-1445, Oct.（1992）
61) J. Klootwijk, Philips Research Labs. 私信
62) A. Scorzoni, M. Vanzi, and A. Qerzé, *IEEE Trans. Electron Dev.*, **37**, 1750-1757, July（1990）
63) E.G. Woelk, H. Kräutle and H. Beneking, *IEEE Trans. Electron Dev.*, **ED-33**, 19-22, Jan.（1986）
64) W. Shockley in A. Goetzberger and R.M. Scarlett, Rep. No. AFAL-TDR-64-207, Air Force Avionics Lab., Wright-Patterson Air Force Base, OH, Sept.（1964）
65) L.K. Mak, C.M. Rogers, and D.C. Northrop, *J. Phys. E: Sci. Instr.*, **22**, 317-321, May（1989）
66) G.K. Reeves and H.B. Harrison, *IEEE Electron Dev. Lett.*, **EDL-34**, 111-113, May（1982）
67) L. Gutai, *IEEE Trans. Electron Dev.*, **37**, 2350-2360, 2361-2380, Nov.（1990）
68) D.B. Scott, W.R. Hunter and H. Shichijo, *IEEE Trans. Electron Dev.*, **ED-29**, 651-661, April（1982）
69) G.K. Reeves and H.B. Harrison, *Electron. Lett.*, **18**, 1083-1085, Dec.（1982）; G. Reeves and H.B. Harrison, *IEEE Trans. Electron Dev.*, **ED-33**, 328-334, March（1986）
70) B. Kovacs and I. Mojzes, *IEEE Trans. Electron Dev.*, **ED-33**, 1401-1403, Sept.（1986）
71) I.F. Chang, *J. Electrochem. Soc.*, **117**, 368-372, Feb.（1970）; A. Scorzoni and U. Lieneweg, *IEEE Trans. Electron Dev.*, **ED-37**, 1099-1103, June（1990）
72) E.F. Chor and J. Lerdworatawee, *IEEE Trans. Electron Dev.*, **49**, 105-111, Jan.（2002）
73) K.K. Shih and J.M. Blum, *Solid-State Electron.*, **15**, 1177-1180, Nov.（1972）
74) S.S. Cohen, G. Gildenblat, M. Ghezzo and D.M. Brown, *J. Electrochem. Soc.*, **129**, 1335-1338, June（1982）
75) S.J. Proctor and L.W. Linholm, *IEEE Electron Dev. Lett.*, **EDL-3**, 294-296, Oct.（1982）; S.J. Proctor, L.W. Linholm and J.A. Mazer, *IEEE Trans. Electron Dev.*, **ED-30**, 1535-1542, Nov.（1983）
76) J.A. Mazer, L.W. Linholm and A.N. Saxena, *J. Electrochem. Soc.*, **132**, 440-443, Feb.（1985）
77) A.A. Naem and D.A. Smith, *J. Electrochem. Soc.*, **133**, 2377-2380, Nov.（1986）
78) M. Finetti, A. Scorzoni and G. Soncini, *IEEE Electron Dev. Lett.*, **EDL-5**, 524-526, Dec.（1984）
79) A.S. Holland, G.K. Reeves, and P.W. Leech, *IEEE Trans. Electron Dev.*, **51**, 914-919, June（2004）
80) M. Ono, A. Nishiyama and A. Toriumi, *Solid-State Electron.*, **46**, 1325-1331, Sept.（2002）
81) W.M. Loh, S.E. Swirhun, T.A. Schreyer, R.M. Swanson and K.C. Saraswat, *IEEE Trans. Electron Dev.*, **ED-34**, 512-524, March（1987）

82) A. Scorzoni, M. Finetti, K. Grahn, I. Suni and P. Cappelletti, *IEEE Trans. Electron Dev.*, **ED-34**, 525-531, March (1987)
83) P. Cappelletti, M. Finetti, A. Scorzoni, I. Suni, N. Cirelli and G.D. Libera, *IEEE Trans. Electron Dev.*, **ED-34**, 532-536, March (1987)
84) U. Lieneweg and D.J. Hannaman, *IEEE Electron Dev. Lett.*, **EDL-8**, 202-204, May (1987)
85) S.A. Chalmers and B.G. Streetman, *IEEE Trans. Electron Dev.*, **ED-34**, 2023-2024, Sept. (1987)
86) W.T. Lynch and K.K. Ng, *IEEE Int. Electron Dev. Meet. Digest*, 352-355, San Francisco (1988)
87) T.F. Lei, L.Y. Leu and C.L. Lee, *IEEE Trans. Electron Dev.*, **ED-34**, 1390-1395, June (1987); W.L. Yang, T.F. Lei, and C.L. Lee, *Solid-State Electron.*, **32**, 997-1001, Nov. (1989)
88) C.L. Lee, W.L. Yang and T.F. Lei, *IEEE Trans. Electron Dev.*, **ED-35**, 521-523, April (1988)
89) L.Y. Leu, C.L. Lee, T.F. Lei, and W.L. Yang, *Solid-State Electron.*, **33**, 177-188, Feb. (1990)
90) J.G.J. Chern, W.G. Oldham and N. Cheung, *IEEE Trans. Electron Dev.*, **ED-32**, 1341-1346, July (1985)
91) H. Onoda, *IEEE Electron Dev. Lett.*, **EDL-9**, 613-615, Nov. (1988)
92) T.J. Faith, R.S. Iven, L.H. Reed, J.J. O'Neill Jr., M.C. Jones and B.B. Levin, *J. Vac. Sci. Technol.*, **B2**, 54-57, Jan./March (1984)
93) N. Braslau, *J. Vac. Sci. Technol.*, **19**, 803-807, Sept./Oct. (1981); *Thin Solid Films*, **104**, 391-397, June (1983)
94) J. Willer, D. Ristow, W. Kellner and H. Oppolzer, *J. Electrochem. Soc.*, **135**, 179-181, Jan. (1988)
95) J.M. Andrews and M.P. Lepselter, *Solid-State Electron.*, **13**, 1011-1023, July (1970)
96) A.K. Srivastava, B.M. Arora, and S. Guha, *Solid-State Electron.*, **24**, 185-191, Feb. (1981)およびその引用文献
97) M. Missous and E.H. Rhoderick, *J. Appl. Phys.*, **69**, 7142-7145, May (1991)
98) F. Hossain, Arizona State University
99) R.T. Tung, *Appl. Phys. Lett.*, **58**, 2821-2823, June (1991)
100) A.S. Bhuiyan, A. Martinez and D. Esteve, *Thin Solid Films*, **161**, 93-100, July (1988)
101) A.M. Goodman, *J. Appl. Phys.*, **34**, 329-338, Feb. (1963)
102) R.H. Fowler, *Phys. Rev.*, **38**, 45-56, July (1931)
103) W. Mönch, Electronic Properties of Semiconductor Interfaces, 63-67, Springer, Berlin (2004)
104) R. Turan, N. Akman, O. Nur, M.Y.A. Yousif, and M. Willander, *Appl. Phys.*, **A72**, 587-593, May (2001)
105) T. Okumura and K.N. Tu, *J. Appl. Phys.*, **54**, 922-927, Feb. (1983)
106) L.D. Bell and W.J. Kaiser, *Annu. Rev. Mat. Sci.*, **26**, 189-222 (1996)
107) C. Fontaine, T. Okumura and K.N. Tu, *J. Appl. Phys.*, **54**, 1404-1412, March (1983)
108) T. Okumura and K.N. Tu, *J. Appl. Phys.*, **61**, 2955-2961, April (1987)
109) Y.P. Song, R.L. Van Meirhaeghe, W.H. Laflére and F. Cardon, *Solid-State Electron.*, **29**, 633-638, June (1986)
110) I. Ohdomari and K.N. Tu, *J. Appl. Phys.*, **51**, 3735-3739, July (1980)
111) J.L. Freeouf, T.N. Jackson, S.E. Laux and J.M. Woodall, *J. Vac. Sci. Technol.*, **21**, 570-574, July/Aug. (1982)
112) Bio-Rad, *Semiconductor Newsletter*, Winter (1988)

おさらい

- 接触抵抗を下げるのに最も重要なパラメータは何か。
- 金属―半導体の3つの伝導メカニズムは何か。
- フェルミ準位のピンニングとは何か。
- コンタクト比抵抗とは何か。また，その単位は何か。
- コンタクトチェーンでコンタクトを詳細に評価できるか。なぜできる（できない）のか。
- 伝送長による方法とは何か。
- ケルビン接触抵抗測定で横方向の電流はどのような影響を及ぼすか。
- ショットキー・ダイオードの障壁の高さはどのようにして求めるのか。
- リチャードソン定数はどのようにして測定するのか。

4. 直列抵抗，チャネルの長さと幅，しきい値電圧

4.1 序論

　一般に，半導体デバイスや半導体回路に直列抵抗があると性能が下がるが，この直列抵抗は，直列および並列抵抗，デバイス構造，デバイスを流れる電流に左右される。**直列抵抗**r_sは，半導体の抵抗率と接触抵抗に，必要に応じて寸法的要因を加味して決まる。デバイスが劣化してしまうまでに直列抵抗はかなり大きくなる。たとえば，逆バイアスしたフォトダイオードの光電流がナノアンペア程度のときは，直列抵抗をそれほど気にしなくてよい。しかし，太陽電池やパワーデバイスでは直列抵抗が数オームでも問題になる。直列抵抗r_sが容量およびキャリア密度プロファイルの測定におよぼす影響は2.4.2節で議論した。デバイス設計者の目的は直列抵抗が無視できるほど小さなデバイスを設計することにある。しかしr_sはゼロにはならないので，これを測れるようにしておかねばならない。MOSFETの有効チャネル長と有効チャネル幅はデバイスの重要なパラメータである。これらのパラメータはモデリングに必要だが，マスクで規定した寸法でも，仕上り寸法でもないのがふつうである。また，しきい値電圧もMOSFETの重要なパラメータの1つである。ここではこれらを求める方法を議論する。

4.2 *pn*接合ダイオード
4.2.1 電流─電圧特性（*I* - *V*）

　*pn*接合の電流は，ダイオードの電圧V_dの関数として

$$I = I_0(e^{qV_d/nkT} - 1) \tag{4.1}$$

のように書くことが多い。ここでI_0は飽和電流，nはダイオードの理想因子である。ダイオードの電圧V_dは空間電荷領域にかかる電圧で，pおよびnの準中性領域での電圧降下は考慮しない。I_0とnが一定のときは，$V_d > nkT/q$で$\log I - V_d$プロットは直線になる。

　半導体ダイオードは理想的なダイオードに直列抵抗r_sをつないだ**図4.1**の等価回路で表すことができる。このデバイスに電流が流れると，ダイオードの**端子間**電圧Vは，

$$V = V_d + Ir_s \tag{4.2}$$

になる。直列抵抗によって式（4.1）は

$$I = I_0[e^{q(V - Ir_s)/nkT} - 1] \tag{4.3}$$

となる。

　*pn*接合ダイオードの電流は空間電荷領域（scr）での生成・再結合と準中性領域（qnr）での生成・再結合の2つの成分からなり，

$$I = I_{0,scr}[e^{q(V - Ir_s)/nkT} - 1] + I_{0,qnr}[e^{q(V - Ir_s)/nkT} - 1] \tag{4.4}$$

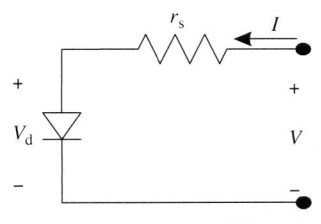

図4.1　ダイオードの等価回路.

のように表せる。順バイアスのときの式（4.4）を図4.2にプロットしてある。このプロットは4つの領域に分けられる。$Ir_s \ll V \ll nkT/q$では電流の電圧依存性が線形（$e^{qV/nkT} - 1 \approx qV/nkT$）になるので，片対数プロットでは非線形な曲線になる。$V \gg nkT/q$のときは低電流で空間電荷領域での再結合に，高電流では準中性領域での再結合に電流が支配される。その境はこの例では$V = 0.3$ Vである。高電流領域での直線からのずれは直列抵抗r_sによるものである。

2つの直線部分を$V = 0$まで外挿すると，$I_{0,scr}$と$I_{0,qnr}$がわかる。直線の傾き

$$m = \frac{d \log I}{dV} \tag{4.5}$$

とサンプルの温度がわかれば，理想因子を

$$n = \frac{q}{\ln(10)mkT} = \frac{q}{2.3mkT} \tag{4.6}$$

の関係から求めることができる。一般に，対数の底を10として"log"の目盛りで実験データをプロットすることが多いので，本書でもeを底として"ln"と書く自然対数ではなく，"log"をつかうことにする。

$\log I - V$曲線で，高電流域での直線性からのずれは$\Delta V = Ir_s$であるから，

$$r_s = \frac{\Delta V}{I} \tag{4.7}$$

からr_sを求めることができる。ショットキー・ダイオードの電流—電圧特性もpn接合のそれと似ているので，図3.38からr_sを抽出してみよう。**図4.3**(a)は，この$I - V$曲線のうちr_sが無視できる領域で，この傾きから$n = 1.1$を得る。図4.3(b)はr_sが支配的な領域である。この直線からのずれによって，式（4.7）から$r_s = 0.8 \Omega$を得る。

この抵抗はダイオードのコンダクタンス$g_d = dI/dV$からも求めることもできる。r_sが問題になるのは準中性領域での再結合電流

$$I \approx I_{0,qnr} e^{q(V - Ir_s)/nkT} \tag{4.8}$$

が支配的なときで，これより

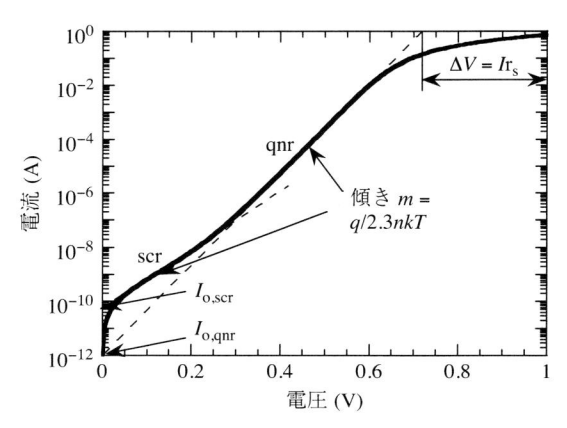

図4.2　直列抵抗があるダイオードの電流—電圧特性．上部の破線は$r_s = 0$の特性．

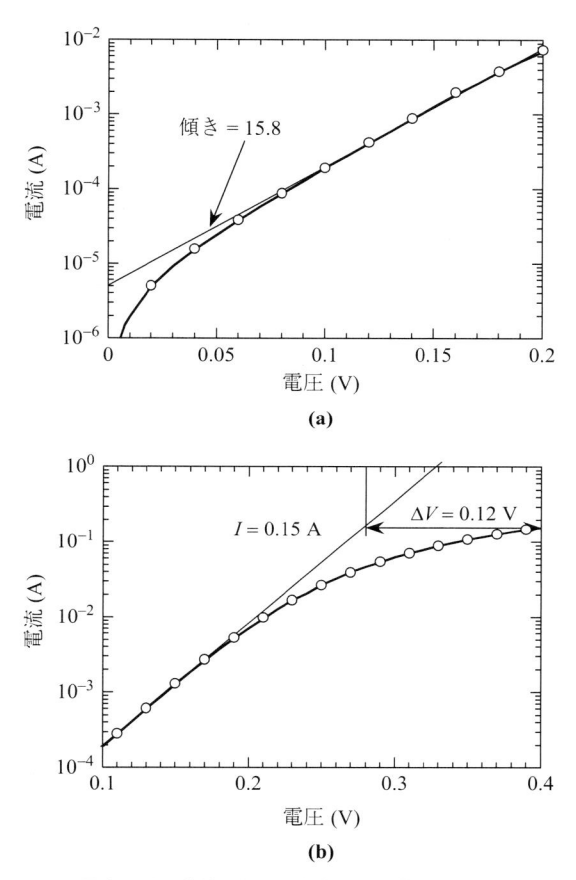

図4.3 図3.38のダイオードの電流—電圧特性. (a) r_s が無視できる低電圧領域, (b) r_s が支配的な高電圧領域.

$$g_d = \frac{qI(1 - r_s g_d)}{nkT} \tag{4.9}$$

を得る. 式 (4.9) は

$$\frac{I}{g_d} = \frac{nkT}{q} + I r_s \tag{4.10}$$

と書け[1], $I/g_d - I$ プロットにすれば, **図4.4**(a)のように $I = 0$ での切片が nkT/q となり, 傾きが r_s になる.
式 (4.9) は

$$\frac{g_d}{I} = \frac{q(1 - r_s g_d)}{nkT} \tag{4.11}$$

とも書けるので, $g_d/I - g_d$ をプロットすれば, 図4.4(b)のように $g_d = 0$ での切片 q/nkT, $g_d/I = 0$ の切片から $1/r_s$, また曲線の傾きから qr_s/nkT がわかる. 慎重に測定すれば, 式 (4.11) の方法が最も信頼できる結果を与えることがわかっているが[2], この方法は縦, 横両軸ともデータの微分 ($g_d = dI/dV$)

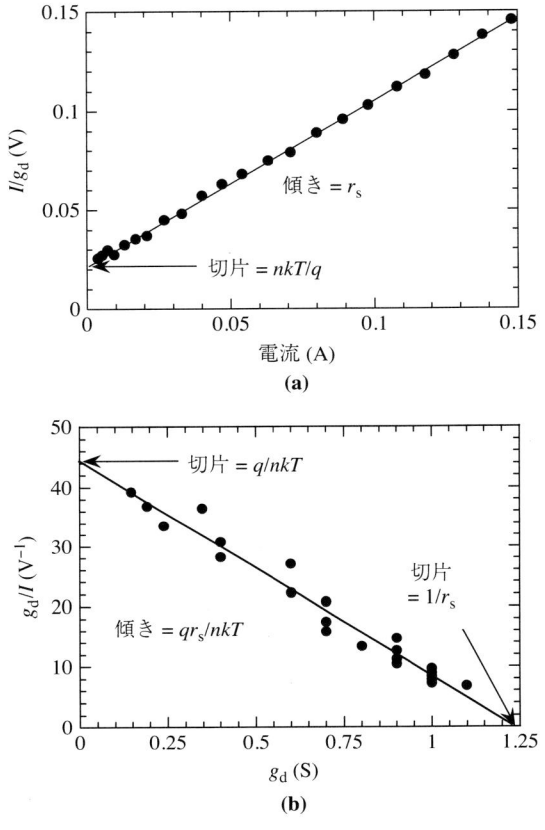

図4.4 図4.3のデバイスの(a) $I/g_d - I$, (b) $g_d/I - g_d$.

をつかうので，図4.4では(a)より(b)の方がばらつきが大きくなっている．r_sを求めた図4.3と4.4から重要なことがわかる．すなわち，一般に，**未知の量を求めるときは，1点のデータから求めるより，傾きから求めた方がより正確である**ということである．1点の測定データから求めると，いろいろな実験的不確定要素がパラメータに紛れ込むが，傾きをとればデータが平滑化され，実験誤差が丸められるからである．

ダイオードのコンダクタンスを測定するには，直流電圧Vに微小交流電圧δVを重ね，その同相成分δIをロックインアンプで測定する[3]．これから$g_d = \delta I/\delta V$を得る．電圧に対して電流は指数関数的であるから，δVはできるだけ小さくする．また，測定した$I-V$曲線を微分してもよいが，曲線はやはり指数関数的なので，直流電圧のステップは1 mV以下にすべきである．片対数プロットをつかうなら$g_d = Id(\ln I)/dV$で，電圧ステップとしては10 mVまで許容できる[2]．

4.2.2 開放回路電圧減衰法

開放回路電圧減衰法（open-circuit voltage decay; OCVD）は第7章で議論するように，pn接合の少数キャリア寿命を決定する方法の1つであるが，図4.5のようにダイオードの直列抵抗の測定にもつかえる．このときダイオードは順バイアスにする．$t = 0$でスイッチSを開き，開放回路のダイオード電圧の時間変化をモニタする．少数キャリアの**寿命**は$V_{oc} - t$曲線の傾きから求める．直列抵抗は$t = 0$で

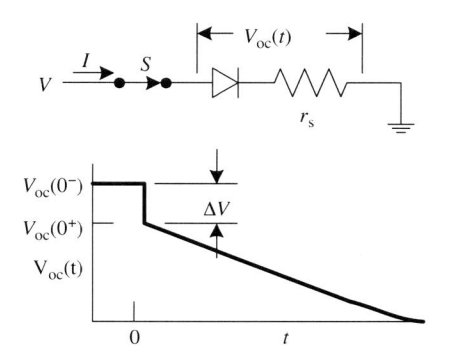

図4.5　pn接合の開放回路電圧減衰特性．$t=0$ で電圧が不連続になっている．

の電圧の不連続量ΔVから求める[3]．

　スイッチを開く直前のダイオードにかかる電圧$V_{oc}(0^-)$は，ダイオードの電圧V_dとデバイスの抵抗による電圧降下

$$V_{oc}(0^-) = V_d + Ir_s \tag{4.12}$$

からなる．スイッチSを開いて電流がゼロになると，この電圧は瞬時に$V_{oc}(0^+) = V_d$まで下がる．この$\Delta V = V_{oc}(0^-) - V_{oc}(0^+) = Ir_s$で与えられる電圧降下を測定し，別途$I$を測れば，直列抵抗$r_s = \Delta V / I$を簡単に計算できる．この絶対測定は傾きや切片に頼らず，小さなr_sを測定するのに向いている．この方法でダイオードの10から20 mΩまでの小さな直列抵抗が測られている．

4.2.3　容量—電圧法（$C - V$）

　第2章では直列抵抗が容量に与える影響をみた．並列等価回路の配置での接合デバイスの容量の測定値C_mは

$$C_m = \frac{C}{(1+r_s G)^2 + (2\pi f r_s C)^2} \tag{4.13}$$

で真の容量Cに結びつけられる．ここでGはコンダクタンス，fは周波数である．ふつうの接合デバイスではほぼ$r_s G \ll 1$が満たされるので，式（4.13）は

$$C_m \approx \frac{C}{1+(2\pi f r_s C)^2} \tag{4.14}$$

のように簡単になる．周波数を下げていくと，分母の第2項が1より小さくなり，真の容量Cがわかる．次にこの第2項が支配的になるまで周波数を上げれば，r_s以外の量はすべてわかっているので，r_sを計算することができる．この方法は$r_s \gg 1/2\pi fC$に限り有効である．この方法は，たとえば直流電流が流れないMOSキャパシタのように，直流電流法では直列抵抗を求めることができないデバイスにも有効である．

4.3　ショットキー障壁ダイオード
4.3.1　直列抵抗

　直列抵抗のないショットキー障壁ダイオードの電流—電圧特性は3.5節で議論した．直列抵抗のあるショットキー障壁ダイオードの熱電子放出電流—電圧特性は

$$I = I_s[e^{q(V-Ir_s)/nkT} - 1] \tag{4.15}$$

で与えられる。ここでI_sは飽和電流

$$I_s = AA^*T^2 e^{-q\phi_B/kT} = I_{s1} e^{-q\phi_B/kT} \tag{4.16}$$

Aはダイオードの面積，$A^* = 4\pi q k^2 m^*/h^3 = 120(m^*/m)$ A/cm$^2\cdot$K^{2}はリチャードソン定数[4]，ϕ_Bは有効障壁高さ，nは理想因子である。$Ir_s \ll V$のときは，式 (4.15) を

$$I = I_s \exp\left(\frac{qV}{nkT}\right)\left[1 - \exp\left(-\frac{qV}{kT}\right)\right] \tag{4.17}$$

のように表すこともある（補遺4.1参照）。式 (4.15) にしたがって片対数プロットしたデータは$V \gg kT/q$で直線的になる。しかし，式 (4.17) をつかって$\log[I/(1-\exp(-qV/kT))] - V$をプロットすると，$V = 0$までのデータも直線的になる。

4.2.1節のr_sを求める方法は，ショットキー・ダイオードにも適用できるが，

$$F = \frac{V}{2} - \frac{kT}{q}\ln\left(\frac{I}{I_{s1}}\right) \tag{4.18}$$

で定義されるノルデ関数Fをつかう方法もある[5]。これに式 (4.15) と (4.16) をつかうと，

$$F = \left(\frac{1}{2} - \frac{1}{n}\right)V + \frac{Ir_s}{n} + \phi_B \tag{4.19}$$

となる。Fという関数を特に定義してつかう理由は，Vに対してFをプロットすると，最小値が現れ，これからr_sとϕ_Bを求めることができるからである。FのV依存性を調べるために電圧の上限と下限を考察する。印加電圧が低い$Ir_s \ll V_d (\approx V)$の領域では，$n \approx 1$として，式 (4.19) より$dF/dV = 1/2 - 1/n \approx -1/2$となる。印加電圧が高い$Ir_s(\approx V) \gg V_d$の領域では$dF/dV = 1/2$である。このように$F$はこの高低両極端の電圧の間で（$dF/dV = 0$となる）最小値をもつことがわかる。最小値での電圧をV_{min}，電流をI_{min}とすると，最小値で$dF/dV = 0$であるから，直列抵抗は

$$r_s = \frac{2-n}{I_{min}}\frac{kT}{q} \tag{4.20}$$

となる。式 (4.20) を (4.19) に代入して，Fの値は

$$F = \left(\frac{1}{2} - \frac{1}{n}\right)V_{min} + \frac{2-n}{n}\frac{kT}{q} + \phi_B \tag{4.21}$$

となる。

ショットキー・ダイオードの直列抵抗は理想因子nとI_{min}から計算できることがわかった。理想因子は$\log I - V$プロットの傾きから求め，I_{min}は$V = V_{min}$での電流をとる。この方法ではI_{s1}，つまりA^*が既知でなければならない。しかしA^*は必ずしも既知とは限らないので，これがこの方法の短所となっている。実験的に求めたA^*がないときは，文献値に頼らざるをえない。A^*は金属層の厚さや金属の堆積条件はもとより，表面のクリーニング工程[6]およびサンプルのアニール温度を含むコンタクトの形成条件に左右されるので，文献値が妥当とは限らない[7]。

本来，ノルデ法の$F - V$プロットでは理想因子を$n = 1$と仮定しているだけでなく，$F - V$曲線の最小値近傍でのデータ点数が数点しかつかえないときは統計誤差も増加する。ノルデ法の改良版では正確さが増し，実験で得た$\log I - V$プロットからr_s, n, およびϕ_Bを抽出することができる[8]。その他2つの異なる温度での$I - V$曲線からr_s, n, およびϕ_Bを抽出しているものもある[9]。

直列抵抗がない場合の障壁の高さの測定は，3.5節で議論した。そこでは$\log I - V$曲線を$V = 0$まで外挿し，これから求めた飽和電流I_sから障壁の高さを計算するのが一般的な方法である。電流I_sは大変小さいので，直列抵抗はこの外挿には影響しない。障壁の高さϕ_Bは式（4.16）のI_sをつかって

$$\phi_B = \frac{kT}{q} \ln\left(\frac{AA^*T^2}{I_s}\right) \tag{4.22}$$

から計算できる。こうして求めた障壁の高さはゼロバイアスでのϕ_Bである。式（4.22）で最も不確かなパラメータがA^*で，この方法の正確さはA^*の確かさにかかっている。A^*が対数の項にあるので，A^*の誤差が2倍になってもϕ_Bとしては$0.69\,kT/q$の誤差ですむ。

　ノルデプロットには，その制約を除くためのいくつものバリエーションが提案されている。その1つに

$$H = V - \frac{nkT}{q} \ln\left(\frac{I}{I_{s1}}\right) = Ir_s + n\phi_B \tag{4.23}$$

で定義されるH関数がある[10]。この$H-I$プロットはr_sの傾きをもち，$n\phi_B$がH軸の切片になる。Fプロットと同様にHプロットもA^*がわかっていなければならない。ノルデプロットのバリエーションとして，A^*がわかっていなくてもよい

$$F_1 = \frac{qV}{2kT} - \ln\left(\frac{I}{T^2}\right) \tag{4.24}$$

がある[11]。F_1-Vをいろいろな温度でプロットすると，各プロットにはそれぞれ最小値があり，そこでのF_{1min}，電圧V_{min}，電流I_{min}が決まる。式（4.15），（4.16）および（4.20）と$V \gg kT/q$から，

$$2F_{1min} + (2-n)\ln\left(\frac{I_{min}}{T^2}\right) = 2 - n[\ln(AA^*) + 1] + \frac{qn\phi_B}{kT} \tag{4.25}$$

を得る。式（4.25）の左辺をq/kTに対してプロットすると，その直線の傾きが$n\phi_B$，y軸の切片が$2-n[\ln(AA^*)+1]$になる。面積Aがわかっていれば，nを別途求めて，ϕ_BとA^*の両方を抽出することができる。

$$F(V) = V - V_a \ln I \tag{4.26}$$

という関数もI_sとr_sを求めるのにつかわれている。V_aを独立な電圧としていろいろなV_aについて$F(V)$の最小値を求める[12]。式（4.26）で電流Iを従属変数として最小値を求める方法もある[13]。いろいろな関数を仮定して連立方程式の解を求める方法も提案されている[14]。$I-V$測定の結果から，熱電子放出の式だけでは障壁の高さと直列抵抗を求められないこともある。その場合は空間電荷領域での再結合とトンネル電流を考慮する必要がある[15]。障壁の高さが電圧に依存しているときは，飽和電流，障壁の高さ，ダイオードの理想因子，および直列抵抗のようなデバイスパラメータがさらに得づらくなる。文献16にはこの問題への1つの解が示されている。

4.4　太陽電池

　太陽電池では，直列抵抗によって最大有効出力が下がるので，特にその影響が大きい。Xを集光比とすると，直列抵抗は太陽電池$1\,\mathrm{cm}^2$当りおよそ$r_s < (0.8/X)\,\Omega$でなければならない[17]。集光型太陽電池ではXは数百になるが，非集光型の太陽電池では$X = 1$である。$X = 100$なら$r_s < 8 \times 10^{-3}\,\Omega$になる。直列抵抗が$1\,\Omega$あると，太陽電池は最大有効出力の10～20%を失う。太陽電池もpn接合ダイオードであるが，その$I-V$特性は従来のダイオードの測定方法に向いていないことが多い。太陽光照射下で太陽電池を動作させると直列抵抗が変化するので，r_sは動作条件下で求めねばならない。太陽電池

では並列抵抗も重要になる。

　r_sを求めるには様々な手法があるが，いずれも測定と解釈が難しい。図4.6の等価回路で表される太陽電池は電流I_{ph}を光子または光で誘起する電流発生器，ダイオード，直列抵抗r_s，および並列抵抗r_{sh}からなる。2つの点より左側は太陽電池，右側は抵抗R_Lの負荷である。よくr_sおよびr_{sh}は一定と仮定されるが，実際は太陽電池の電流によって変わる。負荷抵抗に電流Iが流れると，その両端に電圧差Vが発生する。この電流は

$$I = I_{ph} - I_0\left[\exp\left(\frac{q(V+Ir_s)}{nkT}\right)-1\right] - \frac{V+Ir_s}{r_{sh}} \qquad (4.27)$$

で与えられる。この式ではI_0もnも$I-V$曲線全域での変化は考慮せず，一定としている。低電圧領域では主に空間電荷領域での再結合が支配的であるが，高電圧領域では準中性領域での再結合が支配的になる。これらを分けて考えることもあるが，ほとんどは単純化されている式（4.27）が太陽電池の解析につかわれている。

　この電流—電圧特性は従来の$I-V$法か，準定常状態（Q_{ss}）光伝導法で測定する。Q_{ss}光伝導法では，フラッシュランプ照明をゆっくりと変化させ，それに対するサンプルの過剰光伝導度の時間依存性を測定する[18]。Q_{ss}光伝導法では，太陽電池の開放回路電圧を入射光の強度の関数として測定する。照明の変化が単調なので，数分の1秒で電圧—照度曲線が得られる。準定常状態開放回路電圧法は，直列抵抗の効果が入らない太陽電池の特性を測定できるという点で従来の$I_{sc}-V_{oc}$法よりかなり優れている。光強度開放回路電圧法の曲線の例を図4.7に示す。この方法をたとえばアモルファス太陽電池のようなシート抵抗の高い太陽電池に適用するときは，プローブの針の影にも気を配らねばならない[19]。その程度の影でも実験データが変わってしまう。

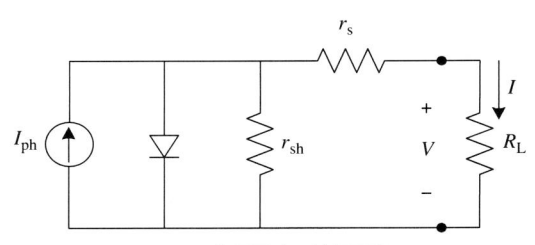

図4.6　太陽電池の等価回路．

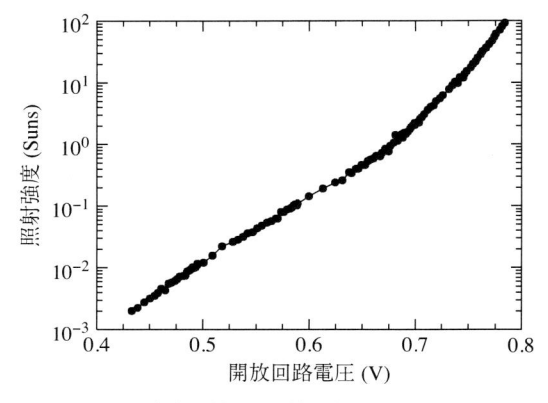

図4.7　光の強度に対する開放回路電圧．文献18より．

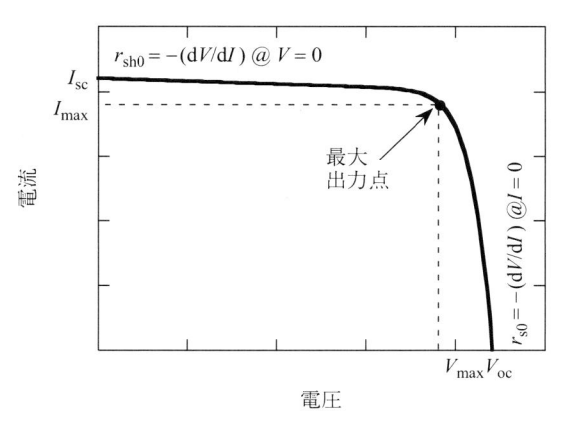

図4.8 太陽電池の電流―電圧特性.

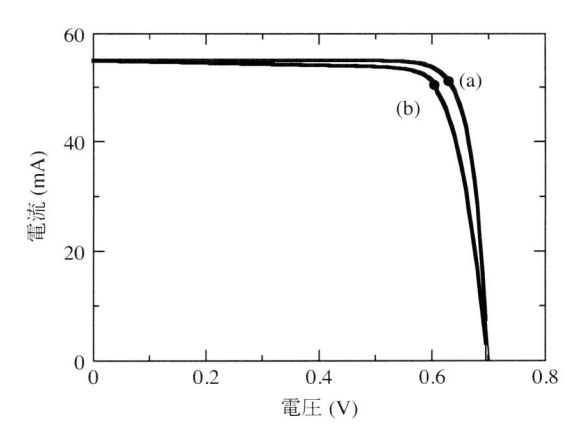

図4.9 $I_{ph} = 55\,\text{mA}$, $I_0 = 10^{-13}\,\text{A}$, $n=1$, $T=300\,\text{K}$の太陽電池の電流―電圧特性. 直列抵抗および並列抵抗は，(a) $r_s=0$, $r_{sh}=\infty$, (b) $r_s=0.5\,\Omega$, $r_{sh}=500\,\Omega$.

太陽電池の電流―電圧特性を**図4.8**に示す．同時に開放回路電圧V_{oc}，短絡回路電流I_{sc}，および最大出力点のV_{max}とI_{max}も示している．r_{s0}とr_{sh0}という量は，それぞれ$I-V$曲線の$I=0$と$V=0$における傾きで定義される抵抗である．式(4.27)から計算した**図4.9**の$I-V$特性から直列抵抗と並列抵抗の効果がわかる．数オーム以下の直列抵抗で並列抵抗が数百オームでも，デバイスの性能は低下する．$I-V$の性能がわずかに低下しただけでも，太陽電池効率には重大な影響をもたらす．図4.8および4.9の黒丸が最大出力点である．

4.4.1 直列抵抗―多重光強度法

もともとこの方法では，2つの異なる強さの光で$I-V$曲線を測定し，それぞれの短絡回路電流I_{sc1}とI_{sc2}からr_sを求めていた．どちらの$I-V$曲線についても，I_{sc}からδIだけ下の電流$I=I_{sc}-\delta I$の点を割り出す．この電流$I_1=I_{sc1}-\delta I$および$I_2=I_{sc2}-\delta I$をそれぞれV_1およびV_2に対応させる．すると，この直列抵抗は

$$r_s = \frac{V_1 - V_2}{I_2 - I_1} = \frac{V_1 - V_2}{I_{sc2} - I_{sc1}} \tag{4.28}$$

となる[20].光の強さが3つ以上になると,3つ以上の点ができる(multiple light intensity).これらの点を通る直線の傾き$\Delta I/\Delta V$が直列抵抗

$$r_s = \frac{\Delta V}{\Delta I} \tag{4.29}$$

となる.この方法を**図4.10**に示す.

　この傾きによる方法は,近似による制約もなく,どのような電流でも傾きだけでr_sが決まり,正しい結果を与えると考えられている.また,動作点が一定ならI_0, n, およびr_{sh}にもよらない.ここが重要な点である.I_0, n, やr_{sh}, ときにはI_{ph}までもが必要な方法では,これらのパラメータが正確にわかっていなければよい結果は得られない.太陽電池を測定する間は,光の強さを変えても,温度が変わらないようにすることが重要である.太陽電池の温度が変われば,直列抵抗も変わるからである.

　実験による$I-V$曲線を理論曲線($r_s = 0$)と比較してr_sを求める方法もある.最大出力点の理論値からのずれ$\Delta V_{max} = V_{max}(理論) - V_{max}(実験)$は

$$r_s = \frac{\Delta V_{max}}{I_{max}} \tag{4.30}$$

で与えられる[22].この方法の弱点はI_0やnのようなパラメータが既知と仮定していることにある.理論$I-V$曲線の計算にはこれらのパラメータが必要なので,なんらかの方法で求めておかねばならない.

　短絡回路の条件$I = I_{sc}$および$V = 0$では,式(4.27)は

$$\ln\left(\frac{I_{ph} - I_{sc}}{I_0}\right) = \frac{qI_{sc}r_s}{nkT} \tag{4.31}$$

となる.$\ln[(I_{ph} - I_{sc})/I_0] - I_{sc}$のプロットは$qr_s/nkT$の傾きをもつ[23].$n$と$I_{ph}$がわかっていれば,この傾きから直列抵抗$r_s$を計算できる.

　暗所での$I-V$曲線,開放回路の電圧,および短絡回路の電流から直列抵抗を求める方法もある.式(4.27)で並列抵抗r_{sh}がとても大きいときは,暗時の電圧は

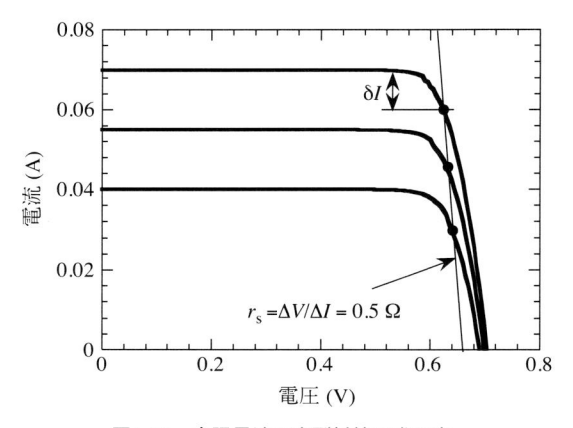

図4.10　太陽電池の直列抵抗の求め方.

$$V_{dk} = \frac{nkT}{q}\ln\left(\frac{I_{dk}}{I_0}\right) - I_{dk}r_s \tag{4.32}$$

になる。
　この開放回路電圧は

$$V_{oc} = \frac{nkT}{q}\ln\left(\frac{I_{ph}}{I_0}\right) \tag{4.33}$$

で与えられる。開放回路測定では電流は流れないので，V_{oc}はr_sによらない。このV_{oc}を任意の暗電流I_{dk}での電圧V_{dk}と比べれば，この電流での直列抵抗r_sを求めることができる。このとき，ダイオードのパラメータが開放回路電圧条件でのパラメータと同じになるようI_{dk}－V_{dk}曲線上の点を選べば，誤差を小さくできる[24]。すなわち$I_{dk} = I_{ph}$とし，また一般に$I_{ph} \approx I_{sc}$であるから，

$$r_s \approx \frac{V_{dk}(I_{sc}) - V_{oc}}{I_{sc}} \tag{4.34}$$

を得る。$I_{dk} = I_{sc}$という条件から，与えられた光の強さに対する直列抵抗の上限を求めることができる。

4.4.2　直列抵抗―照明強度一定

直列抵抗は$I-V$曲線の下側の面積

$$P_1 = \int_0^{I_{sc}} V(I)dI \tag{4.35}$$

で与えられる電力P_1から求めることもできる[25]。式（4.27）と（4.35）から求まる直列抵抗は

$$r_s = 2\left(\frac{V_{oc}}{I_{sc}} - \frac{P_1}{I_{sc}^2} - \frac{nkT}{qI_{sc}}\right) \tag{4.36}$$

である[25]。この方法は集光型太陽電池の$r_s = 5 \sim 6 \times 10^{-3}\,\Omega$というきわめて低い抵抗の測定につかわれた。このように集光して動作する太陽電池には大きな光電流が流れ，直列抵抗は増加する傾向にある。
　"面積"法で求めた直列抵抗は"傾き"法で求めた値と比較されている。それによれば，1太陽光（one sun）[注1]より暗い照明下では，"面積"法によるr_sが大きめになっている[26]。これは，式（4.36）でnが正確にわかっていなければならないことと，r_{sh}が無視されているためである。明るい照明下では，両者はほぼ一致する。
　他にもr_sを求める方法はいろいろある。測定した$I-V$曲線に太陽電池の式を完全にフィッティングさせるものもあれば，測定した$I-V$曲線上から数点選んで主要なパラメータを決定する方法もある。**5点法**では，図4.8で実験的に求めたV_{oc}, I_{sc}, V_m, I_m, r_{so}, およびr_{sh0}から，パラメータI_{ph}, I_0, n, r_s, およびr_{sh}を計算できる[27]。後述のように式を簡単にすれば，解析がさらに容易になる[28]。この5つのパラメータをきっちり5点から求めたとき，5点前後で求めたとき，および数値的に求めたときのI_{ph}, I_0, およびnはよく一致するが，光が弱いときはr_sとr_{sh}に差が現れる。**3点法**では開放回路電圧，短絡回路電流，および最大出力点からI_{ph}, I_0, n, r_s, およびr_{sh}を求める。5点法も3点法もほぼ同等の結果になる[29,30]。

注1　one sunとは晴天で地上に注ぐおよその光量。1 sunのとき，集光比が100の太陽電池のセルに注ぐ光量は，100 sunsになる。

太陽電池では空間電荷領域と準中性領域で再結合が起きるので，太陽電池の完全なモデリングには，これらの過程を両方とも記述するパラメータが必要である．太陽電池の順方向電流および逆方向電流に小さな電流をステップ状に加え，その電圧を測れば，$I_{o,scr}$，$I_{o,qnr}$，n_{scr}，n_{qnr}，r_s，およびr_{sh}を求めることができる[31]．

とりわけ直列抵抗が小さい集光型太陽電池には，高輝度フラッシュ照明による方法がよい[32]．図4.6の回路の並列抵抗を無視すれば，非常に強い光に対する出力電流Iは$V_{oc}/(R_L+r_s)$に近づき，これを超えることはない．測定の間太陽電池の温度をできるだけ一定にするには，照明をフラッシュ光にするのがベストである．電圧を$V_{oc}\approx I(R_L+r_s)$と近似し，光の強度を一定（constant light intensity）にして負荷抵抗を振ると，

$$r_s \approx \frac{I_2 R_{L2} - I_1 R_{L1}}{I_1 - I_2} \tag{4.37}$$

になる．ここでI_1とI_2はそれぞれ負荷抵抗がR_{L1}およびR_{L2}のときの電流である．GaAs集光型太陽電池に9000太陽光の光パルスを1 ms照射し，この方法で7ないし9 mΩの小さな抵抗を求めている[32]．負荷抵抗の値は直列抵抗のオーダーにしておくこと．

4.4.3　並列抵抗

分流抵抗r_{sh}は前節で議論したいくつかの曲線のフィッティング法で求めるか，別個に求めることもできる．たとえば破壊前の逆バイアス電流―電圧特性の傾きから求める．しかし太陽電池のほとんどは高い逆電圧で動作するようには設計されていないので，破壊電圧よりかなり低いところで大きな逆電流が流れる．このため，この方法から妥当なr_{sh}を得るのは難しい．さらに暗所での逆バイアス太陽電池の動作は，照明下での順バイアス太陽電池の動作とかなり異なる．

別の方法として，式（4.27）をV_{oc}とI_{sc}で書き直して，

$$I_{sc}\left(1+\frac{r_s}{r_{sh}}\right)-\frac{V_{oc}}{r_{sh}}=I_0\left[\exp\left(\frac{qV_{oc}}{nkT}\right)-\exp\left(\frac{qI_{sc}r_s}{nkT}\right)\right] \tag{4.38}$$

とする．ふつう$r_s \ll r_{sh}$なのでこの式は簡単になり，$I_{sc}r_s \ll nkT/q$となるような弱い光で測定するなら，式（4.38）は

$$I_{sc}-I_0\left[\exp\left(\frac{qV_{oc}}{nkT}\right)-1\right]=\frac{V_{oc}}{r_{sh}} \tag{4.39}$$

となる．この近似がつかえるのは直列抵抗が0.1 Ωのオーダーで$I_{sc}<3$ mAのときである．こういう条件でのr_{sh}の測定では，r_{sh}は正確にはわからないことが多いパラメータI_0とnにきわめて敏感であることがわかっている[33]．式（4.39）の左辺の第2項を無視できるよう，光を弱くして測定すると，

$$I_{sc}\approx \frac{V_{oc}}{r_{sh}} \tag{4.40}$$

となって，この問題を回避できる．

この$I_{sc}-V_{oc}$プロットには傾きが$1/r_s$となる直線領域がある．この領域は光を強くすると非線形になり，この手がつかえなくなる．I_{sc}が0から200 μA，V_{oc}が0から50 mVの範囲で測定すると，並列抵抗は65から1170 Ωであった[33]．$J_{sc}-V_{oc}$プロットの例を図4.11に示す．

4.5　バイポーラ接合トランジスタ

寄生直列抵抗をもつ集積化したバイポーラ接合トランジスタ（bipolar junction transistor; BJT）を図4.12に示す．p型基板上のn型コレクタ層に，n^+エミッタとp型ベースが形成されている．このトラン

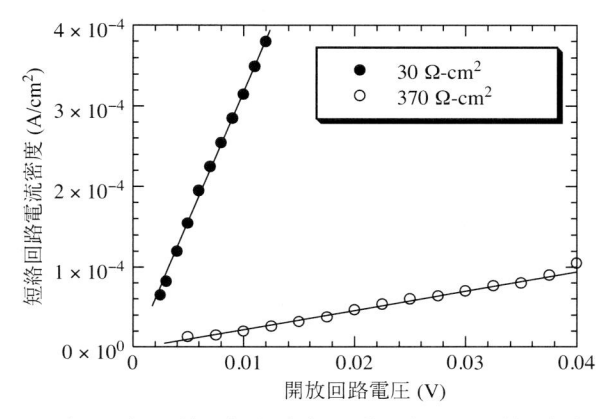

図4.11　2つの太陽電池の短絡回路電流密度と開放回路電圧の関係．文献21より採用．

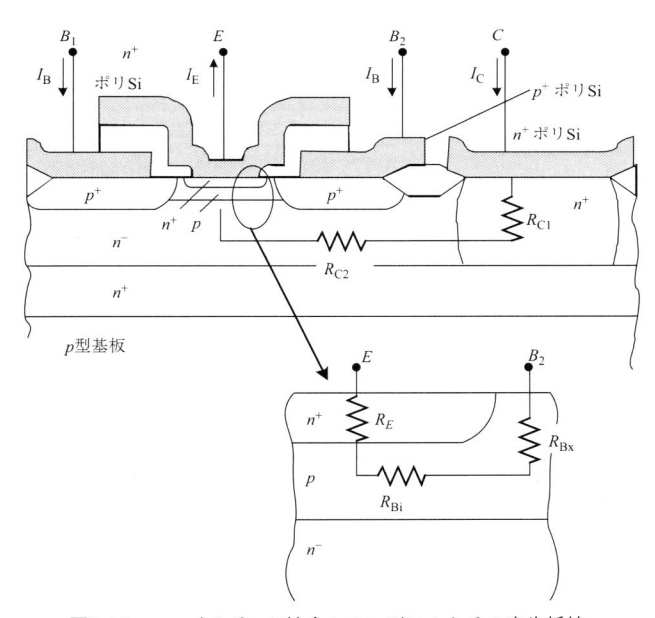

図4.12　npnバイポーラ接合トランジスタとその寄生抵抗．

ジスタは図示していない酸化膜分離領域によって隣接トランジスタから隔離されている．この寄生抵抗を測定するのが我々の目的である．エミッタ抵抗R_Eは主にエミッタの接触抵抗で決まる．ベース抵抗R_Bはエミッタ直下の真性ベース抵抗R_{Bi}と，エミッタからベースコンタクトまでのベース接触抵抗を含む外因性ベース抵抗R_{Bx}とからなる．コレクタ抵抗R_CはR_{C1}とR_{C2}の2つの成分からなる．これらの抵抗は一般にデバイスの動作点の関数になっている．

　ベース電流とコレクタ電流は図4.13のようにエミッタ―ベース間電圧に対して電流を対数で表す片対数プロットで描くのが一般的な方法で，**ガンメルプロット**（Gummel plot）として知られている[34]．この2つの電流はベース―エミッタ間電圧V_{BE}の関数として，

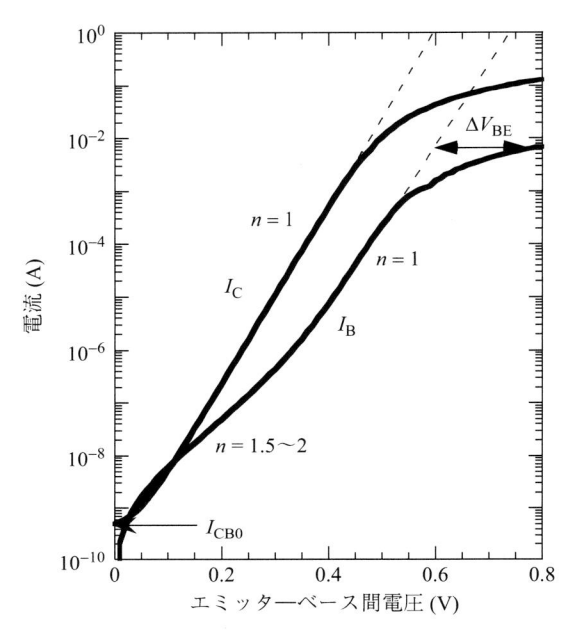

図4.13 エミッター―ベース間の空間電荷領域での再結合（$n \approx 1.5 \sim 2$），準中性領域での再結合（$n \approx 1$），および直列抵抗の影響を示すガンメルプロット．

$$I_B = I_{B0} \exp\left(\frac{q(V_{BE} - I_B R_B - I_E R_E)}{nkT}\right) \quad (4.41)$$

$$I_C = I_{C0} \exp\left(\frac{q(V_{BE} - I_B R_B - I_E R_E)}{nkT}\right) \quad (4.42)$$

で表される．I_{B0}は再結合が空間電荷領域と準中性領域のどちらに支配されるかによって変わる．

コレクタ電流I_Cのガンメルプロットはほぼ全域で直線的で，傾き$q/(2.3\,kT)$[注2]をもつが，低電圧ではコレクター―ベース間接合リーク電流I_{CB0}のために飽和し，高電圧では直列抵抗によって直線からずれてくる．**高濃度キャリア注入**による高電圧での直線からのずれは煩雑なので，この図では省略してある．

ベース電流は一般に2つの直線領域をもつ．低電圧ではエミッター―ベース間空間電荷領域での再結合に支配された傾き$q/(2.3\,nkT)$の直線になる．ここで$n \approx 1.5$から2である．中間電圧領域では，準中性領域での再結合によるコレクタ電流の傾きとちょうど同じ傾き$q/(2.3\,kT)$になり，高電圧領域では直列抵抗によってベース電流が直線からずれる．ここでもわかりやすいように高濃度キャリア注入の効果は省略してある．

ベース端子とエミッタ端子間の電圧降下V_{BE}は

$$V_{BE} = V'_{BE} + I_B R_B + I_E R_E = V'_{BE} + [R_B + (\beta + 1)R_E]I_B \quad (4.43)$$

寄生抵抗による電圧降下は

注2　$\ln(10) = 2.3$; $\ln(x) = \ln(10) \cdot \log(x) = 2.3 \log(x)$

$$\Delta V_{BE} = I_B R_B + I_E R_E = [R_B + (\beta + 1)R_E]I_B \tag{4.44}$$

となる。ここでβはエミッタ接地接続の電流利得，$I_C = \beta I_B$，$I_E = I_C + I_B = (\beta + 1)I_B$，$V_{BE}$はベース—エミッタ接合での電圧降下である。一般に$R_E$は小さいが，乗数$(\beta + 1)$が掛かると$(\beta + 1)R_E$は無視できなくなる。エミッタとベースでの抵抗によって図4.13の破線で示した外挿線から曲線がずれているように，電流は理想値より低くなる。

BJTの抵抗測定には主に直流法と交流法の2つがある。直流法は一般に短時間で簡単にでき，さらに直列抵抗をI–V曲線から求めるか，開放回路電圧の測定から求めるかの2つに分けられる。交流法は50 MHzから数GHzの測定周波数が必要で，デバイスと測定回路の寄生成分への配慮と，BJTのパラメータのばらつきを考慮しなければならない。

4.5.1 エミッタ抵抗

ディスクリートBJTのエミッタ抵抗はおよそ1Ωで小面積ICトランジスタなら5から100Ωである。R_Eを求めるのに，小さな逆飽和電流は無視し，コレクター—エミッタ間電圧V_{CE}

$$V_{CE} = \frac{kT}{q}\ln\left(\frac{I_B + I_C(1-\alpha_R)}{\alpha_R I_B - I_C(1-\alpha_R)/\alpha_F}\right) + R_E(I_B + I_C) + R_C I_C \tag{4.45}$$

を測定する方法がある[35,36]。ここで$\alpha_F = \beta_F/(1+\beta_F)$および$\alpha_R = \beta_R/(1+\beta_R)$はそれぞれ大信号順方向ベース接地接続の電流利得および大信号逆方向ベース接地接続の電流利得である。オープンコレクタ回路では$I_C = 0$で，式（4.45）は

$$V_{CE} = \frac{kT}{q}\ln\left(\frac{1}{\alpha_R}\right) + R_E I_B = \frac{kT}{q}\ln\left(\frac{1+\beta_R}{\beta_R}\right) + R_E I_B \tag{4.46}$$

となる。

I_B–V_{CE}プロットと測定回路を図4.14に示す。この曲線は直線的で，V_{CE}軸での切片が$(kT/q)\times\ln(1/\alpha_R)$で，傾きは$1/R_E$である。ディスクリートトランジスタの振る舞いはまさにこのようになる[36,37]。厳密に測定するにはベース電流を小さくしすぎないこと。たとえば，$R_E \approx 1$Ωならベース電流は10 mA程度が適当で，測定の間はコレクタ電流をゼロかきわめて小さくしておかねばならない。BJTのベースをカーブトレーサの**コレクタ**端子へ，エミッタを**エミッタ**端子へ，コレクタを**ベース**端子へつなぐのが適切である[38]。

α_Rが電流に依存していると，I_B–V_{CE}曲線が直線から外れはじめる。これは電流が小さいか大きいときによく起きる。したがってR_Eを一意に決められないこともある。ベース電流が大きくなると曲線の傾きは増加する[38,39]。ベース電流が中程度なら直線性はよい。集積化したトランジスタでは外部へのコレクタ電流がゼロであっても，内部をめぐる電流によって埋め込み層の抵抗の一部がエミッタ抵抗に加わる。この方法の確からしさはベース電流に対するベース電荷の感度で決まる[40]。オープンコレ

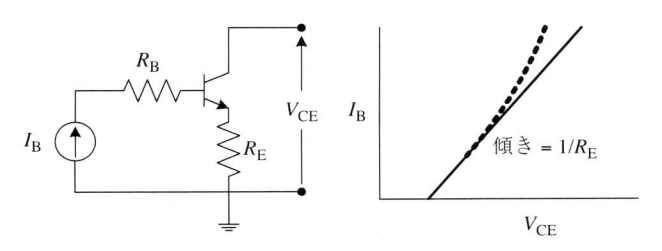

図4.14 エミッタ抵抗の測定回路と，I_B–V_{CE}プロット.

クタ測定法を改良した方法では順電流利得および逆電流利得の測定と，真性ベースシート抵抗の測定が必要だが，$I_B - V_{CE}$プロットが直線になるので，容易に厳密なR_Eを決定できる[41]．

図4.12の2つのベースコンタクトをつかうアプローチでは，ベースコンタクトB_1から供給されるベース電流で活性領域を順方向にバイアスし，コンタクトB_2には電流を流さない．このときベース―エミッタ間電圧V_{BE2}は

$$V_{BE2} = V_{BE0} + R_E I_E \tag{4.47}$$

である．ここでV_{BE0}はB_2に最も近いエッジでのベース―エミッタ間電圧である[42]．このエミッタ抵抗は

$$R_E = \frac{V_{BE2} + V_{BEeff}}{I_E} \tag{4.48}$$

ただし，V_{BEeff}はベース電流の表式[42]

$$I_{B1} = \frac{I_{C0}}{\beta}\left[\exp\left(\frac{qV_{BEeff}}{nkT}\right) - 1\right] \tag{4.49}$$

から求める．ベース抵抗を求めるときも同じ方法をつかう[42]．

その他，エミッタ電流の関数である三次の相互変調積がゼロになるエミッタ電流から，バイポーラトランジスタのエミッタ抵抗と熱抵抗を求める方法もある[43]．

4.5.2 コレクタ抵抗

コレクタ抵抗の測定での問題は，コレクタ抵抗がデバイスの動作点に強く依存することである．コレクタ抵抗は4.5.1節での$I_B - V_{CE}$法でコレクタ端子とエミッタ端子を入れ替えれば，同じやり方で求めることができる．すなわち，$E \rightarrow C$，$C \rightarrow E$とすれば，$I_B - V_{CE}$曲線のV_{CE}軸切片が$(kT/q)\ln(1/\alpha_F)$で，傾きは$1/R_C$である．他に，図4.12の寄生基板pnpトランジスタとnpnトランジスタの逆トランジスタ特性をつかってnpnBJTの内部電圧を求め，R_Cを求めることができる[44]．

トランジスタの出力特性をつかう方法もある．代表的な$I_C - V_{CE}$曲線を図4.15に示す．2本の破線の$1/R_{Cnorm}$と$1/R_{Csat}$はR_Cに2つの限界値があることを表している．$1/R_{Cnorm}$の線は各曲線が水平に傾く屈曲点を通るように描かれている．これは正常にアクティブ動作しているデバイスのコレクタ抵抗を与える．$1/R_{Csat}$から飽和したトランジスタのコレクタ抵抗がわかる．カーブトレーサをつかったこの方

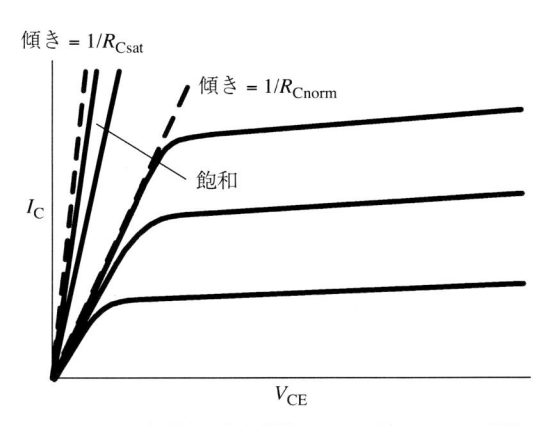

図4.15　エミッタ接地接続の出力特性．2つの線はR_Cの下限値である．

法については，Getreuの優れた議論がある[38]。npnトランジスタに連なった垂直方向の寄生pnpトランジスタの基板電流の測定からも，コレクタ抵抗を求めることができる[45]。このpnpデバイスの基板—コレクタpn接合か上面ベース—コレクタpn接合のいずれかを順方向にバイアスすると，R_Cをいろいろな成分に分けることができる。

4.5.3 ベース抵抗

ベース抵抗はデバイスの動作点によって変わり，$(\beta+1)R_E$の項によってエミッタ抵抗にも左右され，正確に求めるのは難しい。BJTの横方向にベース電流が流れると，ベース内で生じる横方向の電圧降下によってV_{BE}が位置の関数になる。I_CとI_BはV_{BE}に対して指数関数的に変わるので，小さなV_{BE}の変化でも大きな電流の変化となる。**エミッタ集中**（emitter crowding）といわれるベースコンタクトに一番近いエミッタのエッジへの電流狭さくによって，エミッタ電流が増すほどベース電流は流れる距離が短くなり，その結果電流が増せばR_{Bi}は下がる。

エミッタとベースの間の全直列抵抗を求める簡単な方法を図4.13に示す。ベース電流の実験値は外挿した直線から電圧降下

$$\Delta V_{BE} = [R_B + (\beta+1)R_E]I_B \tag{4.50}$$

だけずれている。βに対して$\Delta V_{BE}/I_B$をプロットすると傾きがR_Eになり，$\Delta V_{BE}/I_B$軸上にR_B+R_Eの切片をもつ。電流利得βを振るには適当な動作範囲でβが異なるデバイスをつかうか，同じロットからいくつかの異なるデバイスを選ぶ。前者はデバイス1個でよいが，βを変化させるために電流を振らねばならないので，伝導率の変調やその他の副次的効果が測定に影響する可能性がある。これらを回避するにはエミッタ電流を一定にして測定すべきであるが，もちろん，I_Eが一定ならβは変わらない。したがって伝導率の変調やその他の副次的効果があるときは，同じロットのデバイスはすべて同じ抵抗をもつと仮定し，同じロットから適度な範囲でβが異なるデバイスをつかわねばならない[46]。

この方法のバリエーションとして，式（4.41）と（4.42）を

$$\frac{nkT}{qI_C}\ln\left(\frac{I_{B1}}{I_B}\right) = R_E + \frac{R_{Bi}}{\beta} + \frac{R_E + R_{Bx}}{\beta} \tag{4.51}$$

のように書き直すこともできる[39]。ここで$R_B = R_{Bi} + R_{Bx}$で$I_{B1} = I_{B0}\exp(qV_{BE}/nkT)$である。すると，$R_{Bi}$が$\beta$に比例すれば$R_{Bi}/\beta$は一定となる[17]。$R_{Bi} \sim \beta$という要請がどの$I_E$に対しても満たされるわけではないところが，この方法の弱点である。$n=1$として$(kT/qI_C)\ln(I_{B1}/I_B)$を$1/\beta$に対してプロットした曲線は，**図4.16**のように傾き$R_E + R_{Bx}$と，$(kT/qI_C)\ln(I_{B1}/I_B)$軸上に$R_E + R_{Bi}/\beta$の切片をもつ。真性ベース抵抗R_{Bi}はこれから計算する。幅W_E，長さL_Eの長方形のエミッタの片側にベースコンタクトがあるときは$R_{Bi} = W_E R_{shi}/3L_E$である。ここで$R_{shi}$は真性ベースシート抵抗である。両側にベースコンタクトがあるときは$R_{Bi} = W_E R_{shi}/12L_E$をつかう。周囲をベースコンタクトで囲まれた正方形のエミッタなら$R_{Bi} = R_{shi}/32$，円形のエミッタなら$R_{Bi} = R_{shi}/8\pi$になる[39]。式（4.51）による方法では，真性ベース電流の経路にそった横方向の電圧降下を考慮していない。微細なデジタルBJTでコレクタ電流が10ないし20 mA以下ならこれでよい[39]。これ以上の電流では，電流集中のないたとえばエミッタの長さがとても短いトランジスタなどを除き，エミッタでの電流集中が結果に影響する。

式（4.51）の方法をポリシリコンのエミッタコンタクトに適用するときは，ポリシリコンと単結晶エミッタとの間の，薄い絶縁性のバリアに注意しなければならない。このバリアがあると，$(kT/qI_C)\times\ln(I_{B1}/I_B) - 1/\beta$曲線が$1/\beta$の小さい領域で直線から外れ，傾きが負になることさえある。この挙動は抵抗による電圧降下ではなく，ポリシリコンのコンタクトと単結晶エミッタとの間の界面層によるものである[48]。

図4.12の2つの独立したベースコンタクトB_1とB_2をもつBJTをつかった，まったく違うやり方もある。まず，ベースコンタクトB_1をつかってBJTのエミッタ—ベース間接合を順方向にバイアスする。

次にB_1とエミッタの間の電圧V_{B1E}およびB_2とエミッタの間の電圧V_{B2E}を測定する。**図4.17**の等価回路でいえば，ベース電流はB_1からのみ流れる。そこで，ケルビン電圧測定法でV_{B2E}を測定すればベースの右半分には電流がないから，結果として

$$V_{B1E} = (R_{Bx} + R_{Bi})I_B + R_E I_E; \qquad V_{B2E} = R_E I_E \tag{4.52}$$

および

$$\frac{V_{B1E} - V_{B2E}}{I_B} = \frac{\Delta V_{BE}}{I_B} = R_{Bx} + R_{Bi} \tag{4.53}$$

を得る。ベース抵抗R_Bをその成分に分解して，

$$R_B = R_{Bx} + R_{Bi} = R_{Bx} + \frac{R_{shi}(W_E - 2d)}{3L_E} \tag{4.54}$$

と書ける。ここでW_EおよびL_Eはそれぞれエミッタのコンタクト窓の幅および長さ，dはエミッタの窓と有効内部ベース領域とのずれを表している[49]。式（4.54）の右辺の第2項は式（4.51）ですでに議論している。R_{Bx}およびR_{Bi}はいずれもL_Eが同じでW_Eが異なるトランジスタのR_Bを，W_Eの関数として測定すれば求めることができる。その測定例を**図4.18**に示す。シート抵抗R_{shi}を変えるには，ベース—エミッタ間のバイアス電圧によってベースの伝導率を変調する。V_{BE}を高くしすぎると電流集中が激し

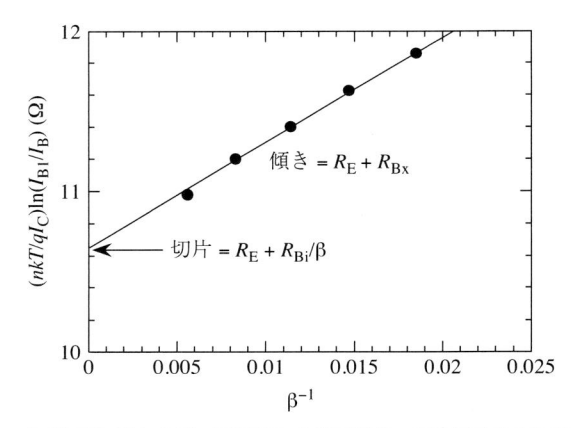

図4.16 式（4.51）にしたがって測定した自己整合，高速デジタルBJTの特性．

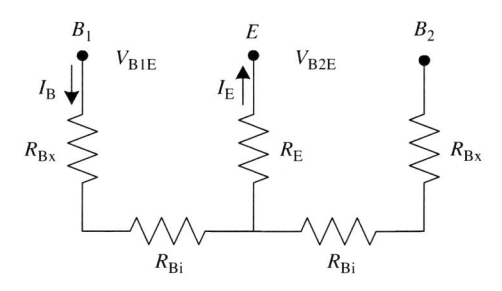

図4.17 "2つの"ベースコンタクトをもつBJTのエミッタ—ベース間の等価回路．

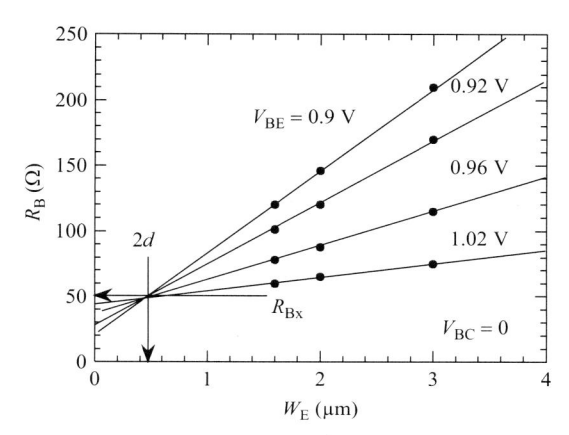

図4.18 ベース―エミッタ間の電圧を振ったときのエミッタ窓幅に対するベース抵抗の測定結果.
IEEE（©1992, IEEE）の承諾によりWengら[49]より再掲.

くなるが，電位測定に必要なだけは確保しなければならない．これらの交点からR_{Bx}と$2d$がわかる．このケルビン法をさらに洗練した，より詳細なモデリングで様々な抵抗成分を明らかにしている[50]．

周波数測定によってR_Bを測定する方法はいろいろある．**入力インピーダンス円周法**（input impedance circle method）では，エミッタ―ベース間の入力インピーダンスを周波数の関数として測定し，コレクタの交流電圧をゼロにして複素インピーダンス平面上にプロットする[51]．このプロットの軌跡は半円で，低周波数および高周波数

$$R_{in,\,lf} = R_\pi + R_B + (1+\beta)R_E; \qquad R_{in,\,hf} = R_\pi + R_B \tag{4.55}$$

で実軸と交わる．抵抗R_πは$R_\pi = \beta/g_m$ただし$g_m = qI_C/nkT$の関係から計算できる．これよりR_BとR_Eの両方が求められる．低温でR_Bを測定すれば$R_\pi = nkT\beta/qI_C$の関係[52]にしたがってR_πの影響を低減できる．寄生容量によって半円形がひずみ，解釈が難しくなることもある．さらに，測定に時間がかかり，円の半径が小さいとコレクタ電流が低いところで正確さが失われる．$R_B > 40\,\Omega$, $I \geq 1$ mAならほぼ正確である[53]．

位相相殺法（phase cancellation method）もこの方法の1種で，ベース接地接続のトランジスタをインピーダンスブリッジにつなぎ，その入力インピーダンスを数MHzの一定周波数でコレクタ電流の関数として測定する．入力容量がゼロになるI_{C1}までコレクタ電流を変化させると，入力インピーダンスはそのI_{C1}で純粋な抵抗成分だけになる．このときの入力インピーダンスは$Z_i = R_B + R_E$で，ベース抵抗は

$$R_B = \frac{nkT}{qI_{C1}} \tag{4.56}$$

で与えられる[51]．位相相殺法は横方向pnpトランジスタではふつうの$\beta < 10$のBJTにはつかえず，また，ベース抵抗はコレクタ電流の値1つだけから求めたものでしかない．しかしこの方法は時間をとらず，エミッタ抵抗R_Eは入力インピーダンスに$(\beta + 1)R_E$という形ではなく直接R_Eが出てくるので，エミッタ抵抗に影響されない．

他に，$\beta(f)$およびベース共通配線のBJTの順方向伝送アドミタンス$y_{fb}(f)$の周波数応答を測定するという方法もある．このベース抵抗は

$$R_B = \frac{\beta(0) f_\beta}{y_{fb}(0) f_y} \tag{4.57}$$

になる[54]。ここで$\beta(0)$は低周波のβ,$y_{fb}(0)$は低周波のy_{fb},f_βはβの3 dB周波数,f_yはy_{fb}の3 dB周波数である。3 dB周波数とはβおよびy_{fb}がそれぞれ低周波での値$\beta(0)$および$y_{fb}(0)$の0.7倍に減少したとき（-3 dB）の周波数である。この方法の利点は，式（4.57）がコレクタ電流およびエミッタ電流に影響されにくいことと，y_{fb}の測定が寄生容量に比較的鈍感であるという点にある。しかし，この方法ではβおよびy_{fb}を広い周波数領域で測定しなければならない。交流法の1種では，エミッタ接地接続BJTの入力インピーダンスを10から50 MHzで測定し，測定結果からR_{Bi}，R_{Bx}，およびR_Eを求めている[55]。この方法は，大電流効果が無視できるエミッターベース間電圧の低い範囲に適している。さらに発展させた方法では，単一周波数でエミッターベース間の電圧を振り，ベース抵抗およびエミッタ抵抗だけでなく，ベースーエミッタ間容量およびベースーコレクタ間容量も求めている[56]。

図4.5に示した方法のように，ベース抵抗はパルス測定によっても求めることができる。エミッタ接地接続BJTのベース電流にゼロ・パルスを与え，そのときのV_{BE}を測定する[57]。ベース抵抗はエミッターベース間電圧の一時的な電圧降下$\Delta V_{BE} = R_B I_B$から求められる。注意：kT/qをつかった方法で抵抗を求めるときは，温度調節つきプローブステーションで測定していても，自己発熱によってデバイスの温度が変化し，誤差の原因となる。

4.6 MOSFET
4.6.1 直列抵抗とチャネル長：電流—電圧法

MOSFETのソース—ドレイン直列抵抗および有効チャネル長あるいはチャネル幅を求めるのに，ある測定方法がよくつかわれる。ソースとドレインの間の抵抗は，ソース抵抗，チャネル抵抗，ドレイン抵抗，および接触抵抗からなる。図4.19にソース抵抗R_Sとドレイン抵抗R_Dを示している。これらは

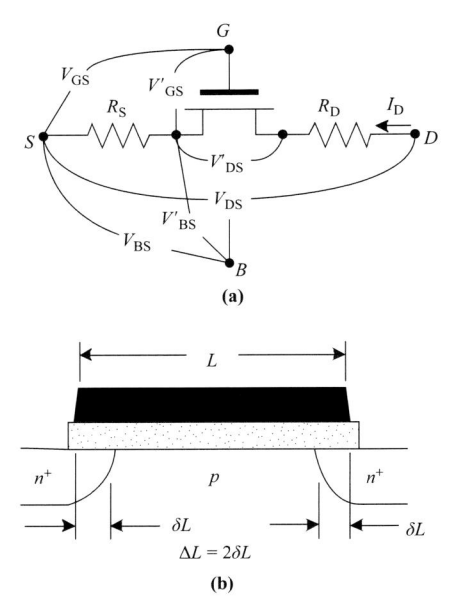

図4.19 (a)ソース抵抗およびドレイン抵抗をもつMOSFET，(b)実際のゲート長Lと，$\Delta L = 2\delta L$とした$L_{eff} = L - \Delta L$を示すデバイスの断面．ただし基板抵抗は図示していない．

ソースおよびドレインでの接触抵抗，ソースおよびドレインのシート抵抗，ソース拡散領域からチャネルへ移る部分の分散抵抗に"配線"抵抗を加えたものである．チャネル抵抗はMOSFETの表記に含まれており，明確には表記しない．

チャネル近傍のソースでの電流集中は分散抵抗R_{sp}を引き起こす．ソースの抵抗率を一定として，R_{sp}の第1近似は

$$R_{sp} = \frac{0.64\rho}{W} \ln\left(\frac{\xi x_j}{x_{ch}}\right) \tag{4.58}$$

で与えられる．ここでWはチャネル幅，ρはソースの抵抗率，x_jは接合の深さ，x_{ch}はチャネルの厚さ，ξは$0.37^{58)}$，$0.58^{59)}$，$0.75^{60)}$，および$0.9^{61)}$のように与えられる因子である．ξはlnの項の中にあるので，その値が正確である必要はない．より実際に近い不均一なドーパントプロファイルをもつ接合のR_{sp}の式も導出されている[58]．

有効チャネル長は図4.20のようにソースとドレインの接合部がゲート下に張り出しているので，マスクで定義されるゲート長はもちろん，デバイスの物理的なゲート長とも異なる．ここでL_mはマスクで定義されるゲート長，Lは物理的なゲート長，L_{met}は冶金的なチャネル長（ソースとドレインの間隔），L_{eff}は有効チャネル長である．有効あるいは電気的なチャネル長はソースとドレインの間隔，つまり$L_{eff} = L_{met}$とみなすことが多いが，いつもそうとは限らない．ドーピング密度の傾きが急峻な高濃度ドープのソース／ドレインなら，ソースとドレインの間の物理的な長さが有効チャネル長にほぼ等しい．しかしLDD（lightly-doped drain）構造では，特にゲート電圧が高いとき，薄くドープしたドレインおよびソースにまでチャネルが伸びるので，有効チャネル長はソースとドレインの間隔より大きい．L_{eff}は，これを適切なモデルの式に代入したとき，理論と実験がよく一致するようなチャネル長であると考えることができる．

MOSFETの空間電荷領域のイオン化したバルクの電荷による基板の効果を無視すれば，ドレイン電圧が低いときのMOSFETの電流—電圧の式は

$$I_D = k(V'_{GS} - V_T - 0.5V'_{DS})V'_{DS} \tag{4.59}$$

になる．ここで$k = W_{eff}\mu_{eff}C_{ox}/L_{eff}$，$W_{eff} = W - \Delta W$，$L_{eff} = L - \Delta L$，$V_T$はしきい値電圧，$V'_{GS}$と$V'_{DS}$は図4.19(a)の定義のとおり，$W$はゲート幅，$L$はゲート長，$C_{ox}$は単位面積当りの酸化膜の容量，$\mu_{eff}$は有効移動度である．$W$と$L$はマスク寸法である．

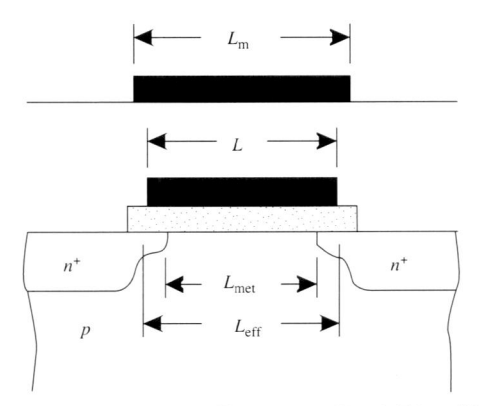

図4.20 MOSFETのいろいろなゲート長：マスクのゲート長L_m，物理的ゲート長L，冶金的チャネル長L_{met}，および有効チャネル長L_{eff}．

$V_{GS} = V'_{GS} + I_D R_S$ と $V_{DS} = V'_{DS} + I_D(R_S + R_D)$ から，$R_{SD} = R_S + R_D$ として，$R_S = R_D = R_{SD}/2$ なら式（4.59）は

$$I_D = k(V_{GS} - V_T - 0.5V_{DS})(V_{DS} - I_D R_{SD}) \tag{4.60}$$

となる．この測定ではデバイスが**線形**領域で動作するよう，ドレイン電圧を低く（$V_D \approx 50 \sim 100\,\mathrm{mV}$）する．$(V_{GS} - V_T) \gg 0.5 V_{DS}$ となる強反転状態のデバイスでは，式（4.60）は

$$I_D = k(V_{GS} - V_T)(V_{DS} - I_D R_{SD}) \tag{4.61}$$

となり，これは

$$I_D = \frac{W_{eff}\mu_{eff}C_{ox}(V_{GS} - V_T)V_{DS}}{(L - \Delta L) + W_{eff}\mu_{eff}C_{ox}(V_{GS} - V_T)R_{SD}} \tag{4.62}$$

と書ける．

式（4.62）が R_{SD}，μ_{eff}，L_{eff}，および W_{eff} を求める各種方法の基礎になっている．ここでは最も適切な方法を議論しよう．この方法には少なくともチャネル長が異なる2つのデバイスが必要である．いろいろな方法との比較は，Ng and Brews[62]，McAndrew and Layman[63]，および Taur[64] らが与えている．ここで，以下の方法でよくつかわれるしきい値電圧 V_T についてコメントしておく．あとの4.8節で示されるように，V_T を求める方法の1つに線形外挿法がある．この方法では $V_T = V_{GSi} - V_{DS}/2$ であるが，式（4.62）では $V_{DS}/2$ の項を無視しているので，その誤差が生じる．

Terada and Muta[65]，および Chern ら[66] がはじめたテクニックでは，$R_m = V_{DS}/I_D$ として

$$R_m = R_{ch} + R_{SD} = \frac{L - \Delta L}{W_{eff}\mu_{eff}C_{ox}(V_{GS} - V_T)} + R_{SD} \tag{4.63}$$

とする．ここで R_{ch} はチャネル抵抗，すなわち MOSFET 本来の抵抗である．式（4.63）は $L = \Delta L$ のとき $R_m = R_{SD}$ となる．L の異なるデバイスのゲート電圧を**図4.21**のように変え，L に対して R_m をプロットすると，各ゲート電圧の直線は1点で交わり，これより R_{SD} と ΔL がわかる．これらのプロットでは，マスクで定義されたゲート長と物理的なゲート長のどちらをつかうべきかは気にしなくてよい．というのも，この方法ではどちらの L をつかっても，L_{eff} が正しい値になるように ΔL が変わるからである．

$R_m - L$ プロットで各線が共通の点で交わらないときは，式（4.63）を

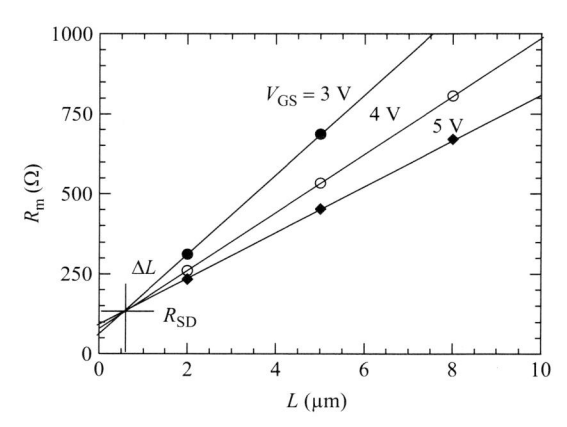

図4.21　いろいろなゲート電圧での $R_m - L$ プロット．

$$R_m = R_{SD} + AL_{eff} = (R_{SD} - A\Delta L) + AL = B + AL \tag{4.64}$$

と書いてこの方法をさらに一歩進めることができる。AおよびBというパラメータはゲート電圧を振った$R_m - L$プロットの傾きと切片から求める。$B = R_{SD} - A\Delta L$より，$B - A$プロットの傾きからΔLが，切片からR_{SD}が求められる[67]。AとBは（$V_{GS} - V_T$）に弱い依存性があり，ゲート電圧に対して最小二乗法をつかってフィッティングできる。その線形回帰線から，共通の交点をつかわずに，R_{SD}とΔLを求めることができる[68]。ただし，R_{SD}とΔLはどちらも線形な式になるようにV_{GS}だけに弱く依存していると仮定している。R_{SD}とΔLのゲート電圧への依存はいずれも弱いので，線形回帰線が与える結果は近似にすぎない。

LとL_{eff}との差は短チャネルデバイスで特に重要になる。ただし短チャネルデバイスのしきい値電圧はチャネル長によって変わるので，チャネル長毎にしきい値電圧を求めなければならない。さらに，直列抵抗と有効チャネル長がともにゲート電圧依存性をもつこともある[69]。ゲート電圧が上がるとチャネルが伸びて有効チャネル長は増加し，直列抵抗は減少する。有効チャネルは横方向に広がったソースおよびドレインの拡散領域から電流が反転層に出入りする点の間にあるとしている。したがって，チャネルの終端は反転層の伝導率がせり上がって拡散領域の伝導率とほぼ等しくなる点になる。反転層の伝導率はゲート電圧とともに増加するので，ゲート電圧が増えるとL_{eff}が増加し，直列抵抗が減少するのである。

ソースとチャネルおよびドレインとチャネルの間に薄いドープ領域をもつLDDデバイスではL_{eff}とR_{SD}のゲート電圧依存性が特に重要である[70]。L_{eff}とR_{SD}がゲート電圧に依存していると，図4.21の$R_m - L$の直線が共通点で交わらない。その結果この2つのパラメータを一意に決めることができない。線が1点で交わるように，式（4.63）のV_{GS}ではなくV_Tを振る方法が提案されている[71]。それには1から2Vの間でゲート電圧V_{GS}を一定にし，基板バイアスV_{BS}を振るのが最も都合がよい。その他，ゲート電圧のきざみを小さくするというアプローチもある。たとえば，図4.21のようにV_{GS}を1V毎ではなく，0.1V毎に変えてみる。こうすればいくつもの交点が1つの共通点に集まってくる。LDDデバイスではドレインの空間電荷領域の幅がV_{DS}で変わるので，L_{eff}とR_{SD}がドレイン電圧にも依存することになる[72]。ただし，この効果は小さいとして無視されることが多い。

MOSFETのチャネル長によって基板バイアスによるしきい値電圧の変化量も変わるので，基板バイアスによる方法のデータには信頼を置けなかった。また，$dL_{eff}/dV_{BS} = 0$と仮定することが深刻な誤差をまねく。V_{BS}によってL_{eff}は減少し，もはや明確に定義できないことも示されている[62]。そこで基板バイアスとゲートバイアスを組み合わせて改善した手法がある[73]。まず，チャネル長が最も長いデバイスのゲート電圧を固定し，基板バイアスでそのしきい値電圧を変調する。このデバイスよりチャネル長の短いデバイスの抵抗を測るときは，長チャネルデバイスのしきい値から短チャネルデバイスのしきい値が下がった分の電圧をゲート電圧から差し引けば，どのデバイスも同じゲート条件で駆動できる。$R_m - L$法の派生に，"ゲート電圧ペア（paired gate voltage）"の方法がある[74]。一方を他方よりおよそ0.5V低くした2つのゲート電圧に対して2本の$R_m - L$直線を求める。この2本の直線の交点はR_{SD}とL_{eff}のよい近似になっている。R_{SD}とL_{eff}のゲート電圧依存性はいろいろなV_{GS}ペアを試せばわかる。V_{GS}ペア法のバリエーションでは，短チャネルデバイス1つと長チャネルデバイス1つをつかってある与えられたV_TでΔLを求め，次にこれから0.1〜0.2Vほど変えたV_Tで新たにΔLを求める。これをくり返し，V_Tに対してΔLをプロットすると，ΔL軸の切片が冶金チャネル長L_{met}になる[75]。

式（4.62）の別の表現として，パラメータEを

$$E = R_m(V_{GS} - V_T) = \frac{L - \Delta L}{W_{eff} \mu_{eff} C_{ox}} + R_{SD}(V_{GS} - V_T) \tag{4.65}$$

と定義する[76]。移動度の表し方はいろいろあるが，最も簡単でチャネル長およびチャネル幅の測定結果を解析するのによくつかわれるのは

$$\mu_{eff} = \frac{\mu_0}{1+\theta(V'_{GS}-V_T)} = \frac{\mu_0}{1+\theta(V_{GS}-I_D R_S - V_T)} \approx \frac{\mu_0}{1+\theta(V_{GS}-V_T)} \tag{4.66}$$

である。式（4.66）の近似は $(V_{GS}-V_T) \gg I_D R_S$ で成り立つ。式（4.66）を式（4.65）に代入すると，

$$E = \frac{(L-\Delta L)[1+\theta(V_{GS}-V_T)]}{W_{eff}\mu_0 C_{ox}} + R_{SD}(V_{GS}-V_T) \tag{4.67}$$

となる。式（4.65）から $E-(V_{GS}-V_T)$ プロットの切片 E_{int} と傾き m は

$$E_{int} = \frac{(L-\Delta L)}{W_{eff}\mu_0 C_{ox}} \;\;;\;\; m = \frac{dE}{dV_{GS}} = \frac{(L-\Delta L)\theta}{W_{eff}\mu_0 C_{ox}} + R_{SD} \tag{4.68}$$

になる。いろいろなチャネル長について $(V_{GS}-V_T)$ に対する E をプロットすると，この傾きは $m = (L-\Delta L)\theta/W_{eff}\mu_0 C_{ox} + R_{SD}$，$E$ 軸の切片は $E_{int} = (L-\Delta L)/W_{eff}\mu_0 C_{ox}$ である。デバイスのチャネル長が違えば E_{int} も異なるので，E_{int} と m を L に対してプロットすると，切片から ΔL と R_{SD} が，傾きから μ_0 と θ がわかる。

式（4.65）に関連して ΔL, R_{SD}, μ_0, および θ を求める De La Moneda らの方法では[77]，式（4.66）の有効移動度をつかって式（4.63）を

$$R_m = \frac{L-\Delta L}{W_{eff}\mu_0 C_{ox}(V_{GS}-V_T)} + \frac{\theta(L-\Delta L)}{W_{eff}\mu_0 C_{ox}} + R_{SD} \tag{4.69}$$

のように書く。まず**図4.22**(a)のように R_m を $1/(V_{GS}-V_T)$ に対してプロットする。このプロットの傾きは $m = (L-\Delta L)/W_{eff}\mu_0 C_{ox}$ で，R_m 軸上の切片は $R_{mi} = [R_{SD}+\theta(L-\Delta L)/W_{eff}\mu_0 C_{ox}] = R_{SD}+\theta m$ である。次に m を L に対してプロットする（図4.22(b)）。このプロットの傾きは $1/W_{eff}\mu_0 C_{ox}$，L 軸の切片は ΔL で，μ_0 と ΔL を決定できる。最後に R_{mi} を m に対してプロットし（図4.22(c)），その傾きから θ を，R_{mi} 軸の切片から R_{SD} を求める。

このような測定にはデバイスが2つあれば十分である。$m-L$ プロットで外挿による ΔL の誤差が拡大しないように，2つのデバイスのチャネル長の組み合わせを選ばねばならない。チャネル長が10倍ほど違うとき ΔL の誤差が最小になる。さらに $V_{GS}-V_T$ は広範囲をカバーするように選ぶ。1点は $\mu_0 C_{ox}$ が支配的になる低い $V_{GS}-V_T$（およそ1 V）にバイアス点をとっておき，2つ目のバイアス点は θ と R_{SD} が支配的になる高い $V_{GS}-V_T$（およそ3〜5 V）にとる。すでに述べたようにLDDデバイスでは R_{SD} はゲート電圧に依存する。この依存性をみるには，まず ΔL を求め，$V_{GS}-V_T$ をいろいろと振って R_m-L をプロットし，$L=\Delta L$ での R_{SD} を各 $V_{GS}-V_T$ について求めればよい。こうして得た R_{SD} を $V_{GS}-V_T$ の関数としてプロットすれば，R_{SD} のゲート電圧依存性を表したものになる[78]。

De La Moneda の方法の派生として式（4.60）と（4.66）を組み合わせると，

$$I_D = \frac{k_0(V_{GS}-V_T)(V_{DS}-I_D R_{SD})}{1+\theta(V_{GS}-V_T)} = k_0(V_{GS}-V_T)(V_{DS}-I_D R') \tag{4.70}$$

となる[79]。ここで

$$k_0 = \frac{W_{eff}\mu_0 C_{ox}}{L_{eff}} \;\;;\;\; R' = R_{SD} + \frac{\theta}{k_0} \tag{4.71}$$

である。式（4.70）を微分して相互コンダクタンスの定義をつかえば，

$$g_m = \left.\frac{\partial I_D}{\partial V_{GS}}\right|_{V_{DS}=const} = \frac{k_0(V_{DS}-I_D R')}{1+k_0 R'(V_{GS}-V_T)} \tag{4.72}$$

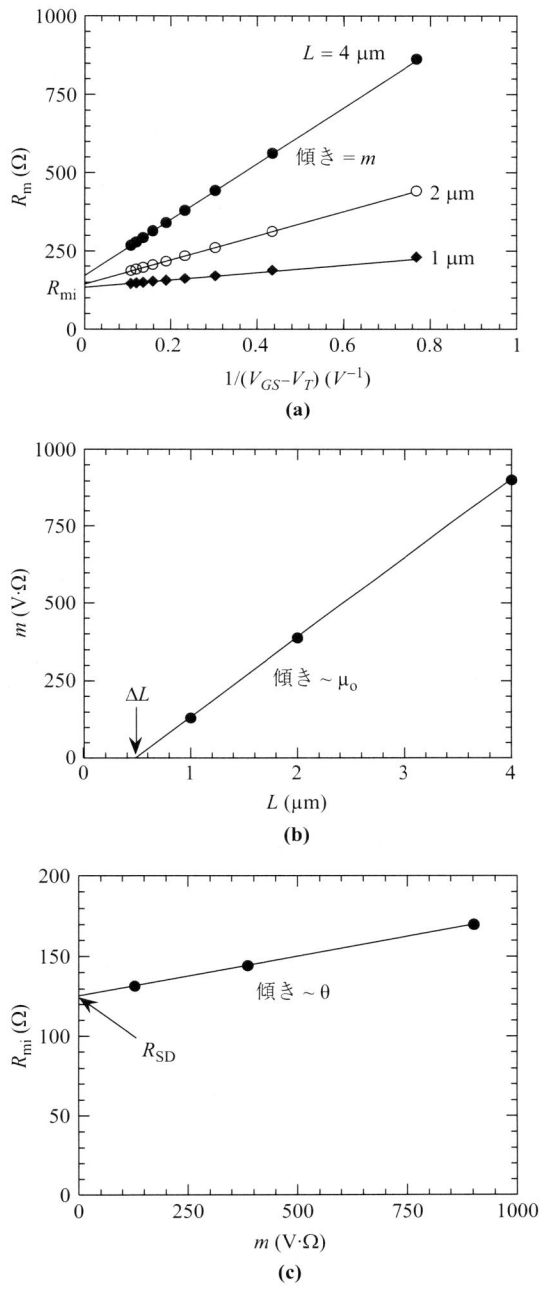

図4.22 (a)R_m−1/(V_{GS}−V_T), (b)傾きm−L, および(c)R_{mi}−m.

を得る。これと式（4.70）から

$$\frac{I_D}{\sqrt{g_m}} = \sqrt{k_0 V_{DS}}(V_{GS} - V_T) \tag{4.73}$$

を得る。いろいろなパラメータを求めるために，$I_D/g_m^{1/2} - V_{GS}$をプロットしてみよう。この切片からはしきい値電圧V_T，傾きからk_0がわかる。

$$\frac{1}{k_0} = \frac{L - \Delta L}{W_{eff}\mu_0 C_{ox}} \tag{4.74}$$

の関係により$1/k_0 - L$のプロットをとると，切片が$L = \Delta L$になる。式（4.71）からR'もわかる。そこで$R' - 1/k_0$をプロットすると，その切片からR_{SD}が，傾きからθがわかる。

式（4.61）をさらに発展させて，チャネル長の異なる2つのデバイスで，$V_{DS1} \gg I_{D1}R_{SD}$および$V_{DS2} \gg I_{D2}R_{SD}$，かつ移動度もしきい値電圧も同じとすれば[80]，2つのデバイスのドレイン電流の比は，

$$\frac{I_{D1}}{I_{D2}} = \frac{k_1}{k_2}\left(1 - \frac{(I_{D1} - I_{D2})R_{SD}}{V_{DS}}\right) \tag{4.75}$$

となる。この$I_{D1}/I_{D2} - (I_{D1} - I_{D2})$プロットは傾き$k_1 R_{SD}/k_2 V_{DS}$と$I_{D1}/I_{D2}$軸上に切片$k_1/k_2$をもつ。この方法は$V_{DS1} \gg I_{D1}R_{SD}$および$V_{DS2} \gg I_{D2}R_{SD}$の条件が満たされなければ機能しない。この条件でない場合はプロットを$(V_{DS2}/I_{D2} - V_{DS1}/I_{D1}) - V_{DS1}/I_{D1}$に変更すると[81]，その直線の$V_{DS1}/I_{D1}$軸の切片が$R_{SD}$，傾きが$(L_2 - L_1)/(L_1 - \Delta L)$となって$\Delta L$がわかる。

相互コンダクタンスは**相互コンダクタンス法**でもつかわれる[82,83]。相互コンダクタンスg_mとドレインコンダクタンス$g_d = \partial I_D/\partial V_{DS}$は，ドレイン電圧が25から50 mVのMOSFETの線形領域で測定する。この相互抵抗rは

$$r = \frac{g_m}{g_d^2} \tag{4.76}$$

で定義される。測定にはチャネル長が既知の短チャネルデバイスと長チャネルデバイスが必要である。それぞれのデバイスの相互抵抗を求め，2つのチャネル長と相互抵抗とからパラメータ$\Delta\lambda$

$$\Delta\lambda = \frac{Lr_{ref} - L_{ref}r}{r_{ref} - r} \tag{4.77}$$

を計算する。$\Delta\lambda$を$V_{GS} - V_T$に対してプロットすれば，これを外挿した$\Delta\lambda$軸上の切片がΔLになる。直列抵抗は

$$R_{SD} = \frac{(L_{ref} - \Delta L)/g_d - (L - \Delta L)/g_{dref}}{r_{ref} - r} \tag{4.78}$$

にしたがってチャネル長とドレインコンダクタンスに依存する。

よく知られているように，微分は小さな変化を強調するのでノイズの発生源になることに注意しておく。そのため，たとえばg_dやg_mを計算する手法では，微分を用いない手法に比べてノイズが多い傾向にある。

移動度（つまりR_{SD}）をゲート電圧のなんらかの関数にする方法は**変位比**（shift and ratio; S/R）の方法という[84]。この方法では大きなデバイスを1つと，小さなデバイスを多数（チャネル幅を一定にしてチャネル長を変えて）用意し，式（4.63）を

$$R_m = R_{SD} + Lf(V_{GS} - V_T) \tag{4.79}$$

と書き換える。ここでfはゲート駆動電圧$V_{GS}-V_T$の関数で，全デバイスに共通である。式（4.79）をV_{GS}で微分する。寄生抵抗R_{SD}はふつうゲート電圧にほとんど依存しないので，この微分で無視できる。

式（4.79）は

$$S = \frac{dR_m}{dV_{GS}} = L\frac{d[f(V_{GS}-V_T)]}{dV_{GS}} \quad (4.80)$$

になる。大きなデバイスと，小さなデバイスの1つ選んで，それぞれS_0とSをV_{GS}に対してプロットする。LとV_Tについて解くには，曲線SをV_{GS}にそってδだけ右へずらし，この2つのデバイスの比$r = S_0(V_{GS})/S(V_{GS}-\delta)$を$V_{GS}$の関数として計算する。$\delta$をこの2つのデバイスのしきい値電圧の差に等しくすると，rはどのデバイスでもV_{GS}によらず一定値になる。これがこの測定法の要点である。ゲート駆動電圧を一定にすると両者の移動度は一致するかほぼ同じになり，rは

$$r = \frac{S_0(V_{GS})}{S(V_{GS}-\delta)} = \frac{L_0}{L} \quad (4.81)$$

と書ける。ここでL_0とLはそれぞれ大きなデバイスと小さなデバイスのチャネル長である。このようにして複数のデバイスについて得たLをマスクで定義されるL_mに対してプロットすると，その直線のL_m軸上の切片が$\Delta L(=L_m-L)$になる。この方法はチャネル長が$0.2\,\mu m$以下のMOSFETでうまくいっている。V_{GS}の範囲としては，V_Tより少し上から1V上くらいまでが最適である。LDDデバイスでは，ゲート電圧をしきい値電圧よりわずかに高くすることでSを大きくとり，dR_{SD}/dV_{GS}を無視するようにしている[85]。ΔLがわかれば，R_{SD}は式（4.79）から計算できる。

L_{eff}とR_{SD}を求める様々な方法の分析によれば，S/R法が最もばらつきが小さく精度もよい[85]。特にしきい値電圧近傍やLDDデバイスではR_{SD}がV_{GS}に依存することはよく知られており，R_{SD}がV_{GS}によらないという基本仮定を満たすには，最適なゲート電圧の範囲を選ぶことが重要である。ΔLが最大になる高いゲート電圧領域でのみ$dR_{SD}/dV_{GS}=0$と仮定できるとして，より精度よくΔLとLを求めている[86]。

LDDのMOSFETに特化して，チャネル長を求める手法の精度を決める様々なメカニズムの包括的な研究によれば，信頼できるチャネル長を求めるにはゲート電圧をしきい値電圧よりわずかに高くし，それに応じたしきい値電圧を測定することが重要なようである[87]。

他に，電流―電圧特性をいろいろな方法でフィッティングして直列抵抗を求める方法もある。最小二乗法としては，非線形最小二乗法および多変数最小二乗法がつかわれている。二次元デバイスシミュレータもつかわれている。これら多様な手法の詳細な比較によれば，単純な理論では線形であるものが，少なからず非線形なプロットになっている[63]。その結果，傾きが一意に決まらず，結果も信頼が置けなくなる。そのうえ測定ノイズが切片に影響することもある。実験でのノイズは電流―電圧測定の積分時間を長くすれば低減できることがある。非線形最適化は上述の方法のいくつかより十分に正確で手堅い手法である[63]。反復線形回帰法をつかった最適化によってV_T，R_{SD}，D_L，およびD_Wを求める堅実な手法も開発されている[88]。ここでは微分せずに1組の線形方程式に対する解析的な式からパラメータを抽出している。この方法は特にプロセスの評価に適している。

直列抵抗を抽出する方法で求められるのはすべてR_{SD}である。ふつうは$R_S=R_D$と仮定しているが，特にデバイスがホットエレクトロン・ダメージを受けるようなストレス下にあると，必ずしもこれが真とは限らない。R_SとR_Dの非対称性は通常のMOSFETでドレインをドレイン，ソースをソースとし，つづいてドレインとソースを入れ替えて相互コンダクタンスを測定する。これに基板バイアスと外部抵抗を組み合わせれば，非対称性を求めることができる[89]。

L_{eff}が$0.1\,\mu m$に近づくと，短チャネル効果によってR_{ch}はもはやL_{eff}に対して線形ではなくなるので，従来の電流―電圧法はつかえなくなる。これに対してまったく異なる原理によるドレイン誘起障壁低下（drain-induced barrier lowering; DIBL）法がある[90]。短チャネル効果の1つの現れであるドレイン誘起障壁低下は，ドレイン電圧によってソース―基板間接合の障壁が下がり，しきい値電圧もドレイ

ン電圧によって低下する．ゲート電圧がしきい値より低い領域でのドレイン電流は

$$I_D = I_0 \exp\left[\frac{q(V_{GS} - V_T)}{nkT}\right]\exp\left(\frac{q\lambda V_{DS}}{kT}\right) = I_0 \exp\left[\frac{q(V_{GS} - V_T')}{nkT}\right] \tag{4.82}$$

となる．ここでλはドレイン誘起障壁低下係数で，

$$V_T' = V_T - n\lambda V_{DS} \Rightarrow \Delta V_T = V_T' - V_T = -n\lambda V_{DS} \tag{4.83}$$

である．

　ドレイン誘起障壁低下の効果を示した**図4.23**(a)では，オフ電流（$V_{GS} = 0$のときのI_D）の増加としきい値電圧の減少がみられる．ドレイン誘起障壁低下係数は$V_{DS} = 0.1 \text{ V}$のとき$\Delta V_T = 0$とした図4.23(b)に描かれているように，ΔV_T-V_{DS}プロットの傾きから求める．

　ドレイン誘起障壁低下はチャネル長にも依存する．チャネルが短いほどドレイン電圧によってソースと基板の間の障壁が大きく変化するので，ドレイン誘起障壁低下を有効チャネル長の測定に利用できる．ΔV_Tのチャネル長依存性は

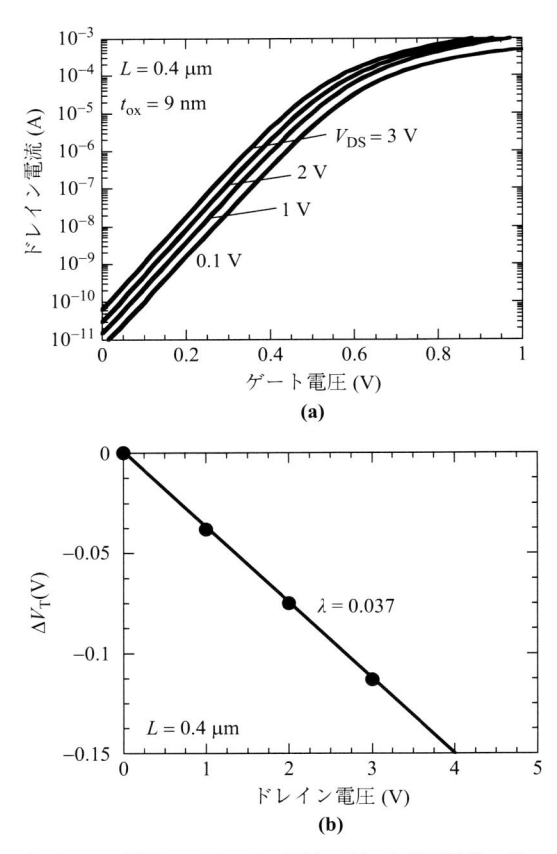

図4.23　(a)いろいろなドレイン電圧でのドレイン電流―ゲート電圧特性．ドレイン誘起障壁低下を示している．(b)しきい値電圧のずれ―ドレイン電圧の関係．この傾きがλである．

$$\Delta V_T = \alpha + \beta \exp\left(-\frac{L_{eff}}{2L_c}\right) \tag{4.84}$$

である[90]。ここでα, β, およびL_cは定数。これらの定数を決定すればL_{eff}が求まる。チャネル長が$1\,\mu m > L_{eff} > 0.4\,\mu m$の範囲のデバイスでは$\alpha = \Delta V_T$である。$\beta$は$0.4$から$0.8\,V$の範囲で，ドーピング密度に依存する接合のビルトイン電位とフェルミ電位から

$$\beta = 2\sqrt{(V_{bi} - 2\phi_F)(V_{bi} - 2\phi_F + V_{DS})} \tag{4.85}$$

によって求められる。長さL_cは

$$L_c = \frac{L_{Ddes1} - L_{Ddes2}}{2[\ln(\Delta V_{T1} - \alpha) - \ln(\Delta V_{T2} - \alpha)]} \tag{4.86}$$

から求める。ここでL_{Ddes}は0.1から$0.2\,\mu m$の間でチャネル長が極端に異なるように設計した2つのデバイスの設計チャネル長である。この方法は$40\,nm$までのL_{eff}に適用されている。

4.6.2 チャネル長：容量—電圧法

4.6.1節の電流—電圧法はシンプルであることから，直列抵抗と有効チャネル長を求める最も一般的な方法になっている。しかし実際にはすでに述べたように，いくつかの制約もある。そういうこともあって，容量法でL_{eff}を求めることもある。$C-V$法で直列抵抗を求めることはできないが，移動度が直列抵抗やゲート電圧に左右されることに起因する不確定要素がない。ここでは図4.24のMOSFETを参照しながら容量測定法を議論しよう。

まずゲート幅一定でチャネル長を振ったデバイスのソースとドレインをつなぎ，これとゲートとの間の容量を測定する[91]。ドレイン—基板間およびソース—基板間の容量を$C-V$測定器から切り離すため，基板は（$C-V$測定器のケーブルのシールドにつないで）接地されている。$V_G < V_T$のとき，ゲート下の表面は蓄積状態で，容量計の読みはゲートとソースおよびドレインとの重なり部の2つの容量になる（図4.24(a)）。$V_G > V_T$ではゲート下の表面は反転状態で，容量計の読みは重なり部の2つの容量にチャネルの容量が加わる（図4.24(b)）。この測定での有効ゲート長を冶金的ゲート長L_{met}と考えると，C_{ov}とC_{inv}は

$$C_{ov} = \frac{K_{ox}\varepsilon_0 \Delta LW}{t_{ox}} \quad ; \quad C_{inv} = \frac{K_{ox}\varepsilon_0 LW}{t_{ox}} \tag{4.87}$$

となる。

式（4.87）から，L_{met}は

$$L_{met} = L - \Delta L = L\left(1 - \frac{C_{ov}}{C_{inv}}\right) \tag{4.88}$$

となる。デバイスを1つ測定して式（4.88）をつかっても，$(C_{inv} - C_{ov})-L$プロット[注3]の傾き$K_{ox}\varepsilon_0 W/t_{ox}$と$L$軸上の切片$\Delta L$を求めても，$L_{met}$を計算できる。これを改良した$C-V$法が文献92にあり，DMOSFETに適用されている[93]。

C_{ov}の測定にはどの程度のゲート電圧が適切であろうか。膨大なモデリングや実験によれば，表面がちょうど反転しはじめる点に対応するC_{ov}となるゲート電圧，すなわちV_T近傍に$V_{GS} = V_{GS,ov}$を設定す

注3 式（4.87）より，$C_{inv} - C_{ov} = \dfrac{K_{ox}\varepsilon_0 W}{t_{ox}}(L - \Delta L)$

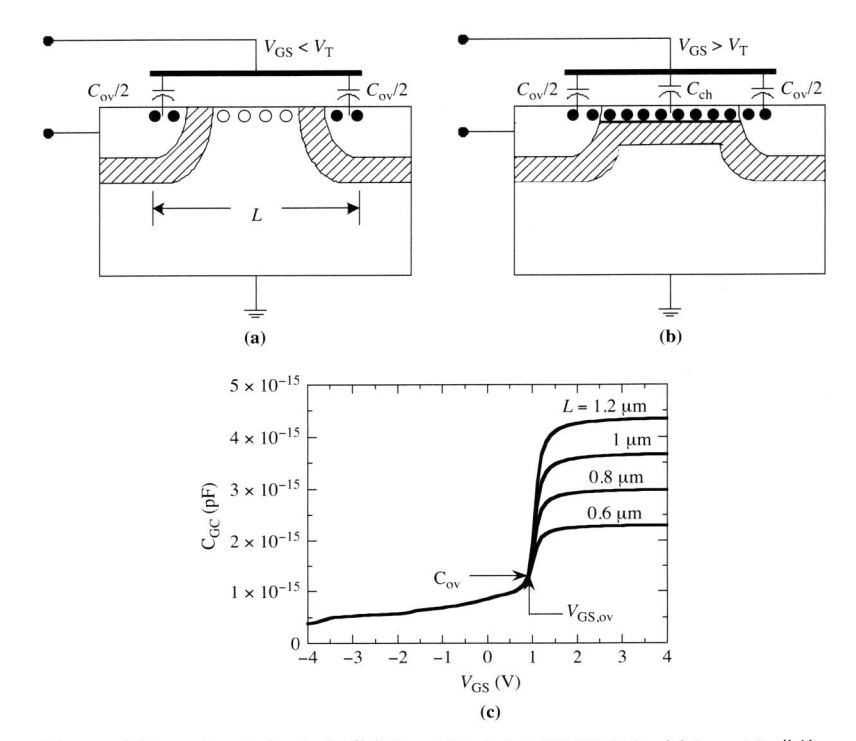

図4.24 (a)$V_{GS} < V_T$のとき，および(b)$V_{GS} > V_T$のときのMOSFETと，(c)$C_{GC} - V_{GS}$曲線．$W=10\,\mu\text{m}$, $t_{ox}=10\,\text{nm}$, $N_A=1.6\times10^{17}\,\text{cm}^{-3}$.

る。$V_{GS,ov}$はチャネル長の異なるデバイスを複数個測定して求める。その例を図4.24(c)に示す。$V_{GS,ov}$は$C-V_{GS}$曲線が分裂をはじめるゲート電圧になる。図4.24(c)では蓄積状態の曲線は1本であるが，詳細な測定によれば，蓄積状態の曲線でも寄生容量によって弱いゲート長依存性を示すので[94]，オフ状態のC_{ov}はオン状態のそれと一致しない可能性がある。しきい値電圧よりわずかに低いところの容量は，伝導チャネル形成後には消える内側への不要なフリンジ項を含んでいる。負のゲート電圧でn-MOSFETの基板を蓄積状態にし，内側へのフリンジ成分を消すと，ソースおよびドレインの重なった領域を空乏化できる。ゲート本来の容量が小さい短チャネルデバイスでは，このような誤差でもΔLでは大きな誤差となる。

小面積MOSFETは容量がとても小さく，重なり部の容量も小さいので，測定が難しい。そこで，多数のデバイスを並列につなぎ，実効面積を十分に大きくする。たとえば3200個のトランジスタを並列に接続した設計もある[95]。容量を大きくとるための櫛形ゲートでは，リソグラフィの近接効果のために$I-V$測定で評価した容量に対してオフセットがかかっているかもしれない。100nm以下のMOSFETでは，ゲート酸化膜が薄くなってトンネル電流が顕著になり，容量測定に影響する。

L_{met}がわかっているとき，大きなMOSFETを理想のデバイスとしてμ_{eff}を測り，実際のデバイスと比べれば，R_{SD}を決定できる。このとき，$L_{met} \approx L_{eff}$と仮定する。式（4.60）のドレイン電流I_Dと，$R_{SD} = 0$のときのドレイン電流I_{D0}をつかえば，単純に比$\varsigma = I_D/I_{D0}$をとって，R_{SD}は

$$R_{SD} = \frac{(1-\varsigma)V_{DS}}{I_D} \tag{4.89}$$

となる．これから直列抵抗のゲート電圧依存を示す$R_{SD} - V_{GS}$曲線を簡単に生成できる[91],[注4]．

4.6.3 チャネル幅

チャネル幅Wを求める方法はチャネル長を求める方法と似ている．ゲート長が同じで，ゲート幅の異なる複数のデバイスをつかう．はじめは同じチャネル長でWの異なるMOSFETのドレインコンダクタンスをWの関数としてプロットする方法をとった[96]．ソースおよびドレイン抵抗を無視すれば，式(4.60)からドレインコンダクタンスとして，

$$g_d = \left.\frac{\partial I_D}{\partial V_{DS}}\right|_{V_{GS}=constant} = \frac{(W - \Delta W)\mu_{eff}C_{ox}(V_{GS} - V_T)}{L_{eff}} \qquad (4.90)$$

を得る．Wに対してg_dをプロットすると，$g_d = 0$のW軸上にΔWの切片をもつ．この方法でソースおよびドレインの抵抗を無視したのは，チャネル長の測定より難しいからである．デバイスのチャネル長によらずR_SおよびR_Dは一定であるという仮定はよく成り立つが，チャネルの幅が変わるとこの仮定は成り立たない．R_SもR_Dもチャネル幅で変わる．

式(4.90)のドレインコンダクタンスをつかってW_{eff}を求めると，g_dの負の領域に交点がくることがある．これはソースとドレイン間の周囲のリークによって本来のMOSFETに並列抵抗が加わるためである．交点からW_{eff}と並列コンダクタンスG_Pがわかる[97]．

このドレイン電流は

$$I_D = \frac{(W - \Delta W)\mu_{eff}C_{ox}(V_{GS} - V_T)V_{DS}}{L_{eff} + (W - \Delta W)\mu_{eff}C_{ox}(V_{GS} - V_T)R_{SD}} \qquad (4.91)$$

のように書ける（式(4.62)参照）．$I_D - W$プロットから$I_D = 0$で$W = \Delta W$の切片を得る．これからW_{eff}を求めることができる[98]．

測定されるドレイン抵抗は

$$R_m = R_{ch} + R_{SD} = \frac{L_{eff}}{(W - \Delta W)\mu_{eff}C_{ox}(V_{GS} - V_T)} + R_{SD} \qquad (4.92)$$

である（式(4.63)参照）．$R_m - 1/(V_{GS} - V_T)$の傾きは$m = L_{eff}/(W - \Delta W)\mu_{eff}C_{ox}$である．$mW - m$プロットの傾きが$\Delta W$になる[99],[注5]．また，$R_{SD}$は$W$に依存しても$L$にはよらないので，式(4.92)を$L$で微分すれば

$$m = \frac{1}{dR_m/dL} = (W - \Delta W)\mu_{eff}C_{ox}(V_{GS} - V_T) \qquad (4.93)$$

となる．これから$m - W$をプロットすれば，$m = 0$で$W = \Delta W$の切片を得る．いずれの方法も，同じゲート長でゲート幅を変えたデバイスが必要である．ゲート電圧を振れば，V_{GS}の関数としてW_{eff}のデータを生成することができる．

文献63のL_{eff}の決定法に類似した非線形最適化法もW_{eff}の抽出につかえる[100]．ゲート長が同じでゲート幅が異なる複数のデバイスと，ゲート幅が同じでゲート長の異なる複数のデバイスのドレイン電流を測定する．V_T，R_{SD}，およびW_{eff}がチャネル幅に依存するとした非線形最適化モデルをデータにフィッティングする．データが非線形でノイズが多くても，この手法は線形モデルを仮定していないので外挿による誤差もなく，信頼できる．

容量法は電流—電圧によらない，つまり直列抵抗に影響されない方法である．MOSFETの酸化膜の

注4 式(4.89)をつかって$I_{D0} - V_{GS}$および$I_D - V_{GS}$特性から$R_{SD} - V_{GS}$特性を得る．
注5 $mW - m$の傾き $= d(mW)/dm = [d(mW)/dW] \cdot [dW/dm] = \Delta W$

容量は

$$C_{ox} = \frac{K_{ox}\varepsilon_0 L_{eff}(W - \Delta W)}{t_{ox}} \tag{4.94}$$

で与えられる．ゲート長が同じでゲート幅を振ったトランジスタをつかってC_{ox}をWの関数でプロットすると，傾きが$K_{ox}\varepsilon_0 L_{eff}/t_{ox}$で$W$軸に$W = \Delta W$の切片をもつ直線が得られる[101]．

4.7　MESFETとMODFET

　MESFET（金属—半導体FET；metal-semiconductor field-effect transistor）はソース，チャネル，ドレイン，およびゲートからなる．ドレイン電圧に応じて**多数キャリア**がソースからドレインへ流れる．ドレイン電流は金属—半導体接合ゲートへの逆バイアスで変調する．十分な逆バイアスをかけると，金属—半導体コンタクトの空間電荷領域が絶縁性の基板にまで伸び，チャネルがピンチオフする．この出力電流—電圧特性はデプレッション型のMOSFETの特性に類似している．しかしMOSFETとは反対に，MESFETではゲートを順方向にバイアスして大きな入力電流を流すことができる．MESFETはnチャネル上に直接ゲートが配置されているのに対し，**図4.25**に示すMODFET（変調ドープFET；modulation-doped FET）はnチャネルとゲートの間にワイドバンドギャップ半導体が配置されている．ここではこの２つの構造を区別せずに話しを進める．

　MESFETのゲートを順方向にバイアスできると，MOSFETではできない測定が可能になる．ゲートが順バイアスのときのドレイン—ソース間電圧は

$$V_{DS} = (R_{ch} + R_S + R_D)I_D + (\alpha R_{ch} + R_S)I_G \tag{4.95}$$

で，αはゲートからソースの間のチャネル抵抗の一部だけにゲート電流が流れるという事実を反映したもので，$\alpha \approx 0.5$である．このときのゲート—ソース間電圧は

$$V_{GS} = \frac{nkT}{q}\ln\left(\frac{I_G}{I_s}\right) + R_S(I_D + I_G) \tag{4.96}$$

である．ここで$I_G = I_s \exp(qV_{GS}/nkT)$は抵抗ゼロのときの順バイアスのショットキー・ダイオードによるゲート電流である．

　I_Gをパラメータとした$I_D - V_{DS}$の傾きは$1/(R_{ch} + R_S + R_D)$で，$I_D = 0$のときV_{DS}/I_Gは$(\alpha R_{ch} + R_S)$になる．さらにI_Dをパラメータとした順バイアスの$I_G - V_{GS}$曲線で$I_G = $ **一定**とし，$\Delta V_{GS}/\Delta I_D = R_S$から$R_S$, R_D, およびR_{ch}を求めることができる．ゲート抵抗R_Gも考慮するなら，ゲート電流とゲート—ソース間の電圧からこれを求めておく．ただしオープンドレイン回路では$\log I_G$をV_{GS}ではなくV_{GD}に対してプロットする．この片対数プロットでの直線からのずれはゲート抵抗によるものである．

　ゲート電流をドレイン—ソース間電圧の関数として測定する方法もある．ソースを接地すると，ゲ

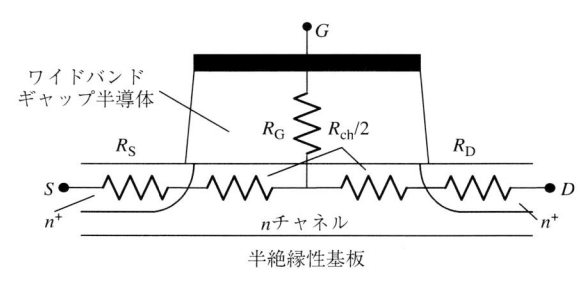

図4.25　いろいろな抵抗をもつMODFETの断面．R_Gはワイドバンドギャップ半導体の抵抗．

ート電流はゲートからソースへ流れる。このゲート電流はソース抵抗R_Sと，チャネル抵抗R_{ch}の一部を流れ，電圧が降下する。この電圧降下のプローブとしてドレインをつかう。この"端部"抵抗は

$$R_{end} = \frac{\partial V_{DS}}{\partial I_G} \tag{4.97}$$

で定義される。さらに，式 (4.97) の"端部"抵抗は

$$R_{end} = \alpha R_{ch} + R_S \tag{4.98}$$

で近似される。

"端部"抵抗を測定する方法の1つに，ドレイン電流をゼロにし，ドレインコンタクトを電気的に浮かせる方法がある。これによって$\alpha \approx 0.5$を得る。その他，測定の間一定のドレイン電流を流してドレインの浮遊を抑える方法がある。このとき$I_G \ll I_D$なら，

$$R_{end} = R_S + \frac{nkT}{qI_D} \tag{4.99}$$

である[102]。

R_{end}-$1/I_D$のプロットはnkT/qの傾きと，R_{end}軸上に切片R_Sをもつ。このプロットの直線部分は限られている。I_Dの大きいところではドレイン電流が飽和電流に近いために直線からずれる。I_Dの小さいところのずれは$I_G \ll I_D$という要請が満たされないためである。Chaudhuri and Dasがこの方法を改良している[103]。

第3章で詳しく議論した伝送線の方法もR_Sの測定につかわれている。この方法ではnチャネルのシート抵抗からデバイスの寸法をつかってソース抵抗を計算する。ただし，伝送線法のテストストラクチャにはゲートがないという欠点がある。このためソース端部に電流集中が起き，分散抵抗を正確に求めることができない。

その他，チャネル長を振ったデバイスを線形領域で動作させるという方法もある[104]。この方法ではコンタクトのいずれか1つを浮遊とし，電流—電圧特性を測定する。ゲートを電気的に浮かせた場合，各直列抵抗は

$$R_{GS}(fg) = R_S + R_{ch}/2; \quad R_{GD}(fg) = R_D + R_{ch}/2;$$
$$R_{SD}(fg) = R_S + R_D + R_{ch} \tag{4.100}$$

となる。ここでソースからドレインへ小さな電流を流し，浮遊ゲートとソース間の電圧降下を高入力インピーダンスの電圧計で測定すればR_{GS}を求めることができる。その他の抵抗も同様にして求めることができる。ソースを浮遊にすると，

$$R_{GS}(fs) = R_G \tag{4.101}$$

である。ここで

$$R_{ch} = RL_G ; \quad R_G = \frac{1}{GL_G} \tag{4.102}$$

と定義する。ただし，Rは単位長さ当りのチャネル抵抗，Gはチャネルの単位長さ当りのゲートからチャネルまでのコンダクタンスである。式 (4.102) を (4.100) に代入すると，式 (4.101) より

$$R_{GS}(fg) = R_S + \frac{R}{2GR_{GS}(fs)} \quad ; \quad R_{GD}(fg) = R_D + \frac{R}{2GR_{GS}(fs)} \quad ;$$

$$R_{SD}(fg) = R_S + R_D + \frac{R}{GR_{GS}(fs)} \tag{4.103}$$

となる.

$1/R_{GS}(fs)$ に対して $R_{GS}(fg)$, $R_{GD}(fg)$, および $R_{SD}(fg)$ をプロットすると,垂直軸上にそれぞれ R_S, R_D, および $R_S + R_D$ の切片をもつ直線となる.そのようなプロットの例を図4.26に示す.この方法は,マスクで定義されたチャネル長または描画チャネル長 L_m に対して $1/R_{SD}(fs)$ をプロットすれば検証できる.このプロットは $L_m = 0$ で切片をもつ直線になるはずである.また,順バイアスでゲート電流を一定にし,2つのドレイン電流をつかう方法もある.$I_G - V_{GS}$ 曲線のずれがソース抵抗の状態に対応している[105].コンタクト端抵抗法に関連したものに,ソースおよびドレイン抵抗の測定にソース・ドレインコンタクトではなくゲート電極をつかう方法もある[106].

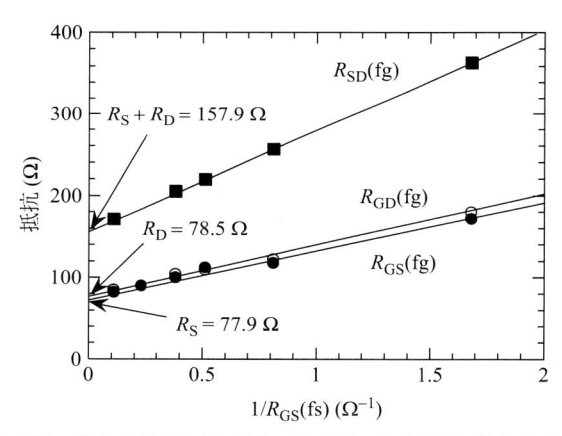

図4.26 $1/R_{GS}(fs)$ に対する $R_{GS}(fg)$, $R_{GD}(fg)$, および $R_{SD}(fg)$ のプロット.
IEEE (ⓒ1990, IEEE) の承諾により,Azzam ら[104] より再掲.

4.8 しきい値電圧

しきい値電圧の測定法を議論する前に,しきい値電圧の考え方を少し議論しておく.しきい値電圧の測定法については文献107に優れた解説がある.しきい値電圧 V_T は本章における MOSFET のチャネル長,チャネル幅,および直列抵抗の測定に必要な重要なパラメータである.しかし,V_T の一義的な定義はない.いろいろな定義があるが,その理由は図4.27の $I_D - V_{GS}$ 曲線をみればわかる.図4.27(a)は MOSFET の $I_D - V_{GS}$ 曲線で,非線形の特徴が現れている.図4.27(b)はこの曲線のしきい値電圧近傍を拡大したものである.そこにはドレイン電流が流れはじめる一意的なゲート電圧が明確に存在しているわけではない.一般につかわれているしきい値電圧は,n チャネル MOSFET のゲート酸化膜下の半導体の表面電位 ϕ_s が

$$\phi_s = 2\phi_F = \frac{2kT}{q} \ln\left(\frac{p}{n_i}\right) \approx \frac{2kT}{q} \ln\left(\frac{N_A}{n_i}\right) \tag{4.104}$$

となるゲート電圧で定義される.1953年に初めて提案されたこの定義は[108],表面の少数キャリア密度が中性のバルクの多数キャリア密度と等しい,すなわち n(表面) $= p$(バルク) となったときで,図

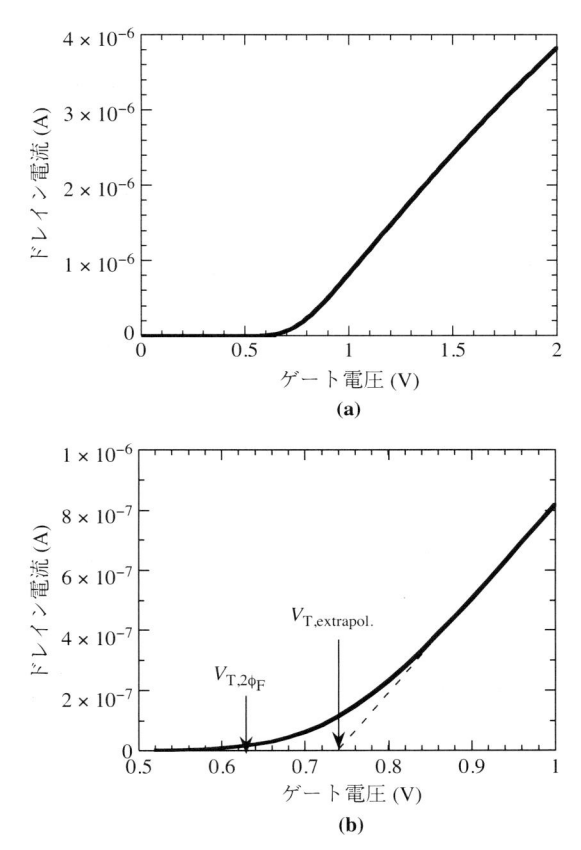

図4.27 MOSFETのしきい値電圧近傍の$I_D - V_{GS}$曲線. (b)は(a)の一部を拡大したもの. L_{eff}=1.5 μm, t_{ox}=25 nm, $V_{T,\ start}$=0.7 V, V_D=0.1 Vでモデリング.

4.27(b)の$V_{T,\ 2\phi_F}$に相当する. これは明らかに外挿から求めたしきい値電圧$V_{T,\ extrapol}$よりかなり低い.

均一にドープした基板上の, 短チャネル効果も狭チャネル効果もない寸法の大きなnチャネルデバイスのしきい値電圧は, ゲート—ソース間で$\phi_s = 2\phi_F$という定義にしたがえば,

$$V_T = V_{FB} + 2\phi_F + \frac{\sqrt{2qK_s\varepsilon_0 N_A(2\phi_F - V_{BS})}}{C_{ox}} \quad (4.105)$$

となる. ここでV_{BS}は基板—ソース間電圧, V_{FB}はフラットバンド電圧である. ドープやイオン注入が不均一なデバイスでは, しきい値電圧が打込みドーズ量にも左右される. また, 短チャネルおよび狭チャネルデバイスでは補正が必要である.

4.8.1 線形外挿法

一般的なしきい値電圧の測定方法は, MOSFETが線形領域で動作するようドレイン電圧を50〜200 mVの低い電圧にし, ドレイン電流をゲート電圧の関数として測定する**線形近似法**である[109〜111]. 式(4.60)によれば, ドレイン電流は$V_{GS} = V_T + 0.5 V_{DS}$でゼロになる. ただし式(4.60)はしきい値以上でのみ有効であり, しきい値以下のドレイン電流はゼロではなく漸近的にゼロに近づいていく.

とはいえ $I_D - V_{GS}$ 曲線を $I_D = 0$ へ外挿すれば，外挿したゲート電圧の切片 V_{GSi} からしきい値電圧

$$V_T = V_{GSi} - V_{DS}/2 \qquad (4.106)$$

が求められる．式（4.106）は，厳密には直列抵抗が無視できるときのみ有効である[112]．幸いしきい値電圧を測定するようなドレイン電流の小さい範囲では，たいていの直列抵抗は無視できる．ただしLDDデバイスでは直列抵抗を無視できない．この線形近似法はデプレッション型MOSFETおよび埋め込みチャネルMOSFETのしきい値電圧測定にもつかえる[113]．

$I_D - V_{GS}$ 曲線がしきい値電圧以下で直線からずれているならサブスレッショルド電流によるもので，しきい値電圧以上でのずれは直列抵抗の効果と移動度の劣化効果によるものである．図4.28に示すように，相互コンダクタンス g_m の最大値から $I_D - V_{GS}$ 曲線の傾きが最大となる点をみつけ，その点で $I_D - V_{GS}$ 曲線に直線をフィットさせ，この直線を $I_D = 0$ へ外挿するのがふつうのやり方である．式（4.106）から，このデバイスでは $V_T = 0.9\,\mathrm{V}$ になる．線形外挿法は直列抵抗や移動度の劣化に影響されやすい[87, 112, 114]．

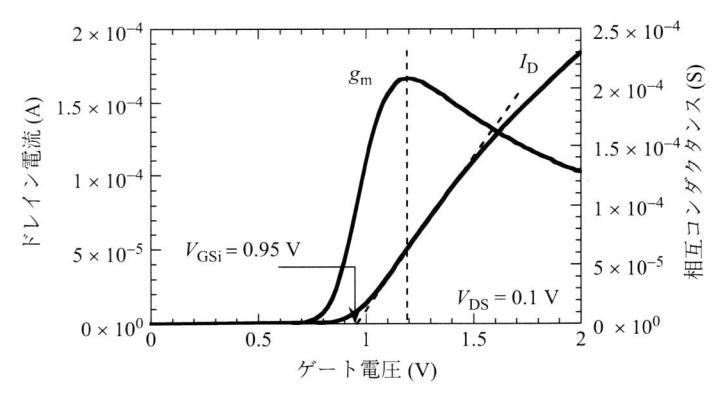

図4.28 線形近似法によるしきい値電圧の決定．$V_{DS}=0.1\,\mathrm{V}$, $t_{ox}=17\,\mathrm{nm}$, $W/L = 20\,\mathrm{\mu m}/0.8\,\mathrm{\mu m}$．データは Medtronic Corp. の Stuhl の厚意による．

演習4.1

問題：線形外挿法で求めたしきい値電圧は直列抵抗 R_{SD} に依存するか？ μ_{eff} は V_{GS} によらないとする．

解：まず，$R_{SD} = 0$ の場合を考えよう．線形外挿法では $I_D - V_{GS}$ 曲線の傾きが最大となっている相互コンダクタンス $g_{m,max}$ を求める．図E4.1から，

$$V_{GSi} = V_{GS,max} - \frac{I_{D,max}}{g_{m,max}}$$

ここで

$$I_{D,max} = k(V_{GS,max} - V_T - V_{DS}/2) \quad \text{および} \quad g_{m,max} = kV_{DS}$$

ただし

$$k = \frac{W_{eff}\mu_{eff}C_{ox}}{L_{eff}}$$

$I_{D,max}$ と $g_{m,max}$ を第1式に代入し，V_T について解くと，式（4.106）と同じ $V_T = V_{GSi} - V_{DS}/2$ となる．式（4.60）で $R_{SD} \neq 0$ として，

図E4.1

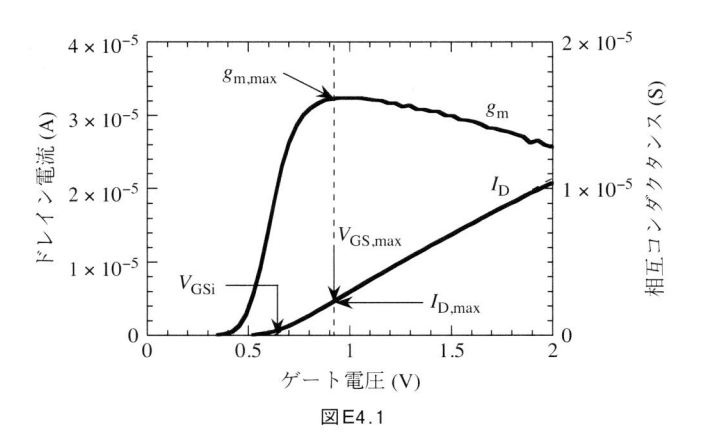

$$I_{D,max} = k(V_{GS,max} - V_T - V_{DS}/2)(V_{DS} - I_{D,max}R_{SD})$$

$$= \frac{k(V_{GS,max} - V_T - V_{DS}/2)V_{DS}}{1 + kR_{SD}(V_{GS,max} - V_T - V_{DS}/2)}$$

および

$$g_m = \frac{kV_{DS}}{[1 + kR_{SD}(V_{GS,max} - V_T - V_{DS}/2)]^2}$$

となる。
この $I_{D,max}$ と $g_{m,max}$ を上の V_{GSi} の式に代入して

$$V_{GSi} = V_T + V_{DS}/2 - kR_{SD}(V_{GS,max} - V_T - V_{DS}/2)^2$$

を得る。
これをしきい値電圧について解くと

$$V_T = V_{GS,max} - \frac{V_{DS}}{2} + \frac{1 - \sqrt{1 + 4kR_{SD}(V_{GS,max} - V_{GSi})}}{2kR_{SD}}$$

を得る。これを $\sqrt{1+x} \approx 1 + \frac{x}{2} - \frac{x^2}{8} + \frac{3x^3}{48}$ をつかって展開すれば,

$$V_T \approx V_{GSi} - V_{DS}/2 + kR_{SD}(V_{GS,max} - V_{GSi})^2 - 2(kR_{SD})^2(V_{GS,max} - V_{GSi})^3$$

MOSFETの飽和領域でもしきい値電圧を求めることができる。移動度で決まるMOSFETの飽和ドレイン電流は

$$I_{D,sat} = \frac{mW\mu_{eff}C_{ox}}{L}(V_{GS} - V_T)^2 \tag{4.107}$$

ここで m はドーピング密度の関数で, ドーピング密度が低いと0.5に近づく。V_T は, 図4.29(a)のように V_{GS} に対し $I_D^{1/2}$ をプロットし, その曲線をドレイン電流ゼロまで外挿して求める[115, 116]。ここでも I_D は

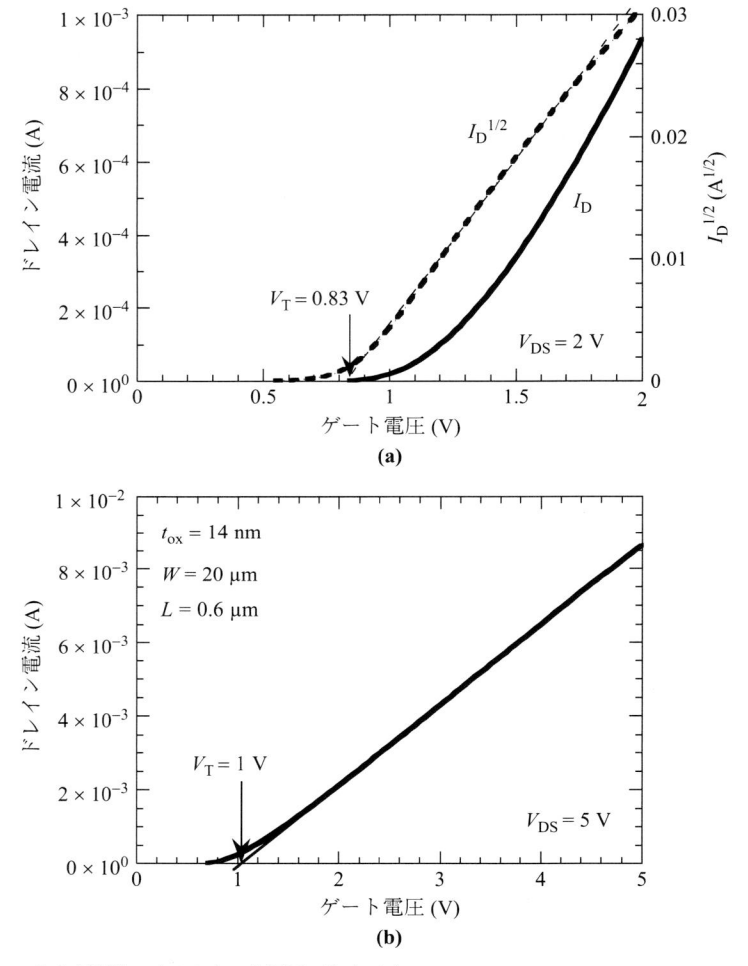

図4.29 飽和外挿法によるしきい値電圧の決定. (a) $V_{DS}=2\,V$, $t_{ox}=17\,nm$, $W/L=20\,\mu m/0.8\,\mu m$, (b) 飽和速度で制限される場合. データはMedtronic Corp.のStuhlの厚意による.

移動度の劣化と直列抵抗に依存するので,傾きが最大の点から外挿する. $V_{GS}=V_{DS}$ とすれば,確実に飽和領域での動作になる.

ドレイン電流が飽和速度で決まる短チャネルMOSFETの飽和ドレイン電流は

$$I_D = WC_{ox}(V_{GS} - V_T)v_{sat} \tag{4.108}$$

で与えられる[注6]. ここで v_{sat} は飽和ドリフト速度である. 式 (4.108) のドレイン電流は図4.29(b)のように $V_{GS} - V_T$ に対して線形である. この場合しきい値電圧は単に外挿した点のゲート電圧である.

注6 MOSFETはゲートによる電場でソース—ドレイン間の飽和電場強度が小さくなる. 特に,チャネルが短いとすぐに飽和電場を超え,ドレイン電流は飽和速度で決まってしまう.

4.8.2 定ドレイン電流法

図4.27からも明らかなように,しきい値電圧でのドレイン電流はゼロより大きい。これを利用して,**定ドレイン電流法**では,ある特定のしきい値ドレイン電流I_Tを与えるゲート電圧をしきい値電圧とする。この測定に必要な電圧測定は1つだけで,図4.30(a)の回路がデジタル的な手段で簡単に実施できる[115]。MOSFETのソース端子にしきい値電流I_Tを強制的に流すと,オペアンプの出力がI_Tを与えるゲート電圧になる。I_Tがデバイスの寸法によらないように,$I_T = I_D/(W_{eff}/L_{eff})$を10から50 nA 程度の電流にすることが多いが,それ以外の電流もつかわれている[114,115]。この種の測定でよくつかわれる$I_D = 1\,\mu A$をしきい値としたV_Tを図4.30(b)に示す。あわせて"線形近似"によるV_Tも示してある。ドレイン電流を適切に選べば,この方法の応用は広い。

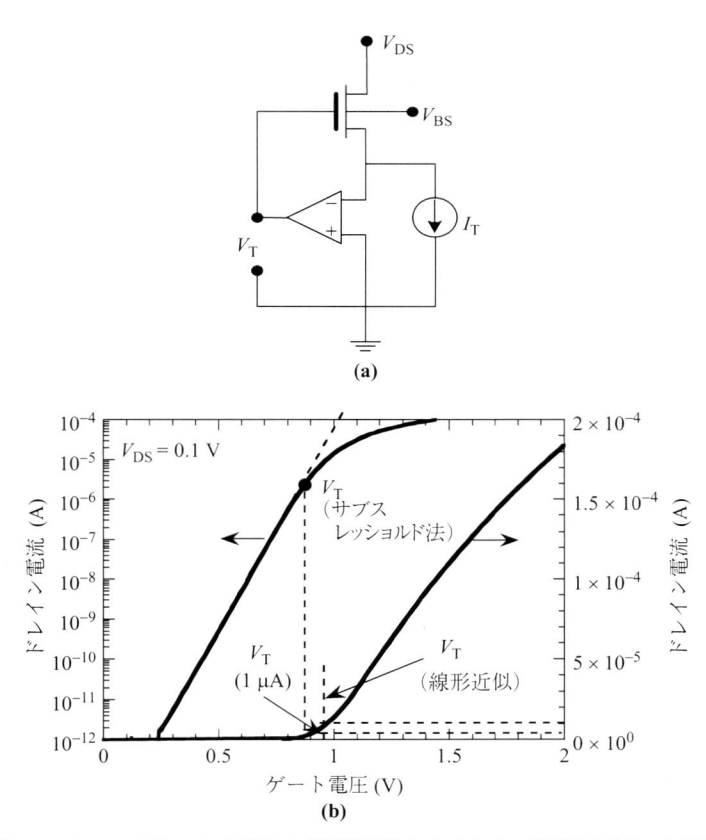

図4.30 サブスレッショルドドレイン電流法と線形近似法によるしきい値電圧の決定.(a)測定回路,(b)実験データ.$t_{ox} = 17\,nm$,$W/L = 20\,\mu m/0.8\,\mu m$. データはMedtronic Corp.のStuhlの厚意による.

4.8.3 サブスレッショルドドレイン電流法

サブスレッショルド法では,ドレイン電流をゲート電圧の関数としてしきい値以下のゲート電圧で測定し,$\log I_D - V_{GS}$をプロットする。このように片対数でプロットすると,サブスレッショルド電流はゲート電圧に対して線形になる。このプロットが直線からずれはじめる点のゲート電圧をしきい値電圧とすることが多い。しかし,図4.30(b)のデータでこの点から求めたしきい値電圧$V_T = 0.87\,V$は線形近似法で求めた値($V_T = 0.95\,V$)よりやや低めである。

4.8.4 相互コンダクタンス法

相互コンダクタンス法（transconductance）では $g_m - V_{GS}$ 特性の一次導関数が最大値を与える点から線形近似する[117]。弱い反転状態では，相互コンダクタンスはゲート電圧に対して指数関数的になるが，強い反転状態で直列抵抗と移動度の劣化を無視すれば，相互コンダクタンスは一定の値になる傾向がある。その中間の遷移領域では相互コンダクタンスはゲート電圧に対して線形になる。**図4.31**のこの方法の例では $V_T = 0.83$ V で，上述の方法より低い。

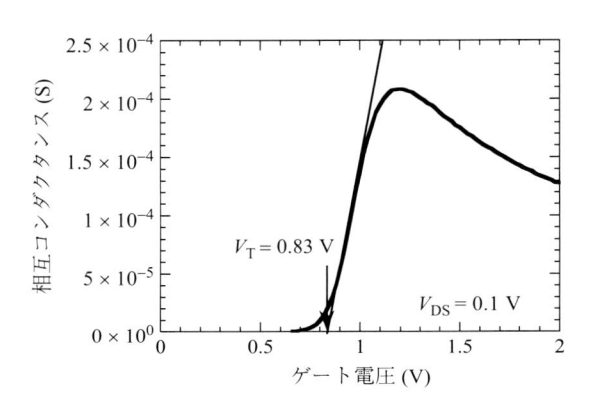

図4.31 相互コンダクタンス法によるしきい値電圧の決定．$t_{ox} = 17$ nm，W/L $= 20$ μm/0.8 μm．データはMedtronic Corp.のStuhlの厚意による．

4.8.5 相互コンダクタンス導関数法

相互コンダクタンス導関数法では，相互コンダクタンスのゲート電圧による微分 $\partial g_m/\partial V_{GS}$ をドレイン電圧を低くして求め，これをゲート電圧に対してプロットする。この方法の起源は $V_{GS} < V_T$ で $I_D = 0$，$V_{GS} > V_T$ で $I_D \sim V_{GS}$ となる理想的なMOSFETを考えれば理解できる。これより一次導関数 dI_D/dV_{GS} $(= g_m)$ は $V_{GS} = V_T$ でステップ関数になり，二次導関数 d^2I_D/dV_{GS}^2 $(= \partial g_m/\partial V_{GS})$ は $V_{GS} = V_T$ で無限大である。実際のデバイスでは二次導関数が無限大になることはないが，最大値は現れる。図4.28のデバイスについてこれを適用した例を**図4.32**に示す。この方法は直列抵抗および移動度の劣化に影響されない[112]。

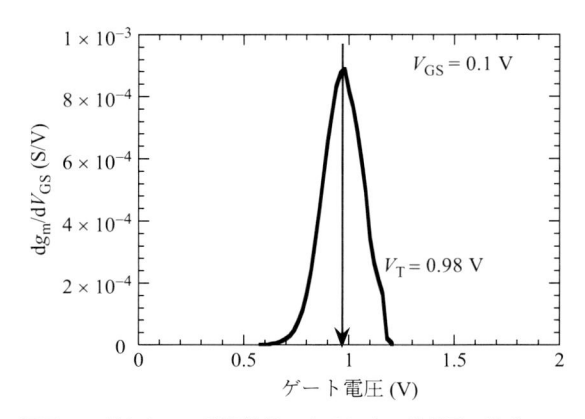

図4.32 相互コンダクタンス導関数法によるしきい値電圧の決定．$t_{ox} = 17$ nm，W/L $= 20$ μm/0.8 μm．データはMedtronic Corp.のStuhlの厚意による．

4.8.6 ドレイン電流比

ドレイン電流比の方法は求めたV_Tが移動度の劣化や寄生直列抵抗によらない方法として開発された[114]。このドレイン電流は式（4.62）が再現されて

$$I_D = \frac{W_{eff}\mu_{eff}C_{ox}(V_{GS}-V_T)V_{DS}}{(L-\Delta L)+W_{eff}\mu_{eff}C_{ox}(V_{GS}-V_T)R_{SD}} \tag{4.109}$$

である。

$$\mu_{eff} = \frac{\mu_0}{1+\theta(V_{GS}-V_T)} \tag{4.110}$$

をつかえば，式（4.109）を

$$I_D = \frac{WC_{ox}}{L}\frac{\mu_0}{1+\theta_{eff}(V_{GS}-V_T)}(V_{GS}-V_T)V_{DS} \tag{4.111}$$

と書き換えることができる。ただし

$$\theta_{eff} = \theta + (W/L)\mu_0 C_{ox} R_{SD} \tag{4.112}$$

である。相互コンダクタンスは

$$g_m = \frac{\partial I_D}{\partial V_{GS}} = \frac{WC_{ox}}{L}\frac{\mu_0}{[1+\theta_{eff}(V_{GS}-V_T)]^2}V_{DS}$$

で与えられ，比

$$\frac{I_D}{\sqrt{g_m}} = \sqrt{\frac{WC_{ox}\mu_0}{L}V_{DS}}(V_{GS}-V_T) \tag{4.113}$$

は，ゲート電圧の一次関数となり，ゲート電圧軸上の切片がしきい値電圧になる。V_T近傍のゲート電圧の狭い範囲で，$V_{DS}/2 \ll (V_{GS}-V_T)$ および $\partial g_m/\partial V_{GS} \approx 0$ という仮定が成り立つなら，この方法がつかえる。図4.33に示したこのプロットでは$V_T = 0.97$ V になっている。低電場での移動度μ_0は $(I_D - g_m^{1/2}) - (V_{GS}-V_T)$ のプロットの傾きから求め，移動度の劣化因子は

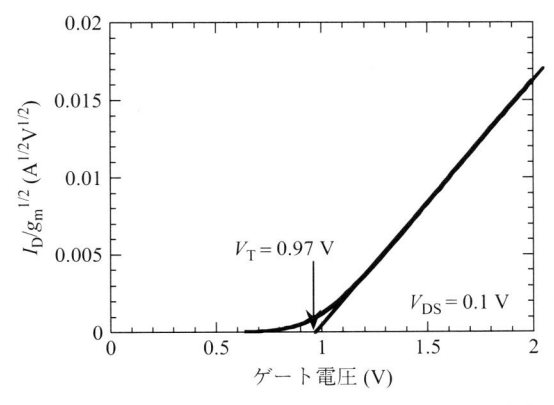

図4.33　ドレイン電流―相互コンダクタンス法によるしきい値電圧の決定．$t_{ox}=17$ nm, $W/L=20$ μm/0.8 μm．データはMedtronic Corp.のStuhlの厚意による．

$$\theta_{\mathit{eff}} = \frac{I_D - g_m(V_{GS} - V_T)}{g_m(V_{GS} - V_T)^2} \tag{4.114}$$

で, R_{SD} がわかっていれば, これから θ を求めることができる.

いろいろな方法で求めたしきい値電圧がチャネル長の関数として比較されている[118]. その結果を**図4.34**に示す. この節のデータでもみたように, しきい値電圧は測定方法によって広い範囲で変わることがよくわかる. しきい値電圧 V_T は温度依存性があるので, どのしきい値電圧の測定法でも, サンプルの測定温度は記載しておく. V_T の標準的な温度係数は $-2\,\mathrm{mV/^\circ C}$ であるが, これより大きいこともある[119].

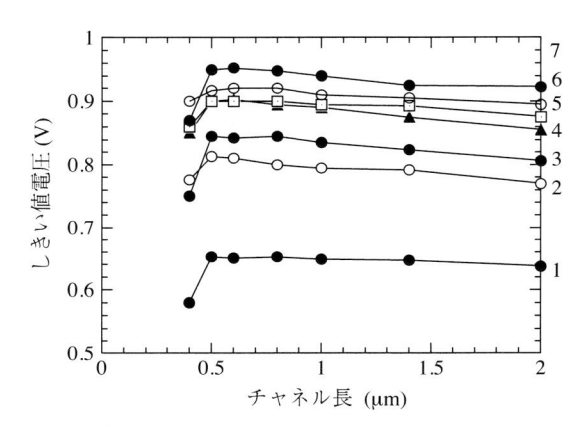

図4.34 いろいろな方法で求めたチャネル長に対するしきい値電圧. 1: $I_D = 1\mathrm{nA}/(W/L)$ とした定ドレイン電流法, 2: 相互コンダクタンス法, 3: 飽和ドレイン電流外挿法, 4: $d^2 I_D/dV_{GS}^2$ が最大となる V_{GS}, 5: ドレイン電流の線形近似, 6: 相互コンダクタンスの導関数, 7: 移動度を補正した直線外挿. 文献118より.

4.9 擬似MOSFET

擬似MOSFET は試験デバイスを作製せずにシリコン・オン・インシュレータ (silicon-on-insulator; SOI) ウェハのSi層を評価する簡単なテストストラクチャである[120]. その原型は**図4.35**(a)のようなもので, バルクSi基板を"ゲート"に, 埋め込み酸化膜 (BOX; buried oxide) を"ゲート"酸化膜に, Si薄膜をトランジスタの"基板"にしている. 薄膜の表面にプローブを立ててソースとドレインにする. ゲートへのバイアスでSi薄膜の底面を反転, 空乏, あるいは蓄積の状態にでき, **電子と正孔**の伝導両方を評価できる. ドレイン電流—ゲート電圧およびドレイン電流—時間の関係を測定すると, 電子および正孔の有効移動度, しきい値電圧, ドーパントの型, ドーパント密度, 界面および酸化膜の電荷密度, 直列抵抗, および層内欠陥がわかる. Si層を島状にエッチングしておけば, 欠陥によるBOXのリークを減らせる.

最近では図4.35(b)のようにソースS, 同心円状のドレインD, およびガードリングGRをHgで構成した水銀プローブHgFETもある[121]. 図4.35(a)から図4.35(b)へのプローブ構成の変更は些細なことのようだが, ここに真の深みがある. 2プローブの配置では, プローブの圧力によって接触抵抗および接触面積が変わり, これらを制御できない. Hgプローブの配置では, ガードリングで表面リークが阻止されるだけでなく, ソースおよびドレインの面積が適切に決まる. ただし, HgFETはソースおよびドレインにHg-Si界面, すなわちショットキー障壁をもつ. このHg-Si界面は表面処理に左右されやすいので, HgFETの測定では, この界面の制御がきわめて重要になる. Hg-Si障壁の制御には, 希釈

(a) **(b)**

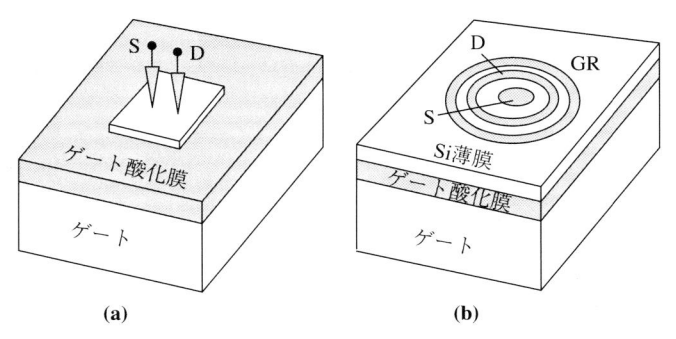

図4.35 (a)プローブと(b)Hgコンタクトで構成した擬似MOSFET.

したHF（たとえば1HF:20H$_2$O）でSiサンプルをリンスするのが一般的である。こうすると**電子**に対する障壁高さが下がる[122]．しかし時間とともに表面状態が変わり，電子に対する障壁高さが上がり，正孔に対する障壁高さは下がっていく[123]．

4.10 強みと弱み

本章では多様な評価方法をとり扱っているので，ここでそれぞれの方法の強みと弱みをまとめるのは難しい．したがって，強みと弱みは本章の随所で述べることにした．

補遺4.1 ショットキー・ダイオードの電流—電圧の式

直列抵抗が寄生したショットキー・ダイオードの電流—電圧の式は

$$I = AA^*T^2 e^{-q\phi_B/kT}[e^{q(V-Ir_s)/nkT} - 1] \tag{A4.1}$$

である．式（A4.1）のパラメータnは金属から半導体へではなく，半導体から金属への電子の流れにのみ影響するので，理想的な結果にはならず，式の正しさを疑問視されてきた[124]．確かに順バイアスが強いときは$\exp[q(V-Ir_s)/nkT]$の括弧の中の第1項だけが重要で，これがnを含んでいる．しかし，逆バイアスでは$\exp[q(-V-Ir_s)/nkT] \sim 0$で，$\exp(-q\phi_B/kT)$の項が重要だが，これには$n$がない．

この問題を解決するために，障壁高さの電圧依存性を考えよう．障壁の高さϕ_Bは鏡像力による障壁の低下，金属と半導体の界面層での電圧降下，その他の要因によって電圧に依存する．障壁の高さが

$$\phi_B(V) = \phi_{B0} + \gamma(V - Ir_s) \tag{A4.2}$$

のように電圧に対して線形であると仮定する．ここで順バイアスを強くすると障壁の高さは増すので，$\gamma > 0$である．すると式（A4.1）は

$$I = AA^*T^2 e^{-q\phi_{B0}/kT} e^{-q\gamma(V-Ir_s)/kT}[e^{q(V-Ir_s)/nkT} - 1] \tag{A4.3}$$

となる．ダイオードの理想因子nを

$$\frac{1}{n} = 1 - \gamma = 1 - \frac{\partial \phi_B}{\partial V} \tag{A4.4}$$

で定義すると，式（A4.3）は

$$I = AA^*T^2 e^{-q\phi_{B0}/kT} e^{q(V-Ir_s)/nkT}[1 - e^{-q(V-Ir_s)/kT}] \tag{A4.5}$$

と書ける。nを求めるには$\log I - V$プロットで直列抵抗が無視できる領域（$V \gg Ir_s$）をつかう。これらの制約によって式（A4.5）は

$$I \approx AA^*T^2 e^{-q\phi_{B0}/kT} e^{qV/nkT}(1 - e^{-qV/kT}) \tag{A4.6}$$

となる。

式（A4.6）から$\log I - V$ではなく，$\log[I/(1 - \exp(-qV/kT))] - V$をプロットすべきであることがわかる。このようにプロットすると$V = 0$に向かって直線になり，曲線のより広い範囲からnを求めることができる[125]。正常に動作するショットキー・ダイオードの理想因子は1に近い。しかし，たとえば熱電子電界放出電流，界面のダメージ，界面層の存在など熱電子放出以外のメカニズムで電流があるときは，nは1以上になる傾向がある[注7]。

文　　献

1) J.S. Escher, H.M. Berg, G.L. Lewis, C.D. Moyer, T.U. Robertson and H.A. Wey, *IEEE Trans. Electron Dev.*, **ED-29**, 1463-1469, Sept.（1982）
2) J.H. Werner, *Appl. Phys.*, **A47**, 291-300, Nov.（1988）
3) K. Schuster and E. Spenke, *Solid-State Electron.*, **8**, 881-882, Nov.（1965）
4) S.M. Sze, Physics of Semiconductor Devices, 2nd ed., 256-263, Wiley, New York（1981）
5) H. Norde, *J. Appl. Phys.*, **50**, 5052-5053, July（1979）
6) N.T. Tam and T. Chot, *Phys. Stat. Sol.*, **93a**, K91-K95, Jan.（1986）
7) N. Toyama, *J. Appl. Phys.*, **63**, 2720-2724, April（1988）
8) C.D. Lien, F.C.T. So and M.A. Nicolet, *IEEE Trans. Electron Dev.*, **ED-31**, 1502-1503, Oct.（1984）
9) K. Sato and Y. Yasumura, *J. Appl. Phys.*, **58**, 3655-3657, Nov.（1985）
10) S.K. Cheung and N.W. Cheung, *Appl. Phys. Lett.*, **49**, 85-87, July（1986）
11) T. Chot, *Phys. Stat. Sol.*, **66a**, K43-K45, July（1981）
12) R.M. Cibils and R.H. Buitrago, *J. Appl. Phys.*, **58**, 1075-1077, July（1985）
13) T.C. Lee, S. Fung, C.D. Beling, and H.L. Au, *J. Appl. Phys.*, **72**, 4739-4742, Nov.（1992）
14) K.E. Bohlin, *J. Appl. Phys.*, **60**, 1223-1224, Aug.（1986）; J.C. Manifacier, N. Brortyp, R. Ardebili, and J.P. Charles, *J. Appl. Phys.*, **64**, 2502-2504, Sept.（1988）
15) D. Donoval, M. Barns, and M. Zdimal, *Solid-State Electron.*, **34**, 1365-1373, Dec.（1991）
16) V. Mikhelashvili, G. Eisenstein, and R. Uzdin, *Solid-State Electron.*, **45**, 143-148, Jan.（2001）
17) D.K. Schroder and D.L. Meier, *IEEE Trans. Electron Dev.*, **ED-31**, 637-647, May（1984）
18) M.J. Kerr, A. Cuevas, and R.A. Sinton, *J. Appl. Phys.*, **91**, 399-404, Jan.（2002）
19) N.P. Harder, A.B. Sproul, T. Brammer, and A.G. Aberle, *J. Appl. Phys.*, **94**, 2473-2479, Aug.（2003）
20) M. Wolf and H. Rauschenbach, *Adv. Energy Conv.*, **3**, 455-479, Apr./June（1963）
21) D.H. Neuhaus, N.P. Harder, S. Oelting, R. Bardos, A.B. Sproul, P. Widenborg, and A.G. Aberle, *Solar Energy Mat. and Solar Cells*, **74**, 225-232, Oct.（2002）
22) G.M. Smirnov and J.E. Mahan, *Solid-State Electron.*, **23**, 1055-1058, Oct.（1980）
23) S.K. Agarwal, R. Muralidharan, A. Agarwala, V.K. Tewary and S.C. Jain, *J. Phys. D.*, **14**, 1643-

---

注7　熱電子放出のみに支配される理想的ショットキー・ダイオードおよび拡散再結合電流のみに支配される理想的なpn接合ダイオードでは，その電流―電圧特性の式（3.43）および（4.3）のnの値はいずれも1であるが，欠陥再結合，表面再結合，トンネル電流などによるリーク電流成分が支配的になると，nの値は2に近づいていく。このnの値から支配的な電流輸送過程のおよそを知ることをn値による評価という。

1646, Sept. (1981)
24) K. Rajkanan and J. Shewchun, *Solid-State Electron.*, **22**, 193-197, Feb. (1979)
25) G.L. Araujo and E. Sanchez, *IEEE Trans. Electron Dev.*, **ED-29**, 1511-1513, Oct. (1982)
26) J.C.H. Phang, D.S.H. Chan and Y.K. Wong, *IEEE Trans. Electron Dev.*, **ED-31**, 717-718, May (1984)
27) K.L. Kennerud, *IEEE Trans. Aerosp. Electr. Syst.*, **AES-5**, 912-917, Nov. (1969)
28) D.S.H. Chan, J.R. Phillips and J.C.H. Phang, *Solid-State Electron.*, **29**, 329-337, March (1986)
29) J.P. Charles, M. Abdelkrim, Y.H. Muoy and P. Mialhe, *Solar Cells*, **4**, 169-178, Sept. (1981)
30) P. Mialhe, A. Khoury and J.P. Charles, *Phys. Stat. Sol.*, **83a**, 403-409, May (1984)
31) D. Fuchs and H. Sigmund, *Solid-State Electron.*, **29**, 791-795, Aug. (1986)
32) J.E. Cape, J.R. Oliver and R.J. Chaffin, *Solar Cells*, **3**, 215-219, May (1981)
33) D.S. Chan and J.C.H. Phang, *IEEE Trans. Electron Dev.*, **ED-31**, 381-383, March (1984)
34) H.K. Gummel, *Proc. IRE*, **49**, 834, April (1961)
35) J.J. Ebers and J.L. Moll, *Proc. IRE*, **42**, 1761-1772, Dec. (1954)
36) W. Filensky and H. Beneking, *Electron. Lett.*, **17**, 503-504, July (1981)
37) L.J. Giacoletto, *IEEE Trans. Electron Dev.*, **ED-19**, 692-693, May (1972)
38) I. Getreu, Modeling the Bipolar Transistor, Tektronix, Beaverton, OR (1976)：本書は，カーブトレーサをつかったバイポーラ接合トランジスタの評価方法の議論が優れている．
39) T.H. Ning and D.D. Tang, *IEEE Trans. Electron Dev.*, **ED-31**, 409-412, April (1984)
40) J. Choma, Jr., *IEEE J. Solid-State Circ.*, **SC-11**, 318-322, April (1976)
41) K. Morizuka, D. Hidaka, and H. Mochizuki, *IEEE Trans. Electron Dev.*, **42**, 266-273, Feb. (1995)
42) M. Linder, F. Ingvarson, K.O. Jeppson, J.V. Grahn, S-L. Zhang, and M. Östling, *IEEE Trans. Semicond. Manufact.*, **13**, 119-126, May (2000)
43) J.B. Scott, *IEEE Trans. Electron Dev.*, **50**, 1970-1973, Sept. (2003)
44) W.D. Mack and M. Horowitz, *IEEE J. Solid-State Circ.*, **SC-17**, 767-773, Aug. (1982)
45) J.S. Park, A. Neugroschel, V. de la Torre, and P.J. Zdebel, *IEEE Trans. Electron Dev.*, **38**, 365-372, Feb. (1991)
46) J. Logan, *Bell Syst. Tech. J.*, **50**, 1105-1147, April (1971)
47) D.D. Tang, *IEEE Trans. Electron Dev.*, **ED-27**, 563-570, March (1980)
48) B. Ricco, J.M.C. Stork and M. Arienzo, *IEEE Electron Dev. Lett.*, **EDL-5**, 221-223, July (1984)
49) J. Weng, J. Holz, and T.F. Meister, *IEEE Electron Dev. Lett.*, **13**, 158-160, March (1992)
50) R.C. Taft and J.C. Plummer, *IEEE Trans. Electron Dev.*, **38**, 2139-2154, Sept. (1991)
51) W.M.C. Sansen and R.G. Meyer, *IEEE J. Solid-State Circ.*, **SC-7**, 492-498, Dec. (1972)
52) T.E. Wade, A. van der Ziel, E.R. Chenette and G. Roig, *Solid-State Electron.*, **19**, 385-388, May (1976)
53) R.T. Unwin and K.F. Knott, *Proc. IEE Pt.1*, **127**, 53-61, April (1980)
54) G.C.M. Meijer and H.J.A. de Ronde, *Electron. Lett.*, **11**, 249-250, June (1975)
55) A. Neugroschel, *IEEE Trans. Electron Dev.*, **ED-34**, 817-822, April (1987); *IEEE Trans. Electron Dev.*, **ED-34**, 2568-2569, Dec. (1987)
56) J.S. Park and A. Neugroschel, *IEEE Trans. Electron Dev.*, **ED-36**, 88-95, Jan. (1989)
57) P. Spiegel, *Solid State Design*, 15-18, Dec. (1965)
58) K.K. Ng and W.T. Lynch, *IEEE Trans. Electron Dev.*, **ED-33**, 965-972, July (1986)
59) K.K. Ng, R.J. Bayruns and S.C. Fang, *IEEE Electron Dev. Lett.*, **EDL-6**, 195-198, April (1985)
60) G. Baccarani and G.A. Sai-Halasz, *IEEE Electron Dev. Lett.*, **EDL-4**, 27-29, Feb. (1983)
61) J.M. Pimbley, *IEEE Trans. Electron Dev.*, **ED-33**, 986-996, July (1986)

62) K.K. Ng and J.R. Brews, *IEEE Circ. Dev.*, **6**, 33–38, Nov.（1990）

63) C.C. McAndrew and P.A. Layman, *IEEE Trans. Electron Dev.*, **39**, 2298–2311, Oct.（1992）

64) Y. Taur, *IEEE Trans. Electron Dev.*, **47**, 160–170, Jan.（2000）

65) K. Terada and H. Muta, *Japan. J. Appl. Phys.*, **18**, 953–959, May（1979）

66) J.G.J. Chern, P. Chang, R.F. Motta and N. Godinho, *IEEE Electron Dev. Lett.*, **EDL-1**, 170–173, Sept.（1980）

67) D.J. Mountain, *IEEE Trans. Electron Dev.*, **ED-36**, 2499–2505, Nov.（1989）

68) S.E. Laux, *IEEE Trans. Electron Dev.*, **ED-31**, 1245–1251, Sept.（1984）

69) K.L. Peng, S.Y. Oh, M.A. Afromowitz and J.L. Moll, *IEEE Electron Dev. Lett.*, **EDL-5**, 473–475, Nov.（1984）

70) S. Ogura, P.J. Tsang, W.W. Walker, D.L. Critchlow and J.F. Shepard, *IEEE J. Solid-State Circ.*, **SC-15**, 424–432, Aug.（1980）

71) B.J. Sheu, C. Hu, P. Ko and F.C. Hsu, *IEEE Electron Dev. Lett.*, **EDL-5**, 365–367, Sept.（1984）; C. Duvvury, D.A.G. Baglee and M.P. Duane, *IEEE Electron Dev. Lett.*, **EDL-5**, 533–534, Dec.（1984）; B.J. Shell, C. Hu, P. Ko and F.C. Hsu, *IEEE Electron Dev. Lett.*, **EDL-5**, 535, Dec.（1984）

72) S.L. Chen and J. Gong, *Solid-State Electron.*, **35**, 643–649, May（1992）

73) M.R. Wordeman, J.Y.C. Sun and S.E. Laux, *IEEE Electron Dev. Lett.*, **EDL-6**, 186–188, April（1985）

74) G.J. Hu, C. Chang, and Y.T. Chia, *IEEE Trans. Electron Dev.*, **ED-34**, 2469–2475, Dec.（1987）

75) S. Hong and K. Lee, *IEEE Trans. Electron Dev.*, **42**, 1461–1466, Aug.（1995）

76) P.I. Suciu and R.L. Johnston, *IEEE Trans. Electron Dev.*, **ED-27**, 1846–1848, Sept.（1980）

77) F.H. De La Moneda, H.N. Kotecha and M. Shatzkes, *IEEE Electron Dev. Lett.*, **EDL-3**, 10–12, Jan.（1982）

78) S.S. Chung and J.S. Lee, *IEEE Trans. Electron Dev.*, **40**, 1709–1711, Sept.（1993）

79) M. Sasaki, H. Ito, and T. Horiuchi, *Proc. IEEE Int. Conf. Microelectr. Test Struct.*, 139–144（1996）

80) K.L. Peng and M.A. Afromowitz, *IEEE Electron Dev. Lett.*, **EDL-3**, 360–362, Dec.（1982）

81) J.D. Whitfield, *IEEE Electron Dev. Lett.*, **EDL-6**, 109–110, March（1985）

82) S. Jain, *Japan. J. Appl. Phys.*, **27**, L1559–L1561, Aug.（1988）; *Solid-State Electron.*, **32**, 77–86, Jan.（1989）

83) S. Jain, *Japan. J. Appl. Phys.*, **28**, 160–166, Feb.（1989）

84) Y. Taur, D.S. Zicherman, D.R. Lombardi, P.R. Restle, C.H. Hsu, H.I. Hanafi, M.R. Wordeman, B. Davari, and G.G. Shahidi, *IEEE Electron Dev. Lett.*, **13**, 267–269, May（1992）

85) S. Biesemans, M. Hendriks, S. Kubicek, and K.D. Meyer, *IEEE Trans. Electron Dev.*, **45**, 1310–1316, June（1998）

86) G. Niu, S.J. Mathew, J.D. Cressler, and S. Subbanna, *Solid-State Electron.*, **44**, 1187–1189, July（2000）

87) J.Y.-C. Sun, M.R. Wordeman and S.E. Laux, *IEEE Trans. Electron Dev.*, **ED-33**, 1556–1562, Oct.（1986）

88) P.R. Karlsson and K.O. Jeppson, *IEEE Trans. Semic. Manufact.*, **9**, 215–222, May（1996）

89) A. Raychoudhuri, M.J. Deen, M.I.H. King, and J. Kolk, *Solid-State Electron.*, **39**, 900–913, June（1996）

90) Q. Ye and S. Biesemans, *Solid-State Electron.*, **48**, 163–166, Jan.（2004）

91) S.W. Lee, *IEEE Trans. Electron Dev.*, **41**, 403–412, March（1994）; J.C. Guo, S.S. Chung, and C.H. Hsu, *IEEE Trans. Electron Dev.*, **41**, 1811–1818, Oct.（1994）

92) H.S. Huang, J.S. Shiu, S.J. Lin, J.W. Chou, R. Lee, C. Chen, and G. Hong, *Japan. J. Appl. Phys.*, **40**, 1222–1226, March（2001）; H.S. Huang, S.J. Lin, Y.J. Chen, I.K. Chen, R. Lee, J.W. Chou, and

G. Hong, *Japan. J. Appl. Phys.*, **40**, 3992-3995, June (2001)

93) R. Valtonen, J. Olsson, and P. De Wolf, *IEEE Trans. Electron Dev.*, **48**, 1454-1459, July (2001)
94) C.H. Wang, *IEEE Trans. Electron Dev.*, **43**, 965-972, June (1996)
95) P. Vitanov, U. Schwabe and I. Eisele, *IEEE Trans. Electron Dev.*, **ED-31**, 96-100, Jan. (1984)
96) Y.R. Ma and K.L. Wang, *IEEE Trans. Electron Dev.*, **ED-29**, 1825-1827, Dec. (1982)
97) M.J. Deen and Z.P. Zuo, *IEEE Trans. Electron Dev.*, **38**, 1815-1819, Aug. (1991)
98) Y.T. Chia and G.J. Hu, *IEEE Trans. Electron Dev.*, **38**, 424-437, Feb. (1991)
99) N.D. Arora, L.A. Bair, and L.M. Richardson, *IEEE Trans. Electron Dev.*, **37**, 811-814, March (1990)
100) C.C. McAndrew, P.A. Layman, and R.A. Ashton, *Solid-State Electron.*, **36**, 1717-1723, Dec. (1993)
101) B.J. Shell and P.K. Ko, *IEEE Electron Dev. Lett.*, **EDL-5**, 485-486, Nov. (1984)
102) K. Lee, M.S. Shur, A.J. Valois, G.Y. Robinson, X.C. Zhu and A. van der Ziel, *IEEE Trans. Electron Dev.*, **ED-31**, 1394-1398, Oct. (1984)
103) S. Chaudhuri and M.B. Das, *IEEE Electron Dev. Lett.*, **EDL-5**, 244-246, July (1984)
104) W.A. Azzam and J.A. Del Alamo, *IEEE Trans. Electron Dev.*, **37**, 2105-2107, Sept. (1990)
105) L. Yang and S.I. Long, *IEEE Electron Dev. Lett.*, **EDL-7**, 75-77, Feb. (1986)
106) R.P. Holmstrom, W.L. Bloss and J.Y. Chi, *IEEE Electron Dev. Lett.*, **EDL-7**, 410-412, July (1986)
107) A. Ortiz-Conde, F.J. Garcia Sanchez, J.J. Liou, A. Cerdeira, M. Estrada, and Y. Yue, *Microelectr. Rel.*, **42**, 583-596, April-May (2002)
108) W.L. Brown, *Phys. Rev.*, **91**, 518-537, Aug. (1953)
109) S.C. Sun and J.D. Plummer, *IEEE Trans. Electron Dev.*, **ED-27**, 1497-1508, Aug. (1980)
110) R.V. Booth, M.H. White, H.S. Wong and T.J. Krutsick, *IEEE Trans. Electron Dev.*, **ED-34**, 2501-2509, Dec. (1987)
111) ASTM Standard F617M-95, *1996 Annual Book of ASTM Standards*, Am. Soc. Test. Mat., Conshohocken, PA (1996)
112) H.S. Wong, M.H. White, T.J. Krutsick and R.V. Booth, *Solid-State Electron.*, **30**, 953-968, Sept. (1987)
113) S.W. Tansewicz and C.A.T. Salama, *Solid-State Electron.*, **31**, 1441-1446, Sept. (1988)
114) G. Ghibaudo, *Electron. Lett.*, **24**, 543-545, April (1988); S. Jain, *Proc. IEE Pt.I*, **135**, 162-164, Dec. (1988)
115) H.G. Lee, S.Y. Oh and G. Fuller, *IEEE Trans. Electron Dev.*, **ED-29**, 346-348, Feb. (1982)
116) ASTM Standard F1096, *1996 Annual Book of ASTM Standards*, Am. Soc. Test. Mat., Conshohocken, PA (1996)
117) M. Tsuno, M. Suga, M. Tanaka, K. Shibahara, M. Miura-Mattausch, and M. Hirose, *IEEE Trans. Electron Dev.*, **46**, 1429-1434, July (1999)
118) K. Terada, K. Nishiyama, and K-I. Hatanaka, *Solid-State Electron.*, **45**, 35-40, Jan. (2001)
119) F.M. Klaassen and W. Hes, *Solid-State Electron.*, **29**, 787-789, Aug. (1986)
120) S. Cristoloveanu, D. Munteanu, and M. Liu, *IEEE Trans. Electron Dev.*, **47**, 1018-1027, May (2000)
121) H.J. Hovel, *Solid-State Electron.*, **47**, 1311-1333, Aug. (2003)
122) Y.J. Liu and H.Z. Yu, *J. Electrochem. Soc.*, **150**, G861-G865, Dec. (2003)
123) J.Y. Choi, S. Ahmed, T. Dimitrova, J.T.C. Chen, and D.K. Schroder, *IEEE Trans. Electron Dev.*, **51**, 1164-1168, July (2004)
124) E.H. Rhoderick, *Proc. IEE Pt.I*, **129**, 1-14, Feb. (1982); E.H. Rhoderick and R.H. Williams, Metal-Semiconductor Contacts, 2nd ed., Clarendon Press, Oxford (1988)

125) J.D. Waldrop, *Appl. Phys. Lett.*, **44**, 1002-1004, March (1984)

おさらい
- $I-V$曲線を片対数でプロットすると直線になるのはなぜか。
- Siダイオードの$\log I-V$曲線に傾きが2つあるのはなぜか。
- 直列抵抗はダイオードの電流にどのような影響をおよぼすか。
- ショットキー・ダイオードの障壁の高さを$I-V$から求めるか，$C-V$から求めるかによって違いが現れるのはなぜか。
- 太陽電池で直列抵抗と並列抵抗が重要なのはなぜか。
- BJTのエミッタ抵抗およびベース抵抗はどのようにして求めるのか。
- しきい値電圧に影響するデバイスおよび材料のパラメータを3つ述べよ。
- 有効チャネル長が物理的ゲート長と異なるのはなぜか。
- 短チャネルMOSFETの有効チャネル長を求める方法はどれがよいか。
- 有効チャネル長を求める場合，電流―電圧法より容量―電圧法が優れている点は何か。
- しきい値電圧はどのようにして測定するのか。

5. 欠陥の密度と準位

5.1 序論

　欠陥はどのような半導体にも存在する。異種原子（不純物）や結晶欠陥がそれである。不純物には，ドーパント原子（浅い準位の不純物）として意図的に導入された不純物，デバイスの寿命を損なう再結合中心（深い準位の不純物），あるいは基板の抵抗率を上げる深い準位の不純物がある。不純物は結晶成長やデバイスのプロセス中に意図せずとり込まれることもある。いろいろなタイプの欠陥を図5.1に模式的に示す。母材の原子（たとえばシリコン）に関係する欠陥は，(1) 異種格子間原子（foreign interstitial; たとえばシリコン中の酸素），(2) 置換不純物原子（foreign substitutional; たとえばドーパント原子），(3) 空孔（vacancy），(4) 自己格子間原子（self interstitial），(5) 積層欠陥（stacking fault），(6) 刃状転位（edge dislocation），(7) 析出物（precipitate）がある。今日では金属不純物密度が$10^{10}\mathrm{cm}^{-3}$かそれ以下のきわめて純粋なシリコンを成長できる。デバイスのプロセスを進めると不純物の密度は上がる傾向にあるが，その多くは後工程で$10^{10}\sim10^{12}\mathrm{cm}^{-3}$の密度にまでゲッタリングされている。

　金属不純物は様々なデバイスパラメータに影響する。金属が問題を起こす部位を図5.2に示す。ほとんどは半導体と酸化膜の界面の金属汚染によって酸化膜の完全性が損なわれるという問題であるが，ストレスが強い点や接合の空間電荷領域に金属があると，デバイスの劣化につながる。鉄と銅の汚染がシリコンへ与える影響を図5.3に示している。図5.3(a)はシリコンへのいろいろな鉄汚染レベルでの，累積故障率と酸化膜破壊電場強度の関係を示している。図5.3(b)は銅の汚染についての同様のプロットである。金属汚染による酸化膜破壊強度の低下は，酸化膜が厚いほど顕著になるが，これらの図が示すように，3nmの厚さの酸化膜でも劣化が認められる。ただし，酸化膜が薄いと，金属汚染がなくてももともと酸化膜を貫通するリーク電流が大きいため，劣化は少ない。

　浅い準位の不純物あるいはドーパント不純物の評価については，第2，10，および11章で議論している。浅い準位の不純物については，密度は電気的に，エネルギー準位は光学的に測定するのが基本である。本章では主に，密度もエネルギー準位も電気的な測定が向いている深い準位の不純物につい

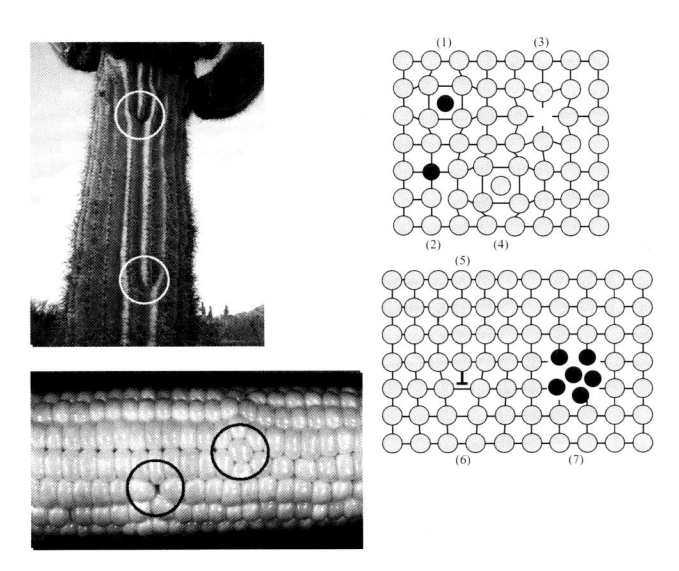

図5.1　半導体中の欠陥の模式的表現．

て，その測定方法を議論する．半導体の不純物についてはMilnesによる優れた解説がある[2,3]．深い準位の不純物の理論的側面はJarosがとり扱っている[4]．

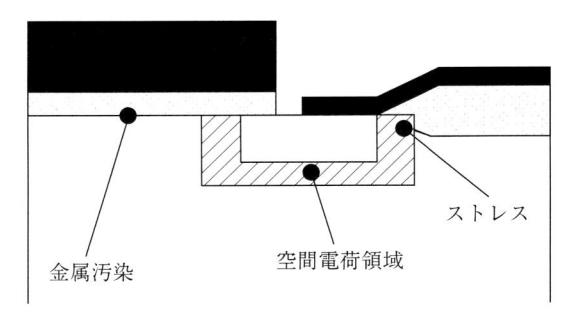

図5.2 金属汚染に敏感なMOSFETの領域．

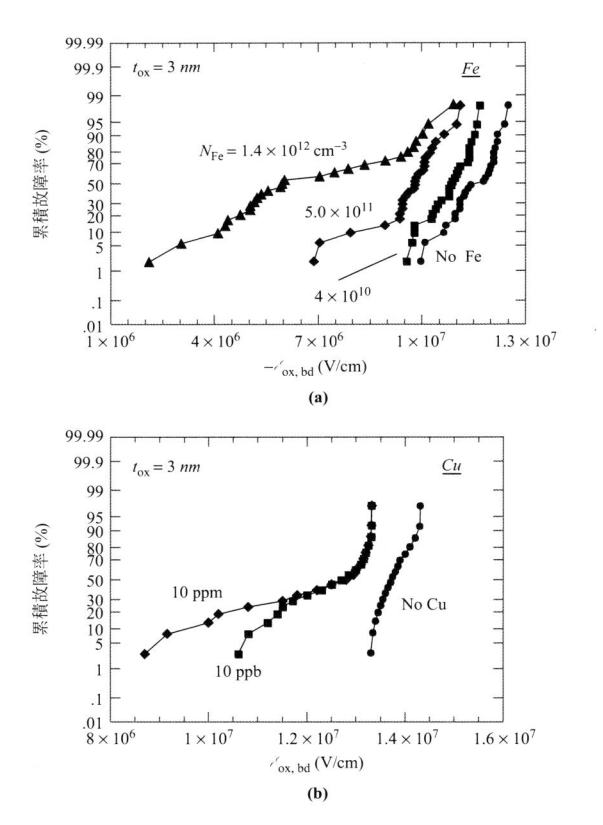

図5.3 金属汚染濃度別の酸化膜破壊電場強度に対する酸化膜の累積故障率．(a) Feを含むSi，(b) Cuで汚染されたSi．ウェハは10 ppbまたは10 ppmのCuSO$_4$溶液に浸し，400℃でアニールしてある．文献1のデータより．

5.2 生成—再結合の統計
5.2.1 視覚的描写

完全な単結晶半導体のバンド図は，エネルギー準位のないバンドギャップを隔てた価電子帯と伝導帯とからなる．異種原子や結晶欠陥によって単結晶の周期性が乱れると，バンドギャップに**図5.4**のE_Tの線で表される不連続なエネルギー準位が導入される．それぞれの線はそういう欠陥1つひとつに対応する．このような欠陥は一般に生成—再結合（G−R）中心あるいはトラップと呼ばれる．G−R中心はバンドギャップの深いエネルギー準位にあり，深いエネルギー準位にある不純物または単に**深い準位の不純物**ともいわれる．これらは過剰キャリアに対しては再結合中心となり，逆バイアスされたpn接合やMOSキャパシタでの空間電荷領域のようにキャリア密度が平衡状態の値より低いと生成中心となる．

シリコン，ゲルマニウム，およびガリウムヒ素のような単結晶半導体では，主に金属不純物が深い準位の不純物であるが，転位，積層欠陥，析出物，空孔，格子間原子のような結晶の不完全性であることもある．これらほとんどは好まれざるものであるが，意図的に導入して，たとえばバイポーラデバイスのスイッチング時間など，デバイスの特性を変えることもある．GaAsやInPのようないくつかの半導体では，深い準位の不純物によって基板の抵抗を上げ，半絶縁性基板をつくることができる．アモルファス半導体では構造的な不完全性が主な欠陥である．

図5.4のエネルギー準位E_Tの深い準位に密度N_T個/cm^{3}の不純物がある場合を考えよう．このエネルギーE_Tは補遺5.1で議論されている有効エネルギーである．この半導体には図示しない浅い準位のドーパントによって伝導帯にn個/cm^{3}の電子，価電子帯にp個/cm^{3}の正孔が導入されている．多様な捕獲・放出の過程を追跡する手はじめに，この電子を1つ，伝導帯からG−R中心へ捕獲係数c_nで捕獲させよう（図5.4(a)）．電子を捕獲すると，2つの事象のうちの1つが起こる．すなわち，この中心が電子を伝導帯に再放出する電子放出e_n（図5.4(b)）か，図5.4(c)のc_pのように価電子帯からの正孔の捕獲である．このどちらかが起こったあとは，G−R中心は正孔に占有され，再び次の2つの事象から1つを選択する．すなわち，図5.4(d)のようにG−R中心が正孔を価電子帯へ再放出e_pするか，電子を捕獲する（図5.4(a)）かである．伝導帯，不純物エネルギー準位，および価電子帯の間で可能な事象は，この4つだけである．(d)の過程は破線の矢印のように価電子帯から不純物準位への電子放出とみなすこともある．しかし，ここでは数学的な解析がやさしくなるよう(d)を正孔の放出過程ととらえることにする．

再結合は図5.4の(a)電子捕獲に(c)正孔の捕獲がつづく事象であり，**生成**は(b)電子の放出に(d)正孔の放出がつづく事象である．ここでは不純物が生成—再結合の中心となって，伝導帯と価電子帯の両方が再結合と生成に関与することになる．そのメカニズムが第7章の中心的な問題である．再結合でも

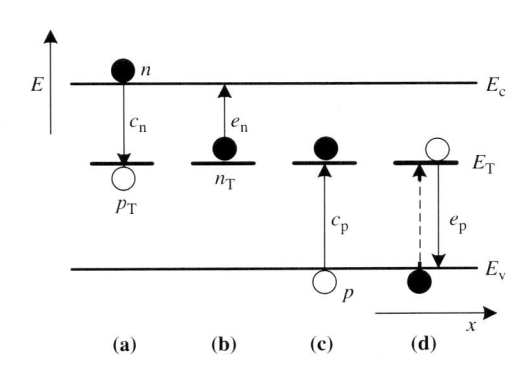

図5.4 深い準位の不純物がある半導体のエネルギーバンド図．捕獲および放出過程は本文中に記載．

生成でもない3番目の事象が**トラッピング**事象で，(a)電子捕獲に(b)電子の放出がつづくか，(c)正孔の捕獲に(d)正孔の放出がつづく．どちらの場合もキャリアは捕獲されたあと，もとのバンドに放出される．トラッピングでは2つのバンドの一方だけが中心と関与し，不純物はトラップといわれる．この種の不純物は再結合，生成，トラップ中心のいずれであっても**トラップ**といわれることが多い．以下の式での添え字"T"はトラップを表す．

不純物がトラップとなるかG－R中心となるかは，E_T，バンドギャップの中のフェルミ準位の位置，温度，および不純物の捕獲断面積で決まる．一般にバンドギャップの真ん中あたりのエネルギーの不純物はG－R中心となり，バンド端に近いエネルギーの不純物はトラップとなる．また一般に，中心がバンドギャップの真ん中より上にあれば電子放出レートは正孔放出レートより高い．同様に，中心がバンドギャップの真ん中より下にあれば正孔放出レートは電子放出レートより高い．ほとんどの中心ではどちらか1つの放出レートが支配的で，他方は無視してよいことが多い．

5.2.2　数学的記述

G－R中心の状態は，電子で占有されているn_T状態か，正孔に占有されているp_T状態の（いずれも図5.4に示している）いずれかにある．G－R中心がドナーであればn_Tは中性の状態であり，p_Tは正に帯電した状態である．アクセプタであればn_Tは負に帯電した状態であり，p_Tは中性の状態である．電子で占有されたn_T状態と正孔で占有されたp_T状態のG－R中心の密度はG－R中心の総密度N_Tに等しく，$N_T = n_T + p_T$でなければならない．つまり，G－R中心は電子または正孔のいずれかで占有されているのである．電子と正孔が再結合するか生成されるなら，伝導帯の電子密度n，価電子帯の正孔密度p，およびG－R中心の電荷の状態n_Tおよびp_Tはすべて時間の関数になる．したがって，まず"n，p，およびn_Tが時間変化する割合はいくらか"というレート方程式をとり扱う．ここでは電子についての式を扱う．正孔についての式はその類推から，同じ道筋で導くことができる．この式と導出については，Sahらの優れた議論がある[5]．

伝導帯の電子密度は電子の捕獲（図5.4の過程(a)）によって減少し，電子の放出（図5.4の過程(b)）によって増加するので，G－Rのメカニズムによって電子が時間変化するレートは，

$$\left.\frac{dn}{dt}\right|_{G-R} = (b) - (a) = e_n n_T - c_n n p_T \tag{5.1}$$

となる[6,7]．この添え字"$G-R$"はG－R中心を介した放出と捕獲の過程だけを考慮することを表している．放射再結合やオージェ過程は考えないが，G－R中心にキャリアを励起・脱励起するメカニズムの1つである光によるキャリアの放出を，この章の後半で少しだけ扱う．電子放出は，(b) = $e_n n_T$の関係に出てくる電子で占有されたG－R中心の密度n_Tと放出レートe_nに左右される．放出過程は伝導帯に電子があるかどうかは無関係なので，この関係にはnを含まない．しかし，G－R中心は電子で占有されていなければならず，G－R中心に電子がないと電子は放出されない．

捕獲過程は(a) = $c_n n p_T$の関係に出てくるn，p_T，および捕獲係数c_nで決まり，やや複雑である．電子を捕獲するには伝導帯に電子がなくてはならず，電子密度nが重要である．正孔に関しては電子の式に対応して

$$\left.\frac{dp}{dt}\right|_{G-R} = (d) - (c) = e_p p_T - c_p p n_T \tag{5.2}$$

を得る．

放出レートe_nは電子で占有されたG－R中心1個から1秒間に放出される電子の数を表す．捕獲レート$c_n n$はG－R中心1個が伝導帯から1秒間に捕獲する電子の数である．単位はe_nが1/s，c_nがcm^3/sである．1個のG－R中心からどうやって1個以上の電子を放出できるのか困惑するかもしれないが，電子を放出した中心はp_T状態であって，これが正孔を放出すればn_T状態に戻る．このサイクルがくり

返されるのである。

　このサイクルがつづくとき，電子と正孔はどこからくるのであろうか。G－R中心そのものからでないことは明らかである。ここでは，G－R中心からの正孔の放出を，図5.4(d)の破線で示した価電子帯からG－R中心への電子の放出とみればよい。この電子と正孔の放出過程の描像は，準位E_Tを中継点とした価電子帯から伝導帯への電子励起そのものである。しかし，ここでは正孔と電子の放出を図5.4の実線で示す過程と考えることで，式の扱いをやさしくしている。

　電子の捕獲係数は

$$c_n = \sigma_n v_{th} \tag{5.3}$$

で定義される。ここでv_{th}は電子の熱速度，σ_nはG－R中心による電子の捕獲断面積である。c_nの物理的な意味は式（5.3）から推察できる。電子はその熱速度でランダムに動きまわっており，G－R中心は格子に固定されている。そこで視点を変えて，電子を固定し，G－R中心を速度v_{th}で動かしてみよう。すると，中心は単位時間当り$\sigma_n v_{th}$の体積を掃き出す。この体積の中に電子があれば，高い確率で中心に捕獲される。捕獲断面積はG－R中心が中性か，負に帯電しているか，正に帯電しているかによって異なる。負あるいは電子に対して斥力の電荷をもつG－R中心の電子捕獲断面積は，中性または引力の電荷をもつG－R中心のそれより小さい。中性の捕獲断面積は$10^{-15}\mathrm{cm}^2$のオーダーで，ほぼ原子の物理的な大きさである。

　電子または正孔が捕獲されたり放出されたりすると，G－R中心の占有率が変化し，占有率が変化するレートは式（5.1）と（5.2）から，

$$\left.\frac{dn_T}{dt}\right|_{G-R} = \frac{dp}{dt} - \frac{dn}{dt} = (c_n n + e_p)(N_T - n_T) - (c_p p + e_n)n_T \tag{5.4}$$

で与えられる。これはnとpを時間依存の変数とした非線形方程式である。これを線形にできれば解くのも容易になる。この線形化は次の２つの場合に可能である。(1)逆バイアスの空間電荷領域ではnもpも小さく，第１近似で無視できる。(2)準中性領域ではnとpは一定としてよい。式（5.4）を(2)の条件で解けば，$n_T(t)$は

$$n_T(t) = n_T(0)\exp\left(-\frac{t}{\tau}\right) + \frac{(e_p + c_n n)N_T}{e_n + c_n n + e_p + c_p p}\left[1 - \exp\left(-\frac{t}{\tau}\right)\right] \tag{5.5}$$

で与えられる。ここで$n_T(0)$は$t = 0$での電子で占有されたG－R中心の密度，$\tau = 1/(e_n + c_n n + e_p + c_p p)$である。$t \to \infty$の**定常状態の密度**は

$$n_T = \frac{e_p + c_n n}{e_n + c_n n + e_p + c_p p}N_T \tag{5.6}$$

となる。この式は定常状態の占有率n_Tが放出および捕獲レートと，電子および正孔の密度によって決まることを示している。式（5.5）と（5.6）が深い準位の不純物の測定の基礎になる。

　式（5.5）は捕獲レートと放出レートがわからなければ解けない。さらに，nとpは時間変化するだけでなく，一般にデバイス内の場所によっても変わる。このため実験を単純化してデータを解析することが多い。ここではその単純化の結果を示したのち，実験の方法を示す。

　n型基板では，第１近似でpを無視できるので，式（5.5）は$\tau_1 = 1/(e_n + c_n n + e_p)$として

$$n_T(t) = n_T(0)\exp\left(-\frac{t}{\tau_1}\right) + \frac{(e_p + c_n n)N_T}{e_n + c_n n + e_p}\left[1 - \exp\left(-\frac{t}{\tau_1}\right)\right] \tag{5.7}$$

となる。**図5.5**のn型基板上のショットキー・ダイオードで特に興味があるのは２つの場合である。まず，ダイオードが図5.5(a)のゼロバイアスの場合である。密度nの可動電子に対して，捕獲が放出を上

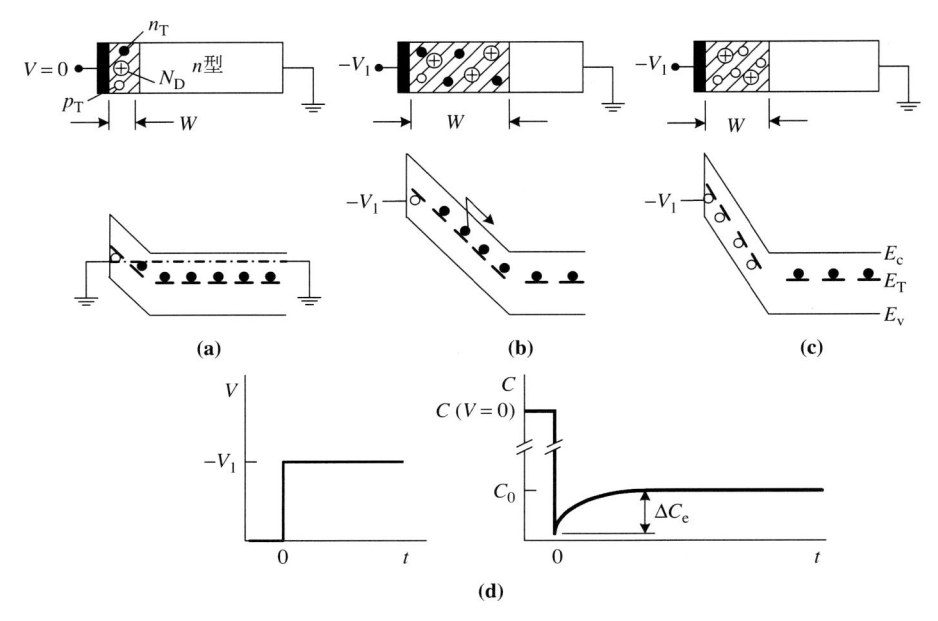

図5.5 ショットキー・ダイオードの(a)ゼロバイアス，(b) $t = 0$ の逆バイアス状態，(c) $t \to \infty$ の逆バイアス状態．印加電圧とその過渡容量応答を(d)に示している．

まわるので，式（5.7）より定常状態のG－R中心の密度は $n_T \approx N_T$ となる．$t \leq 0$ でほとんどのG－R中心が電子で占有されているゼロバイアスのダイオードに，$t > 0$ で図5.5(b)のように逆バイアスの電圧パルスをかけると，G－R中心から電子が放出される．放出された電子は逆バイアスの空間電荷領域からすばやく掃き出されるので，再捕獲されることはほとんどなく[注1]，逆バイアスがかかっている間は放出が支配的になる．この電子の掃き出し時間あるいは走行時間は $t_t \approx W/v_n$ になる．$v_n \approx 10^7 \text{cm/s}$，$W$ を数ミクロンとすれば，t_t は数10ピコ秒になる．この時間は標準的な捕獲時間より十分に短い．しかし，空間電荷領域の境界近傍では，逆バイアスであっても準中性領域から可動電子の密度が裾をひいている．このためこの近傍では電子放出と電子捕獲とが競合しており，式（5.7）の $c_n n$ の項が無視できなくなる．n が空間的に一様ではないときは τ が一定でないので，$n(t)$ の時間依存性は指数関数的でなくなる．

$e_n \gg e_p$ として式（5.7）の e_p を無視し，バンドギャップの上半分のトラップを考えよう．**放出**の初期段階では n_T の時間依存性を $\tau_e = 1/e_n$ として

$$n_T(t) = n_T(0)\exp\left(-\frac{t}{\tau_e}\right) \approx N_T \exp\left(-\frac{t}{\tau_e}\right) \tag{5.8}$$

に単純化できる．トラップの電子が放出されると，残った正孔がやがて放出され，つづいて電子が放出され…のようにくり返される．その結果，定常状態の逆バイアス空間電荷領域のトラップ密度 n_T は

$$n_T = \frac{e_p}{e_n + e_p} N_T \tag{5.9}$$

注1 逆バイアスの空間電荷領域では $c_n n \to 0$．

となって，トラップの一部はn_Tの状態にあり，残りはp_Tの状態にある．この逆バイアス状態のダイオードをゼロバイアスに落とすと，p_T状態のトラップに電子がなだれ込んで捕獲される．この**捕獲**段階のn_Tの時間依存性は

$$n_T(t) = N_T - (N_T - n_T(0))\exp\left(-\frac{t}{\tau_c}\right) \tag{5.10}$$

で与えられる．ここで$\tau_c = 1/c_n n$，$n_T(0)$ は式 (5.9) の定常状態の密度を初期値としている．

　本節の式と同様の式が界面にトラップされた電荷についても成り立つ．界面では電子および正孔の密度が表面での密度に，バルクトラップが界面トラップに，捕獲および放出係数が界面トラップの係数になるが，考え方は同じである．

5.3　容量測定

　5.2.2節の式はトラップの密度と放出および捕獲係数でトラップ事象を記述している．このような中性あるいは帯電した不純物や，放出あるいは捕獲される電子や正孔の評価には，**容量**，**電流**，または**電荷**の測定など荷電粒子を検出する測定方法がつかえる．まず最初に容量測定法を議論し，そのあと残りの2つを扱う．図5.5のショットキー・ダイオードの容量は

$$C = A\sqrt{\frac{qK_s\varepsilon_0}{2}}\sqrt{\frac{N_{scr}}{V_{bi} - V}} \tag{5.11}$$

で与えられる．ここでN_{scr}は空間電荷領域のイオン化した不純物の密度である．空間電荷領域のイオン化した浅い準位のドナー（ドーパント原子）は正に帯電しており，電子によって占有されて負に帯電した深い準位のアクセプタ不純物を考慮すると，$N_{scr} = N_D^+ - n_T^-$である．深い準位の**アクセプタ**が正孔で占有されると中性になり，$N_{scr} = N_D^+$である．正孔で占有された深い準位のドナーがあるときは，$N_{scr} = N_D^+ + p_T^+$である．

　容量の時間依存性は$n_T(t)$ または$p_T(t)$ の時間依存性で決まる．深い準位の不純物を求めるには，主に2つの方法がある．1つは，定常状態の容量を$t = 0$と$t = \infty$で測定する．もう1つは，容量の時間変化をモニタする．

5.3.1　定常状態での測定

　第2章では$1/C^2 - V$のプロットからドーピング密度を求めた．このプロットからN_Tを求めることもできる．浅い準位のドナーと深い準位のアクセプタを考えたとき，$1/C^2$は

$$\frac{1}{C^2} = \frac{1}{K_s^2}\frac{V_{bi} - V}{N_D - n_T(t)} \tag{5.12}$$

で与えられる．図5.5の逆バイアスダイオードでは$n_T(t)$ が電子で占有されていれば負に帯電している．やがて電子が放出され，トラップが中性に近づくと，$N_D - n_T(t)$ は増加し，$1/C^2$は減少する．定常状態を測定する方法では，$t = 0$および$t \to \infty$での逆バイアス容量を比較する．ここで傾き$S(t) = -dV/d(1/C^2)$ というものを定義すると，

$$S(\infty) - S(0) = K_s^2[n_T(0) - n_T(\infty)] \tag{5.13}$$

となる．$e_n \gg e_p$なら$n_T(0) \approx N_T$，$n_T(\infty) \approx 0$であるから，2つの傾きの差から深い準位の不純物密度がわかる．この方法は草創期の不純物測定につかわれた[8]．より踏み込んだ解析ではフェルミ準位よりも下の準位にあるトラップも考慮している[9]．これらはフェルミ準位より上にあるトラップのように電子を放出・捕獲することはなく，電荷の分布をある程度乱すが，その効果は弱い．

5.3.2 過渡測定

図5.5はトラップから電子が放出されると空間電荷領域の幅Wが変わることを示している。過渡測定ではこのWの時間変化を容量の時間変化として検出する。式 (5.11) より,

$$C = A\sqrt{\frac{qK_s\varepsilon_0 N_D}{2(V_{bi} - V)}}\sqrt{1 - \frac{n_T(t)}{N_D}} = C_0\sqrt{1 - \frac{n_T(t)}{N_D}} \tag{5.14}$$

ここでC_0は深い準位の不純物がないデバイスの逆バイアス$-V$での容量である。Cを測定し,平方根をつかわずにC^2にデータを変換してもよい。この方法はこの節の最後にとり扱う。過渡容量測定の対象は,空間電荷領域の不純物密度のごく一部の深い準位の不純物で,$N_T \ll N_D$である。つまり,微量の不純物を探っているわけである。したがって式 (5.14) を展開して一次までをとれば,

$$C \approx C_0\left(1 - \frac{n_T(t)}{2N_D}\right) \tag{5.15}$$

となる。

放出—多数キャリア:過渡応答で最もよく測定されるのは,キャリアの放出である。接合デバイスをゼロバイアスにすると,多数キャリアは不純物に捕獲される(図5.5(a))。このときの容量はゼロバイアスの値$C(V = 0)$である。これに逆バイアスのパルスをかけると,多数キャリアが時間の関数として放出される(図5.5(b))。式 (5.8) がこれに相当する。これを式 (5.15) に代入すると,

$$C = C_0\left[1 - \left(\frac{n_T(0)}{2N_D}\right)\exp\left(-\frac{t}{\tau_e}\right)\right] \tag{5.16}$$

を得る。図5.5(d)に$t > 0$での式 (5.16) の挙動を示す。デバイスを逆バイアスにすると,直ちに空間電荷領域の幅は最大に,容量は最小になる。トラップから多数キャリアが放出されるにしたがってWは減少し(図5.5(b)),Cは増加して定常状態に達する(図5.5(c))。図5.5(c)では正孔がトラップに残留している。起こっているのは,もちろん電子の放出のあと正孔が放出され,つづいて電子…という過程である。これが逆バイアスダイオードのリーク電流であるが,ここでは,トラップを評価するために初期の電子放出だけを考える。

n型基板の深い準位のドナー不純物についても同じ容量の時間依存性が観測される。この不純物は,初期に電子で占有されていれば中性で,空間電荷領域における$t = 0^+$での不純物密度はN_Dである。電子が放出されるとトラップは正に帯電し,最終的な電荷は$q[N_D + p_T(\infty)]$になる。したがって,電荷も容量も時間とともに増加する。容量は深い準位の不純物がドナーであるかアクセプタであるかによらず,時間とともに増加する。同じ議論によって,p型基板においてもトラップがドナーかアクセプタかによらず,これが正しいことを示すことができる。つまり,**容量は多数キャリアの放出によって時間とともに増加し,基板がn型かp型か,深い準位の不純物がドナーかアクセプタかによらない。**

$C - t$曲線の減衰時定数からτ_eがわかり,逆バイアスの容量変化から$n_T(0)$がわかる。$\Delta C_e = C(t = \infty) - C(t = 0)$を定義すると,

$$\Delta C_e = \frac{n_T(0)}{2N_D}C_0 \tag{5.17}$$

を得る。容量の差

$$C(\infty) - C(t) = \frac{n_T(0)}{2N_D}C_0\exp\left(-\frac{t}{\tau_e}\right) \tag{5.18}$$

を$\ln[C(\infty) - C(t)] - t$でプロットすると,傾き$-1/\tau_e$で$\ln$軸に$\ln[n_T(0)C_0/2N_D]$の切片をもつ曲線になる。放出時定数にはトラップを記述するパラメータが含まれている。これらのパラメータをとり出

すには，捕獲および放出係数に立ち戻らなければならない．

　捕獲および放出係数は式（5.1）と（5.2）を通じて互いに関係している．そこで平衡における**詳細つり合いの原理**（principle of detailed balance）をとり入れる．これは平衡条件にある系では，任意の素過程とその逆過程は同じ系内で起こっている他の素過程とは無関係につり合っていなければならないとするものである[10, 11]．これによれば，図5.4の(a)の素過程は，その逆過程(b)とつり合わねばならない．その結果，**平衡条件では** $dn/dt = 0$ かつ

$$e_{n0}n_{T0} = c_{n0}n_0 p_{T0} = c_{n0}n_0(N_T - n_{T0}) \tag{5.19}$$

である．ここで添え字"0"は平衡を表す．n_0 と n_{T0} は

$$n_0 = n_i \exp[(E_F - E_i)/kT] \ ; \quad n_{T0} = \frac{N_T}{1 + \exp[(E_T - E_F)/kT]} \tag{5.20}$$

のように定義される[10]．式（5.19）と（5.20）をあわせて

$$e_{n0} = c_{n0}n_i \exp[(E_T - E_i)/kT] = c_{n0}n_1 \tag{5.21}$$

を得る．正孔についても式（5.21）と同様の式を導くことができる．

　ここで重要な仮定をしておく：**非平衡状態の放出および捕獲係数は平衡状態の値に等しい**．これより

$$e_n = c_n n_1 \ ; \quad e_p = c_p p_1 \tag{5.22}$$

を得る．ここで

$$n_1 = n_i \exp[(E_T - E_i)/kT] \ ; \quad p_1 = n_i \exp[-(E_T - E_i)/kT] \tag{5.23}$$

である．非平衡条件で平衡を仮定することには疑問の余地がある．しかし，平衡からのずれがわずかなら，放出および捕獲係数もそれらの平衡値からそれほどずれてはいないだろう[12]．強い電場が存在する逆バイアスされた接合の空間電荷領域の近似としては確かに拙いが，容量の過渡測定の対象である空間電荷領域の終端部ではよい近似になる．放出の測定から得られる捕獲断面積は補遺5.1での議論のように，一般に真の断面積の値を与えるものではない．それでも平衡仮定が一般に受け入れられているが，測定結果にはその不確定さが含まれる．

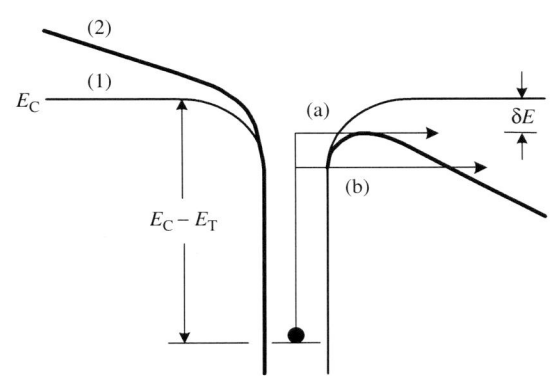

図5.6　(1)平衡状態および(2)電場が存在するときの電場誘起電子放出を表す電子のエネルギー図．(a)プールーフレンケル放出，(b)フォノン・アシスト・トンネリング．

さて，**図5.6**の電場による効果を示そう。(1)は電場ゼロでの電子のエネルギー図である。トラップから伝導帯へ電子を放出するには，$E_c - E_T$のエネルギーが必要である。電場をかけると(2)のようにバンドが傾き，放出エネルギーはδEだけ下がる。(a)は低くなった障壁を越えるプール—フレンケル放出（Poole-Frenkel emission）[13]，(b)はこれより少し低いエネルギーでトンネルするフォノンアシストトンネルで，この場合電子はフォノンによって障壁の頂上近くまで励起され，残りの障壁はトンネルで通過する。たとえば，シリコン中の金のアクセプタ準位からの放出係数は10^4V/cmまで電場依存性がなく，10^5V/cmあたりから放出係数がおよそ2倍になり，電場を強くするとさらに増える[14]。

$e_n = 1/\tau_e$と$c_n = \sigma_n v_{th}$から，放出時定数は

$$\tau_e = \frac{\exp[(E_i - E_T)/kT]}{\sigma_n v_{th} n_i} = \frac{\exp[(E_c - E_T)/kT]}{\sigma_n v_{th} N_c} \tag{5.24}$$

となる。正孔についても同様に

$$\tau_e = \frac{\exp[(E_T - E_i)/kT]}{\sigma_p v_{th} n_i} = \frac{\exp[(E_T - E_v)/kT]}{\sigma_p v_{th} N_v} \tag{5.25}$$

で，N_cとN_vはそれぞれ伝導帯と価電子帯の有効状態密度。熱速度v_{th}は電子と正孔とではやや異なる。放出時定数τ_eはエネルギーE_Tと捕獲断面積σ_nに依存する。式（5.24）および（5.25）の放出時定数はやや簡略化している。エネルギー差$\Delta E_c = E_c - E_T$および$\Delta E_v = E_T - E_v$はギブスの自由エネルギーΔGにほかならず，補遺5.1で議論されているΔEではない。

電子の熱速度

$$v_{th} = \sqrt{\frac{3kT}{m_n}} \tag{5.26}$$

と伝導帯の有効状態密度

$$N_c = 2\left(\frac{2\pi m_n kT}{h^2}\right)^{3/2} \tag{5.27}$$

から，放出時定数は$\gamma_n = (v_{th}/T^{1/2})(N_c/T^{3/2}) = 3.25 \times 10^{21}(m_n/m_0)$ cm^{-2}s^{-1}K^{-2}として

$$\tau_e T^2 = \frac{\exp[(E_c - E_T)/kT]}{\gamma_n \sigma_n} \tag{5.28}$$

となる。ここでm_nは電子の状態密度有効質量である[15,16]。SiとGaAs[17]のγの値を**表5.1**に示す。GaAsの厳密な評価によって$\gamma_n = 1.9 \times 10^{20}$cm^{-2}s^{-1}K^{-2}と$\gamma_p = 1.8 \times 10^{21}$cm^{-2}s^{-1}K^{-2}がGaAsの修正値として提案されている[18]。

表5.1　SiおよびGaAsの係数$\gamma_{n,p}$.

半導体	$\gamma_{n,p}$ (cm^{-2}s^{-1}K^{-2})
n型Si	1.07×10^{21}
p型Si	1.78×10^{21}
n型GaAs	2.3×10^{20}
p型GaAs	1.7×10^{21}

演習5.1

問題:エネルギー準位が半導体のバンドギャップ中にある不純物の代表的な放出時間はいくらか。

解:式(5.24)で与えられる放出時定数は,**図E5.1**にプロットしてあるように,エネルギー準位の変化 $\Delta E = E_c - E_T$ に対して幅広い領域にわたる。

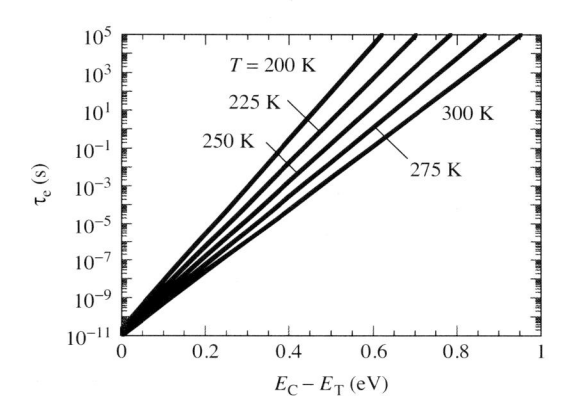

図E5.1 $\gamma_n = 1.07 \times 10^{21} \text{cm}^{-2}\text{s}^{-1}\text{K}^{-2}$ および $\sigma_n = 10^{-15} \text{cm}^2$ のときの放出時定数.

$\ln(\tau_e T^2) - 1/T$ プロットは $(E_c - E_T)/k$ の傾きと, $\ln(\tau_e T^2)$ 軸に σ_n を与える切片 $\ln[1/(\gamma_n \sigma_n)]$ をもつ。このようにして捕獲断面積を求めるのはきわめて一般的ではあるが,求めた値には注意を要する。断面積は補遺5.1で議論した効果の他に空間電荷領域での電場にも左右される。例として**表5.2**の E_T と σ をもつSi中のAuとRhのプロットを**図5.7**に示す。

表5.2のエネルギー準位と捕獲断面積は $\ln(\tau_e T^2) - 1/T$ プロットの切片から求める他に,"捕獲—多数キャリア"の節で述べる充填パルス法でも求めることができる。しかしこれら2つの方法には大きな開きがあり,切片から求めた値は充填パルス法で求めた値の少なくとも10倍は大きい。電場によって放出が強くなると,断面積は大きくなる傾向にある。補遺5.1で議論しているように,$(\gamma_n \sigma_n)$ の項には縮退度因子とエントロピーの項も含まれるので,外挿で求めた断面積は疑わしい。

時定数 τ_e も式(5.12),(5.13),および(5.8)をまとめて

$$S(\infty) - S(t) = K^2 n_T(t) = K^2 n_T(0) \exp(-t/\tau_e) \tag{5.29}$$

とし,$\ln[S(\infty) - S(t)] - t$ プロットから求めることができる。これは最も古いやり方で[9],傾き $S(t) = -dV/d(1/C^2)$ の測定は,自動化された設備であっても C だけを測るのに比べればずっと複雑なので,現在では式(5.29)の方法はほとんどつかわれていない。とはいえ,式(5.29)は(式(5.15)のように)$N_T \ll N_D$ と仮定して小信号展開する必要もない。

放出レートが電場に依存していたり,同じような放出レートをもつトラップがいくつもの準位にあることで多重指数関数的になったり,トラップ密度が浅い準位のドーパント密度に比べて無視できない場合は,$C-t$ の過渡データは単純な時間の指数関数にはならない。この場合の解析はより複雑で,これに対応する式はここでは導出しない。この問題は文献に譲る[20〜23]。

放出—少数キャリア:前項目ではショットキー・ダイオードにゼロと逆バイアスをパルス印加したときの多数キャリアの捕獲と放出による容量の応答を考えた。pn 接合もゼロから逆バイアスのパルスを印加すると,同様の結果になるが,別のやり方もある。順バイアスでは少数キャリアが注入される

表5.2　図5.7のダイオードのエネルギー準位と捕獲断面積.

ダイオード	$E_c - E_T$ (eV)	$E_T - E_v$ (eV)	$\sigma_{n,p}$ (切片) (cm^2)	$\sigma_{n,p}$ (充填パルス) (cm^2)
$1-p^+n$	0.56		2.8×10^{-14}	1.3×10^{-16}
$4-p^+n$	0.315		1.6×10^{-13}	3.6×10^{-15}
$4-p^+n$	0.534		7.5×10^{-15}	4×10^{-15}
$5-n^+p$		0.346	1.5×10^{-13}	1.6×10^{-15}

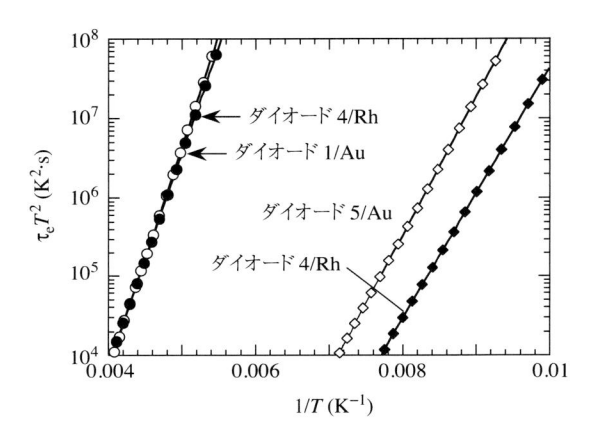

図5.7　AuとRhを含むSiダイオードの$\tau_e T^2 - 1/T$プロット. Palsの承諾により文献19から掲載.

ので，p^+n接合を考えればp^+領域を議論しなくてよくなる。順バイアスのときはn型基板に正孔が少数キャリアとして注入され，この捕獲が放出を上まわる。この定常状態で，電子で占有されているG－R中心の数は，式(5.6)から

$$n_T = \frac{c_n n}{c_n n + c_p p} N_T \tag{5.30}$$

となり，電子と正孔の捕獲係数および密度で決まる。この占有率は予測できないが，トラップはゼロバイアスのときのように電子だけで占有されているのではなく，ある割合は正孔にも占有されている。ショットキー・ダイオードは少数キャリアの注入効率が悪いので，電気的に少数キャリアを注入するにはpn接合をつかうべきである。障壁高さの高いショットキー・ダイオードなら，表面の反転層の少数キャリア蓄積部へ少数キャリアを注入することができる[24,25]。

ここで$c_p \gg c_n$および$p \approx n$と仮定して議論を進める。接合を順バイアスにした直後の$t = 0$では，ほとんどのトラップは正孔で占有され，これまで考えてきた深い準位にあるアクセプタ型の不純物中心は中性なので$n_T \approx 0$，$N_{scr} \approx N_D$である。ここで逆バイアスのパルスをかけると，少数キャリアの正孔がトラップから放出され，トラップの電荷は中性から負に変わり，$t \to \infty$で$N_{scr} \approx (N_D - n_T)$となる。つまり，時間とともに空間電荷領域のイオン化した不純物密度は全体で**減少**し，その結果空間電荷領域の幅は増加し，容量が**減少**する。**図5.8**にこれを示す。多数キャリアの放出とは逆の振る舞いになっている。簡単のために，図5.8では深い準位の不純物は$t = 0$ですべて電子（多数キャリア放出）または正孔（少数キャリア放出）で占められていると仮定しよう。この容量の過渡応答は，放出時定数をこ

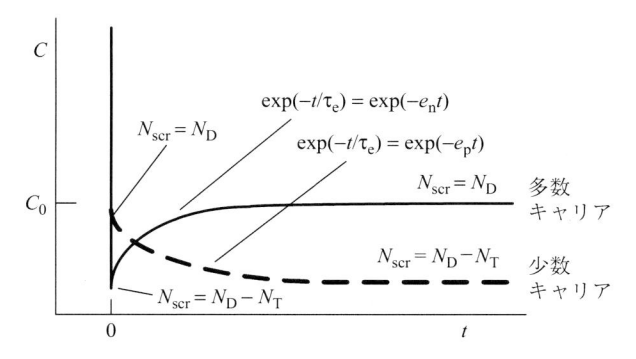

図5.8 多数キャリア放出および少数キャリア放出にしたがう容量—時間過渡特性.

こでは $\tau_e = 1/e_p$ として式 (5.16) の形式で記述できる。

一般に n 型基板では，バンドギャップの上半分にあるトラップは多数キャリアを放出させる逆バイアス・パルスで，バンドギャップの下半分にあるトラップは少数キャリアを注入する順バイアス・パルスで検出できる。バンドギャップの中央付近の準位にあるトラップは多数キャリアまたは少数キャリアのいずれかの励起に応答する。少数キャリアは，あとで議論するように，光で注入することもできる。

捕獲—多数キャリア：図5.5(c)のショットキー・ダイオードを考えよう。これに十分長い間逆バイアスをかけて多数キャリアを放出させ，すべてのトラップを p_T 状態にする。このダイオードへ逆バイアス（図5.5(c)）からゼロバイアス（図5.5(a)）のパルス印加すると，電子が空間電荷領域に突入し，空のトラップに捕獲される。多数キャリアを捕獲できるトラップの密度は，放出を無視できるとして

$$n_T(t) = N_T - [N_T - n_T(0)]\exp(-t_f/\tau_c) \tag{5.31}$$

で与えられる。ここで t_f は捕獲あるいは"充填"時間である。充填時間が十分に長い，すなわち $t_f \gg \tau_c$ であれば，すべてのトラップが電子を捕獲し，$n_T(t_f \to \infty) \approx N_T$ となる。ダイオードが逆バイアスに戻るまでに電子を捕獲する時間が足りなければ，一部のトラップだけが電子で占められる。この時間を限界まで短く，すなわち $t_f \ll \tau_c$ とすると，電子が捕獲されることはほとんどなく，$n_T(t_f \to 0) \approx 0$ となる。

このデバイスを逆バイアスにしたとき，式 (5.16) の $n_T(0)$ は，逆バイアス放出過程の初期密度をゼロバイアス捕獲による充填過程の最終密度として式 (5.31) で与えられる。すると，$t = 0$ での逆バイアスの容量は充填パルスの幅に依存し，式 (5.31) を (5.16) に代入すれば

$$C(t) = C_0 \left[1 - \frac{N_T - [N_T - n_T(0)]\exp(-t_f/\tau_c)}{2N_D} \exp\left(-\frac{t - t_f}{\tau_e}\right) \right] \tag{5.32}$$

となることが示せる。式 (5.32) は**図5.9**(a)のようになる。

捕獲時間 τ_c は充填パルス幅 t_f を振って求めることができる。ふつう捕獲時間は放出時間より十分に短い。t_f をパラメータにした放出過程の $C-t$ 曲線を図5.9(b)に示す。$t = t_f^+$ での容量は捕獲時間に依存し，

$$C(t_f^+) = C_0 \left[1 - \frac{N_T - [N_T - n_T(0)]\exp(-t_f/\tau_c)}{2N_D} \right] \tag{5.33}$$

で与えられる。式 (5.33) は図5.9(b)の ΔC_c をつかって

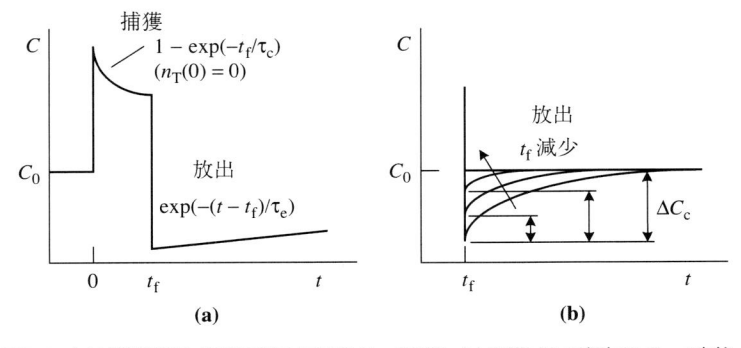

図5.9 (a)捕獲過程と放出過程の初期の$C-t$応答, (b)捕獲パルス幅毎の$C-t$応答.

$$\Delta C_C = C(t_f) - C(t_f = \infty) = \frac{N_T - n_T(0)}{2N_D} C_0 \exp\left(-\frac{t_f}{\tau_c}\right) \tag{5.34}$$

のように書き換えることができる。すると式 (5.34) を

$$\ln(\Delta C_C) = \ln\left(\frac{N_T - n_T(0)}{2N_D} C_0\right) - \frac{t_f}{\tau_c} \tag{5.35}$$

と書いて，t_fを求めることができる。

　容量の過渡測定で充填パルス時間を変えながら得た$\ln(\Delta C_c) - t_f$プロットは，$-1/\tau_c = -\sigma_n v_{th} n$の傾きと，$\ln(\Delta C_c)$ 軸に$\ln\{[N_T - n_T(0)]C_0/2N_D\}$の切片をもつ。こうして捕獲断面積を放出過程からではなく，**捕獲**過程から求めることができる。捕獲時間は放出時間よりきわめて短いので，それなりの装置が必要である。必要な短パルスを発生できる容量計の改造例が文献26にある。キャリア分布の裾が空間電荷領域まで拡がっていると，捕獲に遅延が生じ，$\ln(\Delta C_c) - t_f$プロットが非線形になることがある。このような曲線からσ_nを求めるモデルは正確さを欠くばかりか，曲線のフィッティングの手順も複雑になるが，非線形な実験データはこうするしかないようである[27]。

　この方法の派生として，容量の時間変化を測るのではなく，測定中の容量をフィードバック回路によって一定に保ち，これを維持するための電圧を測定する方法がある[28,29]。データの解析は同様だが，容量を一定にするために必要な電圧の変化ΔVのプロットは予想どおりの片対数的振る舞いになる。

　式 (5.31) から捕獲時間$\tau_c = (\sigma_n v_{th} n)^{-1}$がわかる。実際にはすべてのトラップが放出過程で空になるわけではないので，トラップ充填過程はもっと複雑である。フェルミ準位より下のエネルギー準位にあるトラップは放出過渡期には電子で占有されたままになる傾向があり[29]，充填パルスを与えても電子を捕獲しない。このこともデータの解析に加味すべきである。

　捕獲—少数キャリア：少数キャリアの捕獲特性を求める方法はいくつもある。その１つはダイオードの充填パルスが順バイアスである他は，前項目の多数キャリアの捕獲の方法とほぼ同じである。いろいろなパルス幅をつかって捕獲特性を求める[26,30,31]。キャリアの放出を無視すると，充填パルスの間の捕獲時定数は式 (5.5) により

$$\tau_c = \frac{1}{c_n n + c_p p} \tag{5.36}$$

となり，トラップの占有率は式 (5.30) になる。捕獲時定数はnとpだけでなくc_nとc_pにも依存している。注入レベルによって注入される少数キャリア密度pを振って捕獲時定数τ_cを測定すれば，c_nとc_pを

求めることができる[26]。G–R中心の一部を充填するには短いパルス幅（ナノ秒かそれ以下）が必要だが，これが問題になる。ダイオードは急峻なパルスに対してはすぐにはオンしないので，スイッチング時間に根本的な限界がある。また，少数キャリア密度は少数キャリアの寿命に関係したある時間内で立ち上がるが，捕獲測定につかう短パルスでは少数キャリア密度は定常値に達しない。

別の方法では，一定のパルスの高さに対してパルス幅を変えるのではなく，パルス幅一定でパルスの高さを変え，トラップに少数キャリアを捕獲させる。たとえば1 msくらいの長いパルスでダイオードを順方向にバイアスしたあと，逆バイアスにして逆バイアスの過渡容量応答を測定する。このときの少数キャリア密度は注入電流による[26]。また，捕獲された少数キャリアは多数キャリアと再結合しないことも加味しておく。

接合ダイオードやショットキー・ダイオードに光で少数キャリアを注入することもできる。ここではその方法だけを簡単に述べ，詳細は5.6.3節で議論する。まず逆バイアスのpn接合またはショットキー障壁ダイオードを考えよう。光子エネルギー$h\nu > E_G$の光パルスをデバイスに与えると，空間電荷領域と準中性領域に電子—正孔対が生成される。準中性領域に生成された少数キャリアは逆バイアスの空間電荷領域へ拡散し，トラップに捕獲される。光を消すと，捕獲された少数キャリアが放出され$C-t$あるいは$I-t$の過渡応答として検出される。この過渡応答からE_T, σ_n, およびN_Tを求めることができる。

5.4 電流の測定

トラップから放出されたキャリアは**容量**，**電荷**，または**電流**として検出される[5,33,34]。容量が式 (5.16)で与えられることはすでにみた。このとき温度によって変わるのは時定数だけで，初期の容量は一定のままである。過渡電流測定では，$I-t$曲線の積分がトラップから放出された全電荷になる。高温では時定数が短くなるが，初期電流は大きい。低温では時定数が伸び，電流は減少するが，$I-t$曲線の積分は一定である。したがって低温での電流測定から時定数を抽出するのは難しい。低温での$C-t$測定を高温での$I-t$測定と組み合わせれば，10桁以上の範囲で時定数を求めることができる[33]。

電流は放出電流I_e，変位電流I_d，および接合リーク電流I_lからなるので，測定は複雑である。放出電流は

$$I_e = qA\int_0^W \frac{dn}{dt} dx \tag{5.37}$$

変位電流は

$$I_d = qA\int_0^W \frac{dn_T}{dt}\frac{x}{W} dx \tag{5.38}$$

である[5]。式 (5.37) および (5.38) の積分の下限は本来ゼロバイアスの空間電荷領域の幅とすべきであるが，ここでは簡単のために下限をゼロとした。（式 (5.1) で）$dn/dt \approx e_n n_T$，（式 (5.4) で）$dn_T/dt \approx -e_n n_T$とすると，図5.5の逆バイアスダイオードを支配している電子放出

$$I(t) = \frac{qAW(t)e_n n_T(t)}{2} + I_l = \frac{qAW_0 n_T(t)}{2\tau_e\sqrt{1 - n_T(t)/N_D}} + I_l \tag{5.39}$$

ただし，

$$W(t) = \sqrt{\frac{2K_s\varepsilon_0(V_{bi} - V)}{q(N_D - n_T(t))}} = \sqrt{\frac{2K_s\varepsilon_0(V_{bi} - V)}{qN_D(1 - n_T(t)/N_D)}} = \frac{W_0}{\sqrt{1 - n_T(t)/N_D}} \tag{5.40}$$

となることがわかる。

$n_T \ll N_D$での電流は，式 (5.8) により，

$$I(t) = \frac{qAW_0}{2\tau_e} \frac{n_T(0)\exp(-t/\tau_e)}{1-[n_T(0)/2N_D]\exp(-t/\tau_e)} + I_l \qquad (5.41)$$

となる.

式（5.41）の分子および分母にτ_eがあるため$I-t$曲線はτ_eの単純な関数ではなく, 電流測定の解釈は容量測定より複雑である. $n_T(0) \ll 2N_D$として分母の第2項が1より十分に小さいならこれを無視できて, 電流は指数関数的時間依存性を示す. リーク電流は一定なので, 過渡電流を超えるほど大きくなければ問題にはならない. 測定器はパルスをかけたときの大きな過渡電流に耐えるものにする. 増幅器を非可飽和にするか, 過渡電流に回路の過渡応答が重ならないようにしなければならない. そういう特性を備えた回路が文献26に述べられている.

電流の過渡特性では多数キャリアの放出と少数キャリアの放出の区別はつかない. 電流測定のもう1つの特徴は, 電流は放出時定数に反比例するので（式（5.41）参照）容量法と同じ放出レートの範囲でもピークが高温側へシフトする. 電流は温度によって急激に増加し, 高温側に向かって曲線が歪むのである.

容量測定が難しいときは電流測定にすればよい. たとえば, 微小MOSFETあるいはMESFETなど小さな容量の測定が困難なときや, 容量が大きくても変化が微弱なときである. この場合はゲートにパルス電圧を与え, ドレイン電流の時間変化をモニタする**コンダクタンスDLTS法**または**電流DLTS法**として知られる方法で, 深い準位の不純物を検出することができる. MOSFETをある程度のドレイン電圧でバイアスし, 蓄積状態から反転状態に, すなわち"オフ"から"オン"へゲートパルスを与える場合を考えよう. "オフ"状態ではトラップは多数キャリア（p型基板なら正孔）を捕獲している. デバイスを"オン"にすると, 空間電荷領域が形成され, ドレイン電流が流れる. トラップからキャリアが放出されるにしたがい, 空間電荷領域の幅およびしきい値電圧が変わり, ドレイン電流は時間に依存するようになる[35]. **定抵抗DLTS**ではMOSFETのコンダクタンスをフィードバック回路の入力信号とし, ゲートへの出力がトラップからの放出によって失われた電荷を補填する電圧になっている[36]. このとき移動度や相互コンダクタンスはわかっていなくてよい. この方法はトラップから放出されたキャリアを補填するようバイアスを調節する定容量DLTSと似ている.

電流測定法はチャネル全体を空乏化できるデバイスではかなりうまくいく. たとえば, MESFETではゲートにゼロから逆バイアスへパルスを与え, 空間電荷領域を深くする. トラップからの電子や正孔の放出によって空間電荷領域の幅が変わり, ゲート電圧一定でのドレイン電流の変化としてこれを検出するか, ドレイン電流一定とし, ゲート電圧の変化をフィードバック回路で検出する[37]. MESFET

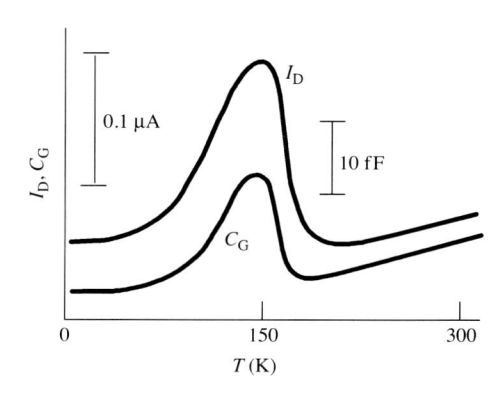

図5.10 100 μm×150 μmゲートのMESFETのドレイン電流I_Dおよびゲート容量C_Gの過渡応答. Hawkins and Peakerの承諾により掲載. 文献38.

のドレイン電流と容量のデータの例を図5.10に示す[38]。この測定には測定可能な大きな容量にするために，100 μm × 150 μmのゲート面積にした．
　トラップ密度を求めるなら，容量測定よりドレイン電流の測定の方が簡単にできるが，ドレイン電流の変化は空間電荷領域の幅の変化なのでデータの解釈が難しい．また，データの解析には移動度が必要である[39]．ドレイン電流一定でのゲート電圧の変化をデバイスの相互コンダクタンスをつかって電流の変化に換算すれば，移動度は必要ない[38]．

5.5　電荷の測定

　トラップから放出された電荷は図5.11の回路で直接測ることができる．帰還容量C_FはスイッチSを閉じれば放電する．$t = 0$でダイオードは逆バイアスされている．Sを開くと，$t \geq 0$でダイオードを流れる電流は，式（5.41）の分母の第2項を無視して

$$I(t) = \frac{qAW_0}{2\tau_e} n_T(0)\exp(-t/\tau_e) + I_l \tag{5.42}$$

となる．オペアンプへの入力電流をほぼゼロとすれば，ダイオードの電流は$R_F C_F$フィードバック回路を流れ，出力電圧は

$$V_0(t) = \frac{qAW_0 R_F n_T(0)}{2(t_F - \tau_e)} \left[\exp\left(-\frac{t}{t_F}\right) - \exp\left(-\frac{t}{\tau_e}\right)\right] + I_l R_F \left[1 - \exp\left(-\frac{t}{t_F}\right)\right] \tag{5.43}$$

となる．ここで$t_F = R_F C_F$である．フィードバック回路が$t_F \gg \tau_e$なら，式（5.43）は

$$V_0(t) \approx \frac{qAW_0 n_T(0)}{2C_F} \left[1 - \exp\left(-\frac{t}{\tau_e}\right)\right] + \frac{I_l t}{C_F} \tag{5.44}$$

となる．電荷の過渡測定には図5.11の比較的簡単な回路がつかわれてきた[40]．$C-t$測定での高速容量計や$I-t$測定での高利得電流増幅器は積分器に置き換えられる．出力電圧は測定中に放出された全電荷で決まり，τ_eにはよらない．電荷の測定はMOSキャパシタの特性評価にも適用できる[41]．

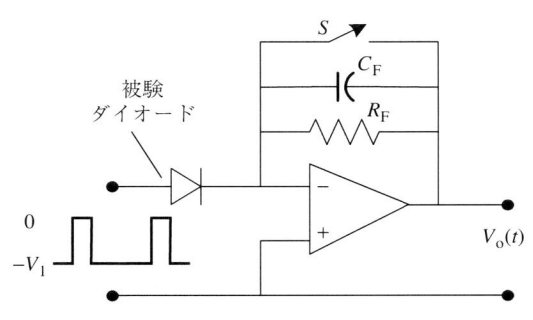

図5.11　過渡電荷の測定回路．

5.6　深い準位の過渡スペクトル分析
5.6.1　従来のDLTS

　初期の$C-t$および$I-t$測定法はSahとその学生らによって開発された[5, 33]．はじめはシングルショットの測定だったので，時間のかかる退屈な作業であった．これが放出および捕獲の過渡解析に威力を発揮したのは，自動データ収集技術が導入されてからである．その1つがLangのデュアルゲート積

分器あるいはダブルボクスカーによる方法で，**深い準位の過渡スペクトル分析法**（deep-level transient spectroscopy；DLTS）といわれている[42, 43]．

Langは深い準位の不純物の評価に**レート窓**（rate window）の概念を導入した．過渡容量測定から得た$C-t$曲線を信号処理した出力が，ある減衰レートで最大となるようにしておく．信号の減衰時定数が時間に対して単調に変化するなら，この減衰レートがボクスカー平均器のレート窓もしくはロックインアンプの周波数に一致したときに，信号処理した出力がピークをむかえる．サンプルの温度で減衰時定数を変えながら，このレート窓を通して$C-t$過渡応答をくり返し観測すると，容量—温度プロットにピークが現れる．このプロットが**DLTSスペクトル**である[44, 45]．減衰波形から単に最大値をとり出すというこの方法は容量，電流，および電荷の過渡応答に適用できる．

ここでは容量の過渡特性によってDLTSを説明しよう．まず，$C-t$の過渡特性は指数関数的時間依存性

$$C(t) = C_0 \left[1 - \frac{n_T(0)}{2N_D} \exp\left(-\frac{t}{\tau_e}\right) \right] \tag{5.45}$$

にしたがうと仮定する．ただしτ_eは

$$\tau_e = \frac{\exp[(E_c - E_T)/kT]}{\gamma_n \sigma_n T^2} \tag{5.46}$$

のように温度に依存するものとする．時定数τ_eは**図5.12**(a)の$C-t$曲線で示すように温度が上がると減少する．

容量の減衰波形にはノイズも含まれているが，DLTSの要点は自動化された手順によってノイズから信号を抽出するところにある．その手法は相関法で，入力信号に参照信号である重み信号$w(t)$を

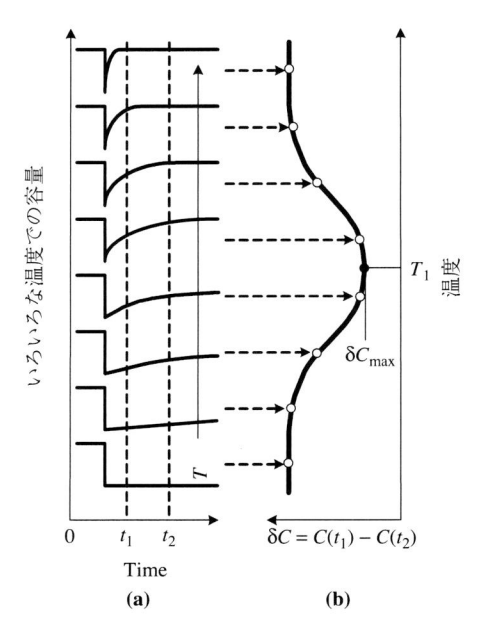

図5.12 ダブルボクスカー積分器を用いたレート窓の概念の説明．出力はサンプリング時間t_1およびt_2での容量振幅の差を平均したもの．Millerらの承諾により再掲載[44]．

掛け，その積を線形フィルタでフィルタリング（平均化）する信号処理法である。こういう相関器の特性は重み関数とフィルタリング手法に大きく左右される。フィルタは積分器でもローパスフィルタでもよい。相関器の出力は

$$\delta C = \frac{1}{T} \int_0^T f(t)w(t)dt = \frac{C_0}{T} \int_0^T \left[1 - \frac{n_T(0)}{2N_D} \exp\left(-\frac{t}{\tau_e}\right)\right] w(t) dt \tag{5.47}$$

である。ただしTは周期，$f(t)$には式（5.45）をつかう。

ボクスカーDLTS：図5.12(a)の$C-t$波形が時刻$t = t_1$および$t = t_2$でサンプリングされ，t_1での容量からt_2での容量を差し引いた容量を$\delta C = C(t_1) - C(t_2)$としよう。そのような差信号はダブルボクスカー装置の標準的な出力形式である。デバイスにゼロと逆バイアスのパルスを交互に与えながら，ゆっくりと温度を掃引する。低温の極端に長い時定数と高温の極端に短い時定数では，サンプリングの時間差による容量差はない。差信号が現れるのは時定数がサンプリングのゲート時間差$t_2 - t_1$のオーダーになるときで，図5.12(b)でわかるように，温度の関数の容量差に最大値が現れる。これがDLTSのピークである。この容量差（あるいはDLTS信号）は式（5.47）で重み関数を$w(t) = \delta(t - t_1) - \delta(t - t_2)$として，

$$\delta C = C(t_1) - C(t_2) = \frac{n_T(0)}{2N_D} C_0 \left[\exp\left(-\frac{t_2}{\tau_e}\right) - \exp\left(-\frac{t_1}{\tau_e}\right)\right] \tag{5.48}$$

となる。式（5.47）では$T = t_1 - t_2$である。

図5.12(b)のδCは温度T_1で最大値δC_{max}を示す。式（5.48）をτ_eについて微分し，結果をゼロとおくと，δC_{max}となる$\tau_{e, max}$が

$$\tau_{e, max} = \frac{t_2 - t_1}{\ln(t_2/t_1)} \tag{5.49}$$

のように得られる。式（5.49）は容量の大きさにはよらず，信号の基準線を決めなくてもよい。あるサンプリングのゲート時間t_1およびt_2で温度を振った一連の$C-t$曲線から，あるτ_eの最大値に，これを与える温度を1つ対応させることができ，$\ln(\tau_e T^2) - 1/T$プロットに点を1つ与えることができる。この測定手順を別のt_1とt_2のゲート時間でくり返せば，もう1つ点を増やすことができる。このようにして点を並べるとアーレニウスプロットになる。t_2/t_1を固定し，t_1とt_2を振った$\delta C - t$プロットを**図5.13**

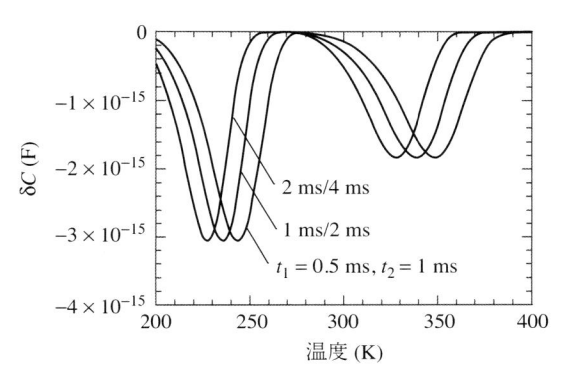

図5.13　t_2/t_1を固定し，t_1とt_2を変化させたDLTSスペクトル．$E_c - E_{T1} = 0.37$ eV，$\sigma_{n1} = 10^{-15}$ cm^2，$N_{T1} = 5 \times 10^{12}$ cm^{-3}，$E_c - E_{T2} = 0.6$ eV，$\sigma_{n2} = 5 \times 10^{-15}$ cm^2，$N_{T2} = 2 \times 10^{12}$ cm^{-3}，$C_0 = 4.9 \times 10^{-12}$ F，$N_D = 10^{15}$ cm^{-3}．

に示す.t_1, t_2の振り方を変えたときの$\delta C - t$プロットに与える影響については演習5.2で議論する.

鉄をドープしたSiのDLTSスペクトルの例を**図5.14**に示す[46].第7章で議論するように,鉄はホウ素をドープしたp型Si中でFe-B対を形成し,$T = 50 \text{ K}$付近にDLTSのピークをもつ.このサンプルを180〜200℃で数分間加熱するとFe-B対は格子間の鉄と置換ホウ素に解離し,$T = 250 \text{ K}$付近で格子間の鉄のDLTSピークが現れる.数日放置すると格子間の鉄はふたたびFe-B対を形成し,図5.14のような"$T = 50 \text{ K}$"のピークが現れる.AuをドープしたSiサンプルの**図5.15**のDLTSスペクトルの例では,多数キャリアと少数キャリア両方のピークが現れている[47].図5.15の逆向きのピークは図5.8の曲線に対応している.多数キャリアのピークはゼロから逆バイアスへのパルスで与え,DLTSで測定するが,少数キャリアのピークは光で少数キャリアを注入して求める.その電子—正孔対はバンドギャップよりエネルギーの高い光を半透明のショットキー・ダイオードに照射して生成する.S/N比はゲートパルス幅の平方根に比例するので,サンプリングのゲートパルス幅は長い方がよい[45].すると式(5.49)はΔtをゲートパルス幅としてt_1を$(t_1 + \Delta t)$に,t_2を$(t_2 + \Delta t)$に修正しなければならない[48].ある温度でt_2/t_1を固定し,$t_2 - t_1$を振る方法もある.つづいて温度を変えてくり返せばアーレニウスプロットが得られる.

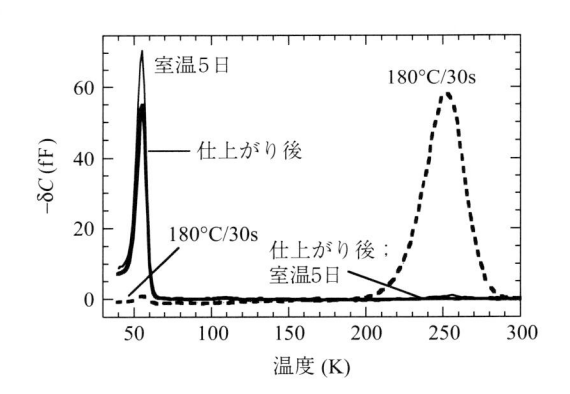

図5.14 鉄に汚染されたSiウェハのDLTSスペクトル.仕上がり後,180℃/30sの分解アニール後,および5日間の室温放置後.文献46のデータ.

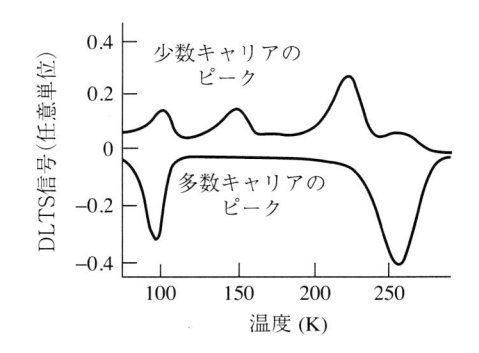

図5.15 AuをドープしたSiサンプルの,多数キャリアと少数キャリアのDLTSピーク.文献47より掲載.

演習5.2

問題:サンプリング時間t_1およびt_2を変えるとどうなるか。

解:サンプリング時間は(1)t_1を固定しt_2を振る(**図E5.2**(a))、(2)t_2を固定し、t_1を振る(図E5.2(b))、(3)t_2/t_1を固定し、t_1およびt_2を振る(図5.13)ことができる。なかでも(3)の方法がベストで、温度でピークの位置がずれても曲線の形状は変わらないので、ピークの位置がわかりやすい。しかも$\ln(t_2/t_1)$は一定である。(1)と(2)の方法ではピークの大きさも形状も変わってしまう。また、ある温度でt_2/t_1を固定し、t_2-t_1を振ることもできる。この場合、温度をずらしてt_2-t_1を振ることをくり返せば、1回の温度掃引でアーレニウスプロットが得られる。

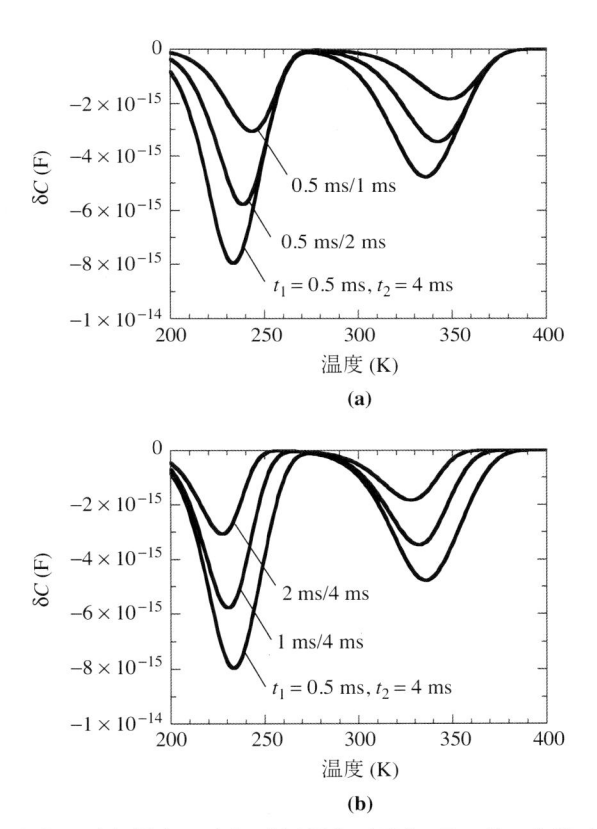

図E5.2 DLTSスペクトル。(a)t_1固定、t_2変化、(b)t_2固定、t_1変化、$E_c - E_{T1} = 0.37$ eV、$\sigma_{n1} = 10^{-15}$ cm^2、$N_{T1} = 5 \times 10^{12}$ cm^{-3}、$E_c - E_{T2} = 0.6$ eV、$\sigma_{n2} = 5 \times 10^{-15}$ cm^2、$N_{T2} = 2 \times 10^{12}$ cm^{-3}、$C_0 = 4.9 \times 10^{-12}$ F、$N_D = 10^{15}$ cm^{-3}。

DLTS信号から図5.5の容量の段差ΔC_e ($\delta C_{\max} < \Delta C_e$) は得られないので、式 (5.17) をつかってDLTS信号から不純物密度を求めることはできない。$\delta C - T$曲線の最大容量差$\delta C_{\max}$から導かれる不純物密度は

$$N_T = \frac{\delta C_{\max}}{C_0} \frac{2N_D \exp\{[r/(r-1)]\ln(r)\}}{1-r} = \frac{\delta C_{\max}}{C_0} \frac{2r^{r/(r-1)}}{1-r} N_D \qquad (5.50)$$

になる。ここで$r = t_2/t_1$である。式（5.50）は$\delta C_{max} = \delta C$とし，$n_T(0) = N_T$と仮定して式（5.48）と（5.49）から導いた。標準的な比として$r = 2$とすると，$N_T = -8N_D\delta C_{max}/C_0$，$r = 10$なら$N_T = -2.87N_D\delta C_{max}/C_0$である。負の符号は多数キャリアのトラップに対しては$\delta C < 0$となることに対応している。

状態のよいDLTSシステムなら，$\delta C_{max}/C_0 \approx 10^{-5}$から$10^{-4}$を検出でき，$N_D$の$10^{-5}$から$10^{-4}$倍のオーダーのトラップ密度を求めることができる。高感度ブリッジをつかえば$\delta C_{max}/C_0 \approx 10^{-6}$まで測れる[49]。容量計の応答時間はおよそ1ないし10 msで，そのままでは高速の過渡現象にはつかえない。また，デバイスにパルスを与えるときの過負荷の問題もある。パルスを与えている間は高速リレーでアンプの入力を接地し，内蔵の過負荷検知回路を無効にすることで，過負荷からの回復による遅延を回避している[50]。

基本的なボクサーDLTS法に対して，いろいろな改良がなされてきた。もともとパルスの振幅は1つであるが，**二重相関**DLTS（double-correlation DLTS）法では振幅の異なる2つのパルスをつかう。ただし二重相関DLTSでも**図**5.16に示すように，既存のDLTSのレート窓の概念をつかっている[51]。重み関数から

$$[C'(t_1) - C(t_1)] - [C'(t_2) - C(t_2)] = \Delta C(t_1) - \Delta C(t_2) \tag{5.51}$$

の信号を得る。図5.16に示すように，まず各パルスからの遅延時間t_1およびt_2での容量の差$\Delta C(t_1)$および$\Delta C(t_2)$をとり，2つのパルスの過渡容量を関連づける。次に，従来のDLTSと同様に温度を掃引し，$[\Delta C(t_1) - \Delta C(t_2)]$の温度相関として時定数のスペクトルをとる。測定には4チャネルボクスカー積分器か2チャネルボクスカー積分器を改造したものが必要である[52]。

複雑ではあるが，これで観測するレート窓を空間電荷領域に限定でき，この空間内の不純物だけを検出できる。レート窓を準中性領域との境界から離れた空間電荷領域に設定できればトラップはすべてフェルミ準位より上になり，容量の過渡応答は放出だけになる。フェルミ準位に近いトラップは測定から排除され，レート窓内のトラップはすべてほぼ同じ電場にさらされることになる。観測レート窓を振るか，パルスの振幅か直流逆バイアスを変えることでトラップ密度のプロファイルが得られる。

定容量DLTS：**定容量DLTS**（constant capacitance DLTS）法では，キャリア放出測定の間，過渡期の印加電圧をフィードバック経路によって動的に変化させ，容量を一定に保つ[26,53,54]。フィードバック法はMillerが開発し，最初にキャリアの密度プロファイルに応用した[55]。定電圧法で過渡容量にトラップの情報が含まれていたように，定容量法では時間変化する電圧にトラップの情報が含まれてい

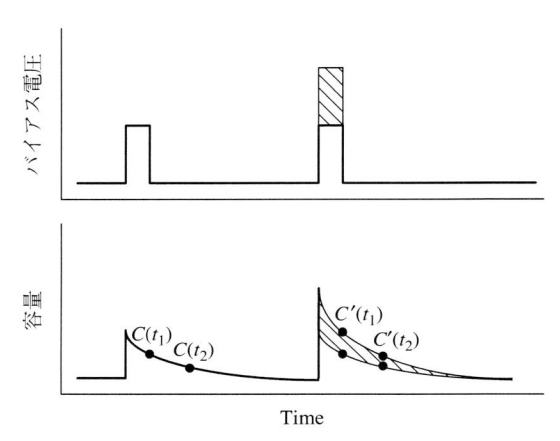

図5.16 二重相関DLTSのバイアス・パルスと容量の過渡応答．Lefévre and Schulzの承諾により再掲[51]．

る．式 (5.15) の過渡容量の近似式は $N_T \ll N_D$ で有効であるが，$N_T > 0.1 N_D$ となると W が大きく変わり，$C-t$ 信号は指数関数的でなくなる．式 (5.14) にはこの制約はなく，空間電荷領域の幅を一定に保つための電圧の変化は空間電荷領域の電荷の変化に直接比例するので，

$$V = -\frac{qK_s\varepsilon_0 A}{2C^2}\left[N_D - n_T(0)\exp\left(-\frac{t}{\tau_e}\right)\right] + V_{bi} \tag{5.52}$$

は任意の N_T に対して有効である．

式 (5.52) は $V-t$ 応答が時間の指数関数になることを示している．$t=0$ の近傍では，たとえば放出測定中のキャリア捕獲などで $V-t$ 曲線が指数関数的にならないこともある．多数キャリア密度は空間電荷領域の終端部で急激にゼロにはならず空間電荷領域へ裾をひいており，この裾の領域では電子放出が電子捕獲と競合している．空間電荷領域の終端部で電子捕獲が優勢であればトラップのほとんどが電子で占められ $V-t$ 曲線が指数関数的でなくなる[56]．

定容量DLTSの限界の1つがフィードバック回路の応答の遅さである．はじめは秒のオーダーの時定数の過渡測定に限られていたが[57]，同じ容量計に二重フィードバックアンプをつかっておよそ10 msまでになった[58]．その後さらに縮まり，感度は上がっている[59]．しかし，定容量DLTSはフィードバック回路のために**定電圧DLTS**に比べ感度は劣る．定容量DLTSはむしろトラップ密度の深さプロファイルに適している[60]．また，そのエネルギー分解能の高さから界面にトラップされた電荷の測定にもつかわれてきたし，トラップ密度が高いときは，欠陥のプロファイルをDLTSによって正確に測定できる．二重相関DLTSに定容量DLTSを組み合わせるとさらに精度を上げることもできる[61]．

ロックインアンプDLTS：ロックインアンプDLTS法の魅力は，ボクスカー積分器よりもロックインアンプが実験室での標準的なツールであり，ボクスカーDLTSよりも S/N 比がよいことにある[62]．ロックインアンプはロックインアンプの周波数で設定される周期をもつ方形波の重み関数をつかう．この周期が放出時定数に対して適切な関係を満たすとき，DLTSのピークが観測される．ロックインアンプはくり返し信号を解析する1成分フーリエ解析器と考えることができる．その重み関数はボクスカー積分器のそれに似ているが，S/N 比を上げるために広くしてあり，そのため過負荷の問題をかかえている．

順バイアスのデバイスの接合容量は大変大きく，これより応答の遅い（無調整であれば応答時間は～1 ms）容量計にとっては過負荷になる．ロックインアンプの方形波重み関数は常に単一振幅であるので，容量計の過渡特性や過負荷にかなり敏感である．ボクスカーDLTSではサンプリング窓の開始を過渡期の開始後にずらしているので，この問題はない．過負荷に対するロックインアンプの感度を下げるには，重み関数を狭帯域フィルタで先行させればよい．すると重み関数は正弦波に近くなる．1つの解として，容量計の出力のはじめの1ないし2 msほどゲートを"オフ"にして過負荷の問題を除去する方法がある[48, 64]．ロックインアンプの信号を解析するにはこのゲートの"オフ"時間を含めねばならない．ゲートの"オフ"時間は信号を止めている間の基準信号にも影響する[65]．位相の設定も信号に影響する[66]．ロックインDLTS操作の3つの基本的な使い方の詳細と，観測に必要な注意事項が文献48で議論されている．ゲートの"オフ"時間を常にくり返しレートに対して一定割合にしておくと，DLTSピークの誤差を減らすことができる[67]．

Rohatgi らがロックインアンプによるDLTSシステムの詳細を報告している[64]．$0 \leq t \leq t_d$ では $w(t) = 0$，$t_d < t < T/2$ では $w(t) = 1$，$T/2 < t < (T-t_d)$ では $w(t) = -1$，$(T-t_d) < t < T$ では $w(t) = 0$ の重み関数に対するロックインアンプの出力は

$$\delta C = -\frac{GC_0 n_T(0)}{N_D}\frac{\tau_e}{T}\exp\left(-\frac{t_d}{\tau_e}\right)\left[1 - \exp\left(-\frac{T-2t_d}{2\tau_e}\right)\right]^2 \tag{5.53}$$

である[63]．ただし G はロックインアンプと容量計の利得，T はパルスの周期，遅延時間 t_d はバイアス・パルスの終わりから保持区間の終わりまでの間隔である．式 (5.53) は式 (5.48) のように最大値を示すので，式 (5.53) を τ_e について微分し，結果をゼロとおけば，超越方程式

$$1 + \frac{t_d}{\tau_{e,\max}} = \left(1 + \frac{T - t_d}{\tau_{e,\max}}\right)\exp\left(-\frac{T - 2t_d}{2\tau_{e,\max}}\right) \tag{5.54}$$

から$\tau_{e,\max}$を求めることができる．標準的な遅延時間として$t_d = 0.1T$とすると，$\tau_{e,\max} = 0.44T$となる．τ_eとTの組がいくつかわかれば，前節で述べたように$\ln(\tau_e T^2) - 1/T$をプロットできる．$n_T(0) = N_T$および$t_d = 0.1T$と仮定して$\delta C = \delta C_{\max}$のとき，式 (5.53) と (5.54) から導かれるトラップ密度は

$$N_T = \frac{8\delta C_{\max}}{C_0} \frac{N_D}{G} \tag{5.55}$$

で与えられる．

ロックイン周波数を一定にしてサンプルの温度を振る代わりに，温度を一定にして周波数を振ってもよい[68]．

相関DLTS：相関DLTS法は，白色ノイズに埋もれた未知の信号に対する最適な重み関数はノイズのない原信号と同じ波形になる，という最適フィルタの理論に基づいている．DLTSにおいても，指数関数的な容量または電流の波形にRCファンクションジェネレータで発生させた周期的な減衰指数関数を掛け，その積を積分すればよい[63]．

相関DLTSのS/N比はボクスカーやロックインDLTSより高い[69]．直流のバックグラウンドに小さな容量性の過渡信号が重なるので，重み関数としては単純な指数関数ではなく，直流成分も加味したものになる[70]．この方法の用途は少ないが，高純度ゲルマニウムの不純物の研究につかわれている[71]．

等温DLTS：等温DLTS法ではサンプルの温度一定で，サンプリング時間を変化させる[72]．この手法も，式 (5.45) をもう1度書けば

$$C(t) = C_0\left[1 - \frac{n_T(0)}{2N_D}\exp\left(-\frac{t}{\tau_e}\right)\right] \tag{5.56}$$

に基づいている．この式を微分して時間を掛ければ

$$t\frac{dC(t)}{dt} = -\frac{t}{\tau_e}\frac{n_T(0)}{2N_D}C_0\exp\left(-\frac{t}{\tau_e}\right) \tag{5.57}$$

となる．関数$tdC(t)/dt$をtに対してプロットすると，$t = \tau_e$で最大値 $(n_T(0)C_0/2N_D)e^{-1}$をもつ．いくつかの**一定温度**で$tdC(t)/dt - t$プロットをとれば，従来のDLTSプロットと同じような$\ln(\tau_e T^2) - 1/T$のアーレニウスプロットがとれる．主な違いは測定中の温度が一定であることで，温度制御して測定するだけでよい．その代わり測定は時間領域となり，$C(t)$の測定は広い時間領域にわたるので，高速の容量計が必要である．また微分はデータの"ノイズ"源になる．図5.13と同じデータの$tdC(t)/dt - t$のプロットを**図5.17**に示す．容量信号の温度依存性と時間依存性はよく対応していることがわかる．

コンピュータDLTS：コンピュータDLTSとは，容量波形がデジタル化され，のちのデータ管理に向けて電子的に保存されているDLTSシステムをいう[73]．温度を1回掃引するだけで，いろいろな温度での$C-t$曲線が完全に取得できる．ボクスカーやロックインの方法では，選んだ温度範囲での最大値がわかるだけで容量波形は失われるが，この方法であれば信号が指数関数的であるかどうかが容易にわかる．この$C-t$データには，高速フーリエ変換，単純および多重指数関数にしたがう減衰を解析するためのモーメント法[74〜76]，ラプラス変換[77]，スペクトル線のフィッティング[78]，線形予想モデルの共分散法[79]，線形回帰法[80]，および重なったピークを分離するアルゴリズム[81]など様々な信号処理関数を適用できる．擬似対数サンプル記録法では11種のサンプリングレートで3〜5桁の時定数をとり込み，従来のDLTSでは不可能な近接した深い準位の分離を可能としている[82]．

ラプラスDLTS：DLTSには2つの広いカテゴリーがある．アナログ信号処理とデジタル信号処理で

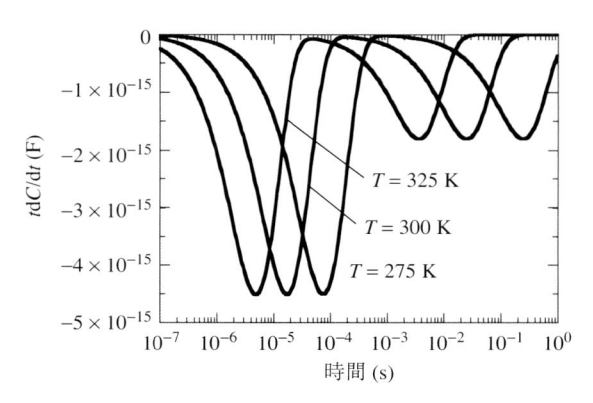

図5.17 T を固定し，t を変化させたときのDLTSスペクトル．$E_c - E_{T1} = 0.37$ eV, $\sigma_{n1} = 10^{-15}$ cm^2, $N_{T1} = 5 \times 10^{12}$ cm^{-3}, $E_c - E_{T2} = 0.6$ eV, $\sigma_{n2} = 5 \times 10^{-15}$ cm^2, $N_{T2} = 2 \times 10^{12}$ cm^{-3}, $C_0 = 4.9 \times 10^{-12}$ F, $N_D = 10^{15}$ cm^{-3}.

ある．アナログ信号処理では，サンプルの温度を上げながら，同時に1つないし2つの減衰成分をフィルタで選別し，容量計の出力信号に時間に依存した重み関数を掛けることで特定の範囲の時定数に比例する信号を出力するという処理をリアルタイムで実行する．デジタル処理では容量計のアナログ過渡出力をデジタル化し，これを多重平均してノイズレベルを下げている．従来のDLTSは熱によるゆらぎよりもむしろフィルタによって時定数の分解能が低下し，放出過程の微細構造を明らかにできなかった．ゆらぎのない欠陥のDLTSスペクトル線も，装置の影響で拡がってしまう．温度によって放出時定数がゆらげば，さらにピークが拡がる．フィルタ特性の改善で多少分解能を上げることができる[77]．

指数関数的でない過渡容量特性を定量的に記述するためには，放出レートのスペクトル

$$f(t) = \int_0^\infty F(s) e^{-st} ds \tag{5.58}$$

でその挙動を表すことができると仮定する．ここで $f(t)$ は記録された過渡信号，$F(s)$ はスペクトル密度関数である[77]．簡単のために，このスペクトルは対数的な放出レートの目盛りに重なるガウシアン分布で表されていることがある．これから放出の活性化エネルギーの拡がりによる指数関数的でない過渡応答を記述できる．

式 (5.58) で与えられる容量の過渡特性は，真のスペクトル関数 $F(s)$ のラプラス変換として数学的に表現されている．過渡期の放出レートの実際のスペクトルを得るには，関数 $f(t)$ の逆ラプラス変換をうまく実行するアルゴリズムをつかって，単純あるいは多重指数関数にしたがう過渡応答のスペクトル $F(s)$ をデルタ関数的なピークにするか，あるいは微細構造のないスペクトルが拡がった連続分布とする．減衰がすべて同じように指数関数的である場合を除けば，スペクトルの関数の形状を予め仮定する必要はない．

ラプラスDLTSは強度を放出レートの関数として出力する．各ピークの面積は初期のトラップ濃度に直接関係している．測定は温度固定で，数千の過渡容量特性をとり込み平均化する．ラプラスDLTSは従来のDLTSよりエネルギー分解能が1桁高く，S/N 比も良好である．このため，実際につかえる欠陥密度は浅いドナーやアクセプタの密度の 5×10^{-4} から 5×10^{-2} 倍に制限される．この制限によって，ラプラスDLTSは他の測定系ではできない領域の測定が可能になっている．ノイズをすべて減らし，特に安定な電源とパルスジェネレータをつかうことが重要である．

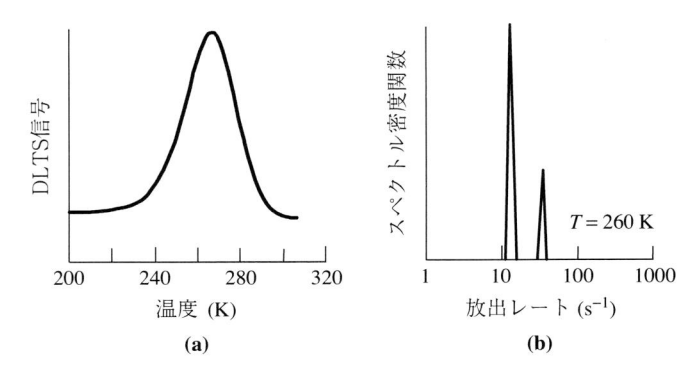

図5.18 金を含む水素処理したSiの(a)DLTSスペクトルおよび, (b)ラプラスDLTSスペクトル. DLTSのピークは金のアクセプタ準位と金—水素準位からの放出による. ラプラス・スペクトルでは金のアクセプタ準位と金—水素準位が完全に分裂している. Deixlerらより掲載[83].

放出レートが近接した準位は, ラプラスDLTSで分離できる. 従来のDLTSでは分解能が低く, DLTSの特異なパターンを"同定"できなかった. 従来のDLTSでもレート窓の幅をかなり広い範囲にとれば, 同じような放出レートの準位の活性化エネルギーの差を分離できることもある. その例を図5.18に示す. 図5.18(a)は従来のDLTSによるSi中の金のピークである. このサンプルは水素中でアニールしているので, あまり明確ではないが水素—金のピークがあるはずである. 放出レートに対してスペクトル密度をプロットした図5.18(b)のラプラスDLTSスペクトルには, 明らかに2つの独立したピークが現れている[83]. これらの放出レートからエネルギー準位を求めることができる.

ラプラスDLTSはPtをドープしたSi, GaAsのEL2欠陥[注2], およびAlGaAs, GaSb, GaAsP, δ-ドープ[注3]GaAs中のDX欠陥[注4]にも適用されている[84]. どれも標準的なDLTSではピークを区別できないが, ラプラスDLTSのスペクトルでは熱放出過程の微細構造を明らかにできる.

5.6.2 界面トラップ電荷DLTS

界面トラップ電荷DLTSのための装置は, バルクの深い準位を測るDLTSの装置と同じである. ただし, バルクのトラップは不連続なエネルギー準位であるが, 界面トラップはバンドギャップの間に連続的に分布しているので, 解釈が異なる. 図5.19(a)のMOSキャパシタについて, 界面トラップ多数キャリアDLTSの考え方を示す. n型基板に対してゲート電圧が正のとき, 多数キャリアである電子が界面に蓄積し, 界面トラップのほとんどは電子で占められる (図5.19(b)). ゲート電圧を負にするとデバイスは深く空乏化し, 界面トラップから電子が放出される (図5.19(c)). 放出された電子によって容量, 電流, または電荷に過渡現象が現れる. 放出された電子のエネルギーは幅の広いスペクトルになるが, 支配的なのはバンドギャップの上半分にあるトラップからの放出である. DLTSの感度はよく, $10^9 \mathrm{cm}^{-2}\mathrm{eV}^{-1}$を中心とする範囲の界面トラップ密度を求めることができる.

界面トラップをDLTSで最初に評価したデバイスはpチャネルMOSFETである[85]. 3端子デバイスであるMOSFETの方がMOSキャパシタより都合がよい. それは, p-MOSFETのソース／ドレインを逆バイアスにすると, n型基板の少数キャリアである正孔がソース／ドレインに捕集され, 少数キャリ

注2 GaAsの結晶欠陥で形成される深いドナー準位.
注3 最小限の厚みを有し, 適切な電荷をその「面」内に配置するためにドープされる層.
注4 GaAs系化合物半導体にドナー不純物を添加したときに形成される深い準位. 浅いドナーとなる置換型不純物が大きな格子緩和を引き起こして生じたもの.

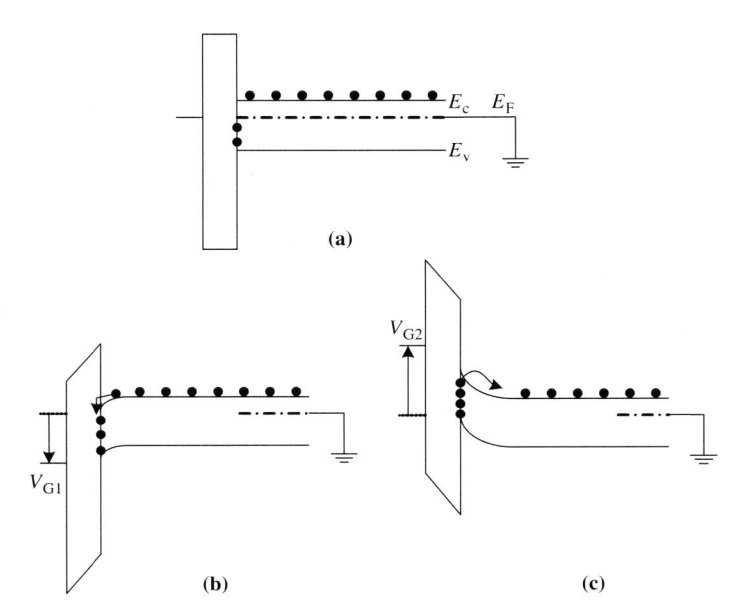

図5.19 (a)に示すMOSキャパシタの界面トラップでの(b)多数キャリアの捕獲と，(c)多数キャリアの放出.

アの影響を受けずにゲートのパルスで多数キャリアである電子を捕獲したり放出したりできるからである．こうしてバンドギャップの上半分にある界面トラップの多数キャリアを評価できる．ソース／ドレインを順バイアスにしてゲートに負のパルスを印加すると反転層ができ，界面トラップを少数キャリアの正孔で埋めることができる．こうして少数キャリアの評価が可能になり，バンドギャップの下半分を調べることができる．これは少数キャリアの供給源がないMOSキャパシタではできないことである．特に，高温で電子―正孔対の生成レートが高いときなど，熱生成された電子―正孔対から反転層が形成されたときは，少数キャリアが多数キャリア・トラップのDLTS測定で障害になる．

それでもMOSキャパシタが界面トラップの評価につかわれているのは[53,86,87]，第6章で議論するコンダクタンス法でみられるような表面電位のゆらぎの影響を受けないからである．MOSキャパシタの容量の式の導出は，ダイオードのそれよりずっと複雑である．ここではJohnson[54]およびYamasakiら[87]による導出の主な結果だけを引用する．$q^2 D_{it} = C_{it} \ll C_{ox}$ かつ $\delta C = C_{hf}(t_1) - C_{hf}(t_2) \ll C_{hf}$ のとき，

$$\delta C = \frac{C_{hf}^3}{K_s \varepsilon_0 N_D C_{ox}} \int_{-\infty}^{\infty} D_{it}(e^{-t_2/\tau_e} - e^{-t_1/\tau_e}) dE_{it} \tag{5.59}$$

ここで

$$\tau_e = \frac{e^{(E_c - E_{it})/kT}}{\gamma_n \sigma_n T^2} \tag{5.60}$$

D_{it} は単位面積・単位エネルギー当りの界面トラップの数，E_{it} は界面トラップのエネルギー準位である．最大放出時間は式 (5.49) より $\tau_{e,\max} = (t_2 - t_1)/\ln(t_2/t_1)$．式 (5.60) で $\tau_{e,\max}$ のとき $E_{it,\max}$ とし，電子の捕獲断面積がエネルギーにあまりよらない関数なら，

$$E_{it,\max} = E_c - kT \ln\left(\frac{\gamma_n \sigma_n T^2 (t_2 - t_1)}{\ln(t_2/t_1)}\right) \quad (5.61)$$

となる．このとき$E_{it,\max}$は鋭いピークになる．$E_{it,\max}$から数kT付近のエネルギー範囲でD_{it}の変化がゆるやかなら，D_{it}を定数とみなし，式（5.59）の積分の外に出すことができる．すると残りの積分は

$$\int_{-\infty}^{\infty}(e^{-t_2/\tau_e} - e^{-t_1/\tau_e})\,dE_{it} = -kT\,\ln(t_2/t_1) \quad (5.62)$$

となり，式（5.59）は

$$\delta C \approx -\frac{C_{hf}^3}{K_s \varepsilon_0 N_D C_{ox}} kT D_{it} \ln(t_2/t_1) \quad (5.63)$$

と書ける．

式（5.63）から界面トラップ密度は

$$D_{it} \approx -\frac{K_s \varepsilon_0 N_D C_{ox}}{kT C_{hf}^3 \ln(t_2/t_1)} \delta C \quad (5.64)$$

となり，エネルギー$E_{it,\max}$でエネルギーの幅$\Delta E = kT\ln(t_2/t_1)$にある界面トラップから時間$(t_2 - t_1)$の間に放出される電子の数で決まる．$t_1$と$t_2$を振れば$D_{it} - E_{it}$プロットを描ける．$t_1$と$t_2$の各組み合わせ毎に式（5.60）から$E_{it}$を，式（5.64）から$D_{it}$を求める．サンプルに界面トラップだけでなくバルクトラップも含まれているときは，DLTSプロットの形状とピーク温度でこれらを区別できる[87]．

定容量DLTS法の式は式（5.64）から類推して，

$$D_{it} = -\frac{C_{ox}}{qkTA\,\ln(t_2/t_1)}\Delta V_G \quad (5.65)$$

である[54]．ここでAはデバイスの面積，ΔV_Gは容量を一定に保つためのゲート電圧の変化である．式（5.65）は高周波容量もドーピング密度も含まれていないので，式（5.64）よりつかいやすい．**図5.20**はn型Siの界面トラップD_{it}を準静的方法（$C-V$法）および定容量DLTS法で測った分布を示している[88]．2つの曲線の不一致は，捕獲断面積を一定としているためであろう．

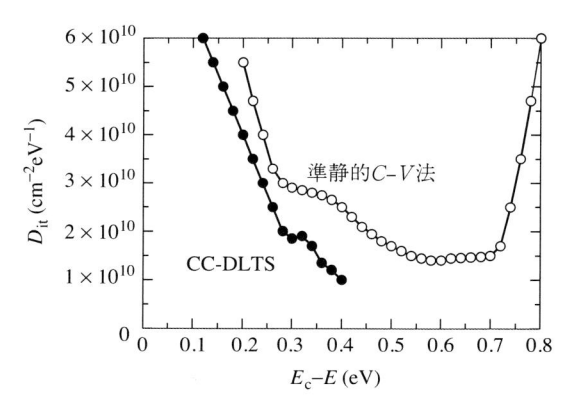

図5.20　定容量DLTSと準静的方法で測定したn型Siの界面トラップ電荷密度．Johnsonらの承諾により掲載．文献88．

MOSキャパシタは電流DLTS法でも測ることができる。数10ミリボルトのパルスをつかう小パルス法で[89]，界面トラップ密度と捕獲断面積の両方を測定することができる[90]。一定温度，一定レート窓で小さな充填パルス列を与え，その休止バイアスを掃引する。フェルミ準位がバンドギャップを横切るとき，フェルミ準位近傍の狭いエネルギー範囲にあるτ_eがレート窓の幅と一致すれば，DLTSのピークが観測される。レート窓か温度を振れば界面トラップの分布がわかる。

5.6.3 光および走査DLTS

光DLTSにはいろいろな方法がある。光には (1) 光捕獲断面積などトラップの光学的性質を求める，(2) 少数キャリアを注入するために電子―正孔対を生成する，(3) 電気的な注入が困難な半絶縁性材料で電子―正孔対を生成する，といった使い方がある。光の基本的な2つの作用は，トラップされたキャリアにエネルギーを与え，トラップから伝導帯あるいは価電子帯へ放出させることと，電子―正孔対を生成してnかpまたはその両方を変化させ，中心の捕獲特性を変えてしまうことである。走査電子顕微鏡の電子線も電子―正孔対を生成でき，DLTSに利用することができる。

光によるキャリア放出：従来の多数キャリア放出では，n型基板上のショットキー・ダイオードのトラップは，ゼロバイアスで低温のときは電子で埋まっているとする。温度を上げて熱による放出を容量や電流の過渡応答で検出するわけではないから，熱による放出が無視できるほどサンプルの温度を十分に低くしておく。サンプルに透明あるいは半透明のコンタクトをつけ，光を当てる。光子のエネルギーが$h\nu < (E_C - E_T)$のときは，バンドギャップによる光吸収は起きないが，$h\nu > (E_C - E_T)$の光子はトラップから伝導帯へ電子を励起する。ここでは式 (5.8) が成り立つが，放出レートe_nは$e_n + e_n^o$になる。ここでe_n^oはσ_n^oを**光捕獲断面積**，Φを光子の流れ密度とする**光による放出レート**$e_n^o = \sigma_n^o \Phi$である。トラップの密度は熱による放出の測定で現れるような容量の段差から求める。このように光をつかった容量あるいは電流の過渡応答の実験によって，光捕獲断面積などトラップの光学的性質が求められる[30, 91～93]。

入射光のエネルギーを振れば重なった電荷の状態も求めることができる。たとえば上下2つのドナー準位をもつ中心に対して，光のエネルギーを上げて上の準位から伝導帯へ電子を励起し，これを容量の変化で検出したとしよう。この準位から電子がすべて励起されていれば，さらに光エネルギーを上げても容量に変化はなく，下の準位から伝導帯へ電子を励起できる光エネルギーになって2つ目の容量変化が現れる。この方法はシリコン中の硫黄の二重ドナーの性質を求めるのにつかわれた[94]。

二波長法では，バンドギャップよりエネルギーの大きなバックグラウンド光を液体窒素温度のダイオードに定常的に当てる。この定常光でフェルミ準位より下の一部のトラップには正孔が，フェルミ準位より上の一部のトラップには電子が定常的に分布する。ダイオードを逆バイアスにし，プローブ光を低いエネルギーから高いエネルギーへ掃引し，バンド端に近いトラップから順次過剰キャリアを伝導帯あるいは価電子帯へ励起すると，これらは空間電荷領域外へ掃き出され，空間電荷領域の容量がトラップの分布によって変化する[95]。空間電荷領域のトラップは電子も正孔も捕獲できる。バックグラウンド光を消すとキャリアは熱で放出される[96]。この方法では電子―正孔対の生成に光をつかうだけで，熱による放出が容量の過渡応答になる。光をつかうその他の手法については，少数キャリアの捕獲断面積の測定で電子―正孔対の生成に光をつかうところで，すでに述べている[26, 32]。

光電流過渡分光法（photoinduced current transient spectroscopy）：前節の光学的手法は電気的測定を補完するものである。電気的な測定が一般的な場合でも，光を与えると（少数キャリアの生成によって）測定が容易になったり，（光捕獲断面積など）追加情報が得られたりする。しかし，たとえばGaAsとInPのような高抵抗率あるいは半絶縁性の基板のように実際に電気的測定が難しい場合もある。そういう場合は光を入力した方がよいと判断できるし，深い準位の不純物の情報は光でなければ得られないこともある。

光電流過渡分光法（PITS）は電流の時間変化を測定する。サンプル上には半透明のオーミックコンタクトを用意する。容量は基板抵抗が高すぎて測定できない。光電流過渡分光測定では，光パルスを

サンプルに与えると，光電流が定常値まで立ち上がる．光パルスはバンドギャップより大きなエネルギーでも小さなエネルギーでもよい[97]．過渡光電流は光パルスの終端で急激に落ち込み，そのあとゆっくりと減衰する．はじめの急な落ち込みは電子—正孔対の再結合による過剰キャリアの消失で，ゆるやかな減衰はバンド端に近いトラップから順次放出されるキャリアによるものである．電流のゆるやかな変化はDLTSのレート窓の方法で分析できる[98]．バイアスの極性を換えたときのピークの高さを測れば，不純物準位が電子トラップなのか正孔トラップなのかがわかることもある．しかし過渡容量応答ほど単純な解釈はできない．

電子トラップに対して光電流が飽和するだけの十分な強度の光を与えると，この過渡電流は

$$\delta I = \frac{CN_T}{\tau_e}\exp(-t/\tau_e) \tag{5.66}$$

となる[99]．ここでCは定数である（式（5.42）参照）．これを温度に対してプロットすると，式（5.66）の温度に対しての微分

$$\frac{d(\delta I)}{dT} = \frac{KN_T}{\tau_e^3}(t-\tau_e)\exp(-t/\tau_e)\frac{d\tau_e}{dT} \tag{5.67}$$

をゼロとする$t = \tau_e$でδIは最大となる．

光電流過渡分光法によるトラップ密度の決定は十分に研究されておらず，トラップ準位が真性フェルミ準位に近づくほどデータの信憑性は低くなる[108]．トラップから放出されたキャリアに再結合があるとさらに複雑になる．一般に半絶縁性材料の再結合寿命は非常に短い．また，放出されたキャリアが再捕獲される場合もある．これらの過程はすべてこの測定法の障害になっている[100]．しかし残念ながら，半絶縁性材料を評価できる手法は光電流過渡分光法以外はほとんどない．

走査DLTS：**走査DLTS法**は励起源として走査電子顕微鏡の電子線をつかう．ミクロンの領域での高い空間分解能がこの手法の主な利点であるが，サンプリング面積が小さいとDLTS信号も小さくなるので，高い分解能は欠点の裏返しともいえる．従来のDLTSでは直径がおよそ0.5から1 mmのダイオードをつかい，その全面積を測定に利用できるが，走査DLTSでもダイオードの直径は同じであるから，定常状態の容量は大きい．しかし，電子線の直径で決まる放出面積はきわめて小さく，容量の変化はわずかである．もともと走査DLTSでは，感度の点から容量DLTSではなく電流DLTSがつかわれた[101]．式（5.41）は電流が放出時定数に反比例することを示している．Tが上昇するにつれてτ_eは減少し，その結果Iが増加する．のちに開発された10^{-6} pFの感度をもつ超高感度容量計は，常に同調状態で動作する永久低速自動ゼロバランスを備えた28 MHzの共鳴同調ブリッジからなり，これで容量DLTS測定が可能になった[102]．走査DLTSでの定量測定は難しいが[103]，適当な温度とレート窓を選べば，特定の不純物についてデバイス全面を走査し，分布マップをつくることができる．走査点当り数百原子の不純物が検出されている[104]．

5.6.4 諸注意

リーク電流：本章ではいくつもの測定上の注意を述べてきた．ここではあと少しだけ指摘をしておく．まれに逆バイアスのリーク電流が大きいデバイスもある．リークの大きいMOSキャパシタのDLTS測定では，レート窓がゆるやかなほどDLTSのピークの振幅が予想よりずっと小さくなる．これはリークしてきたキャリアの捕獲と熱によるキャリア放出が競合するためとされた．このときの熱による見かけの放出レートは

$$e_{n,app} = e_n + c_n n \tag{5.68}$$

で与えられる．リーク電流密度は$v \approx v_{th}$を仮定して

$$J_{leak} = qn\upsilon = \frac{qn\upsilon\ c_n}{c_n} = \frac{qn\upsilon\ c_n}{\sigma_n \upsilon_{th}} \approx \frac{qnc_n}{\sigma_n} \tag{5.69}$$

と書ける。式（5.69）を式（5.68）に代入して，

$$e_{n,app} = e_n + \frac{J_{leak}\sigma_n}{q} \tag{5.70}$$

となる。リーク電流が

$$J_{leak} = qA^*T^2e^{-E_A/kT} \tag{5.71}$$

のかたちをしていると仮定すれば[105]，式（5.28）は

$$\tau_e T^2 = \frac{\exp[(E_c - E_T)/kT]}{\sigma_n\gamma_n\{1 - (A^*/\gamma_n)\exp[(E_c - E_T - E_A)/kT]\}} \tag{5.72}$$

となる。式（5.72）にしたがってアーレニウスプロットから抽出したトラップエネルギーと捕獲断面積は誤差が大きい[105]。リークの大きなダイオードを扱うときは，$C-V$と$I-V$の似た2つのダイオードの位相を実験系で180°ずらして駆動する[106]。

直列抵抗：その他DLTSの応答に影響するデバイス要因は，デバイスの直列抵抗と並列コンダクタンスである。図5.21(a)の接合容量C，接合コンダクタンスG，および直列抵抗r_sをもつpnダイオードあるいはショットキー・ダイオードを考える。容量計は図5.21(b)の並列等価回路か，図5.21(c)の直列等価回路のデバイスを前提にしている。C_PとC_Sは

$$C_P = \frac{C}{(1+r_sG)^2 + (\omega r_sC)^2} \approx \frac{C}{1+(\omega r_sC)^2} \quad;\quad C_S = C\left[1 + \left(\frac{G}{\omega C}\right)^2\right] \tag{5.73}$$

と書ける。ここで$\omega = 2\pi f$，分母の"r_sG"の項は近似式では無視した。

DLTS測定では

$$\Delta C_P = \frac{\Delta C}{1+(\omega r_sC)^2}\left[1 - \frac{2(\omega r_sC)^2}{1+(\omega r_sC)^2}\right] \quad;\quad \Delta C_S = \Delta C\left[1 - \left(\frac{G}{\omega C}\right)^2\right] \tag{5.74}$$

で与えられる容量の変化を記録する。ここでΔC_Pはr_sに，ΔC_SはGに依存する。$r_s = 0$および$G = 0$のときは$\Delta C_P = \Delta C_S = \Delta C$である。ただし$r_s$が増加するにつれて$\Delta C_P$は減少する。$\Delta C_P$，つまりDLTS信

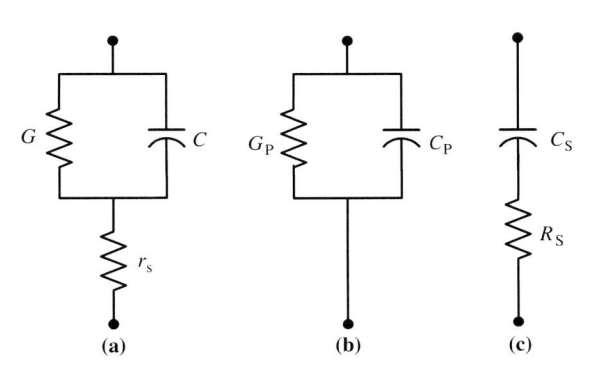

図5.21　pnあるいはショットキー・ダイオードの(a)実際の回路，(b)並列等価回路，および(c)直列等価回路．

号はゼロにもなれるし，符号が逆にもなれるので，少数キャリアトラップを多数キャリアトラップととり違えやすい[78, 107]。同様に，Gが増加するにつれてΔC_sは減少し，負になる。

直列抵抗が問題と考えられるときは，外づけ抵抗を追加して符号が反転するか試してみればよい[108]。符号が反転しなければ，外づけ抵抗を追加する前にすでに符号が反転していたとみて，測定データを注意深く評価すればよい。まれにサンプル裏面の酸化層が容量に加担し，DLTS信号が反転することがある[109]。電流DLTSは基本的に直流測定であり，容量DLTSのように高いプローブ周波数は必要ないので，直列抵抗はとり立てて問題にならない。

機器の考察：正確なエネルギー準位を得るには，サンプルの温度を精密に制御し測定しなければならない。温度は0.1Kまで制御し測定できなければならない。温度測定につかわれるサーモカップルやダイオードは，たいてい被験サンプルから離れたヒートシンクのブロックにとりつけられるので，0.1Kの温度制御および測定は必ずしも容易ではない。測定対象のわずかな過渡応答に追従できるよう十分高速な容量計も必要である。充填パルスによる機器への過負荷対策として大きな容量をつかうのは避けた方がよい機器もある。機器については文献43で議論されている。

不完全なトラップ充填：これまで，トラップは捕獲時間の間に多数キャリアですべて充填され，放出時間の間に多数キャリアを放出すると仮定してきた。これは**図5.22**のバンド図に描いたような仮定にすぎない[110]。図5.22(a)のゼロバイアスのデバイスでは，W_1内のトラップはフェルミ準位より上にあるので充填はなく，W_1より右側のW_1に近いところは電子密度が裾をひいているため，この付近のトラップはさらに右側の領域のトラップよりゆっくりと充填される。したがって，短い充填パルスのとき

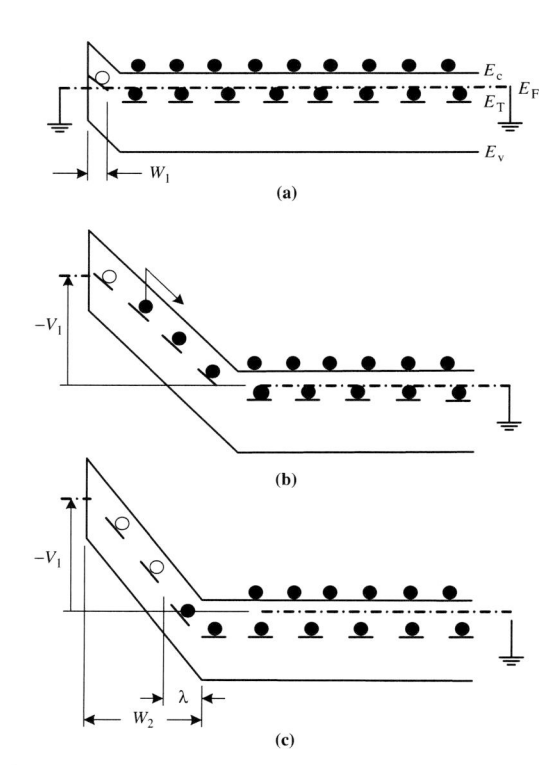

図5.22　n型基板上のショットキー・ダイオードのバンド図．(a)ゼロバイアスによる充填時，(b)逆バイアス・パルス印加直後，(c)逆バイアス定常状態．

はW_1より右にあるトラップすべてが電子で占められているわけではない。バイアスを図5.22(b)のように逆バイアスに切り換えると電子が放出されるが，λ内にあるトラップはフェルミ準位より下にある（図5.22(c)）ので電子を放出しない。ここでW_2は最終的な空間電荷領域の幅で，λは

$$\lambda = \sqrt{\frac{2K_s\varepsilon_0(E_F - E_T)}{q^2 N_D}} \tag{5.75}$$

で与えられる[45)]。

$(W - W_1 - \lambda)$内にあるトラップだけがDLTSの測定にかかる[111)]。W_1はほとんどいつも無視されているし，λもよく無視されている。λを考慮するなら，式（5.17）の容量の段差ΔC_eは

$$\Delta C_e = \frac{n_T(0)}{2N_D} C_0 f(W) \tag{5.76}$$

となる[45, 112)]。ここで

$$f(W) = 1 - \frac{(2\lambda/W(V))(1 - C(V)/C(0))}{1 - [C(V)/C(0)]^2} \tag{5.77}$$

で，$C(0)$と$C(V)$はそれぞれ電圧ゼロとVでの容量である。エッジの領域λを無視できるなら，$f(W)$は1になる。しかし，$f(W) < 1$であるにもかかわらずλを無視すれば，大きな誤差を生じる[113)]。

黒体輻射：一般的な前提として，デバイスのDLTSは暗所で測定する。デバイスに測定温度のパッケージを被せて測定すれば問題ない。しかし，ウェハ状態のデバイスに対して，測定温度，つまり室温より高い温度の容器が一部むき出しになっていると，熱によるキャリア放出に加えて，黒体放射スペクトルに含まれている光子がキャリア放出を引き起こし，活性化エネルギーの誤差のもとになる。この懸念があるときは，低温での掃引速度を遅くしてみるとわかる[114)]。

5.7 熱誘起容量法および熱誘起電流法

DLTSが登場するまでは，**熱誘起容量法**（thermally stimulated capacitance; TSCAP）および**熱誘起電流法**（thermally stimulated current; TSC）による測定が普及していた。これらの手法はもともと絶縁体につかわれていたが，のちに逆バイアスの空間電荷領域が高抵抗領域であると認知されるようになってからは，低抵抗率の半導体でも採用された[115)]。測定中のデバイスは冷却し，ゼロバイアスのトラ

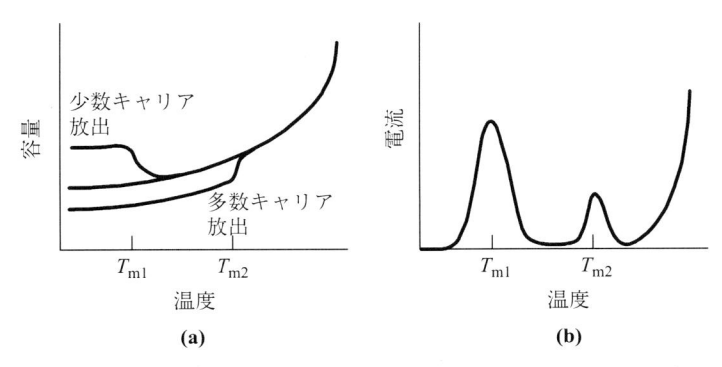

図5.23 密度N_Tの多数キャリアトラップと密度$2N_T$の浅い少数キャリアトラップをもつサンプルの(a)熱誘起容量および，(b)熱誘起電流．高温での電流増加は熱生成電流である．Langの許諾により再掲．文献45.

ップを多数キャリアで埋めるか，光注入かpn接合の順バイアスをつかってトラップを少数キャリアで埋める．つづいてデバイスを逆バイアスにして一定レートで加熱しながら，定常状態の容量または電流を温度の関数として測定する．すると，トラップからのキャリア放出にしたがって図5.23のように容量の段差または電流のピークが観測される．

熱誘起電流のピーク，あるいは熱誘起容量の段差の中間点を与える温度T_mは活性化エネルギー$\Delta E = E_c - E_T$または$\Delta E = E_T - E_v$と

$$\Delta E = kT_m \ln\left[\frac{\gamma_n \sigma_n k T_m^4}{\beta(\Delta E + 2kT_m)}\right] \tag{5.78}$$

によって関係づけられている[116]．p型のサンプルの場合は添え字nをpで置き換える．トラップ密度は熱誘起電流の曲線の囲む面積か，熱誘起容量曲線の段差の高さから求められる．

装置はDLTSよりシンプルだが，熱誘起容量および熱誘起電流から得られる情報には限りがあり，解釈も難しい．熱誘起法はサンプルにある全領域のトラップを調べるので，すばやく掃引でき，$N_T > 0.1 N_D$および$\Delta E > 0.3\,\mathrm{eV}$ではうまくいく．熱誘起電流のピークは加熱レートに依存するが，熱誘起容量にはそれがない．熱誘起電流はリーク電流にも影響される．熱誘起容量法は図5.23(a)のように容量変化の**符号**によって少数キャリアのトラップと多数キャリアのトラップとを区別できるが，熱誘起電流法ではできない．熱誘起法はほぼDLTSに置き換わっているが，DLTS測定の難しい高抵抗率材料では熱誘起電流法がつかえる．DLTSと熱誘起電流をつかって高抵抗率Siのエネルギー準位を求めた例を**図5.24**に示す[117]．データから求めた欠陥のエネルギー準位は2つの方法でよく一致している．

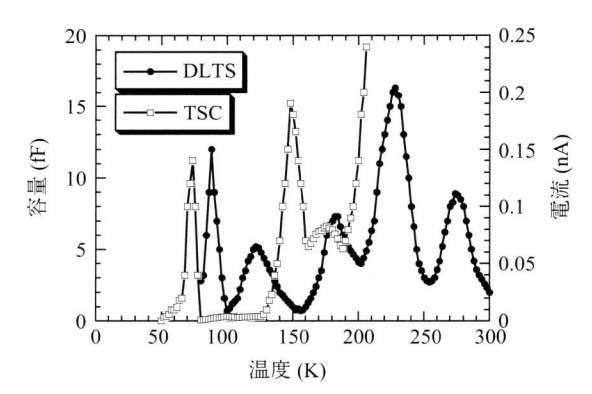

図5.24 高抵抗率SiのDLTSと熱誘起容量のデータ．Elsevier Science-NL, Burgerhartsraat 2S, 1055 KV. Amsteram, The Netherlandsの承諾により文献117より再掲．

5.8 陽電子消滅スペクトル分析法[注5]

陽電子消滅スペクトル分析法は陽電子と電子の消滅によって発生するガンマ（γ）線を分析する．半導体中の欠陥を調べるための特殊なテストストラクチャを必要とせず，サンプルの伝導率にもよらず，非破壊である[118]．陽電子は半導体関連の本ではほとんど扱われていないので，陽電子消滅スペクトル法を議論する前に，陽電子について少し述べておく．**陽電子**（positron）は電子に似ている．質量が電

注5 陽電子消滅による材料評価の最新技術については，上殿明良，"陽電子消滅による材料評価技術"，応用物理，**79**．pp.307-311（2010）参照．

子と同じで，電荷も同じ大きさだが，符号は電子の反対である．陽電子の存在は1928年にディラックによって予言され，1932年にアンダーソンが宇宙線の霧箱実験中に発見した．物質中を拡散する陽電子が特定のトラップに捕獲されるなら，この格子欠陥の性質や密度を調べることができる．

陽電子消滅スペクトル法についてはKrause-Rehberg and Leipnerによる優れた議論がある[118]．電子と陽子の消滅パラメータは格子欠陥に敏感なので，消滅によるエネルギーと運動量の保存を固体の研究に利用できる．原子核によるクーロン斥力のない空孔，空孔の塊，あるいは転位のような体積欠損型の欠陥が引力ポテンシャルを形成している結晶欠陥に陽電子がトラップされると，消滅パラメータの特性が変化する．そこでは電子の密度が低いので，消滅までの陽電子寿命が延びる．また，同一直線上を逆方向に進む2つのγ線量子の放出角が運動量保存によってわずかにずれたり，消滅エネルギーがドップラーシフトによって拡がったりする．主要な半導体と，いろいろな空孔型欠陥についての陽電子寿命が実験的に求められている．負のイオンだけでなく，中性および負の空孔型欠陥も半導体中の主な陽電子トラップである．この2つのタイプの欠陥は，温度に依存した寿命の測定によって区別できることもある．

陽電子は，たとえば$^{22}_{11}$Na → $^{22}_{10}$Ne + 陽電子 + ニュートリノのように，ふつう陽子が潤沢な核の陽子の1つが陽電子とニュートリノを放出して中性子に崩壊する過程で発生する[注6]．放射性同位元素^{22}Naは2.6年の半減期があり，陽電子が放出される10 psの間に1.27 MeVのγ線を放射する．このγ線を陽電子寿命分光測定のトリガーにする．放射性崩壊による陽電子のエネルギー範囲は広い．その広いスペクトルから陽電子消滅スペクトル法でつかう単色の陽電子線を得るには，W，Ni，およびMoなどのモデレータ（陽電子減速材）を透過させる．減速後の陽電子のエネルギーは$kT \approx 25$ meV程度である．

陽電子自体は安定な粒子であるが，電子に出会うと互いに消滅し，**図5.25**に示すように，陽電子─電子対の質量がエネルギー，すなわちガンマ線に変換される．放射されるエネルギーは電子の静止質量エネルギーの2倍$2mc^2 = 2 \times 8.19 \times 10^{-14}$J $= 2 \times 5.11 \times 10^5$eVとなる．ここで$m$は電子の静止質量，$c$は光速である．互いに逆方向に進む2つのγ線を放射する崩壊が最も起きやすい．このエネルギーと放射の方向，およびγ線の放射時間から，陽電子─電子対の振る舞いと消滅の起きた材料の情報が得られる．エネルギーと運動量の保存により，それぞれのγ線は陽電子─電子対系のエネルギーの半分，すなわち511 keVのエネルギーをもたねばならない．消滅確率はこれに関与する電子の密度で決まる．

消滅で発生したガンマ線はエネルギーおよび方向に分布をもち，これらは消滅前の電子の運動で決

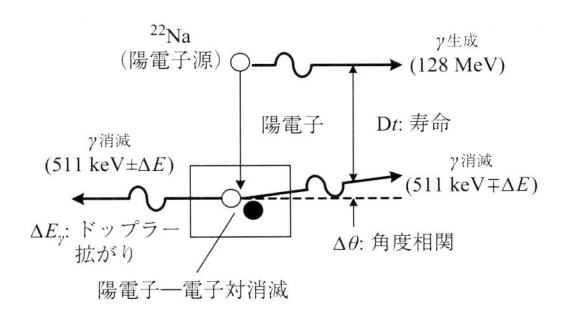

図5.25 陽電子生成，陽電子消滅，γ線放射，および陽電子消滅スペクトル法の主要な3つの実験手法を示した図．

注6　^{22}Naの原子核を構成する陽子の1つがβ^+崩壊（$p^+ \to n + e^+ + \nu$）によって中性子に変換されるので，原子番号が1つ減って^{22}Neになるが，核子数は変わらない．

まる．2つのγ線がなす角度は放射の方向に対して垂直な方向の電子の運動量成分p_{perp}で決まる角度偏位$\Delta\theta$だけ180°からわずかにずれる．それぞれのγ線のエネルギーE_γは放射方向と平行な電子の運動量成分p_{par}で決まり，

$$\Delta\theta = \frac{p_{perp}}{mc} \ ; \ \ E_\gamma = mc^2 + \frac{p_{par}c}{2} \ ; \ \ \Delta E_\gamma = E_\gamma - mc^2 = \frac{p_{par}c}{2} \tag{5.79}$$

より，$\Delta\theta$とΔE_γの項が材料の中での電子の運動量成分の情報を与えてくれる．崩壊前の陽電子のエネルギーは低いので，$\Delta\theta$とΔE_γはほとんど電子の運動量で決まる．陽電子の寿命Δtを測れば崩壊前の電子状態の情報も得られる．消滅時の陽電子の寿命は数nsの範囲であるが，電子の局所的な密度が影響するので，陽電子の寿命は結晶の完全性の指標の1つになっている．陽電子の寿命は調べる材料の電子密度に反比例し，体積欠損型の格子欠陥を探る唯一の方法である．この寿命とは，陽電子の生成からガンマ線の発生までの時間である．純粋なSiでの陽電子の寿命は219 ps，Si中の単空孔では266 ps，Si中の空孔対では320 psである[119]．陽電子の消滅におよぼす欠陥の効果は2つある．負の電荷の局所領域をつくる欠陥が陽電子を引きつけ，陽電子がトラップされている近傍の**電子密度**分布と電子の**運動量**分布が変わる．したがってΔt, $\Delta\theta$, ΔE_γも変わる．

　陽電子の**寿命**は2つの高速γ線検出器とタイミング回路で測定する．Naなどの多くの陽電子源が，陽電子放出後数ピコ秒内でガンマ線を放射（図5.25のγ_{birth}）する．このγ線の検出から調べている材料へ陽電子が注入されたことがわかる．$\Delta\theta$は陽電子角度相関分光器（angular correlation spectrometer）で測定する．消滅による放射の角度相関では2つの消滅γ線の方向のなす**角度**を測定する．陽電子—電子対消滅時の運動量保存によって，陽電子—電子対が静止しているなら2つのγ線は互いに逆方向に進む．この陽電子—電子対がある運動量をもっていれば，ガンマ線のなす角は180°からずれる．図5.25に示すように，180°から少しずれた角度で消滅によるγ線の対を数える．$\Delta\theta$の値は0.01 radのオーダーである．電子を照射したあとの陽電子寿命の例を**図5.26**に示す．ここでは2 MeVの電子照射で空孔をつくってアニールしており，寿命は空孔密度の目安になっている．初期の空孔密度は3×10^{17} cm^{-3}と見積もられた[118]．

　消滅する陽電子—電子対の運動によって511 keVのγ線エネルギーに**ドップラーシフト**が起きる．E_γは陽電子用のドップラー拡がり線スペクトル分光器で測定する．511 keVのガンマ線の線スペクトルは電子の運動量によって拡がっており，"Sパラメータ"で評価する．Sパラメータは511 keVのピークを

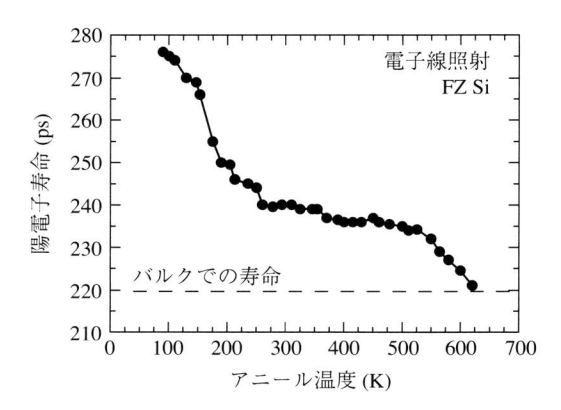

図5.26　フロートゾーンSiのアニール温度に対する陽電子寿命．サンプルには$T=4$ Kで2 MeVの電子を10^{18} cm^{-2}ドーズ照射している．バルクでの寿命とは，空孔のないサンプルでの寿命のこと．Krause-Rehberg and Leipnerより採用[118]．

中心とした全体のおよそ半分の面積を占める領域でのカウント数をピークでのカウント数で割った値で定義される。実験では寿命とドップラー拡がりの方が角度相関より多くつかわれる。後者はより複雑な装置が必要だからである。

陽電子消滅スペクトル法は空孔や空孔の塊，ボイド，および転位，粒界，界面など，電子密度が平均より低い半導体中の欠陥領域に対し陽電子が高感度であることを利用している。空孔生成過程のほとんどは，陽電子消滅スペクトル法で検出できる。たとえば，電子顕微鏡では小さすぎるイオン打込みによる小さな空孔の塊も検出できる。陽電子消滅スペクトル法は放射ダメージとSiO_2-Si界面の研究にもつかわれてきた[119]。ドップラー拡がりは消滅した電子の運動量状態を反映している。空孔にトラップされた陽電子は運動量の小さい電子と消滅する確率が高く，その結果空孔や空孔型の欠陥があるとSパラメータが増加する。イオン打込みサンプルのSパラメータをアニールの関数として測れば，イオン打込みで空孔が生成され，その後の打込みダメージアニールによって消える様子がわかる[120]。深さに依存した欠陥を調べるには，0.1～30 keVの陽電子ビームを打ち込む。しかし，陽電子のエネルギーを上げると打ち込まれた陽電子の分布が拡がり，半値全幅が平均打込み深さと同等になるので，深さの分解能が制限される。打ち込まれた陽電子のトラップは打込み後の熱拡散にも影響される。化学エッチングと陽電子測定をくり返すと，深さの分解能が向上する[121]。SiへのBとPのイオン打込みにおける欠陥プロファイルとアニールによる挙動から，打込みイオンプロファイルの外側にも欠陥が誘起されていることがわかっている。陽電子放出は顕微鏡にも応用され，走査電子顕微鏡の電子の代わりに陽電子がつかわれている[122]。

5.9 強みと弱み

熱誘起電流法と熱誘起容量法に代わるDLTS法は，現在深い準位を評価する最も一般的な手法になっている。数多くのやり方があり，装置も市販されている。DLTSは本来分光法ではあるが，特定のDLTSスペクトルに特定の不純物を対応させるのは容易でない。

過渡容量分光法：測定の簡便さが強みである。ほとんどの測定設備では市販の容量計かブリッジがつかわれており，信号処理機能（ロックインアンプ，ボクスカー積分器，コンピュータなど）が付加されている。多数キャリアトラップと少数キャリアトラップとを区別でき，感度は放出時定数によらない。主な弱点は高抵抗率基板を評価できないことである。感度が時定数によらないので，時定数で感度を変えられないことが弱点である。ラプラスDLTS法は高分解能でプロットでき，近接したエネルギー準位のトラップを区別できる。

過渡電流分光法：この手法の強みは半絶縁性基板だけでなく導電性基板も評価できることにある。電流が放出時定数に反比例するという事実から，時定数で感度を変えることができる。このため走査DLTSにもつかわれている。弱みはリーク電流が測定結果に重なるので，ダイオードの品質でS/Nが決まることである。

光DLTS：強みはpn接合をつかわずに少数キャリアを発生できることにある。したがってpn接合がつくれない材料でも評価できる。光DLTSは不純物の光学的断面積を求めるのに有効である。主な弱みは光をつかうこと。窓つきの低温容器と，モノクロメータまたはパルス光源が必要である。

陽電子消滅分光法：強みは固体中の欠陥の非接触，非破壊評価にある。深さに依存した欠陥も評価できる。弱みは主に空孔のようなボイド性の欠陥にしか感度がなく，ほとんどの研究者の手には入らない複雑な装置が必要なことである。

補遺5.1　活性化エネルギーと捕獲断面積

放出レートと捕獲断面積との関係は，よく

$$e_n = \sigma_n v_{th} N_c \exp[(E_c - E_T)/kT] \tag{A5.1}$$

のように表現される。この関係はE_Tとσ_nを求めるのによくつかわれる。しかし，$\ln(\tau_e T^2) - 1/T$プロッ

トの切片から求めた捕獲断面積にはかなりの誤差がある。

熱力学では

$$G = H - TS \; ; \quad H = E + pV \tag{A5.2}$$

という定義がある[123]。ここでGはギブスの自由エネルギー，Hはエンタルピー，Eは内部エネルギー，Tは温度，Sはエントロピー，pは圧力，Vは体積である。あるトラップから伝導帯へ電子を熱励起するのに必要なエネルギーはΔG_nである[124]。すると式（A5.1）は

$$e_n = \sigma_n v_{th} N_c \exp[-\Delta G_n/kT] \tag{A5.3}$$

となる。式（A5.2）から，Tが一定なら$\Delta G_n = \Delta H_n - T\Delta S_n$である。これを（A5.3）に代入すると，放出レートは

$$e_n = \sigma_n X_n v_{th} N_c \exp[-\Delta H_n/kT] \tag{A5.4}$$

になる。ここで$X_n = \exp(\Delta S_n/k)$は"エントロピー係数"で，トラップから伝導帯への電子放出にともなうエントロピーの変化を表している。このエントロピー変化は$\Delta S_n = \Delta S_{ne} + \Delta S_{na}$と表される。ここで$\Delta S_{ne}$は電子の縮退の変化，$\Delta S_{na}$は原子振動の変化によるものである。

電子の寄与は2つの縮退度因子（g_0は電子で占められていないトラップの縮退度，g_1は電子1個で占められたトラップの縮退度）で表され，

$$X_n = (g_0/g_1)\exp(\Delta S_{na}/k) \tag{A5.5}$$

となる。この縮退度因子は深い準位の不純物についてはよくわかっていない。そこで浅い準位の値を借りて，$\Delta S_{na} \approx$ 数kとすれば，X_nは容易に10〜100になる。

式（A5.4）のいうところは，$\ln(\tau_e T^2) - 1/T$または$\ln(T^2/e_n) - 1/T$プロットからはエネルギーとしてエンタルピーが求められ，その係数は$\sigma_{n, \text{eff}} = \sigma_n X_n$として$\sigma_{n, \text{eff}} v_{th} N_c$と書ける。つまり，有効捕獲断面積は真の捕獲断面積と係数X_nだけ異なるのである。表5.2の例をみればわかるように，有効断面積が50倍違うこともよくあり[15]，真の断面積と区別しておかないと，求めた断面積に深刻な誤差が含まれることになる。

σ_nが温度に依存するとさらに複雑になる。断面積が

$$\sigma_n = \sigma_\infty \exp(-E_b/kT) \tag{A5.6}$$

の関係にしたがうものもある。ここでσ_∞は$T \to \infty$での断面積でE_bは断面積の活性化エネルギーである。式（A5.4）は

$$e_n = \sigma_n X_n v_{th} N_c \exp\left(-\frac{\Delta H_n + E_b}{kT}\right) \tag{A5.7}$$

となる。これらの条件でアーレニウスプロットをしてもトラップのエネルギー準位も断面積も正しく求めることはできない。さらに捕獲断面積が電場に依存していると，さらに不確定さが増す。エネルギー準位，エンタルピー，エントロピー，捕獲断面積などを議論したLangらによる優れた研究がある[15]。熱力学的に立ち入った導出はThurmond and Van Vechtenによる仕事がある[125, 126]。

熱力学的アプローチをとらないときは，エネルギー$\Delta E_T = E_c - E_T$を温度に依存した$\Delta E_T = \Delta E_{T0} - \alpha T$で置き換える。式（A5.5）の縮退度の比を$g_n$とすると[127]，式（A5.1）は$X_n = g_n \exp(\alpha/k)$として

$$e_n = \sigma_n X_n v_{th} N_c \exp(-\Delta E_{T0}/kT) \tag{A5.8}$$

となる。このエネルギーΔE_{T0}は$T \to 0$KのときのΔE_Tで，ここでも断面積は$\sigma_n X_n$であるが，このX_nの定義は前述のエントロピー係数とは異なる。

補遺5.2 時定数の抽出

不純物を含むショットキー障壁またはp^+n接合の容量は，式（5.11）から

$$C = K\sqrt{\frac{N_D - N_T \exp(-t/\tau_e)}{V_{bi} - V}} \tag{A5.9}$$

ここで，簡単のために放出の過渡状態だけを考えるなら$n_T(0) = N_T$である。

問題は，τ_eはどのようにして決めるかである。τ_eを抽出する方法の1つは，式（A5.9）から$dV/d(1/C^2)$を

$$\left.\frac{dV}{d(1/C^2)}\right|_{t=\infty} - \left.\frac{dV}{d(1/C^2)}\right|_{t} = K^2 N_T \exp(-t/\tau_e) \tag{A5.10}$$

のようにとり，ln（式（A5.10）の左辺）$-t$をプロットする。このプロットの傾きがτ_eとなり，$t = 0$での切片が$\ln(K^2 N_T)$となる。この方法はN_DにするN_Tの割合に制約がない。

別のやり方では，$f(t) = C(t)^2 - C_0^2 = [-K^2 N_T/(V_{bi} - V)]\exp(-t/\tau_e)$を定義する。ここで$C_0$は式（A5.9）で$N_T = 0$とした容量である。測定は温度一定で行う。$f(t)$を$t$で微分して$t$を掛けると，

$$t\frac{df}{dt} = \frac{K^2 N_T}{V_{bi} - V} \frac{t}{\tau_e} \exp(-t/\tau_e) \tag{A5.11}$$

となる。tdf/dtをtに対してプロットすると$t = \tau_e$で最大になる[72]。こうして曲線の最大値を求めれば時定数がわかる。

$N_T \ll N_D$のときは

$$C = C_0\left[1 - \left(\frac{n_T(0)}{2N_D}\right)\exp(-t/\tau_e)\right] = C_0\left[1 - \left(\frac{N_T}{2N_D}\right)\exp(-t/\tau_e)\right] \tag{A5.12}$$

と書ける（式（5.16）参照）。式（A5.12）はτ_eを抽出するいろいろな手法でつかわれている。2点法では指数関数的に時間変化する$C-t$曲線を$t = t_1$と$t = t_2$でサンプリングする[42]。式（5.49）から

$$\tau_{e,\max} = \frac{t_2 - t_1}{\ln(t_2/t_1)} \tag{A5.13}$$

を得る。

3点法では一定の温度での$C-t$曲線を$t = t_1$で$C = C_1$，$t = t_2$で$C = C_2$，$t = t_3$で$C = C_3$の3点を測定する[128]。式（A5.12）から

$$\frac{C_1 - C_2}{C_2 - C_3} = \frac{\exp(\Delta t/\tau_e) - 1}{1 - \exp(-\Delta t/\tau_e)} \tag{A5.14}$$

ここで$\Delta t = t_2 - t_1 = t_3 - t_2$である。これは$\exp(\Delta t/\tau_e)$についての二次方程式になり，$\tau_e$について式（A5.14）の解は

$$\tau_e = \frac{\Delta t}{\ln[(C_1 - C_2)/(C_2 - C_3)]} \tag{A5.15}$$

である。Δtは$\tau_e/2$とすればよい。容量減衰曲線の"$1/e$点"から第1近似でτ_eを求めることができるが，もちろん予めわかってはいない。

かなり異なるアプローチもある。指数関数的に減衰する関数が直流のバックグラウンドに重なった関数$y_1 = y(t) = A\exp(-t/\tau) + B$を考えよう。次に2つ目の関数$y_2 = y(t + \Delta t) = A\exp[-(t + \Delta t)/\tau] + B$を定義しよう。この関数ははじめの関数の時間$t$に一定の時間$\Delta t$を加えただけである。$y_1$に対し

てy_2をプロットすると傾き$m = \exp(-\Delta t/\tau)$の直線になり，y_2軸上に$B(1-m)$の切片をもつ[129]。この傾きとΔtからτが計算でき，Bは切片と傾きからわかる。Δtはτより小さくなければならないが，小さすぎてもいけない。たとえば$\Delta t \approx 0.1$から0.5τとする。

　減衰時間の抽出についてはIstratov and Vyvenkoによる優れた議論がある[130]。減衰信号が単純指数関数にしたがうエネルギー準位が1つだけの不純物の過渡特性は

$$f(t) = A\exp(-\lambda t) + B \tag{A5.16}$$

で評価する。ここでAは減衰振幅，Bは定数（基準線のオフセット），λは減衰レート，減衰定数，またはレート定数で，減衰時定数τの逆数（$\tau = 1/\lambda$）である。この減衰が式（A5.16）のかたちのn個の指数関数の和で表せるなら，基準オフセットBを無視して

$$f(t) = \sum_{i=1}^{n} A_i \exp(-\lambda_i t) \tag{A5.17}$$

となる。エネルギー準位が複数のときは，こういう振る舞いになると考えられる。多重指数関数で知りたいのは指数関数の成分の数n，それぞれの振幅A_i，および減衰レートλ_iである。減衰が離散的な指数関数的過渡応答の和というより，むしろスペクトル関数$g(\lambda)$で与えられる連続的に分布した放出レートによるなら，

$$f(t) = \int_0^\infty g(\lambda)\exp(-\lambda t)d\lambda \tag{A5.18}$$

となる。このような挙動は，たとえばSiO_2-Si界面のトラップがバンドギャップ内で連続的なエネルギー分布をもつときにみられる。

　多重指数関数解析の主な目的は，測定した減衰において時定数の近接した指数関数成分を分離することにある。指数関数解析で高分解能を達成するには，減衰が完全に終わるまで過渡信号を記録しなければならない。減衰レートが近接した2つの指数関数$\exp(-\lambda_1 t)$と$\exp(-\lambda_2 t)$の比は時間とともに$\exp[(\lambda_2-\lambda_1)t]$で増加するので，十分長い時間減衰をモニタすれば，少なくとも理論的にはこれらの指数関数を区別できる。指数関数は時間とともに減衰する関数なので，信号の振幅がノイズレベルを超えている間はモニタすべきである。$S/N = 100$なら少なくとも4.5τ，$S/N = 1000$なら6.9τ，$S/N = 10^4$なら9.2τ以上の測定時間が必要である[130]。実験や数値シミュレーションではこの点を見落としていることが多い。

　図A5.1の例を考察しよう。図A5.1(a)では24点のデータを二重指数関数$f_2(t) = 2.202\exp(-4.45t) + 0.305\exp(-1.58t)$と三重指数関数$f_3(t) = 0.0951\exp(-t) + 0.8607\exp(-3t) + 1.5576\exp(-5t)$でフィッティングしている。Lanczosによれば，この二重指数関数を，時定数も振幅もまったく異なる三重指数関数で小数第2位の精度で再現できる[131]。しかし，データをより長い時間まで拡張すると，図A5.1(b)のように差がみえてくる。しかし2つの曲線の差は減衰振幅の0.001以下なので，S/Nが1000以上で初めて検出可能になる。

補遺5.3　SiとGaAsのデータ

　図A5.2とA5.3にSiとGaAsのアーレニウスプロットを示している。図A5.2では$\tau_n T^2$および$\tau_p T^2$の代わりに$(300/T)^2 e_n$と$(300/T)^2 e_p$をプロットしているので，傾きが負になっている。できるだけ深い準位の不純物金属を表示し，元素の下に傾きから計算したエネルギー準位の数値を付与している。上つき添え字の数字はChen and Milnesの解説論文にある文献番号である[3]。**表A5.1**にSiデバイスのプロセスや1 MeVの電子ビーム照射でみられる代表的な微量汚染を挙げておく[132]。不純物は過渡容量スペクトル解析から求める。DLTSスペクトルは，金属不純物，成長過程での欠陥，酸化，熱処理，電子と陽子の照射，転位に関係した状態，電子的に誘発された欠陥，およびレーザアニールとの相関づ

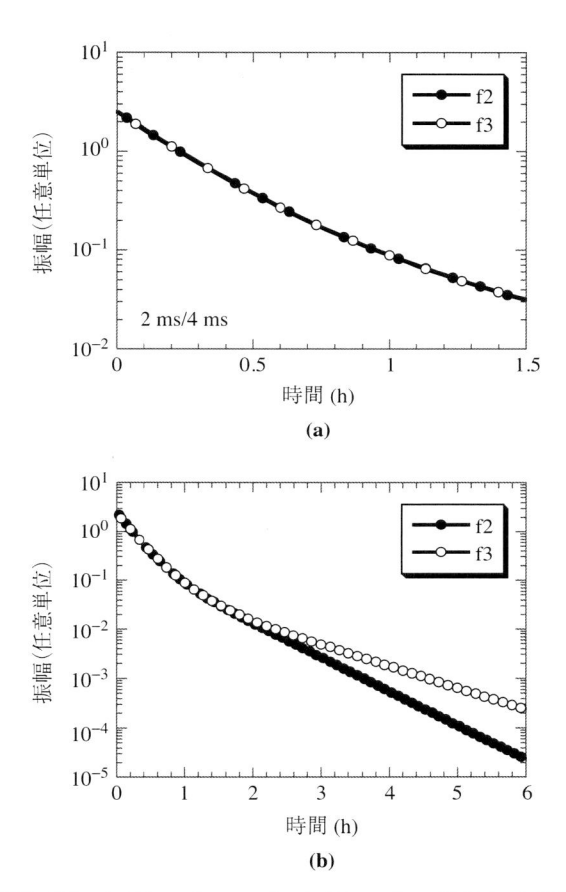

図A5.1 (a) 二重指数関数 $f_2(t) = 2.202\exp(-4.45t) + 0.305\exp(-1.58t)$ と，三重指数関数 $f_3(t) = 0.0951\exp(-t) + 0.8607\exp(-3t) + 1.5576\exp(-5t)$ でフィッティングしたデータ．$f_2(t)$ と $f_3(t)$ との差は描線の幅以下である．(b) 2時間後に2つの曲線は分かれるが，差は減衰振幅の0.001以下である．文献131より採用．

けが行われている．欠陥や不純物が反応する温度領域も示している．

未知のDLTSピークを表A5.1のデータと比較するには，2つ方法がある[132)]。1つは表A5.1のデータで，時定数1.8 ms (τ) でピークが現れる温度 (T) で与えられる点と活性化エネルギー (E_T) で与えられる傾きをつかって $\tau_e T^2 - 1/T$ のアーレニウスプロットを作成する．もう1つは，リストにある欠陥が信号を発生する温度を，与えられた分析機器の時定数をつかってくり返し法で求める．簡単なコンピュータプログラムでは，比 R を

$$R = \frac{\tau_1 T_1^2 \exp(-E_T/kT_1)}{\tau_2 T_2^2 \exp(-E_T/kT_2)} \tag{A5.19}$$

にとっている．ここで添え字1は表A5.1の値を，添え字2は任意の測定における値を示している．$R = 1$ になるまで $\tau_1 > \tau_2$ なら T_2 を上げ，$\tau_1 < \tau_2$ なら T_2 を下げる．

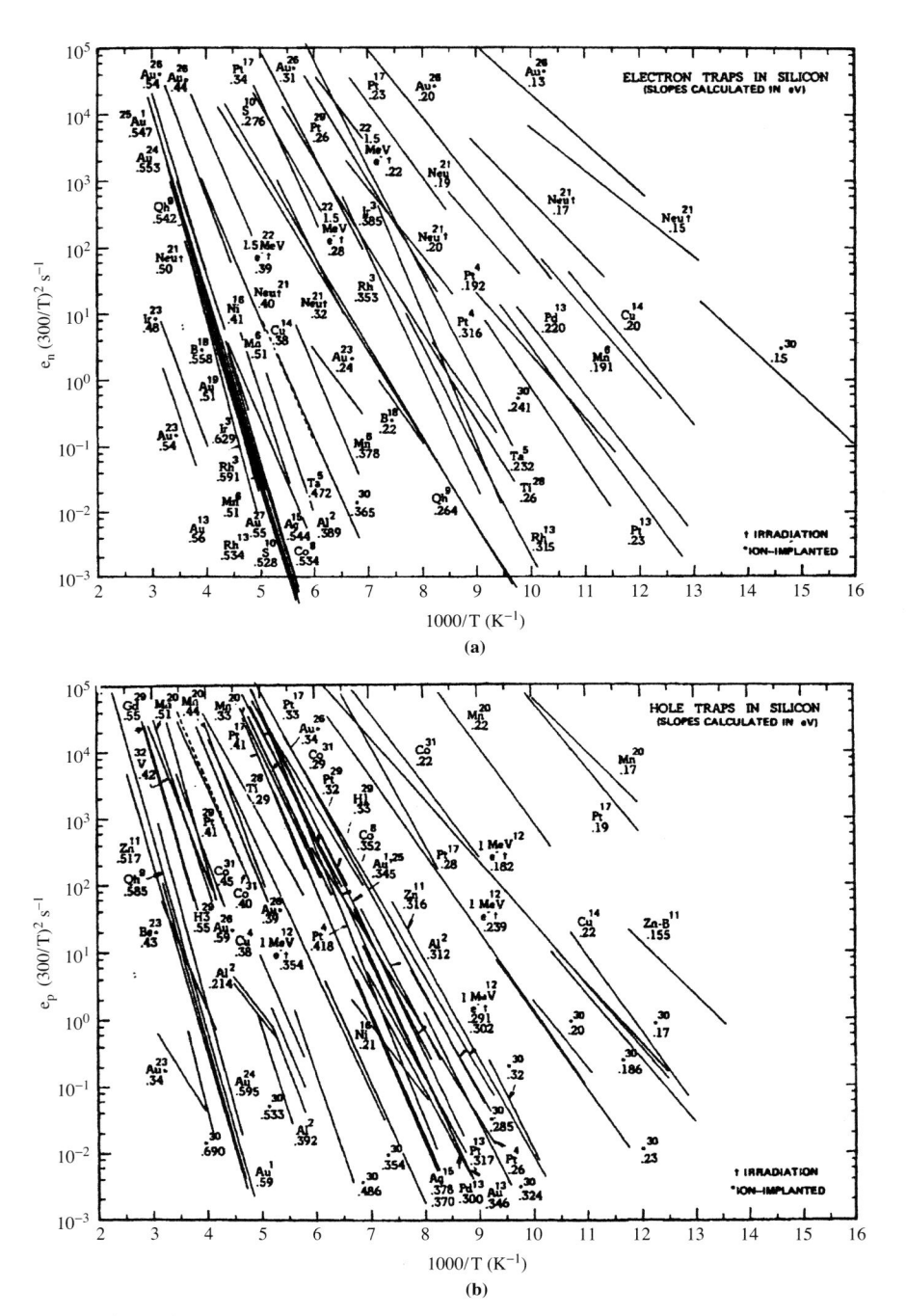

図A5.2 過渡容量測定から得たアーレニウスプロット：Si中の(a)電子トラップ，(b)正孔トラップ．縦軸は $\tau_{n,p}T^2$ ではなく $(300/T)^2 e_{n,p}$. Annual Review of Material Science, Vol. 10, ©1980, Annual Review Inc.の許諾により再掲．

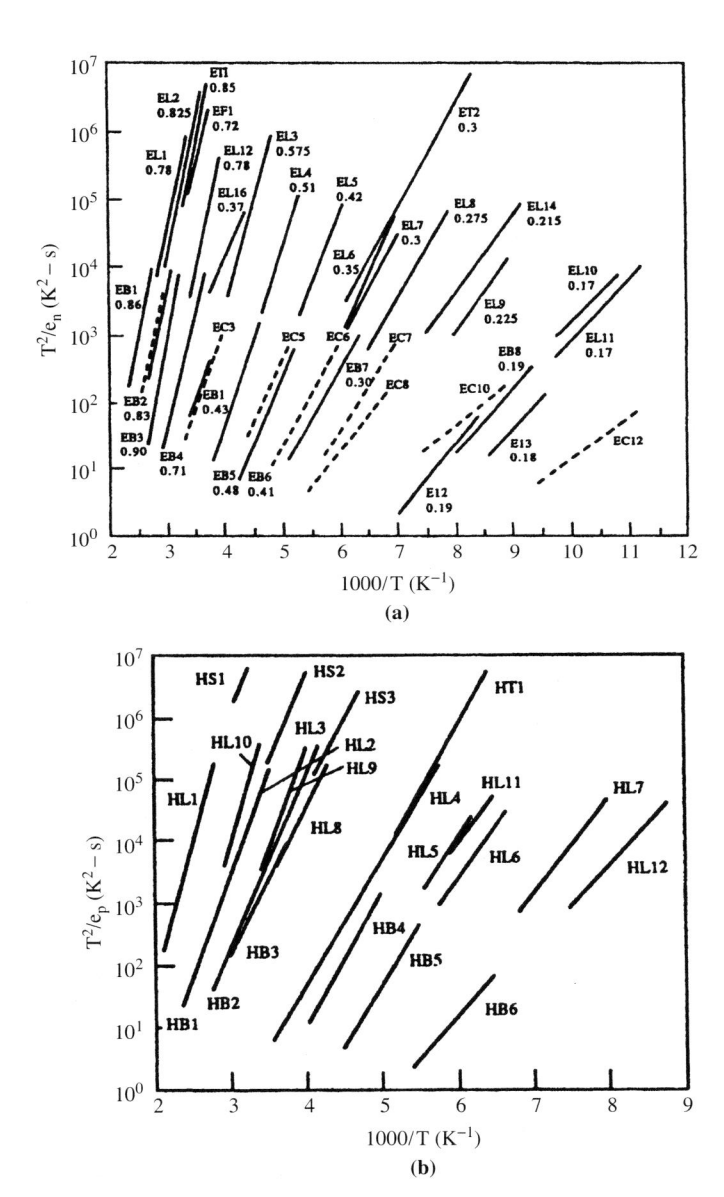

図A5.3 容量過渡測定から得たアーレニウスプロット：GaAs中の(a)電子トラップ，(b)正孔トラップ．縦軸は$\tau_{n,p}T^2$ではなく$T^2/e_{n,p}$．©Institute of Electrical Engineersの許諾によりMartinら[17]，Mitonneauら[17]から再掲．

表A5.1　シリコンの過渡容量スペクトル特性.

欠陥	$T(K)$ 1.8 ms	$E_T(eV)$	$\sigma_{maj}(cm^2)$	アニール	摘要[a]
Ag	286	E (0.51)	10^{-16}		Q, *, FZ
	184	H (0.38)	—		Q, *, FZ
Au	288	E (0.53)	2×10^{-16}		Q, *, FZ
	173	H (0.35)	$>10^{-15}$		Q, *, FZ
Cu	112	H (0.22)	$>6 \times 10^{-14}$	出150℃	Q, *, FZ
	242	H (0.41)	8×10^{-14}		Q, *, FZ
Fe	181	E (0.35)	6×10^{-15}		Q, *, FZ
(Fe-B)	59	H (0.10)	$>4 \times 10^{-15}$	出>150℃	Q, *, FZ
(Fe_i)	267	H (0.46)		入>150℃, 出>200℃	Q, *, FZ
	208	E (0.21)	—		S, FZ
	299	E (0.46)	—		S, FZ
	184	H (0.23)	—		S, FZ
	170	E (0.35)	—		Q, CG
	168	H (0.30)	5×10^{-15}		Q, CG
	237	H (0.43)	—		Q, CG
	220	H (0.47)	—		Q, CG
Mn	68	E (0.11)	—		Q, FZ
	216	E (0.41)	10^{-15}		Q, FZ
	81	H (0.13)	$>2 \times 10^{-15}$		Q, FZ
Ni	257	E (0.43)	5×10^{-16}		Q, *, FZ
	88	E (0.14)	10^{-16}	出150℃	Q, *, FZ
Pt	114	E (0.22)	$>4 \times 10^{-15}$		Q, *, FZ
	174	E (0.30)	$\sim 10^{-15}$		Q, *, FZ
	87	H (0.22)			Q, *, FZ
O-ドナー	解凍温度以下	E (0.07)	$\sim 10^{-15}$	入400℃, 出600℃	*, CG
	58	E (0.15)	—	入400℃, 出600℃	*, CG
熱処理	59, 60	E (0.15)		入900℃	*, CG
	112	E (0.22)	$>3 \times 10^{-15}$	入900℃	*, CG
	228	E (0.47)	2×10^{-16}	入900℃	*, CG
レーザー	115	E (0.19)	7×10^{-16}	出550℃	Q, FZ, CG
ドナー	200	E (0.33〜0.36)	5×10^{-16}	出650℃	Q, FZ, CG
	211	H (0.36)	5×10^{-19}		Q, *, FZ, CG
空孔-O	98	E (0.18)	5×10^{-16}	入-43℃, 出350℃	1 MeV, CG
空孔-空孔	139	E (0.23)	—	出300℃	1 MeV, CG, FZ
	245	E (0.41)	—	出300℃	1 MeV, CG, FZ
	123	H (0.21)	10^{-14}	出300℃	1 MeV, CG, FZ
P-空孔	237	E (0.44)	2×10^{-16}	出150℃	1 MeV, CG, FZ
C_s-C_i	204	H (0.36)	4×10^{-15}	入43℃	1 MeV, CG, FZ
転位	225	E (0.38)	2×10^{-16}		FZ
	206	H (0.35)	$>10^{-16}$		FZ
残留点欠陥	288	E (0.63〜0.68)	8×10^{-17}	出800℃	FZ, 交差すべり
			1.4×10^{-15}		
			$>5 \times 10^{-17}$		

出典：文献132.　(a) 記号：Q＝急冷却, ＊＝拡散接合, S＝徐冷却, FZ＝浮遊帯溶融成長法（floating zone）, CG＝チョクラルスキー引き上げ成長法, 1 MeV＝電子衝撃

文　　献

1) B.D. Choi and D.K. Schroder, *Appl. Phys. Lett.*, **79**, 2645-2647, Oct. (2001); Y.H. Lin, Y.C. Chen, K.T. Chan, F.M. Pan, I.J. Hsieh, and A. Chin, *J. Electrochem. Soc.*, **148**, F73-F76, April (2001)
2) A.G. Milnes, Deep Impurities in Semiconductors, Wiley-Interscience, New York (1973)
3) J.W. Chen and A.G. Milnes, in *Annual Review of Material Science* (R.A. Huggins, R.H. Bube and D.A. Vermilyea, eds.), **10**, 157-228, Annual Reviews, Palo Alto, CA (1980); A.G. Milnes, in *Advances in Electronics and Electron Physics* (P.W. Hawkes, ed.), **61**, 63-160, Academic Press, Orlando, FL (1983)
4) M. Jaros, Deep Levels in Semiconductors, A. Hilger, Bristol (1982)
5) C.T. Sah, L. Forbes, L.L. Rosier and A.F. Tasch Jr., *Solid-State Electron.*, **13**, 759-788, June (1970)
6) R.N. Hall, *Phys. Rev.*, **87**, 387, July (1952)
7) W. Shockley and W.T. Read, *Phys. Rev.*, **87**, 835-842, Sept. (1952)
8) R. Williams, *J. Appl. Phys.*, **37**, 3411-3416, Aug. (1966); R.R. Senechal and J. Basinski, *J. Appl. Phys.*, **39**, 3723-3731, July (1968); *J. Appl. Phys.*, **39**, 4581-4589, Sept. (1968)
9) M. Bleicher and E. Lange, *Solid-State Electron.*, **16**, 375-380, March (1973)
10) R.F. Pierret, Advanced Semiconductor Fundamentals, 146-152, Addison-Wesley, Reading, MA (1987)
11) W. Shockley, *Proc. IRE*, **46**, 973-990, June (1958)
12) C.T. Sah, *Proc. IEEE*, **55**, 654-671, May (1967); *Proc. IEEE*, **55**, 672-684, May (1967)
13) P.A. Martin, B.G. Streetman and K. Hess, *J. Appl. Phys.*, **52**, 7409-7415, Dec. (1981)
14) A.F. Tasch, Jr. and C.T. Sah, *Phys. Rev.*, **B1**, 800-809, Jan. (1970)
15) D.V. Lang, H.G. Grimmeiss, E. Meijer and M. Jaros, *Phys. Rev.*, **B22**, 3917-3934, Oct. (1980)
16) H.D. Barber, *Solid-State Electron.*, **10**, 1039-1051, Nov. (1967)
17) G.M. Martin, A. Mitonneau and A. Mircea, *Electron. Lett.*, **13**, 191-193, March (1977); A. Mitonneau, G.M. Martin, and A. Mircea, *Electron. Lett.*, **13**, 666-668, Oct. (1977)
18) W.B. Leigh, J.S. Blakemore and R.Y. Koyama, *IEEE Trans. Electron. Dev.*, **ED-32**, 1835-1841, Sept. (1985)
19) J.A. Pals, *Solid-State Electron.*, **17**, 1139-1145, Nov. (1974)
20) H. Okushi and Y. Tokumaru, *Japan. J. Appl. Phys.*, **20**, L45-L47, Jan. (1981)
21) W.E. Phillips and J.R. Lowney, *J. Appl. Phys.*, **54**, 2786-2791, May (1983)
22) A.C. Wang and C.T. Sah, *J. Appl. Phys.*, **55**, 565-570, Jan. (1984)
23) D. Stiévenard, M. Lannoo and J.C. Bourgoin, *Solid-State Electron.*, **28**, 485-492, May (1985)
24) F.D. Auret and M. Nel, *J. Appl. Phys.*, **61**, 2546-2549, April (1987)
25) L. Stolt and K. Bohlin, *Solid-State Electron.*, **28**, 1215-1221, Dec. (1985)
26) C.H. Henry, H. Kukimoto, G.L. Miller and F.R. Merritt, *Phys. Rev.*, **B7**, 2499-2507, March (1973); A.C. Wang and C.T. Sah, *J. Appl. Phys.*, **57**, 4645-4656, May (1985)
27) J.A. Borsuk and R.M. Swanson, *J. Appl. Phys.*, **52**, 6704-6712, Nov. (1981)
28) S.D. Brotherton and J. Bicknell, *J. Appl. Phys.*, **49**, 667-671, Feb. (1978)
29) A. Zylbersztejn, *Appl. Phys. Lett.*, **33**, 200-202, July (1978)
30) H. Kukimoto, C.H. Henry and F.R. Merritt, *Phys. Rev.*, **B7**, 2486-2499, March (1973)
31) S.D. Brotherton and J. Bicknell, *J. Appl. Phys.*, **53**, 1543-1553, March (1982)
32) B. Hamilton, A.R. Peaker and D.R. Wight, *J. Appl. Phys.*, **50**, 6373-6385, Oct. (1979); R. Brunwin, B. Hamilton, P. Jordan and A.R. Peaker, *Electron. Lett.*, **15**, 349-350, June (1979)
33) C.T. Sah, *Solid-State Electron.*, **19**, 975-990, Dec. (1976)

34) J.A. Borsuk and R.M. Swanson, *IEEE Trans. Electron. Dev.*, **ED-27**, 2217–2225, Dec. (1980)
35) P.K. McLarty, D.E. Ioannou and H.L. Hughes, *Appl. Phys. Lett.*, **53**, 871–873, Sept. (1988)
36) P.V. Kolev and M.J. Deen, *J. Appl. Phys.*, **83**, 820–825, Jan. (1998)
37) M.G. Collet, *Solid-State Electron.*, **18**, 1077–1083, Dec. (1975)
38) I.D. Hawkins and A.R. Peaker, *Appl. Phys. Lett.*, **48**, 227–229, Jan. (1986)
39) J.M. Golio, R.J. Trew, G.N. Maracas and H. Lefévre, *Solid-State Electron.*, **27**, 367–373, April (1984)
40) J.W. Farmer, C.D. Lamp and J.M. Meese, *Appl. Phys. Lett.*, **41**, 1063–1065, Dec. (1982)
41) K.I. Kirov and K.B. Radev, *Phys. Stat. Sol.*, **63a**, 711–716, Feb. (1981)
42) D.V. Lang, *J. Appl. Phys.*, **45**, 3023–3032, July (1974); D.V. Lang, *J. Appl. Phys.*, **45**, 3014–3022, July (1974)
43) ASTM Standard F978-90, *1996 Annual Book of ASTM Standards*, Am. Soc. Test., Conshohocken, PA (1996)
44) G.L. Miller, D.V. Lang and L.C. Kimerling, in *Annual Review Material Science* (R.A. Huggins, R.H. Bube and R.W. Roberts, eds.), **7**, 377–448, Annual Reviews, Palo Alto, CA (1977)
45) D.V. Lang, in *Topics in Applied Physics*, **37**, *Thermally Stimulated Relaxation in Solids* (P. Bräunlich, ed.), 93–133, Springer, Berlin (1979)
46) B.D. Choi, D.K. Schroder, S. Koveshnikov, and S. Mahajan, *Japan. J. Appl. Phys.*, **40**, L915–L917, Sept. (2001)
47) M.A. Gad and J.H. Evans-Freeman, *J. Appl. Phys.*, **92**, 5252–5258, Nov. (2002)
48) D.S. Day, M.Y. Tsai, B.G. Streetman and D.V. Lang, *J. Appl. Phys.*, **50**, 5093–5098, Aug. (1979)
49) S. Misrachi, A.R. Peaker and B. Hamilton, *J. Phys. E: Sci. Instrum.*, **13**, 1055–1061, Oct. (1980)
50) T.I. Chappell and C.M. Ransom, *Rev. Sci. Instrum.*, **55**, 200–203, Feb. (1984)
51) H. Lefévre and M. Schulz, *Appl. Phys.*, **12**, 45–53, Jan. (1977)
52) K. Kosai, *Rev. Sci. Instrum.*, **53**, 210–213, Feb. (1982)
53) G. Goto, S. Yanagisawa, O. Wada and H. Takanashi, *Appl. Phys. Lett.*, **23**, 150–151, Aug. (1973)
54) N.M. Johnson, *J. Vac. Sci. Technol.*, **21**, 303–314, July/Aug. (1982)
55) G.L. Miller, *IEEE Trans. Electron. Dev.*, **ED-19**, 1103–1108, Oct. (1972)
56) J.M. Noras, *Phys. Stat. Sol.*, **69a**, K209–K213, Feb. (1982)
57) M.F. Li and C.T. Sah, *Solid-State Electron.*, **25**, 95–99, Feb. (1982)
58) R.Y. DeJule, M.A. Haase, D.S. Ruby and G.E. Stillman, *Solid-State Electron.*, **28**, 639–641, June (1985)
59) P. Kolev, *Solid-State Electron.*, **35**, 387–389, March (1992)
60) M.F. Li and C.T. Sah, *IEEE Trans. Electron. Dev.*, **ED-29**, 306–315, Feb. (1982)
61) N.M. Johnson, D.J. Bartelink, R.B. Gold, and J.F. Gibbons, *J. Appl. Phys.*, **50**, 4828–4833, July (1979)
62) L.C. Kimerling, *IEEE Trans. Nucl. Sci.*, **NS-23**, 1497–1505, Dec. (1976)
63) G.L. Miller, J.V. Ramirez and D.A.H. Robinson, *J. Appl. Phys.*, **46**, 2638–2644, June (1975)
64) A. Rohatgi, J.R. Davis, R.H. Hopkins and P.G. McMullin, *Solid-State Electron.*, **26**, 1039–1051, Nov. (1983)
65) G. Couturier, A. Thabti and A.S. Barriére, *Rev. Phys. Appliqué*, **24**, 243–249, Feb. (1989)
66) J.T. Schott, H.M. DeAngelis and P.J. Drevinsky, *J. Electron. Mat.*, **9**, 419–434, March (1980)
67) G. Ferenczi and J. Kiss, *Acta Phys. Acad. Sci. Hung.*, **50**, 285–290 (1981)
68) P.M. Henry, J.M. Meese, J.W. Farmer and C.D. Lamp, *J. Appl. Phys.*, **57**, 628–630, Jan. (1985)
69) K. Dmowski and Z. Pióro, *Rev. Sci. Instrum.*, **58**, 2185–2191, Nov. (1987)

70) M.S. Hodgart, *Electron. Lett.*, **14**, 388-390, June (1978); C.R. Crowell and S. Alipanahi, *Solid-State Electron.*, **24**, 25-36, Jan. (1981)
71) E.E. Haller, P.P. Li, G.S. Hubbard and W.L. Hansen, *IEEE Trans. Nucl. Sci.*, **NS-26**, 265-270, Feb. (1979)
72) H. Okushi and Y. Tokumaru, *Japan. J. Appl. Phys.*, **19**, L335-L338, June (1980)
73) K. Hölzlein, G. Pensl, M. Schulz and P. Stolz, *Rev. Sci. Instrum.*, **57**, 1373-1377, July (1986)
74) P.D. Kirchner, W.J. Schaff, G.N. Maracas, L.F. Eastman, T.I. Chappell and C.M. Ransom, *J. Appl. Phys.*, **52**, 6462-6470, Nov. (1981)
75) K. Ikeda and H. Takaoka, *Japan. J. Appl. Phys.*, **21**, 462-466, March (1982)
76) S. Weiss and R. Kassing, *Solid-State Electron.*, **31**, 1733-1742, Dec. (1988)
77) L. Dobaczewski, A.R. Peaker, and K. Bonde Nielsen, *J. Appl. Phys.*, **96**, 4689-4728, Nov. (2004)
78) J.E. Stannard, H.M. Day, M.L. Bark and S.H. Lee, *Solid-State Electron.*, **24**, 1009-1013, Nov. (1981)
79) F.R. Shapiro, S.D. Senturia and D. Adler, *J. Appl. Phys.*, **55**, 3453-3459, May (1984)
80) M. Henini, B. Tuck and C.J. Paull, *J. Phys. E: Sci. Instrum.*, **18**, 926-929, Nov. (1985)
81) R. Langfeld, *Appl. Phys.* **A44**, 107-110, Oct. (1987)
82) W.A. Doolittle and A. Rohatgi, *Rev. Sci. Instrum.*, **63**, 5733-5741, Dec. (1992)
83) P. Deixler, J. Terry, I.D. Hawkins, J.H. Evans-Freeman, A.R. Peaker, L. Rubaldo, D.K. Maude, J.-C. Portal, L. Dobaczewski, K. Bonde Nielsen, A. Nylandsted Larsen, and A. Mesli, *Appl. Phys. Lett.*, **73**, 3126-3128, Nov. (1998)
84) L. Dobaczewski, P. Kaczor, M. Missous, A.R. Peaker, and Z.R. Zytkiewicz, *Phys. Rev. Lett.*, **68**, 2508-2511, April (1992); L. Dobaczewski, P. Kaczor, I.D. Hawkjns, and A.R. Peaker, *J. Appl. Phys.*, **76**, 194-198, July (1994)
85) K.L. Wang and A.O. Evwaraye, *J. Appl. Phys.*, **47**, 4574-4577, Oct. (1976); K.L. Wang, in Semiconductor Silicon 1977 (H.R. Huff and E. Sirtl, eds.), 404-413, Electrochem. Soc., Princeton. NJ; K.L. Wang, *IEEE Trans. Electron. Dev.*, **ED-27**, 2231-2239, Dec. (1980)
86) M. Schulz and N.M. Johnson, *Appl. Phys. Lett.*, **31**, 622-625, Nov. (1977); T.J. Tredwell and C.R. Viswanathan, *Solid-State Electron.*, **23**, 1171-1178, Nov. (1980)
87) K. Yamasaki, M. Yoshida and T. Sugano, *Japan. J. Appl. Phys.*, **18**, 113-122, Jan. (1979)
88) N.M. Johnson, D.J. Bartelink and M. Schulz, in The Physics of SiO_2 and Its Interfaces (S.T. Pantelides, ed.), pp. 421-427, Electrochem. Soc., Pergamon Press, New York (1978)
89) T. Katsube, K. Kakimoto and T. Ikoma, *J. Appl. Phys.*, **52**, 3504-3508, May (1981)
90) W.D. Eades and R.M. Swanson, *J. Appl. Phys.*, **56**, 1744-1751, Sept. (1984); W.D. Eades and R.M. Swanson, *Appl. Phys. Lett.*, **44**, 988-990, May (1984)
91) B. Monemar and H.G. Grimmeiss, *Progr. Cryst. Growth Charact.*, **5**, 47-88, Jan. (1982); H.G. Grimmeiss, in *Annual Review Materials Science* (R.A. Huggins, R.H. Bube and R.W. Roberts, eds.), **7**, 341-376, Annual Reviews, Palo Alto, CA (1977)
92) A. Chantre, G. Vincent and D. Bois, *Phys. Rev.*, **B23**, 5335-5339, May (1981)
93) P.M. Mooney, *J. Appl. Phys.*, **54**, 208-213, Jan. (1983)
94) C.T. Sah, L.L. Rosier and L. Forbes, *Appl. Phys. Lett.*, **15**, 316-318, Nov. (1969)
95) A.M. White, P.J. Dean and P. Porteous, *J. Appl. Phys.*, **47**, 3230-3239, July (1976)
96) S. Dhar, P.K. Bhattacharya, F.Y. Juang, W.P. Hong and R.A. Sadler, *IEEE Trans. Electron. Dev.*, **ED-33**, 111-118, Jan. (1986)
97) R.E. Kremer, M.C. Arikan, J.C. Abele and J.S. Blakemore, *J. Appl. Phys.*, **62**, 2424-2431, Sept. (1987)およびその引用文献; J.C. Abele, R.E. Kremer and J.S. Blakemore, *J. Appl. Phys.*, **62**, 2432-

2438, Sept. (1987)
98) D.C. Look, in *Semiconductors and Semimetals* (R.K. Willardson and A.C. Beer, eds.), **19**, 75-170, Academic Press, New York (1983)
99) M.R. Burd and R. Braunstein, *J. Phys. Chem. Sol.*, **49**, 731-735 (1988)
100) J.C. Balland, J.P. Zielinger, C. Noguet and M. Tapiero, *J. Phys. D: Appl. Phys.*, **19**, 57-70, Jan. (1986); J.C. Balland, J.P. Zielinger, M. Tapiero, J.G. Gross and C. Noguet, *J. Phys. D: Appl. Phys.*, **19**, 71-87, Jan. (1986)
101) P.M. Petroff and D.V. Lang, *Appl. Phys. Lett.*, **31**, 60-62, July (1977)
102) O. Breitenstein, *Phys. Stat. Sol.*, **71a**, 159-167, May (1982)
103) K. Wada, K. Ikuta, J. Osaka and N. Inoue, *Appl. Phys. Lett.*, **51**, 1617-1619, Nov. (1987)
104) J. Heydenreich and O. Breitenstein, *J. Microsc.*, **141**, 129-142, Feb. (1986)
105) K. Dmowski, B. Lepley, E. Losson, and M. El Bouabdellati, *J. Appl. Phys.*, **74**, 3936-3943, Sept. (1993)
106) D.S. Day, M.J. Helix, K. Hess and B.G. Streetman, *Rev. Sci. Instrum.*, **50**, 1571-1573, Dec. (1979)
107) E. Simoen, K. De Backker, and C. Claeys, *J. Electron. Mat.*, **21**, 533-541, May (1992)
108) A. Broniatowski, A. Blosse, P.C. Srivastava and J.C. Bourgoin, *J. Appl. Phys.*, **54**, 2907-2910, June (1983)
109) T. Thurzo and F. Dubecky, *Phys. Stat. Sol.*, **89a**, 693-698, June (1985)
110) J. H. Zhao, J.C. Lee, Z.Q. Fang, T.E. Schlesinger and A.G. Milnes, *J. Appl. Phys.*, **61**, 5303-5307, June (1987) およびその訂正 p. 5489
111) S.D. Brotherton, *Solid-State Electron.*, **26**, 987-990, Oct. (1983)
112) D. Stievenard and D. Vuillaume, *J. Appl. Phys.*, **60**, 973-979, Aug. (1986)
113) D.C. Look, Z.Q. Fang, and J.R. Sizelove, *J. Appl. Phys.*, **77**, 1407-1410, Feb. (1995); *Solid-State Electron.*, **39**, 1398-1400, Sept. (1996); D.C. Look and J.R. Sizelove, *J. Appl. Phys.*, **78**, 2848-2850, Aug. (1995)
114) K.B. Nielsen and E. Andersen, *J. Appl. Phys.*, **79**, 9385-9387, June (1996)
115) L.R. Weisberg and H. Schade, *J. Appl. Phys.*, **39**, 5149-5151, Oct. (1968)
116) M.G. Buehler and W.E. Phillips, *Solid-State Electron.*, **19**, 777-788, Sept. (1976)
117) C. Dehn, H. Feick, P. Heydarpoor, G. Lindström, M. Moll, C. Schütze, and T. Schulz, *Nucl. Instrum. Meth.*, **A377**, 258-274, Aug. (1996)
118) C. Szeles and K.G. Lynn, in *Encycl. Appl. Phys.*, **14**, 607-632 (1996); R. Krause-Rehberg and H.S. Leipner, Positron Annihilation in Semiconductors, Springer, Berlin (1999)
119) P. Asoka-Kumaf, K.G. Lynn, and D.O. Welch, *J. Appl. Phys.*, **76**, 4935-4982, Nov. (1994)
120) M. Fujinami, A. Tsuge, and K. Tanaka, *J. Appl. Phys.*, **79**, 9017-9021, June (1996)
121) M. Fujinami, T. Miyagoe, T. Sawada, and T. Akahane, *J. Appl. Phys.*, **94**, 4382-4388, Oct. (2003)
122) A. Rich and J. Van House, in *Encycl. Phys. Sci. Technol.*, **13**, 365-372, Academic Press (1992); G.R. Brandes, K.F. Canter, T.N. Horsky, P.H. Lippel, and A.P. Mills, Jr., *Rev. Sci. Instrum.*, **59**, 228-232, Feb. (1988)
123) F. Reif, Fundamentals of Statistical and Thermal Physics, 161-166, McGraw-Hill, New York (1965). (邦訳: F. ライフ著「熱統計物理学の基礎 上・中・下」中山寿夫, 小林祐次 (訳), 吉岡書店, 1984年)
124) O. Engström and A. Alm, *Solid-State Electron.*, **21**, 1571-1576, Nov./Dec. (1978); *J. Appl. Phys.*, **54**, 5240-5244, Sept. (1983)
125) C.D. Thurmond, *J. Electrochem. Soc.*, **122**, 1133-1141, Aug. (1975)
126) J.A. Van Vechten and C.D. Thurmond, *Phys. Rev.*, **B14**, 3539-3550, Oct. (1976)

127) A. Mircea, A. Mitonneau and J. Vannimenus, *J. Physique*, **38**, L41-L43, Jan.（1972）
128) F. Hasegawa, *Japan. J. Appl. Phys.*, **24**, 1356-1358, Oct.（1985）; J.M. Steele, *Japan. J. Appl. Phys.*, **25**, 1136-1137, July（1986）
129) P.C. Mangelsdorf, Jr., *J. Appl. Phys.*, **30**, 442-443, March（1959）
130) A.A. Istratov and O.F. Vyvenko, *Rev. Sci. Instrum.*, **70**, 1233-1257, Feb.（1999）
131) C. Lanczos, Applied Analysis, 272 ff-, Prentice-Hall, Englewood Cliffs, NJ（1959）
132) J.L. Benton and L.C. Kimerling, *J. Electrochem. Soc.*, **129**, 2098-2102, Sept.（1982）

おさらい

- Siウェハの一般的な欠陥をいくつか列挙せよ。
- 金属不純物はSiデバイスにどう影響するか。
- 欠陥の起源をいくつか列挙せよ。
- 点欠陥とは何か。点欠陥の種類を3つ挙げよ。
- 線欠陥，面欠陥，および体積欠陥の例を挙げよ。
- **酸化誘起積層欠陥**はどのようにして生じるか。
- 一般に放出が捕獲よりゆるやかなのはなぜか。
- 過渡容量特性を決めるものは何か。

6. 酸化膜および界面にトラップされた電荷，酸化膜の厚さ

6.1 序論

本章での議論は絶縁体と半導体からなる系すべてにあてはまるが，例として主にSiO_2-Si系をとり上げる。本章で最も重要な側面は，テクノロジー・ノードの進展にあわせてデバイスをスケーリングしていくと，酸化膜が薄くなるという点である。酸化膜が薄くなるとリーク電流が大きくなり，本章で扱う多くの測定方法に直接影響してくる。酸化膜が薄く，リークが大きいときは，容量—電圧測定および酸化膜厚測定の結果の解釈に慎重を期さねばならない。

酸化膜の電荷[1]：SiO_2-Si系に関係する電荷は図6.1に示すように，一般に4つのタイプがある。それぞれ**酸化膜中に固定された電荷**（fixed oxide charge），**酸化膜中の可動電荷**（mobile oxide charge），**酸化膜中にトラップされた電荷**（oxide trapped charge），**界面にトラップされた電荷**（interface trapped charge）である。この命名法は1978年に標準化された。いろいろな電荷の略称を以下に示す。どれもQはSiO_2-Si界面での正味の有効電荷（C/cm²），NはSiO_2-Si界面での単位面積当りの有効電荷数（個/cm²），D_{it}は個/cm²・eVの単位で与えられる。$N = |Q|/q$，ここでQは正でも負でもよいが，Nは常に正である。

(1) **界面にトラップされた電荷**（Q_{it}, N_{it}, D_{it}）：これは構造欠陥，酸化過程で生じた欠陥，金属不純物，その他放射線や（ホットエレクトロンなどの）結合の切断過程によって生じた欠陥である。界面にトラップされた電荷はSiO_2-Si界面にある。固定電荷やトラップされた電荷と違い，界面にトラップされた電荷は下地のシリコンと電気的なやりとりをする。界面トラップは表面電位に応じて帯電したり放電したりできる。界面にトラップされた電荷のほとんどは低温（～450℃）の水素やフォーミングガス（水素／窒素混合ガス）中でのアニールで中性化できる。このような性質の電荷は表面状態（surface state），速い状態（fast state），界面状態（interface state）などと呼ばれ，N_{ss}，N_{st}などの記号がつかわれている。

(2) **酸化膜中に固定された電荷**（Q_f, N_f）：これはSiO_2-Si界面近くの正の電荷で，電荷の密度は酸化の過程をさかのぼって酸化雰囲気と温度，冷却条件，およびシリコンの方位に依存する。界面にトラップされた電荷があると，酸化膜中の固定電荷を正確に求めることができないので，低温（～450℃）の水素かフォーミングガス・アニールで界面トラップ電荷を最小にして測定するのがふつうである。固定電荷Q_fは下地のシリコンと電気的なやりとりはしない。Q_fは最終の酸化温度に依存する。酸化温度が高いほど，Q_fは小さくなる。しかし，高温で酸化できないときは，酸化後に酸化したウェハを窒素やアルゴンの雰囲気でアニールすればQ_fを下げることができる。これは"Dealの三角形（Deal triangle）"として知られ，図6.2のようにQ_fと酸化およびアニールの間に可逆関係がある[2]。なんらかの温度で酸化したサンプルを別の温度のドライ酸素で処理すると，Q_fの値は最後の温度で決まるので，それより前の酸化でQ_fの値がどうであれ，ある一定値にすることができる。固定電荷はかつてQ_{ss}と表記されることが多かった。

(3) **酸化膜中にトラップされた電荷**（Q_{ot}, N_{ot}）：この正または負の電荷は，酸化膜中にトラップさ

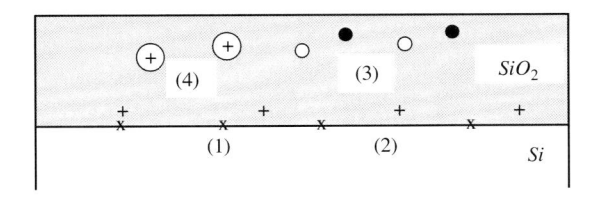

図6.1　熱酸化シリコンの電荷と位置．IEEE（©1980, IEEE）の承諾によりDealの論文から再掲．

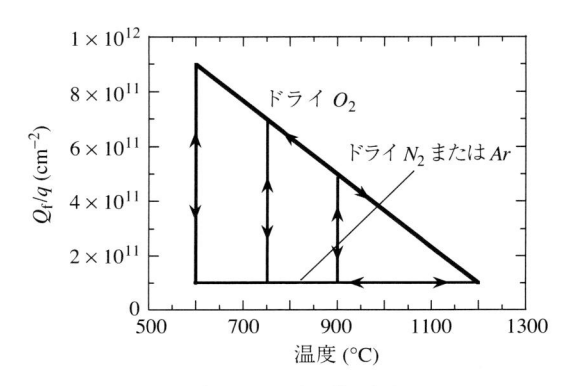

図6.2 熱処理によるQ_fの可逆性を示す"Dealの三角形".出版元のElectrochemical Society, Inc.の承諾によりDealらの論文[2]から掲載.

れた正孔または電子であるとしてよい。これらは放射線によるイオン化,なだれ注入,ファウラー―ノードハイム(Fowler-Nordheim)トンネル,などのメカニズムでトラップへ捕獲される。固定電荷と違い,酸化膜中にトラップされた電荷は低温(< 500℃)処理で焼き出される。ただし,中性のトラップの電荷は残留することもある。

(4) **酸化膜中の可動電荷**(Q_m, N_m):これはNa$^+$,Li$^+$,やH$^+$も含め,主にイオン性不純物によるものである。負のイオンや重金属が可動電荷になることもある。

6.2 固定電荷,酸化膜中のトラップ電荷,酸化膜中の可動電荷
6.2.1 容量―電圧曲線

金属/酸化膜/半導体(MOS)キャパシタの容量―電圧($C-V$)特性からいろいろな電荷を求めることができる。測定方法を議論する前に,容量―電圧の関係を導出し,$C-V$曲線を記述しよう。p型基板上のMOSキャパシタのエネルギーバンド図を**図6.3**に示す。ここではデバイスの中性領域での真性フェルミ準位E_iまたは電位ϕをゼロ電位の基準にとっている。この容量は

$$C = \frac{dQ}{dV} \tag{6.1}$$

で定義される。容量は電圧の変化に対する電荷の変化であり,ふつうはファラド/単位面積で与えられる。容量の測定ではデバイスに交流の小信号電圧を与える。このときの電荷の変化が容量である。MOSキャパシタをゲート側から見ると$C = dQ_G/dV_G$で,Q_Gはゲートの電荷,V_Gはゲート電圧である。デバイスの全電荷はゼロであるから,酸化膜中の電荷を無視すれば$Q_G = -(Q_S + Q_{it})$である。ゲート電圧の一部は酸化膜,残りは半導体で降下する。したがってV_{FB}をフラットバンド電圧,V_{ox}を酸化膜の電圧,ϕ_sを表面電位とすれば,$V_G = V_{FB} + V_{ox} + \phi_s$となり,式(6.1)は

$$C = -\frac{dQ_S + dQ_{it}}{dV_{ox} + d\phi_s} \tag{6.2}$$

と書ける。

半導体の電荷密度Q_Sは,正孔の電荷密度Q_p,空間電荷領域のバルクの電荷密度Q_b,および電子の電荷密度Q_nからなり,$Q_S = Q_p + Q_b + Q_n$より式(6.2)は

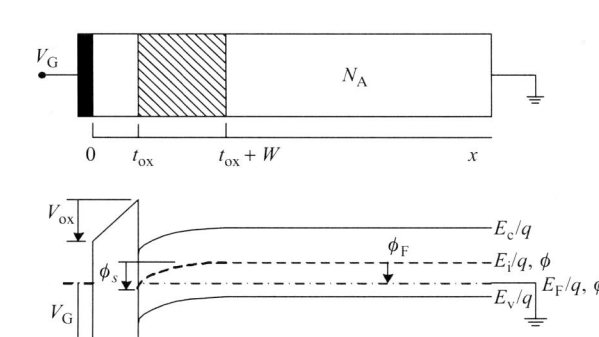

図6.3 MOSキャパシタの断面とバンド図.

$$C = -\cfrac{1}{\cfrac{dV_{ox}}{dQ_S + dQ_{it}} + \cfrac{d\phi_s}{dQ_p + dQ_b + dQ_n + dQ_{it}}} \tag{6.3}$$

となる．一般的な容量の定義の式（6.1）をつかえば，式（6.3）は

$$C = \cfrac{1}{\cfrac{1}{C_{ox}} + \cfrac{1}{C_p + C_b + C_n + C_{it}}} = \cfrac{C_{ox}(C_p + C_b + C_n + C_{it})}{C_{ox} + C_p + C_b + C_n + C_{it}} \tag{6.4}$$

となる．p型基板のデバイスに負のゲート電圧を与えると，正の蓄積電荷Q_pが支配的になる．正のV_Gでは半導体の電荷は負になる．いずれの場合も式（6.3）の負の符号は相殺される．

式（6.4）は図6.4(a)の等価回路で表すことができる．負のゲート電圧では表面が強く蓄積し，Q_pが支配的になる．このときC_pは非常に大きくなり，短絡（インピーダンスがゼロ）に近づいていく．こうして図6.4(b)の太い線で示すように4つの容量は短絡され，全容量はC_{ox}となる．正のゲート電圧が小さいときは，表面が空乏化し，空間電荷領域の電荷密度$Q_b = -qN_AW$が支配的になるが，界面にトラップされた電荷による容量も考えねばならない．よって全容量は図6.4(c)のようにC_{it}とC_bの並列容量にC_{ox}を直列に組み合わせたものになる．弱い反転がはじまると，C_nも現れてくる．強反転になると，Q_nが非常に大きくなるのでC_nが支配的になる．Q_nが印加された交流電圧に追従できるなら，低周波等価回路（図6.4(d)）の酸化膜容量となる．反転電荷が交流電圧に追従できないときは，第2章で議論した反転した空間電荷領域の幅をW_{inv}として，$C_b = K_s\varepsilon_0/W_{inv}$をもつ図6.4(e)の回路となる．

反転容量が支配的になるのは，反転電荷が印加した交流電圧の周波数（交流プローブ周波数ともいう）に追従できるときだけである．反転状態にバイアスされたMOSキャパシタでは，交流電圧が直流バイアス点を周期的に上下する．ゲート電圧を少し上げると，ゲートの電荷の増加に応じて半導体の電荷（反転電荷あるいは空間電荷領域の電荷）も増加する．室温のシリコンでは空間電荷領域での生成電流が支配的である．生成電流密度$J_{scr} = qn_iW/\tau_g$は第7章で詳しく議論する．酸化膜を流れる電流は変位電流で，その電流密度は$J_d = CdV_G/dt$である．反転電荷がこれに追従するには空間電荷領域の電流が必要な変位電流を供給できねばならず，$J_d \leq J_{scr}$でなければならない．したがって，CをC_{ox}で近似して

(a)

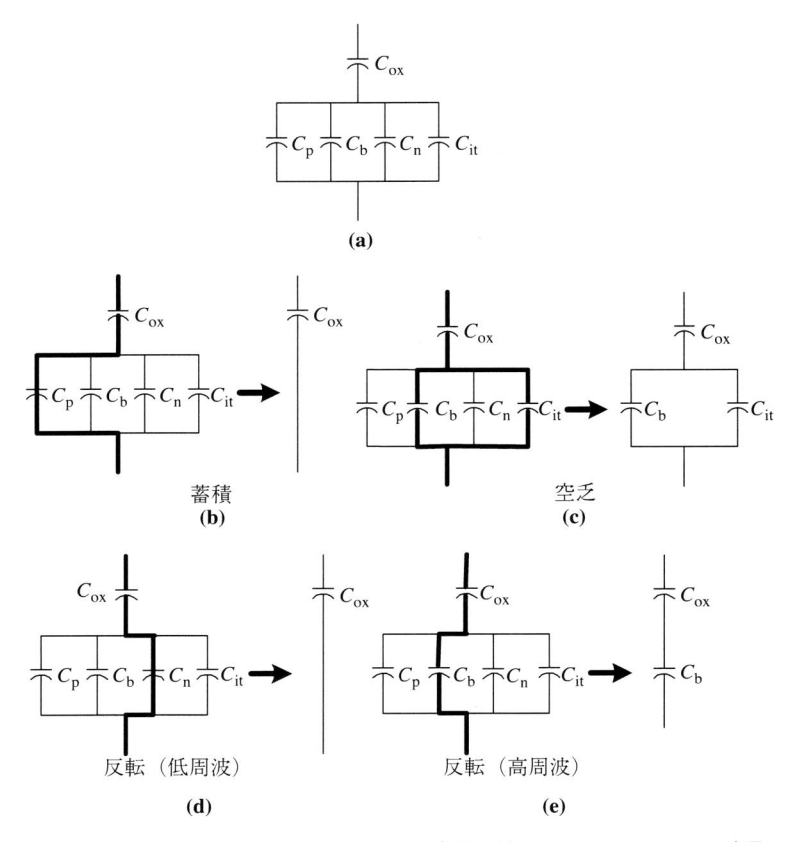

蓄積
(b)

空乏
(c)

反転（低周波）
(d)

反転（高周波）
(e)

図6.4 本文で議論されるいろいろなバイアス条件に対するMOSキャパシタの容量.

$$\frac{dV_G}{dt} \leq \frac{qn_i W}{\tau_g C_{ox}} \tag{6.5}$$

となる。SiはT = 300 Kで$n_i = 10^{10}\,\mathrm{cm}^{-3}$であるから，Wをμm，$t_{ox}$をnm，$\tau_g$をμsで計算するなら，

$$\frac{dV_G}{dt} \leq \frac{0.046 W t_{ox}}{\tau_g} \quad [\mathrm{V/s}] \tag{6.6}$$

となる。MOSFETのソース—ドレインは熱生成が間に合わない高周波でもチャネルにキャリアを容易に供給できるので，ソースとドレインを接地してゲート容量を測定すれば，どの周波数でもほぼ低周波の$C - V_G$特性になる。

生成寿命は10 μsから10 msの範囲にある。t_{ox} = 5 nm，W = 1 μm，τ_g = 10 μsのときdV_G/dt = 0.023 V/sで，これは可能だが，τ_g = 1 msだとdV_G/dt = 0.23 mV/sで，かなり厳しい制約になる。この制約は温度を上げてn_iを増やすことで多少緩和される。温度を300 Kから350 Kに上げるとn_iは$10^{10}\,\mathrm{cm}^{-3}$から$3.6 \times 10^{11}\,\mathrm{cm}^{-3}$まで増加するので，ランプレートを36倍，つまり0.23 mV/sから8.3 mV/sへ上げられる。vを交流電圧として，有効周波数を$f_{\mathit{eff}} = (dV_G/dt)/v$と定義すると，$v$ = 15 mVならばτ_g = 10 μsのときは$f_{\mathit{eff}} \approx 1.5$ Hz，τ_g = 1 msのときは$f_{\mathit{eff}} \approx 0.015$ Hzになる。これらの数字から，室温で低周波$C - V$

曲線を得るには，きわめて低い周波数が必要であることがわかる．温度を上げて生成レートを上げると周波数を高くできる．標準的な$C-V$測定の周波数は$10^4 \sim 10^6$Hzなので，ふだん見ているのは高周波曲線ということになる．

低周波の半導体容量$C_{S,lf}$は

$$C_{S,lf} = \hat{U}_S \frac{K_s \varepsilon_0}{2L_{Di}} \frac{[e^{U_F}(1-e^{-U_S}) + e^{-U_F}(e^{U_S}-1)]}{F(U_S, U_F)} \tag{6.7}$$

で与えられる．ここで無次元の半導体表面の電場$F(U_S, U_F)$は

$$F(U_S, U_F) = \sqrt{e^{U_F}(e^{-U_S} + U_S - 1) + e^{-U_F}(e^{U_S} - U_S - 1)} \tag{6.8}$$

で定義される．Uは規格化されたポテンシャルで，$U_S = q\phi_S/kT$および$U_F = q\phi_F/kT$で定義される．ここで表面電位ϕ_Sとフェルミ電位$\phi_F = (kT/q)\ln(N_A/n_i)$は図6.3で定義されている．記号$\hat{U}_S$は表面ポテンシャルの符号で，

$$\hat{U}_S = \frac{|U_S|}{U_S} \tag{6.9}$$

で与えられ，$U_S > 0$なら$\hat{U}_S = 1$，$U_S < 0$なら$\hat{U}_S = -1$である．真性デバイ長L_{Di}は

$$L_{Di} = \sqrt{\frac{K_s \varepsilon_0 kT}{2q^2 n_i}} \tag{6.10}$$

である．

反転電荷の少数キャリアが交流電圧に追従できないときは**高周波**の$C-V$曲線になる．空間電荷領域の端部では多数キャリアが交流信号に追従し，イオン化したドーパント原子が見え隠れする．式(6.5)で与えられる直流電圧の掃引レートは必要な反転電荷を発生させるに十分なだけゆっくりでなければならない．反転状態にある半導体の高周波容量は

$$C_{S,hf} = \hat{U}_S \frac{K_s \varepsilon_0}{2L_{Di}} \frac{[e^{U_F}(1-e^{-U_S}) + e^{-U_F}(e^{U_S}-1)/(1+\delta)]}{F(U_S, U_F)} \tag{6.11}$$

で，δは

$$\delta = \frac{(e^{U_S} - U_S - 1)/F(U_S, U_F)}{\int_0^{U_S} \frac{e^{U_F}(1-e^{-U})(e^U - U - 1)}{2[F(U, U_F)]^3} dU} \tag{6.12}$$

で与えられる[3)]．反転状態で0.1〜0.2%の精度がある近似式は

$$C_{S,hf} = \sqrt{\frac{q^2 K_s \varepsilon_0 N_A}{2kT\{2|U_F| - 1 + \ln[1.15(|U_F|-1)]\}}} \tag{6.13}$$

である[4)]．

反転電荷の生成が間に合わないほど急激に直流バイアス電圧を変えると**深く空乏化**した曲線が得られる．その高周波または低周波半導体容量は

$$C_{S,dd} = \frac{C_{ox}}{\sqrt{[1 + 2(V_G - V_{FB})/V_0]} - 1} \tag{6.14}$$

ただし$V_0 = qK_s\varepsilon_0 N_A/C_{ox}^2$である．

全容量は

$$C = \frac{C_{ox}C_S}{C_{ox} + C_S} \tag{6.15}$$

で与えられる．ゲート電圧は

$$V_G = V_{FB} + \phi_s + V_{ox} = V_{FB} + \phi_s + \hat{U}_S \frac{kTK_s t_{ox} F(U_S, U_F)}{qK_{ox}L_{Di}} \tag{6.16}$$

によって酸化膜の電圧，表面電位，およびフラットバンド電圧に関係している．

　$Q_{it} = 0$ および $V_{FB} = 0$ とした理想的な低周波（lf），高周波（hf），および深く空乏化した（dd）曲線を図6.5に示す．これらは蓄積から空乏化までは一致しているが，反転になると反転電荷は高周波の交流電圧に追従できず，深く空乏化するときは反転電荷が存在しないので，曲線は互いにずれてくる．

　これら3つの曲線のどれが得られるかは $C-V$ 測定の条件で決まる．p 型基板のMOSキャパシタのゲート電圧を負から正に掃引した場合を考えよう．直流電圧に重ねる交流電圧の振幅はおよそ10〜15mVである．蓄積から空乏状態までは3つの曲線はすべて同じである．デバイスが反転しはじめると曲線は互いに乖離していく．反転電荷の形成が間に合うように直流電圧を十分にゆっくりと掃引し，交流電圧に反転電荷が追従できるほどゆっくりとした周波数にすれば，低周波曲線が得られる．直流電圧は反転電荷が形成できるようゆっくりと掃引するが，交流電圧を反転電荷が追いつけないほど高い周波数にすると，高周波曲線が得られる．高周波でも低周波でも，反転電荷が形成できないような高い直流電圧掃引レートにすれば深い空乏化曲線が得られる．

　最もよく測定されるのは高周波曲線であるが，真の高周波曲線を得るのは必ずしも容易でない．図6.6の $C-V_G$ 曲線を考えよう．真の，つまり平衡状態の曲線を破線で示している．バイアスを $-V_G$ から $+V_G$ に掃引すると，特に生成寿命の長い材料では $C-V$ 曲線が部分的に深い反転状態に向かう傾向があり，真の曲線より下になる．交流周波数には式（6.5）の制約があるが，この制約は直流バイアスの掃引レートについても成り立ち，生成寿命の長い材料では直流掃引レートを極端に低くしなければならない．

　バイアスを $+V_G$ から $-V_G$ に掃引すると，反転層の電荷が少数キャリアとして基板側へ注入される．このとき反転層／基板の接合は順バイアスになり，容量は真の曲線より上になる．一般に，真の $C-V$ 曲線を得るには，あるバイアス電圧を与えてからデバイスが平衡状態になるまで待って容量を測定し，これをバイアス点毎にくり返せばよい．点毎の手順が面倒なら，p 型基板では $+V_G \rightarrow -V_G$ の掃引

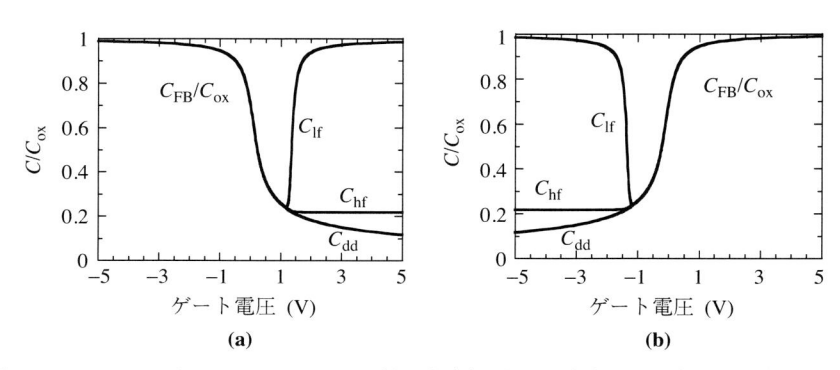

図6.5　SiO_2-SiからなるMOSキャパシタの低周波（lf），高周波（hf），および深い空乏状態（dd）での，規格化された容量—電圧曲線：(a)N_A=10^{17}cm^{-3}の p 型基板，(b)N_D=10^{17}cm^{-3}の n 型基板．t_{ox}=10 nm，T=300 K．

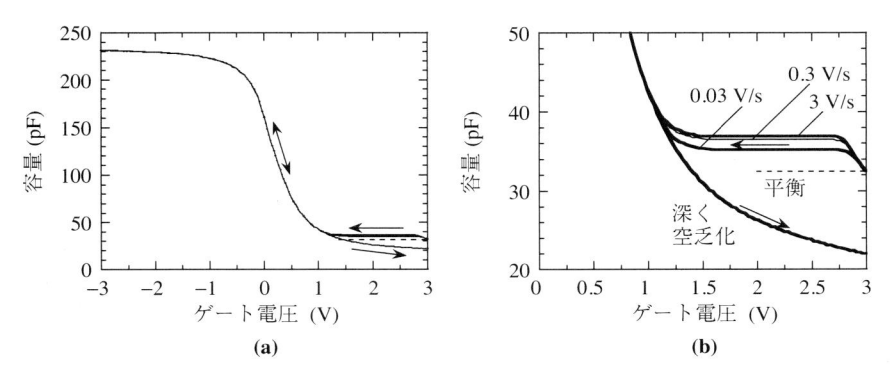

図6.6 p型基板上のMOSキャパシタの高周波容量におよぼす掃引方向と掃引レートの効果. (a) $C-V_G$ 曲線の全貌. (b) (a)の直流掃引方向の部分を拡大. $f=1\mathrm{MHz}$. データはArizona State UniversityのY.B. Parkの厚意による.

方向にすれば,$-V_G \to +V_G$の掃引方向よりも真の容量曲線からのずれを少なくできる.

演習6.1

問題:測定温度を上げるとC_{hf}はどうなるか.

解:式 (6.5) によれば,Tが上がれば少数キャリアn_iが増し,n_iによる反転電荷の補給が高い掃引レートに追従でき,高いプローブ周波数にも追従するので,高いプローブ周波数でも低周波の特性が観測される.これを図E6.1に示す.点は実験データで,実線は低周波について計算した曲線である.室温で測定した高周波曲線は,計算した低周波曲線から大きく乖離している.温度を上げると,反転層のキャリアの一部が追従するようになり,高周波曲線は低周波曲線に近づく.最終的に$T=300$°Cで高周波曲線は低周波曲線と一致する.このようにC_{hf}とC_{lf}が一致する温度は,n_iの他τ_g, W, およびC_{ox}といったパラメータにも依存する.

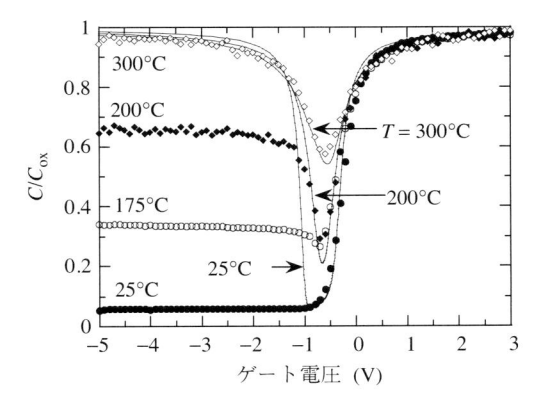

図E6.1 MOSキャパシタの測定による高周波曲線(点)と計算による低周波曲線(実線). $N_D=2.6\times 10^{14}\mathrm{cm}^{-3}$, $t_{ox}=30\mathrm{nm}$, $f=10\mathrm{kHz}$. データはArizona State UniversityのS.Y. Leeの厚意による.

6.2.2 フラットバンド電圧

フラットバンド電圧は金属—半導体の仕事関数の差ϕ_{MS}およびいろいろな酸化膜中の電荷で決まり，

$$V_{FB} = \phi_{MS} - \frac{Q_f}{C_{ox}} - \frac{Q_{it}(\phi_s)}{C_{ox}} - \frac{1}{C_{ox}}\int_0^{t_{ox}} \frac{x}{t_{ox}}\rho_m(x)dx - \frac{1}{C_{ox}}\int_0^{t_{ox}} \frac{x}{t_{ox}}\rho_{ot}(x)dx \tag{6.17}$$

の関係で結ばれる。ここで$\rho(x) = $ 単位体積当りの酸化膜の電荷である。固定電荷Q_fはSi-SiO$_2$界面近くに分布しており，これを界面にあるとみなすことができる。界面にトラップされた電荷は表面電位に依存するので，Q_{it}を$Q_{it}(\phi_s)$と記述する。可動電荷および酸化膜中にトラップされた電荷は酸化膜全体に分布しているとしてよい。ここでx軸は図6.3の定義にしたがうとする。フラットバンド電圧に最も影響するのは酸化膜—半導体基板の界面の電荷で，その電荷はすべて半導体側に鏡像をつくる。電荷がゲート電極—酸化膜の界面にあれば，その鏡像はすべてゲート電極側になり，フラットバンドへの影響はない。酸化膜中になんらかの電荷密度があっても，式(6.17)により，酸化膜の容量が増す（すなわち酸化膜が薄くなる）につれてフラットバンド電圧のϕ_{MS}からのシフトは小さくなる。つまり，酸化膜が薄いMOSデバイスでは，酸化膜中の電荷はフラットバンド電圧あるいはしきい値電圧のシフトにほとんど影響しない。

式(6.17)のフラットバンド電圧は，均一にドープした基板の裏面に接地コンタクトをとり，これを基準にゲート電圧をかけたときを想定している。ドーピング密度N_{sub}の基板上にドーピング密度N_{epi}のエピタキシャル層があるときは，エピ—基板接合にビルトインポテンシャルが発生するので，フラットバンド電圧は

$$V_{FB}(epi) = V_{FB}(bulk) \pm \frac{kT}{2q}\ln\left(\frac{N_{sub}}{N_{epi}}\right) \tag{6.18}$$

になる[5]。基板とエピタキシャル層のドーピングがアクセプタかドナーいずれかと同じ型なら，式(6.18)の符号はp型で正，n型で負である。

どの種類の電荷であるかを決めるには，容量—電圧曲線の理論値と実験値を比べればよい。たいていの実験曲線は，式(6.17)の電荷や仕事関数差から求めた理論値からずれている。この電圧のずれはどの容量で測ってもよいが，**フラットバンド容量**C_{FB}を与える電圧を**フラットバンド電圧**V_{FB}とすることが多い。理想的な曲線ではV_{FB}はゼロである。フラットバンド容量は式(6.15)で$C_S = K_s\varepsilon_0/L_D$として与えられる。ここで$L_D = [kTK_s\varepsilon_0/q^2(p+n)]^{1/2} \approx [kTK_s\varepsilon_0/q^2N_A]^{1/2}$は式(2.11)で定義されるデバイの長さである。SiO$_2$を絶縁膜としたSiでは，C_{ox}で規格化したC_{FB}は，t_{ox}をcmで，$N_A(N_D)$をcm^{-3}で計算して

$$\frac{C_{FB}}{C_{ox}} = \left(1 + \frac{136\sqrt{T/300}}{t_{ox}\sqrt{N_{A\text{または}D}}}\right)^{-1} \tag{6.19}$$

のようになる。**図6.7**にいろいろな酸化膜の厚さに対するC_{FB}/C_{ox}をN_Aの関数でプロットしている。

ドーピング密度が均一でウェハの厚さが十分に厚ければ，フラットバンド容量は簡単に計算できる。しかし，不均一なドーピングのときの計算はもっと複雑で，数値計算が必要となる[6]。たとえばシリコン・オン・インシュレータ（silicon-on-insulator; SOI）のようにシリコン活性層が薄いときは，活性層でMOSキャパシタの空間電荷領域をまかなえなくなる。こういうときは特に注意してC_{FB}を決定しなければならない。これには図解的方法と解析的方法がある[7]。解析的方法では酸化膜容量の90%とか95%というように容量の基準を決め，この容量になる電圧をフラットバンド電圧としている[8]。

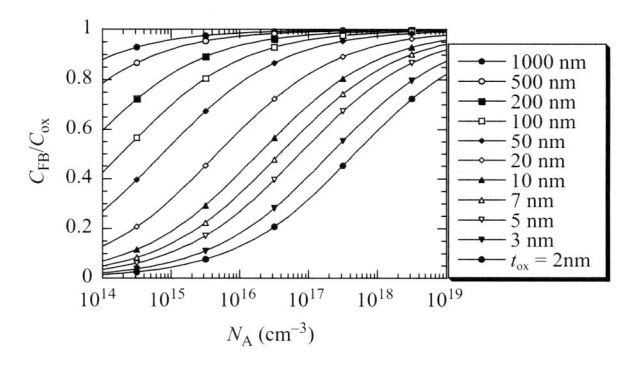

図6.7 $T=300\,\mathrm{K}$ の $\mathrm{SiO_2}$-Si系のいろいろな t_{ox} の $C_{FB}/C_{ox}-N_A$ プロット.

演習6.2

問題:MOSキャパシタのフラットバンド電圧を求めよ.

解:C_{FB} を求めるにはフラットバンド電圧を正確に求めなければならない.式(6.17)のパラメータがすべて既知であれば,C_{FB} をすでに説明したように計算すれば V_{FB} が決まるが,必ずしも既知でないこともある.実験的に V_{FB} を求める方法の1つとして,$(1/C_{hf})^2 - V_G$ あるいは $1/(C_{hf}/C_{ox})^2 - V_G$ を**図E6.2**のようにプロットする.この曲線は図6.5(a)のデータに対応している.$V_G = V_{FB}$ で低い方の屈曲点が現れる.この屈曲点を見分けるのが難しいときは,この曲線を微分し,その微分曲線の左脇の傾きが最大になる電圧を V_{FB} とする.この微分曲線をもう1回微分すれば V_{FB} で鋭いピークをもつ曲線となる.2回目の微分はノイズがきついので,平滑化が必要になる.この方法はR.J. Hillard, J.M. Heddleson, D.A. Zier, P. Rai-Choudhury, and D.K. Schroder, "Direct and Rapid Method for Determining Flatband Voltage from Non-equilibrium Capacitance Voltage Data", in Diagnostic Techniques for Semiconductor Materials and Devices(J.L. Benton, G.N. Maracas, and P. Rai-Choudhury, eds.), 261-274, Electrochem. Soc., Pennington, NJ(1992)で議論されている.

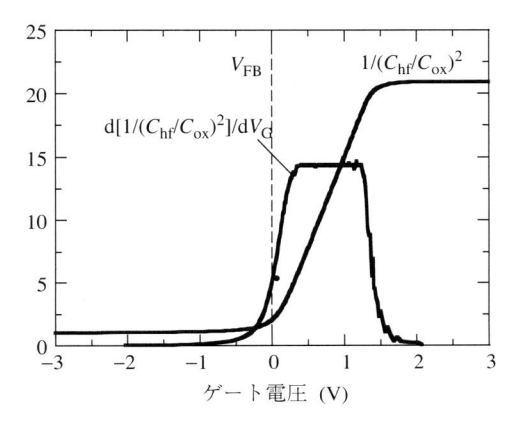

図E6.2

有限なゲートのドーピング密度：これまで金属ゲートと半導体の仕事関数の差が$C-V_G$曲線へどう影響するか考えてきた．しかしゲート材料はドーピング密度$10^{19}\sim 10^{20}$ cm^{-3}の多結晶シリコン（ポリシリコン）が一般的である[注1]．これがどのように影響するかが問題である．p型基板とn^+ポリシリコンゲートからなる**図6.8**のMOSキャパシタを考えよう．ゲート電圧が負のとき，基板とゲートは蓄積状態で，ゲートを金属として扱ってよい．しかしゲート電圧が正になると，基板は空乏化し，最終的に反転するだけでなく，ゲートも空乏化して反転するであろう．C_SにC_{ox}とゲート容量C_{gate}が直列に加わり，全体の容量が下がる．$C-V$法によるゲートのドーピング密度の測定は，第2章で議論している．

ゲート空乏化の効果を**図6.9**の$C/C_{ox}-V_G$曲線に表している．$+V_G$側では新たな容量の落ち込みがみえる．この落ち込みはゲートのN_Dが減少するにつれて増加している．このようにポリシリコンゲートの空乏化によってMOSFETのしきい値電圧が変わり，ドレイン電流が下がってゲート抵抗が上がる．これらはどれも回路の速さに影響する．一方，ゲートとソース／ドレインの重なり容量は小さくなり，回路が速くなる方向に作用する．最近の研究では，これらの効果を総合すると，回路は遅くなるという否定的な結果が示されている[9]．

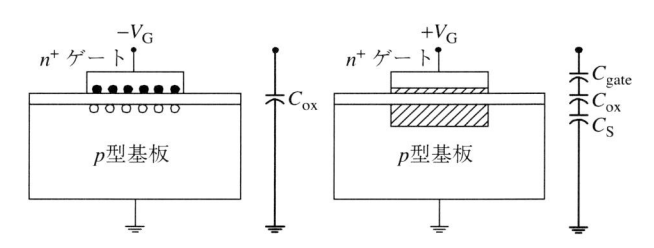

図6.8 有限なドーピング密度のゲートをもつMOSキャパシタ．正のゲート電圧でゲートが空乏化している．

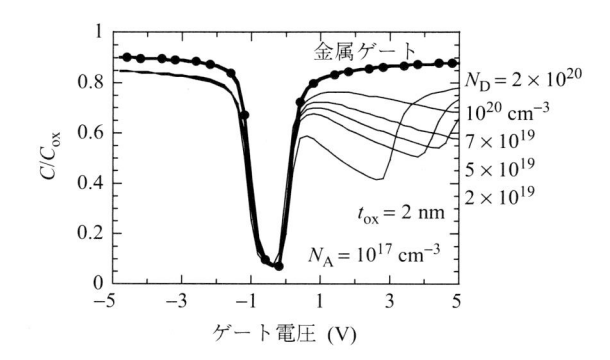

図6.9 金属ゲートといろいろなドーピング密度のn^+ポリSiゲートの低周波容量―電圧曲線．シミュレーションはArizona State UniversityのD. Vasileskaの厚意による．

注1　Alゲートはゲートをマスクにしてソース・ドレインを形成するセルフアライン・プロセスでの熱処理に耐えられず，CMOSではn-MOSFET，p-MOSFETともにn^+ポリシリコンゲートがつかわれてきた．0.35 μmテクノロジーからはそれぞれ独立にしきい値制御や短チャネル効果を抑制する必要から，n-MOSFETにはn^+ゲート，p-MOSFETにはp^+ゲートをつかうデュアル・ポリシリコンゲート技術が導入され，Ti，Co，Niなどをつかったサリサイド技術によってゲート間のドーパントの相互拡散の抑制と，拡散層の低抵抗化に成功している．さらに，45 nmテクノロジーからは，p^+ゲートからのドーパント抜けやゲートの空乏化を抑えるため，デュアル・メタルゲート技術の導入が進められている．

演習6.3

問題：MOSデバイスの$C-V$曲線に量子化とフェルミ―ディラック統計を適用するとどうなるか。

解：これまでの$C-V$曲線を記述する式は，単純な仮定によって導出されている。酸化膜の厚さが10 nm以下になるとマックスウェル―ボルツマン統計ではなくフェルミ―ディラック統計をつかい，反転層を量子化する修正が必要になる。これらの効果は強く蓄積したデバイスおよび強く反転したデバイスにも適用されねばならない。こういう縮退した条件では，自由キャリアが伝導帯の中でとびとびのエネルギー状態を占有し，基板の容量を小さくする。この効果はシミュレーションと実験によって確かめられている。シミュレーション結果を図E6.3に示す。ここで$t_{ox.\,phys}$は酸化膜の物理的な厚さである。これらの曲線にはフェルミ―ディラック統計，量子化，およびゲート空乏化の効果を織り込んでいる。$+V_G$で基板は反転し，ゲートは蓄積（$C_{gate} = C_{inv}$）になり，$-V_G$では基板は蓄積，ゲートは反転（$C_{gate} = C_{acc}$）になっている。C_{inv}は$V_G = V_{FB} - 4\,\text{V}$，$C_{acc}$は$V_G = V_{FB} + 3\,\text{V}$で計算している。この$t_{ox} < 10$ nmでの図は，ゲート容量C_{gate}が酸化膜容量C_{ox}より少なくとも10%は小さいことを示している。したがって$C-V$測定から求めた酸化膜の厚さt_{ox}には，適切なデータの補正が必要である。これらの効果はK.S. Krisch, J.D. Bude, and L. Manchanda, "Gate Capacitance Attenuation in MOS Devices with Thin Gate Dielectrics", *IEEE Electron Dev. Lett.*, **17**, 521–524, Nov. (1996); D. Vasileska, D.K. Schroder, and D.K. Ferry, "Scaled Silicon MOSFETs: Degradation of the Total Gate Capacitance", *IEEE Trans. Electron Dev.*, **44**, 584–587, April (1997) で議論されている。

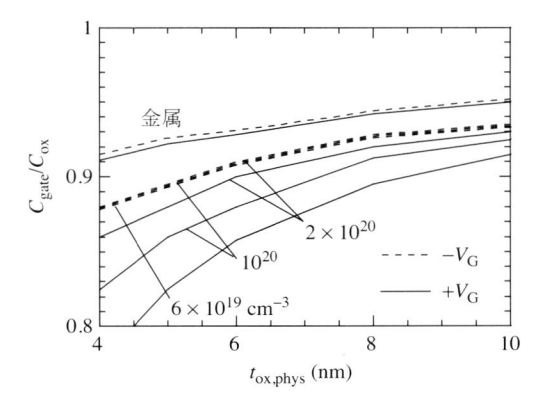

図E6.3 金属/酸化膜/p型Si（$N_D = 10^{17}\,\text{cm}^{-3}$）と$n^+$ポリSi/酸化膜/$p$型Siについて，$t_{ox.\,phys}$に対する$C_{gate}/C_{ox}$比をシミュレーションした結果．酸化膜のリーク電流は無視している．シミュレーションはArizona State UniversityのD. Vasileskaの厚意による．

6.2.3 容量測定

高周波：高周波$C-V$曲線は10 kHz～1 MHzで測定する。図6.10に示す容量測定の基本回路は被測定デバイスと出力抵抗Rとからなる。デバイスがMOSなら空間電荷領域のコンダクタンスをG，容量をCとしてG/C並列回路で表せる。交流電流iがデバイスと抵抗に流れると，出力電圧は

$$v_o = iR = \frac{R}{Z}v_i = \frac{R}{R + (G + j\omega C)^{-1}}v_i = \frac{RG(1 + RG) + (\omega RC)^2 + j\omega RC}{(1 + RG)^2 + (\omega RC)^2}v_i \quad (6.20)$$

となる。式（6.20）は$RG \ll 1$かつ$(\omega RC)^2 \ll RG$のとき

$$v_o \approx (RG + j\omega RC)v_i \tag{6.21}$$

と簡単になる．出力電圧には2つの成分，すなわち同相のRG成分と異相の$j\omega RC$成分があり，位相0°成分が$v_o = RGv_i$，位相90°先行成分がωRCv_iである．Rと$\omega = 2\pi f$がわかっていれば位相弁別器をつかってコンダクタンスGまたは容量Cを求めることができる．

低周波：電流—電圧：低周波での容量測定はノイズだらけなので，MOSキャパシタの低周波容量は，ふつう容量ではなく，電流または電荷を測定して求める．準静的あるいは直線昇圧法では，**図6.11**(a)のようにゆっくりと上昇する電圧に対して応答する電流を測定する[10]．MOSキャパシタのゲートにつないだ抵抗帰還オペアンプ回路が電流計である．応答する変位電流は

$$I = \frac{dQ_G}{dt} = \frac{dQ_G}{dV_G}\frac{dV_G}{dt} = C\frac{dV_G}{dt} \tag{6.22}$$

で与えられる．直線昇圧ではdV_G/dtが一定だからIはCに比例し，dV_G/dtが十分に小さければ低周波$C-V$曲線が得られる．

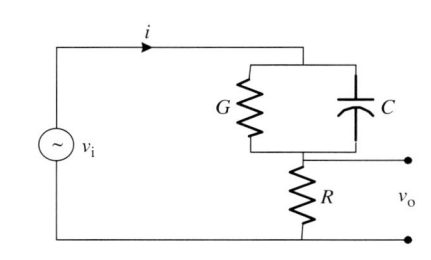

図6.10 容量測定回路．

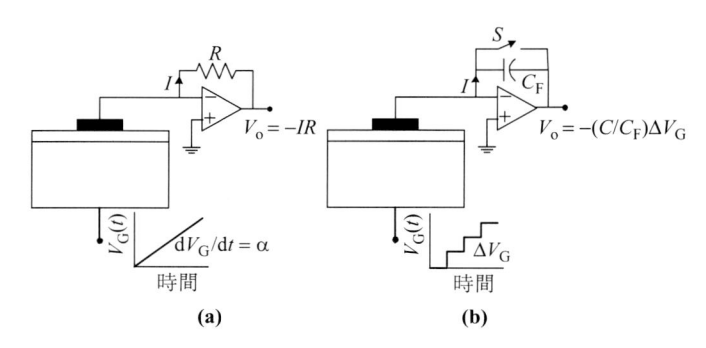

図6.11 MOSキャパシタの電流と電荷を測定するための回路ブロックダイアグラム．

演習6.4
問題：低周波$C-V$曲線に対して，ゲートリーク電流はどう影響するか．
解：ゲートリーク電流は変位電流を上げたり下げたりするので，できるだけ低くすることが重要である．ゲートリーク電流があると電流はもはや低周波容量に比例せず，容量が不正確になる．大きなリーク電流によってゲートキャパシタでの損失が増し，$C-V$曲線の反転および蓄積領域では容量が増減し，C_{ox}を直接求めることも不可能になる．ゲート容量はゲートリーク電流によって変動するので，

同じ厚さのゲート絶縁膜でもリーク電流が異なれば，得られるC_{ox}もt_{ox}も違ってくる．$C-V$曲線の例を図E6.4に示す．これらの問題に関し，C. Scharrer and Y. Zhao, "High Frequency Capacitance Measurements Monitor EOT (Equivalent Oxide Thickness) of Thin Gate Dielectrics", *Solid State Technol.*, **47**, Feb. (2004) で優れた議論がなされている．

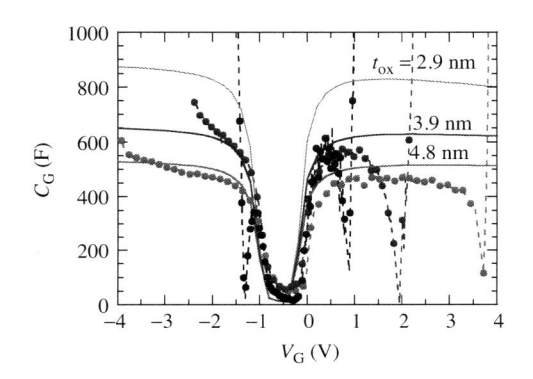

図E6.4 酸化膜のリークがないとき（線）とあるとき（点）の準静的$C-V$曲線．

低周波：電荷—電圧：図6.11(a)の準静的$I-V$法では，リーク電流が$I-V$プロットに含まれている．さらに，キャパシタが入力になったオペアンプ（電流計）はいわゆる微分器なので，ノイズのスパイクや昇圧の非線形性が目立ちやすい．準静的$Q-V$法では準静的$I-V$法での制約がいくつかなくなる．まず，MOSキャパシタをオペアンプの帰還ループに入れて定電流で充電し[11]，そのあと微調整する[12]．アナログ版とデジタル版が提案されており[13]，市販版を図6.11(b)に示している[14]．これは積分器で，偽信号を低減している．図6.11ではMOSキャパシタのゲートをオペアンプに，基板を電圧源につないで寄生容量とノイズを最小限に抑えている．

この方法は帰還電荷法ともいわれ，電圧ステップΔVを仮想接地のオペアンプに入力している．容量はこの電圧増分に応答して移行する電荷を測定して求める．はじめに低リーク電流スイッチSを閉じ，帰還容量C_Fを放電しておく．Sを開いて測定を開始すると，ΔV_Gによって容量C_Fに電荷ΔQが流れ込み，出力電圧

$$\Delta V_o = -\frac{\Delta Q}{C_F} \tag{6.23}$$

を与える．$\Delta Q = C\Delta V_G$より，

$$\Delta V_o = -\frac{C}{C_F}\Delta V_G \tag{6.24}$$

で，出力電圧はMOSキャパシタの容量に比例する．C/C_Fの比を$C > C_F$として1以上にすれば，利得をもつ測定になる．ΔV_Gずつ加算していけば，$C_{lf}-V_G$曲線が得られる．さらにQの変化によって電流Q/tが流れる．この電流はデバイスが定常状態になるまでの過渡期にだけ流れるものであるから，定常状態になったかどうかの目安になり，定常状態の低周波$C-V$曲線の測定でΔV_Gを追加すべき時間がわかる[14]．MOSのノイズ耐性は高いので，小刻みな直線的昇圧で電流を測定するのではなく，電圧ステップをつかった電圧出力の測定が詳しく研究されている．

6.2.4 固定電荷

固定電荷は実験で得た$C-V$曲線でのフラットバンド電圧のシフトを理論曲線と比較し，**図6.12**のように電圧のシフトを測定して求める。C_{FB}は式（6.19）から計算するか，酸化膜の厚さとドーピング密度がわかっていれば図6.7から求められるし，演習6.2のように求めることもできる。固定電荷Q_fを決定するには，酸化膜中の他のすべての電荷による影響を排除するか，少なくとも小さくし，界面にトラップされた電荷Q_{it}も可能な限り小さくしなければならない。Q_{it}は400〜450℃の水素雰囲気中でアニールすれば低減できる。爆発性があるので純水素をつかうことはめったにない。水素（5〜10%H_2）と窒素の混合ガスである**フォーミングガス**がよくつかわれている。SiO_2をSi_3N_4で覆うと窒化物の耐浸透性によってアニールの効果が弱くなる[15]。

Q_fはフラットバンド電圧と

$$Q_f = (\phi_{MS} - V_{FB}) C_{ox} \tag{6.25}$$

の関係にあり，Q_fを決定するにはϕ_{MS}がわかっていなければならない。式（6.25）の固定電荷の密度の測定では，界面トラップは無視できると仮定している。ϕ_{MS}を決定する方法は6.2.5節に与えている。図6.12の例では，規格化したフラットバンド容量0.77で$V_{FB} = -0.3$Vになる。$C-V$曲線のフラットバンド電圧シフトからQ_fを求めるにはϕ_{MS}が必要であり，ϕ_{MS}の不確かさが固定電荷の不確かさに反映される。たとえば$K_{ox} = 3.9$のSiO_2では，$N_f = Q_f/q$の不確かさが式（6.25）によって

$$\Delta N_f = \frac{K_{ox}\varepsilon_0}{qt_{ox}}\Delta\phi_{MS} = \frac{2.16 \times 10^{13}}{t_{ox}(nm)}\Delta\phi_{MS}(V) \quad [\text{cm}^{-2}] \tag{6.26}$$

のようにϕ_{MS}の不確かさと関係づけられる。金属—半導体の仕事関数差の不確かさを$\Delta\phi_{MS} = 0.05$Vとすると，$t_{ox} = 2$nmでは$\Delta N_f = 5.4 \times 10^{11}$cm^{-2}になる。この不確かさは標準的な固定電荷の密度より大きく，ϕ_{MS}の精度がいかに重要であるかがわかる。

Q_fを求めるもう1つの方法ではϕ_{MS}を知る必要がない。式（6.25）を

$$V_{FB} = \phi_{MS} - \frac{Q_f}{C_{ox}} = \phi_{MS} - \frac{Q_f t_{ox}}{K_{ox}\varepsilon_0} \tag{6.27}$$

のように書き換えると，$V_{FB} - t_{ox}$プロットの傾きが$-Q_f/K_{ox}\varepsilon_0$，切片がϕ_{MS}になる。この方法は次節でより詳しく述べるが，MOSキャパシタのt_{ox}を振る必要がある。それでもϕ_{MS}によらないので，より正

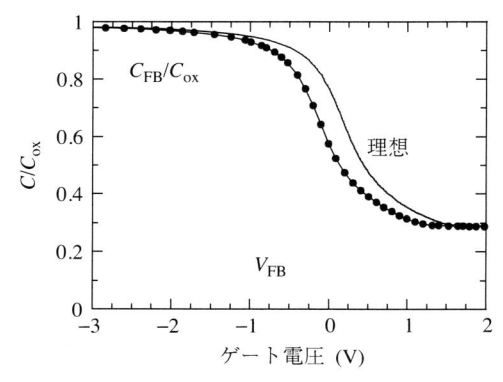

図6.12 MOSキャパシタの理想$C-V$曲線（線）と実験値（点）．$N_A = 5 \times 10^{16}$cm^{-3}，$t_{ox} = 20$nm，$T = 300$K，$C_{FB}/C_{ox} = 0.77$．

確である。文献のϕ_{MS}には0.5 V程度の幅があるので，文献値に頼らず，実際のプロセスでのϕ_{MS}を決定することが重要である。

6.2.5　ゲートと半導体の仕事関数差

フラットバンド状態の金属―酸化膜―半導体の電位のバンド図で，酸化膜中の電荷がゼロのときの金属―半導体の仕事関数差ϕ_{MS}を**図6.13**に示している。$V_G = V_{FB}$によって半導体と酸化膜のバンドがフラットになっている。酸化膜や界面の電荷がゼロであれば，式（6.17）より$V_{FB} = \phi_{MS}$である。図6.13に与えられている量はすべて電位であって，エネルギーではないことに注意しよう。ϕ_Mは金属の仕事関数，ϕ'_Mは金属の有効仕事関数，ϕ_Sは半導体の仕事関数，χは電子親和力，χ'は有効電子親和力である。その他の記号の意味はすべてこれまでどおりである。図6.13から

$$\phi_{MS} = \phi_M - \phi_S = \phi'_M - [\chi' + (E_c - E_F)/q] \tag{6.28}$$

ここでϕ'_M，χ'，および$(E_c - E_F)/q$はゲート材料，半導体，および温度が定まれば一定である。p型およびn型基板に対して式（6.28）は

$$\phi_{MS} = K - \phi_F = K - \frac{kT}{q}\left(\frac{N_A}{n_i}\right) \; ; \;\; \phi_{MS} = K + \phi_F = K + \frac{kT}{q}\left(\frac{N_D}{n_i}\right) \tag{6.29}$$

となる。ここで$K = \phi'_M - \chi' - (E_c - E_i)/q$および$p$型基板では$(E_c - E_F)/q = (E_c - E_i)/q + \phi_F = (E_c - E_i)/q + (kT/q)\ln(N_A/n_i)$，$N_A$と$N_D$は基板のドーピング密度である。このように$\phi_{MS}$は半導体およびゲートの材料だけでなく，基板のドーピングの型および密度にもよる。

図6.14はn^+ポリSiゲートp型基板およびp^+ポリSiゲートn型基板のMOSキャパシタのバンド図である。ゲートも基板も電子親和力は同じになっているので，

$$\phi_{MS} = \phi_F(gate) - \phi_F(sub) \tag{6.30}$$

であることがわかる。n^+ポリSiゲートのフェルミ準位は伝導帯の下端，p^+ポリSiゲートのフェルミ準位は価電子帯の上端にほぼ一致し，$\phi_{MS}(n^+ gate) \approx -E_G/2 - (kT/q)\ln(N_A/n_i)$および$\phi_{MS}(p^+ gate) \approx E_G/2q + (kT/q)\ln(N_D/n_i)$となる。$n$型基板上の$n^+$ゲートなら，$\phi_{MS}(n^+ gate) \approx -E_G/2q + (kT/q)\ln(N_D/n_i)$となる。

古くは光電子放出（photoemission）測定からϕ_{MS}を求めていた[16)]。半透明のゲートと基板との間に電

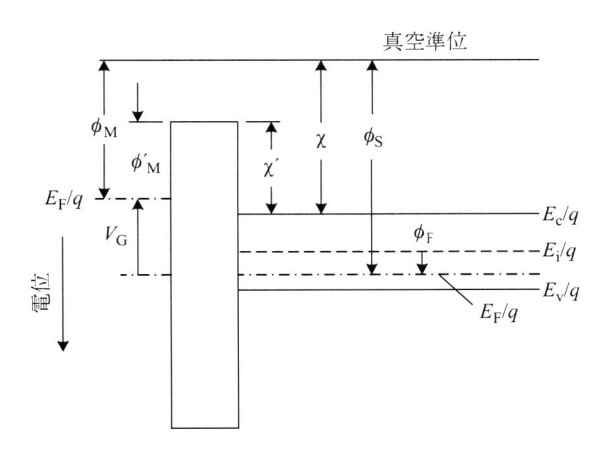

図6.13　フラットバンド状態の金属―酸化物―半導体系のバンド図．

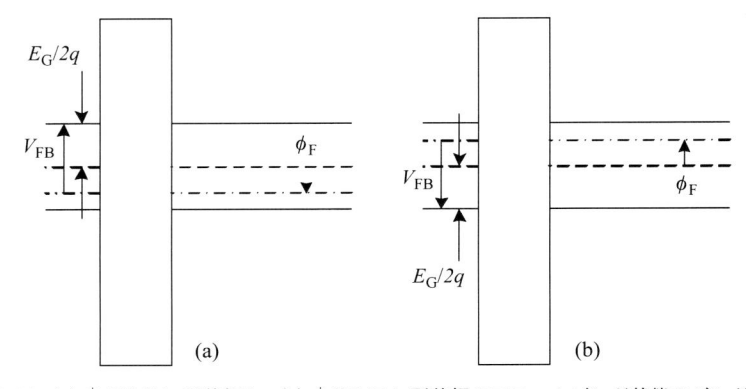

図6.14 (a)n^+ポリSi/p型基板と，(b)p^+ポリSi/n型基板のフラットバンド状態のバンド図.

圧を印加しても，光がなければ酸化膜の絶縁性によって電流は流れない．十分高いエネルギーの光子がゲートに当たるとゲートや半導体から酸化膜へ電子が励起される．これらの電子のうちいくつかは酸化膜をドリフトして捕集され，光電流となる．半導体から酸化膜へ励起された電子はゲート電圧が正のときゲートに向かって流れるので，**半導体と酸化膜の間の障壁高さを求めることができる**．ゲート電圧が負のときは，ゲートから酸化膜へ励起された電子が半導体に向かって流れ，**ゲートと酸化膜**の間の障壁高さが求められる．

光電子放出の測定では間接的にϕ_{MS}を求めるしかない．より直接的には，式（6.27）をもう一度

$$V_{FB} = \phi_{MS} - \frac{Q_f}{C_{ox}} = \phi_{MS} - \frac{Q_f t_{ox}}{K_{ox}\varepsilon_0} \tag{6.31}$$

と書き，V_{FB}を酸化膜の厚さに対してプロットすると，プロットの**傾き**が$-Q_f/K_{ox}\varepsilon_0$，V_{FB}軸の**切片**がϕ_{MS}になる[17]．これはMOSキャパシタの容量を測っているので，より直接的な方法である．さらに，フラットバンド電圧を測定するので，半導体表面の電場がゼロになり，電場によるショットキー障壁の低下を補正する必要がない．酸化膜の厚さを変えるには，ある厚さに酸化したウェハのV_{FB}を測定し，つづいて酸化膜を一部エッチングしてV_{FB}を測定する．これをくり返せば，いつも同じ場所の酸化膜を測定できる．酸化膜をエッチングしても固定電荷はSiO_2-Si界面近くに集中しているので，固定電荷は変わらない．どのサンプルもQ_fは同じという仮定で，酸化膜を異なる厚さにエッチングしたり，異なるウェハに異なる厚さの酸化膜を成長させ，MOSキャパシタをつくったりすることもある．

V_{FB}-t_{ox}プロットを**図6.15**に示す[18]．このMOSキャパシタはSiO_2をゲート絶縁膜としてp型基板上につくられている．ゲート絶縁膜上に厚さ40〜200 nmのポリSiと厚さ80〜200 nmのハフニウムを堆積し，420℃の炉または600〜750℃で1 minの高速加熱アニール（rapid thermal annealing）によりシリサイド化している．これを420℃のフォーミングガス中で30 minアニールしている．

ϕ_{MS}は酸化温度，ウェハの方位，界面トラップ密度，および低温D_{it}アニールによって変わる[19]．ポリSiゲートデバイスの仕事関数は，ゲートのドーピング密度にも依存する．ある報告によれば，仕事関数の差ϕ_{MS}はリンおよびヒ素の密度が5×10^{19} cm^{-3}で最大になり，この前後では小さくなる[20]．SiO_2-Si系にポリSiゲートをつけたときのϕ_{MS}のドーピング密度依存性を**図6.16**に示す．

6.2.6 酸化膜中にトラップされた電荷

デバイスの作製時にはなかった電荷が，デバイスの動作中に酸化膜中にトラップされることがある．たとえば，電子または正孔，あるいはその両方が基板またはゲートから注入される．また，光で酸化

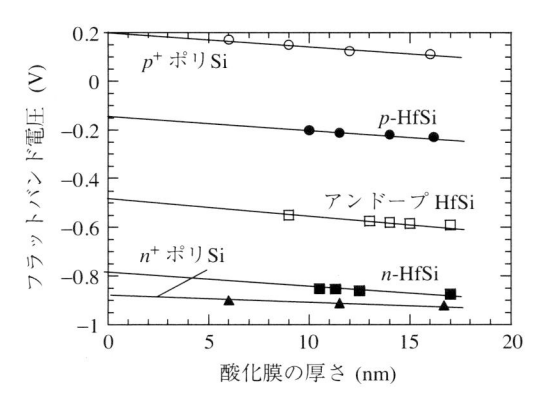

図6.15 p型Si基板の酸化膜の厚さに対するフラットバンド電圧．厚さ40〜200 nmのポリSiと，420℃の炉または600〜750℃で1 minのRTAでシリサイド化した厚さ80〜200 nmのハフニウムを，420℃のフォーミングガス中で30 minアニール．文献18から掲載．

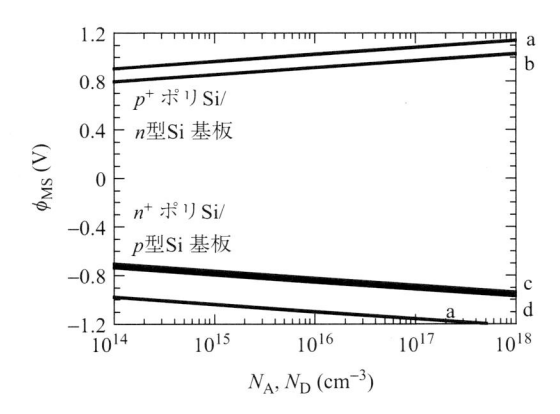

図6.16 ポリSi/SiO$_2$/Si MOSデバイスのドーピング密度に対する関数ϕ_{MS}．アルファベットに対応する文献番号は，a[21]，b[22]，c[23]，d[20]．

膜中に電子―正孔対が生成されると，電子か正孔，またはその両方が，一部，酸化膜にトラップされる．酸化膜のトラップ電荷Q_{ot}による**フラットバンド電圧のシフト**ΔV_{FB}は，酸化膜のトラップに電荷が注入されたとき，他の電荷はすべて変化しないと仮定して

$$\Delta V_{FB} = V_{FB}(Q_{ot}) - V_{FB}(Q_{ot} = 0) \tag{6.32}$$

からわかる．Q_fとは違い，酸化膜中のトラップ電荷は，酸化膜と半導体の界面ではなく，酸化膜全体に分布しているのがふつうである．C-V曲線を正しく解釈するにはQ_{ot}の分布を知らねばならない．トラップされた電荷の分布は**エッチオフ法**（etch-off）か**光$I-V$法**（photo $I-V$）で測定するのが最も一般的である．

　エッチオフ法では酸化膜を薄い層毎にエッチングしていく．各エッチング後にC-V曲線を測定し，これらのC-V曲線から酸化膜中の電荷プロファイルを求める．光$I-V$法は非破壊で，エッチオフ法

より精度がよい。この方法ではゲートまたは基板から酸化膜へ電子を光で注入する。電子注入は注入面からのエネルギー障壁の幅と障壁高さに依存する。障壁の幅と高さはいずれも酸化膜中の電荷とゲートバイアスに左右される。光$I-V$曲線から障壁の幅と高さの両方がわかる。この方法については文献24に優れた議論がある。この方法はフラットバンド電圧の遍歴をモニタするのに活用されることもある[25]。

酸化膜中の電荷分布を求める作業は退屈なので，めったに行われることはない。そういうデータがなければ，電荷

$$Q_{ox} = -C_{ox}\Delta V_{FB} \tag{6.33}$$

が酸化膜と半導体の界面にあると仮定して，注入された電荷によるフラットバンド電圧のシフトを解釈する。

6.2.7　可動電荷

SiO_2中の可動電荷は主にNa^+，Li^+，K^+，とH^+などのイオン性不純物である。ナトリウムが主たる汚染元素であるが，真空ポンプのオイルにリチウムも微量に含まれており，カリウムは化学—機械研磨（chemical-mechanical polishing）時に紛れ込む。1960年代初期には酸化膜の可動電荷の問題でMOSFETの実用化が遅れた。このとき，MOSFETは正のゲートバイアスは不安定で，負のゲートバイアスでは安定であることがわかってきた。このゲートバイアスによる不安定性に最初に関連づけられたのがナトリウムである[26]。MOSキャパシタを意図的に汚染し，バイアス—温度ストレス試験後に$C-V$曲線のシフトを測定すると，アルカリ陽イオンが熱酸化SiO_2膜を容易にドリフトしていくことが明らかになった。Naのプロファイルは，エッチングした酸化膜の中性子放射化分析（neutron action analysis）と炎光光度法（flame photometry）をつかって求められた[27]。Naのドリフトは等温過渡イオン電流法，熱誘起イオン電流法，および三角波電圧掃引法で測定されている[28]。

酸化膜の汚染物質の移動度は

$$\mu = \mu_0 \exp(-E_A/kT) \tag{6.34}$$

で与えられる[29]。ただし，Naでは$\mu_0 = 3.5 \times 10^{-4}\,cm^2/V\cdot s$（の10倍以内）かつ$E_A = 0.44 \pm 0.09\,eV$，Liでは$\mu_0 = 4.5 \times 10^{-4}\,cm^2/V\cdot s$（の10倍以内）かつ$E_A = 0.47 \pm 0.08\,eV$，Kでは$\mu_0 = 2.5 \times 10^{-3}\,cm^2/V\cdot s$（の8倍以内）かつ$E_A = 1.04 \pm 0.1\,eV$，Cuでは$\mu_0 = 4.8 \times 10^{-7}\,cm^2/V\cdot s$（の8倍以内）かつ$E_A = 0.93 \pm 0.2\,eV$である[29]。半導体とゲートでの電圧降下は小さいとすれば，酸化膜の電場はV_G/t_{ox}で与えられる。酸化膜中の可動イオンのドリフト速度は$v_d = \mu V_G/t_{ox}$で，横断時間t_tは

$$t_t = \frac{t_{ox}}{v_d} = \frac{t_{ox}^2}{\mu V_G} = \frac{t_{ox}^2}{\mu_0 V_G} \exp(E_A/kT) \tag{6.35}$$

となる。

3種のアルカリイオンとCuについて，式（6.35）を**図6.17**にプロットしている。このプロットの酸化膜電場はこの種の測定では一般的な$10^6\,V/cm$で，酸化膜の厚さは100 nmとしている。これより薄くなったり厚くなったりすると横断時間は式（6.35）にしたがって変わる。NaとLiは酸化膜中をかなり速くドリフトする。標準的な測定温度である200〜300℃の範囲なら，数ミリ秒で電荷が酸化膜を横断する。可動電荷の密度が$5 \times 10^9 \sim 10^{10}\,cm^{-2}$の範囲であれば，集積回路に適用してよい。

バイアス—温度ストレス法：バイアス—温度ストレス法（bias-temperature stress; BTS）は可動電荷を求めることができる2つの方法のうちの1つである。ちなみに室温で$C-V$測定からQ_fを求めるのとは違い，可動電荷は電荷が動けるよう十分高い温度で測定する。デバイスを150〜200℃に加熱し，酸化膜の電場が$10^6\,V/cm$程度になるゲートバイアスを，酸化膜の片面に電荷がドリフトするまで5〜10 minほど印加する。その後デバイスを**バイアスしたまま**室温まで冷まし，$C-V$曲線を測定する。こ

の手順を逆のバイアス極性でくり返し，フラットバンド電圧のシフトから，式

$$Q_m = -C_{ox}\Delta V_{FB} \tag{6.36}$$

によって可動電荷を求めることができる．

可動電荷の密度が$10^9\,\mathrm{cm}^{-2}$に近づくと，バイアス—温度ストレス法の再現性があやしくなる．たとえば，厚さ$10\,\mathrm{nm}$の酸化膜で$10^9\,\mathrm{cm}^{-2}$の密度の可動電荷がドリフトすると，フラットバンド電圧シフトは$0.5\,\mathrm{mV}$になる．測っているのは電圧のシフトであって容量ではないので，ゲートの面積を変えても無意味である．

測定したフラットバンド電圧シフトが酸化膜中にトラップされた電荷によるのか，可動電荷によるのかが問題になることがある．これは次のようにして簡単にチェックできる：適当にゲート電圧を往復させると初期の$C-V$曲線が図6.18の(a)のようになるp型基板上のMOSキャパシタを考えよう．ここで，適切にゲート電圧を往復させれば，酸化膜に電荷が注入されることも，可動電荷が動くこともないと仮定しよう．次に，バイアス—温度ストレス試験を正のゲート電圧で実施する．酸化膜の電場を$1\,\mathrm{MV/cm}$近傍にしておくと，可動電荷はドリフトをはじめるが，この電場では電荷の注入はない．

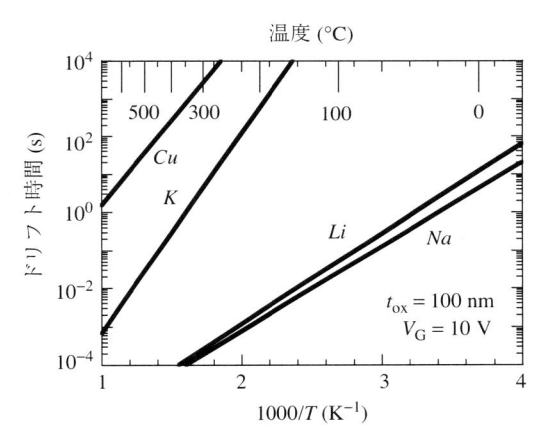

図6.17　$t_{ox}=100\,\mathrm{nm}$の酸化膜の電場が$10^6\,\mathrm{V/cm}$のときのNa，Li，K，およびCuのドリフト時間．

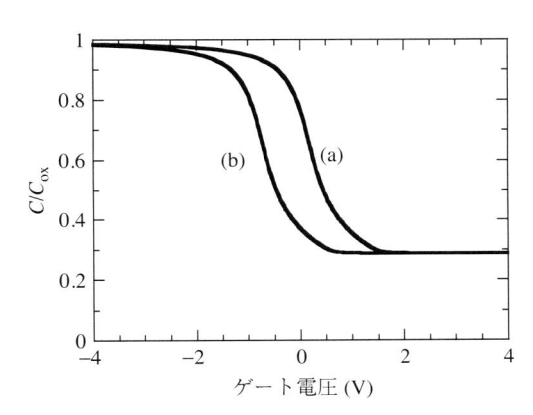

図6.18　可動電荷の挙動を示す$C-V_G$曲線．

バイアス—温度ストレス試験後の$C-V$曲線が図6.18の(b)のようになれば，このドリフトは正の可動電荷によるものである．室温でさらにゲート電圧を上げると電子か正孔，あるいはその両方が酸化膜に注入される頻度が増すが，可動電荷もドリフトするので，どちらが支配的なのかわからなくなる．

三角電圧掃引法：三角電圧掃引法（triangular voltage sweep; TVS）では容量ではなく電流を測定する[30]．MOSキャパシタを200〜300℃の範囲の一定温度で加熱保持し，低周波$C-V$曲線を測定する．容量を測定してもふつうC_{lf}は**得られないので**，6.2.3節で議論したように電流あるいは電荷の測定によってC_{lf}を求める．三角電圧掃引法では時間変化する印加電圧に応答して高温の酸化膜を流れる電荷を測定する．電荷の流れは電流か電荷で検出する．可動イオンの密度が10^9cm^{-2}のとき，0.01cm^2のゲート面積に0.01V/sのレートで掃引すると，電流は$I = 34 \text{pA}$である．電荷を検出する測定なら，電荷にして$Q = 1.6 \text{pC}$である．これらはいずれも標準的な測定能力の範囲にある．

電流は図6.11(a)のように電圧をゆっくりと上昇させながら測定する．昇圧レートを十分低くすれば，測定される電流は変位電流と可動電荷による伝導電流との和になる．この電流は

$$I = \frac{dQ_G}{dt} \tag{6.37}$$

で定義される．$Q_G = -(Q_S + Q_{it} + Q_f + Q_{ot} + Q_m)$とすると，電流は

$$I = C_{lf}\left(\alpha - \frac{dV_{FB}}{dt}\right) \tag{6.38}$$

に書き直せる[24]．ここで$\alpha = dV_G/dt$はゲート電圧の昇圧レートである．両辺を$-V_{G1}$から$+V_{G2}$まで積分すると

$$\int_{-V_{G1}}^{V_{G2}} (I/C_{lf} - \alpha)dV_G = -\alpha\{V_{FB}[t(V_{G2})] - V_{FB}[t(-V_{G1})]\} \tag{6.39}$$

ここで$-V_{G1}$では可動電荷はすべてゲート—酸化膜界面（$x = 0$）にあり，V_{G2}ではすべて半導体と酸化膜の界面（$x = t_{ox}$）にあると仮定しよう．そこで可動電荷だけを考えれば，式（6.17）から

$$-\alpha\{V_{FB}[t(V_{G2})] - V_{FB}[t(-V_{G1})]\} = \alpha\frac{Q_m}{C_{ox}} \tag{6.40}$$

で，式（6.39）は

$$\int_{-V_{G1}}^{V_{G2}} (I/C_{lf} - \alpha)C_{ox}dV_G = \alpha Q_m \tag{6.41}$$

となる．演習6.1で示したように，高周波および低周波$C-V$曲線は高温で一致し，高周波曲線と低周波曲線を測定して**図6.19**のように2つの曲線で囲まれた面積をとれば，可動電荷を求めることができる[31]．式（6.41）の積分は図6.19の高周波曲線と低周波曲線で囲まれた面積を表しているのである．C_{lf}とC_{hf}が同じであるのに，低周波の可動電荷に山が現れる理由は，低周波**電流**測定では反転電荷だけでなく，可動電荷のドリフトもプローブ周波数に応答できるからである．高温での高周波**容量**測定では反転電荷だけが検出される．

$I-V_G$曲線では，ゲート電圧が異なる2つのピークがみられることがある．これらは移動度の異なる可動イオンによるものとされている．適切な温度と掃引レートなら，低電場では移動度の高いイオン（たとえばNa^+）が移動度の低いイオン（たとえばK^+）よりドリフトしやすい．このようにしてNaのピークはKのピークよりもゲート電圧の低い方に現れる．このように種類の異なる可動不純物はバイアス—温度法で区別できないので，バイアス—温度ストレス法と三角電圧掃引法で求めた不純物の総数に違いがあっても，これで説明できる．バイアス—温度ストレス法では可動電荷がすべて酸化膜

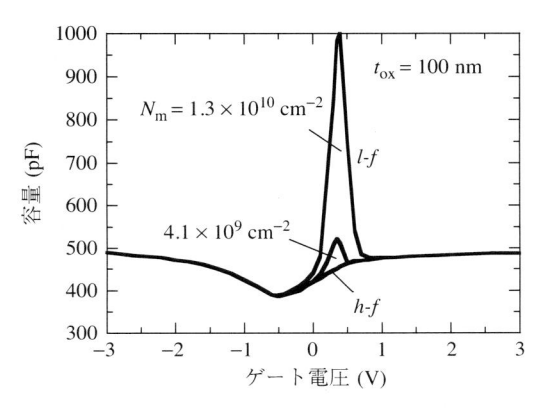

図6.19 $T=250$℃で測定したC_{lf}とC_{hf}. 可動電荷の密度は2つの曲線で挟まれた面積から求められる.

をドリフトしてしまうまで十分長い時間をかけねばならない。一方，三角電圧掃引法で温度が低すぎたり，ゲートの昇圧レートが速すぎると，一方の種類の電荷しか検出されないこともある。たとえば，移動度の高いNaはドリフトするが，移動度の低いKは動けないような場合である。三角電圧掃引法は容量ではなく電流あるいは電荷を測定するので，ゲート酸化膜だけでなく**層間絶縁膜**の可動電荷も求めることができる。

その他の方法：電気的な方法は簡単に測定でき，感度もよいので，主流の評価方法である。バイアス—温度ストレス法の感度は10^{10} cm^{-2}，三角電圧掃引法は10^9 cm^{-2}の密度まで検出できる。しかし電気的な方法では，中性な不純物や，薬品や炉管に含まれるナトリウムなどを検出することはできない。ナトリウムの検出には放射性トレーサ法（radiotracer）[32]，中性子放射化分析法[33]，炎光光度法[34]，および二次イオン質量分析法（SIMS）がつかわれる。SIMSでは正または負のイオンビームによる表面の帯電によってイオンの分布が変わり，誤った分布曲線になることがあるので，注意が必要である[35]。

6.3　界面にトラップされた電荷

　界面にトラップされた電荷は界面トラップあるいは界面状態ともいわれ，半導体と絶縁体の界面でのダングリングボンド（dangling bond）で説明される。フォーミングガスによるアニールで界面トラップの密度を下げるのが最も一般的である。文献24，36，37に界面トラップの性質とその評価方法の優れた総説がある。

6.3.1　低周波（準静的）方法

　界面にトラップされた電荷は，低周波または**準静的方法**で測定するのが一般的である。これから界面にトラップされた電荷の密度だけでなく，界面トラップの捕獲断面積もわかる。本章では"界面にトラップされた電荷（interface trapped charge）"と"界面トラップ（interface trap）"を同じ意味でつかう。評価手法を議論する前に，界面トラップの性質を議論しておこう。**図6.20**(a)のモデルでは，E_iより下のD_{it}にはドナーのような振る舞いを，E_iより上のD_{it}にはアクセプタのような振る舞いを与えている。このモデルが広く受け入れられている訳ではないが，実験的な証拠はある[38]。E_Fより下のドナー型界面トラップは電子で占められており，したがって中性である。$E_F<E<E_i$のエネルギーにある界面トラップは空のドナーで，正に帯電している。E_iより上にある界面トラップは空のアクセプタで，中性である。その結果，フラットバンド状態のD_{it}の正味の電荷は正である。ゲート電圧が正のとき（図6.20(b)）はアクセプタ状態の一部がE_Fより下になり，正味の電荷は負になるが，ゲート電圧が負のとき（図6.20(c)）は，正味の電荷は正になって増える。このようにして式（6.17）にしたがう$C-$

V 曲線は，正のゲート電圧では右に，負のゲート電圧では左にシフトする．

界面トラップが高周波および低周波の $C-V$ 曲線におよぼす影響を**図6.21**に示す．界面トラップが交流プローブ周波数に追従できないときは，界面トラップは容量に影響せず，その等価回路は図6.4で $C_{it}=0$ としたものになる．しかし，ゆっくりと変化する直流バイアスには界面トラップも追従できる．酸化膜中の電荷はないとして蓄積状態から反転状態へゲート電圧を掃引すれば，ゲートの電荷は $Q_G = -(Q_S + Q_{it})$ である．$Q_{it}=0$ という理想的な場合を除けば，半導体と界面トラップはいずれも帯電していなければならない．このとき，ゲート電圧に対する表面電位の関係は式（6.16）にはならず，高周波 $C-V$ 曲線が図6.21(a)のように**引き伸ばされる**．この伸びは界面トラップによって容量が増した

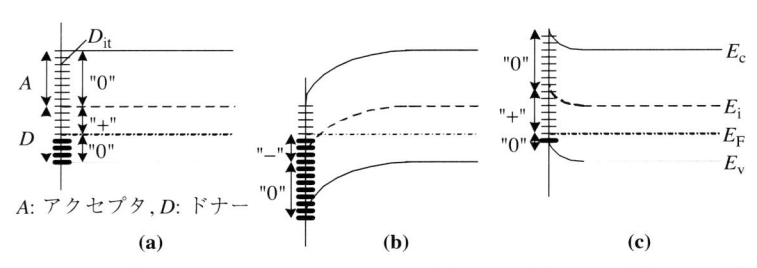

A: アクセプタ, D: ドナー

図6.20 界面トラップの影響を示す半導体のバンド図．(a) $V_G=0$, (b) $V_G>0$, (c) $V_G<0$．電子で占められている界面トラップは短く**太い横線**で，空のトラップは短く**細い横線**で示している．

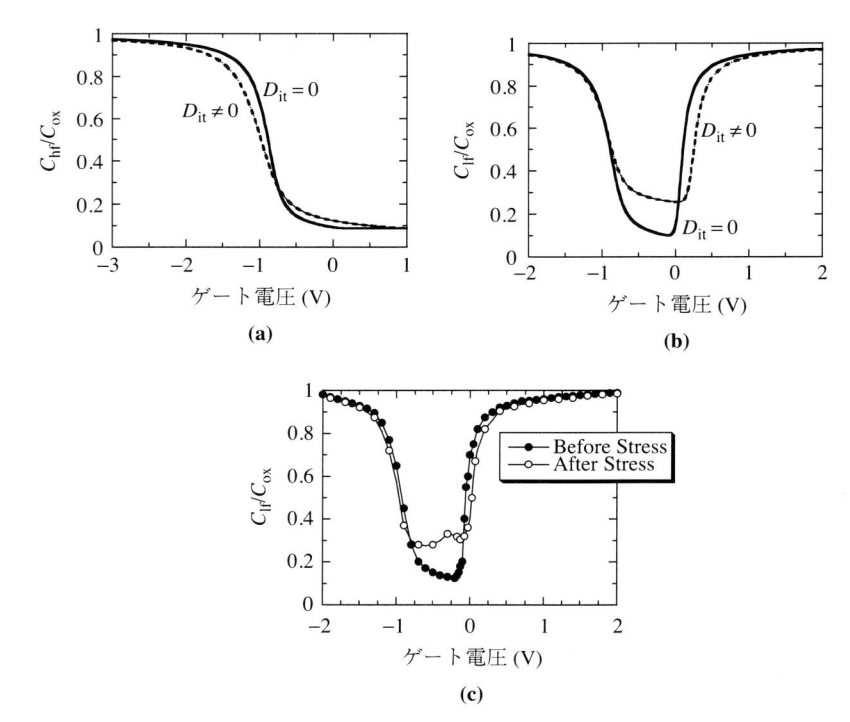

図6.21 MOS キャパシタの容量—電圧曲線への D_{it} の影響．(a)高周波理論曲線，(b)低周波理論曲線，(c)低周波実験曲線．ゲートの電圧ストレスで界面トラップが生成されている．

のではなく，$C-V$曲線がゲート電圧軸にそって伸ばされているだけである．低周波測定では界面トラップがプローブ周波数に追従するので，界面トラップが界面トラップ容量C_{it}として寄与し，$C-V$曲線は図6.21(b)のように電圧軸にそって伸びる．$\phi_s = \phi_F$のときはバンドギャップの上半分のアクセプタ型界面トラップと下半分のドナー型界面トラップとが相殺して，$C-V$曲線は理想的な曲線と一致する．酸化膜を貫通するゲート電流で酸化膜ストレスを誘起する試験の前後での実験曲線を図6.21(c)に示す．

準静的方法の基礎理論はBerglundが発展させた[39]．これは低周波$C-V$曲線を界面トラップのない曲線と比較する方法である．後者には理論曲線もつかうが，界面トラップが応答しないとみなせる周波数領域で求めた高周波$C-V$曲線がよくつかわれる．"低周波"とは，界面トラップと反転した少数キャリアの電荷が交流プローブ周波数に応答できる周波数という意味である．少数キャリアの応答限界は6.2.1節で議論している．界面トラップの応答限界は，少数キャリアの応答限界ほど深刻ではないことが多く，反転層が応答できるほど十分に低い周波数なら，一般に，界面トラップの応答に対しても十分に低い周波数である．

空乏状態から反転状態にかけての低周波容量は式（6.4）によって

$$C_{lf} = \left(\frac{1}{C_{ox}} + \frac{1}{C_S + C_{it}} \right)^{-1} \tag{6.42}$$

のように与えられる．ここでは$C_b + C_n$を低周波の半導体容量C_Sで置き換えた．C_{it}は$D_{it} = C_{it}/q^2$によって界面トラップ密度D_{it}に結びつけられ，

$$D_{it} = \frac{1}{q^2} \left(\frac{C_{ox} C_{lf}}{C_{ox} - C_{lf}} - C_S \right) \tag{6.43}$$

となる．式（6.43）からバンドギャップ全体の界面トラップ密度を決定できる．

演習6.5
問題：教科書の多くは$C_{it} = qD_{it}$としているのに，ここでは$C_{it} = q^2 D_{it}$としているのはなぜか．
解：$C_{it} = qD_{it}$は定評のある教科書，たとえばNicollian and Brewsのp.195に引用されている[24]．しかし，単位をつければおかしいことがわかる．D_{it}を（一般的な）cm^{-2}eV^{-1}，qをC（クーロン）で表せば，qD_{it}の単位はeV＝C・VとV＝C/Fをつかって$\frac{C}{cm^2 \cdot eV} = \frac{C}{cm^2 \cdot C \cdot V} = \frac{F}{cm^2 \cdot C}$になる．一方$C_{it}$の単位は$\frac{F}{cm^2}$であるから，正しい定義は$C_{it} = q^2 D_{it}$とすべきであることがわかる．ただし式$E(eV) = qV$では$q = 1$であって$1.6 \times 10^{-19}$ではないことに注意！したがって$C_{it} = q^2 D_{it} = 1 \times 1.6 \times 10^{-19} D_{it}$である．$D_{it}$をcm^{-2}J^{-1}の単位とするなら$C_{it} = (1.6 \times 10^{-19})^2 D_{it}$である．これはKwok Ngが著者に指摘してくれた問題で，彼の教科書K.K. Ng, Complete Guide to Semiconductor Devices, 2nd Ed., p.183, Wiley-Interscience, New York（2002）に掲載されている．

D_{it}を求めるにはC_{lf}とC_Sがわかっていなければならない．C_{lf}はゲート電圧の関数として測定し，C_Sは式（6.7）から計算する．式（6.7）では容量を表面電位ϕ_sの関数として計算するが，式（6.43）ではC_{lf}をゲート電圧の関数として測定するので，ϕ_sとV_Gとの関係が必要になる．Berglundが提案した関係式は

$$\phi_s = \int_{V_{G1}}^{V_{G2}} (1 - C_{lf}/C_{ox}) dV_G + \Delta \tag{6.44}$$

で，Δは$V_G = V_{G1}$での表面電位で決まる積分定数である[39]．積分定数Δは未知なので，V_{G1}とV_{G2}を適当に選び，測定した$C_{lf}/C_{ox} - V_G$曲線を積分して表面電位ϕ_sを得る．フラットバンド状態ではバンドの曲

がりはゼロなので，$V_G = V_{FB}$から積分すれば$\Delta = 0$にできる．V_{FB}から蓄積状態のV_{G2}へ，またV_{FB}から反転状態のV_{G2}へ積分すれば，バンドギャップのほぼ全域にわたって表面電位が得られる．強い蓄積状態から強い反転状態まで積分すれば，積分は$[\phi_s(V_{G2}) - \phi_s(V_{G1})] = E_G/q$となるはずである．$E_G/q$より値が大きいと，酸化膜中あるいは酸化膜と半導体の界面でのトラップが不均一に分布していることになり，解析はできない．低周波および高周波$C-V$曲線から表面電位を求める様々なアプローチが提案されている[40]．Kuhnは蓄積状態と強い反転状態での$C_{lf}-\phi_s$の実験値を理論曲線にフィッティングさせる手法を提案した[10]．ϕ_sに対して$(1/C_S)^2$をプロットすると，N_Aが均一なら，傾きN_Aで切片がΔの直線になる．N_Aが均一でないなら，Δは一意に定まらない．これらの方法では，一般に帰還ループにキャパシタを入れたオペアンプをつかって電荷を測定する．この回路でD_{it}をϕ_sの関数として直接測定し，プロットしている[41]．

式（6.43）と（6.44）からD_{it}を求めると時間がかかるが，Castagné and Vapailleが簡単な方法を提案している[42]．この方法では式（6.43）のC_Sの計算にまつわる不確かさを排除し，C_Sを測定値に置き換えている．この高周波$C-V$曲線から，式（6.15）により

$$C_S = \frac{C_{ox}C_{hf}}{C_{ox} - C_{hf}} \tag{6.45}$$

を得る．

式（6.45）を（6.43）に代入すると，**測定した低周波および高周波$C-V$曲線から**

$$D_{it} = \frac{C_{ox}}{q^2}\left(\frac{C_{lf}/C_{ox}}{1 - C_{lf}/C_{ox}} - \frac{C_{hf}/C_{ox}}{1 - C_{hf}/C_{ox}}\right) \tag{6.46}$$

のようにD_{it}が求められる．

式（6.46）はバンドギャップのうち，反転の開始（ただし強い反転ではない）から多数キャリアのバンド端に近い表面電位までのごく限られた範囲のD_{it}で，多数キャリアのバンド端では測定交流周波数が界面トラップの放出時定数の逆数にほぼ等しい．このようになるのは多数キャリアのバンド端からエネルギーで0.2 eVの深さまでである．周波数を上げれば，よりバンド端に近いところをプローブできる．代表的な高周波および低周波曲線を**図6.22**に示している．

$D_{it}-\phi_s$のデータは図6.26のようにギャップ中央付近で最小値をもつU字形の分布になり，バンド端のどちらかに近づくと曲線は鋭くなる．式（6.43）の方法によるときは，積分定数Δが精度よくわか

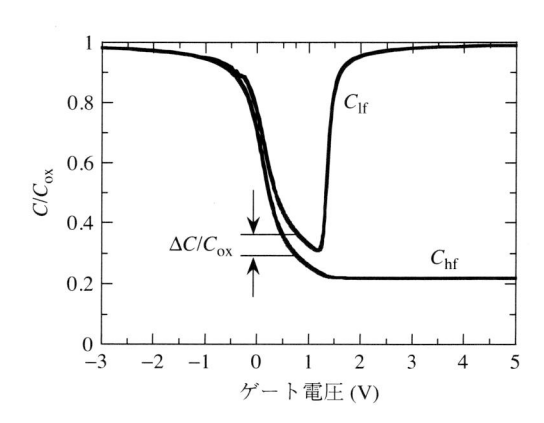

図6.22 高周波および低周波$C-V_G$曲線．界面トラップによるオフセット$\Delta C/C_{ox}$がみえる．

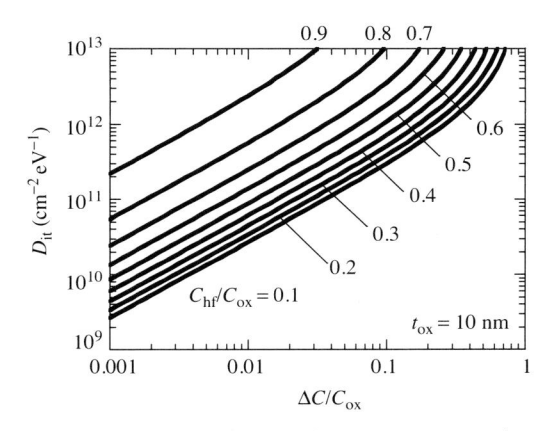

図6.23 高周波曲線とオフセット$\Delta C/C_{ox}$から求めた界面にトラップされた電荷密度.

っていなければならない. Δにわずかな誤差があっても, バンド端ではD_{it}に大きく影響するからである[43]. 酸化膜の電荷や基板のドーピング密度が不均一でも表面電位がゆらいで誤差のもとになる[44]. 反転容量での量子力学的効果を無視してD_{it}を求めると, 誤差が大きくなる[45]. 量子力学的効果が顕著だと, 従来の準静的方法では界面状態密度を過小評価するおそれがあり, ドーピング密度が増すとさらに深刻になる.

D_{it}は必ずしも表面電位の関数として求める必要はない. たとえばプロセス管理が目的なら, C-V曲線の1点でD_{it}を求めれば十分なことが多い. C_{lf}が最小となるところが最も感度がよいので, その点を選ぶとよい. この点はギャップ中央付近の弱く反転した領域の表面電位 ($\phi_F < \phi_s < 2\phi_F$) に対応している. $t_{ox} = 10$ nmのSiO_2について, D_{it}を求める式 (6.46) を図6.23にプロットする. この図をつかうには, まずC_{lf}/C_{ox}とC_{hf}/C_{ox}を測定し, $\Delta C/C_{ox} = C_{lf}/C_{ox} - C_{hf}/C_{ox}$を求める. すると, グラフから$D_{it}$がわかる ($\Delta C/C_{ox}$の定義は図6.22のとおり)[46]. 10 nm以外の厚さの酸化膜については, 図6.22から求めたD_{it}にt_{ox}をnmで表して$10/t_{ox}$を掛ける. 図解法は他にも提案されている[47].

高周波曲線を得るには, 界面トラップが応答しないよう測定周波数を十分に高くしなければならない. 周波数は1 MHzもあれば十分であるが, D_{it}の大きいデバイスでは界面トラップによる応答が一部混在する. より高い周波数にできればよいが, 直列抵抗が問題にならないか確認しておかねばならない. C_{lf}を測定するときは, 反転状態から蓄積状態へ掃引すれば, すでに反転層にある少数キャリアがつかえるので, これを熱的に生成する必要がなくなる. 直列抵抗や迷光も曲線に影響する[48]. D_{it}抽出における誤差についてはNicollian and Brewsによる詳しい解説がある[21]. 準静的方法で求めることができるD_{it}の下限は10^{10} cm^{-2}eV^{-1}近辺である. しかし, 酸化膜の厚さが減ると, 低周波曲線にかなりのリーク電流成分が重なり, 準静的方法も疑わしくなる.

電荷—電圧法はMOSの測定に適しており, ϕ_s-Wの実験値と理論曲線との比較から, 式 (6.44) の付加定数Δを求めることもできる. ここでWは実験による高周波C-V曲線から求めた空間電荷領域の幅である.

6.3.2 コンダクタンス法

Nicollian and Goetzbergerによって1967年に提案された**コンダクタンス法**はD_{it}を求める最も感度のよい方法の1つで[49], 10^9 cm^{-2}eV^{-1}以下の界面トラップ密度まで測ることができる. 得られる情報も最も多く, バンドギャップの空乏化部分および弱く反転した部分のD_{it}, 多数キャリアの捕獲断面積, および表面電位のゆらぎがわかる. この方法ではMOSキャパシタの等価並列コンダクタンスG_pを, バ

イアス電圧と周波数の関数として測定する．コンダクタンスは界面トラップでのキャリアの捕獲と放出による損失メカニズムを反映しているので，界面トラップ密度の目安になる．

コンダクタンス法になじむよう単純化したMOSキャパシタの等価回路を図6.24(a)に示す．これは酸化膜容量C_{ox}，半導体容量C_S，および界面トラップ容量C_{it}からなる．D_{it}によるキャリアの捕獲と放出は損失過程であり，抵抗R_{it}で表される．図6.24の(a)の回路を(b)の回路に置き換えると，C_PとG_Pは

$$C_P = C_S + \frac{C_{it}}{1+(\omega\tau_{it})^2} \tag{6.47}$$

$$\frac{G_P}{\omega} = \frac{q\omega\tau_{it}D_{it}}{1+(\omega\tau_{it})^2} \tag{6.48}$$

で与えられる．ここで$C_{it} = q^2 D_{it}$，$\omega = 2\pi f$(f = 測定周波数)，$\tau_{it} = R_{it}C_{it}$は$\tau_{it} = [v_{th}\sigma_p N_A \exp(-q\phi_s/kT)]^{-1}$で与えられる界面トラップ時定数である．$G_P$を$\omega$で割ることで，式(6.48)は$\omega\tau_{it}$の関数になっている．式(6.47)と(6.48)はバンドギャップ中に界面トラップの準位が1つだけある場合である．しかし，SiO_2-Si界面のトラップはSiのバンドギャップ中に連続的に分布している．捕獲と放出は主にフェルミ準位から数kT/q内にあるトラップで起こるので，時定数はある幅をもち，規格化されたコンダクタンスは

$$\frac{G_P}{\omega} = \frac{qD_{it}}{2\omega\tau_{it}} \ln[1+(\omega\tau_{it})^2] \tag{6.49}$$

のようになる[49]）．

式(6.48)と(6.49)ではC_Sが必要ないので，容量法よりもコンダクタンス法の解釈がやさしいようにみえる．コンダクタンスは周波数の関数として測定し，$G_P/\omega - \omega$をプロットする．式(6.48)ではG_P/ωは$\omega = 1/\tau_{it}$で最大となり，このとき$D_{it} = 2G_P/q\omega$である．式(6.49)ではG_P/ωは$\omega \approx 2/\tau_{it}$で最大となり，このときは$D_{it} = 2.5G_P/q\omega$である．このように，$G_P/\omega$の最大値から$D_{it}$を求め，$\omega$軸上でコンダクタンスのピークが現れる$\omega$から$\tau_{it}$を求めることができる．式(6.48)と(6.49)にしたがって計算した$G_P/\omega - \omega$プロットを図6.25に示す．計算につかったD_{it}の値は，同じグラフに示した実験データから複雑なルーチンによって抽出したものである．実験のピークの方が大きく拡がっていることに注意すること．

$G_P/\omega - \omega$の実験曲線は一般に式(6.49)で予想されるものより拡がっているが，これはドーピング密度のゆらぎだけでなく，酸化膜中の電荷や界面トラップが一様でないために表面電位がゆらぎ，界面トラップの時定数が幅をもつためである．表面電位のゆらぎはn型Siよりもp型Siの方が大きい[50]．

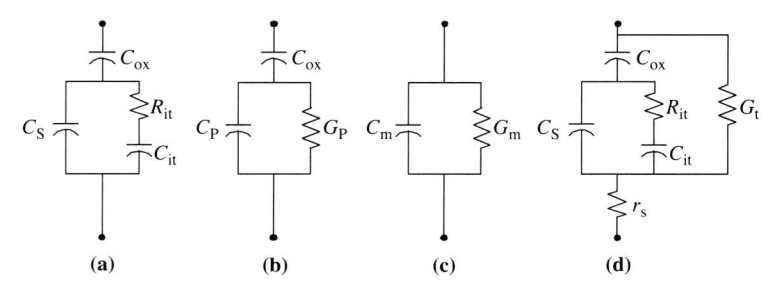

図6.24 コンダクタンス測定での等価回路．(a)界面トラップの時定数が$\tau_{it} = R_{it}C_{it}$のMOSキャパシタ．(b)(a)を簡略化した回路．(c)実測用回路．(d)直列抵抗r_sとトンネルコンダクタンスG_tを付加した回路．

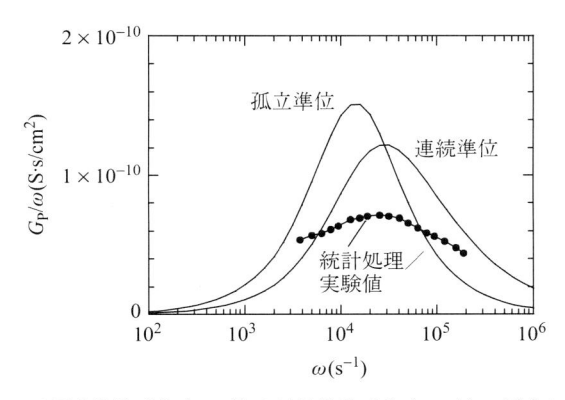

図6.25　$G_P/\omega - \omega$ を孤立準位（式 (6.48)）と連続準位（式 (6.49)）で計算した結果．および実験データ[37]．いずれも $D_{it}=1.9 \times 10^9 \mathrm{cm}^{-2}\mathrm{eV}^{-1}$, $\tau_{it}=7 \times 10^{-5}$ s としている．

表面電位のゆらぎによって実験データの解析は複雑になる．そういうゆらぎを考慮すると，式 (6.49) は

$$\frac{G_P}{\omega} = \frac{q}{2} \int_{-\infty}^{\infty} \frac{D_{it}}{\omega \tau_{it}} \ln[1+(\omega \tau_{it})^2] P(U_s) dU_s \tag{6.50}$$

となる．ここで $P(U_s)$ は，$\overline{U}_s$ を規格化された平均表面電位，σ をその標準偏差として，

$$P(U_s) = \frac{1}{\sqrt{2\pi\sigma^2}} \exp\left[-\frac{(U_s-\overline{U}_s)^2}{2\sigma^2}\right] \tag{6.51}$$

で与えられる表面電位のゆらぎの確率分布である．

図6.25のデータの点を通る線は式 (6.50) で計算したものである．ϕ_s のゆらぎを考慮した理論は実験とよく一致する．測定したコンダクタンスの最大値から界面トラップ密度を求める近似式は

$$D_{it} \approx \frac{2.5}{q} \left(\frac{G_P}{\omega}\right)_{\max} \tag{6.52}$$

となる[49]．

一般の容量計は図6.24(c)の C_m-G_m 並列回路を想定している．図の(b)の回路を(c)と比べると，G_P/ω は直列抵抗は無視できるとして，測定した容量 C_m，酸化膜の容量，および測定したコンダクタンス G_m によって

$$\frac{G_P}{\omega} = \frac{\omega G_m C_{ox}^2}{G_m^2 + \omega^2(C_{ox}-C_m)^2} \tag{6.53}$$

で与えられる．コンダクタンスは広い周波数範囲で測定しなければならない．準静的方法とコンダクタンス法で求めた界面トラップを図6.26で比較している．準静的方法による D_{it} は広いエネルギー範囲にわたっており，コンダクタンス法がつかえる狭い範囲ともよく一致している．コンダクタンス法で調べられるのはフラットバンドから弱い反転までのバンドギャップ範囲である．測定周波数は正確に求め，信号の振幅は 50 mV かそれ以下に保持して信号周波数の調和振動による擬コンダクタンスを回避する．D_{it} がわかればコンダクタンスはデバイスの面積だけで決まる．ただし，特に D_{it} が低いときは，薄い酸化膜のキャパシタはコンダクタンスに比べ容量が大きくなり，容量計の分解能が容量電流成分による位相ずれに支配される．これに対しては，酸化膜の厚さを増して C_{ox} を減らせばよい．

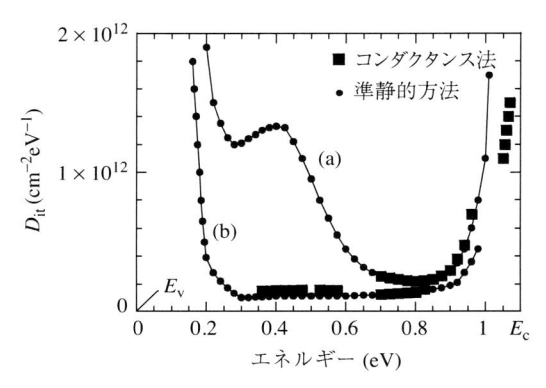

図6.26 準静的方法とコンダクタンス法で求めたバンドギャップ内のエネルギーに対する界面にトラップされた電荷密度. (a)(111)n型Si, (b)(100)n型Si. 文献50と51による.

薄い酸化膜ではかなりのリーク電流が考えられる。さらにデバイスにはこれまで無視してきた直列抵抗もある。より完全な図6.24(d)の回路では，G_tがトンネルコンダクタンスを，r_sが直列抵抗を表している。すると式 (6.53) は

$$\frac{G_P}{\omega} = \frac{\omega (G_c - G_t)C_{ox}^2}{G_c^2 + \omega^2(C_{ox} - C_c)^2} \tag{6.54}$$

となる[52]。ここで

$$C_c = \frac{C_m}{(1 - r_s G_m)^2 + (\omega\, r_s C_m)^2} \tag{6.55}$$

$$G_c = \frac{\omega^2 r_s C_m C_c - G_m}{r_s G_m - 1} \tag{6.56}$$

である。C_mとG_mはそれぞれ測定した容量およびコンダクタンスである。直列抵抗はデバイスを蓄積状態にバイアスし，

$$r_s = \frac{G_{ma}}{G_m^2 + \omega^2 C_{ma}^2} \tag{6.57}$$

から求める[24]。ここでG_{ma}とC_{ma}は，それぞれ蓄積状態で測定したコンダクタンスおよび容量である。トンネルコンダクタンスは式 (6.56) で$\omega \to 0$として求める[52]。式 (6.54) で$r_s = G_t = 0$とすれば式 (6.53) になる。

コンダクタンスの実験値の説明に，いろいろなモデルが提案されている[53]。これらの方法からどれを選ぶかで，信頼できるD_{it}とσ_pが得られるかどうかが決まる。G_P/ωが周波数[54]か大きさ[55]に関係しているなら，G_P/ωの値を2つとってデータを解析する方法が提案されている。たとえば，2つの周波数でのG_P/ωの値から曲線を求め，普遍曲線から適切なパラメータを求めることができる。BrewsはG_P/ω曲線の1つをつかい，曲線がピーク値からある割合に落ちる点をいくつか求め，普遍曲線からD_{it}とσ_pを求めている[55]。Norasは適切なパラメータを抽出するアルゴリズムを報告している[55]。他にも単純化の工夫によって，単一の高周波$C-V$および$G-V$曲線からD_{it}を求めることができる[56]。

温度一定で周波数を振る代わりに，周波数を一定にして温度を振ることもできる[57]。この方法は周

波数の範囲を広くとる必要がなく，直列抵抗が無視できる周波数に限定できるという利点がある．温度を上げて測定すると，ギャップ中央付近の感度が上がり，トラップのエネルギー準位と捕獲断面積が検出できるようになる[58]．コンダクタンス法の考え方をつかって，MOSキャパシタのコンダクタンスではなくMOSFETの相互コンダクタンスを測定することもできる[59]．こうすれば，MOSFETのようなゲート面積の小さなデバイスの界面トラップ密度を求めることができ，MOSキャパシタという特殊なテストストラクチャは不要になる．

6.3.3 高周波法

Terman法：Termanによって開発された室温での高周波容量法は，界面トラップ密度を初めて求めた方法の1つである[60]．この方法では，界面トラップが応答できない十分高い周波数で$C-V$特性を測定する．したがって界面トラップが容量へ影響してはならない．

与えた交流信号には応答しない界面トラップを，どのように測定するのであろうか．界面トラップは交流プローブ周波数には応答しないが，ゆっくりと変化する直流ゲート電圧には**応答する**．ゲートバイアスによって界面トラップの占有率が変化し，図6.21(a)のように高周波$C-V$曲線がゲート電圧軸にそって伸びる．いい換えれば，空乏または反転状態のMOSキャパシタのゲートの電荷が増えると，半導体の電荷も$Q_G = -(Q_b + Q_n + Q_{it})$によって増える．

$$V_G = V_{FB} + \phi_s + V_{ox} = V_{FB} + \phi_s + Q_G/C_{ox} \qquad (6.58)$$

から明らかなように，ある表面電位ϕ_sが与えられているとき，界面トラップがあればV_Gが変化して図6.21の$C-V$曲線の"伸び"となるのである．この伸びは$C-V$曲線の**平行なずれではない**．界面トラップが半導体のバンドギャップにわたって均一に分布していれば，滑らかに歪んだ$C-V$曲線になる．界面トラップの分布にピークなどの特徴的な構造があると，$C-V$曲線の歪はより急峻になる．

高周波MOSキャパシタの等価回路は図6.4(c)で$C_{it}=0$としたもので，$C_{hf}=C_{ox}C_S/(C_{ox}+C_S)$，ただし$C_S = C_b + C_n$である．$C_S$が界面トラップのないデバイスの$C_S$と同じなら，$C_{hf}$も界面トラップのないデバイスの高周波容量と同じである．理想的なデバイスは，表面電位によるC_Sの変化がわかっている．Q_{it}のないデバイスのC_{hf}からϕ_sがわかれば，実際のキャパシタの$\phi_s - V_G$曲線を次のようにして描くことができる．まず理想的なMOSキャパシタの$C-V$曲線を所望のC_{hf}とするϕ_sを求める．次に実験曲線から同じC_{hf}を与えるV_Gを求めれば，$\phi_s - V_G$曲線の点が1つ得られる．$\phi_s - V_G$曲線ができあがるまで，別の点でこれをくり返す．この$\phi_s - V_G$曲線には目的の界面トラップの情報が含まれている．実験による$\phi_s - V_G$曲線は理論曲線から引き伸ばされていて，この曲線から界面トラップ密度は

$$D_{it} = \frac{C_{ox}}{q^2}\left(\frac{dV_G}{d\phi_s} - 1\right) - \frac{C_S}{q^2} = \frac{C_{ox}}{q^2}\frac{d\Delta V_G}{d\phi_s} \qquad (6.59)$$

で与えられる[24]．ここで$\Delta V_G = V_G - V_G(ideal)$は実験曲線が理論曲線からシフトした電圧，$V_G$は実験でのゲート電圧である．

この方法は一般に界面トラップ密度が$10^{10}\mathrm{cm}^{-2}\mathrm{eV}^{-1}$かそれ以上の測定に有効と考えられており[61]，広く検証されている．この限界は当初容量測定の不確かさと周波数の高さの不足によるとされたが[62]，のちの理論的研究によって容量を0.001から$0.002\,\mathrm{pF}$の精度で測定すれば，$10^9\mathrm{cm}^{-2}\mathrm{eV}^{-1}$の領域まで$D_{it}$の測定が可能であることがわかっている[63]．

酸化膜が薄くなると，界面トラップによる電圧のシフトは小さくなる．Terman法では，測定したC_{hf}に含まれる界面トラップ容量は小さいと仮定している．シミュレーションによれば，薄い絶縁膜では界面トラップ容量は小さいものの，電圧方向の伸びに比べると無視はできず，真の高周波$C-V$曲線と1MHzの曲線との差は，"D_{it}がない"曲線と1MHzの曲線との差と同程度である[64]．厚い絶縁膜では，同じ界面トラップ容量でも電圧方向の伸びは大きくなる．界面トラップ容量と電圧方向の伸びがともにD_{it}に対応しているかどうかは，薄い酸化膜では疑わしい．

実験曲線を理論と比較するには，ドーピング密度を正確に知る必要がある．ドーパントの蓄積や拡散流出があればそれだけ不正確になる．また，表面電位のゆらぎにより，バンド端で偽の界面トラップのピークが現れることがある．表面電位がフラットバンド近傍から蓄積状態にあるときは，指数関数的に高い周波数にしない限り，界面トラップは交流プローブ周波数に追従できないという仮定は満たされないかもしれない．最後にϕ_s-V_G曲線の微分も誤差のもとになる．DLTSに比べると，Terman法で求めたD_{it}は大きく乖離している[65]．

Gray-Brown法およびJenq法：Gray-Brown法およびJenq法では高周波容量を温度の関数として測定する[66]．温度を下げるとフェルミ準位は多数キャリア側のバンド端へシフトし，界面トラップの時定数τ_{it}は低温で増加する．このように，バンド端に近い界面トラップは，室温では交流プローブ周波数に応答しても，低温では応答しない．この方法によって界面トラップの測定を多数キャリア側のバンド端に近いD_{it}にまで拡張できる．

ふつうは室温から$T = 77$ Kまでの高周波C-V曲線を測定する．界面トラップ密度はそれぞれの温度でのフラットバンド電圧から求める．ちょうどTerman法で界面トラップの占有率がゲート電圧で変わるように，この方法では占有率が温度で変わる．この変化を解析すれば，実験データからD_{it}を抽出できる．最初は150 kHzで測定され，バンド端に近い界面トラップに特徴的なピークを得ている．しかし，のちの理論計算により，これらのピークは交流プローブ周波数が低すぎたことによる人為的なものであることが示された[67]．バンド端近くを高周波条件とするには200 MHzくらいの周波数をつかわねばならない．これくらいで界面トラップの定性的な様子が即座にわかる．特に，77 Kでの高周波C-V曲線には"突起"が現れる[66, 68]．この突起の電圧が，バンドギャップのある部分の界面トラップに関係している．

Gray-Brown法に関連して，Jenq法というものがある[69]．MOSデバイスを室温で蓄積状態にバイアスする．これを$T = 77$ Kに冷却し，蓄積状態から深い空乏状態へ掃引し，光を当てるかMOSFETのソース―ドレイン間を短絡して反転状態としたのち，反転状態から蓄積状態へ掃引する．この2本の曲線のヒステリシスがバンドギャップの中心の0.7〜0.8 eVにわたる界面トラップ密度の平均に比例する．この方法で求めた平均D_{it}をチャージポンピング法で求めたものと比較すると，$3 \times 10^{10} \leq D_{it} \leq 10^{12}$ cm^{-2}eV^{-1}の範囲でよく一致している[70]．

6.3.4 チャージポンピング法

1969年に提案されたチャージポンピング法[71]では直径の大きなMOSキャパシタではなく構造の小さなMOSFETをテストストラクチャとしてつかうことができ，MOSFET界面のトラップ測定に適している．図6.27を参照しながらこの方法を説明しよう．MOSFETのソースとドレインをつないで電圧V_Rの弱い逆バイアスをかける．そこでゲート下の表面が反転と蓄積をくり返すに十分な振幅まで時間変化するゲート電圧を印加する．パルス列は矩形波，三角波，台形波，正弦波，あるいは3水準波などである．基板，連結したソース／ドレイン，または分離したソースまたはドレインでチャージポンピング電流を測定する．

まず，図6.27(a)の反転状態にあるMOSFETを考えよう．これに対応する半導体の（Si表面から基板に向かう）バンド図を図6.27(c)に示している．わかりやすいように，このエネルギーバンド図は半導体基板だけにしてある．バンドギャップに連続的に分布している界面トラップは半導体の表面の短い水平の線で表し，黒丸は電子が界面トラップを占有していることを示している．ゲート電圧が正の電位から負の電位に変わると，表面は反転から蓄積に変化し，図6.27(b)と(f)のようになる．この反転から蓄積，および蓄積から反転への移り変わりの間に重要な過程が起きている．

ゲートパルスが有限の時間で高い値から低い値へ遷移すると，反転層の電子のほとんどはソースとドレインへドリフトし，伝導帯に近い界面トラップにある電子も伝導帯へ熱放出され（図6.27(d)），これらもソースとドレインへドリフトする．バンドギャップの深い準位にある界面トラップの電子は放出が間に合わず，界面トラップにとどまっている．正孔の障壁が下がる（図6.27(e)）と正孔は表面へ

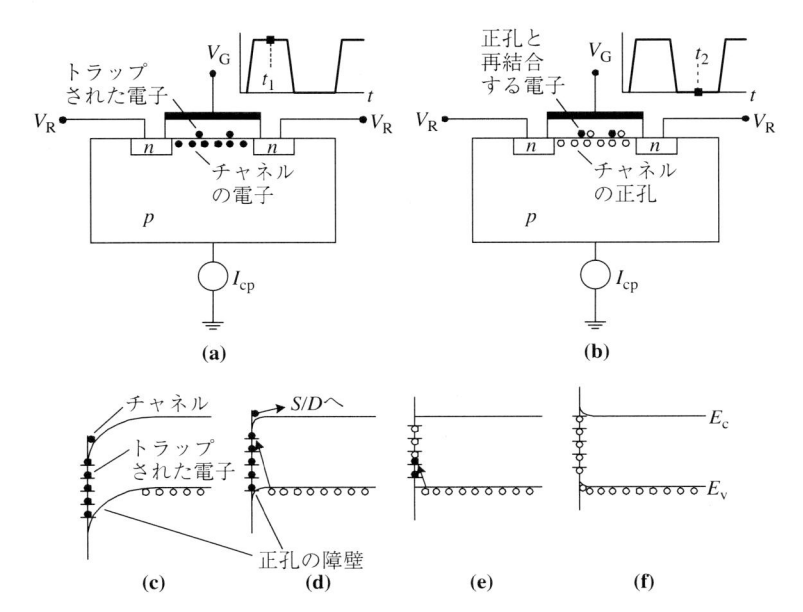

図6.27 チャージポンピング測定でのデバイスの断面とエネルギーバンド図. 図は本文で説明.

と流れ，その一部はまだ電子で占められている界面トラップに捕獲される．正孔はバンド図の白丸で表している．最終的には図6.27(f)のようにほとんどの界面トラップが正孔で埋められる．そこでゲートが正の電圧に戻れば，この逆の過程がはじまり，電子が表面へと流れ，捕獲される．図6.27(b)では8個の正孔がデバイス中を流れている．そのうち2個は界面トラップに捕獲されている．このデバイスを反転状態にすれば6個の正孔が去っていく．このように8個の正孔が入り，6個の正孔が出ていき，D_{it}に比例した正味のチャージポンピング電流I_{cp}が流れる．

界面トラップからの電子放出の時定数は

$$\tau_e = \frac{\exp[(E_c - E_1)/kT]}{\sigma_n v_{th} N_c} \tag{6.60}$$

で，E_1は伝導帯の底から測った界面トラップエネルギーである．電子と正孔の捕獲，放出，時定数，などの概念は，第5章で議論している．周波数fの矩形波に対して，電子の放出に要する時間は周期の半分$\tau_e = 1/(2f)$である．電子が放出されるときに越えねばならないエネルギーの範囲は式（6.60）から

$$E_c - E_1 = kT\ln(\sigma_n v_{th} N_c/2f) \tag{6.61}$$

である．たとえば，$\sigma_n = 10^{-16}\,\text{cm}^2$，$v_{th} = 10^7\,\text{cm/s}$，$N_c = 10^{19}\,\text{cm}^{-3}$，$T = 300\,\text{K}$，および$f = 100\,\text{kHz}$なら$E_c - E_1 = 0.28\,\text{eV}$になる．こうして$E_c$から$E_c - 0.28\,\text{eV}$までにある電子は放出され，$E_c - 0.28\,\text{eV}$以下にある電子は放出されずに残り，正孔が突入してくると残った電子が正孔と再結合する．正孔の捕獲時定数は

$$\tau_c = \frac{1}{\sigma_p v_{th} p_s} \tag{6.62}$$

で，p_s = 表面の**正孔**密度（cm^{-3}）である．実際の正孔密度ではτ_cが非常に短く，捕獲ではなく放出が

律速している。

表面が蓄積から反転へ帯電する逆サイクルでは，逆の過程をたどる。

$$E_2 - E_v = kT\ln(\sigma_p v_{th} N_v/2f) \tag{6.63}$$

のエネルギー範囲にある正孔が価電子帯へ放出され，残りはソースとドレインから流れ込む電子と再結合する。E_2は価電子帯の上端から測った界面トラップのエネルギーである。$\Delta E = E_G - (E_c - E_1) - (E_2 - E_v)$，つまり

$$\Delta E \approx E_G - kT[\ln(\sigma_n v_{th} N_c/2f) + \ln(\sigma_p v_{th} N_v/2f)] \tag{6.64}$$

の範囲にある界面トラップの電子は残留して再結合する。この考え方は文献72で詳しく議論されている。

ソースおよびドレインからQ_n/q個/cm^{2}の電子が反転層に流れ込むが，ソース―ドレインに戻ってくる電子は（$Q_n/q - D_{it}\Delta E$）個/cm^{2}だけである。$D_{it}\Delta E$個/cm^{2}の電子は正孔と再結合するのである。電子―正孔対の再結合1つひとつに，電子と正孔が1つずつ供給されなければならない。したがって，再結合する正孔も$D_{it}\Delta E$個/cm^{2}である。つまり半導体に流れ込む正孔は流れ出るより多く，これが図6.27のチャージポンピング電流I_{cp}となる。ゲート面積A_GのMOSFETにfHzのレートで$D_{it}\Delta E$個/cm^{2}の正孔が供給されると，チャージポンピング電流は$I_{cp} = qA_G fD_{it}\Delta E$になる。$\Delta E \approx 1.12 - 0.56 = 0.56$ eVのサンプルにゲート面積10 μm × 10 μm，ポンプ周波数100 kHz，界面トラップ密度$D_{it} = 10^{10}$ cm^{-2}eV^{-1}，$\Delta E = 0.56$ eVの数値をつかうと，$I_{cp} \approx 10^{-10}$ Aとなる。予想どおり，I_{cp}はゲート面積とポンプ周波数に比例することがわかっている。

ゲート電圧にはいろいろな波形がつかえる。初期の研究では矩形波がつかわれていた。その後台形波[73]や正弦波[74]がつかわれた。与える波形は図6.28(a)のように蓄積状態の電圧を基準として電圧振幅ΔVを変えながらパルス電圧で反転させるか，図6.28(b)のようにΔVを一定にして基準電圧を蓄積から反転に変えていく。前者では電流が飽和するが，後者は最大となったあと減少する。図6.28のaからeまでの文字は電流波形の各点に対応している。

図6.28(a)のチャージポンピング電流とゲート電圧の関係は，図6.27のソース―ドレイン電圧V_Rにもある程度左右される。$V_R = 0$でときどき観測される非飽和特性は，チャネル電子の一部がソース―ドレインにドリフトで戻れずに再結合するためと考えられている。この電流はI_{cp}の"構造成分（geometrical component）"で，全チャージポンピング電流は

$$I_{cp} = A_G f[qD_{it}\Delta E + \alpha C_{ox}(V_{GS} - V_T)] \tag{6.65}$$

で与えられる[73]。ここでαは反転電荷がソース―ドレインへドリフトして戻る前に正孔と再結合する割合，A_Gはゲート面積である。ゲート長の短いMOSFETやゲートへのパルス列の立ち上り立ち下がり時間が適度に長いときには，チャネルの電子がドリフトによってソース―ドレインへ戻る時間が十分にあるので，電流の構造成分は無視できる。

基本的なチャージポンピング法ではエネルギーΔEの範囲にあるD_{it}の平均値はわかるが，界面トラップのエネルギー分布は得られない。界面トラップのエネルギー分布を求めるいろいろな改良法が提案されている。Elliotはゲートパルスの振幅を一定とし，パルスの基準電圧を反転から蓄積に変化させた[75]。Groeseneken[73]はゲートパルスの昇降時間を変化させ，Wachnik[75]は昇降時間の短い小さなパルスをつかい，D_{it}のエネルギー分布を求めた。三角波形では，1サイクルで再結合する電荷$Q_{cp} = I_{cp}/f$が

$$Q_{cp} = 2qkT\,\overline{D_{it}}\,A_G \ln\left(v_{th}n_i\sqrt{\sigma_n\sigma_p}\sqrt{\varsigma(1-\varsigma)}\frac{|V_{FB} - V_T|}{|\Delta V_{GS}|f}\right) \tag{6.66}$$

で与えられる[73]。ここで$\overline{D_{it}}$は平均界面トラップ密度，ΔV_Gはゲートパルスのピークまでの振幅，ζは

ゲートパルスにおける昇圧時間の割合である。$Q_{cp} - \log(f)$ プロットの傾きから D_{it} を，$\log(f)$ 軸の切片から $(\sigma_n \sigma_p)^{1/2}$ を求めることができる。電圧制御発振器で周波数を連続的に掃引して $Q_{cp} - \log(f)$ をプロットし，$\overline{D_{it}}$ と $(\sigma_n \sigma_p)^{1/2}$ が求められる[76]。$\log(f)$ の関数としてプロットした**図6.29**の Q_{cp} は，予想どおり直線になっている。直線から外れた部分は SiO_2-Si の界面ではなく酸化膜内部のトラップのためであり，本節の後半で議論する。

バンドギャップ内の界面トラップの分布と捕獲断面積は，デバイスを直接反転状態から蓄積状態にする代わりに，**図6.30**のように中間電圧 V_{step} をもつ**3水準波形**をつかって反転状態からギャップ中央付近の中間状態にしたあと，蓄積状態にスイッチすれば求めることができる[78]。点aではデバイスは界面トラップが電子で占められた強い反転状態にある。波形が点bへ移ると，伝導帯に近い界面トラップから電子の放出がはじまる。このゲート電圧を点cまで維持すると，τ_e を着目している界面トラップ

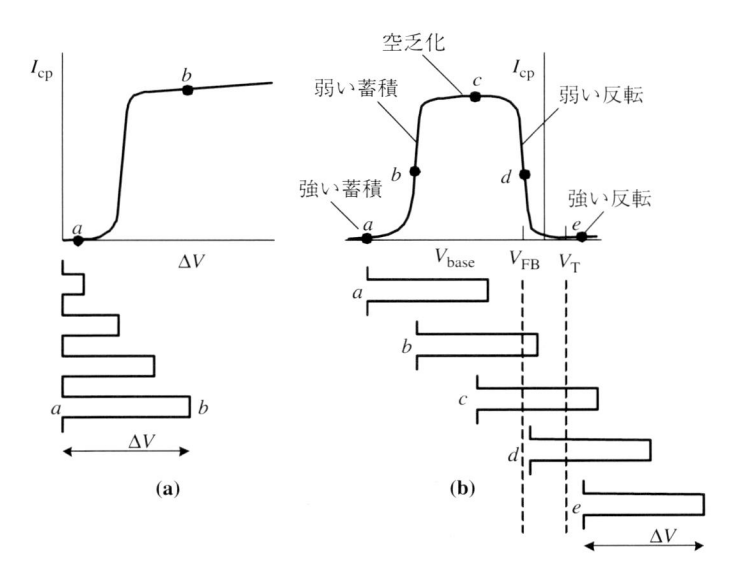

図6.28　2水準チャージポンピング波形.

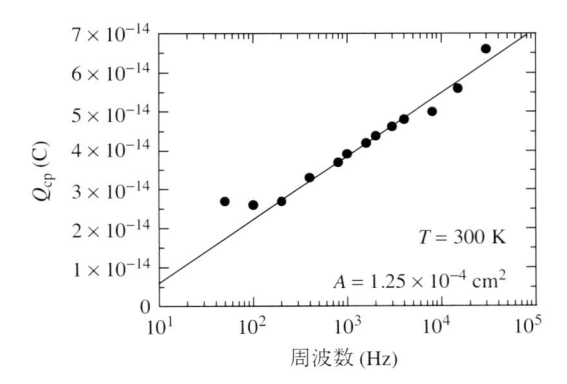

図6.29　MOSFETの Q_{cp} ―周波数プロット．$\overline{D_{it}} = 7 \times 10^9 \mathrm{cm}^{-2} \mathrm{eV}^{-1}$．データは文献77より．

の放出時定数として，$t_{step} \gg \tau_e$ならE_T以上の界面トラップはすべて電子を放出し，波形が点dになったときE_T以下の界面トラップにある電子だけが送り込まれた正孔と再結合することができる。これがチャージポンピング電流となるので，t_{step}を伸ばしていけば飽和する。$t_{step} < \tau_e$では電子があまり放出されないので，正孔と再結合できる電子が増え，それに応じてチャージポンピング電流が大きくなる。

図6.31(a)の代表的な$I_{cp} - t_{step}$プロットでは，I_{cp}が飽和し，$t_{step} = \tau_e$となる点がわかる。この放出時定数τ_eから式

$$\tau_e = \frac{\exp[(E_c - E_T)/kT]}{\sigma_n v_{th} N_c} \tag{6.67}$$

より，捕獲断面積を求めることができる。式（6.67）については第5章を参照。V_{step}を振ればバンドギャップ中の界面トラップを調べることができる。もちろん表面電位は6.3.1節で議論した方法のいずれかでV_{step}に関連づけられねばならない。界面トラップ密度は$I_{cp} - t_{step}$曲線の傾きから，式

$$D_{it} = -\frac{1}{qkTA_G f} \frac{dI_{cp}}{d(\ln t_{step})} \tag{6.68}$$

にしたがって求められる[79]。3水準チャージポンピング電流は

$$I_{cp} = qA_G f D_{it} \left\{ E_T - kT \ln\left[1 - \left(1 - \exp\left(\frac{E_T - E_c}{kT}\right)\right)\exp\left(-\frac{t_{step}}{\tau_e}\right)\right] \right\} \tag{6.69}$$

のように表すことができる[79]。t_{step}が短いときおよび長いときの式（6.69）は

$$I_{cp}(t_{step} \to 0) \approx qA_G f D_{it} E_c \quad : \quad I_{cp}(t_{step} \to \infty) \approx qA_G f D_{it} E_T \tag{6.70}$$

のように簡単になり，3水準チャージポンピング法でバンドギャップ内のいろいろな部分を調べることができる。さらに，パルスの周波数を下げれば**絶縁体内部**のトラップも調べることができる。この場合，電子はチャネルとこれらのトラップとの間をトンネルで出入し，トンネリング時間は界面からトラップまでの距離に指数関数的に依存する[80]。図6.31(b)はトラップの分布の例で，SiO_2よりもAl_2O_3の方がトラップ密度が高い。

MOSFETはドレイン（またはソース）をバイアスすると，ドレイン（またはソース）の空間電荷領域のチャネルへの拡がりで"A_G"を変えられるので，チャージポンピング法でMOSFETのチャネルにそった界面トラップの空間的変化を求めることもできる[81]。その他，チャネルにそってしきい値電圧とフラットバンド電圧が変わる領域を，電圧パルスの振幅を変えながら調べる方法もある[81,82]。チャージポンピング法はSiO_2-Si界面に近い酸化膜中のトラップ密度を求めるときにもつかわれている[83]。サイクル毎に再結合する電荷$Q_{cp} = I_{cp}/f$は周波数によらないはずである。しかし，波形の周波数が10^4～10^6Hzから10～100 Hzへ下がるとQ_{cp}が増加する。周波数が低いと，電子が酸化膜中にあるトラップへトンネルして再結合するに十分な時間が与えられるからである。このようなトラップは**境界トラップ**（border traps）と呼ばれることがある[84]。チャージポンピング法ではゲート波形の周波数を一定にして温度を変化させることもできる[85]。SiO_2/Si界面が上下両面にあるSOIのMOSFETでは，チャージポンピング電流は裏側の界面の状態に依存し，裏側の界面が空乏化したとき電流が最大になる[86]。いろいろな測定手法で求めた界面トラップ密度を図6.32に示す。

チャージポンピング電流は界面トラップでの電子—正孔対の再結合によると仮定しており，I_{cp}は式（6.65）で与えられる。酸化膜が薄いと，チャージポンピング電流にゲートリーク電流も加わる。$f = 1$ MHz，$D_{it} = 5 \times 10^{10}$ cm^{-2}eV^{-1}，$\Delta E = 0.5$ eVでは，$J_{cp} = 4 \times 10^{-3}$ A/cm^{2}である。ゲート酸化膜のリーク電流はこの値をすぐに超えられる。ゲート酸化膜のリーク電流密度に対するチャージポンピング電流密度の比は

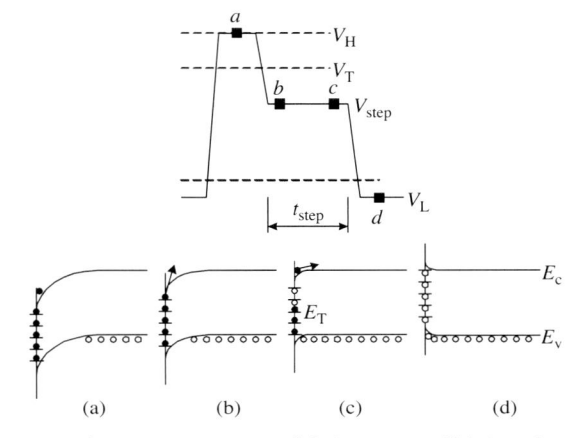

図6.30 3水準チャージポンピング波形と,これに対応するバンド図.

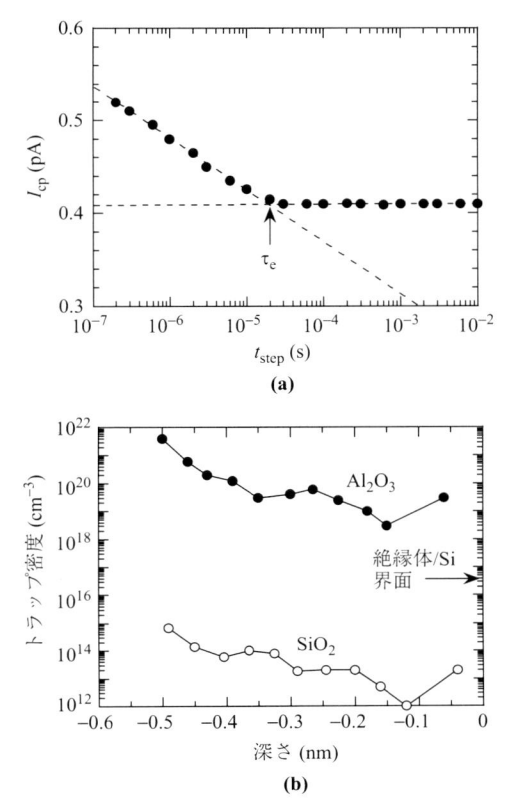

(a)

(b)

図6.31 (a) t_{step} の関数として表した I_{cp}. I_{cp} が飽和しはじめる点が τ_e となる. IEEE (©1990, IEEE) の承諾によりSaksら (文献79) から再掲. (b) Al_2O_3 と SiO_2 絶縁膜について, 絶縁膜/Si界面からの絶縁膜の深さに対する絶縁膜のトラップ密度. データは文献80による.

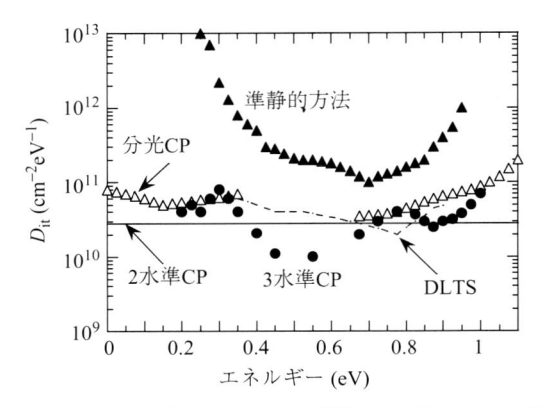

図6.32 バンドギャップ中のエネルギーの関数である界面トラップ密度を，いろいろな方法で測定した結果．データは文献88による．

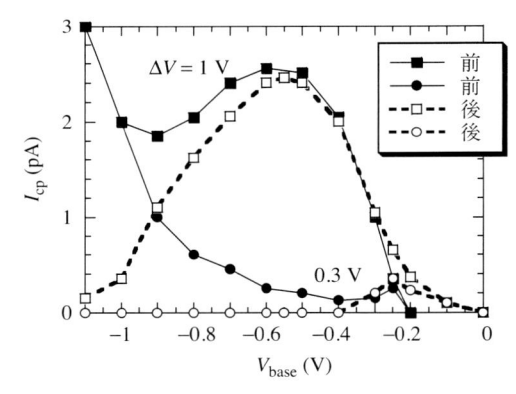

図6.33 電圧パルスの2つの高さ（$\Delta V=1$ および0.3 V）について，ゲートリーク電流補正前後の基準電圧に対するチャージポンピング電流．$t_{ox}=1.8$ nm，$f=1$ kHz．文献87より．

$$\frac{J_{cp}}{J_G} = \frac{qfD_{it}\Delta E}{J_G} \approx \frac{4\times 10^{-3}}{J_G} \tag{6.71}$$

である。**図6.33**は基準電圧によるゲート酸化膜のリーク電流のI_{cp}への影響を示している[87]。周波数を十分に低くすればゲートリーク電流が支配的になり，これを全電流から差し引くことができる．

6.3.5　MOSFETのサブスレッショルド電流

しきい値以下のゲート電圧（サブスレッショルド）で動作するMOSFETのドレイン電流は[89]

$$I_D = I_{D1}\exp\left[\frac{q(V_{GS}-V_T)}{nkT}\right]\cdot\left[1-\exp\left(-\frac{qV_{DS}}{kT}\right)\right] \tag{6.72}$$

である。ここでI_{D1}は温度，デバイスの寸法，基板のドーピング密度で決まり，nは反転層の電荷を誘

起していないゲート電荷の割合を考慮して，$n = 1 + (C_b + C_{it})/C_{ox}$で与えられる．ゲート電荷の一部は空間電荷領域の電荷と結合し，一部は界面トラップ電荷と結合する．理想的には$n = 1$であるが，ドーピング密度（$C_b \sim N_A^{1/2}$）や界面トラップ密度（$C_{it} \sim D_{it}$）が増加すれば，$n > 1$となる．

サブスレッショルド特性は$V_{DS} \gg kT/q$として$\log(I_D) - V_{GS}$でプロットすることが多い．このプロットは$q/[\ln(10)nkT]$の傾きをもつ．この傾きでサブスレッショルド係数（sub-threshold swing）Sを表し，ドレイン電流を1桁変化させるのに要するゲート電圧が

$$S = \frac{1}{\text{傾き}} = \frac{\ln(10)nkT}{q} \approx \frac{60nT}{300} \quad [\text{mV/dec.}] \tag{6.73}$$

で与えられる．ここでTの単位はKである．

$\log(I_D) - V_{GS}$プロットから界面トラップ密度

$$D_{it} = \frac{C_{ox}}{q^2}\left(\frac{qS}{\ln(10)kT} - 1\right) - \frac{C_b}{q^2} \tag{6.74}$$

を得るには，C_{ox}とC_bを正確に知る必要がある．傾きは表面電位のゆらぎにもよる．そこで，この方法では，サブスレッショルド係数を測ったあとデバイスを劣化させ，もう1度測って比較することになる．デバイスの劣化によるD_{it}の変化は

$$\Delta D_{it} = \frac{C_{ox}}{\ln(10)qkT}(S_{\text{劣化}} - S_{\text{初期}}) \tag{6.75}$$

で与えられる．式（6.75）では界面トラップはMOSFETのチャネルにそって均一に生成されると仮定しているが，この仮定はMOSFETがゲート電圧とドレイン電圧のストレスがかかるときは一般に正しくなく，ΔD_{it}は平均値になる．

ストレスの前後でしきい値電圧と傾きが変わるMOSFETのサブスレッショルド特性を図6.34に示す．SiO_2-Si界面では，バンドギャップの中央付近を境界として上半分の界面トラップはアクセプタ型，下半分の界面トラップはドナー型である．したがって図6.35(a)の表面のように表面電位がフェルミ準位と一致（$\phi_s = \phi_F$）していれば，上半分の界面トラップに電子はなく，したがって中性で，下半分は電子で占められているのでこれも中性である．したがって界面トラップはゲート電圧のシフトに寄与しない．ここで電圧V_{so}を

$$V_{so} = V_T - V_{mg} \tag{6.76}$$

と定義する．ただしV_{mg}はおよそ$I_D \approx 0.1 \sim 1\,\text{pA}$となるゲート電圧に相当し，表面のギャップ中央の電位がフェルミ準位と一致するゲート電圧である．ゲート電圧をV_{mg}からV_Tまで上げると，バンドギャップの上半分の界面トラップも電子で埋まる（図6.35(b)）．するとサブスレッショルド曲線がシフトしてV_{so}はV_{so1}からV_{so2}へ移動する．このシフトから，界面トラップ密度の変化ΔN_{it}は

$$\Delta V_{it} = V_{so2} - V_{so1} \quad \text{として} \quad \Delta N_{it} = \Delta D_{it}\Delta E = \frac{\Delta V_{it}C_{ox}}{q} \tag{6.77}$$

となる[90]．ここでΔN_{it}は図6.35(b)のエネルギーΔEの範囲の界面トラップ密度の増分である．ΔEはギャップ中央から強反転までをカバーしている．ギャップ中央にある界面トラップは電圧シフトに寄与しないので，V_{mg}のシフトは酸化膜中のトラップによるもので，

$$\Delta V_{ot} = V_{mg2} - V_{mg1} \quad \text{として} \quad \Delta N_{ot} = \frac{\Delta V_{ot}C_{ox}}{q} \tag{6.78}$$

にしたがう．

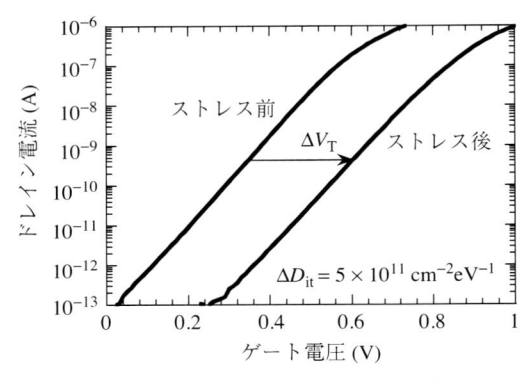

図6.34 MOSFETへのストレス前後のサブスレッショルド特性．ストレスで誘起された $\Delta D_{it}=5\times10^{11}\,\mathrm{cm^{-2}eV^{-1}}$ によって傾きが変化する．

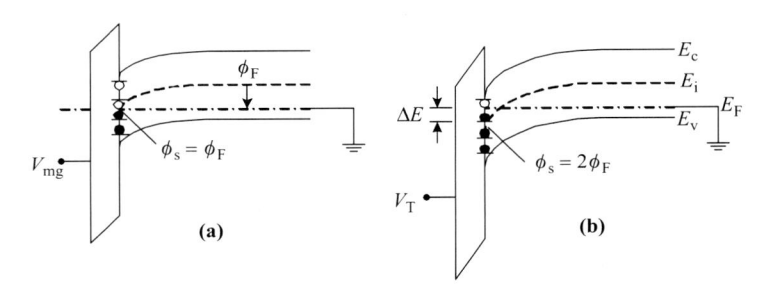

図6.35 ギャップ中央電圧 V_{mg} およびしきい値電圧 V_T でのバンド図．

6.3.6 DCI–V法

DCI–V法は直流電流による方法である[91]．ここでは**図6.36**(a)のMOSFETを参照しながら説明する．ソースSを順バイアスにすると，pウェルに電子が注入される．一部の電子はドレインへ拡散し，捕獲され，ドレイン電流 I_D として測定される．また一部は p ウェルのバルク内（図示なし）で，また一部はゲート下の表面で正孔と再結合する．ゲート電圧の影響を受けるのは表面で再結合する電子だけである．再結合によって失われる正孔は基板コンタクトからの正孔で補われ，これが基板電流 I_B となる．MOSFETではふつうソースは接地されているが，ここでは順バイアスである．DCI–V法によっては，ソースをエミッタ，ドレインをコレクタ，基板をベース，電流はコレクタ電流とベース電流とし，n型基板を電子注入源としてつかったものもある．

電子—正孔対の表面再結合レートは表面の状態による．表面が強い反転状態であったり，蓄積状態であると，再結合レートは低い．再結合レートが最も高いのは表面が空乏化しているときである[92]．基板電流は

$$\Delta I_B = qA_G n_i s_r \exp(qV_{BS}/2kT) \tag{6.79}$$

で与えられる．ここで s_r は σ_0 を捕獲断面積（$\sigma_n = \sigma_p = \sigma_0$）として

$$s_r = (\pi/2)\sigma_0 v_{th}\Delta N_{it} \tag{6.80}$$

で与えられる表面再結合速度である．

図6.36のMOSFETはバイポーラ接合トランジスタに似ているが,ソース(S)とドレイン(D)との間の領域をゲート電圧で変えられるという違いがある。ゲート電圧がフラットバンド電圧を超えると,SとDとの間にチャネルが形成されはじめ,ドレイン電流が急激に増大する。サブスレッショルドでは$V_{GB} = V_T$で$I_D - V_{GB}$曲線は飽和する(式(6.72))。酸化膜に電流が注入されればV_Tがシフトし,ドレイン電流もシフトする。このシフトを利用して酸化膜中の電荷を求めることができる。前節ではサブスレッショルド特性の傾きによってギャップ中央から強反転までの界面トラップ密度を求めたが,DC$I - V$法の基板電流が扱うのはサブスレッショルドから弱い蓄積まで,すなわち表面が空乏化した状態の界面トラップ密度である。ゲート電圧でデバイスの異なる領域を空乏化し(図6.36(b)),それらを評価すれば,空間的なD_{it}のプロファイルが得られる。MOSFETへのゲート電流によるストレス前後のDC$I - V$法の実験データを図6.37に示す[93]。$V_{GB} = 0$あたりで表面再結合が最大となるピークが明確に現れている。この例ではゲート酸化膜の電流ストレスやプラズマ帯電ダメージで生成された界面トラ

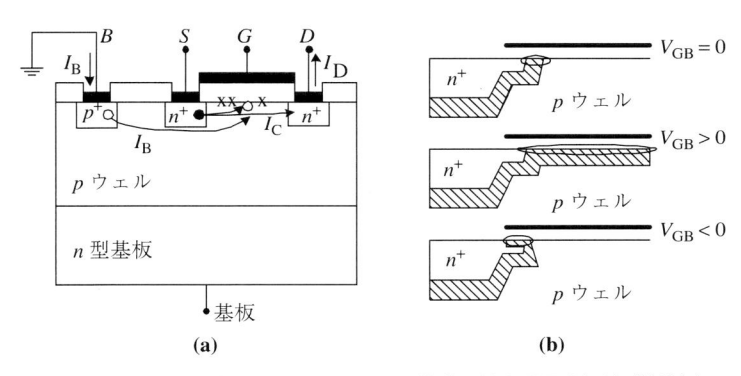

図6.36 (a)DC$I - V$測定のためのMOSFETの構成. (b)空間電荷領域(斜線部)と円で囲んだ表面生成領域を示す断面図.

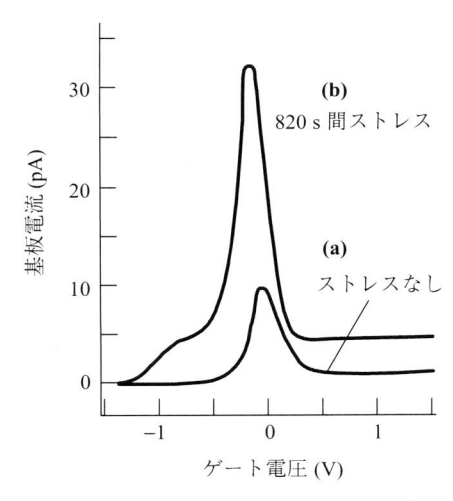

図6.37 DC$I - V$測定による基板電流. (a)参照ウェハ. (b)$-12\,\mathrm{mA/cm^2}$のゲート電流密度でストレスをかけた場合. $V_{BS} = 0.3\,\mathrm{V}$, $W/L = 20/0.4\,\mathrm{\mu m}$, $t_{ox} = 5\,\mathrm{nm}$. データは文献93による.

ップを求めている。チャージポンピング法とDCI-V法で求めた界面トラップはよく一致している[81]。どちらの方法でもトラップの横方向のプロファイルが得られる。

6.3.7 その他の方法

D_{it}を感度よく求める方法として，第5章で扱った**深い準位の過渡スペクトル法**（deep-level transient spectroscopy; DLTS）がある。電荷結合デバイス（charge-coupled device; CCD）の電荷転送損失が界面トラップ密度に敏感であるが[94]，CCDの特殊なテストストラクチャを作らねばならず，実用的ではない。**表面電荷分析法**（surface charge analyzer）ではMOSキャパシタの酸化膜をマイラシートで置き換え，ゲートを透明な導電性の層にする[95]。サンプルをバンドギャップ以上のエネルギーの変調光で照らすと，透明なゲートを透過し，半導体中に電子—正孔対が生成される。この表面の交流光起電圧（photovoltage）は

$$\delta V_{SPV} = \frac{q(1-R)\Phi W}{4fK_s\varepsilon_0} \tag{6.81}$$

で与えられる[95]。ここでΦは入射光束密度，Wは空間電荷領域の幅，fは光の変調周波数である。WはδV_{SPV}を測定して求める。厚さおよそ10 μmのマイラシートで測ったマイラと酸化膜の直列容量はマイラ容量C_{mylar}が支配的で，全電荷は

$$Q = Q_S + Q_{ox} + Q_{it} = -CV_G \approx -C_{mylar}V_G \tag{6.82}$$

となる。Wがわかれば，Q_Sを求めることができる。Q_{ox}とQ_{it}は通常のMOSキャパシタの解析によって求める。バイアス電圧で充電し，Si表面を反転，空乏，蓄積のいずれかに設定する。電極はマイラシートの厚さ10 μmほどサンプルから離れており，この小さな容量が支配的で，リーク電流も抑制している。界面トラップ密度とエネルギーは

$$D_{it}(E) = \frac{K_s\varepsilon_0}{q^2 W}\left(\frac{1}{qN_A}\frac{dQ}{dW} - 1\right) \tag{6.83}$$

$$E = E_F - E_i + q\phi_s = kT\ln\left(\frac{N_A}{n_i}\right) - \frac{qN_A W^2}{2K_s\varepsilon_0} \tag{6.84}$$

で与えられる[96]。容量ではなく空間電荷領域の幅Wを測定するので，この方法は酸化膜の厚さによらない。これに対してすでに説明した方法はt_{ox}に敏感で，リーク電流の大きい薄い酸化膜では分析が難しくなる。また，ここでの方法は量子力学的補正やゲートの空乏化による補正は不要である。ただし，基板のドーピング密度N_Aが10^{17} cm^{-3}を超えないようにしなければならない。

この手法は，たとえば多様な洗浄工程を追跡するなど，表面の電荷の情報をつかった**工程**（in-line）検査にもつかえる。表面電荷分析法と従来のMOSキャパシタ法とのある比較によれば，特にデバイス

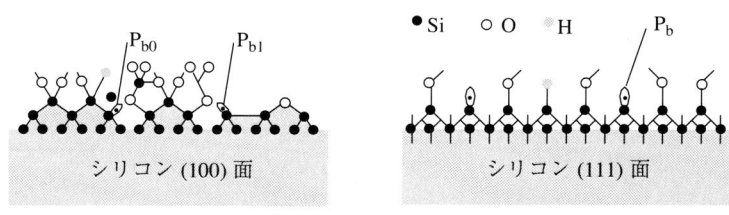

図6.38 （100）および（111）方位のシリコン面．P_b，P_{b0}，およびP_{b1}中心を示している．

をいちいち作製する必要のない表面電荷分析法が測定期間も短く，好ましいとしている[95]。SiO_2, HfO_2, Si_3N_4のD_{it}についても1～3nmの等価酸化膜厚まで求められている[96]。

界面トラップの結晶学的構造の情報は**電子スピン共鳴**（ESR）測定から得られるが[97]，あまり感度がよくなく$D_{it} > 10^{11} cm^{-2} eV^{-1}$は必要である。ESRは$SiO_2$/Si界面のダングリングボンドを界面トラップとして同定する装置である[98]。**図6.38**はSiの主要な2つの面方位と，P_b, P_{b0}, およびP_{b1}中心で表記したダングリングボンドを示している。

6.4 酸化膜の厚さ

酸化膜の厚さは，本章で議論した手法の多くで解析に必要となる重要なパラメータである。これを求めるには電気的，光学的，および物理的方法があり，それぞれ$C-V$法，$I-V$法，エリプソメトリ（ellipsometry），透過型電子顕微鏡法（transmission electron microscopy; TEM），X線光電子分光法（X-ray photoelectron spectroscopy; XPS），中エネルギーイオン散乱分析法（medium energy ion scattering spectroscopy; MEIS）[注2]，核反応分析法（nuclear reaction analysis; NRA），ラザフォード後方散乱法（Rutherford backscattering; RBS），弾性後方散乱分析法（elastic backscattering spectrometry; EBS），二次イオン質量分析法（secondary ion mass spectrometry; SIMS），斜入射X線反射率法（grazing incidence X-ray reflectometry; GIXRR）[注3]，および中性子反射率法（neutron reflectometry）などがある。ここでは$C-V$法を議論し，他の方法は簡単に触れておく。そのいくつかは後の章で詳しく扱っている。最近，厚さ1.5～8nmの10個の酸化膜サンプルをいろいろな手法（MEIS, NRA, RBS, EBS, XPS, SIMS, 偏光解析法，GIXRR, 中性子反射率法，およびTEM）で比較した研究がなされている[99]。それによれば，等価酸化膜厚で～1nmの水および炭素質による汚染と，主に水から吸着した等価酸化膜厚0.5nmの酸素の3つが厚さをかさ上げしていることがわかっている。

シリコン酸化膜とシリコンの間の界面層の存在はこの分野では広く受け入れられている。SiO_2/Siの界面層はほぼ単層（monolayer）である[100]。界面から0.5～1nmまでに化学量論比に満たない～1層以内の酸化膜が存在する証拠がある。このような界面のわずかな違いをとらえる評価方法もある。X線反射率法とX線光電子分光法は，赤外分光測定のように，歪の存在を明らかにしてくれる。X線光電子分光法は不完全に酸化したシリコンを少なくとも単層の薄膜まで検出できる。赤外分光法はさらに，化学量論比に満たない界面の存在を明らかにしてくれる。エリプソメトリは誘電率が混在した基板材料に適している。酸化膜中，すなわち界面より上の歪はX線反射率法とX線光電子分光法で調べる。エリプソメトリでは界面層を考慮した光学モデルから酸化膜の厚さを求めるが，波長が長く，大面積のサンプルが必要なため，界面の光学的性質は平均化されてしまう。

6.4.1 容量—電圧法

強い蓄積状態にあるMOSデバイスでは，容量—電圧のデータから酸化膜の厚さがわかる。しかし，薄い酸化膜ではこの方法も疑わしくなる。この問題にはボルツマン統計ではなくフェルミ—ディラック統計，蓄積層のキャリアの量子化，ポリSiゲートの空乏化，および酸化膜のリーク電流がかかわってくる。また，空乏化したゲートおよび蓄積層の容量が酸化膜容量と直列になり，有効酸化膜厚は単純な理論で予想されるより厚くなる[101]。

Maserjian法，McNutt and Sah法，およびKar法では，以下のような仮定をする：100 kHz～1 MHzなら蓄積状態での界面トラップ容量を無視できる。フラットバンドと蓄積状態との間では微分界面トラップ電荷密度を無視できる。酸化膜中の電荷密度は無視できる。そして，量子化効果は無視する。McNutt and Sah法に相当する式は

注2 城戸義明，"中エネルギーイオン散乱による表面分析"，応用物理，79，pp.331-335（2010）参照。
注3 木村滋，"X線・放射反射および回折による薄膜材料評価技術"，応用物理，79，pp.302-306（2010）参照。

$$\left|\frac{dC_{hf,acc}}{dV}\right|^{1/2} = \sqrt{\frac{q}{2kTC_{ox}}}(C_{ox} - C_{hf,acc}) \qquad (6.85)$$

で[102]，$C_{hf,acc}$は高周波蓄積容量である。$(dC_{hf,acc}/dV)^{1/2}$－$C_{hf,acc}$をプロットすると，$C_{hf,acc}$軸上の切片と傾きからC_{ox}を得る。Maserjian法では

$$\frac{1}{C_{hf,acc}} = \frac{1}{C_{ox}} + \left(\frac{2}{b^2}\right)^{1/3}\sqrt{\frac{1}{C_{hf,acc}}}\left|\frac{dC_{hf,acc}}{dV}\right|^{1/6} \qquad (6.86)$$

となる[103]。ここでbは定数である。$C_{hf,acc}^{-1/2}(dC_{hf,acc}/dV)^{1/6}$－$1/C_{hf,acc}$プロットが直線になれば，その$1/C_{hf,acc}$軸上の切片から$1/C_{ox}$がわかる。量子化効果を入れれば，この式は

$$\frac{1}{C_{hf,acc}} = \frac{1}{C_{ox}} + s\left|\frac{d(1/C_{hf,acc}^2)}{dV}\right|^{1/4} \qquad (6.87)$$

となる[104]。ここでsは定数である。式（6.87）は式（6.86）の形式に似ている。この場合は$1/C_{hf,acc}$－$(d(1/C_{hf,acc}^2)/dV)^{1/4}$をプロットする。直線でフィッティングすると，$1/C_{hf,acc}$軸の切片から$1/C_{ox}$がわかる。Kar法では[105]

$$\frac{1}{C_{hf,acc}} = \frac{1}{C_{ox}} + \left(\frac{1}{2\beta}\left|\frac{d(1/C_{hf,acc}^2)}{dV}\right|\right)^{1/2} \qquad (6.88)$$

となり，βは定数である。この場合は$1/C_{hf,acc}$－$(d(1/C_{hf,acc}^2)/dV)^{1/2}$をプロットする。直線でフィッティングすると，$1/C_{hf,acc}$軸の切片から$1/C_{ox}$がわかる。この方法は1～8 nmの厚さの高誘電率（high-K）絶縁膜でうまくいっている。

Maserjian法のバリエーションの1つでは以下の式をつかう[106]。蓄積状態にあるデバイスの容量は

$$\frac{1}{C} = \frac{1}{C_{ox}} + \frac{1}{C_S} \quad ; \quad C_{ox} = \frac{K_{ox}\varepsilon_0 A}{t_{ox}} \quad ; \quad C_S = \frac{dQ_{acc}}{d\phi_s} \qquad (6.89)$$

ただし

$$Q_{acc} = K\exp\left(\frac{q\phi_s}{2kT}\right) \quad \text{から} \quad C_S = \frac{qQ_{acc}}{2kT} \qquad (6.90)$$

である。

$$V_G = V_{FB} + \phi_s - \frac{Q_{acc}}{C_{ox}} \rightarrow V_G - V_{FB} - \phi_s = -\frac{2kT}{q}\frac{C_S}{C_{ox}} \qquad (6.91)$$

として，式（6.89）と（6.91）を合わせれば

$$\frac{1}{C} = \frac{1}{C_{ox}} - \frac{2kT}{qC_{ox}}\frac{1}{V_G - V_{FB} - \phi_s} \approx \frac{1}{C_{ox}} - \frac{2kT}{qC_{ox}}\frac{1}{V_G - V_{FB}} \qquad (6.92)$$

を得る。式（6.92）の近似は$(V_G - V_{FB}) \gg \phi_s$となる強い蓄積に対して成り立つ。

式（6.92）から図6.39のような$1/C$－$1/(V_G - V_{FB})$プロットが描ける。この$1/C$軸の切片が$1/C_{ox}$である。ポリSiゲートの空乏化は式（6.92）の第2項に影響するが，切片は変わらないので無視できる。式（6.92）の近似をつかわない，より正確なアプローチは文献107に与えられている。酸化膜の厚さは第9章（式（9.34））で議論するように，ゲートのコロナ電荷に対してMOSキャパシタの表面電圧をプロットすれば求めることができる。

与える信号の周波数を振ることもできる。図E6.6(a)と(b)の回路を2つの周波数で測定すれば図6.4

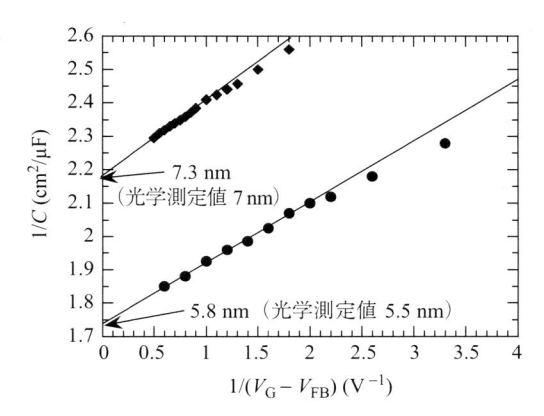

図6.39 2つの酸化膜の厚さについての$1/C-1/(V_G-V_{FB})$プロット．IEEE（©1997, IEEE）の承諾によりVincentら（文献106）から再掲．

(a)のいろいろな成分を

$$C = \frac{f_1^2 C_{P1}^2 (1+D_1^2) - f_2^2 C_{P2}^2 (1+D_2^2)}{f_1^2 - f_2^2} \quad ; \quad D = \frac{G_P}{\omega C_P} = \frac{G_t(1+r_s G_t)}{\omega C} + \omega r_s C \quad (6.93)$$

のように求めることができる[108]．ここでD_1とC_{P1}は周波数f_1で，D_2とC_{P2}はf_2で測定した値で，

$$G_t = \sqrt{\omega^2 C_P C(1+D^2) - (\omega C)^2} \quad (6.94)$$

$$r_s = \frac{D}{\omega C_P (1+D^2)} - \frac{G_t}{G_t^2 + (\omega C)^2} \quad (6.95)$$

である．2周波数法の詳細な検討によれば，Dは1.1以下としなければならない[109]．酸化膜が薄ければ$D < 1.1$となるようデバイスの面積を小さくしなければならないが，容量計の測定下限にならないよう余裕のある大きさにとどめておかねばならない．デバイスの面積を小さくしてG_tとr_sを下げると，分散抵抗により$G_t \sim$面積，$r_s \sim 1/$(面積)$^{1/2}$の依存性があるから，Dは上がる．式（6.93）で決まる最小動径周波数（minimum radial frequency）

$$\omega_{\min} = \frac{G_t}{C} \sqrt{1 + \frac{1}{r_s G_t}} \quad (6.96)$$

から，最小損失因子（minimum dissipation factor）

$$D_{\min} = 2\sqrt{r_s G_t (1 + r_s G_t)} \quad (6.97)$$

がわかる．図6.40に測定誤差のデバイス面積と酸化膜厚さへの依存性を示す．$f = 1\,\mathrm{MHz}$なら1.5 nmの酸化膜まで測定できる．この周波数は図6.40の2つの周波数のうち高い方である．

MOSFETを伝送線として扱えば[110]，容量は

$$C \approx C_m \frac{1+\cosh(k)}{1+\sinh(k)/K} \tag{6.98}$$

となる。ここで $k = (r_s'G_t'L^2)^{1/2}$, C_m は測定した容量，L はゲート長，

$$r_s' = \frac{W}{L}\sqrt{\frac{Z_{dc}}{Y_{dc}}\frac{4}{4-Z_{dc}Y_{dc}}}\cosh^{-1}\left(\frac{2}{2-Z_{dc}Y_{dc}}\right) \quad [\Omega/\square] \tag{6.99}$$

$$G_t' = \frac{1}{WL}\frac{\cosh^{-1}\left(\dfrac{2}{2-Z_{dc}Y_{dc}}\right)}{\sqrt{\dfrac{Z_{dc}}{Y_{dc}}\dfrac{4}{4-Z_{dc}Y_{dc}}}} \quad [\text{S/cm}^2] \tag{6.100}$$

である。ただし，W はゲート幅。これはMOSFETのソースと基板（またはCMOSのウェル）を接地した交流測定である。ゲート電圧を適当な電圧範囲で掃引して $I_G - V_{GS}$ 曲線の傾きから直流ゲートアドミタンス Y_{dc} を求める。各ゲート電圧でドレイン電圧を $-15\,\text{mV}$ から $+15\,\text{mV}$ まで掃引すると，$I_D - V_{DS}$ の傾きから直流ドレインインピーダンス Z_{dc} がわかる。r_s' と G_t' はともにゲート電圧に強く依存するので正確に測らねばならない。チャネル抵抗が上がると容量が小さくなるので，ゲートが長いと補正が必要になる。同様に，酸化膜が薄くなるとゲート電流が増えてチャネル電圧が下がるので，補正が必要である。これによって $0.9\,\text{nm}$ の厚さの酸化膜まで測れることが示されている。

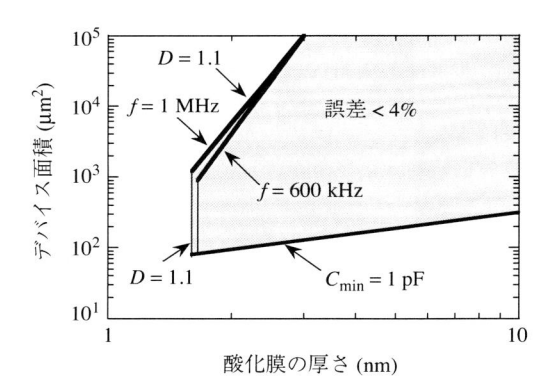

図6.40 デバイス面積と酸化膜の厚さの測定誤差への影響。影の領域の 2 つの周波数による容量の誤差は 4 % 以下である。周波数を高くすると，$D=1.1$ の境界線は酸化膜の薄い方へシフトする。文献109より。

演習6.6
問題：$C - V$ の挙動に対してゲートリーク電流および直列抵抗はどう影響するか？
解：図6.24の等価回路は，界面トラップがない蓄積状態なら図E6.6(a)になる。これを第 2 章にしたがって，図E6.6(b)および(c)の並列および直列等価回路に変換する。ここで

$$C_P = \frac{C}{(1+r_sG)^2 + (\omega r_s C)^2} \;;\; C_S = C\left[1+\left(\frac{G}{\omega C}\right)^2\right]$$

である．基本的な考え方を理解するために，固定直列抵抗を$r_s = 0.5\,\Omega$，$t_{ox} = 3\,\text{nm}$，$N_A = 10^{17}\,\text{cm}^{-3}$，および$V_G < 0$とし，$G_t = \exp(1/V_G)$とした．これから計算した$C_P$と$C_S$を理想の容量（$r_s = G_t = 0$）とともに図E6.6(d)に示す．$G_t$が増加すると，$C_P$は減少し$C_S$は増加するので，酸化膜の厚さを求めるのが困難になる．もちろんG_tの実際のゲート電圧依存性はこのような簡単なモデルではないが，主な考え方を表している．このような振る舞いは，たとえばD. P. Norton, "Capacitance-Voltage Measurements on Ultrathin Gate Dielectrics", *Solid-State Electron.*, **47**, 801-805, May（2003）で実験的に確認されている．

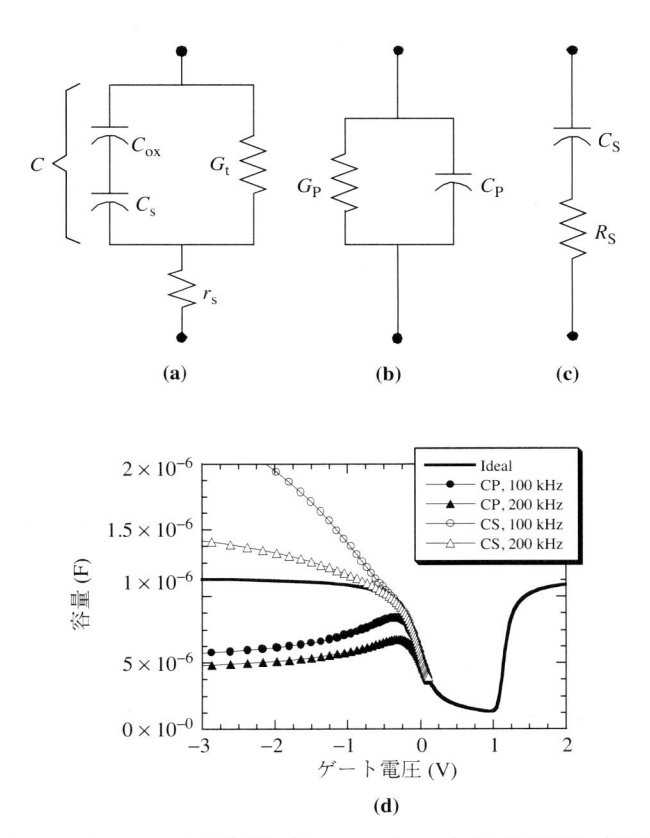

図E6.6 (a)トンネルコンダクタンスと直列抵抗があるMOSキャパシタの等価回路．(b)MOSキャパシタの並列等価回路．(c)MOSキャパシタの直列等価回路．(d)$C-V_G$曲線の計算値．

6.4.2 電流—電圧法

酸化膜の電流—電圧特性は第12章で議論する．ここでは酸化膜の厚さに関係した式を簡単に説明する．絶縁体を流れる電流はファウラー—ノードハイム（FN）電流か直接トンネル電流のいずれかである．FN電流密度は

$$J_{FN} = A\mathscr{E}_{ox}^2 \exp\left(-\frac{B}{\mathscr{E}_{ox}}\right) \tag{6.101}$$

で，$\mathscr{E}_{ox}$ は酸化膜の電場，A と B は定数である．直接トンネル電流の密度は

$$J_{dir} = \frac{AV_G}{t_{ox}^2} \frac{kT}{q} C \exp\left\{-\frac{B[1-(1-qV_{ox}/\Phi_B)^{1.5}]}{\mathscr{E}_{ox}}\right\} \tag{6.102}$$

である．ここで Φ_B は半導体—絶縁膜間のエネルギー障壁の高さ，V_{ox} は酸化膜の電圧である．どちらの電流も酸化膜の厚さに強く依存する．トンネル電流には小さな振動成分もあるが，この振動は電子の量子干渉によるもので，酸化膜の厚さに強く依存するので，酸化膜の厚さを求めるのに応用できそうである[111]．

6.4.3 その他の方法

第10章で議論されるエリプソメトリは，1～2nmの厚さの酸化膜に適している．酸化膜の厚さの測定には角度可変分光エリプソメトリが特に研究されている．

第11章で議論する透過型電子顕微鏡法（transmission electron microscopy）はサンプル作製に手間がかかるが，精度がよく，きわめて薄い酸化膜に適している．

X線光電子分光法（X-ray photoelectron spectroscopy）やその他のビームをつかった手法は第11章で議論する．

6.5 強みと弱み

酸化膜中の可動電荷：**バイアス温度ストレス法**（bias temperature stress）の強みは $C-V$ 曲線を測定するだけという単純さにあるが，加熱と冷却を必要とする．弱みは可動電荷密度の総和しか測れないことである．イオン種は区別できない．また，界面にトラップされた電荷やフラットバンド電圧によって $C-V$ 曲線が歪むと，可動電荷の決定はさらに難しくなる．

三角電圧掃引法（triangular voltage sweep）の強みは，可動電荷のイオン種を区別でき，感度が高く，サンプル加熱後の冷却を必要とせず，加熱だけでよいので，短時間で行えることにある．電流または電荷を測定するので，容量法では不可能な層間絶縁膜中の可動電荷の測定にもつかえる．

界面にトラップされた電荷：MOSキャパシタに対して最も実用的な方法はコンダクタンス法と準静的方法である．コンダクタンス法の強みは感度が高く，多数キャリアの捕獲断面積がわかることにある．弱みは D_{it} が得られる表面電位の範囲が限られていること，および簡単な方法が提案されてはいるが，D_{it} を求めるのに手間がかかることである．準静的方法は（$I-V$ および $Q-V$ ともに）測定が比較的簡単で，広い表面電位にわたって D_{it} を得られるのが主な強みである．$I-V$ 法の弱みをいえば，電流の測定下限になる．準平衡状態を維持するために掃引レートを低くしなければならないので，この電流はかなり小さい．$Q-V$ 法ではこの問題が少し軽減される．いずれの手法も，薄い酸化膜ではゲート酸化膜のリーク電流が測定上問題となる．

MOSFETの界面トラップの電荷は**チャージポンピング法**，**サブスレッショルド電流法**，および**DC $I-V$法**で測定する．主な強みは D_{it} に比例する電流を直接測定すること，および特殊なテストストラクチャに頼らず，通常のMOSFETで測定できることである．**チャージポンピング法**は単一準位の界面トラップを求めるのにつかわれている[112]．チャージポンピング法で絶縁体のトラップ密度も求めることができる．主な弱みは，平均の界面トラップ密度という単一の値が得られるだけで，D_{it} のエネルギー分布は特殊な測定手法を発展させ解釈しなければならないこと，および，測定がゲートリーク電流に影響されることである．**サブスレッショルド電流法**はチャージポンピング法に比べ簡単に実行できるが，界面トラップの測定を目的とした解析は難しい．むしろ，ホットエレクトロンによるストレスや放射エネルギー照射のあとの界面トラップ密度の変化を求めるのに有効である．**DC $I-V$法**はチャージポンピング法と同じような結果が得られるが，測定した電流は表面再結合に関連しており，界面トラップ密度を抽出するには捕獲断面積がわかっていなければならない．

界面トラップの電荷を求めることができるエネルギーの範囲を**図6.41**に示す．文献113では，界面ト

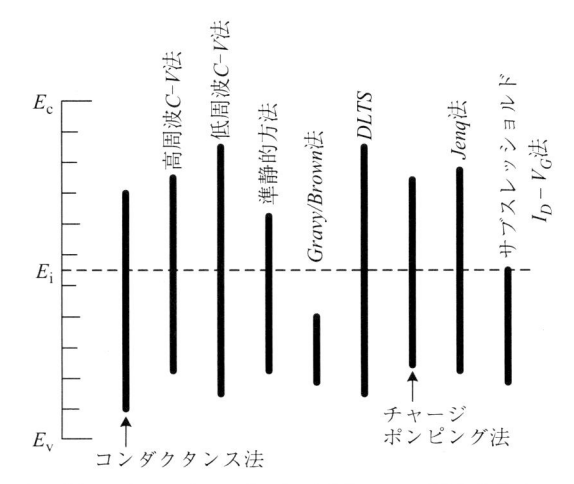

図6.41 p型Si基板のバンドギャップの中で界面トラップ電荷を求めることができる
エネルギー範囲の，評価手法による違い．

ラップの電荷のいろいろな測定方法を，それぞれの利害得失とともに議論している．

酸化膜の厚さ：電気的な方法としては，MOSの$C-V$測定が最も一般的である．しかし，薄い酸化膜では，リーク電流のために解釈が難しくなる．$I-V$測定から厚さを求めることもある．きわめて薄い酸化膜には，感度のよいエリプソメトリをつかう．ただし，測定する層の光学パラメータがわかっていること，また，酸化膜が薄くても一様でなければならない．物理的な評価方法では，XPSが極薄酸化膜の評価に適している．SiO_2および窒化酸化膜の作製と評価について，Greenらによる優れた総説がある[114]．

補遺6.1 容量測定のテクニック

容量のほとんどは容量ブリッジまたは容量計で測定する．**図A6.1**のベクトル電圧―電流法では，被験デバイス（device undet test; DUT）に交流信号v_iを与え，v_iとサンプルの電流i_iとの比からデバイスのインピーダンスZを計算する．帰還抵抗R_Fのついた高利得演算増幅器（オペアンプ）が電流―電圧変換器として動作する．仮想接地のオペアンプは入力インピーダンスが高く，オペアンプへの入力電

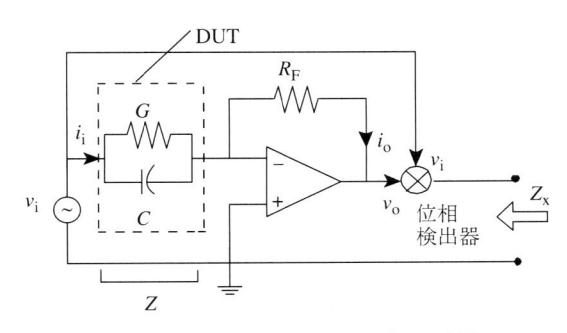

図A6.1 容量―コンダクタンス計の回路図．

流はゼロで，$i_i \sim i_o$ となり，（−）入力端子は基本的に接地電位である。$i_i = v_i/Z$ および $i_o = -v_o/R_F$ であるから，デバイスのインピーダンスは v_i と v_o から

$$Z = -\frac{R_F v_i}{v_o} \tag{A6.1}$$

のように導かれる。ここで図A6.1の並列 $G-C$ 回路のデバイスインピーダンスは

$$Z = \frac{G}{G^2 + (\omega C)^2} - \frac{j\omega C}{G^2 + (\omega C)^2} \tag{A6.2}$$

で与えられる。この第1項はコンダクタンスの成分，第2項はサセプタンスの成分である[注4]。電圧 v_i と v_o が位相検出器へ送られ，サンプルのコンダクタンスとサセプタンスは v_i に対する v_o の位相角 $0°$ と $90°$ をつかって求める。インピーダンスは位相角 $0°$ でコンダクタンス G に，位相角 $90°$ でサセプタンスまたは容量 C になる。

この方法は単純な回路をつかっていて比較的精度もよいが，高周波で i_o が i_i に正確に比例する帰還抵抗増幅器を設計するのは難しい。たとえば，ゼロ検出器（null detector）をもつ自動バランス回路と変調器によってこの問題を克服したものがある[115]。容量測定の回路，プローブステーション，など容量測定に関するヒントがNicollian and Brewsの本で詳しく議論されている[24]。

容量計には3端子と5端子のものがある。いずれの計器でも端子の1つが接地になり，残りを被験デバイスにつなぐ。5端子計は4端子プローブ法のように外側の2端子間に電流を流し，内側の2端子で電位を測定する。これらの計器の接地端子は寄生容量を抑えるという役割も担う。容量計における接地端子の例を**図A6.2**に2つ示す。コンダクタンス G と容量 C をもつ3端子デバイスで，図A6.2(a)のように C_1 と C_2 の寄生容量をもつ場合を考えよう。被験デバイス（DUT）を容量計（Hi-Lo）につなぎ，2つの寄生容量を接地につなぐと，C_1 と C_2 は交流的に接地され測定の対象から外れる。図A6.2(b)のMOSFETは，チャネル領域の酸化膜容量 C_{ch} を接地することで，ゲート—ソース間およびゲート—ドレイン間の重なり容量 C_{ov} を測定する構成になっている。図A6.2(b)のような特に小さな容量の測定では，たとえば基板の抵抗やCMOSのウェルの抵抗など，デバイスの内部構造が測定に影響する[116]。

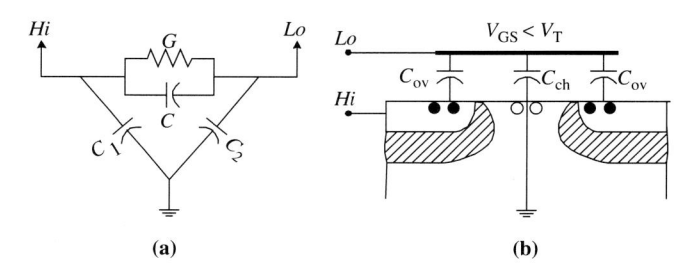

図A6.2　3端子容量測定における結線．(a)測定原理．(b)MOSFET．

補遺6.2　チャックの容量とリーク電流の影響

ウェハをチャック（支持台）の上に置いてウェハ状態でデバイスの容量を測定するときは，測定系の構成が結果に影響しないか注意が必要である。**図A6.3**(a)の実験構成を考えよう。容量計の"Hi"端子は基板，ソース，ドレインに，"Lo"端子はゲートにつなぐ[117]。この間に時間変化する電圧を与え，

注4　アドミタンスは G をコンダクタンス，B をサセプタンスとして，$Y = Z^{-1} = G + jB$。

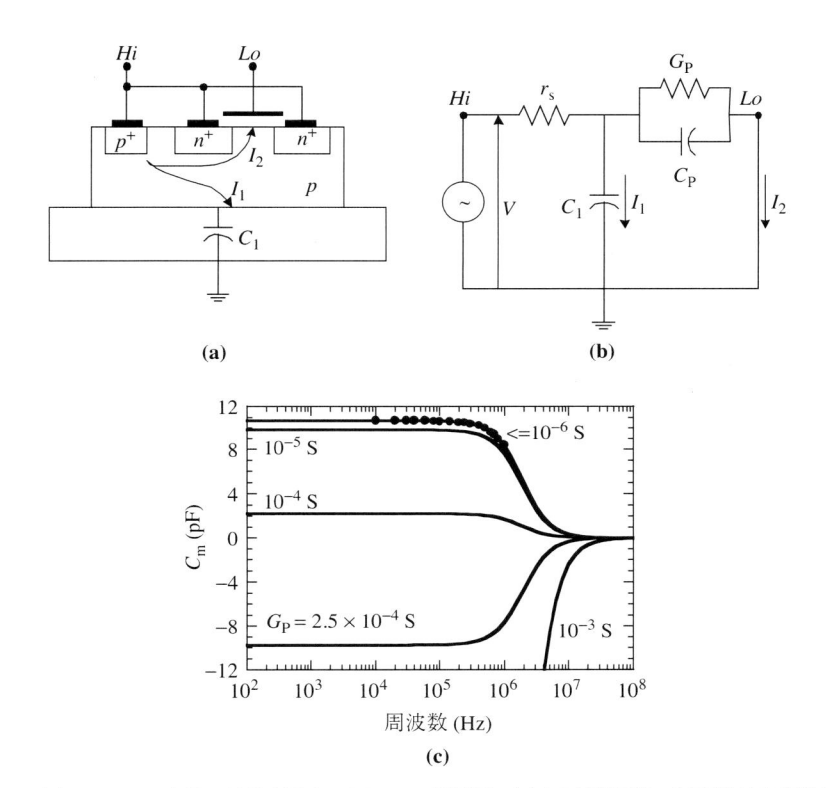

図A6.3 (a)チャックの容量の効果を示すMOSFETの断面図．(b)その等価回路．(c)理論値と実験的に測定した容量．$r_s=124\,\Omega$, $C_1=680\,\mathrm{pF}$, $C_P=10.7\,\mathrm{pF}$．線：理論値．点：文献118のデータ．

容量に比例する電流を測定する．しかし，電流にはデバイスの容量を経由する経路と，チャックの寄生容量を経由する経路の2つの経路がある．図A6.3(b)の等価回路はデバイスの容量C_Pと，たとえばトンネル電流のようなリークコンダクタンスG_P，直列抵抗r_s，および寄生容量C_1とからなる．容量計は

$$C_m = \frac{C_1(C_P/C_1 - r_s G_P)}{(1+r_s G_P)^2 + [\omega\, r_s C_1(1+C_P/C_1)]^2} \tag{A6.3a}$$

$$G_m = \frac{G_P + r_s G_P^2 + \omega^2 r_s C_P C_1(1+C_P/C_1)}{(1+r_s G_P)^2 + [\omega\, r_s C_1(1+C_P/C_1)]^2} \tag{A6.3b}$$

で与えられるC_mとG_mの並列回路を想定している．C_1が無視できるほど小さければ，式（A6.3）は式（2.32）に簡略化される．

式（A6.3a）を，いろいろなG_P値について図A6.3(c)にプロットする．高周波での容量の落ち込み（ドループ）はチャックの容量が大きいためで，点で示しているように実験的にも確認されている[118]．$C_P/C_1 < r_s G_P$ではC_mが負になるが，これはゲート電圧が高く，薄い酸化膜のリーク電流が大きいMOSキャパシタで観測される[119]．チャックの最表面層を"Hi"端子につないでチャック容量をゼロにし，チャックの中間層を容量計の接地端子へつないでウェハをチャックの上に置くと，高周波での容量ドループを解決できる[118]．

文　　献

1) B.E. Deal, *IEEE Trans. Electron Dev.*, **ED-27**, 606-608, March (1980)
2) B.E. Deal, M. Sklar, A.S. Grove and E.H. Snow, *J. Electrochem. Soc.*, **114**, 266-274, March (1967)
3) J.R. Brews, *J. Appl. Phys.*, **45**, 1276-1279, March (1974)
4) A. Berman and D.R. Kerr, *Solid-State Electron.*, **17**, 735-742, July (1974)
5) W.E. Beadle, J.C.C. Tsai and R.D. Plummer, Quick Reference Manual for Silicon Integrated Circuit Technology, 14-28, Wiley-Interscience, New York (1985)
6) H. El-Sissi and R.S.C. Cobbold, *Electron. Lett.*, **9**, 594-596, Dec. (1973)
7) J. Hynecek, *Solid-State Electron.*, **18**, 119-120, Feb. (1975); K. Lehovec and S.T. Lin, *Solid-State Electron.*, **19**, 993-996, Dec. (1976)
8) F.P. Heiman, *IEEE Trans. Electron Dev.*, **ED-13**, 855-862, Dec. (1966); K. Iniewski and A. Jakubowski, *Solid-State Electron.*, **29**, 947-950, Sept. (1986)
9) W.W. Lin and C.L. Liang, *Solid-State Electron.*, **39**, 1391-1393, Sept. (1996)
10) R. Castagné,(仏語)*C.R. Acad. Sc. Paris*, **267**, 866-869, Oct. (1968); M. Kuhn, *Solid-State Electron.*, **13**, 873-885, June (1970); W.K. Kappallo and J.P. Walsh, *Appl. Phys. Lett.*, **17**, 384-386, Nov. (1970)
11) J. Koomen, *Solid-State Electron.*, **14**, 571-580, July (1971); K. Ziegler and E. Klausmann, *Appl. Phys. Lett.*, **26**, 400-402, April (1975)
12) J.R. Brews and E.H. Nicollian, *Solid-State Electron.*, **27**, 963-975, Nov. (1984)
13) E.H. Nicollian and J.R. Brews, *Solid-State Electron.*, **27**, 953-962, Nov. (1984); D.M. Boulin, J.R. Brews and E.H. Nicollian, *Solid-State Electron.*, **27**, 977-988, Nov. (1984)
14) T.J. Mego, *Rev. Sci. Instrum.*, **57**, 2798-2805, Nov. (1986)
15) P.L. Castro and B.E. Deal, *J. Electrochem. Soc.*, **118**, 280-286, Feb. (1971)
16) R. Williams, *Phys. Rev.*, **140**, A569-A575, Oct. (1965); R. Williams, *J. Vac. Sci. Technol.*, **14**, 1106-1111, Sept./Oct. (1977)
17) W.M. Werner, *Solid-State Electron.*, **17**, 769-775, Aug. (1974)
18) C.S. Park, B.J. Cho, and D.L. Kwong, *IEEE Electron Dev. Lett.*, **25**, 372-374, June (2004)
19) R.R. Razouk and B.E. Deal, *J. Electrochem. Soc.*, **129**, 806-810, April (1982); A.I. Akinwande and J.D. Plummer, *J. Electrochem. Soc.*, **134**, 2297-2303, Sept. (1987)
20) N. Lifshitz, *IEEE Trans. Electron Dev.*, **ED-32**, 617-621, March (1985)
21) W.W. Werner, *Solid-State Electron.*, **17**, 769-775, Aug. (1974)
22) T.W. Hickmott and R.D. Isaac, *J. Appl. Phys.*, **52**, 3464-3475, May (1981)
23) D.B. Kao, K.C. Saraswat and J.P. McVittie, *IEEE Trans. Electron Dev.*, **ED-32**, 918-925, May (1985)
24) E.H. Nicollian and J.R. Brews, MOS Physics and Technology, Wiley, New York (1982)
25) S.P. Li, M. Ryan and E.T. Bates, *Rev. Sci. Instrum.*, **47**, 632-634, May (1976)
26) E.H. Snow, A.S. Grove, B.E. Deal and C.T. Sah, *J. Appl. Phys.*, **36**, 1664-1673, May (1965)
27) W.A. Pliskin and R.A. Gdula, in *Handbook on Semiconductors*, **3** (S.P. Keller, ed.), North Holland, Amsterdam (1980) およびその引用文献
28) N.J. Chou, *J. Electrochem. Soc.*, **118**, 601-609, April (1971); G. Derbenwick, *J. Appl. Phys.*, **48**, 1127-1130, March (1977); J.P. Stagg, *Appl. Phys. Lett.*, **31**, 532-533, Oct. (1977); M.W. Hillen, G. Greeuw and J.F. Verwey, *J. Appl. Phys.*, **50**, 4834-4837, July (1979); M. Kuhn and D.J. Silversmith, *J. Electrochem. Soc.*, **118**, 966-970, June (1971)
29) G. Greeuw and J.F. Verwey, *J. Appl. Phys.*, **56**, 2218-2224, Oct. (1984); Y. Shacham-Diamand, A.

Dedhia, D. Hoffstetter, and W.G. Oldham, *J. Electrochem. Soc.*, **140**, 2427-2432, Aug. (1993)

30) M. Kuhn and D.J. Silversmith, *J. Electrochem. Soc.*, **118**, 966-970, June (1971); M.W. Hillen and J.F. Verwey, in Instabilities in Silicon Passivation and Related Instabilities (G. Barbottin and A. Vapaille, eds.), 403-439, Elsevier, Amsterdam (1986)

31) L. Stauffer, T. Wiley, T. Tiwald, R. Hance, P. Rai-Choudhury, and D.K. Schroder, *Solid-State Technol.*, **38**, S3-S8, Aug. (1995)

32) T.M. Buck, F.G. Allen, J.V. Dalton and J.D. Struthers, *J. Electrochem. Soc.*, **114**, 862-866, Aug. (1967)

33) E. Yon, W.H. Ko and A.B. Kuper, *IEEE Trans. Electron Dev.*, **ED-13**, 276-280, Feb. (1966)

34) B. Yurash and B.E. Deal, *J. Electrochem. Soc.*, **115**, 1191-1196, Nov. (1968)

35) H.L. Hughes, R.D. Baxter and B. Phillips, *IEEE Trans. Nucl. Sci.*, **NS-19**, 256-263, Dec. (1972)

36) A. Goetzberger, E. Klausmann and M.J. Schulz, *CRC Crit. Rev. Solid State Sci.*, **6**, 1-43, Jan. (1976)

37) G. DeClerck, in Nondestructive Evaluation of Semiconductor Materials and Devices (J.N. Zemel, ed.), 105-148, Plenum Press, New York (1979)

38) P.V. Gray and D.M. Brown, *Appl. Phys. Lett.*, **8**, 31-33, Jan. (1966); D.M. Fleetwood, *Appl. Phys. Lett.*, **60**, 2883-2885, June (1992)

39) C.N. Berglund, *IEEE Trans. Electron Dev.*, **ED-13**, 701-705, Oct. (1966)

40) T.C. Lin and D.R. Young, *J. Appl. Phys.*, **71**, 3889-3893, April (1992); J.M. Moragues, E. Ciantar, R. Jérisian, B. Sagnes, and J. Qualid, *J. Appl. Phys.*, **76**, 5278-5287, Nov. (1994)

41) S. Nishimatsu and M. Ashikawa, *Rev. Sci. Instrum.*, **45**, 1109-1112, Sept. (1984)

42) R. Castagné and A. Vapaille, *Surf. Sci.*, **28**, 157-193, Nov. (1971)

43) G. Declerck, R. Van Overstraeten and G. Broux, *Solid-State Electron.*, **16**, 1451-1460, Dec. (1973)

44) R. Castagné and A. Vapaille, *Electron. Lett.*, **6**, 691-694, Oct. (1970)

45) Y. Omura and Y. Nakajima, *Solid-State Electron.*, **44**, 1511-1514, Aug. (2000)

46) S. Wagner and C.N. Berglund, *Rev. Sci. Instrum.*, **43**, 1775-1777, Dec. (1972)

47) R. Van Overstraeten, G. Declerck and G. Broux, *J. Electrochem. Soc.*, **120**, 1785-1787, Dec. (1973)

48) A.D. Lopez, *Rev. Sci. Instrum.*, **44**, 200-204, Feb. (1972)

49) E.H. Nicollian and A. Goetzberger, *Bell Syst. Tech. J.*, **46**, 1055-1133, July/Aug. (1967)

50) M. Schulz, *Surf. Sci.*, **132**, 422-455, Sept. (1983)

51) A.K. Aggarwal and M.H. White, *J. Appl. Phys.*, **55**, 3682-3694, May (1984)

52) E.M. Vogel, W.K. Henson, C.A. Richter, and J.S. Suehle, *IEEE Trans. Electron Dev.*, **47**, 601-608, March (2000); T.P. Ma and R.C. Barker, *Solid-State Electron.*, **17**, 913-929, Sept. (1974)

53) E.H. Nicollian, A. Goetzberger and A.D. Lopez, *Solid-State Electron.*, **12**, 937-944, Dec. (1969); W. Fahrner and A. Goetzberger, *Appl. Phys. Lett.*, **17**, 16-18, July (1970); H. Deuling, E. Klausmann and A. Goetzberger, *Solid-State Electron.*, **15**, 559-571, May (1972); J.R. Brews, *J. Appl. Phys.*, **43**, 3451-3455, Aug. (1972); P.A. Muls, G.J. DeClerck and R.J. Van Overstraeten, *Solid-State Electron.*, **20**, 911-922, Nov. (1977) およびそこでの引用文献

54) J.J. Simonne, *Solid-State Electron.*, **16**, 121-124, Jan. (1973)

55) J.R. Brews, *Solid-State Electron.*, **26**, 711-716, Aug. (1983); J.M. Noras, *Solid-State Electron.*, **30**, 433-437, April (1987); *Solid-State Electron.*, **31**, 981-987, May (1988)

56) W.A. Hill and C.C. Coleman, *Solid-State Electron.*, **23**, 987-993, Sept. (1980)

57) A. De Dios, E. Castàn, L. Bailón, J. Barbolla, M. Lozano, and E. Lora-Tamayo, *Solid-State Electron.*, **33**, 987-992, Aug. (1990)

58) E. Duval and E. Lheurette, *Microelectron. Eng.*, **65**, 103-112, Jan. (2003)

59) H. Haddara and G. Ghibaudo, *Solid-State Electron.*, **31**, 1077-1082, June (1988)

60) L.M. Terman, *Solid-State Electron.*, **5**, 285-299, Sept./Oct. (1962)
61) C.C.H. Hsu and C.T. Sah, *Solid-State Electron.*, **31**, 1003-1007, June (1988)
62) K.H. Zaininger and G. Warfield, *IEEE Trans. Electron Dev.*, **ED-12**, 179-193, April (1965)
63) C.T. Sah, A.B. Tole and R.F. Pierret, *Solid-State Electron.*, **12**, 689-709, Sept. (1969)
64) E.M. Vogel and G.A. Brown, in Characterization and Metrology for VLSI Technology: 2003 Int. Conf. (D.G. Seiler, A.C. Diebold, T.J. Shaffner, R. McDonald, S. Zollner, R.P. Khosla, and E.M. Secula, eds.), Am. Inst. Phys., 771-781 (2003)
65) E. Rosenecher and D. Bois, *Electron. Lett.*, **18**, 545-546, June (1982)
66) P.V. Gray and D.M. Brown, *Appl. Phys. Lett.*, **8**, 31-33, Jan. (1966); D.M. Brown and P.V. Gray, *J. Electrochem. Soc.*, **115**, 760-767, July (1968); P.V. Gray, *Proc. IEEE*, **57**, 1543-1551, Sept. (1969)
67) M.R. Boudry, *Appl. Phys. Lett.*, **22**, 530-531, May (1973)
68) D.K. Schroder and J. Guldberg, *Solid-State Electron.*, **14**, 1285-1297, Dec. (1971)
69) C.S. Jenq, High-Field Generation of Interface States and Electron Traps in MOS Capacitors, Ph.D. Dissertation, Princeton University, (1978); A. Mir and D. Vuillaume, *Appl. Phys. Lett.*, **62**, 1125-1127, March (1993)
70) N. Saks, *J. Appl. Phys.*, **74**, 3303-3306, Sept. (1993)
71) J.S. Brugler and P.G.A. Jespers, *IEEE Trans. Electron Dev.*, **ED-16**, 297-302, March (1969)
72) D. Bauza, *J. Appl. Phys.*, **94**, 3229-3248, Sept. (2003)
73) G. Groeseneken, H.E. Maes, N. Beltrán and R.F. De Keersmaecker, *IEEE Trans. Electron Dev.*, **ED-31**, 42-53, Jan. (1984); P. Heremans, J. Witters, G. Groeseneken and H.E. Maes, *IEEE Trans. Electron Dev.*, **36**, 1318-1335, July (1989)
74) J.L. Autran and C. Chabrerie, *Solid-State Electron.*, **39**, 1394-1395, Sept. (1996)
75) A.B.M. Elliot, *Solid-State Electron.*, **19**, 241-247, March (1976); R.A. Wachnik and J.R. Lowney, *Solid-State Electron.*, **29**, 447-460, April (1986); *IEEE Trans. Electron Dev.*, **ED-33**, 1054-1061, July (1986)
76) W.L. Chen, A. Balasinski, and T.P. Ma, *Rev. Sci. Instrum.*, **63**, 3188-3190, May (1992)
77) M. Katashiro, K. Matsumoto, and R. Ohta, *J. Electrochem. Soc.*, **143**, 3771-3777, Nov. (1996)
78) W.L. Tseng, *J. Appl. Phys.*, **62**, 591-599, July (1987); F. Hofmann and W.H. Krautschneider, *J. Appl. Phys.*, **65**, 1358-1360, Feb. (1989)
79) N.S. Saks and M.G. Ancona, *IEEE Electron Dev. Lett.*, **11**, 339-341, Aug. (1990); R.R. Siergiej, M.H. White, and N.S. Saks, *Solid-State Electron.*, **35**, 843-854, June (1992)
80) S. Jakschik, A. Avellan, U. Schroeder, and J.W. Bartha, *IEEE Trans. Electron Dev.*, **51**, 2252-2255, Dec. (2004)
81) A. Melik-Martirosian and T.P. Ma, *IEEE Trans. Electron Dev.*, **48**, 2303-2309, Oct. (2001); C. Bergonzoni and G.D. Libera, *IEEE Trans. Electron Dev.*, **39**, 1895-1901, Aug. (1992)
82) M. Tsuchiaki, H. Hara, T. Morimoto, and H. Iwai, *IEEE Trans. Electron Dev.*, **40**, 1768-1779, Oct. (1993)
83) R.E. Paulsen and M.H. White, *IEEE Trans. Electron Dev.*, **41**, 1213-1216, July (1994)
84) D.M. Fleetwood, *IEEE Trans. Nucl. Sci.*, **43**, 779-786, June (1996)
85) G. Van den bosch, G.V. Groeseneken, P. Heremans, and H.E. Maes, *IEEE Trans. Electron Dev.*, **38**, 1820-1831, Aug. (1991)
86) Y. Li and T.P. Ma, *IEEE Trans. Electron Dev.*, **45**, 1329-1335, June (1998)
87) D. Bauza, *IEEE Electron Dev. Lett.*, **23**, 658-660, Nov. (2002); D. Bauza, *Solid-State Electron.*, **47**, 1677-1683, Oct. (2003); P. Masson, J-L Autran, and J. Brini, *IEEE Electron Dev. Lett.*, **20**, 92-94,

Feb. (1999)

88) J.L. Autran, F. Seigneur, C. Plossu, and B. Balland, *J. Appl. Phys.*, **74**, 3932–3935, Sept. (1993)
89) P.A. Muls, G.J. DeClerck and R.J. van Overstraeten, in *Adv. in Electron and Electron Phys.*, **47**, 197–266 (1978)
90) P.J. McWhorter and P.S. Winokur, *Appl. Phys. Lett.*, **48**, 133–135, Jan. (1986)
91) A. Neugroschel, C.T. Sah, M. Han, M.S. Carroll, T. Nishida, J.T. Kavalieros, and Y. Lu, *IEEE Trans. Electron Dev.*, **42**, 1657–1662, Sept. (1995)
92) D.J. Fitzgerald and A.S. Grove, *Surf. Sci.*, **9**, 347–369, Feb. (1968)
93) H. Guan, Y. Zhang, B.B. Jie, Y.D. He, M-F. Li, Z. Dong, J. Xie, J.L.F. Wang, A.C. Yen, G.T.T. Sheng, and W. Li, *IEEE Electron Dev. Lett.*, **20**, 238–240, May (1999)
94) R.J. Kriegler, T.F. Devenyi, K.D. Chik and J. Shappir, *J. Appl. Phys.*, **50**, 398–401, Jan. (1979)
95) E. Kamieniecki, *J. Appl. Phys.*, **54**, 6481–6487, Nov. (1983); V. Murali, A.T. Wu, A.K. Chatterjee, and D.B. Fraser, *IEEE Trans. Semicond. Manufact.*, **5**, 214–222, Aug. (1992); L.A. Lipkin, *J. Electrochem. Soc.*, **140**, 2328–2332, Aug. (1993)
96) H. Takeuchi and T.J. King, *J. Electrochem. Soc.*, **151**, H44–H48, Feb. (2004)
97) E.H. Poindexter and P.J. Caplan, *Prog. Surf. Sci.*, **14**, 201–294 (1983)
98) E.H. Poindexter, *Semicond. Sci. Technol.*, **4**, 961–969, Dec. (1989)
99) M.P. Seah, S.J. Spencer, F. Bensebaa, I. Vickridge, H. Danzebrink, M. Krumrey, T. Gross, W. Oesterle, E. Wendler, B. Rheinländer, Y. Azuma, I. Kojima, N. Suzuki, M. Suzuki, S. Tanuma, D.W. Moon, H.J. Lee, Hyun Mo Cho, H.Y. Chen, A.T.S. Wee, T. Osipowicz, J.S. Pan, W.A. Jordaan, R. Hauert, U. Klotz, C. van der Marel, M. Verheijen, Y. Tamminga, C. Jeynes, P. Bailey, S. Biswas, U. Falke, N.V. Nguyen, D. Chandler-Horowitz, J.R. Ehrstein, D. Muller, and J.A. Dura, *Surf. Interface Anal.*, **36**, 1269–1303, Sept. (2004)
100) A.C. Diebold, D. Venables, Y. Chabal, D. Muller, M. Weldonc, and E. Garfunkel, *Mat. Sci. in Semicond. Proc.*, **2**, 103–147, July (1999)
101) K.S. Krisch, J.D. Bude, and L. Manchanda, *IEEE Electron Dev. Lett.*, **17**, 521–524, Nov. (1996); D. Vasileska, D.K. Schroder, and D.K. Ferry, *IEEE Trans. Electron Dev.*, **44**, 584–587, April (1997)
102) M.J. McNutt and C.T. Sah, *J. Appl. Phys.*, **46**, 3909–3913, Sept. (1975)
103) J. Maserjian, G. Peterson, and C. Svensson, *Solid-State Electron.*, **17**, 335–339, April (1974)
104) J. Maserjian, in The Physics and Chemistry of SiO_2 and the Si/SiO_2 Interface, (C.R. Helms and B.E. Deal, eds.), Plenum Press, New York (1988)
105) S. Kar, *J. Electrochem. Soc.*, **151**, G476–G481, July (2004)
106) E. Vincent, G. Ghibaudo, G. Morin, and C. Papadas, Proc. 1997 IEEE Int. Conf. on Microelectron. Test Struct., 105–110 (1997)
107) G. Ghibaudo, S. Bruyère, T. Devoivre, B. DeSalvo, and E. Vincent, *IEEE Trans. Semicond. Manufact.*, **13**, 152–158, May (2000)
108) J.F. Lϕnnum and J.S. Johannessen, *Electron. Lett.*, **22**, 456–457, April (1986); K.J. Yang and C. Hu, *IEEE Trans. Electron Dev.*, **46**, 1500–1501, July (1999)
109) A. Nara, N. Yasuda, H. Satake, and A. Toriumi, *IEEE Trans. Semicond. Manufact.*, **15**, 209–213, May (2002)
110) D.W. Barlage, J.T. O'Keerfe, J.T. Kavalieros, M.N. Nguyen, and R.S. Chau, *IEEE Electron Dev. Lett.*, **21**, 406–408, Sept. (2000)
111) S. Zafar, Q. Liu, and E.A. Irene, *J. Vac. Sci. Technol.*, **A13**, 47–53, Jan./Feb. (1995); K.J. Hebert and E.A. Irene, *J. Appl. Phys.*, **82**, 291–296, July (1997); L. Mao, C. Tan, and M. Xu, *J. Appl. Phys.*, **88**, 6560–6563, Dec. (2000)

112) L. Militaru and A. Souifi, *Appl. Phys. Lett.*, **83**, 2456-2458, Sept.(2003)
113) S.C. Witczak, J.S. Suehle, and M. Gaitan, *Solid-State Electron.*, **35**, 345-355, March(1992)
114) M.L. Green, E.P. Gusev, R. Degraeve, and E.L. Garfunkel, *J. Appl. Phys.*, **90**, 2057-2121, Sept.(2001)
115) Service Manual for HP 4275-A Multi Frequency LCR Meter, p.8-4, Hewlett-Packard(1983)
116) W.W. Lin and P.C. Chan, *IEEE Trans. Electron Dev.*, **38**, 2573-2575, Nov.(1991)
117) Accurate Capacitance Characterization at the Wafer Level, Agilent Technol. Application Note 4070-2(2000)
118) P.A. Kraus, K.A. Ahmed, and J.S. Williamson, Jr., *IEEE Trans. Electron Dev.*, **51**, 1350-1352, Aug.(2004)
119) Y. Okawa, H. Norimatsu, H. Suto, and M. Takayanagi, IEEE Proc. Int. Conf. Microelectronic Test Struct., 197-202(2003)

おさらい
- 熱酸化膜中の主な電荷を4つ挙げよ。
- 低周波容量はどのようにして測るか。
- 反転状態で低周波$C-V$曲線と高周波$C-V$曲線が違うのはなぜか。
- フラットバンド電圧およびフラットバンド容量とは何か。
- ゲート電極の空乏化は$C-V$曲線にどう影響するか。
- **バイアス温度ストレス法**は**三角電圧掃引法**とどう違うか。
- チャージポンピング法について説明せよ。
- 界面トラップの電荷はどのようにして測るか。
- **コンダクタンス法**とはどういうものか。
- サブスレッショルドの傾きから,どのようにして界面トラップ密度を求めるのか。
- DC$I-V$法とはどういうものか。
- 酸化膜の厚さを測定する方法を2つ,簡単に述べよ。

7. キャリアの寿命

7.1 序論

再結合中心（トラップとも呼ばれる）を介在した電子—正孔対再結合の理論は，1952年のHall[1]とShockley and Read[2]による有名な論文にまでさかのぼる。Hallはこの最初の短いレター論文につづいて，これを補強する論文を出している[3]。IC産業ではキャリア寿命と拡散長を日常的に測定しているが，測定方法や測定結果の解釈には少なからぬ誤解がある。キャリア寿命は欠陥密度の低い半導体についての情報を提供してくれるパラメータの1つである。$10^9 \sim 10^{11} \mathrm{cm}^{-3}$のような低欠陥密度を，非接触で室温測定できる手法はキャリア寿命をおいて他にない。キャリアの寿命測定から求められる欠陥密度には原理的な下限もない。このような理由から，IC業界では，キャリア寿命がそれほど特性に影響しないユニポーラMOSデバイスでは"プロセスのクリーン度のモニタ"としてキャリア寿命測定を用いている。本章ではキャリア寿命と，エネルギー準位，注入レベル，表面のような材料やデバイスのパラメータがキャリア寿命へおよぼす影響，そしてキャリア寿命の測定方法を議論する。

同じ材料あるいは同じデバイスであっても，キャリア寿命は測定方法によって結果が大きく異なる。そのほとんどは本質的な理由による違いであり，測定方法の不手際ではない。半導体そのものではなく，半導体の中のキャリアの特性を扱うので，キャリア寿命の定義は難しい。キャリア寿命は1つの数値で表されるが，測定結果は，半導体材料の特性や温度の他に，表面，界面，エネルギー障壁，キャリアの密度によって変わるキャリアの振る舞いを加重平均したようなものになる。

キャリア寿命は主に2つのカテゴリーに分けられる。**再結合寿命**と**生成寿命**である[4]。過剰キャリアが再結合によって減少するときは再結合寿命τ_rの考え方が成り立つ。生成寿命τ_gは，逆バイアスされたデバイスの空間電荷領域のように，キャリアが不足していて平衡に戻ろうとする場合に適用される。図7.1(a)のように，電子—正孔対は再結合によって平均時間τ_r後には消滅する。同様に，生成寿命は図7.1(b)のように電子—正孔対の生成に要する平均時間である。これを生成寿命というのは誤りで，電子—正孔対の生成を測定するのであるから生成時間（generation time）と呼ぶべきであろうが，"生成寿命（generation lifetime）"と呼ぶのが一般的になっている。

バルク中で起きるこれらの再結合や生成は，τ_rとτ_gで評価する。表面で起きる再結合や生成も，図7.1に示すように**表面再結合速度**s_rと**表面生成速度**s_gで評価する。再結合や生成がバルクと表面で同時に起きても，これらはほとんど区別できない。したがって，測定されるキャリア寿命はバルク成分と

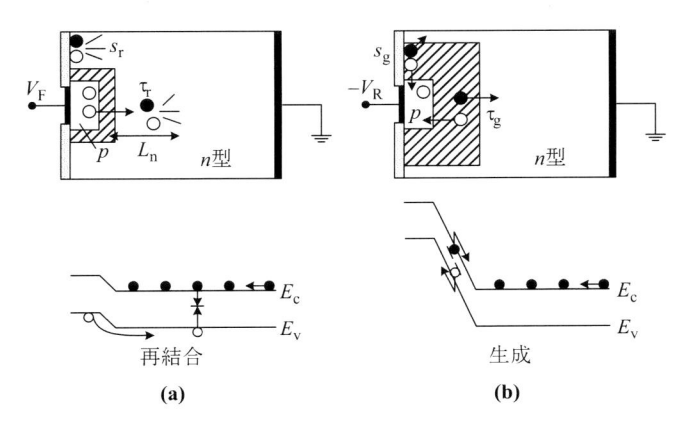

図7.1　(a)順バイアス，および(b)逆バイアスでのいろいろな再結合および生成メカニズムを表している．

表面成分が混在した**有効寿命**になる。

キャリア寿命の測定手法を議論する前に，τ_rとτ_gをもう少し詳しく考察しておこう。細部に関心のない読者はこれらの節をとばし，直接測定方法へ進んでいただきたい。バンドギャップよりエネルギーの大きな光子や粒子あるいはpn接合の順方向バイアスによって，過剰な電子—正孔対が生成される。この刺激によって増加したキャリアは再結合によって平衡状態へと戻っていく。これらを記述する式の導出は補遺7.1で詳しく説明している。

7.2　再結合寿命と表面再結合速度

バルクでの再結合レートRはキャリアの密度が平衡状態の値からどれだけ非線形にずれているかによる。本章では一貫してp型半導体を考え，主にその**少数キャリアである電子**の挙動を考察する。三次の項まで考えると，Rは

$$R = A(n - n_0) + B(pn - p_0 n_0) + C_p(p^2 n - p_0^2 n_0) + C_n(pn^2 - p_0 n_0^2) \tag{7.1}$$

と書ける。ここで$n = n_0 + \Delta n$，$p = p_0 + \Delta p$，ただしn_0とp_0は平衡状態でのキャリア密度，ΔnとΔpは過剰キャリア密度である。トラップがなければ$\Delta n = \Delta p$であるから，式 (7.1) は

$$R \approx A\Delta n + B(p_0 + \Delta n)\Delta n + C_p(p_0^2 + 2p_0\Delta n + \Delta n^2)\Delta n + C_n(n_0^2 + 2n_0\Delta n + \Delta n^2)\Delta n \tag{7.2}$$

のように簡単になる。ここでp型半導体では$n_0 \ll p_0$なので，n_0を含む項のいくつかを省略した。

再結合寿命は

$$\tau_r = \frac{\Delta n}{R} \tag{7.3}$$

で定義されるので，

$$\tau_r = \frac{1}{A + B(p_0 + \Delta n) + C_p(p_0^2 + 2p_0\Delta n + \Delta n^2) + C_n(n_0^2 + 2n_0\Delta n + \Delta n^2)} \tag{7.4}$$

となる。再結合寿命を決める主なメカニズムは，τ_{SRH}で表される**Shockley–Read–Hall**（SRH）あるいは**多重フォノン**（multiphonon）再結合，τ_{rad}で表される放射（radiative）再結合，およびτ_{Auger}で表されるオージェ再結合の3つである。これら3つの再結合メカニズムを**図7.2**に示す。再結合寿命τ_rは

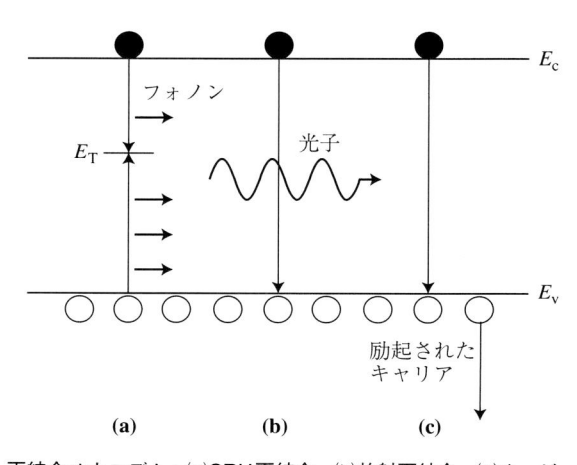

図7.2　再結合メカニズム：(a)SRH再結合，(b)放射再結合，(c)オージェ再結合．

$$\tau_r = \frac{1}{\tau_{SRH}^{-1} + \tau_{rad}^{-1} + \tau_{Auger}^{-1}} \tag{7.5}$$

の関係から求める。

SRH再結合では，密度N_T，エネルギー準位E_T，電子の捕獲断面積σ_n（正孔ならσ_p）の深い準位の不純物あるいはトラップを介して電子—正孔対が再結合する。再結合によって解放されるエネルギーは，図7.2(a)に示すように格子振動あるいはフォノンに消費される。SRH寿命は

$$\tau_{SRH} = \frac{\tau_p(n_0 + n_1 + \Delta n) + \tau_n(p_0 + p_1 + \Delta p)}{p_0 + n_0 + \Delta n} \tag{7.6}$$

で与えられる[2]。ここでn_1, p_1, τ_p, およびτ_nは

$$n_1 = n_i \exp\left(\frac{E_T - E_i}{kT}\right) \;;\; p_1 = n_i \exp\left(-\frac{E_T - E_i}{kT}\right) \tag{7.7}$$

$$\tau_p = \frac{1}{\sigma_p v_{th} N_T} \;;\; \tau_n = \frac{1}{\sigma_n v_{th} N_T} \tag{7.8}$$

で定義される。

放射再結合では，電子—正孔対はバンド間で直接再結合し，図7.2(b)のようにそのエネルギーは光子になる。放射再結合寿命は

$$\tau_{rad} = \frac{1}{B(p_0 + n_0 + \Delta n)} \tag{7.9}$$

で[5]，Bは放射再結合係数である。放射再結合寿命がキャリア密度に反比例するのは，バンド間再結合では電子と正孔が同時に存在していなければならないからである。

オージェ再結合では図7.2(c)のように再結合エネルギーが第3のキャリアに奪われるので，オージェ寿命はキャリア密度の2乗に反比例する。オージェ寿命は

$$\tau_{Auger} = \frac{1}{C_p(p_0^2 + 2p_0\Delta n + \Delta n^2) + C_n(n_0^2 + 2n_0\Delta n + \Delta n^2)}$$

$$\approx \frac{1}{C_p(p_0^2 + 2p_0\Delta n + \Delta n^2)} \tag{7.10}$$

で与えられる。ここでC_pは正孔の，C_nは電子のオージェ再結合係数である。放射再結合とオージェ再結合の係数を表7.1に示す。

式（7.6）から（7.10）は，低レベル注入か高レベル注入で簡単になる。**過剰少数キャリアが平衡状態の多数キャリアより少ない**（$\Delta n \ll p_0$）なら低レベル注入，多い（$\Delta n \gg p_0$）なら高レベル注入になる[注1]。キャリア寿命測定では注入レベルが重要である。低レベル（ll）注入および高レベル（hl）注入の式は，それぞれ

注1 平衡状態の半導体に電子—正孔対が注入されたとき，注入された過剰な多数キャリアの数Δpが，平衡状態の既存の多数キャリアの数p_0に比べて無視でき，多数キャリアの数に影響しない（$p \sim p_0$）ときを低レベル注入という。トラップがなければ過剰多数キャリアと同じ数Δnだけ少数キャリアも過剰に注入されるが，これは多数キャリアp_0に比べれば無視できるものの，平衡状態の少数キャリアの数n_0を数桁上まわる。一方高レベル注入では，注入された過剰な多数キャリアΔpによって多数キャリアの数が$p = p_0 + \Delta p \gg p_0$と大幅に増える。

表7.1 再結合係数.

半導体	温度 (K)	放射再結合係数 $B(\mathrm{cm^3/s})$	オージェ再結合係数 $C(\mathrm{cm^6/s})$
Si	300	4.73×10^{-15} [10]	$C_n = 2.8 \times 10^{-31}$, $C_p = 10 \times 10^{-31}$ [11 D/S]
Si	300	—	$C_n + C_p = 2 \sim 35 \times 10^{-31}$ [11 B/G]
Si	77	8.01×10^{-14} [10]	—
Ge	300	5.2×10^{-14} [5]	$C_n = 8 \times 10^{-32}$, $C_p = 2.8 \times 10^{-31}$
GaAs	300	1.7×10^{-10} [8 S/R]	$C_n = 1.6 \times 10^{-29}$, $C_p = 4.6 \times 10^{-31}$ [6]
GaAs	300	1.3×10^{-10} [8 'tHooft]	$C_n = 5 \times 10^{-30}$, $C_p = 2 \times 10^{-30}$ [8 S/R]
GaP	300	5.4×10^{-14} [5]	
InP	300	$1.6 \sim 2 \times 10^{-11}$ [7]	$C_n = 3.7 \times 10^{-31}$, $C_p = 8.7 \times 10^{-30}$ [6]
InSb	300	4.6×10^{-11} [5]	—
InGaAsP	300	4×10^{-10} [8]	$C_n + C_p = 8 \times 10^{-29}$ [9]

$$\tau_{SRH}(ll) \approx \frac{n_1}{p_0}\tau_p + \left(1 + \frac{p_1}{p_0}\right)\tau_n \approx \tau_n \ ; \quad \tau_{SRH}(hl) \approx \tau_p + \tau_n \tag{7.11}$$

である. ここで $\tau_{SRH}(ll)$ の2番目の近似は $n_1 \ll p_0$ および $p_1 \ll p_0$ で成り立つ. 注入レベルのより詳細な議論は, Schroder[12]を参照.

$$\tau_{rad}(ll) \approx \frac{1}{Bp_0} \ ; \quad \tau_{rad}(hl) \approx \frac{1}{B\Delta n} \tag{7.12}$$

$$\tau_{Auger}(ll) \approx \frac{1}{C_p p_0^2} \ ; \quad \tau_{Auger}(hl) \approx \frac{1}{(C_p + C_n)\Delta n^2} \tag{7.13}$$

式 (7.5) にしたがう Si の再結合寿命を図7.3にプロットする. キャリア密度が高いと寿命はオージェ再結合に支配され, 低いとSRH再結合に支配される. オージェ再結合による寿命は $1/n^2$ 依存性をもつ. キャリア密度が高くなるのはドーピング密度か過剰キャリア密度が高いときである. SRH再結合は半導体のクリーン度によるが, オージェ再結合は半導体の本質的な性質である. 放射再結合はきわめてキャリア寿命の長い基板を除けばSiで問題になることはないが, GaAsのような直接遷移型の半導体では重要である. 図7.3の n 型Siのデータには $C_n = 2 \times 10^{-31}\mathrm{cm^6/s}$ でよくフィットするが完璧ではなく, より詳細な考察ではオージェ再結合係数はこの値ではない[13].

バルクのSRH再結合レートは

$$R = \frac{\sigma_n \sigma_p v_{th} N_T (pn - n_i^2)}{\sigma_n(n + n_1) + \sigma_p(p + p_1)} = \frac{(pn - n_i^2)}{\tau_p(n + n_1) + \tau_n(p + p_1)} \tag{7.14}$$

で与えられ[2], これからSRH寿命の式 (7.6) が導かれる. **表面のSRH再結合レート**は

$$R_s = \frac{\sigma_{ns}\sigma_{ps}v_{th}N_{it}(p_s n_s - n_i^2)}{\sigma_{ns}(n_s + n_{1s}) + \sigma_{ps}(p_s + p_{1s})} = \frac{s_n s_p (p_s n_s - n_i^2)}{s_n(n_s + n_{1s}) + s_p(p_s + p_{1s})} \tag{7.15}$$

ただし,

$$s_n = \sigma_{ns}v_{th}N_{it} \ ; \quad s_p = \sigma_{ps}v_{th}N_{it} \tag{7.16}$$

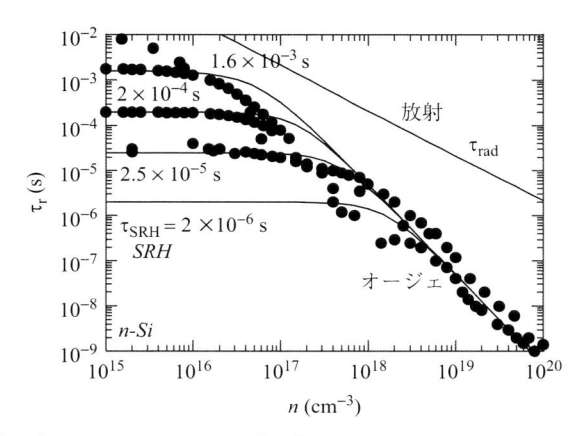

図7.3 $C_n=2\times10^{-31}\,\mathrm{cm^6/s}$ および $B=4.73\times10^{-15}\,\mathrm{cm^3/s}$ の n 型 Si の多数キャリア密度に対する再結合寿命. より詳細なオージェ解析では $C_n=2\times10^{-24}n_i^{1.65}\,\mathrm{cm^6/s}$ となる[13]. データは文献11および13による.

である. 添え字"s"はそれぞれ表面での量を表し, p_s と n_s は表面での正孔と電子の密度（$\mathrm{cm^{-3}}$）である. 式（7.15）では界面トラップ密度 N_{it}（$\mathrm{cm^{-2}}$）は一定と仮定している. 一定でないときは, これらの式の N_{it} は $N_{it}\approx kTD_{it}$ で与えられるとして, 界面トラップ密度（$\mathrm{cm^{-2}eV^{-1}}$）をエネルギーで積分しなければならない[14].

表面再結合速度 s_r は

$$s_r = \frac{R_s}{\Delta n_s} \tag{7.17}$$

である. 式（7.15）から

$$s_r = \frac{s_n s_p (p_{0s}+n_{0s}+\Delta n_s)}{s_n(n_{0s}+n_{1s}+\Delta n_s)+s_p(p_{0s}+p_{1s}+\Delta p_s)} \tag{7.18}$$

低レベル注入と高レベル注入では, それぞれ

$$s_r(ll)=\frac{s_n s_p}{s_n(n_{1s}/p_{0s})+s_p(1+p_{1s}/p_{0s})}\approx s_n \ ; \quad s_r(hl)=\frac{s_n s_p}{s_n+s_p} \tag{7.19}$$

となる. $\mathrm{SiO_2/Si}$ 界面では図7.4に示すように s_r は注入レベルに強く依存する.

7.3 生成寿命と表面生成速度

図7.2の再結合過程にはそれぞれ対応する生成過程がある. SRH再結合の逆過程は図7.1(b)の熱による電子—正孔対生成過程である. 周囲からの黒体放射を無視できる暗所に置かれたデバイスでは光による生成を無視できる. デバイスのバイアスが破壊電圧よりも十分に低ければインパクトイオン化も無視できるが, 低電圧でもまれにインパクトイオン化が起きることもあるので, τ_g の測定ではこの生成メカニズムを排除するよう注意しなければならない.

SRH再結合レートの式（7.14）から, 生成が支配的になるのは $pn<n_i^2$ のときである. pn 積が小さいほど生成レートは高い. このとき R は負になり, $pn\approx 0$ とすると, **バルクの生成レート**（bulk generation rate）G と

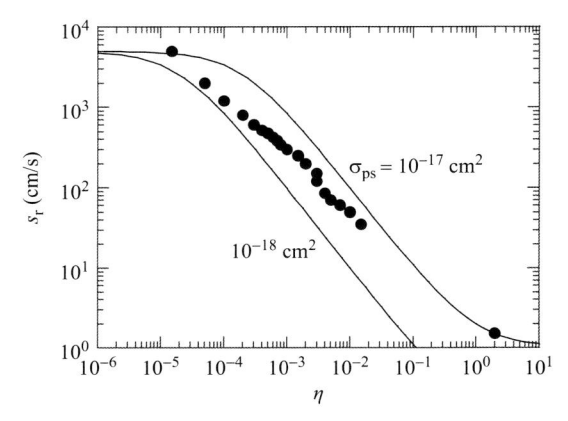

図7.4 $N_{it}=10^{10}\,\mathrm{cm}^{-2}$, $p_{0s}=10^{16}\,\mathrm{cm}^{-3}$, $E_{Ts}=0.4\,\mathrm{eV}$, $\sigma_{ns}=5\times10^{-14}\,\mathrm{cm}^2$のときの，いろいろな$\sigma_{ps}$についての注入レベル$\eta$に対する$s_r$．データは文献15による．

$$G = -R = \frac{n_i^2}{\tau_p n_1 + \tau_n p_1} = \frac{n_i}{\tau_g} \tag{7.20}$$

の関係になる．ここで，

$$\tau_g = \tau_p \exp\left(\frac{E_T - E_i}{kT}\right) + \tau_n \exp\left(-\frac{E_T - E_i}{kT}\right) \tag{7.21}$$

である[4]。$pn \to 0$という条件は逆バイアス接合の空間電荷領域での近似である．

式（7.21）で定義されるτ_gが**生成寿命**（generation lifetime）[16]で，再結合と同様に，トラップの密度および電子および正孔の捕獲断面積に反比例する．生成寿命はエネルギー準位E_Tにも指数関数的に依存し，E_TがE_iと一致しなければ生成寿命はきわめて長くなる．少なくともSiでは一般にτ_gはτ_rより長く，詳しい比較によれば，$\tau_g \approx (50\sim100)\tau_r$である[12,16]。

表面で$p_s n_s < n_i^2$のときは，式（7.15）から**表面生成レート**（surface generation rate）

$$G_s = -R_s = \frac{s_n s_p n_i^2}{s_n n_{1s} + s_p p_{1s}} = n_i s_g \tag{7.22}$$

を得る．ここでs_gは**表面再結合速度**（s_0と記述されることもある．Groveへの注書き，文献17参照）で，

$$s_g = \frac{s_n s_p}{s_n \exp[(E_{it} - E_i)/kT] + s_p \exp[-(E_{it} - E_i)/kT]} \tag{7.23}$$

で与えられる．$E_{it} \neq E_i$のときは，式（7.18）と（7.23）から$s_r > s_g$であることがわかる．

7.4 再結合寿命：光学的測定

キャリア寿命の評価技術を議論する前に，一般的な光学的方法にかかわる式を与えておく．詳細な導出は補遺7.1を参照すること．p型半導体のサンプルに光を当てるとしよう．光は定常状態または過渡状態にある．電子—正孔対の生成は一様で，表面再結合はないとしたときの連続の式は

$$\frac{\partial \Delta n(t)}{\partial t} = G - R = G - \frac{\Delta n(t)}{\tau_{eff}} \tag{7.24}$$

である[18]．ここで$\Delta n(t)$は時間に依存した過剰な少数キャリア密度，Gは電子—正孔対の生成レート，τ_{eff}は有効寿命である．これをτ_{eff}について解けば

$$\tau_{eff}(\Delta n) = \frac{\Delta n(t)}{G(t) - d\Delta n(t)/dt} \tag{7.25}$$

である．**過渡光伝導減衰法**（transient photoconductance decay; PCD）では，$G(t) \ll d\Delta n(t)/dt$として

$$\tau_{eff}(\Delta n) = -\frac{\Delta n(t)}{d\Delta n(t)/dt} \tag{7.26}$$

である．**定常状態法**では，$G(t) \gg d\Delta n(t)/dt$として

$$\tau_{eff}(\Delta n) = \frac{\Delta n}{G} \tag{7.27}$$

となり，**準定常状態光伝導法**（quasi-steady-state photoconductance; QSSPC）では式（7.25）になる．定常状態法か準定常状態光伝導法で有効寿命を求めるには，ΔnとGがわかっていなければならない．

低レベル注入のときの過剰少数キャリアの減少は$\Delta n(t) = \Delta n(0)\exp(-t/\tau_{eff})$で与えられる．ここで$\tau_{eff}$は

$$\frac{1}{\tau_{eff}} = \frac{1}{\tau_B} + \beta^2 D \tag{7.28}$$

で，βは

$$\tan\left(\frac{\beta d}{2}\right) = \frac{s_r}{\beta D} \tag{7.29}$$

の解である[22]．ここでτ_Bはバルクの再結合寿命，Dは低注入レベルでは少数キャリアの拡散係数，高注入レベルでは両極性拡散係数になり，s_rは表面再結合速度，dはサンプルの厚さである．$d \ll (Dt)^{1/2}$であれば過剰キャリアが均一な分布になるまでかなりの時間がかかるので，光の吸収深さによらず式（7.28）が成り立つ．dに対する式（7.28）の有効寿命をいろいろなs_rについてプロットした**図7.5**から，dとs_rで有効寿命がどう変化するかがわかる．サンプルが薄くなると，τ_{eff}はバルク寿命τ_Bの寄与がなくなり，表面再結合に支配されるようになる．サンプルが十分に厚い場合を除き，表面再結合速度がわからなければτ_Bは確定しないことがわかる．サンプルの表面結合速度はわからないことが多いが，表面をサンドブラストで削ってs_rを大きくしたサンプルで直接τ_Bを求めることができる．この場合，サンプルは極端に厚くなければならない．このとき式（7.28）は$\tau_s = 1/(\beta^2 D)$として

$$\frac{1}{\tau_{eff}} = \frac{1}{\tau_B} + \frac{1}{\tau_S} \tag{7.30}$$

と書ける．ここでτ_Sは表面再結合寿命である．

ここで$s_r \to 0$および$s_r \to \infty$の特殊な場合を考えると，それぞれ$\tan(\beta d/2) \approx \beta d/2$，および$\tan(\beta d/2) \approx \infty$または$\beta d/2 \approx \pi/2$となって，表面再結合寿命は

$$\tau_S(s_r \to 0) = \frac{d}{2s_r} \quad ; \quad \tau_S(s_r \to \infty) = \frac{d^2}{\pi^2 D} \tag{7.31}$$

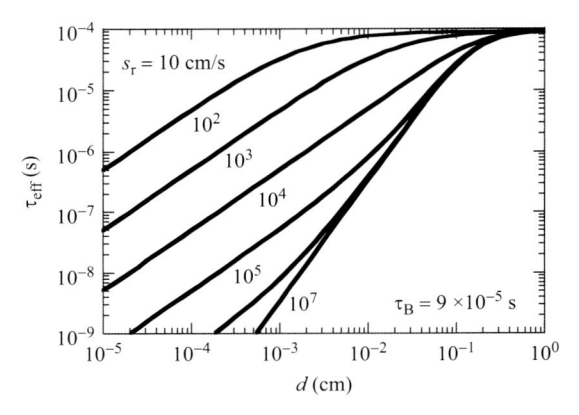

図7.5 いろいろな表面再結合速度についてのウェハ厚さに対する有効寿命. $D = 30 \text{ cm}^2/\text{s}$.

となる。

$s_r \to 0$ では $1/\tau_{eff} - 1/d$ プロットの傾きが $2s_r$, 切片が $1/\tau_B$ となって, s_r と τ_B の両方が求められる。$s_r \to \infty$ では $1/\tau_{eff} - 1/d^2$ プロットの傾きが $\pi^2 D$, 切片が $1/\tau_B$ となる。それぞれの例を**図7.6**に示す。$\tau_s = d/2s_r$ という近似は $s_r < D/4d$ で成り立つ。

式 (7.28) から (7.31) はたとえばウェハのような3つの次元のうち1つの次元の寸法だけが極端に小さいサンプルで成り立つ。3つの次元の寸法がいずれも小さければ, 式 (7.30) は $s_r \to \infty$ で

$$\frac{1}{\tau_{eff}} = \frac{1}{\tau_B} + \pi^2 D \left(\frac{1}{a^2} + \frac{1}{b^2} + \frac{1}{c^2} \right) \tag{7.32}$$

となる。ここで a, b, および c はサンプルの寸法である。サンプルの表面はたとえばサンドブラストをかけるなどして, 表面再結合速度を高くしておくとよい[20]。式 (7.32) で決まる Si の推奨寸法および最大バルク再結合寿命を**表7.2**に示す。

光パルス後にキャリアが減少するときの時間依存性は, 補遺7.1で議論するように複雑な関数である[21,22]。**図7.7**に,

$$\Delta n(t) = \Delta n(0) \exp\left(-\frac{t}{\tau_{eff}}\right) \tag{7.33}$$

の時間依存性をもつ過剰キャリアの減衰曲線を示す。式 (7.30) にしたがえば, 有効再結合寿命は

$$\frac{1}{\tau_{eff}} = \frac{1}{\tau_B} + \frac{1}{\tau_S} = \frac{1}{\tau_B} + D\beta^2 \tag{7.34}$$

となる。ここで β は式 (7.29) から求められ, $\beta d/2$ は 0 から $\pi/2$, π から $3\pi/2$, 2π から $5\pi/2$, など一連の領域で解をもつ。s_r, d, および D の組1つひとつについて, 一連の β の値がわかり, 一連の τ_S が得られる。たとえば式 (7.29) を

$$\frac{\beta_m d}{2} - (m-1)\pi = \arctan\left(\frac{s_r}{\beta_m D}\right) \tag{7.35}$$

と書き, $m = 1, 2, 3 \cdots$ として順次 β_m を求めればよい。式 (A7.15) の片対数減衰曲線は短時間では非線形であるが, 高次の項は初項よりずっと速く減衰するので, 時間を延ばせば線形になる。式 (7.33)

から，このプロットの傾きは

$$傾き = \frac{d\ln(\Delta n(t))}{dt} = \frac{\ln(10)d\log(\Delta n(t))}{dt} = -\frac{1}{\tau_{eff}} \quad (7.36)$$

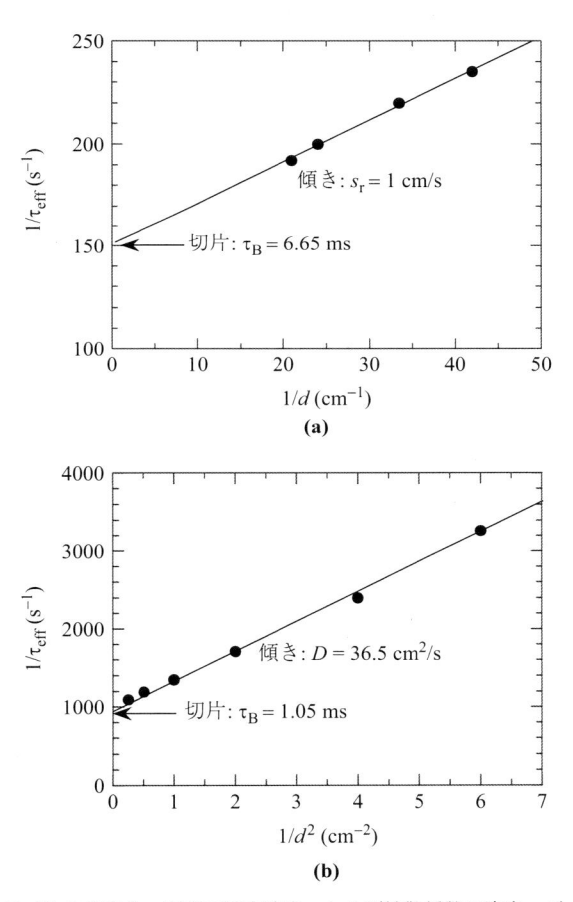

図7.6 寿命測定によるバルクの寿命，表面再結合速度，および拡散係数の決定．データは文献19による．

表7.2 過渡光伝導減衰法（transient photoconductance decay; PCD）サンプルの推奨寸法とSiの最大バルク寿命．

サンプルの長さ （cm）	サンプルの幅 ×高さ（cm×cm）	τ_Bの最大値 n型Si（μs）	τ_Bの最大値 p型Si（μs）
1.5	0.25×0.25	240	90
2.5	0.5×0.5	950	350
2.5	1×1	3600	1340

出典：ASTM規格F28．文献20．

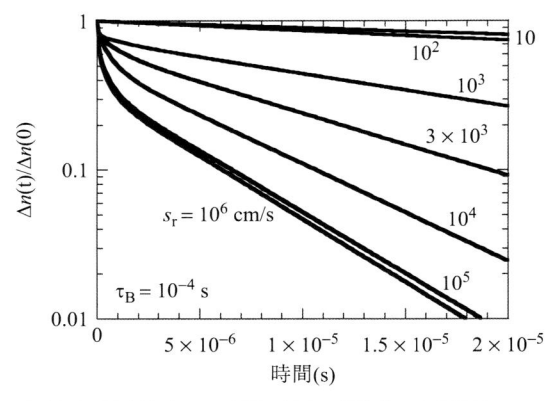

図7.7 いろいろな表面再結合速度での時間に対する規格化した過剰キャリア密度の計算値. $d = 400\ \mu m$, $\alpha = 292\ cm^{-1}$.

となる。このプロットの直線部分の傾きからτ_{eff}が求められる。念のため，最大値のおよそ半分に減衰するまで待ってから時定数を測定するとよい。

7.4.1 光伝導減衰法

光伝導の減衰（photoconductance decay; PCD）による再結合寿命の評価方法は1955年に提案され[23]，最も一般的な寿命測定方法の1つになっている。名前のとおり，光励起で電子—正孔対が生成され，励起を停止したあとの電子—正孔対の減衰を時間の関数として観測する。高エネルギー電子やガンマ線など他の励起法もつかえる。サンプルは接触か非接触で測る。

光伝導減衰では，電気伝導率

$$\sigma = q(\mu_n n + \mu_p p) \tag{7.37}$$

の時間変化を測定する。$n = n_0 + \Delta n$, $p = p_0 + \Delta p$ とし，キャリアが平衡にあっても過剰であっても移動度は変わらないとする。これはΔnとΔpが平衡状態の多数キャリアより少ない低レベル注入であれば成り立つが，光励起が強すぎるとキャリア同士の散乱によって移動度が下がり，成り立たなくなる。

光伝導減衰法には，時間変化する過剰キャリア密度を直接測定するものと，間接的に測定するものとがある。トラップが無視できるときは$\Delta n = \Delta p$で，過剰キャリア密度は電気伝導率と

$$\Delta n = \frac{\Delta \sigma}{q(\mu_n + \mu_p)} \tag{7.38}$$

で結びつけられる。測定中移動度が一定であれば，$\Delta \sigma$を測定すればΔnを測定したことになる。

光伝導減衰法の測定回路を**図7.8**に示す。関連する式の導出はRyvkinにしたがう[24]。暗所での抵抗がr_{dk}，定常状態の光抵抗がr_{ph}のサンプルの，未照射時と照射時の出力電圧の差は

$$\Delta V = (i_{ph} - i_{dk})R \tag{7.39}$$

で，i_{ph}, i_{dk}はそれぞれ光電流と暗電流である。

$$\Delta g = g_{ph} - g_{dk} = \frac{1}{r_{ph}} - \frac{1}{r_{dk}} \tag{7.40}$$

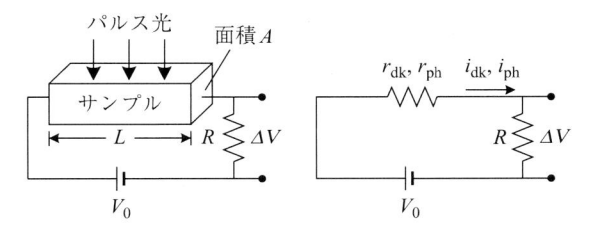

図7.8 接触型の光伝導減衰（PCD）測定.

をつかえば，式（7.39）は

$$\Delta V = \frac{r_{dk}^2 R \Delta g V_0}{(R + r_{dk})(R + r_{dk} + R r_{dk} \Delta g)} \tag{7.41}$$

となる．ここで$\Delta g = \Delta \sigma A/L$である．式（7.41）は，測定した電圧の時間依存性と過剰キャリア密度の時間依存性との複雑な関係を示している．

図7.8の測定方法には**定電圧法**と**定電流法**の2つのやり方がある．**定電圧法**でサンプルの抵抗より小さな負荷抵抗Rを選ぶと，式（7.41）は

$$\Delta V \approx \frac{R \Delta g V_0}{1 + R \Delta g} \approx R \Delta g V_0 \left(1 - \frac{\Delta V}{V_0}\right) \tag{7.42}$$

となる．励起が弱いとき（$\Delta g \ll 1$ あるいは $\Delta V \ll V_0$）は$\Delta V \sim \Delta g \sim \Delta n$となって，電圧減衰が過剰キャリア密度に比例することがわかる．**定電流**の場合はRが非常に大きく，

$$\Delta V \approx \frac{(r_{dk}^2/R) \Delta g V_0}{1 + r_{dk} \Delta g} \approx r_{dk} \Delta g V_0 \left(\frac{r_{dk}}{R} - \frac{\Delta V}{V_0}\right) \tag{7.43}$$

となる．ここで$r_{dk} \Delta g \ll 1$または$\Delta V/V_0 \ll r_{dk}/R$ならば，やはり$\Delta V \sim \Delta g \sim \Delta n$となる．図7.8の測定ではコンタクトからの少数キャリア注入は許されないので，光の照射部分をサンプルのコンタクトのない部分に限定し，少数キャリアのコンタクトからの注入や流出を回避する．サンプルの電場は$\mathscr{E} = 0.3/(\mu \tau_r)^{1/2}$に保つ．ここで$\mu$は少数キャリアの移動度である[20]．励起光はサンプルを貫通できるものがよく，Siならλ = 1.06 μmのレーザー光がよい．測定する半導体をフィルタとして光を通し，高エネルギーの光を除去することもできる．**図7.9**(a)のrfブリッジ回路や[25,26]，図7.9(b)のマイクロ波回路の反射あるいは透過モードをつかい[27]，サンプルにコンタクトをとらずにキャリアの減衰を観測すれば，迅速に，非破壊で$\Delta n(t)$を測定できる．

表面再結合速度を下げる表面処理法はいろいろある．酸化したSi表面は$s_r \approx 20$ cm/sと報告されている[28]．むき出しのSiサンプルをなんらかの溶液に浸せば，さらにこれより低いs_rが得られる．たとえば，HFに浸し，高レベル注入で$s_r = 0.25$ cm/sを得ている[29]．ヨウ素を混ぜたメタノールにサンプルを浸すと$s_r \approx 4$ cm/sとなった[22]．リモートプラズマCVDシステムで堆積した低温シリコン窒化膜では$s_r \approx 4 \sim 5$ cm/sである[30]．非接触な光伝導減衰法は，QスイッチNd：YAGレーザーを光源としたGaAsの再結合寿命測定にも適用されている[31]．パッシベーション層として無機硫化物をつかうと，GaAsの表面再結合速度は1000 cm/sまで低くなっている．

図7.9(b)の**マイクロ波反射法**では[32,33]，マイクロ波の反射あるいは透過によって光伝導率をモニタする．周波数〜10 GHzのマイクロ波を反射波と分離するサーキュレータを通してウェハに照射し，ウェハから反射したマイクロ波を検知，増幅，表示する．外乱がなければ反射したマイクロ波のパワーの相対的変化はウェハの電気伝導率の増分$\Delta \sigma$に比例し[33]，

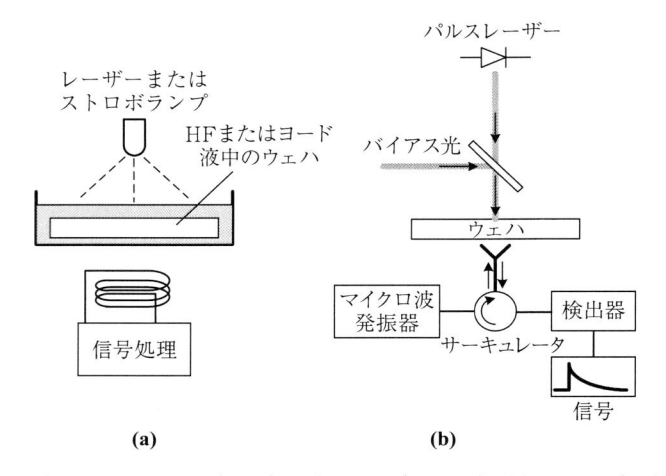

図7.9　非接触型の光伝導減衰（PCD）測定．(a)rfブリッジ法，(b)マイクロ波反射測定法．

$$\frac{\Delta P}{P} = C\Delta\sigma \tag{7.44}$$

ここでCは定数である．マイクロ波はサンプルの表皮深さまで侵入する．10 GHzでの標準的な表皮深さは$\rho = 0.5\,\Omega\cdot{\rm cm}$のSiで350 μm，$\rho = 10\,\Omega\cdot{\rm cm}$で2200 μm程度である．表皮深さは1.5.1節で議論している．このようにマイクロ波はウェハの適度な厚さをサンプリングしており，その反射信号でバルクのキャリア密度を評価していることになる．求めることができるτ_rの下限はウェハの抵抗率で決まり，100 nsの寿命まで測定されている．

共鳴マイクロ波導波路をつかう場合は減衰信号が測定装置の応答でなく，光伝導体の真の信号であることが重要である[34]．

7.4.2　準定常状態の光伝導

準定常状態の光伝導法（quasi-steady-state photoconductance; QSSPC）では数msの減衰時定数と数cm^{2}の照射面積をもつフラッシュランプでサンプルを照射する[35]．光の減衰がゆるやかであれば，光強度が最大からゼロになるまでの間，測定するサンプルは準定常状態にあるとしてよい．フラッシュランプの時定数がキャリアの有効寿命より長ければ，この定常状態は持続する．時間変化する光伝導度は誘導コイル結合で検出する．この光伝導信号から過剰キャリア密度を計算する．式（7.25）に必要な生成レートは，較正ずみの検出器で測定した光強度から求める．半導体は入射する光子の一部だけを吸収し，その割合はウェハの表面と裏面の反射率，表面の結晶方位，および厚さによる．研磨でむき出しになったシリコンウェハの吸収率は$f \approx 0.6$である．ウェハに最適化された反射防止膜をコーティングすれば$f \approx 0.9$となり，表面の粗いウェハに反射防止膜をコーティングすれば$f \approx 1$となる[36]．すると，単位体積当りの生成レートGは入射光子の流れとウェハの厚さから

$$G = \frac{f\Phi}{d} \tag{7.45}$$

によって値づけできる．ここでΦは光子の流れ密度，dはサンプルの厚さである．

フラッシュ光が時間に対して指数関数的に減衰すると仮定すれば，生成レートは

$$t \leq 0 \text{ で } G(t) = 0 ; t > 0 \text{ で } G(t) = G_0 \exp(-t/\tau_{flash}) \tag{7.46}$$

で，式（7.25）の解は

$$\Delta n(t) = \frac{\tau_{eff}}{1 - \tau_{eff}/\tau_{flash}} G_0 \left[\exp\left(-\frac{t}{\tau_{flash}}\right) - \exp\left(-\frac{t}{\tau_{eff}}\right) \right] \tag{7.47}$$

となる[18]。$\tau_{eff} < \tau_{flash}$ なら測定の間サンプルは準定常状態にある。したがって準定常状態の光伝導法による測定が成り立つためには，フラッシュランプの減衰時間が十分長くなければならない。図7.10の準定常状態の光伝導法によるプロット例では，光による注入レベルの増加とともにSRH寿命が延び，その後オージェ再結合によって寿命が減少している。

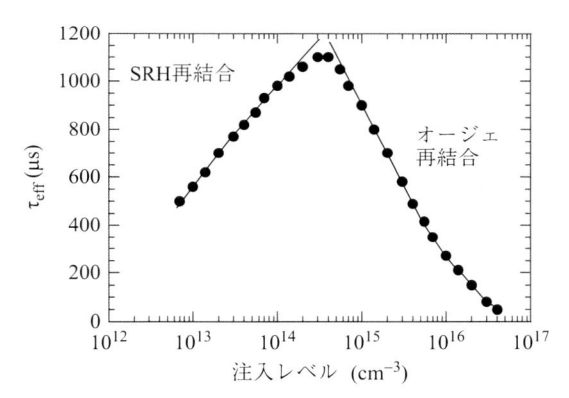

図7.10 準定常状態光伝導法（QSSPC）によるキャリア注入密度に対する有効再結合寿命．文献37より採用．

7.4.3 短絡回路電流，開放回路電圧の減衰

pn接合の電圧と電流，および過剰キャリアを光で生成したあとの短絡回路電流の減衰を観測すれば，再結合寿命を求めることができる[38~40]。**短絡回路電流減衰法**および**開放回路電圧減衰法**は，ベース幅[注2]が少数キャリアの拡散長かそれ以下で，キャリア寿命，拡散長，および表面再結合速度を求めることが難しい太陽電池のパラメータを求めるために開発された。パラメータが1つしか測定できない他の多くの手法と違い，短絡回路電流と開放回路電圧の2つの測定でτ_rとs_rが求まる。

理論的には，少数キャリアの微分方程式（式（A7.13））の解が境界条件

$$x = d \text{ で } \quad \frac{1}{\Delta n(x,t)} \frac{\partial \Delta n(x,t)}{\partial x} = -\frac{s_r}{D_n} \tag{7.48a}$$

$$\Delta n(0,t) = 0 \tag{7.48b}$$

にしたがうとき短絡回路電流を与え，境界条件

注2 太陽電池は基板をベース，その上の拡散層をエミッタと呼び，ベースとエミッタでpn接合を形成する。pとnはどちらの順でもよいが，接合の特性がベース側で決まるようベースは低濃度ドープ（10^{15}~$10^{16}\,\mathrm{cm}^{-3}$），エミッタを高濃度ドープ（$10^{17}$~$10^{19}\,\mathrm{cm}^{-3}$）にしている。

$$x = 0 \text{ で} \quad \frac{\partial \Delta n(x,t)}{\partial x} = 0 \tag{7.49}$$

にしたがうとき開放回路電圧を与える。

ここまでn^+p接合のベース側での少数キャリアの再結合だけを考えてきた。しかし，もちろん空間電荷領域や高濃度ドープn^+エミッタ領域にも少数キャリアの再結合は存在する。短絡回路条件での空間電荷領域の少数キャリアは，電場によって10^{-11}sのオーダーの時間で掃き出される。エミッタでの寿命は一般にベースでの寿命よりはるかに短く，エミッタでの寿命が重要になるのは電流減衰の初期段階に限られる[41]。ベースからエミッタへ注入された少数キャリアは，エミッタで直ちに再結合するが，電圧の減衰は時間がかかるベースでの再結合パラメータで決まる[42]。したがって電流減衰の初期段階のあと漸近的に減衰するレートを測定すれば，ベースでの再結合による減衰時間がわかる[41]。

電流の減衰は時間の指数関数で，過剰キャリア密度の時間依存性から求まる時定数をもつ。電圧の減衰には接合のRC時定数が大きく影響し，RC時定数は大面積接合デバイスではかなり大きくなる。一定のバイアス光を当ててRを下げ，小信号電圧の減衰を測定すれば，RC時定数の影響は小さくなる[43]。ベースの厚さが少数キャリアの拡散長より十分に大きいデバイスではs_rの影響がないので，電流の減衰と電圧の減衰は一致すると予想される。事実そのとおりで，両者は漸近的に

$$I_{sc}, V_{oc} \sim \frac{\exp(-t/\tau_B)}{\sqrt{t}} \tag{7.50}$$

の時間依存性をもつ。

この方法は，同じサンプルの電流および電圧の減衰測定から，キャリア寿命と裏面での表面再結合速度の**両方**を求めることができる数少ない方法の1つである。過渡測定であるから，高次の減衰時定数やトラップの影響は避けられない。このような潜在的な誤差要因は，バイアス光の下で減衰の終焉に向けて漸近していく時定数を測定すれば，大幅に低減できる。

7.4.4　フォトルミネセンス減衰法

フォトルミネセンス減衰法（photoluminescence decay; PLD）は過剰キャリアの時間依存性をモニタするもう1つの方法である。過剰キャリアは$h\nu > E_G$の短パルス光子を照射して生成する。電子—正孔対の再結合で放出される光の時間依存性を検出すれば，過剰キャリア密度をモニタできる。SiやGeのようなフォトルミネセンスの効率がきわめて低い間接遷移半導体より，たとえばGaAsやInPのような光放出効率のよい直接遷移半導体の方がフォトルミネセンス信号は大きい。**カソードルミネセンス過渡測定**（transient cathodoluminescence）では，光励起ではなく電子線励起をつかう。

過剰キャリア密度の時間に依存した減衰は，7.4.1節で議論した表式になる。フォトルミネセンスの強度が

$$\Phi_{PL}(t) = K \int_0^d \Delta n(x,t) dx \tag{7.51}$$

で与えられるということを除けば，フォトルミネセンスの減衰は7.4.1節で考察したとおりである。ここでKは光が放出される立体角とサンプルから放出された光の反射率を表す定数で，dはサンプルの厚さである。放射再結合で生成された光子の一部が半導体に吸収される自己吸収を入れると，問題が複雑になる。光子の吸収によって電子—正孔対の生成が可能になるからである。このときの寿命の式は

$$\frac{1}{\tau_{PL}} = \frac{1}{\tau_{non-rad}} + \frac{1}{\tau_S} + \frac{1}{\gamma \tau_{rad}} \tag{7.52}$$

となる[44]。ここで$\tau_{non-rad}$，τ_{rad}，およびτ_Sはそれぞれ非放射，放射，および表面の再結合寿命で，γは光

子の回収因子である．間接遷移の半導体ではバンドギャップに近いエネルギーの光子の吸収係数は小さいが，直接遷移の半導体では自己吸収を無視できない．フォトルミネセンスからの再結合寿命の求め方の議論は文献45にある．Siパワーデバイスでは，デバイスを励起電子線で走査し，フォトルミネセンスの減衰からキャリア寿命のマップをつくっている[46]．

7.4.5 表面光起電圧法

定常状態の**表面光起電圧法**（surface photovoltage; SPV）では，光励起によって**少数キャリアの拡散長**を求める．拡散長は再結合寿命と $L_n = (D\tau_r)^{1/2}$ の関係で結ばれる[注3]．表面光起電圧法は(1)非破壊・非接触，(2)サンプル作製が容易（コンタクト，接合，高温処理などが不要），(3)トラップによるゆっくりとした捕獲・放出は過渡測定に影響するが，定常測定には影響しない，(4)装置が市販されている，という利点がある．

表面光起電圧法の論文は1957年が最初で[47]，Si[48,49]とGaAs[49]の拡散長を求めている．サンプルは図7.11のように厚さdで均一とする．その一端面を化学処理して幅Wの空間電荷領域をつくる．この空間電荷領域はバイアス電圧ではなく，表面電荷によるものである．この空間電荷領域が形成された表面に，バンドギャップより高いエネルギーの単色光をチョッピングしながら照射し，裏面は暗くしておく．光のチョッピングで，ロックインによるS/N比向上を図っている．測定では波長を振る．光で生成された少数キャリアの一部は照射面へ拡散し，空間電荷領域に集められ，接地した裏面に対して表面電位あるいは光起電圧V_{SPV}を形成する．V_{SPV}は空間電荷領域の境界面での過剰少数キャリア密度$\Delta n(W)$に比例する．$\Delta n(W)$とV_{SPV}の関係の詳細を知る必要はないが，単調な関係でなければならない．光が裏面に届くと，不要な信号によって光起電圧の信号が大きくなったり，光起電圧の波長領域で信号の極性が反転したり，長波長域で光を強くすると信号が弱くなったりする．

低レベル注入では，ウェハ全体の過剰キャリア密度は式（A7.4）で与えられる．原理的にはこの式から任意のW, d, およびαについての拡散長L_nを導ける．しかし，次のような条件の下でしか，これらを実際には抽出することができない．ウェハの厚さdは拡散長L_nよりも十分に厚く，空間電荷領域の幅はL_nより短くなければならない．また，吸収係数は光が空間電荷領域を透過し（$\alpha W \ll 1$），ウェハで吸収される（$\alpha(d-W) \gg 1$）大きさでなければならない．光の直径をサンプルの厚さよりも大きくすれば一次元解析が適用でき，低レベル注入に限れば

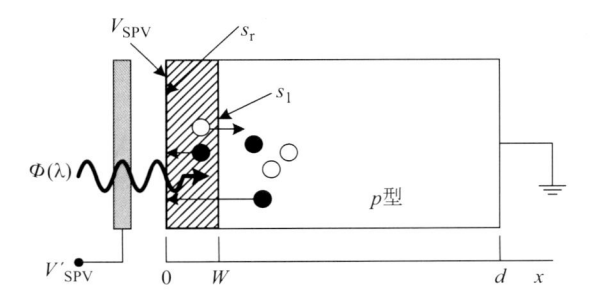

図7.11 表面光起電圧（SPV）測定でのサンプルの断面．サンプル左の透明かつ電気伝導性のあるコンタクトを通して，サンプルに光が到達したときの電圧を測定する．

注3 拡散長L_nは注入された過剰な少数キャリアΔnが多数キャリアと再結合しながら拡散していくときの到達距離の目安を与え，平衡状態での少数キャリア密度をn_0とすると，注入点からxの距離での非平衡少数キャリア密度は$n(x) = n_0 + \Delta n e^{-x/L_n}$で与えられる．$L_n = (D\tau)^{1/2}$で$D = \mu kT/q$であるから，$L_n$は$\mu$と$\tau$の関数である．

$$d - W \geq 4L_n; \quad W \ll L_n; \quad \alpha W \ll 1; \quad \alpha(d - W) \gg 1; \quad \Delta n \ll p_0 \quad (7.53)$$

という仮定から，式（A7.4）は

$$\Delta n(W) \approx \frac{(1 - R)\Phi}{(s_1 + D_n/L_n)} \frac{\alpha L_n}{(1 + \alpha L_n)} \quad (7.54)$$

となる。$x = W$ での過剰キャリア密度は表面光起電圧と

$$V_{SPV} \ll \frac{kT}{q} \quad \text{で} \quad \Delta n(W) = n_{p0}\left[\exp\left(\frac{qV_{SPV}}{kT}\right) - 1\right] \approx n_{p0}\frac{qV_{SPV}}{kT} \quad (7.55)$$

の関係になり，

$$V_{SPV} = \frac{(kT/q)(1 - R)\Phi L_n}{n_{p0}(s_1 + D_n/L_n)(L_n + 1/\alpha)} \quad (7.56)$$

となる．

V_{SPV} が Δn に比例するのは $V_{SPV} \ll kT/q$ のときであるが，表面起電圧はふつうミリボルトの領域なので，ほぼこれが成り立つ．図7.11に示すように，s_1 は表面ではなく $x = W$ での表面再結合速度で，s_r が表面再結合速度である．

表面起電圧測定では，D_n と L_n は一定と仮定する．さらに測定波長域にわたって反射率 R は一定と考える．表面再結合速度 s_1 はほとんどの場合わからない．しかし $\Delta n(W)$ を一定にして測定すれば表面電位も一定であるから，s_1 も一定と考えてよい．これで変数が α と Φ だけになる．表面起電圧測定には(1)**表面起電圧を一定**とするか，(2)**光子の流れ密度を一定**とする 2 つの方法がある．(1)の方法では $V_{SPV} =$ 一定として $\Delta n(W)$ を一定にする．一連の異なる波長を選んで測定すると，それぞれの波長で α が異なる．それぞれの波長で V_{SPV} が一定になるよう光子の流れ密度 Φ を調整すれば，式（7.56）は

$$\Phi = \frac{n_{p0}(s_1 + D_n/L_n)(L_n + 1/\alpha)}{(kT/q)(1 - R)L_n} V_{SPV} = C_1\left(L_n + \frac{1}{\alpha}\right) \quad (7.57)$$

と書ける．ここで C_1 は定数である．

この Φ を V_{SPV} 一定で $1/\alpha$ に対してプロットする[注4]．その結果は**図7.12**(a)のように直線で，これを外挿した $1/\alpha$ 軸上の切片が少数キャリアの拡散長 L_n になる．この傾きが表面再結合速度 s_1 を含む定数 C_1 である．C_1 に含まれるパラメータから s_1 を抽出するのは難しいが，表面再結合を変えるような処理をして，その前後で表面起電圧のプロットを比べれば s_1 の変化を読みとれる．

光子流れ密度一定の方法では，式（7.56）を

$$\frac{1}{V_{SPV}} = \frac{n_{p0}(s_1 + D_n/L_n)(L_n + 1/\alpha)}{(kT/q)(1 - R)\Phi L_n} = C_2\left(L_n + \frac{1}{\alpha}\right) \quad (7.58)$$

と書く．ここで C_2 は定数である．図7.12(b)のように，$1/V_{SPV} - 1/\alpha$ プロットから L_n がわかる．測定の間 V_{SPV} が変化するので，表面再結合も変化する．

期待どおりのサンプルであれば $\Phi - 1/\alpha$ プロットは直線になる．詳細な理論的研究により，表面光起電圧一定法で空間電荷領域での再結合をとり入れても，正しい結果になることが示されている[50]．理論と実験による詳しい比較によれば，光伝導減衰法と表面光起電圧法とで求めたキャリア寿命は，表面再結合やサンプルの厚さなどの効果を考慮すれば同等になる[51]．

注4 α は材料毎に波長の関数として与えられる．

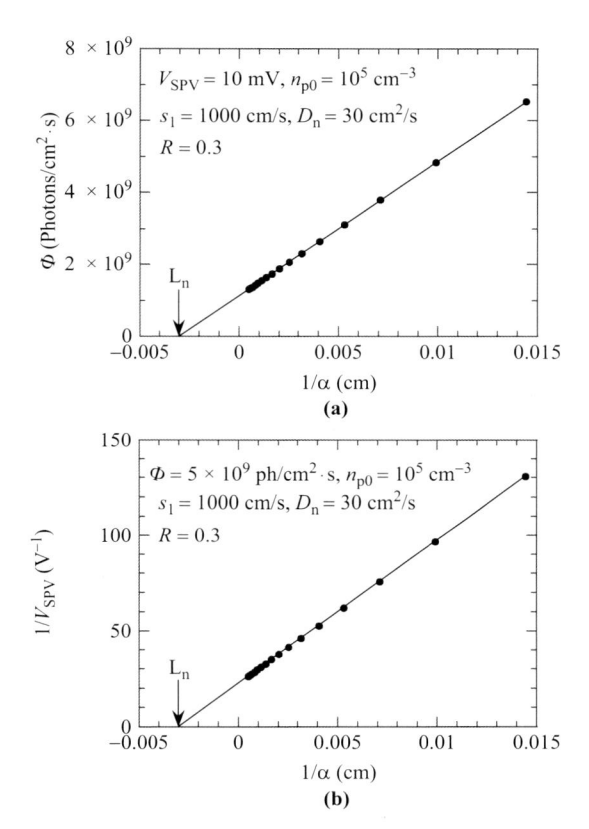

図7.12 Siサンプルの(a)定電圧および(b)一定の光子流れ密度での表面光起電圧（SPV）プロット.

演習7.1

問題：キャリア寿命と拡散長の測定からSi中の鉄を検出するにはどうしたらよいか.

解：$\tau_{SRH} \sim 1/N_T$であるからτ_{SRH}を測定すればN_Tを求めることができるであろう. また, $L_n \sim \tau_{SRH}^{1/2}$であるから, 少数キャリアの拡散長を測定しても$N_T$を求めることができるであろう. Siの不純物には特異なものがあり, たとえばp型Si中の鉄はホウ素と対をなす. Feで汚染されたBドープSiウェハは, 室温でFe-B対を形成する. このデバイスを200°Cで数分間加熱するか光（強度 > 0.1 W/cm^2）を当てると, Fe-B対は格子間の鉄（Fe$_i$）と置換Bに解離する. 図E7.1(a)の有効拡散長が示すように, Fe$_i$の再結合特性はFe-B対のそれと異なる. Fe-B対が解離する前の拡散長または寿命（$L_{n,i}, \tau_{eff,i}$）とあとの寿命（$L_{n,f}, \tau_{eff,f}$）を測定すれば, N_{Fe}は拡散長をμm, 寿命をμsの単位として

$$N_{Fe} = 1.06 \times 10^{16} \left(\frac{1}{L_{n,f}^2} - \frac{1}{L_{n,i}^2} \right) = C \left(\frac{1}{\tau_{eff,f}} - \frac{1}{\tau_{eff,i}} \right) \quad [\text{cm}^{-3}]$$

となる. 拡散長のFe密度依存性を図E7.1(b)に示す. 通常1.06×10^{16}とする係数は$N_B = 10^{13}\text{cm}^{-3}$での$2.5 \times 10^{16} \mu\text{m}^2/\text{cm}^3$から$N_B = 10^{17}\text{cm}^{-3}$での$7.5 \times 10^{15} \mu\text{m}^2/\text{cm}^3$まで変化する（D.H. Macdonald, L.J. Geerligs, and A. Azzizi, "Iron Detection in Crystalline Silicon by Carrier Lifetime Measurements for Arbitrary Injection and Doping", *J. Appl. Phys.*, **95**, 1021-1028, Feb. (2004)）.

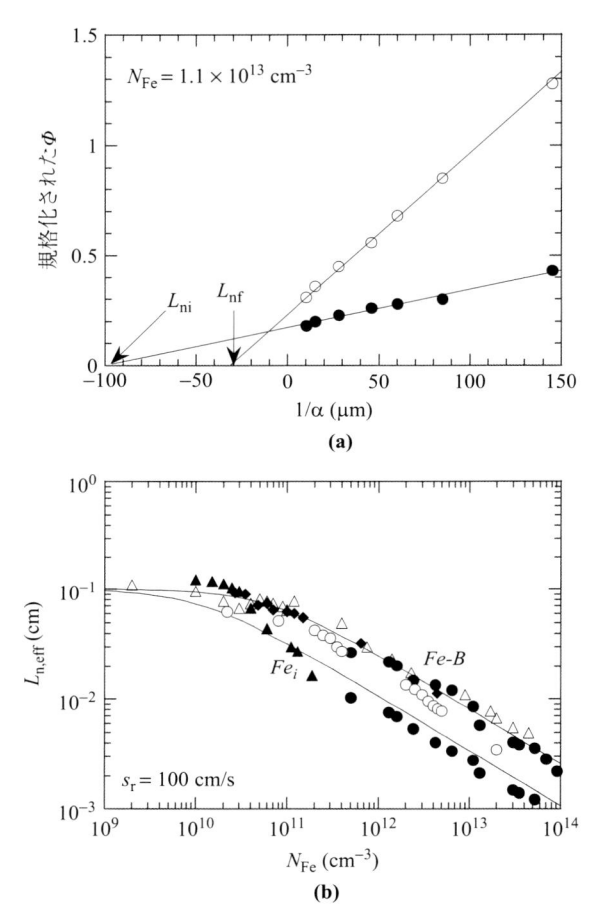

図E7.1 (a)鉄に汚染されたSiサンプルの表面光起電圧プロット, (b)鉄の密度に対する有効少数キャリア拡散長. Fe-B対の解離前後のデータを示している.

測定には一部制限がある。拡散長は低レベル注入条件で測定しなければならない。それが可能な最も信頼できる方法が表面光起電圧法で，実際低レベル注入条件で動作する。光伝導減衰法（PCD）や準定常状態光伝導法（QSSPC）は低レベル注入条件での感度が低く，低レベル注入では少数キャリアがトラップされ，多数キャリアが過剰になり，少数キャリアと多数キャリアによる光伝導度が変わってしまう。表面光起電圧（SPV）のような電圧による方法は少数キャリアを検知するだけなので，トラップの影響は受けない。こういう理由で広くつかわれている光伝導によるキャリア寿命測定の方法は，一般に中から高レベルの注入に適していることになる。ただし，低レベル注入の表面光起電圧測定でも，ドーピング密度が$1〜3 \times 10^{15} \mathrm{cm}^{-3}$の範囲から外れると$Fe_i$とFe-Bの特性のために係数$C$が定数ではなくなる。Fe-B中心のエネルギー準位は比較的浅く，低レベル注入のキャリア寿命は浅いドーピング密度に左右されるが，Fe_iは深い準位にある再結合中心で，低レベル注入のキャリア寿命はFe_iのドーピング密度と無関係になる。係数Cは寿命の逆数の差で決まるので，これもドーピング密度によって変化する。係数Cは$C = 3 \times 10^{13} \mathrm{\mu s/cm^3}$から$-3 \times 10^{13} \mathrm{\mu s/cm^3}$まで注入レベルによって敏感に

変わる。$\Delta n > 2 \times 10^{14} \mathrm{cm}^{-3}$では負になる（上述のMacdonald *et al.*参照）。すなわちFe-Bが解離すると，低レベル注入では寿命は短くなり，高レベル注入では寿命は延びる。解離後のFe-B対生成時定数は

$$\tau_{pairing} = \frac{4.3 \times 10^5 T}{N_A} \exp\left(\frac{0.68}{kT}\right)$$

で与えられる。

G. Zoth and W. Bergholz, "A Fast, Preparation-Free Method to Detect Iron in Silicon", *J. Appl. Phys.*, **67**, 6764-6771, June（1990）および上述のMacdonald *et al.*によい議論がある。実験データの参考として O.J. Antilla and M.V. Tilli, "Metal Contamination Removal on Silicon Wafers using Dilute Acidic Solutions", *J. Electrochem. Soc.*, **139**, 1751-1756, June（1992）；Y. Kitagawara, T. Yoshida, T. Hamaguchi, and T. Takenaka, "Evaluation of Oxygen-Related Carrier Recombination Centers in High-Purity Czochralski-Grown Si Crystals by the Bulk Lifetime Measurements", *J. Electrochem. Soc.*, **142**, 3505-3509, Oct.（1995）；M. Miyazaki, S. Miyazaki, T. Kitamura, T. Aoki, Y. Nakashima, M. Hourai, and T. Shigematsu, "Influence of Fe Contamination in Czochralski-Grown Silicon Single Crystals on LSI-Yield Related Crystal Quality Characteristics", *Japan. J. Appl. Phys.*, **34**, 409-413, Feb.（1995）；A.L.P. Rotondaro, T.Q. Hurd, A. Kaniava, J. Vanhellemont, E. Simoen, M.M. Heyns, and C. Claeys, "Impact of Cu and Fe Contamination on the Minority Carrier Lifetime of Silicon Substrates", *J. Electrochem. Soc.*, **143**, 3014-3019, Sept.（1996）がある。

シリコン中のクロムはCr-B対を形成する。これが解離するとキャリア寿命が延びる（K. Mishra, "Identification of Cr in *p*-type Silicon Using the Minority Carrier Lifetime Measurement by the Surface Photovoltage Method", *Appl. Phys. Lett.*, **68**, 3281-3283, June（1996））。

$W \ll L_n$という条件は一般に単結晶Siでは成り立つが，その他の半導体ではそうとは限らない。たとえば，GaAsの拡散長は数ミクロンしかないことが多い。アモルファスSiでもやはり短めになる。拡散長が短いときの切片は

$$\frac{1}{\alpha} = -L_n \left[1 + \frac{(W/L_n)^2}{2(1+W/L_n)}\right] \quad (7.59)$$

で与えられる[52]。式（7.59）は$W \ll L_n$で式（7.57）になる。$W \gg L_n$のときは$1/\alpha$軸の切片は拡散長によらず$-W/2$となる。$W \gg L_n$のときの空間電荷領域の幅を狭くするには，デバイスに一定の光を当てればよい。

式（7.57）と（7.58）では，光子の流れ密度を吸収係数の逆数に対してプロットする。しかし，測定で振るのは吸収係数ではなく波長である。このため，表面光起電圧測定では波長と吸収係数の正確な関係が大変重要である。この関係に誤差があると，拡散長が正確でなくなる。いろいろな式が提案されており，最近のα―λのデータにフィットさせたシリコンについての式は，μm単位の波長λに対して

$$\alpha = \left(\frac{83.15}{\lambda} - 74.87\right)^2 \quad [\mathrm{cm}^{-1}] \quad (7.60)$$

で与えられ[53]，Siで主につかわれる0.7から1.1 μmの波長領域で有効である。

GaAsの吸収の実験データは，波長0.75から0.87 μmの範囲で式

$$\alpha = \left(\frac{286.5}{\lambda} - 237.13\right)^2 \quad [\mathrm{cm}^{-1}] \quad (7.61)$$

とよく合う[54]。InPについては波長0.75から0.87 μmの範囲で

$$\alpha = \left(\frac{252.1}{\lambda} - 163.2\right)^2 \quad [\text{cm}^{-1}] \tag{7.62}$$

がよい近似となっている[55]。

式（7.54）の反射率Rは通常一定と考える。しかしSiでは弱い波長依存性があり，$0.7 < \lambda < 1.05$ μmではλを μm単位として

$$R = 0.3214 + \frac{0.03565}{\lambda} - \frac{0.03149}{\lambda^2} \tag{7.63}$$

である。

表面光起電圧法は市販の測定装置があるため，半導体業界では広く普及している。拡散長はプロセスのクリーン度のよい目安になるので，日常的に測定されている。炉管のクリーン度のモニタ，入荷する薬品の金属汚染の検出，フォトレジストのアッシングの制御などは，表面光起電圧測定の用途の数例にすぎない[57]。

表面光起電圧法では表面の空間電荷領域を形成するための表面処理が不可欠である。ASTMではウェハ状態のn型Siを沸騰水で1時間煮沸する方法を推奨している[56]。p型Siなら濃縮HF 20 ml + H_2O 80 mlで1分間エッチングする。HFを含むエッチャントからサンプルを直接大気中へ引き揚げるときに染みができないよう注意すれば，最良の結果を出せる。これに失敗すると高くて安定な表面光起電圧は望めない。サンプルを大気へ引き揚げる直前にHFエッチャントへ純水を投入すれば，この染みを回避できる。Siサンプルの表面処理は，希釈HFでSiO_2の残渣を除去し，$KMnO_4$の水溶液でn型Siを処理する標準的なSiの洗浄・エッチングでもよい[58]。p型Siの場合は$KMnO_4$の工程を省略する。

ショットキー・ダイオードおよびpn接合ダイオードも表面光起電圧測定に向いている。どちらの場合も容量性のコンタクトは不要で，直接デバイスにコンタクトをとれば高い表面光起電圧が得られる。ショットキー・ダイオードのコンタクト金属は半透明でなければならない[59]。ここは特に注意が必要である[60]。厚さ10～20 nmのアルミニウムなら十分に透明である。液体のコンタクトをつかうこともできる[61]。

光線の大きさは拡散長の測定に影響する。光線のビーム径がおよそ$30 L_n$より小さいと，拡散長は真の長さより大きめになる[62]。サンプルの厚さが$4 L_n$以下だとどのようにしても真の拡散長は測定できない。薄いサンプルでは有効拡散長を求めることになるが[63]，L_nより薄いサンプルの拡散長を正しく求めることは困難である[64]。無欠陥化（denuding）と酸素析出（oxygen precipitation）がくり返されたSiでみられるような，場所によって拡散長が異なるサンプルは，さらに測定が難しくなる[65]。表面光起電圧法は交流光信号と組み合わせてつかうことができ[66]，サンプル上を走査する光子のビームで誘起された光起電圧を容量プローブで検知し，TVモニタに表示する。

演習7.2

問題：$d < L_n$のとき，L_nを求めることはできるか？

解：式（A7.4）をつかってSiのΦの項を，いろいろなL_nについて計算し，$1/\alpha$に対してプロットした図E7.2(a)の計算曲線は$d \approx 4L_n$までは予想どおり直線によくのっているが，L_nが$d/4$を超えると直線性が失われ，式（7.57）の単純な解析は用をなさなくなる。$x = 0$，$d \ll L_n$，および$\alpha d \gg 1$なら式（A7.4）は

$$\Delta n(0) = \frac{(1-R)\Phi\alpha\tau}{(\alpha^2 L_n^2 - 1)} \frac{s_{r2}\alpha d + \alpha D - Dd/L_n^2 - s_{r2}}{s_{r1}s_{r2}d/D + Dd/L_n^2 + s_{r1} + s_{r2}} \approx \frac{(1-R)\Phi}{(1-\alpha^{-2}L_n^{-2})} \frac{d - 1/\alpha}{s_{r1}d + D}$$

となる。この近似はs_{r2}が高いとき成り立つ。

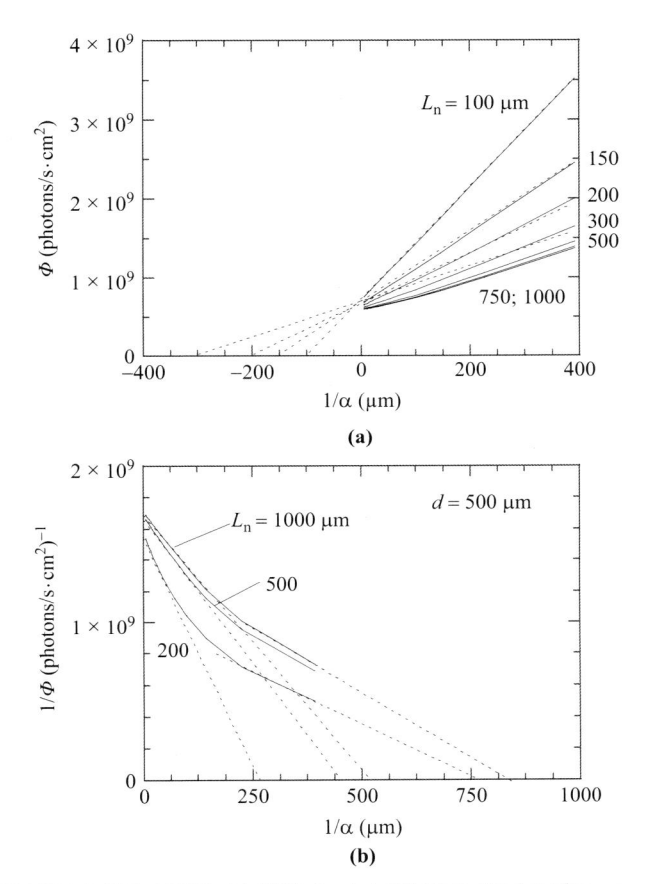

図E7.2 定電圧表面光起電圧(SPV)の(a)厳密式,および(b)近似式によるプロット. $s_{r1}=10^4$ cm/s, $s_{r2}=10^4$ cm/s, $D_n=30$ cm^2/s, $V_{SPV}=10$ mV, $R=0.3$, $n_{p0}=10^5$ cm^{-3}, $d=500$ μm.

$$\frac{1}{\Phi} \approx \frac{(1-R)}{\Delta n(0)(1-\alpha^{-2}L_n^{-2})} \frac{d-1/\alpha}{s_{r1}d+D}$$

にしたがう $1/\Phi - 1/\alpha$ プロットも,$1/\alpha$ 軸の切片はサンプルの厚さ d でも,拡散長 $4L_n$ でもない.図E7.2(b)からわかるように,L_n がサンプルの厚さより大きいと,拡散長の値は信用できない.

7.4.6 定常状態の短絡回路電流

定常状態短絡回路電流法(steady-state short-circuit current; SSSCC)は表面光起電圧法に関係している.サンプルにはpn接合やショットキー・ダイオードのようにコレクタがあり,短絡電流を光の波長の関数として測定する.表面光起電圧法(式(7.53))と同じ仮定により,**図7.13**(a)のn^+p接合の短絡電流密度は,式(A7.9)から

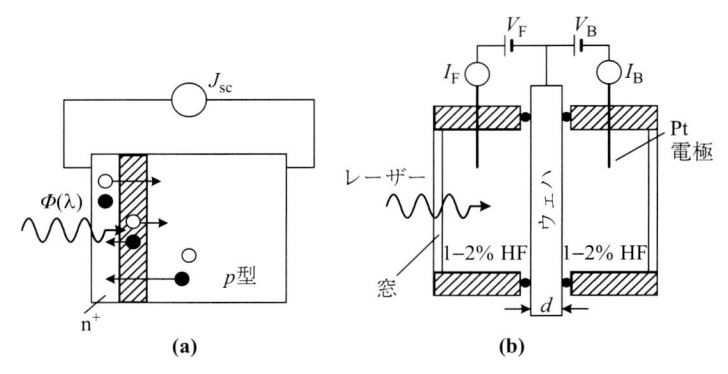

図7.13 (a)短絡回路電流による拡散長の測定法，および(b)両面電解質電極トレーサ（electrolytical metal tracer）測定法．

$$J_{sc} \approx q(1-R)\Phi\left(\frac{L_n}{L_n + 1/\alpha} + \frac{L_p}{L_p + 1/\alpha}\right) \quad (7.64)$$

で与えられる．一般に，濃くドープした層の拡散長は短いので，n^+p接合では第2項が無視でき，短絡回路電流は

$$J_{sc} \approx q(1-R)\Phi\left(\frac{L_n}{L_n + 1/\alpha}\right) \quad (7.65)$$

となる．n^+層や空間電荷領域が薄く，かつαがあまり大きくなければ，これらの領域での電子―正孔対の生成は無視できる．

式（7.65）から拡散長を求める方法は2つある．1つ目の方法では，波長を変えても電流が一定になるように光子の流れ密度を調整する[67]．すると式（7.65）は

$$\Phi = C_1(L_n + 1/\alpha) \quad (7.66)$$

となる．ここで$C_1 = J_{sc}/q(1-R)L_n$である．L_nはΦを$1/\alpha$に対してプロットしたときの$1/\alpha$軸の負の切片である．2つ目の方法では，式（7.65）を$X = q(1-R)\Phi/J_{sc}$として

$$\frac{1}{\alpha} = (X - 1)L_n \quad (7.67)$$

と書く[68]．ここで$1/\alpha$を$(X-1)$に対してプロットすれば，このプロットの傾きが拡散長になる．データの良し悪しは外挿線が原点を通るかどうかで判定できる．どちらの手法もn^+領域と空間電荷領域からくるキャリアの捕集は無視している．

短絡回路電流法の原理は表面光起電圧法に似ているが，少数キャリアのコレクタとなる接合が必要である．実際には開放回路の電圧を測るより短絡電流を測る方がやさしい．しかし，接合の形成によって拡散長が変わってしまうおそれがある．水銀コンタクトや液体半導体コンタクトを活用すれば，暫定的な接合を形成できる．水銀コンタクト法では，サンプルの片面に水銀プローブを2つ押しあて，もう一方の面から光を当てる．周波数に依存した光電流の解析から，キャリア寿命と拡散係数を抽出できる[69]．その他，図7.13(b)に示す**電解質電極トレーサ法**（electrolytical metal tracer; ELYMAT）では，半導体の表面と裏面で電解質と半導体の接合を形成し，拡散長に依存した応答をマッピングする[70]．ウェハを電解質（通常は1～2％のHFを含むH_2O）に浸せば，電解質は光電流のコレクタとウ

ェハ表面のパッシベーションの2つの役割を果たす。

　レーザー光線の励起によってサンプルの表面と裏面に誘起された光電流I_FおよびI_Bを測定する方法もある。光の侵入が浅く，ウェハの拡散長が標準的で，裏面での表面再結合が無視できれば，表面電流I_Fを測定できる。この電流は

$$I_B \approx \frac{I_{max}(1 + s_{rf}/D_n\alpha)}{\cosh(d/L_n) + (s_{rf}L_n/D_n)\sinh(d/L_n)} \approx \frac{I_{max}}{\cosh(d/L_n)} \tag{7.68a}$$

$$I_F \approx I_{max} \quad ; \quad I_{max} \approx qA\Phi(1-R)[1-\exp(-\alpha d)] \tag{7.68b}$$

で与えられる[70]。ここでAは面積，s_{rf}は表面での表面再結合速度，Φは光子の流れ密度である。1つ目の式の近似はHF溶液でみられるような低い表面再結合速度s_{rf}に対して成り立つ。I_FとI_Bを測ればL_nがわかる。バイアス電圧をかけ，2つの異なる波長でレーザー励起すれば，深さに依存した拡散長だけでなく，表面再結合速度と少数キャリアの拡散長を求めることができる。レーザーの走査だけで機械的にサンプルを動かすことなく即座に拡散長のマップがつくれる。サンプルを希釈HF溶液に浸すことで表面再結合速度を低くしているが，たとえば酸化膜つきのSiウェハには，必要に応じてCH_3COOHなどSiO_2をエッチングしない電解溶液をつかい，表面再結合を抑制することもある。このとき，サンプルに対して電解液にバイアスをかけると，Si表面は蓄積，空乏，反転のいずれかの状態になる。このような"静電的パッシベーション"によってさらに表面再結合を減らすことができる[71]。

7.4.7　自由キャリアによる光吸収

　自由キャリア吸収寿命法（free carrier absorption lifetime）は非接触で，光による電子—正孔対の生成と2つの異なる波長をつかった光検出に基づいている。**図7.14**のように，エネルギー$h\nu > E_G$の光子をポンプ光として，電子—正孔対を生成する。検出は，自由キャリアによる$h\nu < E_G$の光子の吸収が，自由キャリアの密度に依存することを利用している。透過したプローブ光線の光子の流れ密度Φ_tは

$$\Phi_t = \frac{(1-R)^2 \Phi_i \exp(-\alpha_{fc}d)}{1 - R^2\exp(-2\alpha_{fc}d)} \tag{7.69}$$

で与えられる。ここでα_{fc}は自由キャリアによる吸収係数，dはサンプルの厚さ，Rは反射率である。n型の半導体では，この吸収係数は

$$\alpha_{fc} = K_n \lambda^2 n \tag{7.70}$$

で，K_nは材料で決まる定数，λはプローブ光線の波長である[72]。n型Siでは$K_n \approx 10^{-18}\,\text{cm}^2/\mu\text{m}^2$，$p$型Siでは$K_p \approx (2\sim2.7)\times 10^{-18}\,\text{cm}^2/\mu\text{m}^2$である[72,73]。式（7.70）の$K_n$には補正案が出ている[74]。

　この方法は定常状態でも過渡モードでもつかえる。たとえばCO_2レーザー（$\lambda = 10.6\,\mu\text{m}$），HeNe（$\lambda = 3.39\,\mu\text{m}$），あるいは黒体放射などのプローブ光線が定常状態のサンプルに入射するとしよう。この透過光線を赤外線検出器で検出する。ポンプ光は数百Hzでチョッピングし，検出用ロックインアンプと同期する。過渡測定ではポンプ光をパルス化し，透過したプローブ光から時間に依存したキャリア密度を検出する。この技術を進化させたものが位相シフト法である[75]。ポンプ光を正弦波変調して過剰キャリアを発生させると，ポンプ光と赤外透過光との間に位相差が生じる。この位相差からキャリア寿命がわかる。

　チョッピングやパルス化されたポンプ光によって透過したプローブ光線に生じる変化は，式（7.69）で$\alpha_{fc}d \ll 1$として，$\exp(-2\alpha_{fc}d) \approx \exp(-\alpha_{fc}d) \approx 1$より，

$$\Delta\Phi_t \approx -\frac{(1-R)\Phi_i \Delta\alpha_{fc} d}{1+R} \tag{7.71}$$

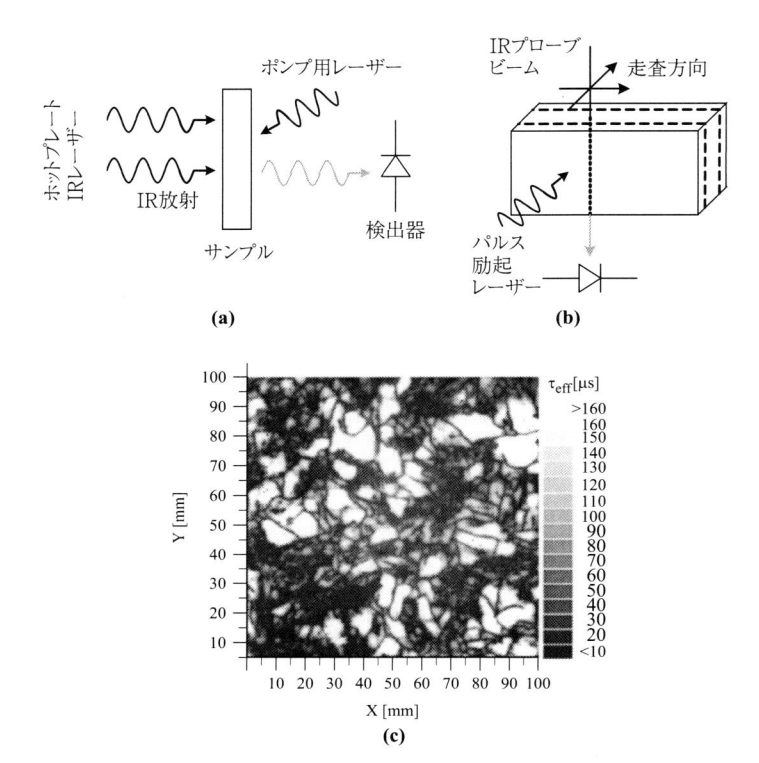

図7.14 (a)自由キャリア吸収測定法の配置図, (b)寿命のマッピング法, (c)Isenbergらの自由キャリア吸収法によるマップ[79].

となる。このとき吸収係数の変化は,

$$\Delta\alpha_{fc} = K_n\lambda^2\Delta n = \frac{K_n\lambda^2}{d}\int_0^d \Delta n(x)dx \tag{7.72}$$

である。次に,式(A7.4)をつかって, Δn を少数キャリア寿命と表面再結合速度に結びつける。また, Δn はサンプルの反射率,ポンプ光の吸収係数,および光子の流れ密度の情報を含んでいる。透過した光子の流れ密度の変化の割合は,ある仮定によって

$$\frac{\Delta\Phi_t}{\Phi_t} \approx \frac{(1-R)K_n\lambda^2\Phi_i\tau_n(1+s_{r1}/\alpha_{fc}D_n)}{1+s_{r1}L_n/D_n} \tag{7.73}$$

のようになる[76]。式(7.73)を導いた仮定が満足されているとしても,これからキャリア寿命を求めるにはサンプルのパラメータの多くがわかっていなければならず,明らかに複雑である。しかし,定常状態の測定では高速の光源や検出器がいらず,短いキャリア寿命を求めるのに適している。

キャリア減衰の過渡期には再結合の情報が含まれているので,過渡モードのデータの解析は簡単である。ある例では,3.39 μm の HeNe プローブ光線と 1.06 μm の Nd:YAG ポンプ光(パルス幅150 ns)をつかっている[77]。こうして求めたキャリア寿命は開放回路電圧減衰法および光伝導減衰法で測定した寿命とよく一致している。図7.14(b)に示すように,プローブ光線とポンプ光を互いに直交させてプローブ光線を走査すれば,たとえばウェハの厚さ方向のキャリア寿命のマップをつくることができ

る[78]。

　自由キャリアの寿命の評価には，黒体からの赤外（IR）放射をサンプルに透過させ，（テルル化水銀―カドミウムまたはAlGaAs/GaAsの）赤外検出CCD（charge-coupled device）で検出するアプローチがある[79]。黒体放射源はホットプレートのような簡単なものでよい。$h\nu > E_G$のレーザーでサンプル中に電子―正孔対をつくり，サンプルを透過したIR放射についてレーザーがあるときとないときの差をとれば，過剰キャリアによる自由キャリア吸収を測定できる。ウェハ全体にわたってIR放射の二次元像をとれば，解析がやさしくなる。システムはドーピング密度を振った一連のSiウェハで較正する。CCDカメラと黒体との間にこれらのウェハを次々と置き，透過率を測定する。サンプルの自由キャリアによる吸収の違いが信号の差となる。p型のウェハで較正したときは正孔による吸収しか測定にかからないが，実際の測定ではレーザーで生成された電子―正孔対による吸収を考慮しなければならないので，なんらかの補正が必要になる。

　レーザーによる生成レート$G' = (1-R)\Phi$（cm^{-2}s^{-1}）とサンプルの厚さdがわかれば，有効キャリア寿命は

$$\tau_{eff} = \frac{d\Delta n}{G'} \tag{7.74}$$

になる。この方法で50 sかけて得たキャリア寿命の二次元マップを図7.14(c)に示す。黒体と励起用レーザーはどちらも面積の大きな光源なので，走査しなくてもサンプル全体を照射できる。黒体は波長

$$\lambda_{peak} \approx \frac{3000}{T} \quad [\mu m] \tag{7.75}$$

をピークとして，広い波長域に光を放射する。$T = 350$ Kのホットプレートは$\lambda_{peak} \approx 8.6\,\mu$mにピーク波長があり，自由キャリア吸収測定に適している。IR放射を吸収するキャリアは，IR放射を放出もする。キルヒホフの法則によれば，キャリアがある温度を維持するには，吸収したパワーと同じパワーを放出しなければならない。こうしてサンプルはIR放射を放出するので，キャリア寿命の決定につかえる。サンプルはレーザーで励起するが，差信号は透過測定システムと同じように測定する。IRの吸収も放射もキャリア寿命の測定に活用されている[80]。

7.4.8　電子線誘起電流法

　電子線誘起電流法（electron beam induced current; EBIC）は少数キャリアの拡散長，少数キャリアの寿命，および欠陥分布の測定につかわれる。光子1個の吸収で生成される電子―正孔対はほぼ1対であるのに対し，エネルギーEの電子が吸収されると

$$N_{ehp} = \frac{E}{E_{ehp}}\left(1 - \frac{\gamma E_{bs}}{E}\right) \tag{7.76}$$

個の電子―正孔対が生成される[81]。E_{bs}は後方散乱電子の平均エネルギー，γは後方散乱係数，E_{ehp}は電子―正孔対1対を生成するのに必要な平均エネルギー（$E_{ehp} \approx 3.2 E_G$で，Siなら$E_{ehp} = 3.64 \pm 0.03$ eV）である[82]。後方散乱の項$\gamma E_{bs}/E$は，2から60 keVの電子エネルギーに対してSiではほぼ0.1，GaAsなら0.2〜0.25である。電子の侵入度または侵入距離R_eは

$$R_e = \frac{2.41 \times 10^{-11}}{\rho}E^{1.75} \quad [\text{cm}] \tag{7.77}$$

で与えられる[83]。ここでρは半導体の質量密度（g/cm^3），Eは入射エネルギー（eV）である。Siでは$R_e = 1.04 \times 10^{-11}E^{1.75}$cm，GaAsでは$R_e = 4.53 \times 10^{-12}E^{1.75}$cmである。

　エネルギーE，電子線電流がI_bの電子線で生成される電子―正孔対の密度を計算してみよう。対生

成が起きる領域は第11章で示すように，原子番号$Z < 15$では洋ナシ形になる。$15 < Z < 40$では球状，$Z > 40$では半球状の領域になるが，ここでは簡単に$(4/3)\pi(R_e/2)^3$とする。式（7.76）と（7.77）をあわせ，式（7.76）の後方散乱の項を無視すれば，対生成レートは

$$G = \frac{N_{ehp}I_b}{(4/3)\pi q(R_e/2)^3} = \frac{8.5 \times 10^{50} \rho^3 I_b}{E_{ehp}E^{4.25}} \quad [\text{cm}^{-3}\text{s}^{-1}] \tag{7.78}$$

となる。電子線電流が10^{-10}A，$E_{ehp} = 3.64$ eV，$E = 10^4$ eVのSiの生成レートは$G = 3 \times 10^{24}$対$/\text{cm}^3 \cdot$sになる。

電子線は半導体サンプルの構造に依存した相互作用を引き起こす。その１つを**図7.15**(a)に示す。電子線をx方向へ走査すると，接合で捕集される電子線誘起電流I_{EBIC}が変化する。電子線のエネルギーを変化させればz方向の変化が生じる。空間電荷領域の端からdだけ離れた位置に電子線による電子—正孔対を発生させると，少数キャリアの一部は接合部へ拡散し，捕集される。dが大きくなるとバルクや表面での再結合が増えるので，I_{EBIC}は減少する。

$s_r \gg D_n/L_n$，$L_n \ll d$，$R_e \ll d$，$R_e L_n \ll d^2$かつ低レベル注入であるとすれば，I_{EBIC}は

$$I_{EBIC} = \frac{qG'R_e L_n^n}{(2\pi)^{1/2}d^n} = Cd^{-n}\exp\left(-\frac{d}{L_n}\right) \tag{7.79}$$

と表すことができる[84]。ここで$G' = I_b N_{ehp}/q$である。指数nは表面再結合で決まり，$s_r \to 0$のときは$n = 1/2$，$s_r \to \infty$のときは$n = 3/2$となる。$\ln(I_{EBIC}d^n) - d$プロットは傾きが$-1/L_n$の直線となるはずである。s_rはふつうわからないのでnもわからない。nを求めるのに，$\ln(I_{EBIC}d^n) - d$プロットでnを振り，結果が直線になるまでくり返す方法がある[85]。

図7.15(b)の構造のI_{EBIC}は

$$I_{EBIC} = I_1\left[\exp\left(-\frac{z}{L_n}\right) - \frac{2s_r F}{\pi}\right] \tag{7.80}$$

である[86]。ここでI_1は定数，Fはs_rと電子—正孔対の生成場所で決まる。式（7.80）の第２項は$d = L_n$でゼロになり，$I_{ph} - z$をプロットすればL_nがわかる[87]。電子線誘起電流測定では，表面再結合が重要な役割を果たす[88]。

定常状態の光電流を横方向の距離や深さの関数として拡散長を求める代わりに，定形のパルス電子線をつかった過渡特性の解析から少数キャリアの寿命を抽出することもできる。s_rが高いときのI_{EBIC}の近似式

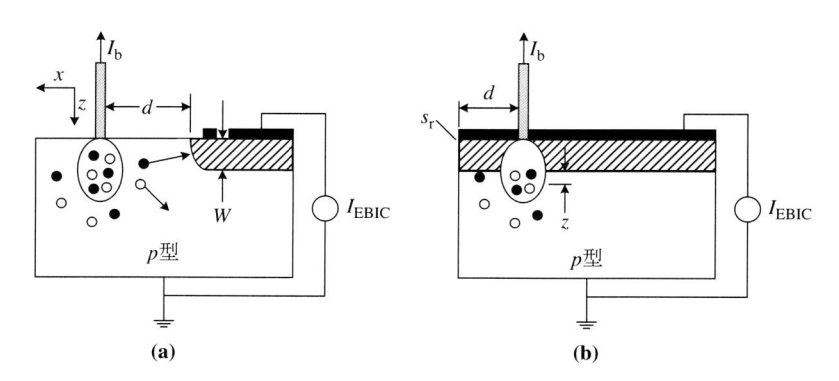

図7.15 (a)従来の電子線誘起電流（EBIC）の測定法，(b)電子線エネルギーによる深さの変調．

$$I_{EBIC}(t) = K_1 \left(\frac{\tau_n}{t}\right)^2 \exp\left[\frac{d}{L_n}\left(1 - \frac{\tau_n}{4t}\right) - \frac{t}{\tau_n}\right] \qquad (7.81)$$

は[88]．図7.15(b)で$d \gg L_n$のとき成り立つ．理論によれば，I_{EBIC}は注入の停止後直ちに減衰せず，遅延があり，接合部から離れるほど顕著になる．光で励起する方法は**光励起電流法**（optical beam induced current; OBIC）として知られ，対生成の式が異なるだけで，考え方は電子線誘起電流法に大変よく似ている[89,90]．

電子線誘起電流はほとんどの場合図7.15のようにして測定する．この方法は拡散長が長いときの正攻法である．拡散長が短いときは深さ方向を拡大するために，サンプルに傾斜をつけることもある[91]．電子線の侵入が深くなると，表面再結合は小さくなる．このことは，いろいろな電子線エネルギーについて$\ln(I_{EBIC}) - d$プロットすると，エネルギーが高くなるにつれてプロットが直線に近づくことから直接検証できる．

7.5 再結合寿命：電気的測定
7.5.1 ダイオードの電流―電圧法

pn接合ダイオードの順方向電流は過剰キャリアの再結合で決まり，空間電荷領域での再結合電流，準中性領域での再結合電流，および表面での再結合電流の総和になる．逆バイアスでは各領域での生成電流を測ることになる．電流解析ではふつう表面での再結合を無視して

$$J = J_{0,scr}\left[\exp\left(\frac{qV}{nkT}\right) - 1\right] + J_{0,qnr}\left[\exp\left(\frac{qV}{kT}\right) - 1\right],$$

ただし

$$J_{0,scr} = \frac{qn_iW}{\tau_{scr}} \quad ; \quad J_{0,qnr} = qn_i^2 F\left(\frac{D_n}{N_A L_n} + \frac{D_p}{N_D L_p}\right) \qquad (7.82)$$

と表す．ここでFは，たとえば欠陥を含む基板中の無欠陥層，濃く，あるいは薄くドープした基板上のエピタキシャル層，シリコン・オン・インシュレータ（SOI）などのサンプル構造で決まる補正因子で，一般に，活性層の厚さ，拡散長，活性層および基板のドーピング密度，活性層と基板の界面での界面再結合速度などの複雑な関数になっている．

式（7.82）を図7.16にプロットする．準中性領域に相当する部分を$V = 0$へ外挿すると，$I_{0,qnr}$にな

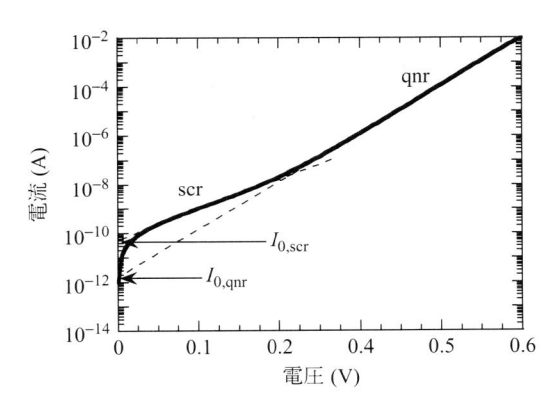

図7.16　空間電荷領域電流と準中性領域電流を示すpn接合の$I-V$曲線．

る。p^+n接合では$N_A \gg N_D$であり，濃いp^+ドープ領域での少数キャリア寿命τ_nは薄くドープしたn型基板での少数キャリア寿命τ_pよりはるかに短く，N_Aは大きいので$J_{0,qnr}$の第1項を無視して

$$J_{0,qnr} \approx q n_i^2 F \frac{D_p}{N_D L_p} \tag{7.83}$$

となる。これよりn_i，F，D_p，およびN_DがわかればL_pを求めることができる。

図7.17のデバイスの断面を考えよう。簡単のためにp^+領域への電子注入を無視すると，図7.17(a)で$d < L_p$のときの順バイアスp^+n接合の電流は，(1)空間電荷領域，(2)準中性領域，および(3)表面での正孔の再結合で決まる。このときの補正因子Fは

$$F = \frac{(s_r L_p/D_p)\cosh(d/L_p) + \sinh(d/L_p)}{\cosh(d/L_p) + (s_r L_p/D_p)\sinh(d/L_p)} \tag{7.84}$$

で与えられる[65]。図7.17(b)はL_{p2}かつN_Aの析出基板(2)の上の，幅dでL_{p1}かつN_Aの無欠陥層(1)からなるn型基板を示している。図7.17(c)はL_{p2}かつN_{A2}の基板(2)の上の，厚さdでL_{p1}かつN_{A1}のエピタキシャル層(1)を，(d)はSOIウェハを示している。これらの場合の補正因子も導出されており[92]，図7.17(c)のエピタキシャルデバイスでは

$$F \approx \frac{(1 + N_{A2}/N_{A1})\exp(D_p/L_p) + (1 - N_{A2}/N_{A1})\exp(-D_p/L_p)}{(1 + N_{A2}/N_{A1})\exp(D_p/L_p) - (1 - N_{A2}/N_{A1})\exp(-D_p/L_p)} \tag{7.85}$$

である。

原理的には補正因子がつかえるとしても，エピタキシャル層や基板でのキャリア寿命や，エピタキシャル層と基板の界面での再結合速度がわかっていることはほとんどない。このような測定結果の解釈に潜む落とし穴のいくつかが文献93で述べられている。最近の研究では，生成寿命を測定する方法がエピタキシャル層の評価に最も有効であると結論している[94]。

順バイアスの電流―電圧特性を外挿する代わりに，逆バイアスの電流―電圧曲線をつかうこともできる[95]。$V < 0$の逆バイアスでは，式（7.82）は

$$J_r = -\frac{q n_i W}{\tau_g} - q n_i^2 F\left(\frac{D_n}{N_A L_n} + \frac{D_p}{N_D L_p}\right) \approx -\frac{q n_i W}{\tau_g} - q n_i^2 F \frac{D_p}{N_D L_p} \tag{7.86}$$

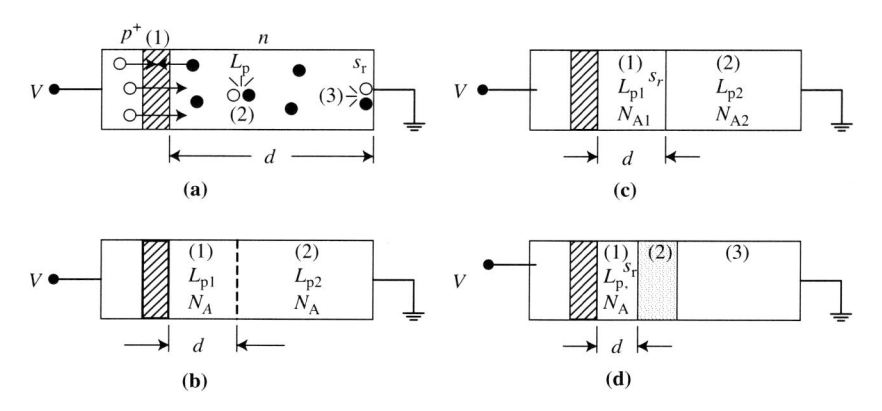

図7.17 (a)$d < L_p$のn型基板での再結合メカニズム，(b)酸素析出基板上の無欠陥領域，(c)基板上のエピタキシャル層，および(d)SOIウェハの各pn接合断面図.

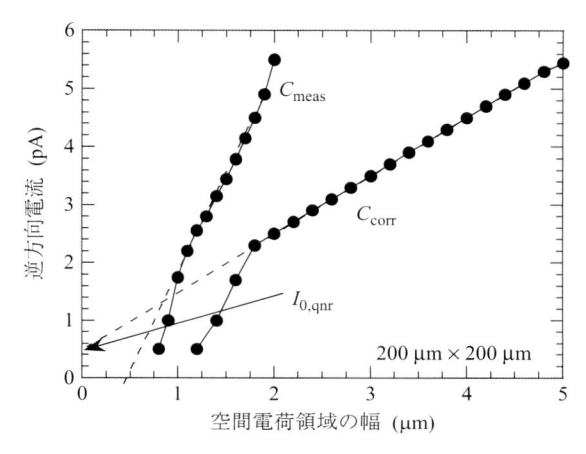

図7.18 測定した容量値と補正容量値から求めた空間電荷領域の幅に対する逆方向リーク電流.

となる．$J_r - W$ プロットは**図7.18**に示すように，生成寿命 τ_g に関係した傾きと $J_{0,qnr}$ を与える切片をもつ曲線となる．空間電荷領域の幅 W は逆バイアスの容量—電圧特性から求めるが，特に小面積ダイオードでは周辺部容量やコーナー部容量および寄生容量を考慮して，真の容量を測定しなければならない[96]．実際のダイオードのリーク電流は，面電流 J_A，周辺電流 J_p，コーナー部電流 J_C，および寄生電流 I_{par} からなり，

$$I_r = AJ_A + PJ_p + N_C J_C + I_{par}$$

である[97]．ここで A はダイオードの面積，P はダイオードの周辺長（J_p はA/cmの単位），N_C はコーナーの数（J_C の単位はA/コーナー）である．

7.5.2 逆方向回復法

ダイオードの**逆方向回復法**（reverse recovery）は，キャリア寿命を初めて電気的に評価した方法の1つである[98～100]．測定回路と，その電流—時間応答および電圧—時間応答を**図7.19**に示す．図7.19(b)では，スイッチSで電流を順方向から逆方向へ突然切り替えているが，急に電流を切り替えられないパワーデバイスでは図7.19(c)のようにゆっくりと電流が切り替わる．

この方法の説明として図7.19(a)と(b)を考えよう．$t < 0$ ではダイオードに順方向の電流 I_f が流れ，このときのダイオード電圧が V_f である．準中性領域に過剰キャリアが注入され，デバイスは低抵抗になっている．$t = 0$ で電流を I_f から $I_r \approx (V_r - V_f)/R$ へ切り替える．I_r が流れはじめる初期はダイオードが順バイアスのままなので，ダイオードの抵抗は低く，無視できる．少数キャリアデバイス[注5]では，空間電荷領域終端部の少数キャリア密度の**勾配**を反転させるだけで電流の向きを瞬時に切り替えることができる．これに対し，電圧は空間電荷領域端部での過剰キャリア**密度**の対数に比例するので[注6]，スイッチング中に電圧が即座に変わることはほとんどなく，順バイアスのまま電流が逆向きになる[注7]．ΔV_d

---

注5 接合ダイオードやバイポーラトランジスタなど，少数キャリアの注入が動作を支配しているデバイスを少数キャリアデバイスという．

注6 平衡時の少数キャリア密度 n_{p0} に対し，注入される過剰少数キャリア密度 Δn_p は数桁高く，ダイオードのバイアス電圧を V とすると，$V \sim (kT/q) \cdot \ln(\Delta n_p / n_{p0})$．

注7 pn接合で順方向電圧から逆方向に電圧の極性が変化すると，注入によって n 領域に蓄積されている寿命の長い正孔（少数キャリア）の一部が p 領域に逆流し，ある（蓄積）時間だけ大きな逆電流パルスが生じる．この電

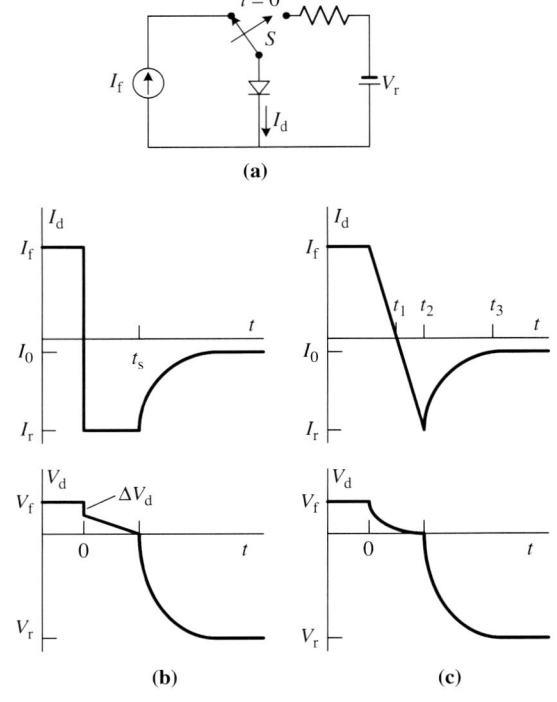

図7.19 (a)逆方向回復法の回路図，(b)突然電流を切り替えたときの電流および電圧波形，(c)電流を傾斜させたときの電流および電圧波形.

の電圧ステップはデバイスのオーミック抵抗による電圧降下である[101]。

逆電流が流れると，過剰キャリアの一部は逆電流によってデバイスの外へ掃き出され，一部は再結合して過剰キャリア密度が減少する。空間電荷領域端部での過剰少数キャリア密度が $t = t_s$ でほぼゼロになると，ダイオードはゼロバイアスになる。$t > t_s$ ではダイオードの電圧は逆バイアス電圧 V_r に，電流はリーク電流 I_0 に近づいていく。

$I_d - t$ 曲線は $0 < t < t_s$ の定電流蓄積過程と，$t > t_s$ の回復過程に分けると都合がよい。蓄積時間 t_s は

$$erf\sqrt{\frac{t_s}{\tau_r}} = \frac{1}{1 + I_r/I_f} \qquad (7.87)$$

で再結合寿命と結びつけられ[99]，誤差関数"erf"は

$$erf(x) = \frac{2}{\sqrt{\pi}} \int_0^x e^{-z^2} dz \approx 1 - \left[\frac{0.34802}{1 + 0.4704x} - \frac{0.095879}{(1 + 0.4704x)^2} + \frac{0.74785}{(1 + 0.4704x)^3}\right] \exp(-x^2) \qquad (7.88)$$

で近似される。$t = t_s$ で残っている電荷 Q_s を考慮した蓄積電荷の近似的解析から

流をダイオードの回復電流またはリカバリ電流といい，DCスイッチングコンバータではスイッチングトランジスタへの突入電流として問題になる。

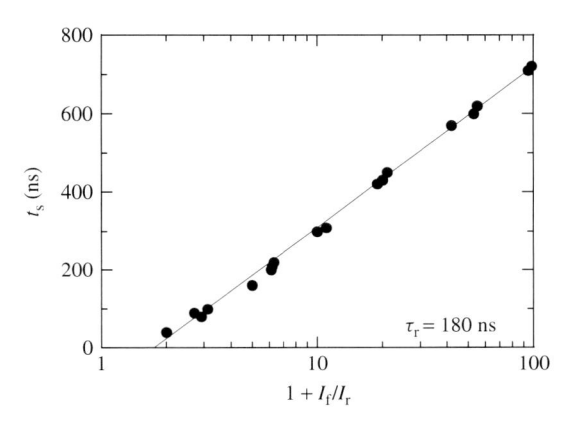

図7.20　蓄積時間と $(1 + I_f/I_r)$. IEEE（©1964, IEEE）の承諾によりKunoから再掲[102].

$$t_s = \tau_r \left[\ln\left(1 + \frac{I_f}{I_r}\right) - \ln\left(1 + \frac{Q_s}{I_f \tau_r}\right) \right] \tag{7.89}$$

を得る[102]．この $Q_s/I_f\tau_r$ は多くの場合定数と考えてよい．

$t_s - \ln(1 + I_f/I_r)$ プロットを図7.20に示す．再結合寿命は傾きからわかり，切片は $(1 + Q_s/I_r\tau_r)$ である．この傾きが一定なのは，式（7.89）の第2項が一定の場合に限る．Q_s にはいろいろな近似式があるが，$I_r \ll I_f$ ならほぼ一定と近似してよいことがわかっている[103]．高濃度ドープのエミッタでの再結合は，$I_r \ll I_f$ なら実質的に影響しないといえる[104]．こういう条件でないなら，図7.20のプロットは大きく曲がり，再結合寿命を一意に決めることはできない．図7.19(c)では

$$\tau_r \approx \sqrt{(t_2 - t_1)(t_3 - t_1)} \tag{7.90}$$

で再結合寿命を t_1，t_2，および t_3 に結びつけられる[105]．ここで t_3 は $I_d = 0.1 I_r$ となる時刻と定義する．接合の変位電流 $I_j = C_j dV_j/dt$ は全電流の内ごくわずかなので，以上の式では，これをすべて無視している[100]．

式（7.87）と（7.90）の τ_r の意味を考えよう．第1近似では pn 接合のベースでの再結合寿命のようにみえる．ベースの短いダイオードではバルク再結合と表面再結合の両方を含む有効再結合寿命になる[106]．順方向 pn 接合は，準中性領域と空間電荷領域の**両方**に過剰キャリアが存在することが問題である．エミッタは一般にベースに比べて十分に高い濃度にドープされているので，エミッタでの再結合寿命はベースでの再結合寿命に比べてきわめて短い．したがって，エミッタでの再結合は逆方向の回復過程にかなり影響するように思われる．特に高レベル注入では，再結合寿命が明らかに短くなるという問題がある[107,108]．これに限らず，中レベルあるいは低レベル注入であっても，エミッタのためにベースの再結合寿命が真の値からずれることがある．

7.5.3 開放回路電圧減衰法

開放回路電圧減衰法（open-circuit voltage decay; OCVD）の測定原理を図7.21(a)に示す[109,110]．ダイオードを順バイアスにし，$t = 0$ でスイッチSを開き，図7.21(b)のような過剰キャリアの再結合による電圧の減衰を検出する．$\Delta V_d = I_f r_s$ の段差は，電流が止まったときのダイオードのオーミック抵抗による電圧降下で，これをつかって第4章で議論したデバイスの直列抵抗を求めることができる[101]．開放

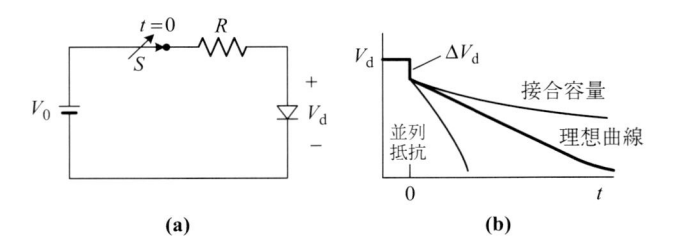

図7.21　開放回路電圧減衰法の(a)回路図，および(b)電圧波形．

回路電圧減衰法は7.4.3節の光励起開放回路電圧減衰法に似ている．逆方向回復法と違って開放回路電圧減衰法では電流がゼロになるので，過剰キャリアはすべて再結合し，逆電流によるデバイスからの流出はない．

　p型基板の空間電荷領域の終端部の準中性領域での過剰少数キャリア密度Δn_pは，時間変化する接合電圧$V_j(t)$と

$$\Delta n_p(t) = n_{p0}\left[\exp\left(\frac{qV_j(t)}{kT}\right) - 1\right] \quad (7.91)$$

の関係にある．ここでn_{p0}は平衡時の少数キャリア密度である．この接合電圧は

$$V_j(t) = \frac{kT}{q}\ln\left(\frac{\Delta n_p(t)}{n_{p0}} + 1\right) \quad (7.92)$$

であるから，接合電圧の時間依存性を測れば少数キャリア密度の時間依存性がわかる．

　ダイオードの電圧は，エミッタでの電圧降下を無視し，ベース電圧をV_bとすると$V_d = V_j + V_b$である．減衰の間電流が流れないのにベース電圧が存在するのは，電子と正孔の移動度が異なるためで，$b = \mu_n/\mu_p$とすると，Dember電圧とも呼ばれるベース電圧は

$$V_b(t) = \frac{kT}{q}\frac{b-1}{b+1}\ln\left[1 + \frac{(b+1)\Delta n_p(t)}{n_{p0} + bp_{p0}}\right] \quad (7.93)$$

で与えられる[111]．Dember電圧は高レベル注入では無視できないこともあるが，低レベル注入では無視できるので，以降では考慮しない．そこで$V_j(t)$が式（7.92）で与えられるとして$V_d(t) \approx V_j(t)$と仮定し，時間変化するデバイスの電圧を簡単に$V(t)$で表すことにする．

　$d \gg L_n$で低レベル注入のときは，

$$V(t) = V(0) + \frac{kT}{q}\ln\left(erfc\sqrt{\frac{t}{\tau_r}}\right) \quad (7.94)$$

で，$V(0)$はスイッチを開く前のダイオード電圧，$erfc(x) = 1 - erf(x)$は相補誤差関数である[110]．図7.22のプロットは，式（7.94）で$V(t) \gg kT/q$として得られる．この曲線ははじめ急激に減衰したあと，一定の傾きの直線領域になる．この傾きは

$$\frac{dV(t)}{dt} = -\frac{(kT/q)\exp(-t/\tau_r)}{\sqrt{\pi t \tau_r}\, erfc\sqrt{1/\tau_r}} \approx -\frac{kT/q}{\tau_r(1 - \tau_r/2t)} \quad (7.95)$$

で，後半の近似は$t \geq 4\tau_r$で成り立つ．式（7.95）は括弧内の第2項を無視すればさらに簡単になる．$t \geq 4\tau_r$なら，この傾きから

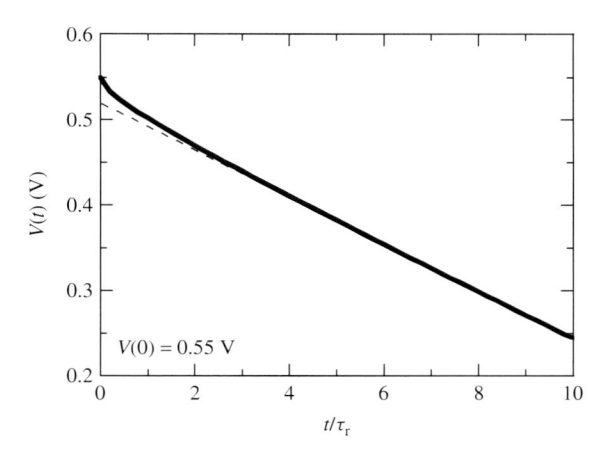

図7.22 式 (7.94) による開放回路電圧波形.

$$\tau_r = -\frac{kT/q}{dV(t)/dt} \tag{7.96}$$

によって再結合寿命が求められる。図7.22でわかるように，曲線は $t > 4\tau_r$ で直線になっている。

式 (7.96) について一言注意しておく。この式は，再結合が単純な電圧の指数関数的依存性 $\exp(qV/kT)$ をもつ準中性領域での再結合に支配されていると仮定して導出している。空間電荷領域での再結合の電圧依存性は $\exp(qV/nkT)$ になる。ここでダイオードの理想因子 n はだいたい1から2である。したがって式 (7.96) は係数に n がつくべきである。当然，ダイオードの電圧が $V(0) \approx 0.7\,\mathrm{V}$ あたりからゼロまでに下がると，n は1から2に近い値までとり得るが，n がわかっていることはほとんどないので，ふつうは1としている。

エミッタでの過剰キャリアの寿命は短く，ベースの過剰キャリアより急速に再結合するので，電圧減衰の間はベースからエミッタへキャリアが注入されることになり，その結果電圧減衰時間が短くなる。しかし，ベースでのキャリア寿命を τ_b として $t > 2.5\tau_b$ ならこの影響は無視でき，$V(t) - t$ 曲線はエミッタでの再結合やバンドギャップの狭さく化によらず，傾き $(kT/q\tau_b)$ の直線になる[112]。高レベル注入の再結合寿命は，ベースの過剰キャリア密度が均一かつベースのドーピング密度より高いという条件で

$$\tau_r = -\frac{2kT/q}{dV(t)/dt} \tag{7.97}$$

で与えられる[113]。式中の"2"が高レベル注入を表している。したがって，高レベル注入の $V-t$ 曲線は2つの傾きをもつことが多い。

図7.21(b)にある $V-t$ の異常な応答は，ダイオード容量が無視できないときや，接合の並列抵抗が低いときに現れる。容量成分があると $V-t$ 曲線を引き伸ばす傾向があり，傾きがゆるくなって長めの寿命になる[114]。空間電荷領域での再結合や並列抵抗の低下があるときは，準中性なバルクでの再結合でみられるより速く $V-t$ 曲線が落ちこむ。このような減衰曲線をもつデバイスに効果的な開放回路電圧減衰法の1つに，外づけの抵抗とキャパシタで補償した測定回路で曲線を得，これ微分して寿命を求める方法がある[115]。その他の異常として，エミッタでの再結合により，$V-t$ 曲線の $t = 0$ 付近にピークが現れることがある[116]。

開放回路電圧減衰法の1つである**小信号**開放回路電圧減衰法では，ダイオードに光を当てて定常状態にバイアスし，"光"によるバイアスに小信号電気パルスを重ねる[43,117]。電気パルスがオンのときはキャリアが注入され，オフにするとこれらのキャリアは再結合する。この方法はバイアス状態の τ_r を測定したり，容量や並列抵抗の影響を低減するためにつかわれる。

開放回路電圧減衰法は逆方向回復法より簡易で精度がよい[107]。開放回路電圧減衰法では $V-t$ 曲線の内，ベースでの再結合が支配的な部分から寿命を求めるが，逆方向回復法での蓄積時間は，低電流での空間電荷領域の再結合電流を含む電圧範囲での平均になる。開放回路電圧減衰法ではキャリアの減衰がベースでの再結合だけになるので，実験の解釈が単純である。

7.5.4 パルス印加MOSキャパシタ法

パルス印加MOSキャパシタ（pulsed MOS capacitor）**再結合**寿命測定法の原理は2つの方法に分けられる。まず，**図7.23**(a)の強反転状態にバイアスされたMOSキャパシタは図7.23(d)の点Aに相当し，反転電荷密度は

$$Q_{n1} = (V_{G1} - V_T)C_{ox} \tag{7.98}$$

である。振幅 $-\Delta V_G$ でパルス幅 t_p の電圧パルスを V_{G1} に重ねると，t_p の間ゲート電圧は図7.23(b)と図7.23(d)の点Bで示す $V_{G2} = V_{G1} - \Delta V_G$ へ下がる。このとき反転電荷は

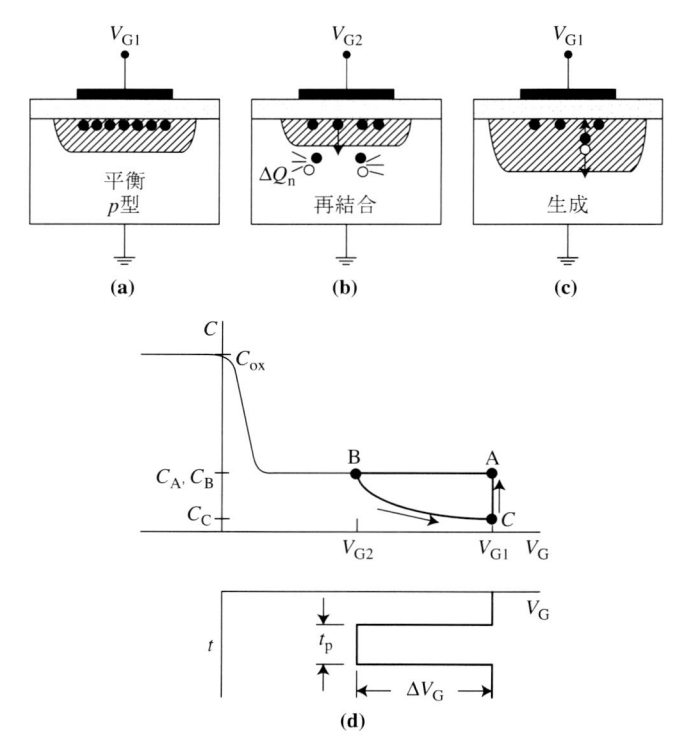

図7.23 パルスMOSキャパシタ再結合寿命測定。いろいろな電圧でのデバイスの挙動を(a)，(b)，および(c)に，その $C-V_G$ および V_G-t 曲線を(d)に示す。

$$Q_{n2} = (V_{G2} - V_T)C_{ox} < Q_{n1} \tag{7.99}$$

である．図7.23(b)に示すように，電荷の差$\Delta Q_n = (Q_{n1} - Q_{n2})$が基板へ注入される．

　反転層の少数キャリアは空間電荷領域の電場によって多数キャリアから隔てられているので，再結合できない．しかし，少数キャリアが基板へ注入されるとΔQ_nは正孔にとり囲まれ，再結合できる．

　ここで2つの極端な場合を考えよう．まず，幅の広いパルス（$t_p > \tau_r$）では，少数キャリアが注入され再結合する時間が十分にある．ゲート電圧をV_{G1}へ戻すと反転層にはQ_{n2}しかないので，MOSキャパシタは図7.23(c)と図7.23(d)の点Cで示すように，部分的に深く空乏化する．その後電子—正孔対の熱生成によってデバイスは平衡点Aに戻る．次に，幅の狭いパルス（$t_p \ll \tau_r$）では，パルス幅が再結合寿命より短いので，基板に注入された少数キャリアは再結合する時間がなく，図7.23(d)の容量のサイクルは$C_A \to C_B \to C_A$の順になる．その中間のパルス幅では，容量はC_CとC_Aの間になる．

　したがって，注入パルス終端での容量は，注入パルスによってどれだけ少数キャリアが再結合したかという目安になる．少数キャリアが単純な指数関数で減衰するなら，これは

$$\Delta Q_n(t) = \Delta Q_n(0)\exp\left(-\frac{t}{\tau_r}\right) = K\left(\frac{1}{C_A^2} - \frac{1}{C_C^2}\right) \tag{7.100}$$

となり，Kは定数である[118]．パルス幅を変えながらそれぞれのパルス幅での容量C_Cを測定し，$\ln(1/C_A^2 - 1/C_C^2)$をt_pに対してプロットすれば，この傾きから再結合寿命τ_rを求めることができる．より詳細な理論によれば，少数キャリアは準中性の基板だけでなく空間電荷領域や表面においても再結合するので，キャリアの減少を式（7.100）のような単純な時間の指数関数では表せない[119]．このような短パルスはほとんどの容量計で歪むので，このパルス印加MOSキャパシタ再結合寿命測定法はあまり普及していない．ただし，デバイスと容量計の入力端子との間にパルストランスを入れることで容易に改善できる[120]．

　チャージポンピングをつかったパルス印加MOSキャパシタ法がMOSFETに適用されている[121]．反転状態のMOSFETにパルスを印加し，蓄積状態にすると，チャネルの反転電荷のほとんどはソースおよびドレインへ流出する．しかし，反転電荷のごく一部はソースにもドレインにも到達できず，多数キャリアと再結合する．この割合はパルスの周波数に比例し，基板電流として検出できる．パルス間の時間間隔がτ_rのオーダーになるまで周波数が上がると，反転電荷が多数キャリアと再結合しなくなるので，基板電流とパルス周波数の関係が直線から外れてくる．この電流からτ_rを抽出することができる．

　2つ目のパルス印加MOSキャパシタ法は，まったく異なる原理になるが，MOSキャパシタをパルスで深く空乏化し，その緩和時間を測定する．ゲート電圧を与えて空乏化する前のデバイスは平衡状態にあると仮定し，空乏化電圧を与えると，**図7.24**のようにMOSキャパシタは点AからBへ移動する．

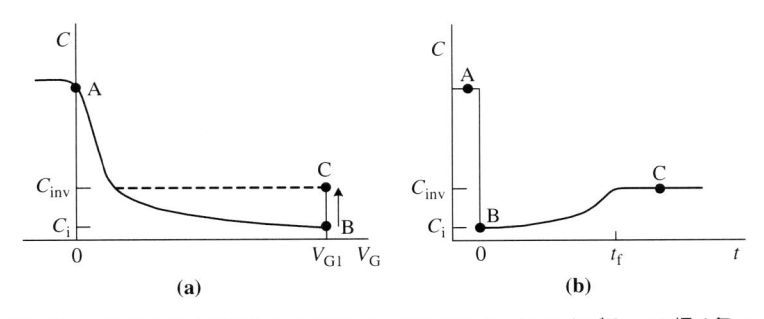

図7.24　パルスで深く空乏化したMOSキャパシタの$C-V_G$および$C-t$の振る舞い．

その後，キャリアの熱生成によってデバイスは図7.24(a)の点BからCの平衡に戻る．この平衡への復帰を$C-t$図で表すと図7.24(b)のようになる．この復帰時間t_fは半導体のバルク中および酸化膜—半導体界面での電子—正孔対の熱生成で決まる．

図7.25において，熱生成レートは(1)バルクの空間電荷領域での生成寿命τ_g，(2)表面の横方向の空間電荷領域での表面生成速度s_g，(3)ゲート下の表面空間電荷領域での表面生成速度s'_g，(4)準中性バルクでの少数キャリア拡散長L_n，および(5)裏面での生成速度s_cで決まる．(1)と(2)の成分は，7.6.2節で議論するように空間電荷領域の幅に依存し，(3)から(5)の成分は空間電荷領域の幅によらない．

キャパシタの容量は

$$C(t) = \frac{C_{ox}}{\sqrt{1 + 2(V'_G(t) + Q_n(t)/C_{ox})/V_0}} \tag{7.101}$$

によってゲート電圧と反転電荷Q_nに依存する[122]．ここで$V'_G(t) = V_G(t) - V_{FB}$，$V_0 = qK_s\varepsilon_0 N_A/C_{ox}^2$である．式（7.101）を$V'_G$について解いて$t$で微分し，$dV_{FB}/dt = 0$とすれば

$$\frac{dV_G}{dt} = -\frac{1}{C_{ox}}\frac{dQ_n}{dt} - \frac{qK_s\varepsilon_0 N_A}{C^3}\frac{dC}{dt} \tag{7.102}$$

となる．簡単のため，式（7.102）では時間依存性を表す"(t)"を省略した．

式（7.102）はゲート電圧の時間変化を反転電荷の時間変化と容量の時間変化に結びつける重要な式である．**パルス**印加ではV_Gは一定だから，$V_G/dt = 0$として式（7.102）をdQ_n/dtについて解けば，

$$\frac{dQ_n}{dt} = -\frac{qK_s\varepsilon_0 C_{ox}N_A}{C^3}\frac{dC}{dt} \tag{7.103}$$

となる．このdQ_n/dtが図7.25の熱生成レート

$$\frac{dQ_n}{dt} = G_1 + G_2 + G_3 + G_4 + G_5 = -\frac{qn_iW}{\tau_g} - \frac{qn_is_gA_S}{A_G} - qn_is'_g - \frac{qn_i^2 D_n}{N_A L'_n} \tag{7.104}$$

である．ここで$A_S = 2\pi rW$は（空間電荷領域の横方向の伸びの幅は空間電荷領域の垂直方向の幅と同じとして）空間電荷領域の横方向の面積，$A_G = \pi r^2$はゲート面積である．L'_nはバルク生成と裏面生成

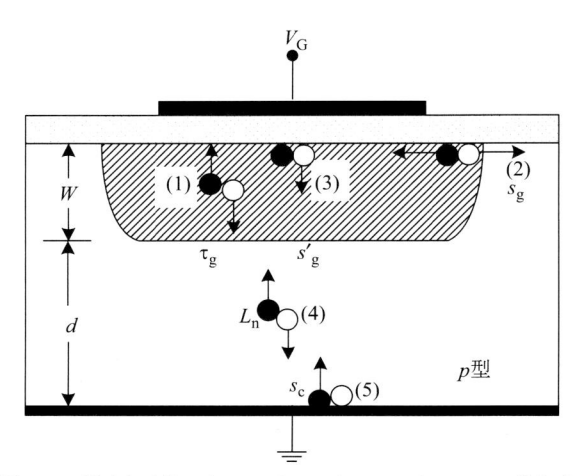

図7.25 深く空乏化したMOSキャパシタでのキャリアの熱生成．

を結びつける有効拡散長で，

$$L'_n = L_n \frac{\cosh(d/L_n) + (s_c L_n/D_n)\sinh(d/L_n)}{(s_c L_n/D_n)\cosh(d/L_n) + \sinh(d/L_n)} \tag{7.105}$$

で与えられる[122]。表面生成速度s_cは裏面コンタクトの種類で変わる。p型半導体－金属コンタクトの表面生成速度は非常に速い。p-p^+コンタクトは多数キャリアのバリアになっているので，s_cは遅い[123]。

式 (7.104) のはじめの2つの項は空間電荷領域の幅で決まる生成レートである。n_i依存性がある生成レートはすべて同じような温度依存性を示す。ただしG_4はn_i^2に依存するので温度による増加は他より速い。以上が再結合寿命測定の基本である。G_4は75℃以上の温度で支配的になる。

式 (7.103) に$dQ_n/dt = -qn_i^2 D_n/N_A L'_n$を代入すると，

$$C = \frac{C_i}{\sqrt{1 - t/t_1}} \tag{7.106}$$

を得る[122]。ここで$t_1 = (K_s/K_{ox})(C_{ox}/C_i)^2(N_A/n_i)^2(t_{ox}/2)(L'_n/D_n)$で，$C_i$は図7.24での定義とする。

この測定はC-tプロットの1種になる。準中性領域での生成が支配的であれば，tに対する$1 - (C_i/C)^2$のプロットは，傾き$1/t_1$をもつ。t_1から拡散長が決まる。$[1 - (C_i/C)^2]$-tプロットが直線になっていれば，準中性領域の生成が支配的である。直線にならないときは，測定温度が低すぎると考えてよい。

7.5.5 その他の方法

短絡回路電流減衰法：逆方向回復法ではダイオードの電流が順方向から逆方向へ切り替わる。開放回路電圧減衰法では順方向電流がゼロになる。**短絡回路電流減衰法**は，順方向電流を短絡回路電流もしくは電圧ゼロへ切り替える。ダイオードを短絡回路にするとエミッタの少数キャリアはすぐに再結合し，この測定にあまり影響しない[124,125]。

電気伝導率変調法：電気伝導率変調法（conductivity modulation）は，少数キャリアの拡散長よりも薄いエピタキシャル層での再結合寿命を測定するために開発された。基板での再結合にも高濃度ドープ領域での再結合にも影響されずに寿命を測定できる。テストストラクチャはp^+基板の上のpエピ層に，拡散またはイオン打込みでストライプ状のn^+とp^+を交互に配置した構造である。p^+のストライプはすべて互いに連結され，n^+のストライプもすべて互いに連結され，横方向の$n^+ p p^+$ダイオードを形成している。ストライプの間隔は少数キャリアの拡散長より短くしてある。直流バイアスに微小交流電圧を重ね，エピタキシャル層での再結合による交流電流を測定し，これを再結合寿命と関係づける[126]。p^+基板に直流電圧を与えると，エピタキシャル層の厚さ方向の寿命のプロファイルをとることができる。

7.6 生成寿命：電気的測定
7.6.1 ゲート制御ダイオード

生成寿命τ_gは接合のリーク電流かMOSキャパシタの蓄積時間の測定から求める。3端子**ゲート制御ダイオード**は生成パラメータを評価できるデバイスの1つで，**図7.26**のようにp型基板，n^+領域（D），このn^+領域を囲む環状ゲート（G），およびこのゲートを囲む環状のガードリング（GR）からなる。ゲートを中心として，これを環状のn^+領域でとり囲むこともある。ゲートとn^+領域とは，電位障壁ができないようわずかに重なりをもたせる。ガードリングはゲートに近接させ，半導体をバイアスして蓄積状態とし，デバイスを他の部分と分離する。デバイスの間を濃くドーピングしても，デバイスを分離できる。

ここで，生成寿命と表面生成速度の測定に必要な予備知識を説明する。図7.26には，(1)ダイオードの空間電荷領域（J），(2)ゲート誘起空間電荷領域（GIJ），(3)ゲート下の空乏化した表面（S）の3つの生成領域がある。各領域の電流の総和が全電流$I_J + I_{GIJ} + I_S$となる。まず，ダイオードを基板に短

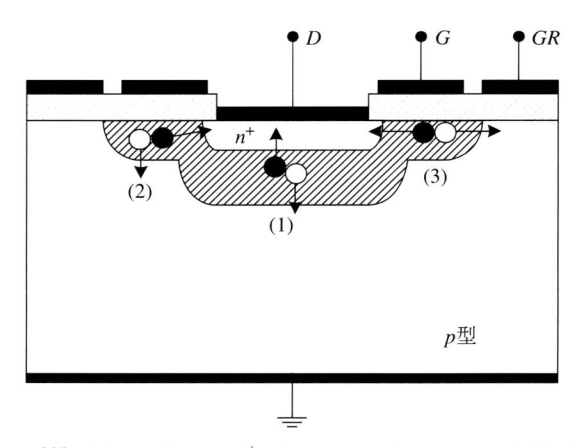

図7.26 ゲート制御ダイオード．Dはn^+pダイオード，Gはゲート，GRはガードリング．
いろいろな生成メカニズムとその位置を示している．

絡した状態（$V_D = 0$）のゲート下の半導体を考えよう。このとき$V_G < V_{FB}$なら表面は蓄積状態，$V_G = V_{FB}$ならフラットバンド状態，$V_{FB} < V_G < V_T$なら空乏化状態，$V_G > V_T$なら反転状態である。ダイオードを逆バイアスにしても蓄積およびフラットバンド状態は変わらないが，空乏および反転状態は逆バイアスで変化する。ダイオードの電圧が$V_D \neq 0$のときは，式（6.16）と$\phi_s = (kT/q)\ln(N_A/n_i)$によってゲート電圧に結びつけられる表面電位$\phi_s$をつかって，$0 < \phi_s < V_D + 2\phi_F$なら空乏化しており，$\phi_s \geq V_D + 2\phi_F$なら反転している。

このダイオードを一定の電圧V_{D1}で逆バイアスし，ゲート電圧を振る。図7.27(a)の負のゲート電圧$-V_{G1}$では，ゲート下の表面は蓄積状態（p^+）になる。図7.27(a)および図7.27(d)の点Aで示すように，測定される電流はダイオードの空間電荷領域で生成した電流I_Jである。さらに負のゲート電圧を上げると，ゲート下に誘起されたp^+によるn^+-p^+接合が破壊に近づき，電流が増す。$V_G = V_{FB}$ではゲート下はフラットバンドなので，ダイオードのn^+領域を囲む空間電荷領域の幅は表面からバルクまで同じである。

$V_G > V_{FB}$ではゲート下の表面も空乏化し，図7.27(b)のように表面での生成電流I_Sとゲート誘起空間電荷領域での生成電流I_{GU}によって電流が急激に増加する。ゲート電圧を上げるとゲート下の空間電荷領域が拡がり，ゆっくりと電流が増えていく。電流－電圧特性においてゲート電圧V_{G2}（図7.27(d)の点B）がこれに相当し，表面電位は$0 < \phi_s < V_{D1} + 2\phi_F$の範囲にあり，ゲート下の空間電荷領域の幅は，反転電荷を無視して

$$W_{G,dep} = \frac{K_s t_{ox}}{K_{ox}}\left(\sqrt{1 + \frac{2(V_G - V_{FB})}{V_0}} - 1\right) \tag{7.107}$$

で与えられる。表面電位が$\phi_s \geq V_{D1} + 2\phi_F$なら表面は反転しており，ゲート下の空間電荷領域の幅は

$$W_{G,inv} = \sqrt{\frac{2K_s\varepsilon_0(V_{D1} + 2\phi_F)}{qN_A}} \tag{7.108}$$

に固定される。接合の空間電荷領域の幅は，ビルトイン電位を$V_{bi} = (kT/q)\ln(N_A N_D/n_i^2)$として

$$W_J = \sqrt{\frac{2K_s\varepsilon_0(V_{D1} + V_{bi})}{qN_A}} \tag{7.109}$$

である。

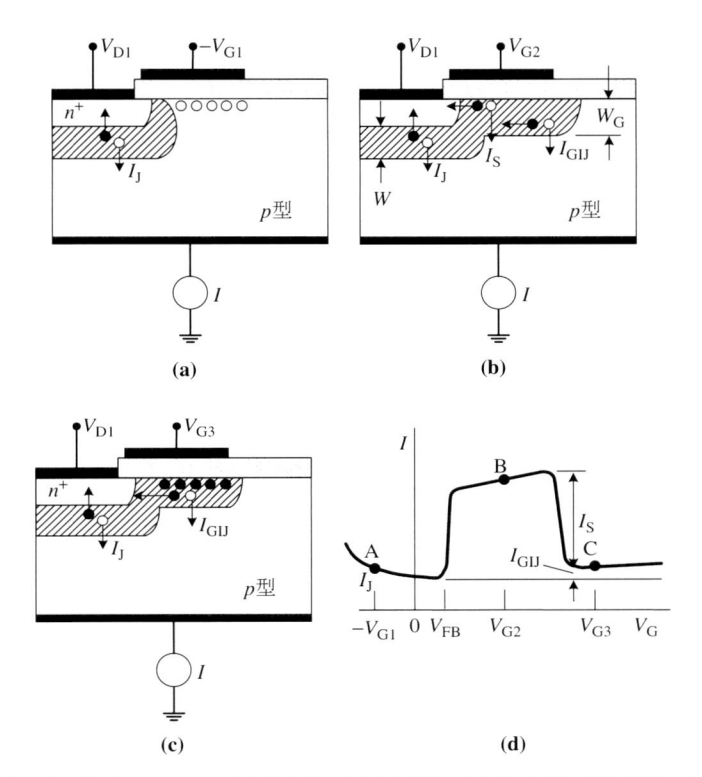

図7.27 ゲート制御ダイオードの(a)蓄積状態，(b)空乏状態，(c)反転状態．(d)の電流—電圧特性の点A，B，およびCは(a)，(b)，および(c)の状態に対応している．

　図7.27(c)のようにゲート下の表面が反転すると，表面での生成は急激に少なくなり，I_Sは実質的になくなる．反転電圧以上にゲート電圧を上げても，これ以上電流は増加しない．これは，空乏化した表面ではp_sとn_sが低いときは表面生成レートが高く，p_sとn_sのいずれかが高いときは表面生成レートが低いことを表している式（7.15）からも明らかである．強く反転した状態では界面トラップのほとんどが電子で占められているので，熱生成は少ない．表面での生成をゼロと仮定すれば，図7.27(c)と図7.27(d)の点Cで示されるように，電流は接合電流I_Jと電場に誘起された接合電流I_{GIJ}になる．電流—電圧の実験曲線を図7.28に示す．これらの曲線では$+V_G$で電流が増えており，これはダイオードが理想的でないためであるが，ここではその議論に立ち入らない．

　逆バイアスV_{D1}を十分に高くすると，空間電荷領域および空乏化した表面での可動キャリア密度を無視できるようになる．バルクおよび表面での生成レートはそれぞれ式（7.20）および（7.22）で与えられる．バルクの空間電荷領域での電流はqG×体積，表面成分はqG_S×面積で，体積および面積は熱生成する体積と面積である．したがって

$$I_J = \frac{qn_i W_J A_J}{\tau_{g,J}} \quad ; \quad I_{GIJ} = \frac{qn_i W_G A_G}{\tau_{g,G}} \quad ; \quad I_S = qn_i s_g A_G \tag{7.110}$$

として，全電流は$I = I_J + I_{GIJ} + I_S$となる．ここで$\tau_{g,J}$および$\tau_{g,G}$はそれぞれ接合領域およびゲート領域での生成寿命である．

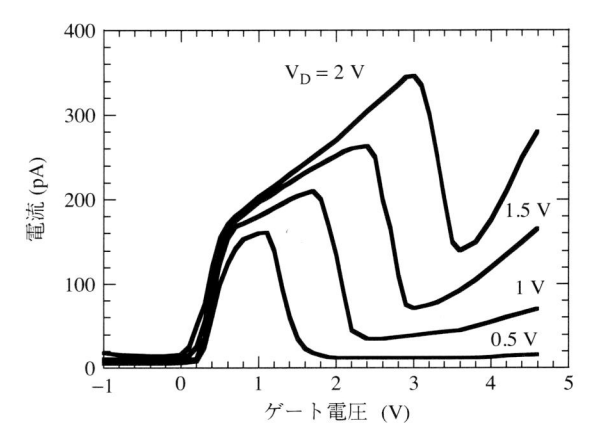

図7.28 ゲート制御ダイオードの電流—電圧特性.

　これらの生成パラメータを抽出するには，いろいろな空間電荷領域の幅を測定または計算しなければならない．実験的には容量測定から幅を求めるが，ふつうは式 (7.107) から (7.109) を用いてこれらの幅を計算する方が便利である．表面生成速度は低電圧 ($V_D \approx 0.5 \sim 1\,\text{V}$) でのダイオードの I–V_G 特性から求めるので，バルクの電流よりも表面電流の方が重要になってくる．ゲート下の生成寿命を n^+ 拡散領域の下での生成寿命と独立に求めることももちろん可能で，どちらも深さの関数のプロファイルにできる[127]．

　これまで議論してきた理論はGrove and Fitzgeraldによって提案されたものである[128]．そこには単純化のためのいくつかの仮定がある．たとえば，電流は空間電荷領域で生成された電流だけであるという仮定である．この仮定は室温のSiデバイスでは妥当であるが，生成寿命が長いデバイスでは準中性領域の電流成分が無視できなくなる．バルクの準中性領域の電流に対するバルクの空間電荷領域の電流の比，すなわち式 (7.104) の4番目の成分に対する1番目の成分の比は，$N_A/n_i = 10^6$，$W = 2\,\mu\text{m}$，$D_n = 30\,\text{cm}^2/\text{s}$，および $L_n = (D_n \tau_r)^{1/2}$ のとき

$$\frac{I_{scr}}{I_{qnr}} = \frac{N_A W L_n}{n_i D_n \tau_g} = \frac{N_A W \sqrt{\tau_r}}{n_i \sqrt{D_n \tau_g}} \approx 36 \frac{\sqrt{\tau_r}}{\tau_g} \qquad (7.111)$$

となる．$\tau_g = \tau_r = 1\,\mu\text{s}$ のときこの比は36000で，明らかに空間電荷領域の電流が支配的であり，$\tau_g = 1\,\text{ms}$，$\tau_r = 100\,\mu\text{s}$ では360である．この比は室温以上で1に近づいていく．式 (7.111) の比が1に近づけば，準中性領域の電流が無視できず，式 (7.110) はもはや成り立たない．

　反転前の表面は完全に空乏化しているという仮定もそうである[129]．表面を強く反転させるのに必要なゲート電圧よりはるかに低いゲートバイアスでも，チャネルのごく一部を除き，横方向の表面電流によって表面は弱く反転する．デバイスの活性領域は，イオン打込みによるドープ領域あるいは厚い酸化膜からなるチャネルストッパで囲むことが多い．このチャネルストッパの側壁は電流発生源になるが，この電流を測定するためのテストストラクチャとして，ゲート制御ダイオードを活用できる[130]．

7.6.2　パルス印加MOSキャパシタ法

　パルス印加MOSキャパシタ寿命測定法は τ_g の測定に広くつかわれている．1966年にZerbstが提案した基本的な手法[131]およびそのバリエーションの論文が数多く発表されている．これらの方法についてはKang and Schroderの総説がある[132]．その詳細は文献に譲り，ここでは最も適切な概念と，よくつかわれている3つの方法についての式を与えることにする．

Zerbstプロット：MOSキャパシタにパルス電圧を与えて深く空乏化させ，図7.29のような容量—時間曲線を測定する．室温での$C-t$曲線の実験結果が図7.29(a)である．容量緩和は電子—正孔対の熱生成で決まり，

$$\frac{dQ_n}{dt} = -\frac{qn_i(W-W_{inv})}{\tau_g} - \frac{qn_i s_g A_S}{A_G} - qn_i s_{eff} = -\frac{qn_i(W-W_{inv})}{\tau_{g,eff}} - qn_i s_{eff} \quad (7.112)$$

と書ける．ここで$W_{inv} = (4K_s\varepsilon_0\phi_F/qN_A)^{1/2}$，$\tau_{g,eff}$は空間電荷領域での生成レートだけを考慮し，

$$\frac{dQ_{n,scr}}{dt} = -\frac{qn_i(W-W_{inv})}{\tau_g} - \frac{qn_i s_g A_S}{A_G} = -qn_i\left[\frac{W-W_{inv}}{\tau_g} + \frac{2\pi r s_g(W-W_{inv})}{\pi r^2}\right]$$

$$= -\frac{qn_i(W-W_{inv})}{\tau_g}\left(1+\frac{2s_g\tau_g}{r}\right) = -\frac{qn_i(W-W_{inv})}{\tau_{g,eff}} \quad (7.113)$$

で定義される．この空間電荷領域の有効幅$W-W_{inv}$はほぼ現実の生成領域の幅を表しており，$C-t$の

(a)

$\tau_{g,eff} = 229$ μs

$s_{eff} = 0.32$ cm/s

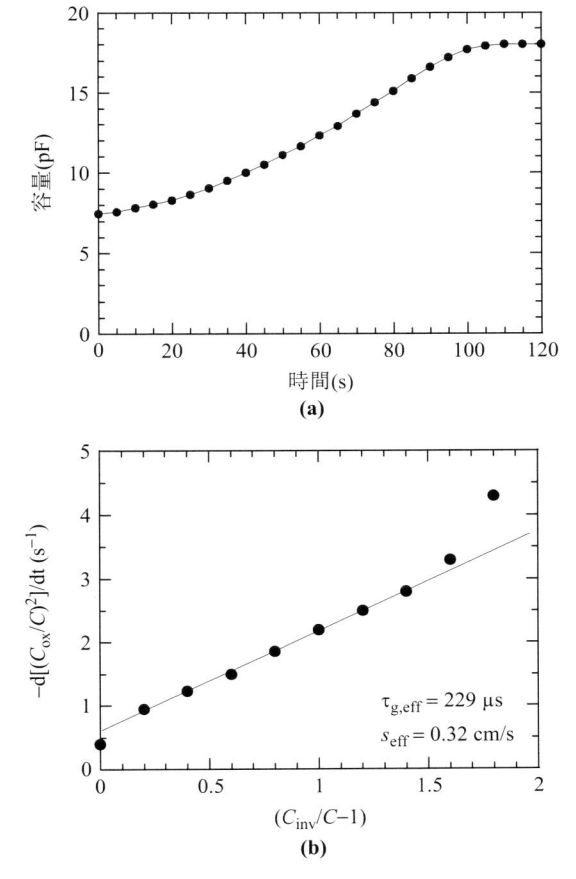

(b)

図7.29　(a)$C-t$応答と，(b)Zerbstプロット．Kang and Schroderの許諾により再掲[132]．

過渡期の終わりで$W \approx W_{inv}$となり，空間電荷領域での過渡的な生成はゼロになる．$qn_i s_{eff}$の項は空間電荷領域の幅によらない（ゲート下および準中性領域の表面の）生成レートで，

$$s_{eff} = s'_g + \frac{n_i D_n}{N_A L'_n} \tag{7.114}$$

である．空間電荷領域の幅は

$$W = K_s \varepsilon_0 \frac{C_{ox} - C}{C_{ox} C} \tag{7.115}$$

によって容量Cに結びつけられる．式（7.103），（7.112），および（7.115）と，恒等式$(2/C^3)dC/dt = -[d(1/C)^2/dt]$をつかえば，

$$-\frac{d}{dt}\left(\frac{C_{ox}}{C}\right)^2 = \frac{2n_i}{\tau_{g.eff} N_A} \frac{C_{ox}}{C_{inv}} \left(\frac{C_{inv}}{C} - 1\right) + \frac{2K_{ox} n_i s_{eff}}{K_s t_{ox} N_A} \tag{7.116}$$

となる．

式（7.116）から，図7.29(b)に示すよく知られた**Zerbstプロット**$-d(C_{ox}/C)^2/dt - (C_{inv}/C - 1)$を得る．曲線の原点に近い部分はデバイスが平衡状態に近づくことによるもので，もう一方の直線の終端部は界面トラップやバルクトラップからの電場放出によるものである[133]．この直線部の傾きが$2n_i C_{ox}/N_A C_{inv} \tau_{g.eff}$で，これを外挿した縦軸との切片が$2n_i K_{ox} s_{eff}/K_s t_{ox} N_A$になる．この傾きは空間電荷領域の生成パラメータ$\tau_g$および$s_g$の目安になるが，切片は空間電荷領域の幅によらない生成パラメータs'_g，L_n，およびs_cに関係している．切片から求めたs_{eff}を表面生成速度と解釈してはならない．s_{eff}はバルクの準中性領域での生成レートを含むだけでなく，生成領域の幅を$W - W_{inv}$と近似したために，$s_{eff} = 0$であっても切片がゼロにならないことが，$C - t$応答のより詳細な解析からわかっている[134]．

Zerbstプロットの物理的な意味をより深く洞察するにはプロットの2つの軸を調べてみるとよい．式（7.116）を導いた恒等式によって，式（7.103）および（7.116）から

$$-\frac{d}{dt}\left(\frac{C_{ox}}{C}\right)^2 \sim \frac{dQ_n}{dt} \quad ; \quad \frac{C_{inv}}{C} - 1 \sim W - W_{inv} \tag{7.117}$$

を得る．つまりZerbstプロットの縦軸は全電子—正孔対のキャリア生成レートまたは生成電流に比例し，横軸は空間電荷領域の幅に比例している．したがって，この複雑なプロットは空間電荷領域の幅に対する生成電流のプロットにほかならない．

$C - t$の過渡時間の測定には，ふつう数十秒から数分の長い時間がかかる．緩和時間t_fは

$$t_f \approx \frac{10 N_A}{n_i} \tau_{g.eff} \tag{7.118}$$

で$\tau_{g.eff}$に関係づけられる[135,136]．この式は，パルス印加MOSキャパシタ法の測定にN_A/n_iの時間倍率因子を織り込むという，大変重要な特徴を与える．$\tau_{g.eff}$の値は数桁の範囲におよび，代表的な値は高品位シリコンデバイスで10^{-4}から10^{-2}sの範囲である．したがって，実際の$C - t$過渡時間は式（7.118）により10から10^4sと予想される．このように，マイクロ秒領域の生成寿命が秒のオーダーの容量の緩和時間の測定でわかることがこの測定の利点である．

式（7.118）の時間倍率因子は欠点でもある．測定時間が長いと，マッピングに必要なデバイスを数多く測定できない．測定時間を短くするアプローチはいろいろと提案されている．式（7.112）と（7.114）より$s_{eff} \sim n_i^2$である．この空間電荷領域の幅によらない項は，温度を上げると大きくなり，緩和時間が著しく短くなる．その結果Zerbstプロットは$\tau_{g.eff}$で決まる傾きを維持したまま，垂直方向にシフトする[136]．ただし，7.5.4節で指摘したように，準中性領域での生成が支配的な領域まで温度を

上げると，$\tau_{g,eff}$を抽出できなくなる．サンプルに光を当ててもt_fを短くできる[137]．

　MOSキャパシタを電圧パルスで深く空乏化させたあと，光パルスを与えて反転状態にしても測定時間を短くすることができる．つづいて逆極性で振幅が変化する小さなパルス列を空乏化電圧に重ねる．それぞれのパルスのあとのCとdC/dtを求め，Zerbstプロットを作成する．これで全測定時間は10分の1ほどになる[138]．さらに単純化した方法では，空間電荷領域の幅を$C-t$応答から計算し，時間に対して$\ln(W)$をプロットする[139]．このようなプロットはほぼ直線となり，$C-t$応答曲線全体を記録する代わりに，その初期の領域の直線をt_fまで外挿することができる．

　MOSキャパシタの生成寿命測定でゲート酸化膜が薄い場合は，酸化膜のリーク電流に注意しておくべきである[140]．デバイスにパルスを与えて深く空乏化させたあと，反転層が時間の関数で立ち上がり，平衡に達する．この反転層の電荷の一部が測定中に酸化膜を通してリークすれば，測定時間は明らかに長くなり，正しい$\tau_{g,eff}$はわからない．この問題を解決するには，ゲート酸化膜のリーク電流が無視できるような低いゲート電圧にするか，この節の最後に議論するコロナ—酸化膜—半導体法のような定電荷法をつかう．薄い酸化膜のもう1つの問題として，ゲートから半導体へトンネルした電子や正孔が，インパクトイオン化によってさらに電子—正孔対を生成するに十分なエネルギーをもつことである[141]．非接触容量測定法では，金属プローブをサンプルから1 μm未満に近づける．これによってサンプルにコンタクトを形成することなく$C-V$や$C-t$特性を測定できる[142]．パルスによるキャパシタの測定はシリコン・オン・インシュレータ（SOI）のサンプルにも適用され，図7.30に示すようにSOI MOSFETのドレイン電流を測定できる．デバイスにある程度のバックゲート・バイアスV_{GB1}を与え，しきい値以上（$V_G > V_T$）にバイアスする．次にバックゲート・バイアスにV_{GB2}のパルスを与え，これによるドレイン電流の過渡応答を測定する．その解析は$C-t$の解析に似ており，$\tau_{g,eff}$を抽出することができる[143]．

　SOIの再結合寿命を求めることもできる．SOI MOSFETのバックゲートを接地しておき，フロントゲートによって空乏あるいは蓄積状態から強反転状態へスイッチする．すると反転チャネルを形成するために，ソース・ドレイン領域から少数キャリアが突入してくる．正のフロントゲートパルスによって空間電荷領域は拡がるが，この領域から追い出された多数キャリアはすぐに消えずに中性な基板に蓄積され，一時的に基板電位が上昇するとともに，しきい値電圧が下がり，ドレイン電流が増える．**再結合**によって過剰な多数キャリアがなくなると平衡に達する[144]．

　電流—容量法：Zerbstの方法では実験結果を微分する必要があり，N_Aがわかっていなければならない．**電流—容量法**ならそのどちらも必要ないが，パルスによるMOSキャパシタの電流と容量を測定しなければならない．この電流は

$$I = A_G \left(\frac{dQ_n}{dt} + qN_A \frac{dW}{dt} \right) \tag{7.119}$$

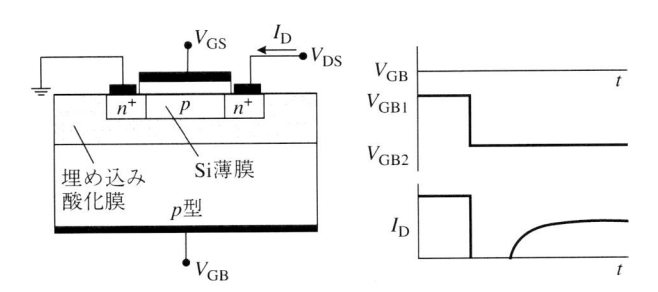

図7.30　SOIデバイスの生成寿命の測定．

で，第1項は生成電流，第2項は変位電流である．このとき，電流と容量の関係は

$$\frac{I}{1-C/C_{ox}} = \frac{qK_s\varepsilon_0 A_G^2 n_i}{\tau_{g,\mathrm{eff}}}\left(\frac{1}{C}-\frac{1}{C_{inv}}\right) + qA_G n_i s_{\mathrm{eff}} \tag{7.120}$$

である[133]．$C-t$曲線と$I-t$曲線から$I/(1-C/C_{ox})-(1/C-1/C_{inv})$をプロットできる．**図7.31**のように，この曲線の傾きから$\tau_{g,\mathrm{eff}}$，切片からs_{eff}がわかる．

生成寿命については，式（7.120）を書き直して

$$\tau_{g,\mathrm{eff}} = \frac{qK_s\varepsilon_0 A_G^2 n_i}{C_{ox}} \frac{d(C_{ox}/C)/dt}{d[I/(1-C/C_{ox})]/dt} \tag{7.121}$$

と表せる．電流と容量を同時に測定し，データを微分すれば，ドーピング密度プロファイルがわからなくても，直接$\tau_{g,\mathrm{eff}}$のプロファイルをプロットできる．

測定時間を極度に短縮した電流―容量法では[145]，空間電荷領域の生成電流密度

$$J_{scr} = \frac{C_{ox}}{C_{ox}-C}J = \frac{qn_i(W-W_{inv})}{\tau_{g,\mathrm{eff}}} + qn_i s_{\mathrm{eff}} \tag{7.122}$$

を，空間電荷領域の幅

$$W = K_s\varepsilon_0 A_g\left(\frac{1}{C}-\frac{1}{C_{ox}}\right) \tag{7.123}$$

と結びつける．MOSキャパシタをパルス電圧によって深く空乏化させた直後の電流と高周波容量を同時に測定する．パルスの持続時間は容量と電流を測定するだけの長さがあればよい．これらのデータから，空間電荷領域の幅Wと空間電荷領域の電流密度J_{scr}が求められる．しだいにパルスの高さを上げていき，サンプルのより深いところまで探っていく．測定に必要な時間は，容量計および電流計のとり込み時間とデータの点数との積になる．J_{scr}をWに対してプロットすると，この曲線の傾きから

$$\tau_{g,\mathrm{eff}} = \frac{qn_i(W-W_{inv})}{dJ_{scr}/dW} \tag{7.124}$$

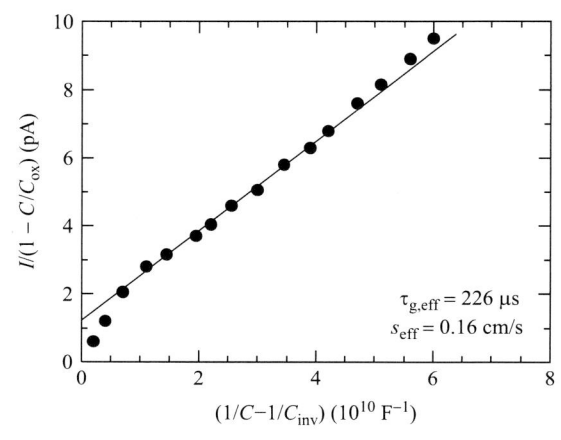

図7.31 図7.29でZerbstプロットしたデバイスの電流―容量特性の逆数のプロット．
Kang and Schroderの許諾により再掲[132]．

により，有効生成寿命が求められる。そのようなプロットを図7.31に示す。このとき，ドーピング密度は必要ない。

線形掃引法：**線形掃引**法では，MOSキャパシタが空乏化する極性に直線的に変化するゲート電圧を印加する。第6章では，掃引レートが十分に低ければ，平衡状態の$C-V_G$曲線が得られることを示した。掃引レートが高いと，パルスによってMOSキャパシタが深く空乏化した曲線になることもわかっている。その中間の掃引レートでは，**図7.32**のように，深く空乏化した曲線と平衡状態の曲線の中間の曲線になる。

この曲線で興味深いのは，飽和特性である[146]。ゲート電圧を図7.32の点Aから右へ掃引するとしよう。正の電圧がV_Bを超えると，容量はC_{inv}以下になって空間電荷領域はW_{inv}以上に拡がる。電子一正孔対の生成によって平衡に戻ろうとするが，ゲート電圧が直線的に上昇していくので，Wはさらに拡がりながら深く空乏化していく。このWに比例して，生成レートも上がるが，線形に変化するゲート電圧による空乏化と生成レートの上昇が電圧V_{sat}でつり合い，そこでの容量が維持される。このC_{sat}で容量―電圧曲線は飽和する。

掃引レートを一定，すなわち$dV_G/dt = R$とすると，式（7.102）は

$$\frac{dQ_n}{dt} = -\frac{qK_s\varepsilon_0 C_{ox}N_A}{C^3}\frac{dC}{dt} - C_{ox}R \tag{7.125}$$

となり，生成レートを表す式（7.112）をつかって

$$-\frac{d}{dt}\left(\frac{C_{ox}}{C}\right)^2 = \frac{2}{V_0}\left[\frac{qK_s\varepsilon_0 n_i(C_{inv}/C-1)}{C_{inv}C_{ox}\tau_{g,eff}} + \frac{qn_i s_{eff}}{C_{ox}} - R\right] \tag{7.126}$$

となる。デバイスが飽和するとC_{sat}は電圧にも時間にもよらず，式（7.126）の左辺はゼロとなって，

$$R = \frac{qK_s\varepsilon_0 n_i(C_{inv}/C_{sat}-1)}{C_{inv}C_{ox}\tau_{g,eff}} + \frac{qn_i s_{eff}}{C_{ox}} \tag{7.127}$$

となる。式（7.127）は線形掃引レートR，生成パラメータ$\tau_{g,eff}$およびs_{eff}の関係を与える。実験では，線形掃引レートを振った一連の$C-V_G$曲線をプロットする。これらの曲線からC_{sat}の値を求め，$R-(C_{inv}/C_{sat}-1)$プロットの直線部分の傾きから$qK_s\varepsilon_0 n_i/C_{inv}C_{ox}\tau_{g,eff}$を，切片から$qn_i s_{eff}/C_{ox}$を求めることができる。**Zerbst**プロットと同様に，$\tau_{g,eff}$は傾きから，s_{eff}は切片から得られる。

図7.29でZerbstプロットしたデバイスについて，線形掃引法で得た実験データを**図7.33**に示す。実

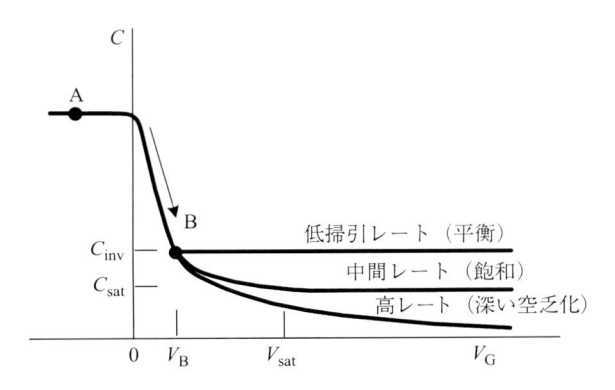

図7.32　反転，飽和，および深い空乏状態にあるMOSキャパシタの容量曲線．

験で求めた$\tau_{g,\text{eff}}$およびs_{eff}の値はよく一致している。線形掃引法では$C-t$曲線の全体をとり込む必要はなく、実験データを微分する必要もない。しかし、$C-V_G$の飽和曲線が多数必要である。生成寿命が長く、したがって$C-t$過渡期も長いデバイスでは、掃引を非常にゆっくりしなければならず、その結果データのとり込みに時間がかかることがわかっている[147]。線形掃引法のコンピュータによる自動化も開発されている[148]。この方法はSOI材料の生成寿命測定にもつかわれている[149]。

コロナ―酸化膜―半導体法：コロナ―酸化膜―半導体法（corona-oxide-semiconductor; COS）を図7.34に示す（コロナ着電評価法については第9章で議論する）[150]。コロナ発生源で正または負の電荷を半導体サンプル表面に着電させる。図7.34では、酸化膜のついたp型Siウェハに負の電荷を着電させ、基板を蓄積状態にバイアスしたあと、微小領域に正の電荷を付着させ、深く空乏化する。この表面の電圧の平衡状態への緩和を、ケルビン・プローブ電圧の時間変化として測定する。正および負の電荷両方を着電できるので、この方法は寄生成分を低減するためのゼロギャップ・ガードリングをつけたMOSキャパシタの測定よりも明らかに有利である。

MOSあるいはCOSキャパシタのゲートおよび酸化膜の電圧はQ_Gをゲートの電荷密度、Q_Sを半導体の電荷密度として

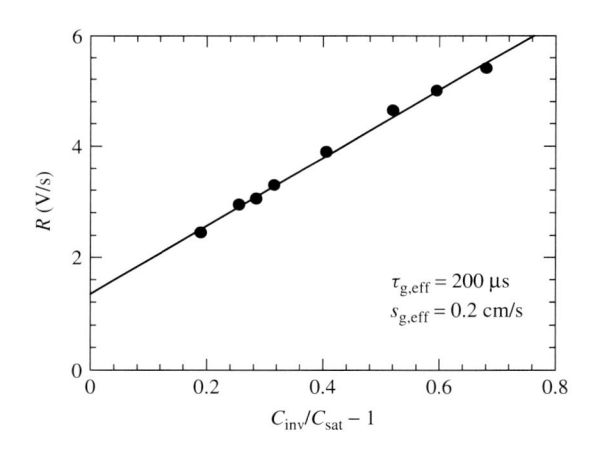

図7.33 図7.29でZerbstプロットしたデバイスの線形掃引プロット．Kang and Schroderの許諾により再掲[132]．

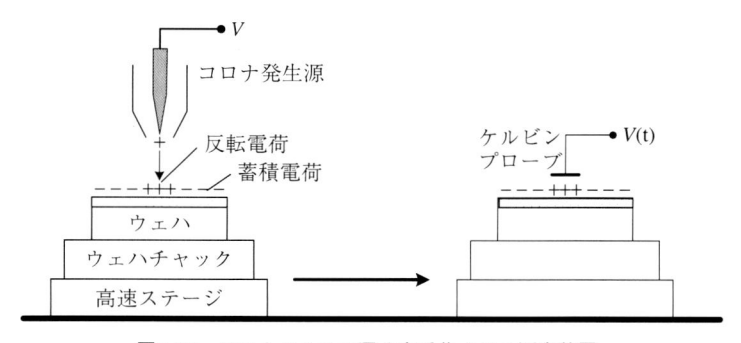

図7.34 コロナパルスで深く空乏化させる測定装置．

$$V_G = V_{FB} + V_{ox} + \phi_s \quad ; \quad V_{ox} = \frac{Q_G}{C_{ox}} = -\frac{Q_S}{C_{ox}} \tag{7.128}$$

である. 式 (7.128) は

$$V_G - V_{FB} = \phi_s - \frac{Q_S}{C_{ox}} = \phi_s - \frac{Q_b - Q_n}{C_{ox}} \tag{7.129}$$

となる. ここで Q_n は反転電荷密度, Q_b はバルクの電荷密度である.

コロナ電荷が着電したあとの Q_G と V_{ox} は一定である. 式 (7.128) を微分すると, $dV_{FB}/dt = 0$ と仮定して

$$\frac{dV_G}{dt} = \frac{d\phi_s}{dt} \tag{7.130}$$

となる. バルクの電荷密度は

$$Q_b = -qN_A W = -\sqrt{2qK_s\varepsilon_0 N_A \phi_s} \tag{7.131}$$

で, W は空間電荷領域の幅である. Q_G と Q_S は時間に対して一定として,

$$\frac{dQ_S}{dt} = 0 = -\frac{dQ_n}{dt} + \frac{dQ_b}{dt} = -\frac{dQ_n}{dt} - qN_A \frac{dW}{dt} \tag{7.132}$$

または, 式 (7.131) をつかって

$$\frac{dQ_n}{dt} = -\sqrt{\frac{qK_s\varepsilon_0 N_A}{2\phi_s}} \frac{d\phi_s}{dt} = -\frac{K_s\varepsilon_0}{W}\frac{d\phi_s}{dt} = -\frac{K_s\varepsilon_0}{W}\frac{dV_G}{dt} \tag{7.133}$$

となる. 式 (7.112) で与えられる dQ_n/dt を代入して

$$\frac{dV_G}{dt} = \frac{qn_i W}{K_s\varepsilon_0}\left(\frac{W - W_{inv}}{\tau_{g,eff}} + s_{eff}\right) \tag{7.134}$$

を得る. 電圧の時間変化の $W(W - W_{inv})$ 依存性を図7.35に示す. 直線関係は式 (7.134) の予想とよ

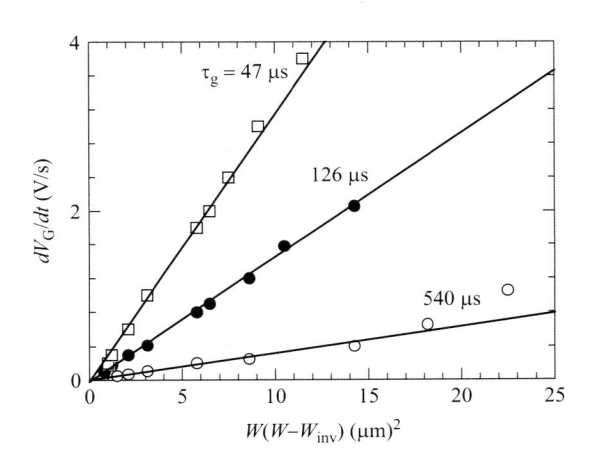

図7.35 COSの生成寿命のプロット.

く一致している。これらの線傾きから$\tau_{g.\,eff}$が得られる。直線はどれも原点で交わることから，s_{eff}は無視できるほど小さいといえる。

7.7 強みと弱み

再結合寿命：再結合寿命あるいは拡散長の測定は，ウェハ汚染の優れた指標として半導体産業では定番になっている。再結合寿命の光学的測定方法としては，マイクロ波反射法や誘導結合光伝導減衰法が広くつかわれている。光学的手法の主な強みは非接触で即時に測定できること，主な弱みは表面再結合速度がわからないことである。サンプルの厚さを振ることができれば，バルクでの寿命と表面再結合速度の両方がわかる。**準定常状態光伝導法**は比較的新しい手法で，光起電圧の分野では広く受け入れられてきている。その主な強みは，1回の測定で寿命のあらましが注入レベルの関数としてわかることである。弱みの1つはサンプル面積が大きく（数cm^2），細かいマッピングができないことにある。黒体放射体の**自由キャリア吸収法**はおもしろい方法で，二次元撮像装置をつかうと，きわめて短時間に寿命のマッピングができる。

光によるもう1つの一般的な方法は，表面光起電圧法である。主な用途はp型Si中の鉄の検出である。低レベル注入をつかった方法の1つで，トラップの影響を受けない。開放回路電圧減衰法は電気的に再結合寿命を測定する最も一般的な方法である。結果の解析は容易だが，接合ダイオードが必要である。ただし，高濃度ドープ基板上のエピタキシャル層，強く酸素析出させた基板上の無欠陥層，あるいはシリコン・オン・インシュレータ（SOI）など，薄い層のτ_rやL_nの測定ではほとんど意味をなさない。こういう層は生成寿命測定で評価するのが適切である[94]。

生成寿命：生成寿命はふつうパルスによるMOSキャパシタ法で求める。最もよくつかわれるのはZerbstプロットであるが，サンプルのドーピング密度が必要でないという点から，容量の逆数に対する電流のプロットの解析の方がやさしい。デバイス（ダイオードまたはMOS）を逆バイアスした空間電荷領域でのτ_gを測定するので，たとえば高濃度ドープ基板上のエピタキシャル層[94]，強く酸素析出させた基板上の無欠陥層，あるいはシリコン・オン・インシュレータ（SOI）などの薄い層の評価に向いている。さらに，空間電荷領域の幅は印加電圧で変えられるので，深さ方向のτ_gのプロファイルをとることができる。このようなことはτ_rやL_nを測定する深さが少数キャリアの拡散長程度必要なτ_r測定法では不可能である。コンタクトをつくらないときは，金属ゲートあるいはポリSiゲートをコロナ電荷で置き換えたコロナ—酸化膜—半導体法がつかえる。

補遺7.1 光励起

定常状態：ここでは図A7.1のp型半導体を考えよう。このウェハの厚さをd，反射率をR，少数キャリア寿命をτ，少数キャリアの拡散係数をD，少数キャリアの拡散長をL，2つの面での表面再結合速度をs_{r1}およびs_{r2}とする。光子の流れ密度Φ，波長λ，吸収係数αの単色光がこのウェハの片面から入射する。光子の吸収によって生成されたキャリアはx方向へ拡散し，ウェハの$y-z$面は無限大としてエッジ効果を無視する。定常状態の小信号過剰少数キャリア密度$\Delta n(x)$は，一次元の連続の式

$$D\frac{d^2 \Delta n(x)}{dx^2} - \frac{\Delta n(x)}{\tau} + G = 0 \tag{A7.1}$$

が境界条件

$$\left.\frac{d\Delta n(x)}{dx}\right|_{x=0} = s_{r1}\frac{\Delta n(0)}{D} \quad \text{および} \quad \left.\frac{d\Delta n(x)}{dx}\right|_{x=d} = -s_{r2}\frac{\Delta n(d)}{D} \tag{A7.2}$$

にしたがうときの解として得られる。

$$G(x,\lambda) = \Phi(\lambda)\alpha(\lambda)[1-R(\lambda)]\exp(-\alpha(\lambda)x) \tag{A7.3}$$

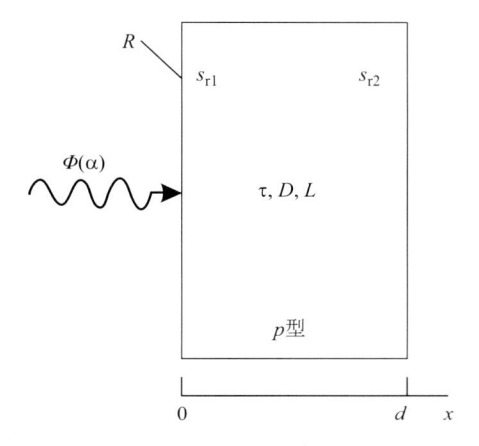

図A7.1　均一なp型サンプルの光励起.

の生成レートは，光子が1個吸収されると電子―正孔対が1つ生成されると仮定している。式（A7.2）と（A7.3）をつかうと，式（A7.1）の解は

$$\Delta n(x) = \frac{(1-R)\Phi\alpha\tau}{\alpha^2 L^2 - 1}\left[\frac{A_1 + B_1 e^{-\alpha d}}{D_1} - \exp(-\alpha x)\right] \quad (A7.4)$$

となる[151]。ここで

$$A_1 = \left(\frac{s_{r1}s_{r2}L}{D} + s_{r2}\alpha L\right)\sinh\left(\frac{d-x}{L}\right) + (s_{r1} + \alpha D)\cosh\left(\frac{d-x}{L}\right)$$

$$B_1 = \left(\frac{s_{r1}s_{r2}L}{D} - s_{r1}\alpha L\right)\sinh\left(\frac{x}{L}\right) + (s_{r2} - \alpha D)\cosh\left(\frac{x}{L}\right)$$

$$D_1 = \left(\frac{s_{r1}s_{r2}L}{D} + \frac{D}{L}\right)\sinh\left(\frac{d}{L}\right) + (s_{r1} + s_{r2})\cosh\left(\frac{d}{L}\right)$$

である。過剰キャリア密度が必要な測定方法もあれば，電流密度が必要な測定方法もある。

式（A7.4）の導出では拡散だけを考え，電場はドリフトが無視できるほど十分に弱いと仮定している。この拡散電流密度は

$$J_n(x) = qD\frac{d\Delta n(x)}{dx} \quad (A7.5)$$

である。式（A7.4）から，$J_n(x)$ は

$$J_n(x) = \frac{q(1-R)\Phi\alpha L}{\alpha^2 L^2 - 1}\left[\frac{A_2 - B_2 e^{-\alpha d}}{D_1} - \alpha L\exp(-\alpha x)\right] \quad (A7.6)$$

と書ける。ここで

$$A_2 = \left(\frac{s_{r1}s_{r2}L}{D} + s_{r2}\alpha L\right)\cosh\left(\frac{d-x}{L}\right) + (s_{r1} + \alpha D)\sinh\left(\frac{d-x}{L}\right)$$

$$B_2 = \left(\frac{s_{r1}s_{r2}L}{D} - s_{r1}\alpha L\right)\cosh\left(\frac{x}{L}\right) + (s_{r2} - \alpha D)\sinh\left(\frac{x}{L}\right)$$

である.

図A7.2のn^+p接合についての過剰キャリア密度と電流密度の式を,式(A7.4)と(A7.6)を変形して導こう.これについてはHovelの優れた議論がある[152].n^+層としては厚さd_1の最上層を考える.したがって式(A7.4)においては,$d \to d_1$および$s_{r1} \to s_p$となる.われわれが興味のあるのは,短絡した回路を流れる電流の過剰キャリア密度で,空間電荷領域の端部($x = d_1$)では過剰キャリア密度はゼロである.表面再結合の観点からいえば,これは$s_{r2} = \infty$ということであり,その結果

$$\Delta p(x) = \frac{(1-R)\Phi\alpha\tau_p}{\alpha^2 L_p^2 - 1}\left[\frac{A_3 + B_3 e^{-\alpha d_1}}{D_3} - \exp(-\alpha x)\right] \tag{A7.7}$$

となる.ただし,

$$A_3 = \left(\frac{s_p L_p}{D_p} + \alpha L_p\right)\sinh\left(\frac{d_1 - x}{L_p}\right)$$

$$B_3 = \left(\frac{s_p L_p}{D_p}\right)\sinh\left(\frac{x}{L_p}\right) + \cosh\left(\frac{x}{L_p}\right)$$

$$D_3 = \left(\frac{s_p L_p}{D_p}\right)\sinh\left(\frac{d_1}{L_p}\right) + \cosh\left(\frac{d_1}{L_p}\right) .$$

p型基板側も同様の議論で$x' = (x - d_1 - W)$,$d' = (d - d_1 - W)$および$s_{r1} = \infty$をつかって

$$\Delta n(x') = \frac{(1-R)\Phi\alpha\tau_n}{\alpha^2 L_n^2 - 1}\left[\frac{A_4 + B_4 e^{-\alpha d'}}{D_4} - \exp(-\alpha x')\right]\exp[-\alpha(d_1 + W)] \tag{A7.8}$$

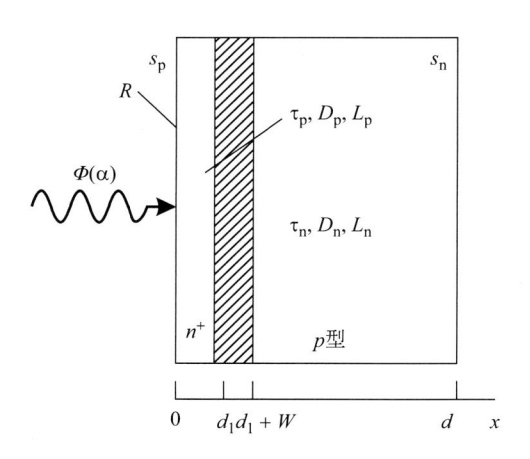

図A7.2 接合部の光励起.

となる。ただし，

$$A_4 = \left(\frac{s_n L_n}{D_n}\right)\sinh\left(\frac{d'-x'}{L_n}\right) + \cosh\left(\frac{d'-x'}{L_n}\right)$$

$$B_4 = \left(\frac{s_n L_n}{D_n} - \alpha L_n\right)\sinh\left(\frac{x'}{L_n}\right)$$

$$D_4 = \left(\frac{s_n L_n}{D_n}\right)\sinh\left(\frac{d'}{L_n}\right) + \cosh\left(\frac{d'}{L_n}\right) \quad .$$

式（A7.8）に追加されている項 $\exp[-\alpha(d_1 + W)]$ は $x = d_1 + W$ より遠いところでのキャリアの生成を表している。p型基板に光子が入射したときの，光子の流れ密度の吸収による減衰が，この因子にくり込まれている。図A7.2の短絡回路に対する電流密度は，式（A7.5）のように拡散電流のみから得られる。つまり，n^+ および p 領域では電圧降下はなく，これらの領域ではドリフト電流を無視できるという暗黙の仮定がある。一方，空間電荷領域は電場に支配され，再結合は無視される。これらの仮定の下で，短絡回路の電流密度は

$$J_{sc} = J_p + J_n + J_{scr} \tag{A7.9}$$

となる。**正孔**の電流密度は

$$J_p(x) = \frac{q(1-R)\Phi\alpha L_p}{\alpha^2 L_p^2 - 1}\left[\frac{A_5 - B_5 e^{-\alpha d_1}}{D_5} - \alpha L_p \exp(-\alpha d_1)\right] \tag{A7.10}$$

ここで

$$A_5 = \frac{s_p L_p}{D_p} + \alpha L_p$$

$$B_5 = \left(\frac{s_p L_p}{D_p}\right)\cosh\left(\frac{d_1}{L_p}\right) + \sinh\left(\frac{d_1}{L_p}\right)$$

$$D_5 = \left(\frac{s_p L_p}{D_p}\right)\sinh\left(\frac{d_1}{L_p}\right) + \cosh\left(\frac{d_1}{L_p}\right)$$

電子の電流密度は

$$J_n(x) = \frac{q(1-R)\Phi\alpha L_n}{\alpha^2 L_n^2 - 1}\left(\frac{-A_6 + B_6 e^{-\alpha d'}}{D_6} + \alpha L_n\right)\exp[-\alpha(d_1 + W)] \tag{A7.11}$$

ここで

$$A_6 = \left(\frac{s_n L_n}{D_n}\right)\cosh\left(\frac{d'}{L_n}\right) + \sinh\left(\frac{d'}{L_n}\right)$$

$$B_6 = \frac{s_n L_n}{D_n} - \alpha L_n$$

$$D_6 = \left(\frac{s_n L_n}{D_n}\right)\sinh\left(\frac{d'}{L_n}\right) + \cosh\left(\frac{d'}{L_n}\right)$$

で，**空間電荷領域**の電流密度は

$$J_{scr} = q(1-R)\Phi\exp(-\alpha d)[1-\exp(-\alpha W)] \tag{A7.12}$$

である．

過渡状態：図A7.1のサンプルの過渡状態の一次元の連続の式は

$$\frac{\partial \Delta n(x,t)}{\partial t} = D\frac{\partial^2 \Delta n(x,t)}{\partial x^2} - \frac{\Delta n(x,t)}{\tau_B} + G(x,t) \tag{A7.13}$$

である．過渡測定では一般に励起源を切ったあと，すなわち $G(x,t)=0$ でのキャリアの減衰をモニタする．

$G(x,t)=0$ とし，

$$\left.\frac{\partial \Delta n(x,t)}{\partial x}\right|_{x=0} = s_{r1}\frac{\Delta n(0,t)}{D} \quad \text{および} \quad \left.\frac{\partial \Delta n(x,t)}{\partial x}\right|_{x=d} = -s_{r2}\frac{\Delta n(d,t)}{D} \tag{A7.14}$$

を境界条件とした式（A7.13）の解は

$$\Delta n(x,t) = \sum_{m=1}^{\infty} A_m \exp(-t/\tau_m) \tag{A7.15}$$

である[21,153]．ここで A_m は初期条件から決まる係数である．波長λで吸収係数がαの光によってキャリアを生成するとき，A_m は

$$A_m = \frac{8G_0\exp(-\alpha d/2)}{d}\frac{\sin(\beta_m d/2)}{(\alpha^2+\beta^2)[\beta_m d + \sin(\beta_m d)]}$$

$$\times \left[\alpha\sinh\left(\frac{\alpha d}{2}\right)\cos\left(\frac{\beta_m d}{2}\right) + \beta_m\cosh\left(\frac{\alpha d}{2}\right)\sin\left(\frac{\beta_m d}{2}\right)\right]$$

$$\times \exp\left[-\left(\frac{1}{\tau_B} + \beta_m^2 D\right)t\right] \tag{A7.16}$$

で与えられる[22]．ここで G_0 は生成レートである．式（A7.16）が成り立つのは $s_{r1}=s_{r2}$ のときである．より一般的な $s_{r1} \neq s_{r2}$ の場合は，やや複雑な式になる[154]．電子線で過剰キャリアを生成したときの式は文献21に与えられている．

減衰時定数 τ_m は

$$\frac{1}{\tau_m} = \frac{1}{\tau_B} + D\beta_m^2 \tag{A7.17}$$

で与えられ，β_m は

$$\tan(\beta_m d) = \frac{\beta_m(s_{r1}+s_{r2})D}{\beta_m^2 D^2 - s_{r1}s_{r2}} \tag{A7.18}$$

の m 番目の根である．これらの式は式（7.28）および（7.29）に似ており，実際 $s_{r1}=s_{r2}=s_r$ とすれば，式（A7.18）は式（7.29）となる．過剰キャリアの減衰曲線は初項よりも速く指数関数的に減衰する高次の解の総和であるが，**図A7.3**のように初期の過渡期のあとは高次の項を無視してよい．過渡期のあとは

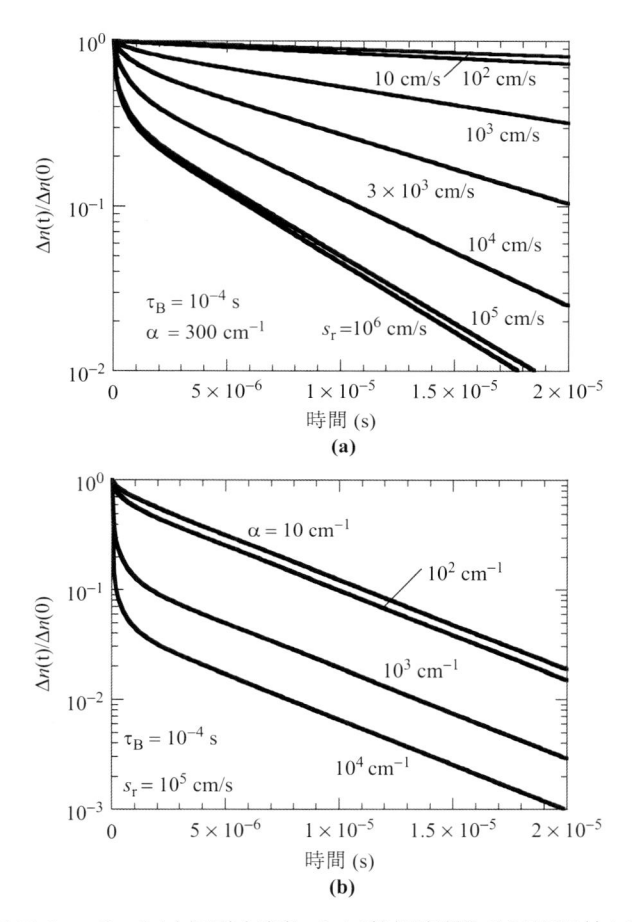

図A7.3 いろいろな(a)再結合速度,および(b)吸収係数での時間に対する規格化した過剰キャリアの計算値. $d=400$ μm.

$$\frac{1}{\tau_{eff}} = \frac{1}{\tau_B} + D\beta_1^2 \qquad (A7.19)$$

で与えられる時定数 τ_{eff} で指数関数的に減衰する。ここで β_1 は式(A7.18)の1番目の根である。

表面再結合速度が遅いとき($s_{r1} = s_{r2} = s_r \to 0$)は,

$$\frac{1}{\tau_{eff}} = \frac{1}{\tau_B} + \frac{2s_r}{d} \qquad (A7.20a)$$

速いとき($s_{r1} = s_{r2} = s_r \to \infty$)は,

$$\frac{1}{\tau_{eff}} = \frac{1}{\tau_B} + \frac{\pi^2 D}{d^2} \qquad (A7.20b)$$

となる。

測定した寿命は式（A7.20）により，常に真の再結合寿命よりも短い。この差は s_r, τ_B, および d による。減衰レートのより詳細な議論は文献21および22に与えられている。図A7.3の曲線には s_r と α で決まる初期の急激な減衰がある。s_r を再現性よく振るのは難しいが，α は入射光の波長で簡単に変えることができ，これから s_r を求めることができる[51,155]。

これらの理論はすべて低レベル注入にも有効で，SRH再結合，放射再結合，およびオージェ再結合の寿命を定数として扱うことができ，表面効果を考えなければ，過渡減衰は指数関数のかたちをしているとみなせる。しかし，高レベル注入では，特に，放射再結合寿命とオージェ再結合寿命自体が過剰キャリア密度の関数になっており，もはや指数関数的な減衰にはならない。これらの式はかなり複雑で，Blakemoreの詳しい議論がある[156]。

励起光源と検出するパラメータとの位相のずれを測定する方法もある。生成レートが

$$G(x, t) = (G_0 + G_1 e^{j\omega t})\exp(-\alpha x) = (\Phi_0 + \Phi_1 e^{j\omega t})\alpha(1-R)\exp(-\alpha x) \tag{A7.21}$$

によって正弦的に変化するとき，過剰少数キャリア密度の基本的な変動成分 $\Delta n_1(x)\exp(j\omega t)$ は式

$$D\frac{d^2 \Delta n_1(x)}{dx^2} - \frac{\Delta n_1(x)}{\tau_B} + G_1 \exp(-\alpha x) = j\omega \Delta n_1(x) \tag{A7.22}$$

から求められる。この方程式の解は式（A7.1）と同じ境界条件にしたがい

$$\Delta n_1(x) = \frac{(1-R)\Phi_1 \alpha \tau_B}{\alpha^2 L^2 - 1 - j\omega \tau_B}\left[\frac{A'+B'e^{-\alpha d}}{D'} - \exp(-\alpha x)\right] \tag{A7.23}$$

である。ここで A', B', および D' は式（A7.4）の A, B, および D に似たかたちで，L が周波数に依存した拡散長 $L/(1+j\omega t)^{1/2}$ に置き換わっている。

トラップ：低レベル注入でトラップ密度が低い（$N_T \ll N_A$）ときは，上述の指数関数的解析が成り立つ。N_T が高いと $\Delta n \neq \Delta p$ となって，過渡減衰は単純な指数関数にはならない。図A7.4のように，キャリアを捕獲し，捕獲したキャリアをもとのバンドへ再放出するトラップ中心も存在する。1対の過剰な電子と正孔が半導体中にもち込まれたとしよう。このうち電子は直接再結合せず，準位 E_{T2} に一時的に捕獲，あるいはトラップされる（図A7.4(a)）。その後伝導帯に再放出され（図A7.4(b)），E_{T1} を介して最終的に正孔と再結合する（図A7.4(c)）。この場合は明らかに電子が E_{T1} を介した再結合で"死ぬ"までに，E_{T2} にトラップされていた時間だけ"長生き"するので，測定される寿命は長くなる。拡散長の測定では，これとまったく逆のことが起きる。トラップがあると，拡散過程ではなく，どこで電子が生成されるかで電子の分布が決まる。トラップによって少数キャリアの分布が"凍結"されるので，トラップがあるSiウェハを表面光起電圧（SPV）で測定すると，少数キャリアの拡散長は短くなる[157]。

この結果，トラップが存在するときの有効寿命は

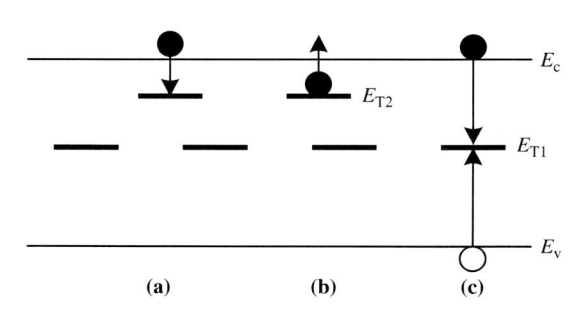

図A7.4　トラップによる捕獲，放出と，再結合を示すバンド図．

$$\tau_n' = \tau_n \frac{1 + b + b\tau_2/\tau_1}{1 + b} \tag{A7.24}$$

となる。ここで $b = \mu_n/\mu_p$, τ_1 はトラップ中心に少数キャリアの電子がトラップされるまで伝導帯に滞在している平均時間, τ_2 は電子が伝導帯に再放出されるまでトラップに滞在する平均時間である。トラップがなければ $\tau_n' = \tau_n$, トラップがあれば $\tau_n' > \tau_n$ で τ_n' は非常に長くなることがある。たとえば特定のワイドバンドギャップ蛍光体には, トラップの効果によって, 励起を停止したあとも数分間アフターグローを示すものがある。Si のサンプルでも顕著なトラップが観測されることがある[158]。

サンプルに定常的なバイアス光を照射し, 継続的に電子—正孔対を生成してトラップを充填しつづけると, 新たなフラッシュ光で追加された電子—正孔対はトラップの少ない状態で再結合するので, トラップの効果が大幅に低減される。その他, 超短パルス高強度光もつかえる。パルス幅が τ_1 より十分に短かければ, パルスの間トラップの密度はほとんど変わらないので, トラップがキャリアの減衰に影響することはない。

補遺7.2 電気的励起

半導体中に電子—正孔対を光励起で生成し, キャリアの寿命を測定する手段は非接触である。そのため, たとえば表面光起電圧のような手法では, α と λ の関係が正確にわかっていなければならない。一方, 電気的な注入は制御が容易で, pn 接合の空間電荷領域の端面が少数キャリアの注入源になる。少数キャリアの注入源に接合をつかうことがこの方法の主な欠点でもある。電気的に寿命を測定する方法のほとんどは, 接合を順バイアスにして準中性領域へ少数キャリアを注入する。この少数キャリアの注入は, 空間電荷領域の端面の移動と考えることができる。n^+p 接合の p 型基板を考えよう。$x = 0$ から基板へ向けて注入される電子の空間分布は

$$\Delta n(x) = n_{p0}\left[\exp\left(\frac{qV_f}{kT}\right) - 1\right]\frac{A}{B} \tag{A7.25}$$

で与えられる。ここで

$$A = \left(\frac{s_n L_n}{D_n}\right)\sinh\left(\frac{d-x}{L_n}\right) + \cosh\left(\frac{d-x}{L_n}\right)$$

$$B = \left(\frac{s_n L_n}{D_n}\right)\sinh\left(\frac{d}{L_n}\right) + \cosh\left(\frac{d}{L_n}\right)$$

である。d は p 型基板の厚さである。式 (A7.25) は式 (A7.4) で $\alpha \to \infty$ として光によるキャリアの生成を $x = 0$ の面に圧縮すれば, よく似た式になる。

光による注入と電気的な注入との違いは, 光による注入ではサンプルの体積全体で過剰キャリアが生成され, 生成される深さは吸収係数で制御されることにある。電気的手法では面から注入される。この面を超えて過剰キャリアが存在しても, これらは拡散によるもので, そこで生成されたものでは**ない**。

文　　献

1) R.N. Hall, *Phys. Rev.*, **87**, 387, July (1952)
2) W. Shockley and W.T. Read, *Phys. Rev.*, **87**, 835-842, Sept. (1952)

3) R.N. Hall, *Proc. IEEE*, **106B**, 923-931, March (1960)
4) D.K. Schroder, *IEEE Trans. Electron Dev.*, **ED-29**, 1336-1338, Aug. (1982)
5) Y.P. Varshni, *Phys. Stat. Sol.*, **19**, 459-514, Feb. (1967); 同じく **20**, 9-36, March (1967)
6) G. Augustine, A. Rohatgi, and N.M. Jokerst, *IEEE Trans. Electron Dev.*, **39**, 2395-2400, Oct. (1992)
7) Y. Rosenwaks, Y. Shapira, and D. Huppert, *Phys. Rev.*, **B45**, 9108-9119, April (1992); I. Tsimberova, Y. Rosenwaks, and M. Molotskii, *J. Appl. Phys.*, **93**, 9797-9802, June (2003)
8) U. Strauss and W.W. Rühle, *Appl. Phys. Lett.*, **62**, 55-57, Jan. (1993); G.W. 't Hooft, *Appl. Phys. Lett.*, **39**, 389-390, Sept. (1981)
9) J. Pietzsch and T. Kamiya, *Appl. Phys.*, **A42**, 91-102, Jan. (1987)
10) T. Trupke, M.A. Green, P. Würfel, P.P. Altermatt, A. Wang, J. Zhao, and R. Corkish, *J. Appl. Phys.*, **94**, 4930-4937, Oct. (2003)
11) D.K. Schroder, in Handbook of Silicon Technology (W.C. O'Mara and R.B. Herring, eds.), Noyes Publ., Park Ridge, NJ (1987); J. Burtscher, F. Dannhäuser and J. Krausse, (独語) *Solid-State Electron.*, **18**, 35-63, Jan. (1975); J. Dziewior and W. Schmid, *Appl. Phys. Lett.*, **31**, 346-348, Sept. (1977); I.V. Grekhov and L.A. Delimova, *Sov. Phys. Semicond.*, **14**, 529-532, May (1980); L.A. Delimova, *Sov. Phys. Semicond.*, **15**, 778-780, July (1981); L. Passari and E. Susi, *J. Appl. Phys.*, **54**, 3935-3937, July (1983); D. Huber, A. Bachmeier, R. Wahlich and H. Herzer, in Semiconductor Silicon/1986 (H.R. Huff, T. Abe and B. Kolbesen, eds.), pp.1022-1032, Electrochem. Soc., Pennington, NJ (1986); E.K. Banghart and J.L. Gray, *IEEE Trans. Electron Dev.*, **39**, 1108-1114, May (1992); T.F. Ciszek, T. Wang, T. Schuyler and A. Rohatgi, *J. Electrochem. Soc.*, **136**, 230-234, Jan. (1989); S.K. Pang and A. Rohatgi, *Appl. Phys. Lett.*, **59**, 195-197, July (1991) および, これら文献での引用文献。
12) D.K. Schroder, *IEEE Trans. Electron Dev.*, **44**, 160-170, Jan. (1997)
13) M.J. Kerr and A. Cuevas, *J. Appl. Phys.*, **91**, 2473-2480, Feb. (2002)
14) D.J. Fitzgerald and A.S. Grove, *Surf. Sci.*, **9**, 347-369, Feb. (1968)
15) A.G. Aberle, S. Glunz, and W. Warta, *J. Appl. Phys.*, **71**, 4422-4431, May (1992); S.J. Robinson, S.R. Wenham, P.P. Altermatt, A.G. Aberle, G. Heiser, and M.A. Green, *J. Appl. Phys.*, **78**, 4740-4754, Oct. (1995)
16) D.K. Schroder, *IEEE Trans. Electron Dev.*, **ED-29**, 1336-1338, Aug. (1982)
17) A.S. Grove in Physics and Technology of Semiconductor Devices, Wiley, New York (1967) (邦訳：A. グローブ著「半導体デバイスの基礎」垂井康夫, 杉山尚志, 杉渕清, 吉川武夫 (訳), オーム社 (1995) Groveはバルクでの生成と表面での生成のパラメータとして, τ_0とs_0を導入した。ここで$\sigma_n = \sigma_p$および$E_T = E_i$と仮定し, $\tau_0 = \tau_n = \tau_p$および$G = n_i/2\tau_0$を得ている (同書：式 (6.40))。したがってτ_0はこの仮定の下でしかつかえない。私はこのような条件がつかない, より一般的な, 式 (7.20) による定義τ_gをつかった方が好ましいと考える。同様にGroveは表面生成レートを$G_s = n_i(s_0/2)$と定義している (同書：式 (10.16)) が, これも, 制約のない式 (7.22) の定義の方が一般的である。)
18) H. Nagel, C. Berge, and A.G. Aberle, *J. Appl. Phys.*, **86**, 6218-6221, Dec. (1999)
19) S.K. Pang and A. Rohatgi, *J. Appl. Phys.*, **74**, 5554-5560, Nov. (1993); T. Maekawa and K. Fujiwara, *Japan. J. Appl. Phys.*, **35**, 3955-3964, Aug. (1995)
20) ASTM Standard F28-91, *1996 Annual Book of ASTM Standards*, Am. Soc. Test. Mat., West Conshohocken, PA (1996)
21) M. Boulou and D. Bois, *J. Appl. Phys.*, **48**, 4713-4721, Nov. (1977)
22) K.L. Luke and L.J. Cheng, *J. Appl. Phys.*, **61**, 2282-2293, March (1987)
23) D.T. Stevenson and R.J. Keyes, *J. Appl. Phys.*, **26**, 190-195, Feb. (1955)

24) S.M. Ryvkin, Photoelectric Effects in Semiconductors, 19-22, Consultants Bureau, New York (1964)
25) T.S. Horányi, T. Pavelka, and P. Tüttö, *Appl. Surf. Sci.*, **63**, 306-311, Jan. (1993); H. M'saad, J. Michel, J.J. Lappe, and L.C. Kimerling, *J. Electron. Mat.*, **23**, 487-491, May (1994)
26) E. Yablonovitch and T.J. Gmitter, *Solid-State Electron.*, **35**, 261-267, March (1992)
27) A. Sanders and M. Kunst, *Solid-State Electron.*, **34**, 1007-1015, Sept. (1991); E. Gaubas and A. Kaniava, *Rev. Sci. Instrum.*, **67**, 2339-2345, June (1996); ASTM Standard F1535-94, *1996 Annual Book of ASTM Standards*, Am. Soc. Test. Mat., West Conshohocken, PA (1996)
28) E. Yablonovitch, R.M. Swanson, W.D. Eades, and B.R. Weinberger, *Appl. Phys. Lett.*, **48**, 245-247, Jan. (1986)
29) E. Yablonovitch, D.L. Allara, C.C. Chang, T. Gmitter and T.B. Bright, *Phys. Rev. Lett.*, **57**, 249-252, July (1986)
30) J. Schmidt and A.G. Aberle, *J. Appl. Phys.*, **81**, 6186-6196, May (1997)
31) E. Yablonovitch, C.J. Sandroff, R. Bhat and T. Gmitter, *Appl. Phys. Lett.*, **51**, 439-441, Aug. (1987)
32) Y. Mada, *Japan. J. Appl. Phys.*, **18**, 2171-2172, Nov. (1979)
33) M. Kunst and G. Beck, *J. Appl. Phys.*, **60**, 3558-3566, Nov. (1986); J.M. Borrego, R.J. Gutmann, N. Jensen and O. Paz, *Solid-State Electron.*, **30**, 195-203, Feb. (1987)
34) R.J. Deri and J.P. Spoonhower, *Rev. Sci. Instrum.*, **55**, 1343-1347, Aug. (1984)
35) R.A. Sinton and A. Cuevas, *Appl. Phys. Lett.*, **69**, 2510-2512, Oct. (1996)
36) A. Cuevas and R.A. Sinton, in Practical Handbook of Photovoltaics: Fundamentals and Applications (T. Markvart and L. Castaner, eds.), Elsevier, Oxford (2003)
37) M.J. Kerr, A. Cuevas, and R.A. Sinton, *J. Appl. Phys.*, **91**, 399-404, Jan. (2002)
38) J.E. Mahan, T.W. Ekstedt, R.I. Frank and R. Kaplow, *IEEE Trans. Electron Dev.*, **ED-26**, 733-739, May (1979); S.R. Dhariwal and N.K. Vasu, *IEEE Electron Dev. Lett.*, **EDL-2**, 53-55, Feb. (1981)
39) O. von Roos, *J. Appl. Phys.*, **52**, 5833-5837, Sept. (1981)
40) B.H. Rose and H.T. Weaver, *J. Appl. Phys.*, **54**, 238-247, Jan. (1983); 訂正 *J. Appl. Phys.*, **55**, 607, Jan. (1984)
41) B.H. Rose, *IEEE Trans. Electron Dev.*, **ED-31**, 559-565, May (1984)
42) S.C. Jain, *Solid-State Electron.*, **24**, 179-183, Feb. (1981); S.C. Jain and U.C. Ray, *J. Appl. Phys.*, **54**, 2079-2085, April (1983)
43) A.R. Moore, *RCA Rev.*, **40**, 549-562, Dec. (1980)
44) R.K. Ahrenkiel, *Solid-State Electron.*, **35**, 239-250, March (1992)
45) J. Dziewior and W. Schmid, *Appl. Phys. Lett.*, **31**, 346-348, Sept. (1977)
46) G. Bohnert, R. Häcker and A. Hangleiter, *J. Physique*, **C4**, 617-620, Sept. (1988)
47) E.O. Johnson, *J. Appl. Phys.*, **28**, 1349-1353, Nov. (1957)
48) A. Quilliet and P. Gosar, (仏語) *J. Phys. Rad.*, **21**, 575-580, July (1960)
49) A.M. Goodman, *J. Appl. Phys.*, **32**, 2550-2552, Dec. (1961); A.M. Goodman, L.A. Goodman and H.F. Gossenberger, *RCA Rev.*, **44**, 326-341, June (1983)
50) S.C. Choo, L.S. Tan, and K.B. Quek, *Solid-State Electron.*, **35**, 269-283, March (1992)
51) A. Buczkowski, G. Rozgonyi, F. Shimura, and K. Mishra, *J. Electrochem. Soc.*, **140**, 3240-3245, Nov. (1993)
52) A.R. Moore, *J. Appl. Phys.*, **54**, 222-228, Jan. (1983); C.L. Chiang, R. Schwarz, D.E. Slobodin, J. Kolodzey and S. Wagner, *IEEE Trans. Electron Dev.*, **ED-33**, 1587-1592, Oct. (1986); C.L. Chiang and S. Wagner, *IEEE Trans. Electron Dev.*, **ED-32**, 1722-1726, Sept. (1985)
53) M.A. Green and M.J. Keevers, *Progr. Photovolt.*, **3**, 189-192, May/June (1995)

54) M.D. Sturge, *Phys. Rev.*, **127**, 768–773, Aug. (1962); D.D. Sell and H.C. Casey, Jr., *J. Appl. Phys.*, **45**, 800–807, Feb. (1974); D.E. Aspnes and A.A. Studna, *Phys. Rev.*, **B27**, 985–1009, Jan. (1983)

55) S.S. Li, *Appl. Phys. Lett.*, **29**, 126–127, July (1976); H. Burkhud, H.W. Dinges and E. Kuphal, *J. Appl. Phys.*, **53**, 655–662, Jan. (1982)

56) ASTM Standard F391-90a, *1996 Annual Book of ASTM Standards*, Am. Soc. Test. Mat., West Conshohocken, PA (1996)

57) L. Jastrzebski, O. Milic, M. Dexter, J. Lagowski, D. DeBusk, P. Edelman, and K. Nauka, *J. Electrochem. Soc.*, **140**, 1152–1159, April (1993)

58) W. Kern and D.A. Puotinen, *RCA Rev.*, **31**, 187–206, June (1970)

59) S.C. Choo, *Solid-State Electron.*, **38**, 2085–2093, Dec. (1995)

60) W.H. Howland and S.J. Fonash, *J. Electrochem. Soc.*, **142**, 4262–4268, Dec. (1995)

61) R.H. Micheels and R.D. Rauh, *J. Electrochem. Soc.*, **131**, 217–219, Jan. (1984); A.R. Moore and H.S. Lin, *J. Appl. Phys.*, **61**, 4816–4819, May (1987)

62) B.L. Sopori, R.W. Gurtler and I.A. Lesk, *Solid-State Electron.*, **23**, 139–142, Feb. (1980)

63) W.E. Phillips, *Solid-State Electron.*, **15**, 1097–1102, Oct. (1972)

64) O.J. Antilla and S.K. Hahn, *J. Appl. Phys.*, **74**, 558–569, July (1993)

65) D.K. Schroder, *Solid-State Electron.*, **27**, 247–251, March (1984); T.I. Chappell, P.W. Chye and M.A. Tavel, *Solid-State Electron.*, **26**, 33–36, Jan. (1983)

66) H. Shimizu and C. Munakata, *J. Appl. Phys.*, **73**, 8336–8339, June (1993); *Japan. J. Appl. Phys.*, **31**, 2319–2321, Aug. (1992)

67) E.D. Stokes and T.L. Chu, *Appl. Phys. Lett.*, **30**, 425–426, April (1977)

68) N.D. Arora, S.G. Chamberlain and D.J. Roulston, *Appl. Phys. Lett.*, **37**, 325–327, Aug. (1980)

69) E. Suzuki and Y. Hayashi, *J. Appl. Phys.*, **66**, 5398–5403, Dec. (1989); *IEEE Trans. Electron Dev.*, **36**, 1150–1154, June (1989)

70) V. Lehmann and H. Föll, *J. Electrochem. Soc.*, **135**, 2831–2835, Nov. (1988); J. Carstensen, W. Lippik, and H. Föll, in Semiconductor Silicon/94 (H. Huff, W. Bergholz, and K. Sumino, eds.), 1105–1116, Electrochem. Soc., Pennington, NJ (1994)

71) M.L. Polignano, A. Giussani, D. Caputo, C. Clementi, G. Pavia, and F. Priolo, *J. Electrochem. Soc.*, **149**, G429–G439, July (2002)

72) D.K. Schroder, R.N. Thomas and J.C. Swartz, *IEEE Trans. Electron Dev.*, **ED-25**, 254–261, Feb. (1978)

73) L. Jastrzebski, J. Lagowski and H.C. Gatos, *J. Electrochem. Soc.*, **126**, 260–263, Feb. (1979)

74) J. Isenberg and W. Warta, *Appl. Phys. Lett.*, **84**, 2265–2267, March (2004)

75) S.W. Glunz and W. Warta, *J. Appl. Phys.*, **77**, 3243–3247, April (1995)

76) D.L. Polla, *IEEE Electron Dev. Lett.*, **EDL-4**, 185–187, June (1983)

77) J. Waldmeyer, *J. Appl. Phys.*, **63**, 1977–1983, March (1988)

78) J. Linnros, P. Norlin, and A. Hallén, *IEEE Trans. Electron Dev.*, **40**, 2065–2073, Nov. (1993); H.J. Schulze, A. Frohnmeyer, F.J. Niedernostheide, F. Hille, P. Tüttö, T. Pavelka, and G. Wachutka, *J. Elcetrochem. Soc.*, **148**, G655–G661, Nov. (2001)

79) M. Bail, J. Kentsch, R. Brendel, and M. Schulz, *Proc. 28th IEEE Photvolt. Conf.*, 99–103 (2000); R. Brendel, M. Bail, B. Bodmann, J. Kentsch, and M. Schulz, *Appl. Phys. Lett.*, **80**, 437–439, Jan. (2002); J. Isenberg, S. Riepe, S.W. Glunz, and W. Warta, *J. Appl. Phys.*, **93**, 4268–4275, April (2003)

80) M.C. Schubert, J. Isenberg, and W. Warta, *J. Appl. Phys.*, **94**, 4139–4143, Sept. (2003)

81) J.F. Bresse, in Scanning Electron Microscopy I, 717–725 (1978)

82) C.A. Klein, *J. Appl. Phys.*, **39**, 2029-2038, March (1968); F. Scholze, H. Rabus, and G. Ulm, *Appl. Phys. Lett.*, **69**, 2974-2976, Nov. (1996)
83) H.J. Leamy, *J. Appl. Phys.*, **53**, R51-R80, June (1982)
84) D.E. Ioannou and C.A. Dimitriadis, *IEEE Trans. Electron Dev.*, **ED-29**, 445-450, March (1982)
85) D.S.H. Chan, V.K.S. Ong, and J.C.H. Phang, *IEEE Trans. Electron Dev.*, **42**, 963-968, May (1995)
86) J.D. Zook, *Appl. Phys. Lett.*, **42**, 602-604, April (1983)
87) C. Van Opdorp, *Phil. Res. Rep.*, **32**, 192-249 (1977); F. Berz and H.K. Kuiken, *Solid-State Electron.*, **19**, 437-445, June (1976)
88) H.K. Kuiken, *Solid-State Electron.*, **19**, 447-450, June (1976); C.H. Seager, *J. Appl. Phys.*, **53**, 5968-5971, Aug. (1982)
89) C.M. Hu and C. Drowley, *Solid-State Electron.*, **21**, 965-968, July (1978)
90) J.D. Zook, *Appl. Phys. Lett.*, **37**, 223-226, July (1980)
91) W.H. Hackett, *J. Appl. Phys.*, **43**, 1649-1654, April (1972)
92) Y. Murakami, H. Abe, and T. Shingyouji, *Japan. J. Appl. Phys.*, **34**, 1477-1482, March (1995)
93) C. Claeys, E. Simoen, A. Poyai, and A. Czerwinski, *J. Electrochem. Soc.*, **146**, 3429-3434, Sept. (1999)
94) D.K. Schroder, B.D. Choi, S.G. Kang, W. Ohashi, K. Kitahara, G. Opposits, T. Pavelka, and J.L. Benton, *IEEE Trans. Electron Dev.*, **50**, 906-912, April (2003)
95) Y. Murakami and T. Shingyouji, *J. Appl. Phys.*, **75**, 3548-3552, April (1994)
96) E. Simoen, C. Claeys, A. Czerwinski, and J. Katcki, *Appl. Phys. Lett.*, **72**, 1054-1056, March (1998), J. Vanhellemont, E. Simoen, A. Kaniava, M. Libezny, and C. Claeys, *J. Appl. Phys.*, **77**, 5669-5676, June (1995)
97) A. Czerwinski, E. Simoen, C. Claeys, K. Klima, D. Tomaszewski, J. Gibki, and J. Katcki, *J. Electrochem. Soc.*, **145**, 2107-2113, June (1998)
98) E.M. Pell, *Phys. Rev.*, **90**, 278-279, April (1953)
99) R.H. Kingston, *Proc. IRE*, **42**, 829-834, May (1954)
100) B. Lax and S.F. Neustadter, *J. Appl. Phys.*, **25**, 1148-1154, Sept. (1954)
101) K. Schuster and E. Spenke, *Solid-State Electron.*, **8**, 881-882, Nov. (1965)
102) H.J. Kuno, *IEEE Trans. Electron Dev.*, **ED-11**, 8-14, Jan. (1964)
103) R.H. Dean and C.J. Nuese, *IEEE Trans. Electron Dev.*, **ED-18**, 151-158, March (1971)
104) S.C. Jain and R. Van Overstraeten, *Solid-State Electron.*, **26**, 473-481, May (1983)
105) B. Tien and C. Hu, *IEEE Trans. Electron Dev. Lett.*, **9**, 553-555, Oct. (1988); S.R. Dhariwal and R.C. Sharma, *IEEE Trans. Electron Dev. Lett.*, **13**, 98-101, Feb. (1992)
106) L. De Smet and R. Van Overstraeten, *Solid-State Electron.*, **18**, 557-562, June (1975); F. Berz, *Solid-State Electron.*, **22**, 927-932, Nov. (1979)
107) M. Derdouri, P. Leturcq and A. Munoz-Yague, *IEEE Trans. Electron Dev.*, **ED-27**, 2097-2101, Nov. (1980)
108) S.C. Jain, S.K. Agarwal and Harsh, *J. Appl. Phys.*, **54**, 3618-3619, June (1983)
109) B.R. Gossick, *Phys. Rev.*, **91**, 1012-1013, Aug. (1953); *J. Appl. Phys.*, **26**, 1356-1365, Nov. (1955)
110) S.R. Lederhandler and L.J. Giacoletto, *Proc. IRE*, **43**, 477-483, April (1955)
111) S.C. Choo and R.G. Mazur, *Solid-State Electron.*, **13**, 553-564, May (1970)
112) S.C. Jain and R. Muralidharan, *Solid-State Electron.*, **24**, 1147-1154, Dec. (1981)
113) R.J. Basset, W. Fulop and C.A. Hogarth, *Int. J. Electron.*, **35**, 177-192, Aug. (1973); P.G. Wilson, *Solid-State Electron.*, **10**, 145-154, Feb. (1967)
114) J.E. Mahan and D.L. Banes, *Solid-State Electron.*, **24**, 989-994, Oct. (1981)

115) M.A. Green, *Solid-State Electron.*, **26**, 1117-1122, Nov. (1983); *Solar Cells*, **11**, 147-161, March (1984)
116) D.H.J. Totterdell, J.W. Leake and S.C. Jain, *IEE Proc. Pt. I*, **133**, 181-184, Oct. (1986)
117) K. Joardar, R.C. Dondero and D.K. Schroder, *Solid-State Electron.*, **32**, 479-483, June (1989)
118) P. Tomanek, *Solid-State Electron.*, **12**, 301-303, April (1969)
119) J. Müller and B. Schiek, *Solid-State Electron.*, **13**, 1319-1332, Oct. (1970)
120) A.C. Wang and C.T. Sah, *J. Appl. Phys.*, **57**, 4645-4656, May (1985)
121) E. Soutschek, W. Müller and G. Dorda, *Appl. Phys. Lett.*, **36**, 437-438, March (1980)
122) D.K. Schroder, J.D. Whitfield and C.J. Varker, *IEEE Trans. Electron Dev.*, **ED-31**, 462-467, April (1984)
123) D.K. Schroder, *IEEE Trans. Electron Dev.*, **ED-19**, 1018-1023, Sept. (1972)
124) T.W. Jung, F.A. Lindholm and A. Neugroschel, *IEEE Trans. Electron Dev.*, **ED-31**, 588-595, May (1984); T.W. Jung, F.A. Lindholm and A. Neugroschel, *Solar Cells*, **22**, 81-96, Oct. (1987)
125) A. Zondervan, L.A. Verhoef and F.A. Lindholm, *IEEE Trans. Electron Dev.*, **ED-35**, 85-88, Jan. (1988)
126) P. Spirito and G. Cocorullo, *IEEE Trans. Electron Dev.*, **ED-32**, 1708-1713, Sept. (1985); P. Spirito, S. Bellone, C.M. Ransom, G. Busatto and G. Cocorullo, *IEEE Electron Dev. Lett.*, **EDL-10**, 23-24, Jan. (1989)
127) P.C.T. Roberts and J.D.E. Beynon, *Solid-State Electron.*, **16**, 221-227, Feb. (1973); *Solid-State Electron.*, **17**, 403-404, April (1974)
128) A.S. Grove and D.J. Fitzgerald, *Solid-State Electron.*, **9**, 783-806, Aug. (1966); D.J. Fitzgerald and A.S. Grove, *Surf. Sci.*, **9**, 347-369, Feb. (1968)
129) R.F. Pierret, *Solid-State Electron.*, **17**, 1257-1269, Dec. (1974)
130) G.A. Hawkins, E.A. Trabka, R.L. Nielsen, and B.C. Burkey, *IEEE Trans. Electron Dev.*, **ED-32**, 1806-1816, Sept. (1985); G.A. Hawkins, *Solid-State Electron.*, **31**, 181-196, Feb. (1988)
131) M. Zerbst, (独語) *Z. Angew. Phys.*, **22**, 30-33, May (1966)
132) J.S. Kang and D.K. Schroder, *Phys. Stat. Sol.*, **89a**, 13-43, May (1985)
133) P.U. Calzolari, S. Graffi and C. Morandi, *Solid-State Electron.*, **17**, 1001-1011, Oct. (1974); K.S. Rabbani, *Solid-State Electron.*, **30**, 607-613, June (1987)
134) J. van der Spiegel and G.J. Declerck, *Solid-State Electron.*, **24**, 869-877, Sept. (1981)
135) D.K. Schroder and J. Guldberg, *Solid-State Electron.*, **14**, 1285-1297, Dec. (1971)
136) W.R. Fahrner, D. Braeunig, C.P. Schneider and M. Briere, *J. Electrochem. Soc.*, **134**, 1291-1296, May (1987)
137) D.K. Schroder, *IEEE Trans. Electron Dev.*, **ED-19**, 1018-1023, Sept. (1972)
138) W.W. Keller, *IEEE Trans. Electron Dev.*, **ED-34**, 1141-1146, May (1987)
139) C.S. Yue, H. Vyas, M. Holt and J. Borowick, *Solid-State Electron.*, **28**, 403-406, April (1985)
140) M. Xu, C. Tan, Y. He, and Y. Wang, *Solid-State Electron.*, **38**, 1045-1049, May (1995)
141) A. Verclk and A.N. Faigon, *J. Appl. Phys.*, **88**, 6768-6774, Dec. (2000)
142) M. Kohno, S. Hirae, H. Okada, H. Matsubara, I. Nakatani, Y. Imaoka, T. Kusuda, and T. Sakai, *Japan. J. Appl. Phys.*, **35**, 5539-5544, Oct. (1996); T. Sakai, M. Kohno, H. Okada, H. Matsubara, and S. Hirae, *Japan. J. Appl. Phys.*, **36**, 935-942, Feb. (1997)
143) D.E. Ioannou, S. Cristoloveanu, M. Mukherjee and B. Mazhari, *IEEE Electron Dev. Lett.*, **11**, 409-411, Sept. (1990); A.M. Ionescu and S. Cristoloveanu, *Nucl. Instrum. Meth. Phys. Res.*, **B84**, 265-269 (1994); H. Shin, M. Racanelli, W.M. Huang, J. Foerstner, S. Choi, and D.K. Schroder, *IEEE Trans. Electron Dev.*, **45**, 2378-2380, Nov. (1998)

144) D. Munteanu and A-M Ionescu, *IEEE Trans. Electron Dev.*, **49**, 1198-1205, July (2002)
145) R. Sorge, *Solid-State Electron.*, **38**, 1479-1484, Aug. (1995); R. Sorge, P. Schley, J. Grabmeier, G. Obermeier, D. Huber, and H. Richter, *Proc. ESSDERC*, 296-299 (1998)
146) R.F. Pierret, *IEEE Trans. Electron Dev.*, **ED-19**, 869-873, July (1972)
147) R.F. Pierret and D.W. Small, *IEEE Trans. Electron Dev.*, **ED-22**, 1051-1052, Nov. (1975)
148) W.D. Eades, J.D. Shott and R.M. Swanson, *IEEE Trans. Electron Dev.*, **ED-30**, 1274-1277, Oct. (1983)
149) S. Venkatesan, R.F. Pierret, and G.W. Neudeck, *IEEE Trans. Electron Dev.*, **41**, 567-574, April (1994)
150) D.K. Schroder, M.S. Fung, R.L. Verkuil, S. Pandey, W.C. Howland, and M. Kleefstra, *Solid-State Electron.*, **42**, 505-512, April (1998)
151) G. Duggan and G.B. Scott, *J. Appl. Phys.*, **52**, 407-411, Jun. (1981)
152) H.J. Hovel, in *Semiconductors and Semimetals* (R.K. Willardson and A.C. Beer, eds.), **11**, 17-20, Academic Press, New York (1975)
153) H.S. Carslaw and J.C. Jaeger, Conduction of Heat in Solids, Oxford University Press, Oxford (1959)
154) Y.I. Ogita, *J. Appl. Phys.*, **79**, 6954-6960, May (1996)
155) E. Gaubas and J. Vanhellemont, *J. Appl. Phys.*, **80**, 6293-6297, Dec. (1996)
156) J.S. Blakemore, Semiconductor Statistics, Pergamon Press, New York (1962)
157) 私信：J. Lagowski, Semiconductor Diagnostics, Inc.
158) D. Macdonald, R.A. Sinton, and A. Cuevas, *J. Appl. Phys.*, **89**, 2772-2778, March (2001)

おさらい

- 3つの再結合メカニズムを挙げよ。
- **再結合**寿命と**生成**寿命の違いは何か。
- **光伝導減衰**はどのようにして起きるか。
- **準定常状態光伝導**はどのようにして起きるか。
- **表面光起電圧**はどのようにして起きるか。
- p型Si中の鉄に特有な現象は何か。
- **自由キャリアによる吸収**からどのようにキャリア寿命が求まるか。
- **表面再結合**は有効再結合寿命にどう影響するか。
- ダイオードの**逆方向回復法**とはどのようなものか。
- 生成寿命を求めるにはどのような手法があるか。
- **ゲート制御ダイオード測定**によってどのような生成・再結合に関するパラメータが得られるか。
- **コロナ酸化膜着電法**とはどのようなものか。また，これからどのような生成・再結合に関するパラメータが得られるか。

8. 移動度

8.1 序論

　キャリアの移動度（carrier mobility）は，2つの側面でデバイスの周波数応答あるいは時間応答にかかわっている。第1に，弱電場でのキャリアの速度は移動度に比例するので，移動度の大きい材料ほどキャリアがデバイスを通過する時間が短くなり，応答周波数は高くなる。第2は，デバイスの移動度が大きいほど電流は大きく，大きな電流は容量をより速く充電できるので，応答周波数が高くなる。

　移動度にもいろいろある。基本となる移動度は基本概念から計算される**微視的移動度**（microscopic mobility）である。これはキャリアが動くバンドでの移動度である。**伝導率移動度**（conductivity mobility）は半導体材料の伝導率や抵抗率から導かれる。**ホール移動度**（Hall mobility）はホール効果から求められ，伝導率移動度とはホール散乱因子の大きさだけ異なる。**ドリフト移動度**（drift mobility）は少数キャリアが電場中をドリフトするときの移動度をいう。**有効移動度**（effective mobility）はMOSFETでの移動度である。さらに，**多数キャリア移動度**（majority carrier mobility）と**少数キャリア移動度**（minority carrier mobility）を分けて考えることもある。運動量を考慮すれば，電子―電子あるいは正孔―正孔の散乱は移動度にあまり影響しないことがわかっている。しかし，電子と正孔は逆向きの平均ドリフト速度をもつので，電子―正孔散乱によって移動度は下がる。こうして多数キャリアはイオン化した不純物による散乱を受けるが，少数キャリアはイオン化した不純物による散乱に加え，電子―正孔散乱も受ける。

8.2 伝導率移動度

　半導体の電気伝導率σは

$$\sigma = q(\mu_n n + \mu_p p) \tag{8.1}$$

で与えられる。実質的に外因性のp型半導体では$p \gg n$で，正孔の移動度（hole mobility）または**伝導率移動度**は

$$\mu_p = \frac{\sigma}{qp} = \frac{1}{q\rho p} \tag{8.2}$$

である。

　半導体の移動度すなわち伝導率移動度を求めるには，まずその伝導率とキャリア密度を測定しなければならない[1,2]。伝導率移動度をつかう主な理由は，測定が容易で，ホール散乱因子を知る必要がないことにある。伝導率移動度を求めるには，多数キャリア密度と，これとは独立に伝導率か抵抗率のどちらかを測定すれば十分である。

8.3 ホール効果と移動度
8.3.1 均一な層またはウェハに対する基礎方程式

　ホール効果は1897年に磁場中の導体が運ぶ電流に作用する力の性質を調べていたHallが発見した[3]。彼は特に，金箔を横切る電圧を測定した。磁石は電流を曲げる傾向があると考えた彼は，「...この場合，あたかもワイヤーの片側へ電気を押しつけるような，歪んだ状態が導体に存在しているのであろう...そこで，導体の相対する点と点との間の電位差を測る必要があると考えたのである」と記している。Sopkaはホール効果の発見について，Hallの未発表のノートからの引用も交えてすばらしい議論をしている[4]。

　ホール効果は数多くの固体物理や半導体の本で議論されている。Putleyは包括的なとり扱いをして

いる[5]。ホール効果の測定では**抵抗率**，キャリアの**密度**および**移動度**がわかるので，半導体材料の評価に幅広くつかわれている。抵抗率の測定は本書の第1章で，キャリア密度は第2章で議論している。本章では，ホール効果とこれによる移動度の測定をより詳しく議論する。

Hallは，導体を流れる電流に垂直な方向に磁場をかけると，磁場と電流に垂直な方向に電場が発生することを発見した。図8.1のp型半導体を考えよう。右へ流れる正孔で表される電流Iがx方向へ流れ，磁場Bがz方向へかけられている。この電流は

$$I = qApv_x = qwdpv_x \tag{8.3}$$

で与えられる。x方向にそった電圧V_ρは，

$$V_\rho = \frac{\rho s I}{wd} \tag{8.4}$$

で，これから抵抗率は

$$\rho = \frac{wd}{s}\frac{V_\rho}{I} \tag{8.5}$$

となる。

では，強度Bの一様な磁場の中の正孔の動きを考えよう。このとき正孔に働く力はベクトル表現で

$$\boldsymbol{F} = q(\boldsymbol{\mathscr{E}} + \boldsymbol{v} \times \boldsymbol{B}) \tag{8.6}$$

となる。電流に作用する磁場は，図8.1のように，正孔の一部をサンプルの底面へ偏向させる。n型のサンプルでも，電流が図8.1と同じ方向なら，電子は正孔と逆向きに流れ，反対符号の電荷をもっているので，やはりサンプルの底面へ偏向する。y方向には電流は流れないから，この方向の正孔に対する正味の力は存在せず，$F_y = 0$である。式(8.6)と(8.3)を合わせて，

$$\mathscr{E}_y = Bv_x = \frac{BI}{qwdp} \tag{8.7}$$

となる。y方向の電場はホール電圧V_Hを発生させ，

$$\int_0^{V_H} dV = V_H = -\int_w^0 \mathscr{E}_y dy = -\int_w^0 \frac{BI}{qwtp}dy = \frac{BI}{qtp} \tag{8.8}$$

である。ホール係数R_Hは

$$R_H = \frac{V_H d}{BI} \tag{8.9}$$

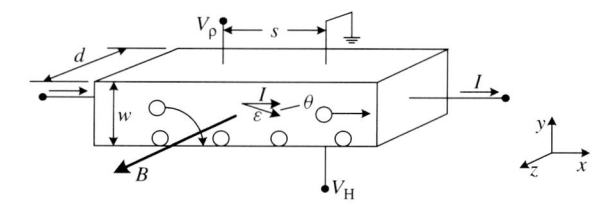

図8.1　p型サンプルでのホール効果を示す図．

と定義される。電流と正味の電場とがなすホール角 θ は，式 (8.7) と $I = qp\mu_p \mathscr{E}_x wd$ をつかって

$$\tan\theta = \frac{\mathscr{E}_y}{\mathscr{E}_x} = B\mu_p \tag{8.10}$$

である。

演習8.1
問題：R_H をMKS単位からcgs単位に変換するにはどうするか。
解：R_H の単位はMKS単位系では，d をm，V_H をV，B をT（$1\,\mathrm{T} = 1\,\mathrm{Tesla} = 1\,\mathrm{Weber/m^2} = 1\,\mathrm{V\cdot s/m^2}$），$I$ をAの単位として，$\mathrm{m^3/C}$ になる。

ではcgs単位ではどうであろうか。このためには式 (8.9) をつかって，R_H を $\mathrm{cm^3/C}$，d をcm，V_H をV，B をG（Gauss：$10000\,\mathrm{G} = 1\,\mathrm{T}$），$I$ をAの単位として，

$$V_H = \frac{R_H BI}{d} = \frac{R_H(\mathrm{cm^3/C}) \times 10^{-6}\,(\mathrm{m^3/cm^3}) B(\mathrm{G}) \times 10^{-4}\,(\mathrm{T/G}) \times I(\mathrm{A})}{d(\mathrm{cm}) \times 10^{-2}\,(\mathrm{m/cm})}$$

$$= 10^{-8}\frac{R_H BI}{d} \quad \text{または} \quad R_H = 10^8 \frac{V_H d}{BI}$$

となる。
$B = 5000\,\mathrm{G}$，$I = 0.1\,\mathrm{mA}$，および $p = 10^{15}\,\mathrm{cm^{-3}}$ のときは，$V_H = 3.1/d$ となる。厚さ $d = 5 \times 10^{-2}\,\mathrm{cm}$ のウェハのホール電圧は $V_H \approx 6\,\mathrm{mV}$，ホール係数は $R_H \approx 60000\,\mathrm{cm^3/C}$ になる。

式 (8.8) と (8.9) をあわせると，

$$p = \frac{1}{qR_H} \; ; \quad n = -\frac{1}{qR_H} \tag{8.11}$$

を得る。よって正孔と電子の両方が存在するときのホール係数は

$$R_H = \frac{(p - b^2 n) + (\mu_n B)^2 (p - n)}{q[(p + bn)^2 + (\mu_n B)^2 (p - n)^2]} \tag{8.12}$$

となる[6]。この式はやや複雑であるが，移動度の比 $b = \mu_n/\mu_p$ と磁場強度 B に依存している。磁場が弱いとき，および強いときの極限でのホール係数は，それぞれ

$$B \to 0 : R_H = \frac{(p - b^2 n)}{q(p + bn)^2} \; ; \quad B \to \infty : R_H = \frac{1}{q(p - n)} \tag{8.13}$$

となる。弱磁場の極限で式 (8.13) が成り立つには，$p \gg n$ では $B \ll 1/\mu_n$，$p \ll n$ では $B \ll 1/\mu_p$ でなければならない。これより，移動度が $1000\,\mathrm{cm^2/V\cdot s}$ のときは $B \ll 10\,\mathrm{T}$ でなければならない。移動度が $10^5\,\mathrm{cm^2/V\cdot s}$ になると，この要請は $B \ll 0.1\,\mathrm{T}$ となってさらに厳しくなる[注1]。強磁場の極限では $p \gg n$ のとき $B \gg 1/\mu_n$，$p \ll n$ のとき $B \gg 1/\mu_p$ でなければならない。したがって，この例で強磁場を極限に近づけるには，10Tあるいは0.1Tよりもっと強い磁場が必要になる。

移動度が100から $1000\,\mathrm{cm^2/V\cdot s}$ の範囲にあり，移動度の比が $b \approx 3\sim 10$ の半導体のホール係数はほとんど磁場によらないことがわかっており，$B \to \infty$ とした式 (8.13) をつかう。しかし，移動度も移動

注1 磁場の強度は超伝導磁石で数T，地球磁場で $0.00005\,\mathrm{T}$ であり，$0.1\,\mathrm{T}$ より十分に弱い磁場は地磁気の強さに近づいていく。

度の比bも大きい半導体では，ホール係数が磁場で変化し，温度によって符号が変わる。このような振る舞いは，**図8.2**(a)の$E_G = 0.15$ eVのp型HgCdTeのような半導体にみられる[7]。バンドギャップの狭い半導体ほどn_i^2が大きく，$n = n_i^2/p \gg p$であるから，220から300 Kの温度では電子の伝導が支配的である。この温度領域では$R_H = -1/qn$で，Bによらない。$T \approx 100 \sim 200$ Kになると，正孔の寄与がはじまり，混成伝導によってR_Hは小さくなり，磁場依存性も出てくる。さらに低温では正孔の伝導が支配的になる。ホール係数は正になり，磁場によらなくなる。この図には混成伝導の温度および磁場に依存した挙動が大変よく表れている。図8.2(b)は磁場依存性も混成伝導もないGaAsのホール係数で，電子の密度は式（8.11）をつかって，このホール係数から導かれる[8]。このとき，光や重い正孔の寄与を考慮することもある[9]。

式（8.11）から（8.13）は散乱メカニズムがエネルギーによらないという仮定で導かれたものである。この仮定を除くと，正孔および電子の密度は

$$p = \frac{r}{qR_H} \quad ; \quad n = -\frac{r}{qR_H} \tag{8.14}$$

となる[5,6]。ここでrは，τをキャリアの平均衝突時間として$r = \langle \tau^2 \rangle / \langle \tau \rangle^2$で定義されるホール散乱因子である。散乱因子は散乱メカニズムによって1から2の値をとることが多い。たとえば，格子散乱では$r = 3\pi/8 = 1.18$，不純物散乱では$r = 315\pi/512 = 1.93$，中性不純物散乱では$r = 1$である[6,10]。こ

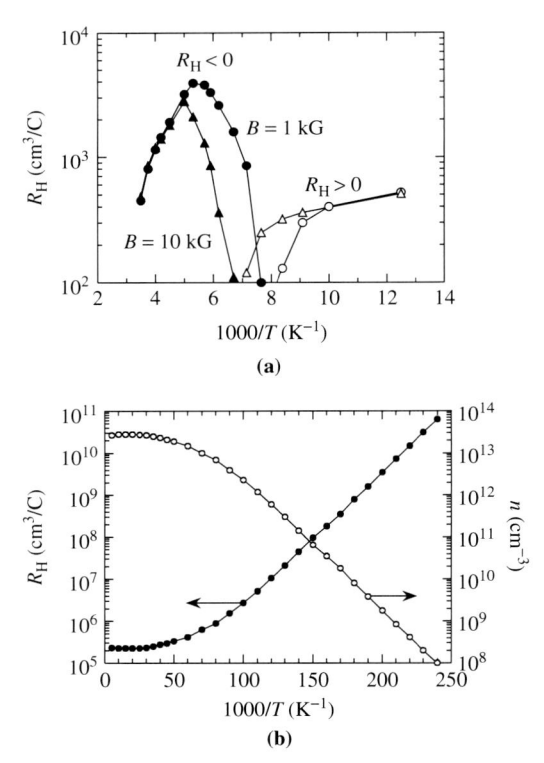

図8.2 (a)HgCdTeの温度および磁場に依存したホール係数では，代表的な混成伝導がみられる．許可を得てZemelら[7]より掲載．(b)Stillman and Wolfeから採用したGaAsのホール係数と電子密度[8]．

の散乱因子も磁場および温度の関数で，強磁場の極限のR_Hを測定すれば$r = R_H(B)/R_H(B = \infty)$から求まる．強磁場の極限では$r \to 1$である．格子散乱から予想した$n$型GaAsの散乱因子は磁場に依存し，$B = 0.01$ Tでの1.17から$B = 83$ kGでの1.006まで変わることがわかっている[11]．rを1に近づけるために必要な強磁場を達成するのは難しく，ほとんどのホール測定では$r > 1$である．ホール測定でつかわれる代表的な磁場強度は0.05から1 Tの間にある．

$$\mu_H = \frac{|R_H|}{\rho} = |R_H|\sigma \tag{8.15}$$

で定義される**ホール移動度**μ_Hは，伝導率移動度と異なる．式（8.1）を式（8.15）に代入すると，外因性のp型およびn型半導体について，それぞれ

$$\mu_H = r\mu_p \quad ; \quad \mu_H = r\mu_n \tag{8.16}$$

を得る．rは1より大きいので，ホール移動度は一般に伝導率移動度と大きく異なる．ホール測定によって求められた移動度のほとんどはrを1としているが，こう仮定したことは明示しておくべきである．

図8.1のホール測定サンプルの形状はいろいろある．その1つが**図8.3**(a)のブリッジ型のホールバーである．電流をコンタクト1から流して4から出し，磁場中で2と6，または3と5の間のホール電圧を測定する．抵抗率は磁場のない状態で，2と3または6との間の電圧を測定して求める．問題はその構造である．

より一般的な構造は図8.3(b)の不規則な形状のサンプルになる．不規則な形状をしたサンプルのホール測定評価の理論はvan der Pauwが開発した等角写像に基づいている[12,13]．彼は任意形状の平坦なサンプルについて，電流の経路がわからなくても，サンプルの外周上のコンタクトが十分に小さく，サンプルの厚さが一様で，孤立した穴がなければ，抵抗率，キャリア密度，および移動度が求められることを示した．

図8.3(b)のサンプルの抵抗率は

$$\rho = \frac{\pi t}{\ln 2} \frac{R_{12,34} + R_{23,41}}{2} F \tag{8.17}$$

で与えられる[12]．ここで$R_{12,34} = V_{34}/I$で，電流Iはコンタクト1から入れ，2から出し，$V_{34} = V_3 - V_4$はコンタクト3と4の間の電圧である．$R_{23,41}$も同様に定義される．電流は隣接する2つの端子によってサンプルに流入し，残りの2つの端子間の電圧を測定する．Fは比$R_r = R_{12,34}/R_{23,41}$だけの関数で，

$$\frac{R_r - 1}{R_r + 1} = \frac{F}{\ln 2} \operatorname{arcosh}\left[\frac{\exp(\ln 2/F)}{2}\right] \tag{8.18}$$

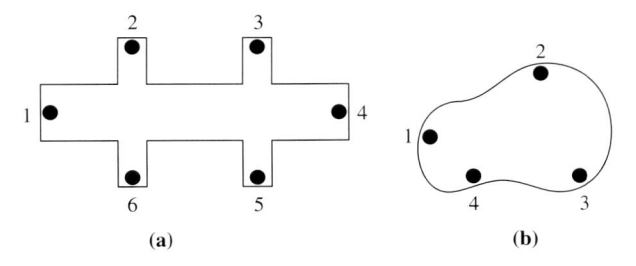

図8.3 (a)ブリッジ型のホール測定サンプル，(b)ラメラ型のvan der Pauwホール測定サンプル．

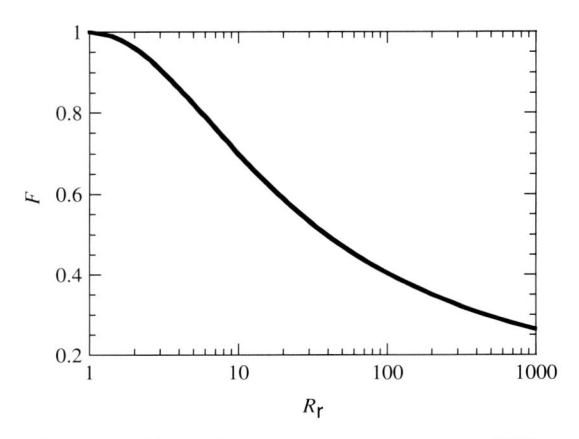

図8.4 R_rに対してプロットしたvan der PauwのF因子.

の関係を満たし，**図8.4**のようになる. 対称な形状（円や正方形）のサンプルでは$F = 1$である.

van der Pauwのホール移動度は，磁場があるときとないときの抵抗$R_{24,13}$を測定して求める. $R_{24,13}$は，たとえば図8.3の端子2と4の一方から電流を流入させ，他方から出し，端子1と3の間の電圧を測定して求める. このときのホール移動度は

$$\mu_H = \frac{d\Delta R_{24,13}}{B\rho} \tag{8.19}$$

で与えられる. ここで，$\Delta R_{24,13}$は磁場による$R_{24,13}$の変化である.

式（8.14）と（8.17）は単位体積当りのキャリア密度と抵抗率ρ（Ω・cm）にかかわるものである. 場合によっては，単位面積当りのキャリア密度とシート抵抗R_{sh}（Ω/□）を求めた方がよいこともある. 均一にドープした厚さdのサンプルの**シートホール係数**R_{Hsh}は

$$R_{Hsh} = \frac{R_H}{d} \tag{8.20}$$

と

$$\mu_H = \frac{|R_{Hsh}|}{R_{sh}} \tag{8.21}$$

で定義される. ここで$R_{sh} = \rho/d$である.

バルクのサンプルの厚さは正確にわかるが，伝導の型が逆あるいは半絶縁性の基板の上の薄膜は，その膜厚が活性層の厚さとは限らない. フェルミ準位がピンニングされたバンドの曲がりや表面電荷，あるいは薄膜―基板界面でのバンドの曲がりによる空乏効果によってホール係数は違ってくる[14,15]. 十分薄くドープした薄膜では，表面に誘起された空間電荷領域によって薄膜全体が空乏化することもある. そうなると，半絶縁基板のホール効果を測定していることになる. 絶縁性基板上の半導体薄膜では，基板に向かうにしたがって移動度の低下がしばしば観測される. 表面の空乏化によって薄膜の低移動度の部分を電流が流れるようになり，見かけ上の移動度は真の移動度より小さくなる[15]. 温度に依存した厳密な移動度およびキャリア密度を測定するには，表面および界面の空間電荷領域の温度依存性も考慮しなければならない[16].

8.3.2 均一でない層

均一にドープしたサンプルのホール効果測定結果は容易に解析できる。しかし、ドープが不均一な層の解析はやや難しい。ドーピング密度が膜の厚さ方向で変われば、抵抗率も移動度も厚さ方向に変わる。ホール効果の測定からわかるのは、抵抗率、キャリア密度、および移動度のそれぞれ**平均**である。空間的に変化する移動度 $\mu_p(x)$ およびキャリア密度 $p(x)$ に対して、厚さ d の p 型薄膜のシートホール係数 R_{Hsh}、シート抵抗 R_{sh}、およびホール移動度 $\langle\mu_H\rangle$ は、$r = 1$ と仮定して

$$R_{Hsh} = \frac{\int_0^d p(x)\mu_p^2(x)dx}{q\left(\int_0^d p(x)\mu_p(x)dx\right)^2} \quad ; \quad R_{sh} = \frac{1}{q\int_0^d p(x)\mu_p(x)dx} \quad ;$$

$$\langle\mu_H\rangle = \frac{\int_0^d p(x)\mu_p^2(x)dx}{\int_0^d p(x)\mu_p(x)dx}$$

(8.22)

で与えられる[17,18]。ここで x はサンプルの深さ方向の距離である。抵抗率と移動度の**プロファイル**を求めるには、ホール測定を膜厚の関数として実施しなければならない。膜の厚さを変えるには、膜の一部をエッチングしてホール係数を測定するということをくり返すか、逆バイアスの空間電荷領域によって膜の一部を電気的に不活性にするかのどちらかしかない。

原理的には化学エッチングで薄膜を薄く削ることができるが、実際には再現性が悪く、かなり難しい。2.2.6節で議論した電気化学的プロファイラでは、GaAs の薄膜を Tiron ($C_6H_2(OH)_2(SO_3Na)_2$) 溶液中でうまく除去している[19]。これをつかって、エッチング毎にホール測定を行う。一般的な薄膜の除去方法として確実なのは、陽極酸化・エッチングである[17,18,20〜24]。陽極酸化は酸化の過程で半導体の一部を侵食する。その酸化部分をエッチングすれば、酸化によって侵食された半導体が除去されるので、ドーピングプロファイルに影響を与えることなく再現性よく半導体を除去できる。陽極酸化については1.4.1節で議論している。

2つ目の方法では、薄膜の上面に形成した接合をつかってプロファイルをとる。薄膜は逆バイアスの空間電荷領域でこれを空乏化できるほど十分に薄く、その底面は絶縁体か接合によって分離されている。上面の接合は pn 接合、ショットキー障壁接合、あるいは MOS キャパシタがよい。**図8.5**の例では、p 型層が絶縁体の上にある。p 型層にはショットキー・ゲートがついている。ゼロバイアスの金属—半導体接合では、ゲート下に幅 W の空間電荷領域が誘起されている。絶縁基板は半絶縁性基板あるいは n 型基板に置き換えてもよい。サンプルを四角にエッチングして横方向を絶縁しているが、n 型の領域で囲んでも横方向を分離できる。電流および電圧のプローブとして、コンタクトを4つ設けている。

van der Pauw の測定からは、空乏化していない厚さ $d - W$ の層の情報が得られる。ここで d は全膜

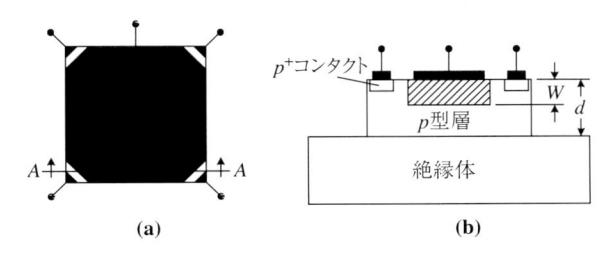

図8.5 ショットキー・ゲートをつけた薄膜 van der Pauw サンプル。(a)上面図。(b)A—A線にそった断面図で、ゲート、2つのコンタクト、および空間電荷領域の幅 W がわかる。

厚である。1回の測定で，厚さ$d-W$の平均の移動度，抵抗率，およびキャリア濃度がわかる。ショットキー障壁接合を逆バイアスにすると，空間電荷領域は深く拡がり，中性な層の厚さが減る。したがって，ホール効果を逆バイアス電圧の関数で測定すれば，ゲート下の層の移動度，抵抗率，およびキャリア濃度のプロファイルが得られる。この方法はサファイア上のSi薄膜のMOSFET[25〜27]，シリコン・オン・インシュレータ（SOI）のMOSFET[28]，および半絶縁性基板上のGaAsショットキー・ダイオード[29,30]でつかわれている。破壊的な"陽極酸化エッチ測定"と"ゲート"技法との比較では，"ゲート"技法の方が移動度の信頼度が高く，空間分解能もよいことが示されている[31]。

空間的に変化するホール移動度は，空間的に変化するシートホール係数とシートコンダクタンス$G_{sh} = 1/R_{sh}$とから，

$$\mu_H = \frac{d(R_{Hsh}G_{sh}^2)/dx}{dG_{sh}/dx} \tag{8.23}$$

の関係をつかって求めることができ[17,18,32]，空間的に変化するキャリア密度は

$$p(x) = \frac{r}{q} \frac{(dG_{sh}/dx)^2}{d(R_{Hsh}G_{sh}^2)/dx} \tag{8.24}$$

になる。第1章で議論した差分ホール効果法（differential Hall effect; DHE）では，薄膜の除去ステップ毎にホール測定し，隣接する層の測定値をつかった計算から移動度とキャリア密度のプロファイルを求める。サンプルの均一性がよくないと，移動度およびキャリア密度の平均値は真の値からずれることもある。これを防ぐには，Δx_iをi番目の層の厚さとして，Δx_iを均一な膜とみなせるほど薄くすればよい。イオン打込みのあと，十分にアニールしたサンプルの移動度に異常がなければ，ΔR_pを打込みプロファイルの標準偏差として，$\Delta x_i < 0.5 \Delta R_p$であれば移動度とキャリア密度の測定値と真値との差は1%以下になる[33]。図8.6はSiにホウ素を打込んだ層の密度プロファイルで，差分ホール測定（DHE）で求めたものを，二次イオン質量分析法（SIMS）と分散抵抗プロファイル法（SRP）で調べた結果と比較している[34]。

膜厚方向の移動度が大きく変化していると，さらに困難が生じる。厚さが同じ2つの層からなる薄膜を考えよう。上層の移動度はμ_1，正孔の密度はP_1個/cm²，下層の移動度はμ_2，正孔の密度はP_2個/cm²とする[35]。全正孔密度は$P_1 + P_2$である。このホール効果を測定すると，重みつき平均

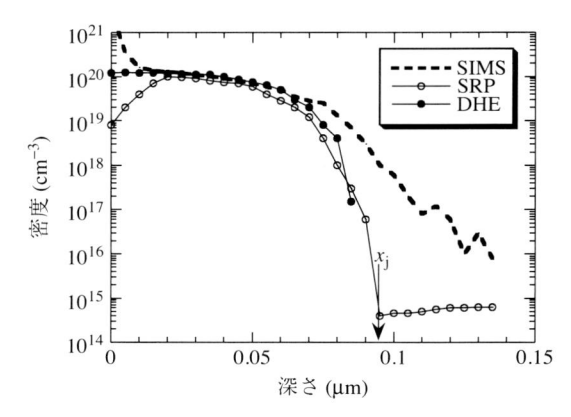

図8.6　差分ホール効果法（DHE），分散抵抗プロファイル法，および二次イオン質量分析法で求めたドーパント密度プロファイル．文献34のデータによる．

$$P = \frac{(P_1\mu_1 + P_2\mu_2)^2}{P_1\mu_1^2 + P_2\mu_2^2} \tag{8.25}$$

$$\mu_H = \frac{P_1\mu_1^2 + P_2\mu_2^2}{P_1\mu_1 + P_2\mu_2} \tag{8.26}$$

を得る[18]。こうすると，Pは$(P_1 + P_2)$よりもきわめて小さく，μ_Hは$P_1 > P_2$かつ$P_1\mu_1^2 < P_2\mu_2^2$のときμ_1とμ_2の間にくる。たとえば，$P_1 = 10P_2$かつ$\mu_2 = 10\mu_1$のときは，$P \approx 4P_2$かつ$\mu_H = 0.55\mu_2$となる。不均一なサンプルでは，バルクで予想されるよりも大きな移動度になることがある。その理由の1つは，配線金属の結晶への浸透である。この効果はWolfe and Stillmanによって包括的に議論されている[36]。

8.3.3 多層構造

"不活性"な基板，すなわち測定に寄与しない基板の上の不均一な薄膜の測定を前節で扱った。伝導型が互いに異なる2つの半導体の間の空間電荷領域を絶縁境界と考えれば，n型基板上のp型薄膜あるいはp型基板上のn型薄膜も同じカテゴリーに入るかもしれないが，これはあまりあてにならない。たとえば，リークの多い接合ならもはや絶縁体とはいえない。仮に空間電荷領域の絶縁性が十分であっても，表面にそってリークしたり，最悪の場合は濃くドープしたコンタクトが基板まで拡散し，リーク経路を形成することもある。このように，薄膜の評価は薄膜そのもので決まるものではなく，基板の性質が測定に反映されるのである。

この問題はもともとNeduloha and Koch[37]およびPetritz[38]がとりあげたもので，彼らが検討したのは，たとえばp型基板表面のn型反転層のような，表面電荷によって表面が反転した基板である。この2層の相互作用がある構造はのちに拡張され[39,40]，厚さd_1で伝導率がσ_1の上層と，厚さd_2で伝導率がσ_2の基板からなる2層構造のホール係数は

$$R_H = \frac{d[(R_{H1}\sigma_1^2 d_1 + R_{H2}\sigma_2^2 d_2) + R_{H1}\sigma_1^2 R_{H2}\sigma_2^2(R_{H1}d_2 + R_{H2}d_1)B^2]}{(\sigma_1 d_1 + \sigma_2 d_2)^2 + \sigma_1^2\sigma_2^2(R_{H1}d_2 + R_{H2}d_1)^2 B^2} \tag{8.27}$$

で与えられ[37]，弱磁場の極限では

$$R_H = \frac{d(R_{H1}\sigma_1^2 d_1 + R_{H2}\sigma_2^2 d_2)}{(\sigma_1 d_1 + \sigma_2 d_2)^2} = R_{H1}\frac{d_1}{d}\left(\frac{\sigma_1}{\sigma}\right)^2 + R_{H2}\frac{d_2}{d}\left(\frac{\sigma_2}{\sigma}\right)^2 \tag{8.28}$$

となり[38,40]，強磁場の極限では

$$R_H = \frac{R_{H1}R_{H2}d}{R_{H1}d_2 + R_{H2}d_1} \tag{8.29}$$

となる。これらの式で，R_{H1}は層1のホール係数，R_{H2}は基板2のホール係数，$d = d_1 + d_2$で，σは

$$\sigma = \frac{d_1}{d}\sigma_1 + \frac{d_2}{d}\sigma_2 \tag{8.30}$$

で与えられる。

式(8.27)の磁場依存性から，p型基板上のn型層のホール係数を，磁場の関数として測定すると，図8.7のように新たな情報が得られる。ここで$R_{H1} = -1/qn_1$および$R_{H2} = 1/qp_2$である。このホール係数は互いに符号が逆になっているので，測定したホール係数の符号を磁場で反転できる。ホール係数は$n_1 d_1$積に対してプロットしている。$n_1 d_1$積が小さいと，ホール係数はp型基板に支配され，磁場の強さによらない。このR_Hからp_2およびμ_2を求めることができる。$n_1 d_1$積が中間の値になると，ホール係数は磁場に依存するようになる。はじめは正孔による伝導が支配的で，ホール係数の符号が変わると

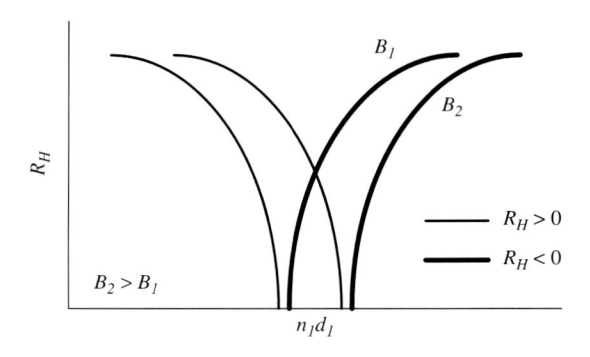

図8.7　2つの磁場についてのp型基板上のn型層のホール係数をn_1d_1の関数として表したもの．

電子による伝導が支配的になる．式（8.27）の2層モデルをつかってR_Hの磁場依存性を解析すれば，n型層およびp型基板のキャリア密度と移動度を導くことができる．n_1d_1積の値が大きいと，ホール係数は負になり，n型層が伝導を支配し，R_Hは磁場によらなくなる．Zemelらによる優れた議論がある[7]．

たとえば上の層を基板よりさらに濃くドープするか，あるいは表面状態などによって反転状態にすると，基板のキャリアは低温で凍結し，σ_2はかなり小さくなる．HgCdTeとInSbについて，p型バルク上のn型の表層，p型バルク上のn型薄膜，およびn型バルク上のn型表層の例が報告されている[40,41]．

8.3.4　サンプル形状と測定回路

ホール測定のサンプルにはブリッジ型とラメラ（lamella）型の2つの基本的な構造がある．図8.1の直方体形状はコンタクトをサンプルへ直接はんだづけしなければならないので，推奨できない．コンタクトの影響を小さくするため，ホールブリッジには図8.8(a)に示すアームがとりつけられている[42]．ASTM規格F76では6本および8本のアームをもった構造の寸法が与えられている[42]．ラメラ型サンプルは任意の形状でよいが，対称な配置が好ましい．サンプルに穴をあけてはならず，代表的な形状は図8.8(b)から(d)に示されている．ラメラ型サンプルでは，コンタクトをできるだけ小さく，かつ外周近くに配置することが重要である．

標準的なラメラ構造あるいはvan der Pauw構造を図8.9に示す．イオン注入技術開発の黎明期は，図8.9のような形状のサンプルで打込みの均一性を評価していた．図8.9(a)の，p^+コンタクトの拡散領域1から4のパターンをリソグラフィで形成する．測定する領域は5である．伝送長（transfer length）による接触抵抗のテストパターンもホール測定につかわれている．磁場をかければ，接触抵抗，コンタクト比抵抗（specific contact resistance），およびシート抵抗に加え，シートキャリア密度はもとよりイオン注入層およびコンタクトの下の移動度も求めることができる[43]．

コンタクトのサイズと位置は重要である．van der Pauwのサンプルでは，ポイントコンタクトをサンプルの周辺上に対称に配置する．これは事実上無理なので，いくらかの誤差が含まれることになる．van der Pauwがいくつかの例を議論している[12]．彼が考えたのはコンタクトを90°の間隔で配置した円形のサンプルである．図8.10の3つの場合，コンタクトは等電位の領域にある．どれも3つの理想的なコンタクトと，4つ目の理想的でないコンタクトを備えている．4つ目のコンタクトはポイントコンタクトより大きく長さsであるか，周辺から距離sだけ内側にあるポイントコンタクトである．それぞれの構造には，理想的でないコンタクトによって生じる抵抗率および移動度の相対誤差$\Delta\rho/\rho$および$\Delta\mu_H/\mu_H$が，s/Dと$\mu_H B$が小さいときについて付記されている．理想的でないコンタクトが1つ増える毎に，誤差によって1桁目から変わってしまう．

図8.8(c)および8.9(a)のクローバーの葉のような形状をつかうこともある．正方形のサンプルでコン

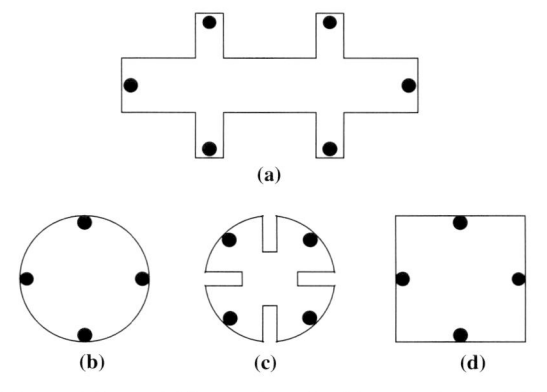

図8.8 (a)ブリッジ型ホール測定サンプル．(b)〜(d)ラメラ型ホール測定サンプル．

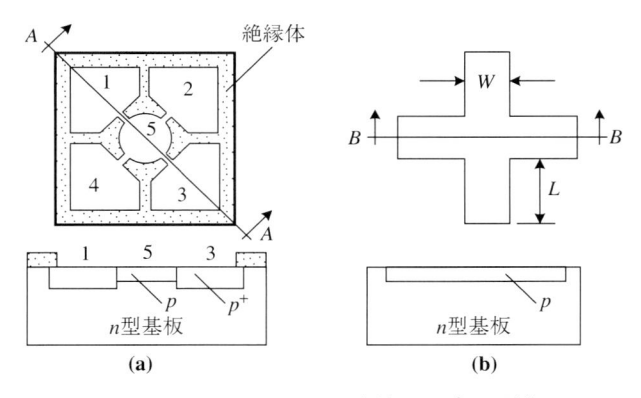

図8.9 van der Pauwホール測定サンプルの形状．

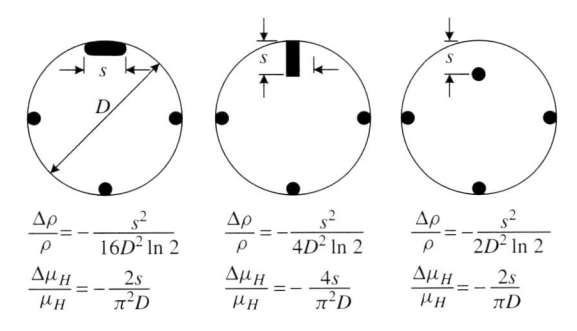

$$\frac{\Delta\rho}{\rho} = -\frac{s^2}{16D^2 \ln 2}$$
$$\frac{\Delta\mu_H}{\mu_H} = -\frac{2s}{\pi^2 D}$$

$$\frac{\Delta\rho}{\rho} = -\frac{s^2}{4D^2 \ln 2}$$
$$\frac{\Delta\mu_H}{\mu_H} = -\frac{4s}{\pi^2 D}$$

$$\frac{\Delta\rho}{\rho} = -\frac{s^2}{2D^2 \ln 2}$$
$$\frac{\Delta\mu_H}{\mu_H} = -\frac{2s}{\pi D}$$

図8.10 van der Pauwサンプルのコンタクト長またはコンタクトの位置が理想的でないときの抵抗率と移動度への影響．許諾によりvan der Pauw[12]から再掲．

タクトをずらしたときの誤差は文献44，45で議論されている．正方形のサンプルへのコンタクトは，角より辺の中央に配置した方がよい[44]．図8.9(b)の**ギリシャ十字**がこの構造で，$L = 1.02\,W$での誤差は0.1%以下である[45]．4つの角に長さsの正方形と三角形のコンタクトを配置した一辺の長さがLの正方形サンプルでは，$s/L < 0.1$であればホール測定の誤差は10%以下になる[46]．ホール測定の間磁場を頻繁に反転させると，つり合っていない電圧が相殺される傾向になるので，コンタクトを完璧に対向させる必要はない．しかし，つり合っていない電圧がホール電圧より高いと，ホール電圧はその2つの電圧の差となり，誤差の原因になりやすい．

　半導体デバイスの構造をしたサンプルをつかうこともある．たとえば，絶縁性基板上に形成した薄膜MOSFETは，**図8.11**のようにホール測定用サンプルの一般的な構造になっている．ここでp^+の領域1および2はそれぞれソースおよびドレインで，領域7がゲートである．3から6のコンタクト領域はホール測定用につけ足したものである．ホール電圧はコンタクト3と5および4と6の間に発生する．たとえば4と6のように，コンタクトが2つだけの場合は，コンタクトをソースとドレインの中間に配置し，$L/W \leq 3$とする[47]．ただし，サンプルの両端のソースとドレインは短絡しており，これが測定したホール電圧V_{Hm}に強く影響する．図8.12(a)で$L = 3W$のときのホール電圧V_{Hm}は$L > 3W$のサンプルのホール電圧より低い．この章の前半の式でつかった$L \gg W$のサンプルのホール電圧V_Hは，短いサンプルで測ったホール電圧V_{Hm}と$V_H = V_{Hm}/G$によって関係づけられる．ここでGは図8.12(b)に示した値をとる[48]．この曲線は$x = L/2$でサンプルを横断するホール電圧の測定値を計算したものである．$L = 3W$のサンプルでは短絡の効果は無視でき，通常のホール電圧が測定される．

　ASTM規格F76では測定手法と測定の諸注意を詳しく解説している[42]．電流と磁場を反転させ，読んだ値を平均すれば，より正確な測定になる．サンプルの抵抗が非常に高くて，電流のリーク経路が確保できず，電圧計でサンプルに負荷を与えるときは特に注意が必要である．これには高入力インピーダンスの利得1の増幅器を外部回路と各プローブの間に入れた**ガード措置**をとる[49]．増幅器とサンプルの間の導線のシールドを利得1の出力で駆動することで導線の寄生容量を実効的に消し，リーク電

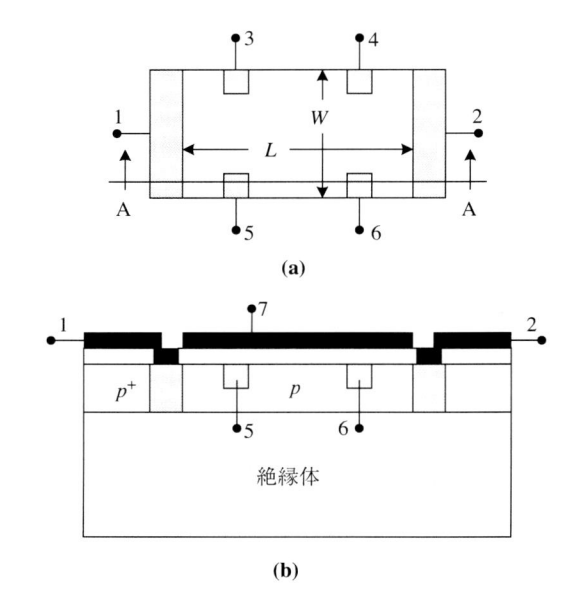

図8.11　両端子を電気的に短絡したホール測定サンプル．(a)上面図（ゲートを図示していない）．
(b)A—A断面．

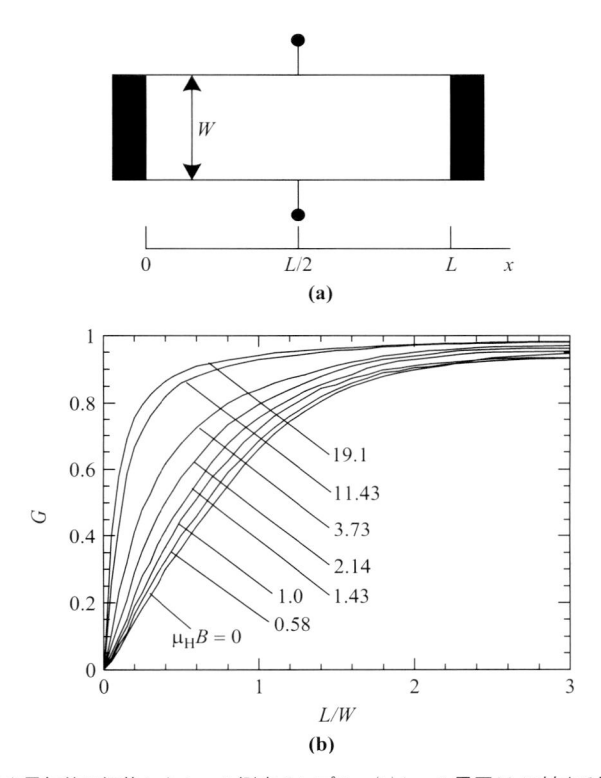

図8.12 (a)両端子を電気的に短絡したホール測定サンプル．(b)ホール電圧 V_H に対する測定電圧 V_{Hm} の比．許諾により Lippmann and Kuhrt[18] から再掲．

流と装置の時定数を減らすことができる．このようなシステムで $10^{12}\Omega$ までの抵抗を測定している[50]．半絶縁性のGaAsの抵抗は"暗い"ウェハを横切って突き合わせたスリットに光を照射し，照射したスリットの突合せ部につくったダークスポットを測定している[51]．このダークスポットの抵抗はストライプ状に照射された部分の抵抗よりはるかに高いので，スリットの方向の抵抗を測れば，実質的に小さなダークスポットの抵抗を測っていることになる．ダークスポットを移動すれば，抵抗のマップが得られる．

ホール効果のプロファイル測定では，さらに誤差が増える．たとえば，下地のpn接合にリークがあるときのホール電圧は，基板から完全に分離した薄膜で測ったホール電圧より低くなる．ショットキー・コンタクト構造の上部の接合もリークしやすい．サンプルを冷却すれば接合のリーク電流は減らせる[21]．表面に近い部分のプロファイルをとるために，上部の接合を順方向にバイアスして空間電荷領域の幅を狭くすると，順方向電流が大きな誤差をまねく[29]．ゲートからの電流注入の効果を補正できたとしても[52]，補正そのものが大きく，精度に疑問が残る．従来の直流測定回路の代わりに交流回路をつかうには[29,30]，ある周波数でソース・ドレイン間に交流電流を流し，空間電荷領域の幅を変える直流バイアスと，交流電流の周波数とは異なる交流電圧をゲートに与える．これに対応する交流電圧を，直流リーク電流と干渉のないようロックインアンプで測定する．磁場を60 Hz，交流駆動電流を200 Hzにした例では[53]，260 Hzのロックインアンプで熱電効果および熱磁気効果による誤差のほとんど除去し，10μVまで低いホール電圧を測っている．

8.4 磁気抵抗移動度

ホール効果測定の代表的なテストストラクチャは，長い形状かあるいはvan der Pauw形状である。$L \gg W$の長いホールバーを図8.13(a)に示している。一方，電界効果トランジスタ（FET）は図8.13(b)のように$L \ll W$である。磁場をかけてホール電場が生じても，長いコンタクトにそってほとんど短絡されるので，FET構造はホール測定には向いていない。この短絡構造の極限は，図8.13(c)のように円の中心にコンタクトの一方を置き，周辺を他方の電極で囲んだものになる。この**Corbinoディスク**[54]は短絡しているので，ホール電圧は存在しない。しかし，図8.13(b)および(c)の構造は**磁気抵抗測定**につかえる。

一般に磁場中の半導体の**抵抗率**は増加する。伝導に異方性があり，1種以上のキャリアがあり，キャリアの散乱がエネルギーに依存するとき，これを**物理的な磁気抵抗効果**（physical magnetoresistance effect; PMR）という。したがって半導体の**抵抗**には磁場も影響する[55]。磁場は電荷のキャリアの経路を直線から反らし，サンプルの抵抗を上げる。これはサンプルの形状に依存し，**構造的磁気抵抗**（geometrical magnetoresistance; GMR）として知られている。磁場で誘起された抵抗変化は形状効果だけでなく半導体の抵抗率の変化にもより，サンプルの移動度が大きいほど抵抗変化は大きい。ふつうは形状効果が支配的で，たとえば1Tの磁場中の室温のGaAsでは，PMRはおよそ2％であるが，GMRはおよそ50％である。構造的磁気抵抗移動度μ_{GMR}は

$$\mu_{GMR} = \xi \mu_H \tag{8.31}$$

によってホール移動度μ_Hと関係づけられる。ここでξは$\xi = (\langle \tau^3 \rangle \langle \tau \rangle / \langle \tau^2 \rangle^2)^2$で与えられる磁気抵抗散乱因子である[10]。$\tau$がエネルギーによらないなら衝突間の平均時間は等方的になり，$\xi = 1$かつ$\mu_{GMR} = \mu_H$となる。物理的磁気抵抗率の変化の比$\Delta \rho_{PMR} = (\rho_B - \rho_0)/\rho_0$はこの条件でゼロになる。ただし$\rho_B$と$\rho_0$は，それぞれ磁場があるときとないときの抵抗率である。

L/W比を振った矩形のサンプルの抵抗の比R_B/R_0を，$\mu_{GMR}B$の関数として図8.14に示す[56]。ここでR_BとR_0は，それぞれ磁場があるときとないときの抵抗である。図8.13(a)のような長い矩形のサンプルの両端にコンタクトをとった場合はこの比は1に近く，磁気抵抗効果は非常に小さい。この比はサンプルが短く幅広になれば大きくなる。$L/W = 0$のCorbinoディスクでこの比が最大になる。図8.14は磁気抵抗とホール効果が相補的であることを示している。一方が小さくなれば一方が大きくなる。たとえば，図8.12では短く幅広のサンプルほどホール電圧は低くなっている。しかし，そういう形状のサンプルに最大の磁気抵抗が現れる。磁気抵抗測定には短く幅広な電界効果トランジスタが適している。Corbinoディスクの電流は，$B = 0$では中心から周辺へ向かう動径方向に流れる。このサンプルに垂直な磁場をかけると，電流の軌跡は対数ら旋となり，抵抗の比は

$$\frac{R_B}{R_0} = \frac{\rho_B}{\rho_0}[1 + (\mu_{GMR}B)^2] \tag{8.32}$$

となる。

式（8.32）は図8.14のCorbinoディスクの曲線を表している。散乱のメカニズムがよくわからない

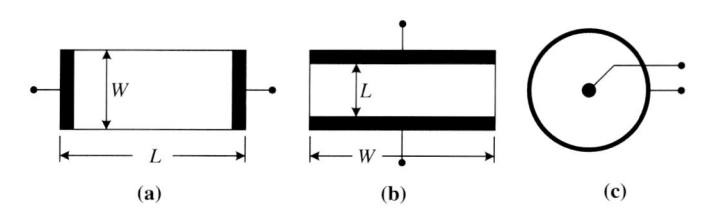

図8.13　(a)ホール測定サンプル，(b)幅広で短いサンプル，(c)Corbinoディスク．

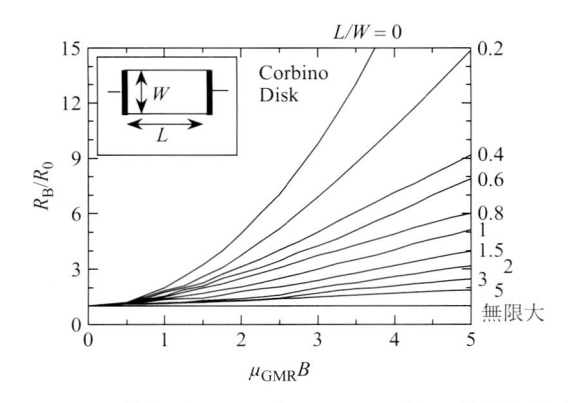

図8.14 いろいろな縦横比の矩形サンプルの$\mu_{\mathrm{GMR}}B$に対する構造的磁気抵抗の比.

ことからホール散乱因子を一般に簡略して1としているように,磁気抵抗散乱因子ξも一般に1とする。GaAsのCorbinoディスク構造を改良したサンプルのμ_{GMR}と,Corbinoディスクのホール測定用サンプルのμ_Hを測定したところ,ξは実験誤差内で1であった[57,58]。これらは0.7Tまでの磁場下で77から400Kの温度で測定された[58]。これらの条件では$\rho_B \approx \rho_0$かつ$\mu_{\mathrm{GMR}} \approx \mu_H$である。さらに$\mu_H \approx \mu_p$と仮定すると,移動度は

$$\mu_p \approx \frac{1}{B}\sqrt{\frac{R_B}{R_0} - 1} \tag{8.33}$$

で与えられる。この移動度は$(R_B/R_0 - 1)^{1/2} - B$プロットの傾きから求めることができ,ショットキー・ゲートのついたCorbinoディスクをつかって抵抗をゲート電圧の関数として測定すればプロファイルも得ることができる[59]。

Corbinoディスクはその特殊な構造のため,つかいづらい。しかし,図8.14から明らかなようにL/W比が小さい形状の矩形サンプルもやはり磁気抵抗測定に向いている[60]。L/W比が小さく,$\mu_{\mathrm{GMR}}B < 1$の矩形サンプルでは,式(8.32)を

$$\frac{R_B}{R_0} = \frac{\rho_B}{\rho_0}[1 + (\mu_{\mathrm{GMR}}B)^2(1 - 0.54L/W)] \tag{8.34}$$

に置き換える[56,57]。μ_{GMR}の誤差を10%以下にするには,アスペクト比L/Wを0.4以下にしなければならない。標準的なFETでは$L/W \ll 1$で,式(8.34)はほぼ式(8.32)となるので,構造的磁気抵抗の測定では一般に式(8.32)がつかわれる。磁気抵抗はGaAsのガン効果デバイスで初めて測定された[56,61]。この方法によれば特別なテストストラクチャは必要なく,ふつうに動くデバイスですぐに測定できる。FETの抵抗をゲート電圧の関数として測定するだけでなく,磁場のあるときとないときの相互コンダクタンスを測定すれば,移動度も求めることができる[62]。

磁気抵抗による移動度の測定法は,変調ドープFET(MODFET)だけでなく,金属—半導体FET(MESFET)にも適用されている。構造的磁気抵抗の磁場依存性をつかってMODFETの様々な伝導領域やサブバンド[注2]の移動度を抽出できる[63]。この方法は,移動度のゲート電圧依存性を得るときにもつかわれる[64]。ただし,ショットキー・ゲート・デバイスのゲート電流の効果および直列抵抗の効果

注2 伝導チャネルの厚さが薄くなって二次元化すると,電子のエネルギーは量子化され,いくつかの"サブバンド"に分裂する。

を補正しなければならない[52,62,65]。ゲート電流の補正はゲートが順バイアスのときに特に重要である。ホール測定ではあまり重要でない接触抵抗も，構造的磁気抵抗の測定では測定値に加わるだけでなく，磁場によらないので，大変重要である。移動度をゲートバイアスの関数として測定すると，移動度はそれぞれのゲート電圧の値での平均値になる。相互コンダクタンスの測定から，**平均移動度**と**微分移動度**の両方を求めることができる[66]。

式（8.32）で表される構造的磁気抵抗（GMR）効果は，ホール効果のように普遍的に応用できるものではない。たとえば抵抗の変化 $\Delta R/R_0 = (R_B - R_0)/R_0$ が10%のとき，この観測に妥当な仮定として $\rho_B/\rho_0 \approx 1$ とすると，$\mu_{GMR} = 0.3/B$ という条件が満たされねばならない。これより，0.1から1Tの標準的な磁場では，$\mu_{GMR} = 30000$ から $3000\ cm^2/V\cdot s$ というⅢ-V材料からなるMESFETやMODFETの特に低温でみられるような移動度が必要になる。まさにこういう材料で構造的磁気抵抗の評価が成功している。超伝導磁石で磁場を強くすると移動度は小さくなる。移動度が $500\sim1300\ cm^2/V\cdot s$ の範囲にあるシリコンは，その構造的磁気抵抗が通常の実験室で可能な磁場ではあまりに小さく，磁気抵抗測定には向いていない。

8.5　飛行時間によるドリフト移動度

少数キャリアの移動度を求めるために**飛行時間法**（time of flight）を初めてつかったのがHaynes-Shockleyの実験である[67~69]。この方法でGeとSiの移動度を初めて包括的に測定したのはPrinceである[70]。この方法の原理は**図8.15**(a)の棒状の p 型半導体で説明する。ドリフト電圧 $-V_{dr}$ によって棒にそ

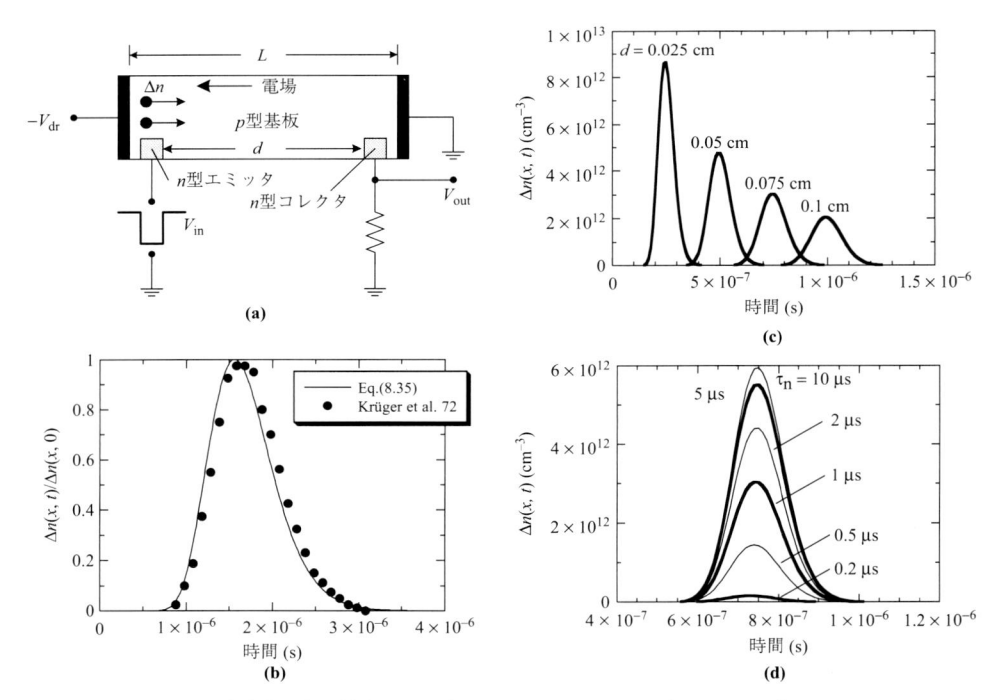

図8.15　(a)ドリフト移動度測定の構成と(b)規格化した出力電圧パルス（$\mu_p = 180\ cm^2/V\cdot s$，$\tau_n = 0.67\ \mu s$，$T = 423\ K$，$\mathscr{E} = 60\ V/cm$），(c)出力電圧パルス（$\mu_n = 1000\ cm^2/V\cdot s$，$\tau_n = 1\mu s$，$T = 300\ K$，$\mathscr{E} = 100\ V/cm$，$N = 10^{11}\ cm^{-2}$），(d)出力電圧パルス（$\mu_n = 1000\ cm^2/V\cdot s$，$d = 0.075\ cm$，$T = 300\ K$，$\mathscr{E} = 100\ V/cm$，$N = 10^{11}\ cm^{-2}$）．

った電場 $\mathscr{E} = V_{dr}/L$ が生じる。ここで n 型エミッタに負極性のパルスを与え，少数キャリアである電子を注入する。注入された電子束は電場中をエミッタからコレクタに向かってドリフトする。

$t = 0$ で幅の狭い電子パルスが注入されると，拡散し，棒にそってドリフトするにつれて多数キャリアの正孔と再結合する。その結果，少数キャリアのパルスは拡散によって拡がり，再結合によってパルスの面積は減る。このパルスの形状は空間と時間の関数として，

$$\Delta n(x, t) = \Delta n(x,0)\exp\left[-\frac{(x - vt)^2}{4D_n t} - \frac{t}{\tau_n}\right] = \frac{N}{\sqrt{4\pi D_n t}}\exp\left[-\frac{(x - vt)^2}{4D_n t} - \frac{t}{\tau_n}\right] \quad (8.35)$$

で与えられる[71]。ここで N は $t = 0$ における注入点での電子束の密度（個/cm^2）である。指数部の第1項は拡散とドリフトを，第2項は再結合を表している。

電子束がエミッタからコレクタへドリフトするまでの時間は $t_d = d/v$ で，d は図8.15(a)のコンタクト間の間隔，$v = \mu_n \mathscr{E}$ は電子束の速度である。式 (8.35) にしたがう規格化した出力電圧波形を，文献72のデータとともに図8.15(b)に示す。間隔 d および寿命 τ_n をパラメータとして計算した出力電圧を，それぞれ図8.15(c)および(d)に示す。(c)では時間とともにパルスの面積が減り，拡がっていくこと，(d)では寿命によってパルスの振幅が変わっていることがわかる。

遅延時間 t_d を求めるには，入力パルスの振幅を振って時間に対して出力パルスを測定し，入力ゼロへ外挿するか，出力パルスのピーク位置の時間がシフトしなくなるまで注入パルスの振幅を小さくすればよい。こうすれば，注入されたキャリアの密度は平衡状態の多数キャリアの密度より十分低い低レベル注入となり，少数キャリアのパルスによる局所的な電場の乱れを抑えることができる。

速度が $v = \mu_n \mathscr{E}$ のときのドリフト移動度は

$$\mu_n = \frac{d}{t_d \mathscr{E}} \quad (8.36)$$

の関係から求められる。飛行時間法では**少数キャリアの速度**または**少数キャリアの移動度**を実際に測っている。したがって，キャリアの速度と電場の挙動を調べるのに有効である。他の移動度測定法では速度と電場の関係は得られない。

拡散係数 D_n を求めるには，コレクタに到達したパルスの最大振幅での半値幅を測定する。このとき D_n は

$$D_n = \frac{(d\Delta t)^2}{16(\ln 2)t_d^3} \quad (8.37)$$

で与えられる。ここで，Δt はパルス幅である。

キャリア寿命は 2 つのドリフト電圧 V_{dr1} および V_{dr2} に対応して電子束パルスがコレクタに達する時間 t_{d1} および t_{d2} を測定して求める。少数キャリアのトラップがない理想的な場合は，ガウシアン型のパルスが到達すると予想されるので，寿命はそれぞれに対応する出力パルスの振幅 V_{01} および V_{02} を比べればわかる。このときの電子の寿命は

$$\tau_n = \frac{t_{d2} - t_{d1}}{\ln(V_{01}/V_{02}) - 0.5\ln(t_{d2}/t_{d1})} \quad (8.38)$$

となる[72]。

基本的に同じ手法で，電気的な注入を**光による注入**にすることもできる。たとえば，pn 接合の p 領域の端面近傍に光で電子—正孔対を生成する[73]。すると電子は拡散して積分器となる接合部に捕集される。その電圧を測れば，移動度がわかる。光による注入に**光検知**を組み合わせたものもある。レーザーパルスで生成した電子—正孔対がドリフトし拡散していくと，特に放射再結合が支配的なIII-V材料では，光の放射をともなって再結合する。これが"光子が入ると光が出る"飛行時間法で検出さ

れる放射再結合である．変わったところでは，GaAs/AlGaAs[74)]とInGaAs/InP[75)]で量子井戸を時間マーカーとしてつかったものがある．電子—正孔対は電子線パルスでも発生できる[76)]．あるいは，サンプルをマイクロ波回路に組み込んで電子—正孔対をつくり，電子線をマイクロ波周波数で偏向させながらサンプルを走査したときのサンプルを流れるマイクロ波電流を検知する[77)]．このマイクロ波電流の振幅と位相からドリフト速度がわかる[77,78)]．表面再結合が心配なら，エミッタとコレクタの間の領域を酸化してゲートをつければよい[72)]．適度なゲート電圧で表面をバイアスして蓄積状態にすれば，表面再結合を効果的に減らせる．表面再結合は第7章で議論している．

　移動度の他に，キャリアのドリフト速度を速度—電場曲線のかたちにしておくことも重要である．ドリフト速度を電場の関数として求める方法には，**電流法**と**飛行時間法**の2つがある．前者では，強電場にあるn型中性領域の電流から電子のドリフト速度を求める．この電子のドリフト速度は

$$v = \frac{I}{qwdn} \tag{8.39}$$

で与えられる．ここでIは電流，wはサンプルの幅，dは厚さ，nは電子の密度である．これからドリフト速度を正確に求めるには，物理的な寸法とキャリアの密度が精度よくわかっていなければならない．熱が発生しないよう，サンプルに$50 \sim 100$ nsのパルス電場を与える[79)]．アーク放電しないよう，サンプルを不活性雰囲気中に置かねばならないこともある．この方法でSiCの$v\text{-}\mathscr{E}$曲線を求めている[79)]．

　ドリフト速度を求める飛行時間法の原理を**図8.16**(a)に示す．2つの平行な電極板のカソード側に$-V_1$を印加する．たとえばUV光でカソードから遊離した電子束は，カソードからアノードに向かって$-V_1$による電場の中を速度v_nでドリフトする．電子の電荷$Q_N = qN \, \text{C/cm}^2$はカソードの電荷$Q_C$およびアノ

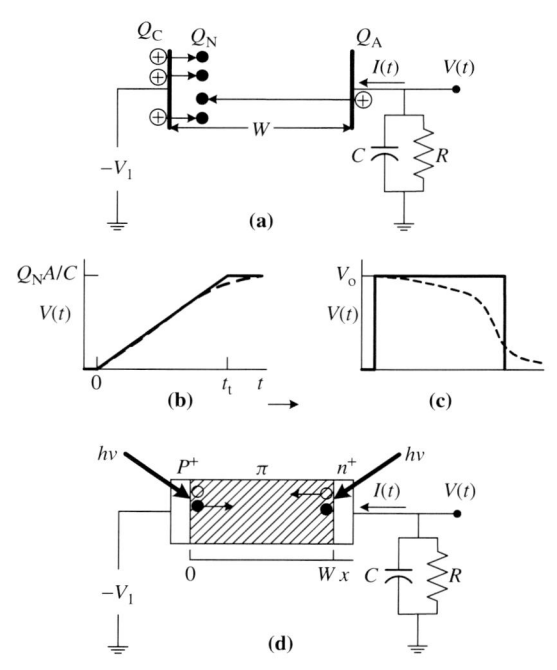

図8.16　(a)飛行時間測定法，(b)$t_t \ll RC$のときの出力電圧，(c)$t_t \gg RC$での出力電圧，(d)$p^+\pi n^+$ダイオードでの測定の構成．

ードの電荷Q_Aとつり合い，$Q_N = Q_C + Q_A$である．矢印はQ_CおよびQ_AからQ_Nに至る電気力線である．電圧をかけたことによる電気力線は示されていない．

両プレートの電荷は，電極間の電子がカソードからアノードへドリフトしていくにつれて連続的に再配分される．アノードの電荷は$t=0$で$Q_A=0$，$t=t_t$で$Q_A=Q_N$である．ただしt_tは

$$t_t = \frac{W}{v_n} \tag{8.40}$$

で定義される飛行時間（transit time）である．Q_AがゼロからQ_Nになると，この電荷は飛行時間t_tの間

$$I(t) = \frac{Q_N A}{t_t} = \frac{Q_N A v_n}{W}, \quad 0 \leq t \leq t_t \tag{8.41a}$$

$$I(t) = 0, \quad t > t_t \tag{8.41b}$$

で与えられる電流$I(t)$として外部回路を流れる[80,81]．ただしAは電極の面積である．

導線がついたサンプルと電圧検知回路への入力には，合わせてCの容量が寄生している．Rは図8.16(a)の負荷抵抗である．この出力電圧は

$$V(t) = \frac{Q_N A v_n R}{W}(1 - e^{-t/RC}) = V_0(1 - e^{-t/RC}) \tag{8.42}$$

となる．

演習8.2
問題：式（8.42）を導け．
解：周波数で表した

$$V(\omega) = Z(\omega)I = \frac{R}{1+j\omega RC}I$$

を$I(s) = I/s = (Q_N A v_n / W)(1/s)$のステップ電流をつかってラプラス変換すると，

$$V(s) = Z(s)I(s) = \frac{R}{1+sRC}I(s) = \frac{R}{s(1+sRC)}\frac{Q_N A v_n}{W}$$

を得る．ただし"s"はラプラス演算子である．この逆ラプラス変換により

$$V(t) = \frac{Q_N A v_n R}{W}(1 - e^{-t/RC}) = V_0(1 - e^{-t/RC})$$

式（8.42）の2つの極限は，飛行時間測定にとって興味深い．
1. $t_t \ll RC$では，電圧が

$$V(t) \approx \frac{V_0 t}{RC} = \frac{Q_N A v_n t}{WC}, \quad 0 \leq t \leq t_t \tag{8.43}$$

$$V(t) = \frac{Q_N A}{C}, \quad t > t_t \tag{8.44}$$

となる.この近似では,RC回路が積分器として働き,この電圧は図8.16(b)の太線で示されている.
2. $t_t \gg RC$では,電圧は

$$V(t) \approx V_0 = \frac{Q_N A v_n R}{W}, \quad 0 \leq t \leq t_t \tag{8.45}$$

$$V(t) = 0, \quad t > t_t \tag{8.46}$$

となる.この近似ではRC時定数が小さすぎてキャパシタは充電されないので,$V(t) \approx RI(t)$ となる.図8.16(c)の太い線がこの電圧である.どちらの場合も飛行時間を求めることができ,t_t からキャリアの速度がわかる.

この飛行時間法は図8.16(d)の$p^+\pi n^+$接合に適用できる.この図のπ領域は薄くドープしたp領域である.このπ領域はバイアス電圧$-V_1$で完全に空乏化する.高エネルギーの光または電子ビームを**左か**ら照射して表面を励起すると,$x = 0$の近傍に電子—正孔対ができる.このうち正孔はp^+コンタクト層へ流れ込み,電子は$x = W$へドリフトすることから,**電子の速度**を求めることができる.**右から励**起すると,正孔が左へドリフトし,**正孔の速度**を測定できる.

飛行時間測定のためのよく似た構造を2つ**図8.17**に示す.どちらもMOS構造とpnダイオードの組み合わせである.図8.17(a)はダイオードとゲートをV_1にバイアスしたゲート制御ダイオードで,反転層ができないようにゲート下を深く空乏化している[82,83].ゲート制御ダイオードのゲートは,シート抵抗が10 kΩ/□くらいの高抵抗ポリシリコン薄膜である.半導体およびゲート方向にそってパルス幅200 nsの電圧パルスV_2をくり返しレート10 kHzで周期的に発生させると,横方向の電場が誘起される.そこで金属ゲートに設けた2つの開口に向けモードロックNd:YAGレーザーの光パルスを照射すると,半導体中に電子—正孔対が発生する.正孔は基板へドリフトしていき,電子は表面にそってダイオードに捕集され,出力回路に電流パルスが現れる.光の開口で決まる2つの位置から注入された少

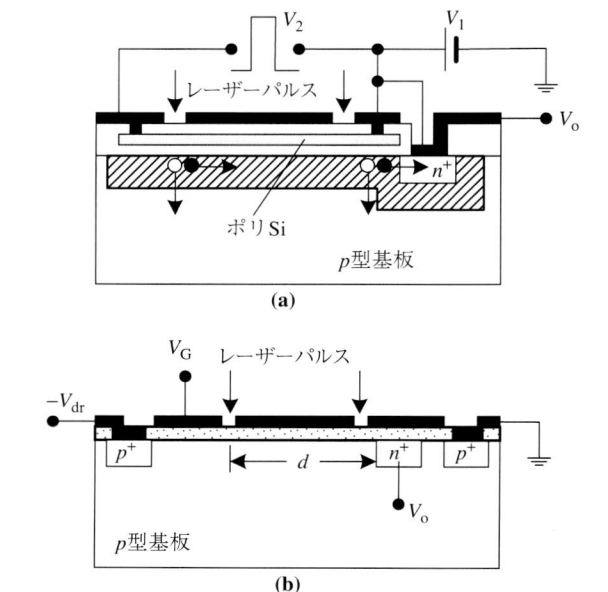

図8.17 ドリフト移動度の2つの測定構成例.

数キャリアの到達時間の差をとれば，ドリフト速度がわかる．移動度の電場依存性を得るには，**横方向**あるいは**接線方向**の電場をV_2で振ればよい．移動度のゲート電圧依存性を求めるには，**垂直**あるいは**縦方向**の電場をV_1で調節すればよい[82]．

図8.17(b)の半導体中の電場は，2つのp^+コンタクトの間に印加した電圧からわかる[81]．表面電位はAlゲートで決まるが，横方向の電場はゲート電圧によらず，縦方向の電場と独立である．ゲートは光を遮蔽するが，レーザーパルスで電子—正孔対を生成するスリットが2つ設けてある．パルス幅70 psのモードロックNd：YAGレーザーの光パルスでつくった少数キャリア束をn^+コレクタで捕集し，サンプリング・オシロスコープに表示する．図8.17の回路は図8.15と類似のものである．これらの主な違いは，少数キャリアの注入法である．図8.15では少数キャリアを電気的に注入しているが，図8.17では光で注入している．これらの方法によるデータを解析する場合は，キャリアのトラップを予め排除しておくか，あるいはきちんと考慮する必要がある[75,85]．図8.16(b)および(c)の破線はトラップの効果を表している[81]．

MOSFETの電流—電圧データから飽和速度も求めることができる．短チャネルMOSFETにソース抵抗R_Sがあるときの飽和条件でのドレイン電流は

$$I_{D,sat} = \frac{W_{eff} v_{sat} \mu_{eff} C_{ox}(V_{GS} - V_T - I_{D,sat}R_S)^2}{2v_{sat}L_{eff} + \mu_{eff}(V_{GS} - V_T - I_{D,sat}R_S)} \tag{8.47}$$

のように書ける[86]．$I_{D,sat}$について解き，高次の項を落とすと，式（8.47）は

$$\frac{1}{I_{D,sat}} = \frac{2R_S W_{eff} v_{sat} C_{ox} + 1}{W_{eff} v_{sat} C_{ox}(V_{GS} - V_T)} + \frac{2(L_m - \Delta L)}{W_{eff} \mu_{eff} C_{ox}(V_{GS} - V_T)^2} \tag{8.48}$$

のように書ける．このとき$1/I_{D,sat} - L_m$プロットは$(1/I_{D,sat})_{int}$の切片をもち，$L_{m,int}$は

$$\left(\frac{1}{I_{D,sat}}\right)_{int} = \frac{2R_S W_{eff} v_{sat} C_{ox} + 1}{W_{eff} v_{sat} C_{ox}(V_{GS} - V_T)} - \frac{2\Delta L}{W_{eff} \mu_{eff} C_{ox}(V_{GS} - V_T)^2} \tag{8.49}$$

$$L_{m,int} = \Delta L - \frac{\mu_{eff}(V_{GS} - V_T)(2R_S W_{eff} v_{sat} C_{ox} + 1)}{2v_{sat}} \tag{8.50}$$

で与えられる．式（8.49）を（8.50）に代入すると

$$L_{m,int} = \Delta L + \frac{2R_S W_{eff} v_{sat} C_{ox} + 1}{W_{eff} v_{sat} C_{ox}(V_{GS} - V_T)} \frac{L_{m,int}}{(1/I_{D,sat})_{int}} = \Delta L + A \frac{L_{m,int}}{(1/I_{D,sat})_{int}} \tag{8.51}$$

となる．式（8.51）にはμ_{eff}は含まれていないことに注意しよう．$L_{m,int} - L_{m,int}/(1/I_{D,sat})_{int}$プロットの傾きは$A$だが，$A - 1/(V_{GS} - V_T)$プロットは直線になり，その傾き$S$から

$$v_{sat} = \frac{1}{W_{eff} C_{ox}(S - 2R_S)} \tag{8.52}$$

をつかってv_{sat}が導かれる．

8.6　MOSFETの移動度

伝導率移動度，ホール移動度，および磁気抵抗移動度は**バルク**の移動度である．これらを求めるにあたって，表面はあまり重要でない．キャリアはサンプル全体を自由に動くことができ，サンプルの厚さで平均化された移動度が測定される．バルクでの主な散乱メカニズムは**格子散乱**または**フォノン散乱**，および**イオン化した不純物による散乱**である．**中性な不純物による散乱**は，イオン化した不純物にキャリアが凍結して中性になるような低温で重要である．一部の半導体では**ピエゾ電気散乱**もみ

られる。それぞれの散乱メカニズムが移動度と関係している。Mathiessenの規則によれば，正味の移動度μは

$$\frac{1}{\mu} = \frac{1}{\mu_1} + \frac{1}{\mu_2} + \cdots \tag{8.53}$$

によって各種の移動度と結びついており，最も低い移動度が支配的になる[87]。

　この節ではMOSFETのチャネルのような狭い領域に電流のキャリアが閉じ込められたときの新たな散乱メカニズムを考察する。酸化膜—半導体界面近傍にキャリアがあると，**表面粗さによる散乱**の他に，酸化膜中の電荷や界面状態からの**クーロン散乱**のような散乱メカニズムが現れ，MOSFETの移動度はバルクの移動度より小さくなる[88]。反転層でのキャリアの量子化によってさらに移動度は下がる[89〜91]。

8.6.1　有効移動度

　ゲート長L，ゲート幅WのnチャネルMOSFETを考えよう。pチャネルデバイスについても考え方は同じである。ドレイン電流I_Dはドリフト電流と拡散電流からなり，

$$I_D = \frac{W\mu_{eff}Q_n V_{DS}}{L} - W\mu_{eff}\frac{kT}{q}\frac{dQ_n}{dx} \tag{8.54}$$

である。ここでQ_nはチャネルの可動電荷密度（C/cm²），μ_{eff}は有効移動度（effective mobility）で，ふつう50〜100 mVのドレイン電圧で測定する。V_{DS}が低いほど，ソースからドレインまでのチャネルの電荷がより均一になり，式（8.54）の拡散による第2項を無視することができる。そこで**有効移動度**μ_{eff}について解けば

$$\mu_{eff} = \frac{g_d L}{W Q_n} \tag{8.55}$$

となる。ここでドレインコンダクタンスg_dは

$$g_d = \left.\frac{\partial I_D}{\partial V_{DS}}\right|_{V_{GS}=一定} \tag{8.56}$$

のように定義される。

　ではQ_nをどのようにして求めるかであるが，一般には2つのやり方がある。1つはチャネルの可動電荷密度を

$$Q_n = C_{ox}(V_{GS} - V_T) \tag{8.57}$$

で近似する。チャネル電荷はV_T以下のサブスレッショルド領域でも存在するが，$V_{GS} - V_T$がデバイスの動作をしきい値以上のドリフト制限領域に限定している。ただし，この方法にはいくつかの欠点がある。1つはチャネル電荷が式（8.57）では正しく定まらないことであり，2つ目はしきい値電圧がわかっているとは限らず，C_{ox}も厳密には酸化膜の単位面積当りの容量ではないことである。C_{ox}はポリSiゲートの空乏化とSiO₂/Si界面のすぐ下の反転層を考慮した有効酸化膜容量になる。

　式（8.55）と（8.57）からμ_{eff}を求めると，$V_{GS} = V_T$の近くで移動度が急激に下がる。この理由は式（8.57）が真のQ_nの値に対する近似にすぎず，しきい値電圧が正確にわかっていないこと，およびチャネル電荷密度がゲート電圧の低下とともに減少し，イオン化した不純物による散乱が顕在化することによる。ゲート電圧が高ければ，反転電荷がイオン化した不純物を遮蔽するので，この散乱の寄与は小さくなる。

　容量測定によってQ_nを直接測定し，ゲートとチャネルの間の単位面積当りの容量C_{GC}から

$$Q_n = \int_{-\infty}^{V_{GS}} C_{GC} dV_{GS} \tag{8.58}$$

にしたがって求めたチャネルの可動電荷密度をつかえば，有効移動度の結果を改善できる．このときC_{GC}は図8.18の結線で測定する．容量計はソース・ドレインをつないだもの（図示せず）とゲートとの間につなぎ，基板は接地する．より詳しい議論は補遺6.1を参照．負のゲート電圧（図8.18(a)）のときはチャネル領域を蓄積状態にし，重なり容量$2C_{ov}$を測定する．$V_{GS} > V_T$（図8.18(b)）では表面を反転させ，3つの容量$2C_{ov} + C_{ch}$すべてを測定する．$C_{GC} - V_{GS}$曲線を図8.19(a)に示す．この曲線から$2C_{ov}$を差し引いて積分すると，図8.19(a)の$Q_n - V_{GS}$曲線になる．図8.19(b)はドレインの出力特性である．これらの曲線のV_{DS}の低い領域での傾きから，ドレインコンダクタンスg_dがわかる．式（8.55）をつかって図8.19から求めた移動度を図8.20に示す．

式（8.55）と（8.57）をつかって求めた移動度にも，よく見落とされる誤差要因がいくつかある．これを手短に述べよう．C_{GC}は図8.18(a)のようにして測定するのがふつうである．この測定では$V_{DS} = 0$であるが，g_dを求めるためのドレイン電流は$V_{DS} > 0$でしか測定できない．そこで一般に，$V_{DS} = 100$ mVでのI_Dを測定する．ドレイン電圧はできるだけ低い方がよいが，V_{DS}が低すぎると相対的にノイズが増えるので，$V_{DS} \approx 20 \sim 50$ mVが限度である．$V_{DS} > 0$ではV_{GS}が与えられるとV_{DS}の増加につれてQ_nが減少するので，$\mu_{eff} - V_{GS}$のデータの誤差が特に$V_{GS} = V_T$の近傍で大きくなる[92~94]．測定回路を少し工夫し，ドレインにバイアスをかけ，ゲートGとソースSの間の容量（C_{GS}）を測定する[94]．つづいてゲートGとドレインDの間の容量（C_{GD}）を測定する．ここで$C_{GC} = C_{GS} + C_{GD}$である．図8.18の重なり部の容量C_{ov}を無視したことによる誤差も，ゲート長が100 μmくらいの大きなMOSFETの容量では許容できる．他にも解析で無視した容量は少なからず誤差の要因となる．

ドレイン電流はドリフト電流だけであるという仮定も誤差の原因になる．この近似はしきい値以上での動作なら妥当であるが，V_{GS}がV_Tのあたりになると，拡散電流も無視できない．実際よく知られているように$V_{GS} < V_T$のサブスレッショルド領域でのドレイン電流は主に拡散によるものである．容量は界面トラップが追従できないような100 kHzから1 MHzの十分高い周波数で測定すべきである．周波数が低いと界面トラップが容量に影響する．

チャネルの可動電荷密度の測定方法は，図8.18のようにゲートとソース・ドレイン間の容量とゲートと基板間の容量を測定する"スプリット$C-V$"法として知られている．この方法はもともと界面トラップ電荷密度と基板のドーピング密度を測定するためにKoomenが提案したものである[95]．その後，移動度の測定にもつかわれるようなった[96]．

図8.21でスプリット$C-V$法を考えよう．ゲート電圧の時間変化によって電流I_1とI_2が流れるとする．基板接地では，I_1は

$$I_1 = \frac{dQ_n}{dV_{GS}} \frac{dV_{GS}}{dt} = C_n \frac{dV_{GS}}{dt} = C_{GC} \frac{dV_{GS}}{dt} \tag{8.59}$$

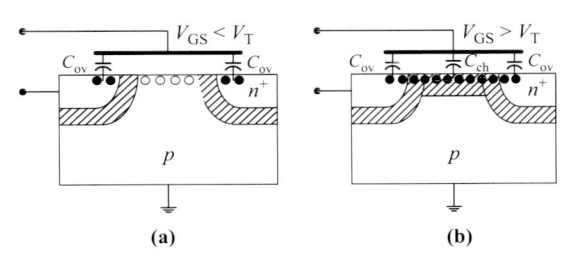

図8.18 ゲート－チャネル間容量の測定．(a) $V_{GS} < V_T$, (b) $V_{GS} > V_T$.

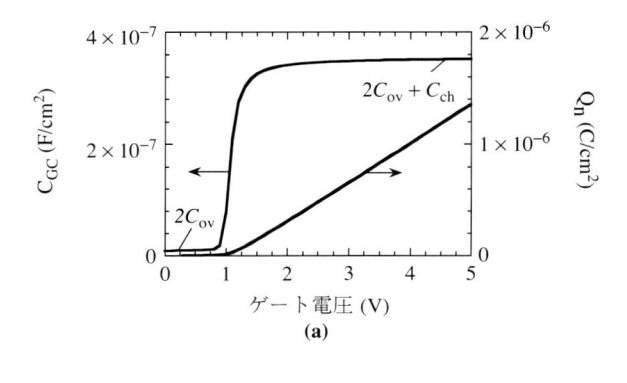

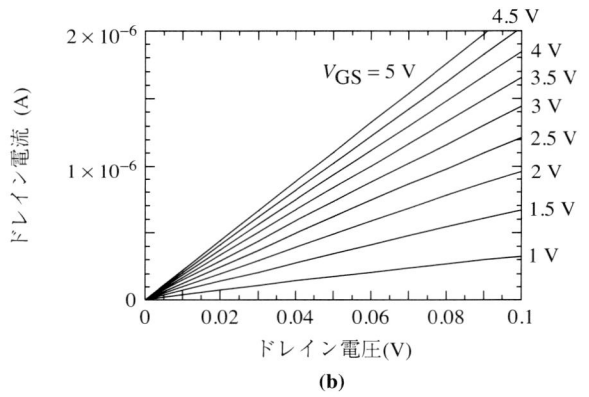

図8.19 (a) V_{GS} に対する C_{GC} と Q_n. (b) $I_D - V_{DS}$. $W/L = 10\,\mu m/10\,\mu m$, $t_{ox} = 10\,nm$, $N_A = 1.6 \times 10^{17}\,cm^{-3}$.

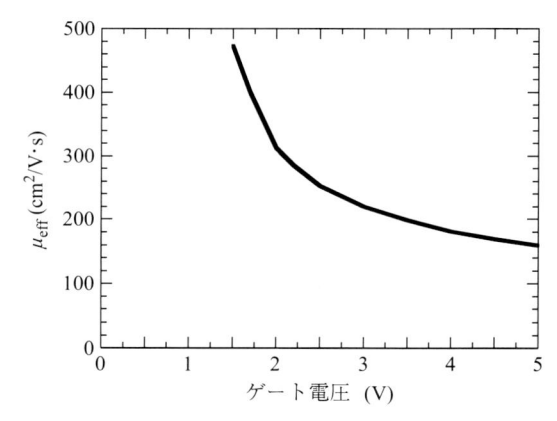

図8.20 図8.19のデータの V_{GS} に対する μ_{eff}. $V_T = 0.5\,V$.

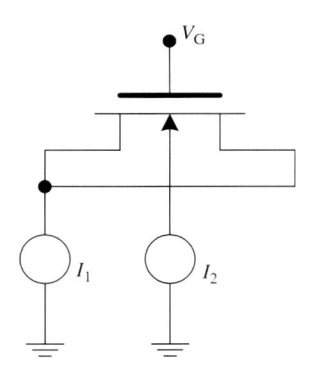

図8.21　スプリット $C-V$ 測定.

である.
　同様に,

$$I_2 = \frac{dQ_b}{dV_{GS}} \frac{dV_{GS}}{dt} = C_b \frac{dV_{GS}}{dt} = C_{GB} \frac{dV_{GS}}{dt} \tag{8.60}$$

である. チャネルの可動電荷密度 Q_n は式 (8.59) から導かれ, 式 (8.60) からはバルクの電荷密度 Q_b あるいは基板のドーピング密度が導かれる. 代表的な C_{GC} および C_{GB} の曲線を図8.22に示している.
　有効移動度は格子散乱, イオン化した不純物による散乱, および表面散乱に左右される. イオン化した不純物による散乱は基板のドーピング密度に, 表面による散乱はゲート電圧に依存する. 図8.23に示す有効移動度のゲート電圧依存性は,

$$\mu_{eff} = \frac{\mu_0}{1+(\alpha \mathscr{E}_{eff})^\gamma} \tag{8.61}$$

によって, μ_{eff} が垂直方向の表面電場 $\mathscr{E}_{eff}$ へ依存することを表すことが多い. ここで α と γ は定数である. ゲート電圧による電場を空間電荷領域と反転層の電荷によって

$$\mathscr{E}_{eff} = \frac{Q_b + \eta Q_n}{K_s \varepsilon_0} \tag{8.62}$$

と表せるなら[97,98], 式 (8.61) は "普遍的な" 移動度—電場曲線になる. ここで Q_b と Q_n は, それぞれ空間電荷領域および反転層の電荷密度 (C/cm^2) である. 反転層の電荷に対する η は, 反転層の電子分布に対する電場の平均化を表しており, 電子の移動度に対しては通常 $\eta = 1/2$, 正孔の移動度に対しては $\eta = 1/3$ としている[97,98]. "普遍的な $\mu_{eff} - \mathscr{E}_{eff}$" のプロットは, ゲート電圧と, バルクおよび反転層の電荷に依存する.
　Siの室温での実験データは, 母材が大きい場合, 経験式

$$\mu_{eff,n} = \frac{638}{1+(\mathscr{E}_{eff}/7 \times 10^5)^{1.69}} \ ; \ \mu_{eff,p} = \frac{240}{1+(\mathscr{E}_{eff}/2.7 \times 10^5)} \tag{8.63}$$

によく一致する[99~102]. 式 (8.63) で計算した SiO_2/Si デバイスの電子および正孔の有効移動度を図8.23に示す. 同じく有効移動度の実験データも示しているが, 式 (8.63) による予測とよく一致している.
　このような表式は普遍性を訴求できるが, 作業の観点からはそうともいえない. 実験的に測定でき

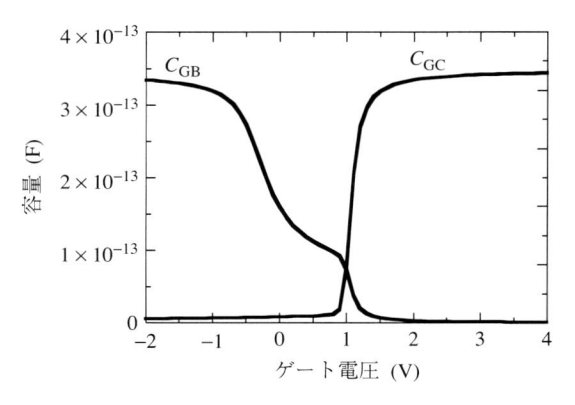

図8.22 容量のゲート電圧依存性.

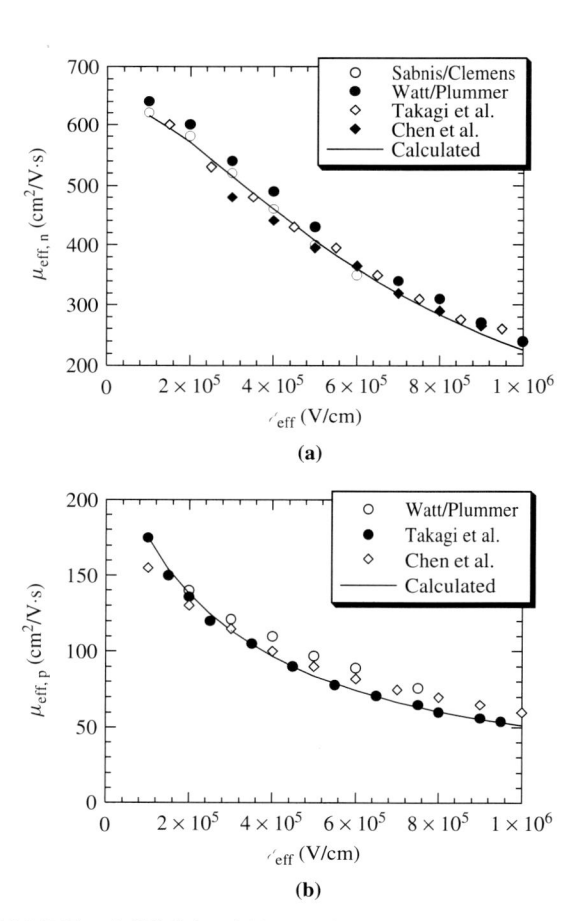

(a)

(b)

図8.23 (a)電子と(b)正孔の有効移動度の有効電場依存性. データは図中で示した文献による.

るのは電場ではなく，結局ゲート電圧だからである。測定した電圧を電場に変換するには，ゲート下のドーピング密度と反転層の電荷密度がわかっていなければならない。ゲート電圧の関数として表した"普遍的"移動度曲線を補遺8.2に示しておく。

有効電場あるいはゲート電圧によって有効移動度が下がるのは，ゲート電圧を上げると表面の起伏による散乱が増えたり，量子化効果が顕著になるためとされており，有効移動度を経験式で表すのが常套手段になっている。よくつかわれる有効移動度は

$$\mu_{eff} = \frac{\mu_0}{1+\theta(V_{GS}-V_T)} \tag{8.64}$$

で与えられる。移動度の劣化因子θはゲート酸化膜の厚さおよびドーピン密度による[103]。弱電場での移動度μ_0は，**図8.24**(a)に示すように$\mu_{eff}-(V_{GS}-V_T)$曲線の切片になる。定数θは，図8.24(b)の$\mu_0/\mu_{eff}-(V_{GS}-V_T)$プロットの傾きからわかる。

実験に合うよう，式（8.64）のいろいろな改良版が提案されている。そのいくつかは直列抵抗を含

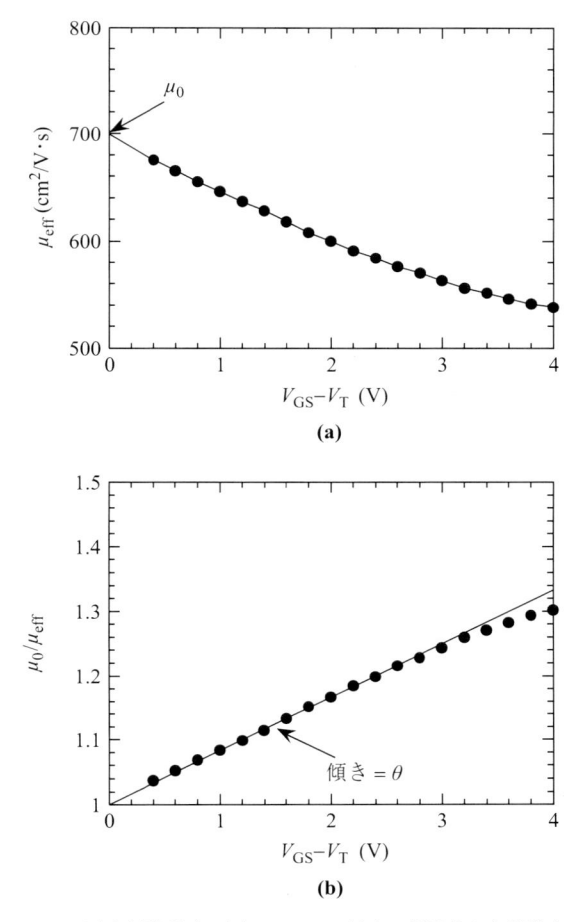

図8.24　(a)有効移動度，(b)$V_{GS}-V_T$に対する規格化した移動度.

み[104],またいくつかは,短チャネルデバイスに特有の問題となる横方向の電場による移動度の低下を含んでおり,ドレイン電圧や横方向電場によって移動度が変化する[105,106]。

ゲートの空乏化およびチャネル位置の効果:第6章で議論したように,nチャネルMOSFETのn^+ポリSiゲートおよびpチャネルMOSFETのp^+Siゲートは,デバイスが反転状態となったとき部分的に空乏化するため,酸化膜の容量に直列のゲート容量C_Gが入り,見かけのC_{ox}が低下する。反転層がSi表面から少し下にあると,チャネル容量C_{ch}も加わり,見かけの酸化膜容量はさらに小さくなる。これら2つの寄生容量を考慮したゲート―チャネル間の容量は

$$C_{GC} = \frac{C_{ox}}{1 + C_{ox}/C_G + C_{ox}/C_{ch}} \tag{8.65}$$

となる。

図8.25の金属ゲートおよびn^+ポリSiゲートでは,正のゲート電圧でC_{GC}が小さくなる。このように容量が減ると,式(8.57)および(8.58)から式(8.55)によって移動度が高くなってしまうので,理由を明らかにしておく必要がある。$N_D = 10^{19}\,\mathrm{cm}^{-3}$の$n^+$ポリゲートは一旦電子が空乏化したあと,$V_G = 1.6\,\mathrm{V}$で反転して正孔の反転層をつくるので,$C_{GS}$がそこから増加している。

ゲート電流の効果:ゲート絶縁膜がきわめて薄いときは,**図8.26**に示すようにゲート電流がドレイン電流に影響する。たとえばドレイン電圧が低い$V_{DS} = 10\sim20\,\mathrm{mV}$の領域では,チャネル領域を等電

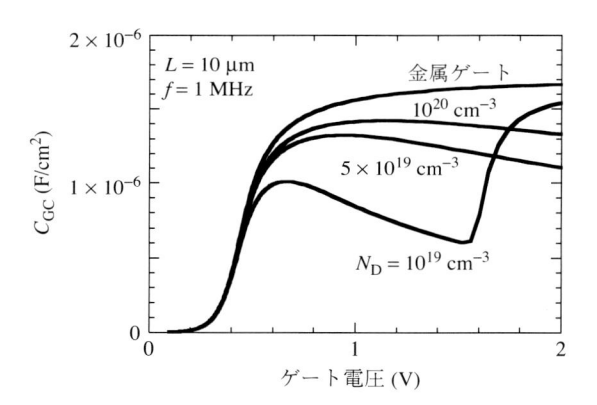

図8.25 いろいろなポリSiゲートのドーピング密度でのゲート電圧に対するゲート―チャネル間容量のシミュレーション結果.$t_{ox} = 2\,\mathrm{nm}$, $N_A = 10^{17}\,\mathrm{cm}^{-3}$, $\mu_{eff} = 300\,\mathrm{cm}^2/\mathrm{V \cdot s}$.

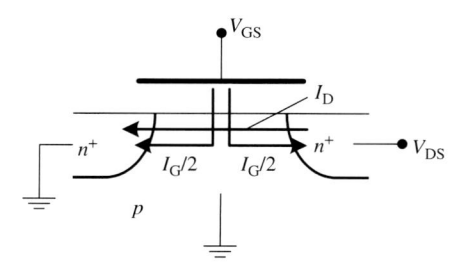

図8.26 ドレイン電流およびゲート電流を示すMOSFETの断面図.ゲート電流はソース電流に加わり,ドレイン電流からは差し引かれる.

位とみなすことができ，**ゲート電流のおよそ半分はソースへ，残りの半分はドレインへ流れる**。したがって，ドレインへ流れるゲート電流はドレインからソースへ流れる電流と逆向きになる。このため，ドレイン電流が減り，ドレインコンダクタンスが下がり，式 (8.55) にしたがって有効移動度も下がる。ドレイン電流とゲート電流の実験データを，2つのドレイン電圧について**図8.27**に示す。ゲート電流が増えると，明らかにドレイン電流が減っている。

この問題をとり入れたいろいろなアプローチが提案されている。その1つが，ゲート電流の半分がドレインへ流れるとし，

$$I_{D. eff} = I_D + I_G/2 \tag{8.66}$$

を有効ドレイン電流とするもので，$I_{D. eff}$をつかえば，ドレインコンダクタンスを求めることができる[107]。ここでI_DとI_Gは，それぞれドレイン電流およびゲート電流の測定値である。他にも，2つの異なるドレイン電圧でドレイン電流を測定し，有効ドレイン電流を

$$I_{D. eff} = \Delta I_D = I_D(V_{DS2}) - I_D(V_{DS1}) \tag{8.67}$$

とする[108]。たとえば図8.27ではドレイン電流を10 mVと20 mVで測定している。ゲート電圧が1 Vより少し高いところからドレイン電流が下がりはじめている。このような低いドレイン電圧ではゲート電流は変わらないと仮定して2つの電流の差をとると，弱い電流ΔI_Dを得る。図8.27から，ゲート電流はドレイン電圧にあまりよらないと仮定してもよいことがわかる。

反転電荷の周波数応答の効果：チャネルの周波数応答が，Q_nの誤差要因になる。**図8.28**のMOSFETの断面図を考えよう。ここでC_{ch}は反転層の容量，C_bは空間電荷領域あるいはバルクの容量，R_Sはソースの抵抗，R_Dはドレインの抵抗，R_{ch}は反転層の抵抗である。容量はF／単位面積とする。ゲートとチャネルの間の容量測定では，ソースおよびドレインから電子が供給される。これらの電子は反転電荷の周波数応答を制限する抵抗R_{ch}やいろいろな容量に流れ込む。このゲート—チャネル間容量は

$$C_{GC} = \frac{C_{ox}C_{ch}}{C_{ox} + C_{ch} + C_b} \mathrm{Re}\left(\frac{\tanh\lambda}{\lambda}\right) \tag{8.68}$$

で与えられる[92]。ここで

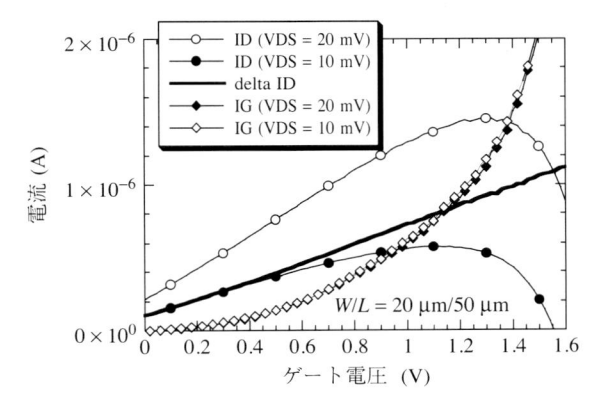

図8.27　nチャネルMOSFETのゲート電圧に対するドレイン電流とゲート電流．ゲート絶縁膜：厚さ～2 nmのHfO$_2$．W. Zhu and T.P. Ma, Yale Universityの許諾による．

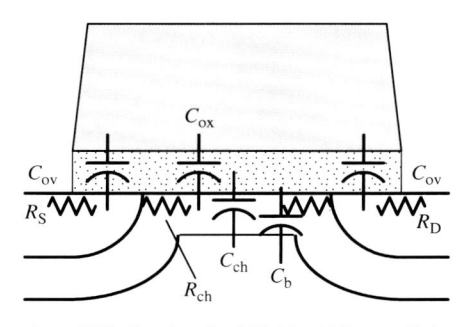

図8.28 ソースおよびドレインの抵抗（R_SとR_D），反転層の抵抗R_{ch}，重なり容量C_{ov}，酸化膜容量C_{ox}，チャネル容量C_{ch}およびバルク容量C_bを示すMOSFETの断面図．

$$\lambda = \sqrt{j0.25\omega C' R_{ch} L^2} \tag{8.69}$$

である．この導出は補遺8.3に与えてある．

図8.29にいろいろな周波数とチャネル長についてのC_{GC}を示す．チャネル周波数効果を無視するには，周波数がきわめて低いか，ゲートが極端に短くなければならないことがわかる．そうでないときは，C_{GC}の積分も，それによる移動度も正しくない．

界面トラップの電荷の効果：界面トラップはいろいろなかたちで移動度の測定に影響する．まず，界面トラップは散乱の元であり，移動度を下げる．界面にトラップされた電子はQ_nを変化させるが，ドレイン電流とドレインコンダクタンスには影響しない[109]．界面トラップは容量にも寄与し，Q_nが増える．Q_nが増えるとg_dが減り，いずれも式（8.55）の移動度を下げる．これらの効果のうち2つをとりあげよう．1つ目は界面トラップの周波数応答で，印加された周波数に応答する界面トラップは容量に寄与する．その応答は捕獲および放出時定数で決まる．式（6.60）から，界面トラップの電子放出時定数は

$$\tau_{it} = \frac{\exp(\Delta E/kT)}{\sigma_n v_{th} N_c} = 4 \times 10^{-11} \exp(\Delta E/kT) \quad [\text{s}] \tag{8.70}$$

となる．ここでΔEは，着目した界面トラップのエネルギーを伝導帯の底から測ったエネルギーの深さである．この数値は$\sigma_n = 10^{-16} \text{cm}^2$，$v_{th} = 10^7 \text{cm/s}$，および$N_c = 2.5 \times 10^{19} \text{cm}^{-3}$に対して計算したものである．このとき，周波数に依存する容量は

$$C_{it} = \frac{q^2 D_{it}}{1 + \omega^2 \tau_{it}^2} \tag{8.71}$$

となる．ここでD_{it}は界面トラップ密度である．

界面トラップ容量はC_{ch}と並列になるので，有効ゲート容量は

$$C_{GC} = \frac{C_{ox}(C_{ch} + C_{it})}{C_{ox} + C_{ch} + C_b + C_{it}} \tag{8.72}$$

となる．C_{it}はC_{ch}が小さいとき，すなわちチャネルが弱く反転しているしきい値電圧の近傍でのみ効いてくる成分である．さらにC_{it}はSi上にSiO$_2$以外の絶縁膜を形成したときによくみられる高い界面トラップ密度でのみ顕著になる．式（8.71）によると，測定周波数ももちろん重要になる．この周波数

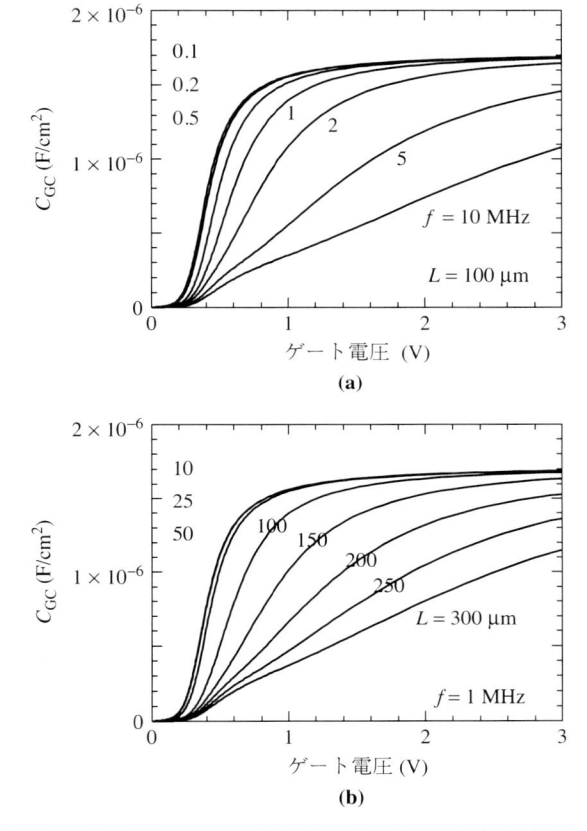

図8.29 (a)周波数と(b)チャネル長をパラメータとした，ゲート電圧に対するゲート―チャネル間容量のシミュレーション結果．ゲートの空乏化および酸化膜のリーク電流は無視している．$t_{ox}=2$ nm，$N_A=10^{17}$ cm^{-3}，$\mu_n=300$ cm^2/V・s．

はΔEに依存し，補遺8.4での議論により，結局ドーピング密度に依存する．

界面トラップのもう1つの効果は，ゲート電圧への影響である．D_{it}のV_Tへの影響は

$$V_G = V_{FB} + \phi_s + \frac{Q_s}{C_{ox}} \pm \frac{Q_{it}}{C_{ox}} \tag{8.73}$$

で与えられる．"±"は界面トラップの電荷の符号である．SiO$_2$/Si界面では一般に，バンドギャップの上半分にある界面トラップはアクセプタで，下半分にある界面トラップはドナーと考える．反転したnチャネルMOSFETでは，電子で占められたドナーは中性で，電子で占められたアクセプタは負に帯電し，図8.30に示すように，しきい値電圧が正の方向へシフトする．図8.30(a)では，界面トラップによる容量C_{GC}の増加は容量が小さいときだけにみられ，明らかにしきい値電圧はシフトしている．C_{GC}の積分も移動度も界面トラップによって真値からずれる．図8.30(b)はゲートの空乏化と界面トラップの効果が入っている．

直列抵抗の効果：第4章では，MOSFETの電流―電圧特性が直列抵抗によってどう劣化するのかを議論した．有効移動度はドレインコンダクタンスg_dに依存するので，ソース，ドレインおよびコンタ

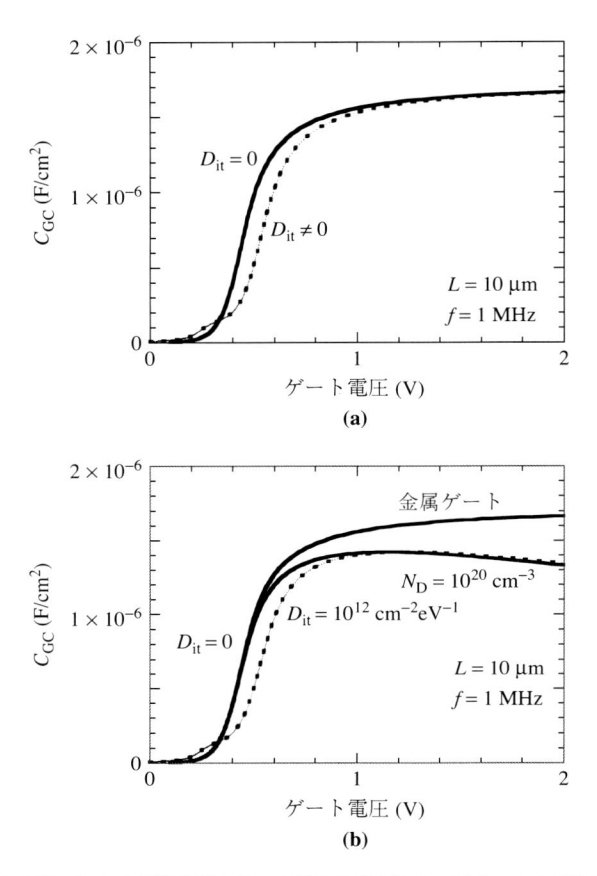

図8.30 (a)ゲートの空乏化および酸化膜のリーク電流を考慮しない場合，および(b)酸化膜のリーク電流を無視したときの，界面トラップ密度をパラメータとしたゲート電圧に対するゲート―チャネル間容量のシミュレーション結果．$t_{ox}=2$ nm，$N_A=10^{17}$ cm^{-3}，$\mu_n=300$ cm^2/V·s，$D_{it}=10^{12}$ cm^{-2}eV^{-1}，$\tau_{it}=5\times10^{-8}$ s．

クトの抵抗も移動度に影響する．I_D は直列抵抗 R_{SD} に左右されるので，μ_{eff} も R_{SD} によって変わる．もちろん μ_{eff} そのものに R_{SD} 依存性があるわけではない．このときのドレインコンダクタンスは

$$g_d(R_{SD}) = \frac{g_{d0}}{1+g_{d0}R_{SD}} \tag{8.74}$$

となる．ここで g_{d0} は $R_{SD}=0$ のときのドレインコンダクタンスである．g_d が下がると，式 (8.55) から明らかなように有効移動度も下がる．

　デプリージョンデバイスの有効移動度もドレインコンダクタンス法で測定する．デプリージョンデバイスの移動度のプロファイルはゲート電圧を振って求める．深さに依存した移動度を得るには，これとは別に，たとえば容量―電圧測定などによって，キャリア密度を求めねばならない[110]．

8.6.2 電界効果移動度

有効移動度はドレインコンダクタンスから求めるが，**電界効果移動度**（field-effect mobility）は

$$g_m = \left.\frac{\partial I_D}{\partial V_{GS}}\right|_{V_{DS}=一定} \tag{8.75}$$

で定義される相互コンダクタンスから求める。$Q_n = C_{ox}(V_{GS} - V_T)$ のときのドレイン電流のドリフト成分は

$$I_D = \frac{W}{L}\mu_{eff}C_{ox}(V_{GS} - V_T)V_{DS} \tag{8.76}$$

である。電界効果移動度を求めるには，相互コンダクタンスを

$$g_m = \frac{W}{L}\mu_{eff}C_{ox}V_{DS} \tag{8.77}$$

とし，これを移動度について解き，**電界効果移動度**

$$\mu_{FE} = \frac{Lg_m}{WC_{ox}V_{DS}} \tag{8.78}$$

を得る。

式（8.78）で定義される電界効果移動度は，図8.31に示すように，一般に有効移動度より小さい。同じデバイスを理想的なバイアス条件で測定しているので，この違いはむしろ混乱をまねく。この違いは式（8.78）を導くにあたって移動度の電場依存性を無視したことによる[111,112]。μ_{eff}のゲート電圧依存性を考慮すれば，相互コンダクタンスは

$$g_m = \frac{W}{L}\mu_{eff}C_{ox}V_{DS}\left(1 + \frac{V_{GS} - V_T}{\mu_{eff}}\frac{d\mu_{eff}}{dV_{GS}}\right) \tag{8.79}$$

となり，電界効果移動度μ_{FE}は

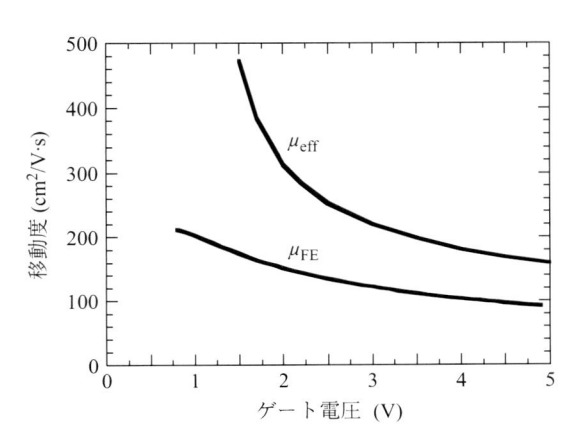

図8.31 有効移動度と電界効果移動度．

$$\mu_{FE} = \frac{Lg_m}{WC_{ox}V_{DS}\left(1 + \frac{V_{GS} - V_T}{\mu_{eff}}\frac{d\mu_{eff}}{dV_{GS}}\right)} \tag{8.80}$$

となる．$d\mu_{eff}/dV_{GS} < 0$ であるから，式（8.80）の μ_{FE} は明らかに式（8.78）のそれよりも大きい．

8.6.3　飽和移動度

飽和したMOSFETのドレイン電流―ドレイン電圧曲線から移動度を求めることもある．MOSFETの飽和ドレイン電流は

$$I_{D,sat} = \frac{BW\overline{\mu}_n C_{ox}}{2L}(V_{GS} - V_T)^2 \tag{8.81}$$

と表せる．ここで B は基板効果（body effect）を表し，ゲート電圧に弱い依存性がある．式（8.81）を移動度について解くと，

$$\mu_{sat} = \frac{2Lm^2}{BWC_{ox}} \tag{8.82}$$

となり，**飽和移動度**（saturation mobility）と呼ばれることがある．ここで m は $(I_{D,sat})^{1/2} - (V_{GS} - V_T)$ プロットの傾きである．式（8.82）でも移動度のゲート電圧依存性が無視されているので，式（8.82）の飽和移動度は概ね μ_{eff} より小さい．また，因子 B は通常わからないので 1 と仮定するが，これも誤差要因となる．飽和移動度が効いてくるのは，ドレイン電流が速度飽和ではなく，移動度で決まるときに限られる[注3]．

8.7　移動度の非接触測定

2.6.1節のキャリア密度の評価で議論した赤外線（IR）反射率は，移動度の測定にもつかえる．この手法では，広い波長範囲で赤外線の反射率を測定し，データのフィッティングから移動度を求める．波長が長いIRの反射率データには特性プラズマ周波数

$$\omega_p = \sqrt{\frac{q^2 p}{K_s \varepsilon_0 m^*}} \tag{8.83}$$

が存在する．このとき，移動度は

$$\mu = \frac{q}{\gamma_p m^*} \tag{8.84}$$

で与えられる．ここで γ_p は自由キャリアの制動定数である．$10^{17} \sim 10^{19}$ cm^{-3} の範囲のドーピング密度のSiCについて，移動度と ω_p および γ_p がフィッティング法で求められている[113]．

8.8　強みと弱み

伝導率移動度：伝導率移動度法の弱みは，サンプルの抵抗率とキャリア密度を独立に測定しなければならないことである．強みはサンプルの抵抗率または伝導率を直接測ることで，補正をかけずに移

注3　飽和したMOSFETのドレイン電流は，ある移動度のままソースからでピンチオフ点（チャネルの消失点）に達するまでを流れるドリフト電流で律速され，移動度そのものが飽和するわけではないが，ここでは「飽和移動度」と呼んでいる．ドリフトの速度飽和は，音響フォノンや光学フォノンによる散乱によって移動度が低下することによる．特に短チャネルMOSFETでは電場 = V_{DS}/L がすぐに飽和電場を超えるので，短チャネルデバイスの性能に限界をもたらす．

動度が定まることである。

ホール効果移動度：ホール効果による方法の弱みは，特殊な形状のサンプルが必要なこと，およびホール散乱因子の値を正確に予測できないことにある。通常 $r = 1$ と仮定することが，測定した移動度の誤差要因となる。プロファイルをとれる構造のサンプルがあったとしても，移動度のプロファイルをとるには手間がかかる。強みはこの方法で求めた移動度は，他のデバイスにも普遍的につかえることにある。

磁気抵抗移動度：磁気抵抗法の弱みは，移動度の小さな半導体は評価できないことである。たとえば，Siではあまりうまくいかない。ホール効果と同様に，磁気抵抗の散乱因子も求めることは困難で，$\xi = 1$ という仮定が誤差要因となる。強みは特殊なテストストラクチャでなくても測定ができることで，MESFETやMESFETに類似した構造であれば，測定がより簡単になる。

飛行時間またはドリフト移動度：この方法の弱みは特殊なテストストラクチャと高速電子回路または光学系あるいはその両方が必要なことである。このため，限られた研究室の専門家の手に委ねるしかない。強みは強電場での移動度とキャリア速度を測定できることである。キャリア速度—電場曲線の多くはこの実験方法によるデータである。

MOSFETの移動度：この方法はMOSFET，MESFET，およびMODFETに限られ，動作中の移動度を測定する。移動度の測定方法によって実験値は異なる。有効移動度が最も一般的で，誤差も少ない。いわゆる電界効果移動度および飽和移動度はふつう μ_{eff} より小さく，これらの式の導出において適切な補正がなければデバイスの評価につかうべきでない。

補遺8.1　半導体バルクの移動度

シリコン：室温での実験値とよく一致する移動度のキャリア密度依存性の経験式は

$$\mu_n = \mu_0 + \frac{\mu_{max} - \mu_0}{1 + (n/C_r)^a} - \frac{\mu_1}{1 + (C_s/n)^b} \tag{A8.1}$$

$$\mu_p = \mu_0 e^{-p_c/p} + \frac{\mu_{max}}{1 + (p/C_r)^a} - \frac{\mu_1}{1 + (C_s/p)^b} \tag{A8.2}$$

で与えられる[114]。実験データに最もフィットするパラメータを**表A8.1**に示す。これら2つの式を，図**A8.1**および**A8.2**にプロットする。わかりやすいように実験データの点は示していないが，Masettiらの文献にみることができる[114]。

移動度のドーピング密度依存性は，よく

表A8.1　シリコンの移動度のフィッティングパラメータ．

パラメータ	ヒ素ドープ	リンドープ	ホウ素ドープ
μ_0 (cm^2/V·s)	52.2	68.5	44.9
μ_{max} (cm^2/V·s)	1417	1414	470.5
μ_1 (cm^2/V·s)	43.4	56.1	29.0
C_r (cm^{-3})	9.68×10^{16}	9.20×10^{16}	2.23×10^{17}
C_s (cm^{-3})	3.43×10^{20}	3.41×10^{20}	6.10×10^{20}
a	0.680	0.711	0.719
b	2.00	1.98	2.00
p_c (cm^{-3})	—	—	9.23×10^{16}

出典：Masettiら，文献114．

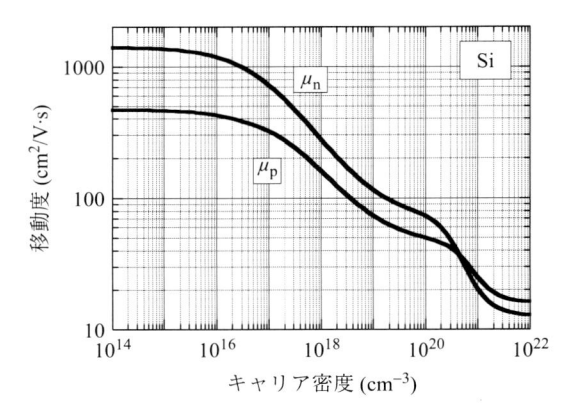

図A8.1 室温のシリコン中の電子および正孔の移動度.

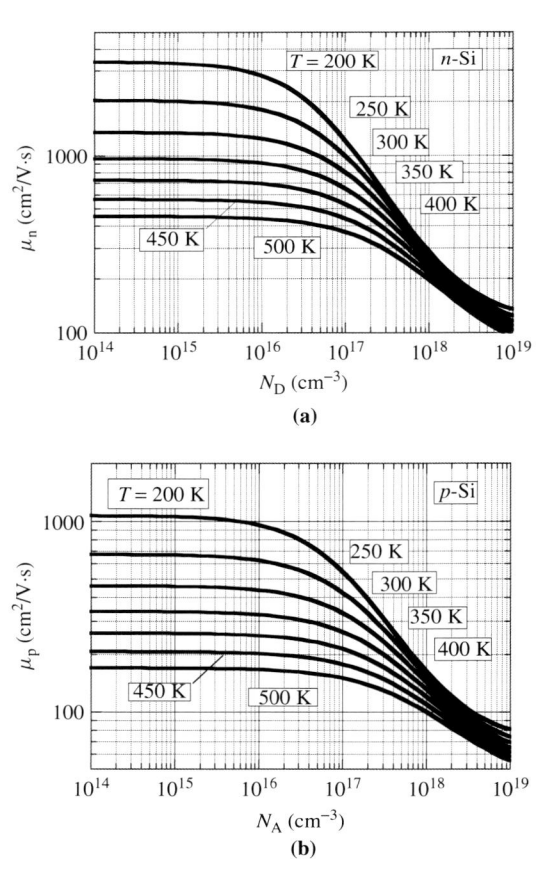

(a)

(b)

図A8.2 温度をパラメータとして式 (A8.3) と (A8.4) から計算した
シリコン中の(a)電子および(b)正孔の移動度.

$$\mu = \mu_{min} + \frac{\mu_0}{1 + (N/N_{ref})^\alpha} \qquad (A8.3)$$

で表される[115]. ここでμは電子または正孔の移動度, Nはドナーまたはアクセプタのドーピング密度である. 式 (A8.3) のいろいろなパラメータは

$$A = A_0(T/300)^n \qquad (A8.4)$$

のかたちの温度依存性をもつ. 実験データに最もフィットするパラメータを**表A8.2**に与えてある.

式 (A8.3) にしたがうn型Siおよびp型Siを, いろいろな温度について図A8.2にプロットする. Li and Thurber[118]およびLi[119]による実験データは図A8.2の移動度とよく一致している. 移動度の表式は他にもいくつか提案されている[120,121].

ガリウムヒ素:n型およびp型のGaAsの$T = 300$ Kでの移動度を**図A8.3**に示す.

表A8.2 シリコンの移動度のフィッティングパラメータ.

パラメータ	温度に依存しない係数		温度の指数
	電子	正孔	
μ_0 (cm^2/V·s)	1268	406.9	電子 −2.33
			正孔 −2.23
μ_{min} (cm^2/V·s)	92	54.3	−0.57
N_{ref} (cm^{-3})	1.3×10^{17}	2.35×10^{17}	2.4
α	0.91	0.88	−0.146

出典:Baccarani and Ostoja, Arora *et al.*, およびLi and Thurber, 文献116〜118.

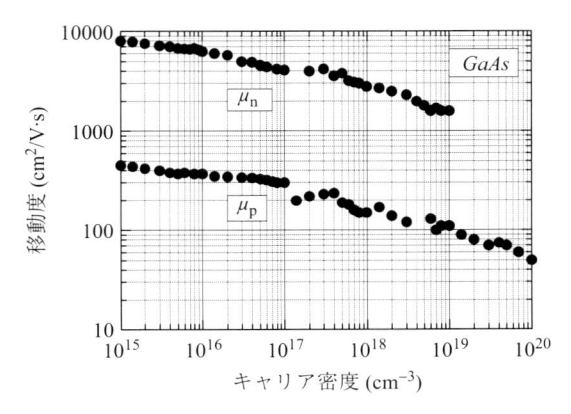

図A8.3 室温のGaAs中の電子および正孔の移動度. データは文献122による.

補遺8.2 半導体表面の移動度

SiO$_2$/Si：8.6.1節で有効移動度の有効電場依存性を示した．ただし，測定するのはゲート電圧であるから，有効移動度をゲート電圧の関数として求めると都合がよい．式

$$\mu_{n,eff} = \frac{540}{1 + (\mathscr{E}_{eff}/9 \times 10^5)^{1.85}} \tag{A8.5a}$$

$$\mu_{p,eff} = \frac{180}{1 + (\mathscr{E}_{eff}/4.5 \times 10^5)} \tag{A8.5b}$$

で記述されるような曲線を[123]，電子と正孔について図A8.4に示している．ただし$\mathscr{E}_{eff}$はV/cmの単位である．これらの曲線は8.6.1節の曲線に似ている．有効電場は，V_GとV_Tの単位をV，t_{ox}の単位をcmとして

$$\mathscr{E}_{eff}(\mu_{n,eff}) = \frac{V_G + V_T}{6t_{ox}} \tag{A8.6a}$$

$$\mathscr{E}_{eff}(\mu_{p,eff}) = \frac{V_G + 1.5V_T - \alpha}{7.5t_{ox}} \tag{A8.6b}$$

によってゲート電圧に変換できる[123]．式（A8.6b）のαは，p^+ポリSiゲート表面チャネルp-MOSFETでは$\alpha = 0$，n^+ポリSiゲート埋め込みチャネルp-MOSFETでは$\alpha = 2.3$，およびp^+ポリSiゲートp-MOSFETでは$\alpha = 2.7$である．

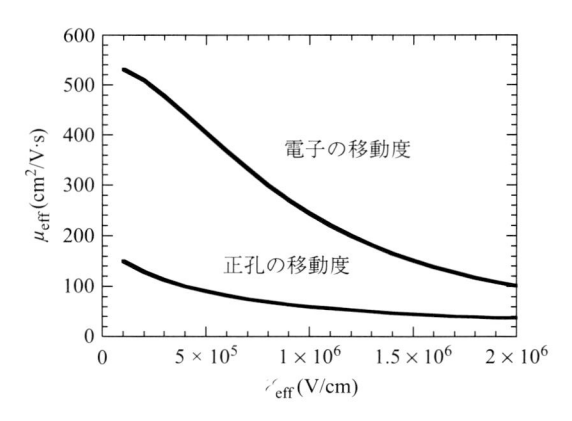

図A8.4 表面チャネルMOSFETの室温での有効移動度．

補遺8.3 チャネル周波数応答の効果

MOSFETの有効移動度は

$$\mu_{eff} = \frac{g_d L}{W Q_n} \tag{A8.7}$$

である．誤差はg_dとQ_nの決定で生じる．図8.28の重なり容量，酸化膜容量，チャネル容量，およびバ

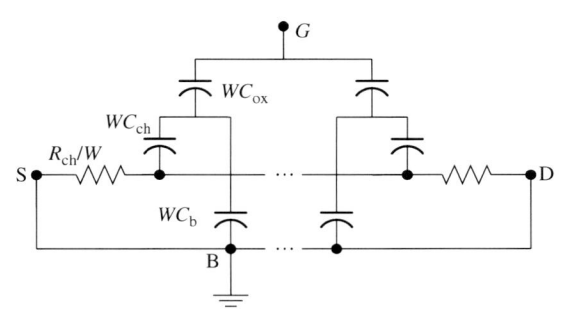

図A8.5　MOSFETの伝送線等価回路.

ルク容量と，ソース抵抗，ドレイン抵抗，およびチャネル抵抗をもつMOSFETの断面図を考えよう．このMOSFETは図A8.5の等価回路で表される[92]．ゲートとチャネルの間の容量は

$$C_{GC} = \frac{C_{ox}C_{ch}}{C_{ox} + C_{ch} + C_b} \operatorname{Re} \frac{\tanh\lambda}{\lambda} \quad ; \quad \lambda = \sqrt{j\omega\tau_{GC}} \tag{A8.8}$$

で，$C_{ch} = dQ_n/d\phi_s$ を反転容量，$C_b = dQ_b/d\phi_s$ を空間電荷領域またはバルクの容量，$R_{sh,ch}$ を反転領域のシート抵抗，μ_n をチャネル移動度として，チャネル時定数は，

$$\tau_{GC} = \frac{C_{GC0}L^2}{4R_{sh,ch}} \quad ; \quad C_{GC0} = \frac{C_{ch}(C_{ox}+C_b)}{C_{ox}+C_{ch}+C_b} \quad ; \quad R_{sh,ch} = \frac{1}{Q_n\mu_n} \tag{A8.9}$$

となる．容量測定の間，反転層の電荷はソースおよびドレインの接合から供給される．チャネルへの充電による容量一電圧曲線の歪みを回避するために，測定周波数 f は

$$f \ll \frac{1}{2\pi\tau_{GC}} = \frac{4R_{sh,ch}}{2\pi C_{GC0}L^2} \tag{A8.10}$$

の基準を満たさねばならず，図8.29に示すように C_{GC}，$R_{sh,ch}$，および L に制限がかかる．たとえば $f = 1$ MHzのとき，2 nmより薄い酸化膜に対する L は10 μm以下でなければならない[124]．酸化膜が薄くなるかチャネルが長くなると，ソースとドレインはチャネルへ充電できなくなる．式（A8.7）のチャネル電荷密度 Q_n は C_{GC} で決まるので，有効移動度を求めるときは，このことが重要になるのは明らかである．

補遺8.4　界面トラップ電荷の効果

式（6.60）で $\sigma_n = 10^{-16}$ cm^2，$v_{th} = 10^7$ cm/s，および $N_c = 2.5 \times 10^{19}$ cm^{-3} として，界面トラップの電子放出時定数は

$$\tau_{it} = \frac{\exp(\Delta E/kT)}{\sigma_n v_{th} N_c} = 4 \times 10^{-11}\exp(\Delta E/kT) \quad [\text{s}] \tag{A8.11}$$

となる．ここで ΔE は，着目した界面トラップのエネルギーを伝導帯の底から測ったエネルギーの深さである．$f_{it} = 1/2\pi\tau_{it}$ から

$$f_{it} = 4 \times 10^9 \exp(-\Delta E/kT) \tag{A8.12}$$

となる．図A8.6はフラットバンド状態のMOSFETと，表面電位が $\phi_s = 2\phi_F$ となって反転がはじまっ

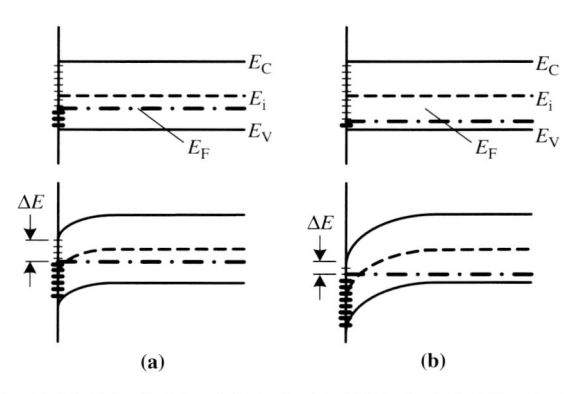

図A8.6 N_A が(a)低いときと，(b)高いときのΔEを示すMOSFETのバンド図．

たMOSFETのバンド図で，(a)は薄くドープした基板，(b)は濃くドープした基板である．縦の線は絶縁膜と半導体の界面を表し，界面での短い横線は界面トラップを表している．そのうち太い横線はフェルミエネルギーE_F以下の界面トラップで，電子で占有されている．細い横線は空のトラップである．このフェルミエネルギーの近傍にある界面トラップが外部からの交流信号に応答する．濃くドープした基板ほど表面電位が高くなって反転しているので，濃くドープした基板の方がΔEは小さい．しかし，式（A8.12）によればΔEが小さいと応答周波数は高くなる．たとえば，薄くドープした基板（$N_A = 10^{16} \mathrm{cm}^{-3}$）は$\Delta E = 0.41 \mathrm{eV}$で$f = 500 \mathrm{Hz}$であるが，濃くドープした基板（$N_A = 10^{18} \mathrm{cm}^{-3}$）は$\Delta E = 0.17 \mathrm{eV}$で$f = 5.5 \mathrm{MHz}$になる．交流信号に応答する界面トラップは界面トラップ容量C_{it}にも寄与するから，ゲートーチャネル間容量は

$$C_{GC} = \frac{C_{ox}(C_{ch} + C_{it})}{C_{ox} + C_{ch} + C_b + C_{it}} \tag{A8.13}$$

となる．

文　献

1) F.J. Morin, *Phys. Rev.*, **93**, 62–63, Jan.（1954）
2) F.J. Morin and J.P. Maita, *Phys. Rev.*, **96**, 28–35, Oct.（1954）
3) E.H. Hall, *Amer. J. Math.*, **2**, 287–292（1879）
4) K.R. Sopka, in The Hall Effect and Its Applications（C.L. Chien and C.R. Westgate, eds.）, 523–545, Plenum Press, New York（1980）
5) E.H. Putley, The Hall Effect and Related Phenomena, Butterworths, London（1960）; *Contemp. Phys.*, **16**, 101–126, March（1975）
6) R.A. Smith, Semiconductors, ch. 5, Cambridge University Press, Cambridge（1959）
7) A. Zemel, A. Sher, and D. Eger, *J. Appl. Phys.*, **62**, 1861–1868, Sept.（1987）
8) G.E. Stillman and C.M. Wolfe, *Thin Solid Films*, **31**, 69–88, Jan.（1976）
9) M.C. Gold and D.A. Nelson, *J. Vac. Sci. Technol.*, **A4**, 2040–2046, July/Aug.（1986）
10) A.C. Beer, Galvanomagnetic Effects in Semiconductors, p. 308, Academic Press, New York（1963）

11) D.L. Rode, C.M. Wolfe, and G.E. Stillman, in GaAs and Related Compounds (G.E. Stillman, ed.), Conf. Ser. No. 65, pp. 569–572, Inst. Phys., Bristol (1983)
12) L.J. van der Pauw, *Phil. Res. Rep.*, **13**, 1–9, Feb. (1958)
13) L.J. van der Pauw, *Phil. Tech. Rev.*, **20**, 220–224, Aug. (1958)
14) A. Chandra, C.E.C. Wood, D.W. Woodard, and L.F. Eastman, *Solid-State Electron.*, **22**, 645–650, July (1979)
15) W.E. Ham, *Appl. Phys. Lett.*, **21**, 440–443, Nov. (1972)
16) T.R. Lepkowski, R.Y. DeJule, N.C. Tien, M.H. Kim, and G.E. Stillman, *J. Appl. Phys.*, **61**, 4808–4811, May (1987)
17) R. Baron, G.A. Shifrin, O.J. Marsh, and J.W. Mayer, *J. Appl. Phys.*, **40**, 3702–3719, Aug. (1969)
18) H. Maes, W. Vandervorst, and R. Van Overstraeten, in Impurity Doping Processes in Silicon (F.F.Y. Wang, ed.), 443–638, North-Holland, Amsterdam (1981)
19) T. Ambridge and C.J. Allen, *Electron. Lett.*, **15**, 648–650, Sept. (1979)
20) J.W. Mayer, O.J. Marsh, G.A. Shifrin, and R. Baron, *Can. J. Phys.*, **45**, 4073–4089, Dec. (1967)
21) N.G.E. Johannson, J.W. Mayer, and O.J. Marsh, *Solid-State Electron.*, **13**, 317–335, March (1970)
22) N.D. Young and M.J. Hight, *Electron. Lett.*, **21**, 1044–1046, Oct. (1985)
23) H. Müller, F.H. Eisen, and J.W. Mayer, *J. Electrochem. Soc.*, **122**, 651–655, May (1975)
24) L. Bouro and D. Tsoukalas, *J. Phys. E: Sci. Instrum.*, **20**, 541–544, May (1987)
25) A.C. Ipri, *Appl. Phys. Lett.*, **20**, 1–24, Jan. (1972)
26) A.B.M. Elliot and J.C. Anderson, *Solid-State Electron.*, **15**, 531–545, May (1972)
27) P.A. Crossley and W.E. Ham, *J. Electron. Mat.*, **2**, 465–483, Aug. (1973)
28) S. Cristoloveanu, J.H. Lee, J. Pumfrey, J.R. Davies, R.P. Arrowsmith, and P.L.F. Hemment, *J. Appl. Phys.*, **60**, 3199–3203, Nov. (1986)
29) T.L. Tansley, *J. Phys. E: Sci. Instrum.*, **8**, 52–54, Jan. (1975)
30) C.W. Farley and B.G. Streetman, *IEEE Trans. Electron. Dev.*, **ED-34**, 1781–1787, Aug. (1987)
31) P.R. Jay, I. Crossley, and M.J. Caldwell, *Electron. Lett.*, **144**, 190–191, March (1978)
32) H.H. Wieder, Laboratory Notes on Electrical and Galvanomagnetic Measurements, Ch. 5–6, Elsevier, Amsterdam (1979)
33) H. Ryssel, K. Schmid, and H. Müller, *J. Phys. E: Sci. Instrum.*, **6**, 492–494, May (1973)
34) S.B. Fetch, R. Brennan, S.F. Corcoran, and G. Webster, *Solid State Technol.*, **36**, 45–51, Jan. (1993)
35) J.W. Mayer, L. Enksson, and J.A. Davies, Ion Implantation in Semiconductors; Silicon and Germanium, Academic Press, New York (1970)
36) C.M. Wolfe and G.E. Stillman, in *Semiconductors and Semimetals* (R.K. Willardson and A.C. Beer, eds.), **10**, 175–220, Academic Press, New York (1975)
37) A. Neduloha and K.M. Koch, (独語) *Z. Phys.*, **132**, 608–620 (1952)
38) R.L. Petritz, *Phys. Rev.*, **110**, 1254–1262, June (1958)
39) R.D. Larrabee and W.R. Thurber, *IEEE Trans. Electron Dev.*, **ED-27**, 32–36, Jan. (1980)
40) L.F. Lou and W.H. Frye, *J. Appl. Phys.*, **56**, 2253–2267, Oct. (1984)
41) A. Zemel and J.R. Sites, *Thin Solid Films*, **41**, 297–305, March (1977)
42) ASTM Standard F76-86, *1996 Annual Book of ASTM Standards*, Am. Soc. Test. Mat., West Conshohocken, PA (1996)
43) D.C. Look, *Solid-State Electron.*, **30**, 615–618, June (1987)
44) D.S. Perloff, *Solid-State Electron.*, **20**, 681–687, Aug. (1977)
45) J.M. David and M.G. Buehler, *Solid-State Electron.*, **20**, 539–543, June (1977)
46) R. Chwang, B.J. Smith, and C.R. Crowell, *Solid-State Electron.*, **17**, 1217–1227, Dec. (1974)

47) H.P. Baltes and R.S. Popović, *Proc. IEEE*, **74**, 1107-1132, Aug. (1986)
48) H.J. Lippmann and F. Kuhrt,(独語) *Z. Naturforsch.*, **13a**, 474-483 (1958); I. Isenberg, B.R. Russell, and R.F. Greene, *Rev. Sci. Instrum.*, **19**, 685-688, Oct. (1948)
49) P.M. Hemenger, *Rev. Sci. Instrum.*, **44**, 698-700, June (1973)
50) L. Forbes, J. Tillinghast, B. Hughes, and C. Li, *Rev. Sci. Instrum.*, **52**, 1047-1050, July (1981)
51) R.T. Blunt, S. Clark, and D.J. Stirland, *IEEE Trans. Electron Dev.*, **ED-29**, 1038-1045, July (1982); K. Kitahara and M. Ozeki, *Japan. J. Appl. Phys.*, **23**, 1655-1656, Dec. (1984)
52) D.C. Look, *J. Appl. Phys.*, **57**, 377-383, Jan. (1985)
53) P. Chu, S. Niki, J.W. Roach, and H.H. Wieder, *Rev. Sci. Instrum.*, **58**, 1764-1766, Sept. (1987)
54) O.M. Corbino, (独語) *Physik. Zeitschr.*, **12**, 561-568, July (1911)
55) H. Weiss, in *Semiconductors and Semimetals* (R.K. Willardson and A.C. Beer, eds.), **1**, 315-376, Academic Press, New York (1966)
56) H.J. Lippmann and F. Kuhrt, (独語) *Z. Naturforsch.*, **13a**, 462-474 (1958)
57) T.R. Jervis and E.F. Johnson, *Solid-State Electron.*, **13**, 181-189, Feb. (1970)
58) P. Blood and R.J. Tree, *J. Phys. D: Appl. Phys.*, **4**, L29-L31, Sept. (1971)
59) H. Poth, *Solid-State Electron.*, **21**, 801-805, June (1978)
60) J.R. Sites and H.H. Wieder, *IEEE Trans. Electron Dev.*, **ED-27**, 2277-2281, Dec. (1980)
61) R.D. Larrabee, W.A. Hicinbothem, Jr., and M.C. Steele, *IEEE Trans. Electron Dev.*, **ED-17**, 271-274, April (1970)
62) F. Kharabi and D.R. Decker, *IEEE Electron Dev. Lett.*, **11**, 137-139, April (1990)
63) D.C. Look and G.B. Norris, *Solid-State Electron.*, **29**, 159-165, Feb. (1986)
64) W.T. Masselink, T.S. Henderson, J. Klem, W.F. Kopp, and H. Morkoç, *IEEE Trans. Electron Dev.*, **ED-33**, 639-645, May (1986)
65) D.C. Look and T.A. Cooper, *Solid-State Electron.*, **28**, 521-527, May (1985)
66) S.M.J. Liu and M.B. Das, *IEEE Electron Dev. Lett.*, **EDL-84**, 355-357, Aug. (1987)
67) J.R. Haynes and W. Shockley, *Phys. Rev.*, **75**, 691, Feb. (1949)
68) J.R. Haynes and W. Shockley, *Phys. Rev.*, **81**, 835-843, March (1951)
69) J.R. Haynes and W.C. Westphal, *Phys. Rev.*, **85**, 680-681, Feb. (1952)
70) M.B. Prince, *Phys. Rev.*, **92**, 681-687, Nov. (1953); *Phys. Rev.*, **93**, 1204-1206, March (1954)
71) J.P. McKelvey, Solid State and Semiconductor Physics, 342, Harper & Row, New York (1966); R.A. Smith, Semiconductors, Ch. 7, eq. (86), Cambridge University Press, Cambridge (1959)
72) B. Krüger, Th. Armbrecht, Th. Friese, B. Tierock, and H.G. Wagemann, *Solid-State Electron.*, **39**, 891-896, June (1996)
73) R.K. Ahrenkiel, D.J. Dunlavy, D. Greenberg, J. Schlupmann, H.C. Hamaker, and H.F. MacMillan, *Appl. Phys. Lett.*, **51**, 776-779, Sept. (1987); M.L. Lovejoy, M.R. Melloch, R.K. Ahrenkiel, and M.S. Lundstrom, *Solid-State Electron.*, **35**, 251-259, March (1992)
74) H. Hillmer, G. Mayer, A. Forchel, K.S. Löchner, and E. Bauser, *Appl. Phys. Lett.*, **49**, 948-950, Oct. (1986)
75) D.J. Westland, D. Mihailovic, J.F. Ryan, and M.D. Scott, *Appl. Phys. Lett.*, **51**, 590-592, Aug. (1987)
76) C.B. Norris, Jr. and J.F. Gibbons, *IEEE Trans. Electron Dev.*, **ED-14**, 38-43, Jan. (1967)
77) A.G.R. Evans and P.N. Robson, *Solid-State Electron.*, **17**, 805-812, Aug. (1974); P.M. Smith, M. Inoue, and J. Frey, *Appl. Phys. Lett.*, **37**, 797-798, Nov. (1980)
78) T.H. Windhorn, L.W. Cook, and G.E. Stillman, *Appl. Phys. Lett.*, **41**, 1065-1067, Dec. (1982)
79) W. von Münch and E. Pettenpaul, *J. Appl. Phys.*, **48**, 4823-4825, Nov. (1977); I.A. Khan and J.A. Cooper, Jr., *IEEE Trans. Electron Dev.*, **47**, 269-273, Feb. (2000)

80) W. Shockley, *J. Appl. Phys.*, **9**, 635–636, Oct.（1938）
81) W.E. Spear, *J. Non-Cryst. Sol.*, **1**, 197–214, April（1969）
82) J.A. Cooper, Jr. and D.F. Nelson, *J. Appl. Phys.*, **54**, 1445–1456, March（1983）
83) J.A. Cooper, Jr., D.F. Nelson, S.A. Schwarz, and K.K. Thornber, in *VLSI Electronics Microstructure Science*（N.G. Einspruch and R.S. Bauer, eds.）, **10**, 323–361, Academic Press, Orlando, FL（1985）
84) D.D. Tang, F.F. Fang, M. Scheuermann, and T.C. Chen, *Appl. Phys. Lett.*, **49**, 1540–1541, Dec.（1986）
85) C. Canali, M. Martini, G. Ottaviani, and K.R. Zanio, *Phys. Rev.*, **B4**, 422–431, July（1971）
86) R.J. Schreutelkamp and L. Deferm, *Solid-State Electron.*, **38**, 791–793, April（1995）
87) C. Kittel, Introduction to Solid State Physics, 4th ed., 261, Wiley, New York（1971）（邦訳：C. キッテル著「固体物理学入門　上・下」第4版，宇野良清，津屋昇，森田章，山下次郎（訳），丸善（1974））
88) J.R. Schrieffer, *Phys. Rev.*, **97**, 641–646, Feb.（1955）
89) M.S. Lin, *IEEE Trans. Electron Dev.*, **ED-32**, 700–710, March（1985）
90) A. Rothwarf, *IEEE Electron Dev. Lett.*, **EDL-84**, 499–502, Oct.（1987）
91) M.S. Liang, J.Y. Choi, P.K. Ko, and C. Hu, *IEEE Trans. Electron Dev.*, **ED-33**, 409–413, March（1986）
92) P.M.D. Chow and K.L. Wang, *IEEE Trans. Electron Dev.*, **ED-33**, 1299–1304, Sept.（1986）; U. Lieneweg, *Solid-State Electron.*, **23**, 577–583, June（1980）
93) C.L. Huang and G.Sh. Gildenblat, *Solid-State Electron.*, **36**, 611–615, April（1993）
94) C.L. Huang, J.V. Fancelli, and N.D. Arora, *IEEE Trans. Electron Dev.*, **40**, 1134–1139, June（1993）
95) J. Koomen, *Solid-State Electron.*, **16**, 801–810, July（1973）
96) C.G. Sodini, T.W. Ekstedt, and J.L. Moll, *Solid-State Electron.*, **25**, 833–841, Sept.（1982）
97) A.G. Sabnis and J.T. Clemens, *IEEE Int. Electron Dev. Meet.*, 18–21, Washington, DC（1979）
98) S.C. Sun and J.D. Plummer, *IEEE Trans. Electron Dev.*, **ED-27**, 1497–1508, Aug.（1980）
99) S. Selberherr, W. Hänsch, M. Seavey, and J. Slotboom, *Solid-State Electron.*, **33**, 1425–1436, Nov.（1990）
100) S.I. Takagi, A. Toriumi, M. Iwase, and H. Tango, *IEEE Trans. Electron Dev.*, **41**, 2357–2362, Dec.（1994）
101) K. Chen, H.C. Wann, P.K. Ko, and C. Hu, *IEEE Electron Dev. Lett.*, **17**, 202–204, May（1996）
102) J.T. Watt and J.D. Plummer, *Proc. VLSI Symp.*, 81（1987）
103) K.Y. Fu, *IEEE Electron Dev. Lett.*, **EDL-3**, 292–293, Oct.（1982）
104) L. Risch, *IEEE Trans. Electron Dev.*, **ED-30**, 959–961, Aug.（1983）
105) N. Herr and J.J. Banes, *IEEE Trans. Comp.-Aided Des.*, **CAD-54**, 15–22, Jan.（1986）
106) M.H. White, F. van de Wiele, and J.P. Lambot, *IEEE Trans. Electron Dev.*, **ED-27**, 899–906, May（1980）
107) P.M. Zeitzoff, C.D. Young, G.A. Brown, and Y. Kim, *IEEE Electron Dev. Lett.*, **24**, 275–277, April（2003）
108) W. Zhu, J.P. Han, and T.P. Ma, *IEEE Trans. Electron Dev.*, **51**, 98–105, Jan.（2004）
109) L. Perron, A.L. Lacaita, A. Pacelli, and R. Bez, *IEEE Electron Dev. Lett.*, **18**, 235–237, May（1997）
110) S.T. Hsu and J.H. Scott, Jr., *RCA Rev.*, **36**, 240–253, June（1975）; R.A. Pucel and C.A. Krumm, *Electron. Lett.*, **12**, 240–242, May（1976）
111) F.F. Fang and A.B. Fowler, *Phys. Rev.*, **169**, 619–631, May（1968）
112) J.S. Kang, D.K. Schroder, and A.R. Alvarez, *Solid-State Electron.*, **32**, 679–681, Aug.（1989）
113) K. Nanta, Y. Hijakata, H. Yaguchi, S. Yoshida, and S. Nakashima, *Japan. J. Appl. Phys.*, **43**, 5151–

114) G. Masetti, M. Severi, and S. Solmi, *IEEE Trans. Electron Dev.*, **ED-30**, 764-769, July (1983) およびその引用文献
115) D.M. Caughey and R.E. Thomas, *Proc. IEEE*, **55**, 2192-2193, Dec. (1967)
116) G. Baccarani and P. Ostoja, *Solid-State Electron.*, **18**, 579-580, June (1975)
117) N.D. Arora, J.R. Hauser, and D.J. Roulston, *IEEE Trans. Electron Dev.*, **ED-29**, 292-295, Feb. (1982)
118) S.S. Li and W.R. Thurber, *Solid-State Electron.*, **20**, 609-616, July (1977)
119) S.S. Li, *Solid-State Electron.*, **21**, 1109-1117, Sept. (1978)
120) J.M. Dorkel and Ph. Leturcq, *Solid-State Electron.*, **24**, 821-825, Sept. (1981)
121) Y. Sasaki, K. Itoh, E. Inoue, S. Kishi, and T. Mitsuishi, *Solid-State Electron.*, **31**, 5-124, Jan. (1988)
122) J.R. Lowney and H.S. Bennett, *J. Appl. Phys.*, **69**, 7102-7110, May (1991)
123) K. Chen, C. Hu, J. Dunster, P. Fang, M.R. Lin, and D.L. Wolleson, *IEEE Trans. Electron Dev.*, **44**, 1951-1957, Nov. (1997)
124) K. Ahmed, E. Ibok, G.C.F. Yeap, Q. Xiang, B. Ogle, J.J. Wortman, and J.R. Hauser, *IEEE Trans. Electron Dev.*, **46**, 1650-1655, Aug. (1999)

おさらい

- 移動度にはどのようなものがあるか。
- MOSの有効移動度がバルクの有効移動度より小さいのはなぜか。
- ホール移動度が伝導率移動度と一致しないのはなぜか。
- Haynes-Shockleyの実験はどのように行うのか。
- Haynes-Shockleyの実験から何を求めることができるのか。
- 飛行時間法はどんな目的でつかうのか。
- 強電場での移動度を求めるには，飛行時間法にどのような注意が必要か。
- μ_{eff} を求めるのに最もよくつかわれる方法はどのようなものか。
- μ_{FE} が通常 μ_{eff} より小さいのはなぜか。
- ゲートの空乏化およびゲート電流は有効移動度の測定にどのように影響するか。
- 有効移動度の測定においてチャネルの周波数応答が重要な理由はなぜか。

9. 電荷のプローブ測定

9.1 序論

　半導体の評価では電流，電圧，および容量を測定することが多い。そのためになんらかのデバイスを作製するか，$C-V$測定でつかう水銀プローブなどのように，少なくとも暫定的なコンタクトをとる必要がある。たとえばMOSデバイスの酸化膜中の電荷と界面トラップ密度を求めるには，酸化膜を形成したウェハに金属ゲートを蒸着するか，ポリSiゲートを形成するか，水銀プローブをあてるなどしてMOSキャパシタを作製しなければならない。しかし，このようなデバイスを作製せずに測定できるならそれに越したことはない。その1つがケルビン・プローブ法あるいはMonroeプローブ法で，酸化膜をつけたウェハに電荷を着電させ，電圧を非接触で測定する。この構成では電荷が"ゲート"の役割を果たす。MOSキャパシタにゲート電圧を印加することは，ゲートに電荷を置くことに等しい。したがって酸化膜に電荷を直接着電できればゲートの形成が不要になり，非接触の利点を活かせる。この電荷はウェハを洗浄すれば除去できる。材料とデバイスのパラメータのいくつかは，図9.1に示す電荷を測定すれば求めることができる。

　電荷の測定は，集積回路（IC）の開発や製造工程管理での測定にもつかえる。専用のテストストラクチャをつかえば試作工程や製造工程へすぐにフィードバックできる。表面電圧（SV）および表面光起電圧（SPV）による半導体評価手法はそのような迅速なフィードバックに適しており，様々な材料およびデバイスのパラメータを測定する強力で便利な手法となっている[1]。これらの手法は半導体産業において，まず少数キャリアの拡散長を測定する市販装置から広く普及し[2]，その後，表面電圧，表面障壁高さ，フラットバンド電圧，酸化膜の厚さ，酸化膜のリーク電流，界面トラップ密度，可動電荷密度，酸化膜の完全性，生成寿命，再結合寿命，ドーピング密度などにも適用範囲が拡がり，定常的な評価に活用されている。これらの測定では電荷を基本的に2つにつかい分けている。1つはMOS型の金属ゲートやポリシリコンゲートを電荷に置き換えた測定で，電荷を"ゲート"としてつかっている。一方，電荷で表面電位を制御することもできる。

　1983年から1992年にかけて，コロナ電荷による半導体の評価法をIBMが開発したが[3]，市販設備ではなかったので，市販装置が開発されるまではほとんど普及しなかった。ここではこの手法の概要と

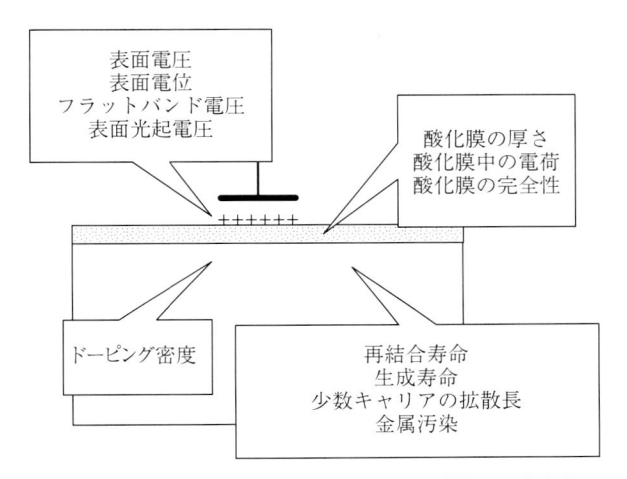

図9.1　電荷，プローブ，および光で測定できる材料およびデバイスの様々なパラメータを模式的に図示している．

理論を解説し，MOSで十分に確立された手法と比較したのち，いくつかの例を示す．

9.2 背景

表面光起電圧法については，1953年のBardeen and Brattainの報告が最初である[4]．彼らは機械的に振動する板にGeのサンプルをつけ，光に誘起された表面電位の変化を評価した．1955年にはGarrett and Brattainが半導体に光を当てたときの光による表面電位の変化の基礎理論を発表した[5]．同じ年，Mossは光起電圧測定中の光で生成されたキャリアの拡散を考察した[6]．彼はこれを"光起電圧(photovoltage)"あるいは"光起電力効果（photovoltaic effect）"と呼んだ．"表面光起電圧（surface photovoltage；SPV）"という用語は1956年に連続光をつかったBrattain and Garrettの報告に登場する[7]．Morrisonは容量性の電圧を検出するために，チョッピングした光信号をつかっている[8]．少数キャリアの拡散長の決定にSPVを利用することは，1955年にMoss，1957年にJohnson[9]，1960年にQuilliet and Gosar[10]，1961年にGoodman[11]がそれぞれ提案している．半導体産業で最初に実用化されたSPVの方法はRCAのGoodmanによるもので[12]，製造工程において拡散長の長いウェハを厳密に管理された炉に入れ，加熱処理後のウェハの拡散長を測定するというものであった．この比較的簡単かつ非接触の方法で，炉管の亀裂，拡散用固体原料の汚染，金属コンタクトの汚染などの汚染源を検出できた．直流表面電圧あるいは光起電圧測定の代わりに，電荷をつかった周波数応答測定からキャリア寿命または拡散長を求めることもできる．Nakhmansonは周波数に依存した光誘起寿命測定法を導入した[13]．このような測定の解析では，等価回路の概念が威力を発揮することがわかっている[14]．

電荷をつかった測定では，ウェハに電荷を着電させ，半導体の応答をケルビン・プローブで測定する．電荷をつかった測定を理解するには，Kelvinが1881年に初めて提案したケルビン・プローブ法[15]を理解しなければならない．ケルビン・プローブとその応用についてはKronik and Shapiraの優れた解説がある[16]．

9.3 表面への電荷の着電

電荷の着電には**化学的**な着電か**コロナ電荷**をつかう．n型シリコンのサンプル表面の酸化膜を除去するには，H_2O_2または水に浸けておよそ15分間煮沸し，純水（DI）で洗浄する[17]．あるいは，サンプルを$KMnO_4$に1〜2分浸け，DI水で洗浄する．このような処理によって安定な空乏表面電位障壁をつくることができる．p型シリコンにはほとんど処理はいらない．V_{SPV}が低くなりすぎないよう，希釈HFでエッチングし，DI水で洗浄すればよい．

コロナ着電法は，ゼログラフ法をつかった複写機の光伝導ドラムへの着電につかわれている[18]．半導体を着電させた最初の例の1つに1968年のZnOの評価がある[19]．Williams and Woods[20]につづきWeinberg[21]がこの手法を酸化膜のリーク電流と可動電荷のドリフトの評価へ拡張した[22]．イオン源と表面の間に電場をかけると，大気圧下の表面にイオンを付着させることができる．コロナ源はワイヤーや複数のワイヤー列か，点源あるいは複数点源で構成し，サンプル表面から数mm〜数cm上に置く[23]．着電中あるいは着電サイクル毎にウェハを動かせば，ウェハ全体あるいはマスクで規定された領域をより一様に着電できるであろう．与えられた領域を正（または負）に着電し，負（または正）の領域で囲めば，ゼロギャップ・ガードリングになる[24]．

コロナ源には**図9.2**に示すように，いずれの極性でも5000〜10000Vの電圧が印加される．イオンは電極近傍で発生し，暗室ならほのかなグローがみえる．イオン源が負の電位なら，正のイオンがイオン源をたたき，飛び出した自由電子は周囲の分子にすぐさま捕獲され，負のイオンを形成する．イオン源が正の電位なら，電子はイオン源へ引かれ，残った正のイオンが電気力線にそって基板へ向かう．負および正の主なコロナイオンはそれぞれCO_3^-とH_3O^+（水和陽子）である．コロナ源によってイオン化した大気の分子が一様に表面に向けて流れるように導かれる．大気圧でイオン化した気体は平均自由行程が大変短いため（およそ0.1μm），運動エネルギーをほとんどもたない分子と衝突しながらイオンが輸送されるのである．絶縁体表面が飽和電位になるまでの着電時間はおよそ数秒である．

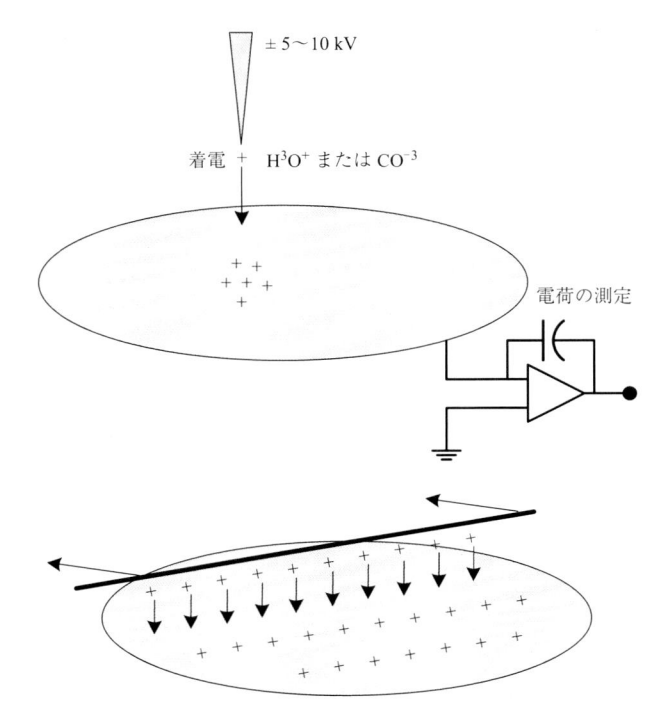

図9.2 点電極およびワイヤー電極によるコロナ着電法. 着電した電荷はオペアンプ電荷計で精密に測定する.

酸化膜の厚さおよび酸化膜の完全性の測定に導電性ゲートではなくコロナ電荷を"ゲート"につかう利点の1つは, サンプル表面での"コロナ"イオンの表面移動度が小さいことにある. 酸化したウェハの表面に着電した電荷は酸化膜中に電場を形成する. 最も弱い点に電流が集中すると酸化膜が破壊するが, 表面コロナ電荷は表面にそってドリフトしたり拡散したりすることはない. しかし導電性ゲートをつかってゲート電圧をかけると, 破壊部分はコロナ電荷法の場合と同じでも, ゲート面積全体から最弱点に電流が集中するので, 破局的な破壊をまねく.

9.4 ケルビン・プローブ

表面電圧や光起電力はどのようにして生じ, それをどのようにして測るのかを議論する. 表面電圧は表面あるいは絶縁体中の電荷の存在か, 仕事関数の差によって発生し, 通常は非接触プローブで検出する. プローブは直径2〜4 mmの小さなプレートで, サンプルから0.1〜1 mm上に保持する. プローブは図9.3のように2種類ある. ケルビン・プローブ法では電極を垂直に振動させ, サンプルとプローブの間の容量を変化させる. Monroeプローブ法では電極を固定し, 電極とサンプルの間に接地したシャッターを装着し, これを水平方向に振動させ, サンプルとプローブの間の容量を変調する. 標準的な振動周波数は500〜600 Hzである. 電流か電圧を測定して表面電圧を求める.

ケルビン・プローブの動作を理解するために, 仕事関数が異なる2つの金属プレートを距離d_1だけ隔てた図9.4の容量のバンド図をつかおう. 図9.4(a)では2つの金属はつながっていないので, これらの間にはバンド図に示すように仕事関数の差による電圧差 $(\varPhi_{M2}-\varPhi_{M1})/q$ がある. この電圧差はそれぞれの金属のフェルミエネルギーE_{F1}とE_{F2}の差で表され, 電圧計で測定するが, 金属プレートはいず

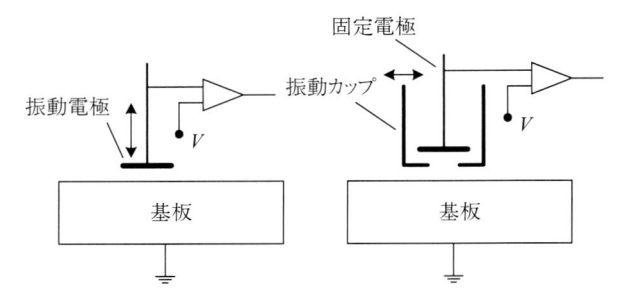

図9.3 ケルビン・プローブ法（左）とMonroeプローブ法（右）による接触電位差の測定.

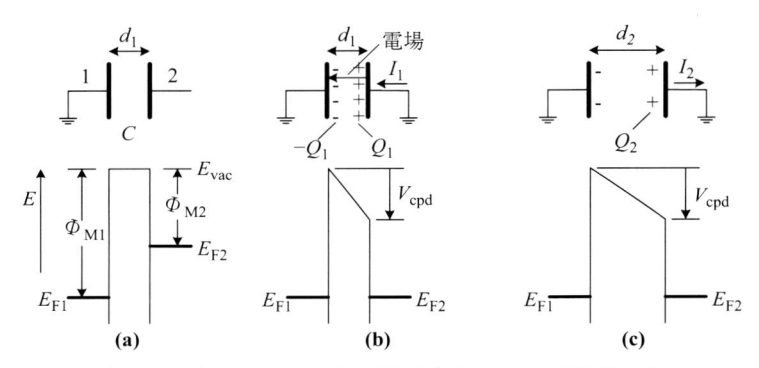

図9.4 2枚の金属プレートとそのバンド図．(a)プレート2は電気的に浮いている．(b)プレート2は間隔d_1で接地．(c)プレート2は間隔d_2（>d_1）で接地．

れも帯電していないから，このギャップには電場は存在しない．図9.4(b)ではどちらの金属も接地され，フェルミエネルギーが一致している．そのためプレート2からプレート1へ電子が流れ込み，プレートには正味の電荷としてQ_1と$-Q_1$が現れ，その結果プレート間に電場が形成される．このときの外部の電圧差はゼロであるが，内部にはV_{cpd}で表される接触電位差が存在する．プレート2を接地すると，一時的に電流I_1が流れるのは明らかである．この電荷は

$$Q = VC = V\varepsilon_0/d \tag{9.1}$$

によって電圧と容量に結びつけられる．ここでCは容量，Vはプレート間の内部電圧，dはプレート間の距離，ε_0は真空の誘電率である．ここで両プレートを接地したまま図9.4(c)のように距離d_2の間隔にすると，電圧はV_{cpd}で一定であるから，両プレートの電荷が減り，電場も弱くなる．このときプレート1からプレート2へ流れる電子が電流I_2となる．このように**ケルビン・プローブを振動させたとき**の電流は

$$I = \frac{dQ}{dt} = V\frac{dC}{dt} = -V\frac{\varepsilon_0}{d^2}\frac{dd}{dt} \tag{9.2}$$

となる[25]．図9.4の場合，

$$I = V_{cpd}\frac{dC}{dt} \sim V_{cpd} \tag{9.3}$$

よりV_{cpd}は振動電流Iの比例定数になる．接触電位差V_{cpd}は，仕事関数が既知の材料でこの振動電流を較正して決定する．V_{cpd}は半導体の仕事関数，吸着層，酸化膜，ドーピング密度，およびサンプルの温度ゆらぎに依存する．

ヌル電流測定法を**図9.5**に示す．図9.5(a)では負の電圧$V = \Phi_{M2}/q - \Phi_{M1}/q$をプレート2に印加するとプレートの電荷がゼロになり，プレート間の電場が消え，電流は流れない．ここでプレートの間隔を広げても（図9.5(b)），プレートには電荷がないので電流は流れない．このように，プレートの一方を振動させても電流が流れないようにバイアス電圧Vを調節する．この電圧はV_{cpd}と等しく，図9.3ではVと表記したものである[注1]．図9.5の方法よりも図9.4の方法の方が速く，表面電位のマップをとるのによくつかわれる．

次に，図9.5(c)のようにプレート2に電荷Q_1が着電しており，プレート1に電荷$-Q_1$が誘起されている場合を考えよう．浮遊ゲート2の初期電圧は（図9.4(a)の）V_{cpd}である．電荷Q_1が浮遊ゲート2に着電した瞬間，電流パルスが流れ，浮遊ゲート2の電圧はQ_1/Cだけ変化してV_1となる．この電荷と電流がゼロになるように電圧$V_2 = Q_1/C$を外部から与える．容量Cがわかっていれば，この電圧から電荷Q_1がわかる．

2つの金属プレートをつかったケルビン・プローブの基本動作を理解したので，つづいて半導体の場合を考えよう．**図9.6**に示すプローブ—空気—半導体のバンド図では，Φ_M/qとΦ_S/qがそれぞれ金属と半導体の仕事関数の**電位**，すなわち真空の電位E_{vac}/qとフェルミ電位ϕ_Fとの差になっている．E_cとE_vは伝導帯と価電子帯のエネルギーで，E_c/qとE_v/qはそれぞれの電位である．中性のバルク半導体の真性フェルミ準位の電位ϕを電位の基準としている．p型**半導体基板**では，フラットバンドでの表面電位ϕ_s（$x = 0$で$\phi_s = \phi$）は（接地した基板からみたとき，下向きの電位を正として）ゼロ，空乏あるいは反転状態では正，蓄積状態では負である．

サンプル表面の電位は表面電圧V_Sである．むき出しの半導体表面は$V_S = \phi_s$であるが，酸化膜があって，その表面や内部に電荷をもつウェハでは$V_S \neq \phi_s$である．プローブで測定される電位は接触電位差V_{cpd}であるが，これは接触電位とも呼ばれ，これ以降はプローブ電位V_Pと表記する．電位はすべて接地した基板を基準として測定する．このとき，プローブの電圧はプローブのフェルミ電位と基板のフェルミ電位の差になる．

ここではまず図9.6のようにむき出しのp型半導体を接地し，その上に金属プローブを距離t_{air}だけ離して置いた場合を考えよう．表面電荷はなく，Φ_MとΦ_Sは等しいとすると，図9.6(a)のように仕事関数

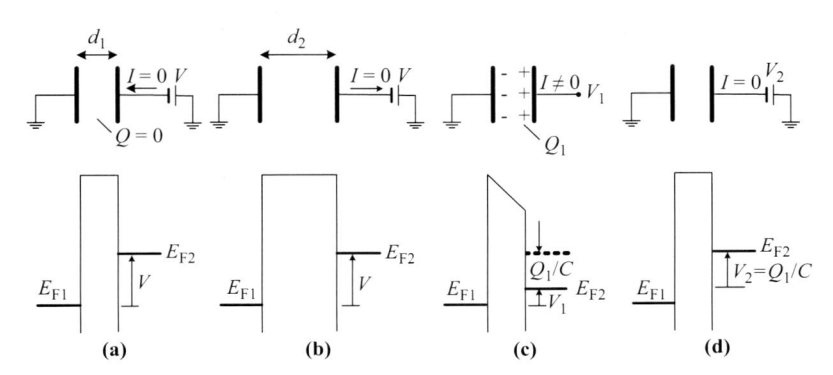

図9.5　2枚の金属プレートとそのバンド図．(a)プレート2は間隔d_1で$-V$の電圧を印加．(b)プレート2は間隔d_2（$> d_1$）で$-V$を印加．(c)プレート2に電荷Q_1．(d)電圧$-V_2$で電流ゼロ．

注1　ゼロ電流法ではプレート間の容量や電荷がわからなくても接触電位差を求めることができる．

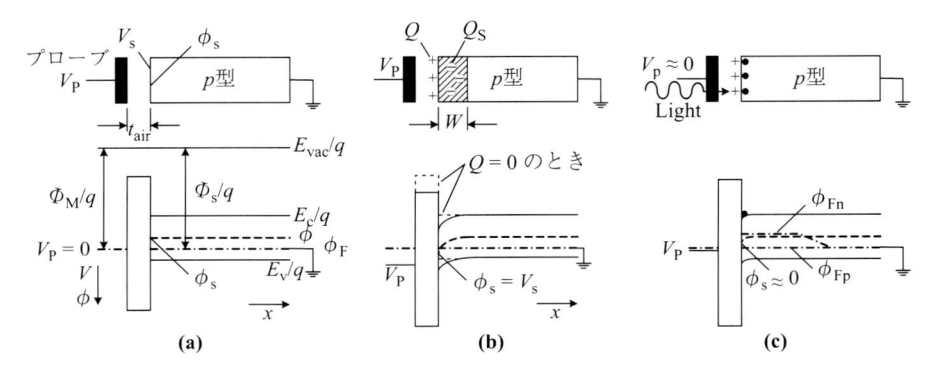

図9.6 仕事関数の差がない金属—空気—半導体系の断面図とバンド図．(a)表面電荷なし．(b)正の表面電荷．(c)強い光で励起．

の差は$\Phi_{MS} = \Phi_M - \Phi_S = 0$で$V_P = 0$である。このバンド図はMOSキャパシタの酸化膜をエアギャップに置き換えたものとよく似ている。次に図9.6(b)のように，電荷密度Q（C/cm²）の正の電荷を半導体表面に着電させると，半導体内に密度Q_Sの電荷が誘起される。表面電荷がゼロのときは破線のバンド図になり，表面電荷Qがあるときは実線のバンド図のように，電荷は半導体の内部だけに誘起され，電気的に浮いているプローブには誘起されない。このようにサンプルとプローブとの間には電場がないので，$V_P = V_S = \phi_s$となる。

半導体に誘起された電荷密度Q_Sは，反転していなければ空間電荷領域のイオン化したアクセプタの密度と等しく，

$$Q = -Q_S = qN_A W \tag{9.4}$$

で，Wは空間電荷領域の幅，N_Aはアクセプタのドーピング密度である。空間電荷領域の幅Wは

$$W = \sqrt{\frac{2K_s \varepsilon_0 \phi_s}{q N_A}} = \frac{Q}{q N_A} \tag{9.5}$$

であるから，表面電位ϕ_sについて解くと，

$$\phi_s = \frac{Q^2}{2K_s \varepsilon_0 q N_A} = \frac{(qN)^2}{2K_s \varepsilon_0 q N_A} = 9.07 \times 10^{-7} \frac{N^2}{K_s N_A} \tag{9.6}$$

となる。ここでNは表面電荷の数密度（cm⁻²）である。たとえば$N_A = 10^{16}$ cm⁻³，$K_s = 11.7$，表面電荷数密度$N = 10^{11}$ cm⁻²のSiの表面電位は$\phi_s = 0.077$ Vになる。

表面電圧（SV）か表面光起電圧（SPV）で評価する半導体サンプルの多くは酸化膜と電荷があり，仕事関数も異なる。仕事関数の差と電荷密度がどのように表面電圧に影響するのかをみるために，単純でよくわかっている図9.7のMOSキャパシタで，仕事関数の差Φ_{MS}と正の一様な電荷密度ρ_{ox}（C/cm³）をもつ酸化膜がある場合を考えよう。第6章より，このゲート電圧は

$$V_G = V_{FB} + V_{ox} + \phi_s \tag{9.7}$$

である。ここでV_{ox}は酸化膜を横切る電位である。フラットバンド電圧は

$$V_{FB} = \Phi_{MS}/q - \frac{1}{C_{ox}} \int_0^{t_{ox}} \frac{x}{t_{ox}} \rho_{ox} dx \tag{9.8}$$

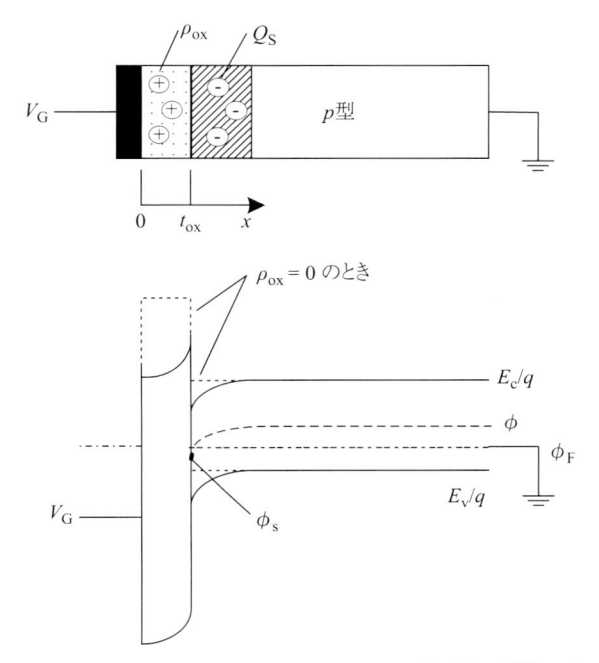

図9.7 酸化膜中の電荷ρ_{ox}を示すMOSキャパシタの断面図と電位のバンド図.

である。ゲートが電気的に浮いていれば，ゲートに電荷はなく，ゲート界面の酸化膜の電場はゼロで，酸化膜のバンド図は$x = 0$で傾きがゼロになっている。

この例を電気的に浮いているケルビン・プローブに拡張しよう。図9.8(a)のように，半導体は酸化膜で覆われ，プローブ―半導体の仕事関数差Φ_{MS}から負のプローブ電位$V_P = \Phi_{MS}/q$が発生する。次に，図9.8(b)のように酸化膜に一様な電荷密度ρ_{ox}（C/cm³）と，表面電荷密度Q（C/cm²）を与えよう。これらの電荷は半導体に（負の電荷で示す）qN_AWの電荷密度を誘起する。このプローブ電圧を，MOSキャパシタと同じ方法で計算すると，

$$V_P = V_{FB} + V_{air} + V_{ox} + \phi_s \tag{9.9}$$

となる。図9.8(b)の浮遊ゲートの配置では，プローブに電荷はなく，したがってギャップに電場がないので，$V_{air} = 0$である。よってフラットバンド電圧

$$V_{FB} = \Phi_{MS}/q - \frac{t_{air}}{t_{equ}}\frac{Q}{C_{equ}} - \frac{1}{C_{equ}}\int_{t_{air}}^{t_{equ}} \frac{x}{t_{equ}}\rho_{ox}dx \tag{9.10}$$

となる。ここでC_{equ}とt_{equ}はそれぞれ

$$C_{equ} = \frac{C_{air}C_{ox}}{C_{air} + C_{ox}} = \frac{\varepsilon_0}{t_{equ}} \quad ; \quad t_{equ} = t_{air} + t_{ox}/K_{ox} \tag{9.11}$$

で与えられるゲートと半導体との間の等価容量および等価厚さである。式（9.9）〜（9.11）からプローブ電圧はΦ_{MS}，Q，およびρ_{ox}で決まることがわかる。1回の測定ではこれらのパラメータを分離することはできない。

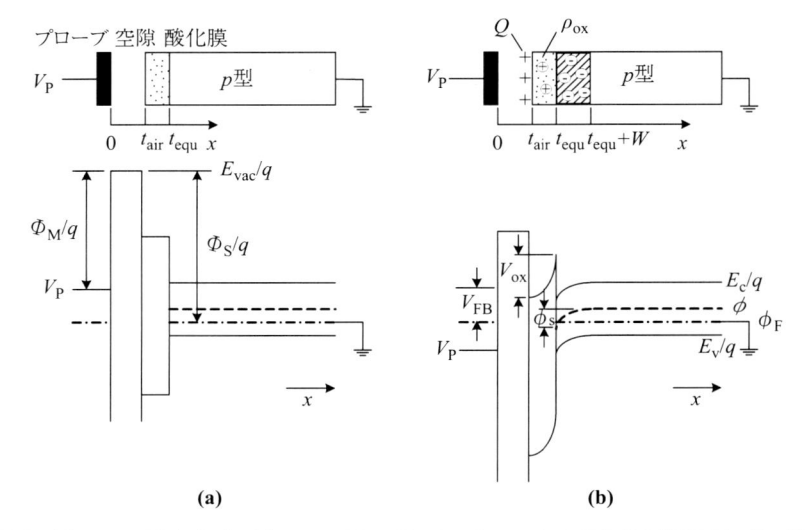

図9.8 (a)$\Phi_{MS}/q < 0$ および，(b)$\Phi_{MS}/q < 0$，$Q > 0$，かつ$\rho_{ox} > 0$のときの断面図とバンド図．

次にサンプルに光を当てたときの影響を考えよう．簡単のために，図9.6のむき出しのサンプルをつかう．図9.6(b)には暗所での表面電荷密度Qのバンド図を，図9.6(c)には強い光で半導体をフラットバンド状態とし，プローブ電位をゼロに近づけたものを示している．フェルミ準位は2つの擬フェルミ準位に分裂し[注2]，光があるときとないときの表面電圧を測定すれば表面電位がわかり，式 (9.6) から電荷密度がわかる．なぜこうなるのかを理解するには，フラットバンド条件をより詳しく調べなければならない．

空乏状態または反転状態にあるp型の半導体の電荷密度Q_Sは

$$Q_S = -\sqrt{2kTK_s\varepsilon_0 n_i}\, F(U_S, K) \tag{9.12}$$

である．ここでFは規格化した表面電場（詳しくは第6章参照）で，

$$F(U_S, K) = \sqrt{K(e^{-U_S} + U_S - 1) + K^{-1}(e^{U_S} - U_S - 1) + K(e^{U_S} + e^{-U_S} - 2)\Delta} \tag{9.13}$$

のように定義される[26]．ここで$K = p_0/n_i$（p_0は平衡状態の多数キャリア密度，n_iは真性キャリア密度），$U_S = q\phi_s/kT$は規格化した表面電位，ϕ_sは表面電位，Δは規格化した過剰キャリア密度（$\Delta = \Delta n/p_0$，ここで$\Delta p = \Delta n$は過剰キャリア密度）である．過剰キャリアが存在しない，すなわち平衡状態のときは，式 (9.13) の最後の項はゼロになる．

図9.9に光で誘起された過剰キャリア密度をパラメータとして，ϕ_sに対するFをプロットしている．この電場は式 (9.12) によって電荷密度に結びつけられる．表面電荷が一定なら表面電場すなわちF

注2 電子―正孔対生成によって多数キャリアと少数キャリアが過剰キャリアとして同数注入された非平衡状態では，平衡状態では1つであったフェルミ準位が，多数キャリアの擬フェルミ準位と少数キャリアの擬フェルミ準位の2つの準位に分裂する．低レベル注入であれば，多数キャリアの擬フェルミ準位は平衡状態のフェルミ準位とほとんど変わらないが，少数キャリアの擬フェルミ準位は，少数キャリアの数が平衡状態から数桁増えるため，平衡状態のフェルミ準位から大きくずれる．

も一定である．この条件でΔnが増えると，$F-\phi_s$プロットは破線のように水平に移動するので，表面電位は小さくなる．光を強くした極限では$\phi_s \to 0$となって，半導体はフラットバンドへ近づいていくのである．

プローブの電位

$$V_P = V_{FB} + V_{air} + V_{ox} + \phi_s \quad ; \quad V_{ox} = Q/C_{ox} = -Q_S/C_{ox} \qquad (9.14)$$

は，暗所のときと，強い光が当たっているとき（$\phi_s \to 0$），それぞれ

$$V_{P,dark} = V_{FB} + V_{air} + Q/C_{ox} + \phi_s \quad ; \quad V_{P,light} \approx V_{FB} + V_{air} + Q/C_{ox} \qquad (9.15)$$

になる．光のあるなしによらず表面の電荷密度Qは一定であるから，表面電圧の変化は

$$\Delta V_P = V_{P,dark} - V_{P,light} \approx \phi_s \qquad (9.16)$$

となり，こうして表面電位が求められる．強い光を当てて測定した**図9.10**の光起電圧―プローブ電圧

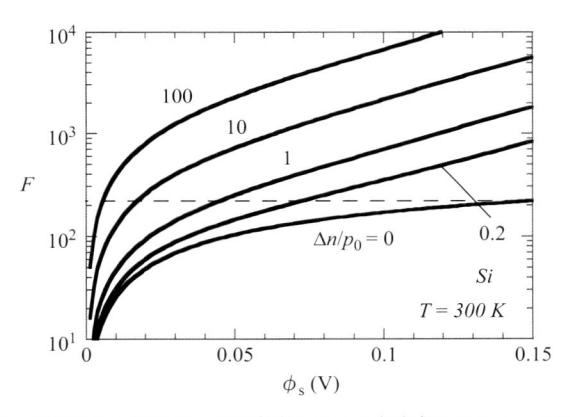

図9.9 規格化した過剰キャリア密度あるいは光強度をパラメータとした表面電位に対する規格化した表面電場F．

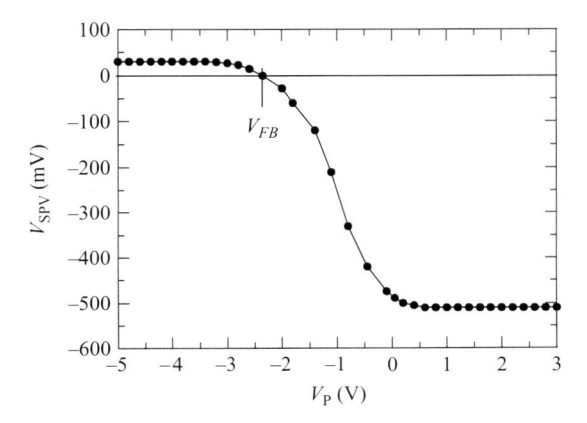

図9.10 表面光起電圧とゲート電圧の関係．$N_A = 2.6 \times 10^{14} \text{cm}^{-3}$．

のプロットに示すように，フラットバンド電圧は$\phi_s = 0$，すなわち$V_{SPV} \approx 0$となる電圧に相当する。すなわち，$V_{SPV} = 0$となるプローブ電圧がフラットバンド電圧である。MOSキャパシタのフラットバンド電圧を求めるには，酸化膜の厚さと基板のドーピング密度の両方がわかっていなければならないが，このようにしてV_{FB}を求めれば，酸化膜の厚さも基板のドーピング密度も不要であることを強調しておきたい。

9.5 応用
9.5.1 表面光起電圧

第7章で議論したように，表面光起電圧法（surface photovoltage; SPV）は表面の電荷をつかった評価手法の1つとして，主に少数キャリアの拡散長の決定につかわれている[27]。表面光起電圧の概念は図9.11のバンド図から理解できる。表面電荷Qが半導体に電荷密度Q_Sを誘起すると，図9.11(a)のように$Q + Q_S = 0$となる。表面電荷は半導体を空乏化できる極性でなければならない。この状態の暗所でのバンド図が図9.11(b)である。半導体に入射した光は電子—正孔対を生成する。電子—正孔対の一部は中性のp型基板で再結合し，一部は表面へ拡散していく。電子—正孔対が空間電荷領域の終端部に達すると，正孔はアクセプタ原子を中性化して空間電荷領域の幅が減少し，電子は負に帯電したアクセプタと電子を交換しながら表面に向かって空間電荷領域の電場をドリフトしていく。これが順バイアスとなってバンドの曲がりが小さくなる。開放端である表面の光起電圧は，フェルミ準位が擬フェルミ準位ϕ_{Fn}とϕ_{Fp}へ分裂することで，図9.11(c)のように$V_S = \phi_{Fn} - \phi_{Fp}$で近似される。表面光起電力の電圧，つまり表面の電圧は第7章ではV_{SPV}と記述したが，本章では他の用語との整合から，これをV_Sと記述する。光の流れ密度Φが一定なら，$1/V_S - 1/\alpha$プロットを外挿した$1/\alpha$軸上の切片が少数キャリアの拡散長L_nになる。

9.5.2 キャリア寿命

キャリア寿命は第7章で議論されている。ここではキャリア寿命測定にコロナ電荷をつかう方法の概要を述べる。キャリア寿命は**再結合寿命**と**生成寿命**に分けられる[28]。**再結合寿命**を求めるには，図9.12のように酸化膜をつけたウェハ表面への着電によって半導体表面を反転させ，p型基板中に表面電荷誘起np接合を形成する。このサンプルに短い光パルスで過剰キャリアを注入し，np接合を順バイアスする。すると，電子—正孔対の再結合によって接合バイアスが変化し，表面電圧が時間に依存するようになる。この方法は再結合寿命が

$$\tau_r = \frac{kT/q}{dV_P/dt} \tag{9.17}$$

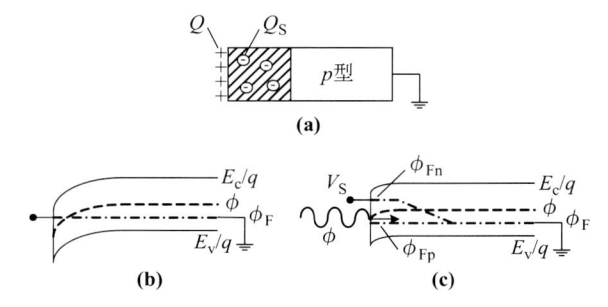

図9.11　(a)表面電荷Qと半導体の電荷密度Q_Sの断面図．(b)暗所でのバンド図．(c)光照射時のバンド図．

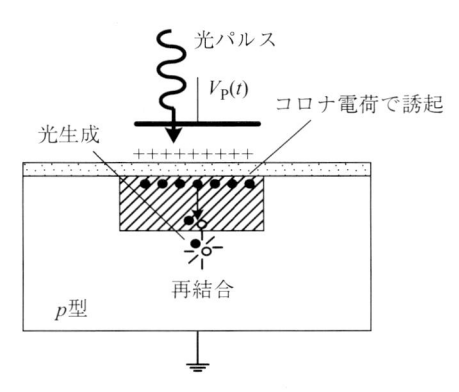

図9.12 コロナ電荷で誘起したnp接合．光パルスによる接合電圧の変化を非接触プローブで測定する．

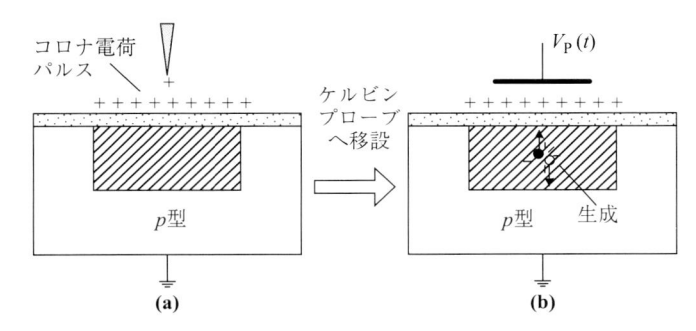

図9.13 コロナ電荷のパルス照射で深く空乏化した空間電荷領域を形成する．電子—正孔対の熱生成によってプローブ電圧が時間変化する．

で決まる開放回路電圧減衰法によく似ている[29]．

生成寿命を求めるには，**図9.13**(a)に示すように酸化膜をつけたウェハに電荷パルスを与え，コロナ—酸化膜—半導体（corona-oxide-semiconductor; COS）デバイスを深く空乏化する。空間電荷領域の幅はコロナ電荷の量で制御する。このウェハをすばやくケルビン・プローブ測定器へ移し，電子—正孔対の生成によるプローブ電圧の時間変化を測定する（図9.13(b)）。

生成寿命はプローブ電圧の時間変化から，式

$$\frac{dV_P}{dt} = \frac{qn_i}{C_{ox}}\left(\frac{W - W_{inv}}{\tau_{g,eff}} - s_{g,eff}\right) \tag{9.18}$$

によって抽出される[24]．金属—酸化膜—半導体（MOS）キャパシタあるいはコロナ—酸化膜—半導体（COS）キャパシタのゲート電圧は

$$V_G = V_S = V_{FB} + V_{ox} + \phi_s \quad ; \quad V_{ox} = Q_G/C_{ox} = -Q_S/C_{ox} = (Q_n + Q_b)/C_{ox} \tag{9.19}$$

である。V_GはMOSキャパシタならゲート電圧，COSキャパシタなら表面電圧V_Sである。コロナ電荷をゲートに着電させると，測定の間Q_Gは一定なので，V_{ox}も一定である。式（9.19）を微分して，フラットバンド電圧が時間に対して不変，すなわち$dV_{FB}/dt = 0$と仮定（室温ではよい近似である）すれば，

$$\frac{dV_S}{dt} = \frac{d\phi_s}{dt} \tag{9.20}$$

を得る。

バルクの電荷密度

$$Q_b = qN_AW = \sqrt{2qK_s\varepsilon_0N_A\phi_s} \tag{9.21}$$

と，Q_G および Q_S が時間によらないことから

$$\frac{dQ_S}{dt} = 0 = -\frac{dQ_n}{dt} - \frac{dQ_b}{dt} = -\frac{dQ_n}{dt} - qN_A\frac{dW}{dt} \tag{9.22}$$

または，式 (9.21) を代入して

$$-\frac{dQ_n}{dt} = \sqrt{\frac{qK_s\varepsilon_0N_A}{2\phi_s}}\frac{d\phi_s}{dt} = \frac{K_s\varepsilon_0}{W}\frac{d\phi_s}{dt} = \frac{K_s\varepsilon_0}{W}\frac{dV_S}{dt} \tag{9.23}$$

を得る。

電荷パルスで与えられた**一定のゲート電圧**で深く空乏化させたMOSキャパシタの容量の時間変化を測定すると，dQ_n/dt は

$$-\frac{dQ_n}{dt} = \frac{qK_s\varepsilon_0N_AC_{ox}}{C^3}\frac{dC}{dt} \tag{9.24}$$

で与えられる（第7章．式(7.103) 参照）。COSの測定では，表面電圧の時間変化をモニタする。

深く空乏化した非平衡の半導体で反転キャリアが生成されるレート dQ_n/dt は，

$$-\frac{dQ_n}{dt} = \frac{qn_i(W - W_{inv})}{\tau_{g.eff}} + qn_is_{g.eff} \tag{9.25}$$

である。これから式 (9.23) と (9.24) は

$$\frac{dV_S}{dt} = \frac{qn_iW}{K_s\varepsilon_0}\left(\frac{W - W_{inv}}{\tau_{g.eff}} - s_{g.eff}\right) \tag{9.26}$$

$$\frac{1}{C^3}\frac{dC}{dt} = \frac{n_i}{K_s\varepsilon_0N_AC_{ox}}\left(\frac{W - W_{inv}}{\tau_{g.eff}} - s_{g.eff}\right) \tag{9.27}$$

となる。COSをつかう利点は表面電荷の安定性にある。Q_G が一定なら V_{ox} も一定である。V_{ox} が時間とともに上昇し，酸化膜の絶縁破壊やリーク電流によってゲート電圧が制限される従来のMOSキャパシタの測定とは対照的である。COSでは酸化膜にある程度電流を流したり絶縁破壊をまねくような高い V_{ox} にすることができる。p型基板のゲートに流れるのは熱生成された反転層の電子である。これらの電子の一部が酸化膜に注入されるようになると，反転層の形成に要する時間が長くなる。つまり，生成寿命は実際より長くみえる[30]。酸化膜の電圧が一定のCOS法なら，この問題が軽減される。

エピタキシャル薄膜とその基板の評価にCOSの生成および再結合寿命の測定をつかっている[31]。生成寿命の測定では，エピタキシャル層のうち半導体表面からおよそ1 μmの幅の電荷誘起空間電荷領域に閉じ込められる熱生成キャリアを評価する。一方，再結合寿命は少数キャリアの拡散長で決まる深さまでの評価になる。**図9.14**は n 型基板上の n エピタキシャル層について，コロナ誘起による生成寿命および再結合寿命を測定した結果である。図にはエピ層（Epi）と基板（SS）の"良"と"不良"の

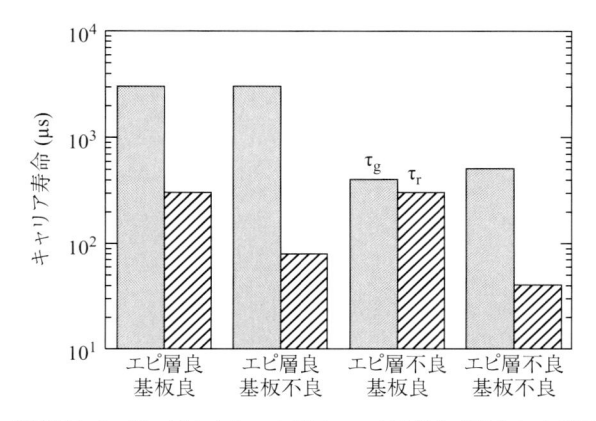

図9.14 n型基板上のn型エピタキシャル層のコロナ誘起生成寿命および再結合寿命.
データは文献31より採用.

両方を示している。これは，一方だけでは得られない相補的な特性を電荷測定によって得た好事例である。

9.5.3 表面修飾

図9.15に示すように，表面電荷によるサンプルの蓄積，空乏，あるいは反転状態をつかえば，表面電位と表面再結合を制御することができる。図9.15(a)の正の表面電荷は表面を空乏化する。過剰少数キャリアは表面へ引き寄せられ，表面ですばやく再結合する。一方，図9.15(b)の蓄積状態の表面は，過剰少数キャリアを退けるので，表面再結合速度は低い。有効寿命と表面再結合速度を表面電荷密度の関数として**図9.16**にプロットしている[32]。有効寿命は光伝導減衰法やマイクロ波反射法で測定する。表面電荷がゼロのとき，ウェハ表面はわずかに反転している。このために表面再結合が増え，有効寿命は短くなる。負のコロナ電荷を着電させると表面は蓄積状態となり，表面再結合が減って有効寿命が長くなる。このように，コロナ電荷で表面状態を制御することで，表面再結合速度を修飾（surface modification）していることになる。

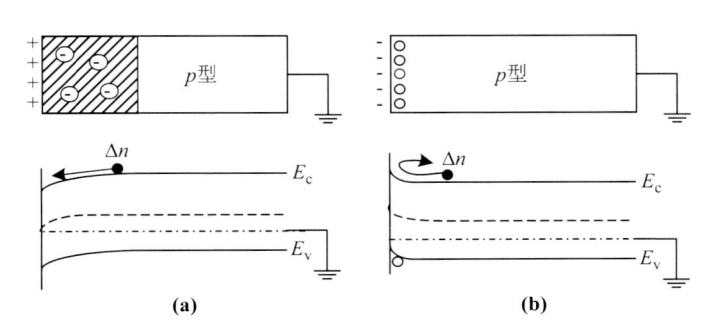

図9.15 (a)引力ポテンシャル，(b)反発力ポテンシャルのバンド図.

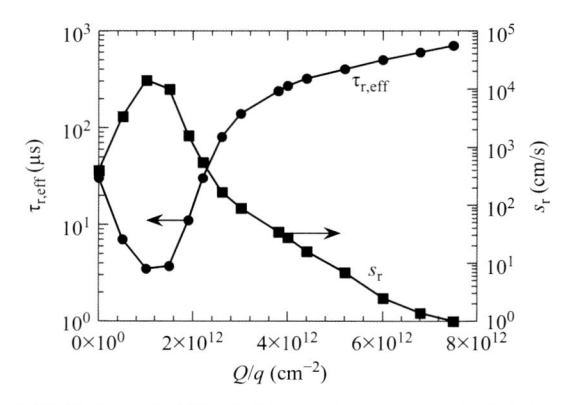

図9.16 有効再結合寿命と表面再結合速度の負の表面コロナ電荷密度への依存性. $N_A = 4.1 \times 10^{16}\,\mathrm{cm}^{-3}$, ウェハの厚さ＝280 μm. 文献32より.

9.5.4 表面近傍のドーピング密度

　表面近傍のドーピング密度は半導体表面から数ミクロンの平均的なドーピング密度の目安になる. 表面近傍のドーピング密度は，MOSのパルス測定と同じように，COSの電場で誘起された接合をパルス電荷で深く空乏化して求める. データの解析はMOSの場合と同じである. この接合は，まず試験部位を蓄積領域にする. 次に，この中央に反転領域をつくる. 蓄積領域はガードリングとして作用し，横方向の伝導を阻止して接合領域を明確にしてくれる.

　この接合に電荷ΔQをパルスで追加し，空乏層を深くして電圧の挙動を記録する. 追加した電荷の鏡像力で多数キャリアが押し出され，空間電荷領域の幅がWへ広がる. 少数キャリアが生成されると，空間電荷領域は時間とともに縮小し，平衡時の幅W_{inv}と電圧V_{Si}に戻る. この電荷の増分ΔQと電圧の増分ΔV_{Si}を測定すれば，ドーピング密度をこの2つの変数の関数として表すことができる.

　WとΔQは

$$W = W_{inv} + \Delta W \quad : \quad \Delta Q = qN_A \Delta W \tag{9.28}$$

で与えられる. 空乏化のパルスが与えられたときの電圧は

$$\Delta V_{Si} + V_{Si} = \frac{qN_A W^2}{2K_s \varepsilon_0} \tag{9.29}$$

である. ここでV_{Si}と空間電荷領域の幅W_{inv}は

$$V_{Si} = \frac{qN_A W_{inv}^2}{2K_s \varepsilon_0} \tag{9.30}$$

の関係にある. V_{Si}は

$$V_{Si} = \frac{kT}{q}\left[2.1\ln\left(\frac{N_A}{n_i}\right) + 0.28\right] \tag{9.31}$$

によっても与えられる[33]. 式（9.28）〜（9.31）までをN_Aについてくり返し解いていく. n型エピタキシャル層のN_AをCOSとMOSで測定した結果を図9.17で比較している. MOSキャパシタでは，最大―最小MOSキャパシタ容量法でN_Aを求めている（第2章参照）.

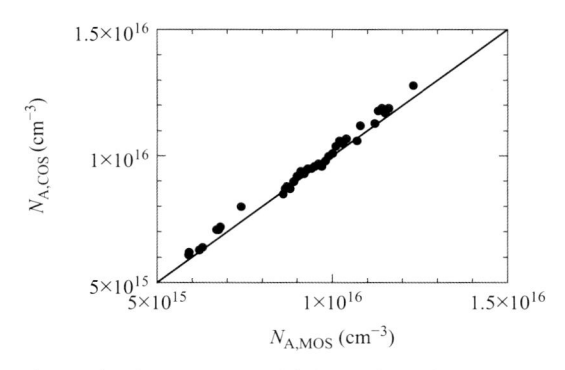

図9.17　COS法およびMOS法で求めたドーピング密度．直線は両者が理想的に一致したときを表す．

9.5.5　酸化膜中の可動電荷

表面電圧の表面電荷依存性は，半導体ウェハ上の絶縁体中の電荷やウェハ上の電荷の測定にもつかえる．これらは酸化膜中の電荷，界面にトラップされた電荷，プラズマダメージによる電荷などである．ここでは酸化膜をつけたウェハの可動電荷密度Q_mを考察しよう[34]．このような可動電荷を測定する1つの方法が，表面電圧測定とコロナ電荷法の組み合わせである．まず，酸化膜のついた半導体の表面に正のコロナ電荷を着電させ，ウェハをおよそ200℃で数分間加熱し，膜中の可動電荷を酸化膜と半導体の界面へ移動させる．ウェハを冷却したのち，フラットバンド電圧V_{FB1}を測定する．次に負のコロナ電荷を着電させ，同じ手順で膜中の可動電荷を酸化膜と空気の界面へ移動させたのち，V_{FB2}を求める．すると，Q_mはフラットバンド電圧の差$\Delta V_{FB} = V_{FB2} - V_{FB1}$によって

$$Q_m = C_{ox}\Delta V_{FB} \tag{9.32}$$

から求めることができる．

酸化膜の厚さを増して容量を小さくすれば測定感度を向上できるが，最近の薄いゲート酸化膜とは相反する．フラットバンド電圧が酸化膜中の電荷密度ρ_{ox}だけによるなら$V_{FB} = -\rho_{ox}t_{ox}^2/2K_{ox}\varepsilon_0$である．電荷密度が$\rho_{ox}t_{ox}/q = 10^{10}\,\mathrm{cm}^{-2}$のときは$V_{FB} = -2.3 \times 10^3 t_{ox}$であるから，たとえば$t_{ox} = 5\,\mathrm{nm}$なら$V_{FB} = -1.1\,\mathrm{mV}$となって，このような薄い酸化膜の電圧測定は現実的でない．薄い酸化膜の表面電圧を測定するには，強い光があるときとないときの表面電圧を測定し，表面電位V_sを求める（9.4節）．次に表面電位がゼロになるまでコロナ電荷を着電させる．この電荷は，はじめから酸化膜中にあった電荷と同じ量であるが，符号が反対である[35]．電荷をつかったこの方法の感度は酸化膜の厚さによらない．

他にも水素で安定化したシリコン表面の他，プラズマで誘起された電荷やプラズマ誘起ダメージによる電荷が表面電圧測定から求められている[36]．Si表面を水素アニールかHF溶液のいずれかで水素処理した場合，表面障壁の時間変化から，水素アニールの表面の方がより安定であることがわかっている．シリコン・オン・インシュレータの埋め込み酸化膜中の電荷の測定も可能である[37]．プラズマ電荷に誘起された表面電圧の例を図9.18に示す．

酸化膜中の電荷は電圧をかけて測定するより，電荷をつかって測定する方がよい．たとえば，MOSデバイスの酸化膜中の電荷は，**電荷か電圧**を測定して求める．酸化膜の電圧の不確定性ΔV_{ox}と酸化膜中の電荷の不確定性ΔQ_{ox}との関係は

$$\Delta Q_{ox} = C_{ox}\Delta V_{ox} = K_{ox}\varepsilon_0\Delta V_{ox}/t_{ox} \tag{9.33}$$

で，この関係を図9.19にプロットする．酸化膜中の電荷を不確定性が$\Delta V_{ox} = 1\,\mathrm{mV}$ある電圧の測定で求めるとしよう．このとき酸化膜の厚さが10 nmから1 nmになると，ΔQ_{ox}は2.2×10^9から$2.2 \times 10^{10}\,\mathrm{cm}^{-2}$

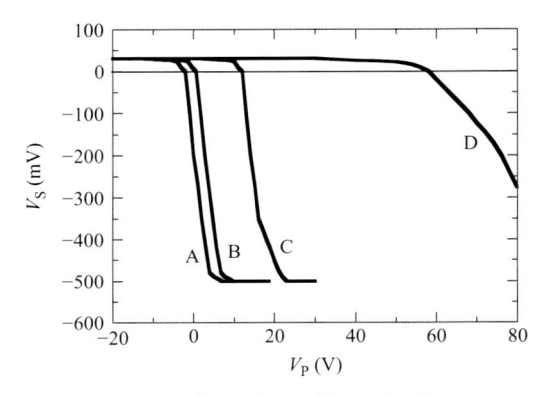

図9.18 プラズマ帯電電荷の関数であるプローブ電圧に対する表面電圧. SiO_2 15 nm, PSG 1000 nm, パワー 700 W. A：16 Torr, B：12 Torr, C：8.5 Torr アニールあり, D：8.5 Torr. M.S. Fung, "Monitoring PSG Plasma Damage with COS", *Semicond. Int.*, 20, July (1997) より.

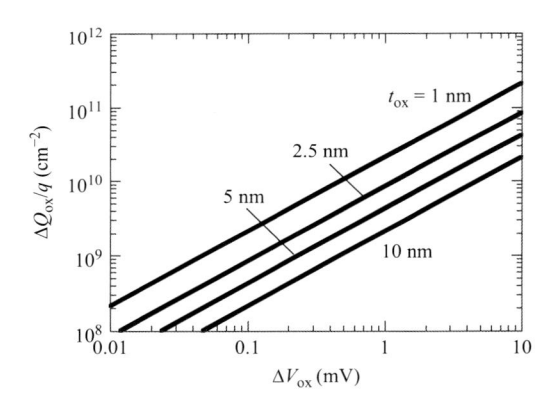

図9.19 いろいろな厚さの酸化膜中の電荷密度の不確定性と酸化膜の電圧の不確定性の関係.

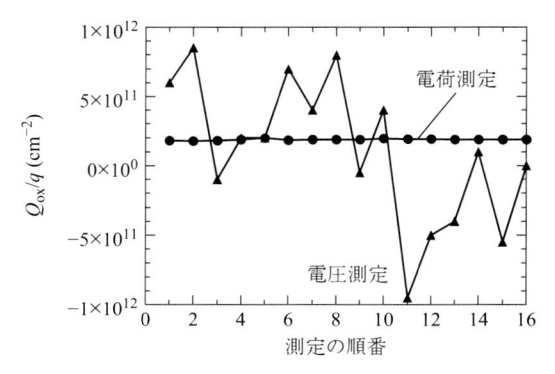

図9.20 3 nm の酸化膜中の電荷を，電荷で測定したときと電圧で測定したときの再現性. Weinzierl and Miller より[35].

まで大きくなる。このように電圧で測定すると,酸化膜中の電荷の不確定性はかなり大きい。一方,電荷を測定すれば,電荷の不確定性はあったとしても,$\Delta Q_{ox} = 10^9 \text{cm}^{-2}$かそれ以下のオーダーであり,酸化膜の厚さにはよらない。図9.20は電荷を測った場合と電圧を測った場合の例である。

9.5.6 酸化膜の厚さと界面トラップ密度

酸化膜の厚さを求めるには,電荷密度Qのコロナ電荷を酸化膜つきウェハに着電させ,暗所と強い光を照射したときの表面電圧から表面電位V_Sを求め(9.4節)[38],これを着電した電荷密度に対して図9.21のようにプロットする[39]。蓄積と反転状態は直線となり,酸化膜の厚さは

$$C_{ox} = \frac{dQ}{dV_S} \quad ; \quad t_{ox} = \frac{K_{ox}\varepsilon_0}{C_{ox}} = K_{ox}\varepsilon_0 \frac{dV_S}{dQ} \tag{9.34}$$

で与えられる。この方法では,MOSキャパシタのポリSiゲートのような空乏化がない[10]。また,プローブで突き破ることもなく,酸化膜のピンホールのリーク電流にも鈍感である。界面トラップは第6章で議論したように,低周波$C_{lf} - V_S$曲線を歪める原因となる(V_Sは第6章ではV_Gに相当する)。同様に,界面トラップは$V_S - Q$曲線の歪みの原因となるので,この歪みから界面トラップ密度が求められる。

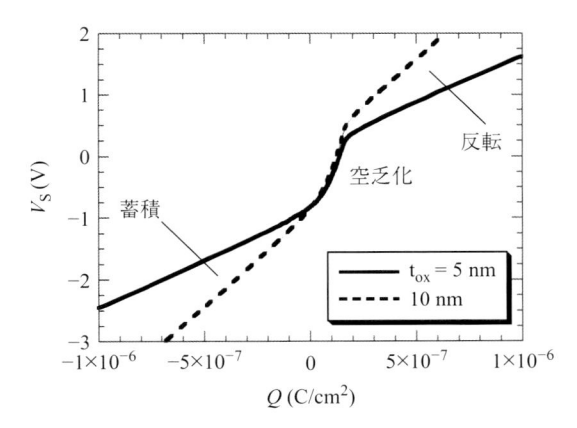

図9.21 厚さの異なる酸化膜の表面電圧と表面電荷密度の関係.

9.5.7 酸化膜のリーク電流

MOSデバイスでゲート電流として知られる酸化膜のリーク電流を求めるには,酸化膜つきウェハの表面にコロナ電荷を着電させ,ケルビン・プローブ電圧の時間変化を測定する。酸化膜に電荷のリークがあれば,時間とともに電圧が減少していく。蓄積または反転の状態にバイアスしたデバイスの酸化膜のリーク電流は

$$I_{leak} = C_{ox}\frac{dV_P(t)}{dt} \quad \rightarrow \quad V_P(t) = \frac{I_{leak}}{C_{ox}}t \tag{9.35}$$

の関係で電圧に結びつけられる[41]。デバイスは蓄積状態にバイアスした方がよい。反転状態にバイアスすると,反転した電子の一部がゲートへトンネルするので,電子—正孔対の熱生成でこれを補わねばならないからである。この生成レートが酸化膜のリークのレートより小さいと,リーク電流は熱生成で律速され,リーク電流本来の大きさはわからない。

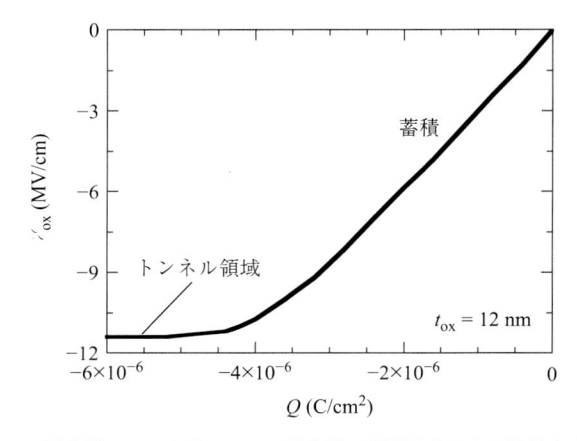

図9.22 $t_{ox}=12$ nmの酸化膜のついたウェハの,酸化膜の電場強度と表面電荷密度.Royらより[38].

デバイスを蓄積状態にバイアスすると,酸化膜上に電荷が蓄積する.しかし,この電荷密度が高すぎると,Fowler-Nordheimトンネルまたは直接トンネルによって酸化膜をリークし,表面電圧が固定される.SiO_2の場合,着電した電荷密度は

$$Q = K_{ox}\varepsilon_0 \mathscr{E}_{ox} = 3.45 \times 10^{-13} \mathscr{E}_{ox} \tag{9.36}$$

の関係によって酸化膜の電場$\mathscr{E}_{ox}$に結びつけられる.二酸化シリコンは$10\sim14$ MV/cmの電場で破壊する.$\mathscr{E}_{ox} = 12$ MV/cmのときの電荷は4.1×10^{-6} C/cm^2である.図9.22の$\mathscr{E}_{ox}-Q$プロットでは,電荷密度4.4×10^{-6} C/cm^2のあたりで明らかに電場が飽和しており,これを破壊電場とすれば12.8 MV/cmになる.

9.6 走査プローブ顕微鏡法[注3]

走査プローブ顕微鏡法(scanning probe microscopy;SPM)は,尖ったチップをサンプルの表面からごくわずかなギャップを隔てて走査し,横および縦方向にナノメートル以下の分解能で二次元あるいは三次元の表面像を得る手法である[42].突きつめれば,横方向は0.1 nm,縦方向は0.01 nmまでの分解能が可能である.SPMの起源は1982年のトポグラフィ装置[44]を基にした走査トンネル顕微鏡(scanning tunneling microscope;STM)の発明である[43].これは,透過型電子顕微鏡(transmission electron microscope;TEM)を除けば,原子レベルの分解能の像を得る唯一の方法である.この10年で無数のSPM装置が開発され,表9.1にまとめているように,電流,電圧,抵抗,力,温度,磁場,仕事関数,などを高分解能で検知できる[45].これらの装置の動作機構は,第10章の近接場光学顕微鏡で述べる近接場像の検出メカニズムと基本的に同じである.いろいろな走査顕微鏡法を簡単に述べる.これらのより詳しい解説および他のプローブ法の解説が必要な読者は,膨大な文献をあたられたい.

9.6.1 走査トンネル顕微鏡法

図9.23は**走査トンネル顕微鏡**(scanning tunneling microscope;STM)の主な特徴を表している[46].鋭い金属チップをサンプルからおよそ1 nm離し,プローブ先端のチップとサンプルとの間にチップまたはサンプルの仕事関数より小さなバイアスを印加してプローブを走査する.プローブはふつうタン

注3 SPMの解説記事として,吉村雅満,"プローブ顕微鏡(SPM)による表面分析",応用物理,**79**,pp.336-340 (2010)を挙げておく.

表9.1 各種走査プローブ法および略称および頭字語.

AFM	Atomic Force Microscopy:原子間力顕微鏡法	
BEEM	Ballistic Electron Emission Microscopy:弾道電子放出顕微鏡法	
CAFM	Conducting AFM:電流検出型原子間力顕微鏡法	
CFM	Chemical Force Microscopy:化学力顕微鏡法	
IFM	Interfacial Force Microscopy:界面力顕微鏡法	
MFM	Magnetic Force Microscopy:磁気力顕微鏡法	
MRFM	Magnetic Resonance Force Microscopy:磁気共鳴力顕微鏡法	
MSMS	Micromagnetic Scanning Microprobe System: 微小磁気走査マイクロプローブシステム	
Nano-Field	Nanometer Electric Field Gradient:ナノ電界勾配法	
Nano-NMR	Nanometer Nuclear Magnetic Resonance:ナノ核磁気共鳴法	
NFOM	Near Field Optical Microscopy:近接場光学顕微鏡法	
SCM	Scanning Capacitance Microscopy:走査容量顕微鏡法	
SCPM	Scanning Chemical Potential Microscopy: 走査化学ポテンシャル顕微鏡法	
SEcM	Scanning Electrochemical Microscopy:走査電気化学顕微鏡法	
SICM	Scanning Ion-Conductance Microscopy: 走査イオンコンダクタンス顕微鏡法	
SKPM	Scanning Kelvin Probe Microscopy:走査ケルビン・プローブ顕微鏡法	
SSRM	Scanning Spreading Resistance Microscopy:走査分散抵抗顕微鏡法	
SThM	Scanning Thermal Microscopy:走査熱顕微鏡法	
STOS	Scanning Tunneling Optical Spectroscopy:走査トンネル分光法	
STM	Scanning Tunneling Microscopy:走査トンネル顕微鏡法	
TUNA	Tunneling AFM:トンネル原子間力顕微鏡法	

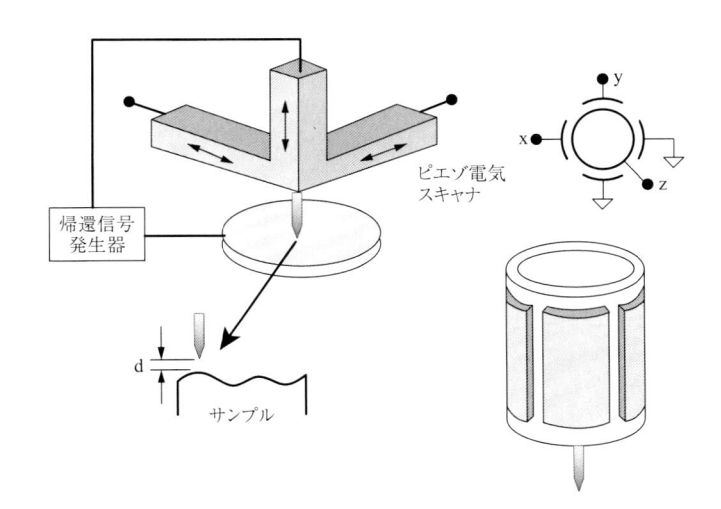

図9.23 走査トンネル顕微鏡の図解.

409

グステンかPt-Irでできている。このプローブを100〜1000 nmのオーダーの半径に加工するのは容易でない。プローブの先端に半径＜10 nmの"ミニチップ"が形成できることが実験的に示されている[47]。走査にはピエゾ電気素子をつかう。ピエゾ電気材料は電圧を与えると寸法が変わる材料である。ピエゾ電気素子のx, y, z方向に電圧を印加すれば，チップまたはサンプルを3方向すべてに走査できる。はじめは図9.23の3アーム3軸構造であったが，共鳴周波数が低いため，のちに円筒構造に改良された。筒の外周には4つの電極が対称に配置されている。対向する電極に同じ大きさで極性の異なる電圧を印加し，圧縮と膨張によって円筒を曲げる。内壁には縦の動きの作動電圧を与える電極が1つ接続されている[48]。

プローブ先端のチップはサンプル表面に近接しており，そのギャップをおよそ1 nAのトンネル電流が流れる。当然プローブもサンプルも導電性でなければならない。高解像度の像を得るにはチップ先端がとても鋭いことが重要で，チップ先端の1原子が装置の性能を左右すると考えられている。このトンネル電流はdをÅ，Φ_BをeVの単位として

$$I = \frac{C_1 V}{d}\exp\left(-2d\sqrt{\frac{8\pi^2 m \Phi_B}{h^2}}\right) = \frac{C_1 V}{d}\exp(-1.025 d\sqrt{\Phi_B}) \qquad (9.37)$$

で与えられる[49]。ここでC_1は定数，Vは電圧，dはチップとサンプルのギャップの距離，Φ_BはΦ_{B1}とΦ_{B2}をそれぞれチップとサンプルの仕事関数として，$\Phi_B = (\Phi_{B1} + \Phi_{B2})/2$で定義される有効仕事関数である。標準的な仕事関数である$\Phi_B \approx 4$ eVのとき，ギャップが10 Åから11 Åへ変化すると，電流密度がおよそ8分の1変化する。このように，わずかなギャップの変化が大きな電流の変化となるので，表面の平坦性の評価などに適用できる。

動作のモードは2つある。1つはxおよびy方向へのプローブの走査において，フィードバック回路で電流が一定になるようギャップの間隔を一定に保つやり方である。このとき，ピエゾ電気トランスデューサの電圧は垂直方向の変位に比例するので計数プロットがとれる。2つ目はギャップと電流を変えながらサンプル上のプローブを走査するもので，この電流からウェハの平坦性がわかる。式（9.37）はやや簡略化しすぎで，実際にはトンネル電流がギャップにおけるプローブとサンプルの電子の波動関数の重なりの目安になっており，プローブによる像は単なる原子の位置ではなく表面の波動関数を表しているのである。ただし概ね電流はギャップの間隔か形状で決まっている。サンプル上のある位置でプローブを保持し，プローブ電圧を振ると，トンネル電流スペクトルが得られ，バンドギャップと状態密度を調べることができる。STMのスペクトル分光モードをつかえば，フェルミエネルギーの上下数eVまでの表面の電子状態を調べることができる[注4]。STMは電子構造に感度があるので，あるはずのない構造がみえることがある。たとえば，低伝導率の領域では像に窪みが現れたりする。

9.6.2 原子間力顕微鏡法

原子間力顕微鏡（atomic force microscope; AFM）は絶縁材料の表面を調べるために1986年に導入された。その最初の論文では明らかに，単原子を識別できるとほのめかしている[50]。しかし，AFMに原子の分解能がある決定的な証拠が示されたのは1993年であった。その間AFMは成熟した機器として進化し，表面科学，電気化学，生物学，およびテクノロジーの分野に新たな洞察を与えてきた[51]。原子間力顕微鏡法ではプローブとサンプルの間の力を測定する。この力はサンプルの性質，プローブとサンプルの距離，プローブの形状，およびサンプル表面の清浄度による。導電性の材料を対象とするSTMとは対照的に，AFMは絶縁体にも導体にも適している。

AFMの原理を**図9.24**に示す。この装置はカンチレバーの先に鋭いチップを装着したものからなる。カンチレバーはふつうシリコン，酸化シリコン，または窒化シリコンからなり，長さ100 μm，幅20 μm，

注4 トンネル電流はフェルミ準位近傍の電子状態が関与し，プローブのバイアスはトンネル電流に寄与する電子準位を規定する。プローブを固定し，電圧—電流スペクトルをとれば，その位置での電子状態がわかる。

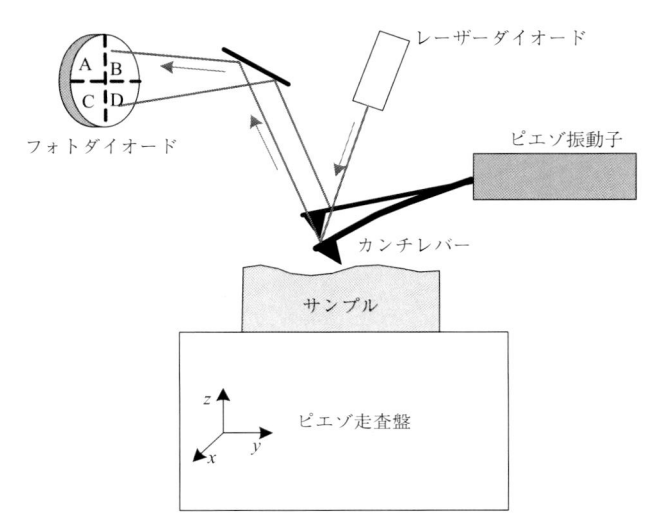

図9.24 原子間力顕微鏡.

厚さ0.1 μmが標準的であるが，これに限らない．立体的な像を得るには，チップを連続的あるいは間欠的にサンプルへ接触させ，サンプル表面を走査する．カンチレバーの下のサンプルを動かすかサンプル上のカンチレバーを動かすかは，ピエゾ電気素子のスキャナの設計による．サンプルを移動させると光による検出システムを移動させなくてよいのでシンプルである．カンチレバーの動きを感知する方法はいくつもある[52]．たとえばレーザー干渉計のミラーをつかったり，カンチレバーと基準電極との間の容量の変化からカンチレバーのたわみを検知したりする．一般的な手法としては，カンチレバーからの反射光を図9.24のような2つあるいは4つのセグメントに分けた位置検出フォトダイオードへ導入する[53]．カンチレバーが動くと，反射光はフォトダイオードのセグメント間を移動する．垂直方向の動きは$z = (A + C) - (B + D)$，水平方向の動きは$x = (A + B) - (C + D)$から検出する．信号が一定，つまりカンチレバーのたわみが一定になるようにフィードバック機構でサンプルの高さを変えれば，それが表面の高さの変化になる．カンチレバーの形状は様々である．一般的な例を2つほど**図9.25**に示す．梁状のカンチレバーの共鳴周波数は

$$f_0 = \frac{1}{2\pi}\sqrt{\frac{k}{m}} \qquad (9.38)$$

で与えられる．ここでkはカンチレバーのばね定数，mは質量である．共鳴周波数は概ね50〜500 kHzに設定されている．

AFMはいろいろなモードでつかわれる．**接触モード**ではサンプル表面をプローブチップでなぞり，サンプル表面の立体像のマップを得る．この手法は多様なサンプルで成功を収めたが，いくつかの弱点がある．チップと表面との間の密着力によってプローブチップを引きずると，サンプルもプローブも損傷し，データが乱れる．また大気中だと，ほとんどの表面は凝集した水蒸気の層かなんらかの汚染物質によって覆われている．この層に走査チップが接触すると毛細管現象によって表層が湾曲し，表面張力によってカンチレバーが層内へ引きずりこまれる．この下向きの力はサンプルにかかる力を増し，走査による横方向のせん断力との合成により，測定データがずれ，サンプルが損傷する．

非接触モードでは，サンプル表面とその少し上に保持したプローブチップとの間のファンデルワールスの引力を検知する．この力は基本的に接触モードでの力より弱く，チップに小さな振動を与え，

交流検知によって力を検出している．表面からの引力の到達距離は短く，その有効範囲のほとんどは吸着ガス層に占められてしまう．このように，サンプルとチップをうまく離すことができても，接触モードやタッピングモードに比べて非接触モードの分解能は低い．

タッピングモードでは高分解能を得るためにチップを表面に接触させ，表面を引きずらないようにチップを表面から持ち上げて移動させることで，従来の走査方法の限界を克服している[54]．実際には大気中のカンチレバーを，ピエゾ電気結晶によって共鳴周波数あるいはその近傍で振動させる．チップが表面から離れると，ピエゾの動きでカンチレバーが振動する．振動するカンチレバーは表面に軽く接触あるいは"タップ"するまで，表面へと動いていく．走査中はおよそ50～500 kHzの周波数で垂直方向に振動しているチップが表面への接触と浮揚を交互にくり返す．カンチレバーは表面に間欠的に接触するので，チップが表面に接触したときには振動の振幅が小さくなる．このエネルギー損失によって表面形状を認識し測定する．チップが表面の突起部を通過するときは，振動できる幅が狭くなり振幅が減少する．逆にチップが表面の窪み部を通過するときは，振動できる幅がより広くなり，空気中の自由振動の最大振幅に近づく．このようにチップ振動の振幅を測定し，振幅とサンプルにかかる力が一定になるようにチップとサンプルの間隔をフィードバックループで調整している．

これまでのAFMではすぐに損傷したり，あるいは測ることもできなかったやわらかい，粘着質な，あるいは脆いサンプルでも，タッピングモードであればそのようなサンプルの表面の立体像を高分解能で得ることができる．このようにタッピングモードは従来のAFM走査法における摩擦，密着，静電力などの諸問題を克服している．AFM像の例を**図9.26**に示す．

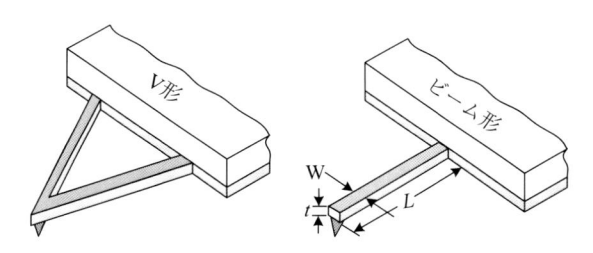

図9.25　AFMのカンチレバー．

図9.26　金属配線の非接触AFM像．結晶粒と粒界がみえる．走査範囲10 μm×10 μm．Veeco Corp.の厚意による．

9.6.3　走査容量顕微鏡法

　横方向のドーピング密度のプロファイルを得る方法として，**走査容量顕微鏡法**（scanning capacitance microscopy；SCM）と**走査分散抵抗顕微鏡法**（scanning spreading resistance microscopy）の2つが主流になっている[55]。特に走査容量顕微鏡法は横方向のドーピングプロファイルのツールとして多くの注目を集めている[56]。第2章で述べた方法と同じようにして，微小面積の容量プローブで金属／半導体界面やMOSの容量を測定できる。走査容量顕微鏡法は，原子間力顕微鏡法に高感度容量測定をとり入れたものである。走査容量顕微鏡法では，SCMチップと半導体の間の局所的な容量―電圧特性をナノメートルの分解能で測定する。SCM像は二次元のキャリア分布の抽出や，電気的なpn接合を特定するのにつかわれている。最初のSCMでは絶縁性の針をつかっている[57]。のちにAFMと組み合わせて金属製のチップがつかわれた[58]。金属製のAFMチップは，従来の接触モードでウェハの立体像を得るだけでなく，同時にMOS容量を測定する電極としてもつかわれる。バイアスによって活性化されたMOSFETの断面や動作しているpn接合など，半導体デバイスの動作をSCM像によって可視化できる。

　半導体デバイスの断面を**図9.27**のように露出させるには，デバイスをへき開するか研磨しなければならない。もちろんサンプルの上面はそのまま測定できる。この断面に酸化膜をつけ，プローブを接触モードで走査し，プローブと半導体との間に高周波交流電圧を印加してナノサイズのプローブ―酸化膜―シリコンMOSキャパシタの容量変化を測定する。バイアスが一定なら，MOSキャパシタの空間電荷領域の拡がりは，ドーピング密度が低いほど大きい。局所的なSCM信号を局所的なキャリア密度に変換する較正曲線を得るには，専用のシミュレーションモデルが必要になる。**図9.28**は酸化膜をつけたサンプル上に導電性のAFMチップを置いた図と，そのC-VおよびdC/dV曲線である。ここでは基板に電圧を与えているが，チップに電圧を与えることもある。dC/dV曲線の形状からドーパントの型が決まる。チップの形状やドーパントの密度にもよるが，SCMは20～150nmの横方向の分解能で10^{15}から10^{20}cm^{-3}のキャリア密度に応答する。ドーパント密度の絶対値を得るには，チップ形状と酸化膜の厚さをとり込んで逆シミュレーションしなければならない。**図9.29**は，ゲート電圧を上げるにつれてMOSFETのチャネルが形成されていく様子を示すSCMマップの例である[59]。

　チップとサンプルの間の容量はRCAのVideo Disk player[60]につかう容量センサをチップに接続して測定する。容量はAFMの立体像測定と別個でも，同時にでも測定できる。このセンサでは容量の小さな変化が識別できるよう915MHzの周波数で容量を測定する。この超高感度容量センサは，およそ0.1pFの入力容量に対して10^{-18}Fのレンジの**相対的な**容量変化を検出できる。導電性のチップは市販

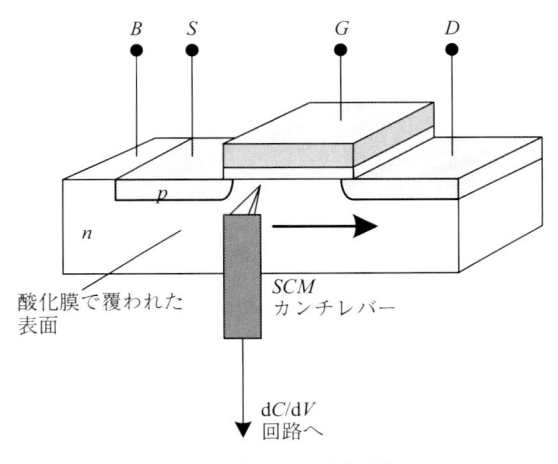

図9.27　走査容量顕微鏡法.

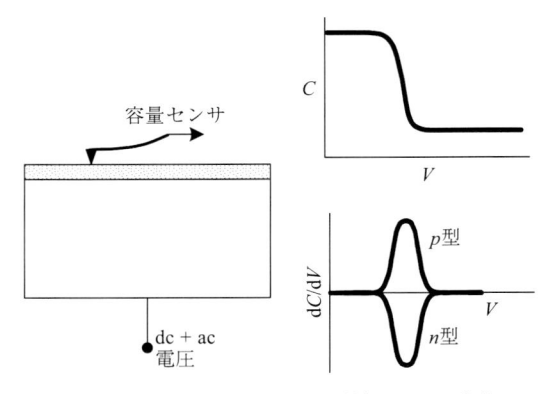

図9.28 AFM/SCMの原理．バイアスしたn型基板のC－V曲線とdC/dV曲線．この符号からドーパントの型がわかる．

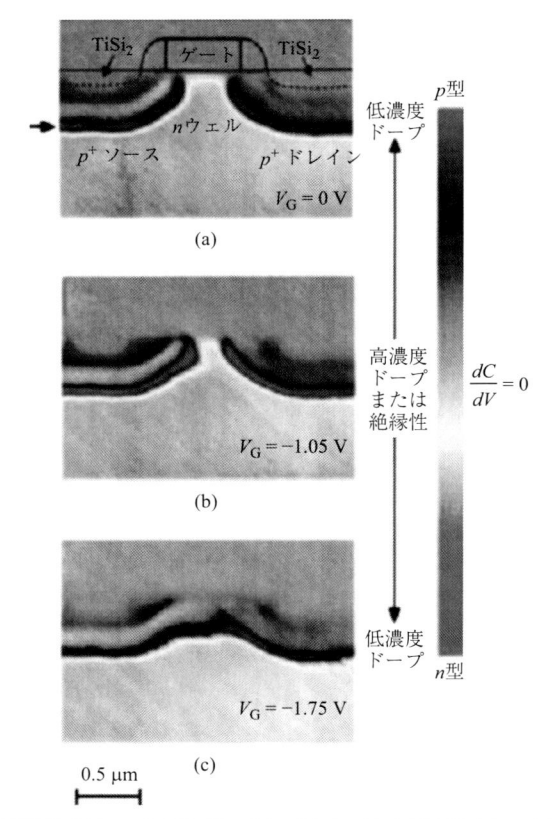

図9.29 pチャネルMOSFETで$V_D=-0.1\,\text{V}$, $V_S=V_B=0$とし，V_Gを(a) 0 V，(b)−1.05 V，(c)−1.75 Vとしたときの SCM断面像．ソース―ドレイン間の伝導チャネル形成の様子がわかる．(a)にはポリシリコン・ゲート，窒化チタンスペーサ，チタンシリサイド・コンタクトのおよその位置を図示している．SCMチップにはピーク間振幅$V_{ac}=2.0\,\text{V}$と，$V_{dc}=0$を印加して像をとり込んでいる．Nakakuraらによる[59]．

のAFMカンチレバーチップを金属でコーティングして作製する。シリコン窒化膜のカンチレバーにおよそ20 nmのCrまたはTiをコートすれば，プローブ走査に耐える寿命をもつ。磁気力顕微鏡法（magnetic force microscopy）でつかうようなCo/Crをコートした市販の高濃度ドープシリコンカンチレバーも有用である。SCM装置全体を，接地した遮音フードで囲めば，ある程度周辺から電気的に絶縁できる[61]。

SCMでは，二次元のドーパントプロファイルを得る標準的な2つの方法が開発されている。ΔCモードでは一定振幅の交流バイアス電圧をチップとサンプルの間に印加し，ΔVモードではチップがある領域から次の領域へ移動するときの容量の変化ΔCが一定になるよう交流バイアス電圧をフィードバックループで調節する[62]。前者では，交流バイアス電圧による容量の変化をロックインアンプで測定する。低濃度ドーパント領域での$C-V$曲線の傾きは大きいので，チップが高濃度ドーパント領域からより低濃度のドーパント領域へ移動するにつれ，ロックインアンプの出力は増加する。後者では，チップが移動したときのΔCが一定になるよう交流バイアス電圧をフィードバックループで調節する。このときの交流バイアス電圧の大きさからドーパント密度が求められる。

ΔCモードの利点はその単純さにある。欠点は高濃度ドーピング領域ではSCM信号を得るのに大きな交流電圧（数ボルト）が必要なことである。これと同じ電圧を低濃度ドープのシリコンに印加すると，空乏化領域が大きく拡がって空間分解能が低下し，正しいモデリングができなくなる。ΔVモードは，チップを低濃度から高濃度ドープ領域へ走査しても，空乏領域の大きさがほぼ一定であることに利点がある。欠点はフィードバックループが必要なことである。

測定の再現性を保つには，サンプル作製で注意が必要である[61]。SCM測定のくり返し再現性（repeatability）と追試再現性（reproducibility）に影響する要因として，サンプルの問題（酸化膜中の可動電荷や固定電荷，界面状態，酸化膜の厚さの均一性，表面の湿度と汚染，サンプルの経年加齢，水に関係した酸化膜のトラップ），チップの問題（チップ半径の増大，チップ先端の破断，金属コートの機械的磨耗，サンプルから掻きあげたチップの汚れ），および電気的動作条件の問題（容量センサの交流プローブ信号の振幅，走査速度，寄生容量の補正，電場に誘起された酸化膜成長，直流チップバイアス電圧）がある。

9.6.4　走査ケルビン・プローブ顕微鏡法

走査ケルビン・プローブ顕微鏡法（scanning Kelvin probe microscopy; SKPM）は**静電力顕微鏡法**（electrostatic force microscopy; EFM）のカテゴリーに入る。EFMはチップとサンプルの間隔によって長距離，中距離，短距離の3つの領域に分けられる[63]。他にチップを機械的に駆動するか電気的に駆動するかによる分け方もある。SKPMのプローブをサンプルの30〜50 nm上に保持して表面上を走査し，電位を測定する。この測定はAFM測定と同時に行うことが多い。まず，最初の走査でAFM立体像をとり，次の走査でSKPMモードに切り換え，表面電位を測定する[64]。

導電性のプローブと基板の間隔をギャップとしたキャパシタとする。チップに直流と交流の電圧を印加する（チップを接地してサンプルに電圧をかけることもある）。これによってチップとサンプルの間に振動する静電力が発生し，これから表面電位を求めることができる。その方法は，電流の代わりに力を測定すること以外は，本章のはじめに議論したケルビン・プローブ法と同じである。電流はプローブの大きさに比例するが，力はプローブの大きさによらないところがよい。周波数はカンチレバーの共鳴振動数かその近傍の数100 kHzが標準的である。

容量C，電圧V，電荷Qを考えよう。このキャパシタの容量と，これに蓄えられるエネルギーは

$$C = \frac{Q}{V} \quad ; \quad E = \frac{1}{2}CV^2 = \frac{1}{2}\frac{Q^2}{C} \tag{9.39}$$

である。キャパシタに電圧がかかるとチップとサンプルとの間に引力が生じ，その関係は，電荷と電圧が一定のとき，zをチップからサンプルまでの間隔として

$$F = \frac{dE}{dz} = -\frac{1}{2}\frac{Q^2}{C^2}\frac{dC}{dz} = -\frac{1}{2}V^2\frac{dC}{dz} \tag{9.40}$$

となる[65]。チップの電位は

$$V_{tip} = V_{dc} + V_{ac}\sin(\omega t) \tag{9.41}$$

である。これを式（9.40）に代入すると

$$F = \frac{1}{2}\frac{dC}{dz}\left[(V_{dc} - V_{surf})^2 + \frac{1}{2}V_{ac}^2(1 - \cos(2\omega t)) + 2(V_{dc} - V_{surf})V_{ac}\sin(\omega t)\right] \tag{9.42}$$

となる。ここでV_{surf}は表面電位である。チップと表面の間の力は静電的，一次調和振動，および二次調和振動の成分

$$F_{dc} = \frac{1}{2}\frac{dC}{dz}\left[(V_{dc} - V_{surf})^2 + \frac{1}{2}V_{ac}^2\right] \tag{9.43}$$

$$F_{\omega} = \frac{dC}{dz}(V_{dc} - V_{surf})V_{ac}\sin(\omega t) \tag{9.44}$$

$$F_{2\omega} = -\frac{1}{4}\frac{dC}{dz}V_{ac}^2\cos(2\omega t) \tag{9.45}$$

からなる。直流成分のない交流信号をつかえば，式（9.44）で$V_{dc} = V_{surf}$のときF_{ω}はゼロになり，直流と2ωの力の成分を残してωの成分を消すことができる。

具体的には，振幅が一定の交流電圧を，直流電圧とともに印加する。ロックインアンプをつかって，一次調和信号をF_{ω}に比例したチップのたわみの一次調和振動として取り出す。フィードバックループでV_{dc}を調節し，一次調和振動の振幅を最小（つまりゼロ）にする。このときAFMで検出したフィードバック電圧V_{dc}が表面電位となる。振動をゼロにするこのテクニックにより，dC/dzや力に対する測定システムの感度ばらつきに左右されずに測定ができる。SKPMは表面電位測定と同じように，光励起と組み合わせることもできる[66]。

図9.30に描いた表面電位V_{surf1}とV_{surf2}の2つの領域をもつサンプルからわかるように，空間分解能はチップの形状で決まる。この力は

$$F_{\omega} = \left[\frac{dC_1}{dz}(V_{dc} - V_{surf1}) + \frac{dC_2}{dz}(V_{dc} - V_{surf2})\right]V_{ac}\sin(\omega t) \tag{9.46}$$

となる。この力F_{ω}をゼロにするチップの直流電位は

$$V_{dc} = \frac{V_{surf1}dC_1/dz + V_{surf2}dC_2/dz}{dC_1/dz + dC_2/dz} \tag{9.47}$$

となる。この電位は2つの領域の容量と表面電位で決まることがわかる。電位を測定する領域が小さくなるにつれ，その電位は周辺の表面電位の値に近づいていく[67]。AFMとSKPMのプロットの例を**図9.31**と**9.32**に示す。図9.31はGaNのAFMによる表面電位のマップと線走査したプロファイルで，転位の影響がわかる[68]。図9.32は表面電位がよく現れている[69]。このZnOサンプルのAFM立体像（図9.32(a)）では複数の相や結晶粒界による違いはみられないが，外乱のない表面電位のマップ（図9.32(b)）では，ZnO表面とパイロクロア相との仕事関数の差によるおよそ60 mVの段差がある。横方向のバイアスをかけたサンプルの表面電位のマップ（図9.32(c)および(d)）にも結晶粒界での電位の

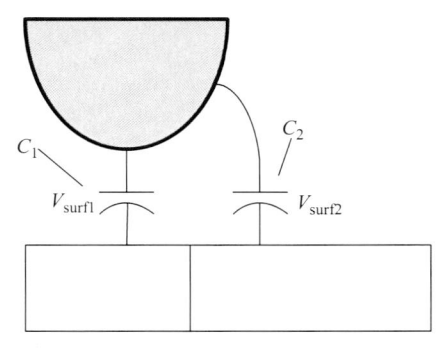

図9.30 2つの表面電位をもつサンプルに近接したチップ．

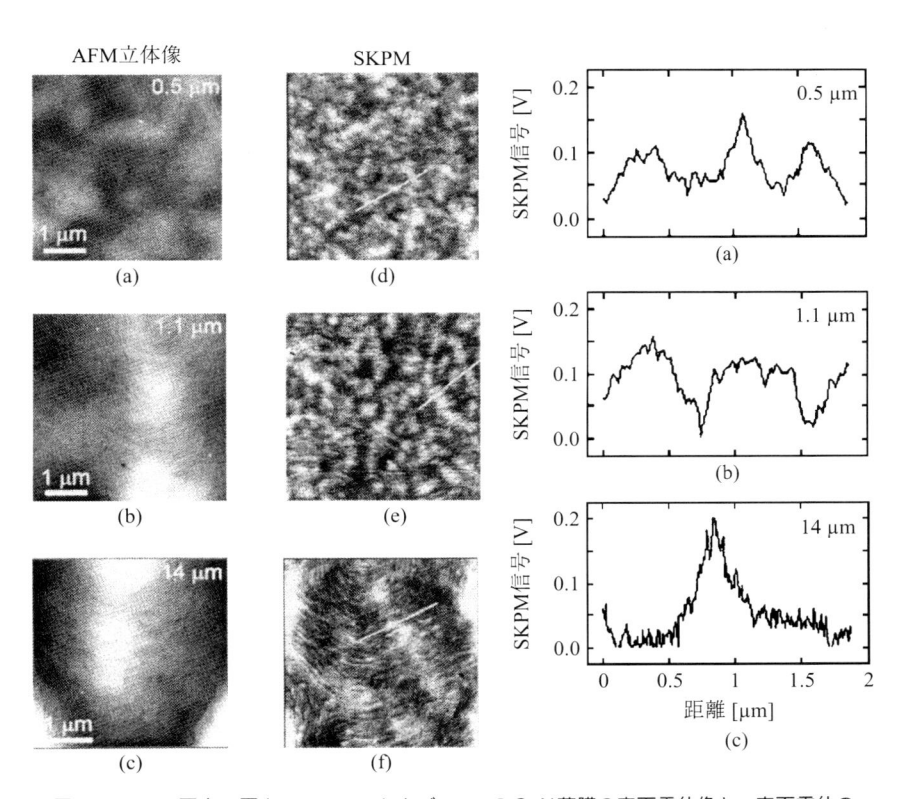

図9.31 AFM写真．厚さ0.5，1.1，および14μmのGaN薄膜の表面電位像と，表面電位のプロファイル．グレースケールはAFMでは15nm，表面電位像では0.1〜0.2Vに対応している．Simpkinsらによる[68]．

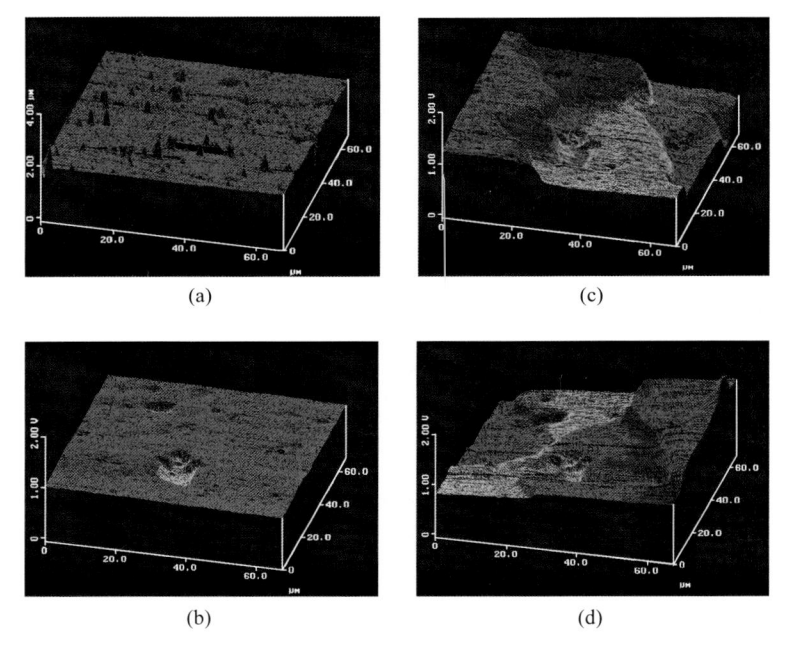

図9.32 (a)ZnOのAFM表面立体像．(b)仕事関数の変化を示す接地した表面のSKPM像．(c)正，および(d)負のバイアスでは結晶粒界での電位降下がみえる．電位が降下する方向はバイアスで反転している．文献69より．

降下がみられる。

9.6.5 走査分散抵抗顕微鏡法

原子間力顕微鏡をつかった**走査分散抵抗顕微鏡法**（scanning spreading resistance microscopy; SSRM）では，微小な導電性チップをつかって局所的な分散抵抗を測定する[70]。測定する抵抗は，鋭い導電性のチップと裏面に拡がったコンタクトとの間である。力を精密に制御してサンプル上のチップがステップ移動する。SSRMの感度とダイナミックレンジは従来の分散抵抗プロファイル法と同等である（SRP法は第1章で議論している）。裏面コンタクトの大きさとステップ間隔が小さければ，プローブを調整せずに測定できる。空間分解能が高いので，斜め研磨などの特殊なテストストラクチャを必要とせず，直接二次元ナノ分散抵抗プロファイル（SRP）測定ができる[71]。

一次元または二次元のキャリア密度のプロファイル測定には，サンプルをへき開した断面をつかう。断面は研磨紙の粗さを下げながら研磨し，コロイダルシリカで仕上げ，平滑なシリコン面にする。研磨したサンプルは洗浄して汚染を除去し，純水ですすぐ。ただし，サンプルの断面が均一になるよう，断面に垂直な方向に十分な厚さをもつ構造が必要である。

AFM装置は市販の標準的なものでよい。抵抗測定プローブにはダイヤモンドチップをイオン注入で高濃度ドープした導電性のカンチレバーをつかう。自然酸化膜を破って良好なコンタクトをとるための重い負荷（≈ 5〜100 μN）でも，ダイヤモンドならチップが変形しない。チップに薄いタングステンをコートすると，伝導率がよくなる。従来のSRP法と同様に，ナノSRP法でも，測定した抵抗をキャリア密度に変換する較正曲線が必要である。抵抗測定のバイアスは，従来のSRP法での場合と同じく〜5 mVである。サンプルの断面をチップで走査すると，10〜15 nmのチップ半径で決まる空間分解

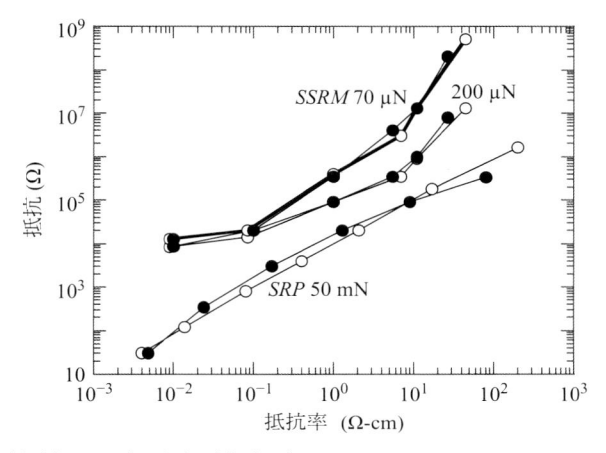

図9.33 n型（白丸）およびp型（黒丸）（100）シリコンにとりつけたWコート・ダイヤモンドチップの，負荷70 μNおよび200 μNに対する較正曲線．参考に，従来のSRPプローブの負荷50 mNでの較正曲線を示す．De Wolfらによる[72]．

能をもつ局所的な分散抵抗の二次元マップが得られる．分散抵抗は局所抵抗に直接変換できる．その較正曲線の例が図9.33で，測定した抵抗はプローブの圧力によって異なり，従来の分散抵抗較正曲線からずれている[72]．非線形な結果を補正するには，いくつもの較正曲線を参照して実験較正曲線をつくり，定量化するしかない．隣接層によって引き起こされる二次元電流分散効果の補正には，より高度二次の補正のデータ処理が必要になる[73]．

従来の分散抵抗測定と同じく，実験データの解釈には適切なモデルが不可欠である．プローブとサンプルのコンタクトはオーミックと仮定してるが，実際はオーミックではないことが示されている[74]．$I-V$曲線は高濃度ドープ領域ではオーミックのような形状で，低濃度ドープ領域では整流性の形状になり，サンプル作製中に生じた表面状態も$I-V$曲線に影響する．サンプル研磨で生じた表面状態が存在すると電流が小さくなるが，特に低濃度ドープ領域で顕著になる．

9.6.6 弾道電子放出顕微鏡法

走査トンネル顕微鏡法にもとづく**弾道電子放出顕微鏡法**（ballistic electron emission microscopy；BEEM）は，ショットキー・ダイオードのような半導体へテロ構造の局所的な低エネルギー非破壊評価として有効な手段である[75]．ここでは文献76の議論にしたがう．BEEMの実験構成を図9.34に示す．BEEM構造はバイポーラ接合トランジスタに似ている．エミッタとなる金属チップからトンネルギャップを越えて，ベースとなる半導体上の金属へ電子が注入される．基板はコレクタとなり，界面を越えてきた電子を捕集する．エミッタ電流あるいはトンネル電流I_Tは1 nAのオーダーで，コレクタ電流I_Cは10 pAのオーダーである．

鋭い金属チップをショットキー・ダイオードの金属に近接させ，チップと金属ゲートとの間に負の電圧V_Tをかけると，電子が負にバイアスされたチップから金属ゲートに向けてトンネルし，トンネル電流I_Tが流れる．この電流はいわゆるSTM電流である．I_CをV_Tの関数として測定している間，I_Tは一定に保つ．金属薄膜中の電子の散乱平均自由行程は数nmのオーダーであるから，厚さが10 nmのオーダーの金属薄膜であれば，電子の一部は金属中を弾道的に通過し，半導体界面に到達する．V_Tを十分高くすれば，チップのフェルミ準位がもち上がり，障壁高さϕ_Bより上になって，電子は空間のギャップをトンネルして半導体へ到達し，BEEM電流I_Cとなる．I_Cは金属層での散乱だけでなく，界面の性

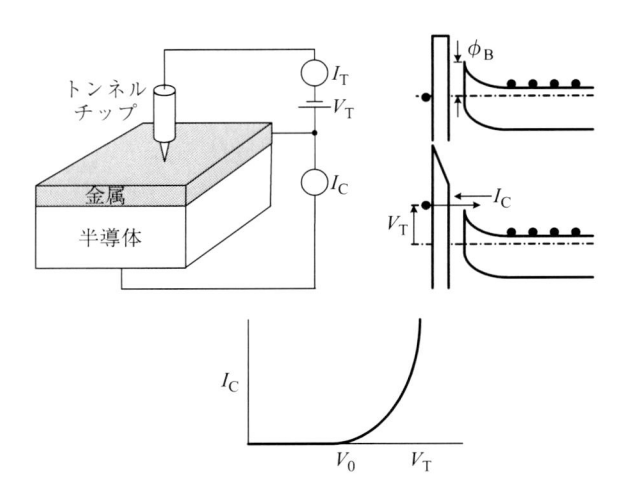

図9.34 BEEM実験の構成図，電子放出を示すバンド図，およびショットキー障壁高さϕ_Bに対応するしきい値電圧V_0がある代表的なBEEMスペクトル．

質にも強く左右される．チップの電圧を振って電流スペクトルをとれば，I_C – V_Tプロットのしきい値電圧V_0から，高い精度でショットキー障壁の高さを求めることができる．横方向の分解能はトンネリング，金属中の散乱過程，および界面の透過条件で決まる．1 nm以下の分解能が可能で，界面の電子構造の均一性の情報が得られる．BEEMから金属中，界面，および半導体中のホットエレクトロン輸送のエネルギー分析情報も得られる．

BEEMはもともと顕微鏡法とスペクトル法を合わせ，ショットキー障壁を局所的にプローブできる唯一の方法としてつかわれていたが，表面下に埋もれた欠陥の可視化だけでなく，量子ワイヤーや量子ドットのような低次元ナノ構造でのホットキャリア輸送の研究に必要なヘテロ接合のオフセット，単一障壁の共鳴輸送，二重障壁，および超格子共鳴トンネルヘテロ構造でも成功を収めている．

装置の設計には特別な配慮がいる．通常のSTMでは，原子レベルの分解能を得るために，機械的なノイズを0.01 nm以下に抑えるための除振対策が主体になる．BEEMでも，横方向の分解能には影響しないものの，このような機械的ノイズレベルが低いものが要求される．チップとサンプルの間隔がわずか0.1 nm違うだけで，トンネル電流は10倍変わり，機械的振動がそのままトンネル電流の振動になるからである．

9.7 強みと弱み

コロナ電荷：コロナ電荷をつかうシステムの強みは，半導体の多様なパラメータが求められるだけでなく，測定が非接触であるので，テストストラクチャを作製することなく半導体プロセスをモニタできることにある．弱みは，電流―電圧あるいは容量―電圧測定のためのシステムが，ふつうにはない特殊な仕様になることである．

プローブ顕微鏡法：プローブ顕微鏡法の強みはいろいろな測定（立体像，電場，温度，磁場，など）ができ，分解能が原子スケールであることである．弱みは最近の自動化装置でも測定に時間を要すこと，また改善はされているもののプローブが脆弱であることである．

文　献

1) D.K. Schroder, *Meas. Sci. Technol.*, **12**, R16-R31 (2001); D.K. Schroder, *Mat. Sci. Eng.*, **B91-92**, 196-210 (2002)
2) J. Lagowski, P. Edelman, M. Dexter, and W. Henley, *Semicond. Sci. Technol.*, **7**, A185-A192 (1982)
3) M.S. Fung and R.L. Verkuil, Extended Abstracts, Electrochem. Soc. Meet., Chicago, IL (1988); R.L. Verkuil and M.S. Fung, Extended Abstracts, Electrochem. Soc. Meet., Chicago, IL (1988); M.S. Fung and R.L. Verkuil, in Semiconductor Silicon 1990 (H.R. Huff, K.G. Barraclough, and J.I. Chikawa, eds.), 924-950, Electrochem. Soc., Pennington, NJ (1990); R.L. Verkuil and M.S. Fung, Extended Abstracts, Electrochem. Soc. Meet., Chicago, IL (1988)
4) W.H. Brattain and J. Bardeen, *Bell Syst. Tech. J.*, **32**, 1-41, Jan. (1953)
5) C.G.B. Garrett and W.H. Brattain, *Phys. Rev.*, **99**, 376-387, July (1955)
6) T.S. Moss, *J. Electron. Ctl.*, **1**, 126-138 (1955)
7) W.H. Brattain and C.G.B. Garrett, *Bell Syst. Tech. J.*, **35**, 1019-1040, Sept. (1956)
8) S.R. Morrison, *J. Phys. Chem.*, **57**, 860-863, Nov. (1953)
9) E.O. Johnson, *J. Appl. Phys.*, **28**, 1349-1353, Nov. (1957)
10) A. Quilliet and P. Gosar, (仏語)*J. Phys. Rad.*, **21**, 575-580, July (1960)
11) A.M. Goodman, *J. Appl. Phys.*, **32**, 2550-2552, Dec. (1961)
12) A.M. Goodman, L.A. Goodman and H.F. Gossenberger, *RCA Rev.*, **44**, 326-341, June (1983)
13) R.S. Nakhmanson, *Solid-State Electron.*, **18**, 617-626 (1975); *Solid-State Electron.*, **18**, 627-634, July/Aug. (1975)
14) K. Lehovec and A. Slobodskoy, *Solid-State Electron.*, **7**, 59-79, Jan. (1964); S.R. Hofstein and G. Warfield, *Solid-State Electron.*, **8**, 321-341, March (1965); D.K. Schroder, J.E. Park, S.E. Tan, B.D. Choi, S. Kishino, and H. Yoshida, *IEEE Trans. Electron Dev.*, **47**, 1653-1661, Aug. (2000)
15) Lord Kelvin, *Phil. Mag.*, **46**, 82-121 (1898)
16) L. Kronik and Y. Shapira, *Surf. Sci. Rep.*, **37**, 1-206, Dec. (1999)
17) Semiconductor Diagnostics, Inc. Manual, Contamination Monitoring System Based on SPV Diffusion Length Measurements, SDI (1993)
18) R.M. Shaffert, Electrophotography, Wiley, New York (1975)
19) R. Williams and A. Willis, *J. Appl. Phys.*, **39**, 3731-3736, July (1968)
20) R. Williams and M.H. Woods, *J. Appl. Phys.*, **44**, 1026-1028, March (1973)
21) Z.A. Weinberg, *Solid-State Electron.*, **20**, 11-18, Jan. (1977)
22) M.H. Woods and R. Williams, *J. Appl. Phys.*, **44**, 5506-5510, Dec. (1973)
23) R.B. Comizzoli, *J. Electrochem. Soc.*, **134**, 424-429, Feb. (1987)
24) D.K. Schroder, M.S. Fung, R.L. Verkuil, S. Pandey, W.H. Howland, and M. Kleefstra, *Solid-State Electron.*, **42**, 505-512, April (1998)
25) J. Lagowski and P. Edelman, 7th Int. Conf. on Defect Recognition and Image Proc., 1997にて発表
26) E.O. Johnson, *Phys. Rev.*, **111**, 153-166, July (1958)
27) J. Lagowski, P. Edelman, M. Dexter, and W. Henley, *Semicond. Sci. Technol.*, **7**, A185-A192 (1982)
28) D.K. Schroder, *IEEE Trans. Electron Dev.*, **ED-29**, 1336-1338, Aug. (1982)
29) S.C. Choo and R.G. Mazur, *Solid-State Electron.*, **13**, 553-564, May (1970)
30) M.Z. Xu, C.H. Tan, Y.D. He, and Y.Y. Wang, *Solid-State Electron.*, **38**, 1045-1049, May (1995)
31) P. Renaud and A. Walker, *Solid State Technol.*, **43**, 143-146, June (2000)
32) M. Schöfthaler, R. Brendel, G. Langguth, and J.H. Werner, First WCPEC, 1509 (1994)

33) E.H. Nicollian and J.R. Brews, MOS Physics and Technology, 63, Wiley, New York (1982)
34) D.K. DeBusk and A.M. Hoff, *Solid-State Technol.*, **42**, 67-74, April (1999)
35) S.R. Weinzierl and T.G. Miller, in *Analytical and Diagnostic Techniques for Semiconductor Materials, Devices, and Processes* (B.O. Kolbesen, C. Claeys, P. Stallhofer, F. Tardif, J. Benton, T. Shaffner, D. Schroder, S. Kishino, and P. Rai-Choudhury, eds.), ECS **99-16**, 342-350, Electrochem. Soc. (1999)
36) K. Nauka and J. Lagowski, in Characterization and Metrology for VLSI Technology: 1998 Int. Conf. (D.G. Seiler, A.C. Diebold, W.M. Bullis, T.J. Shaffner, R. McDonald, and E.J. Walters, eds.), 245-249, Am. Inst. Phys. (1998); M.S. Fung, *Semicond. Int.*, **20**, 211-218, July (1997)
37) K. Nauka, *Microelectron. Eng.*, **36**, 351-357, June (1997)
38) P.K. Roy, C. Chacon, Y. Ma, I.C. Kizilyalli, G.S. Homer, R.L. Verkuil, and T.G. Miller, in *Diagnostic Techniques for Semiconductor Materials and Devices* (P. Rai-Choudhury, J.L. Benton, D.K. Schroder, and T.J. Shaffner, eds.), PV97-12, 280-294, Electrochem. Soc. (1997)
39) T.G. Miller, *Semicond. Int.*, **18**, 147-148 (1995)
40) S.H. Lo, D.A. Buchanan, and Y. Taur, *IBM J. Res. Dev.*, **43**, 327-337, May (1999)
41) Z.A. Weinberg, W.C. Johnson, and M.A. Lampert, *J. Appl. Phys.*, **47**, 248-255, Jan. (1976)
42) D.A. Bonnell, Scanning Probe Microscopy and Spectroscopy, 2nd Ed., Wiley-VCH, New York (2001)
43) G. Binnig, H. Rohrer, C. Gerber, and E. Weibel, *Phys. Rev. Lett.*, **49**, 57-60, July (1982); G. Binnig and H. Rohrer, *Surf. Sci.*, **126**, 236-244, March (1983)
44) R. Young, J. Ward, and F. Scire, *Rev. Sci. Instrum.*, **43**, 999-1011, July (1972)
45) T.J. Shaffner, in Diagnostic Techniques for Semiconductor Materials and Devices (P. Rai-Choudhury, J.L. Benton, D.K. Schroder, and T.J. Shaffner, eds.), 1-15, Electrochem. Soc., Pennington, NJ (1997)
46) R.J. Hamers and D.F. Padowitz, in Scanning Probe Microscopy and Spectroscopy, 2nd Ed., (D. Bonnell, ed.), Ch. 4, Wiley-VCH, New York (2001)
47) R.L. Smith and G.S. Rohrer, in Scanning Probe Microscopy and Spectroscopy, 2nd Ed., (D. Bonnell, ed.), Ch. 6, Wiley-VCH, New York (2001)
48) E. Meyer, H.J. Hug, and R. Bennewitz, Scanning Probe Microscopy, Springer, Berlin (2004)
49) J. Simmons, *J. Appl. Phys.*, **34**, 1793-1803, June (1963)
50) G. Binnig, C.F. Quate, and Ch. Gerber, *Phys. Rev. Lett.*, **56**, 930-933, March (1986)
51) C.F. Quate, *Surf. Sci.*, **299-300**, 980-95, Jan. (1994)
52) D. Sarid, Scanning Force Microscopy with Applications to Electric Magnetic and Atomic Forces, Revised Edition, Oxford University Press, New York (1994)
53) G. Meyer and N.M. Amer, *Appl. Phys. Lett.*, **53**, 1045-1047, Sept. (1988)
54) Q. Zhong, D. Innlss, K. Kjoller, and V.B. Elings, *Surf. Sci. Lett.*, **290**, L668-L692 (1993)
55) Y. Huang and C.C. Williams, *J. Vac. Sci. Technol.*, **B12**, 369-372, Jan./Feb. (1994)
56) G. Neubauer, A. Erickson, C.C. Williams, J.J. Kopanski, M. Rodgers, and D. Adderton, *J. Vac. Sci. Technol.*, **B14**, 426-432, Jan./Feb. (1996); J. McMurray, J. Kim, and C.C. Williams, *J. Vac. Sci. Technol.*, **B15**, 1011-1014, July/Aug. (1997)
57) J.R. Matey and J. Blanc, *J. Appl. Phys.*, **57**, 1437-1444, March (1985)
58) C.C. Williams, W.P. Hough, and S.A. Rishton, *Appl. Phys. Lett.*, **55**, 203-205, July (1989)
59) C.Y. Nakakura, P. Tangyunyong, D.L. Hetherington, and M.R. Shaneyfelt, *Rev. Sci. Instrum.*, **74**, 127-133, Jan. (2003)
60) J.K. Clemens, *RCA Rev.*, **39**, 33-59, Jan. (1978); R.C. Palmer, E.J. Denlinger, and H. Kawamoto,

RCA Rev., **43**, 194-211, Jan. (1982)

61) J.J. Kopanski, J.F. Marchiando, and J.R. Lowney, *J. Vac. Sci. Technol.*, **B14**, 242-247, Jan./Feb. (1996)
62) C.C. Williams, *Annu. Rev. Mater. Sci.*, **29**, 471-504 (1999)
63) S.V. Kalinin and D.A. Bonnell, in Scanning Probe Microscopy and Spectroscopy, 2nd Ed., (D. Bonnell, ed.), Ch. 7, Wiley-VCH, New York (2001)
64) M. Nonnenmacher, M.P. Boyle, and H.K. Wickramasinghe, *Appl. Phys. Lett.*, **58**, 2921-2923, June (1991)
65) R.P. Feynman, R.B. Leighton and M. Sands, The Feynman Lectures on Physics, Vol. 2, 8-2-8-4, Addison-Wesley, Reading, MA (1964)（邦訳：R. ファインマン著「ファインマン物理学：III電磁気学」宮島龍興（訳），岩波書店（1986））
66) J.M.R. Weaver and H.K. Wickramasinghe, *J. Vac. Sci. Technol.*, **B9**, 1562-1565, May/June (1991)
67) H.O. Jacobs, H.F. Knapp, S. Müller, and A. Stemrner, *Ultramicroscopy*, **69**, 39-49 (1997)
68) B.S. Simpkins, D.M. Schaadt, E.T. Yu, and R.J. Molner, *J. Appl. Phys.*, **91**, 9924-9929, June (2002)
69) D.A. Bonnell and S. Kalinin, Proc. Int. Meet. on Polycryst. Semicond. (O. Bonnaud, T. Mohammed-Brahim, H.P. Strunk, and J.H. Werner, eds.), 33-47, in Solid State Phenomena, Scitech Publ. Uettikon am See, Switzerland (2001)
70) W. Vandervort, P. Eyben, S. Callewaert, T. Hantschel, N. Duhayon, M. Xu, T. Trenkler, and T. Clarysse, in *Characterization and Metrology for ULSI Technology*, (D.G. Seiler, A.C. Diebold, T.J. Shaffner, R. McDonald, W.M. Bullis, P.J. Smith, and E.M. Secula, eds.), **550**, 613-619, Am. Inst. Phys. (2000)
71) P. Eyben, N. Duhayon, D. Alvarez, and W. Vandervorst, in *Characterization and Metrology for VLSI Technology: 2003 Int. Conf.*, (D.G. Seiler, A.C. Diebold, T.J. Shaffner, R. McDonald, S. Zollner, R.P. Khosla, and E.M. Secula, eds.), **683**, 678-684, Am. Inst. Phys. (2003)
72) P. De Wolf, T. Clarysse, W. Vandervorst, J. Snauwaert, and L. Hellemans, *J. Vac. Sci. Technol.*, **B14**, 380-385, Jan./Feb. (1996)
73) P. De Wolf, T. Clarysse and W. Vandervorst, *J. Vac. Sci. Technol.*, **B16**, 320-326, Jan./Feb. (1998)
74) P. Eyben, S. Denis, T. Clarysse, and W. Vandervorst, *Mat. Sci. Eng.*, **B102**, 132-137 (2003)
75) W.J. Kaiser and L.D. Bell, *Phys. Rev. Lett.*, **60**, 1406-1410, April (1988)
76) M. Prietsch, *Phys. Rep.*, **253**, 163-233 (1995); L.D. Bell and W.J. Kaiser, *Ann. Rev. Mater. Sci.*, **26**, 189-222 (1996); V. Narayanamurti and M. Kozhevnikov, *Phys. Rep.*, **349**, 447-514 (2001)

おさらい

- 表面はどのようにして帯電させることができるか。
- ケルビン・プローブの原理を説明せよ。
- ケルビン・プローブの電圧はプローブと表面の間の距離によるか。
- 生成寿命測定において，従来のゲート電圧ではなくコロナ電荷をつかうことの優位性を述べよ。
- どうすれば電荷をつかって有効再結合寿命を変えられるか。
- 電荷をつかった測定で，酸化膜の厚さをどのようにして求めるのか。
- 走査トンネル顕微鏡の原理を説明せよ。
- 原子間力顕微鏡の原理を説明せよ。
- AFMの"タッピング"モードとは何か。
- 走査ケルビン・プローブ顕微鏡での力はどのようにして求めるのか。

- 弾道電子放出顕微鏡（BEEM）とは何か。
- BEEMで測ることができるものは何か。

10. 光学的評価法

10.1 序論

　光学的測定はどれも非接触で，サンプルの準備が容易であることから，コンタクトが形成できないサンプルには大変有効である。多様な光学測定器が市販されており，その測定の多くは自動化され，高感度である。本章では主にその概念を議論し，詳細は専門書に譲る。光学測定はHermanによる概論がある[1]。

　光学測定は(1)**測光**（反射または透過光の強度を測る），(2)**干渉測定**（反射または透過光の位相を測る），(3)**偏光測定**（反射光の楕円率を測る）の3つのカテゴリーに大きく分けられる。主な光学的測定手法を**図10.1**にまとめる。光の反射，吸収，放出，透過が測定のすべてである。この図にある手法のほとんどは本章で議論するが，一部（たとえば光伝導）はすでに議論しており，（紫外光電子分光のように）まったく扱わないものもある。光によらない膜厚と線幅の測定法のいくつかを本章で補足しておく。

　光学測定では紫外から遠赤外領域の電磁スペクトルを利用する。主なパラメータは波長（λ），エネルギー（Eまたは$h\nu$），および波数（wavenumber; WN）である。一番よくつかわれる**波長**の単位はナノメートル（$1\,\text{nm} = 10^{-9}\,\text{m} = 10^{-7}\,\text{cm} = 10^{-3}\,\mu\text{m}$），オングストローム（$1\,\text{Å} = 10^{-10}\,\text{m} = 10^{-8}\,\text{cm} = 10^{-4}\,\mu\text{m}$），またはマイクロメートル（$1\,\mu\text{m} = 10^{-6}\,\text{m} = 10^{-4}\,\text{cm}$），**エネルギー**の単位は電子ボルト（$1\,\text{eV} = 1.6 \times 10^{-19}\,\text{J}$），**波数**の単位は波長の逆数（$1\,\text{WN} = 1/\lambda$）である。エネルギーと波長の関係は

$$E = h\nu = \frac{hc}{\lambda} = \frac{1.2397 \times 10^3}{\lambda\,(\text{nm})} = \frac{1.2397 \times 10^4}{\lambda\,(\text{Å})} = \frac{1.2397}{\lambda\,(\mu\text{m})} \quad [\text{eV}] \tag{10.1}$$

である。

10.2 光学顕微鏡

　複合光学顕微鏡は半導体の研究室では最も多くつかう機器の1つである。集積回路やその他の半導体デバイスの特徴の多くを顕微鏡で大まかにつかむことができる。しかし加工プロセス寸法がサブミクロンの領域になると，光学顕微鏡では間に合わなくなる。光学顕微鏡がつかえる加工プロセス寸法

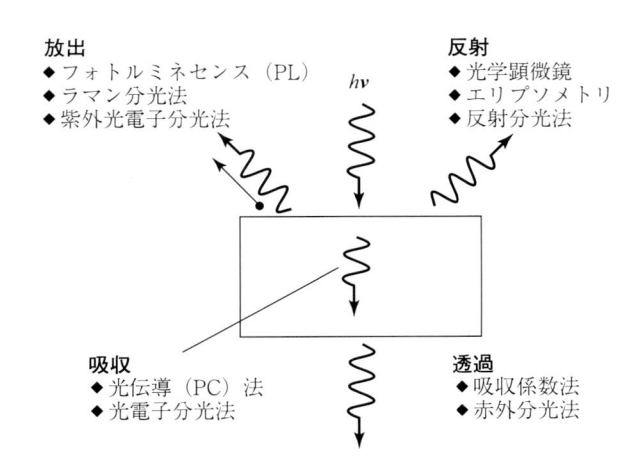

放出
- フォトルミネセンス（PL）
- ラマン分光法
- 紫外光電子分光法

反射
- 光学顕微鏡
- エリプソメトリ
- 反射分光法

吸収
- 光伝導（PC）法
- 光電子分光法

透過
- 吸収係数法
- 赤外分光法

図10.1　光学的評価手法．

は，主に0.5μm以上である。これより小さくなると，電子顕微鏡をつかう。光学顕微鏡は，偏光フィルタをつかったり，位相差コントラストや微分干渉コントラストをつけてみやすくすることができる。光学顕微鏡は集積回路の特徴をつかむだけでなく，回路上のパーティクルの解析にもつかえる。パーティクルを同定して解析するには経験と熟練を要する。1ミクロンまでの小さなパーティクルがわかり，既知のパーティクル・データがあれば，分析もできる。パーティクルのマップも同定に役立つ[2]。

複合顕微鏡の基本構成を**図10.2**に示す。光学部品は**対物**レンズとアイピース内の**接眼**レンズで，最近の顕微鏡は6枚以上の複合レンズで像を補正している。物体Oが対物レンズの第1焦点f_{obj}の先に置かれ，実拡大像Iを形成する。この像は接眼レンズの第1焦点f_{oc}内に収まり，I'にIの虚像をつくる。虚像は実在しない像で，たとえばスクリーン上へ投影できるものではない。I'の位置は眼の近点と遠点の間のどこかにあればよい。対物レンズは拡大した実像を，接眼レンズを通して眼にみえるようにする。総合倍率Mは対物レンズの横方向の倍率と接眼レンズの角度倍率の積になる。最も単純な顕微鏡は，アイピースが1つだけの単接眼顕微鏡である。双接眼顕微鏡はアイピースが2つあって，サンプルを観察しやすい。双接眼に対して対物レンズが1つのときはステレオ像にならない。ステレオ像を得るには，独立した2つの複合顕微鏡の視野が両眼それぞれ同じになるように割りあて，それぞれのプリズムから立体像が眼に映るようにする。

10.2.1 分解能，倍率，コントラスト

光は粒子と考えることも，波と考えることもできる。粒子の概念も重要であるが，いくつかの実験事実は波の概念をつかった方がやさしく説明できる。波の干渉で顕微鏡の性能の限界が決まる。Airy[3]は，1834年に回折像を初めて計算し，直径dの円形の開口による回折では，（中心から測って）最初の極小値の位置が

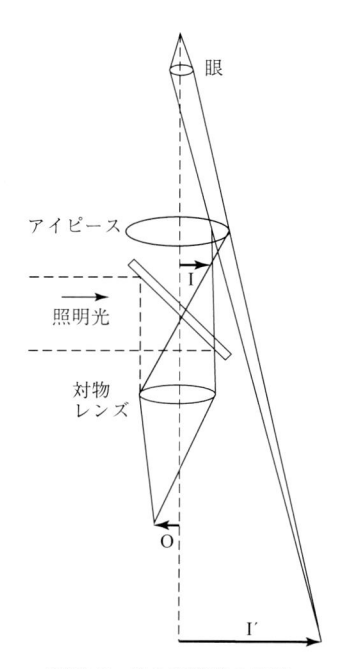

図10.2 複合顕微鏡の光路．

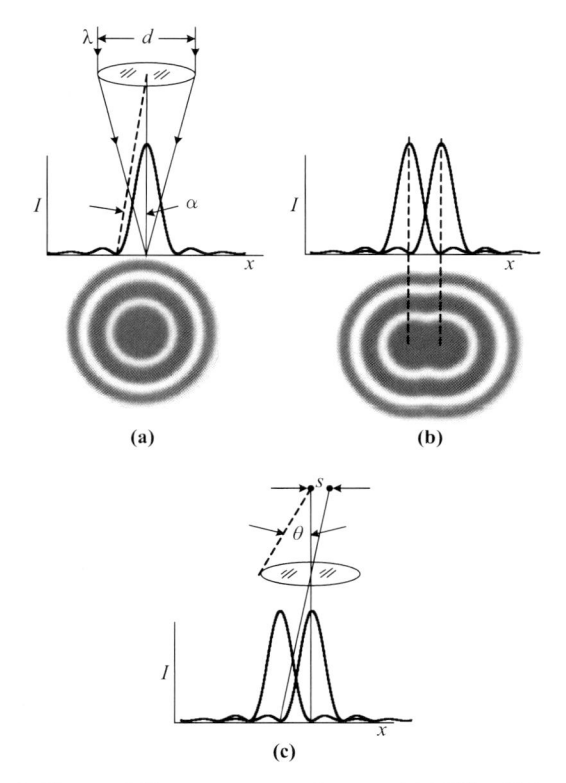

図10.3 (a)レンズの開口での回折によるエアリーディスク．(b)分解能に対するレイリーの基準．
(c)光学顕微鏡の分解能の限界．Iは強度を表す．許可を得てSpencer[4]より再掲．

$$\sin\alpha = \frac{1.22\lambda}{d} \tag{10.2}$$

で与えられることを示した（**図10.3**(a)参照）[4]．ここでλは真空中の光の波長である．大部分の光を含む中央のスポットはエアリーディスクまたは回折円盤と呼ばれる．たとえば，カードにピンホールをあけ，これを通して顕微鏡ランプの光源を数メートル離れてみてみるとよい．これに似たパターンが点物体の顕微鏡像にも現れる．適当な照明を与えれば，**単体として検出できる物体の寸法に下限はない**．

しかし，観測したいのは点状の物体ではなく，二次元あるいは三次元の物体である．距離sだけ離れた2つの点物体の像は，図10.3(b)のように重なる．これらが近接すると，2つを分解できない．レイリーは一方の中央の極大値が他方の最初の極小値と重なるまでは，2つを識別できると考えた．このとき2つのピークの間の強度は，図10.3(c)のようにピークの80％まで下がる．式

$$s = \frac{0.61\lambda}{n\sin\theta} = \frac{0.61\lambda}{NA} \tag{10.3}$$

によってレイリーの基準を満たす**分解能**（resolution：2点間の最小距離）が与えられる．ここでnは2つの物体を分離している媒質の屈折率，θは物体からレンズを仰ぐ角度の半分である．ピークの高さの50％の強度を分解能の限界としてつかうこともあり，このときは式（10.3）の"0.61"が"0.5"になる．

対物レンズマウントに刻印されている**開口数**（numerical aperture; *NA*）は，レンズの分解能と像の輝度を表す数値である．式（10.3）はレンズの *f/#* 値をつかって

$$s = \frac{1.22\lambda \ f/\#}{n} \tag{10.4}$$

のように書くこともある．*NA* が大きいほど高品位のレンズである．高い分解能（すなわち小さい *s*）を得るには，*NA* をできるだけ大きくすればよい．しかし，*NA* を大きくして分解能を高くすると，視野が浅くなり，差動距離（焦点面から対物レンズの表面までの距離）が短くなる．焦点を結ぶ像空間の厚さである**焦点深度**（depth of focus）D_{focus} は

$$D_{focus} = \frac{\lambda}{4NA^2} \tag{10.5}$$

で与えられる．倍率200倍の D_{focus} では，集積回路の表面の起伏のエッジと底に焦点を同時に合わせることはできない．焦点を結ぶ被写体空間の奥行きを表す**被写界深度**（depth of field）D_{field} は

$$D_{field} = \frac{\sqrt{n^2 - NA^2}}{NA^2}\lambda = \frac{\sqrt{(n/NA)^2 - 1}}{NA}\lambda \tag{10.6}$$

で与えられる．D_{focus} も D_{field} も *NA* が大きいほど浅くはなるが，分解能は上がる．

s を小さくする，つまり分解能を上げるには，式（10.3）にしたがって3つの変数を調節すればよい．波長は短いほどよく，赤い光より青い光の方が分解能は高い．緑に色補正した対物レンズに合わせて透過ピークをもつフィルタをつかえば，眼の感度が最大になり，疲労もしにくい．角度 θ を理論最大値90°に近づければ分解能は上がるが，現実的な上限は $NA \approx 0.95$ である．これよりさらに分解能を上げるには，サンプルと対物レンズの間の空気を高屈折率の液体で満たした液浸対物レンズをつかう．液浸媒質に対し，空気での開口数を"ドライ"*NA* ということがある．液浸媒質には水（$n = 1.33$），グリセリン（$n = 1.44$），オイル（$n = 1.5 \sim 1.6$），Cargille屈折液（$n = 1.55$），あるいはモノブロモナフタレン（$n = 1.66$）などがある．水は液浸フォトリソグラフィでつかわれている．油浸光学系は $NA \approx 1.3 \sim 1.4$ が実質的な限界で，緑の波長 $\lambda \approx 0.5\,\mu m$ での分解能の限界は $s \approx 0.25\,\mu m$ である．

倍率 *M* は顕微鏡の対物レンズと眼の分解能による．ただし，拡大した像は眼で詳細にみえなければならない．**解像力**（resolving power）とは，被写体を眼や顕微鏡，カメラ，または写真によって細かくみせる能力である．倍率の近似式は

$$M = \frac{顕微鏡のNAの最大値}{眼のNAの最小値} \approx \frac{1.4}{0.002} = 700 \tag{10.7}$$

である[5]．倍率は分解能（resolution）限界の比

$$M = \frac{分解能の限界（眼）}{分解能の限界（顕微鏡）} \approx \frac{200\mu m}{0.61\lambda/NA} \approx \frac{200\mu m}{0.25\mu m} NA = 800 NA \tag{10.8}$$

で表すこともある．眼の分解能は，網膜の杆体細胞と錐体細胞との距離に依存する．目視による顕微鏡の最大倍率はおよそ750倍である．これ以上倍率を上げても像がぼやけて有意な情報は得られない．眼による光の検出ではなく，写真や光電検出器によるなら，上の式よりも大きな倍率が可能になる．

分解能力の限界領域で眼をつかうと疲労が激しいので，最小限必要な倍率より少し下でつかうようにする．およそ750 *NA* の倍率でつかうのが妥当であるが，常に眼に快適な倍率まで下げてつかうようにするとよい．倍率を上げすぎると暗くなり，輪郭がぼけ，被写体の詳細がわからなくなる．

被写体の部位を識別する能力である**コントラスト**を決める要因は様々である．アイピースや対物レ

ンズが汚れていると像の質が劣化する．特にサンプルの反射率が高いときは，グレアによってもコントラストは低下する．これは特にコントラストの弱いサンプルで問題になるが，視野の絞り（照明視野を制御する開口）である程度制御できる．この絞りを顕微鏡の視野をすべて照らすだけ開けておき，問題の場所では，視野のごく一部に照明を絞るとよい．

10.2.2 暗視野顕微鏡，位相差顕微鏡，干渉コントラスト顕微鏡

明視野顕微鏡では，光がサンプルへ垂直に入射する．水平な表面はほとんどの光を反射するが，斜めや垂直の面はあまり光を反射せず，図10.4(a)のような強度Iの走査プロファイルになる．**暗視野顕微鏡**ではサンプルへの光が図10.4(b)のように浅い斜め角で入射する．そのため，サンプルの水平面で反射した光はレンズには到達せず，斜めや垂直な表面からの反射光がレンズへ到達する．したがって，この像のコントラストは明視野顕微鏡像のコントラストが反転したものになる．暗視野顕微鏡法は明視野顕微鏡では判別できない表面の小さな異常の観察に特に有効である．暗視野顕微鏡法は，暗室に射し込んだ太陽光が粉塵に散乱されるのとよく似ている．

位相差コントラスト顕微鏡では，サンプルを透過した光，またはサンプルから反射した光の位相のずれを利用する．（透過の場合）サンプルに屈折率の異なる部分があると光路長が変わり，（反射の場合）サンプル表面の高さに違いがあると位相がずれる．位相差コントラスト顕微鏡法の原理を図10.5に示す[6]．はじめに図10.5(a)の振幅コントラスト顕微鏡法を考えよう．振幅A_1の光がサンプルに入射する．光の一部は散乱または回折によって吸収されると考える．回折光は入射光に対し，πまたは$\lambda/2$だけ位相がずれている．A_dが回折光の振幅である．この2つの波の干渉によって，振幅$A_2 = A_1 - A_d$の波となる．次に図10.5(b)の位相差コントラスト顕微鏡を考える．入射光の振幅はA_1で，回折波の振幅はA_dである．図10.5(b)の(i)のように，反射波の振幅はA_2で，A_1と等しい（ここでは吸収はゼロと仮定している）が，位相角$\theta = \pi/2$だけ遅れている．あるのは位相差だけで，振幅に変化はないから，眼にはA_1とA_2の違いはわからない．ここでA_dをさらに$\pi/2$だけ遅らせると図10.5(b)の(ii)となって，図10.5(a)と同じことになる．こうしてA_1とA_2の振幅に差が現れる．つまり，位相差を，眼やその他の検出器で観察できる振幅の差に変換したのである．位相差顕微鏡法の模式図を図10.5(c)に示す．

位相差コントラスト顕微鏡法と干渉コントラスト顕微鏡法の基本的な違いを図10.5(c)と(d)に示す．位相差コントラスト法では，入射光がサンプルによって直接光と回折光に分割される．回折光の位相は$\pi/2$だけ遅れており，像面で再結合した光の干渉によって背景に対する振幅のコントラストができ

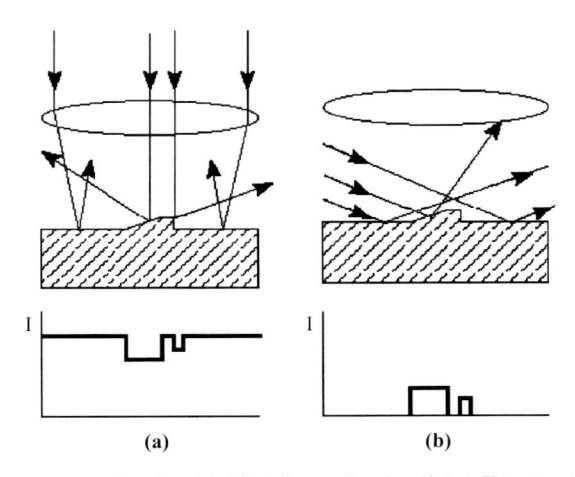

図10.4 (a)明視野像と(b)暗視野像．下段に光の強さを示している．

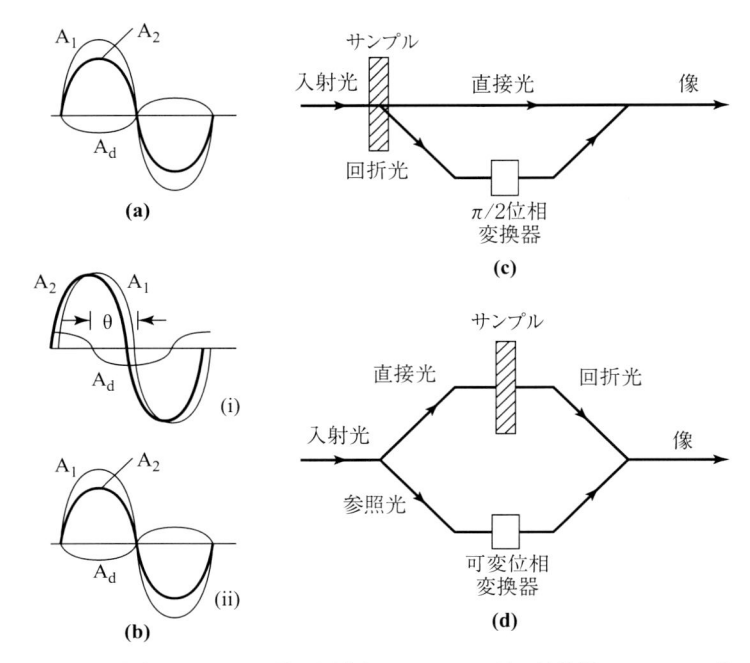

図10.5 (a)振幅コントラスト法，(b)位相コントラスト法，(c)位相コントラスト法，(d)干渉コントラスト法．

る．干渉コントラスト法では，入射光を直接光と参照光に分割している．直接光がサンプルで回折され，参照光の位相を調節し，回折光との再結合による干渉から，振幅コントラスト像を得る．コントラストを最適にするには適切な位相調節システムが必要である．単色光では，サンプルの段差部の立ち上がり立ち下がりの両エッジが暗い背景に対して明るいか，その逆になる．白色光では，立ち上がり立ち下がりの両エッジが，異なる背景色に対して同じ色にみえる．他の原因によってもあるエッジは背景より明るく，またあるエッジは背景より暗くなることもあり，興味をそそるが，厳密には"影"が化けたものである．高さ3nmの段差まで観察できるので，ウェハ表面の平坦性やエッチピットの研究にこの手法を活用できる．

一般に，位相差コントラスト法より干渉コントラスト法の方が像が鮮明である．立体形状が緩やかに変化するサンプルでも，干渉コントラスト法の方が感度がよい．この技法は微分干渉コントラスト法ともいわれる．この方法にはいろいろなやり方があるが，どれもノマルスキーの方法をもとにしている[7]．図10.6に明視野，暗視野，および微分干渉コントラストの顕微鏡像を示す．Richardsonによる顕微鏡法の優れた議論があり，多くの例が引用されている[8]．

10.2.3 共焦点光学顕微鏡法

1995年に発明された共焦点光学顕微鏡法（confocal optical microscopy）[9]は被写体の三次元像をつくり，像のコントラストを上げる方法である[10,11]．観測域を従来の顕微鏡より狭くすることで，重なったり近接している散乱源が検出信号に混ざらないようにしている．しかし，1度に1点の像しかとれないので，全体像はサンプルを光線で走査して合成する．共焦点顕微鏡の分解能は

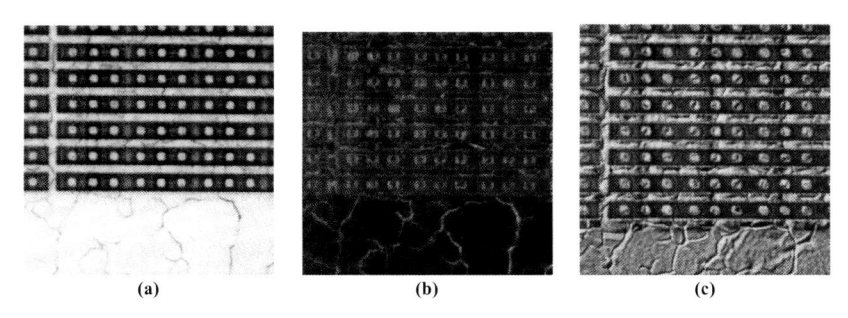

図10.6 集積回路からの反射光の(a)明視野法,(b)暗視野法,(c)微分干渉コントラスト法での顕微鏡写真.対物レンズ100倍,ズーム1.5倍,カメラに対する倍率10倍.T. Wetteroth(Motorola Semiconductor)の厚意による.

$$s = \frac{0.44\lambda}{n\sin\theta} = \frac{0.44\lambda}{NA} \tag{10.9}$$

である[12].共焦点回折パターンの中心のピークの外側のエネルギーは単レンズの回折パターンのそれより小さい.分解能はサンプルのコントラストの変化にあまりよらないので,共焦点顕微鏡の分解能は式(10.3)よりややよい.

共焦点顕微鏡の原理を知るために,**図10.7**(a)にある点の像の形成を考えよう.点Aは焦点面Aに結像し,点Bは面Bに結像する.顕微鏡の対物レンズがピンホール面に結像するので,サンプル面とピンホール面は共役な像面である.このピンホールはレンズの**焦点**(focal point)と**共役**(conjugate)なので,**共焦点**(confocal)ピンホールという.ピンホールを面Aに置く(図10.7(b))と,点Aからの光はピンホールを通るが,点Bからの光のほとんどは透過できない.点Bからの光がピンホールを通過するには,点Bが図10.7(c)のように結像するようサンプルをもち上げねばならない.すると,今度は点Aからの光のほとんどがピンホールを通過できない.つまり,1度に1つの面しか焦点が合わ

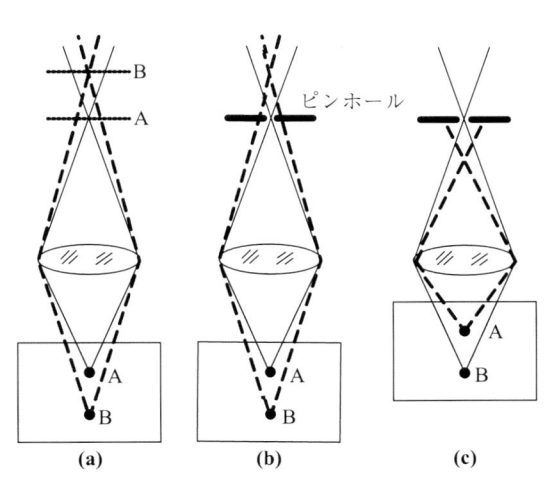

図10.7 (a)点Aは面Aに,点Bは面Bに焦点を結ぶ.(b)面Aにピンホールを設けたとき.(c)サンプルをもち上げ,ピンホールに点Bの焦点を結ぶ.

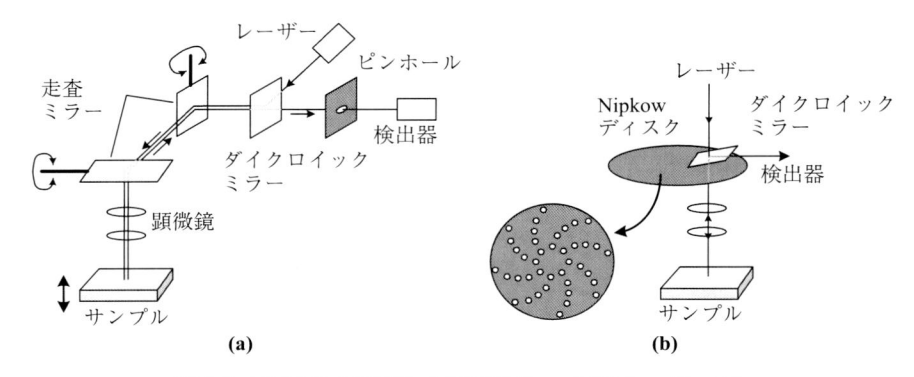

図10.8 走査共焦点顕微鏡．(a)走査ミラー，(b)Nipkowディスク．

ない．サンプル表面を光で走査すれば，ある面の二次元像を生成できる．次にサンプルをもち上げて，別の面の像をとり，これをサンプルの全体について三次元像になるまでつづける．サンプルを固定し，ピエゾ電気トランスデューサで対物レンズを動かしてもよい．また，従来の光学顕微鏡として，サンプルを目視で観察することもできる．

二次元画像化には2つの方式がある．1つは図10.8(a)のようにレーザー光をダイクロイックミラーで折り曲げ，2つの走査ミラーでサンプル上を走査する．サンプルで反射した光は走査ミラーで折り返されてダイクロイックミラーを透過し，ピンホールを通って光電子増倍管あるいは電荷結合デバイス（CCD）で検出される．1画素毎にとり込んで像を構成していく．走査ミラーの代わりに，音響光学偏向器（acousto-optic deflection）をつかって高速走査することもできる．サンプルを光線で走査すれば，光線の当たる領域からの光だけが検出器へ入るので，不要な背景光によるコントラストの悪化を防ぐことができる．ただし，光が当たるのはサンプルのごく一部だけである．

2つ目は1884年に発明されたNipkowディスクをつかう方法で[13]，のちに共焦点顕微鏡に適用された[14]．ディスクには図10.8(b)のように等間隔のピンホールがあいてる．このディスクを回転させると，ピンホールはリング状の軌跡をまわる．らせん状に並んだそれぞれのピンホールは像を水平方向に切りだし，その明暗のパターンがセンサで検出される．このピンホールを通る光を強くするために，励起光を集光するマイクロレンズのついたディスクをもう1枚追加できる．ディスクには20 μmのオーダーの大きさのピンホールが数千個あいている．共焦点顕微鏡法は生体試料の深さ方向を走査したり，集積回路の様々な高さを調べるのにつかわれる[15]．

10.2.4　干渉顕微鏡法

干渉顕微鏡法（interferometric microscopy）は，サンプルの水平および垂直方向の形状を非接触で決める方法である．定量的な垂直方向の形状を位相シフト干渉法（phase-shift interferometry; PSI）で求める．横方向，つまりxとy方向の最大分解能は従来の顕微鏡法の$\sim 0.5\lambda/NA$程度である．しかし，z方向の分解能は位相変調法の干渉縞を識別する能力で決まる．垂直方向の分解能はおよそ1 nmである．干渉顕微鏡法やその他の光学測定はOptical Shop Testing[16]に詳しい．

演習10.1
問題：干渉とは何か．
解：光学的に平坦な2つのガラス板が図E10.1のように角αをなし，そこへ波長λの単色光が入射する場合を考えよう．xを図中の交点からの距離とすると，エアーギャップの間隔はαxとなり，光はエアーギャップを往復するので，エアーギャップの光路長は$2\alpha x$である．たとえば下のガラス板の表面で

図E10.1

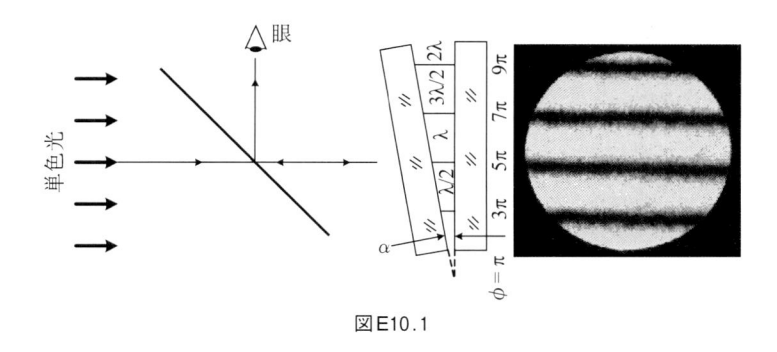

のように，低屈折率材料から高屈折率材料へ入射した光が反射されると位相がπだけずれ，光路差は$2\alpha x + \lambda/2$となる．干渉縞の暗部は$2\alpha x = m\lambda$，明部は$2\alpha x + \lambda/2 = m\lambda$に現れる．ここで$m$は整数である．どちらも干渉縞の間隔は

$$d = \frac{\lambda}{2\alpha}$$

になる．

干渉顕微鏡法では，反射光が干渉被写体を透過し，高さの数値をもった像が得られる．波長λの単色光なら，像面で強度I_0の2つの波が，干渉によって

$$I = KI_0\left[1 + \cos\left(\frac{4\pi}{\lambda}h(x,y) + \delta\phi\right)\right] \tag{10.10}$$

の強度をもつ波になる[17]．ここでKは定数，$h(x,y)$は参照ミラーでみたサンプルの高さ，$\delta\phi$は干渉縞解析のために一方の光路に導入した位相変化である．この位相を変えるには，ピエゾ電気結晶かステッピングモータでサンプルの垂直変位を変える．$-120°$，$0°$，$120°$の3相を切り換えて

$$I_1 = C[1 + \cos(\phi - 120°)], \quad I_2 = C[1 + \cos\phi], \quad I_3 = C[1 + \cos(\phi + 120°)] \tag{10.11}$$

の3つの像を得る[18]．ここでCは定数である．この3つの式から，高さ$h(x,y)$は

$$h(x,y) = \frac{1}{4\pi}\arctan\left(\frac{-\sqrt{3}(I_1 - I_3)}{2I_2 - I_1 - I_3}\right) \tag{10.12}$$

となる．

この干渉像はサンプル表面でストライプ状の干渉縞の明暗になり，$\lambda/2$の間隔をもつ高さの目盛りになっている．位相変調法では干渉縞の間隔の0.01以下の位相を計算でき，垂直方向の分解能でいえば0.1〜1nmとなる．式（10.12）から各x, yの位置での表面の高さを計算し，グレースケールで表すことができる．arctan( )の式は$-\pi/2$と$\pi/2$の間で解をもち，干渉計の位相がπ，あるいは高さが$\lambda/4$（$\lambda = 660$nmならば165nm）変わる毎に不連続点が現れる．このように位相シフト干渉法は$\lambda/4$以上の高さを正確に求めることはできない．したがって，$\lambda/4$を超える高さのサンプルでは$\lambda/4$の何倍であるかを，別の測定方法で見積らねばならない．

あるいは，λ_1とλ_2の2波長でこの測定を行い，これらの差をとることもできる．こうすれば，$\lambda_e = \lambda_1\lambda_2/|\lambda_1 - \lambda_2|$で与えられる有効波長$\lambda_e$をつかって$\lambda_e/4$の高さまで測ることができる．ただし，$\lambda_e/\lambda$の比

だけ測定精度は落ちる。このように多重波長干渉法がうまくいくサンプルもあるが，サンプルが粗いとノイズによって誤差が増える。高倍率で高開口数の顕微鏡では，サンプルの高低部に同時に焦点を合わせることはできない。これも誤差の原因となる。

干渉顕微鏡法はいろいろなやり方がある。その1つが**Mirauの干渉顕微鏡法**，もう1つが**Linnikの干渉顕微鏡法**である。Mirauの干渉顕微鏡を**図10.9**(a)に示す。顕微鏡の対物レンズから入射した光の一部はビームスプリッタを透過し，サンプルへ到達する。残りはビームスプリッタで反射され，参照面へ戻る。サンプルで反射した光と参照面で反射した光はビームスプリッタで合成され，干渉する。この干渉縞はサンプル表面と参照面との差によるものである。参照面，対物レンズ，およびビームスプリッタはピエゾ電気トランスデューサにとりつけられており，参照面の動きを参照光の位相の変化に変換している[19]。

図10.9(b)のLinnikの干渉顕微鏡は，**マイケルソン干渉計**の1つである。波長λのコヒーレントな単色光の平面波の波面がビームスプリッタに入射する。その一部は固定した参照ミラーへ，また一部はサンプルへ透過していく。いずれの光もビームスプリッタへ戻り，合成されて検出器へ導かれる。ピエゾ電気制御されたステージ上のサンプルとビームスプリッタの間隔で位相を変える。Mirauの対物レンズの倍率は10倍から50倍で，開口数は0.25〜0.55である。Linnikの対物レンズは倍率に制約はないが，主に（たとえば100倍などの）高倍率と0.95までの高開口数がつかわれる。

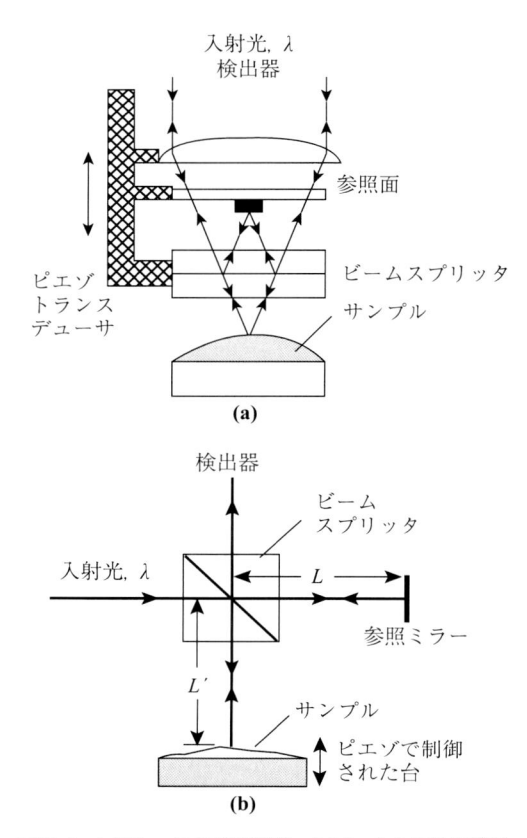

図10.9 (a)Mirauの干渉顕微鏡，(b)Linnikの干渉顕微鏡．

Linnik干渉計で白色光をつかい，サンプルの高さを光学的に測定する方法がある[20]。白色光源をつかうと，干渉計の2つの光路が等しいときだけ干渉縞のコントラストが最大になり，この光路長がサンプル表面までの距離に対応している。干渉縞のコントラストが最大のときはサンプルに焦点が合っているので，高さは正確である。100 μmまでのいろいろな波長による高さの変化をこの方法で測定することができる。高さの測定を主眼とした干渉顕微鏡では，横方向の分解能が少し別の意味で高さにかかわってくる。微小な被写体のボケによって高低差のあるエッジが平滑化され，高さの測定精度が悪くなるのである。

　干渉顕微鏡による測定では，反射による位相変化が高さを決めるので，サンプルの光学的性質をよく考えねばならない。たとえば，半導体ウェハ上の高さh_1の金属配線の段差を考えよう。このウェハを平坦化するためにガラス層で覆うと，ガラスの段差はh_2になるが，これはh_1よりかなり低い。光学的干渉測定ではこのガラス層を無視し，その下の金属配線の段差h_1を測定している。材料の光学定数が異なると，高さも変わってくる。そういうときは反射性の材料を表面にコーティングすればよい。

10.2.5　欠陥のエッチング

　半導体の特定の欠陥を選択エッチであぶりだし，光学顕微鏡で欠陥の大きさ，種類，密度を求める。サンプルをエッチングすると，特異な形状のエッチピットが現れ，欠陥を特定できる。**表10.1**にいく

表10.1　欠陥のあぶりだしにつかわれるエッチング法．

半導体	エッチング法	化学組成	用途
Si	Sirtl[23]	100 mlのH_2OにCrO_3を50 g使用直前に溶かし，この溶液1に対し，HFを1添加する。	{111}方向の面に最適。
Si	Dash[24]	HF:HNO_3:CH_3COOH 1:3:10　950 mlのH_2Oに$CuSO_4$を55 g溶かし，HFを50 ml添加する。	n型Siおよびp型Siの{111}および{100}面方位どちらにもつかえる。Cu置換エッチ：Cu装飾による欠陥のあぶりだし。
Si	Secco[25]	HF:$K_2Cr_2O_7$ (0.15 M) (250 mlのH_2Oに$K_2Cr_2O_7$ 11 g) が2:1，またはHF:CrO_3 (0.15 M) 2:1	汎用性があるが，特に{100}面Siに有効。
Si	Schimmel[26]	H_2OにCrO_3を75 g加え，1000 mlの溶液(0.75 M)にする。	n型Siおよびp型Siの{111}および{100}。$\rho > 0.2\Omega \cdot cm$なら，この液1に対しHFを2。$\rho < 0.2\Omega \cdot cm$なら，この液1に対しHFを2と$H_2O$を1.5。
Si	Wright[27]	HF:HNO_3:5MCrO_3:Cu$(NO_3)_2 \cdot 3H_2O$:{111}:CH_3COOH:H_2O 2:1:1:2g:2:2 まずH_2OにCu$(NO_3)_2$を溶かすのがよいが，混合の順序はあまり関係ない。	n型Siおよびp型Siの{111}および{100}。エッチングしても無欠陥領域は粗くならない。
Si	Yang[28]	1000 mlのH_2Oに150 gのCrO_3を加えた溶液(1.5 M) 1に対しHFを1。	{100}，{111}，{110}面の様々な欠陥をあぶりだし。撹拌しない。
Si	Seiter[29]	100 mlのH_2Oに120 gのCrO_3を加えた溶液9に対し，HF(49%) 1。	0.5〜1μm/minで{100}面をエッチング。20〜60 sで転位，積層欠陥，ら旋欠陥が現れる。
Si	MEMC[30]	100 mlのHF:HNO_3:CH_3COOH:H_2OにCu$(NO_3)_2 \cdot 3H_2O$ 1 gを加える。	クロムは含まないがSirtlエッチまたはWrightエッチに類似。転位やすべり面をエッチング。
GaAs	KOH[31]	溶融KOH	Niのるつぼで350℃の溶けたKOHにサンプルを3 h浸す。
InP	Huoら[32]	HBr:H_2O_2:H_2O:HCl 20:2:20:20	{100}および{111}面の転位がわかる。

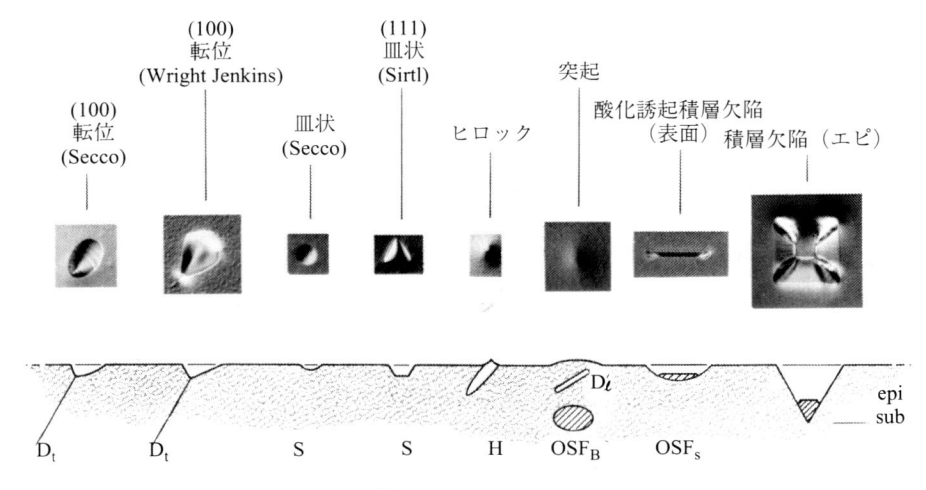

図10.10 表10.1のエッチング法のいくつかによるシリコンのエッチパターン．
許可を得てMiller and Rozgonyiの文献7より再掲．

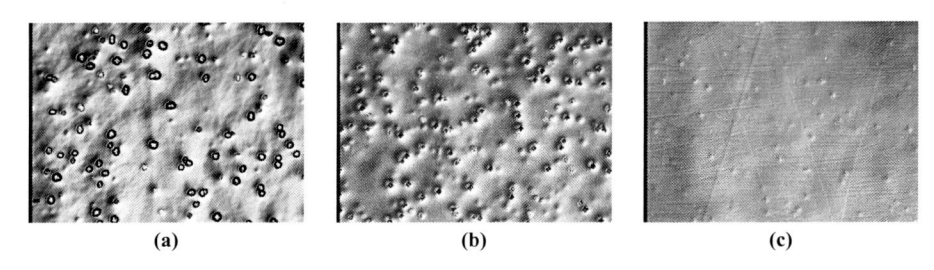

図10.11 (a)Secco法，(b)Wright法，および(c)HF-HNO$_3$でエッチングしたシリコンの
D型空孔欠陥．写真はM.S. Kulkami（MEMEC）の厚意による．

つかのエッチング法を列挙する．これらの使い方については文献21を参照されたい．欠陥を数えるときは，倍率100倍の光学顕微鏡をつかって既知の面積の中の欠陥数を数えるとよい．これをウェハ上の9点で実施し，平均をとる．文献22では欠陥の例を一連の写真でみることができる．シリコンの欠陥のいくつかを，断面からと上からみたものを図10.10に示す．図10.11はエッチング法による違いを示すもので，空孔型の欠陥をもつSiウェハをSeccoエッチ，Wrightエッチ，HF-HNO$_3$エッチしたものである．明らかに標準的な(a)と(b)の欠陥エッチの方が，HF-HNO$_3$研磨エッチより多くの欠陥をあぶりだしている．

10.2.6 近接場光学顕微鏡法

近接場光学顕微鏡法（near-field optical microscopy：NFOM）では，像の分解能が励起光の波長ではなく，画像化装置の構造で決まる．医者の聴診器は近接場像の実際の例である．音波の波長は100 mほどあるにもかかわらず，聴診器の開口は数cmで，解像力はおよそλ/1000である．

これまで解像の下限は光の波長で決まると考えられていた．1873年にアッベは，収差のない集光レンズによって物体面に焦点を結んだ光は，式（10.3）のレイリーの限界で表される回折限界によって，

$\lambda/2$ よりも小さなスポットに集光できないことを示した[33]。顕微鏡はアッベまたはレイリーの限界にしたがっており，遠視野に像を結ぶことから遠視野顕微鏡法として知られ，光学像，電子像，音響像に適用されてきた。

近接場光学顕微鏡法では被写体の物理的大きさを利用してアッベやレイリーの限界より高い分解能の像を得る。近接場光学顕微鏡法のアイディアは1928年に提案され[34]，1972年にマイクロ波で$\lambda/200$の分解能が実証された[35]。最近では光でも実証されている[36]。その後，赤外，μm波，mm波にも拡がっている[37]。近接場光学顕微鏡法の原理は，励起光の波長より小さな開口を通して被写体に光を当て，被写体から波長より短い距離で反射または透過光を検出すれば，波長ではなく開口の大きさで決まる分解能で走査した像をとることができるというものである。ナノメートルの研磨技術の開発が，近接場光学顕微鏡法に成功をもたらしている。

近接場光学顕微鏡の原理を図10.12に示す。図10.12(a)の，従来の顕微鏡の集光スポット径はおよそ$\lambda/2$である。図10.12(b)の開口を通過した光子は，Dを開口径として，$\Delta x \approx D$で定義される範囲にある。この透過した光子には波としての2つの明確な概念がある。1つは遠視野のフーリエ変換に関係して球状に分布が拡がっていく波，もう1つは開口の出口に近接した領域の**エバネッセント波**あるいは消衰する波である。この波は開口の大きさに平行化され，急激に弱くなるので，ふつう開口から数nmまで近接させて検出しなければならない。この開口の近接場領域までサンプルを近づけて走査すれば，開口の大きさで決まる分解能で像をとることができる。

反射モードでつかうには，検出システムにきわめて狭い開口あるいは"光学受信機"を実装しなければならない。これには細いガラスファイバーのエッチングや引き抜きによって微小なチップをつくり，その外周を金属でコーティングして外壁から入射する光を遮断する。100 nm以下の開口寸法が実用的で，400 nmから$1.5\,\mu\mathrm{m}$の波長の光によくつかわれている。近接場像のもう1つの例として，第9章で議論した走査トンネル顕微鏡があり，プローブチップが開口の役目をする。チップの直径が0.2 nm程度になると原子像を分解できるが，これは1 Vの電位で加速された電子のおよそ1.2 nmの波長より小さい。

高い空間分解能を得るには，サンプルをチップの近接場領域に置かねばならない。100 nmの標準的な開口では，チップとサンプルの間隔は~ 20 nmである。経験からすると，チップとサンプルの間隔は開口径の1/3以下がよい[38]。フィードバックをつかえばチップとサンプルの間隔を一定にできる。チップとサンプル間の安定化には，せん断力によるフィードバックが広くつかわれている。近接場光学顕微鏡のチップはピエゾ電気素子（ディザーピエゾ）にとりつけられ，サンプル表面の直上に保持

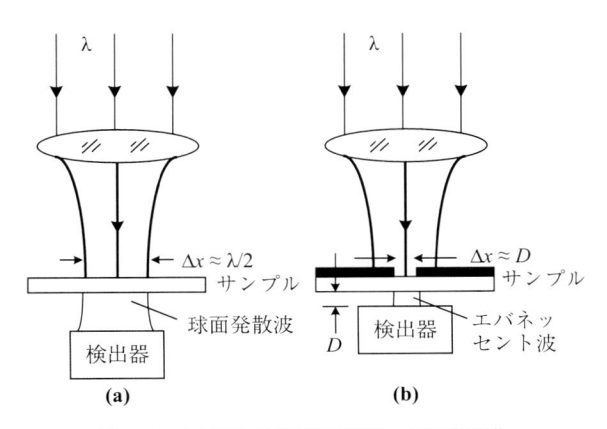

図10.12 (a)従来の遠視野光学像，(b)近接場像．

される．ディザーピエゾに交流電圧を共振周波数で印加すると，ファイバーチップがサンプル表面に平行に振動する．チップがサンプル表面に近づくと，サンプルとの相互作用で振幅が減少するので，チップのディザー運動の変化をモニタしてフィードバックすれば，チップとサンプルの間隔を安定化できる．

10.3　エリプソメトリ
10.3.1　理論

エリプソメトリ（ellipsometry：偏光解析法）は表面から反射した光の偏光状態の変化を測定する，非接触，非侵襲な技法である[39]．反射または透過測定では強度を扱うが，エリプソメトリでは強度によって変わる複素量を扱う．反射または透過測定を**パワーの測定**とみれば，エリプソメトリは**インピーダンス測定**と考えることができる．インピーダンス測定では振幅と位相が決まるが，パワー測定で決まるのは振幅だけである．求めるサンプルの複素反射係数比は，入射面に対して水平に偏光した光（p波）と垂直に偏光した光（s波）の複素反射係数の比である．

エリプソメトリは主に，吸収性の基板上の薄い誘電体膜の厚さ，線幅，および薄膜や基板の光学定数の決定に用いる[40]．ただし，直接薄膜の測定から求める代わりに，特定の光学定数を測定し，これらから膜厚や他のパラメータを導出する．最近では角度可変，波長可変となったエリプソメトリもあり，干渉法より小さいオーダーで膜厚が測定できる．エリプソメトリの詳細に入る前に，**偏光した光**の性質を理解しておこう．

光がある面で反射されると，一般に振幅は小さくなり，位相がずれる．多重反射面では，いろいろな反射光が相互作用し，波長や入射角に依存した極大・極小が現れる．しかし，エリプソメトリでは角度を測定するので，光の強度，反射率，および検出器の振幅感度によらず，光学変数を高精度で測定できる．

図10.13のように，ある面に偏光した波がある面に入射するとしよう．光のスポットは直径およそ数ミリメートルのオーダーであるが，100 μmまで絞ることができる．偏光した入射光は，入射面に水平な成分pと垂直な成分sとに分けることができる（"s"は垂直を意味するドイツ語senkrechtの頭文字である）．材料による吸収がなければ，直線偏光した光の反射光は直線偏光で，反射波の振幅だけが問題になる．しかし，吸収材での反射や，空気と基板の間の薄い層での多重反射では，2つの成分の振幅と位相の変化に違いが現れる．入射角が0°および90°のときを除けば，水平（p）成分の反射率は，概ね垂直（s）成分の反射率より小さく，0°および90°のとき両者が一致する．ずれた位相の差によって，入射光に対して90°偏光した成分が加わり，反射光は**楕円**（elliptical）偏光する．反射によって直線偏光した光が楕円偏光になったり，楕円偏光した光が直線偏光になることがエリプソメトリの要点である．

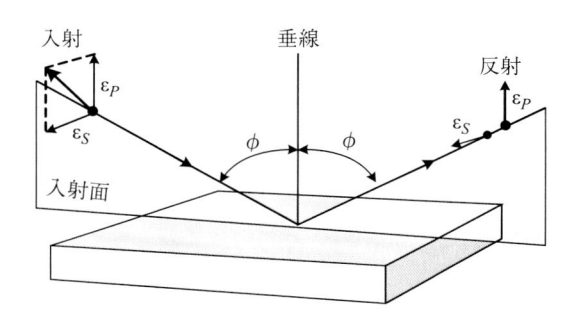

図10.13　偏光した光の平坦面での反射．ϕは入射角．

演習10.2

問題：偏光とは何か．

解：光は図E10.2(a)に示すように，伝播方向 z に対して互いに直交する電場および磁場の成分からなる電磁波である．偏光は電場ベクトルの向きと位相で定義される．電磁波の偏光は，これを x および y 軸に射影した2つの成分 $\mathscr{E}_x$ および $\mathscr{E}_y$ で表される．これらの成分が互いに直交し，同位相で同じ方向へ伝播するときは(b)のように直線偏光になる．2つの成分の振幅は同じで，位相が90°ずれていると，(c)のように円偏光になる．2つの成分の位相のずれも振幅も適当になると，(d)の楕円偏光になる．偏光とエリプソメトリについては，J.A. Woollam社のウェブサイト http://www.jawjapan.com/Tutorial_1.html によい解説がある．図E10.2はこのサイトから採用したものである．

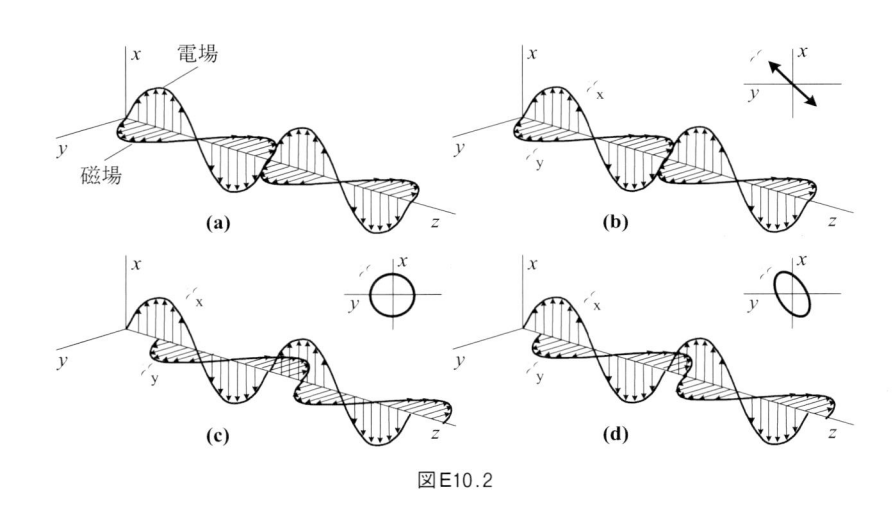

図E10.2

電場と磁場のゆらぎがこれらと直交する方向へ伝播するものが光である．その電場は水平成分 $\mathscr{E}_p$ と垂直成分 $\mathscr{E}_s$ とからなる．それぞれの反射係数

$$R_p = \frac{\mathscr{E}_p(\text{反射})}{\mathscr{E}_p(\text{入射})} \quad ; \quad R_s = \frac{\mathscr{E}_s(\text{反射})}{\mathscr{E}_s(\text{入射})} \tag{10.13}$$

を，個別に測定することはできない[注1]．しかし，反射係数 R_p と R_s，または**エリプソメトリ角** ψ および Δ で定義される複素反射係数の比

$$\rho = \frac{R_p}{R_s} = \tan\psi \; e^{j\Delta} \tag{10.14}$$

は測定可能である．ここで $j = (-1)^{1/2}$ である．ρ は反射係数の**比**，つまり振幅の比と相対的位相差であるから，強度や位相の絶対値測定は必要ない．

エリプソメトリ角 ψ（$0° \leq \psi \leq 90°$）および Δ（$0° \leq \Delta \leq 360°$）はエリプソメトリで最もよくつかわれる変数で，

注1　反射係数は振幅比であって，強度（振幅の2乗）比＝反射率ではないことに注意．

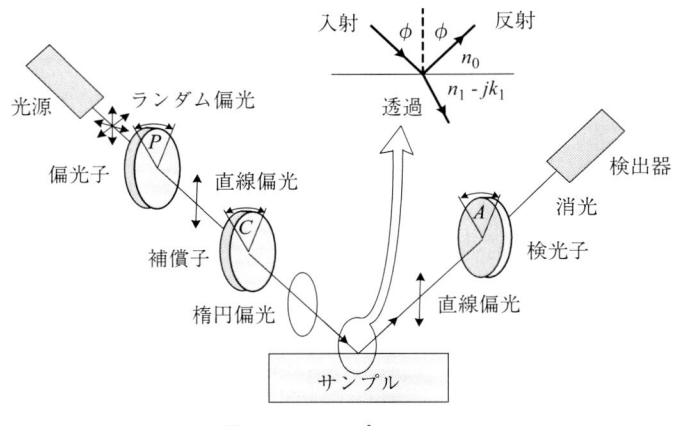

図10.14 エリプソメータ.

$$\psi = \tan^{-1}|\rho| \; ; \quad \varDelta = \text{位相変化の差} = \varDelta_p - \varDelta_s \tag{10.15}$$

で定義される。電場ベクトルの水平および垂直の振動成分それぞれの振幅および位相が反射によって変化するので，角 ψ と $\varDelta$ を決定できる。

ψ と $\varDelta$ をつかってサンプルの光学パラメータをどのように決定するかを，**図10.14**の空気と吸収性固体基板との界面での光の反射で考えよう。空気の屈折率は n_0，サンプルの屈折率は $n_1 - jk_1$ とする。ただし，n_1 は屈折率，k_1 は消衰係数である。フレネルの式[41]から

$$n_1^2 - k_1^2 = n_0^2 \sin^2\phi \left\{ 1 + \frac{\tan^2\phi[\cos^2(2\psi) - \sin^2(2\psi)\sin^2\varDelta]}{[1 + \sin(2\psi)\cos\varDelta]^2} \right\} \tag{10.16}$$

$$2n_1 k_1 = \frac{n_0^2 \sin^2\phi \, \tan^2\phi \, \sin(4\psi)\sin\varDelta}{[1 + \sin(2\psi)\cos\varDelta]^2} \tag{10.17}$$

を得る。

絶縁体などの薄膜で覆われた基板の測定は，エリプソメトリでは特に重要である。(10.16)および(10.17)の式は屈折率，膜厚，入射角，および波長に依存するので，空気（n_0）—薄膜（n_1）—基板（$n_2 - jk_2$）の系ではかなり複雑になる。個別の測定で n_2 と k_2 がわかっていて，薄膜が透明（吸収がない）なら，1回の ψ, $\varDelta$ 測定の結果から n_1 と膜厚を計算できるが，それでも計算は煩雑である。空気—SiO$_2$—Si系に水銀スペクトル線とNe-Heレーザースペクトル線をつかった ψ および $\varDelta$ が，酸化膜の厚さと酸化膜の屈折率にどう依存するかを示したエリプソメトリ表と曲線だけで，1冊の本になるほどである[42]。

10.3.2 消光型エリプソメトリ

図10.14に示す偏光子—補償子—サンプル—検光子の配置の消光型エリプソメータでは，無偏光の単色光（通常はレーザー光）の平行光線を**偏光子**（polarizer）で直線偏光に変える（null ellipsometry）[43]。偏光子としては，方解石セメントで貼り合わせた2つの素子からなるグラントムソンプリズムが一般的である。この偏光子に無偏光の光が入射すると，偏光子の向きで決まる方向に直線偏光した光だけが透過する。**補償子**（compensator）または**遅延器**（retarder）は直線偏光した光を楕円偏光に変換する。補償子には透過方向に垂直な速い光学軸と，これと直交する遅い光学軸がある。偏光した光が入

射し，補償子を進むにつれて，遅い光学軸に平行な電場成分の位相が，速い光学軸に平行な電場成分の位相に対して相対的に遅れていく．相対的な位相の遅れが$\pi/2$であるとき，この補償子を**λ/4遅延器**または**1/4波長板**という．

偏光子と補償子の角度PとCで，直線偏光から円偏光まで，任意の偏光状態に調整できる．PとCの角度によって楕円偏光した光が，サンプルでの反射で直線偏光になれば，**検光子**（analyzer）で消光できる．このゼロ信号を検出するのがエリプソメトリ測定の目的である．直線偏光した光は，偏光子と同様に検光子を透過できるが，検光子の角度Aを調節すれば，検出器の出力を最小にできる．角度はすべて，やってくる光線を覗いたとき，入射面から時計と逆まわりを正として測定する．偏光子の角度は，これを透過した光の偏光面がサンプルの入射面と一致したときをゼロとする．

あるψとΔの値をもたらすP, C, Aの組み合わせは32通りある．これは，偏光子，補償子，および検光子のどれも，180°まわすと光学的に同等なためである．角度を180°までに制限すれば，同じψとΔの値をもたらすP, C, Aの組み合わせは16通りに減る．補償子Cの角度をたとえば45°というようにある角度に固定し，PとAの範囲をそれぞれ180°までに限定すれば，16組の式は2組に減る．

10.3.3 回転検光子エリプソメトリ

回転検光子エリプソメータは**測光型エリプソメータ**（photometric ellipsometer）の1種で，測定時間を短縮でき，消光型エリプソメータでは追いつかない，リアルタイムの分光エリプソメトリ測定ができる．回転検光子エリプソメータでは，直線偏光した光をサンプルで反射させ，楕円偏光にする[44,45]．反射した光は光軸のまわりに一定の角速度（50〜100 Hz）で回転する検光子を通して検出される．検光子に入射した光が直線偏光していれば，検出信号は正弦波の2乗となって，検光子の半回転毎に最大値と**ゼロ**の最小値が現れる．円偏光であれば変調のない平坦な信号になり，楕円偏光であれば直線偏光の場合と同じ理由で，正弦波信号が得られるが，直線偏光のときより最大値は小さく，最小値は大きいので，振幅の変化は小さくなる．このように検出器の出力が正弦波になるときの振幅の大きさは，反射光の楕円率で決まる．この出力をフーリエ解析してψとΔを求める．単一波長での測定なら，角速度100 Hzでは数msで終わる．偏光子を回転させるシステムもある．

検出器での光の強度は

$$I(\theta) = I_0[1 + a_2\cos(2\theta) + b_2\sin(2\theta)] \qquad (10.18)$$

となる[41]．ここでθは検光子の偏光面と反射光の入射面とがなす角，I_0は検光子を1回転させたときの強度の平均である．ψとΔは，反射光の偏光状態を

$$\psi = \frac{1}{2}\mathrm{arcosh}(-a_2) \; ; \; \Delta = \mathrm{arcosh}\left(\frac{b_2}{\sqrt{1-a_2^2}}\right) \qquad (10.19)$$

で記述するパラメータa_2とb_2から求める．

回転検光子エリプソメータの主な利点は，高速性と高精度にある．1回の測定で100から1000個の光強度データがとれるので，ノイズや偶発誤差の影響が少ない．補償子がないので，補償子による誤差がない．ただし，光学系に対する要求はより厳しくなる．迷光を注意深く制御し，光源の強度は安定していなければならない．検出器は高調波が発生しないよう線形応答するものでなければならない．分光エリプソメトリ測定で特に回転検光子エリプソメータがつかわれている理由は，補償子がないので，補償子による波長分散がないことと，データとり込み時間が短いことである．

10.3.4 分光エリプソメトリ

単一波長エリプソメトリの主な用途は，膜厚の測定である．しかし，エリプソメトリ角ψおよびΔは膜厚だけでなく，サンプル表面の組成，微細構造，光学定数にも敏感なので，他にもいろいろな使い方がある．**分光**エリプソメトリ（spectroscopic ellipsometry; SE）測定では，複数の波長をつかって

エリプソメトリの適用範囲を拡げている[46]。波長だけでなく入射角も可変とすれば，さらに自由度が拡がる。たとえば，MBE層成長過程のようなプロセスを非侵襲でリアルタイムに測定でき[47]，その場（in situ）診断やプロセス制御に役立っている[48]。波長と角度が可変であれば，角度や波長が固定されたエリプソメトリでは不可能な材料パラメータに適応させることができる。

エリプソメータは表面の単一原子層の変化にも敏感である。膜厚や合金の組成も成長中やエッチング中に求めることができる。エッチング中に測定すれば，界面に達する前にエッチングを止めることができる。これは界面が露出してから信号を出す多くのその場（in situ）センサと好対照である。光学測定は非侵襲であり，プラズマプロセスや化学気相堆積法での雰囲気のように透明な雰囲気であればつかえるので，リアルタイムな測定には理想的である。分光エリプソメトリは半導体プロセスでの温度測定にも利用されている[41]。

10.3.5 用途

膜厚：半導体基板上の薄く透明な膜の厚さと屈折率の測定は，エリプソメトリの主要な用途である。原理的には，測定できる層の厚さに制限はない。1 nmの厚さの膜も測定されている。しかし，きわめて薄い膜の測定値は疑わしい。そもそもエリプソメトリのモデルは，光学特性が均一で，膜と基板の境界が平坦で明瞭であると仮定しており，巨視的なマックスウェルの方程式に基づく計算式が数原子層の厚さに適用できるかどうかも疑問である。それでも，測定結果はそこそこ妥当な平均膜厚になっているようである。

厚い膜では別の問題が生じる。光路長によって解釈が難しくなるからである。図10.15の基板上の薄い透明な層では，2本の反射光線が完全に同位相から完全に逆位相まで干渉可能である。この干渉によって膜厚測定は周期的な性格を帯び，ψとΔは膜厚の周期関数となる。これらは，厚さ

$$d = \frac{\lambda}{2\sqrt{n_1^2 - \sin^2\phi}} \tag{10.20}$$

毎に1周期をくり返す。たとえば$\phi = 70°$で$\lambda = 632.8$ nmでは$n_1 = 1.465$のSiO$_2$の1周期の厚さは281.5 nmになる。したがって，10 nmの厚さのSiO$_2$膜のエリプソメトリ角は，(10 + 281.5) nm，(10 + 563) nmなどの厚さでも同じである。このように，1周期の厚さより厚い膜は，それ以下の精度で別途測定しなければならない。

基板ダメージ，層成長：エリプソメトリは吸収のない絶縁性の膜の解析が主な用途であるが，なんらかの方法で半導体材料の特性を操作したときなどに，これを評価することもできる。たとえば，Si，GaAs，およびInPのイオン注入ダメージをエリプソメトリ測定で評価できる[49,50]。打込みによるドーピングよりも，ダメージで屈折率が変わると考えられているからである。定量的な評価は難しいが，結晶のダメージと，アニールによるダメージの挙動を迅速に，非破壊で測定できる。

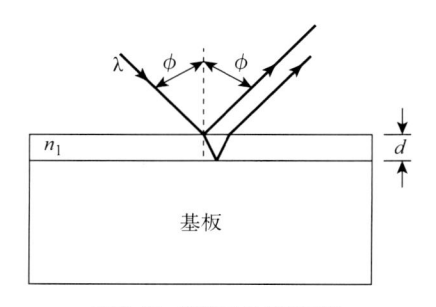

図10.15 薄膜での多重反射．

エリプソメトリは結晶成長にも適用でき，非接触でリアルタイムが特徴のその場（in situ）観察に向いている．たとえば，分子線エピタキシー（molecular beam epitaxy; MBE）や有機金属化学気相堆積（metalorganic chemical vapor deposition; MOCVD）による超格子成長のモニタにつかわれている[51,52]．エリプソメトリは層成長のモニタとしては扱いやすく，成長の方法を問わない．

線幅と微小寸法：固定角の分光エリプソメトリあるいはスペクトル反射測定を周期構造に適用すれば，立体構造を高速で測定できる．分光エリプソメトリ測定は，多くの場合，走査電子顕微鏡で上から覗く微小寸法（critical dimension; CD）の測定より精度がよいことがわかっており，工程でのプロセス制御のツールとしてもつかわれている．この背景は，低コストコンピュータで薄膜反射モデルの解が得られるようになって従来の薄膜エリプソメトリが復活した事情と同じである．回折の問題を数値的にほぼ完全に解決できる構造なら，パターンつきの構造でも分光エリプソメトリが適用されつつある[53]．線幅の測定については10.8節で議論する．

10.4 透過法
10.4.1 理論

光の**透過**あるいは**吸収**を測定すれば，吸収係数を求めたり，特定の不純物を決定できる．たとえば，2.6.3および2.6.4節で議論したように，浅い不純物は光への応答によって測定できる．シリコン中の酸素や炭素などの特定の不純物は，その振動モードに特性吸収線をもつ．半導体に光子が吸収されると，特定の不純物のまわりの状況が変わり，局所的な振動モードが現れる．本章では，光の透過測定を議論し，いくつかの例を示す．

透過測定では，図10.16(a)のように，サンプルに光を入射させ，透過した光を波長の関数として測定する．サンプルは反射率R，吸収係数α，複素屈折率$(n_1 - jk_1)$，および厚さdで評価される．左から強度I_iの光が入射する．吸収係数は消衰係数k_1と$\alpha = 4\pi k_1/\lambda$の関係にある．特定の半導体についての吸収係数と屈折率を補遺10.2に示す．透過した光は強度I_tを絶対測定するか，入射光に対する透過光の比とすることができる．補遺10.1に示すように，表裏両面の反射係数が等しく，光がサンプル表面へ垂直に入射するときのサンプルの透過率Tは

$$T = \frac{(1-R)^2 e^{-\alpha d}}{1 + R^2 e^{-2\alpha d} - 2 R e^{-\alpha d} \cos\phi} \qquad (10.21)$$

である．ここで$\phi = 4\pi n_1 d/\lambda$で，反射率$R$は

$$R = \frac{(n_0 - n_1)^2 + k_1^2}{(n_0 + n_1)^2 + k_1^2} \qquad (10.22)$$

で与えられる．研磨したSiを透過する規格化したI_t曲線を図10.16(b)に示す．

半導体のバンドギャップは吸収係数を光子のエネルギーの関数とした測定から求める．バンドギャップより高いエネルギーの光は吸収されるが，E_G近傍の$h\nu$の吸収は弱い．間接遷移型半導体では，$h\nu$に対して$\alpha^{1/2}$をプロットし，これを外挿した切片が，この半導体のバンドギャップになる．このようなプロットを**Tauc**プロットと呼ぶことがある．たとえばGaAsのような，直接遷移型の半導体では，$h\nu$に対してα^2をプロットし，これを外挿すれば，やはりこの半導体のバンドギャップとなる．

半導体は一般に，バンドギャップより低いエネルギーの光子に対しては透明（$\alpha \approx 0$）で，透過率は

$$T = \frac{(1-R)^2}{1 + R^2 - 2R\cos\phi} \qquad (10.23)$$

となる．ここで$f = 2\pi/\lambda$と特性空間周波数$f_1 = 1/2n_1d$をつかって"cos"の項を$\cos(f/f_1)$と書くことができる．検出器の分解能が十分に高ければ$\Delta f \leq 1/2n_1d$となって，透過曲線が振動する．たとえば，厚さ$d = 300$ mmで屈折率$n_1 = 3.42$のSiウェハでは$\Delta f \leq 4.9$ cm^{-1}となる．測定器に細かい振動

443

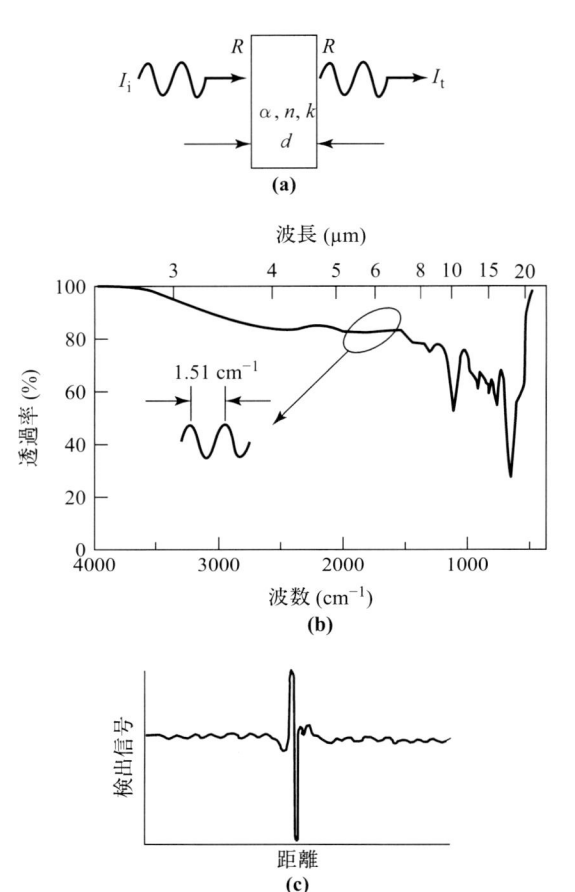

図10.16 (a)透過測定法，(b)両面研磨Siウェハの規格化したFTIR透過曲線（透過曲線では$\Delta f = 4\ \mathrm{cm}^{-1}$，拡大図では$\Delta f = 1\ \mathrm{cm}^{-1}$），(c)同じウェハの$\Delta f = 4\ \mathrm{cm}^{-1}$での干渉図．(b)の周期$1.51\ \mathrm{cm}^{-1}$から，ウェハの厚さは970 μmとなる．Arizona State UniversityのN.S. Kangの厚意による．

を分解する能力がなければ，補遺10.1の式（A10.4）で$\alpha \approx 0$として，式（10.23）は

$$T = \frac{(1-R)^2}{1-R^2} = \frac{1-R}{1+R} \tag{10.24}$$

となる．Siサンプルなら，$R = 0.3$のとき$T \approx 0.54$である．補遺10.1に示すように，ウェハの厚さは振動する透過率の周期と波数の関係の曲線から，

$$d = \frac{1}{2n_1\Delta(1/\lambda)} \tag{10.25}$$

より求めることができる．ここで$\Delta(1/\lambda)$は透過率の極大値または極小値の間隔を波数で表したものである．透過率曲線は波長または波数の関数としてプロットできる（波数 = 1/波長）．

光は半導体中の特定の不純物に吸収される．シリコン中の格子間酸素や置換炭素がその例である．

これらの密度はそれぞれの波長での吸収係数に比例する。吸収はある（$\alpha \neq 0$）が"cos"振動がない場合の透過率は

$$T = \frac{(1-R)^2 e^{-\alpha d}}{1 - R^2 e^{-2\alpha d}} \tag{10.26}$$

である。式（10.26）から，吸収係数は

$$\alpha = -\frac{1}{d} \ln \left[\frac{\sqrt{(1-R)^4 + 4T^2 R^2} - (1-R)^2}{2TR^2} \right] \tag{10.27}$$

となる[54]。Rは透過曲線で$\alpha \approx 0$となる部分から求める。スペクトルの範囲によっては格子振動に吸収されたり，高濃度ドープ基板の場合は自由キャリアによる吸収もある。格子による吸収係数は，Si中の酸素ではおよそ$0.85 \sim 1 \, cm^{-1}$，Si中の炭素ではおよそ$6 \, cm^{-1}$である。これらを念頭に置いて解析しなければならない[55]。

表裏両面を研磨していないと透過データの解析が困難になる。表面粗さによっても透過率が波長に依存し，ウェハによってTが大きく違ってくる。透過率が低すぎると，S/N比が劣化し，有意な測定にならない[56]。

10.4.2　機器

モノクロメータ：透過測定の機器には，**モノクロメータ**（monochromator）と**干渉計**の2種類がある。図10.17(a)のモノクロメータでは，放射源から狭帯域の波長$\Delta \lambda$をとり出す。スペクトル帯域は波長λを中心に変えられる。モノクロメータは透過帯域$\Delta \lambda$と分解能$\Delta \lambda / \lambda$をもつ可変フィルタと考えることができる。光は細い入射スリットからモノクロメータ内に入る。回折格子は研磨した基板（ガラスやガラス上の金属膜）に等間隔の平行線を多数（標準的には1 cm当たり4000から20000溝）刻んだものである。光の分散は，平行な溝の間隔と光の入射角で決まる。

スペクトルの分解能は分散した光が通過する細い出射スリットでほぼ決まり，スリットが狭いほど，検出器に届く波長帯域は狭くなる。スリットはスペクトル帯域フィルタと考えることができる。しかし，スリットが狭くなると，サンプルに届く光の量も当然少なくなる。波長はプリズムまたは回折格子の角度で変えることができる。モノクロメータをつかった透過測定では，狭帯域の波長を選択する

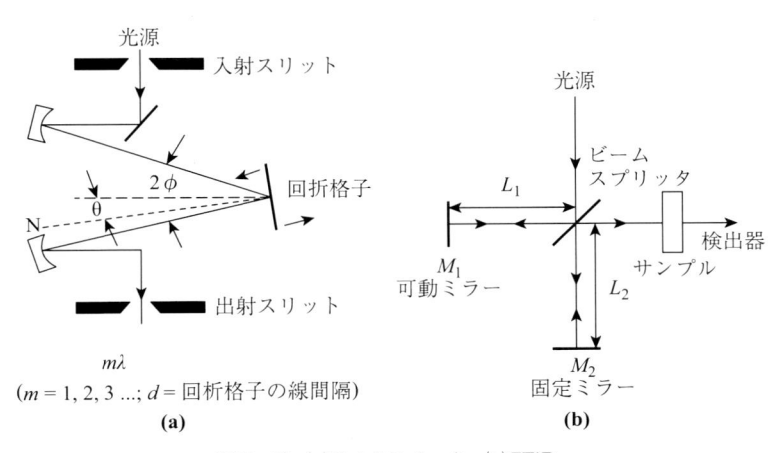

図10.17　(a)モノクロメータ，(b)FTIR．

ことで，他の波長による別の励起過程が同時に起きないようにしている．たとえば，バンドギャップより高いエネルギーの光があると電子―正孔対が生成され，バンドギャップよりエネルギーの低い光で測定する透過率に影響するかもしれない．モノクロメータをつかった透過測定ではバンドギャップより高いエネルギーの光を遮断することができる．モノクロメータの欠点は，全スペクトルのうち同時につかえるのはごく一部なため，信号が弱くなることである．これにはロックインや信号の平均化が有効である．感度を上げ，大気による減衰を最小にするには，光線を同じ長さの2つの光路に分け，その一方にサンプルを置き，サンプルを透過した光をもう一方の参照光と比較するダブルビーム装置がよくつかわれる．

モノクロメータは光源とサンプルとの間に置き，選択した波長だけがサンプルに入射するようになっている．全波長を同時にサンプルへ入射させ，サンプルを透過した光をスペクトル分解してもよい．このような装置は**分光器**（spectrometer）という．サンプルが光を放出するときは分光器をつかうのがふつうで，モノクロメータは白色光をスペクトル成分に分解し，その応答の測定につかわれる．

　フーリエ変換赤外分光法：今日の**フーリエ変換赤外分光法**（Fourier transform infrared spectroscopy; FTIR）の基礎づけは，19世紀の後半のMichelson[57]と，干渉パターンがそのスペクトルのフーリエ変換であると認識したLord Raleigh[58]による．しかし，干渉法がスペクトル測定につかわれはじめたのは，コンピュータと高速フーリエ・アルゴリズム[59]が現れた1970年代になってからである．

　図10.17(b)からわかるように，フーリエ変換分光器の基本的な光学部品は**マイケルソン干渉計**である[60]．加熱したフィラメントやグロー柱などの赤外光源からの光を平行化し，ビームスプリッタへ導入すると，入射光の50％は反射し，50％は透過して2つの光路に分かれる．一方の経路では固定ミラーによって光がビームスプリッタへと折り返し，一部は光源に向かって透過し，一部は検出器へ向けて反射される．もう一方の経路では，前後に平行移動する可動ミラーで光が折り返される．可動ミラーは空気軸受けに載っていて，安定である．可動ミラーで折り返された光の一部もビームスプリッタで反射されて光源へ向かい，一部は透過して検出器へ向かう．光源からの光がインコヒーレントであっても，ビームスプリッタで分割された成分は**コヒーレント**で，これらを合成すれば干渉現象が現れる．

　検出器に到達する光の強度は2つの光線の強度の和である．$L_1 = L_2$のとき2つの光線は同相である．M_1が動くと，光路長の差δが生じる．M_1をxだけ後退させると，光はミラーに届くまでにx，ビームスプリッタに届くまでにさらにxだけ余計に進まねばならないので，遅延距離は$\delta = 2x$となる．

　光源が**単一波長**であるとして，検出器の出力信号を考えよう．$L_1 = L_2$のときは，2つの光線は同相で$\delta = 0$であるから，互いに強めあう．M_1を$x = \lambda/4$だけ動かしたとすると，遅延距離は$\delta = 2x = \lambda/2$となる．すると2つの波面は180°位相がずれて検出器へ到達し，干渉で打ち消しあって出力はゼロとなる．さらにM_1を$\lambda/4$動かすと，$\delta = \lambda$となって再び干渉で強めあう．検出器の出力，すなわち干渉パターンは，式

$$I(x) = B(f)[1 + \cos(2\pi x f)] \tag{10.28}$$

で記述される極大と極小のくり返しになる．ここで$B(f)$は周波数の関数で表した検出光の強度である．この簡単な式にしたがう$B(f)$と$I(x)$を**図10.18**(a)に示す．複数の周波数で放射する光源なら，式（10.28）は積分

$$I(x) = \int_0^f B(f)[1 + \cos(2\pi x f)]\,df \tag{10.29}$$

で置き換える．たとえば，光源が$0 \leq f \leq f_1$で$B(f) = A$の図10.18(b)のようなスペクトル分布をしているとする．この干渉パターンは式（10.29）から一定の項を削除して，

$$I(x) = \int_0^{f_1} A\cos(2\pi x f)\,df = Af_1 \frac{\sin(2\pi x f_1)}{2\pi x f_1} \tag{10.30}$$

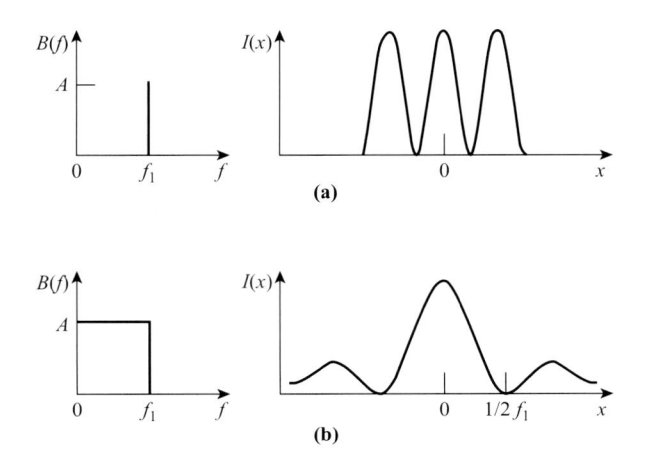

図10.18 (a)余弦波信号，および(b)帯域が制限された信号のスペクトルと干渉波形．

で表され，図10.18(b)のようになる。f_1を上げれば干渉パターンの間隔が狭くなる。

$L_1 = L_2$となるミラー位置では，干渉によりすべての波長で強めあうので，干渉パターンは常に$x = 0$で最大である。$x \neq 0$では図10.16(c)のSiウェハの干渉パターンのように，波は干渉で弱めあい，干渉パターンの振幅が最大値より小さくなる。最も強い$x = 0$での最大値をセンターバースト（centerburst）という。ミラーの移動が大きいほど，対応する干渉パターンの両端でのスペクトル情報の分解能が上がる。現実にはミラー移動に$x = L$で表される上限がある。この理論分解能は$\Delta f = 1/L$である。実際にはΔfはこの値より小さい。FTIR装置のほとんどは，可動ミラーを何度も走査し，その平均をとってS/N比を向上させている。

FTIRで測定するのは干渉パターンで，これにはこれまで考察してきた光源のスペクトル情報だけでなく，サンプルの透過率特性も含まれている。ここで欲しいのは干渉パターンではなく，干渉パターンからフーリエ変換をつかって計算されるスペクトル応答

$$B(f) = \int_{-\infty}^{\infty} I(x)\cos(2\pi x f)\ dx \tag{10.31}$$

である[注2]。$B(f)$には光源，サンプル，および測定光路の雰囲気のスペクトル情報が含まれている。このため，ふつうは装置内をドライN_2で置換し，大気中のH_2OやCO_2の吸収線を減らしている。光源の影響を消すにはサンプルなしで背景を測定し，そのあとサンプルを入れて測定する。この比をとれば背景は消える。ミラーの移動は有限なので，干渉パターンには周期性の乱れが含まれる。このような乱れは重みづけ（weighting）やアポダイゼーション（apodization）[注3]によってある程度除去できる[61]。

注2 FTIRでは光の周波数を可動ミラーの移動距離空間の周期関数に振幅変調している。ある周波数の光はある空間周期の干渉パターンの振動になる（式（10.28））。これと同時に可動ミラーの移動は光源の波長を掃引してもいる。したがって，ミラーの移動距離の関数としての空間的な干渉パターンにはいろいろな光の周波数を空間周期関数に変換した干渉パターンが多重化されており（式（10.29）），このパターンをフーリエ変換すれば，光源のスペクトル分布が得られる。さらに，干渉計の出力光をサンプルに入射させると，その透過光の干渉パターンのフーリエ変換は，光源に対するサンプルの吸収スペクトルになる。

注3 周期関数を無限区間で積分すればスペクトルは1点に収束するが，ミラーの移動距離で決まる有限区間で積分すると，スペクトルの裾が広がる。これをある程度抑えるために，干渉パターンの中心に対称な窓関数を掛けることをアポダイゼーションという。

FTIRはモノクロメータに対して2つの優位性がある.1つは多重化の利益あるいは**Fellget**の利点といわれるものである.モノクロメータによる透過測定で観察できるスペクトルは全スペクトルのごく一部だが,FTIRでは1秒そこそこの測定で全スペクトルを観察できる.検出器のS/N比が光子ノイズではなく,単なるノイズで決まるなら,$\Delta\lambda$の幅をもつスペクトル要素をN回積算すると,FTIRのS/N比はモノクロメータのS/N比の$N^{1/2}$倍になるという利点もある[62].2つ目の優位性は,スループットの利益あるいは**Jacquinot**の利点といい,装置を通過する光の量に関係している.モノクロメータでは入射および出射スリットで光の強度が制限されるが,FTIRは比較的大きな入射開口をつかうので,利用できる光の量はおよそ100倍になる.

10.4.3 用途

透過率分光法は主に特定の不純物,たとえばシリコン中の酸素や炭素などの検出につかわれる.シリコン中の格子間酸素は300 Kで$\lambda = 9.05\,\mu\text{m}$($1105\,\text{cm}^{-1}$),77 Kで$8.77\,\mu\text{m}$($1227.6\,\text{cm}^{-1}$)に$SiO_2$複合体の非対称振動による吸収線をもつ[63].置換炭素は300 Kで$\lambda = 16.47\,\mu\text{m}$($607.2\,\text{cm}^{-1}$),77 Kで$16.46\,\mu\text{m}$($607.5\,\text{cm}^{-1}$)に局所振動モードによる吸収ピークをもつ[64].これらの吸収ピークはシリコン基板のフォノン励起の吸収ピークと重なるので,炭素も酸素もないリファレンスサンプルのスペクトルをつかって,これらを差し引く.その例を図10.19に示す.ここでは低酸素,低炭素Siウェハの透過スペクトルを酸素と炭素を含むサンプルのスペクトルから差し引き,酸素と炭素だけのスペクトルを得ている.窒素は$963\,\text{cm}^{-1}$に吸収ピークがある[65].

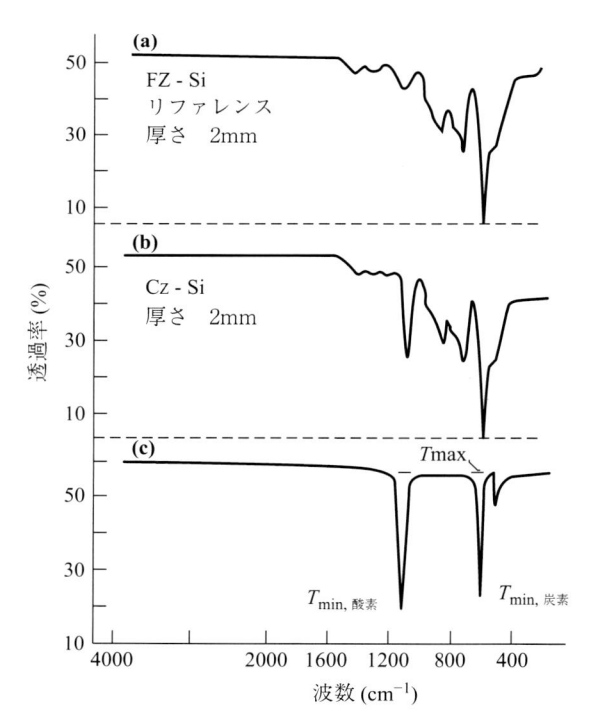

図10.19 (a)酸素および炭素が少ないSiウェハ,および(b)酸素および炭素が多いSiウェハの透過スペクトル.(c)(a)と(b)のスペクトルの差.文献55からのデータ.*Solid State Technology*, Aug. (1983) より引用.著作権は1983年にPen Well Publishing Companyに帰属.

表10.2 αから密度への変換因子.

不純物	C_1 (cm^{-2})	C_2 (cm^{-2})	FWHM (cm^{-1})	文献
Si中の酸素 （300 K）	4.81×10^{17}	9.62	34	"Old ASTM" 63
Si中の酸素 （300 K）	2.45×10^{17}	4.9	34	"New ASTM" 63
Si中の酸素 （77 K）	0.95×10^{17}	1.9	19	"New ASTM" 63
Si中の酸素 （300 K）@	3.03×10^{17}	6.06	34	"JEIDA" 71
Si中の酸素 （300 K）	2.45×10^{17}	4.9	34	"DIN" 72
Si中の酸素 （300 K）#	3.14×10^{17}	6.28	34	IOC-88 73
Si中の炭素 （300 K）	8.2×10^{16}	1.64	6	64, 74
Si中の炭素 （77 K）	3.7×10^{16}	0.74	3	64
Si中の窒素 （300 K）	4.07×10^{17}	8.14		65
GaAs中のEL2 （300 K）*	1.25×10^{16}	0.25		75

@ JEIDA：Japan Electronics Industry Development Association.
# International Oxygen Cefficient 1988.
* λ = 1.1 μm：深い準位の不純物EL2の吸収帯は拡がっている.

光の吸収係数は

$$N = C_1\alpha \quad [\text{cm}^{-3}] \quad ; \quad N = C_2\alpha \quad [\text{ppma}] \tag{10.32}$$

から密度に変換できる．ppmaとはparts per million atomicのことである．C_1とC_2は**表10.2**のとおりである．スペクトル線の半値全幅（full width at half maximum）は，測定系の帯域を示している．酸素の変換因子は，荷電粒子活性化分析法（charged particle activation analysis），ガス溶解分析法（gas fusion analysis）[66]，光活性化分析法（photon activation analysis）などで求めた酸素密度と赤外透過率の較正曲線から求める．シリコン中の酸素を測定するには，測定値の変換因子を特定しなければならない．シリコン中の酸素の測定の現状については，文献**67**で議論されている．

赤外透過率をつかったシリコン中の酸素の検出限界はおよそ5×10^{15}cm^{-3}，シリコン中の炭素は室温でおよそ10^{16}cm^{-3}，77 Kで5×10^{15}cm^{-3}である．炭素の吸収帯λ = 16 μmの近傍には格子による強い2光子吸収帯があるので，低濃度の炭素測定は難しい．これらの吸収帯を分離するには，格子による吸収が"凍結"するまでサンプルを冷却するか，"低炭素"のリファレンスサンプルと比較するしかない．CF$_4$で反応性イオンエッチングしたサンプルの低温フォトルミネセンス測定では，Si中のCの検出下限として10^{13}cm^{-3}が報告されている[68]．透過率測定によって半導体の光吸収係数を求めることもできるし[69]，堆積したガラス層中のホウ素やリンの含有量も求められている[70]．マイクロスポットFTIRのビーム径は1 μmくらいである．

10.5 反射法
10.5.1 理論

反射測定あるいは反射率測定は，半導体基板上の絶縁層やエピタキシャル成長薄膜の層の厚さを求めるときによくつかわれる．非吸収基板の上に厚さd_1の吸収層がある**図10.20**(a)の構造の反射率は，

$$R = \frac{r_1^2 e^{\alpha d_1} + r_2^2 e^{-\alpha d_1} + 2r_1 r_2 \cos\varphi_1}{e^{\alpha d_1} + r_1^2 r_2^2 e^{-\alpha d_1} + 2r_1 r_2 \cos\varphi_1} \tag{10.33}$$

で与えられる[76]．ここで

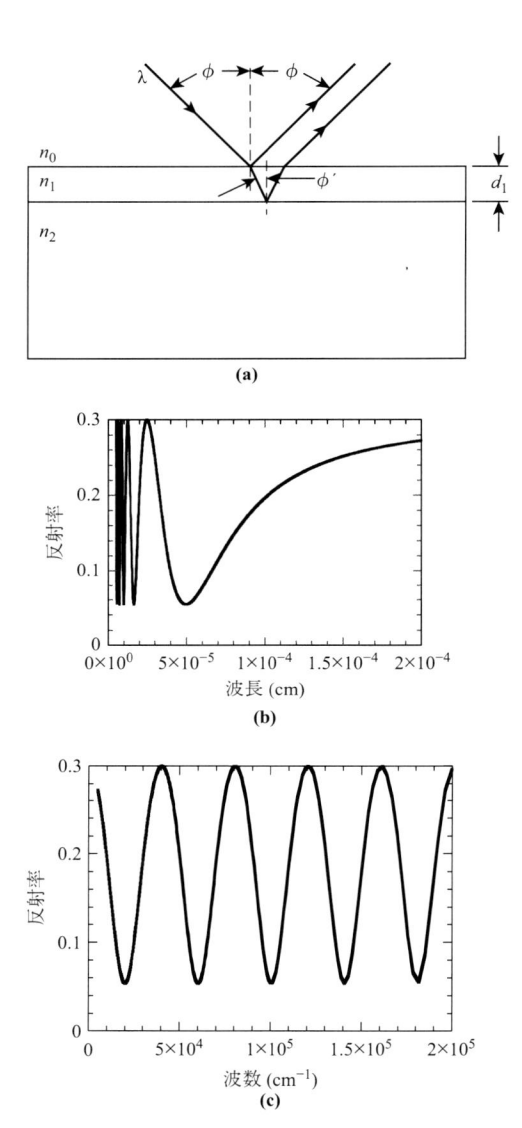

図10.20 (a)反射分光法．(b)波長と(c)波数に対する Si 上の SiO_2 の理論的反射率．$t_{ox} = 10^{-5}$ cm, $n_0 = 1$, $n_1 = 1.46$, $n_2 = 3.42$, $\phi = 50°$．

$$r_1 = \frac{n_0 - n_1}{n_0 + n_1} \quad ; \quad r_2 = \frac{n_1 - n_2}{n_1 + n_2} \quad ; \quad \varphi_1 = \frac{4\pi n_1 d_1 \cos\phi'}{\lambda} \quad ; \quad \phi' = \arcsin\left[\frac{n_0 \sin\phi}{n_1}\right] \quad (10.34)$$

である．上の層が非吸収体なら，式（10.33）で $\alpha = 0$ である．

この反射率は波長

$$\lambda(\max) = \frac{2n_1 d_1 \cos\phi'}{m} \tag{10.35}$$

で極大となる．ただし $m = 1, 2, 3, \ldots$ ．式（10.35）をつかって，となりあう極大値の波長の差をとれば，層の厚さは

$$d_1 = \frac{i\lambda_0 \lambda_i}{2n_1(\lambda_i - \lambda_0)\cos\phi'} = \frac{i}{2n_1(1/\lambda_0 - 1/\lambda_i)\cos\phi'} \tag{10.36}$$

となる[77]．ここで i は波長 λ_0 から λ_i までの周期の数である．隣接した極大値なら $i = 1$ ，極大値と極小値が隣接すれば $i = 1/2$ ，極小値が隣接していれば $i = 1$ などである．図10.20(b)のような $R - \lambda$ プロットから厚さを求めるのは難しいが，$R - 1/\lambda$（波数）プロットならばその値を簡単に求めることができる．たとえば図10.20(c)のはじめの2つのピークをとれば $i = 1$ であるから，$1/\lambda_0 = 1.62 \times 10^5 \text{ cm}^{-1}$ と $1/\lambda_1 = 1.22 \times 10^5 \text{ cm}^{-1}$ より $d_1 = 10^{-5}$ cm となる．他の隣接する2つのピークを選んでも，また，$1/\lambda_0 = 1.62 \times 10^5 \text{ cm}^{-1}$ と $1/\lambda_3 = 4.2 \times 10^4 \text{ cm}^{-1}$ で $i = 3$ としても，同じ厚さになる．$2n_1\cos\phi'$ は実験の配置と膜の屈折率で決まり，入射角 ϕ によって

$$2n_1\cos\phi' = 2\sqrt{n_1^2 - n_0^2\sin^2\phi} \tag{10.37}$$

のように表されることもある．

　サンプルを照射する単色光の波長を振る代わりに，多重波長からなる白色光をサンプルに照射し，その反射光を分光器で分析することもできる．微小な面積には光を顕微鏡に通して評価する．データの自動収集には，分光器で分散した波長をフォトダイオード・アレイ上の位置で検出すればよい[78]．エピタキシャル半導体層の厚さも反射率測定で求めることができるが，基板との界面に測定可能な屈折率変化が必要なので，エピタキシャル層と基板との界面でそれなりのドーピング密度の違いがなければならない．

　誘電体薄膜の厚さは分光器をつかわずに，白色光で測ることもできる．白色光を厚さが可変のリファレンス薄膜と厚さが未知のサンプルで反射させ，検出器に導入する．$n_r d_r = n_x d_x$ のとき，検出器の出力は最大となる[79]．ここで n_r と d_r はそれぞれリファレンスの屈折率と厚さ，n_x と d_x は未知のサンプルの屈折率と厚さである．厚さが可変のリファレンスとしては，Siウェハ上の酸化膜を半円状に斜め加工したものがある．$n_r = n_x$ ならば，未知の膜厚がリファレンスの厚さに等しいときに検出器の出力が最大になる．

　FTIRをつかう方法もある．10.4.2節で述べたように，干渉パターンが最大になるのはビームスプリッタからそれぞれのミラーまでの光路長が等しいときである．基板上の単層の厚さ測定では，この層を透過する光路長と同じ距離だけ可動ミラーが動いたとき2番目の極大値が現れる．したがって，この層の厚さは干渉パターンのセンタバーストから2番目の極大値までの距離 x から，

$$d_1 = \frac{x}{2n_1\cos\phi} \tag{10.38}$$

の関係をつかって求めることができる[80]．反射光の位相ずれによって中心以外のバーストは形状と位置が変わるので，上記の関係は厳密には正しくない．検出器には広範囲の波長が広範囲の位相ずれをともなって入ってくるので，これらの位相ずれを考慮した解析は難しく，実際には，中心以外のバーストの位置と層の厚さとの関係には経験則が確立されている．

10.5.2　用途

誘電体：反射率測定法は，Si上のSiO$_2$膜の厚さが50 nm程度の誘電体薄膜の厚さの測定に適している．

薄い（$d < 50$ nm）膜はエリプソメトリで測定した方がよい。波長を固定し，入射角を振ることもある。この手法は**角度可変モノクロメータ干渉縞観察法**（variable-angle monochromator fringe observation; VAMFO）として知られている[81]。半導体基板上の誘電体薄膜を眼や顕微鏡で覗くと，膜厚，屈折率，および光源のスペクトル分布で決まる干渉色がみえる。較正ずみのカラーチャートをつかえば，10から20 nmの精度で膜厚を判定できる。80 nm以上の厚い酸化膜なら，このようなカラーチャートがつかえる。SiO_2では300 nm，Si_3N_4では200 nm程度の厚い膜になると，異なる次数が同じ色に対応するようになるという問題が生じる。熟練していないと次数の違いによる微妙な色の差を見分けることはできない。サンプルをある角度からみて，これと同じ角度でみたリファレンスサンプルと比較すれば，より確実である。同じ次数でない限り，色が完全に一致することはない。色の指針を**表10.3**と**表10.4**に与えておく。$d_x = d_0 n_0 / n_f$とすればこれらのチャートをSiO_2やSi_3N_4の他にも適用できる。ただし，d_x = 未知の膜厚，d_0 = カラーチャートでの膜厚，n_0 = チャートが示す膜（たとえばSiO_2）の屈折率，n_x = 測定する膜の屈折率である。

表10.3　熱成長SiO_2膜に昼光色蛍光灯を照射し，真上から観察したときのカラーチャート[81]．

膜の厚さ（μm）	色	膜の厚さ（μm）	色
0.05	黄褐色	0.72	青緑から緑
0.07	茶色がかった暗い紫から赤紫	0.77	黄色っぽい
0.12	藤紫色	0.80	オレンジ
0.15	ライトブルーからメタリックブルー	0.82	サーモン
0.17	メタリックあるいは明るい黄緑	0.85	鈍く明るい赤紫
0.20	明るい金またはややメタリックな黄	0.86	紫
0.22	やや黄色からオレンジがかった金	0.87	青紫
0.25	オレンジからメロン	0.89	青
0.27	赤紫	0.92	青緑
0.30	青から青紫	0.95	鈍い黄緑
0.31	青	0.97	黄から黄色っぽい
0.32	青から青緑	0.99	オレンジ
0.34	明るい緑	1.00	カーネーションピンク
0.35	緑から黄緑	1.02	紫赤
0.36	黄緑	1.05	赤紫
0.37	緑から黄	1.06	紫
0.39	黄	1.07	青紫
0.41	明るいオレンジ	1.10	緑
0.42	カーネーションピンク	1.11	黄緑
0.44	紫から赤	1.12	緑
0.46	赤から紫	1.18	紫
0.47	紫	1.19	赤紫
0.48	青紫	1.21	紫青
0.49	青	1.24	カーネーションピンクからサーモン
0.50	青緑	1.25	オレンジ
0.52	（およそ）緑	1.28	黄色っぽい
0.54	黄緑	1.32	スカイブルーから緑青

0.56	緑黄	1.40	オレンジ
0.57	黄から黄色っぽい（明るいクリームグレーあるいはメタリックにみえることもある）	1.45	紫
0.58	明るいオレンジまたは黄からピンク	1.46	青紫
0.60	カーネーションピンク	1.50	青
0.63	紫赤	1.54	鈍い黄緑
0.68	青っぽい（青でないが，紫と青緑の間．赤紫と青緑の混ざった色やグレーっぽくみえることもある）		

表10.4 堆積したSi_3N_4膜に昼光色蛍光灯を照射し，真上から観察したときのカラーチャート[85]．

膜の厚さ (μm)	色	膜の厚さ (μm)	色
0.01	とても明るい茶	0.095	明るい青
0.017	やや明るい茶	0.105	とても明るい青
0.025	茶	0.115	茶っぽい明るい青
0.034	茶ピンク	0.125	明るい茶青
0.035	ピンク紫	0.135	とても明るい黄
0.043	濃い紫	0.145	明るい黄
0.0525	濃く暗い紫	0.155	明るいまたはやや明るい黄
0.06	暗い青	0.165	やや明るい黄
0.069	やや暗い青	0.175	濃い黄

半導体：膜厚測定の対象となる半導体は，エピタキシャル層と拡散あるいはイオン注入層の2種類である．式（10.35）と（10.36）で与えられるような反射率測定には少なからず難点がある．エピタキシャル層と基板との屈折率の差が小さいと，界面からの反射強度が弱い．長波長になるほど屈折率の差は大きくなるので，長波長ほど干渉は強くなる．エピタキシャル層の厚さの測定につかわれる波長は2から50 μmの範囲である．基板のドーピング密度が増えても屈折率の差は大きくなる．ASTMでは，Siのエピタキシャル層の抵抗率は$\rho_{epi} > 0.1\,\Omega\cdot cm$，基板の抵抗率は$\rho_{subst} < 0.02\,\Omega\cdot cm$を推奨している[82]．さらに，空気と半導体の界面での位相ずれは，エピタキシャル層と基板の界面での位相ずれと異なるから，厚さの式は

$$d_{epi} = \frac{(m - 1/2 - \theta_i/2\pi)\lambda_i}{2\sqrt{n_1^2 - \sin^2\phi}} \tag{10.39}$$

のように修正される[82,83]．ここでm = スペクトルの極大または極小の次数，θ_i = エピタキシャル層と基板の界面での位相ずれ，λ_i = スペクトルのi番目の極大での波長である．1/2は位相ずれの項である．エピタキシャル層と基板の界面での位相ずれは正確にわからねばならない．文献80にn型Siとp型Siについての値の表が与えられている．大変薄い層や薄い埋め込み構造の上にある層での位相ずれの値は，かなり大きい[84]．

演習10.3
問題：魔法の鏡とはどういうものか．
解：魔法の鏡とは**魔鏡**（まきょう）の概念に基づく非接触な光学的評価手法である．平坦な表面の動径方向の曲率のわずかな変化を検出するのにつかわれる．その起源は古代中国の神秘的な鏡にさかの

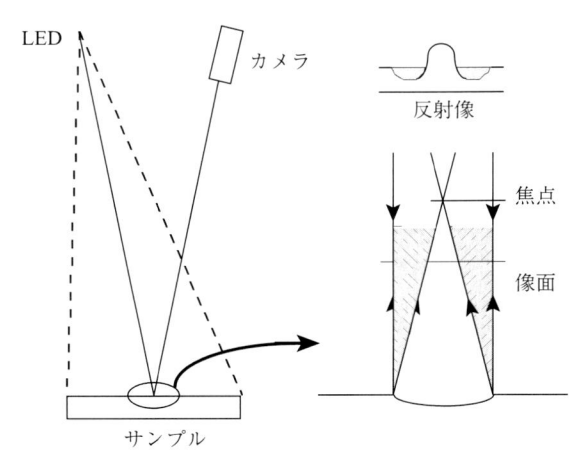

図E10.3

ぼる。とるに足らない青銅製の平坦な鏡であるが，鏡に当たった陽光の反射を壁に映すと，鏡の裏に彫った像（仏陀像など）が壁に現れる。古代中国の人々はこれを**光を透す鏡**と呼び，日本人は**魔鏡**あるいは**魔法の鏡**と呼んだ。

この技術を**図E10.3**に示す。光線がサンプルの表面に当たり，反射された光線はサンプル表面の像をやや焦点のずれたスクリーンまたはビデオ検出器に投影する。このサンプル表面にくぼみのような欠陥があれば，焦点面でない像面に，この欠陥の反射像を映し出す。半導体の分野ではこの原理をつかって，鏡のような半導体ウェハの表面にある潜在ダメージや，引っかきキズ，うねりなどの欠陥を可視像に変換している。これによって0.5 mmの距離に対して数 nmの起伏を検出できる。

詳しくは，K. Kugimiya, S. Hahn, M. Yamashita, P.R. Blaustein, and K. Tanahashi, "Characterization of Mirror Polished Silicon Wafers Using the "Makyoh", the Magic Mirror Method", in Semiconductor Silicon/1990 (H.R. Huff, K.G. Barraclough, and J.I. Chikawa, Eds.), 1052-1067, Electrochem. Soc., Pennington, NJ (1990); K. Kugiyama, "Makyoh Topography: Comparison with X-ray Topography", *Semicond. Sci. Technol.*, **7**, A91-A94, Jan. (1992); I.E. Lukacs and F. Riesz, "Imaging-limiting Effects of Apertures in Makyoh-topography Instruments", *Meas. Sci. Technol.*, **12**, N29-N33, Aug. (2001) を参照。

10.5.3 内部反射赤外分光法

たとえば屈折率がn_0とn_1のように異なる2つの媒質の界面に光が入射すると，その一部は反射される。これらの媒質がどちらも透明なら，反射されない光は界面を透過し，スネルの法則

$$n_1 \sin \theta = n_0 \sin \varphi \tag{10.40}$$

にしたがって屈折する。ここでθ，φ，n_0，およびn_1は**図10.21**(a)に示したとおりで，$n_0 < n_1$である。$\varphi = 90°$なら光はすべて反射される。この条件のθを**臨界角**（critical angle）といい

$$\sin \theta_c = \frac{n_0}{n_1} \tag{10.41}$$

で与えられる。$\theta \geq \theta_c$では媒質1内で全反射する。式（10.41）から明らかなように，内部全反射が起きるには，固体に対する空気のように，媒質0が媒質1より光学的に希薄でなければならない。空

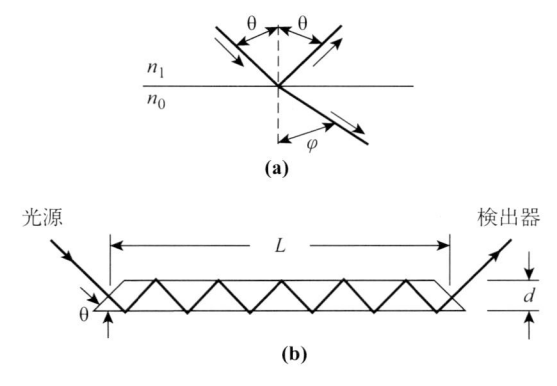

図10.21 (a) 2つの媒質の界面での光の挙動，(b) 角度固定多重内部反射板．

気とSiの界面なら，$n_0 = 1$ と $n_1 = 3.42$ から $\theta_c = 17°$ である．

図10.21(b)のような特殊な構造をつかって，表面，薄膜，界面の化学的性質を内部全反射で探るのが内部反射赤外分光法である[86]．半導体による吸収が最小になるように，光のエネルギーはバンドギャップより小さくする．内部で全反射するには，入射角 θ が臨界角より大きくなければならない．固体サンプルに入射した光は，検出されるまでに全反射によってサンプル中を多重反射しながら伝播する．反射の回数が多いほど光が表面をサンプリングする回数が増え，感度が上がる．

内部反射の回数 N は

$$N = \frac{L}{d}\frac{1}{\tan\theta} \tag{10.42}$$

で与えられる．片側の面だけを調べたいなら，$N \rightarrow N/2$ とすればよい．この多重反射によって，単一通過の赤外線分光ではわからない表面の物質を検出できる．半導体への応用としては，Siの酸化，Si/SiO$_2$のフッ化，Siの水素パッシベーション，など多様である[87]．この方法によれば，たとえば半導体の表面クリーニングをリアルタイムにその場（$in\ situ$）でモニタすることもできる．

10.6 光散乱法

光散乱法の1つに，パーティクルや無秩序あるいは周期的に変化する表面からの光の弾性散乱をつかった**光散乱計測法**（scatterometry）がある．パーティクルは光の波長よりかなり小さいこともある．このような気体中や表面，あるいは液体中の粒子も光の弾性散乱で検出できる．半導体評価では，表面上のパーティクルの検出やCD（critical dimension）寸法測定につかわれる．経験則によれば，パーティクルの径が最小プロセス寸法（ふつうはMOSFETのゲート長）の1/3以上になると致命的欠陥になり，回路の歩留りに甚大な影響を与える．

測定の構成図を**図10.22**に示す．集光したレーザー光線でサンプル表面を走査し，散乱光を検出する．（鏡面反射した）反射光は検出器に入らないように外へ逃がされる．半導体の表面はとても平坦であるが，微小な粗さや，曇りによって鏡面反射光の方向を中心に光が散乱される．パーティクルは全方位に光を散乱する．光検出器はできるだけ多くの光を集めるよう装置内の様々な位置に配置され，偏光条件を課すこともできる．孤立したパーティクルによって散乱された光は，光散乱断面積

$$\sigma = \frac{\pi^4}{18}\frac{D^6}{\lambda^4}\left(\frac{K-1}{K+1}\right)^2 \tag{10.43}$$

に比例する[88]。ここでDはパーティクルの直径，λはレーザーの波長，Kはパーティクルの比誘電率である。式（10.43）がつかえるのは$D \ll \lambda$のときである。散乱はパーティクルの形状にはあまりよらない。表面上のパーティクルからの散乱はD^8に比例するという報告もある[89]。

　パーティクルの密度はサンプルをレーザーで走査したときの散乱光のパルスで検出する。パーティクルの寸法は，式（10.43）で与えられるような散乱光の寸法依存性から求める。小さなパーティクルほど散乱光は弱くなる。光の波長より小さなパーティクルも検出できるが，寸法は較正したリファレンスと比較して求めるしかない。リファレンスはラテックス球やSi球である。微小なパーティクルの検出は，肉眼で煙をみるのに似ている。煙の粒子の大きさはわからないが，煙があることはわかるものである。しかし，検出可能なパーティクルの大きさにも，ウェハの表面粗さで決まる下限がある。ウェハの粗さによって一定の散乱があるので，パーティクルによる散乱がこれに埋もれると検出できない。表面での干渉は角度分解散乱測定で軽減できる[90]。

　光の散乱は，図10.23のように，**光散乱断層法**（light scattering tomography）にもつかわれる。半導体に対してほぼ透明な長い波長の光がサンプルの端面から入るとき，半導体の屈折率が高ければ，光は準粒子光線として半導体に入射する。入射光の波長が1060 nmであれば，光はSiウェハにおよそ1000 μm侵入する。これと直角に散乱された光を一次元像として検出する。つづいてレーザーかサンプルを移動させ，次の像をとり込む。これをくり返せば，散乱中心の二次元像が得られ，表面に平行な仮想的"断面"となる[91]。サンプルをうまくつくれば，ウェハの断面や表面の像が得られる。

10.7　変調分光法

　変調分光法は半導体のバンド間遷移を細かく調べることができ，たとえば光の反射率や透過率のような応答関数そのものではなく，それらの導関数をつかう[92]。導関数によって応答関数の特徴が浮きあがり，強い背景信号を抑え，これまでの方法では得られなかったスペクトルの特徴をとらえること

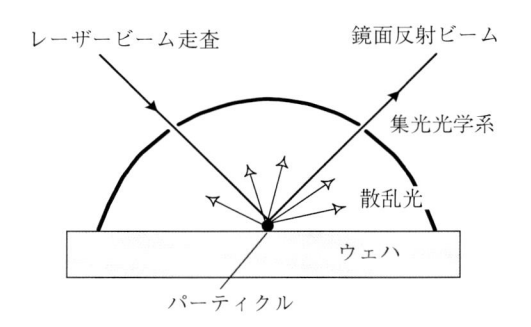

図10.22　光の散乱実験．

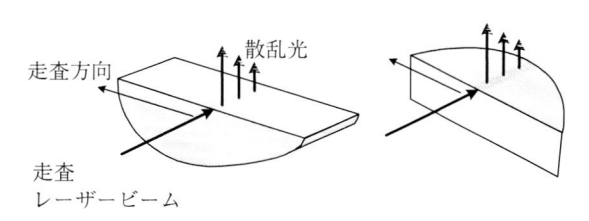

図10.23　光の散乱による断層測定．

ができる．電場のようなサンプルの特性か，波長や偏光など測定系の特性を振って，信号を測定する．

サンプルの反射率 R は，たとえば電場など様々な物理量に依存する誘電関数で決まる．直流成分 $\mathscr{E}_0$ と微小な交流成分 $\mathscr{E}_1 \cos(\omega t)$ からなる電場に対する反射率は，$\mathscr{E}_1 \ll \mathscr{E}_0$ として

$$R(\mathscr{E}) = R(\mathscr{E}_0 + \mathscr{E}_1 \cos\omega t) \approx R(\mathscr{E}_0) + \frac{dR}{d\mathscr{E}}\mathscr{E}_1 \cos\omega t \tag{10.44}$$

となる[93]．第2項は変調周波数 ω の時間の周期関数で，光スペクトルのわずかな特徴が目立つようになっている．**電場反射率法**（electroreflectance）では電場で周期的な摂動を与え，**光反射率法**（photoreflectance）では，変調したレーザーでキャリアを光注入する．こうして注入されたキャリアによって内部電場や反射率が変調される．電場の印加には，コンタクトをとって接合デバイスとするか電解質―半導体接合をつかう．他にも電子線，熱パルス，歪などによる変調法がある．

10.8 線幅

線幅はしばしば **CD**（critical dimension）とも呼ばれ，これを測定することを CD 寸法測定という．これには電気的および光学的な測定法，あるいは走査プローブ法や走査電子顕微鏡法がつかわれる．線幅測定システムは10％以下の精度の再現性がなければならない．測定誤差はプロセスばらつきの1/3から1/10が望ましい．線幅の測定にかかわる用語は多様である．**正確さ**（accuracy）とは，真の線幅から測定した線幅のずれである．**短期精度**（short-term precision）は，測定をくり返したときの機器に起因する誤差の分布である．**長期安定性**（long-term stability）とは，測定した線幅の平均値の時間変動である．

10.8.1 光学的測定法と物理的測定法

光散乱計測法（scatterometry）：光学的方法は，導電性および絶縁性の線の CD 寸法や重ね合わせの測定につかわれる．この強みは，多目的性，測定時間，および簡便さにある．初期の光学的測定法に，ビデオ走査，スリット走査，レーザー走査，画像せん断法がある[94]．寸法測定には回折格子からのレーザー散乱光の角度分解法がつかわれてきた[95]．散乱または回折された光は対象物の構造や組成による．物理的に厳密にいえば，周期構造から"散乱"された光は回折によるものであるが，一般には散乱といってよい．周期構造から散乱された光は散乱体の構造に敏感で，エネルギーパターンの分布が散乱体の"特徴"を表す．光による測定は時間がかからず，非破壊で，精度も優れているので，半導体製造における計測法の中でも魅力的である．

光散乱計測法には"順問題"と"逆問題"がある[96]．"順問題"では，散乱光を回折格子で受け，検出した光の特徴から散乱体の"特徴"を求める．"逆問題"では，散乱体の線幅をモデル解析によって数値化し，マックスウェルの方程式から導いた理論モデルによるシミュレーションと光散乱データを比べるのである．本来このモデルは，回折格子の線の厚さや幅のような離散的にくり返されるパラメータから，一連の特徴を先験的に生成するものである．こうして得た特徴を"ライブラリ"あるいはデータベースとし，このライブラリから順問題的に実測した散乱の特徴と一番よく一致する特徴をみつける．あとは，この特徴をもつモデルでつかったパラメータを，実測した特徴を表すパラメータとして採用すればよい．

分光エリプソメトリ（spectroscopic ellipsometry; SE）：周期構造を分光エリプソメトリで測定すると，高速断層測定が可能になる．分光エリプソメトリをつかった光散乱計測は，上からの走査電子顕微鏡による CD 寸法測定より細かい観察ができることがわかっている．この方法がつかわれるようになったのは，低価格コンピュータで，従来の薄膜エリプソメトリの薄膜の反射モデルを正確に解けるようになったからである．複雑な積層薄膜でも，断面透過型電子顕微鏡と遜色のない膜厚が即座に得られる．回折問題を数値的にほぼ完全に解ける構造であれば，分光エリプソメトリが構造パターンの解析には優位になる．

断層をとる分光エリプソメトリでは，一次元回折格子構造のサンプルの鏡面反射モードでの分光反射率を測定する．回折格子からの反射の問題は，マックスウェル方程式の高精度数値シミュレーションをつかってモデル化されている．配線と下層の平滑な薄膜材料の光学的誘電関数はすべて既知と仮定するが，多くは同じように作製したパターニングのない薄膜を分光エリプソメトリで測定すればわかる．反射の実験データに最もよく一致する理論値をみつけるには，事前にシミュレーションした線形状の膨大なライブラリとパターン照合をするか，非線形回帰法でパラメータを推定する[97]．

走査電子顕微鏡法（scanning electron microscopy；SEM）：走査電子顕微鏡でCD寸法を測定するには，絞った電子線でサンプル上を走査し，二次電子を検出して画像化する[98]．二次電子の放出率はサンプルの構造によるが，図10.24の(a)と(b)に示すように，放出面の傾きが大きいほど放出率は高い．線

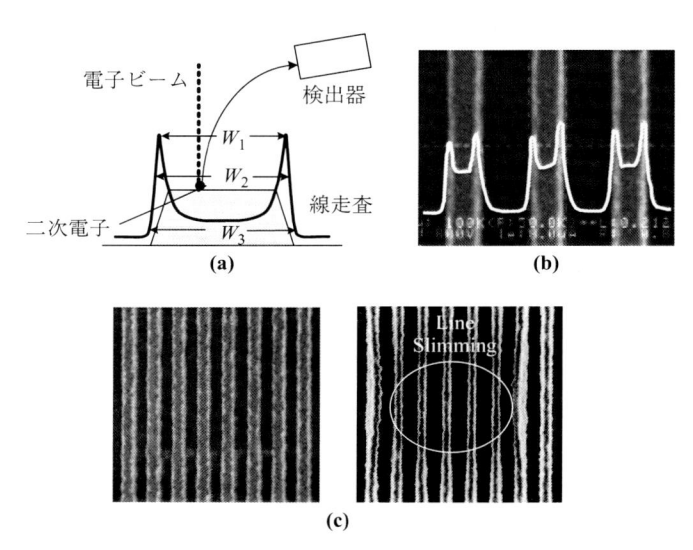

図10.24 走査電子顕微鏡による線幅．(a)サンプルと線走査，(b)NISTのM. Postekの厚意による．$W=0.21\,\mu m$の実験結果，(c)線細りの影響．

幅は走査線の像に現れる2つのエッジの距離から求めるが，線幅の定義W_1, W_2, W_3によって測定値が変わる．ふつうは高さの50％の点とする．SEMによるCD寸法測定は日常的につかわれており，その主な強みはSEMの優れた解像度にある．しかし，サンプルを真空中に置いて，電子でたたかねばならない．また，電子線を照射するとフォトレジストのクロスリンク[注4]によって図10.24(c)のようにフォトレジストが細くなる**線細り**（line slimming）も起きる．

原子間力顕微鏡：物理的な線幅測定法の中で最も感度のよいものの1つが第9章で議論した原子間力顕微鏡（AFM）である．機械的な針でサンプル上を走査し，そのプロファイルを測定する．AFMは垂直方向の寸法に優れた感度をもつが，水平方向はそれほどではない．それでも数10オングストロームの水平方向分解能が可能である．AFMは線と溝のくり返しにも追従できる．AFMは高感度であるが，図10.25に描いたように，実験データの解釈には注意が必要である[99]．図10.25(a)の半導体基板上の線は，幅がW，間隔がPである．図10.25(a)と(b)に示すように，プローブの形状によってプローブの走査に違いがある．いずれの場合も間隔は正確に測定できるが，線幅についてはプローブが"理想

注4 ポリマー間の連結反応．

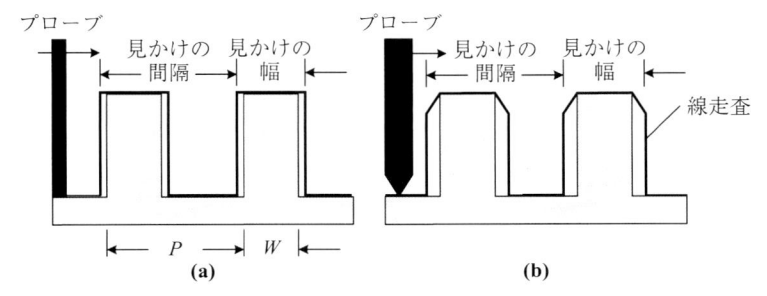

図10.25 機械的プローブでの線幅測定．(a)平たいプローブ，(b)尖ったプローブ．
プローブの形状によって変調された線幅を示している．

的な矩形"であっても正しい値にはならない．線幅だけでなく，線の形状も正しくない．プローブの形状がわかれば，これを補正することができる．

10.8.2 電気的方法

線幅の電気的な測定は導電性の配線に限られ，図10.26のようなテストストラクチャをつかう[100]．この測定の再現性は非常によい．1 μmの線幅に対して1 nmの再現性が確認されている[101]．0.005 μmの精度で0.1 μmまでの細線が測定されている．テストストラクチャの左側の部分はvan der Pauwのシート抵抗測定用の十字抵抗で，右側の部分はブリッジ抵抗である．1.2.2節で議論した十字抵抗は，

$$R_{sh} = \frac{\pi}{\ln 2} \frac{V_{34}}{I_{12}} \qquad (10.45)$$

のシート抵抗をもつ．ここで$V_{34} = V_3 - V_4$，I_{12}はコンタクト1に流れ込みコンタクト2から流れ出る電流である．隣接する2つのコンタクト間に電流を流しながら，これらに対向する2つのコンタクト間の電圧を測定する．電流コンタクトと電圧コンタクトを入れ替えて測定し，その平均をとることが多い．影線部のシート抵抗が求められる．

線幅Wはブリッジ抵抗から

$$W = \frac{R_{sh}L}{V_{45}/I_{26}} \qquad (10.46)$$

によって求められる．ここで$V_{45} = V_4 - V_5$，I_{26}はコンタクト2から入り，コンタクト6から出ていく電流，Lはテストストラクチャの設計で決まる電圧タップ4と5の間の長さである．

式(10.46)ではテストストラクチャのブリッジ部（影部）のシート抵抗は十字の部分（影部）のシート抵抗と同じと仮定している．この仮定が正しくなければWの誤差が大きくなる[102]．どこをLの長さとするのかも問題である．図10.26に描いているように，中央と中央の間隔とすべきであろうか．そ

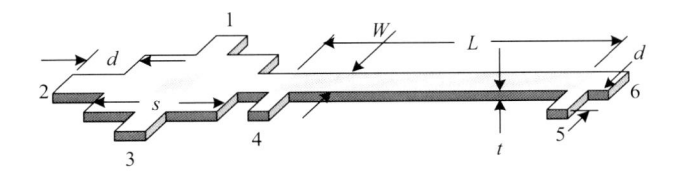

図10.26 十字ブリッジ線幅用テストストラクチャ．

れはテストストラクチャのレイアウトで決まる。4と5の腕は図10.26のように測定する線の片側にだけ突き出しているが、4と5の腕が線の両側へ突き出した対称構造では、腕の幅をW_1として、有効長さ$L_{eff} \approx L - W_1$となる。$L \approx 20W$くらい長い線であれば、この補正は不要である。しかし、線が短いとコンタクトの腕で電流経路が曲がるので、有効長さを考慮しなければならない。他にも$t \leq W$, $W \leq 0.005L$, $d \geq 2t$, $t \leq 0.03s$, $s \leq d$のときには有効長さの補正が必要である[103]。

10.9 フォトルミネセンス

蛍光測光法（fluorometry）ともいう**フォトルミネセンス法**（photoluminescence: PL）は半導体中の特定の不純物を同定する非破壊測定法である[104]。特に浅い準位の不純物の研究につかわれ、深い準位の不純物での再結合に放射をともなうと考えられるものにも応用されている[105]。フォトルミネセンスは別の使い方もある。たとえば、蛍光管の放電によって発生した紫外光を管内壁の蛍光体で吸収し、フォトルミネセンスによって可視光を放出している。ここではフォトルミネセンスの主な**概念**といくつかの例を手短に説明する。フォトルミネセンスによる不純物の**同定**はやさしいが、不純物の**密度**の測定は難しい。フォトルミネセンスによってサンプル中のいろいろな不純物を同時に調べることができるが、検出できる不純物は再結合放射をともなうものに限られる。

III-V族半導体は放射の内部効率がよいので、フォトルミネセンスは主にこれらの評価につかわれてきた。内部効率は光で生成された電子—正孔対が放射再結合するときの放射光の目安になる。間接遷移バンドギャップをもつシリコンでの再結合は、Schockley-Read-Hall再結合かAuger再結合がほとんどで、いずれも非放射である。したがってシリコンの内部効率は低い。それでも放射された光の強度は欠陥密度とドーピング密度に依存するので、フォトルミネセンスで欠陥密度やドーピング密度のマップをとるのにつかわれている。

標準的なフォトルミネセンス測定の構成を**図10.27**に示す。サンプルをクライオスタットの上に置いて液体ヘリウム温度近くまで冷却する。サンプルに応力がかかると放出光に影響するので、サンプルに応力がかからないように装着することが重要である。低温での測定は、熱励起対の非放射再結合過程と熱による線スペクトルの拡がりを最小限にし、できるだけの分光情報を得るために不可欠である。あるバンドに励起されたキャリアの放射スペクトル線は、熱によっておよそ$kT/2$の幅に拡がる。この幅を狭くするには、サンプルを冷却しなければならない。$T = 4.2$ Kでの熱エネルギー$kT/2$は1.8 meVにすぎない。多くの測定に対してこれは十分に低い温度だが、さらに線幅の拡がりを狭くするために、サンプルの温度を4.2 K以下に下げねばならないこともある。最近では、特にSiの室温フォトルミネセンス測定が日常的に行われている。これは不純物の同定ではなく、ドーピング密度やトラップ密度のフォトルミネセンス・マップにつかわれている。

エネルギー$h\nu > E_G$のレーザー光などでサンプルを励起すると、電子—正孔対が生成され、第7章で議論したいくつかのメカニズムで再結合する。**放射**再結合では光子が放出されるが、バルクあるいは表面での**非放射**再結合では光子は放出されない。表面に向けて臨界角以上で放出された光の一部は

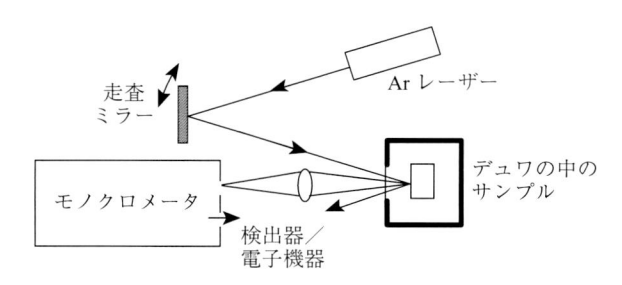

図10.27 フォトルミネセンス測定の構成.

サンプルに再吸収されるであろう。放出された光は分散型あるいはフーリエ変換型分光器に集光され，検出器に導かれる。

フォトルミネセンスの内部効率は

$$\eta_{int} = \int_0^d \frac{\Delta n}{\tau_{rad}} \exp(-\beta x) dx \approx \int_0^d \frac{\Delta n}{\tau_{rad}} dx \tag{10.47}$$

で，d はサンプルの厚さ，Δn は過剰少数キャリア密度，β はサンプル中で**発生**した光の吸収係数である[106]。Si中で放出された光の波長は，バンドギャップ程度なので吸収係数βは大変小さく（$h\nu = 1.12\,\text{eV}$ の光は$\alpha \approx 2\,\text{cm}^{-1}$），$\exp(-\beta x)$ を無視することが多い。しかし，他の半導体ではこれに限らない。Δn には補遺7.1での議論のとおり，反射率，光子の流れ密度，および多様な再結合メカニズムがかかわっている。

図10.28の5つのフォトルミネセンスの遷移のように，光子のエネルギーは再結合過程で決まる[107]。有効質量が小さく，電子軌道半径の大きい材料では，室温で図10.28(a)のバンド間遷移が支配的であるが，低温ではバンド間遷移はほとんどみられない。エキシトン再結合もよく観察される。光子によって電子—正孔対が生成されると，クーロン引力によって，電子と正孔が水素分子のように互いを束縛した励起状態を形成する[108]。この励起状態を**自由エキシトン**（free exciton）という。このエネルギーは，図10.28(b)に示すように，**離れた**電子—正孔対の生成に必要なバンドギャップ・エネルギーよりやや小さい。エキシトンは結晶中を動くことができるが，**束縛された**電子—正孔対であるから，電子と正孔は一緒に動き，電気伝導も光電流も生じない。自由な正孔は，中性のドナーと結合（図10.28(c)）して，正に帯電したエキシトンイオンあるいは**束縛エキシトン**（bound exciton）をつくることができる[109]。このイオンに束縛された電子はイオンのまわりの遠くの軌道を運動する。同様に，電子は中性のアクセプタと結合して束縛エキシトンをつくる。

材料の純度が十分に高ければ，形成された自由エキシトンは光子を放出して再結合する。バンドギャップ・エネルギーE_Gをもつ直接バンドギャップ半導体の光子エネルギーは

$$h\nu = E_G - E_x \tag{10.48}$$

である[109]。ここでE_xはエキシトンの束縛エネルギーである。間接バンドギャップ半導体では，運動量保存則により，光子の放出は

$$h\nu = E_G - E_x - E_p \tag{10.49}$$

となる[109]。ここでE_pはフォノンのエネルギーである。純度の低い材料では，自由エキシトンの再結合より，束縛エキシトンの再結合が優勢になる。自由電子も中性アクセプタの正孔と再結合でき（図

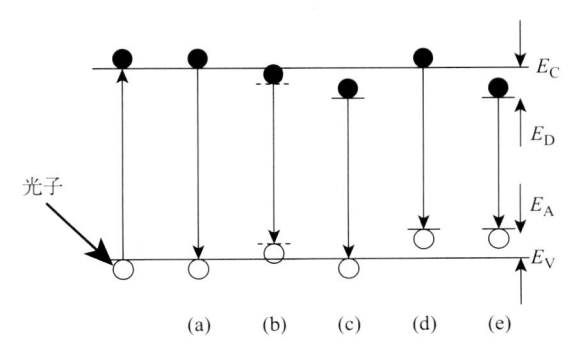

図10.28 フォトルミネセンスで観測される放射遷移.

10.28(d)），自由正孔も中性なドナーの電子と再結合できる（図10.28(c)）。

最後に，中性ドナーの電子は中性アクセプタのホールと再結合でき，図10.28(e)に示すドナー――アクセプタ再結合としてよく知られている。この放出スペクトル線はドナーとアクセプタのクーロン相互作用のエネルギーを加えた

$$h\nu = E_G - (E_A + E_D) + \frac{q^2}{K_s \varepsilon_0 r} \tag{10.50}$$

のエネルギーをもつ[105]。ここでrはドナーとアクセプタとの距離である。式（10.50）の光子エネルギーは，$(E_A + E_D)$が小さければバンドギャップより大きくなり得る。このような光子はサンプルに再吸収されてしまうであろう。束縛エキシトン遷移スペクトルの標準的な半値全幅は $\leq kT/2$ で，やや拡がったデルタ関数に似たかたちになる。これから，数kTに拡がったドナー―価電子帯遷移と区別できる。これら2つの遷移のエネルギーは近いことが多く，線幅で遷移の種類を区別している。

フォトルミネセンスの開口の光学系は光を最大限集めるように設計されている。サンプルからのフォトルミネセンス放射光は回折格子モノクロメータで分光され，光検出器で検出される。マイケルソン干渉計をつかえば感度が上がり，測定時間を短縮できる。波長可変色素レーザーをつかえば，入射光の波長も変えることができる。ワイド・バンドギャップ半導体には電子線励起が必要かもしれない。SiやGaAsの浅い準位の不純物からのフォトルミネセンスは，0.4から1.1 μmの波長を検出できるS-1型光電陰極をもつ光電子増倍管で検出することができる。深い不純物準位からの低エネルギー光の検出には，PbS（1〜3 μm）かドープ・ゲルマニウム検出器をつかう。

フォトルミネセンスを測定できる領域は，励起レーザー光の吸収の深さと少数キャリアの拡散長で決まる。吸収の深さはふつうミクロンのオーダーであるが，紫外光をつかえば，光の吸収を表面近傍に閉じ込めることができる。これはSiの活性層の厚さが0.1 μm程度のシリコン・オン・インシュレータに有効である[110]。バルクあるいは表面での非放射再結合はサンプルによって異なり，同じサンプルでも場所によって変わるので，フォトルミネセンスのスペクトル線の強度を不純物の密度に結びつけるのは難しい。Tajimaはこの問題に新たな手法をつかっている[111]。彼は，抵抗率の異なるSiサンプルで，図10.29に示すスペクトルに，真性および外因性のピークをそれぞれ発見した。サンプルの抵抗率が高いほど真性のピークが高く，X_{TO}(BE)/I_{TO}(FE)比がドーピング密度に比例している。ここでX_{TO}(BE)は元素X（ホウ素またはリン）の束縛エキシトンの横波光学フォノン・フォトルミネセンス強度のピーク（transverse optical phonon PL intensity peak），I_{TO}(FE)は自由エキシトンの横波光学フォノン真性フォトルミネセンス強度のピークである。

図10.30は，n/n^+エピタキシャルSiウェハのフォトルミネセンス・マップである。図10.30(a)の励起には波長532 nmがつかわれ，フォトルミネセンス応答はきわめて均一なエピ層であることを示している。図10.30(b)では，吸収深さがおよそ9 μmになるλ = 827 nmで基板をプローブしており，濃いドープ基板のドーピング密度のゆらぎがみえる。

Siのフォトルミネセンス強度比と不純物密度の較正曲線を図2.29に示す。電気的に測定した抵抗率とフォトルミネセンスで測定したキャリア密度から計算した抵抗率はよく一致している。高純度フローティングゾーン成長Siへのリンのドープ量を中性子核変換ドーピング（neutron transmutation doping）で調節し，フォトルミネセンスのデータ較正曲線をつくっている[112]。面積が0.3 cm^2，厚さが300 μmのサンプルで見積もられたSi中のP, B, Al, およびAsの検出限界は，それぞれ5×10^{10}, 10^{11}, 2×10^{11}, および5×10^{11} cm^{-3}である。Siの様々な不純物がカタログになっている[113]。InP中の不純物に関するものもあり，補償比とともにドナー密度を求めている[114]。

GaAsのドナーのイオン化エネルギーはおよそ6 meVであるが，イオン化エネルギーはドナー不純物の種類による差がほとんどないので，従来のフォトルミネセンスではこの差を観測できなかった。一方，アクセプタのイオン化エネルギーの範囲には拡がりがあり，自由電子から中性のアクセプタへの遷移（図10.28(d)）と，中性ドナーの電子から中性アクセプタの正孔への遷移（図10.28(e)）の違いを

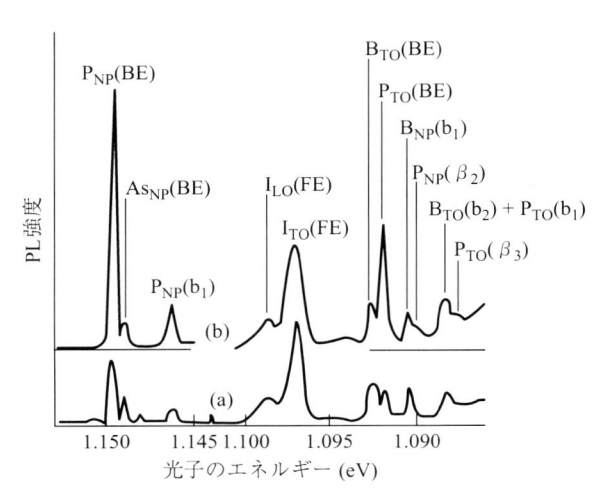

図10.29 $T=4.2$ KのSiのフォトルミネセンス・スペクトル．(a)初期，(b)中性子核変換ドーピング後．水平の線はピークの高さの測定基準．記号：I＝真性，TO＝横波光学フォノン，LO＝縦波光学フォノン，BE＝束縛エキシトン，FE＝自由エキシトン．サンプルにはヒ素の残渣がある．b_nとβ_nと表記された成分は，多重束縛エキシトンの再結合によるものである．Tajimaら[111]から許可を得て再掲．その原著論文はミネアポリスで開催されたSpring 1981 Meeting of the Electrochemical Society, Inc.で発表．

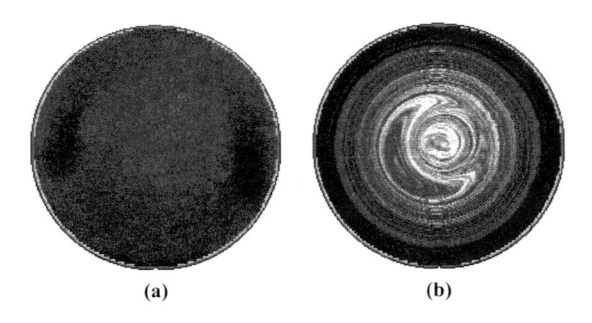

図10.30 $t_{epi}=5$ μmのn/n^+ Siエピタキシャルウェハの室温フォトルミネセンスのマップ．(a)$\lambda=532$ nm, $1/\alpha \approx 1$ μm, (b)$\lambda=827$ nm, $1/\alpha \approx 9$ μm, SUMCO USAのA. Buczkowskiの厚意による．

検出できる．フォトルミネセンスで求めることができるGaAsのアクセプタもカタログになっている[115]．2種以上のアクセプタの基底状態のエネルギー差がバンド—アクセプタ遷移あるいはドナー—アクセプタ対遷移のエネルギー差と同じ場合はやっかいである．このようなときは，温度や励起パワーを振って測定し，ドナー—アクセプタ対遷移が高エネルギーへシフトするかどうかで区別する[116]．GaAsのドナーは**磁気フォトルミネセンス**（magneto photoluminescence）測定で検出する．束縛エキシトンの初期状態が磁場によって分裂し，スペクトル線のいくつかは複数の成分に分裂する[117]．2.6.3節で議論した光熱イオン化分光法でも，ドナーの種類を同定できる．

10.10 ラマン分光法

ラマン分光法（Raman spectroscopy）は格子振動の分光測定手法で，有機および無機物質の検出や，固体の結晶性の測定が可能である[118]．帯電の問題がなく，半導体評価での用途が拡がりつつあるので，ここで触れておく．応力に敏感で，たとえば半導体材料や半導体デバイスの応力の検出につかわれる．光線を小さく絞れば，微小部分の応力を測定することができる．

光がサンプル表面で散乱されると，散乱光は主にサンプルに入射した光の波長からなる（レイリー散乱）が，入射光と材料の相互作用の結果として，波長の異なる微弱な光（ppm以下）も含まれている．これは入射光と光学フォノンの相互作用によるもので，**ラマン散乱**と呼ばれ，音響フォノン（acoustic phonon）との相互作用であるブリルアン散乱と区別される．光学フォノンは**図10.31**に示すように，音響フォノンよりエネルギーが高く，光子に与えるエネルギーシフトも大きいが，それでもラマン散乱のエネルギーシフトはごくわずかである．たとえば，Siの光学フォノンのエネルギーはおよそ0.067 eVであるが，励起につかう光子エネルギーは数eVである（$\lambda = 488$ nmのArレーザーの光子エネルギーは$h\nu = 2.54$ eVである）．ラマン散乱光の強度はきわめて弱い（およそ10^8分の1）ので，実際につかわれるのはレーザーのような強力な単色光源に限られる．

ラマン分光法は1928年にRamanが初めて報告したラマン効果に基づいている[119]．入射光子がフォノンのかたちで格子にエネルギーを与え（フォノン放出），エネルギーの低い光子となる．この低い周波数へのシフトは**ストークス光**散乱として知られている．光子がフォノンを吸収して高いエネルギーへシフトすると，**反ストークス光**散乱になる．反ストークス光はストークス光よりずっと弱く，ふつう観測するのはストークス光である．

ラマン分光測定中はサンプルに励起レーザー光を照射する．その散乱光を二重モノクロメータに通してレイリー散乱光をとり除き，ラマンシフトした波長を光検出器で検出する．ラマン顕微鏡では，市販の顕微鏡を通してレーザー光をサンプルに照射する．サンプルの加熱と組成変化を防止するため，レーザーのパワーはふつう5 mW以下にする．信号を励起光と分離するため，励起光は高輝度単色光源でなければならない．励起光の散乱による強い背景光から弱い信号を検出するのは難しい．励起光と直角なラマン光を測定すれば，S/N比は向上する．ラマン分光は，不純物あるいはサンプル自身からの蛍光との干渉を受ける．ラマン分光にFTIRを組み合わせれば，蛍光による背景問題を低減できる[120]．FTIRと分散ラマン測定の進歩が，レーザーや検出器の進展とともに総括されている[121]．

レーザーの波長によって吸収の深さが異なることを利用して，ある程度の深さまでサンプルのプロファイルを調べることができる．この手法は非破壊・非接触である．ラマン分光法はほとんどの半導体に適用できる．散乱光の波長を既知の波長と照合すれば，有機物を同定できる．

評価可能な特性は多岐にわたる．まず，サンプルの組成がある．ラマン分光法は結晶構造にも敏感である．たとえば，結晶方位によってラマンシフトの量がわずかに異なる．また，ダメージや構造欠陥によって横波光学フォノンを放出しない散乱となるので，たとえばイオン注入のモニタにつかわれる．Si微結晶の結晶粒の大きさが100 Å以下になると，ストークス線はシフトして拡がるとともに，非対称になる[122]．アモルファス半導体ではストークス線がさらに拡がるので，単結晶，多結晶，および

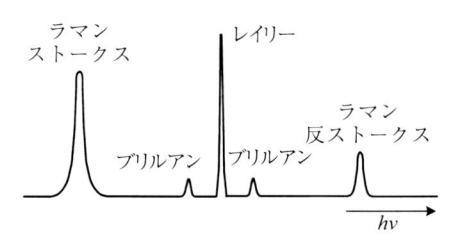

図10.31　散乱光のエネルギー分布.

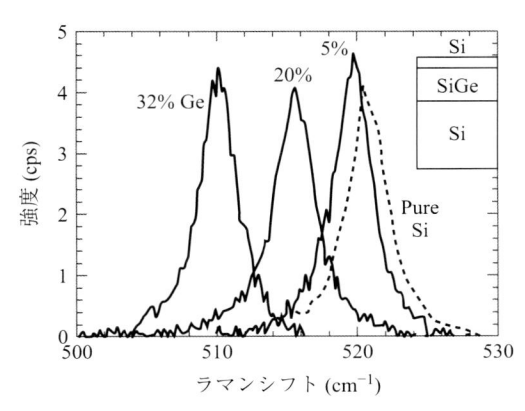

図10.32 Siと，SiGe/Si上に成長したSiのラマンスペクトル．パーセントはSiGe層の Ge含有率を表す．M. Canonico（Freescale Semiconductor）の厚意による．

アモルファスを区別することができる．薄膜の応力や歪によっても周波数がシフトする[123]．SiGeなどをMOSテクノロジーに導入した歪Siには，ラマン評価がうってつけである[124]．圧縮および引っ張り応力とも測定でき，応力のないSiのシフト520 cm^{-1}に対して，圧縮応力なら高めに，引っ張り応力なら低めにシフトする．$1/\lambda \approx 520$ cm^{-1}は光学フォノンのエネルギーにして0.067 eVである．図10.32のプロットは，Siと，Si/SiGe/Siのラマンスペクトルである．このプロットは入射光から**シフトした波数**をサンプル別に示している．SiGeの格子定数はSiのそれより大きいので，SiGe上に成長したSiには引っ張り応力が生じ，低い波数へシフトする．Geの含有量が多いほど応力も大きく，シフトも大きい．200 nmのような小さな領域まで評価されている[125]．

2 μmまでの小さな粒子や，1 μmまでの薄い膜のような有機物による汚染は，ラマン顕微鏡で同定できる．有機物にはスペクトルのデータベースがあるので，この手法でほとんどの有機物を同定できる．たとえば，シリコーン（silicone）膜，テフロン，セルロースなどが検出されている[126]．ラマン分光法と他の評価手法との併用は，半導体プロセスでの諸問題の解決にきわめて効果的である[127]．

10.11 強みと弱み

光学顕微鏡：光学顕微鏡の強みはそのシンプルさと使い方が確立されていることにある．長年つかわれ，成熟しており，欠陥の識別からICの検査まで幅広い用途がある．基本的な使い方を微分干渉コントラスト法，共焦点顕微鏡法，近接場光学顕微鏡法などで補えば，さらに用途を拡げることができる．非接触な測定も明らかな利点である．分解能の限界は0.25 μmであることが，主な弱みの1つである．近接場光学顕微鏡法ならこの限界を超えることができるが，簡単につかえるものではない．

干渉光学顕微鏡は，顕微鏡の対物レンズを交換すれば50 μm^{2}から5 μm^{2}の範囲を測定できる．主な欠点は反射によってシフトする位相で高さが決まることである．単一材料からなるサンプルを測定するなら問題はないが，光学特性の異なる材料で構成された材料では，結果が違ってくる．そういうサンプルには，反射材をコーティングして対処する．

エリプソメトリ：膜厚の測定に広くつかえるのがエリプソメトリの強みである．角度可変とし複数の波長がつかえれば，非接触であることを利用したプロセスのその場制御などにエリプソメトリの用途をさらに拡げることができる．エリプソメトリでは膜の物理的厚さではなく，光学的な厚さを測定する．これと屈折率とから，物理的な厚さを求める．しかし，特に薄膜では厚いか薄いかで組成が異なるなどの理由で，屈折率が既知であるとは限らない．

透過法は主に吸収係数と（たとえば，シリコン中の酸素や炭素などの）不純物密度の決定につかわ

れる。αの測定はこの方法しかない。不純物の測定は二次イオン質量分析（SIMS）法などでももちろん可能であるが，光の透過測定は非接触で非破壊である。不純物密度が低いと感度が問題になる。たとえば，シリコン中の炭素の密度はおよそ$10^{16}\mathrm{cm}^{-3}$以下であるが，測定感度もおよそ$10^{16}\mathrm{cm}^{-3}$なので，この不純物量を求めるのは難しい。

反射法は従来から絶縁体の厚さの測定につかわれ，非接触であることが明らかな利点になっている。内部反射赤外分光法をつかえば，表面の状態もモニタできる。エリプソメトリと同様，求められる厚さは光学的な厚さであることが欠点である。

フォトルミネセンス：この手法の優位な点は，大変高い感度にある。ドーピング密度を求める方法の中では，最も感度が高いものの1つである。欠陥の情報も含むが，再結合がバルクか表面かは判然とせず，切り分けもできないので，欠陥密度を求めるのは難しい。感度を最大にするには低温測定が必要で，バルクおよび表面での再結合がよくわからないところが弱みである。

ラマン分光法はいろいろな方法で応力を加えた歪シリコンデバイスなどの応力測定法で重要になっている。溝の中の応力の測定などにもつかわれる。

補遺10.1　透過の式

図A10.1の反射係数r_1, r_2, 透過係数t_1, t_2, 吸収係数α, 複素屈折率$n_1 - jk_1$, および厚さdのサンプルを考えよう。振幅A_iの光が左から垂直入射する。このとき$A_{r1} = r_1 A_i$が点Aで反射され，$t_1 A_i$がサンプルに侵入し減衰していく。$x = d$のサンプルのちょうど内側になる点Bでの振幅は光路$(n_1 - jk_1)d$を透過してきたので，$t_1 \exp(-j\delta - \gamma) A_i$となる。ここで$\delta = 2\pi n_1 d/\lambda$, $\gamma = 2\pi k_1 d/\lambda$である。このうち$r_2 t_1 \exp(-j\delta - \gamma) A_i$は点Bでサンプル内へ折り返し，$A_{t1} = t_1 t_2 \exp(-j\delta - \gamma) A_i$がサンプルを透過する。点Bで反射した光の一部は点Cでサンプル内へ折り返され，A_{r2}の成分が反射光となる。光は反射されるか前に進むかで，それぞれの時点では一部は反射され，一部は吸収され，一部は透過する。これらの成分をすべて足し合わせると，透過率Tは入射強度I_iに対する透過強度I_tの比で

$$T = \frac{I_t}{I_i} = \frac{|A_t|^2}{|A_i|^2} = \frac{(t_1 t_2)^2 e^{-\alpha d}}{1 + r_1^2 r_2^2 e^{-2\alpha d} - 2 r_1 r_2 e^{-\alpha d} \cos\varphi} \tag{A10.1}$$

となる[76]。ここで$\varphi = 2\delta = 4\pi n_1 d/\lambda$, $2\gamma = \alpha d$である。サンプルが対称であれば，$r = r_1 = -r_2$, $r^2 + t_1 t_2 = 1$, $r^2 = R$であるから，式（A10.1）は

$$T = \frac{(1-R)^2 e^{-\alpha d}}{1 + R^2 e^{-2\alpha d} - 2 R e^{-\alpha d} \cos\varphi} \tag{A10.2}$$

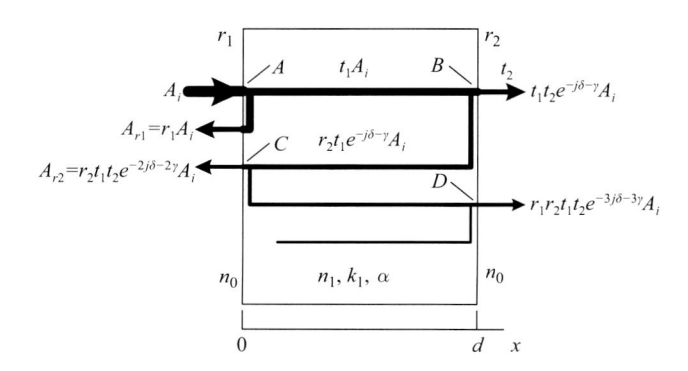

図A10.1　いろいろな反射光および透過光の成分．

となる。"cos"の項は空間周波数$f = 2\pi/\lambda$と$f_1 = 1/2n_1d$をつかって，$\cos(f/f_1)$のように書ける。検出器のスペクトル分解能が不十分なときは，透過強度をコサインの項の周期で

$$T = \frac{1}{2\pi}\int_{-\pi}^{\pi}\frac{(1-R)^2 e^{-\alpha d}}{1 + R^2 e^{-2\alpha d} - 2Re^{-\alpha d}\cos\varphi}d\varphi \tag{A10.3}$$

のように平均化すれば，"$\cos\varphi$"の項の振動がゼロになる[128]。この周期の間の波長に対してαとn_1が一定とすれば，透過率は

$$T = \frac{(1-R)^2 e^{-\alpha d}}{1 - R^2 e^{-2\alpha d}} \tag{A10.4}$$

となる[注5]。Rは

$$R = \frac{(n_0 - n_1)^2 + k_1^2}{(n_0 + n_1)^2 + k_1^2} \tag{A10.5}$$

で与えられる反射率で[注6]，吸収係数αは

$$\alpha = \frac{4\pi k_1}{\lambda} \tag{A10.6}$$

によって消衰係数k_1に結びつけられる。$\cos\varphi$は$m = 1, 2, 3...$として$m\lambda_0 = 2n_1 d$のとき最大となり，

$$d = \frac{m\lambda_0}{2n_1} = \frac{(m+1)\lambda_1}{2n_1} = \frac{(m+i)\lambda_i}{2n_1} \tag{A10.7}$$

の関係からサンプルの厚さを求めることができる。あるいはiをλ_0からλ_iまでの完全周期の数として，$m = i\lambda_i/(\lambda_0 - \lambda_i)$のときに極大となるが，1周期では$i = 1$だから，

$$d = \frac{1}{2n_1\Delta(1/\lambda_0 - 1/\lambda_1)} = \frac{1}{2n_1\Delta(1/\lambda)} \tag{A10.8}$$

である。ここで$1/\lambda$は波数，$\Delta(1/\lambda)$は2つの極大または極小の間隔である。

注5　$a > |b|$のときの積分公式 $\int_0^{\pi}\frac{dx}{a + b\cos x} = \frac{\pi}{\sqrt{a^2 - b^2}}$ をつかう。

注6　これは金属や半導体など，吸収があり，かつ裏面からの反射のない媒質へ光が入射するときの界面での反射率である。垂直入射なのでs波，p波の区別はない。

補遺10.2　興味ある半導体の吸収係数と屈折率

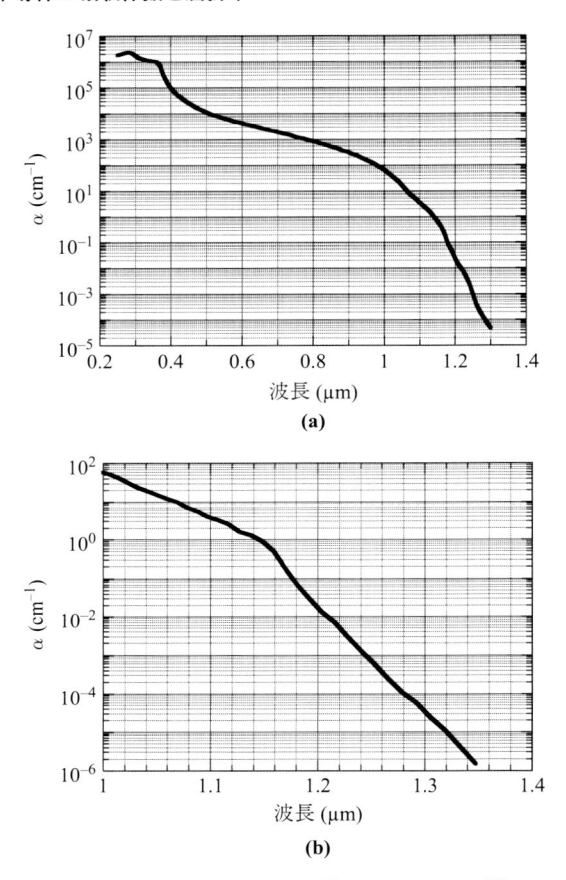

(a)

(b)

図A10.2　Siの吸収係数の波長依存性．Green[129]とDaub/Würfel[130]のデータを採用．

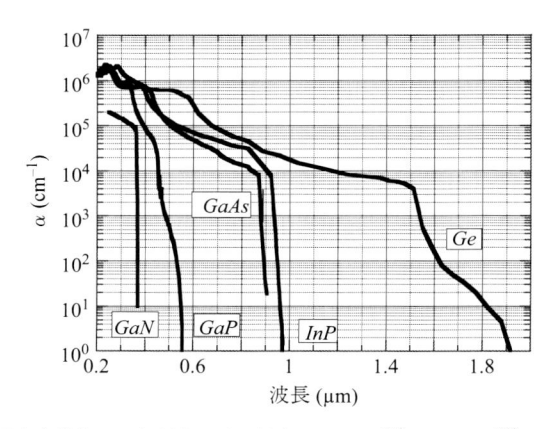

図A10.3　主要な半導体の吸収係数の波長依存性．Palik[131]とMuthら[132]のデータを採用．

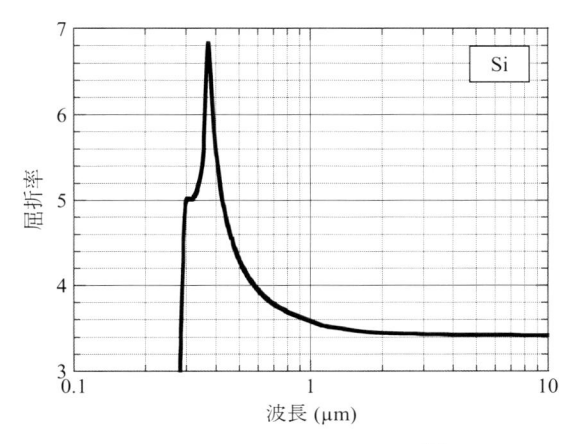

図A10.4 シリコンの屈折率の波長依存性. Palik[131]のデータを採用.

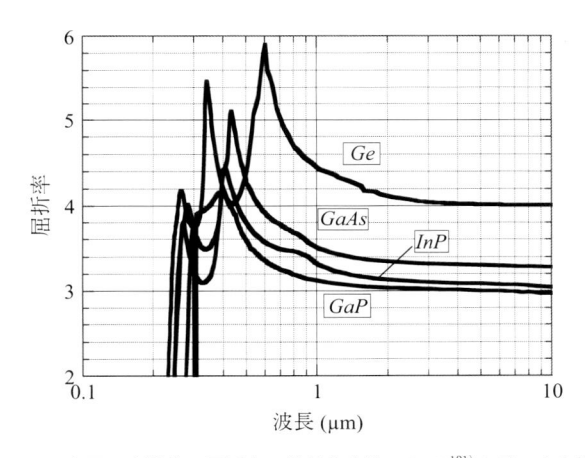

図A10.5 主要な半導体の屈折率の波長依存性. Palik[131]のデータを採用.

文　　献

1) I.P. Herman, Optical Diagnostics for Thin Film Processing, Academic Press, San Diego (1996)
2) W.C. McCrone and J.G. Delly, The Particle Atlas, Ann Arbor Science Publ., Ann Arbor, MI (1973); J.K. Beddow (ed.), Particle Characterization in Technology, Vols. I and II, CRC Press, Boca Raton, FL (1984)
3) G. Airy, Mathematical Transactions, 2nd ed., Cambridge (1836)
4) M. Spencer, Fundamentals of Light Microscopy, Cambridge University Press, Cambridge (1982)
5) T.G. Rochow and E.G. Rochow, An Introduction to Microscopy by Means of Light, Electrons, X-Rays, or Ultrasound, Plenum Press, New York (1978)

6) H.N. Southworth, Introduction to Modern Microscopy, Wykeham Publ., London (1975)
7) G. Nomarski, *J. Phys. Radium*, **16**, 9S-13S (1955). 仏特許No. 1059124および1056361; D.C. Miller and G.A. Rozgonyi, in *Handbook on Semiconductors*, **3** (S.P. Keller, ed.), 217-246, North-Holland, Amsterdam (1980)
8) J.H. Richardson, Handbook for the Light Microscope, A User's Guide, Noyes Publ., Park Ridge, NJ (1991)
9) M. Minsky, *Scanning*, **10**, 128-138 (1988)
10) T. Wilson and C.J.R. Sheppard, Theory and Practice of Scanning Optical Microscopy, Academic Press, London (1984); T. Wilson (ed.), Confocal Microscopy, Academic Press, London (1990)
11) T.R. Corle and G.S. Kino, Confocal Scanning Optical Microscopy and Related Imaging Systems, Academic Press, San Diego (1996)
12) R.H. Webb, *Rep. Progr. Phys.*, **59**, 427-471, March (1996)
13) P. Nipkow, Electrical Telescope (独語), 独特許 # 30105 (1884)
14) M. Petran, M. Hadravsky, M.D. Egger, and R. Galambos, *J. Opt. Soc.*, **58**, 661-664, May (1968); M. Petran, M. Hadravsky, and A. Boyde, *Scanning*, **7**, 97-108, March/April (1985)
15) G. Udupa, M. Singaperumal, R.S. Sirohi, and M.P. Kothiyal, *Meas. Sci. Technol.*, **11**, 305-314, March (2000)
16) D. Malacara (ed.), Optical Shop Testing, 2nd ed., Wiley, New York (1992)
17) P.C. Montgomery, J.P. Fillard, M. Castagné, and D. Montaner, *Semicond. Sci. Technol.*, **7**, A237-A242, Jan. (1992)
18) K. Creath, *Appl. Opt.*, **26**, 2810-2816, July (1987)
19) B. Bhushan, J.C. Wyant, and C.L. Koliopoulos, *Appl. Opt.*, **24**, 1489-1497, May (1985)
20) P.J. Caber, S.J. Martinek, and R.J. Niemann, *Proc. SPIE*, **2088**, 195-203 (1993)
21) ASTM Standard F 47-94, *1996 Annual Book of ASTM Standards*, Am. Soc. Test. Mat., West Conshohocken, PA (1996)
22) ASTM Standard F 154-94, *1996 Annual Book of ASTM Standards*, Am. Soc. Test. Mat., West Conshohocken, PA (1996)
23) E. Sirtl and A. Adler, *Z. Metallkd.*, **52**, 529-534, Aug. (1961)
24) W.C. Dash, *J. Appl. Phys.*, **27**, 1193-1195, Oct. (1956); *J. Appl. Phys.*, **29**, 705-709, April (1958)
25) F. Secco d'Aragona, *J. Electrochem. Soc.*, **119**, 948-951, July (1972)
26) D.G. Schimmel, *J. Electrochem. Soc.*, **126**, 479-483, March (1979); D.G. Schimmel and M.J. Elkind, *J. Electrochem. Soc.*, **125**, 152-155, Jan. (1978)
27) M. Wright-Jenkins, *J. Electrochem. Soc.*, **124**, 757-762, May (1977)
28) K.H. Yang, *J. Electrochem. Soc.*, **131**, 1140-1145, May (1984)
29) H. Seiter, in Semiconductor Silicon/1977 (H.R. Huff and E. Sirtl, eds.), 187-195, Electrochem. Soc., Princeton, NJ (1977)
30) T.C. Chandler, *J. Electrochem. Soc.*, **137**, 944-948, March (1990)
31) M. Ishii, R. Hirano, H. Kan, and A. Ito, *Japan. J. Appl. Phys.*, **15**, 645-650, April (1976); GaAs エッチングのさらに詳しい議論はD.J. Stirland and B.W. Straughan, *Thin Solid Films*, **31**, 139-170, Jan. (1976) を参照
32) D.T.C. Huo, J.D. Wynn, M.Y. Fan, and D.P. Witt, *J. Electrochem. Soc.*, **136**, 1804-1806, June (1989)
33) E. Abbé, *Archiv. Mikroskopische Anat. Entwicklungsmech.*, **9**, 413 (1873); E. Abbé, *J.R. Microsc. Soc.*, **4**, 348 (1884)
34) E.H. Synge, *Phil. Mag.*, **6**, 356-362 (1928)
35) E.A. Ash and G. Nicholls, *Nature*, **237**, 510-512, June (1972)

36) D.W. Pohl, W. Denk, and M. Lanz, *Appl. Phys. Lett.*, **44**, 651–653, April (1984); A. Lewis, M. Isaacson, A. Harootunian, and A. Muray, *Ultramicroscopy*, **13**, 227–231 (1984); E. Betzig and J.K. Trautman, *Science*, **257**, 189–195, July (1992)
37) B.T. Rosner and D.W. van der Weide, *Rev. Sci. Instrum.*, **73**, 2502–2525, July (2002)
38) J.W.P. Hsu, *Mat. Sci. Eng. Rep.*, **33**, 1–50, May (2001)
39) H.G. Tompkins, A User's Guide to Ellipsometry, Academic Press, Boston (1993); ASTM Standard F576-90, *1996 Annual Book of ASTM Standards*, Am. Soc. Test. Mat., West Conshohocken, PA (1996)
40) R.M.A. Azzam and N.M. Bashara, Ellipsometry and Polarized Light, North-Holland, Amsterdam (1989)
41) R.K. Sampson and H.Z. Massoud, *J. Electrochem. Soc.*, **140**, 2673–2678, Sept. (1993)
42) G. Gergely, ed., Ellipsometric Tables of the Si–SiO$_2$ System for Mercury and He–Ne Laser Spectral Lines, Akadémial Kiadó, Budapest (1971)
43) R.H. Muller, in *Adv. in Electrochem. and Electrochem. Eng.*, **9**, (R.H. Muller, ed.), 167–226, Wiley, New York (1973)
44) D.E. Aspnes and A.A. Studna, *Appl. Opt.*, **14**, 220–228, Jan. (1975)
45) K. Riedling, Ellipsometry for Industrial Applications, Springer, Vienna (1988)
46) D.E. Aspnes, *Thin Solid Films*, **233**, 1–8, Oct. (1993)
47) G.N. Maracas and C.H. Kuo, in Semiconductor Characterization: Present Status and Future Needs (W.M. Bullis, D.G. Seiler, and A.C. Diebold, eds.), 476–484, Am. Inst. Phys., Woodbury, NY (1996)
48) W.M. Duncan and S.A. Henck, *Appl. Surf. Sci.*, **63**, 9–16, Jan. (1993)
49) A. Montani and C. Hamaguchi, *Appl. Phys. Lett.*, **46**, 746–748, April (1985)
50) M. Erman and J.B. Theeten, *Surf. and Interf. Analys.*, **4**, 98–108, June (1982)
51) F. Hottier, J. Hallais, and F. Simondet, *J. Appl. Phys.*, **51**, 1599–1602, March (1980)
52) D.E. Aspnes, *Proc. SPIE*, **452**, 60–70 (1983)
53) H-T. Huang and F.L. Terry, Jr., *Thin Solid Films*, **455/456**, 828–836, May (2004)
54) ASTM Standard F 120, *1988 Annual Book of ASTM Standards*, Am. Soc. Test. Mat., Philadelphia (1988)
55) P. Stallhofer and D. Huber, *Solid State Technol.*, **26**, 233–237, Aug. (1983); H.J. Rath, P. Stallhofer, D. Huber, and B.F. Schmitt, *J. Electrochem. Soc.*, **131**, 1920–1923, Aug. (1984)
56) K.L. Chiang, C.J. Dell'Oca and F.N. Schwettmann, *J. Electrochem. Soc.*, **126**, 2267–2269, Dec. (1979)
57) A.A. Michelson, *Phil. Mag.*, **31**, 256–259 (1891); *Phil. Mag.*, **31**, 338–346 (1891); **34**, 280–299 (1892)
58) Lord Raleigh, *Phil. Mag.*, **34**, 407–411 (1892)
59) J.W. Cooley and J.W. Tukey, *Math. Comput.*, **19**, 297–301, April (1965)
60) P.R. Griffith and J.A. de Haseth, Fourier Transform Infrared Spectrometry, Wiley, New York (1986)
61) W.D. Perkins, *J. Chem. Educ.*, **63**, A5–A10, Jan. (1986)
62) G. Horlick, *Appl. Spectrosc.*, **22**, 617–626, Nov./Dec. (1968)
63) ASTM Standard F 121, *1988 Annual Book of ASTM Standards*, Am. Soc. Test. Mat., Philadelphia (1988)
64) ASTM Standard F 1391-93, *1996 Annual Book of ASTM Standards*, Am. Soc. Test. Mat., West Conshohocken, PA (1996)

65) K. Tanahashi and H. Yamada-Kaneta, *Japan. J. Appl. Phys.*, **42**, L223-L225, March (2003)
66) R.W. Shaw, R. Bredeweg, and P. Rossetto, *J. Electrochem. Soc.*, **138**, 582-585, Feb. (1991)
67) W.M. Bullis, M. Watanabe, A. Baghdadi, Y.Z. Li, R.I. Scace, R.W. Series and P. Stallhofer, in Semiconductor Silicon/1986 (H.R. Huff, T. Abe and B.O. Kolbesen, eds.), 166-180, Electrochem. Soc., Pennington, NJ (1986); W.M. Bullis, in Oxygen in Silicon (F. Shimura, ed.), Ch. 4, Academic Press, Boston (1994)
68) J. Weber and M. Singh, *Appl. Phys. Lett.*, **49**, 1617-1619, Dec. (1986)
69) G.G. MacFarlane, T.P. McClean, J.E. Quarrington, and V. Roberts, *Phys. Rev.*, **111**, 1245-1254, Sept. (1958)
70) W. Kern and G.L. Schnable, *RCA Rev.*, **43**, 423-457, Sept. (1982)
71) T. Iizuka, S. Takasu, M. Tajima, T. Arai, N. Inoue and M. Watanabe, *J. Electrochem. Soc.*, **132**, 1707-1713, July (1985)
72) K. Graff, E. Grallath, S. Ades, G. Goldbach, and G. Tolg, *Solid-State Electron.*, **16**, 887-893, Aug. (1973); Deutsche Normen DIN 50 438/1, (独語) Beuth Verlag, Berlin (1978)
73) A. Baghdadi, W.M. Bullis, M.C. Croarkin, Y-Z. Li, R.I. Scace, R.W. Series, P. Stallhofer, and M. Watanabe, *J. Electrochem. Soc.*, **136**, 2015-2024, July (1989); ASTM Standard F 1188-93a, *1996 Annual Book of ASTM Standards*, Am. Soc. Test. Mat., West Conshohocken, PA (1996)
74) J.L. Regolini, J.P. Stoquert, C. Ganter, and P. Siffert, *J. Electrochem. Soc.*, **133**, 2165-2168, Oct. (1986)
75) G.M. Martin, *Appl. Phys. Lett.*, **39**, 747-748, Nov. (1981)
76) H. Anders, Thin Films in Optics, Ch. 1, The Focal Press, London (1967)
77) W.R. Runyan and T.J. Shaffner, Semiconductor Measurements and Instrumentation, McGraw-Hill, New York (1997)
78) P. Burggraat, *Semicond. Int.*, **11**, 96-103, Sept. (1988)
79) J.R. Sandercock, *J. Phys. E: Sci. Instrum.*, **16**, 866-870, Sept. (1983)
80) W.E. Beadle, J.C.C. Tsai, and R.D. Plummer, Quick Reference Manual for Silicon Integrated Circuit Technology, 4-23, Wiley-Interscience, New York (1985)
81) W.A. Pliskin and E.E. Conrad, *IBM J. Res. Develop.*, **8**, 43-51, Jan. (1964); W.A. Pliskin and R.P. Resch, *J. Appl. Phys.*, **36**, 2011-2013, June (1965)
82) ASTM Standard F 95-89, *1997 Annual Book of ASTM Standards*, Am. Soc. Test. Mat., West Conshohocken (1997)
83) P.A. Schumann, Jr., *J. Electrochem. Soc.*, **116**, 409-413, March (1969)
84) B. Senitsky and S.P. Weeks, *J. Appl. Phys.*, **52**, 5308-5313, Aug. (1981)
85) F. Reizman and W.E. van Gelder, *Solid-State Electron.*, **10**, 625-632, July (1967)
86) Y.J. Chabal, *Surf. Sci. Rep.*, **8**, 211-357, May (1988)
87) V.A. Burrows, *Solid-State Electron.*, **35**, 231-238, March (1992)
88) J. Stover, Optical Scattering Measurement and Analysis, McGraw-Hill, New York (1990)
89) H.R. Huff, R.K. Goodall, E. Williams, K.S. Woo, B.Y.H. Liu, T. Warner, D. Hirleman, K. Gildersleeve, W.M. Bullis, B.W. Scheer, and J. Stover, *J. Electrochem. Soc.*, **144**, 243-250, Jan. (1997)
90) T.L. Warner and E.J. Bawolek, *Microcont.*, **11**, 35-39, Sept./Oct. (1993)
91) K. Moriya and T. Ogawa, *Japan. J. Appl. Phys.*, **22**, L207-L209, April (1983); J.P. Fillard, P. Gall, J. Bonnafé, M. Castagné, and T. Ogawa, *Semicond. Sci. Technol.*, **7**, A283-A287, Jan. (1992); G. Kissinger, D. Gräf, U. Lambed, and H. Richter, *J. Electrochem. Soc.*, **144**, 1447-1456, April (1997)
92) F.H. Pollack and H. Shen, *Mat. Sci. Eng.*, **R10**, 275-374, Oct. (1993)

93) S. Perkowitz, D.G. Seller, and W.M. Duncan, *J. Res. Natl. Inst. Stand. Technol.*, **99**, 605–639, Sept./Oct. (1994)
94) P.H. Singer, *Semicond. Int.*, **8**, 66–73, Feb. (1985)
95) S.A. Coulombe, B.K. Minhas, C.J. Raymond, S.S.H. Naqvi, and J.R. McNeil, *J. Vac. Sci. Technol.*, **B16**, 80–87, Jan. (1998)
96) C.J. Raymond, in Handbook of Silicon Semiconductor Technology (A.C. Diebold, ed.), Ch. 18, Dekker, New York (2001)
97) H-T. Huang and F.L. Terry, Jr., *Thin Solid Films*, **455/456**, 828–836, May (2004)
98) M.T. Postek, in Handbook of Critical Dimension Metrology and Process Control (K.M. Monahan, ed.), 46–90, SPIE Optical Engineering Press, Bellingham, WA (1994)
99) J.E. Griffith and D.A. Grigg, *J. Appl. Phys.*, **74**, R83–R109, Nov. (1993)
100) M.G. Buehler and C.W. Hershey, *IEEE Trans. Electron Dev.*, **ED-33**, 1572–1579, Oct. (1986); ASTM Standard F1261M-95, *1996 Annual Book of ASTM Standards*, Am. Soc. Test. Mat., West Conshohocken, PA (1996)
101) M.W. Cresswell, J.J. Sniegowski, R.N. Goshtagore, R.A. Allen, W.F. Guthrie, and L.W. Linholm, in Proc. Int. Conf. Microelectron. Test. Struct., 16–24, Monterey, CA (1997)
102) R.A. Allen, M.W. Cresswell, and L.M. Buck, *IEEE Electron Dev. Lett.*, **13**, 322–324, June (1992)
103) G. Storms, S. Cheng, and I. Pollentier, *Proc. SPIE*, **5375**, 614–628 (2004)
104) H.B. Bebb and E.W. Williams, in *Semiconductors and Semimetals* (R.K. Willardson and A.C. Beer, eds.), **8**, 181–320, Academic Press, New York (1972); E.W. Williams and H.B. Bebb, 同上321–392
105) P.J. Dean, *Prog. Crystal Growth Charact.*, **5**, 89–174 (1982)
106) J. Vilms and W.E. Spicer, *J. Appl. Phys.*, **36**, 2815–2821, Sept. (1965); H. Hovel, *Semicond. Sci. Technol.*, **7**, A1–A9, Jan. (1992)
107) K.K. Smith, *Thin Solid Films*, **84**, 171–182, Oct. (1981)
108) J.P. Wolfe and A. Mysyrowicz, *Sci. Am.*, **250**, 98–107, March (1984)
109) J.I. Pankove, Optical Processes in Semiconductors, Dover Publications, New York (1975)
110) M. Tajima, S. Ibuka, H. Aga, and T. Abe, *Appl. Phys. Lett.*, **70**, 231–233, Jan. (1997)
111) M. Tajima, *Appl. Phys. Lett.*, **32**, 719–721, June (1978); M. Tajima, T. Masui, T. Abe, and T. Iizuka, in Semiconductor Silicon/1981 (H.R. Huff, R.J. Kriegler, and Y. Takeishi, eds.), 72–89, Electrochem. Soc., Pennington, NJ (1981)
112) M. Tajima, *Japan. J. Appl. Phys.*, **21**, Supplement 21-1, 113–119 (1982)
113) P.J. Dean, R.J. Haynes, and W.F. Flood, *Phys. Rev.*, **161**, 711–729, Sept. (1967)
114) G. Pickering, P.R. Tapster, P.J. Dean, and D.J. Ashen, in GaAs and Related Compounds (G.E. Stillman, ed.), Conf. Ser. No. 65, 469–476, Inst. Phys., Bristol (1983)
115) D.J. Ashen, P.J. Dean, D.T.J. Hurle, J.B. Mullin, and A.M. White, *J. Phys. Chem. Solids*, **36**, 1041–1053, Oct. (1975)
116) G.E. Stillman, B. Lee, M.H. Kim, and S.S. Bose, in Diagnostic Techniques for Semiconductor Materials and Devices (T.J. Shaffner and D.K. Schroder, eds.), 56–70, Electrochem. Soc., Pennington, NJ (1988)
117) S.S. Bose, B. Lee, M.H. Kim, and G.E. Stillman, *Appl. Phys. Lett.*, **51**, 937–939, Sept. (1987)
118) D.A. Long, Raman Spectroscopy, McGraw-Hill, New York (1977)
119) C.V. Raman and K.S. Krishna, *Nature*, **121**, 501–502, March (1928)
120) B.D. Chase, *J. Am. Chem. Soc.*, **108**, 7485–7488, Nov. (1986)
121) B.D. Chase, *Appl. Spectrosc.*, **48**, 14A–19A, July (1994)

122) H. Richter, Z.P. Wang and L. Ley, *Solid-State Commun.*, **39**, 625-629, Aug. (1981)
123) G.H. Loechelt, N.G. Cave, and J. Menéndez, *Appl. Phys. Lett.*, **66**, 3639-3641, June (1995)
124) R. Liu and M. Canonico, *Microelectron. Eng.*, **75**, 243-251, Sept. (2004)
125) B. Dietrich, V. Bukalo, A. Fischer, K.F. Dombrowski, E. Bugiel, B. Kuck, and H.H. Richter, *Appl. Phys. Lett.*, **82**, 1176-1178, Feb. (2003)
126) F. Adar, in Microelectronic Processing: Inorganic Materials Characterization (L.A. Casper, ed.), 230-239, American Chemical Soc., ACS Symp. Series 295 (1986)
127) I. De Wolf, *Semicond. Sci. Technol.*, **11**, 139-154, Feb. (1996)
128) A. Baghdadi, in Defects in Silicon (W.M. Bullis and L.C. Kimerling, eds.), 293-302, Electrochem. Soc., Pennington, NJ (1983)
129) M.A. Green, High Efficiency Silicon Solar Cells, Trans. Tech. Publ., Switzerland (1987)
130) E. Daub and P. Würfel, *Phys. Rev. Lett.*, **74**, 1020-1023, Feb. (1995)
131) E.D. Palik (ed.), Handbook of Optical Constants of Solids, Academic Press, Orlando, FL (1985)
132) J.F. Muth, J.H. Lee, I.K. Shmagin, R.M. Kolbas, H.C. Casey, Jr., B.P. Keller, U.K. Mishra, and S.P. DenBaars, *Appl. Phys. Lett.*, **71**, 2572-2574, Nov. (1997)

おさらい

- 光学顕微鏡の分解能の限界は何で決まるか。
- 近接場光学顕微鏡とは何か。
- 干渉顕微鏡法について説明せよ。
- 共焦点光学顕微鏡法とは何か。
- 近接場光学顕微鏡の分解能がふつうの光学顕微鏡のそれより高いのはなぜか。
- エリプソメトリの要点を述べよ。
- FTIRはどのような仕組みか。
- 透過測定はどういう場合につかうのか。
- 反射測定はどういう場合につかうのか。
- 濡れた舗道の油膜がいろいろな色にみえるのはなぜか。
- ルミネセンスとは何か。
- フォトルミネセンスでSiをどのように評価できるか。
- 線幅の測定方法にはどういうものがあるか。
- ラマン分光法の用途を2つ挙げよ。

11. 化学的および物理的な評価方法

11.1 序論

　本章では，電子線，イオンビーム，X線などの化学的および物理的評価手法を扱う。これらの手法では，これまでの章と違い，どれも特殊で洗練された高価な装置がつかわれる。そのいくつかは限られた専門家だけが限定的につかえるか，サービスとして提供を受けるしかない。たとえば，二次イオン質量分析法は一般的な評価方法として普及しているが，その特殊性から，その原理や，装置構成，最も重要な応用分野などが簡単に説明されるだけである。このような手法をつかう専門家は，それぞれの手法に精通している。しかし，専門外の人は手法の概要や検出限界，要求されるサンプルの大きさなどには興味があっても，細部の知識は必ずしも必要としない。

　これらの手法の記述に多くを割いた論文，解説論文，本の章，あるいは本はあまたにおよんでいる。これらの文献は，必要に応じて本章で参照していく。概要と実用面を重視した優れた本として，Metals Handbook 9th Ed., Vol. 10 Materials Characterization（R.E. Whan, coord.），Am. Soc. Metals, Metals Park, OH（1986）; Encyclopedia of Materials Characterization（C.R. Brundle, C.A. Evans, Jr., and S. Wilson, eds.），Butterworth-Heinemann, Boston（1992）; Surface Analysis: The Principal Techniques（J.C. Vickerman, ed.），Wiley, Chichester（1997）; Handbook of Surface and Interface Analysis（J.C. Riviere and S. Myhra, eds.），Marcel Dekker, New York（1998）; W.R. Runyan and T.J. Shaffner, Semiconductor Measurements and Instrumentation, McGraw-Hill, New York（1998）; D. Brandon and W.D. Kaplan, Microstructural Characterization of Materials, Wiley, Chichester（1999）; Surface Analysis Methods in Materials Science（D.J. O'Connor, B.A. Sexton and R.St.C. Smart, eds.），Springer, Berlin（2003）を挙げておく。

　表面分析機器の性能，特に空間分解能，サンプルのとり扱いや処理，データのとり込み速度，データの処理と解析は，過去30年間で格段に向上している。これらの機器は，いまや研究開発から問題解決，故障解析，さらには品質管理にまで応用されており，機器の信頼性も改善されている。これらの評価方法の特筆すべき特徴を補遺11.1にまとめておく。

　半導体材料および半導体デバイスの評価では，不純物の分布をz方向だけでなく$x-y$空間について求めることがよくある。標準的な$x-y$分解能を図11.1に示す。電子線の径は0.1 nmまで絞ることがで

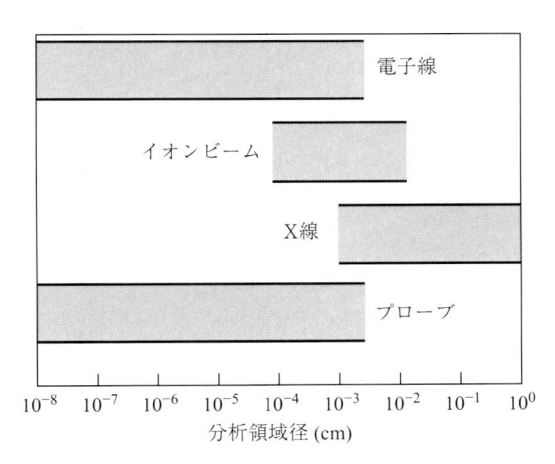

図11.1　電子線，イオンビーム，X線，およびプローブによる評価方法別の分解能.

きる。イオンビームなら1から100 μmの範囲，X線のビーム径は100 μm以上をカバーできる。材料の寸法が小さいほど評価は難しくなる。サンプリング体積が微小になるほど高感度の分析は難しい。一般にビーム径を小さくすると感度は落ちる。感度を上げるには励起ビームの径を大きくするしかない。

分析の原理はどれもよく似ている。つまり，一次電子，イオン，あるいは光子が入射し，これらが後方散乱あるいは透過するか，あるいは二次粒子または電磁波を放出させるかである。放出された粒子や電磁波の質量，エネルギー，および波長は，それを放出した標的元素あるいは化合物の特性を反映している。未知の元素あるいは化合物の分布は$x-y$平面のマップにすることができ，また深さ方向にとることもある。分析手法によって長短があるので，確実な同定には別の方法での相互確認が必要である。分析手法によって感度，検出可能な元素や分子，空間分解能，破壊性，母材効果，測定時間，可視化手法，費用などが異なる。

分光法（spectroscopy）は不純物を定量的に同定することができるが，ふつうは密度を定性的に決定する方法としてつかわれ，定量的な方法としては**分光分析**（spectrometry）をつかう。

11.2　電子線による方法

電子線をつかった方法を**図11.2**にまとめる。入射した電子は吸収，放出，あるいは反射されるが，光やX線を誘発することもできる。エネルギーE_iの電子線が入射すると**図11.3**に示すように，広いエネルギー範囲の電子が表面から放出される。ここでは放出電子エネルギーに対する電子の収率（yield）$N(E)$をプロットしている。放出された電子は，**二次電子**，**オージェ電子**，および**後方散乱電子**の3つのグループに分けられる。$N(E)$は**二次電子**が最も多い。これは，電子線と固体との相互作用によってゆるく束縛された伝導帯の電子が飛び出すためである。これら二次電子のエネルギーはおよそ50 eV以下にあり，2から3 eVで$N(E)$が最大となる。二次電子の収率は材料と表面形状で決まる[1]。オージェ電子は中間のエネルギー領域で放出される。後方散乱電子はサンプルでの広角弾性散乱によるものであるから，入射電子と基本的に同じエネルギーで放出される。

適当な電位を与えると，電子を収束，偏向，加速できる。また，電子は高感度で検出でき，計数もでき，エネルギーや角度分布も測定できる。さらに，電子はサンプルや真空系を汚染することもない。ただし，サンプルの帯電によって結果を誤ることもある。

放出
- ◆ オージェ電子分光（AES）
- ◆ カソードルミネセンス（CL）
- ◆ 電子マイクロプローブ（EMP）

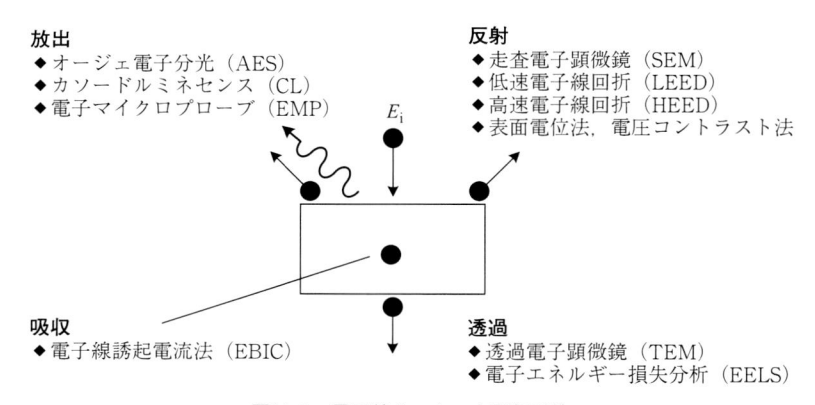

反射
- ◆ 走査電子顕微鏡（SEM）
- ◆ 低速電子線回折（LEED）
- ◆ 高速電子線回折（HEED）
- ◆ 表面電位法，電圧コントラスト法

吸収
- ◆ 電子線誘起電流法（EBIC）

透過
- ◆ 透過電子顕微鏡（TEM）
- ◆ 電子エネルギー損失分析（EELS）

図11.2　電子線をつかった評価手法．

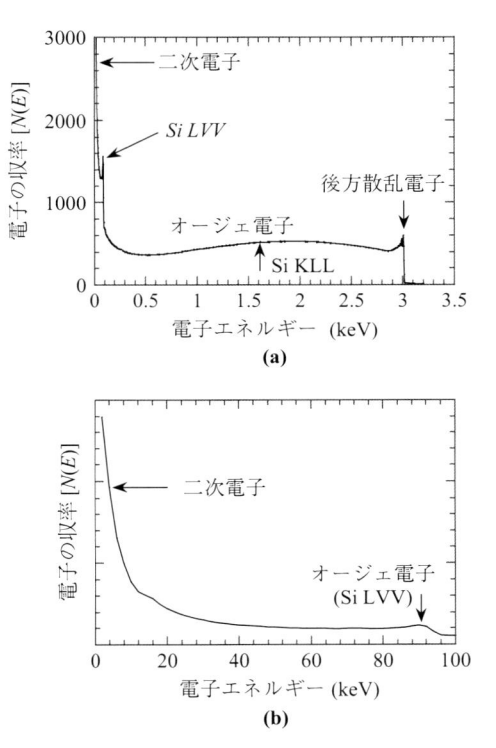

図11.3 シリコンについての, 電子の収率 $N(E)$ のエネルギー分布. (a)全エネルギー範囲, (b)エネルギーの範囲を限定. 入射エネルギーは3 keV. SiのLVVおよびKLL遷移のオージェ電子がみえる. データはM.J. Rack (Arizona State University) の厚意による.

11.2.1 走査電子顕微鏡法

原理:電子顕微鏡では電子線(電子ビーム)をつかってサンプルの拡大像を生成する。電子顕微鏡は, **走査型** (scanning), **透過型** (transmission), および**放射型** (emission) の3種が主である。走査型および透過型の電子顕微鏡では, サンプルに入射した電子線から像をつくるが, 放射型電子顕微鏡では, 試料自体が電子源になる。電子顕微鏡法の歴史についてはCosslettの議論がよい[2]。走査電子顕微鏡 (scanning electron microscope) は電子銃, レンズ系, 走査コイル, 電子捕集器, および陰極線表示管 (cathode ray display tube; CRT) からなる。ほとんどのサンプルはおよそ10〜30 keVの電子エネルギーでよいが, 絶縁性のサンプルでは数100 eVまで下げることがある。電子顕微鏡の電子の波長は光の波長に比べて大変短いので, 光学顕微鏡に比べ倍率がきわめて大きくなり, 視野がとても深くなるという2つの利点がある。

1923年に, ド・ブロイは粒子が波として振る舞うと提案した[3]。電子の波長 λ_e は電子の速度 v あるいは加速電圧 V によって,

$$\lambda_e = \frac{h}{mv} = \frac{h}{\sqrt{2qmV}} = \frac{1.22}{\sqrt{V}} \quad [\text{nm}] \tag{11.1}$$

で決まる。$V = 10000$ Vなら $\lambda_e = 0.012$ nmで, 可視光の波長400から700 nmよりきわめて短く, SEMの分解能は光学顕微鏡に比べ格段によい。

絞った電子線でサンプルを走査し，二次電子か後方散乱電子，またはその両方からSEMの像を得る．電子の収束方法については適切な本や論文があるので[4]，詳細には立ち入らない．電子線が当たると，電子と光子が放出され，これらが検出される．二次電子によって従来のSEM像がつくられ，後方散乱電子もなんらかの像をつくり，X線は電子マイクロプローブにつかわれ，光はカソードルミネセンスとして知られており，吸収された電子は電子線誘起電流として計測される．これらの信号を検出し，増幅して，サンプルを走査する電子線と同期したCRTの走査輝度を制御する．こうしてディスプレイ上の点とサンプル上の点とが1対1に対応する．この対応関係の倍率Mは，走査されるサンプルの寸法に対するCRT上の走査寸法の比となり，

$$M = \frac{\text{CRTの幅}}{\text{サンプルの走査距離}} \tag{11.2}$$

である．

幅10 cmのCRTが100 μm走査したサンプルを表示していれば，倍率は1000倍である．SEMでは100000倍以上の倍率が可能で，低い倍率はかえって難しい．典型的なSEMは目視用の大型CRTと，写真用に走査線2500本をもつ高精細CRTを備えている．

SEMのコントラストは様々な要因で決まる．平坦で一様なサンプルの像にコントラストはない．ただし，原子番号の異なるいくつかの材料からなるサンプルの場合，原子番号Zとともに電子の後方散乱係数が増加するので，後方散乱電子をとらえれば，コントラストを得ることができる．一方，二次電子の放出係数はZにあまり依存しないので，原子番号が変化しても目立ったコントラストは得られない．コントラストには表面状態や，局所電場も影響する．しかし，SEMのコントラストを大きく左右するのはサンプルの立体形状である．二次電子が放出されるのは，サンプル表面から深さ10 nmまでである．垂直に入射する電子線に対してサンプルを傾けると，10 nmの表層を通過する電子線の経路は$1/\cos\theta$倍だけ長くなる．ここでθは（垂直入射を$\theta = 0°$とした）垂直入射からの角度である．入射電子線の行程が長くなると，サンプルとの相互作用も増し，二次電子放出係数が増加する．コントラストCの角度依存性は

$$C = \tan\theta \, d\theta \tag{11.3}$$

のようになる[4]．$\theta = 45°$での角度変化が$d\theta = 1°$としてもコントラストの変化は1.75%にすぎないが，$\theta = 60°$での角度変化$d\theta = 1°$に対するコントラストの変化は3%になる．

サンプルステージはSEMの重要な部品である．これでサンプルが適切にみえるよう，あおり角と回転角を精密に制御する．三次元的なSEM像では角度も重要だが，信号の捕集の仕方で鮮明な像になる．検出器と別の方向へ飛び出した二次電子も検出器で捕集できる．検出器（眼）へ入った光だけが観察される光学顕微鏡ではこのようなことはない．SEMの写真生成は，光学顕微鏡でのそれとまったく異なる．光学顕微鏡ではサンプルで反射した光がレンズを通して像を結ぶ．SEMでは真の像は存在しない．いわゆるSEM像を構成する二次電子が捕集され，その密度が増幅されてCRT上に表示される．試料空間からCRT空間へのマップの変換によって像の情報が形成されているのである．

機器に関する知識：SEMの模式図を図11.4に示す．電子銃から放射された電子は，一連のレンズによってサンプル上に収束され，走査される．電子線はエネルギー分散が小さく，高輝度であることが望ましい．タングステンからなる"ヘアピン"フィラメント銃から放出される熱電子のエネルギー分散は2 eV程度である．タングステン源のほとんどは，より高輝度，低エネルギー分散（～1 eV），長寿命の六ホウ化ランタン（LaB_6）源や，エネルギー分散が0.2から0.3 eVの電界放射銃に替わっている．電界放射銃は，LaB_6源のおよそ100倍，タングステン源のおよそ1000倍の輝度をもち，寿命も長い．

入射電子線あるいは主電子線によってサンプルから放出された二次電子は，10から12 kVまで加速される．これらの検出には，一般にEverhart-Thornley（ET）検出器がつかわれる[5]．その主要部品はシンチレーション材料で，サンプルから放出された加速エネルギーをもつ電子がこれに当たると，光

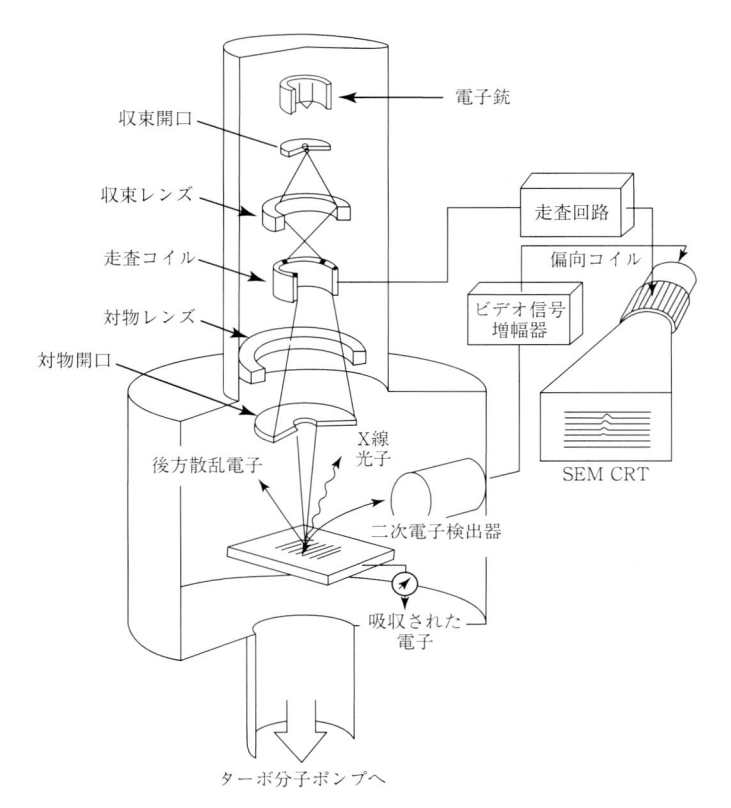

図11.4 走査電子顕微鏡. 許可を得て Young and Kalin の文献6の Microelectronics Processing: Inorganic Materials Characterization, p.51, 図1（©1986, American Chemical Society）より再掲.

を放出する。シンチレータからの光はライトパイプを通して光電子増倍管へ導入され，光電陰極で発生した二次電子の多段増殖によりCRTの駆動に必要な高利得を実現している。

電子線のビーム径は，収束レンズのついたSEMでおよそ0.4 nm，電界放射SEMでおよそ0.1 nmであるが，電子線による測定でそこまでの分解能が得られるとは限らない。これは半導体中に電子―正孔の雲が生成されることによる。固体に衝突した電子は，（エネルギーをほとんど失うことなく方向を変える）弾性散乱と，（方向をほとんど変えることなくエネルギーを失う）非弾性散乱を受ける。弾性散乱は主に電子と原子番号が大きい材料の核，あるいは低エネルギー電子線と核との相互作用による。非弾性散乱は価電子あるいは内殻の電子による散乱が主である。その結果，平行に絞られた電子線がサンプル内で拡がるのである。

生成される雲の体積は，電子線のエネルギーとサンプルの原子番号Zの関数になる。そこに二次電子，後方散乱電子，特性X線および連続X線，オージェ電子，光子，そして電子―正孔対が発生する。Zの小さいサンプルでは電子が深く侵入し，そのほとんどが吸収されてしまう。Zが大きいサンプルでは，表面近くでの散乱が激しく，入射電子の多くが後方散乱を受ける。サンプル中の電子の分布形状は原子番号によって変わる。Zの小さい（$Z \leq 15$）材料での分布は，図11.5の"涙滴（teardrop）"形状になる。$15 < Z < 40$では球に近い形状になり，$Z \geq 40$では半球になる。"涙滴"形状は，ポリメチルメタクリル酸を電子線で露光し，露光部をエッチングすると観察できる[4]。モンテカルロ法で計算

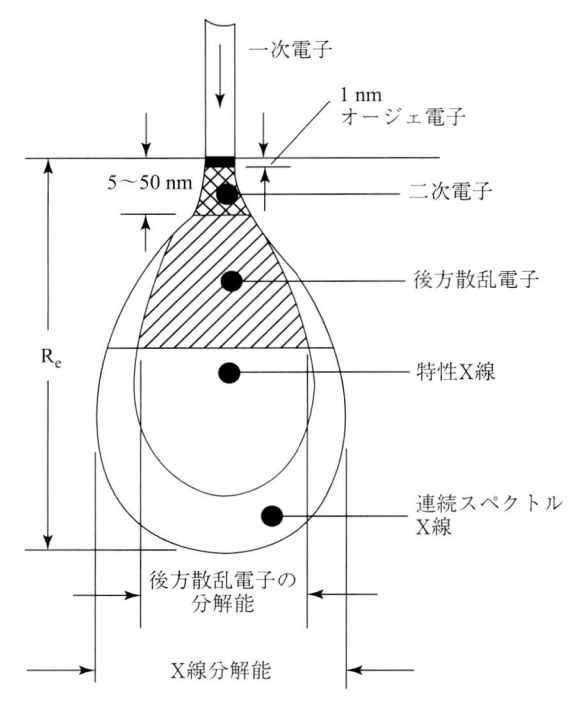

図11.5 固体に電子が入射したときの後方散乱電子，二次電子，X線，およびオージェ電子の発生領域と空間分解能．許可を得て文献4より再掲．

した電子の軌跡も，これらの形状に一致する．

電子が侵入する深さは**電子距離**（electron range）R_eといい，サンプルの表面から電子が軌跡にそって侵入した距離の平均で定義される．R_eにはいろいろな経験式が導かれている．その1つが

$$R_e = \frac{4.28 \times 10^{-6} E^{1.75}}{\rho} \quad [\text{cm}] \tag{11.4}$$

で，ρはサンプルの密度（g/cm^3），Eは電子のエネルギー（keV）である[7]．Si（$\rho = 2.33$ g/cm^3），Ge（5.32 g/cm^3），GaAs（5.35 g/cm^3），およびInP（4.7 g/cm^3）の電子距離は，それぞれ

$$R_e(\text{Si}) = 1.84 \times 10^{-6} E^{1.75} \quad ; \quad R_e(\text{Ge}) = 8.05 \times 10^{-7} E^{1.75}$$
$$R_e(\text{GaAs}) = 8.0 \times 10^{-7} E^{1.75} \quad ; \quad R_e(\text{InP}) = 9.1 \times 10^{-7} E^{1.75}$$

である．式（11.4）は$20 < E < 200$ keVで正確な結果を与えるが，より正確な式はこれらよりやや大きな値を与える[8]．

用途：半導体でのSEMの顕微鏡としての用途は，故障解析などでのデバイスの表面観察や，MOSFETのチャネル長，接合の深さなど，断面観察によるデバイスの寸法測定などが最も一般的である．また，製造工程でのウェハプロセスのオンライン検査や線幅の測定にもSEMがつかわれる（第10章参照）．集積回路を調べるときは，薄い導電層（Au，AuPd，Pt，PtPd，およびAgなら表面に酸化物ができない）で表面をコーティングしたり，入射電子線の数が二次電子と後方散乱電子の数と同程度になるまで電子線のエネルギーを下げるなどして，サンプル表面の帯電をできるだけ減らすことが重要である．電

子の出入りがつり合うエネルギーはおよそ1 keVで，このエネルギーなら電子線によるデバイスへのダメージはほとんどない．低エネルギー電子線ではS/N比が下がるので，高輝度の電子線とデジタルフレームストレージで信号を増強している．

11.2.2　オージェ電子分光法

原理：オージェ電子分光法（Auger electron spectroscopy; AES）は1925年にAuger[9]が発見したオージェ効果をつかうもので，材料の化学的な性質や組成を研究する上での強力な表面評価法である．水素とヘリウムを除く全元素を検出できる．元素を同定するための膨大な資料がデータベースになっており，データ解析は簡略化されている[10]．異なる元素のスペクトルが重なることはなく，オージェ遷移エネルギーのずれから化学結合状態の知見も得られる．異なる元素と干渉しても，異なる電子遷移に対応するいろいろなエネルギーでオージェピークを測定すれば，たいていは分離できる．オージェではサンプル表面の0.5から5 nmの深さを分析するが，スパッタで掘っていけばさらに深さ方向の知見も得られる．

半導体でのオージェ電子放出を図11.6に示す．このエネルギーバンド図には，真空準位，伝導帯と価電子帯，そしてふつうの半導体エネルギーバンド図では省略しているさらに低いエネルギーの内殻準位も描いている．ここではエネルギーE_KのK準位（量子数$n=1$）と2つのL準位（$n=2$のE_{L1}と$E_{L2,3}$）をもつ材料を考えよう[11]．電子銃でおよそ3～5 keVに加速された電子は，K殻から電子をはじき出す．K殻の空席は，外側の殻（この場合はL_1）の電子か価電子帯にある電子によって埋められる．

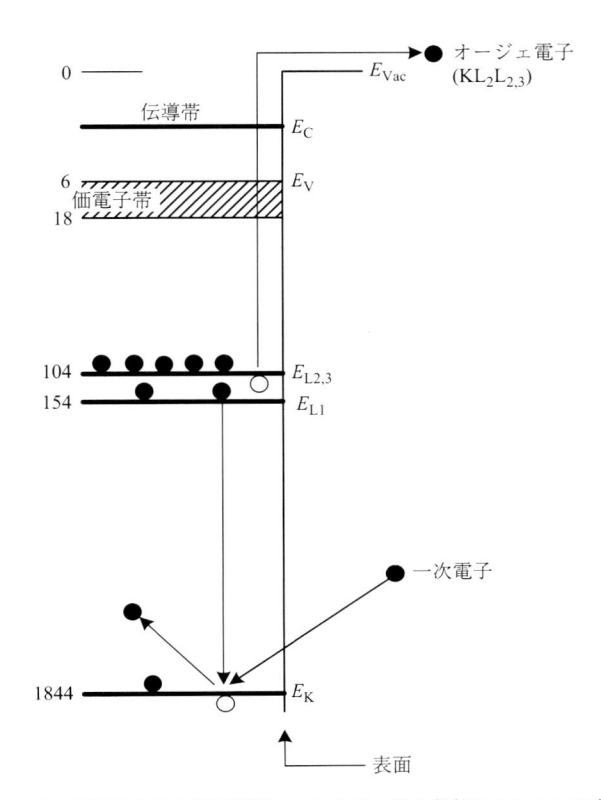

図11.6　オージェ電子分光法の電子過程．エネルギー軸の数値はシリコンのものである．

このエネルギー $E = E_{L_1} - E_K$ は $L_{2,3}$ 準位にある第3の電子（オージェ電子）に受け渡される[注1]。次節で議論するように，このエネルギーでX線光子を放出することもできる。Zの小さい元素では，X線放出よりオージェ放出の方が支配的である。

その結果，原子は二重にイオン化した状態になり，この全過程を"$KL_1L_{2,3}$"あるいは単に"KLL"と呼ぶ。KLL遷移では，L殻に2つの空席ができる。これらの空席は価電子帯の電子で埋められ，LVVオージェ電子を放出する。オージェ過程は3電子過程なので，電子が3個ない水素とヘリウムではいずれもオージェ電子が検出されないことは明白である。$3 < Z < 14$ ではKLL遷移，$14 < Z < 40$ ではLMM遷移，$40 < Z < 80$ ではMNN遷移が支配的である[12]。価電子帯とK殻の間の遷移はKVV，価電子帯とL殻との間ならLVVで，LVVはSiで支配的な遷移である。

演習11.1
問題：AESでは，L殻からK殻へ落ちた電子が，L殻にある別の電子へエネルギーを渡す。Liでは（3個しか電子がないから）L殻に2つ目の電子はない。それでもLiのAESは観測されるのはなぜか。
解：Liの原子のL殻に2つ目の電子はないので，孤立原子のLiではオージェ遷移は起きない。しかし，固体のLiでは，伝導帯の電子を2つ目の電子としてつかえば，オージェ放出が可能である。L殻と伝導帯とは実効的に同じである。A.J. Jackson, C. Tate, T.E. Gallon, P.J. Bassett, and J.A.D. Matthew, "The KVV Auger Spectrum of Lithium Metal", *J. Phys. F: Metal Phys.*, **5**, 363-374, Feb. (1975)

原子の原子番号 Z で決まるオージェ電子エネルギーは，$KL_1L_{2,3}$ 遷移の場合，

$$E_{KL_1L_{2,3}} = E_K(Z) - E_{L_1}(Z) - E_{L_{2,3}}(Z+1) - q\phi \tag{11.5a}$$

である[13]。ここで $q\phi$ はサンプルの仕事関数である。一般に，準位Aの電子が衝突励起され，この空席が準位Bからの電子で埋められ，準位Cから電子が飛び出すとすると，オージェ電子の運動エネルギーは

$$E_{ABC} = E_A(Z) - E_B(Z) - E_C(Z+\Delta) - q\phi \tag{11.5b}$$

となる[14]。ここで Δ を導入したのは，最終的に二重にイオン化した状態のエネルギーが，同じ準位の各々のイオン化エネルギーの合計より大きいことを説明するためである。Δ は0.5から0.75の間である[10]。オージェ電子エネルギーはサンプルで決まり，入射電子のエネルギーによらない。

機器に関する知識：オージェ電子分光法の装置は電子銃，電子線制御部，電子エネルギー分析器，およびデータ解析部からなる。入射電子線の標準的なエネルギーは1から5keVである。電子線のエネルギーを上げるとサンプルの深いところでオージェ電子が発生し，外へ脱出できなくなる。電子線の収束径は電子源，電子線エネルギー，電子レンズ系，およびビーム電流で決まる。走査しないAESなら，電子線のビーム径は100 μmのオーダーであるが，走査系があればもっと小さい。電界放射源なら，1 nAのビーム電流で10 nmのビーム径を達成できる。放出されたオージェ電子は遅延ポテンシャル分析器か円筒ミラー分析器，あるいは半球型分析器で検出する。よくつかうのは**図11.7**の円筒ミラー分析器（cylindrical mirror analyzer；CMA）である[15]。電子銃のまわりを分析器が包み込んだ同軸構造で影を少なくし，イオンスパッタ銃を装着する空間を設けている。2つの同軸円筒の間の入射スリットから入ったオージェ電子は負の電位によって同軸円筒の間に生成された円筒電場で収束される。CMAでは $E \sim V_a$ を中心に ΔE の拡がりをもつ電子が出射スリットを抜けることができる。分析器の電位 V_a を上げていくと，電子エネルギーのスペクトルが得られる。エネルギー分解能は

注1　$L_1 \to K$ 間は選択則により放射遷移を禁じられているが，オージェ電子にエネルギーを受け渡すことで非放射遷移が可能になる。

$$R = \frac{\Delta E}{E} \tag{11.6}$$

で定義される．ここで ΔE は分析器を通過できるエネルギーの幅，E は電子のエネルギーである．CMA では $R \approx 0.005$ である．CMAの設計上，電圧を上げても $\Delta E/E$ は変わらない．すると式（11.6）により，ΔE は E とともに増加しなければならない．こうして分析器を通過する電子の数は E に比例することになる．オージェスペクトルの電子の数を $N(E)$ ではなく $EN(E)$ で表示するのは，こういう理由からである．

オージェ電子エネルギーはおよそ30から3000 eVである．SiのLVV遷移は92 eVである．分析領域は主に入射電子線のビーム径で決まる．電子線が固体中で相互作用する領域は図11.5のように電子線のビーム径より大きいが，オージェ電子が出てくるのは表面の浅い層からに限られる．脱出深度は金属が最も浅く，半導体と絶縁体がこれに続く．AESは，1点に絞ってサンプルの微小領域の様々な元素を検出することもできるし，検出器をある1つの元素に合わせ込み，サンプル上を電子線で走査してその元素のマップをつくることもできる．サンプル表面の汚染はオージェ信号と干渉するので，サンプル汚染を防止するオイルフリーの高真空（10^{-9} Torr以下）が必要である．

シリコンの $EN(E)$ をエネルギーの関数として図11.8にプロットする．オージェ電子のピークは，後

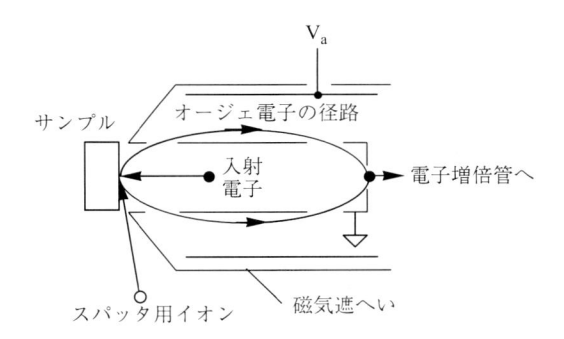

図11.7　円筒ミラー分析器を用いたAESシステムの配置．許可を得て文献15より再掲．

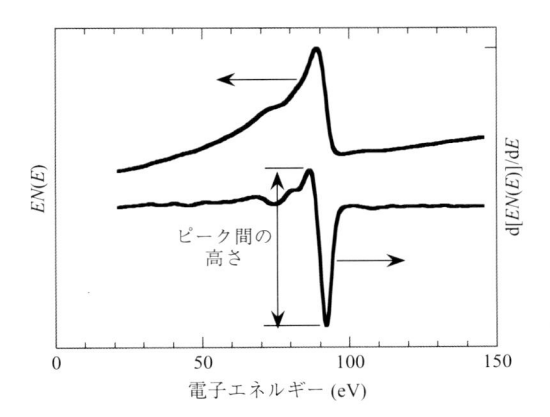

図11.8　シリコンのLVV遷移についての $EN(E)$ とその微分曲線．データはM.J. Rack（Arizona State University）の厚意による．

方散乱によってエネルギーを失った電子線と，サンプルの通過によってエネルギーを失ったオージェ電子と，低エネルギー側でのカスケード過程で生成された二次電子からなる強い背景信号に対し，弱い摂動として現れる（図11.3）。サンプルの奥深くで生成されたオージェ電子はエネルギーを失い，背景と区別できなくなる。オージェのピークを際立たせるために，オージェ信号を微分し，図11.8に示すように$d[EN(E)]/dE - E$で表す。信号の微分によってAESは急速に発展した[16]。オージェ電子エネルギーの位置は，$EN(E)$スペクトルのピークか，スペクトルの微分信号の$d[EN(E)]/dE$ピークの負の落ち込みが最も大きい位置で示される。微分によって背景に対する信号の比は上がるが，S/N比は下がる。微分していない$EN(E) - E$曲線の背景を抑えて信号をもち上げることもできる。

AESの検出限界はおよそ0.1%であるが，元素によって幅がある。Davisらは3 keV，5 keV，10 keVの入射電子エネルギーについて，元素の相対的なオージェ感度を調べている[10]。検出限界は電子線電流にも，分析時間にも影響され，定量的なAES分析を困難にしている。誤差5％の較正サンプルをつかった単純な半導体サンプルのAES精度は10%と報告されている[17]。ふつうは公表されている元素のオージェ強度か感度因子で補正をかける。たとえば，測定したスペクトルのピーク強度に元素の感度因子の重みを掛けて補正する。よく微分スペクトルのピーク-ピーク間の差を強度の値として用いるが，これは批判の的になっている[18]。スペクトルを微分する代わりに，ピークの面積を測定した方が，より正確である。AESとXPSによる表面分析に，はじめはハンドブックや公表論文のスペクトルが積極的に参照された。最近PowellがAES，XPS，およびSIMSにつかえるよう，分析値の文献を広範囲に整理している[18]。

入射電子線でサンプルが改質されていないか確めておくことは重要である。絶縁体では帯電による副産物が生じる[19]。不活性イオンビームによるスパッタとオージェ信号のとり込みを交互にくり返した深さプロファイルを，スパッタ時間に対するオージェ電子強度として図11.9に示す。分析後に穴の深さを測定すれば，深さとスパッタ時間の対応がとれる。AESで深さ方向に分析していくと，スパッタによる副産物が現れることがある[20]。これには穴の入口の盛り上がり，スパッタされた材料の再付着，表面粗さによるもの，スパッタの選択性，スパッタレートの変化，原子の入り混じり[注2]，帯電効果，あるいはSiO_2における酸素の分解や脱離[21]のようなサンプルのダメージが該当する。深さの分解能は

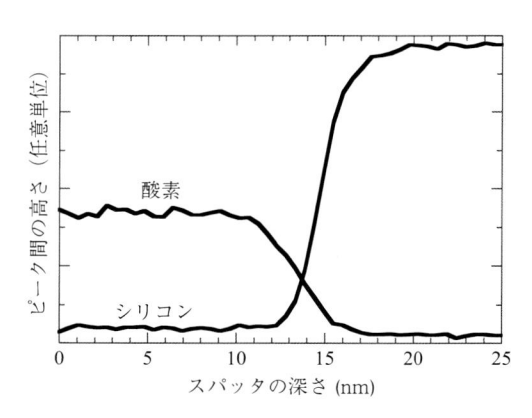

図11.9 Si上の14.8 nmのSiO_2膜のオージェ深さプロファイル．2 keVのアルゴンイオンでスパッタ．データはM.J. Rack（Arizona State University）の厚意による．

注2 原子混合（atomic mixing）：スパッタリングの際，試料内で原子の球つき衝突が連続的に生じるため，各原子の位置は初期の場所と異なってしまう。混合層の厚みは数10Åのオーダーである。これ以上の分解能はスパッタリング現象を利用している限り不可能である。

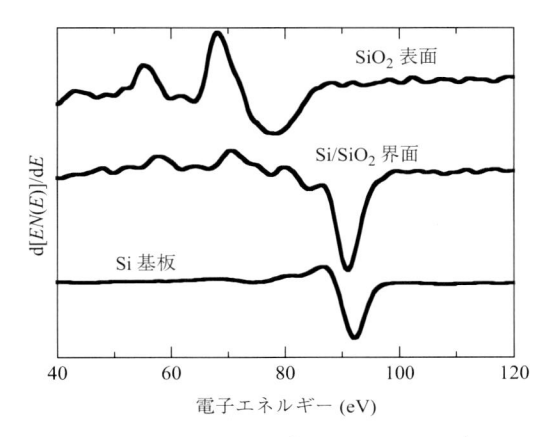

図11.10 Siのいろいろなオージェスペクトル．データはM.J. Rack（Arizona State University）の厚意による．

10 nmのオーダーである。

用途：AESは半導体の組成，酸化膜の組成，リンドープガラス，シリサイド，金属配線，ボンディングパッド汚染，リードフレーム故障，パーティクル解析，および表面クリーニングの効果の測定につかわれている[22]。AESは，サンプル表面への汚染被膜の形成を遅らせるために，高真空（$10^{-12} \sim 10^{-10}$ Torr）で測定する。元素走査で表面の元素を迅速に同定できる。**走査オージェ顕微鏡法**（scanning Auger microscopy; SAM）では，1つの元素についてのマップを1度にとることができる。AESの感度は0.1％程度なので，微量元素の分析には向いていない。もともとAESは元素分析につかわれていたが，最近のAESシステムでは化学的知見も得られる。元素が結合して化合物になると，**図11.10**のようにエネルギーが変化し，オージェスペクトルの形状が変わる。この例では，バルクSiと，Si/SiO$_2$界面のSi，およびバルクSiO$_2$を構成するSiとでオージェ信号に明らかな差異がみられる。X線光電子分光法（X-ray photoelectron spectroscopy; XPS）のスペクトル線はAESの線より細いので，一般にXPSの方が化学分析に適していると考えられているが，エネルギーのシフトは，たいていXPSよりAESの方が大きい。

11.2.3 電子マイクロプローブ法

原理：**電子マイクロプローブ法**（electron microprobe; EMP）はX線マイクロアナライザ（electron probe microanalysis; EPMA）ともいい，1948年のCastaingの学位論文で初めてとり上げられた[23]。その方法は，サンプルに電子をぶつけ，X線を放出させるものである。EMPは，通常走査電子顕微鏡の一部としてX線検出器がとりつけられている[24]。SEMの入射電子線とサンプルとの相互作用によって発生する様々な信号の中でも，X線が材料評価に最もよくつかわれる。X線は，これを放出した元素特有のエネルギーをもつので，元素を同定することができる。X線強度を既知の標準サンプルの強度と比較し，その強度比からサンプル中の元素の量の目安が得られる。ただし，X線強度と元素の量に直接の相関関係はない。さらに，たとえばサンプル中の他の元素が入射電子線によって発生したX線の一部を吸収し，その特性エネルギーを**二次蛍光**（secondary fluorescence）として知られるX線として放出するなど，他の元素の影響が分析を複雑にしている。元素AとBを含むサンプルで，元素Aの特性X線のエネルギーが元素Bの吸収エネルギーより高ければ，Aの特性X線を吸収したBが特性蛍光を放射する。さらに，サンプルから出たX線がすべて検出器に捕集されるとは限らない。標準サンプルの組成が未知のサンプルの組成と一致していれば，定量的に密度を決定できる。1元素だけからな

る純粋な標準サンプルもつかえるが，精度はよくない．幸い，定量的な分析が必要になることはあまり多くない．

　図11.5に示すように，X線はサンプル内部から放出されるので，EMPは真の表面分析法とはいえない．この過程を図11.11のバンド図に描く．標準的には5から20 keVの電子線がサンプルに入射する．電子線のエネルギーはX線のエネルギーのおよそ3倍必要で，**過電圧**（overvoltage）として知られている．標的に電子が衝突すると，まったく異なる次の2つの過程でX線が発生する：(1)原子殻のクーロン場で電子が減速され，ゼロから入射電子のエネルギーまでの連続スペクトルをもつX線が放出される．これがゼロから入射電子エネルギーまで拡がった連続X線あるいはBremsstrahlung（ドイツ語で"制動放射"の意）で，可視光スペクトルの白色光にならって白色放射ということもある．(2)入射した電子と内殻電子との相互作用によって，入射電子が内殻電子をはじき出し，その空席に外殻の電子が落ち込む．このとき放出される特性X線の波長は，X線を放出する原子の物理的あるいは化学的状態によらない．

　L（量子数$n=2$）→ K（$n=1$）遷移で放出されたX線をK_α線という．M（$n=3$）→ K（$n=1$）遷移で放出されたX線はK_β線，M（$n=3$）→ L（$n=2$）遷移で放出されたX線はL_α線などという．ただし，K準位以外の準位は微細構造に分裂でき，L殻は三重微細構造を，M殻は五重微細構造をもつ．これにしたがって遷移もさらに分裂し，L_2→K遷移によるX線を$K_{\alpha 2}$線といい，L_3→K遷移によるX線を$K_{\alpha 1}$線という[25]．遷移毎に起きる確率は異なり，一部はL_1→K遷移のように遷移できないものは"禁止"遷移と呼ばれる．イオン化効率は低く，K殻が空席となるのは，1000分の1ほどである．

　X線検出器には（二重項のように）互いに近接したX線のスペクトル線を分離できる分解能力はな

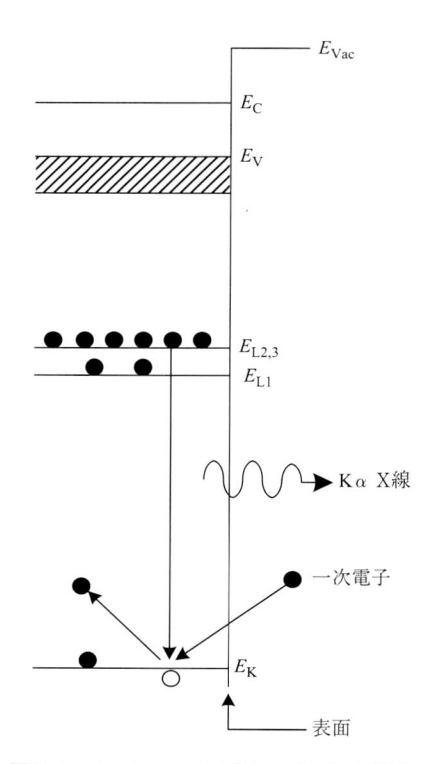

図11.11　電子マイクロプローブ法の電子過程．

い．二重項は1つのスペクトル線として測定される．添え字を外してこれを表す．K_αとは，分解できなかった二重項$K_{\alpha1} + K_{\alpha2}$のことである．これを$K_{\alpha1,2}$と表すこともある．EMPでのL → K遷移のX線光子エネルギーは

$$E_{EMP} = E_K(Z) - E_{L2,3}(Z) \tag{11.7}$$

になる．K準位とL準位の間のエネルギーはL準位とM準位の間のそれよりかなり大きく，L準位とM準位の間のエネルギーはM準位とN準位の間のそれよりかなり大きい．たとえば，シリコンでは$E(K_{\alpha1})$ = 1.74 keV，銅では$E(K_{\alpha1})$ = 8.04 keVと$E(L_{\alpha1})$ = 0.93 keVであるが，金では$E(K_{\alpha1})$ = 68.79 keV，$E(L_{\alpha1})$ = 9.71 keV，および$E(M_{\alpha1})$ = 2.12 keVである．EMPでは$K_{\alpha1,2}$, $K_{\beta1}$, $L_{\alpha1,2}$および$M_{\alpha1,2}$線が代表的なスペクトル線である．0.7から10 keVのエネルギー範囲で観測した高品位X線スペクトルのすべてを，FioriとNewburyがグラフにまとめている[26]．EMPスペクトルの定性的および定量的解釈の詳しい議論は文献4にある．X線のエネルギーEと波長λとの関係は，

$$\lambda = \frac{hc}{E} = \frac{1.2398}{E(\text{keV})} \quad [\text{nm}] \tag{11.8}$$

である．

K殻が関係するイオン化ではK線のX線かオージェ電子しか放出されない．イオン化した数のうちX線を放出する割合を**蛍光収率**（fluorescent yield）という．X線放出確率とオージェ電子放出確率を足し合わせると1になる．Zの小さい材料ではオージェ電子放出が支配的で，Zの大きい材料ではX線放出が支配的である．K殻のイオン化でこの2つの確率が同等になるのは，**図11.12**に示すように$Z \approx 30$である．

EMPの電子線のビーム径は1 μm以下のオーダーであるが，X線は広範な領域から放出され，オージェ電子分光法のような高いエネルギー分解能もなく，真の表面分析手法ともいえない．EMPは励起ビームの大きさが測定の分解能にほとんど関係しない好例である．ビーム径を絞ると，分解能はやや上がるが信号は減る．AESのように電子線を固定して元素を走査し，サンプルの不純物をとらえることもできる．サンプルの限られた領域をビームで水平走査すれば，その像と元素のマップが得られる．EMPはAESより大きな体積をプローブするので，感度はAESよりよい．Z = 4から10の元素に対する感度は10^3から10^4 ppm（parts per million）である．Z = 11から22の元素に対しては10^3 ppm，Z = 23から100の元素に対しては100 ppmであるが，機器やサンプルによって変動する[12]．

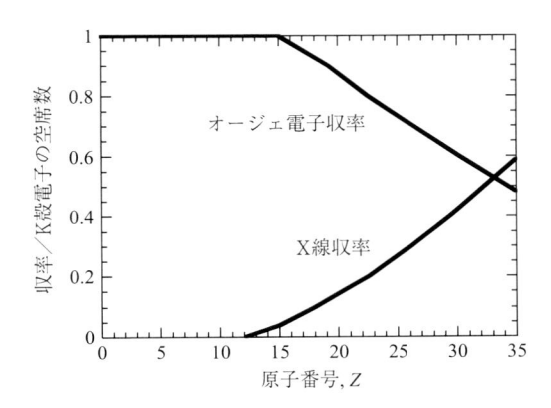

図11.12 K殻の空席1つ当りのオージェ電子収率とX線収率を原子番号の関数としたもの．許可を得て文献25より掲載．

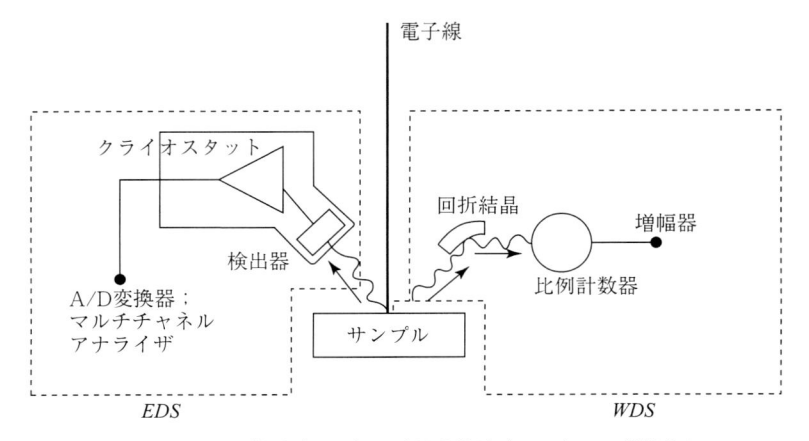

図11.13 エネルギー分散型（EDS）と波長分散型（WDS）のX線検出システム．
許可を得て文献6より再掲．

機器に関する知識：EMPではSEMの電子線，収束レンズ，および偏向コイルをつかう．X線検出器を追加するだけで，多くのSEMにEMPの能力が備わる．検出器には様々な種類がある．最も一般的なものとして，図11.13に示すような**エネルギー分散X線分光器**（energy-dispersive spectrometer；EDS）と**波長分散X線分光器**（wavelength-dispersive spectrometer；WDS）がある．この2つの分光器は互いを補完するものである．EDSは一般にサンプルの迅速な解析に，WDSは高分解能測定につかう．最近は**マイクロカロリメータ**（microcalorimeter）もつかえる．

EDSのX線検出器は，半導体（ふつうはSiかGe）の*pin*ダイオードかショットキー・ダイオードに逆バイアスをかけたものである．X線は式

$$I(x) = I_0 \exp[-(\mu/\rho)\rho x] \tag{11.9}$$

にしたがって吸収される[24]．ここで(μ/ρ)は質量吸収係数，ρは検出材料の質量密度，$I(x)$は検出材料中のX線の強度，I_0は入射X線の強度である．質量吸収係数は，与えられた元素毎にX線のエネルギーの関数として指定される．質量吸収係数の値は光子の波長と吸収元素の原子番号で変わり，一般にエネルギーとともに滑らかに減少するが，殻から電子を1つはじき出すエネルギーに相当する"吸収端"で不連続に変化する．Si検出器に対し，Mo K_α($E = 17.44\,\text{keV}$) 線の質量吸収係数は(μ/ρ) = $6.533\,\text{cm}^2/\text{g}$，Cu K_α($E = 8.05\,\text{keV}$) 線では$65.32\,\text{cm}^2/\text{g}$である[11]．$\rho(\text{Si}) = 2.33\,\text{g/cm}^3$のSi検出器に入射するCu K_α線の吸収の式は，xをcmで表して

$$I(x) = I_0 \exp(-152.2x) \tag{11.10}$$

となる．これから50％吸収する厚さは46 μm，90％吸収なら151 μmとなる．このようにX線はシリコンの奥深くに侵入するので，逆バイアスダイオードの空間電荷領域はX線を吸収できる十分な厚さでなければならない．空間電荷領域の幅$W \sim 1/N_D^{1/2}$を広げるには，超高純度Siをつかうか，**リチウムドリフト**で実効的に真性領域をつくらねばならない[27]．

サンプルから放出されたX線は薄いベリリウムの窓を通ってリチウムドリフトSi検出器へ入る．リチウムドリフトSi検出器はリチウムの拡散を防止し，ダイオードのリーク電流を低減するために常時液体窒素で冷却されている．室温ではLiが電場で容易にドリフトするので，室温のLiドリフト検出器にバイアス電圧をかけてはならない．X線の吸収によって生成された多数の電子—正孔対は，空間電荷領域の高電場で掃き出される．この電荷パルスは電荷検知プリアンプで電圧パルスに変換され，さ

らに増幅，整形されマルチチャネル・アナライザへ渡される。ここでパルス列が整理され，ディスプレイ上の適当なチャネル（メモリー・アドレス）に割りつけられる。このチャネルのアドレスや番号がX線のエネルギーに対応するよう較正されている。X線の吸収によるパルスは，次のX線の吸収によるパルスと重ならないようにしなければならない。仮に5 keVのパルスが2つ重なれば，検出器の出力は10 keVのパルスの出力と同じになる。このようなことはほとんど起きないが，パルスの間隔が狭くなりすぎると互いの重なりで**パルスが膨らみ**，正しい測定ができない。

エネルギーEのエネルギー粒子または光子が1つ半導体に吸収されると，

$$N_{ehp} = \frac{E}{E_{ehp}}\left(1 - \frac{\alpha E_{bs}}{E}\right) \tag{11.11}$$

で与えられるN_{ehp}個の電子—正孔対が生成される[28]。ここで，E_{ehp}は1組の電子—正孔対の生成に必要な平均エネルギー，E_{bs}は後方散乱電子の平均エネルギー，αは後方散乱係数（Si検出器なら，2から60 keVのエネルギーの範囲で$\alpha \approx 0.1$）である。$E_{ehp} \approx 3.2 E_G$なので，Siなら3.46 eVになる[29]。5 keVのX線光子はSiにおよそ1350個，電荷にして2.2×10^{-16} Cの電子—正孔対を生成できる。このように，入射X線のエネルギーは半導体検出器でX線が生成した電子—正孔対の数から求められる。NaからUまでの元素はEDSで検出できる。しかし，冷却した検出器を真空系から隔離しているBe窓があるので，これよりZの小さい元素の検出は難しい。窓のない装置ではZの小さい元素も検出できる。サンプルからのX線を吸収したSi検出器がSi K$_\alpha$線を発生し，これを検出器が再吸収することもある。このようなX線はサンプルからのものではないが，シリコンの内部**蛍光ピーク**としてスペクトルに現れる。文献4ではEDSに影響する要因が詳しく議論されている。

WDSではサンプルからのX線を分光結晶に導入する。この結晶に適切な角度で入射したX線だけが回折し，ポリプロピレンの窓を通してガス式比例計数管に入る。比例計数管はガスで満たされた放電管で，管の中央には1から3 kVの電位の薄いタングステン線がある。入射窓の封止が難しいので，管内にガス（アルゴン90％，メタン10％）を流している。X線を吸収したガスは，多量の電子と陽イオンに電離する。電子はワイヤーに引きつけられ，電荷のパルスを生成する。これは半導体検出器で発生し捕集される電子—正孔対と同程度になる。

X線の回折はブラッグの法則

$$n\lambda = 2d\sin\theta_B \tag{11.12}$$

で決まる。ここで$n = 1, 2, 3, \cdots$，λはX線の波長，dは分光結晶の面間隔，θ_Bはブラッグ角である。検出器の信号は単チャネルアナライザで標準的な大きさのパルスに変換され，計数表示される。分光結晶はX線を検出器に収束させるよう曲面になっている。意味のある波長領域を測定するには2つ以上の分光結晶が必要である。格子間隔が異なる一般的な分光結晶としては，α水晶，LiF，ペンタエリトリトール（PET），カリウム酸フタラート（KAP），リン酸二水素アンモニウム（ADP）などがある。

WDSの検出器は他の方法の検出器より捕集面積が大きいが，サンプルから距離があるので，捕集効率は低い。WDSでは一度に検出できる波長範囲が狭いので，背景に対するピークの比を大きく，また，それぞれの元素に対する計数レートを高くでき，高いエネルギー分解能が得られる。これで感度は1～2桁よくなるが，時間がかかり，EDSより10～100倍の電子線電流が必要になる。**表11.1**に2つの方法の主な特徴をまとめておく。EDSとWDSのスペクトルを**図11.14**に示す。明らかにWDSの分解能は高い。標準的なEDSのピークの幅は，電子—正孔対の統計ノイズと電子ノイズで決まるピークの自然幅のおよそ100倍である。

超伝導マイクロカロリメータでは，X線の吸収による金属片の微小な温度変化（ふつう1 K以下）を測定し[30]，EDSでは不可能な低エネルギー（＜3 keV）で元素を同定できる。X線の放出体積が小さくなるよう電子線のエネルギーを下げると，こういう低エネルギーになる。このエネルギー領域では，軽い元素のK線が重い元素のL線やM線と重なるため，EDSではこれらの線を分離できない。マイク

表11.1 X線分光器の比較.

動作特性	WDS 結晶回折	EDS Siエネルギー分散
量子効率	可変,＜30%	2〜16 keVでは〜100%
検出可能元素	$Z \geq 5$（B）	Be窓では$Z \geq 11$（Na） 窓なしで$Z \geq 6$（C）
分解能	結晶による 〜5 eV	エネルギーによる 5.9 keVでは150 eV
データ収集時間	数分から数時間	数分
感度	0.01〜0.1%	0.1〜1%

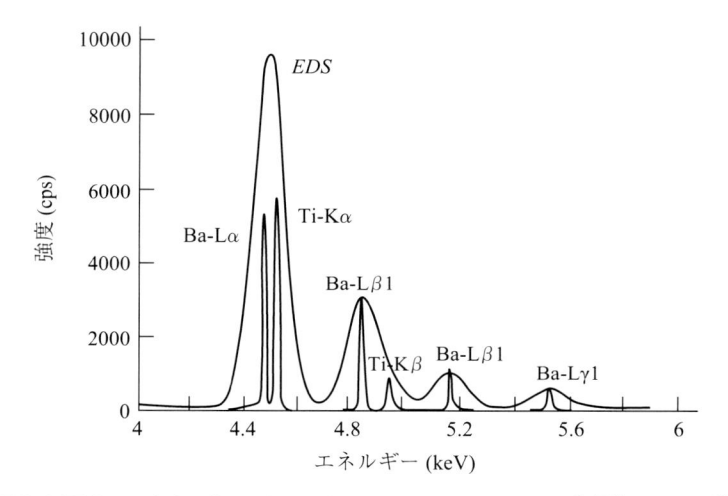

図11.14 BaTiO$_3$のEDSスペクトルとWDSスペクトル．EDSスペクトルは分解能135 eVの検出器による．WDSスペクトルはEDSで重なったピークを分離している．許可を得てR.H. Geiss, "Energy-Dispersive X-Ray Spectroscopy", in Encyclopedia of Materials Characterization (C.R. Brundle, C.A. Evans, Jr., and S. Wilson, eds.), Butterworth-Heinemann, Boston (1992) より掲載．

ロカロリメータの温度変化は小さく，金属片はおよそ100〜200 mKの極低温に保たれている．たとえば，X線のエネルギーに比例する温度変化をIr/Au薄膜の超伝導相転移で検出している[31]．常伝導状態から超伝導状態への転移領域では，薄膜の抵抗の温度依存性が強くなる．この抵抗変化を超伝導量子干渉デバイスで電圧に変換している．エネルギー分解能はおよそ10 eVで，WDSの分解能とほぼ同等，EDSの分解能よりおよそ10倍よい．マイクロカロリメータは強力な冷却設備を代償として，EDSの迅速さとWDSのエネルギー分解能を合わせもったことになる．

用途：EDS分光器を備えた電子顕微鏡は，元素を手早く調べたり，空間マップをつくるのにつかわれている．また，問題解決や故障診断の最初の一手とすることも多い．EDSあるいはWDSで不純物を同定するには，既知のX線エネルギーを実験結果と照合する．照合はソフトウェアなどで自動化されており，測定したスペクトルをこれと最もよく合う既知のスペクトルとともに表示することもできる．EMPは感度が低く，微量分析に適していない．重元素に軽い元素が混じっているときは，特に感度が低い（図11.12および表11.1を参照）．サンプル中で電子が相互作用する体積で決まる空間分解能は1

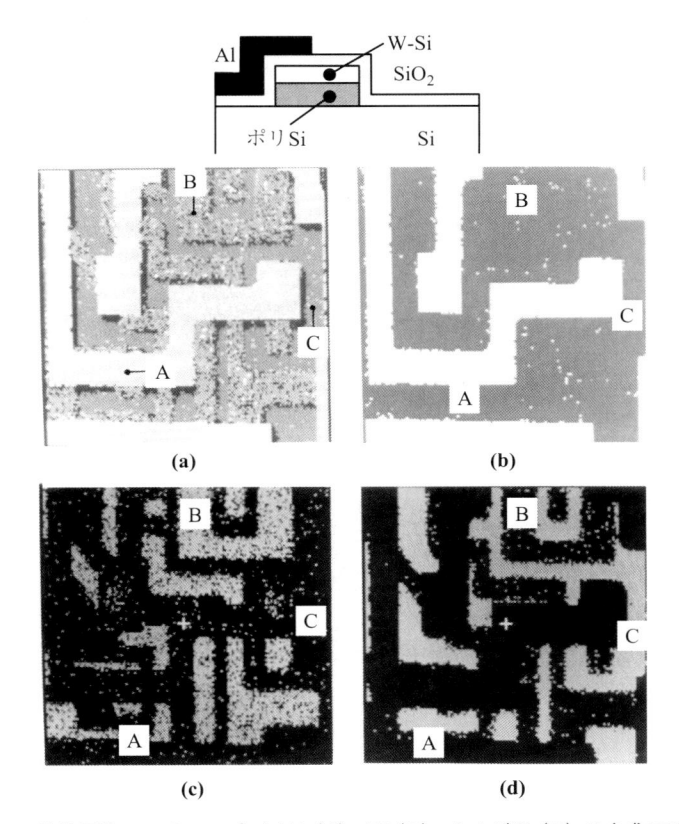

図11.15 Si集積回路のEDSマップ．(a)Al（A），W（B），およびSi（C）の合成EDSマップ，(b)Al配線からのAlのマップ，(c)W-Si配線からのWのマップ，(d)基板からのSiのマップ．上の図は断面図．J.B. Mohr（Arizona State University）の厚意による．

から10 μmで，半導体の上の金属，合金，化合物などの定量測定に向いている．炭素，酸素，および窒素ではX線の収率が低く，またこれらは真空系の一般的な汚染物質なので，検出が難しい．元素マップの例を図11.15に示す．

11.2.4 透過型電子顕微鏡法

透過型電子顕微鏡法（transmission electron microscopy; TEM）はもともと高倍率の像を得るためにつかわれていた．のちに，電子エネルギー損失検出器や光あるいはX線検出器などの分析機能が追加され，現在では分析透過型電子顕微鏡法（analytical transmission electron microscopy; AEM）といわれている[32,33]．TEM，SEM，およびAEMの"M"は"microscopy（顕微鏡法）"または"microscope（顕微鏡）"のことである．透過型電子顕微鏡と光学顕微鏡はどちらも一連のレンズからなり，原理は似ている．TEMの主な強みは0.08 nmに迫るきわめて高い分解能にある．この理由は分解能の式 $s = 0.61\lambda/NA$ から理解できる．光学顕微鏡では $NA \approx 1$，$\lambda \approx 500$ nmから $s \approx 300$ nmである．電子顕微鏡は電子レンズが不完全なため NA はおよそ0.01であるが，波長ははるかに短い．式（11.1）にしたがえば，$V = 100$ kVで $\lambda_e \approx 0.004$ nmとなり，光学顕微鏡をはるかに超えた $s \approx 0.25$ nmの分解能と数10万倍の倍率が得られる．実際の分解能の表式はもっと複雑であるが，粗い見積もりには，このよう

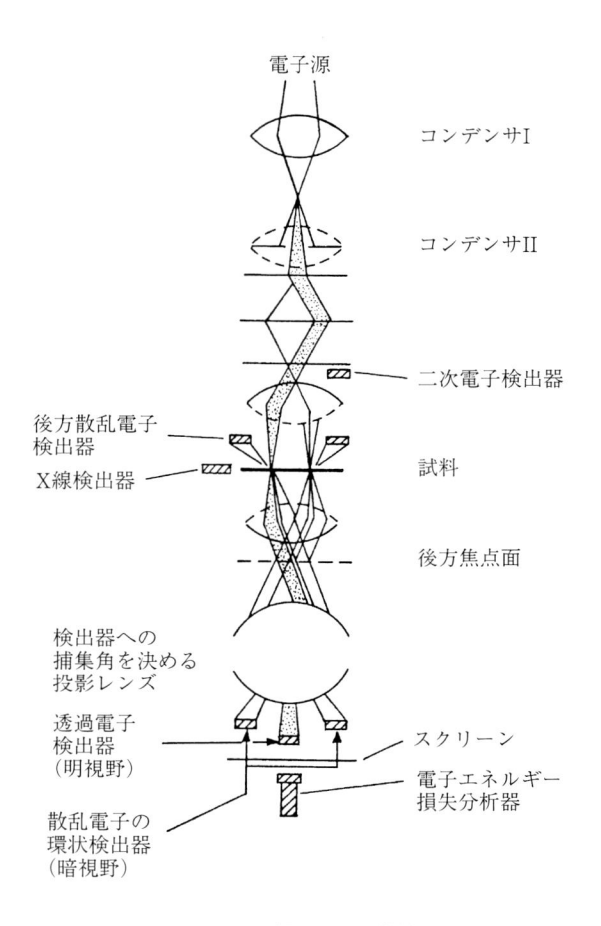

図11.16 透過型電子顕微鏡.

に簡単な計算でよい。TEMの欠点は深さ方向の分解能である。

透過型電子顕微鏡を**図11.16**に示す。電子銃から放出された電子は高電圧（標準的には100から400 kV）で加速され，収束レンズでサンプルに絞り込まれる。サンプルは直径数mmの銅のグリッドの上に置かれている。電子線のビーム径は数ミクロンである。サンプルは電子が透過できるほど十分に薄く（数10から数100 nm）なければならない。サンプルがこのように薄いと，電子線が拡がる余地がないので，図11.5の分解能の問題が回避できる。透過した電子と前方散乱した電子は試料対物レンズの後方焦点面に回折パターン（逆空間像）を形成し，像面に拡大像（実空間像）を映し出す。投影レンズの焦点距離を変えれば，実拡大像か回折パターンを蛍光スクリーン上に投影することができ，これを観察したり，記録や写真に残したりできる。回折パターンからは構造の知見が得られる。

電子顕微鏡像の観察には**明視野法**（bright-field），**暗視野法**（dark-field），および**高分解能法**（high-resolution）の3つがある。光学顕微鏡と同様に，像のコントラストはサンプルでの電子の吸収より，散乱や回折に支配される。透過した電子だけでつくられた像を明視野像，特定の回折線でつくられた像を暗視野像という。サンプルに吸収される電子はほとんどない。電子の吸収があればサンプルは熱くなる。

原子Bを含む原子Aからなるアモルファスのサンプルを考えよう。ここで$Z_B > Z_A$とする（$Z =$ 原子番号）。原子Aによる電子の散乱は少ないが，原子Bからは電子が強く散乱される。散乱が強いほど投影レンズを通過できる電子が減り，蛍光スクリーンに到達しなくなるが，弱く散乱された電子は蛍光スクリーンに到達する。こうして重い元素はスクリーン上に現れず，像の輝度はサンプルと投影レンズを通過した電子の強度で決まる。結晶サンプルでは，電子の波動性により，結晶面でブラッグ回折が起きる。したがってブラッグ回折を受けなかった電子がスクリーンに像をつくる。結局コントラストは，サンプルの質量，厚さ，回折，および位相コントラストで決まる。

定位置の平行なコヒーレント電子線がサンプルを透過して像面に拡大像をつくり，蛍光スクリーンに投影される。**走査透過型電子顕微鏡法**（scanning transmission electron microscopy; STEM）では，細いビーム（直径 ≈ 0.1 nm）でサンプルを走査する[注3]。プローブビームで走査した点を透過した電子は対物レンズによって後方焦点面上の固定領域へ再収束され，検出される。検出器の出力はSEMでの二次電子のようにCRTの輝度を変調する。STEMの入射電子もSEMと同様に，サンプルから二次電子，後方散乱電子，X線，および光（カソードルミネセンス）を放出させる。サンプルの下では，非弾性散乱で透過した電子のエネルギー損失が分析され，正真正銘の分析電子顕微鏡となっている。透過型電子顕微鏡は，SEMでのEMPよりずっと大きな倍率でX線解析ができるという点で重要である。ただしX線を発生する体積はずっと小さいので，信号は弱い。STEMでは，データの順次走査が画素毎の積分時間を決める。

吸収分光法の1つである**電子エネルギー損失分光法**（electron energy loss spectroscopy; EELS）では，サンプルを透過した電子の電子エネルギー分布を調べる[34]。エネルギー分散X線分光器（EDS）では$Z > 10$の元素を検出するが，EELSは低原子番号（$Z \leq 10$）の元素にも感度があり，補完関係にある。理論的には水素も検出できるはずだが，実際にはホウ素までである。EELSは非弾性衝突による電子のエネルギー損失を測定するもので，いくつもの点でEDSより感度が優れている。これは励起された原子が基底状態に戻るときにX線を放出するような二次的な事象ではなく，直接事象であるからであり，特に低Z元素では効果的な過程といえる。また，EDSで検出されるのは放出されたX線の一部であるが，EELSでは透過した電子のほとんどが検出される。EELSによって，TEMに近い超高分解能で，微小分析や構造の知見が得られる。EELSのスペクトルのピークは，有用な解析情報をもたないゼロ損失ピーク，主にプラズモンによる低エネルギー損失ピーク，および内殻のイオン化による高エネルギー損失ピークの3つのグループに分けられる。特定のエネルギーのスペクトル強度を表したEELSマップもつくることができる。

AEMでは構造の知見だけでなく，回折の情報も活用できる。結晶サンプルではこれが重要で，**制限視野回折法**（selected area diffraction）をつかえば，結晶相，アモルファス領域，結晶方位，積層欠陥や転位などの結晶欠陥を同定できる。

高分解能TEM（high-resolution TEM; HREM）では格子像（lattice imaging）といわれる原子サイズのレベルでの構造情報がわかり，界面分析で重要である他，TEM写真は半導体集積回路開発でも重要になっている[35]。たとえば，酸化膜と半導体，金属と半導体，および半導体と半導体の界面の研究では，HREM像から得たところが大きい。格子像は，異なる回折線を多数寄せ集めた干渉像である。文献36に多くのHREMの例が紹介されている。図11.17は酸化膜の厚さが1.5 nmのポリSi/SiO_2/Si構造の断面である。下のSi領域の白い点がSi原子（実際にはSi原子の柱）で，明らかに原子レベルで識別できている。

サンプルを薄くしなければならないというサンプル作製の問題は，TEMの弱点であった。これには機械研磨とイオンミリングをつかってきた[37]。最近は集束イオンビーム（focused ion beam; FIB）もサンプル作製につかわれるようになっている[33]。FIBは，電子ビームの代わりにGa^+のビームをつかうこと以外は，構成と操作はSEMと似ている。Gaのビーム径はおよそ10 nmである。このイオンビーム

注3 安部英司，"最先端電子顕微鏡による局所構造・組成評価"，応用物理，79，pp.293-297（2010）参照。

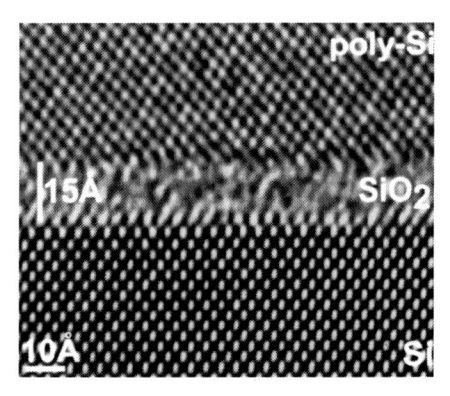

図11.17 ポリSi/SiO$_2$/Si基板のTEM写真. M.A. Gribelyuk (IBM) の厚意による.

でサンプルの任意の場所を走査し,穴を掘っていく.この穴は精密に位置決めでき,集積回路の特異な部分を調べることができる.たとえばICが故障すると,故障部位にFIBで精密に穴をあけることができる.穴があいたら,穴の側壁をSEMで観察する.また,故障したICを両面から削り,自立した膜(図12.29)を残すこともできる.この膜をTEMで調べればよい.FIBがつかわれるようになって,TEMはより日常的になり,製造工程のツールとしてつかっている例もあり,大変特殊な装置であったつい数年前を思うと,昔日の感がある.それまで数時間かかっていた薄膜化加工に比べ,FIBなら20分で自立した薄膜を切り出せる.サンプル表面はアモルファスになり,高濃度のGaを含むが,FIBは手軽なサンプル作製の手段になっている.

11.2.5 電子線誘起電流法

少数キャリアの拡散長を測定するための**電子線誘起電流法**(electron beam induced current; EBIC)は第7章で議論した.ここでは,他への用途を議論する[38].EBICという用語はEverhartによる造語である[39].この方法は**電荷捕集走査電子顕微鏡法**(charge collection scanning electron microscopy)ともいわれる[7].本章にあるほとんどの手法とは対照的に,EBICは不純物を同定するのではなく,電気的に活性な不純物を測定する.これは,電子線走査によって接合デバイスに生成した少数キャリアを捕集する手法である.電子線によってN_{ehp}個の電子—正孔対が生成されたとき,N_{ehp}の電子線エネルギー依存性は式 (11.11) で与えられる.電子—正孔対の生成レートは,式 (7.69) にしたがえば,

$$G = \frac{I_b N_{ehp}}{qVol} \tag{11.13}$$

である.ここでVolは電子—正孔対が生成される体積である.少数キャリアの拡散長が短ければ,電子—正孔対は $(4/3)\pi R_e^3$ の体積内で生成される.少数キャリアの拡散長が $L \gg R_e$ となるSiなどの半導体では,この体積が $(4/3)\pi L^3$ となる.p型基板中の少数キャリアである電子の密度は,およそ

$$n = G\tau_n \tag{11.14}$$

である.

式 (11.14) はEBIC測定の本質を表している.走査電子線で生成された少数キャリアは,接合(pn接合,ショットキー障壁,MOSFET,MOSキャパシタ,電解質—半導体接合)で捕集され,電流(**電子線誘起電流**)として測定される.少数キャリアの密度は寿命に依存するので,サンプルの欠陥分布に依存する.電子線と半導体サンプルとの相互作用は第7章で示しているように様々な構造で起きる.

電子線をxまたはy, あるいはその両方の方向へ移動させると接合で捕集される電子線誘起電流が変化する。電子線のエネルギーを変えれば, z方向の変化もとれる。電子線によって空間電荷領域の端から距離dの位置に生成された電子—正孔対の内, 少数キャリアの一部は拡散して接合に捕集される。第7章では, 電子を捕集する接合から電子線を移動させながら電流を測定すると, 拡散長がどのように求められるかを示している。

欠陥や再結合中心を求めるには, 図11.18に示すように大面積の捕集用接合を形成し, 接合にそって電子線を走査する。均一な材料であれば, 電流は一定である。この図では, ある深さに再結合中心の存在を仮定している。低エネルギーの電子線では, 上層表面近くで電子—正孔対が生成されるので, 少数キャリアのほとんどは空間電荷領域で捕集され, 横方向の距離によらず電流は一定である (図11.18(a))。電子線が高エネルギーで十分に深く侵入すると, 電子—正孔対の一部が欠陥で再結合でき, 捕集される電流が減る (図11.18(b))。この例のように, エネルギーを振った電子線の走査によって, 横方向および深さの方向の均一性を測定できる。

電流の大きさはSEMのCRT上に線走査か輝度マップとして表示される。擬似三次元プロットにすることもできる。Alショットキー・コンタクトがついたポリSiウェハのEBIC輝度マップと線走査の結果を図11.19に示す。図の上のスケッチは断面構造で, EBICマップは上からみた図である。結晶粒と再結合が活性な結晶粒界 (grain boundary; GB) がはっきりみえる。水平方向の白い線はEBIC走査信号の1つを表している。

EBICの代表的な用途は, 少数キャリアの拡散長と寿命, 再結合が起きる位置 (転位, 析出物, 結晶粒界), ドーピング密度の不均一性, および接合の位置の測定である。電子線は非接触で, サンプルの狭い領域も走査できる。たとえば, 樹状繊維シリコン中の双晶面での再結合の挙動の研究では, 厚さ100 μmのウェハの断面上にショットキー・コンタクトを形成し, その上から電子線を走査して双晶面での再結合を明らかにしている[40]。酸化膜をつけたウェハに導電性のゲートをつければ, EBICで酸化膜中の欠陥を検出することもできる[41]。ゲートと基板の間にEBIC電流増幅器をつなぎ, 電子線でサン

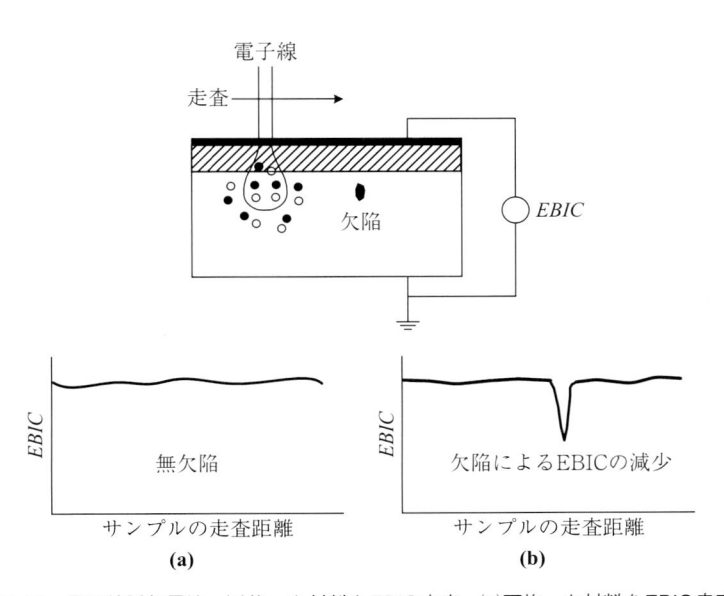

図11.18 電子線誘起電流. (a)均一な材料をEBIC走査, (b)不均一な材料をEBIC走査.

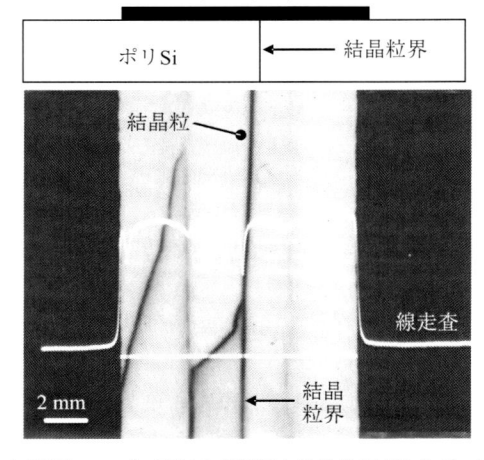

図11.19 多結晶シリコンのEBICマップ．再結合が活性な結晶粒界がみえる．走査線を水平マーカーにそわせたときのEBIC信号を表示している．J.B. Mohr (Arizona State University) の厚意による．

プルを掃引する．基板とゲートの間には高抵抗の酸化膜があるので，EBICはほぼゼロであるが，酸化膜に欠陥があるところでは電流が流れる．

11.2.6 カソードルミネセンス

カソードルミネセンス (cathodoluminescence; CL) は電子線で励起したサンプルからの光の放出を利用する方法である[42]．カソードルミネセンスの最も一般的な用途はテレビ受像器，オシロスコープ，あるいはコンピュータのモニタなどで，映像管の内面の蛍光体に電子が入射すると光が放出されて像をつくる．カソードルミネセンスはEMP（電子線励起，X線放出）とフォトルミネセンス（光励起，光放出）のいずれにも関係している．像を映せることが強みである．サンプルを電子線で走査し，放出された光を検出してCRTに表示する．EMPとカソードルミネセンスはどちらも電子線で励起するが，EMPのX線は内殻のエネルギー準位間の電子遷移によるもので，カソードルミネセンスの光子は，伝導帯と価電子帯の間の遷移によるものである．

カソードルミネセンスの輝度マップは，外部光子量子効率 η（入射電子1個当りで放出される光子の数）[43]

$$\eta = \frac{(1-R)(1-\cos\theta_c)}{(1+\tau_{rad}/\tau_{non-rad})} e^{-\alpha d} \tag{11.15}$$

によってサンプルの再結合に結びつけられる．ここで $(1-R)$ は半導体と真空との界面での反射損失，$(1-\cos\theta_c)$ は内部反射損失，$\exp(-\alpha d)$ は内部吸収損失（d = 光子の行程），τ_{rad}，$\tau_{non-rad}$ はそれぞれ放射，非放射による少数キャリア寿命である．

式 (11.15) の因子はすべて空間に依存し，カソードルミネセンス像のコントラストに寄与するが，定量的な解釈は難しい[44]．たとえば，局所的な反射率の変動もあるし，表面の起伏によって $(1-\cos\theta_c)$ の項が変わり，放出される光が遮られたり，強くなったりする．電場の他に，ドーピング密度，温度，および再結合中心（金属不純物，転位，積層欠陥，析出物）も光の放出を増減させるメカニズムに関与する．

室温のサンプルからカソードルミネセンスの光を捕集するのが，最も簡単な方法である．この白黒

判定法はとりあえずデータを収集するのに有効である。サンプルを冷却し，光をスペクトルに分解するとはるかに良質なデータになる。液体ヘリウム温度までサンプルを冷却すると，熱によるスペクトル線の拡がりが小さくなり，S/N比が上がる。分解したスペクトル成分から不純物を同定できる。カソードルミネセンスによる分解能は電子線のビーム径，電子距離R_e，および少数キャリアの拡散長Lの組み合わせで決まる。$L \ll R_e$ではR_eが，$L \gg R_e$ではLが分解能を決める。

カソードルミネセンスは主に放射再結合確率の大きいIII-V材料でつかわれる。Siはルミネセンスの効率が低すぎる。もちろん電子線電流を大きくすればカソードルミネセンスは強くなるが，そうするとサンプルが熱くなる。時間分解カソードルミネセンスは，バルク再結合と表面再結合がともに有効寿命に関係しているときの寿命測定法として有効である[45]。これとSEMによる方法（EBIC，走査電子顕微鏡，EMP）とを組み合わせれば，漏れの少ない分析が可能になる。透過型電子顕微鏡にもカソードルミネセンスを追加できるが，機器のスペース上の制約があり，光も弱くなるので，その捕集は難しくなる。

11.2.7　低速・高速電子線回折

1927年にDavisson and Germer[46]が最初に観察した**低速電子線回折**（low-energy electron diffraction; LEED）は，サンプル表面の結晶性を調べる最も古い表面評価手法の1つである[47]。LEEDから構造の知見は得られるが，元素の情報は得られない。LEEDの様子を図11.20(a)に示す。低エネルギー（10から1000 eV）でエネルギー幅が狭い電子線は，サンプルの数原子層しか侵入できない。この電子は原子の周期的配列によって回折される。表面で弾性散乱された電子は結晶の周期による干渉条件を満たす方向へ飛び出し，蛍光スクリーンをたたいて，結晶格子の方位で決まる回折点の配列を映し出す。回折パターンはスクリーンの後ろの窓から覗くことができる。非弾性散乱による背景電子は多段のグリッド電極でフィルタリングされる。

LEEDは原子配列の情報を含むので，結晶欠陥には敏感である。そのため表面の原子配列，表面の構造的な乱れ，表面形状，あるいは表面の時間変化の評価によくつかわれる。回折条件は逆格子と**エワルト球**（Ewald sphere）をつかって調べるのが最も簡単である[48]。汚染された表面からは回折パターンが現れにくいので，表面の性質を調べるには，表面を清浄に保つことが重要である。そのため，LEEDは一般に10^{-10}Torrの超高真空（ultra-high vacuum; UHV）で測定される。単原子層の数分の1の汚染であっても，結晶表面を正しく測定することはできない。所望の結晶面が雰囲気によって汚染されないようにするため，サンプルは真空中でへき開する。

高エネルギー電子の電子線回折は**反射型高速電子線回折**（reflection high-energy electron diffraction; RHEED）という[48]。図11.20(b)のように1から100 keVの電子がサンプルへ入射するが，このような高エネルギー電子は深くまで侵入するので，ふつう5°以下の斜入射角として，サンプルの浅い部分だけをたたくようにする。RHEEDからは表面結晶構造，表面の方位，および表面の粗さの知見が得られる。分子線エピタキシャル成長（molecular beam epitaxial growth; MBE）において，エピタキシャル

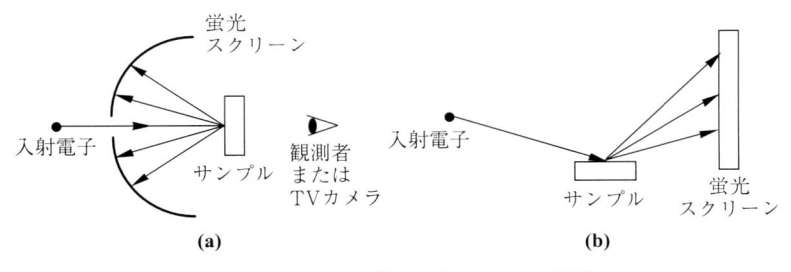

図11.20　(a)LEED回折器，(b)RHEED回折器．

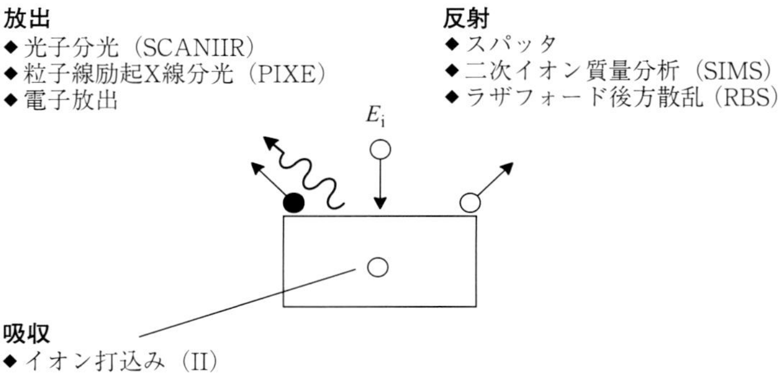

放出
- ◆ 光子分光（SCANIIR）
- ◆ 粒子線励起X線分光（PIXE）
- ◆ 電子放出

反射
- ◆ スパッタ
- ◆ 二次イオン質量分析（SIMS）
- ◆ ラザフォード後方散乱（RBS）

吸収
- ◆ イオン打込み（II）

図11.21　イオンビームをつかった評価手法.

薄膜成長の連続モニタにRHEEDが積極的につかわれたことがRHEEDの普及につながった[49]。図11.20(b)の実験配置にすれば，清浄なサンプル表面に成長分子線を当てることができる。ちなみに，電子線はサンプルを斜入射角でたたくので，LEEDより表面の不規則性を拾いやすく，より難易度の高い評価方法といえる。

11.3　イオンビームによる手法

イオンビームによる評価テクニックを図11.21に示す。入射したイオンは吸収，放出，散乱，あるいは反射され，光，電子，またはX線を放出する。イオンビームは評価の他に，イオン注入にもつかわれる。ここでは，**二次イオン質量分析法**（secondary ion mass spectrometry; SIMS）と**ラザフォード後方散乱分析法**（Rutherford backscattering spectrometry）の2つのイオンビームによる材料評価方法を議論する。

11.3.1　二次イオン質量分析法[注4]

原理：**イオンマイクロプローブ**（ion microprobe）あるいは**イオン顕微鏡**（ion microscope）ともいわれる**二次イオン質量分析法**は，半導体の評価では最も強力で用途の多い分析手法の1つである[50,51]。その開発は1960年代のはじめにパリ大学のCastaing and Slodzian[52]，および米GCA社のHerzogら[53]によって独立に進められたが，実用化されたのは分析中の表面を安定に保つことができることをBenninghovenが示してからである[54]。BenninghovenはSIMSを飛躍的に進化させた。その元素同定の手法で，全元素だけでなく同位体や分子まで検出できる。背景の干渉信号が小さければ，いくつかの元素の検出限界は10^{14}から$10^{15}\,\mathrm{cm}^{-3}$の範囲となり，ビームをつかった手法の中では最も高い感度をもつ。標準的な横方向の分解能は100 μmであるが，5から10 nmの深さの分解能で横方向の分解能を0.5 μmまで小さくできる。

図11.22に示すように，SIMSはスパッタリングでサンプルから材料を破壊的に除去し，飛び出した材料を質量分析器で分析することを基本としている。入射イオンビームがサンプルに当たると，原子がスパッタされて飛び出す。飛び出した原子のほとんどは中性で，従来のSIMSでは検出されないが，一部の原子は正または負に帯電していることもある。この比率は1910年当時は全体の1％と推定されたが[55]，いまでもこれが妥当とされている[56]。スパッタリングの過程でスパッタされたイオンがSIMSの真空系に残留しているH，C，O，あるいはNなどの軽元素と複合分子を形成すると，スパッタされたイオンの質量／電荷の比の検出の障害となる。質量分析器が認識するのは全質量／電荷の比だけな

注4　片岡祐治，"SIMSによる無機材料評価技術"，応用物理，**79**，pp.321-325（2010）参照。

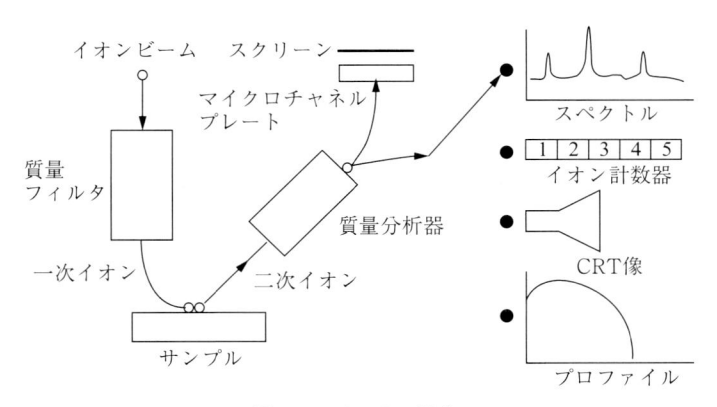

図11.22 SIMSの構成.

ので，複合分子を別のイオンと誤認することがあるためである．

スパッタリングは，入射イオンがサンプルにその運動量を受け渡してエネルギーを失い，固体中にとどまる過程である．この過程で入射イオンはサンプル中の原子の変位をひき起こす．表面近傍の原子がサンプルから飛び出すに十分なエネルギーを入射イオンから受けとれば，スパッタリングが起きる．SIMSで標準的な10から20 keVの入射エネルギーなら，スパッタされた原子が脱出できる一般的な深さは数原子層である．この過程で入射イオンはエネルギーを失い，表面から数10 nmの深さにとどまる．入射イオンによってスパッタリングだけでなく，イオン注入や格子のダメージも生じる．スパッタリング収率は入射イオン1個でスパッタされる原子の平均数で，これはサンプルや標的の材料，結晶方位，および入射イオンの性質，エネルギー，および入射角で決まる．標的が複数の組成であったり，多結晶であると，スパッタリング収率の差による選択的あるいは優先的なスパッタリングが起きる．その結果，表面では収率の最も低い成分が余剰になり，収率の最も高い成分が欠乏する．こうして一旦平衡に達すると，表面からスパッタされたイオン種の比率はバルク材料と同じ組成になるので，優先スパッタがSIMS分析で問題になることはない[57]．

1から20 keVのCs^+，O_2^+，O^-，またはAr^+イオンでSIMS分析した場合の収率は1から20の値になる．しかし検出できるのはイオンだけであるから，重要なのは総合収率ではなく，このうちイオン化して飛び出した原子の収率，つまり**二次イオン収率**である．二次イオン収率は総合収率よりはるかに低いが，入射イオンの種類によって変わる．電気陰性度の大きい酸素（O_2^+）でスパッタすると，電気的に陽性な元素（たとえばSi中のBやAlなど）の正の二次イオンの収率が上がる．同様にセシウム（Cs^+）など電気的に陽性なイオンでスパッタすると，電気陰性度の大きい元素（Si中のP，As，およびSbなど）の収率は高い．元素の二次イオン収率は5から6桁のオーダーで変動する[58]．

SIMSでは元素によって二次イオン収率に大きな幅があるが，同じ元素でもサンプルが異なれば，**母材効果**（matrix effect）によって二次イオン収率が大きく変わる．たとえば，酸化した表面からの二次イオン収率はむき出しの表面からのそれより1000倍ほど高くなる[58]．その典型的な例が，酸化膜つきのSiに打ち込まれたBまたはPのSIMSプロファイルをスパッタによって得た場合である．SiO_2中のSiの収率は，Si基板からのSiの収率のおよそ100倍である．スパッタ時間に対して収率をプロットすると，SiO_2とSiの界面までサンプルがスパッタされたところで急激に収率が落ちる．

SIMSからは2つの結果が得られる．入射イオンビーム電流を小さくするかスパッタレートを低く（～0.1 nm/h）して，深さ0.5 nmまでの表面の完全な質量スペクトルを記録する．このモードは**静的**（static）SIMSといわれる．**動的**（dynamic）SIMSでは，サンプルを高いスパッタレート（～10 μm/h）でスパッタしながら，特定の質量のピーク1つだけについて，その強度の時間変化を記録し，深さの

499

プロファイルをとる。ピーク強度を二次元像として表示することもできる。いくつかの信号出力形態を図11.22に示す。

ある特定の質量について，スパッタ時間に対する二次イオン収率をプロットした深さ方向のプロファイルの定量性は，間違いなくSIMSの代表的な強みである。これらのプロットは深さに対する密度に変換しなければならない。入射イオンビーム電流，スパッタ収率，イオン化効率，検出されるイオンの数の比率，および装置因子がわかれば，原理的には信号強度から密度への変換は計算できる。ふつう，これらの因子のいくつかはわからないので，こうすれば定量的なSIMS分析を実現できるという方法はまだ確立されていない。そこで通常は，サンプルと母材が同じか似ている母材からなる標準組成のサンプルをつかう。イオン注入で作製した標準サンプルが便利で精度もよい。標準サンプルの打込みドーズ量は5％以内の精度で制御できる。この標準サンプルをつかい，二次イオン収率の信号をプロファイル全体で積分してSIMS装置を較正する。このように較正用標準サンプルは，正確なSIMS測定に不可欠である。分析後にスパッタされた穴の深さを測定し，時間を深さに変換する。**図11.23**は時間に対する収率または強度を深さに対する密度へ変換した例である。

機器に関する知識：SIMSには（i）**イオンマイクロプローブ**と（ii）**イオン顕微鏡**の2つの使い方がある。SIMSの機器に関する議論はBernius and Morrisonがよい[59]。**イオンマイクロプローブ**という用語は電子マイクロプローブにならっている。入射イオンビームを微小スポットに収束し，サンプル表面を走査する。二次イオンを質量分析し，質量分析器の出力信号を入射ビームに同期してCRT上に表示すると，表面にわたる二次イオン強度のマップとなる。空間分解能は入射イオンビームのスポットサイズで決まり，1 μm以下の分解能が得られる。質量分析器は静電場と静磁場の偏向部を組み合わせたものである[33]。静電場分析部では，距離dを隔てた平行なプレートの間を曲率半径r_Vでイオンが進む。どちらのプレートにも衝突せずに通過できるイオンのエネルギーEはプレート間の電位Vで決まる。ここでEは

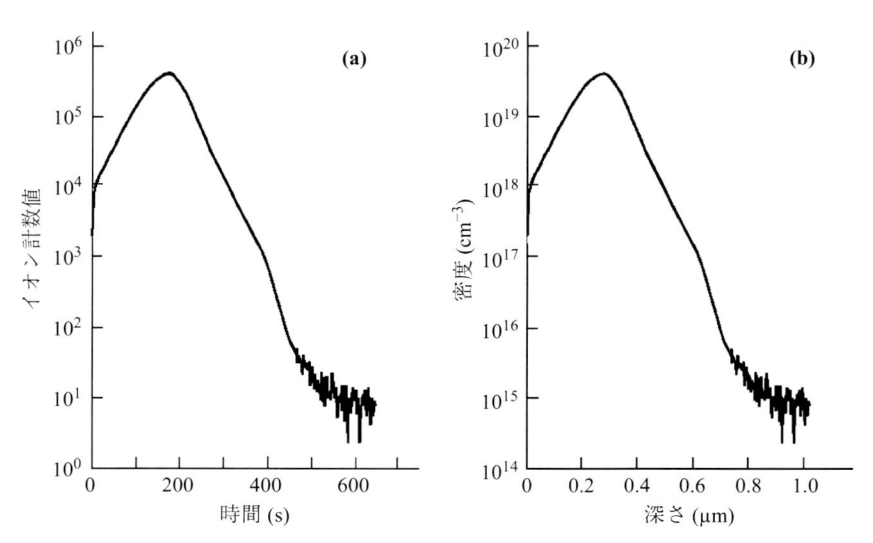

図11.23 (a)スパッタリング時間に対する$^{11}B^+$二次イオン信号と，(b)シリコン基板へのホウ素打込みによるホウ素のプロファイル．許可を得てP.K. Chu, "Dynamic SIMS", in Encyclopedia of Materials Characterization (C.R. Brundle, C.A. Evans, Jr., and S. Wilson, eds.), 532–548, Butterworth-Heinemann, Boston (1992) より掲載．

$$E = \frac{qVr_V}{2d} \tag{11.16}$$

である．分析器の磁場偏向部では，磁場によって質量m，電荷q，およびエネルギーEのイオンを

$$\frac{m}{q} = \frac{qB^2r_B^2}{2E} \tag{11.17}$$

にしたがう半径r_Bの経路に曲げる．式（11.16）を（11.17）に代入して，

$$\frac{m}{q} = \frac{B^2r_B^2 d}{Vr_V} \tag{11.18}$$

となる．質量分解能は40000まで高くでき，これから0.003％の質量差を分離できることになる．このような高い質量分解能は互いに重なったイオンを分離するのに必須である．たとえば，^{31}P（31.9738 amu）は，^{30}Si^{1}H（31.9816 amu）および^{29}Si^{1}H$_2$（31.9921 amu）に，^{56}Feは^{28}Si$_2$二量体にきわめて近い質量／電荷比をもつ．

　イオン**顕微鏡**では光学顕微鏡やTEMのように直接像が得られる．サンプルにイオンビームを照射し，1 μmのオーダーの分解能で二次イオンの像全体を一度に捕集する．二次イオン像の空間分布は電場と磁場のタンデム偏向分析器を通しても保存され，マイクロチャネルプレート[注5]で増幅して蛍光スクリーンに表示される．分析する領域を限定するには，小さな開口を挿入する．サンプルをイオンビームで走査し，イオンビームの微小スポットの横方向の位置の関数として二次イオンの強度を表示しても，二次イオン像が得られる．この像の横方向の分解能はビーム径で決まり，ビーム径は50 nmまで小さくできる．

　確度の高いSIMS分析にはそれなりの分解能が必要である．たとえば，O_2^+入射イオンビームで得た高純度SiのSIMSの質量／電荷（m/q）スペクトルには，酸素など多様な分子種の他，^{28}Si$^+$，^{29}Si$^+$，および^{30}Si$^+$などの同位体，Si_2^+およびSi_3^+などの多原子が含まれる．酸素はサンプル自身からのものではないが，入射ビームが酸素なので，酸素が打込まれ，これがスパッタされる．その他SIMS分析を複雑にする装置上の効果として，**エッジ効果**（edge effect）あるいは**壁効果**（wall effect）がある．深さ方向の分解能を上げるには，スパッタされた穴の平坦な底面からの信号だけを分析すればよい．しかし，穴の底からだけでなく側壁からも原子がスパッタされる．イオン注入したサンプルの側壁は，底に比べて特に表面近くでドーピング密度が高いので，これを利用して二次イオン収率やレンズ系を電子的に制御すれば，穴の中央からのイオンだけを検出することができる[21]．

　四重極（quadrupole）質量分析器は4本の平行な棒からなり，それらの間で振動する電場をイオンが通過する．このため**四重極SIMS**は静電場・磁場偏向部をもつ検出器より堅牢で安価であるが，分解能は低い．イオンの引き出し電位が低く，絶縁性のサンプルの分析に向いているが，質量／電荷比が近接したイオン間の区別はできない．四重極SIMSでは異なる質量のピークへ瞬時に切り換えることができるので，深さのデータ点数を増やすことができ，その結果，深さの分解能が向上する．

　静電場あるいは静磁場による分析器では電場あるいは磁場を順次走査するので，所望の質量／電荷比をもつイオンだけが通過できる狭いスリットが必要である．このため分析器の実質的な透過率は0.001％まで下がる．この制約がないSIMSが**飛行時間**（time-of-flight; TOF）SIMSである．イオンビームで連続的にスパッタする代わりに，TOF-SIMSでは，液体Ga$^+$銃からビーム径0.3 μmのイオンパルスがサンプルに入射する．ナノ秒のオーダーのパルス幅で入射すると，イオンがバースト状にスパッタされ，これらが検出器に到達する時間を測定する．運動エネルギーとポテンシャルエネルギーを等しいと置くと，

注5　非常に細い電子増倍器を多数束ねた二次元センサ．

$$\frac{mv^2}{2} = qV \tag{11.19}$$

ここでvはイオンの速度である．サンプルから検出器までの行程をLとして，飛行時間t_tは単純にL/vとなり，

$$\frac{m}{q} = \frac{2Vt_t^2}{L^2} \tag{11.20}$$

を得る．

TOF-SIMSでは分析器に狭いスリットがないので，イオンの捕集を10〜50%増やせる．このため，従来のSIMSに比べ入射ビーム電流を格段に下げることができ，スパッタレートを大幅に下げることができる．実際，スパッタレートがあまりに低いので，1時間で一原子層の数分の1しか除去できない．このようにスパッタレートが低いと，有機物の表面層を評価できる．さらに，m/qは飛行時間で決まるので，他のSIMSに比べ，より大きな質量からより小さな質量まで検出できる．その結果，有機物層のTOF-SIMSのスペクトルには数100ものピークが現れる．TOF-SIMSは表面の金属に対しても敏感であることがわかっている．Fe，Cr，およびNiでは$10^8\mathrm{cm}^{-2}$の表面密度までを検出している[60]．

スパッタされた材料のほとんどは中性で，検出にかからないことがSIMSの感度を制限している主な理由である．**二次中性質量分析法**（secondary neutral mass spectroscopy; SNMS）あるいは**共鳴イオン化分析法**（resonance ionization spectroscopy; RIS）では，中性原子をレーザーや電子ガスでイオン化して検出する[61]．これにより従来のSIMSに比べ，格段に感度が向上する．**レーザーマイクロプローブ質量分析法**（laser microprobe mass spectroscopy; LAMMA）または**レーザーイオン化質量分析法**（laser ionization mass spectroscopy; LIMS）では，入射イオンビームをパルスレーザーに置き換える[62]．パルスレーザーでサンプルの微小領域を蒸発させ，イオン化し，飛行時間質量分析器でイオンを分析する．LAMMAは感度が高く，高速で，無機物だけでなく有機物にも適用でき，ビームの空間分解能は〜1μmである．主に故障解析において，汚染されたサンプルと標準サンプルとの化学的差異の迅速な評価につかわれている．

用途：SIMSは半導体の評価，特にドーパントのプロファイルによくつかわれている．より詳しい議論と分散抵抗測定との比較については第2章を参照されたい．半導体では母材効果が小さく，密度1％まではイオン収率と密度が比例するので，半導体に応用したSIMS測定は詳しく研究されている．さらに，Siではきわめて均一なスパッタができる．図11.24の例では，ヒ素，ホウ素，および酸素のプロファイルを一度の測定で得ている．このサンプルはSi基板に堆積したポリSi層からAsとBを拡散させ

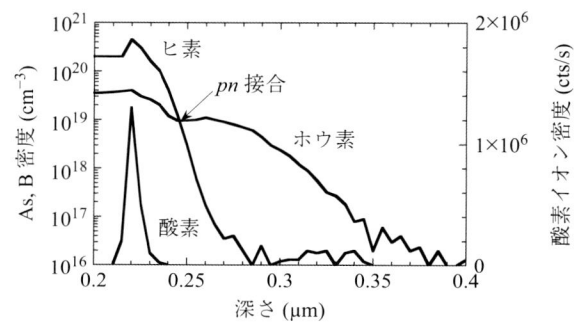

図11.24 Siの浅い*pn*接合の，SIMSによる深さプロファイル．AsおよびBとも3 keVのCsイオンを60°入射で測定．許可を得て文献63より掲載．

たものである．このプロットでは接合の位置（$N_{As} = N_B$）とポリSiと基板の界面（酸素のピーク）の位置がわかる．

データの解析では，穴の側壁効果，イオンの玉突き，原子の入り混じり，優先スパッタ，および表面粗さを考慮しておくべきである．この内いくつかは装置起因であり，手立てはあるが，その他はスパッタ過程の本質的なものである．SIMSの場合，原子の入り混じりの中でも重要なのは，入射イオンがサンプルの原子をたたいて原子を格子の位置から変位させる"カスケード混合（cascade mixing）"で，衝突カスケードによって深さ方向に原子が一様にならされてしまう．もともとサンプルのある深さにあったドーパント原子は，スパッタが進むにつれてこの"入り混じった深さ"に再分布し，真のドーパントプロファイルより深い方へ分布が拡がる．したがって，ドーパントのプロファイルが浅いときには，入射イオンの侵入度を最小にしなければならない．SIMSのドーピングプロファイルで求めた接合の深さが，しばしば分散抵抗測定によるプロファイルより深いのはこのためである[64]．SIMSでは高真空がきわめて重要である．真空容器から気化した分子が到達する頻度は，入射イオンビームの原子が到達する頻度より小さくなくてはならない．そうしないとサンプルからではなく，真空系の汚染を測定していることになる．このことは水素のような質量が小さいイオンでは特に重要である．Zinnerの論文では，SIMSの深さプロファイルに影響する35の要因を挙げ，これらをしっかりと議論している[65]．

11.3.2　ラザフォード後方散乱分析法

原理：ラザフォード後方散乱分析法（Rutherford backscattering spectrometry; RBS）は，**高エネルギーイオン（後方）散乱分析法**（high-energy ion (back) scattering spectrometry; HEIS）ともいわれ，サンプルに入射したイオンの後方散乱をつかっている[66]．較正ずみのサンプルをつかわなくても定量測定ができる．1900年代初頭のラザフォードと彼の学生らによる実験によって，核の存在と，核による散乱が証明された[67]．核分裂の発見と，核兵器の開発につづいて，固体中のイオンの相互作用が精力的に研究されたが，核による後方散乱が実用化されたのは1950年代の後半になってからである[68]．1960年代もさらに開発が進められ，鉱物の同定や[69]，薄膜だけでなく厚いサンプルの性質も測定された．

RBSでは，高エネルギーイオン（標準的には1から3 MeVのエネルギーのHeイオン）をサンプルにぶつけ，後方散乱されたHeイオンのエネルギーを測定する．こうしてサンプル中の元素の**質量**，表面より10 nmから数μmまでの距離にわたる元素の**深さ分布**，元素の面密度，および**結晶構造**を非破壊で決定できる．イオン後方散乱を定量材料分析の道具としてつかうには，核と原子の散乱過程についての正しい知識が必要である．

その方法を図11.25に示す．質量M_1，原子番号Z_1，エネルギーE_0，および速度v_0のイオンが質量M_2および原子番号Z_2の原子からなる固体サンプルまたは標的に入射する．入射イオンのほとんどは価電子と相互作用してエネルギーを失い，固体内にとどまる．ごく一部（入射イオンの数のおよそ10^6分の1）が弾性散乱を受け，いろいろな方向へ後方散乱される．入射したイオンは散乱を受けるまではサンプル中を進みながらエネルギーを失い，散乱後も表面へ戻る間にエネルギーを失い，エネルギーを失ったイオンがサンプルから飛び出る．

散乱後の原子M_2はエネルギーE_2と速度v_2をもち，イオンM_1はエネルギーE_1と速度v_1をもつ．エネルギー保存により，

$$E_0 = \frac{M_1 v_0^2}{2} = E_1 + E_2 = \frac{M_1 v_1^2}{2} + \frac{M_2 v_2^2}{2} \tag{11.21}$$

となる．入射方向に対して平行および垂直な方向の運動量の保存から，

$$M_1 v_0 = M_1 v_1 \cos\theta + M_2 v_2 \cos\phi \quad ; \quad 0 = M_1 v_1 \sin\theta - M_2 v_2 \sin\phi \tag{11.22}$$

ϕとv_2を消去して，比$E_1/E_0 = (M_1 v_1^2/2)/(M_1 v_0^2/2)$をとれば，**弾性散乱因子**（kinematic factor）Kが

$$K = \frac{E_1}{E_0} = \frac{[\sqrt{1-(R\sin\theta)^2} + R\cos\theta]^2}{(1+R)^2} \approx 1 - \frac{2R(1-\cos\theta)}{(1+R)^2} \quad (11.23)$$

のように与えられる[70]。ここで $R = M_1/M_2$, θ は散乱角である。式（11.23）の近似は $R \ll 1$ かつ θ が180°に近いときに成り立つ。式（11.23）がRBSの要点である。K 因子は入射イオンのエネルギー損失の目安である。散乱角は大きいほどよく，170°あたりがよくつかわれる。未知の質量 M_2 は K 因子をつかって E_1 の測定値から計算する。

　図11.26にRBSの2つの例を示す。図11.26(a)は窒素，銀および金の非常に薄い被膜がついたシリコン基板である。表11.2は，$E_0 = 2.5$ MeVで入射したヘリウムが $\theta = 170°$ で散乱したときの標的の原子量と R，K，および E_1 の計算値である。サンプル表面のN，Si，Ag，およびAu原子によって散乱さ

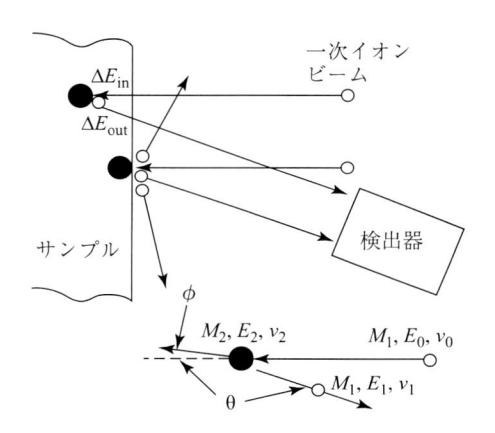

図11.25　ラザフォード後方散乱．

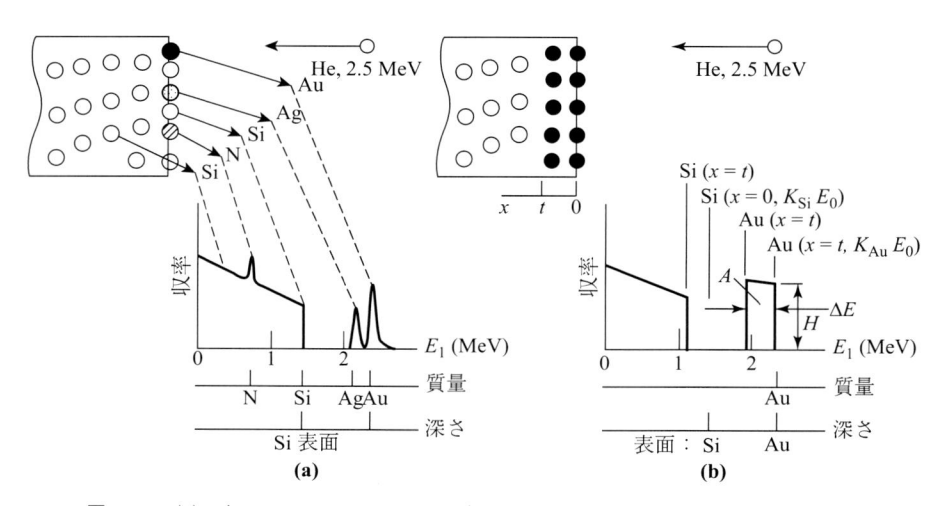

図11.26　(a)Si上のN, Ag, Auについて計算したRBSスペクトル，(b)Si上のAu薄膜のスペクトルの模式図．"A"は曲線の下側の面積．

表11.2　R, K, およびE_1の計算値（Heイオンエネルギー2.5 MeV, $\theta = 170°$）.

標的原子 (M_2)	原子量	R	K	E_1 (MeV)
N	14	0.256	0.311	0.78
O	16	0.25	0.363	0.91
Si	28.1	0.142	0.566	1.41
Cu	63.6	0.063	0.779	1.95
Ag	107.9	0.037	0.863	2.16
Au	197	0.020	0.923	2.31

れたヘリウムイオンのエネルギーはそれぞれ，0.78，1.41，2.16，および2.31 MeVである．この例ではN，Ag，およびAuは表面にしかないので，これらの元素からのRBS信号のスペクトル分布は狭いことがわかる．この図の収率に目盛りは入れていない．図11.26(a)にはRBSプロットで重要な特徴が2つ現れている．それはRBSの収率が元素の原子番号とともに増加することと，基板の元素より軽い元素のRBS信号は母材の背景信号に重なっているが，基板の元素より重い元素は，そのスペクトルだけが現れていることである．このため，Siの信号に重なる窒素の信号は検出しにくい．Siの背景信号はノイズとしてカウントされ，そのS/N比は，軽い母材中の重い元素のそれより低くなる．

　厚さが有限な層のRBSプロットは，より複雑である．図11.26(b)のシリコン基板上の厚さdの金の薄膜を考えよう．表面の金原子から図11.26(a)のように$E_{1,Au} = 2.31$ MeVのHeイオンが後方散乱される．しかし，深いところにあるAu原子から後方散乱されるHeイオンは膜中でエネルギーを失い，より低いエネルギーで飛び出してくる．この損失はHeイオンと電子のクーロン相互作用によるものである．ここで$x = d$のSi-Au界面でのAu原子による散乱を考えよう．Heイオンは界面の金で散乱されるまでに，金の膜中を進みながら，エネルギーΔE_{in}を失う．散乱が起きると，さらに$(E_0 - \Delta E_{in})(1 - K_{Au})$だけエネルギーを失う．Heイオンは再び膜中を進み，エネルギーΔE_{out}を失って検出器に届く．全エネルギー損失はこれら3つの損失の和になる．サンプルの深さdで散乱されたHeイオンのエネルギーは

$$E_1(d) = (E_0 - \Delta E_{in})K_{Au} - \Delta E_{out} \tag{11.24}$$

となる．エネルギー損失は入射エネルギーに弱く依存し，阻止能（stopping power）[注6]の表になっている[71]．表面で後方散乱されたイオンと，界面で後方散乱されたイオンのエネルギー差$\Delta E = E_1(0) - E_1(d)$は，膜の厚さ$d$と

$$\Delta E = \Delta E_{in} K_{Au} + \Delta E_{out} = [S_0]d \tag{11.25}$$

の関係がある．ここで$[S_0]$は**後方散乱エネルギー損失因子**（backscattering energy loss factor）で，eV/Åの単位をもち，純元素のサンプルについては表になっており，たとえば金の薄膜を2 MeVのエネルギービームでたたいたときは，$[S_0] = 133.6$ eV/Åである．

　後方散乱収率（backscattering yield）Aは検出されたイオンの総数あるいはカウント数

$$A = \sigma \Omega Q N_s \tag{11.26}$$

で表される．ここでσ = 平均散乱断面積（cm²/sr），Ω = 検出器の立体角（sr：検出器の面積／(検出器とサンプルとの距離)²），Q = サンプルに入射するイオンの総数，N_s = サンプルの原子数/cm²であ

[注6] 固体が入射粒子からエネルギーを奪って侵入を阻止する能力で，単位長さ当りのエネルギー損失で表すことが多い．

る。総カウント数Aは実験による収率—エネルギー曲線の下側の面積，あるいは着目した元素から後方散乱されたHeイオンを検出した総数あるいは図11.26(b)の"A"にある各チャネルのカウントの総和になる。Nを原子数/cm^3とすれば，$N_s = Nd$である。Qは標的に入射する荷電粒子の電流を時間積分すれば求められるが，サンプルからの二次電子放出のために，正確にはわからない。平均散乱断面積は

$$\sigma = \frac{1}{\Omega} \int \left(\frac{d\sigma}{d\Omega}\right) d\Omega \tag{11.27}$$

で，この微分散乱断面積は

$$\frac{d\sigma}{d\Omega} = \left(\frac{q^2 Z_1 Z_2}{2E_0 \sin^2\theta}\right)^2 \frac{\left[\sqrt{1-(R\sin\theta)^2} + \cos\theta\right]^2}{\sqrt{1-(R\sin\theta)^2}} \tag{11.28}$$

で与えられる[72]。E_0は散乱直前の入射粒子のエネルギーである。Heイオンプローブの$d\sigma/d\Omega$の値は，全元素について表になっている。微分断面積の代表的な値は$1 \sim 10 \times 10^{-24} cm^2/sr$である。後方散乱収率$A$は原子番号とともに増加し，$Z$の大きい元素ほどRBS感度は高い。しかし散乱の原理により，軽い元素同士の散乱より重い元素同士の散乱の方が元素の区別は難しい。

面密度N_sは式(11.26)にしたがって後方散乱収率Aから求めるが，Qを正確に決められないという問題は残る。さらに，検出器が長時間高エネルギー粒子にさらされていると，"無効"スポットが成長し，立体角Ωも変わってくる。

たとえばSi上の不純物"X"のように，既知の基板上の未知の不純物は

$$(N_s)_X = \frac{A_X}{H_{Si}} \frac{\sigma_{Si}}{\sigma_X} \frac{\delta E_1}{[\varepsilon]_{Si}} \tag{11.29}$$

で求められる[73]。ここでAは総カウント数，Hはスペクトルの高さ（カウント数／チャネル），$[\varepsilon]$は後方散乱阻止断面積で，$[\varepsilon] = (1/N)dE/dx$である[74]。マルチチャネル・アナライザ1チャネル当りのエネルギー幅δE_1は

$$\delta E_1 = [S_0]\delta x \tag{11.30}$$

によって深さの不確定性δxに対応している。δE_1は検出器と電子システムで決まり，標準的には2から5 keVである。密度を求めるには，そのRBSスペクトルの面積とSiのスペクトルの高さを求め，それぞれの断面積とSiの阻止断面積を調べればよい。阻止断面積はおよそ10から$100 eV/(10^{15}個/cm^2)$の範囲にあり，2 MeVのHeイオンの場合，$[\varepsilon]_{Si} = 49.3 eV/(10^{15}個/cm^2)$および$[\varepsilon]_{Au} = 115.5 eV/(10^{15}個/cm^2)$である[11]。

図11.26の厚いSi基板のRBSスペクトルでは，標的内での散乱により低エネルギー領域での収率が特有の傾きをもって増加する。収率は深さd_1で散乱されたイオンのエネルギーに反比例する。深さd_1の原子で後方散乱されたイオンのエネルギーがE_1のときの収率は$(E_0 + E_1)^{-2}$に比例する。つまり，標的に深く入射してE_1が減少すると，収率は増加するのである。

入射イオンをたとえばHeからCに替えて原子番号Z_1を増やすか，あるいは入射イオンのエネルギーEを数MeVから数100 keVへ下げると，RBSの感度が上がる。これは**重イオン後方散乱分析法**（heavy ion backscattering spectroscopy: HIBS）といわれる[75]。たとえば，3 MeVの^{4}Heを400 keVの^{12}Cに置き換えると，後方散乱収率は1000倍ほど増加する。$10^{13} cm^{-2}$程度の感度限界の従来のRBSに比べ，HIBSでは$10^9 \sim 10^{10} cm^{-2}$まで感度限界を下げることができる。ただし，重い低エネルギーイオンは表面にスパッタリングダメージを与える可能性がある。

機器に関する知識：RBSシステムは，Heイオン発生器を含む真空容器，加速器，サンプル，および検出器からなる。イオン加速器内の接地電位に近いところで，負のHeイオンが生成される。このイオンを縦列加速器で1 MeVまで加速し，ガス封入管あるいは"ストリッパカナル"を通すことでHe$^-$か

ら電子を2個から3個剥ぎとり，He^+またはHe^{2+}を形成する[76]．およそ1 MeVのエネルギーをもつこれらのイオンは再び接地電位まで加速され，He^+は2 MeV，He^{2+}は3 MeVのエネルギーになる．磁石でこの2種類の高エネルギー粒子を分離する．

サンプル容器では，サンプルにHeイオンが入射し，後方散乱されたイオンを表面障壁Si検出器で検出するが，これはちょうど11.2.3節で述べたエネルギー分散X線分光検出器のように動作する．この検出器内では高エネルギーイオンによって多数の電子—正孔対が生成され，電圧パルスが出力される．入射エネルギーに比例したパルスの高さは，パルス高さ分析器またはマルチチャネル・アナライザで検出され，電圧保持器やチャネルに保存される．スペクトルはエネルギーに比例したチャネル番号に対して収率またはカウント数で表示される．統計的ゆらぎで決まるSi検出器のエネルギー分解能は，標準的なRBSエネルギーでは10から20 keVである．サンプルをゴニオメータに載せるとサンプルとビームの精密な位置合わせができ，結晶方位のチャネリング測定には15〜30度程度かかる．

用途：半導体での用途は，主にシリサイドやSiドープAlあるいはCuドープAlのような薄膜の，厚さ，厚さの均一性，化学量論比，種類，および不純物の量や分布の測定である．サンプルの結晶性も調べることができる．後方散乱は，単結晶中の原子配列と入射Heイオンビームの向きに強く依存する．原子の配列が入射ビームの方向に揃っていれば，Heイオンは原子間のチャネルにそってサンプル深くに侵入し，後方散乱される確率が低くなる．もちろん，サンプル原子と"正面衝突"した入射Heイオンは散乱される．方位が一致した単結晶サンプルからの収率は，無秩序に配列したサンプルからの収率より2桁ほど小さくなる．この効果を**チャネリング**といい，注入したサンプルの単結晶性がアニールで回復すると収率が下がることを利用して，半導体のイオン注入ダメージの研究に精力的につかわれてきた[77]．

RBSは，たとえば半導体へのコンタクトのように，軽い元素の基板上の重い元素に向いている．そのため，RBSはそうしたコンタクトの研究に積極的につかわれてきた．例として，**図11.27**にシリコン上の白金および白金シリサイドのRBSスペクトルを示す．Si基板上にPt薄膜を堆積した"アニールなし"のRBSスペクトルでは，Pt薄膜が明白にわかる．Siの信号はPt薄膜を往復する損失を考慮したE_1と整合している．この薄膜を加熱するとPtSiが形成される．この形成がPtとSiの界面からはじまっていることは，Si基板に近いところでPtの収率が下がっていることからわかる．また，Siの信号は高いエネルギーへシフトしており，SiがPt薄膜へ移動していることを示している．化学量論比になった

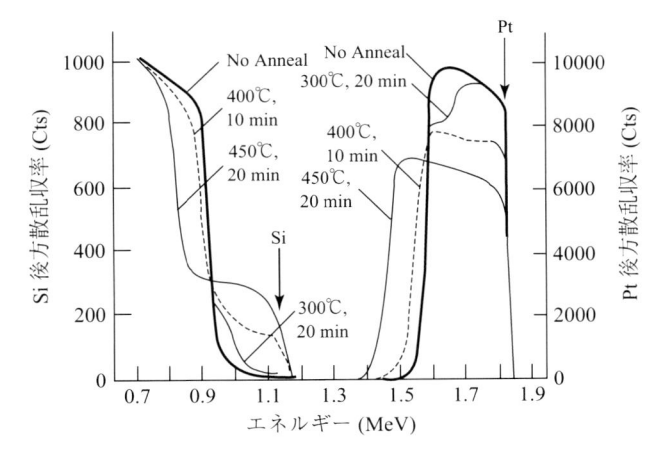

図11.27 Si上の2000ÅのPtの熱処置前後のRBSスペクトル．界面で形成された白金シリサイドが膜全体に拡がっている．$E_0 = 2$ MeV．許可を得て文献78より掲載．

ところでPt信号が均一かつ小さくなり，Siの信号が上がっている．このようなデータを非破壊で得る方法は他にない．

RBSから，原子組成と深さの目盛りが5％以下の精度で得られる．検出限界は10^{17}から10^{20} cm^{-3}であるが，元素およびエネルギーによる．酸素，炭素，および窒素のような軽い元素の微分散乱断面積は，式（11.28）によって小さくなるので，重い元素より感度は悪い．ただし，イオンビームで弾性散乱を共鳴弾性散乱にすれば断面積を大きくできる[79]．たとえば酸素の3.08 MeVの共鳴では，ラザフォードの式（11.28）の25倍の断面積になる．RBSの深さの分解能は膜の厚さが≤ 200 nmなら10から20 nmである．2 MeVのHeイオンの侵入度は，シリコンで10 μm，金で3 μmである．ビーム径はふつう1から2 mmであるが，マイクロビーム後方散乱では，1 μmまでビーム径を絞ることができる[80]．プローブビームの断面積より狭い領域は水平方向に分解できない．

RBSスペクトルは横軸が深さの尺度でもあり，質量の尺度でもあるので，スペクトルのあいまいさに特有の難しさがある．サンプル表面の軽い質量による信号が，サンプル内の重い質量からの信号と区別できないこともある．ビームを傾けたり，検出器の角度を振ったり，入射エネルギーを振ったりして，それなりに解析すれば，だいたいはサンプルをうまく分析できる．スペクトル分析にはコンピュータプログラムをつかう[81]．その他の物理・化学的評価手法で，できるだけ事前にサンプルを分析しておけば，あいまいさはずっと減る．MageeによるRBSとSIMSとの比較がある[82]．

11.4　X線とガンマ線による方法

X線は，固体と図11.28に示すような相互作用をする．入射したX線は吸収，放出，または反射されるか透過し，電子放出を起こすこともある．ここでは化学評価に有効な**蛍光X線分光法**（X-ray fluorescence spectroscopy）および**X線光電子分光法**（X-ray photoelectron spectroscopy）と，構造評価につかわれる**X線トポグラフィ**（X-ray topography）を議論する．**中性子放射化分析**（neutron activation analysis）で検出されるガンマ線も本章で扱う．

11.4.1　蛍光X線法

原理：**蛍光X線分光法**（X-ray fluorescence spectroscopy; XRFS）あるいは**蛍光X線分析法**（X-ray fluorescence analysis; XRFA）は**X線二次放出分光法**（X-ray secondary emission spectroscopy）ともいう．図11.29に示すように，サンプルに入射したX線が吸収されると，原子のK殻の電子をはじき出す[83]．すると，L殻のように高い準位にある電子がK殻の空席に落ち込み，この過程で放出されるエネルギー

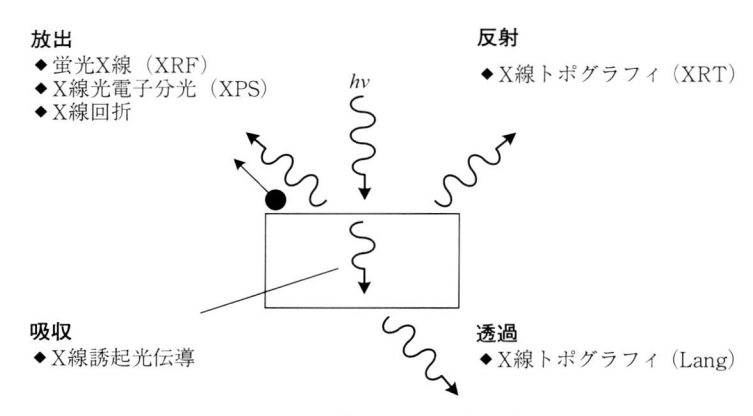

図11.28　X線をつかった評価手法．

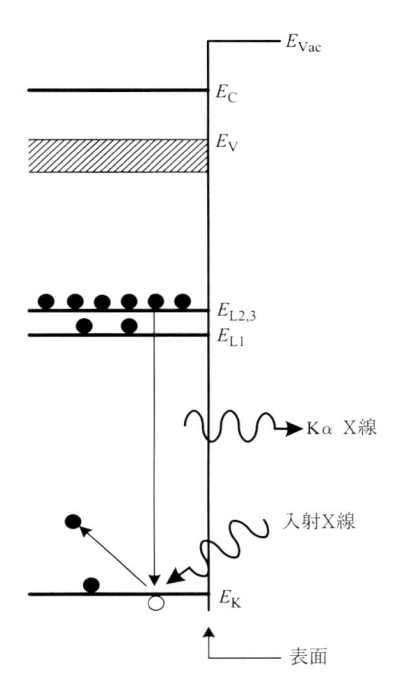

図11.29 蛍光X線法での電子過程.

$$E_{XRF} = E_K(Z) - E_{L2,3}(Z) \tag{11.31}$$

が特性二次X線となる。このX線のエネルギーから不純物を**同定**でき，その強度から不純物の**密度**がわかる。XRFは固体や液体の非破壊元素分析法で，薄膜の定量分析が簡単にできる。X線は収束が難しいので，分解能は低い。標準的な分析領域は1cm²であるが，最近の機器では10^{-4}から10^{-6}cm²の小さな面積を分析できる[84]。金属配線およびそのボイドの評価に25μmのビーム径のマイクロスポットXRFがつかわれている[85]。X線は電荷を帯びていないので，絶縁体だけでなく導体の分析にも適している。

従来のXRFは表面には敏感でない。11.2.3節で議論したように，サンプルへのX線の侵入は，X線の吸収係数で決まる。Siなら，侵入度は数ミクロンから数10ミクロンである。たとえばサンプルから出てくるX線を検出する場合，サンプルに侵入したX線が検出されるX線を放出させねばならないので，50%吸収の深さは知っておくべきである。Cu K_αの入射X線の50%侵入度は，式（11.10）よりSiで46μmである。

全反射XRF（total reflection XRF; TXRF）は表面に敏感で，X線は非常に浅い角度でサンプルへ入射するので，サンプルへの侵入距離はきわめて短い[86]。理論的侵入度は数nmのオーダーであるが，表面粗さ，ウェハの湾曲，およびビームの拡がりによって，実際の侵入度は深めになっている。およそ45°の角度でつかうXRFとは対照的に，TXRFでは臨界角θ_c以下の0.1°以下の斜入射角をつかう。Mo K_αのX線がSiに入射するときは，$\theta_c = 1.8$ mradである。機器の構成を**図11.30**に示す。およそ1mm×1cmの短冊形ターゲットのX線管から出射されたX線を単色化し，浅い角度でサンプルに入射させる。サンプル上に定在波が立ち，これをリチウムドリフト型Si検出器で検出する。検出器はサンプル表面からおよそ1mm上に設置する。全反射系なので，基板はスペクトルにほとんど影響しない。つ

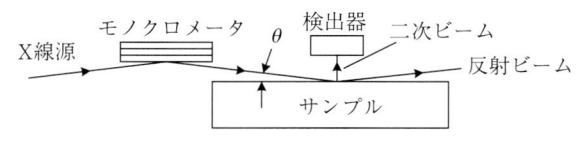

図11.30　TXRF装置の概要.

まり，従来のXRFでは無視できなかった母材による吸収や増強の効果がない．これがこの方法の高感度化につながっている．装置は既知の標準サンプルをつかって較正する．

　TXRFでは$10^9 \sim 10^{10} \mathrm{cm}^{-2}$の表面密度の金属を同定できる．**シンクロトロン**TXRF（synchrotron TXRF; S-TXRF）をつかえば，$10^7 \sim 10^8 \mathrm{cm}^{-2}$の感度が得られる[87]．HF（フッ化水素酸）濃縮法や，HF蒸気に自然酸化膜あるいは熱酸化膜のついたウェハをさらす**気相分解**TXRF（vapor phase decomposition TXRF; VPD-TXRF）[88]でも感度は向上する．HFエッチングによる副産物は水である．酸化膜に含まれる不純物はHFエッチングで水滴にとり込まれる．この気相分解の残渣を乾燥させ，TXRFで測定する．ここで，表面の不純物は水滴にすべてとり込まれ，面積（ウェハ）／面積（水滴）の比で濃縮されると仮定する．直径200 mmのウェハに直径10 mmの水滴ができたなら，濃縮率は400倍である．したがって，たとえばFeなら$10^8 \mathrm{cm}^{-2}$まで感度が向上する．Fe，Ni，Zn，Caのような不純物は80%まで濃縮できるが，Cuは15から20%までである[88]．この方法はシリコンウェハの製造元やICメーカーでつかわれており，特に後者では，洗浄方法の有効性やICプロセスでの汚染を評価している．最近の研究によれば，TXRF，S-TXRF，TOF-SIMS，表面光起電圧，ELYMAT，およびDLTSによるFeの測定結果はよく一致している[89]．

　ウェハ表面の低密度金属汚染を検出する他の方法についても，あと2つだけ簡単に述べておく．**誘導結合プラズマ質量分析法**（inductively coupled plasma mass spectroscopy; ICP-MS）は表面に対して感度のよい方法である[90]．ウェハに必ず存在する酸化膜をエッチングして，酸化膜とともに表面の微量元素を除去する．この除去液を霧状にし，誘導結合プラズマ内でイオン化する．このイオンを四重極質量分析器などで質量分析する．およそ$10^9 \sim 10^{10}$個/cm^{2}の感度がある．**原子吸光分析法**（atomic absorption spectroscopy; AAS）では，光源からの光をサンプルに吸収させ，検出する[91]．光源に選んだ金属は特有の輝線スペクトルを放出する．サンプルはフレーム（炎）燃焼室か黒鉛炉で原子気体に分解され，高温での原子間衝突によって吸収線の幅が拡がる．吸収線の拡がりより光源のスペクトル幅は狭く，波長選択器（モノクロメータ）は他の原子の燃焼による輝線を排除するためだけに用いている．

　機器に関する知識：XRFでは，X線のビームをサンプルに照射し，二次X線をエネルギー分散X線分光器（energy-dispersive spectrometer; EDS）か波長分散X線分光器（wavelength-dispersive spectrometer; WDS）で検出する．エネルギー分散型XRFは低パワーの励起源をつかっており，定性的な元素検出はもとより，$Z \approx 11$からはじまる元素を定量的に検出できる安価な方法である．波長分散型XRFは3〜4 kWの高パワー励起源を必要とし，$Z \approx 4$までの元素を高精度で測定できる．このような軽い元素を検出するには分析環境を真空にしなければならない．従来のXRFの感度はおよそ0.01%または$5 \times 10^{18} \mathrm{cm}^{-3}$，分析面積は1 cm^{2}のオーダーで，標準的な測定時間は50〜100 sである．全反射XRFを気相分解法と併用すれば，10^{10}から$10^8 \mathrm{cm}^{-2}$の表面汚染に対して感度をもつ．

　用途：XRFはとりあえずサンプルを調べるには理想的で，これによって詳細な解析の方針を決めることができる．非破壊であり，導体，半導体，および絶縁体までも大気中で測定できる．X線の吸収深さまでの組成の平均が即座にわかるが，プロファイルはとれない．また，薄膜の厚さの測定にもつかえる[92]．厚さが既知の薄膜を標準サンプルとして，二次X線の強度を測れば未知の薄膜の厚さを求めることができる．10 nmまでの薄膜を測定できる．XRFはサンプル自身が二次X線を吸収する**母材効果**があるので，定量測定には標準サンプルが不可欠である．したがって標準サンプルはサンプルの母材に近いものでなければならない．薄膜とみなせるなら，XRFの標準サンプルは不要である[93]．

XRFで導体の組成も求められている。たとえば，Siテクノロジーではアルミニウムに微量の銅を添加し，配線のエレクトロマイグレーション耐性を向上させている。Cuの比率はXRFで容易にわかる。Siチップの保護膜につかうガラスには，ホウ素やリンをドープして適切なプロセス温度で"流動"するようにしている。そのようなガラス中のリンの含有量もXRFで求めることができる。汚染の問題では，プラズマエッチング後のアルミニウム配線の塩素やフッ素による汚染の測定につかわれている[94]。

11.4.2　X線光電子分光法

原理：X線光電子分光法（X-ray photoelectron spectroscopy; XPS）はESCA（electron spectroscopy for chemical analysis）ともいわれ，1887年にヘルツが発見した光電効果の高エネルギー版である。主にサンプル表面の化学種の同定につかわれ，水素とヘリウムを除く全元素を同定できる。水素およびヘリウムも原理的には同定できるが，高性能の分光器が必要である。低エネルギー（$\leq 50\,\mathrm{eV}$）の光子が固体に入射すると，価電子帯から電子がはじき出される。これは**極紫外光電子分光法**（ultraviolet photoelectron spectroscopy; UPS）といわれる。XPSでは，X線が光子として殻の準位にある電子と相互作用する[95]。X線のエネルギーが電子の束縛エネルギーを超えれば，どの軌道からでも光の放射をともなった電子が放出される。XPSの原理はずっと以前からわかっていたが，実用化は，スウェーデンのSiegbahnらによる低エネルギーXPS電子を検出する高分解能分析器が登場する1960年代まで待たねばならなかった[96]。彼はこれを"electron spectroscopy for chemical analysis"と名づけたが，他にも化学的情報を得る方法がすでにあったので，今日ではXPSということが多い。XPSの開発初期の歴史はJenkinらがまとめている[97]。

この方法のエネルギーバンド図を**図11.31**に，測定系を**図11.32**に示す。$h\nu = 1 \sim 2\,\mathrm{keV}$のエネルギ

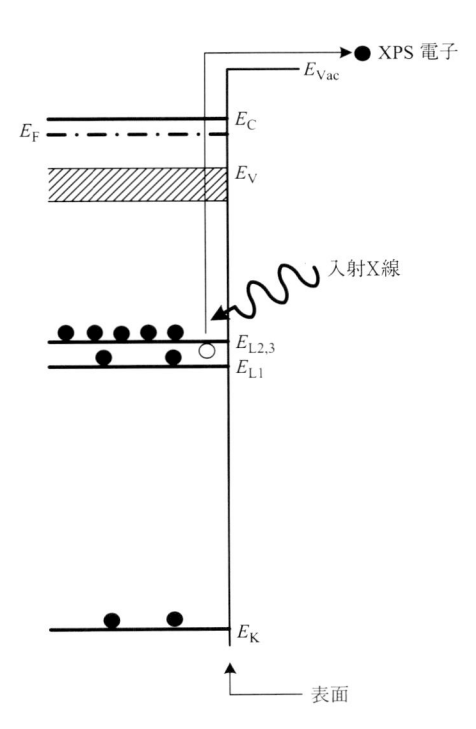

図11.31　X線光電子分光法での電子過程.

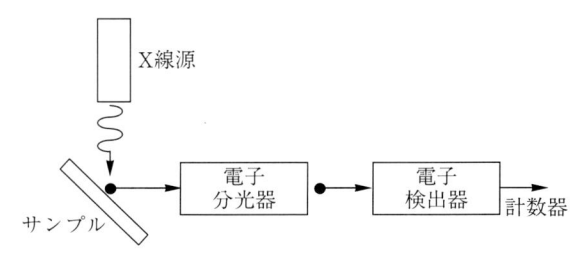

図11.32 XPS測定の概要.

一のX線がサンプルに入射すると，光電子をはじき出す．はじき出された電子の運動エネルギーE_{sp}は，フェルミエネルギーE_Fを基準とした束縛エネルギーE_bと

$$E_b = h\nu - E_{sp} - q\phi_{sp} \tag{11.32}$$

の関係で結ばれる．ここで$q\phi_{sp}$はサンプルの仕事関数（3から4 eV）である．E_{sp}はX線のエネルギーによって変わるので，E_bを知るには入射X線が単色でなければならない．光電子のエネルギー分光器とサンプルは互いのフェルミ準位が一致するようにつながれている．金属のフェルミ準位は明確に定義できるが，半導体や絶縁体ではサンプルによってE_Fが変わるので，XPSデータの解析には注意が必要である．

電子の束縛エネルギーはそれをとりまく化学結合で決まるので，E_bから化学状態を決定できる．このように**化学種**と**元素**を同定できることがXPSの最大の強みである．いろいろな元素と化合物についての束縛エネルギーのハンドブックやグラフが出回っている[98]．X線は非破壊なので，有機物や酸化物の分析にはAESよりXPSが適している．XPSでは帯電の問題がないといわれることがある．確かにX線自身は電荷をもたないが，絶縁体のようなサンプルから電子が放出されると，サンプルは正に帯電する．これを打ち消すには電子放射銃が効果的である．XPSでは，X線によってオージェ電子放射も誘発される．このようなオージェスペクトルがXPSスペクトルに重なっていても，これを有効につかうことができる．たとえば，入射X線のエネルギーを変えるとXPS電子のエネルギーも変わるが，オージェ電子のエネルギーは変化しない．

X線は電子ビームより深く侵入できるにもかかわらず，XPSの光電子はオージェ電子とまったく同様に，サンプル表面から0.5〜5 nmの深さから放出されたものである[99]．したがって，XPSは表面に対する感度が高い．この深さは電子の脱出深度，あるいは電子の平均自由行程で決まる．このためサンプル深くで励起された電子は表面から抜け出すことができない．深さのプロファイルをとるには，イオンビームでスパッタするか，サンプルを傾ける[100]．ただし，スパッタリングによって化合物の酸化状態が変わるかもしれない．サンプルを傾けると**角度分解**XPSとなり，サンプル表面と放出された光電子の軌跡がなす角をθ，λを脱出深度として，$\lambda\sin\theta$がプローブしている深さになる[101]．

XPSの主な用途は，サンプルの原子が構成する化学構造の違いによるエネルギーのシフトから，化合物を同定することである．たとえば，酸化物のスペクトルはその純元素のスペクトルと異なる．データを正しく解釈するには習熟が必要である．いろいろな理由から予想にないピークが現れることがあるからである．化学状態の分析手法としてはXPSの方がAESより完成度が高い[18]．

機器に関する知識：図11.32に示すように，XPSは(1)X線源，(2)エネルギー分析器，および(3)高真空系の3つの部分からなる．X線のスペクトル幅は，X線管のターゲットの原子番号に比例する．XPSではX線のスペクトル幅は狭いほどよいので，Al($E_{K\alpha} = 1.4866$ keV)やMg($E_{K\alpha} = 1.2566$ keV)のような軽元素をX線源とするのがふつうである．XPSシステムによっては，マルチ陽極X線源を備えたものもある．原子番号の小さな材料から発生したX線は，背景放射も少ない．入射X線は分散結晶

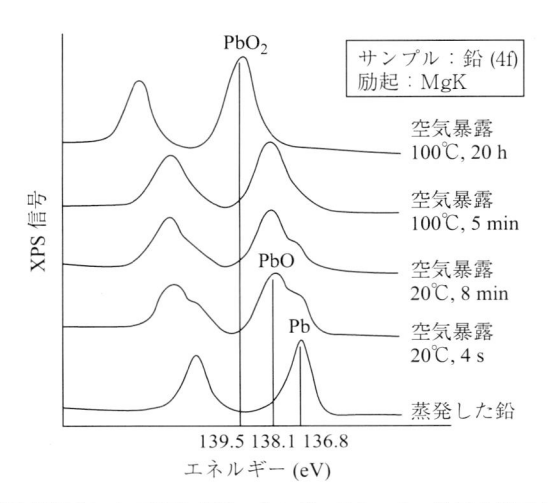

図11.33 鉛の酸化物形成によるXPS束縛エネルギーのシフト．許可を得て文献102より掲載．

を通して周辺スペクトルや連続スペクトルを除去するが，同時にX線そのものの強度も下がる．XPS電子の検出器はいろいろなタイプがある．同心半球型偏向分析器では，2つの同心半球の間に電圧をかけ，電場強度で出射スリットへ偏向する量が変わることを利用してエネルギースペクトルを測定する．この信号は電子増倍器で増幅する．

XPSのエネルギーピークの位置から化合物または元素を同定する．密度の決定はさらに難しい．ピークの高さと幅から補正因子をつかって密度を求めるが，本来化学種の同定につかう方法である．測定には1 cm^{2}程度の大面積が必要であるが，年を追って縮小されている．現在では最小およそ10 μmのスポットを分析できる．これには，モノクロメータの分光結晶でX線を集光するか，大面積X線を当て，サンプルの限定した領域から出てくる電子だけを電子エネルギー分析器へ導入する．XPSの感度はおよそ0.1%あるいは5×10^{19} cm^{-3}で，深さの分解能はおよそ10 nmである[20]．

用途：XPSは主に表面の化学的情報を得るためにつかわれる．特に有機物，ポリマー，および酸化物に有効である．たとえば，元素の酸化過程の研究につかわれてきた．**図11.33**に純鉛のスペクトルと，PbがPbOおよびPbO$_2$に酸化されたときのスペクトルの変化を示す．XPSは半導体産業で多様な問題解決につかわれている．特に，プラズマエッチングの開発では，化学反応メカニズムの理解に大きな役割を果たしている．チップの接着の問題，金属表面へのレジンの密着性，ニッケルと金の相互拡散にもXPSが適用されている[103]．最近は酸化膜の厚さの測定にもつかわれるようになった．未酸化のシリコン基板のSi 2pピーク強度に対する酸化膜の2pピークの強度は，酸化膜の厚さに比例する．酸化層の上に不完全に酸化したシリコンが少なくとも1層あれば，X線光電子分光法によってその存在がわかる[104]．

11.4.3 X線トポグラフィ

X線トポグラフィ（X-ray topography；XRT）あるいは**X線回折法**は，結晶の構造欠陥を非破壊で求める方法である[105]．サンプル作製はほとんど不要で，半導体ウェハ全体の構造に関する情報が得られるが，不純物は同定できない．XRTにレンズはないので拡大像は得られない．したがって分解能は低いが，トポグラフの拡大写真から詳細な情報を得ている．

格子の面間隔がdの完全結晶が波長λの単色X線を回折する場合を考えよう．**図11.34**(a)のように，X線はサンプルに角度αで入射する．入射ビームはサンプルに吸収されるか，サンプルを透過するが，一

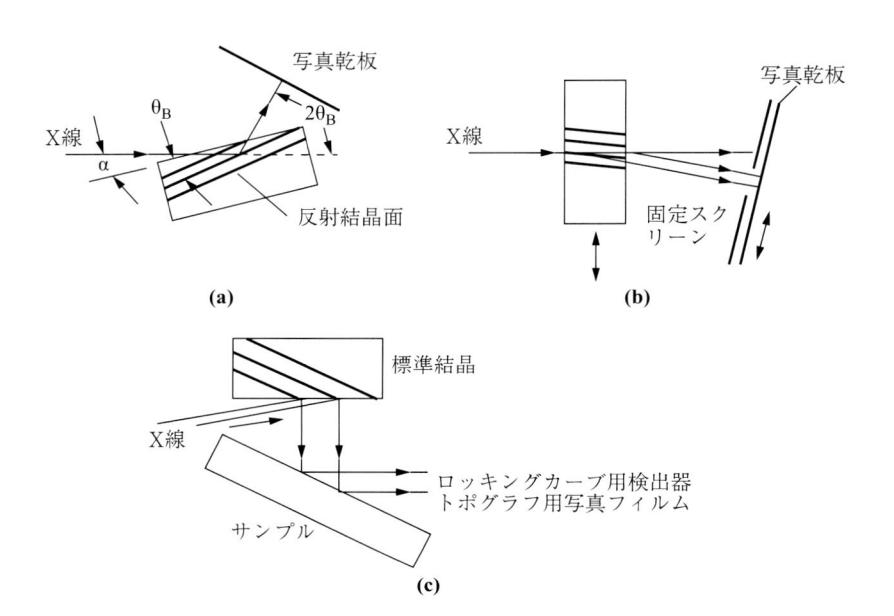

図11.34 (a)Berg-Barrettの反射トポグラフィ, (b)Langの透過トポグラフィ, (c)ロッキングカーブをとるための二結晶トポグラフィ.

部回折されたビームがフィルム上に記録される。回折ビームはブラッグ角θ_B

$$\theta_B = \arcsin(\lambda/2d) \tag{11.33}$$

の2倍の角度で出てくる。回折されたX線は，入射ビームの邪魔にならないようできるだけサンプル近くに設けた高分解能微粒子写真乾板またはフィルム，あるいは固体検出器で検出する。解像度を最大にするには，乾板を二次X線に対して垂直にとりつけねばならない。格子間隔または格子面の方位が構造欠陥によって局所的に変化するときは，完全結晶領域と同じように式（11.33）を歪んだ領域に適用することはできない。その結果，2つの領域からのX線の強度に差が現れる。たとえば，転位領域から回折されたビームは打消しが弱くなり，ブラッグ条件もずれるので無欠陥領域からの回折ビームより強くなる。したがって，フィルムには転位領域の像が強く露光される。この像は欠陥の直接像ではなく，結晶中に応力の異常がある部分からの回折を反映したものである。応力Sは弾性変形の量で，

$$S = \frac{d_{応力なし} - d_{応力あり}}{d_{応力なし}} \tag{11.34}$$

で定義される。したがって式（11.33）をつかって応力のある領域とない領域の面間隔dを求めれば，Sを決定できる。

図11.34(a)の反射法は**Berg-Barrett**法といわれ，Bergが発明し，Barrettが改良し，さらにNewkirkによって洗練されたもので[106]，X線トポグラフィでは最もシンプルな方法である。サンプル位置合わせ用のゴニオメータ以外はレンズも可動部もない。反射XRTでは，浅い入射角αのためにX線が表面近傍にだけ侵入するので，サンプルの表面近くの薄い領域を調べることができる。こうして，たとえば転位密度10^6cm^{-2}までの転位を測定できる。およそ10^{-4}cmの分解能でウェハ全体を調べることができる。

図11.34(b)の透過XRT法はLangによって導入された最も一般的なXRTの方法である[107]。狭いスリットを抜けた縦に細い単色X線が，ブラッグ角をなすサンプルに入射する。縦に細いビームはサンプルを透過し，鉛のスクリーンに当たる。回折したビームはスクリーンのスリットを通過して写真乾板に届く。サンプルを透過するX線は式 (11.9) にしたがって吸収されるが，X線の向きが特定の結晶面で回折される向きになっていると，吸収は格段に弱くなる[108]。スクリーンを固定し，サンプルと乾板を同期して走査すれば，トポグラフをつくることができる。大口径ウェハはプロセスで湾曲するので，トポグラフの測定中は選択したブラッグ角を保つよう絶えずサンプルを調整しなければならない。サンプルの反りがひどく，ブラッグ角が満たされずに広い面積の像が得られないときは，振動させながら走査すると効果的である。結晶を走査しながら，結晶と乾板を，入射ビームと反射ビームの面にほぼ垂直に振動させる[109]。こうしてほぼ全域でブラッグ角が満たされ，ウェハ全体の像が得られる。

欠陥の"トポグラフ"を得るには，弱い回折面を選ぶのがふつうである。均一なサンプルなら均一な像になる。構造欠陥によってX線回折が強くなり，これがフィルムにコントラストとなってトポグラフの特徴を表す。Langの方法は**反射トポグラフィ**にも採用されている。走査できれば，Berg-Barrettの方法の自由度が大幅に増す。半導体では，主に結晶成長中あるいはウェハプロセス中に生じた欠陥を調べるのにLangの方法を用いる[110]。透過トポグラフからはサンプル全体の欠陥の情報が得られる。反射トポグラフからは表面から10ないし30 μmの深さの情報が得られる。(100) 方向のシリコンのエピタキシャルウェハのX線トポグラフを**図11.35**に示す。図11.35(a)はLangの方法，(b)は二結晶法 (double crystal) による像である。明らかに二結晶の像の方が精細である。

断面トポグラフィ (section topography) ではサンプルとフィルムを固定し，サンプルの狭い領域の"断面"像をとる[112]。固定したサンプルに細いX線ビームを当て，サンプルの断面の像をフィルム上に映す。この方法はサンプルも写真乾板も固定されていることを除けば，図11.34(b)の方法に似ている。断面トポグラフィは欠陥の深さ方向の情報としてとても貴重である。たとえば，集積回路の製造では，シリコンウェハに酸素が侵入する。断面トポグラフィはウェハ全面にわたって酸素侵入を明確に示す非破壊断面写真が得られる便利な方法である[113]。

二結晶回折法では，結晶が1つだけのトポグラフィに比べ，ビームをよりコリメートできるので，より高い精度が得られる[113]。この方法では図11.34(c)に示すように，リファレンス結晶とサンプル結

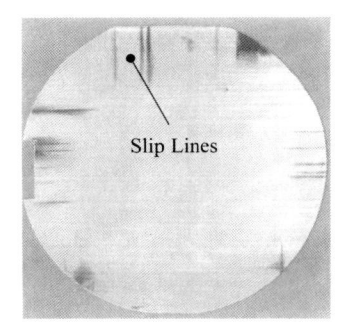

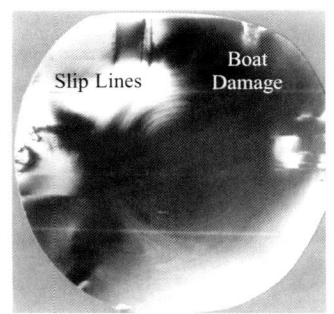

Langのトポグラフィ	二結晶トポグラフィ
(a)	(b)

図11.35 (100)-方位のシリコンウェハ上の厚さ7 μmのエピタキシャル層を，Lang法と二結晶法で測定したX線トポグラフ．Lang法ではエピ／基板界面にすべり線がみえ，二結晶法では反り，熱記憶効果，さらに成長時の欠陥による基板の渦巻き模様がみえる．許可を得て文献111より再掲．T.J. Shaffner (Texas Instruments) の厚意による．

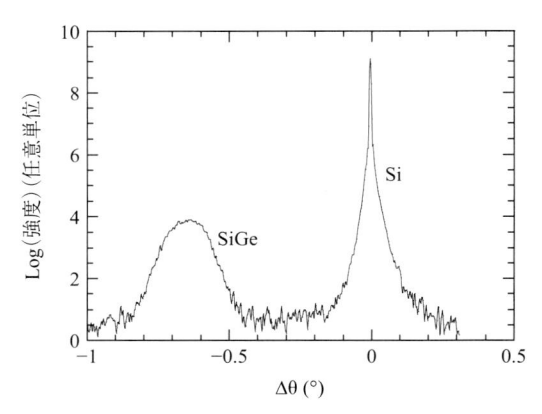

図11.36 (100)Si上のヘテロエピタキシャル$Si_{0.80}Ge_{0.20}$薄膜（150 nm）のロッキングカーブ．ブラッグの法則により，この薄膜の面間隔dは大きく，基板より格子定数が大きいことがわかる．データはT.L. Alford（Arizona State University）の厚意による．

晶で2段ブラッグ反射させる．まず，慎重に選んだ"完全"結晶で単色のコリメートビームをつくり，これをサンプルに照射する．二結晶法はトポグラフィだけでなく，**ロッキングカーブ**の決定にもつかわれる．ロッキングカーブを記録するには，図11.34(c)のようにサンプルを回折面に対して垂直な軸のまわりにゆっくりと回転，つまり"ロック"させる．こうして得たロッキングカーブの例を**図11.36**に示す．その幅は結晶の完全性の目安になる．曲線の幅が狭いほど，より完全な結晶である．エピタキシャル層なら，格子不整合，層の厚さ，層と基板の完全性，およびウェハの反りがわかる．X線のビームをさらにコリメートするために，二結晶回折法を拡張した四結晶回折法がある[114]．

11.4.4 中性子放射化分析法

中性子放射化分析法（neutron activation analysis; NAA）は，核反応によってサンプル中の安定な元素から放射性同位体を生成し，所望の放射性同位体からの放射能を測定する微量分析手法である[115]．元素が中性子を捕獲すると，即座（～10^{-14}s以内）にγ線を放出し，放射性元素となる．続いて核からβ線，α粒子，またはγ線が元素の半減期に応じて放出される．即発γ線は**即発ガンマ中性子放射化分析**（prompt gamma neutron activation analysis）での検出につかい，NAA法で測定するのは，壊変する放射性核種からのβ線，γ線などである[116]．NAA法は半導体で重要な特定の元素に対して高い感度をもつ．半導体でのこの方法の用途は限られている．核反応炉をもつ半導体研究機関はほとんどないので，ふつうは提供されるサービスを利用している．

サンプルを高純度石英管に封入し，核反応炉に設置する．中性子を吸収した元素は高励起状態になってβ線とγ線を放出して緩和する．サンプルも放射性となることがある．γ線の放出は軌道電子の遷移によるX線放出とよく似ている．β線は連続スペクトルであり，元素の同定にはつかえない．γ線についてはよく調べられており，ゲルマニウム検出器で測定したエネルギーが表になっている[117]．γ線のエネルギーから元素が特定され，強度から密度を求めることができる．定量測定には，標準サンプルをつかって較正した検出システムをつかう．シリコン中の元素の標準的な検出限界を**図11.37**に示す．

NAA法では中性子が電気的に中性で，サンプル深くまで侵入するので，表面には敏感な方法ではない．放出されたγ線もよく透過する．NAA法では2.6 hというSiの短い半減期と，いろいろな汚染元素の長い半減期をうまく利用する．Siサンプルに中性子を照射し，24 h後にSiの放射能を測定すると，わずかなレベルまで減衰している．NAA法の感度はきわめて高い．たとえば，シリコン中の10^8から

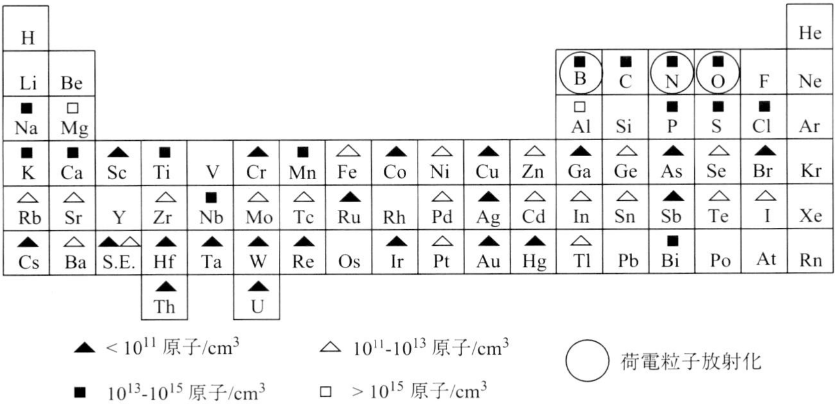

H																	He
Li	Be											■Ⓑ	■C	Ⓝ	Ⓞ	F	Ne
■Na	■Mg											Al	Si	■P	■S	Cl	Ar
■K	▲Ca	▲Sc	▲Ti	V	■Cr	▲Mn	▲Fe	▲Co	△Ni	▲Cu	▲Zn	▲Ga	▲Ge	▲As	▲Se	▲Br	Kr
△Rb	△Sr	Y	△Zr	■Nb	△Mo	Tc	▲Ru	▲Rh	▲Pd	▲Ag	△Cd	In	Sn	▲Sb	▲Te	I	Xe
▲Cs	▲Ba	▲△S.E.	▲Hf	▲Ta	▲W	▲Re	▲Os	▲Ir	▲Pt	▲Au	▲Hg	Tl	Pb	■Bi	Po	At	Rn
			▲Th	▲U													

▲ $<10^{11}$ 原子/cm³   △ 10^{11}-10^{13} 原子/cm³   ◯ 荷電粒子放射化

■ 10^{13}-10^{15} 原子/cm³   □ $>10^{15}$ 原子/cm³

図11.37 中性子放射化分析で検出可能なシリコン中の元素の検出限界.半減期＞2hの放射性核種.サンプルの体積1 cm³.熱中性子10^{14}個/cm²・s,即発中性子3×10^{13}個/cm²・sの中性子束を使用.照射時間1～5日.許可を得て文献119より掲載.

$10^9 cm^{-3}$の密度の金も検出できる[118].ただし,その他の元素についての感度は図11.37に示すようにずっと低い.また,Siからの放射線はAlからの放射線と重なるので,Si中のAlは検出できない.サンプルに中性子を照射したあと,エッチングによって削った材料の放射能を測定すれば感度は最大になる.中性子を照射しただけのサンプルを測定する中性子放射化機器分析法(instrumental NAA)は強力な非破壊評価手法であるが,感度は化学分離におよばない.

NAA法で成長中や成長後の結晶の純度を測定したり,プロセスで混入した不純物を求めたりすることができる[119,120].ふつうはサンプルに含まれる不純物の総量を測定する.サンプルを薄くエッチングするか研磨し,削った材料の放射能を測定すればプロファイルが得られる.ホウ素,炭素,および窒素にはNAA法での感度がない.リンはγ線を出さないので,β線の減衰を測定する.NAA法は高濃度ドープウェハには適さない.SbもAsも放射性同位体を形成するからである.定量測定には慎重な較正が不可欠である[121].半導体へのNAA法の応用についてはHaas and Hofmannの文献に要領よくまとめられている[119].彼らは,結晶成長およびデバイスプロセスでの不純物のモニタ,アルミニウムや配水用プラスチックパイプなど仕入れ材料に含まれる不純物の検出,α粒子を放出してメモリチップの記憶を反転させるウランやトリウムの検査にこの方法をつかっている.また,**オートラジオグラフィ**(autoradiography)で不純物の空間分布を画像化している.

NAA法に関連した方法として,固体表面付近の密度プロファイルを,同位体をつかって非破壊で測定する**中性子深さプロファイル法**(neutron depth profiling; NDP)がある[122].エネルギー0.01 eV以下で十分にコリメートした中性子線をサンプルに照射する.サンプルが中性子を捕獲すると,α粒子のような荷電粒子が放出される.放出されたα粒子は核反応に固有の特性エネルギーをもち,これから元素が特定できる.このエネルギーの一部はサンプル中を進むと失われるので,RBSでのHeイオンのように,α粒子のエネルギーは放出された深さに依存する.したがって,検出したα粒子のエネルギーを分析すれば,元素の深さプロファイルをつくることができる.NDP法がつかえるのは限られた元素だけで,Li,Be,B,Nはその代表である.NDP法によるサンプルのダメージはほとんどなく,測定中に表面がスパッタされることもない.これでシリコン中の打込みホウ素のプロファイルを求め,シリコン中のホウ素の検出限界が$10^{12}cm^{-2}$のSIMSならびに分散抵抗法で測定した結果と比較している[123].ホウリンケイ酸塩ガラス(BPSG)膜のホウ素濃度の決定にもつかわれている[124].NDP施設は数えるほどしかないので,いつもつかえるわけではない.米国ではミシガン大学,テキサスA&M大学,テ

キサス大学オースチン校，米国標準技術研究所，およびノースカロライナ州立大学にある。

11.5　強みと弱み

走査電子顕微鏡法：この装置の強みは高分解能と深い視野にある。もともと高度に専門的な装置であったが，今日ではたとえば線幅測定のように，誰でもつかえる装置に進化している。主な欠点はすべての電子線装置と同じく，真空系が必要なことである。

オージェ電子分光法：薄い層の元素および分子の両方の情報が得られる。走査AESでは高分解能の像が得られる。高真空系が必要で，感度はやや低い。

電子マイクロプローブ法：多くの走査電子顕微鏡に搭載できること，および定量的な元素の情報が比較的簡単に得られることが強みである。エネルギー分散X線分光法のエネルギー分解能は中程度であるが，ふつうはそれで十分である。高いエネルギー分解能を得るには扱いが難しい波長分散X線分光器かマイクロカロリメータが必要である。弱みはそこそこの空間分解能と，電子線が半導体サンプルにダメージを与える可能性があることである。

透過型電子顕微鏡法：主な強みは他に類をみない原子解像力である。これには極度に薄いサンプルを作製する必要があり，これが弱点になっている。集束イオンビームである程度負担を軽減できる。

二次イオン質量分析法：主な強みは（ほとんどのビーム技術より）感度がよく，すべての不純物を検出できることにある。さらに，ドーパントのプロファイルがとれるビーム技術としてよくつかわれ，飛行時間SIMSと併用すれば有機物や表面の金属汚染の分析もできる。母材効果，複合分子との重なり，破壊測定，較正用サンプルが必要なことなどが弱みである。

ラザフォード後方散乱法：強みは較正用標準サンプルをつかわずに非接触で絶対測定ができることである。主な弱みは機器が特殊で，重い元素からなる基板上の軽い元素の測定が難しいことである。

蛍光X線分光法：主な強みは元素を速く，非接触で調べられることである。弱みはX線の集光が難しいことから，分解能がそこそこであることと，母材効果があることである。表面汚染に対する感度は全反射蛍光X線分光法で大幅に改善できる。

X線光電子分光法：主な強みは薄い層の元素および分子を評価できることである。弱みはX線が集光できないことによる分解能の問題，高真空系を必要とすること，および感度が低いことである。

中性子放射化分析法：主な強みはSiのような代表的な半導体で，特定の不純物であれば，きわめて低濃度でも検出できることである。弱みは特殊な設備が必要で，核反応炉のある研究機関が限られていることである。

補遺11.1　いくつかの分析手法の特筆すべき特徴.

分析法	検出可能元素	横方向分解能	深さ方向分解能	検出限界[a] (原子/cm^3)	知見内容	破壊性	深さプロファイル	分析時間	母材効果
AES	≥ Li	100 μm	2 nm	$10^{19}\sim10^{20}$	元素,化学組成	有[b]	可	30分	原子混合
SAM	≥ Li	10 nm	2 nm	10^{21}	元素	有[b]	可	30分	原子混合
EMP-EDS	≥ Na	1 μm	1 μm	$10^{19}\sim10^{20}$	元素			30分	補正可
EMP-WDS	≥ Na	1 μm	1 μm	$10^{18}\sim10^{19}$	元素			2時間	補正可
SIMS	すべて	1 μm	1～30 nm	$10^{14}\sim10^{18}$	元素	有	可	1時間	深刻
RBS	≥ Li	0.1 cm	20 nm	$10^{19}\sim10^{20}$	元素		可	30分	なし
XRF	≥ C	0.1～1 cm	1～10 μm	$10^{17}\sim10^{18}$	元素			30分	補正可
TXRF	≥ C	0.5 cm	5 nm	$10^{10} cm^{-2}$	元素			30分	補正可
XPS	≥ Li	10 μm～1 cm	2 nm	$10^{19}\sim10^{20}$	元素,化学組成	有[b]	可	30分	化学シフト
XRT	—	1～10 μm	100～500 μm	—	結晶構造		可	45分	歪相互作用
PL	浅い準位	10 μm	1～10 μm	$10^{11}\sim10^{15}$	元素, E_G			1時間	束縛エキシトン
FTIR	官能基	1～1000 μm	1～10 μm	$10^{12}\sim10^{16}$	分子			15分	分子相互作用
ラマン	官能基	1 μm	1～10 μm	10^{19}	分子			1時間	分子歪
EELS	≥ B	1 nm	20 nm	$10^{19}\sim10^{20}$	元素,化学組成			30分	なし
LEED	—	0.1～100 μm	2 nm	—	結晶構造			30分	—
RHEED	—	0.1～1000 μm	2 nm	—	結晶構造			30分	—
NAA	特定元素	1 cm	1 μm	$10^8\sim10^{18}$	元素			2日	なし
AFM	—	1 nm	1 nm	—	表面平坦性			30分	なし

[a] 検出元素による.　[b] プロファイルをとるときのみ破壊.

文　　献

1) H. Seiler, *J. Appl. Phys.*, **54**, R1-R18, Nov. (1983)
2) V.E. Cosslett, in *Advances in Optical and Electron Microscopy* (R. Barer and V.E. Cosslett, eds.), **10**, 215-267, Academic Press, London (1988)
3) L. de Broglie, (仏語) *Compt. Rend.*, **177**, 507-510, Sept. (1923)
4) J.I. Goldstein, D.E. Newbury, P. Echlin, D.C. Joy, C. Fiori, and E. Lifshin, Scanning Electron Microscopy and X-Ray Microanalysis, Plenum Press, New York (1984)
5) T.E. Everhart and R.F.M. Thornley, *J. Sci. Instrum.*, **37**, 246-248, July (1960)
6) R.A. Young and R.V. Kalin, in Microelectronics Processing : Inorganic Materials Characterization (L.A. Casper, ed.), 49-74, American Chemical Soc., Symp. Series 295, Washington, DC (1986)
7) H.J. Leamy, *J. Appl. Phys.*, **53**, R51-R80, June (1982)
8) T.E. Everhart, and P.H. Hoff, *J. Appl. Phys.*, **42**, 5837-5846, Dec. (1971)
9) P. Auger, (仏語) *J. Phys. Radium*, **6**, 205-208, June (1925)
10) L.E. Davis, N.C. MacDonald, P.W. Palmberg, G.E. Riach, and R.E. Weber, Handbook of Auger Electron Spectroscopy, Physical Electronics Industries Inc., Eden Prairie, MN (1976); G.E. McGuire, Auger Electron Spectroscopy Reference Manual, Plenum Press, New York (1979); Handbook of Auger Electron Spectroscopy, JEOL Ltd., Tokyo (1980)
11) L.C. Feldman and J.W. Mayer, Fundamentals of Surface and Thin Film Analysis, North Holland, New York (1986)

12) L.L. Kazmerski, in *Advances in Solar Energy* (K.W. Böer, ed.), **3**, 1-123, American Solar Energy Soc., Boulder, CO (1986)
13) R.E. Honig, *Thin Solid Films*, **31**, 89-122, Jan. (1976)
14) H.W. Werner and R.P.H. Garten, *Rep. Progr. Phys.*, **47**, 221-344, March (1984)
15) H. Hapner, J.A. Simpson and C.E. Kuyatt, *Rev. Sci. Instrum.*, **39**, 33-35, Jan. (1968); P.W. Palmberg, G.K. Bohn and J.C. Tracy, *Appl. Phys. Lett.*, **15**, 254-255, Oct. (1969)
16) L.A. Harris, *J. Appl. Phys.*, **39**, 1419-1427, Feb. (1968)
17) E. Minni, *Appl. Surf. Sci.*, **15**, 270-280, April (1983)
18) C.J. Powell, *J. Vac. Sci. Technol.*, **A21**, S42-S53, Sept./Oct. (2003)
19) T.J. Shaffner, in *VLSI Electronics: Microstructure Science* (N.G. Einspruch and G.B. Larrabee, eds.), **6**, 497-527, Academic Press, New York (1983)
20) S. Oswald and S. Baunack, *Thin Solid Films*, **425**, 9-19, Feb. (2003)
21) E. Zinner, *J. Electrochem. Soc.*, **130**, 199C-222C, May (1983); P.L. King, *Surf. Interface Anal.*, **30**, 377-382, Aug. (2000)
22) P.H. Holloway and G.E. McGuire, *Appl. Surf. Sci.*, **4**, 410-444, April (1980); G.E. McGuire and P.H. Holloway, in *Electron Spectroscopy: Theory, Techniques and Applications* (C.R. Brundle and A.D. Baker, eds.), **4**, 2-74, Academic Press, New York (1981); J. Keenan, *TI Tech. J.*, **5**, 43-49, Sept./Oct. (1988); L.A. Files and J. Newsom, *TI Tech. J.*, **5**, 89-95, Sept./Oct. (1988)
23) R. Castaing, Thesis, Univ. of Paris, France, 1948, in *Adv. in Electronics and Electron Physics* (L. Marton, ed.), **13**, 317-386, Academic Press, New York (1960)
24) S.J.B. Reed, Electron Microprobe Analysis, Cambridge University Press (1993); K.F.J. Heinrich and D.E. Newbury, in *Metals Handbook*, 9th Ed. (R.E. Whan, coord.), **10**, 516-535, Am. Soc. Metals, Metals Park, OH (1986)
25) K.F.J. Heinrich, Electron Beam X-Ray Microanalysis, Van Nostrand Reinhold, New York (1981)
26) C.E. Fiori, and D.E. Newbury, *Scanning Electron Microscopy*, **1**, 401-422 (1978)
27) F.S. Goulding and Y. Stone, *Science*, **170**, 280-289, Oct. (1970); A.H.F. Muggleton, *J. Phys. E: Sci. Instrum.*, **5**, 390-405, May (1972)
28) J.F. Bresse, in *Scanning Electron Microscopy*, **1**, 717-725 (1978)
29) F. Scholze, H. Rabus, and G. Ulm, *Appl. Phys. Lett.*, **69**, 2974-2976, Nov. (1996)
30) M. LeGros, E. Silver, D. Schneider, J. McDonald, S. Bardin, R. Schuch, N. Madden, and J. Beeman, *Nucl. Instrum. Meth.*, **A357**, 110-114, April (1995); D.A. Wollman, K.D. Irwin, G.C. Hilton, L.L. Dulcie, D.A. Newbury and J.M. Martinis, *J. Microsc.*, **188**, 196-223, Dec. (1997)
31) B. Simmnacher, R. Weiland, J. Höhne, F.V. Feilitzsch, and C. Hollerith, *Microelectron. Rel.*, **43**, 1675-1680, Sept./Nov. (2003)
32) M. von Heimendahl, Electron Microscopy of Materials, Academic Press, New York (1980); D.B. Williams and C.B. Carter, Transmission Electron Microscopy, Plenum Press, New York (1996); D.C. Joy, A.D. Romig, Jr., and J.I. Goldstein (eds.), Principles of Analytical Electron Microscopy, Plenum Press, New York (1986)
33) W.R. Runyan and T.J. Shaffner, Semiconductor Measurements and Instrumentation, McGraw-Hill, New York (1998)
34) R.F. Egerton, Electron Energy-Loss Spectroscopy in the Electron Microscopy, 2nd ed., Plenum Press, New York (1996); C. Colliex, in *Advances in Optical and Electron Microscopy* (R. Barer and V.E. Cosslett, eds.), **9**, 65-177, Academic Press, London (1986)
35) J.C.H. Spence, Experimental High-Resolution Electron Microscopy, 2nd ed., Oxford University Press, New York (1988); D. Cherns, in Analytical Techniques for Thin Film Analysis (K.N. Tu

and R. Rosenberg, eds.), 297-335, Academic Press, Boston (1988)
36) P.E. Batson, in Analytical Techniques for Thin Film Analysis (K.N. Tu and R. Rosenberg, eds.), 337-387, Academic Press, Boston (1988); R.J. Graham, in Diagnostic Techniques for Semiconductor Materials and Devices (T.J. Shaffner and D.K. Schroder, eds.), 150-167, Electrochem. Soc., Pennington, NJ (1988)
37) T.T. Sheng, in Analytical Techniques for Thin Film Analysis (K.N. Tu and R. Rosenberg, eds.), 251-296, Academic Press, Boston (1988)
38) J.I. Hanoka and R.O. Bell, in *Annual Review of Materials Science* (R.A. Huggins, R.H. Bube and D.A. Vermilya, eds.), **11**, 353-380, Annual Reviews, Palo Alto, CA (1981)
39) T.E. Everhart, O.C. Wells and R.K. Matta, *Proc. IEEE*, **52**, 1642-1647, Dec. (1964)
40) K. Joardar, C.O. Jung, S. Wang, D.K. Schroder, S.J. Krause, G.H. Schwuttke, and D.L. Meier, *IEEE Trans. Electron Dev.*, **ED-35**, 911-918, July (1988)
41) M. Tamatsuka, S. Oka, H.R. Kirk, and G.A. Rozgonyi, in Diagnostic Techniques for Semiconductor Materials and Devices (P. Rai-Choudhury, J.L. Benton, D.K. Schroder, and T.J. Shaffner, eds.), 80-91, Electrochem Soc., Pennington, NJ (1997); H.R. Kirk, Z. Radzimski, A. Romanowski, and G.A. Rozgonyi, *J. Electrochem. Soc.*, **146**, 1529-1535, April (1999)
42) S.M. Davidson, *J. Microsc.*, **110**, 177-204, Aug. (1977); B.G. Yacobi and D.B. Holt, *J. Appl. Phys.*, **59**, R1-R24, Feb. (1986)
43) G. Pfefferkorn, W. Bröcker and M. Hastenrath, in *Scanning Electron Microscopy*, 251-258, SEM, AMF O'Hare, IL (1980)
44) R.J. Roedel, S. Myhajienko, J.L. Edwards and K. Rowley, in Diagnostic Techniques for Semiconductor Materials and Devices (T.J. Shaffner and D.K. Schroder, eds.), 185-196, Electrochem. Soc., Pennington, NJ (1988)
45) B.G. Yacobi, and D.B. Holt, *J. Appl. Phys.*, **59**, R1-R24, Feb. (1986)
46) C. Davisson and L.H. Germer, *Phys. Rev.*, **30**, 705-740, Dec. (1927)
47) J.B. Pendry, Low Energy Electron Diffraction, Academic Press, New York (1974); K. Heinz, *Prog. Surf. Sci.*, **27**, 239-326 (1988)
48) M.G. Lagally, in *Metals Handbook*, 9th Ed. (R.E. Whan, coord.), **10**, 536-545, Am. Soc. Metals, Metals Park, OH (1986)
49) B.F. Lewis, F.J. Grunthaner, A. Madhukar, T.C. Lee, and R. Fernandez, *J. Vac. Sci. Technol.*, **B3**, 1317-1322, Sept./Oct. (1985)
50) L.C. Feldman and J.W. Mayer, Fundamentals of Surface and Thin Film Analysis, North Holland, New York (1986); J.M. Walls (ed.), Methods of Surface Analysis, Cambridge University Press, Cambridge (1989)
51) C.G. Pantano, in *Metals Handbook*, 9th Ed. (R.E. Whan, coord.), **10**, 610-627, Am. Soc. Metals, Metals Park, OH (1986); A. Benninghoven, F.G. Rüdenauer and H.W. Werner, Secondary Ion Mass Spectrometry: Basic Concepts, Instrumental Aspects, Applications and Trends, Wiley, New York (1987)
52) R. Castaing, B. Jouffrey, and G. Slodzian, (仏語) *Compt. Rend.*, **251**, 1010-1012, Aug. (1960); R. Castaing and G. Slodzian, (仏語) *Compt. Rend.*, **255**, 1893-1895, Oct. (1962)
53) R.K. Herzog and H. Liebl, *J. Appl. Phys.*, **34**, 2893-2896, Sept. (1963)
54) A. Benninghoven, (独語) *Z. Phys.*, **230**, 403-417 (1970)
55) J.J. Thomson, *Phil. Mag.*, **20**, 752-767, Oct. (1910)
56) P. Williams, in Applied Atomic Collision Spectroscopy, 327-377, Academic Press, New York (1983)

57) D.E. Sykes, in Methods of Surface Analysis (J.M. Walls, ed.), 216-262, Cambridge University Press, Cambridge (1989)
58) A. Benninghoven, *Crit. Rev. Solid State Sci.*, **6**, 291-316 (1976)
59) M.T. Bernius and G.H. Morrison, *Rev. Sci. Instrum.*, **58**, 1789-1804, Oct. (1987)
60) M.A. Douglas and P.J. Chen, *Surf. Interface Anal.*, **26**, 984-994, Dec. (1998)
61) S.G. Mackay and C.H. Becker, in Encyclopedia of Materials Characterization (C.R. Bindle, C.A. Evans, Jr., and S. Wilson, eds.), 559-570, Butterworth-Heinemann, Boston (1992); J.C. Huneke, in Encyclopedia of Materials Characterization (C.R. Bindle, C.A. Evans, Jr., and S. Wilson, eds.), 571-585, Butterworth-Heinemann, Boston (1992); Y. Mitsui, F. Yano, H. Kakibayashi, H. Shichi, and T. Aoyama, *Microelectron. Rel.*, **41**, 1171-1183, Aug. (2001)
62) F.R. di Brozolo, in Encyclopedia of Materials Characterization (C.R. Brundle, C.A. Evans, Jr., and S. Wilson, eds.), 586-597, Butterworth-Heinemann, Boston (1992); M.C. Arst, in *Emerging Semiconductor Technology* (D.C. Gupta and R.P. Langer, eds.), **STP 960**, 324-335, Am. Soc. Test. Mat., Philadelphia (1987)
63) C.W. Magee and M.R. Frost, *Int. J. Mass Spectrom. Ion Proc.*, **143**, 29-41, May (1995)
64) E. Ishida and S.B. Felch, *J. Vac. Sci. Technol.*, **B14**, 397-403, Jan./Feb. (1996); S.B. Felch, D.L. Chapek, S.M. Malik, P. Maillot, E. Ishida, and C.W. Magee, *J. Vac. Sci. Technol.*, **B14**, 336-340, Jan./Feb. (1996)
65) E. Zinner, *Scanning*, **3**, 57-78 (1980)
66) W.K. Chu, J.W. Mayer and M-A. Nicolet, Backscattering Spectroscopy, Academic Press, New York (1978); W.K. Chu, in *Metals Handbook*, 9th Ed. (R.E. Whan, coord.), **10**, 628-636, Am. Soc. Metals, Metals Park, OH (1986); T.G. Finstad and W.K. Chu, in Analytical Techniques for Thin Film Analysis (K.N. Tu and R. Rosenberg, eds.), 391-447, Academic Press, Boston (1988)
67) E. Rutherford and H. Geiger, *Phil. Mag.*, **22**, 621-629, Oct. (1911)
68) S. Rubin, T.O. Passell and L.E. Balley, *Anal. Chem.*, **29**, 736-743, May (1957)
69) J.H. Patterson, A.L. Turkevich and E.J. Franzgrote, *J. Geophys. Res.*, **70**, 1311-1327, March (1965)
70) L.C. Feldman and J.M. Poate, in *Annual Review of Materials Science* (R.A. Huggins, R.H. Bube and D.A. Vermilya, eds.), **12**, 149-176, Annual Reviews, Palo Alto, CA (1982); C.W. Magee and L.R. Hewitt, *RCA Rev.*, **47**, 162-185, June (1986)
71) J.F. Ziegler, Helium Stopping Powers and Ranges in All Elemental Matter, Pergamon Press, New York (1977)
72) J.F. Ziegler and R.F. Lever, *Thin Solid Films*, **19**, 291-296, Dec. (1973); J.W. Mayer, M-A. Nicolet and W.K. Chu, in Nondestructive Evaluation of Semiconductor Materials and Devices (J.N. Zemel, ed.), 333-366, Plenum Press, New York (1979)
73) W.K. Chu, J.W. Mayer, M-A. Nicolet, T.M. Buch, G. Amsel, and P. Eisen, *Thin Solid Films*, **17**, 1-41, July (1973)
74) J.F. Ziegler and W.K. Chu, in *Atomic Data and Nuclear Data Tables*, **13**, 463-489, May (1974); J.F. Ziegler, R.F. Lever, and J.K. Hirvonen, in *Ion Beam Surface Analysis* (O. Mayer, G. Linker, and F. Käppeler, eds.), **I**, 163, Plenum, New York (1976)
75) A.C. Diebold, P. Maillot, M. Gordon, J. Baylis, J. Chacon, R. Witowski, H.F. Arlinghaus, J.A. Knapp, and B.L. Doyle, *J. Vac. Sci. Technol.*, **A10**, 2945-2952, July/Aug. (1992); J.A. Knapp and J.C. Banks, *Nucl. Instrum. Meth.*, **B79**, 457-459, June (1993)
76) C.W. Magee and L.R. Hewitt, *RCA Rev.*, **47**, 162-185, June (1986)
77) L.C. Feldman, J.W. Mayer, and S.T. Picraux, Materials Analysis by Ion Channeling, Academic Press, New York (1982)

78) M.-A. Nicolet, J.W. Mayer, and I.V. Mitchell, *Science*, **177**, 841–849, Sept. (1972)
79) J. Li, F. Moghadam, L.J. Matienzo, T.L. Alford, and J.W. Mayer, *Solid State Technol.*, **38**, 61–64, May (1995)
80) W.G. Morris, H. Bakhru and A.W. Haberl, *Nucl. Instrum. and Meth.*, **B10/11**, 697–699, May (1985)
81) J.A. Keenan, in Diagnostic Techniques for Semiconductor Materials and Devices (T.J. Shaffner and D.K. Schroder, eds.), 15–26, Electrochem. Soc., Pennington, NJ (1988)
82) C.W. Magee, *Nucl. Instrum. and Meth.*, **191**, 297–307, Dec. (1981)
83) E.P. Berlin, in Principles and Practice of X-Ray Spectrometric Analysis, Ch. 3, Plenum Press, New York (1970); R.O. Muller, Spectrochemical Analysis by X-Ray Fluorescence, Plenum Press, New York (1972); J.V. Gilfrich, in Characterization of Solid Surfaces (P.F. Kane and G.B. Larrabee, eds.), Ch. 12, Plenum Press, New York (1974); D.S. Urch, in *Electron Spectroscopy: Theory, Techniques and Applications*, **3** (C.R. Brundle and A.D. Baker, eds.), 1–39, Academic Press, New York (1978); W.E. Drummond and W.D. Stewart, *Am. Lab.*, **12**, 71–80, Nov. (1980); J.A. Keenan and G.B. Larrabee, in *VLSI Electronics: Microstructure Science* (N.G. Einspruch and G.B. Larrabee, eds.), **6**, 1–72, Academic Press, New York (1983)
84) M.C. Nichols, D.R. Boehme, R.W. Ryon, D. Wherry, B. Cross, and D. Aden, in *Adv. in X-Ray Analysis* (C.S. Barrett *et al.*), **30**, 45–51, Plenum Press, New York (1987)
85) L.M. van der Harr, C. Sommer, and M.G.M. Stoop, *Thin Solid Films*, **450**, 90–96, Feb. (2004)
86) R. Klockenkämper, J. Knoth, A. Prange, and H. Schwenke, *Anal. Chem.*, **64**, 1115A–1123A, Dec. (1992); R. Klockenkämper, Total-Reflection X-Ray Fluorescence Analysis, Wiley, New York (1997)
87) P. Pianetta, K. Baur, A. Singh, S. Brennan, Jonathan Kerner, D. Werho, and J. Wang, *Thin Solid Films*, **373**, 222–226, Sept. (2000)
88) Y. Mizokami, T. Ajioka, and N. Terada, *IEEE Trans. Semic. Manufact.*, **7**, 447–453, Nov. (1994)
89) D. Caputo, P. Bacciaglia, C. Carpanese, M.L. Polignano, P. Lazzeri, M. Bersani, L. Vanzetti, P. Pianetta, and L. Morod, *J. Electrochem. Soc.*, **151**, G289–G296, May (2004)
90) B.J. Streusand, in Encyclopedia of Materials Characterization (C.R. Bindle, C.A. Evans, Jr., and S. Wilson, eds.), 624–632, Butterworth-Heinemann, Boston (1992)
91) J.R. Dean, Atomic Absorption and Plasma Spectroscopy, 2nd ed., Wiley, Chichester (1997)
92) R. Jenkins, R.W. Gould, and D. Gedcke, Quantitative X-ray Spectrometry, 2nd ed., Marcel Dekker, New York (1995)
93) R.D. Giauque, F.S. Goulding, J.M. Jaklevic, and R.H. Pehl, *Anal. Chem.*, **45**, 671–681, April (1973)
94) N. Parekh, C. Nieuwenhuizen, J. Borstrok, and O. Elgersma, *J. Electrochem. Soc.*, **138**, 1460–1465, May (1991)
95) P.K. Gosh, Introduction to Photoelectron Spectroscopy, Wiley-Interscience, New York (1983); D. Briggs and M.P. Seah (eds.), *Practical Surface Analysis*, Vol. I: Auger and X-Ray Photoelectron Spectroscopy, Wiley, Chichester (1990); J.B. Lumsden, in *Metals Handbook*, 9th ed. (R.E. Whan, coord.), **10**, 568–580, Am. Soc. Metals, Metals Park, OH (1986); N. Mårtensson, in Analytical Techniques for Thin Film Analysis (K.N. Tu and R. Rosenberg, eds.), 65–109, Academic Press, Boston (1988)
96) C. Nordling, S. Hagström and K. Siegbahn, *Z. Phys.*, **178**, 433–438 (1964); S. Hagström, C. Nordling and K. Siegbahn, *Z. Phys.*, **178**, 439–444 (1964)
97) J.G. Jenkin, R.C.G. Leckey and J. Liesegang, *J. Electron Spectr. Rel. Phen.*, **12**, 1–35, Sept. (1977); J.G. Jenkin, J.D. Riley, J. Liesegang, and R.C.G. Leckey, *J. Electron Spectr. Rel. Phen.*, **14**, 477–485, Dec. (1978); J.G. Jenkin, *J. Electron Spectr. Rel. Phen.*, **23**, 187–273, June (1981)

98) T.A. Carlson, Photoelectron and Auger Spectroscopy, Plenum Press, New York (1975); C.D. Wagner, W.M. Riggs, L.E. Davies, J.F. Moulder, and G.E. Muilenberg, Handbook of X-Ray Photoelectron Spectroscopy, Perkin Elmer, Eden Prairie, MN (1979)
99) S. Tanuma, C.J. Powell, and D.R. Penn, *Surf. Sci.*, **192**, L849-L857, Dec. (1987)
100) K.L. Smith and J.S. Hammond, *Appl. Surf. Sci.*, **22/23**, 288-299 (1985)
101) C.S. Fadley, *Progr. Surf. Sci.*, **16**, 275-388 (1984)
102) D.H. Buckley, Surface Ejects in Adhesion, Friction, Wear and Lubrication, 73-78, Elsevier, Amsterdam (1981)
103) A. Torrisi, S. Pignataro, and G. Nocerino, *Appl. Surf. Sci.*, **13**, 389-401, Sept./Oct. (1982)
104) A.C. Diebold, D. Venables, Y. Chabal, D. Muller, M. Weldon, E. Garfunkel, *Mat. Sci. Semicond. Proc.*, **2**, 103-147, July (1999)
105) A.R. Lang, in Modern Diffraction and Imaging Techniques in Materials Science (S. Amelinckx, G. Gevers, and J. Van Landuyt, eds.), 407-479, North Holland, Amsterdam (1978); B.K. Tanner, X-Ray Diffraction Topography, Pergamon Press, Oxford (1976); R.N. Pangborn, in *Metals Handbook*, 9th ed. (R.E. Whan, coord.), **10**, 365-379, Am. Soc. Metals, Metals Park, OH (1986); B.K. Tanner, in Diagnostic Techniques for Semiconductor Materials and Devices (T.J. Shaffner, and D.K. Schroder, eds.), 133-149, Electrochem. Soc., Pennington, NJ (1988); D.K. Bowen and B.K. Tanner, High Resolution X-Ray Diffractometry and Topography, Taylor and Francis (1998)
106) W.F. Berg, (独語) *Naturwissenschaften*, **19**, 391-396 (1931); C.S. Barrett, *Trans. AIME*, **161**, 15-64 (1945); J.B. Newkirk, *J. Appl. Phys.*, **29**, 995-998, June (1958)
107) A.R. Lang, *J. Appl. Phys.*, **29**, 597-598, March (1958); A.R. Lang, *J. Appl. Phys.*, **30**, 1748-1755, Nov. (1959)
108) D.C. Miller and G.A. Rozgonyi, in *Handbook on Semiconductors*, **3** (S.P. Keller, ed.), 217-246, North-Holland, Amsterdam (1980)
109) G.H. Schwuttke, *J. Appl. Phys.*, **36**, 2712-2721, Sept. (1961)
110) B.K. Tanner and D.K. Bowen, Characterization of Crystal Growth Defects by X-Ray Methods, Plenum Press, New York (1980)
111) T.J. Shaffner, *Scann. Electron Microsc.*, 11-23 (1986)
112) B.K. Tanner, X-Ray Diffraction Topography, Pergamon Press, Oxford (1976); Y. Epelboin, *Mat. Sci. Eng.*, **73**, 1-43, Aug. (1985)
113) B.K. Tanner, in Diagnostic Techniques for Semiconductor Materials and Devices (T.J. Shaffner and D.K. Schroder, eds.), 133-149, Electrochem. Soc., Pennington, NJ (1988)
114) M. Dax, *Semicond. Int.*, **19**, 91-100, Aug. (1996)
115) T.Z. Hossain, in Encyclopedia of Materials Characterization (C.R. Brundle, C.A. Evans, Jr., and S. Wilson, eds.), 671-679, Butterworth-Heinemann, Boston (1992); P. Kruger, Principles of Activation Analysis, Wiley-Interscience, New York (1971); R.M. Lindstrom, in Diagnostic Techniques for Semiconductor Materials and Devices (T.J. Shaffner and D.K. Schroder, eds.), 3-14, Electrochem. Soc., Pennington, NJ (1988)
116) C. Yonezawa, in Non-Destructive Elemental Analysis (Z.B. Alfassi, ed.), Blackwell Science, Oxford (2001)
117) G. Erdtmann, Neutron Activation Tables, Verlag Chemie, Weinheim (1976)
118) A.R. Smith, R.J. McDonald, H. Manini, D.L. Hurley, E.B. Norman, M.C. Vella, and R.W. Odom, *J. Electrochem. Soc.*, **143**, 339-346, Jan. (1996)
119) E.W. Haas, and R. Hofmann, *Solid-State Electron.*, **30**, 329-337, March (1987)
120) P.F. Schmidt and C.W. Pearce, *J. Electrochem. Soc.*, **128**, 630-637, March (1981)

121) M. Grasserbauer, *Pure Appl. Chem.*, **60**, 437-444, March (1988)
122) R.G. Downing, J.T. Maki and R.F. Fleming, in Microelectronic Processing: Inorganic Material Characterization (L.A. Casper, ed.), 163-180, American Chemical Soc., Symp. Series 295, Washington, DC (1986)
123) J.R. Ehrstein, R.G. Downing, B.R. Stallard, D.S. Simons and R.F. Fleming, in Semiconductor Processing, ASTM STP 850 (D.C. Gupta, ed.), 409-425, Am. Soc. Test. Mat., Philadelphia (1984)
124) R.G. Downing and G.P. Lamaze, in Semiconductor Characterization, Present Status and Future Needs (W.M. Bullis, D.G. Seller, and A.C. Diebold, eds.), 346-350, American Institute of Physics, Woodbury, NY (1996)

おさらい
- SEMの倍率は何で決まるか。
- **オージェ電子分光**で検出できるものは何か。
- **電子マイクロプローブ**で検出できるものは何か。
- エネルギー分散X線分光（EDS）の検出メカニズムは何か。
- 波長分散X線分光（WDS）の検出メカニズムは何か。
- X線はどうやって発生させるのか。
- AESとEMPではどちらの分解能が高いか。理由を述べよ。
- AESでHeを検出できないのはなぜか。
- EDSとWDSとの違いは何か。
- EBICの用途は何か。
- SIMSの主な用途は何か。
- SIMSではサンプルの垂直方向と水平方向のデータをどのように変換しているか。
- TOF-SIMSとは何か。
- RBSの原理は何か。
- チャネリングとは何か。
- XRFとは何か。
- TXRFとは何か。
- XRFの用途を挙げよ。
- X線光電子分光法の原理は何か。
- XPSの特徴は何か。
- X線トポグラフィから何がわかるか。
- 中性子放射化分析法はどのようなものか。また，どこでつかわれているか。

12. 信頼性と故障解析

12.1 序論

　本章では半導体材料と半導体デバイスの信頼性の一般的な考え方のあらましを示し，信頼性の測定方法と注意点をいくつか議論する．信頼性とは，ある製品が特定の**条件**下で決められた**期間**故障することなく動作する**確率**（probability）として定義される[1]．しかし，**故障**（failure）をデバイスの機能が停止することととらえることはできない．デバイスの特性が**劣化**（degradation）しても故障といえるからである．たとえば，MOSFETのしきい値電圧がドリフトしてその仕様で決められた値から外れると，ドレイン電流が変わり，回路としての動作が回路の仕様に収まらない可能性がある．エレクトロマイグレーションによって配線抵抗が増大し，配線遅延時間が仕様に収まらないこともある．いずれの場合もデバイスや回路は機能しているが，故障と定義できる．本章で扱わない腐食，疲労，クリープ，パッケージ関連の故障は，Di Giacomoによる議論を参照されたい[2]．

　故障解析（failure analysis; FA）は多くのステップを踏んで進められる．パッケージの不具合なら超音波画像やX線検査で検出できる[3]．半導体チップであれば，まずは（顕微鏡で）外観を検査し，（I_{DDQ}, 電流―電圧特性など）電気的測定を行う．故障部位を特定するには，プローブをあてたり，（走査電子顕微鏡像や電圧コントラストを与える）電子ビーム，放射顕微鏡，液晶，赤外線顕微鏡，蛍光顕微鏡，光あるいは電子ビームによる誘導電流，光ビームによって誘起された抵抗変化などを利用する．最後に電子マイクロプローブ，オージェ電子顕微鏡，X線光電子分光，二次イオン質量分析，集束イオンビーム，そのほか適切な方法で詳しく解析する．チップ表面は多層配線で覆われていたりフリップチップ実装であったりするので，チップの裏面から故障解析を行うことも少なくない．こうした特性評価テクニックのいくつかはすでに説明したが，本章ではまだ触れていないテクニックを解説する．

12.2 故障時間と加速係数
12.2.1 故障時間

　故障時間にもいろいろある．いまn個の製品を動作させ，それぞれ時刻t_1, t_2, t_3, $\cdots$, t_n後に故障したとしよう．このとき**平均故障寿命**（mean time to failure: MTTF）は

$$\mathrm{MTTF} = \frac{t_1 + t_2 + t_3 + \cdots + t_n}{n} \tag{12.1}$$

である．**故障寿命中央値**（median time to failure）t_{50}は製品の50%，つまり半数が故障する時間である．また，補修可能なシステムが故障により時刻t_1, $\cdots$, t_nで補修を受けたときの**平均故障間隔**（mean time between failures; MTBF）は

$$\mathrm{MTBF} = \frac{(t_1 - 0) + (t_2 - t_1) + (t_3 - t_2) + \cdots + (t_n - t_{n-1})}{n} = \frac{t_n}{n} \tag{12.2}$$

である．

　故障レート[注1]は**図12.1**のように"バスタブ"曲線で表されることが多い．製品の寿命の初期には製造のばらつきに起因する欠陥による初期故障（infant mortality）といわれる期間があり，この期間の故障レートはおしなべて高い．このような欠陥の多くは，バーンイン（burn-in）などの過酷な試験によって除去できる．バスタブ曲線の初期に続く期間は，ほぼ一定の故障レートになっている．この期

注1　JIS Z8115では単位時間当りの故障発生率を「故障率（failure rate）」としているが，ある時間までに故障が発生する確率をいう「故障確率（probability of failureまたはfailure probability）」と紛らわしいので，本訳ではfailure rateを「故障レート」と記述する．

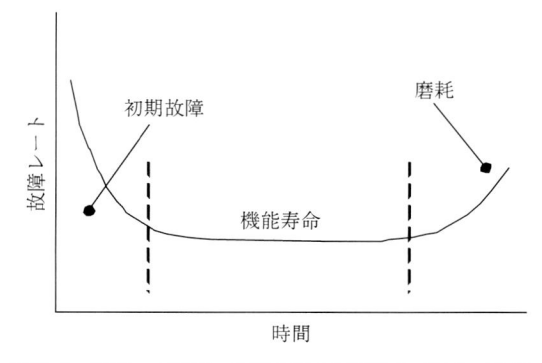

図12.1 初期，中間期，末期を示す信頼性のバスタブ曲線.

間の故障は部品の偶発故障に相当する。最後に**磨耗**（wearout）によって故障レートが再び増大する段階をむかえる。

12.2.2 加速係数

　半導体回路は5年から10年の長期間動作するよう設計されている。回路の信頼性試験にそのような長い時間を現実には費やせないので，試験温度や試験電圧および電流を通常の動作条件よりも過酷にした加速条件で信頼性を測定することが多い。加速条件での故障時間の外挿から通常の動作条件での故障時間を求めるのである。製品の寿命試験および長期間のストレス試験は，ストレスをかける時間が10^4から10^6秒の間になるよう，加速条件を加減して実施する。さらに時間をかけた信頼性ストレス試験は，外挿によってプロセスの完成度を評価したり，モデルのパラメータを抽出したり，新しい材料や新たなプロセスを導入したときに実施される。金属配線のエレクトロマイグレーションやゲート酸化膜の劣化など，引き起こされる劣化のメカニズムがパッケージ状態でもウェハ状態でも同じであることがわかっていれば，加速係数の高い試験をウェハ状態で実施し，プロセス開発へ迅速にフィードバックする[4]。このようにプロセスの評価にはパッケージ状態の試験だけでなく，ウェハ状態での信頼性ストレス試験がよく行われている。ウェハ状態での信頼性ストレスを加速しすぎると寿命予測の精度は落ちるが，パッケージ状態でのストレスによる裏づけがあれば，寿命の外挿に必要な試験時間をウェハ状態でのストレス試験で節約できる。

　故障モードの多くは活性化エネルギーによって律速されている。たとえば，電流の流れによって原子が移動するエレクトロマイグレーションでは，熱的に活性化された原子が移動する。このように熱的に活性化される過程はアーレニウス（Arrhenius）の式

$$t(T) = A\exp\left(\frac{E_A}{kT}\right) \tag{12.3}$$

で記述される。ここで，Aは定数，E_Aは活性化エネルギーである。この加速係数AF_Tは，AとE_Aが温度によらないと仮定し，基準温度T_0での時間と試験温度をT_1に上げたときの時間との比

$$AF_T = \frac{t(T_0)}{t(T_1)} = \frac{\exp(E_A/kT_0)}{\exp(E_A/kT_1)} = \exp\left[\frac{E_A}{k}\left(\frac{1}{T_0} - \frac{1}{T_1}\right)\right] \tag{12.4}$$

で定義される。AF_Tが既知であれば$t(T_1)$を$t(T_0)$に換算できる。加速試験によっては電圧が動作範囲を超えることもあり，このとき故障寿命は

$$t(V) = B\exp(-\gamma V) \tag{12.5}$$

で表される。ここでBは定数，γは電圧にかかる係数である。この加速係数は

$$AF_T = \frac{t(V_0)}{t(V_1)} = \exp(\gamma(V_1 - V_0)) \tag{12.6}$$

となる。

　加速温度または加速電圧で得たデータを動作条件での挙動に外挿できるという仮定が，AFの不確定要因の1つとなっている。加速条件での故障メカニズムは動作条件でのそれとは違う可能性があるからである。したがって信頼性試験は加速条件に近いところで行うがよいということになるが，それは極端に長い試験時間を強いることになる。

　温度加速試験は被験デバイスをオーブンに入れるか，温度制御されたプローバーのステージに載せたり，あるいはウェハ自身にヒーターをもたせるなどする。オーブンでデバイスを加熱するときはパッケージ状態で行うことが多く，パッケージされた多数のデバイスを同時に試験できるオーブンもある。埋め込みヒーターには多結晶シリコンが適しており，300℃まで温度を上げることができる[5]。埋め込みヒーターの近傍にダイオードを配置しておけば，ダイオードの電流―電圧の関係式

$$I = Kn_i^2\exp\left(\frac{qV}{kT}\right) = K_1 T^3 \exp\left(\frac{qV}{kT} - \frac{E_G}{kT}\right) \tag{12.7}$$

の温度依存性から温度を測定できる。ここで，KとK_1は定数と仮定し，電圧一定で電流を測るか，電流一定で電圧を測ればよい。電流を一定にしたときのダイオードの電圧は

$$\frac{dV}{dT} = \frac{1}{q}\frac{dE_G}{dT} + \frac{V - E_G/q}{T} - \frac{3k}{q} \approx -2.5 \ [\mathrm{mV/K}] \tag{12.8}$$

となる。ここでE_Gはバンドギャップ，Vは順方向に印加した電圧である。電圧の温度係数は，Siダイオードなら$T = 300\,\mathrm{K}$で$-2.5\,\mathrm{mV/K}$である。

12.3　分布関数

　ある一連の試験を行うと，時間とともにデバイスが故障し，その**度数分布**（frequency distribution）と**故障レート**（failure rate）が得られる。故障レートλは**ハザードレート**ともいい，

$$\lambda = \frac{N}{t} \quad \text{または} \quad \lambda = \frac{f(t)}{1 - F(t)} \tag{12.9}$$

である。ここでNは故障したデバイスの総数，tは総動作時間である。λは$f(t)$の分布が初期から時刻tまで変わらないとし，時刻tで1つのデバイスが単位時間当りに故障する確率として定義される[6]。$f(t)$と$F(t)$はあとで定義する。通常故障レートはきわめて低いので，FIT（failure in time）という単位がつかわれる（1 FIT = 1故障／10^9時間）。

　故障の記述にはいろいろな関数がつかわれている。**累積故障率**（failure probability）ともいわれる**累積分布関数**（cumulative distribution function）$F(t)$は，時刻tまでに故障する確率で，$t \to \infty$で$F(t) \to 1$である。**信頼度関数**（reliability function）$R(t)$はデバイスが時刻tまで故障せずに残存する確率で，

$$R(t) = 1 - F(t) \tag{12.10}$$

である。ある時間の間に故障が発生する確率は**確率密度関数**（probability density function）

$$f(t) = \frac{d}{dt} F(t) \tag{12.11}$$

または

$$F(t) = \int_0^t f(t)dt \tag{12.12}$$

で定義される。

これらの概念を，例で説明する。**図12.2**(a)は，酸化膜にかけた電場に対する絶縁破壊故障の数を示している[7]。この累積分布関数は図12.2(b)のようになる。これら2つの図が表している情報は同じだが，$F(t)$ では酸化膜の欠陥に起因する破壊と真性破壊の2つの傾きが明確に示されている。この平均故障寿命は

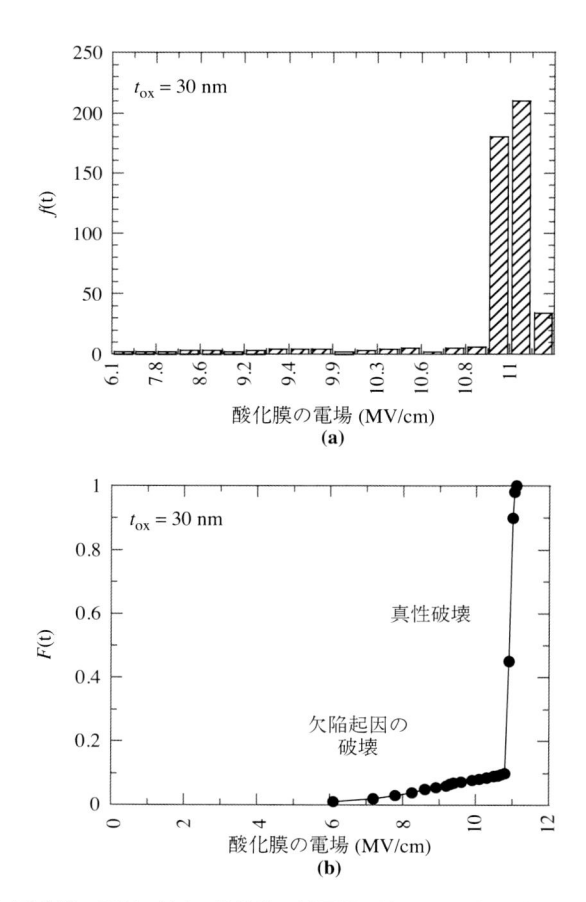

図12.2 (a)酸化膜の電場に対する故障数．(b)電場に対する累積故障率．データの初出は*Phil. J. Res.*, **40** (1985) (Philips Research). 文献49の許可ずみ．

$$\mathrm{MTTF} = \int_0^\infty t\, f(t)\,dt \tag{12.13}$$

で与えられる.

指数分布(Exponential Distribution):指数関数(exponential function)は最も簡単な分布関数である.この分布はデバイスの寿命を通じて故障レートが一定で,初期故障や磨耗寿命を除くとこの分布になり,それぞれの関数のかたちは

$$\lambda(t) = \lambda_0 = 一定\ ;\ R(t) = \exp(-\lambda_0 t)\ ;\ F(t) = 1 - \exp(-\lambda_0 t)\ ;\ f(t) = \lambda_0 \exp(-\lambda_0 t) \tag{12.14a}$$

$$\mathrm{MTTF} = \int_0^\infty t\,\lambda_0 \exp(-\lambda_0 t)\,dt = \frac{1}{\lambda_0} \tag{12.14b}$$

となる.故障レートが一定になる半導体の故障解析では,この指数関数がよくつかわれる[注2].

ワイブル分布(Weibull Distribution):ワイブル分布関数(Weibull distribution function)では[8],デバイスの動作時間のベキ乗で故障レートが変化する.

$$\lambda(t) = \frac{\beta}{\tau}\left(\frac{t}{\tau}\right)^\beta\ ;\quad R(t) = \exp\left[-\left(\frac{t}{\tau}\right)^\beta\right]\ ;$$

$$F(t) = 1 - \exp\left[-\left(\frac{t}{\tau}\right)^\beta\right]\ ;\quad f(t) = \frac{\beta}{\tau}\left(\frac{t}{\tau}\right)^\beta \exp\left[-\left(\frac{t}{\tau}\right)^\beta\right] \tag{12.15a}$$

$$\mathrm{MTTF} = \tau\,\Gamma(1 + 1/\beta) \tag{12.15b}$$

ここで,τ と β(形状パラメータ)は定数で,Γ はガンマ関数である.故障レートは $\beta < 1$ のとき時間とともに減少していき,$\beta > 1$ のときは増大する.前者は初期故障期間に相当し,後者は磨耗期間に相当する.$\beta = 1$ のワイブル分布は指数分布と一致する.実験データはワイブル確率紙上で直線になるようにプロットされる.式(12.15a)の $F(t)$ を書き直すと

$$\ln[-\ln(1 - F(t))] = \beta \ln(t) - \beta \ln(\tau) \tag{12.16}$$

となり,$y = mx + b$ という直線になることがわかる.

正規分布(Normal Distribution):正規分布関数は

$$F(t) = \frac{1}{\sigma\sqrt{2\pi}}\int_0^t \exp\left[-\frac{1}{2}\left(\frac{t-\tau}{\sigma}\right)^2\right]dt\ ;\quad f(t) = \frac{1}{\sigma\sqrt{2\pi}}\exp\left[-\frac{1}{2}\left(\frac{t-\tau}{\sigma}\right)^2\right] \tag{12.17a}$$

で与えられる.ここで寿命中央値 t_{50},スケールパラメータ σ,および故障レートは

$$\sigma = \ln\left(\frac{t_{50}}{t_{15.87}}\right)\ ;\quad \lambda(t) = \frac{f(t)}{1 - F(t)} \tag{12.17b}$$

の関係にある.ただし $t_{15.87}$ はデバイスの累積故障率が15.87%に達した時刻である[9].正規分布で興味深いのは,いくつかの企業で"シックスシグマ"信頼性が導入されている点である.式(12.17a)の $f(t)$ から分布の99.999908%が $\pm 6\sigma$ に入ることがわかる.これは製品の欠陥率が3.4 ppm以上にはならないことと同じである.

注2 式(12.14a)で $0.5 = 1 - \exp(-\lambda_0 t_{50})$ より,$t_{50} = \ln 2/\lambda_0 = 0.693\,\mathrm{MTTF}$.つまり,指数分布にしたがうデバイスの半数はMTTFの0.7倍までに故障する.

対数正規分布(Log-Normal Distribution): 対数正規分布関数は長期にわたる半導体デバイスの故障の統計につかわれる。

$$F(t) = \frac{1}{\sigma\sqrt{2\pi}} \int_0^t \frac{1}{t} \exp\left[-\frac{1}{2}\left(\frac{\ln t - \ln t_{50}}{\sigma}\right)^2\right] dt$$

$$f(t) = \frac{1}{\sigma t \sqrt{2\pi}} \exp\left[-\frac{1}{2}\left(\frac{\ln t - \ln t_{50}}{\sigma}\right)^2\right]$$

(12.18a)

で,このとき寿命中央値t_{50},スケールパラメータσ,および故障レートは

$$\sigma = \ln\left(\frac{t_{50}}{t_{15.87}}\right) \quad ; \quad \lambda(t) = \frac{f(t)}{1 - F(t)}$$

(12.18b)

である。実験データは対数正規分布確率紙にプロットする。

これらの内どの関数を寿命予測につかうかが問題である。一般的な手順として,データのプロットが直線状になる(指数,ワイブル,対数正規などの)確率紙を選ぶが,必ずしもいずれかのモデルが一義的にあてはまるわけではない。エレクトロマイグレーションによる故障ならほとんどは対数正規分布にしたがうが,ゲート酸化膜の絶縁破壊の統計には極値分布として知られるワイブル分布がよくつかわれ,このモデルでは同一の故障過程が互いに独立に競合しながら多数存在し,これらの過程のうち最初に寿命に達した過程が寿命を決める。たとえば,多数の点欠陥をもつ酸化膜では,その中で最初に破壊する点欠陥,つまり鎖でいえば,最も弱い結合部の破壊によって寿命が決まる。

12.4 信頼性項目
12.4.1 エレクトロマイグレーション

液体はんだに直流電流を流すと,その成分が偏析する現象をGeradinが初めて観測したのは1861年である[10]。1914年にはSkaupyが金属原子と電子の移動との相互作用の重要性を指摘し,1953年にはSeith and Weverがいろいろな合金の質量輸送の測定から,**エレクトロマイグレーション**(electromigration; EM)は流れる電流の静電力だけでなく,電子の移動する向きにもよることを示した[11]。この研究によって質量輸送を引き起こす"電子の風(electron wind)"が力として導入され,エレクトロマイグレーションの基礎が築かれた。エレクトロマイグレーションの駆動力を記述する理論式を与えたのはHuntington and Groneである[12]。しかし,半導体集積回路の故障にかかわる薄膜でのエレクトロマイグレーションの研究が大いに注目されはじめたのは1960年代になってからである。

集積回路の配線およびコンタクトの故障の原因は,エレクトロマイグレーションか**ストレスマイグレーション**(stress migration; SM)である。まず,これらの故障モードを支配するメカニズムを簡単に説明し,これらの故障を検出する評価技術のいくつかを紹介する。マイグレーションによる代表的な故障は,配線抵抗の増加,配線の断線,あるいは隣接した配線との短絡などである。図12.3に示すように,配線の一端にはボイドが,他端にはヒロックがよくみられる。通常の動作条件では配線の劣化過程は緩やかで何年もかかる。したがって,加速条件下で測定することになる。たとえば,通常ICは最大温度100~175℃,配線電流密度は$5 \times 10^5 \mathrm{A/cm^2}$で動作させるが,加速試験での温度は200℃以上,電流密度は$10^6 \mathrm{A/cm^2}$を超える。

金属配線はなぜ劣化するのだろうか。絶縁体の上に形成した金属配線は,図12.4に示すように結晶方位が異なる小さな単結晶粒が集まった多結晶である。それぞれの結晶粒は結晶が乱れた粒界でとなりの結晶粒と接している。**三重点**(triple point)では3つ以上の粒界がぶつかっている。結晶粒の大きさはプロセスにもよるが,100 nm程度のオーダーである。また,配線は熱膨張係数の不整合により,かなりの機械的ストレスにもさらされている。そういう配線に電位差を与えると,金属イオンに2つ

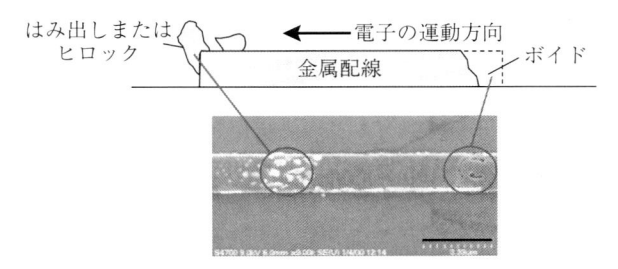

図12.3 $T=160°C$, $J=23\,MA/cm^2$ でストレスをかけたAg配線で形成されたボイドとヒロック．T.L. Alford（Arizona State University）の厚意による．

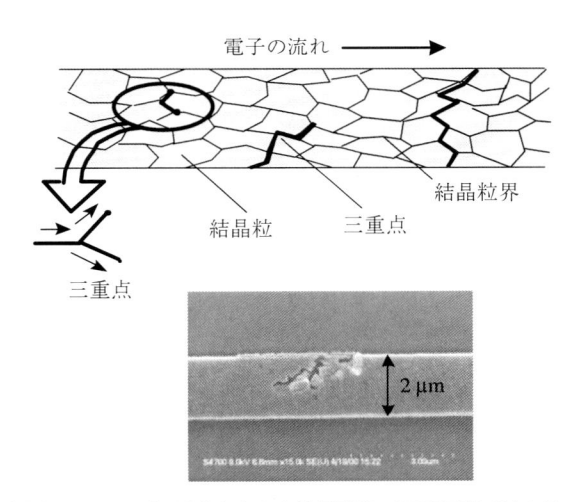

図12.4 結晶粒，結晶粒界，および三重点を含む多結晶配線．SEM写真ではクラックの伝播がみえる．顕微鏡写真はP. NguyenとT.L. Alford（Arizona State University）の厚意による．

の力が作用する．1つは配線にそった電場であり，もう1つは電子の"風"による効果である．図12.4で電場が左向きのとき，電場によって正の金属イオンは左へドリフトしようとする．しかし，電子は右に向かって流れ，電子からイオンへ運動量が交換され，イオンは右向きに押されることになる．Al配線ではこの運動量の交換が支配的であるが[13]，電子の運動は結晶粒の大きさ，粒界の向き，三重点の密度，熱誘起ストレス，表面状態などにより複雑な過程となる．

金属配線をパッシベーションで覆うとストレスが加わって，配線のEM耐性は向上する．拡散で移動する空孔が三重点に累積し，ボイドが形成される．図12.4の太い配線には断線の原因となるクラックの形成が認められる．金属の拡散には主に空孔が介在している．原子の流れが増え続けることがなければ，エレクトロマイグレーションが配線の故障をまねくことはない．しかし，そのような発散が三重点や，小さな結晶粒から大きな結晶粒に変化する粒界で起きる．小さな結晶粒から大きな結晶粒に移る粒界で質量が累積し，大きな結晶粒から小さな結晶粒に移る粒界で質量が欠損する．実験によれば，単結晶のAl配線と，多結晶のAl配線を同一条件（175°C，$2 \times 10^6\,A/cm^2$）で試験した結果，多結晶配線は30hで故障したのに対し，単結晶配線は26000h後も劣化はなかった[14]．EM信頼性試験は直流条件で実施される．Cu添加Al/Siの交流寿命は直流の寿命より数桁長く，mHzから200MHzの周

波数領域で周波数に比例して寿命は延びる[15]．

多結晶絶縁体の上に単結晶配線を形成することはできないが，三重点を除去するように粒界構造に手を加えることはできる．配線が細くなれば，*竹の繊維構造*のようになって三重点の存在確率が下がる．粒内拡散より粒界拡散の活性化エネルギーの方が低いので，配線のEM耐性を上げるには，三重点と粒界の数を減らせばよい．粒界にそった拡散を遅らせる不純物の添加もAl配線の"強化"に有効である．Al配線に微量のCuを加えると寿命は著しく伸長する．たとえば，Cuを4wt％添加すると，寿命は70倍になる[16]．EM寿命を延ばすもう１つの方法として，層構造にする方法がある．たとえば，TiN膜の上にAl配線を堆積すれば，導電性の高いAlにウィークスポットができても，電流はTiN層を迂回するので，配線寿命は大きく伸長する．TiNのような高融点金属では実質的にエレクトロマイグレーションは起こらない．AlをEM耐性の高い材料で置き換えるのもよい．たとえば，Cuは伝導率もEM耐性もAlより高い[17]．EM試験では配線長も重要になる．金属配線にはBlech長として知られる臨界長があり，それ以下ではエレクトロマイグレーションは起こらない[18]．Blechは，配線の陽極側端部でのAl原子の累積によってストレスの勾配が生じ，この勾配がエレクトロマイグレーションの駆動力とつり合うことを見出した．配線の陽極側端部へ金属イオンが拡散していくと，電子風に逆らうストレスが誘起され，これによってエレクトロマイグレーションによるボイドの成長が抑制されるのである．

1969年にBlackは，導体の故障寿命中央値を輸送現象と配線の形状パラメータに関係づける簡単な理論を発表した[19]．彼の仮定は，熱的に活性化されたイオンと電子との間の運動量交換による質量輸送レートは電子の運動量，活性化されたイオンの数，単位時間・単位体積当りの電子の数（$s^{-1} \cdot cm^{-3}$），および標的の有効断面積に比例する，というものである．その結果，故障寿命中央値，電流密度J，活性化エネルギーE_Aには

$$t_{50} = \frac{Ae^{E_A/kT}}{J^n} \tag{12.19}$$

の関係があり，これは"Blackの式"としてよく知られている．ここで，Aは配線の断面積で決まる定数である．加速条件下でE_Aとnが求まれば，

$$\frac{t_{50}(T_1)}{t_{50}(T_2)} = \exp\left[\frac{E_A}{k}\left(\frac{1}{T_1} - \frac{1}{T_2}\right)\right] \; ; \; \frac{t_{50}(J_1)}{t_{50}(J_2)} = \left(\frac{J_2}{J_1}\right)^n \tag{12.20}$$

をつかって故障寿命中央値を動作条件まで外挿できる．ただし，加速条件下で劣化を引き起こすメカニズムが通常の動作条件にも適用できることが前提である．

米国標準技術研究所（National Institute of Standards and Technology）によって開発された標準試験用テストストラクチャを**図12.5**に示す[20]．図12.5(a)のテストストラクチャは２×Nプローブカード用に設計したものである．エレクトロマイグレーション試験では長さおよそ800μmの直線配線を，1，2，7，8か10，3，6，14または9，10，15，16の端子の組で測定する．熱の流出による配線端部までの温度勾配は，配線端部に集中する．特に長さが400μm以下になると温度勾配は無視できなくなる．配線抵抗は20〜30Ωにしておく．van der Pauw測定のテストストラクチャは2，3，10，11の端子の組になる．これで配線のシート抵抗と，精度が重要な抵抗の温度係数も決定できる[21]．EM配線の終端部は試験部位の２倍の配線幅にしておき，ケルビン測定のために電圧端子を設けておく[22]．図12.5(b)の配線には"はみ出し"検出機能を設けてある．被験配線とはみ出し検出配線との間の抵抗から，金属マイグレーションなどによって起きる短絡を検出できる．特にEM測定ではコンタクトが重要なので，図12.5(c)のような配線とコンタクトをもつテストストラクチャにすることが多い．

統計的に十分なデータを得るには，数多くの試験配線でストレス試験を行わねばならない．図12.5のような構成なら，配線毎に電源が必要である．多数の配線を並列にすれば，これをすっきりできる．各配線の端部の一方を１つのコンタクトパッドに終端し，他方をもう１つのコンタクトパッドに終端

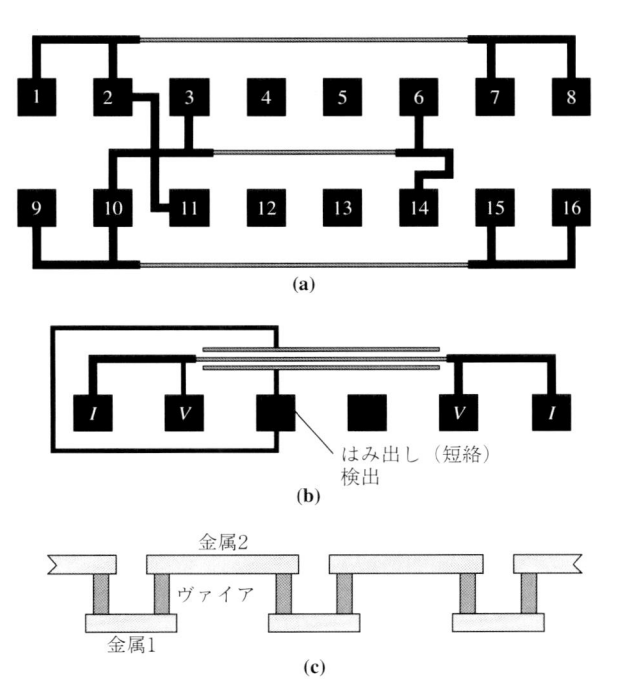

図12.5 エレクトロマイグレーションのテストストラクチャ．(a)測定部3本で構成，(b)はみ出し検出用，(c)配線のコンタクト．

する．両端に定電圧を印加し，電流を各配線に分配すればすべての配線を同時に試験できる．定電圧では全電流が正常な配線の数に対応して自己調整されるので，配線のいずれかが故障していても，各配線には一定の密度の電流が流れることになる．こうして全電流をモニタすれば，配線の故障を個別に検出できるのである[23]．直列接続法では，各配線にシャント・リレーとツェナーダイオードからなる電流バイパス回路を設け，単一の電流源に接続する[24]．多数の配線を同じ電流で試験できるので，信頼性評価に向いている．エレクトロマイグレーションを低周波ノイズ測定で評価することもある．このときエレクトロマイグレーションは$1/f^n$に依存し，ノイズの振幅とnが因子として効いてくる[25]．

エレクトロマイグレーションによる故障データは対数正規分布で解析することが多い．まず，多数の金属配線の電流密度を一定とし，温度をいろいろ変えて試験する．結果を時間に対する累積故障率として図12.6(a)のようにプロットする．次に故障寿命中央値を$\log t_{50} - 1/T$でプロットし，活性化エネルギーを求める（図12.6(b)）．活性化エネルギーは式（12.19）より

$$E_A = \ln(10)k \frac{\Delta \log t_{50}}{\Delta (1/T)} \tag{12.21}$$

つづいて温度を一定とし，いろいろな電流密度でt_{50}を測定する．式（12.19）の指数nは図12.6(c)のようなプロットにより

$$n = -\frac{\Delta \log t_{50}}{\Delta \log J} \tag{12.22}$$

から決定できる．E_Aとnがわかれば，式（12.20）をつかって所望の温度あるいは電流密度でのt_{50}を推

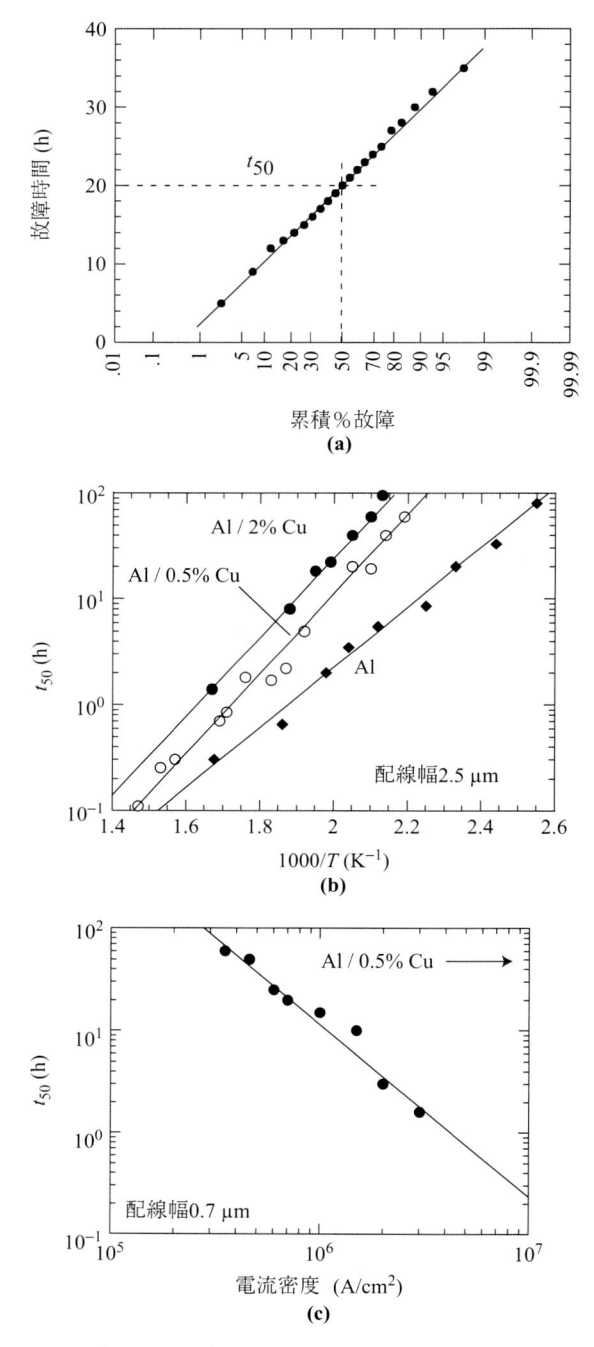

図12.6 エレクトロマイグレーションのデータの例.(a)故障寿命中央値,(b)活性化エネルギーの決定,(c)因子nの決定.

定できる。

　製造工程ではEM試験を短時間で行う必要がある。それには**標準ウェハレベル・エレクトロマイグレーション加速試験**（standard wafer-level electromigration accelerated test; SWEAT）用のテストストラクチャをつかう。この方法は配線自身を流れる電流のジュール熱を利用するので，ホットプレートやオーブンが不要である。外部から加熱することなく試験時間を30〜60 sに短縮できる[26]。サンプルは細い配線と太い配線を交互に並べたものや，単純な直線の集合などから構成され，ある部位から次の部位への変化点を緩やかにしたり，急にすることもできる。幅の広い配線は放熱板の役割を果たすので，細い配線から太い配線に変化する部位には電流とストレスの勾配が生じる。電流密度を高くすれば試験時間を短縮できる。ウェハによるSWEAT試験と，ビアで終端したサンプルをパッケージに組み立てて測定する標準的な試験との相関はよい[27]。両者に同じ故障メカニズムを適用し，試験データから通常条件へ外挿によって得られたt_{50}はほぼ同じであった。銅配線はエレクトロマイグレーション耐性が高いので試験時間は長くなる。よって，現実的な試験時間に収めるには高い加速係数が必要になる。SWEATのような自己発熱試験法は600℃に達するストレス温度をジュール熱で発生させることができ，試験時間を大幅に短縮できる。SWEAT測定法は従来のEM試験条件とのつき合わせも十分になされている[28]。

　エレクトロマイグレーションはコンタクトにも生じる。実際，コンタクトのEMが主たる配線の故障メカニズムになっている。ただし，コンタクトの種類によって事情は異なる。2つのAl配線がタングステン・プラグでつながれた**図12.7**(a)の構成を考えてみる。電子は上層のM_2から下層のM_1へ流れるものとする。電子がM_1に浸入していくとAl原子はマイグレーションを起こすが，Wのマイグレーションは無視できる。その結果Wプラグの下にボイドが形成されていく。電子の流れが逆であれば，ボイドはM_2側に生じる。高融点金属のエレクトロマイグレーションのレートはAlのそれに比べて小さいので，Alだけが界面から輸送されていくのである[29]。したがって，Al/Si，Al/TiN，Al/Wなど異種

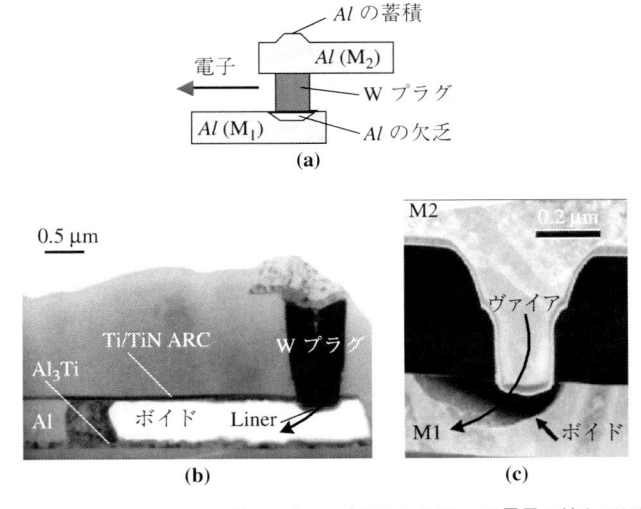

図12.7　コンタクトでのエレクトロマイグレーション(a) M_2からM_1への電子の流れでWプラグ下にボイドが成長．(b) Al，および(c) Cu配線でのボイドを示すTEM断面．矢印は電子の流れを示す．TEM写真(b)はT.S. SriramとE. Piccioli（Compaq Computer Corp.）の厚意による．(c)はIEEE（©2004, IEEE）の承諾によりM. Ueki, M. Hiroi, N. Ikarashi, T. Onodera, N. Furutake, N. Inoue, and Y. Hayashi, *IEEE Trans. Electron Dev.*, 51, 1883-1891, Nov.（2004）から再掲．

材料の界面はエレクトロマイグレーションに対してきわめて脆弱である.図12.7(b)および(c)はコンタクト・エレクトロマイグレーションの例である.タングステン・プラグの下にEMボイドが認められる.はんだ接合部もEMの脆弱点である[30]．

12.4.2　ホットキャリア

集積回路で問題となるホットキャリア（電子または正孔）は，電場によってエネルギーを獲得し，**図12.8**に示すように酸化膜に注入されて酸化膜中のトラップ電荷となったり，酸化膜中をドリフトしてゲート電流となったり，界面トラップを生成したり，光子を発生したりする[31]．**ホットキャリア**（hot carrier）という呼び名にはやや違和感がある．いわゆるエネルギーの高いキャリアのことである．キャリアの温度TとエネルギーEとは$E = kT$の関係にあり，$T = 300\,\mathrm{K}$の室温では，$E \sim 25\,\mathrm{meV}$である．キャリアは電場によって加速され，得たエネルギーだけEが増える．たとえば，$E = 1\,\mathrm{eV}$のエネルギーは$T = 1.2 \times 10^4\,\mathrm{K}$に相当する．このように**ホットキャリア**という呼び方は**エネルギーをもったキャリア**という意味であって，デバイス全体が熱いわけではない．

ホットキャリアの効果について少し触れよう．図12.8に示すように，チャネル内の電子がドレイン側の空間電荷領域に入ろうとすると，その一部がインパクト・イオン化を引き起こす．これによって生じたホットキャリアは，酸化膜に注入（N_{ot}）されたり，酸化膜中を流れたり（I_G），界面トラップを形成したり（D_{it}），基板電流となって基板コンタクトへ流れたり（I_{sub}），光子を発生したりする．この光子はデバイスの中を伝播し，吸収され，電子—正孔対を発生させる．N_{ot}とD_{it}はしきい値電圧を変えたり，移動度を下げたりする．基板電流は基板上下に電圧降下を発生させ，これがソースと基板の接合に対して順バイアスに作用する．その結果インパクト・イオン化がさらに増大し，スナップバック破壊に至ることもある[注3]．このデバイスはMOSFETが並列につながった寄生バイポーラ接合トランジスタ（BJT）とみることができる．このときBJTはほぼオープン・ベースになっていて，オープン・

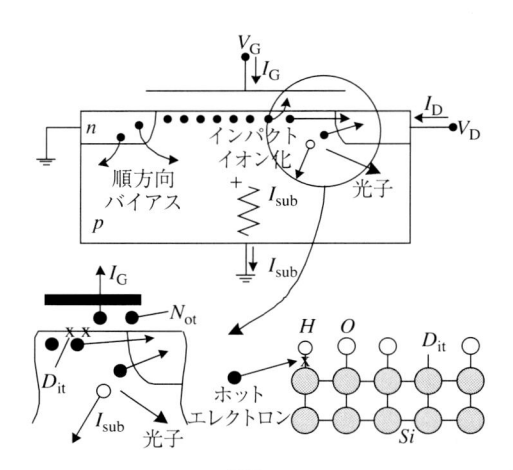

図12.8　MOSFETのドレイン近傍でのホットエレクトロンの効果．

注3　ホットキャリアのエネルギーがバンドギャップより大きいと，インパクト・イオン化により電子—正孔対も生成される．このうち，電子のほとんどはドレインに回収されるが，正孔は基板電流となる．基板の抵抗が大きいと基板（ベース）の電位が上がり，寄生BJT（nチャネルMOSFETの場合はnpn-BJT）がオンし，これによってさらにチャネル電流が増大する．この現象をスナップバック（snapback）といい，MOSの飽和領域より高いV_D電圧領域で起きる．チャネル幅当りのキャリア数が異常に増大し，破壊に至る．

ベースのBJTは負性差分抵抗をともなうスナップバック破壊を起こすことが多い．ほぼオープン・ベースになっているとベース電位をきちんと制御できない．ベースのコンタクトを接地していても，ベース内部の電位は定まらないのである．

nチャネルMOSFETでは，基板電流が最大になるまでデバイスをバイアスしてホットキャリアによる劣化を確かめる方法がある．基板電流のゲート電圧依存性を図12.9(a)に示す．基板電流はチャネルの横方向の電場にも依存している．nチャネルデバイスの飽和領域では，ゲート電圧V_Gが低いところから$V_D/3$ないし$V_D/2$になるまで横方向の電場強度がV_Gとともに増加する．nチャネルMOSFETでは，このゲート電圧で最大のI_{sub}をむかえる．さらにゲート電圧を上げるとデバイスは線形領域になり，横方向の電場が弱くなって基板電流も弱まる．

デバイスをある期間$I_{sub,max}$でバイアスしたあと，飽和ドレイン電流，しきい値電圧，移動度，相互コンダクタンス，あるいは界面トラップ密度などのデバイス・パラメータを測定する[32]．この作業を，図12.9(b)のI_{Dsat}のように測定したパラメータにある程度（10～20%）変化が現れるまでくり返し，そこで寿命とする．次にゲート電圧を調整して基板電流を下げ，同じ手順をくり返し，図12.9(c)のようにI_{sub}に対する寿命をプロットする．限られたデータ点からICの寿命（標準的には10年）まで外挿すれば，そのときのI_{sub}がデバイス動作で許容される最大値となる．

nチャネルMOSFETでは，界面トラップの生成が主な劣化メカニズムであると考えられており，これは**基板電流**で検出できる．他にも，たとえばチャージポンピングによって界面トラップ密度を測定する方法などもつかえる．しかし，測定の簡便性からI_{sub}を測定するのが一般的である．pチャネルデバイスでは，ゲート─ドレイン界面の近傍にトラップされた電子が主たる劣化メカニズムと考えられており，その影響は**ゲート電流**の最大値に現れる．このためpチャネルデバイスではI_Gを測定することが多い[33]．ホットキャリアによるダメージは，たとえばドレインを薄くドープして電場を弱めたり，配線後の400～450℃の熱処理に水素ではなく重水素を用い[34]，Si-H結合より強いSi-D結合にすれば緩和できる．

半導体プロセスでプラズマ中の電荷がデバイスに乗り移る**プラズマ誘起ダメージ**（plasma induced damage）も，ホットキャリアにかかわる問題の1つである．もしMOSのゲートに電荷が移ると，絶縁膜に電場が発生し，リーク電流によるダメージにつながる．ダメージは，ポリシリコン層あるいは金属層からなる広い導電面をMOSFETあるいはMOSキャパシタのゲートにつないだ**アンテナ構造**のテストストラクチャで評価する[35]．アンテナはMOSFETのゲート酸化膜より厚い酸化膜につなぐことが多い．アンテナの面積とゲート酸化膜の面積との比はおよそ500～5000である．このサンプルをプラズマ中に置くと，アンテナへの電荷の蓄積によってMOSFETのゲート酸化膜を貫くゲート電流が流れ，これが相互コンダクタンス，ドレイン電流，しきい値電圧などに検出可能なダメージを引き起こす．ゲート酸化膜の厚さが4～5 nmかそれ以上でV_Tの感度が最大になる．4 nm以下ならゲートのリーク電流を測定する方がよい．他にもEEPROM（electrically erasable programmable read-only memory）の構造を**電荷モニタ**（charge monitor）のサンプルとすることもある．EEPROMは基板と制御ゲートとの間に浮遊ゲートを配置したMOSFETである．制御ゲートは大面積の電荷コレクタにしておく[36]．このデバイスをプラズマにさらすと，制御ゲートに電荷が蓄積して電圧が上がる．この電圧の一部は浮遊ゲートと容量結合するが，浮遊ゲートの電圧が十分に高くなると，基板から浮遊ゲートに電荷が注入されトラップされる．これによりデバイスのしきい値電圧が変わる．このしきい値電圧を測定して電荷に換算し，プラズマの電荷分布の計数マップを作成する．この電位センサは正および負の電位を同時に測定できるようペアでつかわれる．

12.4.3　ゲート酸化膜の完全性

MOSのゲート酸化膜はMOSデバイスで最も重要なパラメータの1つである．ゲート酸化膜はダメージに敏感で，劣化しやすい．酸化膜の抵抗率は$10^{15}\,\Omega\cdot cm$のオーダーであり，無限大ではない．したがってゲートに電圧を加えると，ゲート酸化膜にはなにがしかの電流が流れる．酸化膜の電場が≤ 3

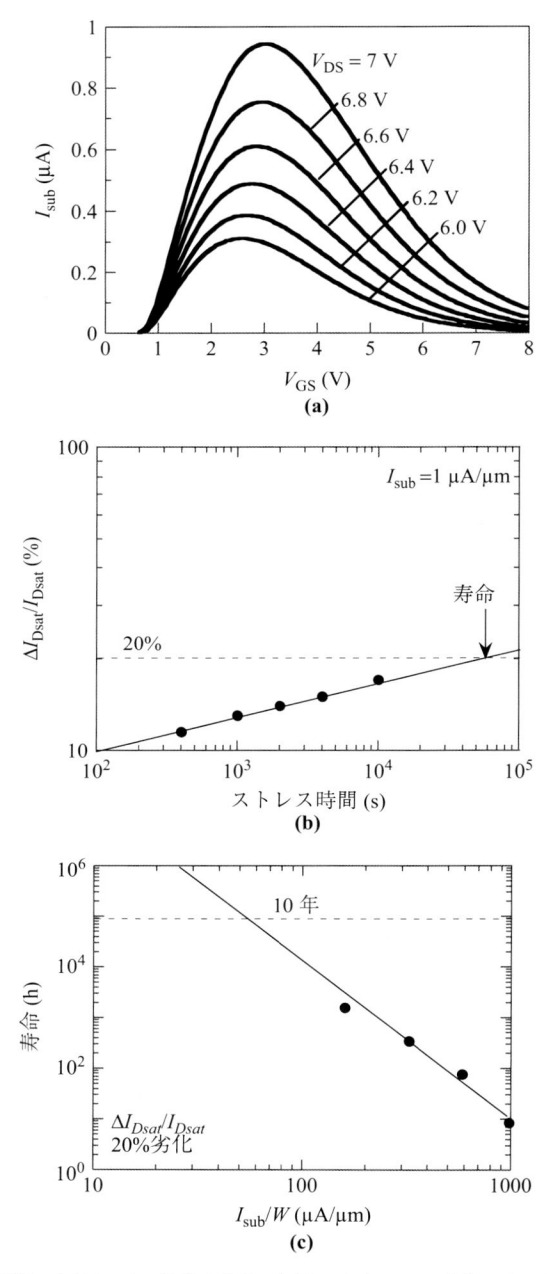

図12.9 (a)基板電流, (b)ドレイン電流の劣化, (c)ホットキャリア劣化による寿命のプロット. 基板電流のグラフはL. Liu (Motorola) の厚意による.

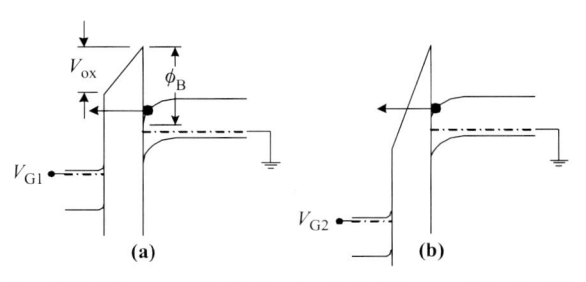

図12.10 MOSのバンド図. (a) $V_{ox} < \phi_B$ (直接トンネル), (b) $V_{ox} > \phi_B$ (Fowler-Nordheim トンネル).

×10^6V/cmの範囲の適度なゲート電圧であればゲート電流は無視できるが,電場がこれより強くなると,ゲート電流は電圧とともに急激に増大する.ゲート酸化膜の寿命と完全性の評価では,動作条件より高い電圧か高い温度でかなりの電流をゲート酸化膜に流す.ゲート電流の流れる主なメカニズムは2つある.ゲート酸化膜に電圧をかけたときのこれら2つのメカニズムの様子を,p型基板にn^+ポリSiゲートを用いたMOSデバイスのバンド図として**図12.10**に示す.図12.10(a)のように$V_{ox} < \phi_B$(障壁高さϕ_BはVの単位)のとき,電子からみた酸化膜はその全厚さが障壁となり,ゲート電流は**直接トンネリング**となる.図12.10(b)の$V_{ox} > \phi_B$の場合は,電子からみた酸化膜障壁が三角形となり,ゲート電流は**ファウラー―ノードハイム(FN)トンネリング**になる.この境となる酸化膜電圧が$V_{ox} = \phi_B$で,SiO_2とSiの界面ではおよそ3.2Vである.もちろん酸化膜の電場$\mathscr{E}_{ox} = V_{ox}/t_{ox}$はトンネルが起きるほど十分強くなければならない.酸化膜の厚さが4〜5nmかそれ以上ならファウラー―ノードハイムトネリングが支配的であり,$t_{ox} \leq 3.5$nmなら直接トンネリングが支配的になる.最近の研究によれば,二酸化シリコン絶縁膜では1nmの厚さでもゲート絶縁膜としての信頼性を確保できることがわかっている[37].

ゲート電流については補遺12.1で議論してある.**ファウラー―ノードハイム**電流密度は,

$$J_{FN} = A\mathscr{E}_{ox}^2 \exp\left(-\frac{B}{\mathscr{E}_{ox}}\right) \tag{12.23}$$

で表される[38].ここで$\mathscr{E}_{ox}$は酸化膜の電場,AおよびBは補遺12.1で与えられる.**直接トンネル**電流密度の式の導出はさらに難しく,いくつかの式が報告されている[39].ここでは経験式

$$J_{dir} = \frac{AV_G}{t_{ox}^2}\frac{kT}{q}C\exp\left\{-\frac{B[1-(1-qV_{ox}/\varPhi_B)^{1.5}]}{\mathscr{E}_{ox}}\right\} \tag{12.24}$$

を挙げておく[40].Cは補遺12.1に与えてある.

全ゲート電流はFN電流と直接トンネル電流との和になる.J_{FN}とJ_{dir}はおよそ±4Vで逆転する.ゲート電流密度の実測結果を**図12.11**に示す.10nm厚の酸化膜ではFN電流が支配的である.1.7nm厚の酸化膜では$V_G > 3$VでJ_{FN},$V_G < 3$VではJ_{dir}が支配的であり,J_{dir}が支配的な領域では$J_{dir} \gg J_{FN}$である.

酸化膜のトンネル電流は高電流になると飽和することが多い.特に基板が反転状態になったMOSキャパシタでトンネルする電子はもともと基板で熱的に生成された電子―正孔対によるもので,生成寿命の長い基板では生成レートが低いからである(第7章の議論).このような条件での"トンネル"電流は,熱生成によるリーク電流にほかならない.MOSFETでは,必要な電子は接地したソースから供給されるのでゲート電流は飽和しない.ゲート電圧が低いと酸化膜電流はとても小さいので,測定系(プローブ台,ケーブルなど)のリーク電流に埋もれてしまうことが多い.

図12.12(a)の浮遊ゲートをもつテストストラクチャをつかって,もっと低いゲート酸化膜電流を測る方法もある[41].試験中はMOSFETのゲート電極をキャパシタ(MOS-C)につないでおく.共通ゲ

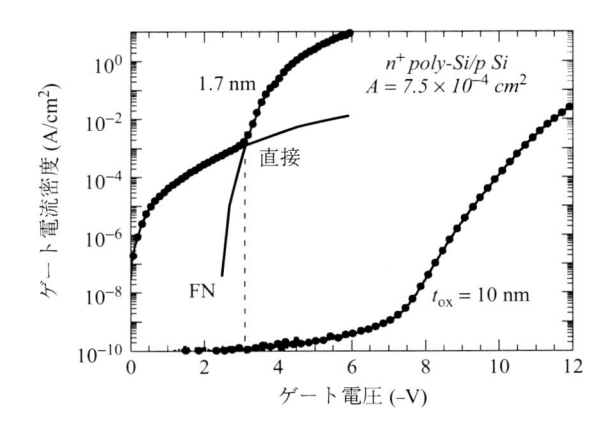

図12.11 ゲート電圧に対するゲート電流密度．直接トンネルとFowler–Nordheimトンネルを示している．各点は実験データ．

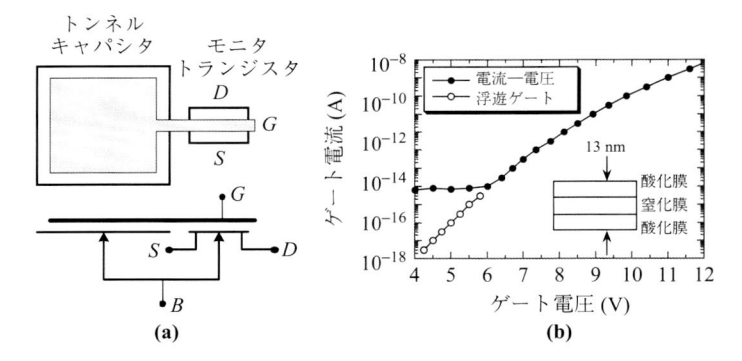

図12.12 (a)超低電流のゲート電流を測るためのデバイス，(b)従来および改良した$I_G - V_G$測定の結果．

ートをV_Gにバイアスしたのち，切り離す。酸化膜電流によってMOS-Cが放電すると，MOSFETのゲートの電位が下がり，ドレイン電流が減少する。測定されるI_Dの変化は，

$$I_G = C\frac{dV_G}{dt} = C\frac{dV_G}{dI_D}\frac{dI_D}{dt} = \frac{C}{g_m}\frac{dI_D}{dt} \tag{12.25}$$

の関係でゲート電流と対応している。ここでCはMOSFET（C_{MOSFET}）とMOS-C（$C_{MOS\text{-}C}$）の容量和である。$C_{MOS\text{-}C} \gg C_{MOSFET}$だから，ゲートの放電はMOS-Cを流れる電流によるものである。この方法なら，より低いゲート電流を測れることが図12.12(b)の$I_G - V_G$プロットからわかる。

演習12.1
問題：酸化膜の破壊は，Aモード，Bモード，Cモードに分類されることが多い。それぞれどういう意味か？
解：あるウェハあるいはあるロットでMOSデバイスの酸化膜破壊電圧を測定すると，破壊電場に大きなばらつきが出る。これを習慣的にも3つの領域に分けている。図E12.1に示すように酸化膜の電場

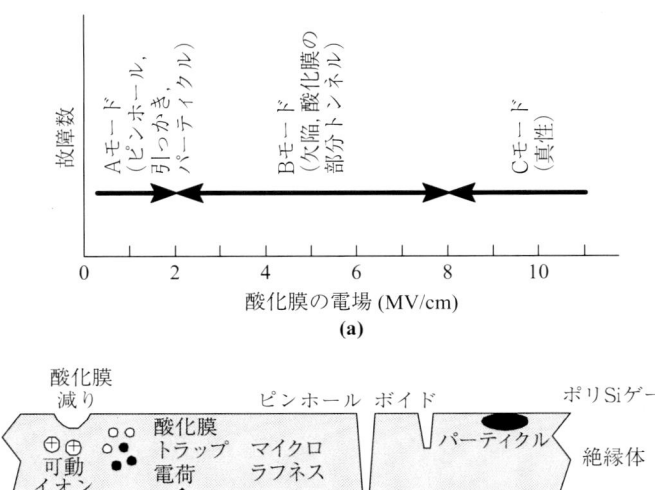

図E12.1 (a)酸化膜の故障モード，(b)酸化膜中の欠陥.

がかなり弱いところ（たとえば1〜2MV/cm）で破壊する故障モードをAモード故障，電場が中程度（たとえば2〜8MV/cm）の破壊をBモード故障，9〜12MV/cmの電場以上で真性破壊する故障モードをCモード故障という。Aモード故障は図E12.1(b)に示すように，ピンホール，引っかき傷，その他雑多な欠陥による。Bモード故障は，たとえばLOCOSの端部や欠陥による酸化膜厚の減少と考えられている。Cモード故障は酸化膜自身の特性で決まる。

酸化膜の完全性は**初期**（time-zero）**測定**と**時間に依存した**（time-dependent）測定によって評価する[42]。初期測定は**図12.13**のように酸化膜が破壊するまでゲート電圧を上げながら，単にMOSデバイスのI_G-V_Gを測定するだけである。この破壊電圧はゲート電圧の昇圧時間（ramp rate）に依存する。これは測定中に酸化膜に生じたダメージに関係している。ゆっくり昇圧すればダメージを引き起こす時間が長くなり，破壊電圧は低くなる。

時間に依存した測定には**図12.14のゲート電圧一定**と**ゲート電流一定**の2つの方法がある。定電圧法では，破壊電圧に近いゲート電圧を印加し，ゲート電流の時間変化を測定する。この電流は，急激に立ち上がって破壊するまではゆっくり減少するのが特徴である（図12.14(a)）。定電流測定では酸化膜に一定の電流を強制的に流し，ゲート電圧の時間変化を測定する。ゲート電圧は緩やかに増え，破壊したところで落ち込む（図12.14(b)）。

酸化膜が破壊するとき，**破壊電荷**（charge-to-breakdown）Q_{BD}を

$$Q_{BD} = \int_0^{t_{BD}} J_G \, dt \tag{12.26}$$

と定義することができる。ここでt_{BD}は**破壊時間**（time-to-breakdown）である。Q_{BD}は酸化膜が破壊するまでに酸化膜を流れた電荷密度で，ゲート酸化膜の厚さに依存する。Q_{BD}は図12.14(a)では曲線の下の面積になるが，図12.14(b)では単に$Q_{BD} = J_G \cdot t_{BD}$である。$Q_{BD}$は酸化膜自身，つまり酸化膜の出来だ

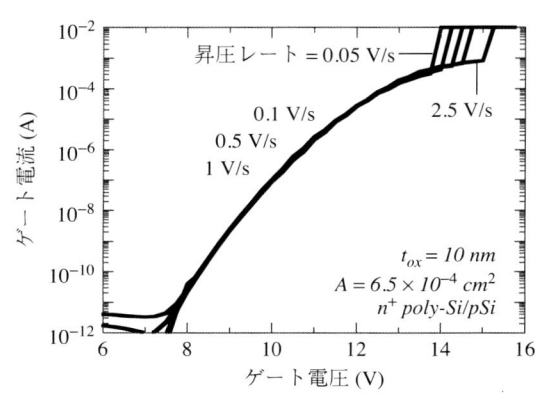

図12.13 酸化膜の破壊電圧へのゲート電圧上昇レートの効果を示すI_G–V_Gプロット．データはP. Ku（Arizona State University）の厚意による．

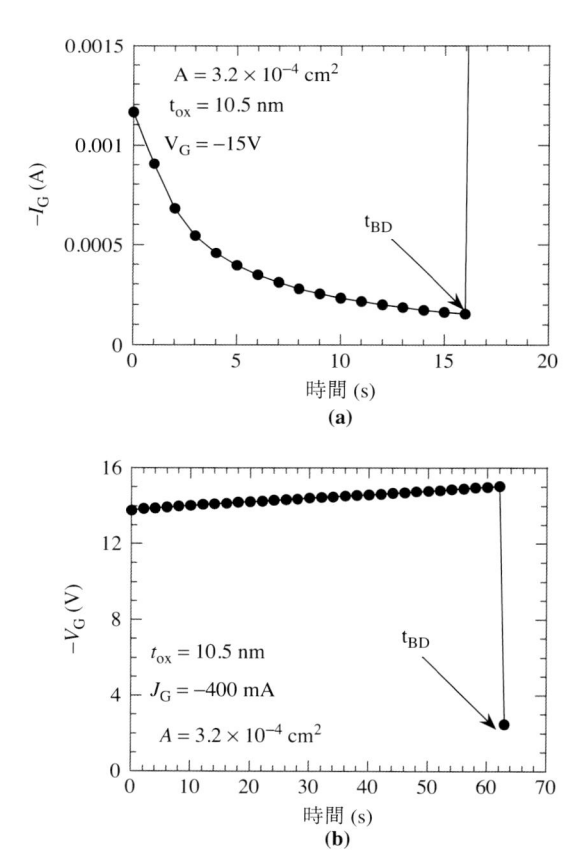

図12.14 n^+ゲート/SiO_2/p型基板デバイスの(a)ゲート電流—時間特性，(b)ゲート電圧—時間特性．この測定ではゲート側からキャリア注入した．データはZ. Zhou（Motorola）の厚意による．

けでなく，Q_{BD}の測り方にもよる．たとえばQ_{BD}はゲート電流密度にもゲート電圧にも依存する．電流は一定にしてもよいし，段階的に上げてもよい．定電流の場合は0.1 A/cm^{2}程度のストレス電流密度をつかう．それは次の理由による．10 nm程度の厚さの酸化膜なら$Q_{BD} \approx 10$ C/cm^{2}である．現実的な測定時間として$t_{BD} \approx 100$ sとすれば，$J_G = Q_{BD}/t_{BD} \approx 0.1$ A/cm^{2}となる．段階的に電流を変えるなら，たとえば10 sといった一定の時間定電流を流したあと電流を10倍にし，同じ時間だけ流す．これを酸化膜が破壊するまで続ける[43]．この方法は，電流がたとえば10^{-5} A/cm^{2}のような低い値からはじまるので，Bモード故障に対して他より感度がよい．電圧を段階的に昇圧させてもよい．この場合，ストレスとしてあるゲート電圧をデバイスに与えたのち，電圧を下げてデバイスを評価する．さらにストレス電圧を上げたのち，もとの低い電圧で測定する[44]．デバイスの破壊電圧付近ではなく，動作電圧に近い定電圧を与えることもある．このような条件では破壊するまできわめて長い時間を要するので，試験温度を上げる．**酸化膜破壊のメカニズム**については完全な理解は得られていない．パーコレーションモデルでは，絶縁膜にランダムに生成された欠陥があり，これらを結ぶ経路が形成され，破壊すると考える．十分な欠陥密度であれば，破壊に至るパーコレーション経路を形成できる[45]．

基板が陽極か陰極かによってもQ_{BD}は異なる．一般にポリSiゲートから電子を注入するよりも，基板側から注入する方がQ_{BD}は大きい．これはゲートと酸化膜の界面が，酸化膜と基板の界面より粗いためである．交流電圧をストレスとして与えたときの交流周波数も直流ストレスに比べt_{BD}を伸長する効果がある[46]．酸化膜にトラップを生成するには，酸化膜中を正孔がドリフトしなければならないが，交流ストレス下では，正孔がドリフトしていく途中で酸化膜の電場の向きが変わってしまうからである．Q_{BD}測定用に，長方形ゲートをもつ大面積キャパシタ，トランジスタ，トランジスタ・アレイ，キャパシタで構成した小規模ユニット・セルのアレイ，櫛の歯状や蛇行したキャパシタなど，いろいろな形状や構造のテストストラクチャが開発されている．これらから得られるデータはエッジと面積との比に大きく影響されるので，テストストラクチャをいろいろなエッジ成分で構成するとよい．テストストラクチャの主たる目的は，製品で発生する重大な構造的問題をあぶり出すことにある．

酸化膜の完全性は電流―電圧特性か時間に依存した特性の測定で判定できるが，ときには酸化膜あるいはなんらかの絶縁膜のピンホール密度を求めたいこともある．これには化学的手法を用いる．たとえば，蛍光トレーサを蒸着した酸化膜サンプルに紫外線を当てて観察する[47]．ピンホールがあれば，そこが発光する．銅による修飾という方法もある[48]．サンプルを陰極とし，銅のメッシュを陽極としてメタノールの槽に浸すと，陽極からCuが溶解してコロイド粒子になる．陽極と陰極との間に電圧を印加すると，銅のコロイドは酸化膜の欠陥スポットに浸入していく．電流を低く抑えておけば，サンプルの欠陥構造がはっきりとわかる．

酸化膜破壊の統計：酸化膜破壊のデータは，様々なかたちで表現される．最も簡単なのは，図12.2(a)のように酸化膜の電場に対して故障数をプロットしたものである．その次は図12.2(b)の累積故障分布で，これも酸化膜の電場の関数になっている．累積故障率を破壊寿命の関数としてプロットすることもある．酸化膜の破壊はデバイスの微小領域で起きるという観測に基づき，酸化膜破壊の統計は極値分布あるいはワイブル統計によって記述される[49]．デバイスに複数のウィークスポットがあれば，誘電破壊強度が最も弱いスポットから破壊する．極値分布関数は，(1)多数のスポットがあり，どのスポットも破壊する確率は等しい，(2)誘電破壊強度の最も弱いスポットが破壊の発端となる，(3)あるスポットが破壊する確率は，他のスポットが破壊しても変わらない，という前提でつかわれる．

あるn個のMOSキャパシタの集合を考えよう．これらのキャパシタ($i = 1, 2, \cdots, n$)はそれぞれある電場強度$\mathscr{E}_i$で破壊するものとする．キャパシタの面積がA，欠陥密度がDであれば，累積故障率Fは

$$F = 1 - \exp(-AD) \tag{12.27}$$

である[50]．図12.2(b)ではFは$\mathscr{E}_{ox}$に対してプロットしてあるが，2つの領域に明確に分かれている．弱い電場での破壊は酸化膜の欠陥によるものである．これより強い電場では酸化膜の真性破壊が起こっている．式 (12.27) を書き直すと，

$$-\ln(1-F) = AD \tag{12.28}$$

となり，これにしたがってプロットすると図12.15(a)のようになる．この図で，特定の電場（図12.15(a)では10 MV/cm）での$-\ln(1-F)$の値を求めると，これはADに等しいから，面積が既知であればこの電場までで破壊した欠陥の密度がわかる．$-\ln(1-F) = 0.08$のとき，たとえば$A = 0.01\,\text{cm}^2$なら$D = 8\,\text{cm}^{-2}$になる．酸化膜の破壊を引き起こす欠陥密度は酸化膜の電場によって異なるので，$\mathscr{E}_{ox}$の値によってDの値も異なる．Q_{BD}を最重要視する場合は，図12.15(b)のようにワイブル確率紙を用いる．ここで質の悪い酸化膜1とよい酸化膜2を比べると，酸化膜1の破壊は欠陥によるものであるが，酸化膜2の主たる破壊は真性破壊になっている．

累積故障率は

$$F = 1 - \exp[-(x/\alpha)^\beta] \tag{12.29}$$

で表すこともある[51]．ここでxは電荷でも時間でもよい．特性寿命αは累積故障率が63.2%になるxの値，βはワイブルプロットの傾きである．$\ln(x)$に対して$\ln[-\ln(1-F)]$をプロットすると，傾きβの直線になる．サンプルの面積がN倍になると，直線は$\ln N$だけ上にシフトする[52]．チップ上のゲートの総

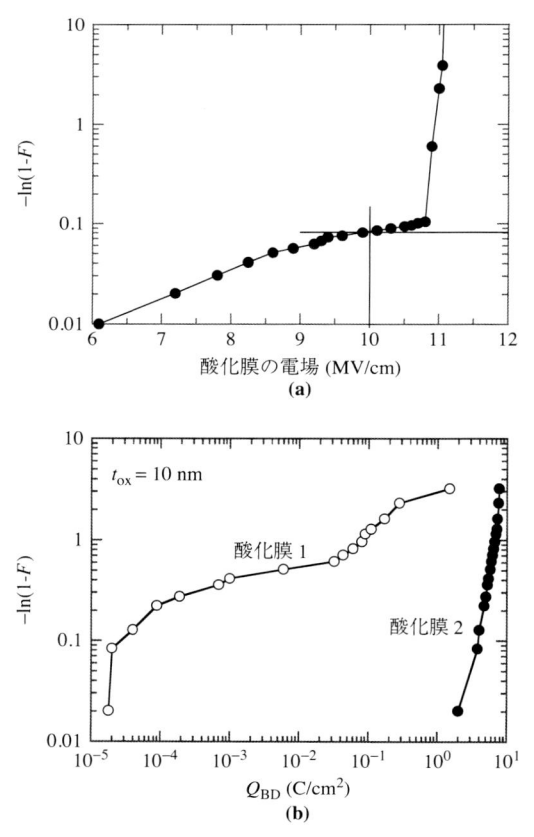

図12.15 (a)ワイブルプロット．データは文献49から承諾ずみ，(b)破壊電荷のワイブルプロット．データはS. Hong（Motorola）の厚意による．

面積がA_{ox}のチップの製品寿命がt_{life}なら，ゲートの総面積がA_{test}のテストストラクチャの試験時間t_{test}と

$$\frac{t_{life}}{t_{test}} \approx \left(\frac{A_{test}}{A_{ox}}\right)^{1/\beta} \tag{12.30}$$

の関係になる．この式をつかって，実測した破壊寿命（t_{test}）から製品寿命（t_{life}）を予測する．概ね$A_{test} < A_{ox}$だから，$t_{test} > t_{life}$となり，テストストラクチャを電圧加速するか，温度加速するなどして，試験時間を短縮する必要がある．信頼性予測にとって重要なワイブルパラメータβは酸化膜の厚さの関数になっていて[37]，酸化膜が薄くなると小さくなる．

12.4.4　負バイアス温度不安定性

負バイアス温度不安定性（negative bias temperature instability; NBTI）はMOSデバイスの開発初期から知られている[53]．pチャネルMOSデバイスに高温かつ負のゲート電圧をストレスとして加えると[54]，ドレイン電流と相互コンダクタンスが小さくなり，しきい値電圧が上昇するのがNBTIである．ストレス温度としては100～250℃がよくつかわれ，酸化膜の電場はおよそ6MV/cm以下，つまりホットキャリアによる劣化のない領域とする．これらの電場と温度は**バーン・イン**でよくつかわれ，高品位ICにも適用される．負のゲート電圧か高温のいずれかだけでもNBTIが現れるが，より短時間で効果をはっきりさせるには，両方を組み合わせる．主にpチャネルMOSFETのゲート電圧を負にバイアスしたときにみられ，ゲート電圧が正のとき，あるいはnチャネルMOSFETではゲート電圧の正負によらず，NBTIはほとんど現れない[55]．MOS回路では，pチャネルMOSFETがインバータ動作で"High"出力状態となっている間に起きやすい．その結果タイミングがずれ，論理回路の信号の到達時間にばらつきが生じ，回路故障の原因となるおそれがある．

NBTI劣化はpチャネルMOSFETに界面トラップや酸化膜固定電荷が生成されるためと考えられている．NBTIストレスの電圧を切ってアニールすると，ある程度NBTI劣化は回復する．また，アニール中に電場をかけると，NBTI劣化の回復を助長できる．NBTI劣化は微細化スケーリングにきわめて敏感である．NBTIは低電場の薄い酸化膜で起きるホットキャリア・ストレスなどよりはるかに深刻で，これが最終的にデバイスの寿命を決めることになる．NBTIは高誘電率HfO_2絶縁膜でも報告されている[56]．

ストレス時間に対するしきい値電圧と相互コンダクタンスの変化を**図12.16**に示す[57]．相互コンダクタンスはストレス中の移動度の劣化を反映している．研究者によってデータはまちまちであるが，NBTIの傾向は概ねこの図のようになる．

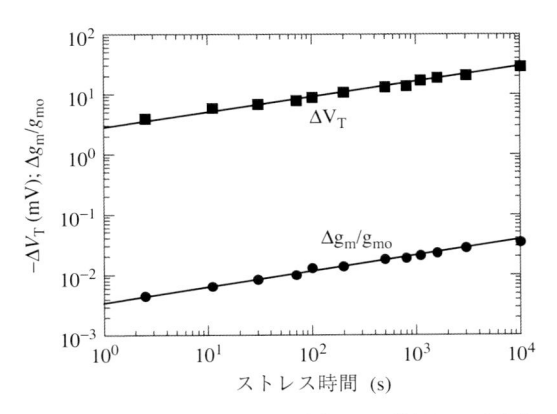

図12.16　負バイアス温度不安定性によるしきい値電圧変化および相互コンダクタンス変化．$V_G = -2.3V$，$T = 100℃$，$L = 0.1\mu m$，$t_{ox} = 2.2nm$．IEEE（©2000, IEEE）の承諾により，文献57より再掲．

12.4.5 ストレス誘起リーク電流

薄い酸化膜への電場ストレスでよくみられるゲート酸化膜電流の増加を**ストレス誘起リーク電流**（stress induced leakage current; SILC）という。これは高電場ストレス（$V_{ox} \approx 10 \sim 12\,\mathrm{MV/cm}$）によって酸化膜のリーク電流がストレス前より増えることと定義され，1982年に初めて報告された[58]。SILCは低電場から中強度の電場（$V_{ox} \approx 4 \sim 8\,\mathrm{MV/cm}$）でもよくみられ，酸化膜の厚さが減ると急激に増える。ただし5nm以下の薄い酸化膜になるとSILCは減少するが，これはトラップ生成レートが下がるためと考えられている。SILCには界面状態の生成，酸化膜内の電子トラップ生成，酸化膜の不均一スポットあるいは脆弱スポットの生成，陽極側から注入された正孔のトラップ，など異なるモデルが提案されている。最も優れたSILCの説明は，酸化膜中に生成された中性の電子トラップを"飛び石"のようにみたてたトンネル電子が酸化膜層を流れるというもので，トラップアシスト・トンネリング（trap-assisted tunneling）として知られている[59]。このような中性トラップは，主にホットエレクトロンによる水素の離脱に関係した"トラップ生成"現象によって生じる。浮遊ゲートに電荷を蓄積する不揮発メモリでは，SILCによってデータリテンション（記憶保持能力）が劣化するが，初期測定や時間依存絶縁破壊試験ではこれを検出できない。このような評価技術に頼ると，酸化膜の完全性や信頼性を過大評価するおそれがある。

12.4.6 静電放電

静電放電（electrostatic discharge; ESD）とは，とり扱いや装置との接触による静電気の過渡的な放電をいう。これについてはAmerasekera and Duvvuryによるすばらしい議論がある[60]。通常の作業環境において，人体に帯電した0.6μCの電荷を150pFのキャパシタを通して放電すると，およそ4kVの静電的な電位が発生する。帯電した人体がICのピンに触れると，およそ100nsの間にアンペア級のピーク電流で放電し，電子デバイスの故障をまねく。ふつうはデバイスや配線が焼き切れる熱的損傷だが，電圧もMOSデバイスの酸化膜を破壊させるに十分な大きさである。デバイスが破壊しなくても，**負傷歩行**（walking wounded）として知られる検知困難な潜在効果をもつダメージを受けているかもしれない。発生しやすい静電電圧を**表12.1**に示す。

静電的充放電は(1)人によるとり扱い，(2)自動検査，(3)搬送システムが主要因である。ICは輸送中あるいは強く帯電した表面や材料との接触によって帯電する。ICに帯電した電荷は接地表面に触れると，ピンを通して放電する。上のESDメカニズムをそれぞれ**人体モデル**（human body model; HBM），**機械モデル**（Machine Model; MM），**帯電デバイスモデル**（charged device model; CDM）という。HBMはESDの標準的な試験となっており，**図12.17**のLCR回路でモデル化できる。ゼロオームの負荷を通したHBMテスタの放電波形は，立ち上がり10ns，立ち下がり150nsである。この波形は2kVの電圧

表12.1 静電電圧の相対湿度依存性．

	20%	80%
ビニール床上を歩行	12 kV	0.2 kV
合成繊維カーペット上を歩行	35	1.5
発泡クッションから起立	18	1.5
ポリエチレンのバッグを掴む	20	0.6
カーペット上のスチレン製の箱を引きずる	18	1.5
ポリカーボネート基板からマイラテープを剥離	12	1.5
ポリカーボネート基板に収縮フィルムをつかう	16	3
はんだ吸引器を接触	8	1
エアロゾルスプレーで回路を冷却	15	5

に充電した100 pFのキャパシタを1.5 kΩの抵抗を通して放電させれば再現できる。C_cは放電キャパシタで，充電電圧はV_cである。寄生インダクタンスL_1と抵抗R_1によって放電パルスの立ち上がり時間が決まる。C_SはR_1と配線の寄生容量，C_tはテストボードの寄生容量，R_Lは被検中の負荷またはデバイスの抵抗である。

MM放電回路も図12.17のLCR回路で定義できる。ここでC_cは200 pFだが$R_1 = 0$である。実際は$R_1 > 0$で，放電中の回路の動的インピーダンスはゼロよりかなり大きい。このように既存のMM回路では，与えられた電圧でのピーク電流と振動周波数で自動的に決まるL_1とR_1によって出力電流波形が定まる。MM試験とHBM試験は，充電した物体からICを通して放電させる同じ放電メカニズムについて，形式の異なる試験になっている。2つの試験での故障モードは似ているが，ダメージの度合いは様々である。一方，CDMタイプのESDでは，チップ内の放電経路と電圧の上昇が関係してICのゲート酸化膜が破壊する。このようにCDMはESDのタイプが異なる試験であって，CMDに対するデバイスの感度はHBMやMM試験からは推定できない。自動化された製造工程や検査設備が増えるにしたがい，HBM ESDよりCDM ESDが起きやすい環境となる。

視認できるESDが起きると，光学顕微鏡で観察可能なクレーターが残っていることが多い。目視の難しい欠陥には，液晶イメージングや蛍光イメージングのような熱的な検出技術をつかう[61]。より詳細な解析には，集束イオンビームによる切断面のSEMやTEMによる観察が必要である。ESD故障の例を**図12.18**に示す[62]。試料はSiへのタングステンTiN/TiSi$_2$コンタクトである。TiSi$_2$とコンタクトを形成していたシリコンが，300 VのパルスでTiおよびタングステンとともに融解し，溶けたTiとWがSiフィラメントにそって拡散している。チップ内の損傷しやすいデバイスをESDから保護するには，

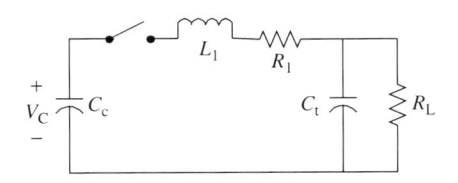

図12.17　人体モデルおよび機械モデルの放電波形測定用LCR等価回路．

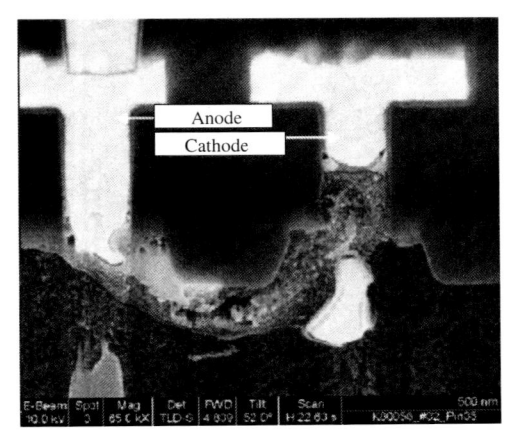

図12.18　ESD故障部の断面SEM写真．表面はニフッ化キセノンで処理してある．
　　　　　IEEE（©2003, IEEE）の承諾により文献62より再掲．

保護ダイオードつきのボンディングパッド，SCR（silicon controlled rectifier），またはゲートとソースを直接または抵抗を通して接続したMOSFETを必要に応じて配置する．

12.5 故障解析評価技術
12.5.1 休止ドレイン電流法

I_{DDQ}として知られる**休止ドレイン電流試験**（quiescent drain current; I_{DDQ}）は，パッケージにしたチップの定常状態の休止電流を測定するものである．定常状態にあるCMOS回路の休止電流はせいぜい1 μAで，ほとんど電流を消費しない．しかし，チップにゲート酸化膜の短絡や配線間の短絡があると，電源から接地までに導通経路が形成され，電流が増える．不具合のあるI_{DDQ}は正常なリーク電流より数桁高いので，この電流をモニタすれば回路の良否を判定できる[63]．I_{DDQ}は物理的な欠陥を検出するだけであり，回路の詳細な不具合は機能試験によって補わねばならない．

I_{DDQ}の概念を図12.19に示す．ゲート酸化膜が短絡したCMOSインバータに上昇電圧を供給する．この欠陥によって形成された電流経路を太線で示してある．I_{DDQ}で検出できる欠陥はゲート酸化膜の短絡，配線間のブリッジ，ゲートからドレインまたはソースへ，あるいはドレインからソースへの短絡などである．断線の検知はほぼ不可能である．図12.20に例を示す．どのI_{DDQ}もチップに問題があるレベルであり，さらに測定を進めれば，問題の原因がはっきりする．I_{DDQ}の試験時間は測定システムの応

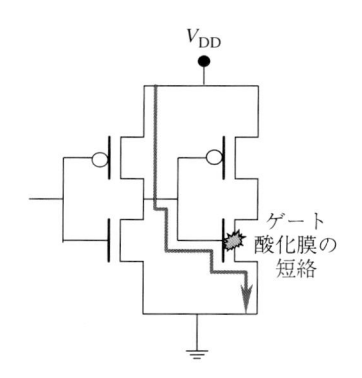

図12.19 ゲート酸化膜の短絡がI_{DDQ}へ与える影響．

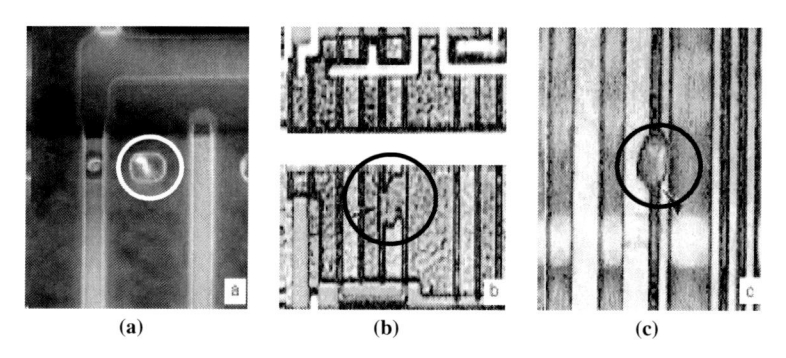

図12.20 I_{DDQ}で検出した回路故障の例．(a)酸化膜の短絡，$I_{DDQ}=360$ μA，(b)ポリSiとポリSiの短絡，$I_{DDQ}=5$ mA，(c)配線のブリッジ効果，$I_{DDQ}=5$ μA．写真はIBMの厚意による．

答時間と，入力信号をインプットしてから回路が安定化するまでの時間で律速される．I_{DDQ}試験のスピードは，通常の回路動作より1～2桁ほど遅くしているが，測定項目は少なく，故障部位の同定に放射顕微鏡法（emission microscopy）[64]や裏面光ビーム誘起電流法（rear optical beam induced current）[65]を組み合わせた例がある．I_{DDQ}測定はMOSFETにおけるドリフトのメカニズム決定にも有効である．たとえば，ゲート酸化膜や分離酸化膜中のナトリウム，カリウム，水素などのドリフトは，I_{DDQ}試験で検出できる程度の変化をドレイン電流にもたらす[66]．

しきい値電圧と酸化膜厚が減少するようにICをスケーリングしていくと，MOSFETのオフ電流と酸化膜のリーク電流はともに増加し，I_{DDQ}の結果の解釈がより困難になる．基板バイアスを与えるか，供給電圧V_{DD}あるいは温度を下げるなどでオフ電流を抑えることができる．I_{DDQ}試験はコスト・パフォーマンスがよく，問題の根源（物理的欠陥）を回路の故障解析に利用しているので，IC製造メーカーにとっては，機能試験の補完として魅力的で低コストな試験法である．I_{DDQ}試験装置についてはWallquistが議論している[67]．

12.5.2 プローブ法

故障解析でICにコンタクトをとるにはプローブをつかう．もちろん，配線が細くなるほどこれは難しくなる．それでも慎重を期せばミクロン単位の幅をもつ配線にコンタクトをとることができる．これにはサブミクロンの操作が可能な導通型のAFMプローブのような走査プローブをつかえばよい．最近ではイオン打込みのモニタや誘電体の評価に走査容量顕微鏡法（SCM）や走査分散抵抗顕微鏡法（SSRM）が導入されている[68]．

12.5.3 放射顕微鏡法

放射顕微鏡法（emission microscopy: EMMI）は電気的刺激による光の放射を応答として利用する[69]．身近な例として，LEDなどの接合を順方向にバイアスしたときの放射再結合による光の放射がある．過剰キャリアの密度が高いと，ラッチアップしたCMOS回路でも放射再結合がみられる．高いエネルギーに加速されたキャリアが，そのエネルギーを失うというまったく異なるメカニズムでも光の放射が可能である．失ったエネルギーの一部は光に変換される．これは，MOSFETのドレインのように，逆バイアスされたダイオードでみられる．また，キャリアが酸化膜を通過するときにもエネルギーを失って発光する．図12.21(a)は適度な逆バイアスをかけたpn接合からの光の放射の例である．接合部周辺の高電場領域からほのかな発光がみえる．逆バイアスをさらに高くすると図12.21(b)のように発光は強くなる．

放射顕微鏡法は故障部位を特定する重要なツールとなっている[70]．不具合チップを放射顕微鏡に置いて照明光を当て，デバイスの位置をチップの像として記録する．次に照明を消し，チップに電圧を印加して発光させ，CCDや光電陰極イメージインテンシファイアのような高光感度増幅器で光を検出する．撮像例を図12.22に示す．この例では，ラッチした回路のラッチアップ部をEMMIで特定している[71]．図12.22(a)のチップ像は，円で囲んだ位置から発光しているが，配線のない空き領域なので，ここはラッチアップの部位ではなく，どこからかの光がここに浮かび上がったと思われる．そこで，ラッチアップのない状態で30 mA流し，裏面から観察した（図12.22(b)）．70 mAにするとラッチアップが起き，その部位は矢印で示すように（図12.22(c)）円で囲んだ最初の部位とは明らかに違っていることがわかる．

EMMIの一般的な用途はゲート酸化膜の脆弱スポットの検出である．光はチップの表面からも裏面からも撮像できる．明らかに表面からの方がやさしいが，配線層が欠陥領域を覆っていたり，基板と配線との間の光の反跳などによって故障部位とは異なる位置で光ったりするので複雑である．このような混乱はいずれも裏面からの撮像で回避できる．配線層のない裏面からであれば，光は基板の厚さを通過するだけである．あまりドーピングが濃くない基板であれば，バンド端近傍の光も透過できる．ドーピングが濃い基板上にエピタキシャル層があるときは，ダイヤモンドミル，プラズマエッチング，

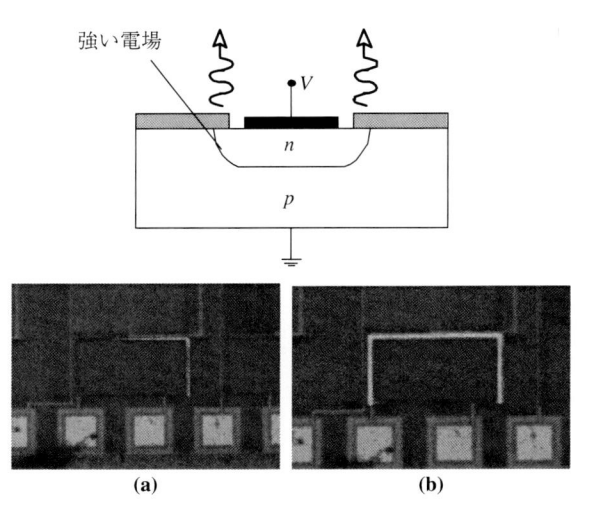

図12.21　pn接合の強電場領域でのホットキャリアによる発光．それぞれ(a)弱く破壊した部分，(b)強く破壊した部分が線状に発光している．J.E. Park（Arizona State University）の厚意による．

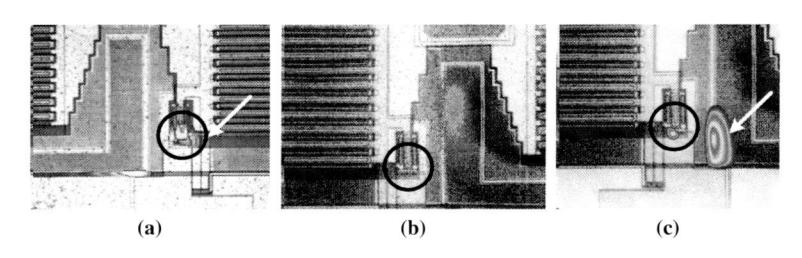

図12.22　ラッチアップ部を示す発光，(a)円内にみえる表面の発光，(b)裏面からみた発光（I=30 mA）．ただしラッチアップはしていない，(c)ラッチアップした部分のI=70 mAでの発光（矢印）．Semiconductor Internationalの承諾により文献71から再掲．

機械研磨などの手段で50 μm程度まで基板を薄くし，光が透過するようにする[72]．これで自由キャリアの吸収による減衰を低減できる．高強度フェムト秒パルスでSi表面の原子をイオン化し，高密度プラズマとして除去する**レーザーアブレーション**をつかえば，熱ダメージを与えずに基板を薄くできる[73]．

放射した光のスペクトル成分からも，故障モードの知見が得られる[74]．MOSFETのホットエレクトロンの挙動を評価する一般的な手段は基板電流の測定である．基板電流はドレインの高電場領域でのインパクトイオン化によって発生するが，この領域はまた，光の生成領域にもなっている．光放射は基板電流およびデバイスの劣化と強い相関があることがわかっている[75]．

ピコ秒イメージング回路解析（picosecond imaging circuit analysis; PICA）では定常状態の発光ではなく，時間変化する発光を検出する[76]．ホットキャリアによる発光では一般にホットキャリアの数が少ないので，光と相互作用する効率が低く，光の強度は弱い．ただしシリコンデバイスでは背景放射がほとんどないので，デバイスのスイッチングの間に背景放射のない微弱な光パルスをいかに検出するかがPICAの実験的課題となっている．たとえば，休止状態のCMOS回路ではしきい値以下でのリーク電流が流れるだけで，発光は検出できない．光の放射が最大になるのはスイッチングのときである．図12.23にいろいろなタイミングでのリングオシレータの発光を示してあり，どのタイミングでど

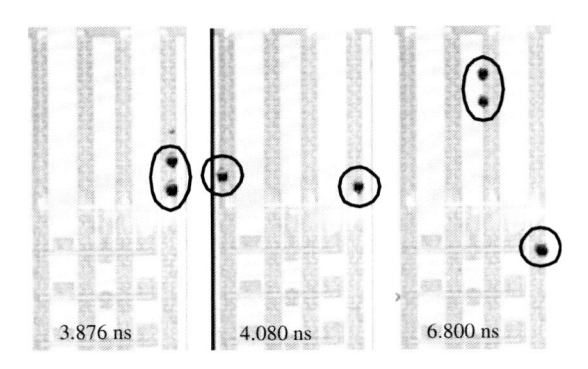

3.876 ns　　　　4.080 ns　　　　6.800 ns

図12.23　リングオシレータの発光の空間的および時間的応答．発光は明らかにパルス的で，最近接ゲートからの発光を空間的に分離できている．回路上の黒いスポットにみえる発光部を囲んである．それぞれのスナップショットはシフトレジスタでわずか34 ps 露光したもの．IEEE（©2000, IEEE）の承諾により文献77から再掲．

のデバイスが発光しているかがはっきりとわかる[77]．画像のとり込み間隔はわずか34 ns である．

12.5.4　蛍光マイクロサーモグラフィ

蛍光マイクロサーモグラフィ（fluorescent microthermography；FMT）では[78]，ユーロピウム・テノイルトリフルオロアセトナートをアセトンに溶解したものを表面に堆積して薄膜化し，これに340〜380 nm の紫外線を照射したときの蛍光のうち612 nm の輝線を観測する[79]．500 nm 以上ではほとんど吸収がない（したがって，蛍光もない）ので，励起源と蛍光による放射とを分離できる．蛍光の量子効率は温度とともに指数関数的に減少するので，動作中のデバイスの熱い領域の蛍光は冷たい領域のそれより暗くなる．この方法の空間分解能は0.5 μm で，熱分解能はおよそ5 mK．サンプルの前処理は液晶解析とほぼ同じである．温度の定量化には薄膜の較正が必要である．蛍光寿命はおよそ200 μs なので，時間に依存した測定も原理的には可能である．

12.5.5　赤外線サーモグラフィ

赤外線サーモグラフィ（infrared thermography；IRT）は周囲と熱平衡にある固体の熱放射を利用する．実際の表面は黒体放射と違って波長によって入射光の一部を反射する．したがって，全放射率は温度だけの関数だけでなく，材料の放射率の関数でもある．したがって，灰色体として知られる実在の材料の温度は，全放射率だけを測定してもわからない[80]．そこで，デバイスの放射面を黒くするか，適当な較正をしてこの問題を回避している．そういうシステムではデバイス表面からの放射光を2つの較正温度で走査し，放射率を決定する．ほとんどの赤外線顕微鏡がこの手順をつかっている．定性的な情報でよいなら，放射像で十分である．

InSb や HgCdTe をつかった赤外線検出器の温度分解能はおよそ1 K である．近赤外領域でのシリコンはほとんど透明なので，多層配線層で表面が覆われている IC を裏面から赤外線サーモグラフィにかけることもできる．それでも $N_A > 10^{18}\,\mathrm{cm}^{-3}$ の高濃度ドープ基板は，薄く削って赤外線吸収を減らしておく．

赤外線サーモグラフィの一形態である**光熱放射測定**（photothermal radiometry）では，レーザーの変調によって発生した熱波動で赤外線放射にゆらぎを生じさせる．サンプルの熱的性質は広い変調周波数領域を干渉ヘテロダインで測定した位相から決定される．これから材料固有の薄膜の熱容量または熱伝導率，熱抵抗，膜厚，材料の不均一性の検出，および層間剥離などがわかる[81]．従来の赤外線

サーモグラフィより温度分解能はよく，10 μK以下を達成できる．

12.5.6 電圧コントラスト法

電圧コントラスト法は局所的な電場による二次電子放出の誘導を利用した電子ビーム技術である[82]．**図12.24**に3本の配線がある場合を示している．図12.24(a)では3つの配線すべてが接地電位で，電子ビームで励起すると，ある一定数の二次電子が検出器に集められる．図12.24(b)のように電位が5Vの配線から検出器に向かう二次電子の数は，接地電位の配線からの二次電子数より少なくなる．同様に，−5Vの配線からの信号は大きくなる．この理由はいうまでもなく正の電位の配線から放出された二次電子が検出器からの引力だけでなく，配線自身の電位にも引かれるためで，これから配線の電圧を決定できる．ストロボをつかえば，回路がある状態から別の状態へ遷移するような，ICの過渡的な振る舞いを測定できる．

電子ビームはプローブ法に比べ，故障解析上の利点も多い[83]．小さなビーム径を利用して細い配線もプローブでき，（過渡解析で問題となる）回路の容量負荷もなく，高い空間分解能で，ミリボルト領域の電圧とナノ秒以下の領域のスイッチング電圧波形を測定できる．電圧コントラストの測定例を**図12.25**に示す．図12.25(a)の電子ビームによるx-y像はICの様々な配線の状態を示している．明るいところが高電圧で暗い部分が低電圧である．たとえば，他の手法では検出できないエレクトロマイグレーションなどによる配線の断線も，電子ビーム像にはっきりと現れる．図12.25(b)に示した時間に依存した振る舞いは，ビームのyを特定の位置に固定し，x方向に時間をずらして走査したものである．配線の電圧がHighからLowへ，LowからHighへと遷移する様子が一目でわかる．この方法でICのいろいろな部分の動作が正常かどうかを調べることができる．たとえば，エレクトロマイグレーション

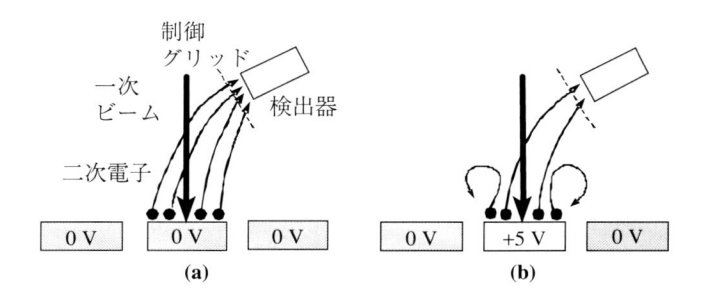

図12.24 電子放出部が(a)接地電位，および(b)正の電位のときの電圧コントラスト．

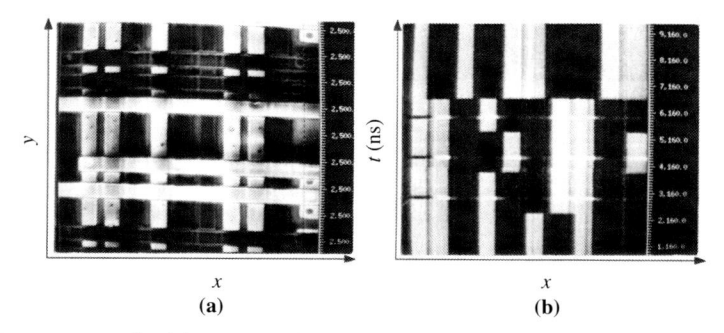

図12.25 電圧コントラスト像．(a)x-y平面，(b)x-時間平面．写真はT.D. McConnell（Intel）の厚意による．

で配線の抵抗が上がれば，RCによるスイッチング時間が変わり，電圧コントラストに反映されるであろう。コンタクト・チェーンなら，高抵抗のコンタクト部を検出できる。

12.5.7　レーザー電圧プローブ法

電圧コントラスト法とある意味同類の手法である**レーザー電圧プローブ法**（laser voltage probe; LVP）は，1990年代初期に導入された[84]。真空設備を用いずに，逆バイアスしたpn接合の電場と自由電子による吸収変調を赤外レーザーでプローブする。この吸収変調はpn接合にかかる電圧と直接関係している。高濃度ドープシリコンを通したモードロックレーザーをCMOSチップの拡散領域に集光する。反射ビームに重畳したレーザーパワーの微弱な変調から接合電位を測定する。ストロボ同期によって，チップ駆動テスタをGHz帯までモードロックレーザーに位相ロックできる[85]。

レーザー電圧プローブ法は2つの原理に基づいている。高濃度ドープシリコンはバンドギャップ以下の光子エネルギーの赤外線に対しては半透明である。半導体pn接合に光ビームを集光すると光電子相互作用により，電界吸収あるいは**Franz-Keldysh**効果，電界屈折，および自由キャリアによる吸収の変化から屈折率が変わる。Franz-Keldysh効果とは，高電場（$> 10^4 \text{V/cm}$）によってバンドギャップが狭くなった結果，バンドギャップ近傍のエネルギーをもった光子がより多く吸収される現象である。このような高電場では，屈折率も（電界吸収によって）変わり，電荷のキャリアが空間電荷領域に出入りする自由キャリア効果も現れる。自由キャリアの電荷密度を変調すれば，光の吸収係数と局所的な屈折率も変調される。LVP法ではシリコンの裏面からCMOS回路のタイミング波形を直接とり込むので，表面にアクセスできないフリップチップ・パッケージに封止した高周波回路の内部タイミングを測定できる。

12.5.8　液晶解析法

1971年に故障解析のために導入された**液晶解析法**（liquid crystals; LC）は[86]，微小な温度変化をとらえることができる。最初は動作中のICの論理状態のマッピングに適用された[87]。1981年にはコレステリック液晶として改良された方法でホットスポットを検出し[88]，のちにネマティック液晶に替わっている[89]。液晶は**等方**相，**ネマティック**相，**コレステリック**相，**スメクティック**相および**結晶**相の間を，温度変化によって遷移する。液体のような流体で，結晶固体としての性質もあるが固体そのものではない。方位の秩序が全体で維持されていれば，位置的な秩序の一部または全部が消失しても結晶とみなされるのである。

故障解析では，チップに液晶の薄膜を塗布し，白色光源の偏光した光を照射する。液体は注射器または点眼器で滴下する。この液はある温度を超えると透過できる光の偏光面が変わる。液晶は偏光面を回転させるので，**図12.26**(a)のように，光源からの光路上に偏光子と検光子を置いた偏光顕微鏡で

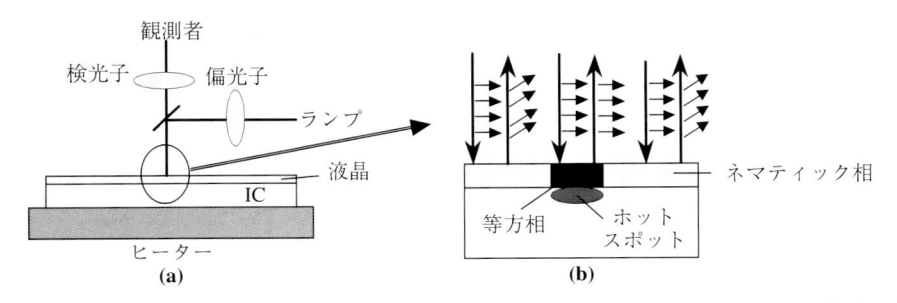

図12.26　(a)液晶観察のための偏光顕微鏡，(b)偏光した光は冷たい液晶では回転するが，熱い液晶では回転しないので，熱い液晶を直交した偏光子を通してみると暗くみえる．

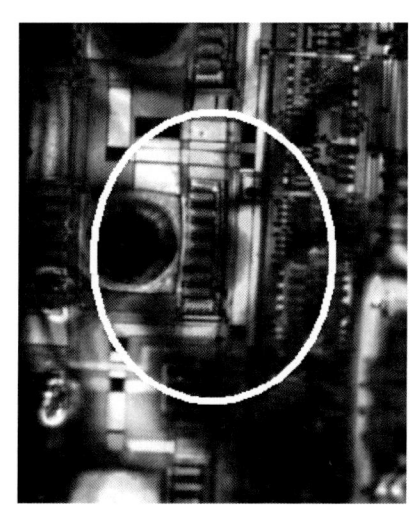

図12.27 暗いスポットのある液晶像. D. Alavrez (Microchip) の厚意による.

覗いたとき，薄い液晶層が透明にみえるようにしておく。ICの一部が発熱すると，液晶はネマティック相から等方相に変わり，液晶層での偏光面の回転がなくなるので，暗いスポットとして識別できる（図12.26(b)）。欠陥部位を視覚化するには，液晶の**遷移温度**または**消失温度**近傍までチップを加熱する。ここで欠陥による電流で局所的な発熱があると，暗いスポットが現れる。ホットスポットはみえにくいこともある。チップ電流をオン・オフすると，欠陥部位にパルス的なスポットが現れることがある。この方法でマイクロメートル領域の欠陥部位を特定できる。超高感度カメラの開発によっておよそ0.1℃もしくはそれ以下の温度変化をμmのオーダーの空間分解能で検出している。時間分解能は数msなので，高速な回路にはつかえない。液晶像の例を**図12.27**に示す。

12.5.9 光ビーム誘起抵抗変化法

光ビーム誘起抵抗変化法（optical beam induced resistance change; OBIRCH）は重要な故障解析手法になっている。OBIRCH法ではICに一定の電圧と電流を加える。チップにレーザーを照射し走査すると，その一部が熱に変換される。金属の抵抗の温度係数（temperature coefficient of resistance; TCR）は通常正であるから，温度上昇によって**図12.28**(a)のように配線抵抗が増加し，電流が減ったり電圧が上昇したりする。**定電圧法**ではレーザー加熱による電流の変化（ΔI）が近似的に抵抗変化（ΔR）に比例し，抵抗変化は温度上昇（ΔT）に比例する。**定電流法**では電圧変化（ΔV）が抵抗変化（ΔR）に比例する[90]。レーザービームを走査すると，熱は無欠陥領域を自由に伝播するが，ボイドやSi突起などの欠陥に遭遇すると伝播が妨げられ，欠陥の近傍とそうでない部分とに温度差が生じる。その結果，ΔR_Sの変化がΔI_SまたはΔV_Sに変換され，CRTに輝度の変化として表示される。解析中のチップはボンディングパッドに適当なチップ電圧を与え，配線をすべて通電してレーザーを走査する。

エネルギーがSiのバンドギャップ以下の1.3μmレーザーでは電子―正孔対を生成できないので，光励起電流（OBIC）信号は出ない。しかし500μm厚の標準濃度のドープSiなら1.3μmレーザーが侵入し，40％のパワーを損失することから，チップ裏面から波長1.3μmのレーザービームを当てるとOBIRCH像を観測できる。負のTCRをもつ材料としてはエッチングされずに残った（Ga含有）Wや（O含有）Ti，あるいは（O含有）Ti-Alアモルファス層がある。Al配線の最大温度上昇が10Kのオーダーなら，これらを非破壊で解析できる。空間分解能を上げるために近接場光プローブを組み込んだOBIRCH法

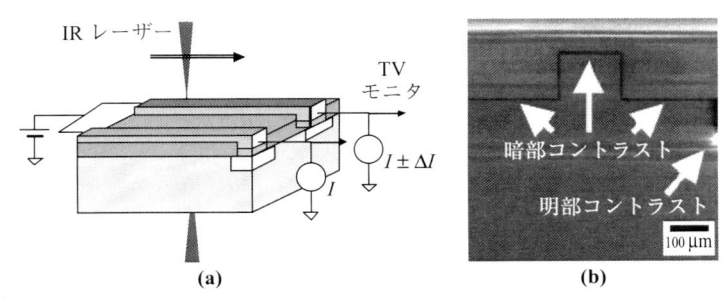

図12.28 OBIRCH (a)上面あるいは底面から入射するレーザーと電流の変化，(b)暗く均一に写った金属配線とコントラストが明るいイオン欠陥の部分．文献92のNikawaによる．

もある[91]．図12.28(b)のOBIRCH像ではリーク電流の経路が暗いコントラストで，欠陥部位が明るいコントラストで示されている[92]．この明るい部分をFIBで断面加工し，TEMで観察した結果，Al配線間の短絡がみつかった．エネルギー分散X線解析法によれば，負の温度係数の領域にはTiとOが存在し，OBIRCH像でコントラストが明るくなることがわかっている．

熱誘起電圧変化法（thermally-induced voltage alteration；TIVA）はOBIRCH法の1つで，チップの表面または裏面をレーザーで走査し，ICの配線に局所的な熱勾配を発生させる[93]．熱勾配でICの消費電力が変化するので，定電流源でICをバイアスしておき，電源電圧の変化をモニタする．TIVA像では，チップ全体の視野像一画面で短絡部位を特定できる．短絡があるとICの消費電力が増えるが，これは短絡部の抵抗および回路上の位置で決まる．短絡部のあるICをレーザーで走査すると，レーザーによる熱で短絡部の抵抗が変化し，電源電圧も変化する．断線は，熱起電力あるいはゼーベック効果によってICの消費する電力が変わることから検出する．駆動トランジスタや電源バスから電気的に切り離された導体は，ゼーベック効果によって電位が変化する．この導体の一方が断線していて，他方がトランジスタのゲートにつながっていれば，トランジスタのバイアスが変わって消費電力が変化する．消費電力が変化するICのTIVA像は電気的に浮遊電位になっている導体の位置を表している．

12.5.10 集束イオンビーム

集束イオンビーム（focused ion beam；FIB）は評価ではなく，解析を進めるためのサンプル作製につかわれる．イオン銃の液滴から強電場でとり出したGa$^+$を細いビームに絞ってICの任意の領域を掘削する[94]．液滴の先端径はおよそ100 nmで，サンプル表面での最終的な集束ビーム径は10 nm以下になる．FIBの鏡筒は，SEMの基本概念に近く，レンズ，開口，ビームを水平走査する走査コイルからなる．FIBで断面を作製するには，Gaビームの走査で表面から遊離した低エネルギー電子をとらえ，所望の領域の画像をみる．解析作業で最も一般的なFIBの用途は，光学顕微鏡または電子顕微鏡で観察するための断面の作製である．1本の線にそうか水平走査パターンの狭い領域に絞ってくり返しビームを動かせば，FIBで酸化膜層や窒化膜層はもとより，金属からポリシリコン配線まで，周辺にほとんどダメージを与えることなく切断できる．ふつうははじめに太い高電流ビームで荒削りしておき，仕上げに細く絞った低電流ビームをつかう．**図12.29**の垂直に自立した薄膜は作製に20分かかるが，FIBの威力がよくわかる．

12.5.11 ノイズ法

ノイズ法は他の方法と違い，議論もとり扱いもほとんどなされていない評価手法である．ここでは主なノイズ源とそれらをどう半導体の評価につかうかを簡単に述べる．デバイスが劣化していくとノイズは増える．Wong[95]およびClaeys, Mercha, and Simoen[96]による解説論文はノイズ理論と測定の現

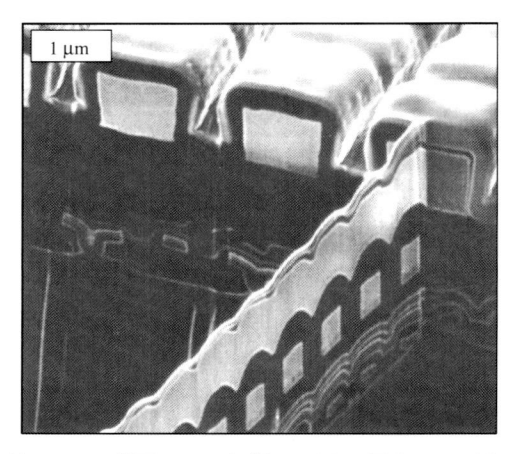

図12.29 FIBで作製したTEM断面．FIBで切削したあと，厚さ100 nm以下の壁が自立している．H-L Tsai（Texas Instruments Inc.）の厚意による．

状についての総説である．草創期のノイズ問題は，ノイズ専門家の草分けであるZiel[97)]やRobinson[98)]，あるいはMotchenbacher and Fitchen[99)]の本で扱われている．ギガヘルツまでの高周波領域では，**熱ノイズ**と**ショットノイズ**が支配的である．これらのノイズはいずれも自然の基本的性質であり，これらがノイズの下限である．低周波領域では，$1/f^n$のnが1に近い周波数特性を示す**フリッカノイズ**あるいは**1/fノイズ**が支配的である．**生成―再結合**（G – R）ノイズもこの領域で発生する．このノイズは$f < f_c$（特性周波数）では平坦な一定値で，f_cを超えると$1/f^2$にしたがって落ちていくローレンツ型のスペクトルが特徴である．本質的な熱ノイズやショットノイズとは異なり，1/fノイズとG – Rノイズは材料と半導体プロセスに依存するので，故障解析に応用できる．

熱ノイズ：最初にみつかったノイズの1つで，1906年にEinsteinが電荷のキャリアのBrown運動を提唱したときに予言した，熱平衡にある抵抗の両端の電位がゆらぐ現象である[100)]．このノイズは**熱ノイズ**，**ジョンソンノイズ**，あるいは**白色ノイズ**として知られ，Johnson[101)]によって初めて測定され，ノイズパワーはNyquist[102)]が計算した．ノイズ電圧の2乗平均値は

$$\overline{v_n^2} = \frac{4kTR\,\Delta f}{1 + (\omega\tau)^2} \approx 4kTR\,\Delta f \tag{12.31}$$

ここでΔfは測定系の帯域幅，τはキャリアの散乱時間（～ピコ秒）である．現実の周波数では分母の第2項は無視でき，熱ノイズのパワーは周波数によらない．熱ノイズはほとんどすべての電子系に存在し，基本的な性質であることから，しばしば他のタイプのノイズの引き合いに出される．ノイズをパワースペクトル密度

$$S_v = 4kTR \quad [\mathrm{V^2/Hz}] \tag{12.32}$$

で表すこともある．

熱ノイズは抵抗Rが正確にわかっていれば温度測定につかえる[103)]．必要なのは低ノイズアンプ，スペクトルアナライザ，そして少なくとも4端子を備えた専用のテストストラクチャだけである[96)]．

ショットノイズ：ショットノイズは2つ目の基本的ノイズ源で，電荷輸送の不連続性からくる．pn接合やショットキー・ダイオードなど障壁のあるデバイスにみられ，真空管のノイズのうち，このタイプのノイズをSchottkyが説明した[104)]．ノイズ電流の2乗平均値は

$$\overline{i_n^2} = 2qI_{dc}\Delta f \tag{12.33}$$

で与えられる。ここで，I_{dc} はデバイスを流れる直流電流である。

古典的となったSchottkyの論文では，二極真空管のプレート電流が連続ではなく，ランダムな時間間隔でプレートに到達する電子によって運ばれた電荷の不連続な加算の結果であるとしてこの式を得ている。電荷がプレートに到着する平均レートは，不連続に到着する電荷によってゆらいでいるプレート電流の直流成分に等しい。Schottkyはこの現象を"Schrot Effekt"あるいは"ショット効果"と呼んだ。

生成—再結合ノイズ：生成—再結合ノイズは電子と正孔の生成と再結合によって発生する。このタイプのノイズの周波数依存性はキャリアの寿命 τ で決まる。電流ノイズのスペクトル密度は

$$S_i = \frac{KI^2\tau}{1+(\omega\tau)^2} \tag{12.34}$$

で与えられる。ここで K はトラップ密度で決まる定数，I はデバイスを流れる電流，τ はトラップによるキャリアの放出と捕獲で決まるトラップ時定数である。生成—再結合ノイズは確立されたモデルと理論とによって明確に定義されている。

低周波ノイズあるいはフリッカノイズ：ノイズスペクトルの低周波数領域で支配的な**低周波ノイズあるいはフリッカノイズ**は，80年ほど前に真空管で観測された[105]。この名はプレート電流にみられる異常な"ちらつき（フリッカ）"からきている。フリッカノイズはノイズスペクトルが $1/f^n$ にしたがって変化し，指数 n は1に近いのでよく $1/f$ ノイズと呼ばれる。$1/f$ のベキ乗則にしたがうゆらぎは均質な半導体，接合デバイス，金属薄膜，液体金属，電解液，超伝導ジョセフソン接合などの電子材料とデバイス，さらには機械的，生体的，地学的，また音楽的な系にもみられる。フリッカノイズの説明には2つの競合するモデルが提案されていた。McWhorterの数のゆらぎ理論[106]とHoogeの移動度ゆらぎの理論[107]で，いずれも実験的証拠があった。MOSFETにMcWhorterの理論を最初に適用したのはChristenssonら[108]で，チャネルから酸化膜中のトラップへキャリアがトンネルするには不可避な時定数があると仮定した。バーストノイズあるいはランダムテレグラフノイズともいわれる**ポップコーンノイズ**は，チャネルでキャリアが捕獲・放出され，チャネル電流が不連続に変調されるものである[109]。

MOSFETの電流は移動度 μ とキャリアの密度あるいは数 N との積に比例する。電荷輸送における低い周波数のゆらぎはこれらのパラメータが確率的に変化するために，互いに独立（無相関）であったり，従属（相関）であったりする。ほとんどの場合，電流，つまり積 $\mu \times N$ のゆらぎが観測されるが，キャリアの移動度と数の寄与は切り分けられないので，$1/f$ ノイズの起源の特定が困難になっている。

電圧ノイズのスペクトル密度は[110]

$$S_v(f) = \frac{q^2kT\lambda}{\alpha WLC_{ox}^2 f}(1+\sigma\mu_{eff}N_s)^2 N_{ot} \tag{12.35}$$

で，λ はトンネルパラメータ，μ_{eff} はキャリアの有効移動度，σ はクーロン散乱パラメータ，N_s はチャネルのキャリア密度，C_{ox} は単位面積当りのゲート酸化膜容量，WL はゲート面積，N_{ot} は界面近傍の酸化膜のトラップ密度（cm^{-3}eV^{-1}）である。弱反転状態のチャネルのキャリア密度 N_s はかなり低く（$10^7 \sim 10^{11}$cm^{-2}），移動度のゆらぎの寄与を表す括弧内の第2項は無視できる。

自由キャリアはあるトンネル時定数で酸化膜中のトラップへトンネルし，トンネル時定数は界面からの距離 x によると仮定すると，トンネルパラメータと時定数は[111]

$$\lambda = \frac{\hbar}{\sqrt{8m_t\Phi_B}} \quad ; \quad \tau_T = \frac{\exp(x/\lambda)}{\sigma_p v_{th} p_{os}} \tag{12.36}$$

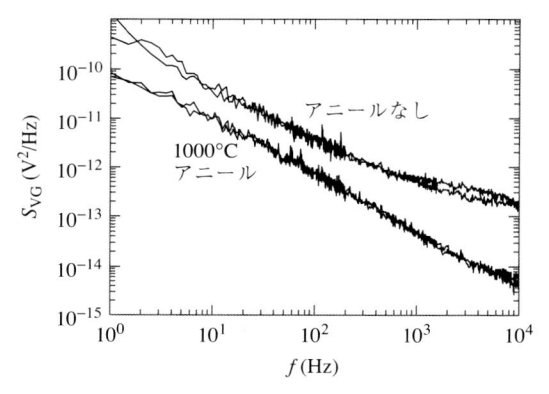

図12.30 アニール前後の低周波ノイズ．$W/L=10\,\mu\text{m}/0.8\,\mu\text{m}$, $t_{ox}=3.3\,\text{nm}$, $V_G-V_T=-1.05\,\text{V}$, $V_D=-0.005\,\text{V}$．IEEE（©2004, IEEE）の承諾により文献112より再掲．

となる．ここでm_tは酸化膜中のトンネル電子の有効質量，Φ_Bは酸化膜と半導体の間の障壁高さ，σ_pは正孔の捕獲断面積，p_{os}はソース近傍の表面正孔密度，τ_Tは酸化膜中のトラップにキャリアがトンネルするのに要する時間を表す．λはおよそ$5\times10^{-9}\,\text{cm}$なので，半導体と酸化膜との界面からある程度の距離にあるトラップへのトンネル時間は明らかにとても長くなる．例として，半導体の界面から1 nmにあるトラップで，$\sigma_p=10^{-15}\,\text{cm}^2$, $v_{th}=10^7\,\text{cm/s}$, $p_{os}=10^{17}\,\text{cm}^{-3}$とすると，$\tau_T\approx0.5\,\text{s}$あるいは$f=1/2\pi\tau_T\approx0.3\,\text{Hz}$になる．このようなトラップが酸化膜中に分散していれば周波数は広い範囲におよぶので，$1/f$依存性を説明できる．$1/f$ノイズは界面トラップ密度に関係しているので，基板の方位にも敏感である．**図12.30**はアニール前後の低周波ノイズの例で，アニールで界面トラップ密度が下がり低周波ノイズが減っている[112]．

MOSFETの深い準位の研究にもノイズスペクトル分析法がつかわれている[113]．ノイズによる方法の主な利点は，容量をつかった標準的なDLTS法では不可能な微小領域にも適用できることにある．低周波ノイズ法は故障解析の評価手法の1つになっている[114]．

12.6 強みと弱み

エレクトロマイグレーション：エレクトロマイグレーションの測定は，どれも実際の集積回路の動作条件ではないが，ストレスをやや過剰にする従来の測定法は長年つかわれており，広く支持されていることに強みがある．確立されたモデルに基づいて，故障データを通常の動作条件まで外挿する．この方法の弱点は，測定に時間がかかること，および過剰な電流および温度で故障を引き起こすメカニズムが通常の電流，電圧および温度でも通用するのか不確定な点である．SWEATのようなテストストラクチャをつかって短時間で測定すれば，製品の評価に役立つ．ただし，従来のICの動作にはない故障モードになる可能性もある．

ホットキャリア：ホットキャリアは強電場領域でなだれ増殖し，界面トラップを生成する．なだれによって発生した電流はn-MOSFETなら基板電流に，p-MOSFETならゲート電流に現れる．界面トラップ密度は直接的にはたとえばチャージポンピング法で，間接的にはしきい値電圧の変化，相互コンダクタンスの変化，あるいはドレイン電流の変化から知ることができる．信頼できる結果を与える最もシンプルな方法を選ぶなら，基板電流かゲート電流を測定すればよい．

酸化膜の完全性：酸化膜はふつうゲート電圧またはゲート電流を一定か，あるいは増加させていき，破壊までの電荷あるいは時間で評価する．定電流ストレスで定まるQ_{BD}はデバイスの物理をよく反映しており，ゲート電圧一定で定まるt_{BD}はほとんどの酸化膜でつかわれている．ゲート電流を一定にす

ると破壊までの電荷は$Q_{BD} = J_G t_{BD}$という簡単な積になるという長所があるが，電流を均等に与えるのは難しいので，ほとんどのデバイスではゲートを定電流ではなく定電圧の条件で動作させる．薄い酸化膜では破壊直前のゲートリーク電流があまりにも大きいので，明確な破壊はわからない．

NBTI：NBTIはほとんどの場合，しきい値電圧，相互コンダクタンス，界面トラップ密度，およびドレイン電流を測定して評価する．

ESD：ESDは故障解析手法ではない．ESDの評価には本章で扱ったようないろいろな手法がつかわれる．ESDを低減するには電流を迂回させるようなデバイスで，回路内のデバイスを保護する．

I_{DDQ}：**利点**：回路短絡の検出に向いており，ICの供給電流をモニタするだけなので簡単に実施できる．**弱点**：故障部位の特定はできない．断線の検知も難しい．

放射顕微鏡法：**利点**：一度にチップ全体がみえ，開封以外は加工不要．機能故障が出力に反映されていなくてもよい．ピコ秒イメージング回路解析（PICA）ができれば，ICのスイッチング特性を追跡して，回路故障を解析できる．**弱点**：ICをバイアスしてオン・オフしなければならない．オーム性の欠陥は光らない．透明な層は発光しない．発光部は欠陥部位でないこともある．チップ裏面からの像では，サンプル加工の問題，基板研磨が特性に与える影響，Siの赤外線フィルタ作用による発光部位検出の帯域制限，ドーパントによる赤外線の散乱による感度低下，赤外領域におけるCCDシステムの低量子効率などの問題がある．

電圧コントラスト法：**利点**：IC内部の空間的および時間的な電圧を非接触で決定できる．細い電子ビームでICのほとんどの配線をプローブすることができる．**弱点**：目的の配線が他の配線層の下に埋まっていると難しい．

液晶：**利点**：コストがかからず，簡便である．熱分解能および空間分解能がよく，その場で熱あるいは電圧のコントラスト像を解析するのに向いている．**弱点**：プローブやボンディングワイヤの周りも熱くなり，ホットスポットの同定が困難になる．基板裏面からの解析では熱分解能が劣る．液晶がある表面から欠陥までの層数によって空間分解能や感度が制限される．相が変化する遷移温度がある．複数のホットスポットの中で熱いスポットの温度勾配が拡がっていると，識別が困難になる．

蛍光マイクロサーモグラフィ：**利点**：熱分解能および空間分解能が高い．**弱点**：定量的な温度測定には薄膜の較正が必要．

赤外線サーモグラフィ：**利点**：表からでも裏面からでも熱励起なしで，パッシブに温度分布像が得られる．**弱点**：定量化には較正が必要だが，一般に放射率はわかっていないことが多い．

OBIRCH：**利点**：高分解能な故障解析につかえる感度のよい方法．OBIRCHがだめならEMMIでいけることが多い．これら2つは補完しあっている．**弱点**：多層配線のチップにはつかえない．裏面からなら基板を150～200 μmまで薄くしないといけない．

ノイズ：**利点**：低周波ノイズや生成―再結合ノイズのようなノイズ測定は，表面準位，界面トラップ，バルクトラップなどに敏感である．ノイズ測定は単なる診断ツールとしてだけでなく回路内のデバイス性能についての知見を与えてくれる．ノイズはテストストラクチャではなく実デバイスを測定する．**弱点**：電流―電圧測定のようなふつうの装置ではなく特殊な設備が必要で，測定そのものも難しい．

補遺12.1　ゲート電流

図12.10のバンド図を考えよう．電子は$V_{ox} > \phi_B$のとき，FNトンネルで三角形のポテンシャル障壁を透過する．直接トンネルでは酸化膜の厚さ全部を透過する．FNトンネルと直接トンネルの境となる電圧は$V_{ox} = \phi_B$で，SiO_2/Si系ならおよそ3.2 eVである．

n^+ポリ$Si/SiO_2/p$型基板のゲート電圧は

$$V_G = V_{FB} + \phi_{s,G} + \phi_{s,sub} + V_{ox}; \quad V_{FB} = \phi_{MS} - \frac{Q_{ox}}{C_{ox}}; \quad \phi_{MS} = -\frac{E_G}{2q} - \phi_{F,sub} \quad (A12.1)$$

で，ϕ_{MS} は金属—半導体の仕事関数の電位差である．酸化膜の電荷密度が $Q_{ox}/q \leq 10^{11}\,\mathrm{cm}^{-2}$ のオーダーで，厚さが $t_{ox} \leq 10\,\mathrm{nm}$ とすると，Q_{ox}/C_{ox} の項は無視できる．表面電位はゲート電圧の極性だけでなく，基板とゲートの種類および（p 型か n 型の）ドーピング密度に依存する．ポリSiゲートの電場は

$$\mathscr{E}_{s,G} = \frac{Q_G}{K_s \varepsilon_0} = \frac{qN_G W_G}{K_s \varepsilon_0} = \sqrt{\frac{2qN_G \phi_{s,G}}{K_s \varepsilon_0}} \tag{A12.2}$$

となり，N_G はポリSiゲートのドーピング密度，W_G はゲートの空間電荷領域の幅である．ここでは量子効果などは無視して骨子となるシンプルなアプローチをとる．

$$\mathscr{E}_{ox} = \frac{K_s}{K_{ox}} \mathscr{E}_{s,G} \;;\; V_{ox} = \mathscr{E}_{ox} t_{ox} \tag{A12.3}$$

より $\mathscr{E}_{ox}$ は

$$\mathscr{E}_{ox} = \frac{qK_s \varepsilon_0 N_G}{(K_{ox}\varepsilon_0)^2}\left[\sqrt{t_{ox}^2 + \frac{2(K_{ox}\varepsilon_0)^2}{qK_s \varepsilon_0 N_G}(V_G - V_{FB} - \phi_{s,sub})} - t_{ox}\right] \tag{A12.4}$$

と書ける．ここで $\phi_{s,sub} \approx 2\phi_F$ である．

図12.10の構造で $+V_G$ のとき，p 型基板と n^+ ゲートはともに空乏化し，反転している．酸化膜の電場が 5×10^6 から $5 \times 10^7\,\mathrm{V/cm}$ の範囲で基板から電子がトンネルするには，基板は強く，ゲートは弱く反転し，

$$\phi_s \approx 2\phi_{F,sub} + 2\phi_{F,gate} \approx 2\phi_{F,sub} + \frac{E_G}{2q}$$
$$\rightarrow \quad V_G(inv) = V_{ox} - \frac{E_G}{2q} + 2\phi_{F,sub} + \frac{E_G}{2q} \approx V_{ox} + \phi_{F,sub} \tag{A12.5}$$

となる．$-V_G$ のときはゲートも基板も蓄積状態で，

$$\phi_s \approx -\phi_{s,sub} - \phi_{s,gate}$$
$$\rightarrow \quad V_G(acc) = -V_{ox} - \frac{E_G}{2q} - \phi_{F,sub} - \phi_{s,sub} - \phi_{s,gate} \approx -V_{ox} - \frac{E_G}{2q} \tag{A12.6}$$

である．

FN電流密度は[38]

$$J_{FN} = A\mathscr{E}_{ox}^2 \exp\left(-\frac{B}{\mathscr{E}_{ox}}\right) \tag{A12.7}$$

で，A と B は m_{ox} を酸化膜中の電子の有効質量，m を自由電子の質量，$\Phi_B(\mathrm{eV})$ をSiと酸化膜の界面の障壁高さとして

$$A = \frac{q^3}{8\pi h \Phi_B}\left(\frac{m}{m_{ox}}\right) = 1.54 \times 10^{-6}\left(\frac{m}{m_{ox}}\right)\frac{1}{\Phi_B} \quad [\mathrm{A/V^2}]$$

$$B = \frac{8\pi\sqrt{2m_{ox}\Phi_B^3}}{3qh} = 6.83 \times 10^7 \sqrt{\frac{m_{ox}\Phi_B^3}{m}} \quad [\mathrm{V/cm}] \tag{A12.8}$$

で与えられる．Φ_B は障壁の低下と半導体表面での量子化を考慮した有効障壁高さで，厳密には一定でない．

FNの式の導出では，電子を放出する電極の電子は自由フェルミ気体で記述され，酸化膜中の電子の有効質量 m_{ox} は一意であり，界面に対して垂直な運動量成分だけからトンネル確率が導かれると仮定し

ている。

式（A12.7）を整理すると

$$\ln\left(\frac{I_{FN}}{A_G \mathscr{E}_{ox}^2}\right) = \ln\left(\frac{J_{FN}}{\mathscr{E}_{ox}^2}\right) = \ln A - \frac{B}{\mathscr{E}_{ox}} \tag{A12.9}$$

となる。酸化膜の伝導がファウラー——ノードハイム伝導だけであれば，**ファウラー——ノードハイムプロット**として知られる$\ln(J_{FN}/\mathscr{E}_{ox}^2) - 1/\mathscr{E}_{ox}$プロットが直線になる。この直線の切片が$A$，傾きが$B$になる。

薄い酸化膜のトンネル電流には電子の量子干渉による微小振動成分が含まれている。この振動成分は酸化膜の厚さに強く依存するので，これをつかって酸化膜の厚さを精度よく測定できる可能性がある[115]。

直接トンネルでは図12.10のように電子は酸化膜の全厚さを透過する。その電流の表式の導出は難度が高く，いくつかの種類が発表されている[39]。ここでは比較的シンプルでBSIMモデルでもつかわれる経験的な式[40]

$$J_{dir} = \frac{AV_G}{t_{ox}^2} \frac{kT}{q} C \exp\left\{ -\frac{B[1 - (1 - qV_{ox}/\Phi_B)^{1.5}]}{\mathscr{E}_{ox}} \right\} \tag{A12.10}$$

を示しておこう。式（A12.10）で，

$$C = N \exp\left[\frac{20}{\Phi_B}\left(1 - \frac{qV_{ox}}{\Phi_B}\right)^{\alpha+1} \right] \tag{A12.11}$$

である。ここでSiO_2/Si系なら$\alpha = 0.6$である。

$$N = n_{inv}\left\{ \ln\left[1 + \exp\left(\frac{V_{G,eff} - V_T}{n_{inv}kT/q}\right)\right] + \ln\left[1 + \exp\left(\frac{V_G - V_{FB}}{kT/q}\right)\right] \right\} \tag{A12.12}$$

は反転層または蓄積層のキャリア密度である。Sをしきい値電圧以下でドレイン電流を1桁増加させるのに必要なゲート電圧の振れ量（sub-threshold swing）とすれば，$n_{inv} = qS/kT$（代表的な値は1.2〜1.5，n型MOSFETなら$n_{inv} > 0$，p-MOSFETなら$n_{inv} < 0$）である。

$$V_{G,eff} = V_{FB} + 2\phi_F + \frac{\gamma_{Gate}^2}{2}\left(\sqrt{1 + \frac{4(V_G - V_{FB} - 2\phi_F)}{\gamma_{Gate}^2}} - 1 \right) ;$$

$$\gamma_{Gate} = \frac{\sqrt{2qK_s\varepsilon_0 N_{Gate}}}{C_{ox}} \tag{A12.13}$$

はポリSiゲートの空乏化を含めた有効ゲート電位である。また

$$V_{ox} = V_{G,eff} - \left[\frac{\gamma}{2}\left(\sqrt{1 + \frac{4(V_G - V_{G,eff} - V_{FB})}{\gamma^2}} - 1 \right) \right]^2 - V_{FB} ;$$

$$\gamma = \frac{\sqrt{2qK_s\varepsilon_0 N_A}}{C_{ox}} \tag{A12.14}$$

である。電子のトンネル電流と正孔のトンネル電流のいずれを計算するかによって，上の式のΦ_Bは電子か正孔のいずれかに対する障壁高さになる。

文　　献

1) M. Ohring, Reliability and Failure of Electronic Materials and Devices, Academic Press, San Diego (1998)
2) G. Di Giacomo, Reliability of Electronic Packages and Semiconductor Devices, McGraw-Hill, New York (1997)
3) L.C. Wagner, Failure Analysis of Integrated Circuits: Tools and Techniques, Kluwer, Boston (1999)
4) A. Martin and R-P Vollertsen, *Microelectron. Reliab.*, **44**, 1209-1231, Aug. (2004)
5) W. Muth, A. Martin, J. von Hagen, D. Smeets, and J. Fazekas, *IEEE Int. Conf. Microelectron. Test Struct.*, 155-160 (2003)
6) F.R. Nash, Estimating Device Reliability: Assessment of Credibility, Kluwer, Boston (1993)
7) D.R. Wolters and J.J. van der Schoot, *Phil. Res. Rep.*, **40**, 115-192 (1985)
8) W. Weibull, *J. Appl. Mech.*, **18**, 293-297, Sept. (1951)
9) W.J. Bertram, in VLSI Technology, 2nd ed. (S.M. Sze, ed.), McGraw-Hill, New York (1988)
10) S. Kilgore, Freescale Semiconductor, 私信
11) T. Kwok and P.S. Ho, in Diffusion Phenomena in Thin Films and Microelectronic Materials (D. Gupta and P.S. Ho, eds.), Noyes Publ., Park Ridge, NJ (1988)
12) H.B. Huntington and A.R. Grone, *J. Phys. Chem. Sol.*, **20**, 76-87, Jan. (1961)
13) A. Scorzoni, B. Neri, C. Caprile, and F. Fantini, *Mat. Sci. Rep.*, **7**, 143-220, Dec. (1991)
14) F.M. d'Heurle and I. Ames, *Appl. Phys. Lett.*, **16**, 80-81, Jan. (1970)
15) J. Tao, N.W. Cheung, and C. Hu, *IEEE Electron Dev. Lett.*, **14**, 554-556, Dec. (1993)
16) I. Ames, F.M. d'Heurle, and R.E. Horstmann, *IBM J. Res. Dev.*, **14**, 461-463, July (1970)
17) S.P. Murarka and S.W. Hymes, *Crit. Rev. Solid State Mat. Sci.*, **20**, 87-124, Jan. (1995)
18) I. Blech, *J. Appl. Phys.*, **47**, 1203-1208, April (1976)
19) J.R. Black, *Proc. IEEE*, **57**, 1587-1594, Sept. (1969)
20) ASTM Standard F1259-89, *1996 Annual Book of ASTM Standards*, Am. Soc. Test. Mat., West Conshohocken, PA (1996)
21) H.A. Schafft and J.S. Suehle, *Solid-State Electron.*, **35**, 403-410, March (1992); H.A. Schafft, T.C. Staton, J. Mandel, and J.D. Shott, *IEEE Trans. Electron Dev.*, **ED-34**, 673-681, March (1987)
22) ASTM Standard F1260-89, *1996 Annual Book of ASTM Standards*, Am. Soc. Test. Mat., West Conshohocken, PA (1996)
23) C.V. Thompson and J. Cho, *IEEE Electron Dev. Lett.*, **EDL-7**, 667-668, Dec. (1986)
24) C-U Kim, N.L. Michael, Q.-T. Jiang, and R. Augur, *Rev. Sci. Instrum.*, **72**, 3962-3967, Oct. (2001)
25) B. Neri, A. Diligenti, and P.E. Bagnoli, *IEEE Trans. Electron Dev.*, **ED-34**, 2317-2322, Nov. (1987)
26) B.J. Root and T. Turner, *IEEE Int. Reliability Phys. Symp.*, 100-107, IEEE, New York (1985)
27) A. Zitzelsberger, A. Pietsch, and J. von Hagen, *IEEE Int. Integr. Reliab. Workshop Final Rep.*, 57-60 (2000)
28) J. von Hagen, R. Bauer, S. Penka, A. Pietsch, W. Walter, and A. Zitzelsberger, *IEEE Int. Integr. Reliab. Workshop Final Rep.*, 41-44 (2002)
29) A.S. Oates, in Diagnostic Techniques for Semiconductor Materials and Devices (D.K. Schroder, J.L. Benton, and P. Rai-Choudhury, eds.), 178-192, Electrochem. Soc., Pennington, NJ (1994)
30) K.N. Tu, *J. Appl. Phys.*, **94**, 5451-5473, Nov. (2003)
31) E. Takeda, C.Y. Yang, and A. Miura-Hamada, Hot Carrier Effects in MOS Devices, Academic Press, San Diego (1995); A. Acovic, G. La Rosa, and Y.C. Sun, *Microelectron. Reliab.*, **36**, 845-869, July/Aug. (1996)

32) W.H. Chang, B. Davari, M.R. Wordeman, Y. Taur, C.C.H. Hsu, and M.D. Rodriguez, *IEEE Trans. Electron Dev.*, **39**, 959-966, April (1992).

33) J.T. Yue, in ULSI Technology (C.Y. Chang and S.M. Sze, eds.), Ch. 12, McGraw-Hill, New York (1996).

34) E. Li, E. Rosenbaum, J. Tao, and P. Fang, *IEEE Trans. Electron Dev.*, **48**, 671-678, April (2001); K. Cheng and J.W. Lyding, *IEEE Electron Dev. Lett.*, **24**, 655-657, Oct. (2003).

35) H.C. Shin and C.M. Hu, *IEEE Electron Dev. Lett.*, **13**, 600-602, Dec. (1992); K. Eriguchi, Y. Uraoka, H. Nakagawa, T. Tamaki, M. Kubota, and N. Nomura, *Japan. J. Appl. Phys.*, **33**, 83-87, Jan. (1994).

36) J. Shideler, S. Reno, R. Bammi, C. Messick, A. Cowley, and W. Lukas, *Semicond. Int.*, **18**, 153-158, July (1995); W. Lukaszek, *Solid State Technol.*, **41**, 101-112, June (1998).

37) E.Y. Wu, J. Suné, W. Lai, A. Vayshenker, E. Nowak, and D. Harmon, *Microelectron. Reliab.*, **43**, 1175-1184, Sept./Nov. (2003).

38) R.H. Fowler and L.W. Nordheim, *Proc. Royal Soc. Lond. A*, **119**, 173-181 (1928); M. Lenzlinger and E.H. Snow, *J. Appl. Phys.*, **40**, 278-283, Jan. (1969); Z. Weinberg, *J. Appl. Phys.*, **53**, 5052-5056, July (1982).

39) たとえば, M. Depas, B. Vermeire, P.W. Mertens, R.L. Van Meirhaeghe, and M.M. Heyns, *Solid-State Electron.*, **38**, 1465-1471, Aug. (1995); N. Matsuo, Y. Takami, and Y. Kitagawa, *Solid-State Electron.*, **46**, 577-579, April (2002); N. Matsuo, Y. Takami, and H. Kihara, *Solid-State Electron.*, **47**, 161-163, Jan. (2003); B. Govoreanu, P. Blomme, K. Henson, J. Van Houdt, and K. De Meyer, *Solid-State Electron.*, **48**, 617-625, April (2004) を参照.

40) Y-C Yeo, T-J King and C.M. Hu, *IEEE Trans. Electron Dev.*, **50**, 1027-1035, April (2003).

41) N.S. Saks, P.L. Heremans, L. van den Hove, H.E. Maes, R.F. De Keersmaecker, and G.J. Declerck, *IEEE Trans. Electron Dev.*, **ED-33**, 1529-1534, Oct. (1986); B. Fishbein, D. Krakauer, and B. Doyle, *IEEE Electron Dev. Lett.*, **12**, 713-715, Dec. (1991); B. De Salvo, G. Ghibaudo, G. Pananakakis, and B. Guillaumot, *J. Non-Cryst. Sol.*, **245**, 104-109, April (1999).

42) A. Berman, *IEEE Int. Reliability Phys. Symp.*, 204-209, IEEE, New York (1981).

43) K. Yoneda, K. Okuma, K. Hagiwara, and Y. Todokoro, *J. Electrochem. Soc.*, **142**, 596-600, Feb. (1995).

44) P.A. Heimann, *IEEE Trans. Electron Dev.*, **ED-30**, 1366-1368, Oct. (1983); E.A. Sprangle, J.M. Andrews, and M.C. Peckerar, *J. Electrochem. Soc.*, **139**, 2617-2620, Sept. (1992).

45) R. Degraeve, G. Groeseneken, R. Bellens, M. Depas, and H.E. Maes, *IEEE IEDM Tech. Digest*, 863-866 (1995).

46) C.M. Hu, *Microelectron. Reliab.*, **36**, 1611-1617, Nov./Dec. (1996).

47) W. Kern, R.B. Comizzoli, and G.L. Schnable, *RCA Rev.*, **43**, 310-338, June (1982).

48) M. Itsumi, H. Akiya, M. Tomita, T. Ueki, and M. Yamawaki, *J. Electrochem. Soc.*, **144**, 600-605, Feb. (1997).

49) D.R. Wolters and J.F. Verwey, in Instabilities in Silicon Devices (B. Barbottin and A. Vapaille, eds.), Vol. 1, 315-362, North-Holland, Amsterdam (1986); D.R. Wolters, in Insulating Films on Semiconductors, (M. Schulz and G. Pensl, eds.), 180-194, Springer Verlag, Berlin (1981).

50) D.R. Wolters and J.J. van der Schoot, *Phil. J. Res.*, **40**, 115-192 (1985).

51) J.H. Stathis, *IBMJ. Res. Dev.*, **46**, 265-286, March/May (2002).

52) J.H. Stathis, *J. Appl. Phys.*, **86**, 5757-5766, Nov. (1999).

53) B.E. Deal, M. Skiar, A.S. Grove, and E.H. Snow, *J. Electrochem. Soc.*, **114**, 266-274, March (1967); A. Goetzberger, A.D. Lopez, and R.J. Strain, *J. Electrochem. Soc.*, **120**, 90-96, Jan. (1973).

54) D.K. Schroder and J.A. Babcock, *J. Appl. Phys.*, **94**, 1–18, July (2003)
55) M. Makabe, T. Kubota, and T. Kitano, *IEEE Int. Reliability Phys. Symp.*, **38**, 205–209 (2000)
56) K. Onishi, C.S. Kang, R. Choi, H.J. Cho, S. Gopalan, R. Nieh, E. Dharmarajan, and J.C. Lee, *IEEE IEDM Tech. Digest*, 659–662 (2001)
57) N. Kimizuka, K. Yamaguchi, K. Imai, T. Iizuka, C.T. Liu, R.C. Keller, and T. Horiuchi, *IEEE VLSI Symp.*, 92–93 (2000)
58) J. Maserijian and N. Zamani, *J. Appl. Phys.*, **53**, 559–567, Jan. (1982)
59) D.J. DiMaria and E. Cartier, *J. Appl. Phys.*, **78**, 3883–3894, Sept. (1995)
60) A. Amerasekera and C. Duvvury, ESD in Silicon Integrated Circuits, Wiley, Chichester (1995)
61) J. Colvin, *Microelectron. Reliab.*, **38**, 1705–1714, Nov. (1998)
62) A.J. Walker, K.Y. Le, J. Shearer, and M. Mahajani, *IEEE Trans. Electron Dev.*, **50**, 1617–1622, July (2003)
63) R. Rajsuman, *Proc. IEEE*, **88**, 544–566, April (2000)
64) M. Rasras, I. De Wolf, H. Bender, G. Groeseneken, H.E. Maes, S. Vanhaeverbeke, and P. De Pauw, *Microelectron. Reliab.*, **38**, 877–882, June/Aug. (1998)
65) S. Ito and H. Monma, *Microelectron. Reliab.*, **38**, 993–996, June/Aug. (1998)
66) E. Sabin, *IEEE Int. Reliability Phys. Symp.*, **34**, 355–359 (1996)
67) K.M. Wallquist, in S. Chakravarty and P.J. Thadikaran, Introduction to I_{DDQ} Testing, Kluwer, Boston (1997)
68) T. Schweinböck, S. Schömann, D. Alvarez, M. Buzzo, W. Frammelsberger, P. Breitschopf, and G. Benstetter, *Microelectron. Reliab.*, **44**, 1541–1546, Sept./Nov. (2004); G. Benstetter, P. Breitschopf, W. Frammelsberger, H. Ranzinger, P. Reislhuber, and T. Schweinböck, *Microelectron. Reliab.*, **44**, 1615–1619, Sept./Nov. (2004)
69) N. Khurana and C.L. Chiang, *IEEE Proc. 25th Int. Reliability Phys. Symp.*, 72–76, San Diego (1987); J. Kölzer, C. Boit, A. Dallmann, G. Deboy, J. Otto, and D. Weinmann, *J. Appl. Phys.*, **71**, R23–R41, June (1992); C. Leroux and D. Blachier, *Microelectron. Eng.*, **49**, 169–180, Nov. (1999)
70) C.G.C. de Kort, *Philips J. Res.*, **44**, 295–327 (1989); F. Stellari, P. Song, M.K. McManus, A.J. Weger, R. Gauthier, K.V. Chatty, M. Muhammad, P. Sanda, P. Wu, and S. Wilson, *Microelectron. Reliab.*, **43**, 1603–1608, Sept./Nov. (2003)
71) T. Kessler, F.W. Wulfert, and T. Adams, *Semicond. Int.*, **23**, 313–316, July (2000)
72) L. Liebert, *Microelectron. Reliab.*, **41**, 1193–1201, Aug. (2001)
73) F. Beaudoin, J. Lopez, M. Faucon, R. Desplats, and P. Perdu, *Microelectron. Reliab.*, **44**, 1605–1609, Sept./Nov. (2004)
74) M. Rasras, I. De Wolf, H. Bender, G. Groeseneken, H.E. Maes, S. Vanhaeverbeke, and P. De Pauw, *Microelectron. Reliab.*, **38**, 877–882, June/Aug. (1998); I. De Wolf and M. Rasras, *Microelectron. Reliab.*, **41**, 1161–1169, Aug. (2001)
75) G. Romano and M. Sampietro, *IEEE Trans. Electron Dev.*, **44**, 910–912, May (1997)
76) J.C. Tsang and J.A. Kash, *Appl. Phys. Lett.*, **70**, 889–891, Feb. (1997); J.A. Kash and J.C. Tsang, *IEEE Electron Dev. Lett.*, **18**, 330–332, July (1997)
77) J.C. Tsang, J.A. Kash, and D.P. Vallett, *Proc. IEEE*, **88**, 1440–1459, Sept. (2000); F. Stellari, P. Song, J.C. Tsang, M.K. McManus, and M.B. Ketchen, *IEEE Trans. Electron Dev.*, **51**, 1455–1462, Sept. (2004)
78) P. Kolodner and J.A. Tyson, *Appl. Phys. Lett.*, **40**, 782–784, May (1982)
79) C. Herzum, C. Boit, J. Kölzer, J. Otto, and R. Weiland, *Microelectron. J.*, **29**, 163–170, April/May (1998)

80) J. Kölzer, E. Oesterschulze, and G. Deboy, *Microelectron. Eng.*, **31**, 251-270, Feb. (1996)
81) G. Busse, D. Wu, and W. Karpen, *J. Appl. Phys.*, **71**, 3962-3965, April (1992)
82) J.T.L. Thong, Electron Beam Testing, Plenum Press, New York (1993)
83) M. Vallet and P. Sardin, *Microelectron. Eng.*, **49**, 157-167, Nov. (1999)
84) H.K. Heinrich, *IBM J. Res. Dev.*, **34**, 162-172, March/May (1990)
85) M. Paniccia, R.M. Rao, and W.M. Yee, *J. Vac. Sci. Technol.*, **B16**, 3625-3630, Nov./Dec. (1998)
86) J.M. Keen, *Electron. Lett.*, **7**, 432-433, July (1971)
87) C.E. Stephens and I.N. Sinnadurai, *J. Phys. E*, **7**, 641-643, Aug. (1974); D.J. Channin, *IEEE Trans. Electron Dev.*, **21**, 650-652, Oct. (1974)
88) J. Hiatt, *IEEE Int. Reliability Phys. Symp.*, **19**, 130-133 (1981)
89) D. Burgess and P. Tang, *IEEE Int. Reliability Phys. Symp.*, **22**, 119-121 (1984)
90) K. Nikawa, C. Matsumoto, and S. Inoue, *Japan. J. Appl. Phys.*, **34**, 2260-2265, May (1995)
91) K. Nikawa, T. Saiki, S. Inoue, and M. Ohtsu, *Appl. Phys. Lett.*, **74**, 1048-1050, Feb. (1999)
92) K. Nikawa, Photonics Failure Analysis Workshop, Boston, Oct. (1999)
93) E.I. Cole Jr., P. Tangyunyong, and D.L. Barton, *IEEE Int. Reliability Phys. Symp.*, **36**, 129-136 (1998)
94) W.R. Runyan and T.J. Shaffner, Semiconductor Measurements and Instrumentation, 2nd ed., McGraw-Hill, New York (1998)
95) H. Wong, *Microelectron. Reliab.*, **43**, 585-599, April (2003)
96) C. Claeys, A. Mercha, and E. Simoen, *J. Electrochem. Soc.*, **151**, G307-G318, May (2004)
97) A. van der Ziel, Noise : Sources, Characterization, Measurement, Prentice-Hall, Englewood Cliffs, NJ (1970); Noise, Prentice-Hall, Englewood Cliffs, NJ (1954)
98) F.N.H. Robinson, Noise and Fluctuations in Electronic Devices and Circuits, Clarendon Press, Oxford (1974)
99) C.D. Motchenbacher and F.C. Fitchen, Low-Noise Electronic Design, Wiley, New York (1973)
100) A. Einstein, (独語) *Ann. Phys.*, **19**, 289-306, Feb. (1906)
101) J.B. Johnson, *Phys. Rev.*, **29**, 367-368, Feb. (1927); *Phys. Rev.*, **32**, 97-109, July (1928)
102) H. Nyquist, *Phys. Rev.*, **32**, 110-113, July (1928)
103) R.J.T. Bunyan, M.J. Uren, J.C. Alderman, and W. Eccleston, *IEEE Electron Dev. Lett.*, **13**, 279-281, May (1992)
104) W. Schottky, (独語) *Ann. Phys.*, **57**, 541-567, Dec. (1918)
105) J.B. Johnson, *Phys. Rev.*, **26**, 71-85, July (1925)
106) A.L. McWhorter, in Semiconductor Surface Physics (R.H. Kingston, ed.), 207-228, University of Pennsylvania Press, Philadelphia (1957)
107) F.N. Hooge, *Phys. Lett.*, **29A**, 139-140, April (1969); *Physica*, **60**, 130-144 (1976); *Physica*, **83B**, 14-23, May (1976); F.N. Hooge and L.K.J. Vandamme, *Phys. Lett.*, **66A**, 315-316, May (1978); F.N. Hooge, *IEEE Trans. Electron Dev.*, **41**, 1926-1935, Nov. (1994)
108) S. Christensson, I. Lundström, and C. Svensson, *Solid-State Electron.*, **11**, 797-812, Sept. (1968); S. Christensson and I. Lundström, *Solid-State Electron.*, **11**, 813-820, Sept. (1968)
109) M.J. Kirton and M.J. Uren, *Advan. Phys.*, **38**, 367-468, July/Aug. (1989)
110) K.K. Hung, P.K. Ko, C. Hu and Y.C. Cheng, *IEEE Trans. Electron Dev.*, **37**, 654-665, March (1990); K.K. Hung, P.K. Ko, C. Hu and Y.C. Cheng, *IEEE Trans. Electron Dev.*, **37**, 1323-1333, May (1990)
111) S. Christensson, I. Lundström, and C. Svensson, *Solid-State Electron.*, **11**, 797-812, Sept. (1968)
112) A.K.M. Ahsan and D.K. Schroder, *IEEE Electron Dev. Lett.*, **25**, 211-213, April (2004)

113) F. Scholz, J.M. Hwang and D.K. Schroder, *Solid-State Electron.*, **31**, 205-217, Feb. (1988); T. Hardy, M.J. Deen, and R.M. Murowinski, *IEEE Trans. Electron Dev.*, **46**, 1339-1346, July (1999)
114) E. Simoen, A. Mercha, and C. Claeys, in Analytical and Diagnostic Techniques for Semiconductor Materials, Devices, and Processes（B.O. Kolbesen *et al.*, eds.), Electrochem. Soc., **ECS PV 2003-03**, 420-439 (2003); G. Härtler, U. Golze, and K. Paschke, *Microelectron. Reliab.*, **38**, 1193-1198, June/Aug. (1998)
115) S. Zafar, Q. Liu, and E.A. Irene, *J. Vac. Sci. Technol.*, **A13**, 47-53, Jan./Feb. (1995); K.J. Hebert and E.A. Irene, *J. Appl. Phys.*, **82**, 291-296, July (1997); L. Mao, C. Tan, and M. Xu, *J. Appl. Phys.*, **88**, 6560-6563, Dec. (2000)

おさらい
- 加速係数とは何か。
- 確率密度関数および累積分布関数とは何か。
- 分布関数の名を3つ答えよ。
- シックスシグマとは何か。またどの程度の不具合が許容されるのか。
- エレクトロマイグレーションの原因は何か。
- 幅の狭い金属配線は幅の広い配線よりエレクトロマイグレーション耐性はよいか。
- Blech長とは何か。
- MOSFETのホットキャリアの評価法を述べよ。
- ゲート酸化膜の完全性はどのように評価するか。
- FNトンネル電流と直接トンネル電流とはどう区別されるか。
- 酸化膜電圧がどういう値を下回ると直接トンネルが支配的になるのか。
- NBTIとは何か。
- 静電放電はどのように発生するか。
- I_{DDQ}法はどのように実施するか。
- 放射顕微鏡法とは何か。
- 電圧コントラストはどのようにして得るか。
- OBIRCHの原理は。
- ノイズ源の名を3つ挙げ，説明せよ。

索　引

【ア】

厚さの測定
　　エリプソメトリ ………………… 438
　　蛍光X線法 ……………………… 508
　　差分容量法 ……………………… 29
　　超音波法 ………………………… 29
　　透過法 …………………………… 444
　　反射法 …………………………… 449
　　分散抵抗法 ……………………… 24
　　SIMS ……………………………… 498
アーレニウスプロット …… 199, 218, 222
暗視野顕微鏡 ……………………… 430
アンテナ構造 ……………………… 539

【イ】

イオン打込み ………… 217, 321, 324, 354, 551
イオン顕微鏡 → SIMS
イオンチャネリング ……………… 70, 507
イオンビームをつかった方法
　　ラザフォード後方散乱分光法 …… 69, 503
　　二次イオン質量分析法 ………… 498
イオンマイクロプローブ → SIMS
位相相殺法 ………………………… 151
位相コントラスト法 ……………… 493
移動度 ……………………………… 347
　　磁気抵抗— ……………………… 360
　　少数キャリアの— ……… 295, 347, 362
　　多数キャリアの— ……………… 347
　　電界効果— ……………………… 379
　　伝導率— ………………………… 347
　　ドリフト— ……………………… 347, 362
　　微視的— ………………………… 347
　　微分— …………………………… 362
　　ホール— …………… 347, 351, 360, 367
　　有効— …………………………… 347, 368
　　GaAsの— ……………………… 383
　　MOSFETの— …………………… 367

【ウ】

ウェハの厚さ …………………… 6, 29, 444
　　差分容量 ………………………… 29

超音波 ……………………………… 29
ウェハのたわみ …………………… 30
ウェハの反り ……………………… 30
ウェハの平坦性 …………………… 30
ウェハマッピング ………………… 17
渦電流 ……………………………… 28

【エ】

エアリーディスク ………………… 427
エキシトン ………………………… 78, 461
　　束縛— …………………………… 461
　　自由— …………………………… 461
液晶（LC） ………………………… 555
エネルギー分散X線分光器（EDS） …… 488, 493
エッチング液 ……………………… 435
エミッタ電流狭さく ……………… 149
エミッタ再結合 …………………… 298, 315
エミッタ抵抗 ……………………… 147
エリプソメトリ …………………… 438
エレクトロマイグレーション（EM） …… 532
　　—の活性化エネルギー ………… 534
エワルト球 ………………………… 497
炎光光度法 ………………………… 248
エンタルピー ……………………… 218
円筒ミラー分析器 ………………… 482
エントロピー ……………………… 191, 218
　　—係数 …………………………… 218

【オ】

オージェ・エネルギーによる電子—正孔対
生成 ……………………………… 310, 481
オージェ再結合 → キャリア寿命
オージェ電子分光法（AES） ……… 481
オージェ電子 ……………………… 476, 482
オーミックコンタクト …………… 91, 92, 95

【カ】

開口数（NA） …………………… 428, 434
解析方法
　　検出可能元素 …………………… 519
　　検出限界 ………………………… 519

569

深さの分解能 ･･････････････････････ 519
分析時間 ･････････････････････････ 519
分析量 ･･･････････････････････････ 519
母材効果 ･････････････････････････ 519
開放回路電圧 ･･････････ 136, 140, 147, 297, 315
開放回路電圧減衰法（OCVD）･･････････ 136
界面状態 → 界面トラップ電荷
界面トラップ電荷DLTS ･･････････････ 206
界面トラップ電荷 ･･････ 206, 231, 267, 369, 385
界面の抵抗 ････････････････････････ 94
界面比抵抗 ････････････････････････ 94
回路の結線 ･･･････････････ 32, 101, 369
化学的および物理的評価法 ･･････････ 475
拡散係数 ･･･････････････････ 291, 332, 363
拡散長（拡散距離）→ 少数キャリアの―
角度可変モノクロメータフリンジ観察法
（VAMFO）･････････････････････ 452
確率密度関数 ･･････････････････････ 527
ガス溶解分析 ･･････････････････････ 449
加速係数 ･･････････････････････ 527, 528
カソードルミネセンス（CL）･･･ 298, 478, 493, 496
活性化エネルギー ･････････････････ 217
GaAsの― ･････････････････････ 223
Siの― ･････････････････････ 222, 224
荷電粒子の分析 ････････････････････ 449
カーブトレーサ ･････････････････ 147, 148
干渉測定 ･････････････････････････ 429
干渉計 ･･･････････････････････････ 434
干渉顕微鏡 ･･･････････････････････ 432
干渉コントラスト顕微鏡 ････････････ 429
ガンマ線 ･･･････････････････････ 214, 516
ガンマ線をつかった方法
中性子放射化分析法 ･･････････････ 516
陽電子消滅スペクトル分析法 ･･･････ 214

【キ】
擬似MOSFET ････････････････････ 174
気相分解 ･････････････････････････ 510
ギブスの自由エネルギー ･･･････ 190, 218
逆方向回復法（RR）･･･････････････ 313
キャリア密度 ･･･････････････････ 1, 43
見かけの― ･･････････････････ 46
実効的な― ･･････････････････ 46
キャリア寿命 → 寿命 ････････････ 285

キャリア照明法（CI）･･････････････ 20
休止ドレイン電流試験（IDDQ）･･･････ 550
吸収係数
自由キャリアの― ････････････ 307
GaAsのEL 2準位の― ････････････ 449
GaAsの― ･･･････････････ 303, 468
GaNの― ･････････････････････ 468
GaPの― ･････････････････････ 468
Geの― ･･････････････････････ 468
InPの― ･･････････････････ 304, 468
Si中の酸素の― ････････････････ 449
Si中の炭素の― ････････････････ 449
Siの― ･･････････････････ 303, 468
境界トラップ ･･････････････････････ 264
共焦点光学顕微鏡法 ･･･････････････ 430
鏡像力による障壁低下 ･･････････ 93, 118
共鳴イオン化分析法（RIS）･･････････ 502
極紫外光電子分析法（UPS）･･･････････ 511
極値分布 ･･･････････････････････ 532, 545
ギリシャ十字 ･････････････････････ 13, 358
キルヒホフの法則 ･････････････････ 309
禁止遷移 ･････････････････････････ 486
近接場光学顕微鏡法（NFOM）･････････ 436
金属の仕事関数 ･････ 91, 238, 240, 393, 395, 482
金属―半導体コンタクト → ショットキー障
壁コンタクト
金属―半導体の仕事関数差 ･･････････ 245

【ク】
空間電荷領域の電流 ･･････････････ 133, 297
空乏近似 ･･･････････････････････ 46, 48
屈折率 ･････････････････････････ 20, 469
GaAsの― ･････････････････････ 469
GaPの― ･････････････････････ 469
Geの― ･･････････････････････ 469
InPの― ･･････････････････････ 469
Siの― ･･････････････････････ 469

【ケ】
蛍光測光法 ･･･････････････････････ 460
蛍光トレーサ ･････････････････････ 545
蛍光マイクロサーモグラフィ（FMT）･･･ 553
蛍光X線（XRF）･･････････････････ 508
―のバンド図 ･････････････････ 509
―の用途 ･････････････････････ 510

検出限界	510
全反射—（TXRF）	509
欠陥 → 深い準位の欠陥	181
欠陥のエッチング	435
GaAsの—	435
InPの—	435
Siの—	435
結晶粒	532
結晶粒界	533
ゲート酸化膜電流	541, 561
ゲート酸化膜電流が及ぼす影響	
コンダクタンス	255
生成寿命	327
チャージポンピング法	264
パルス印加MOSキャパシタ法	327
容量—電圧特性	243, 274, 278
MOSFETの移動度	374
ゲート酸化膜の完全性	539
ゲート制御ダイオード	321
ゲートのドーピング密度	240, 562
ケルビン・テストストラクチャ	
従来の—	111
垂直—	115
ケルビン・プローブ法	330, 393
原子間力顕微鏡法（AFM）	410, 458
原子吸光分析（AAS）	510

【コ】

光学顕微鏡	425
光学顕微鏡法	425
光学的評価	425
光学濃度測定法	20
光子の回収	298
高周波をつかった方法	
Gray-Brown法	260
Jenq法	260
Terman法	259
高速電子線回折	497
高抵抗材料	
DLTS	209
熱誘起電流	213
光電子放出	49, 209, 245
光電分光法	76
光電流	122
高分解能透過型電子顕微鏡（HREM）	493

後方散乱電子	309, 476
高レベル注入	287
黒体放射	213
誤差関数	314
故障解析（FA）	527
故障解析手法	550
液晶解析法（LC）	555
休止ドレイン電流試験（IDDQ）	550
蛍光マイクロサーモグラフィ（FMT）	553
集束イオンビーム（FIB）	557
赤外線サーモグラフィ（IRT）	553
電圧コントラスト法	554
熱誘起電圧変化法	557
ノイズ法	557
光ビーム誘起抵抗変化法（OBIRCH）	556
ピコ秒イメージング回路解析（PICA）	552
プローブ法	551
放射顕微鏡法	551
レーザー電圧プローブ法	555
故障寿命	527
故障寿命中央値（t_{50}）	527
故障レート	527
故障レートの単位 → FIT	529
コロナ電荷	330, 392
コロナ—酸化膜—半導体（COS）	330
コレクタ抵抗	148
コンダクタンス	65, 255
コンタクト・エレクトロマイグレーション	537
コンタクトストリング	99
コンタクトチェーン	99
コンタクトの金属	126
コンタクトのスパイク	117
コンタクト比抵抗	94, 96, 97, 116
—の温度依存性	97
見かけの—	112
Siの—	97
コントラスト	426, 428

【サ】

再結合	286
再結合係数	288
オージェ—GaAs	288
Ge	288
InP	288

放射―　InGaAsP ……………… 288
　　　　Si ……………………… 288
　　　　GaAs …………………… 288
　　　　Ge ……………………… 288
　　　　InGaAsP ……………… 288
　　　　InP ……………………… 288
　　　　InSb …………………… 288
　　　　Si ……………………… 288
再結合寿命 ……………………………… 285
再結合寿命―電気的測定 ……………… 311
　　開放回路電圧減衰法 ……………… 315
　　逆方向回復法 ……………………… 313
　　ダイオードの電流―電圧法 ……… 311
　　短絡回路電流減衰法 ……………… 321
　　電気伝導率変調法 ………………… 321
　　パルス印加MOSキャパシタ法 …… 318
再結合寿命―光学的測定 ……………… 290
　　カソードルミネセンス過渡測定 … 298
　　自由キャリア吸収寿命 …………… 307
　　短絡回路電流・開放回路電圧減衰法 … 297
　　定常状態短絡回路電流法 ………… 305
　　電解質電極トレーサ法（ELYMAT）… 306
　　電子線誘起電流法 ………………… 309
　　光伝導減衰法 ……………………… 294
　　表面光起電圧法 …………………… 299
　　フォトルミネセンス減衰法 ……… 298
再結合レート …………………………… 286
最大―最小MOSキャパシタ容量法 …… 51
サブスレッショルド → MOSFET，界面トラップ電荷
サブスレッショルド係数 ……………… 267
差分ホール効果 …………………………… 21
三角電圧掃引法 ………………………… 250
酸化膜中の可動電荷 ……………… 232, 248
酸化膜中の固定電荷 ……………… 231, 246
酸化膜にトラップされた電荷 …… 231, 251
酸化膜の厚さ …………………………… 271
酸化膜の完全性 ………………………… 539
酸化膜の電荷 ……………………… 231, 245
酸化膜のリーク電流 …………………… 247
三重点 …………………………………… 532
サンドブラスト ………………………… 292
散乱因子 …………………………… 72, 350

【シ】
しきい値電圧 ……………………… 60, 166
　　―の温度係数 …………………… 174
　　―の定義 ………………………… 166
しきい値電圧によるドーピングプロファイル測定 …………………………………… 60
しきい値電圧の測定 ………… 167, 171, 172
　　サブスレッショルド法 ………… 171
　　しきい値ドレイン電流 ………… 171
　　線形外挿法 ……………………… 167
　　相互コンダクタンス導関数法 … 172
　　相互コンダクタンス法 ………… 172
　　定ドレイン電流法 ……………… 171
　　ドレイン電流比の方法 ………… 173
　　飽和ドレイン電流法 …………… 169
　　$I_D/g_m^{1/2}$法 ……………………… 173
磁気抵抗 ………………………………… 360
磁気抵抗移動度 ………………………… 360
仕事関数 ……………… 91, 238, 244, 393, 395, 482
指数分布 ………………………………… 531
質量分析器 ……………………………… 498
時定数の抽出 …………………………… 219
シートコンダクタンス ……………… 7, 74
シート抵抗 ……… 7, 9, 14, 16, 21, 31, 109, 116
シートホール係数 ……………………… 74
自由キャリアによる吸収 ……… 75, 307, 445
重イオン後方散乱分光法（HIBS）→ ラザフォード後方散乱
十字ブリッジ・ケルビン抵抗 ……… 104, 111
十字ブリッジシート抵抗 ………… 14, 459
集束イオンビーム（FIB） ………… 493, 557
縮退度 …………………………………… 218
　　―因子 …………………………… 218
準静的方法 → 低周波方法 …………… 251
準中性領域の電流 ………… 232, 311, 324
準定常状態の光伝導 …………………… 296
詳細つり合いの原理 …………………… 189
小信号開放回路電圧減衰法 …………… 318
消衰係数 …………………………… 440, 443
少数キャリア ……………………… 195, 196
少数キャリアの拡散長（拡散距離） … 299
焦点深度 ………………………………… 428
障壁高さ ……………… 91, 92, 118, 119, 120, 420
初期故障 ………………………………… 527
初期測定 ………………………………… 543

ショットキー障壁コンタクト	43
ショットキー障壁ダイオード	43
ショットノイズ	558
シリコン中の酸素	445, 448
シリコン中の炭素	444, 448
シリコン中の鉄	301
真性キャリア密度	
Siの—	36
シンチレータ	479
信頼性	527
確率密度関数	529
加速係数	528
故障寿命	528
故障寿命中央値（t_{50}）	527
故障レート	527
故障レートの単位（FIT）	529
指数分布	531
初期故障	527
信頼度関数	529
正規分布	531
対数正規分布	532
ハザードレート	528
バスタブ曲線	527
バーンイン	527
分布関数	529
平均故障間隔（MTBF）	527
平均故障寿命（MTTF）	527
磨耗	528
累積分布関数	529
ワイブル分布	531
信頼性項目	532
エレクトロマイグレーション（EM）	532
酸化膜の完全性（GOI）	539
ストレス誘起リーク電流（SILC）	548
静電放電（ESD）	548
負バイアス温度不安定性（NBTI）	547
ホットキャリア	538
信頼度関数	529

【ス】

水銀プローブ	16, 33, 55, 174, 306
水素終端されたSi	48
ストレスマイグレーション	532
ストレス誘起リーク電流（SILC）	548
スナップバック破壊	538

スパイキング	117
スパッタリング	78, 498
優先的—	499
スプリットC-V法	369

【セ】

正規分布	531
生成	183
生成寿命	285, 290, 313, 321, 323
生成—再結合中心	183
生成—再結合ノイズ	558
生成—再結合の統計	183
生成レート	289
静電放電（ESD）	548
赤外線サーモグラフィ（IRT）	553
赤外分光	76
赤外放射	309
接合の深さ	
陽極酸化法	23
キャリア照明法	20
差分ホール効果	21
二次イオン質量分析法	23
分散抵抗法	23
接触抵抗	2, 91, 94, 108, 116
接触電位差	394, 395
ゼーベック効果	31, 557
センターバースト	451
線幅	14, 457
—の正確さ	457
—の精度	457
—の再現性	457
線幅測定	
電気的方法	14, 459
プローブ法	458
全反射蛍光X線（TXRF）	509

【ソ】

相関器	199
相関DLST	202
層間絶縁膜	201
相互コンダクタンス	156
走査オージェ顕微鏡法（SAM）	485
走査ケルビン・プローブ顕微鏡法（SKPM）	415
走査DLTS	210
走査電子顕微鏡法（SEM）	477

走査透過型電子顕微鏡法（STEM）……… 493
走査トンネル顕微鏡法（STM）…………… 408
走査分散抵抗顕微鏡法（SSRM）………… 418
走査プローブ顕微鏡法（SPM）…………… 408
走査容量顕微鏡法 ………………………… 413
相補性誤差関数 …………………………… 314
ソース抵抗 → MOSFETの直列抵抗
ソースでの電流集中 ……………………… 153
測光 …………………………………………… 425
即発ガンマ中性子放射化分析 …………… 516
損失因子 ……………………………………… 83
損失角 ………………………………………… 83

【タ】
ダイオード
　　　―の温度測定 …………………………… 529
　　　―の空間電荷領域の電流 ……… 133, 312
　　　―の準中性領域の電流 ………… 133, 312
　　　―のキャリア寿命測定 ……………… 312
　　　―の電流―電圧 ……………………… 312
　　　―の表面電流 ………………………… 323
対数正規分布 ……………………………… 532
太陽電池 …………………………………… 139
　　　集光型― ……………………………… 139
　　　―の開放回路電圧 …………… 140, 142
　　　―の空間電荷電流 …………… 140, 144
　　　―の最大出力点 …………………… 141
　　　―の準中性領域の電流 ……… 140, 144
　　　―の短絡回路電流 ………………… 141
　　　―の直列抵抗 ……………………… 141
　　　―の電流―電圧特性 ………… 141, 142
　　　―の並列抵抗 ……………………… 144
太陽電池の直列抵抗 ……………………… 141
太陽電池の並列抵抗 ……………………… 144
竹の繊維構造 ……………………………… 534
多数キャリア
　　　―の捕獲 ……………………………… 193
　　　―の放出 ……………………………… 188
タッピングモード ………………………… 412
断層法 ……………………………………… 456
弾道電子放出顕微鏡（BEEM） ………… 419
断面トポグラフィ ………………………… 515
短絡回路電流減衰法 ……………………… 321

【チ】
チャックの容量 …………………………… 279
チャージ・ポンピング …………………… 260
チャネリング ………………………… 70, 507
チャネル長 → MOSFETの―
チャネル幅 → MOSFETの―
中性子深さプロファイル法（NDP） …… 517
中性子放射化分析（NAA） ……………… 516
超音波 ………………………………………… 28
直接トンネリング ……………… 276, 541, 562
直列抵抗 …………………… 62, 65, 133, 146, 211
　　　ショットキー障壁ダイオードの― … 62, 137
　　　太陽電池の― ………………… 139, 144
　　　―の等価回路 ……………… 63, 82, 211
　　　BJTの― ……………………………… 144
　　　MESFETの― ……………………… 164
　　　MODFETの― ……………………… 164
　　　MOSFETの― ……………………… 152
　　　pn接合の― ………………… 62, 133

【テ】
抵抗率 …………………………………… 1, 5, 22
　　　GaAsの― ……………………………… 35
　　　GaPの― ………………………………… 35
　　　Geの― …………………………………… 35
　　　Siの― …………………………………… 34, 35
抵抗率対ドーピング密度
　　　GaAs, GaP …………………………… 35
　　　Ge …………………………………………… 35
　　　Si ……………………………………………… 35
抵抗率プロファイル法 …………………… 24
低周波ノイズ ……………………… 535, 559
定常状態の短絡回路電流法 ……………… 305
低速電子線回折（LEED） ……………… 497
低レベル注入 ……………………………… 287
ディッシング ………………………………… 14
データの表現 ………………………………… 3
デバイの長さの限界 ……………………… 61
デバイの長さ（デバイ長） ……………… 46
　　　外因性― ………………………………… 46
　　　真性― ………………………………… 235
電圧コントラスト法 ……………………… 554
電位のバンド図 …………………………… 233
電界効果移動度 …………………………… 379
電界放出 ……………………………… 93, 96

電解質 ……………………………………… 57
電解質電極トレーサ法（ELYMAT） ……… 306
電荷をつかった測定 ……………………… 391
電荷捕集走査電子顕微鏡 → 電子線誘起電流
電荷モニタ ……………………………… 539
電気化学的プロファイル法（ECP） … 56, 353
電気的励起 ……………………………… 339
　　—の理論 ……………………………… 339
電気伝導率 …………………………… 22, 347
電気伝導率移動度 ……………………… 347
電気伝導率変調 ……………………… 15, 321
電子
　　—の弾性散乱 ………………… 476, 479
　　—の非弾性散乱 …………………… 479
　　—の波長 …………………………… 477
電子エネルギー損失分析法（EELS） …… 493
電子距離 ………………………………… 480
　　GaAsの— ………………………… 480
　　Geの— …………………………… 480
　　InPの— …………………………… 480
　　Siの— ……………………………… 480
電子親和力 ……………………… 91, 245
電子銃 …………………………………… 478
電子スピン共鳴 ………………………… 271
電子線誘起電流（EBIC） ………… 310, 494
　　—の輝度マップ …………………… 495
　　—の用途 …………………………… 494
電子線による方法 ……………………… 476
　　オージェ電子分光法 ……………… 481
　　カソードルミネセンス …………… 496
　　高速電子線回折法 ………………… 497
　　走査電子顕微鏡法 ………………… 477
　　低速電子線回折法 ………………… 497
　　電圧コントラスト法 ……………… 554
　　電子エネルギー損失分光法 ……… 493
　　電子線誘起電流法 ………… 310, 494
　　電子マイクロプローブ法 ………… 485
　　透過型電子顕微鏡法 ……………… 491
電子の侵入度 …………………………… 309
電子プローブ微小分析法 → 電子マイクロプローブ法
電子マイクロプローブ法（EMP） ……… 485
　　—の用途 …………………………… 490
伝送線モデル …………………………… 101
伝送長 …………………………………… 102

伝送長による方法 ……………………… 107
伝導の型 ………………………………… 31
電場反射率法 …………………………… 457
電流
　　過渡— ……………………… 195, 197
　　基板— ……………………………… 539
　　空間電荷領域の— ……… 133, 311, 324
　　準中性領域の— ………… 133, 311, 324
　　ショットキー・ダイオード …… 118, 175
　　直列抵抗 …………………… 147, 211
　　電子線誘起—（EBIC） ……… 310, 494
　　熱誘起— …………………………… 213
　　表面— ……………………………… 322
　　変位— ……………………… 195, 242
　　放出— ……………………………… 195
　　リーク— …………………………… 210
　　BEEM— …………………………… 419
　　DLTS ……………………………… 196
　　MESFET …………………………… 164
　　MOSキャパシタ …………………… 233
　　pn接合 ……………………………… 133
電流狭さく …………………………… 94, 149
電流DLTS ……………………………… 196
電流利得 ………………………………… 147

【ト】
等温過渡イオン電流 …………………… 248
等価回路 ……………… 62, 83, 211, 256, 274
　　並列— ………………… 62, 83, 211
　　直列— ………………… 62, 83, 211
等角写像 ………………………………… 5
透過型電子顕微鏡法（TEM） ………… 491
透過法 …………………………………… 443
　　—の機器 …………………………… 445
　　—の理論 …………………………… 466
銅による修飾 …………………………… 545
特性X線 ………………………………… 486
度数分布 ………………………………… 529
ドーピングプロファイル …… 20, 24, 44, 56, 58, 60, 78
ドーピング密度 → キャリア密度
トポグラフィ装置 ……………………… 408
トラッピング …………………………… 338
トラップ ………………………… 184, 210, 211
ドリフト移動度 ………………………… 363

ドレインコンダクタンス ……………………… 368
ドレイン抵抗 → MOSFET 直列抵抗
ドレイン誘起障壁低下法 ………………… 159
トンネリング ………………………… 93, 541, 562

【ナ】
内部エネルギー ………………………………… 218
内部全反射 …………………………………… 454
内部反射赤外分光法 ………………………… 454
内部光電子放出 ……………………………… 122
ナトリウム → 可動電荷

【ニ】
二結晶回折法 ………………………………… 514
二次イオン質量分析法（SIMS） ………… 78, 498
二次中性質量分析法（SNMS） …………… 502
二次電子 ……………………………………… 478
二重打込み法 …………………………………… 17
二重相関 DLTS ……………………………… 202
二重配置法 ……………………………………… 10
2 点プローブ法 …………………………………… 1

【ネ】
熱電子電界放出 ………………………… 93, 96
熱電子電流 …………………………………… 118
熱電子放出 ……………………………… 93, 95
熱プローブ法 …………………………………… 31
熱ノイズ ……………………………………… 558
熱波動 → 変調光反射率測定 ……………… 19
熱誘起電圧変化法（TIVA） ……………… 557
熱誘起電流法（TSC） …………………… 213
熱誘起容量法（TSCAP） ………………… 213

【ノ】
ノイズ ………………………………………… 557
　　―スペクトル分析法 ………………… 560
　　　ショット― ……………………………… 558
　　　ジョンソン― …………………………… 558
　　　生成―再結合― ………………………… 559
　　　低周波― ………………………………… 559
　　　熱― …………………………………… 558
　　　白色― …………………………………… 558
　　　パーコレーション― …………………… 545
　　　フリッカー― …………………………… 559
　　　1/f― …………………………………… 559

ノマルスキー型顕微鏡 ……………………… 430
ノルデプロット ……………………………… 138

【ハ】
バイアス温度ストレス ……………………… 248
配置交換 ……………………………………… 10
バイポーラ接合トランジスタ（BJT）……… 144
　　―のエミッタ狭さく ……………………… 149
　　―のエミッタ抵抗 ……………………… 147
　　―の外因性ベース抵抗 ………………… 145
　　―のコレクタ抵抗 ……………………… 148
　　―の真性ベース抵抗 …………………… 145
　　―のベース抵抗 ………………………… 149
倍率 …………………………………………… 478
破壊
　　酸化膜の― …………………………… 542, 543
　　スナップバック― ……………………… 538
　　接合の― …………………………………… 61
破壊時間 ……………………………………… 543
破壊電荷 ……………………………………… 543
ハザードレート ……………………………… 529
バスタブ曲線 ………………………………… 527
波数 ………………………………… 425, 444, 451
波長分散 X 線分光器（WDS） …………… 488
パーティクル …………………………… 426, 455
パーティクルのマップ ……………………… 426
パルス印加 MOS キャパシタ ……………… 318
半球型分析器 ………………………………… 482
反射 …………………………………………… 449
　　―の応用 ………………………………… 74
　　スネルの法則 …………………………… 454
　　臨界角 …………………………………… 454
反射型高速電子回折（RHEED）………… 497
反射係数 …………………………… 438, 439, 466
反射率 → 反射 …………………… 74, 443, 449, 467
半絶縁性基板 ………………………………… 71
半導体の仕事関数 …………………………… 91
半導体の抵抗 ………………………………… 1
半導体の電荷 ………………………………… 44
バンドギャップ
　　Si の― ………………………………… 37
バンドオフセット …………………………… 49

【ヒ】
光散乱 ………………………………………… 455

―断面積	455	表面生成速度	285, 289, 320, 326
パーティクルによる―	455	表面生成電流	323
光散乱計測法	457	表面電位	235, 322, 395, 403, 416
光伝導	294	表面電荷	23, 270, 392
光伝導減衰法（PCD）	294	表面電荷分析法	270
光熱イオン化分光法（PTIS）	76	表面光起電圧（SPV）	299
光反射率	74, 443, 449, 467		
光ビーム誘起抵抗変化法（OBIRCH）	556	**【フ】**	
光誘起過渡電流スペクトル法（PITS）	209	ファラデー定数	57
光誘起電流法（OBIC）	309	フェルミ準位のピンニング	26, 72, 92
光励起	332	フォトルミネセンス（PL）	78, 460
飛行時間	365	フォトルミネセンス過渡測定	298
飛行時間法	362	フォノン	76, 286, 464
ピコ秒イメージング回路解析（PICA）	552	フォーミングガス	231, 244
被写界深度	428	深い準位の過渡スペクトル分析法（DLTS）	197
微小寸法 → 線幅		―スペクトル	198, 205
非接触測定		光―	209
移動度	380	コンダクタンス―	196
ウェハのたわみ	30	コンピューター―	204
ウェハの厚さ	6, 29, 444	相関―	204
ウェハの反り	30	走査―	210
渦電流	28	定抵抗―	196
キャリア照明法	20	定容量―	202
光学濃度測定	20	電荷―	197
自由キャリアによる吸収	307	電流―	196
生成寿命	327	等温―	204
赤外分光法	76	二重相関―	202
抵抗率	29	容量―	198
伝導の型	31	ラプラス―	205
ドーピング・プロファイル	45	深い準位の不純物	181, 183
パルス印加MOSキャパシタ法	324	GaAsの―	223
フォトルミネセンス	78	不純物	181
プラズマ共鳴	74	深い準位の―	181, 183
変調光反射率法	19	負傷歩行	548
容量	44	物理的評価	475
ラザフォード後方散乱	79	負バイアス温度不安定性（NBTI）	547
非接触伝導率測定	28	部分ドース	55
微分干渉コントラスト顕微鏡法	429	プラズマ共鳴	74
微分容量	43	―周波数	74
標準ウェハレベル・エレクトロマイグレーション加速試験（SWEAT）	537	―波長	74
表皮深さ	29, 296	ブラッグ角	489
表面再結合速度	268, 285, 286, 292, 298, 300	ブラッグの法則	489
界面トラップ密度	267	フラットバンド電圧	238
表面状態	92, 231	フラットバンド容量	238, 244

フーリエ変換赤外分光法（FTIR）……… 446
フリッカノイズ ………………………… 559
ブリルアン散乱 ………………………… 464
プローブ顕微鏡法 ……………… 408, 420
プローブ走査 …………………………… 24
プローブの抵抗 ………………………… 2
プローブの半径 ……………………… 5, 25
分解能 …………………………… 426, 430
分光器 …………………………………… 445
分光分析 ………………………………… 476
分光法 …………………………………… 476
分散抵抗法 …………… 2, 24, 61, 98, 153
分析透過型電子顕微鏡法（AEM）…… 491
分布関数 ………………………………… 529
　　指数分布 ………………………… 531
　　正規分布 ………………………… 531
　　対数正規分布 …………………… 532
　　ワイブル分布 …………………… 531

【ヘ】
平均故障間隔（MTBF）………………… 527
平均故障寿命（MTTF）………………… 527
平衡 ……………………………………… 189
平坦性 …………………………………… 30
並列抵抗
　　太陽電池の― ………………… 144
ベース抵抗 ……………………………… 149
ヘテロ接合
　　―のバンドオフセット …………… 49
変位電流 ………………………… 195, 242
偏光 ……………………………………… 439
偏光した光 ……………………………… 439
偏光測定 ………………………………… 425
変調光反射率 …………………………… 19
変調分光法 ……………………………… 456

【ホ】
放射顕微鏡法（EMMI）………………… 551
　　故障解析 ………………………… 551
　　サンプルの研磨 ………………… 552
　　ピコ秒イメージング回路解析（PICA）
　　　………………………………… 552
放射再結合 ……………………… 78, 298
放出係数 ………………………………… 189
放出時定数 ……………… 70, 190, 261

GaAsの― ……………………………… 223
Siの― …………………………… 222, 224
放出レート ……………………………… 184
ホウ素の水素補償 ……………………… 48
飽和移動度 ……………………………… 380
飽和速度 ………………………………… 367
飽和電流 ………………………… 118, 133
捕獲係数 ………………………………… 184
捕獲時定数 ……………………………… 193
捕獲断面積 ……………… 185, 189, 217
捕獲レート ……………………………… 185
ボクスカーDLTS ……………………… 199
補正因子 ………………………………… 5
ホットキャリア ………………………… 538
ホットプローブ → 電熱プローブ …… 32
ポップコーンノイズ …………………… 559
ポリSi
　　―エミッタ ……………………… 149
　　―ゲート空乏化 ………………… 53
ホール移動度 …………………………… 351
ホール効果 ………………………… 72, 348

【マ】
マイケルソン干渉計 …………………… 446
マイクロカロリメータ …………… 488, 489
魔鏡 ……………………………………… 453
磨耗 ……………………………………… 528
マルチチャネル・アナライザ ……… 489, 506

【メ】
眼の分解能 ……………………………… 428

【モ】
モノクロメータ ………………………… 445

【ヤ】
冶金的なチャネル長 …………………… 153

【ユ】
有効移動度 ……………………… 368, 384
有効寿命 ………………………… 291, 292
有効チャネル長 ………………… 152, 155
有効チャネル幅 ………………………… 163
誘導結合プラズマ質量分析法（ICP-MS）… 510

【ヨ】

陽極酸化 …………………………………… 23, 353
  定電圧法 ……………………………… 24
  定電流法 ……………………………… 24
  ―溶液 ………………………………… 24
陽電子消滅スペクトル分析（PAS）……… 214
容量 → MOS キャパシタ
  チャックの影響 …………………… 278
容量性コンタクト ………………………… 65
容量 DLTS 法 ……………………………… 198
横方向のドーピングプロファイル ……… 80
4 点プローブ法 …………………………… 1

【ラ】

ラザフォード後方散乱分光法（RBS）… 79, 503
ラプラス DLTS ……………………………… 205
ラマン散乱 ………………………………… 464
ラマン分光法 ……………………………… 464

【リ】

リチャードソン定数 ………………… 95, 118, 138
リチャードソンプロット ………………… 120

【ル】

累積故障率 ………………………………… 529
累積分布関数 ……………………………… 529

【レ】

レイリー散乱 ……………………………… 464
レイリーの基準（分解能の限界）……… 427
レーザーアブレーション ………………… 552
レーザーイオン化質量分析法（LIMS）… 502
レーザー電圧プローブ法 ………………… 555
レーザーマイクロプローブ質量分析法
 （LAMMA）……………………………… 502
レート窓 …………………………………… 198
連続（スペクトル）X 線 ………………… 486

【ロ】

ロッキングカーブ ………………………… 516
ロックインアンプ DLST ………………… 203

【ワ】

ワイブル分布 ……………………………… 531
  ―のパラメータ ………………… 531, 546
  ―プロット …………………………… 546

【英数】

A* ……………………………………… 95, 118, 138
AAS → 原子吸光分析
AEM → 分析透過型電子顕微鏡法
AES → オージェ電子分光法
AFM → 原子間力顕微鏡法
ASTM ………………………………………… 14

BEEM → 弾道電子放出顕微鏡
BJT → バイポーラ接合トランジスタ
Black の式 ………………………………… 534
Blech 長 …………………………………… 534

CI → キャリア照明法
CL → カソードルミネセンス
COS → コロナ―酸化膜―半導体
Corbino ディスク ………………………… 360
C-V 法 …………………… 43, 121, 137, 232, 271

DC I-V ……………………………………… 268
Deal の三角形 …………………………… 231
De La Moneda らの方法 ………………… 156
Dember 電圧 ……………………………… 316
DIBL → ドレイン誘起障壁低下
DLTS → 深い準位の過渡分光法

EBIC → 電子線誘起電流
ECP → 電気化学的プロファイル法
EDS → エネルギー分散 X 線分光器
EELS → 電子エネルギー損失分析法
ELYMAT 法 → 電解質電極トレーサ法
EMMI → 放射顕微鏡法
EMP → 電子マイクロプローブ法
ESCA → X 線光電子分析法（XPS）
Everhart Thornley 検出器 ……………… 478

FA → 故障解析, Failure analysis（FA）… 527
FIB → 集束イオンビーム
FIT → 故障レートの単位
FMT → 蛍光マイクロサーモグラフィ
Fowler プロット …………………………… 122
Fowler-Nordheim トンネリング … 275, 541, 563
Franz-Keldysh 効果 ……………………… 555

579

Frenkel-Poole放出 …………………………… 190
FTIR → フーリエ変換赤外分光法

GaAs：
　—の吸収係数 ……………………… 303, 468
　—のオージェ再結合係数 ……………… 288
　—のコンタクト金属 ……………………… 126
　—の深い準位の不純物 ………………… 223
　—の欠陥のエッチ ……………………… 435
　—電子後方散乱係数 …………………… 309
　—電子距離 ……………………… 309, 480
　—のEL 2 準位 ………………………… 449
　—の放出レート ………………………… 223
　—のγ値 ………………………………… 190
　—の移動度 ……………………………… 383
　—の放射再結合係数 …………………… 288
　—の屈折率 ……………………………… 469
GaN：
　—の吸収係数 …………………………… 468
GaP：
　—の吸収係数 …………………………… 468
　—の放射再結合係数 …………………… 288
Ge：
　—の吸収係数 …………………………… 468
　—のオージェ再結合係数 ……………… 288
　—の電子距離 …………………………… 480
　—の放射再結合係数 …………………… 288
　—の屈折率 ……………………………… 469
GOI → 酸化膜の完全性
Gorey-Schneiderの方法 …………………… 26
Gray-Brown法 ……………………………… 260
Gummelプロット …………………………… 145

HIBS → 重イオン後方散乱分光法 → ラザフォード後方散乱法
HREM → 高分解能透過型電子顕微鏡
Haynes-Shockleyの実験 ………………… 362

ICP-MS → 誘導結合プラズマ質量分析法
IDDQ → 休止ドレイン電流試験
IRT → 赤外線サーモグラフィ
InP：
　—のオージェ再結合係数 ……………… 288
　—の吸収係数 ……………………… 304, 468
　—の屈折率 ……………………………… 469

　—の欠陥エッチ ………………………… 435
　—のコンタクト金属 ……………………… 126
　—の電子距離 …………………………… 480
　—の放射再結合係数 …………………… 288
InSb：
　—の放射再結合係数 …………………… 288

Jengの方法 ………………………………… 260

LC → 液晶解析法
LEED → 低速電子線回折
LDD ……………………………… 153, 168
LIMS → レーザーイオン化質量分析法

Mathiessenの規則 ………………………… 368
MESFET …………………………………… 164
MODFET …………………………………… 164
Monroeプローブ法 ………………………… 393
MOSキャパシタ（MOS-C） ………………… 43
MOSFETのチャネル長 ……………… 152, 161
MOSFETのチャネル幅 ……………… 152, 163
MOSFETの移動度 ………………………… 367
MOSFETの直列抵抗 ……………………… 152
MOSFETの普遍的移動度 ………………… 371
MTBF → 平均故障間隔
MTTF → 平均故障寿命

NA → 開口数
NAA → 中性子放射化分析
NDP → 中性子深さプロファイル法
NFOM → 近接場光学顕微鏡法
Nipkowディスク …………………………… 432
n値 ………………………………………… 176

OBIC → 光誘起電流法
OBIRCH → 光ビーム誘起抵抗変化法
OCVD → 開放回路電圧減衰法

PAS → 陽電子消滅スペクトル分析
PCD → 光伝導減衰法
PICA → ピコ秒イメージング回路解析
PITS → 光誘起過渡電流スペクトル法
PL → フォトルミネセンス
PTIS → 光熱イオン化分光法
pn接合

—の容量	44
—のコンダクタンス	134
—の電流—電圧特性	133
—の理想因子	134
—の準中性領域の電流	134, 312, 324
—の直列抵抗	133
—の空間電荷領域の電流	133, 312
—の表面電流	323
—温度測定	529
Poole-Frenkel 放出	190
PTIS → 光熱イオン化分光法	
Q-因子	63, 83
RBS → ラザフォード後方散乱分光法	
RHEED → 反射型高速電子回折	
RIS → 共鳴イオン化学分析法	
RR → 逆方向回復法	
Shockley-Read-Hall (SRH) → キャリア寿命	
Si	
—の移動度	381, 382, 383
—の移動度の温度依存性	382
—のオージェ再結合係数	288
—のγ値	190
—の吸収係数	468
—のキャリア寿命	288
—の屈折率	469
—の欠陥のエッチ	435
—のコンタクト金属	126
—のコンタクト比抵抗	94, 102
—のコンタクト比抵抗の温度係数	97
—の自由キャリア吸収係数	75
—の少数キャリア寿命	286
—の電子距離	309, 480
—の真性キャリア密度	36
—の電子—正孔対生成エネルギー	309, 489
—の電子後方散乱係数	309
—の反射率	304
—のバンドギャップ	37
—の深い準位の不純物	222
—の普遍的移動度	372
—の放射再結合係数	288
—の放出レート	222
—の$K\alpha$線エネルギー	487
—のX線吸収係数	509
Si中のFe	301
Si中のクロム	303
SIMS → 二次イオン質量分析	
SNMS → 二次中性質量分析法	
SPV → 表面光起電圧	
SWEAT → 標準ウェハレベル・エレクトロマイグレーション加速試験	
TEM → 透過型電子顕微鏡法	
TIVA → 熱誘起電圧変化法	
TSC → 熱誘起電流法	
TSCAP → 熱誘起容量法	
TXRF → 全反射蛍光X線法	
Tauc プロット	443
Terman 法	259
UPS → 極紫外光電子分析法	
van der Pauw 法	12, 351
移動度	351
ギリシャ十字	13
高抵抗サンプル	16
シート抵抗	7, 14
十字ブリッジ	14
線幅	14
測定回路	14
対称なサンプル	12
抵抗率	12
テストストラクチャ	13
任意形状のサンプル	11
F関数	12
VAMFO → 角度可変モノクロメータフリンジ観察法	
WDS → 波長分散X線分光器	
Wennerの方法	2
XPS → X線光電子分析法	
XRD → X線回折法	
XRT → X線トポグラフィ	
X線	
—吸収	485
—検出器	485

―侵入深さ ……………………… 488
　　特性― …………………………… 486
　　連続― …………………………… 486
X線回折法（XRD）……………… 513
X線光電子分析法（ESCA）→ XPS
X線光電子分析法（XPS）……… 511
　　角度分解― ……………………… 512
　　―の用途 ………………………… 513
　　検出限界 ………………………… 513
　　電子の脱出深度 ………………… 512
X線遷移 …………………………… 486
X線トポグラフィ（XRT）……… 513
　　二結晶― ………………………… 515
　　反射― …………………………… 515
　　透過― …………………………… 515

Zebstプロット …………………… 326

訳者あとがき

　原書 "Semiconductor Material and Device Characterization" は1990年の初版以来，半導体評価技術の分野で長く支持されてきた数少ない成書の1つです．この第3版（2006年）は1998年の第2版に新たに2つの章を加えて刷新され，パラメータ測定から信頼性試験および故障解析まで，およそ半導体材料・デバイスの研究開発にかかわる試験，解析，および評価の手法が網羅されることとなりました．また，演習問題も各章に適切に配置されており，実戦をこなしてスキルを身につけるというアメリカ合理主義の典型ともいえる体裁に仕上がっています．

　この第3版の訳出では，原著者の意図をできるだけ正確に伝えるべく，一意に解釈できない部分は逐一原著者のSchroder教授に問い合わせ，原著者から直接解説や確認をいただき，原著者の所期の意図が訳文に反映されるよう努めました．あわせて，数式のほとんどをチェックし，誤りや誤植と思われる部分はすべて原著者による確認をいただいたのち訂正しておきました．また，初学者や半導体を専門としない読者に対して必要と思われるいくつかの部分を訳者の判断で脚注として補いましたが，原書の完成度に対して蛇足とならなければ幸いです．

　ここに訳者の要請に快く応じていただき，丁寧な解説をいただいたばかりか煩雑な確認作業をも引き受けてくださった原著者Schroder教授の寛容なお計らいに改めて感謝の意を表します．最後に，本訳書の出版にはシーエムシー出版井口氏の長期にわたるご尽力があったことを付記しておきます．

　　2012年3月　京都にて

著者　ディーター・K・シュロゥダー（Dieter K. Schroder）
アリゾナ州立大学工学部電気工学科教授。博士はアリゾナ州立大学工学部の優秀教育賞の受賞者であり，その他数々の教育賞を受賞している。マクギル大学とイリノイ大学に学ぶ。1968年にウェスティングハウス研究所に入所。MOSデバイス，撮像素子，パワーデバイス，静磁波など半導体デバイスを多様な側面から研究。1978年ドイツの応用固体物理学研究所に滞在。1981年にアリゾナ州立大学固体電子工学センターへ移籍。最近のテーマは，半導体材料およびデバイス，評価技術，低消費電力電子工学，および半導体中の欠陥。Advanced MOS DevicesとSemiconductor Material and Device Characterizationの2つの著書があり，150編以上の論文の著者で，5つの特許を所有している。米国電気電子学会（IEEE）フェロー。

訳者　嶋田恭博（しまだ・やすひろ）
1982年，電気通信大学物理工学科卒業。同年松下電器産業㈱入社。リソグラフィ用エキシマレーザーの開発，強誘電体メモリ，機能薄膜材料，イメージセンサの開発に従事。工学博士（2003年，京都大学）。応用物理学会会員。現在パナソニック㈱エコソリューションズ社勤務。

[第3版]
半導体材料・デバイスの評価
── パラメータ測定と解析評価の実際 ──

2012年5月1日　第1刷発行
2015年8月28日　第2刷改訂

　著　者　ディーター・K・シュロゥダー　　　　(S0771)
　訳　者　嶋田恭博
　発行者　辻　賢司
　発行所　株式会社シーエムシー出版
　　　　　東京都千代田区内神田 1-13-1
　　　　　電話 03 (3293) 2061
　　　　　大阪市中央区南新町 1-2-4
　　　　　電話 06 (4794) 8234
　　　　　http://www.cmcbooks.co.jp/
　編集担当　井口　誠／為田直子

〔印刷　株式会社 遊文舎〕　　　　　　　ⒸY. Shimada, 2012

定価はカバーに表示してあります。
落丁・乱丁本はお取替えいたします。

本書の内容の一部あるいは全部を無断で複写(コピー)することは，法律で認められた場合を除き，著作者および出版社の権利の侵害になります。

ISBN978-4-7813-0479-3　C3055　¥25000E